国家出版基金项目
NATIONAL PUBLICATION FOUNDATION

"十四五"时期国家重点出版物出版专项规划项目

浙 江 昆 虫 志

第三卷

半 翅 目

同翅亚目

张雅林　主编

科学出版社

北 京

内 容 简 介

本志记述浙江半翅目 Hemiptera 同翅亚目 Homoptera 8 个总科，包括角蝉总科 Membracoidea、沫蝉总科 Cercopoidea、蝉总科 Cicadoidea、蜡蝉总科 Fulgoroidea、木虱总科 Psylloidea、粉虱总科 Aleyrodoidea、蚜总科 Aphidoidea 和蚧总科 Coccoidea 等，共 39 科 441 属 875 种。这些记录是在检视大量标本的基础上，并考证了以往的相关文献后确认的。文中配有 760 幅形态特征图和 16 个彩色图版，提供了分总科、科、亚科、族、属和种的检索表，文末附有中名索引和学名索引。

本志可供从事昆虫学、生物多样性保护及农林生产工作的相关专业人员和高等学校有关专业师生参考。

图书在版编目（CIP）数据

浙江昆虫志. 第三卷，半翅目　同翅亚目 / 张雅林主编. —北京：科学出版社，2024.1

"十四五"时期国家重点出版物出版专项规划项目

国家出版基金项目

ISBN 978-7-03-069278-8

Ⅰ. ①浙… Ⅱ. ①张… Ⅲ. ①昆虫志-浙江　②半翅目-昆虫志-浙江　③同翅亚目-昆虫志-浙江 Ⅳ.①Q968.225.5　②Q969.350.8　③Q969.360.8

中国版本图书馆 CIP 数据核字(2022)第 083599 号

责任编辑：李　悦　赵小林/责任校对：严　娜
责任印制：肖　兴/封面设计：北京蓝正合融广告有限公司

科学出版社 出版
北京东黄城根北街 16 号
邮政编码：100717
http://www.sciencep.com

北京中科印刷有限公司 印刷
科学出版社发行　各地新华书店经销
*

2024 年 1 月第 一 版　开本：889×1194　1/16
2024 年 1 月第一次印刷　印张：57 1/2　彩插：8
字数：1 950 000
定价：798.00 元
（如有印装质量问题，我社负责调换）

《浙江昆虫志》领导小组

主   任　胡　侠（2018 年 12 月起任）

　　　　　　　林云举（2014 年 11 月至 2018 年 12 月在任）

副 主 任　吴　鸿　杨幼平　王章明　陆献峰

委   员　（以姓氏笔画为序）

　　　　　　　王　翔　叶晓林　江　波　吾中良　何志华

　　　　　　　汪奎宏　周子贵　赵岳平　洪　流　章滨森

顾   问　尹文英（中国科学院院士）

　　　　　　　印象初（中国科学院院士）

　　　　　　　康　乐（中国科学院院士）

　　　　　　　何俊华（浙江大学教授、博士生导师）

组 织 单 位　浙江省森林病虫害防治总站

　　　　　　　浙江农林大学

　　　　　　　浙江省林学会

《浙江昆虫志》编辑委员会

《浙江昆虫志 第三卷 半翅目 同翅亚目》
编写人员

主 编 张雅林

副主编 乔格侠 冯纪年 彩万志

作者及参加编写单位（按研究类群排序）

角蝉总科

　叶蝉科

　　　　　张雅林 吕 林 戴 武 黄 敏 秦道正 魏 琮
　　　　　（西北农林科技大学）

　角蝉科

　　　　　袁向群 胡 凯 袁 锋（西北农林科技大学）

沫蝉总科

　　　　　梁爱萍（中国科学院动物研究所）

蝉总科

　　　　　刘雲祥 魏 琮（西北农林科技大学）

蜡蝉总科

　菱蜡蝉科

　　　　　骆 洋 张嘉琳 冯纪年（西北农林科技大学）

　飞虱科

　　　　　张 欢 王益梅 秦道正（西北农林科技大学）

　象蜡蝉科

　　　　　宋志顺（江苏第二师范学院）

瓢蜡蝉科

　　　　孟　瑞　秦道正（西北农林科技大学）

蛾蜡蝉科

　　　　艾德强　张雅林（西北农林科技大学）

蜡蝉科

　　　　王文倩　徐思龙　秦道正（西北农林科技大学）

粒脉蜡蝉科

　　　　刘慧珍　秦道正（西北农林科技大学）

广蜡蝉科

　　　　张　欢　任兰兰　秦道正（西北农林科技大学）

扁蜡蝉科

　　　　门秋雷　王文倩　秦道正（西北农林科技大学）

木虱总科

　　　　罗心宇　李法圣　彩万志（中国农业大学）

粉虱总科

　　　　闫凤鸣（河南农业大学）

蚜总科

　　　　姜立云　陈　静　乔格侠（中国科学院动物研究所）

蚧总科

　　　　冯纪年　牛敏敏　刘　荻（西北农林科技大学）

《浙江昆虫志》序一

　　浙江省地处亚热带，气候宜人，集山水海洋之地利，生物资源极为丰富，已知的昆虫种类就有 1 万多种。浙江省昆虫资源的研究历来受到国内外关注，长期以来大批昆虫学分类工作者对浙江省进行了广泛的资源调查，积累了丰富的原始资料。因此，系统地研究这一地域的昆虫区系，其意义与价值不言而喻。吴鸿教授及其团队曾多次负责对浙江天目山等各重点生态地区的昆虫资源种类的详细调查，编撰了一些专著，这些广泛、系统而深入的调查为浙江省昆虫资源的调查与整合提供了翔实的基础信息。在此基础上，为了进一步摸清浙江省的昆虫种类、分布与为害情况，2016 年由浙江省林业有害生物防治检疫局（现浙江省森林病虫害防治总站）和浙江省林学会发起，委托浙江农林大学实施，先后邀请全国几十家科研院所，300 多位昆虫分类专家学者在浙江省内开展昆虫资源的野外补充调查与标本采集、鉴定，并且系统编写《浙江昆虫志》。

　　历时六年，在国内最优秀昆虫分类专家学者的共同努力下，《浙江昆虫志》即将按类群分卷出版面世，这是一套较为系统和完整的昆虫资源志书，包含了昆虫纲所有主要类群，更为可贵的是，《浙江昆虫志》参照《中国动物志》的编写规格，有较高的学术价值，同时该志对动物资源保护、持续利用、有害生物控制和濒危物种保护均具有现实意义，对浙江地区的生物多样性保护、研究及昆虫学事业的发展具有重要推动作用。

　　《浙江昆虫志》的问世，体现了项目主持者和组织者的勤奋敬业，彰显了我国昆虫学家的执着与追求、努力与奋进的优良品质，展示了最新的科研成果。《浙江昆虫志》的出版将为浙江省昆虫区系的深入研究奠定良好基础。浙江地区还有一些类群有待广大昆虫研究者继续努力工作，也希望越来越多的同仁能在国家和地方相关部门的支持下开展昆虫志的编写工作，这不但对生物多样性研究具有重大贡献，也将造福我们的子孙后代。

印象初

河北大学生命科学学院

中国科学院院士

2022 年 1 月 18 日

《浙江昆虫志》序二

　　浙江地处中国东南沿海，地形自西南向东北倾斜，大致可分为浙北平原、浙西中山丘陵、浙东丘陵、中部金衢盆地、浙南山地、东南沿海平原及海滨岛屿6个地形区。浙江复杂的生态环境成就了极高的生物多样性。关于浙江的生物资源、区系组成、分布格局等，植物和大型动物都有较为系统的研究，如20世纪80年代《浙江植物志》和《浙江动物志》陆续问世，但是无脊椎动物的研究却较为零散。90年代末至今，浙江省先后对天目山、百山祖、清凉峰等重点生态地区的昆虫资源种类进行了广泛、系统的科学考察和研究，先后出版《天目山昆虫》《华东百山祖昆虫》《浙江清凉峰昆虫》等专著。1983年、2003年和2015年，由浙江省林业厅部署，浙江省还进行过三次林业有害生物普查。但历史上，浙江省一直没有对全省范围的昆虫资源进行系统整理，也没有建立统一的物种信息系统。

　　2016年，浙江省林业有害生物防治检疫局（现浙江省森林病虫害防治总站）和浙江省林学会发起，委托浙江农林大学组织实施，联合中国科学院、南开大学、浙江大学、西北农林科技大学、中国农业大学、中南林业科技大学、河北大学、华南农业大学、扬州大学、浙江自然博物馆等单位共同合作，开始展开对浙江省昆虫资源的实质性调查和编纂工作。六年来，在全国三百多位专家学者的共同努力下，编纂工作顺利完成。《浙江昆虫志》参照《中国动物志》编写，系统、全面地介绍了不同阶元的鉴别特征，提供了各类群的检索表，并附形态特征图。全书各卷册分别由该领域知名专家编写，有力地保证了《浙江昆虫志》的质量和水平，使这套志书具有很高的科学价值和应用价值。

　　昆虫是自然界中最繁盛的动物类群，种类多、数量大、分布广、适应性强，与人们的生产生活关系复杂而密切，既有害虫也有大量有益昆虫，是生态系统中重要的组成部分。《浙江昆虫志》不仅有助于人们全面了解浙江省丰富的昆虫资源，还可供农、林、牧、畜、渔、生物学、环境保护和生物多样性保护等工作者参考使用，可为昆虫资源保护、持续利用和有害生物控制提供理论依据。该丛书的出版将对保护森林资源、促进森林健康和生态系统的保护起到重要作用，并且对浙江省设立"生态红线"和"物种红线"的研究与监测，以及创建"两美浙江"等具有重要意义。

　　《浙江昆虫志》必将以它丰富的科学资料和广泛的应用价值为我国的动物学文献宝库增添新的宝藏。

康　乐

中国科学院动物研究所

中国科学院院士

2022年1月30日

《浙江昆虫志》前言

生物多样性是人类赖以生存和发展的重要基础，是地球生命所需要的物质、能量和生存条件的根本保障。中国是生物多样性最为丰富的国家之一，也同样面临着生物多样性不断丧失的严峻问题。生物多样性的丧失，直接威胁到人类的食品、健康、环境和安全等。国家高度重视生物多样性的保护，下大力气改善生态环境，改变生物资源的利用方式，促进生物多样性研究的不断深入。

浙江区域是我国华东地区一道重要的生态屏障，和谐稳定的自然生态系统为长三角地区经济快速发展提供了有力保障。浙江省地处中国东南沿海长江三角洲南翼，东临东海，南接福建，西与江西、安徽相连，北与上海、江苏接壤，位于北纬 27°02′～31°11′，东经 118°01′～123°10′，陆地面积 10.55 万 km²，森林面积 608.12 万 hm²，森林覆盖率为 61.17%（按省同口径计算，含一般灌木），森林生态系统多样性较好，森林植被类型、森林类型、乔木林龄组类型较丰富。湿地生态系统中湿地植物和植被、湿地野生动物均相当丰富。目前浙江省建有数量众多、类型丰富、功能多样的各级各类自然保护地。有 1 处国家公园体制试点区（钱江源国家公园）、311 处省级及以上自然保护地，其中 27 处自然保护区、128 处森林公园、59 处风景名胜区、67 处湿地公园、15 处地质公园、15 处海洋公园（海洋特别保护区），自然保护地总面积 1.4 万 km²，占全省陆域的 13.3%。

浙江素有"东南植物宝库"之称，是中国植物物种多样性最丰富的省份之一，有高等植物 6100 余种，在中东南植物区系中占有重要的地位；珍稀濒危植物众多，其中国家一级重点保护野生植物 11 种，国家二级重点保护野生植物 104 种；浙江特有种超过 200 种，如百山祖冷杉、普陀鹅耳枥、天目铁木等物种。陆生野生脊椎动物有 790 种，约占全国总数的 27%，列入浙江省级以上重点保护野生动物 373 种，其中国家一级重点保护动物 54 种，国家二级保护动物 138 种，像中华凤头燕鸥、华南梅花鹿、黑麂等都是以浙江为主要分布区的珍稀濒危野生动物。

昆虫是现今陆生动物中最为繁盛的一个类群，约占动物界已知种类的 3/4，是生物多样性的重要组成部分，在生态系统中占有独特而重要的地位，与人类具有密切而复杂的关系，为世界创造了巨大精神和物质财富，如家喻户晓的家蚕、蜜蜂和冬虫夏草等资源昆虫。

浙江集山水海洋之地利，地理位置优越，地形复杂多样，气候温和湿润，加之第四纪以来未受冰川的严重影响，森林覆盖率高，造就了丰富多样的生境类型，保存着大量珍稀生物物种，这种有利的自然条件给昆虫的生息繁衍提供了便利。昆虫种类复杂多样，资源极为丰富，珍稀物种荟萃。

浙江昆虫研究由来已久，早在北魏郦道元所著《水经注》中，就有浙江天目山的山川、霜木情况的记载。明代医药学家李时珍在编撰《本草纲目》时，曾到天目山实地考察采集，书中收有产于天目山的养生之药数百种，其中不乏有昆虫药。明代《西天目祖山志》生殖篇虫族中有山蚕、蚱蜢、蜣螂、蛱蝶、蜻蜓、蝉等昆虫的明确记载。由此可见，自古以来，浙江的昆虫就已引起人们的广泛关注。

20 世纪 40 年代之前，法国人郑璧尔（Octave Piel，1876～1945）（曾任上海震旦博物馆馆长）曾分别赴浙江四明山和舟山进行昆虫标本的采集，于 1916 年、1926 年、1929 年、1935 年、1936 年及 1937 年又多次到浙江天目山和莫干山采集，其中，1935～1937 年的采集规模大、类群广。他采集的标本数量大、影响深远，依据他所采标本就有相关 24 篇文章在学术期刊上发表，其中 80 种的模式标本产于天目山。

浙江是中国现代昆虫学研究的发源地之一。1924 年浙江昆虫局成立，曾多次派人赴浙江各地采集昆虫标本，国内昆虫学家也纷纷来浙采集，如胡经甫、祝汝佐、柳支英、程淦藩等，这些采集的昆虫标本现保存于中国科学院动物研究所、中国科学院上海昆虫博物馆（原中国科学院上海昆虫研究所）及浙江大学。据此有不少研究论文发表，其中包括大量新种。同时，浙江省昆虫局创办了《昆虫与植病》和《浙江省昆虫局年刊》等。《昆虫与植病》是我国第一份中文昆虫期刊，共出版 100 多期。

20 世纪 80 年代末至今，浙江省开展了一系列昆虫分类区系研究，特别是 1983 年和 2003 年分别进行了林业有害生物普查，分别鉴定出林业昆虫 1585 种和 2139 种。陈其瑚主编的《浙江植物病虫志 昆虫篇》（第一集 1990 年，第二集 1993 年）共记述 26 目 5106 种（包括蜱螨目），并将浙江全省划分成 6 个昆虫地理区。1993 年童雪松主编的《浙江蝶类志》记述鳞翅目蝶类 11 科 340 种。2001 年方志刚主编的《浙江昆虫名录》收录六足类 4 纲 30 目 447 科 9563 种。2015 年宋立主编的《浙江白蚁》记述白蚁 4 科 17 属 62 种。2019 年李泽建等在《浙江天目山蝴蝶图鉴》中记述蝴蝶 5 科 123 属 247 种，2020 年李泽建等在《百山祖国家公园蝴蝶图鉴 第Ⅰ卷》中记述蝴蝶 5 科 140 属 283 种。

中国科学院上海昆虫研究所尹文英院士曾于 1987 年主持国家自然科学基金重点项目"亚热带森林土壤动物区系及其在森林生态平衡中的作用"，在天目山采得昆虫纲标本 3.7 万余号，鉴定出 12 目 123 种，并于 1992 年编撰了《中国亚热带土壤动物》一书，该项目研究成果曾获中国科学院自然科学奖二等奖。

浙江大学（原浙江农业大学）何俊华和陈学新教授团队在我国著名寄生蜂分类学家祝汝佐教授（1900～1981）所奠定的文献资料与研究标本的坚实基础上，开展了农林业害虫寄生性天敌昆虫资源的深入系统分类研究，取得丰硕成果，撰写专著 20 余册，如《中国经济昆虫志 第五十一册 膜翅目 姬蜂科》《中国动物志 昆虫纲 第十八卷 膜翅目 茧蜂科（一）》《中国动物志 昆虫纲 第二十九卷 膜翅目 螯蜂科》《中国动物志 昆虫纲 第三十七卷 膜翅目 茧蜂科（二）》《中国动物志 昆虫纲 第五十六卷 膜翅目 细蜂总科（一）》等。2004 年何俊华教授又联合相关专家编著了《浙江蜂类志》，共记录浙江蜂类 59 科 631 属 1687 种，其中模式产地在浙江的就有 437 种。

浙江农林大学（原浙江林学院）吴鸿教授团队先后对浙江各重点生态地区的昆虫资源进行了广泛、系统的科学考察和研究，联合全国有关科研院所的昆虫分类学家，吴鸿教授作为主编或者参编者先后编撰了《浙江古田山昆虫和大型真菌》《华东百山祖昆虫》《龙王山昆虫》《天目山昆虫》《浙江乌岩岭昆虫及其森林健康评价》《浙江凤阳山昆虫》《浙江清凉峰昆虫》《浙江九龙山昆虫》等图书，书中发表了众多的新属、新种、中国新记录科、新记录属和新记录种。2014～2020 年吴鸿教授作为总主编之一还编撰了《天目山动物志》（共 11 卷），其中记述六足类动物 32 目 388 科 5000 余种。上述科学考察以及本次《浙江昆虫志》编撰项目为浙江当地和全国培养了一批昆虫分类学人才并积累了 100 万号昆虫标本。

通过上述大型有组织的昆虫科学考察，不仅查清了浙江省重要保护区内的昆虫种类资源，而且为全国积累了珍贵的昆虫标本。这些标本、专著及考察成果对于浙江省乃至全国昆虫类群的系统研究具有重要意义，不仅推动了浙江地区昆虫多样性的研究，也让更多的人认识到生物多样性的重要性。然而，前期科学考察的采集和研究的广度和深度都不能反映整个浙江地区的昆虫全貌。

昆虫多样性的保护、研究、管理和监测等许多工作都需要有翔实的物种信息作为基础。昆虫分类鉴定往往是一项逐渐接近真理（正确物种）的工作，有时甚至需要多次更正才能找到真正的归属。过去的一些观测仪器和研究手段的限制，导致部分属种鉴定有误，现代电子光学显微成像技术及 DNA 条形码分子鉴定技术极大推动了昆虫物种的更精准鉴定，此次《浙江昆虫志》对过去一些长期误鉴的属种和疑难属种进行了系统订正。

为了全面系统地了解浙江省昆虫种类的组成、发生情况、分布规律，为了益虫开发利用和有害昆虫的防控，以及为生物多样性研究和持续利用提供科学依据，2016 年 7 月"浙江省昆虫资源调查、信息管理与编撰"项目正式开始实施，该项目由浙江省林业有害生物防治检疫局（现浙江省森林病虫害防治总站）和浙江省林学会发起，委托浙江农林大学组织，联合全国相关昆虫分类专家合作。《浙江昆虫志》编委会组织全国 30 余家单位 300 余位昆虫分类学者共同编写，共分 16 卷：第一卷由杜予州教授主编，包含原尾纲、弹尾纲、双尾纲，以及昆虫纲的石蛃目、衣鱼目、蜉蝣目、蜻蜓目、襀翅目、等翅目、蜚蠊目、螳螂目、蛷虫目、直翅目和革翅目；第二卷由花保祯教授主编，包括昆虫纲啮虫目、缨翅目、广翅目、蛇蛉目、脉翅目、长翅目和毛翅目；第三卷由张雅林教授主编，包含昆虫纲半翅目同翅亚目；第四卷由卜文俊和刘国卿教授主编，包含昆虫纲半翅目异翅亚目；第五卷由李利珍教授和白明研究员主编，包含昆虫纲鞘翅目原鞘亚目、藻食亚目、肉食亚目、牙甲总科、阎甲总科、隐翅虫总科、金龟总科、沼甲总科；第六卷由任国栋教授主编，包含昆虫纲鞘翅目花甲总科、吉丁甲总科、丸甲总科、叩甲总科、长蠹总科、郭公甲总科、扁甲总科、瓢甲总科、拟步甲总科；第七卷由杨星科和张润志研究员主编，包含昆虫纲鞘翅目叶甲总科和象甲总科；第八卷由吴鸿和杨定教授主编，包含昆虫纲双翅目长角亚目；第九卷由杨定和姚刚教授主编，包含昆虫纲双翅目短角亚目虻总科、水虻总科、食虫虻总科、舞虻总科、蚤蝇总科、蚜蝇总科、眼蝇总科、实蝇总科、小粪蝇总科、缟蝇总科、沼蝇总科、鸟蝇总科、水蝇总科、突眼蝇总科和禾蝇总科；第十卷由薛万琦和张春田教授主编，包含昆虫纲双翅目短角亚目蝇总科、狂蝇总科；第十一卷由李后魂教授主编，包含昆虫纲鳞翅目小蛾类；第十二卷由韩红香副研究员和姜楠博士主编，包含昆虫纲鳞翅目大蛾类；第十三卷由王敏和范骁凌教授主编，包含昆虫纲鳞翅目蝶类；第十四卷由魏美才教授主编，包含昆虫纲膜翅目"广腰亚目"；第十五卷由陈学新和王义平教授主编、第十六卷由陈学新教授主编，这两卷内容为昆虫纲膜翅目细腰亚目。16 卷共记述浙江省六足类 1 万余种，各卷所收录物种的截止时间为 2021 年 12 月。

《浙江昆虫志》各卷主编由昆虫各类群权威顶级分类专家担任，他们是各单位的学科带头人或国家杰出青年科学基金获得者、973 计划首席专家和各专业学会的理事长和副理事长等，他们中有不少人都参与了《中国动物志》的编写工作，从而有力地保证了《浙江昆虫志》整套 16 卷学术内容的高水平和高质量，各卷反映了我国昆虫分类学者对昆虫分类区系研究的最新成果。《浙江昆虫志》是迄今为止对浙江省昆虫种类资源最为完整的科学记载，体现了国际一流水平，16 卷《浙江昆虫志》汇集了上万张图片，除黑白特征图外，还有大量成虫整体或局部特征彩色照片，这些图片精美、细致，能充分、直观地展示物种的分类形态鉴别特征。

浙江省林业局对《浙江昆虫志》的编撰出版一直给予关注，在其领导与支持下获得浙江省财政厅的经费资助。在科学考察过程中得到了浙江省各市、县（市、区）林业部门的大力支持和帮助，特别是浙江天目山国家级自然保护区管理局、浙江清凉峰国家级自然保护区管理局、四明山国家森林公园、钱江源国家公园、浙江仙霞岭省级自然保护区管理局、浙江九龙山国家级自然保护区管理局、景宁望东垟高山湿地自然保护区管理局和舟山市自然资源和规划局也给予了大力协助。同时也感谢国家出版基金和科学出版社的资助与支持，保证了 16 卷《浙江昆虫志》的顺利出版。

中国科学院印象初院士和康乐院士欣然为本志作序。借此付梓之际，我们谨向以上单位和个人，以及在本项目执行过程中给予关怀、鼓励、支持、指导、帮助和做出贡献的同志表示衷心的感谢！

限于资料和编研时间等多方面因素，书中难免有不足之处，恳盼各位同行和专家及读者不吝赐教。

《浙江昆虫志》编辑委员会

2022 年 3 月

《浙江昆虫志》编写说明

本志收录的种类原则上是浙江省内各个自然保护区和舟山群岛野外采集获得的昆虫种类。昆虫纲的分类系统参考袁锋等 2006 年编著的《昆虫分类学》第二版。其中，广义的昆虫纲已提升为六足总纲 Hexapoda，分为原尾纲 Protura、弹尾纲 Collembola、双尾纲 Diplura 和昆虫纲 Insecta。目前，狭义的昆虫纲仅包含无翅亚纲的石蛃目 Microcoryphia 和衣鱼目 Zygentoma 以及有翅亚纲。本志采用六足总纲的分类系统。考虑到编写的系统性、完整性和连续性，各卷所包含类群如下：第一卷包含原尾纲、弹尾纲、双尾纲，以及昆虫纲的石蛃目、衣鱼目、蜉蝣目、蜻蜓目、襀翅目、等翅目、蜚蠊目、螳螂目、蛸虫目、直翅目和革翅目；第二卷包含昆虫纲的啮虫目、缨翅目、广翅目、蛇蛉目、脉翅目、长翅目和毛翅目；第三卷包含昆虫纲的半翅目同翅亚目；第四卷包含昆虫纲的半翅目异翅亚目；第五卷、第六卷和第七卷包含昆虫纲的鞘翅目；第八卷、第九卷和第十卷包含昆虫纲的双翅目；第十一卷、第十二卷和第十三卷包含昆虫纲的鳞翅目；第十四卷、第十五卷和第十六卷包含昆虫纲的膜翅目。

由于篇幅限制，本志所涉昆虫物种均仅提供原始引证，部分物种同时提供了最新的引证信息。为了物种鉴定的快速化和便捷化，所有包括 2 个以上分类阶元的目、科、亚科、属，以及物种均依据形态特征编写了对应的分类检索表。本志关于浙江省内分布情况的记录，除了之前有记录但是分布记录不详且本次调查未采到标本的种类外，所有种类都尽可能反映其详细的分布信息。限于篇幅，浙江省内的分布信息如下所列按地级市、市辖区、县级市、县、自治县为单位按顺序编写，如浙江（安吉、临安）；由于四明山国家级自然保护区地跨多个市（县），因此，该地的分布信息保留为四明山。对于省外分布地则只写到省份、自治区、直辖市和特区等名称，参照《中国动物志》的编写规则，按顺序排列。对于国外分布地则只写到国家或地区名称，各个国家名称参照国际惯例按顺序排列，以逗号隔开。浙江省分布地名称和行政区划资料截至 2020 年，具体如下。

湖州：吴兴、南浔、德清、长兴、安吉

嘉兴：南湖、秀洲、嘉善、海盐、海宁、平湖、桐乡

杭州：上城、卜城、江十、拱墅、西湖、滨江、萧山、余杭、富阳、临安、桐庐、淳安、建德

绍兴：越城、柯桥、上虞、新昌、诸暨、嵊州

宁波：海曙、江北、北仑、镇海、鄞州、奉化、象山、宁海、余姚、慈溪

舟山：定海、普陀、岱山、嵊泗

金华：婺城、金东、武义、浦江、磐安、兰溪、义乌、东阳、永康

台州：椒江、黄岩、路桥、三门、天台、仙居、温岭、临海、玉环

衢州：柯城、衢江、常山、开化、龙游、江山

丽水：莲都、青田、缙云、遂昌、松阳、云和、庆元、景宁、龙泉

温州：鹿城、龙湾、瓯海、洞头、永嘉、平阳、苍南、文成、泰顺、瑞安、乐清

目　　录

半翅目 Hemiptera ⋯⋯⋯⋯⋯⋯⋯⋯⋯⋯⋯⋯⋯⋯⋯⋯⋯⋯⋯⋯⋯⋯⋯⋯⋯⋯⋯⋯⋯⋯ 1
第一章　角蝉总科 Membracoidea ⋯⋯⋯⋯⋯⋯⋯⋯⋯⋯⋯⋯⋯⋯⋯⋯⋯⋯⋯⋯⋯ 2
　一、叶蝉科 Cicadellidae ⋯⋯⋯⋯⋯⋯⋯⋯⋯⋯⋯⋯⋯⋯⋯⋯⋯⋯⋯⋯⋯⋯⋯⋯ 6
　　（一）大叶蝉亚科 Cicadellinae ⋯⋯⋯⋯⋯⋯⋯⋯⋯⋯⋯⋯⋯⋯⋯⋯⋯⋯⋯ 7
　　　1. 斑大叶蝉属 *Anatkina* Young, 1986 ⋯⋯⋯⋯⋯⋯⋯⋯⋯⋯⋯⋯⋯⋯⋯ 7
　　　2. 条大叶蝉属 *Atkinsoniella* Distant, 1908 ⋯⋯⋯⋯⋯⋯⋯⋯⋯⋯⋯⋯ 8
　　　3. 凹大叶蝉属 *Bothrogonia* Melichar, 1926 ⋯⋯⋯⋯⋯⋯⋯⋯⋯⋯⋯⋯ 11
　　　4. 大叶蝉属 *Cicadella* Latreille, 1817 ⋯⋯⋯⋯⋯⋯⋯⋯⋯⋯⋯⋯⋯⋯ 12
　　　5. 边大叶蝉属 *Kolla* Distant, 1908 ⋯⋯⋯⋯⋯⋯⋯⋯⋯⋯⋯⋯⋯⋯⋯⋯ 13
　　　6. 突大叶蝉属 *Gunungidia* Young, 1986 ⋯⋯⋯⋯⋯⋯⋯⋯⋯⋯⋯⋯⋯⋯ 14
　　（二）窗翅叶蝉亚科 Mileewinae ⋯⋯⋯⋯⋯⋯⋯⋯⋯⋯⋯⋯⋯⋯⋯⋯⋯⋯⋯ 15
　　　7. 窗翅叶蝉属 *Mileewa* Distant, 1908 ⋯⋯⋯⋯⋯⋯⋯⋯⋯⋯⋯⋯⋯⋯⋯ 15
　　（三）杆叶蝉亚科 Hylicinae ⋯⋯⋯⋯⋯⋯⋯⋯⋯⋯⋯⋯⋯⋯⋯⋯⋯⋯⋯⋯⋯ 18
　　　8. 片胫杆蝉属 *Balala* Distant, 1908 ⋯⋯⋯⋯⋯⋯⋯⋯⋯⋯⋯⋯⋯⋯⋯⋯ 18
　　　9. 桨头叶蝉属 *Nacolus* Jacobi, 1914 ⋯⋯⋯⋯⋯⋯⋯⋯⋯⋯⋯⋯⋯⋯⋯⋯ 19
　　（四）耳叶蝉亚科 Ledrinae ⋯⋯⋯⋯⋯⋯⋯⋯⋯⋯⋯⋯⋯⋯⋯⋯⋯⋯⋯⋯⋯ 20
　　　10. 角胸叶蝉属 *Tituria* Stål, 1865 ⋯⋯⋯⋯⋯⋯⋯⋯⋯⋯⋯⋯⋯⋯⋯⋯⋯ 21
　　　11. 片头叶蝉属 *Petalocephala* Stål, 1853 ⋯⋯⋯⋯⋯⋯⋯⋯⋯⋯⋯⋯⋯ 21
　　　12. 点翅叶蝉属 *Confucius* Distant, 1907 ⋯⋯⋯⋯⋯⋯⋯⋯⋯⋯⋯⋯⋯⋯ 23
　　　13. 宽冠叶蝉属 *Laticorona* Cai, 1994 ⋯⋯⋯⋯⋯⋯⋯⋯⋯⋯⋯⋯⋯⋯⋯ 24
　　（五）乌叶蝉亚科 Penthimiinae ⋯⋯⋯⋯⋯⋯⋯⋯⋯⋯⋯⋯⋯⋯⋯⋯⋯⋯⋯ 25
　　　14. 长盾叶蝉属 *Haranga* Distant, 1908 ⋯⋯⋯⋯⋯⋯⋯⋯⋯⋯⋯⋯⋯⋯ 25
　　　15. 乌叶蝉属 *Penthimia* Germar, 1821 ⋯⋯⋯⋯⋯⋯⋯⋯⋯⋯⋯⋯⋯⋯⋯ 26
　　　16. 网背叶蝉属 *Reticuluma* Cheng *et* Li, 2005 ⋯⋯⋯⋯⋯⋯⋯⋯⋯⋯ 29
　　（六）离脉叶蝉亚科 Coelidiinae ⋯⋯⋯⋯⋯⋯⋯⋯⋯⋯⋯⋯⋯⋯⋯⋯⋯⋯⋯ 31
　　　17. 阔茎裳叶蝉属 *Cladolidia* Nielson, 2015 ⋯⋯⋯⋯⋯⋯⋯⋯⋯⋯⋯⋯ 31
　　　18. 单突叶蝉属 *Olidiana* McKamey, 2006 ⋯⋯⋯⋯⋯⋯⋯⋯⋯⋯⋯⋯⋯ 32
　　　19. 片叶蝉属 *Thagria* Melichar, 1903 ⋯⋯⋯⋯⋯⋯⋯⋯⋯⋯⋯⋯⋯⋯⋯ 36
　　　20. 囊茎叶蝉属 *Tumidorus* Nielson, 2015 ⋯⋯⋯⋯⋯⋯⋯⋯⋯⋯⋯⋯⋯ 37
　　　21. 韦氏叶蝉属 *Webbolidia* Nielson, 2015 ⋯⋯⋯⋯⋯⋯⋯⋯⋯⋯⋯⋯⋯ 38
　　（七）横脊叶蝉亚科 Evacanthinae ⋯⋯⋯⋯⋯⋯⋯⋯⋯⋯⋯⋯⋯⋯⋯⋯⋯⋯ 39
　　　22. 脊额叶蝉属 *Carinata* Li *et* Wang, 1991 ⋯⋯⋯⋯⋯⋯⋯⋯⋯⋯⋯⋯ 39
　　　23. 凸冠叶蝉属 *Convexana* Li, 1994 ⋯⋯⋯⋯⋯⋯⋯⋯⋯⋯⋯⋯⋯⋯⋯⋯ 43
　　　24. 横脊叶蝉属 *Evacanthus* Le Peletier *et* Servillle, 1825 ⋯⋯⋯⋯ 43
　　　25. 锥头叶蝉属 *Onukia* Matsumura, 1912 ⋯⋯⋯⋯⋯⋯⋯⋯⋯⋯⋯⋯⋯ 44
　　　26. 突脉叶蝉属 *Riseveinus* Li, 1995 ⋯⋯⋯⋯⋯⋯⋯⋯⋯⋯⋯⋯⋯⋯⋯⋯ 45
　　　27. 角突叶蝉属 *Taperus* Li *et* Wang, 1994 ⋯⋯⋯⋯⋯⋯⋯⋯⋯⋯⋯⋯ 46
　　（八）隐脉叶蝉亚科 Nirvaninae ⋯⋯⋯⋯⋯⋯⋯⋯⋯⋯⋯⋯⋯⋯⋯⋯⋯⋯⋯ 47
　　　28. 消室叶蝉属 *Chudania* Distant, 1908 ⋯⋯⋯⋯⋯⋯⋯⋯⋯⋯⋯⋯⋯⋯ 48
　　　29. 凹片叶蝉属 *Concaveplana* Chen *et* Li, 1998 ⋯⋯⋯⋯⋯⋯⋯⋯⋯⋯ 49
　　　30. 内突叶蝉属 *Extensus* Huang, 1989 ⋯⋯⋯⋯⋯⋯⋯⋯⋯⋯⋯⋯⋯⋯ 51
　　　31. 小板叶蝉属 *Oniella* Matsumura, 1912 ⋯⋯⋯⋯⋯⋯⋯⋯⋯⋯⋯⋯⋯ 53
　　　32. 拟隐脉叶蝉属 *Sophonia* Walker, 1870 ⋯⋯⋯⋯⋯⋯⋯⋯⋯⋯⋯⋯⋯ 55

（九）角顶叶蝉亚科 Deltocephalinae ··58
　　33. 柔突叶蝉属 *Abrus* Dai *et* Zhang, 2002 ···60
　　34. 竹叶蝉属 *Bambusana* Anufriev, 1969 ···61
　　35. 端突叶蝉属 *Branchana* Li, 2011 ···62
　　36. 双叉叶蝉属 *Chlorotettix* Van Duzee, 1892 ···63
　　37. 掌叶蝉属 *Handianus* Ribaut, 1942 ··64
　　38. 松村叶蝉属 *Matsumurella* Ishihara, 1953 ··65
　　39. 饴叶蝉属 *Ophiola* Edwards, 1922 ··67
　　40. 东方叶蝉属 *Orientus* de Long, 1938 ··68
　　41. 拟带叶蝉属 *Scaphoidella* Vilbaste, 1968 ··69
　　42. 嘎叶蝉属 *Alobaldia* Emeljanov, 1972 ··73
　　43. 梳叶蝉属 *Ctenurellina* McKamey, 2003 ···74
　　44. 角顶叶蝉属 *Deltocephalus* Burmeister, 1838 ···75
　　45. 美叶蝉属 *Maiestas* Distant, 1917 ···77
　　46. 冠带叶蝉属 *Paramesodes* Ishihara, 1953 ···84
　　47. 二室叶蝉属 *Balclutha* Kirkaldy, 1900 ··86
　　48. 拟叉叶蝉属 *Cicadulina* China, 1926 ··91
　　49. 二叉叶蝉属 *Macrosteles* Fieber, 1866 ··93
　　50. 比赫叶蝉属 *Bhavapura* Chalam *et* Rao, 2005 ··96
　　51. 肛突叶蝉属 *Changwhania* Kwon, 1980 ···97
　　52. 光叶蝉属 *Futasujinus* Ishihara, 1953 ···98
　　53. 拟光头叶蝉属 *Paralaevicephalus* Ishihara, 1953 ·······································99
　　54. 沙叶蝉属 *Psammotettix* Haupt, 1929 ··100
　　55. 尖头叶蝉属 *Yanocephalus* Ishihara, 1953 ···102
　　56. 拟菱纹叶蝉属 *Hishimonoides* Ishihara, 1965 ···103
　　57. 菱纹叶蝉属 *Hishimonus* Ishihara, 1953 ···107
　　58. 刺瓣叶蝉属 *Norva* Emeljanov, 1969 ··110
　　59. 木叶蝉属 *Phlogotettix* Ribaut, 1942 ···111
　　60. 锥顶叶蝉属 *Japananus* Ball, 1931 ···112
　　61. 突茎叶蝉属 *Amimenus* Ishihara, 1953 ··114
　　62. 腹突叶蝉属 *Osbornellus* Ball, 1932 ···115
　　63. 缘毛叶蝉属 *Phlogothamnus* Ishihara, 1961 ··115
　　64. 带叶蝉属 *Scaphoideus* Uhler, 1889 ···116
　　65. 透斑叶蝉属 *Scaphomonus* Viraktamath, 2009 ···133
　　66. 凯恩叶蝉属 *Xenovarta* Viraktamath, 2004 ··134
（十）小眼叶蝉亚科 Xestocephalinae ···135
　　67. 小眼叶蝉属 *Xestocephalus* Van Duzee, 1892 ···135
（十一）缘脊叶蝉亚科 Selenocephalinae ··136
　　68. 卡叶蝉属 *Carvaka* Distant, 1918 ··137
　　69. 阔颈叶蝉属 *Drabescoides* Kwon *et* Lee, 1979 ··138
　　70. 叉茎叶蝉属 *Dryadomorpha* Kirkaldy, 1906 ···140
　　71. 索突叶蝉属 *Favintiga* Webb, 1981 ··141
　　72. 管茎叶蝉属 *Fistulatus* Zhang, 1997 ···143
　　73. 脊翅叶蝉属 *Parabolopona* Matsumura, 1912 ··146
　　74. 胫槽叶蝉属 *Drabescus* Stål, 1870 ···149
　　75. 齿茎叶蝉属 *Tambocerus* Zhang *et* Webb, 1996 ·······································153
（十二）片角叶蝉亚科 Idiocerinae ··154
　　76. 短突叶蝉属 *Nabicerus* Kwon, 1985 ···155
　　77. 片角叶蝉属 *Idiocerus* Lewis, 1834 ··157
　　78. 拟长突叶蝉属 *Paramritodus* Xue *et* Zhang, 2020 ····································158

79. 突角叶蝉属 *Anidiocerus* Maldonado-Capriles, 1976 ························· 158

（十三）广头叶蝉亚科 Macropsinae ··· 159

80. 斜纹叶蝉属 *Pediopsis* Burmeister, 1838 ·································· 160

81. 暗纹叶蝉属 *Pediopsoides* Matsumura, 1912 ···························· 161

82. 广头叶蝉属 *Macropsis* Lewis, 1834 ······································ 162

（十四）小叶蝉亚科 Typhlocybinae ··· 162

83. 沙小叶蝉属 *Shaddai* Distant, 1918 ······································· 163

84. 索布小叶蝉属 *Sobrala* Dworakowska, 1977 ···························· 164

85. 冠德小叶蝉属 *Cuanta* Dworakowska, 1993 ····························· 166

86. 叉脉小叶蝉属 *Dikraneura* Hardy, 1850 ·································· 167

87. 米氏小叶蝉属 *Michalowskiya* Dworakowska, 1972 ···················· 168

88. 斑小叶蝉属 *Naratettix* Matsumura, 1931 ································ 170

89. 巴塔叶蝉属 *Alebrasca* Hayashi *et* Okada, 1994 ······················· 172

90. 芒果叶蝉属 *Amrasca* Ghauri, 1967 ······································· 173

91. 光小叶蝉属 *Apheliona* Kirkaldy, 1907 ··································· 174

92. 偏茎叶蝉属 *Asymmetrasca* Dlabola, 1958 ······························ 175

93. 奥小叶蝉属 *Austroasca* Lower, 1952 ····································· 177

94. 小绿叶蝉属 *Empoasca* Walsh, 1862 ······································ 178

95. 石原叶蝉属 *Ishiharella* Dworakowska, 1970 ···························· 183

96. 雅氏小叶蝉属 *Jacobiasca* Dworakowska, 1972 ························· 184

97. 尼小叶蝉属 *Nikkotettix* Matsumura, 1931 ······························ 185

98. 二星叶蝉属 *Arboridia* Zachvatkin, 1946 ································ 188

99. 白小叶蝉属 *Elbelus* Mahmood, 1967 ····································· 190

100. 顶斑叶蝉属 *Empoascanara* Distant, 1918 ······························ 191

101. 暗小叶蝉属 *Seriana* Dworakowska, 1971 ······························ 192

102. 新小叶蝉属 *Singapora* Mahmood, 1967 ································· 192

103. 斑翅叶蝉属 *Tautoneura* Anufriev, 1969 ································ 193

104. 白翅叶蝉属 *Thaia* Ghauri, 1962 ··· 194

105. 赛克叶蝉属 *Ziczacella* Anufriev, 1970 ································· 196

106. 辜小叶蝉属 *Aguriahana* Distant, 1918 ·································· 197

107. 毛尾小叶蝉属 *Comahadina* Huang *et* Zhang, 2010 ···················· 199

108. 雅小叶蝉属 *Eurhadina* Haupt, 1929 ····································· 200

109. 蕃氏小叶蝉属 *Farynala* Dworakowska, 1970 ·························· 207

110. 小叶蝉属 *Typhlocyba* Germar, 1833 ···································· 208

111. 沃小叶蝉属 *Warodia* Dworakowska, 1971 ····························· 209

112. 点小叶蝉属 *Zorka* Dworakowska, 1970 ································· 210

113. 零叶蝉属 *Limassolla* Dlabola, 1965 ····································· 212

114. 杨小叶蝉属 *Yangisunda* Zhang, 1990 ··································· 214

（十五）叶蝉亚科 Iassinae ·· 215

115. 长突叶蝉属 *Batracomorphus* Lewis, 1834 ······························ 216

116. 华曲突叶蝉属 *Siniassus* Dai, Dietrich *et* Zhang, 2015 ··············· 220

117. 网脉叶蝉属 *Krisna* Kirkaldy, 1900 ······································ 221

118. 曲突叶蝉属 *Trocnadella* Pruthi, 1930 ··································· 225

119. 翅点叶蝉属 *Gessius* Distant, 1908 ······································· 226

（十六）圆痕叶蝉亚科 Megophthalminae ·· 227

120. 淡脉叶蝉属 *Japanagallia* Ishihara, 1955 ································ 227

121. 网翅叶蝉属 *Dryodurgades* Zachvatkin, 1946 ·························· 229

122. 锥茎叶蝉属 *Onukigallia* Ishihara, 1955 ································· 230

二、角蝉科 Membracidae ·· 231

（十七）露盾角蝉亚科 Centrotinae ·· 231

123. 矛角蝉属 *Leptobelus* Stål, 1866 ································ 232
124. 圆角蝉属 *Gargara* Amyot *et* Serville, 1843 ··············· 233
125. 脊角蝉属 *Machaerotypus* Uhler, 1896 ··················· 234
126. 耳角蝉属 *Maurya* Distant, 1916 ······················· 235
127. 结角蝉属 *Antialcidas* Distant, 1916 ···················· 236
128. 锯角蝉属 *Pantaleon* Distant, 1916 ····················· 238
129. 秃角蝉属 *Centrotoscelus* Funkhouser, 1914 ·············· 239
130. 三刺角蝉属 *Tricentrus* Stål, 1866 ····················· 241

第二章　沫蝉总科 Cercopoidea ··································· 240
　三、尖胸沫蝉科 Aphrophoridae ·································· 240
131. 铲头沫蝉属 *Clovia* Stål, 1866 ························· 241
132. 象沫蝉属 *Philagra* Stål, 1863 ························· 243
133. 圆沫蝉属 *Lepyronia* Amyot *et* Serville, 1843 ············ 246
134. 尖胸沫蝉属 *Aphrophora* Germar, 1821 ················· 247
135. 连脊沫蝉属 *Aphropsis* Metcalf *et* Horton, 1934 ········· 251
136. 秦沫蝉属 *Qinophora* Chou *et* Liang, 1987 ·············· 253
　四、沫蝉科 Cercopidae ··· 254
137. 丽沫蝉属 *Cosmoscarta* Stål, 1869 ···················· 254
138. 凤沫蝉属 *Paphnutius* Distant, 1916 ··················· 257
139. 长头沫蝉属 *Abidama* Distant, 1908 ··················· 259
140. 稻沫蝉属 *Callitettix* Stål, 1865 ························ 260
141. 拟沫蝉属 *Paracercopis* Schmidt, 1925 ················· 262
142. 曙沫蝉属 *Eoscarta* Breddin, 1902 ···················· 264
　五、巢沫蝉科 Machaerotidae ··································· 266
143. 巢沫蝉属 *Taihorina* Schumacher, 1915 ················ 266

第三章　蝉总科 Cicadoidea ···································· 268
　六、蝉科 Cicadidae ·· 268
（十八）姬蝉亚科 Cicadettinae ······························· 269
144. 姬蝉属 *Cicadetta* Kolenati, 1857 ····················· 269
145. 暗翅蝉属 *Scieroptera* Stål, 1866 ····················· 270
146. 红蝉属 *Huechys* Amyot *et* Audinet-Serville, 1843 ········ 271
147. 碧蝉属 *Hea* Distant, 1906 ···························· 271
148. 指蝉属 *Kosemia* Matsumura, 1927 ···················· 272
（十九）蝉亚科 Cicadinae ·································· 273
149. 草蝉属 *Mogannia* Amyot *et* Audinet-Serville, 1843 ······ 273
150. 蟪蛄属 *Platypleura* Amyot *et* Audinet-Serville, 1843 ····· 275
151. 毛蟪蛄属 *Suisha* Kato, 1928 ························· 276
152. 大马蝉属 *Macrosemia* Kato, 1925 ···················· 277
153. 寒蝉属 *Meimuna* Distant, 1905 ······················ 277
154. 螂蝉属 *Pomponia* Stål, 1866 ························· 279
155. 真宁蝉属 *Euterpnosia* Matsumura, 1917 ··············· 279
156. 日宁蝉属 *Yezoterpnosia* Matsumura, 1917 ············· 280
157. 细蝉属 *Leptosemia* Matsumura, 1917 ·················· 281
158. 蟪蝉属 *Tanna* Distant, 1905 ························· 281
159. 透翅蝉属 *Hyalessa* China, 1925 ······················ 283
160. 螓蝉属 *Auritibicen* Lee, 2015 ························ 283
161. 蚱蝉属 *Cryptotympana* Stål, 1861 ···················· 284

第四章　蜡蝉总科 Fulgoroidea ·································· 285
　七、菱蜡蝉科 Cixiidae ··· 285

（二十）帛菱蜡蝉亚科 Borystheninae ···286

  162. 帛菱蜡蝉属 *Borysthenes* Stål, 1866 ···286

（二十一）菱蜡蝉亚科 Cixiinae ···287

  163. 安菱蜡蝉属 *Andes* Stål, 1866 ···287

  164. 贝菱蜡蝉属 *Betacixius* Matsumura, 1914 ·································290

  165. 菱蜡蝉属 *Cixius* Latreille, 1804 ··293

  166. 库菱蜡蝉属 *Kuvera* Distant, 1906 ···295

  167. 大菱蜡蝉属 *Macrocixius* Matsumura, 1914 ·····························298

  168. 拟正菱蜡蝉属 *Neocarpia* Tsaur *et* Hsu, 2003 ························299

  169. 冠脊菱蜡蝉属 *Oecleopsis* Emeljanov, 1971 ···························300

  170. 脊菱蜡蝉属 *Oliarus* Stål, 1862 ···301

  171. 五胸脊菱蜡蝉属 *Pentastiridius* Kirschbaum, 1868 ··················302

  172. 瑞脊菱蜡蝉属 *Reptalus* Emeljanov, 1971 ·······························303

八、飞虱科 Delphacidae ···305

  173. 竹飞虱属 *Bambusiphaga* Huang *et* Ding, 1979 ······················307

  174. 纹翅飞虱属 *Cemus* Fennah, 1964 ···308

  175. 奇洛飞虱属 *Chilodelphax* Vilbaste, 1968 ·······························309

  176. 柯拉飞虱属 *Coracodelphax* Vilbaste, 1968 ···························310

  177. 大叉飞虱属 *Ecdelphax* Yang, 1989 ······································310

  178. 短头飞虱属 *Epeurysa* Matsumura, 1900 ·······························312

  179. 镰飞虱属 *Falcotoya* Fennah, 1969 ···313

  180. 叉飞虱属 *Garaga* Anufriev, 1977 ··313

  181. 鼓面飞虱属 *Gufacies* Ding, 2006 ··315

  182. 淡肩飞虱属 *Harmalia* Fennah, 1969 ······································315

  183. 带背飞虱属 *Himeunka* Matsumura *et* Ishihara, 1945 ···············316

  184. 宽头飞虱属 *Ishiharodelphax* Kwon, 1982 ······························317

  185. 长跗飞虱属 *Kakuna* Matsumura, 1935 ···································317

  186. 灰飞虱属 *Laodelphax* Fennah, 1963 ······································318

  187. 类节飞虱属 *Laoterthrona* Ding *et* Huang, 1980 ·······················318

  188. 丽飞虱属 *Lisogata* Ding, 2006 ···319

  189. 龙潭飞虱属 *Longtania* Ding, 2006 ···319

  190. 马来飞虱属 *Malaxa* Melichar, 1914 ·······································320

  191. 梅塔飞虱属 *Metadelphax* Wagner, 1963 ·································321

  192. 单突飞虱属 *Monospinodelphax* Ding, 2006 ····························321

  193. 偏角飞虱属 *Neobelocera* Ding *et* Yang, 1986 ·························322

  194. 新叉飞虱属 *Neodicranotropis* Yang, 1989 ······························323

  195. 淡脊飞虱属 *Neuterthron* Ding, 2006 ·······································323

  196. 褐飞虱属 *Nilaparvata* Distant, 1906 ······································324

  197. 瓶额飞虱属 *Numata* Matsumura, 1935 ···································325

  198. 皱茎飞虱属 *Opiconsiva* Distant, 1917 ·····································326

  199. 东洋飞虱属 *Orientoya* Chen *et* Ding, 2001 ····························326

  200. 披突飞虱属 *Palego* Fennah, 1978 ···327

  201. 派罗飞虱属 *Paradelphacodes* Wagner, 1963 ··························328

  202. 扁角飞虱属 *Perkinsiella* Kirkaldy, 1903 ·································328

  203. 长鞘飞虱属 *Preterkelisia* Yang, 1989 ·····································329

  204. 长飞虱属 *Saccharosydne* Kirkaldy, 1907 ·······························330

  205. 喙头飞虱属 *Sardia* Melichar, 1903 ·······································330

  206. 世纪飞虱属 *Shijidelphax* Ding, 2006 ·····································331

  207. 长唇基飞虱属 *Sogata* Distant, 1906 ······································332

  208. 白背飞虱属 *Sogatella* Fennah, 1963 ······································332

209. 刺突飞虱属 *Spinaprocessus* Ding, 2006 ································· 334
210. 长突飞虱属 *Stenocranus* Fieber, 1866 ······························· 334
211. 白条飞虱属 *Terthron* Fennah, 1965 ································· 336
212. 托亚飞虱属 *Toya* Distant, 1906 ····································· 336
213. 长角飞虱属 *Toyoides* Matsumura, 1935 ····························· 337
214. 匙顶飞虱属 *Tropidocephala* Stål, 1853 ····························· 338
215. 姬飞虱属 *Ulanar* Fennah, 1973 ····································· 339
216. 白脊飞虱属 *Unkanodes* Fennah, 1956 ······························· 340
217. 锥翅飞虱属 *Yanunka* Ishihara, 1952 ································ 340

九、象蜡蝉科 Dictyopharidae ··· 341
218. 丽象蜡蝉属 *Orthopagus* Uhler, 1896 ······························· 342
219. 彩象蜡蝉属 *Raivuna* Fennah, 1978 ································· 343
220. 鼻象蜡蝉属 *Saigona* Matsumura, 1910 ····························· 345

十、瓢蜡蝉科 Issidae ··· 346
221. 巨齿瓢蜡蝉属 *Dentatissus* Chen, Zhang *et* Chang, 2014 ··········· 347
222. 福瓢蜡蝉属 *Fortunia* Distant, 1909 ································· 348
223. 格氏瓢蜡蝉属 *Gnezdilovius* Meng, Webb *et* Wang, 2017 ············ 348
224. 蒙瓢蜡蝉属 *Mongoliana* Distant, 1909 ······························· 350
225. 梯额瓢蜡蝉属 *Neokodaiana* Yang, 1994 ····························· 350

十一、蛾蜡蝉科 Flatidae ··· 351
226. 平蛾蜡蝉属 *Flata* Fabricius, 1798 ································· 351
227. 碧蛾蜡蝉属 *Geisha* Kirkaldy, 1900 ································· 352
228. 拟幻蛾蜡蝉属 *Mimophantia* Matsumura, 1900 ····················· 352

十二、蜡蝉科 Fulgoridae ··· 353
229. 斑衣蜡蝉属 *Lycorma* Stål, 1863 ····································· 354

十三、粒脉蜡蝉科 Meenoplidae ··· 354
230. 媛脉蜡蝉属 *Eponisia* Matsumura, 1914 ····························· 355
231. 粒脉蜡蝉属 *Nisia* Melichar, 1903 ································· 356
232. 苏瓦属 *Suva* Kirkaldy, 1906 ······································· 356

十四、广蜡蝉科 Ricaniidae ··· 357
233. 疏广蜡蝉属 *Euricania* Melichar, 1898 ····························· 357
234. 宽广蜡蝉属 *Pochazia* Amyot *et* Serville, 1843 ··················· 358
235. 广翅蜡蝉属 *Ricania* Germar, 1818 ································· 360

十五、扁蜡蝉科 Tropiduchidae ··· 361
236. 条扁蜡蝉属 *Catullia* Stål, 1870 ··································· 362
237. 拟条扁蜡蝉属 *Catullioides* Berman, 1910 ························· 363
238. 舌扁蜡蝉属 *Ossoides* Berman, 1910 ································· 363
239. 鳎扁蜡蝉属 *Tambinia* Stål, 1859 ··································· 364

第五章　木虱总科 **Psylloidea** ··· 366
十六、斑木虱科 Aphalaridae ··· 367
240. 斑木虱属 *Aphalara* Förster, 1848 ································· 367
241. 朴盾木虱属 *Celtisaspis* Yang *et* Li, 1982 ························· 368
242. 漆木虱属 *Rhusaphalara* Park *et* Lee, 1982 ······················· 369
243. 棘木虱属 *Togepsylla* Kuwayama, 1931 ····························· 370

十七、同木虱科 Homotomidae ··· 372
244. 同木虱属 *Homotoma* Guérin-Méneville, 1844 ······················· 372

十八、扁木虱科 Liviidae ··· 373
245. 扁木虱属 *Livia* Latreille, 1802 ··································· 373
246. 小头木虱属 *Paurocephala* Crawford, 1914 ························· 374
247. 呆木虱属 *Diaphorina* Löw, 1880 ··································· 375

十九、木虱科 Psyllidae ·· 377
　　　248. 羞木虱属 *Acizzia* Heslop-Harrison, 1961 ·· 377
　　　249. 喀木虱属 *Cacopsylla* Ossiannilsson, 1970 ·· 378
　　　250. 豆木虱属 *Cyamophila* Loginova, 1976 ·· 383
二十、丽木虱科 Calophyidae ·· 384
　　　251. 丽木虱属 *Calophya* Löw, 1879 ·· 385
二十一、裂木虱科 Carsidaridae ·· 385
　　　252. 裂木虱属 *Carsidara* Walker, 1869 ·· 386
二十二、个木虱科 Triozidae ·· 387
　　　253. 缨个木虱属 *Petalolyma* Scott, 1882 ·· 387
　　　254. 狭个木虱属 *Stenopsylla* Kuwayama, 1910 ·· 388
　　　255. 个木虱属 *Trioza* Förster, 1848 ·· 389
　　　256. 三毛个木虱属 *Trisetitrioza* Li, 1995 ·· 390

第六章　粉虱总科 Aleyrodoidea ·· 393
二十三、粉虱科 Aleyrodidae ·· 393
　　　257. 刺粉虱属 *Aleurocanthus* Quaintance *et* Baker, 1914 ·· 394
　　　258. 棒粉虱属 *Aleuroclava* Singh, 1931 ·· 396
　　　259. 三叶粉虱属 *Aleurolobus* Quaintance *et* Baker, 1914 ·· 402
　　　260. 缘粉虱属 *Aleuromarginatus* Corbett, 1935 ·· 404
　　　261. 扁粉虱属 *Aleuroplatus* Quaintance *et* Baker, 1914 ··· 405
　　　262. 颈粉虱属 *Aleurotrachelus* Quaintance *et* Baker, 1914 ··· 406
　　　263. 星伯粉虱属 *Asterobemisia* Trehan, 1940 ·· 407
　　　264. 小粉虱属 *Bemisia* Quaintance *et* Baker, 1914 ·· 408
　　　265. 平背粉虱属 *Crenidorsum* Russell, 1945 ·· 409
　　　266. 裸粉虱属 *Dialeurodes* Cockerell, 1902 ·· 410
　　　267. 类伯粉虱属 *Parabemisia* Takahashi, 1952 ·· 411
　　　268. 皮氏粉虱属 *Pealius* Quaintance *et* Baker, 1914 ·· 412
　　　269. 指粉虱属 *Pentaleyrodes* Takahashi, 1937 ·· 413
　　　270. 突孔粉虱属 *Singhiella* Sampson, 1943 ·· 414
　　　271. 蜡粉虱属 *Trialeurodes* Cockerell, 1902 ·· 415
　　　272. 大卫粉虱属 *Vasdavidius* Russell, 2000 ·· 415

第七章　蚜总科 Aphidoidea ·· 417
二十四、蚜科 Aphididae ··· 417
　　（二十二）瘿绵蚜亚科 Eriosomatinae ·· 418
　　　273. 副四节绵蚜属 *Paracolopha* Hille Ris Lambers, 1966 ·· 418
　　　274. 倍蚜属 *Schlechtendalia* Lichtenstein, 1883 ·· 419
　　　275. 斯绵蚜属 *Smynthurodes* Westwood, 1849 ·· 421
　　　276. 四脉绵蚜属 *Tetraneura* Hartig, 1841 ·· 422
　　（二十三）扁蚜亚科 Hormaphidinae ·· 424
　　　277. 粉虱蚜属 *Aleurodaphis* Van der Goot, 1917 ·· 425
　　　278. 坚角蚜属 *Ceratoglyphina* Van der Goot, 1917 ·· 428
　　　279. 粉角蚜属 *Ceratovacuna* Zehntner, 1897 ·· 429
　　　280. 密角蚜属 *Glyphinaphis* Van der Goot, 1917 ·· 430
　　　281. 伪角蚜属 *Pseudoregma* Doncaster, 1966 ·· 432
　　　282. 后扁蚜属 *Metanipponaphis* Takahashi, 1959 ·· 434
　　　283. 新胸蚜属 *Neothoracaphis* Takahashi, 1958 ·· 436
　　　284. 副胸蚜属 *Parathoracaphis* Takahashi, 1958 ·· 438
　　（二十四）群蚜亚科 Thelaxinae ·· 439
　　　285. 刻蚜属 *Kurisakia* Takahashi, 1924 ·· 439
　　（二十五）毛管蚜亚科 Greenideinae ·· 445

286. 长管刺蚜属 *Anomalosiphum* Takahashi, 1934 ················445
287. 刺蚜属 *Cervaphis* Van der Goot, 1917 ················447
288. 真毛管蚜属 *Eutrichosiphum* Essig *et* Kuwana, 1918 ················448
289. 毛管蚜属 *Greenidea* Schouteden, 1905 ················454
290. 声毛管蚜属 *Mollitrichosiphum* Suenaga, 1934 ················456
291. 刚毛蚜属 *Schoutedenia* Rübsaamen, 1905 ················457
（二十六）大蚜亚科 Lachninae ················459
292. 长足大蚜属 *Cinara* Curtis, 1835 ················459
293. 大蚜属 *Lachnus* Burmeister, 1835 ················461
294. 日本大蚜属 *Nippolachnus* Matsumura, 1917 ················462
295. 瘤大蚜属 *Tuberolachnus* Mordvilko, 1909 ················464
（二十七）长角斑蚜亚科 Calaphidinae ················466
296. 桦斑蚜属 *Betacallis* Matsumura, 1919 ················467
297. 川西斑蚜属 *Chuansicallis* Tao, 1963 ················468
298. 竹斑蚜属 *Chucallis* Tao, 1964 ················469
299. 肉刺斑蚜属 *Dasyaphis* Takahashi, 1938 ················471
300. 拟叶蚜属 *Phyllaphoides* Takahashi, 1921 ················472
301. 伪黑斑蚜属 *Pseudochromaphis* Zhang, 1982 ················473
302. 蜥蜴斑蚜属 *Sarucallis* Shinji, 1922 ················474
303. 绵叶蚜属 *Shivaphis* Das, 1918 ················476
304. 凸唇斑蚜属 *Takecallis* Matsumura, 1917 ················480
305. 彩斑蚜属 *Therioaphis* Walker, 1870 ················483
306. 长斑蚜属 *Tinocallis* Matsumura, 1919 ················484
307. 侧棘斑蚜属 *Tuberculatus* Mordvilko, 1894 ················490
（二十八）镰管蚜亚科 Drepanosiphinae ················500
308. 桠镰管蚜属 *Yamatocallis* Matsumura, 1917 ················500
（二十九）新叶蚜亚科 Neophyllaphidinae ················502
309. 新叶蚜属 *Neophyllaphis* Takahashi, 1920 ················502
（三十）叶蚜亚科 Phyllaphidinae ················503
310. 楠叶蚜属 *Machilaphis* Takahashi, 1960 ················503
（三十一）毛蚜亚科 Chaitophorinae ················505
311. 毛蚜属 *Chaitophorus* Koch, 1854 ················505
312. 多态毛蚜属 *Periphyllus* Van der Hoeven, 1863 ················507
（三十二）蚜亚科 Aphidinae ················509
313. 菝葜蚜属 *Aleurosiphon* Takahashi, 1966 ················510
314. 蚜属 *Aphis* Linnaeus, 1758 ················512
315. 隐管蚜属 *Cryptosiphum* Buckton, 1879 ················526
316. 大尾蚜属 *Hyalopterus* Koch, 1854 ················527
317. 色蚜属 *Melanaphis* Van der Goot, 1917 ················529
318. 缢管蚜属 *Rhopalosiphum* Koch, 1854 ················532
319. 二叉蚜属 *Schizaphis* Börner, 1931 ················536
320. 无网长管蚜属 *Acyrthosiphon* Mordvilko, 1914 ················539
321. 粗额蚜属 *Aulacorthum* Mordvilko, 1914 ················542
322. 短尾蚜属 *Brachycaudus* Van der Goot, 1913 ················544
323. 钉毛蚜属 *Capitophorus* Van der Goot, 1913 ················545
324. 二尾蚜属 *Cavariella* del Guercio, 1911 ················546
325. 隐瘤蚜属 *Cryptomyzus* Oestlund, 1923 ················549
326. 超瘤蚜属 *Hyperomyzus* Börner, 1933 ················551
327. 十蚜属 *Lipaphis* Mordvilko, 1928 ················553
328. 小长管蚜属 *Macrosiphoniella* del Guercio, 1911 ················554

329. 小微网蚜属 *Microlophium* Mordvilko, 1914 ·····················557
330. 瘤蚜属 *Myzus* Passerini, 1860 ·····················558
331. 新瘤蚜属 *Neomyzus* Van der Goot, 1915 ·····················562
332. 圆瘤蚜属 *Ovatus* Van der Goot, 1913 ·····················563
333. 疣蚜属 *Phorodon* Passerini, 1860 ·····················566
334. 囊管蚜属 *Rhopalosiphoninus* Baker, 1920 ·····················568
335. 半蚜属 *Semiaphis* Van der Goot, 1913 ·····················569
336. 无爪长管蚜属 *Shinjia* Takahashi, 1938 ·····················570
337. 谷网蚜属 *Sitobion* Mordvilko, 1914 ·····················572
338. 台湾瘤蚜属 *Taiwanomyzus* Tao, 1963 ·····················575
339. 皱背蚜属 *Trichosiphonaphis* Takahashi, 1922 ·····················576
340. 瘤头蚜属 *Tuberocephalus* Shinji, 1929 ·····················580
341. 指网管蚜属 *Uroleucon* Mordvilko, 1914 ·····················586

第八章　蚧总科 Coccoidea ·····················591
二十五、仁蚧科 Aclerdidae ·····················592
342. 仁蚧属 *Aclerda* Signoret, 1874 ·····················592
二十六、链蚧科 Asterolecaniidae ·····················594
343. 并链蚧属 *Asterodiaspis* Signoret, 1876 ·····················594
344. 链蚧属 *Asterolecanium* Targioni-Tozzetti, 1868 ·····················597
345. 竹链蚧属 *Bambusaspis* Cockerell, 1902 ·····················600
346. 新链蚧属 *Neoasterodiaspis* Borchsenius, 1960 ·····················610
347. 露链蚧属 *Russellaspis* Bodenheimer, 1951 ·····················614
二十七、壶蚧科 Cerococcidae ·····················615
348. 安壶蚧属 *Antecerococcus* Green, 1901 ·····················615
349. 链壶蚧属 *Asterococcus* Borchsenius, 1960 ·····················618
二十八、蜡蚧科 Coccidae ·····················621
（三十三）蚌蜡蚧亚科 Cardiococcinae ·····················621
350. 脆蜡蚧属 *Paracardiococcus* Takahashi, 1935 ·····················621
（三十四）蜡蚧亚科 Ceroplastinae ·····················622
351. 蜡蚧属 *Ceroplastes* Gray, 1828 ·····················622
（三十五）软蜡蚧亚科 Coccinae ·····················627
352. 软蜡蚧属 *Coccus* Linnaeus, 1758 ·····················627
353. 网纹蜡蚧属 *Eucalymnatus* Cockerell, 1901 ·····················631
354. 脊纹蜡蚧属 *Maacoccus* Tao, Wong *et* Chang, 1983 ·····················632
355. 粘棉蜡蚧属 *Milviscutulus* Williams *et* Watson, 1990 ·····················634
356. 原软蜡蚧属 *Prococcus* Avasthi, 1993 ·····················635
357. 原棉蜡蚧属 *Protopulvinaria* Cockerell, 1894 ·····················636
358. 棉蜡蚧属 *Pulvinaria* Targioni-Tozzetti, 1866 ·····················637
359. 木坚蜡蚧属 *Parthenolecanium* Šulc, 1908 ·····················642
360. 盔蜡蚧属 *Saissetia* Déplanche, 1859 ·····················644
（三十六）球坚蜡蚧亚科 Eulecaniinae ·····················646
361. 白蜡蚧属 *Ericerus* Guérin-Méneville, 1858 ·····················646
362. 球坚蜡蚧属 *Eulecanium* Cockerell, 1893 ·····················647
（三十七）菲丽蜡蚧亚科 Filippiinae ·····················649
363. 卷毛蜡蚧属 *Metaceronema* Takahashi, 1955 ·····················649
364. 纽棉蜡蚧属 *Takahashia* Cockerell, 1896 ·····················650
二十九、盾蚧科 Diaspididae ·····················651
365. 安蛎蚧属 *Andaspis* MacGillivray, 1921 ·····················653
366. 肾圆盾蚧属 *Aonidiella* Berlese *et* Leonardi, 1895 ·····················654
367. 圆盾蚧属 *Aspidiotus* Bouché, 1833 ·····················657

368. 白轮蚧属 *Aulacaspis* Cockerell, 1893 ⋯⋯⋯⋯⋯⋯⋯⋯⋯⋯⋯⋯⋯⋯⋯⋯ 660
369. 稞盾蚧属 *Chortinaspis* Ferris, 1938 ⋯⋯⋯⋯⋯⋯⋯⋯⋯⋯⋯⋯⋯⋯⋯⋯ 668
370. 金顶盾蚧属 *Chrysomphalus* Ashmead, 1880 ⋯⋯⋯⋯⋯⋯⋯⋯⋯⋯⋯⋯⋯ 669
371. 笠盾蚧属 *Comstockaspis* MacGillivray, 1921 ⋯⋯⋯⋯⋯⋯⋯⋯⋯⋯⋯⋯ 672
372. 灰圆盾蚧属 *Diaspidiotus* Berlese, 1896 ⋯⋯⋯⋯⋯⋯⋯⋯⋯⋯⋯⋯⋯⋯ 673
373. 盾蚧属 *Diaspis* Costa, 1828 ⋯⋯⋯⋯⋯⋯⋯⋯⋯⋯⋯⋯⋯⋯⋯⋯⋯⋯⋯⋯ 674
374. 兜盾蚧属 *Duplachionaspis* MacGillivray, 1921 ⋯⋯⋯⋯⋯⋯⋯⋯⋯⋯⋯ 675
375. 等角圆盾蚧属 *Dynaspidiotus* Thiem *et* Gerneck, 1934 ⋯⋯⋯⋯⋯⋯⋯ 676
376. 围盾蚧属 *Fiorinia* Targioni-Tozzetti, 1868 ⋯⋯⋯⋯⋯⋯⋯⋯⋯⋯⋯⋯⋯ 677
377. 美盾蚧属 *Formosaspis* Takahashi, 1932 ⋯⋯⋯⋯⋯⋯⋯⋯⋯⋯⋯⋯⋯⋯⋯ 685
378. 豁齿盾蚧属 *Froggattiella* Leonardi, 1900 ⋯⋯⋯⋯⋯⋯⋯⋯⋯⋯⋯⋯⋯⋯ 686
379. 竹盾蚧属 *Greenaspis* MacGillivray, 1921 ⋯⋯⋯⋯⋯⋯⋯⋯⋯⋯⋯⋯⋯⋯ 687
380. 栉圆盾蚧属 *Hemiberlesia* Cockerell, 1897 ⋯⋯⋯⋯⋯⋯⋯⋯⋯⋯⋯⋯⋯ 689
381. 秃盾蚧属 *Ischnafiorinia* MacGillivray, 1921 ⋯⋯⋯⋯⋯⋯⋯⋯⋯⋯⋯⋯ 692
382. 长盾蚧属 *Kuwanaspis* MacGillivray, 1921 ⋯⋯⋯⋯⋯⋯⋯⋯⋯⋯⋯⋯⋯ 693
383. 牡蛎蚧属 *Lepidosaphes* Shimer, 1868 ⋯⋯⋯⋯⋯⋯⋯⋯⋯⋯⋯⋯⋯⋯⋯ 698
384. 白盾蚧属 *Leucaspis* Signoret, 1869 ⋯⋯⋯⋯⋯⋯⋯⋯⋯⋯⋯⋯⋯⋯⋯⋯ 713
385. 长白盾蚧属 *Lopholeucaspis* Balachowsky, 1953 ⋯⋯⋯⋯⋯⋯⋯⋯⋯⋯⋯ 714
386. 巨刺盾蚧属 *Megacanthaspis* Takagi, 1961 ⋯⋯⋯⋯⋯⋯⋯⋯⋯⋯⋯⋯⋯ 715
387. 新片盾蚧属 *Neoparlatoria* Takahashi, 1931 ⋯⋯⋯⋯⋯⋯⋯⋯⋯⋯⋯⋯⋯ 717
388. 旋盾蚧属 *Nikkoaspis* Kuwana, 1928 ⋯⋯⋯⋯⋯⋯⋯⋯⋯⋯⋯⋯⋯⋯⋯⋯ 719
389. 刺圆盾蚧属 *Octaspidiotus* MacGillivray, 1921 ⋯⋯⋯⋯⋯⋯⋯⋯⋯⋯⋯ 720
390. 齿盾蚧属 *Odonaspis* Leonardi, 1897 ⋯⋯⋯⋯⋯⋯⋯⋯⋯⋯⋯⋯⋯⋯⋯ 723
391. 粕盾蚧属 *Parlagena* McKenzie, 1945 ⋯⋯⋯⋯⋯⋯⋯⋯⋯⋯⋯⋯⋯⋯⋯ 724
392. 华盾蚧属 *Parlatoreopsis* Lindinger, 1912 ⋯⋯⋯⋯⋯⋯⋯⋯⋯⋯⋯⋯⋯⋯ 725
393. 片盾蚧属 *Parlatoria* Targioni-Tozzetti, 1868 ⋯⋯⋯⋯⋯⋯⋯⋯⋯⋯⋯⋯ 726
394. 并盾蚧属 *Pinnaspis* Cockerell, 1892 ⋯⋯⋯⋯⋯⋯⋯⋯⋯⋯⋯⋯⋯⋯⋯⋯ 734
395. 幡盾蚧属 *Poliaspoides* MacGillivray, 1921 ⋯⋯⋯⋯⋯⋯⋯⋯⋯⋯⋯⋯⋯ 740
396. 网纹圆盾蚧属 *Pseudaonidia* Cockerell, 1897 ⋯⋯⋯⋯⋯⋯⋯⋯⋯⋯⋯⋯ 741
397. 拟轮蚧属 *Pseudaulacaspis* MacGillivray, 1921 ⋯⋯⋯⋯⋯⋯⋯⋯⋯⋯⋯ 743
398. 拉氏盾蚧属 *Rutherfordia* MacGillivray, 1921 ⋯⋯⋯⋯⋯⋯⋯⋯⋯⋯⋯⋯ 750
399. 棘圆盾蚧属 *Selenomphalus* Mamet, 1958 ⋯⋯⋯⋯⋯⋯⋯⋯⋯⋯⋯⋯⋯ 751
400. 缨围盾蚧属 *Thysanofiorinia* Balachowsky, 1954 ⋯⋯⋯⋯⋯⋯⋯⋯⋯⋯⋯ 752
401. 釉雪盾蚧属 *Unachionaspis* MacGillivray, 1921 ⋯⋯⋯⋯⋯⋯⋯⋯⋯⋯⋯ 753
402. 矢尖蚧属 *Unaspis* MacGillivray, 1921 ⋯⋯⋯⋯⋯⋯⋯⋯⋯⋯⋯⋯⋯⋯⋯ 754
三十、毡蚧科 Eriococcidae ⋯⋯⋯⋯⋯⋯⋯⋯⋯⋯⋯⋯⋯⋯⋯⋯⋯⋯⋯⋯⋯⋯⋯⋯⋯ 757
403. 棘毡蚧属 *Acalyptococcus* Lambdin *et* Kosztarab, 1977 ⋯⋯⋯⋯⋯⋯⋯ 757
404. 囊毡蚧属 *Acanthococcus* Signoret, 1875 ⋯⋯⋯⋯⋯⋯⋯⋯⋯⋯⋯⋯⋯⋯ 758
405. 白毡蚧属 *Asiacornococcus* Tang *et* Hao, 1995 ⋯⋯⋯⋯⋯⋯⋯⋯⋯⋯⋯ 761
406. 胡毡蚧属 *Hujinlinococcus* Kozár *et* Wu, 2013 ⋯⋯⋯⋯⋯⋯⋯⋯⋯⋯⋯ 762
407. 根毡蚧属 *Rhizococcus* Signoret, 1875 ⋯⋯⋯⋯⋯⋯⋯⋯⋯⋯⋯⋯⋯⋯⋯ 763
三十一、绛蚧科 Kermesidae ⋯⋯⋯⋯⋯⋯⋯⋯⋯⋯⋯⋯⋯⋯⋯⋯⋯⋯⋯⋯⋯⋯⋯⋯ 764
408. 巢绛蚧属 *Nidularia* Targioni-Tozzetti, 1868 ⋯⋯⋯⋯⋯⋯⋯⋯⋯⋯⋯⋯ 764
三十二、胶蚧科 Kerriidae ⋯⋯⋯⋯⋯⋯⋯⋯⋯⋯⋯⋯⋯⋯⋯⋯⋯⋯⋯⋯⋯⋯⋯⋯⋯ 765
409. 胶蚧属 *Kerria* Targioni-Tozzetti, 1884 ⋯⋯⋯⋯⋯⋯⋯⋯⋯⋯⋯⋯⋯⋯⋯ 766
410. 翠胶蚧属 *Metatachardia* Chamberlin, 1923 ⋯⋯⋯⋯⋯⋯⋯⋯⋯⋯⋯⋯ 767
411. 并胶蚧属 *Paratachardina* Balachowsky, 1950 ⋯⋯⋯⋯⋯⋯⋯⋯⋯⋯⋯ 768
三十三、桑蚧科 Kuwaniidae ⋯⋯⋯⋯⋯⋯⋯⋯⋯⋯⋯⋯⋯⋯⋯⋯⋯⋯⋯⋯⋯⋯⋯⋯ 769
412. 桑名蚧属 *Kuwania* Fernald, 1903 ⋯⋯⋯⋯⋯⋯⋯⋯⋯⋯⋯⋯⋯⋯⋯⋯⋯ 770
三十四、松蚧科 Matsucoccidae ⋯⋯⋯⋯⋯⋯⋯⋯⋯⋯⋯⋯⋯⋯⋯⋯⋯⋯⋯⋯⋯⋯⋯ 771

413. 松干蚧属 *Matsucoccus* Cockerell, 1909 ···················771
三十五、绵蚧科 Monophlebidae ···················773
　　414. 草履蚧属 *Drosicha* Walker, 1858 ···················773
　　415. 吹绵蚧属 *Icerya* Signoret, 1876 ···················775
三十六、旌蚧科 Ortheziidae ···················777
　　416. 旌蚧属 *Orthezia* Bosc d'Antic, 1784 ···················777
三十七、粉蚧科 Pseudococcidae ···················778
　　417. 安粉蚧属 *Antonina* Signoret, 1875 ···················779
　　418. 平粉蚧属 *Balanococcus* Williams, 1962 ···················785
　　419. 轮粉蚧属 *Brevennia* Goux, 1940 ···················786
　　420. 鞘粉蚧属 *Chaetococcus* Maskell, 1898 ···················787
　　421. 皑粉蚧属 *Crisicoccus* Ferris, 1950 ···················788
　　422. 背刺孔粉蚧属 *Dorsoceraricoccus* Dong *et* Wu, 2017 ···················790
　　423. 灰粉蚧属 *Dysmicoccus* Ferris, 1950 ···················791
　　424. 拂粉蚧属 *Ferrisia* Fullaway, 1923 ···················792
　　425. 锥粉蚧属 *Idiococcus* Takahashi *et* Kanda, 1939 ···················793
　　426. 曼粉蚧属 *Maconellicoccus* Ezzat, 1958 ···················794
　　427. 芒粉蚧属 *Miscanthicoccus* Takahashi, 1958 ···················795
　　428. 巢粉蚧属 *Nesticoccus* Tang, 1977 ···················796
　　429. 堆粉蚧属 *Nipaecoccus* Šulc, 1945 ···················797
　　430. 椰粉蚧属 *Palmicultor* Williams, 1963 ···················798
　　431. 簇粉蚧属 *Paraputo* Laing, 1929 ···················799
　　432. 绵粉蚧属 *Phenacoccus* Cockerell, 1893 ···················802
　　433. 刺粉蚧属 *Planococcus* Ferris, 1950 ···················805
　　434. 粉蚧属 *Pseudococcus* Westwood, 1840 ···················808
　　435. 垒粉蚧属 *Rastrococcus* Ferris, 1954 ···················811
　　436. 蔗粉蚧属 *Saccharicoccus* Ferris, 1950 ···················812
　　437. 汤粉蚧属 *Tangicoccus* Kozár *et* Walter, 1985 ···················814
　　438. 条粉蚧属 *Trionymus* Berg, 1899 ···················815
三十八、根蚧科 Rhizoecidae ···················817
　　439. 荒根蚧属 *Geococcus* Green, 1902 ···················817
　　440. 土根蚧属 *Ripersiella* Tinsley, 1899 ···················818
三十九、宾蚧科 Xenococcidae Tang, 1992 ···················820
　　441. 球胸宾蚧属 *Eumyrmococcus* Silvestri, 1926 ···················820
参考文献 ···················822
中名索引 ···················866
学名索引 ···················879
图版

半翅目 Hemiptera

半翅目 Hemiptera 包括原同翅目 Homoptera 和狭义半翅目 Hemiptera（=异翅亚目 Heteroptera），现一般分为 3 个亚目：头喙亚目 Auchenorrhyncha（包括蝉次目 Cicadomorpha 和蜡蝉次目 Fulgomorpha）、胸喙亚目 Stenorrhyncha 和异翅亚目 Heteroptera。也有学者仍将其作为两个独立的目，即同翅目 Homoptera 和半翅目 Hemiptera（狭义）。

半翅目昆虫包括常见的蝉、沫蝉、角蝉、叶蝉、蜡蝉、蚜虫、粉虱、木虱、蚧壳虫和蟥类，是昆虫纲中较大的类群，广泛分布于世界各地。口器刺吸式，包括重要农林业害虫，也有捕食性益虫，少数种类可作为工业资源、药用、观赏昆虫。

半翅目昆虫成虫体形多样，小至大型，体长 1.5–110.0 mm。复眼大，单眼 2–3 个，或缺如；触角丝状、鬃状、线状或念珠状；头后口式，口器刺吸式，喙 1–4 节，多为 3 节或 4 节；无下颚须和下唇须。前胸背板大，中胸小盾片发达，外露；前翅半鞘翅或质地均一，膜质或革质，休息时常呈屋脊状放置或平叠于腹部背面，有些蚜虫、臭蟥、雌性蚧壳虫无翅，雄性后翅退化成平衡棒。跗节 1–3 节。雌虫常有发达的产卵器。不全变态，若虫似成虫。

本卷按《浙江昆虫志》丛书分工，权将原同翅目降为亚目，现包括头喙亚目和胸喙亚目，角蝉总科 Membracoidea、沫蝉总科 Cercopoidea、蝉总科 Cicadoidea、蜡蝉总科 Fulgoroidea、木虱总科 Psylloidea、粉虱总科 Aleyrodoidea、蚜总科 Aphidoidea 和蚧总科 Coccoidea 等 8 个总科。这 8 个总科在浙江均有记录，本卷共记述 39 科 441 属 875 种。现行分类系统又将同翅目与狭义半翅目（异翅亚目 Heteroptera）合并为广义半翅目，将原同翅目的头喙亚目和胸喙亚目 2 个亚目均作为广义半翅目的亚目。

分总科检索表

1. 喙着生于前足基节之前（**头喙类 Auchenorrhyncha**）··· 2
- 喙着生于前足基节之间或更后（**胸喙类 Stenorrhyncha**）··· 5
2. 前翅基部有肩板；触角着生于复眼之间 ·· **蜡蝉总科 Fulgoroidea**
- 前翅基部无肩板；触角着生在复眼下方 ·· 3
3. 个体大，具 3 个单眼，呈三角形排列 ·· **蝉总科 Cicadoidea**
- 体小至中型，具 2 个单眼 ··· 4
4. 后足胫节具 1–2 个刺 ·· **沫蝉总科 Cercopoidea**
- 后足胫节具有刺毛列或基兜毛 ·· **角蝉总科 Membracoidea**
5. 跗节 2 节，同样发达；雌雄均有翅 ·· 6
- 跗节 1 节，如 2 节，则第 1 节很小；雌虫无翅，或有无翅世代 ··· 7
6. 前翅翅脉先三分支，每支再二分支；触角 10 节；复眼不分群 ······························ **木虱总科 Psylloidea**
- 前翅只有 3 条脉，合在短的主干上；复眼的小眼分上下两群 ··························· **粉虱总科 Aleyrodoidea**
7. 触角 3–6 节，有明显的感觉孔；爪 2 个，第 1 节很小；如有翅则 2 对；腹部常有腹管 ·················· **蚜总科 Aphidoidea**
- 触角节数不定，无明显的感觉孔；爪 1 个；雄虫有翅 1 对，后翅变为平衡棒；腹部无腹管 ··············· **蚧总科 Coccoidea**

第一章　角蝉总科 Membracoidea

主要特征：小到大型昆虫，体长 2.0–30.0 mm。颜色为暗淡到鲜艳，形状奇异。单眼 2 个（少数种类无单眼），着生于头冠上、边缘或颜面上。头冠较发达，一部分种类占据颜面大部。触角刚毛状或细长。前胸背板发达，向后延伸至少伸达小盾片缝，有的种类具背突、侧突或前突。后足胫节具不成列的基兜毛或具四棱状的刺毛列。足的跗节 3 节。前翅为复翅，基部革质，向外渐薄，翅室和翅脉变化大，形成网状、半网状（犁胸蝉科、角蝉科）或不为网状（叶蝉科）。后翅膜质。

分布：角蝉总科 Membracoidea 包括叶蝉科 Cicadellidae 和角蝉科 Membracidae，广泛分布于世界各地。全球已知 2.6 万余种，分布地域性强，东、西半球的区系截然不同，中国的特有种较多，且浙江均有分布。

一、叶蝉科 Cicadellidae

主要特征：叶蝉体长 2.0–22.0 mm，形态变化较大。头部颊宽大，单眼 2 个，少数种类无单眼；触角刚毛状。前翅革质，后翅膜质，翅脉不同程度退化；后足胫节有棱脊，棱脊上生 3–4 列刺状毛，后足胫节刺毛列为叶蝉科最显著的鉴别特征。

生物学：一般生活在植株上，后足发达，能飞善跳，多在叶部取食，也有一些种类生活于地面或植物根部；多数种类 1 年 1 代，有些 1 年 2–3 代，以成虫或若虫越冬。叶蝉为植食性，直接刺吸植物汁液掠夺营养、传播植物病毒病，是重要的农林害虫。

分布：叶蝉科是半翅目 Hemiptera 中最大的科之一，世界广布。世界已知 43 亚科约 2345 属 23 000 余种，中国记录 24 亚科 287 属 2000 余种，浙江分布 16 亚科 122 属 245 种。

分亚科检索表（根据张雅林，1990 改编）

1. 体黑色或暗褐色，被有稀疏的鳞片和刚毛；头常向前延伸；前胸背板和小盾片大；后足股节端部有 3 根大刚毛 ·············
　·· **杆叶蝉亚科 Hylicinae**
- 不具上述综合特征 ··· 2
2. 体被白色小刚毛，体扁平，卵圆形；头宽短，前缘向下突出有横皱纹 ··········· **乌叶蝉亚科 Penthimiinae**
- 体不被白色小刚毛，不具上述综合特征 ··· 3
3. 触角着生于复眼上缘连线上方，并明显远离复眼；头部呈叶状，突出于前方，颜面凹陷；前胸背板隆起，常有耳状突出构造或两侧缘角状突出 ······································ **耳叶蝉亚科 Ledrinae**
- 触角不着生于复眼连线上方，并接近复眼 ··· 4
4. 唇基大，基部宽，端部狭而圆；颜面和唇基凸出；单眼着生于头冠部而不位于颜面或头部前缘 ··········· 5
- 不具上述综合特征 ··· 7
5. 单眼位于头冠侧缘；头冠和颜面中央均具纵隆线 ···························· **横脊叶蝉亚科 Evacanthinae**
- 单眼位于头冠中央或后部 ·· 6
6. 前翅翅脉完整 ··· **大叶蝉亚科 Cicadellinae**
- 前翅翅脉不完整，s 脉和 r-m1 脉多缺失 ······································· **窗翅叶蝉亚科 Mileewinae**
7. 颜侧线终止于触角窝或稍上方；单眼与复眼之距明显小于单眼与头冠后缘之距 ····················· 8
- 颜侧线超过触角窝，伸达单眼或单眼附近；单眼不位于头冠后部 ································ 12
8. 体扁平；单眼位于头冠；前翅基半部翅脉消失；后足股节刚毛公式 2：1：1 ········· **隐脉叶蝉亚科 Nirvaninae**

- 前翅翅脉完整 ··· 9
9. 头冠前缘通常突出，头冠中长大于复眼间宽；前胸背板阔，侧缘较长 ······························ 10
- 不具上述综合特征，头冠不突出，头冠中长等于或小于复眼间宽；触角正常；前翅翅脉不具断续斑纹 ············· 11
10. 头冠前缘通常突出或近叶形，具缘脊或沟；头冠和颜面相交处阔，具横皱；单眼缘生 ··· **缘脊叶蝉亚科 Selenocephalinae**
- 头冠前缘一般不具缘脊；头冠较前胸背板略窄；触角脊明显，触角中等或很长，横置或斜向延伸至额唇基上 ············
·· **叶蝉亚科 Iassinae**
11. 前胸背板大，前缘很突出，中后域拱起，向前侧缘下倾；单眼间距离为单眼与复眼间距离的 2–6 倍；后翅端室 3 个 ·····
·· **广头叶蝉亚科 Macropsinae**
- 前胸背板不显著拱起或下倾；单眼间距离为单眼与复眼间距离的 2 倍以下；后翅端室 4 个 ·········
·· **圆痕叶蝉亚科 Megophthalminae**
12. 有单眼，单眼间距短于触角窝间距，若等长则唇基端部宽度大于基部宽度 ·········· 13
- 单眼有或无，单眼间距等于或大于触角窝间距，若等长则唇基两侧平行或向末端收狭 ·········· 14
13. 头宽小于前胸宽；颜面狭长，两侧缘平行；单眼位于头冠前缘，在长头型种类中位于复眼前方头冠侧缘 ·················
·· **离脉叶蝉亚科 Coelidiinae**
- 头宽大于前胸宽；颜面短阔，基向渐宽，近呈三角形；单眼位于颜面 ·········· **片角叶蝉亚科 Idiocerinae**
14. 单眼远离复眼，复眼小 ·· **小眼叶蝉亚科 Xestocephalinae**
- 不具上述特征 ··· 15
15. 前翅基部翅脉消失，除端横脉外基半部再无横脉，多数种类前翅无端片，在前缘常有 1 卵圆形蜡质区 ·················
·· **小叶蝉亚科 Typhlocybinae**
- 前翅翅脉完整，如退化则端片宽大，翅前缘无蜡质区 ·········· **角顶叶蝉亚科 Deltocephalinae**

（一）大叶蝉亚科 Cicadellinae

主要特征：个体中型至大型，体连翅长 4.0–22.0 mm，多为圆筒形，体色与斑块多变。头冠侧缘在复眼前收狭，窄于复眼外缘；单眼位于冠面中后域；颜面侧唇基缝多延伸至冠面，抵达或接近单眼；额唇基表面隆起，其两侧的横印痕列模糊或显著。前翅脉系完全或近完全，端片狭窄；后足胫节刚毛排成 4 列。

生物学：取食木本植物和草本植物。

分布：世界广布。世界已知 2400 余种，中国记录 261 种，浙江分布 6 属 9 种。

分属检索表

1. 前胸背板后缘凸出；雌虫第 7 腹板后缘极凸出 ···························· **突大叶蝉属 Gunungidia**
- 前胸背板后缘凹入或近平直；雌虫第 7 腹板后缘不如上述 ···························· 2
2. 雄虫不具有尾节突 ·· **大叶蝉属 Cicadella**
- 雄虫具有尾节突 ··· 3
3. 雌虫第 7 腹板后缘深凹 ·· **凹大叶蝉属 Bothrogonia**
- 雌虫第 7 腹板后缘不如上述 ··· 4
4. 无阳茎附突 ·· **边大叶蝉属 Kolla**
- 具阳茎附突 ··· 5
5. 雄虫下生殖板较窄，阳茎附突与阳茎不形成二次关键 ···························· **斑大叶蝉属 Anatkina**
- 雄虫下生殖板较宽，阳茎附突与阳茎形成二次关键 ···························· **条大叶蝉属 Atkinsoniella**

1. 斑大叶蝉属 *Anatkina* Young, 1986

Anatkina Young, 1986: 39. Type species: *Tettigonia vespertinula* Breddin, 1903.

主要特征：头冠前缘宽圆，头冠中长为二复眼间宽的 1/2–4/5，为头部宽的 3/10–1/2；复眼间区隆起或凹陷，单眼位于二复眼前缘连线上或偏前；侧唇基缝伸至头冠，一般伸达单眼。头冠与颜面交接处无横脊；触角脊平伏或微隆起，呈弧形或直线形；唇基间缝中央部分清晰或模糊，侧面观前、后唇基间平伏相接或微凹。前胸背板宽度与头冠宽度比存在种间差异；侧缘直线形或凹曲，侧脊端部消失以致不伸达复眼后缘；前胸背板或具皱纹。小盾片横刻痕后域一般隆起。翅覆盖体背时后胸后侧片不外露，前翅端部膜区通常膜质明显，第 2 端室多与第 3 端室基部横脉呈一直线；后翅 R_{2+3} 脉完全，且与前缘脉汇合。雌虫前翅伸达产卵器末端。后足股节端刺式 2：1：1，第 1 跗节长度与第 2、3 跗节长度之和相比存在种间差异。雄虫下生殖板一般为狭长三角形，端部骤狭或渐细，有一些种下生殖板末端骤然弯向背方；下生殖板与尾节长度之比及刚毛着生情况因种而异。连索"U"形或宽"V"形，主干一般很短。阳茎前腔明显。斑大叶蝉属和条大叶蝉属外形很相似，但是前者的雄性下生殖板较后者的窄，部分种类基部宽，端部明显背向弯曲；前者的连索中柄较后者的短，连索多呈"U"形或宽"V"形；后者的阳茎附突端部多骤然弯向背方且与阳茎形成二次关键。

分布：东洋区。世界已知 56 种，中国记录 32 种，浙江分布 1 种。

（1）黑色斑大叶蝉 *Anatkina candidipes* (Walker, 1858)（图 1-1）

Tettigonia candidipes Walker, 1858: 219.

Anatkina candidipes: Young, 1986: 46.

主要特征：体连翅长 9.0–11.0 mm。头、胸部背面包括颜面和翅均黑色，体常被蓝白色蜡粉。触角基 1/5、复眼内侧缘、单眼至复眼间区、小盾片尖角色略淡，为黄褐色至黑褐色，单眼和复眼黄褐色或灰白色。胸部腹面黑褐色，足橙黄色或黄白色，但前足胫节刺列、各足前跗节黑褐色。腹部黑色，各腹节腹板后缘具黄褐色窄边。

分布：浙江（临安、磐安）、陕西、安徽、江西、福建、广西、重庆、贵州。

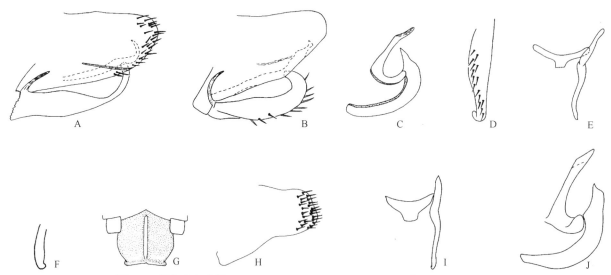

图 1-1　黑色斑大叶蝉 *Anatkina candidipes* (Walker, 1858)（仿 Young，1986）

A、B. 雄虫尾节和下生殖板侧面观；C、J. 阳茎和阳茎附突侧面观；D. 下生殖板腹面观；E、I. 阳基侧突和连索背面观；F. 阳基侧突端部侧面观；
G. 雌虫第 7 腹板腹面观；H. 雌虫尾节侧瓣侧面观

2. 条大叶蝉属 *Atkinsoniella* Distant, 1908

Atkinsoniella Distant, 1908b: 235. Type species: *Atkinsoniella decisa* Distant, 1908.

主要特征：体多为黑色具有淡色斑，或浅色具有黑、红、黄或橘色斑纹。头冠略延长，头冠前缘宽圆突出；单眼位于二复眼前缘连线上或偏后方，着生于凹陷处，二单眼之间冠面隆起或凹陷；侧唇基缝伸达头冠，触角脊平伏；后唇基中央隆起或平坦，横印痕列模糊或不明显；唇基间缝中央部分模糊，侧面观前、后唇基平缓相接。前胸背板与头冠宽之比存在种间差异，侧缘多向后扩张，背侧脊或消失，后缘微凹。小盾片横刻痕后域多隆起。翅覆盖体背时后胸后侧片不外露，前翅端膜或明显，具 4 端室，内端室基横脉较其他端室更靠近基部，外端室较第 2、第 3 端室更靠近基部，第 2 端室与第 3 端室基横脉呈 1 直线或前者更靠近基部；后翅 R_{2+3} 脉完全，与前缘脉汇合。雌虫前翅一般伸达产卵器末端。后足股节端刺式为 2：1：1 或 2：1：1：1。雄虫尾节后缘宽圆、狭圆或短截，端部一般散生大刚毛，基腹缘或具大刚毛；尾节腹突起始于基腹缘，向后背后方延伸。下生殖板宽大，向背后方延伸或达尾节端部，板面着生 1 列或多列大刚毛，部分种类具细长刚毛。连索宽短，"Y"形。阳茎干短，伸向后背方，阳茎前腔不明显；阳茎口位于末端；阳茎附突细长，与阳茎基部相关键，端部急剧弯向背方，其末端与阳茎形成二次关键。阳基侧突无端前叶。雌虫第 7 腹板短截，后缘多具微凹，内表面生有骨片；第 2 产卵瓣背缘微凹至微凸，末端尖锐或凸圆，背缘初生齿少且除近末端齿外均较宽，有许多次生小齿；尾节短，近端缘与腹缘区生有大刚毛，一些种尾节端背缘呈叶形。

分布：古北区、东洋区。世界已知 76 种，中国记录 65 种，浙江分布 4 种。

分种检索表

1. 前翅既无明显斑点又无纵条纹 ···隐纹条大叶蝉 *A. thalia*
- 前翅具斑点或条纹 ··· 2
2. 前翅仅具斑点而无纵条斑条纹 ···黄色条大叶蝉 *A. sulphurata*
- 前翅具条纹而无明显斑点 ··· 3
3. 头冠黑色；颜面基半部黑色，端半部淡黄色 ································双斑条大叶蝉 *A. bimanculata*
- 头冠不全为黑色；颜面色泽不如上述 ···黑红条大叶蝉 *A. nigrominiatula*

（2）双斑条大叶蝉 *Atkinsoniella bimanculata* Cai *et* Shen, 1998（图 1-2）

Atkinsoniella bimanculata Cai *et* Shen, 1998b: 43.

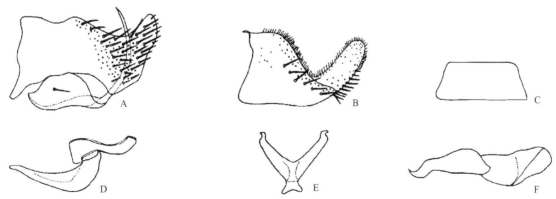

图 1-2　双斑条大叶蝉 *Atkinsoniella bimanculata* Cai *et* Shen, 1998（仿 Shen，2009）
A. 雄虫尾节侧瓣；B. 下生殖板；C. 雌虫第 7 腹板；D. 阳茎和阳茎附突侧面观；E. 连索；F. 阳基侧突

主要特征：头冠黑色，前缘钝圆，单眼位于凹陷处；颜面基半部黑色，端半部淡黄色，其余部分及前胸腹面和足黄白色，中、后胸及腹部黑褐至黑色；前胸背板黑色，较头冠略宽，前缘凸出，后缘稍凹入，中后域两侧各有 1 红色斑块或大或小；小盾片黑色，横刻痕平直。前翅红色，爪缝和革片中央具黑色细条纹，外缘及端部黑色。雄虫尾节侧瓣向后延伸，亚端部凹陷，端部伸向背后方，末端近斜截，近端部 1/3 处着生大量粗刚毛；尾节腹突起始于基部，向背后方延伸，基部较宽，末端超过尾节背缘；下生殖板长三角形，近外缘着生 1 列大刚毛，外缘及端部着生大量小刚毛；连索宽"Y"形，中柄较短；阳基侧突长，端部尖细；阳茎附突基部窄向端部渐宽，近端部背向弯曲；阳茎波浪状弯曲，端部背向弯曲。

　　分布：浙江（临安）、河南。

（3）黑红条大叶蝉 *Atkinsoniella nigrominiatula* (Jacobi, 1944)（图 1-3）

Cicadella nigrominiatula Jacobi, 1944: 44.

Atkinsoniella nigrominiatula: Young, 1986: 112.

　　主要特征：头冠橘红色，头冠后缘两侧及头顶各有 1 小黑斑；颜面橘色，触角窝上方分别有 1 黑斑，额唇基两侧的横印痕列显著；前胸背板橘红色，倒"Y"形黑色隐斑，基部两侧膨大；小盾片橘红色，两基角处的黑斑与倒"Y"形黑斑基部相接；前翅红色，于内缘、爪片、革片、前缘各有 1 黑色长条斑，端部褐色透明。雄虫尾节侧瓣后缘斜截，背缘近平直，中后域着生大量大刚毛；尾节腹突细长，背向弯曲；下生殖板基部宽，端部窄，近外缘着生 1 列大刚毛，外缘域着生大量细长刚毛；连索"V"形；阳基侧突细长，端部尖细；阳茎附突细长，近端部膨大，背向弯曲；阳茎宽片状，近基部有1凹陷，端部钝圆。

　　分布：浙江（安吉、临安、龙泉）、陕西、湖北、湖南、福建、四川、贵州、云南。

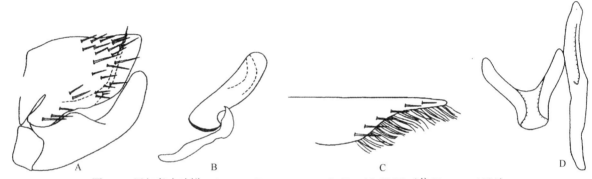

图 1-3　黑红条大叶蝉 *Atkinsoniella nigrominiatula* (Jacobi, 1944)（仿 Young，1986）

A. 尾节侧瓣和下生殖板侧面观；B. 阳茎和阳茎附突侧面观；C. 下生殖板腹面观；D. 阳基侧突和连索背面观

（4）黄色条大叶蝉 *Atkinsoniella sulphurata* (Distant, 1908)（图 1-4）

Tettigoniella sulphurata Distant, 1908b: 216.

Atkinsoniella sulphurata: Young, 1986: 97.

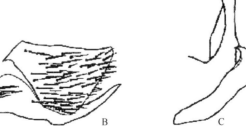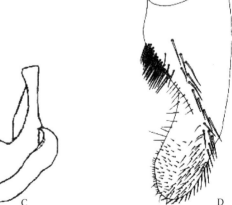

图 1-4　黄色条大叶蝉 *Atkinsoniella sulphurata* (Distant, 1908)（仿 Young，1986）

A. 尾节侧瓣基部侧面观；B. 尾节侧瓣侧面观；C. 阳茎和阳茎附突侧面观；D. 下生殖板

主要特征：体橙黄或橙红色，具黑色斑点；头冠具 3 个黑点，呈"品"字形排列；颜面无"Y"形黑纹，前翅仅具斑点无纵条斑条纹；前胸背板中后部和前翅不为青蓝色，至少体前部或多或少具有斑点，前翅具 8 个黑色斑点。

分布：浙江（临安）、湖北、湖南、福建、广西、重庆、四川、贵州、云南；印度，缅甸，印度尼西亚。

（5）隐纹条大叶蝉 *Atkinsoniella thalia* (Distant, 1918)（图 1-5）

Tettigoniella thalia Distant, 1918: 2.

Atkinsoniella thalia: Young, 1986: 97.

主要特征：头冠浅黄色，向前适度突出；单眼着生于复眼前缘的连线上，两单眼间隆起；头冠前缘及后缘中央分别着生 1 小黑斑；颜面灰白色，额唇基上的横印痕列显著；前胸背板及小盾片浅黄色，小盾片两基角处分别有 1 小黑斑，部分种类此处无小黑斑；前翅黄色，近端部灰白色透明。雄虫尾节侧瓣腹缘近 1/3 处突变窄，其基腹部及近端缘 1/3 处着生刚毛，端部尖出；尾节腹突细长，于近端部有 1 齿突，弯向背缘且超过背缘；下生殖板近外缘着生 1 列大刚毛，外缘及端缘着生大量的细长刚毛；连索"Y"形；阳基侧突细长；阳茎附突向端部渐变宽；阳茎干短，伸向背后方。

分布：浙江（安吉、临安、庆元、龙泉）、陕西、甘肃、湖北、湖南、福建、四川、云南、西藏；印度，孟加拉国，缅甸，泰国。

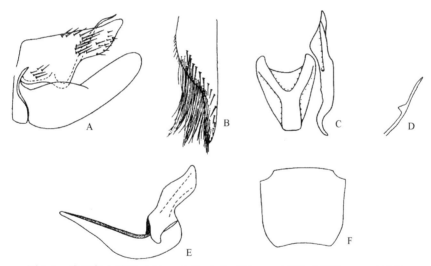

图 1-5　隐纹条大叶蝉 *Atkinsoniella thalia* (Distant, 1918)（仿 Young，1986）

A. 雄虫尾节侧面观；B. 下生殖板腹面观；C. 阳基侧突和连索背面观；D. 尾节腹突端部侧面观；E. 阳茎和阳茎附突侧面观；F. 雌虫第 7 腹板

3. 凹大叶蝉属 *Bothrogonia* Melichar, 1926

Bothrogonia Melichar, 1926: 341. Type species: *Cicada ferruginea* Fabricius, 1787.

Megalotettigella Ishihara, 1953b: 16.

主要特征：体连翅长 11.0–18.0 mm；黄褐、橙黄、橘红或红棕色，体前部常具黑斑，前翅端部多为黑色。头冠前端宽圆突出，中长小于复眼间宽；单眼生于头冠侧额缝末端或近末端，两单眼间距离大于单眼与复眼间距，单眼间冠面横凹；颜面适度隆起，无脊无凹陷，额唇基侧方具横印痕列。前胸背板宽于头部，中长亦大于头冠，前缘弧圆，后缘浅凹入。小盾片近与前胸背板等长。前翅长过腹部末端，翅脉显著，具 4 端室。后足股节端刺式 2：1：1 或 2：1：1：1。雄虫尾节端缘着生有少量大刚毛，腹缘具发达尾节腹突，腹突形状存在种间差异。下生殖板宽短，基半宽，端半外缘收窄成三角形，多具 1 列大刚毛。连索"Y"形。阳基侧突狭长，末端显著超过连索端部。阳茎短，无阳茎附突。雌虫第 7 腹部后缘中央深刻凹，存在显著的种间差异。

　　　　分布：古北区、东洋区、旧热带区。世界已知 47 种，中国记录 38 种，浙江分布 1 种。

（6）黑尾凹大叶蝉 *Bothrogonia ferruginea* (Fabricius, 1787)（图 1-6）

Cicada ferruginea Fabricius, 1787: 269.

Bothrogonia ferruginea: Melichar, 1926: 341.

　　　　主要特征：体橙黄色，头冠基部和端部中央各有 1 黑色圆斑，额唇基近唇基间缝处有不规则黑斑。前胸背板有 3 个黑色圆斑，分别位于前缘中央和后缘两侧。小盾片中后缘有 1 黑色圆斑。前翅端部或呈褐色，基部各有 1 黑斑。腹部呈黑色。雄虫尾节基部宽，向端部逐渐变窄，末端弧圆，端部着生粗刚毛；尾节腹突基部着生有几根粗刚毛，末端尖。下生殖板基部宽，向端部渐细，末端斜截，外延着生有细密小刚毛，中域着生有 1 列粗刚毛。连索"Y"形。阳基侧突狭长，基半部略粗，端向渐细。阳茎侧面观形似月牙状，中部有小突起和小凹陷；阳茎腹面观，基部粗，中部略细。

　　　　分布：浙江（临安、瑞安）、黑龙江、吉林、辽宁、天津、河北、山东、河南、陕西、甘肃、青海、江苏、上海、安徽、湖北、江西、湖南、福建、台湾、广东、香港、广西、重庆、四川、贵州、云南、西藏；韩国，日本，印度，缅甸，越南，老挝，泰国，柬埔寨，南非。

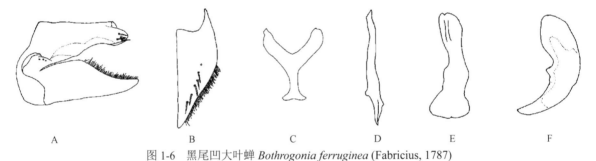

図 1-6　黑尾凹大叶蝉 *Bothrogonia ferruginea* (Fabricius, 1787)

A. 雄虫尾节侧瓣侧面观；B. 下生殖板腹面观；C. 连索背面观；D. 阳基侧突背面观；E. 阳茎正面观；F. 阳茎侧面观

4. 大叶蝉属 *Cicadella* Latreille, 1817

Cicadella Latreille, 1817: 406. Type species: *Cicada viridis* Linnaeus, 1758.

Tettigella China *et* Fennah, 1945: 711.

　　　　主要特征：头冠前缘宽圆突出，前域两侧具额唇基向上延伸的横印痕列；单眼位于头冠部，着生在侧额缝末端，相互间距离显著大于单眼与复眼间距；颜面额唇基隆起，两侧具横印痕列。前胸背板较头部窄，后部较宽，前缘突出，后缘微凹。小盾片长度小于前胸背板。前翅端片狭窄，具 4 个端室。后足股节端刺式多为 2∶1∶1。雄虫尾节无突起；下生殖板近长三角形，外侧缘具 1 列粗刚毛；连索"Y"形；阳基侧突端部渐次收窄；阳茎中等长度，无突起；附突对称，端半裂为 2 片。

　　　　分布：世界广布。世界已知 27 种，中国记录 2 种，浙江分布 1 种。

（7）大青叶蝉 *Cicadella viridis* (Linnaeus, 1758)（图 1-7）

Cicada viridis Linnaeus, 1758: 438.

Cicadella viridis: Latreille, 1817: 406.

主要特征：体连翅长 6.2–10.8 mm。体浅绿或深绿色。头冠黄绿色，前部两侧有淡褐色弯曲横纹，此纹延伸至额唇基两侧，中域有 1 对黑色斑；复眼黑褐色，单眼黄褐色；颜面淡褐色，额唇基中央纵贯 2 细条纹及两侧横印痕列为深褐色，颊缝末端有 1 黑色小点，颊区中央也常有 1 小黑斑，触角窝上方有 1 黑色斑块；另在一些个体上单眼四周围以黑纹，二单眼稍上方及复眼前方侧缘处各有 1 小黑点。前胸背板前半部黄绿色，后半部深青绿色；小盾片黄绿色；前翅青绿色，前缘淡白色，端膜区白色透明；后翅煤褐色半透明。胸部腹面和各足橙黄至淡黄色，爪及胫节小刺基部黑色。腹部背面蓝黑色，腹面橙黄色。雄虫尾节基部宽，向端部渐窄，末端窄圆，近端部着生许多粗刚毛；下生殖板长三角形，基部宽，端部细如指状，外侧缘着生 1 列粗刚毛，外缘着生许多小刚毛；阳基侧突两端尖细，中域膨大，端部呈角状弯曲，近端部着生有少量粗刚毛；连索"Y"形，中柄较长。

分布：浙江（全省），全国广布。

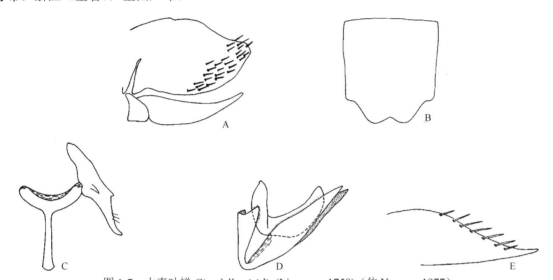

图 1-7 大青叶蝉 *Cicadella viridis* (Linnaeus, 1758)（仿 Young，1977）

A. 雄虫尾节侧面观；B. 雌虫第 7 腹板；C. 阳基侧突和连索背面观；D. 阳茎和阳茎附突侧面观；E. 下生殖板腹面观

5. 边大叶蝉属 *Kolla* Distant, 1908

Kolla Distant, 1908b: 223. Type species: *Kolla insignis* Distant, 1908.

主要特征：头冠前端宽圆突出，头冠中长等于两复眼间宽的 2/5–3/4，头冠侧缘与复眼外缘在一圆弧线上，单眼间凹入或隆起；单眼着生在侧额缝末端，单眼与复眼前角在或不在一直线上；额唇基隆起平坦，两侧横印痕或显著；前唇基隆起，侧缘波曲。前胸背板比头冠部宽，背侧脊不明显。小盾片横痕后接近平坦。前翅前缘域常透明，翅脉较明显，具端室 4 个；后足股节端刺式 2：1：1。雄虫尾节侧瓣后缘光滑凸出，具粗刚毛和绒毛，尾节腹突与腹缘紧贴且延伸到背缘；下生殖板细长三角形，侧面观超过尾节端缘，常着生成排的刚毛；阳茎基部多具骨化，但是界限不明显，阳茎不具附突；连索"Y"形，主干长常超过阳基侧突端部。雌虫第 7 腹板短，后缘凸出或凹入。

分布：世界广布。世界已知 40 种，中国记录 17 种，浙江分布 1 种。

（8）白边大叶蝉 *Kolla paulula* (Walker, 1858)（图 1-8）

Tettigonia paulula Walker, 1858: 219.

Kolla paulula: Jacobi, 1941: 300.

　　主要特征：头冠黄色或橙色，头冠近后缘中央或具 1 大黑斑，前缘中央两侧及头顶分别有 1 黑斑；颜面黄色或橙色，额唇基上的横印痕列较清晰，近唇基间缝有 1 黑斑；前胸背板黄色或橙色，中后域有 1 黑色横贯黑斑，横斑中部角状突起；小盾片黄色，两侧基角处各有 1 小三角形黑斑，前翅黑色，前缘黄白色，端部深褐色透明。雄虫尾节侧瓣向后适度延长，后缘凸圆，背缘及近端部着生大量大刚毛；尾节腹突细长，向后缘延伸；下生殖板长三角形，近外缘着生 1 列大刚毛；连索"Y"形，端部膨大；阳基侧突中部宽，两端尖细，端部弯曲；阳茎端部 2 宽裂片。

　　分布：浙江（安吉、临安、龙泉）、黑龙江、辽宁、天津、河北、山西、山东、河南、陕西、宁夏、江苏、安徽、湖北、江西、湖南、福建、台湾、广东、海南、香港、广西、四川、贵州、云南；印度，缅甸，越南，泰国，斯里兰卡，马来西亚，印度尼西亚。

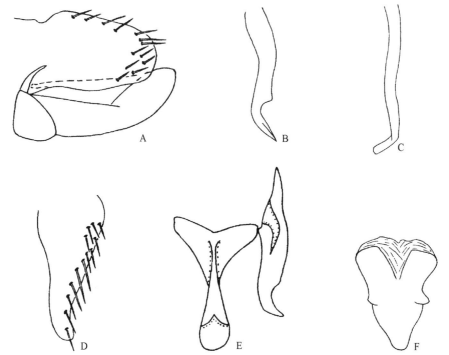

图 1-8　白边大叶蝉 *Kolla paulula* (Walker, 1858)（仿 Young，1986）
A. 雄虫尾节侧面观；B、C. 尾节腹突腹面观；D. 下生殖板腹面观；E. 连索和阳基侧突背面观；F. 阳茎背腹观

6. 突大叶蝉属 *Gunungidia* Young, 1986

Gunungidia Young, 1986: 120. Type species: *Cicadella aurantiifasciata* Jacobi, 1944.

　　主要特征：体连翅长 14.3–17.0 mm；体浅黄、黄白或暗褐色，头冠和前胸背板具黑色斑点，前翅大多具橙色横纹。头冠前缘宽圆，中长为复眼间宽的 2/5–1/2，为头部宽的 3/10–1/3；单眼位于复眼前缘连线上，着生处凹洼，二单眼间冠面微隆起。侧额缝伸达单眼；触角脊平伏，弧形或偏斜；后唇基强烈隆起，后唇基横印痕列明显，唇基间缝中央模糊，侧面观前后唇基交接处近于平直。前胸背板显著宽于头部，侧缘后缘扩张，背侧脊明显，后缘显著凸出；小盾片横刻痕后域隆起。翅覆盖体背时后胸后侧片不外露，前翅端膜区或显著，具 4 个端室，第 2 端室与第 4 端室约等长，第 3 端室稍短。后足股节端刺式为 2∶1∶1 或 2∶1∶1∶1；基跗节长度显著大于 2、3 跗节长度之和。腹板第 2 腹内突（2S）分叉，向后延伸超过第 1 节间膜。尾节略后延，末端圆，粗刺生于端部 1/3 区域与腹缘；无尾节腹突。下生殖板伸达尾节末端，内侧缘中部波曲，末端斜截尖锐，中央生有 1 列粗刚毛。连索三角形，末端凹缘。阳茎中部腹缘角状突出；具腹突，并与阳茎相关键。雌虫第 7 腹部基部收狭，中部两侧平行，向后呈"凸"字形突出；第 2 产卵瓣基部最宽，端向渐狭，背缘凸圆，基部生有宽大的初生齿，初生齿上且有微齿。

分布：东洋区。世界已知 11 种，中国记录 11 种，浙江分布 1 种。

（9）突缘大叶蝉 *Gunungidia aurantiifasciata* (Jacobi, 1944)（图 1-9）

Cicadella aurantiifasciata Jacobi, 1944: 45.

Gunungidia aurantiifasciata: Young, 1986: 122.

主要特征：头冠适度向前延长，前缘宽圆，单眼位于复眼前缘连线上，位于凹陷处，单眼间的冠面隆起，侧唇基缝延伸至头冠伸达单眼；颜面额唇基两侧的横印痕列清晰，后唇基显著隆起，唇基间缝中央模糊；前翅黄白色，翅面具多条橙红色条斑。雄虫尾节侧瓣向后适度延长，端部凸圆，近端缘 1/3 处及腹缘着生大量大刚毛；无尾节腹突；下生殖板向后延伸至尾节后缘，端部尖，近中央着生有 1 列大刚毛；连索宽"Y"形；阳基侧突向后延长超过连索端部，端部轻微凹陷；阳茎近腹缘中部有 1 角状突起；阳茎基突接近直角状弯曲，端部膨大。

分布：浙江（临安、龙泉）、湖北、江西、湖南、福建、广东、海南、广西、重庆、四川、贵州。

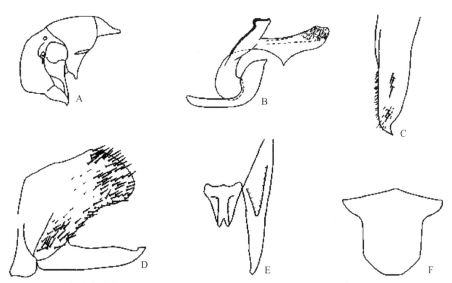

图 1-9　突缘大叶蝉 *Gunungidia aurantiifasciata* (Jacobi, 1944)（仿 Young，1986）

A. 头部侧面观；B. 阳茎和阳茎附突侧面观；C. 下生殖板腹面观；D. 雄虫尾节侧面观；E. 连索和阳基侧突背面观；F. 雌虫第 7 腹板

（二）窗翅叶蝉亚科 Mileewinae

主要特征：虫体细长，中等体型。头冠宽圆或角状向前突出，单眼位于头冠，远离端缘及复眼；额唇基及前唇基多显著突起，舌侧板窄。前翅翅脉或不明显，多缺 s 及 r-m1 横脉，内端室两侧缘平行；后翅亚前缘脉离端缘近，前足多具 AM$_1$，AV$_1$ 显著延长，后足股节端刺式 2：1：1。雄虫尾节腹缘具突起，腹缘有细刚毛，端缘偶有粗刚毛；下生殖板细长，具粗刚毛列，常有长、短细刚毛；连索"Y"形，稀有"V"形或三角形片状；阳基侧突细长，端部纤细或呈镰刀状。

分布：世界广布。世界已知 183 种，中国记录 71 种，浙江分布 1 属 4 种。

7. 窗翅叶蝉属 *Mileewa* Distant, 1908

Mileewa Distant, 1908b: 238. Type species: *Mileewa margheritae* Distant, 1908.

Formotettigella Ishihara, 1965: 216. Type species: *Formotettigella shirouzui* Ishihara, 1965.

主要特征：头冠向前延伸，呈锥状，头冠中长与复眼间宽近相等；中央和前端两侧各有 1 纵脊线；单眼着生于冠面；颜面额唇基和前唇基多显著隆起，中央或具 1 纵隆线且向后延伸至前唇基末端。前胸背板较头部宽，前缘弧状突出，后缘微凹或平直，侧缘斜直。小盾片三角形，横刻位于中部。前翅长超过腹部末端，翅脉多不显著，缺 s 及 r-m1 横脉，内端室两侧缘平行，端缘斜直，具 3 个端室，端片狭长。

分布：世界广布。世界已知 100 种，中国记录 58 种，浙江分布 4 种。

分种检索表

1. 体红褐色；前翅翅脉深红色 ……………………………………………………………………… 2
- 体黑色；前翅翅脉黑色 …………………………………………………………………………… 3
2. 尾节侧瓣端缘钝角状突出，具 4 根粗短刚毛；尾节腹突近端部具 1 短的刺突 …………… 乌苏窗翅叶蝉 *M. ussurica*
- 尾节侧瓣端缘钝圆不呈角状突出；尾节腹突腹缘有 1 叉状突起，突起长伸达尾节端缘 ……… 红脉窗翅叶蝉 *M. rufivena*
3. 小盾片尖角黑色；雄虫阳基侧突亚端部无齿突 ………………………………………… 枝茎窗翅叶蝉 *M. branchiuma*
- 小盾片尖角黄白色；雄虫阳基侧突亚端部有齿突 ………………………………………… 船茎窗翅叶蝉 *M. ponta*

（10）枝茎窗翅叶蝉 *Mileewa branchiuma* Yang *et* Li, 1999（图 1-10）

Mileewa branchiuma Yang *et* Li, 1999a: 315.

主要特征：体及前翅黑色，部分个体为黑褐色；头冠前端部具 7 条细线纹，部分个体头冠中央有 T 形纹或 1 短纵纹，黄白色；中胸小盾片端 3/5 黄白色，小盾片尖角仍黑色；前翅基半部翅面散布褐色小点，端缘褐色半透明，后缘中部有 1 大的白色透明斑，端 2 室、端 3 室基部各有 1 白色透明小斑；颜面黄白色，两侧具褐色横印痕列；胸部腹面、足及腹部腹面黄白色。头顶宽圆突出，头冠中长短于复眼间宽；额唇基隆起，两侧肌肉印痕列明显，前唇基稍纵隆，端缘平坦并稍反卷，唇基间缝完整。雄虫尾节侧瓣扇形，腹缘着生细刚毛；尾节腹突向背部弯曲，端部尖状；下生殖板刀鞘状，顶端着生 1 粗刚毛，中部着生多列粗刚毛，外缘疏生细刚毛；阳茎前腔明显，端向背面有 1 筒状突起，向腹面分为 3 枝，其中两侧枝较长且末端尖。

分布：浙江（临安、庆元）、河南、陕西、安徽、湖北、江西、湖南、福建、广西、重庆、四川、贵州。

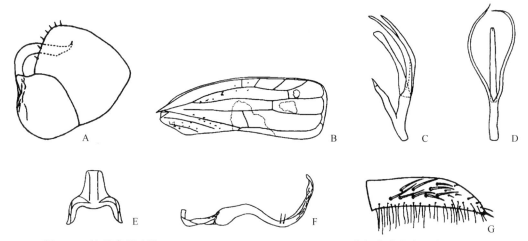

图 1-10　枝茎窗翅叶蝉 *Mileewa branchiuma* Yang *et* Li, 1999（仿杨茂发和李子忠，1999a）
A. 雄虫尾节侧瓣；B. 前翅；C、D. 阳茎侧面观和背面观；E. 连索；F. 阳基侧突；G. 下生殖板腹面观

（11）船茎窗翅叶蝉 *Mileewa ponta* Yang *et* Li, 1999（图 1-11）

Mileewa ponta Yang *et* Li, 1999b: 407.

　　主要特征：体及前翅黑色；头冠前端具 5 条，单眼侧上方具 1 条淡黄色纵线纹；前翅外缘白色透明，后缘中部和第 2 端室、第 3 端室基部各有 1 白色透明小斑，爪区散布褐色半透明斑点；颜面黄白色，两侧具褐色横条纹列；胸部足淡黄色，腹部黄色，边缘黑褐色，尾节黑褐色。头冠前缘圆形突出。中长短于复眼间宽；单眼位于复眼前角水平线上，侧额缝内侧；前胸背板前缘微拱，后缘近直。雄虫尾节侧瓣近圆形，腹缘有细小刚毛，腹缘突起细长，向端部渐细；下生殖板中部略突起，其上散生细刚毛，外缘具粗刚毛列及长绒毛，中域有 2 根粗刚毛；阳基侧突向背部弯曲，端部尖，亚端部腹面有一大刺突及一些小齿；阳茎中部背面有 1 突起，整体形似船状。

　　分布：浙江（临安、瑞安）、安徽、江西、福建、台湾、广东、海南、广西、贵州、云南。

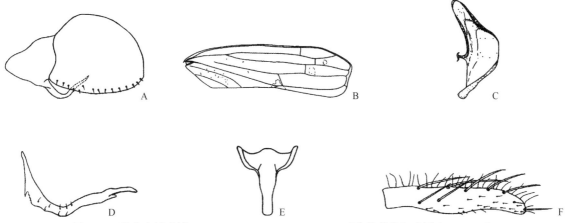

图 1-11　船茎窗翅叶蝉 *Mileewa ponta* Yang *et* Li, 1999（仿杨茂发和李子忠，1999b）
A. 尾节侧瓣；B. 前翅；C. 阳茎侧面观；D. 阳基侧突；E. 连索；F. 下生殖板

（12）红脉窗翅叶蝉 *Mileewa rufivena* Cai *et* Kuoh, 1997（图 1-12）

Mileewa rufivena Cai *et* Kuoh *in* Liang, Cai & Kuoh, 1997: 336.

　　主要特征：头、胸部背面暗褐色；头冠中央有 1 纵线纹，前端两侧各有 2 纤细斜线纹，后缘具 2 小点斑，部分个体单眼侧上方亦各具 1 点斑，头冠两侧缘于复眼前角至近头顶有 1 线纹，但此纹被侧额缝断开，均为黄白色；复眼黑褐色，单眼暗红色；前翅黑褐色，翅脉深红色，翅面散布灰白色半透明小点及浸渍斑，后缘中部、第 2 端室基部、第 3 端室基部各有 1 白色透明斑；颜面、胸部腹面及各足、腹部腹面黄白色，前跗节黑褐色，尾节红褐色。雄虫尾节侧瓣后缘突圆，端腹部突凸，腹缘着生细刚毛；下生殖板外侧中央着生有 1 列刚毛，内侧区密生细刚毛；阳茎纵扁宽大，背面中部具 1 突起，背缘近末端有 1 个、端部腹面有 2 对刺状突。

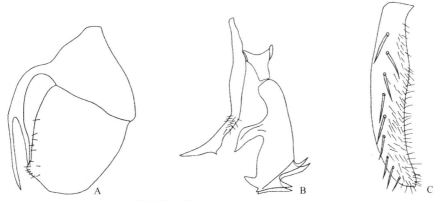

图 1-12　红脉窗翅叶蝉 *Mileewa rufivena* Cai *et* Kuoh, 1997
A. 尾节侧面观；B. 连索、阳基侧突、阳茎；C. 下生殖板

分布：浙江（临安）、河南、陕西、湖北、湖南、重庆、四川、贵州、云南。

（13）乌苏窗翅叶蝉 *Mileewa ussurica* Anufriev, 1971（图 1-13）

Mileewa ussurica Anufriev, 1971c: 517.

　　主要特征：头冠、前胸背板及小盾片黄褐色，前翅黑褐色，翅脉深红色，翅面散布灰白色半透明小点及浸渍斑、后缘中部、第 2 端室基部、第 3 端室基部各有 1 白色透明斑；颜面、胸部腹面及各足、腹部腹面黄白色，前跗节黑褐色，尾节红褐色。头冠向前角状突出，中长略短于复眼间宽；冠缝明显，长为头冠中长的 3/4。雄虫尾节侧瓣端缘钝角状突出；尾节腹突沿腹缘背向弧弯，末端尖，伸达尾节端缘，亚端部有 1 短刺状分支；阳茎宽扁，基部柄状，距基部 1/3 背面具 1 囊状突，背缘近末端呈角状，其基侧缘有细齿，端部腹面有 2 对刺状突。

　　分布：浙江（临安）、辽宁、河北、安徽、湖北、湖南、四川。

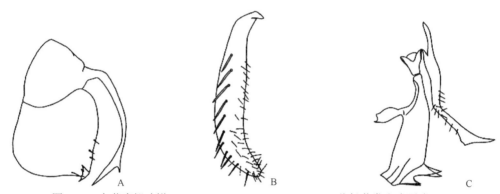

图 1-13　乌苏窗翅叶蝉 *Mileewa ussurica* Anufriev, 1971（仿杨茂发和李子忠，1999a）
A. 雄虫尾节侧面观；B. 下生殖板；C. 阳基侧突、连索、阳茎

（三）杆叶蝉亚科 Hylicinae

　　主要特征：中至大型叶蝉，体长 10.0–20.0 mm，暗褐色或黑色，体和翅被有稀疏的刚毛和鳞片。大部分属头部明显伸长突出，头冠基部有 1 对端部朝向两侧的卵圆形无毛浅斑；唇基沟明显；单眼位于头冠，复眼蚕豆形，单眼靠近复眼前缘。前胸背板和小盾片大。前翅长，具宽阔的端片，端片包围着整个翅端。后足股节端部有 3 根大刚毛，后足胫节大刚毛之间有成列小刚毛。雄性生殖瓣多退化，在侧面与尾节侧瓣相连；下生殖板较短阔，具刚毛；连索较短，侧臂退化；阳基侧突多细长；阳茎多管状。

　　生物学：杆叶蝉主要生活在低矮的灌木丛和木本植物上，采集时间主要为每年的 5–10 月。除此之外对其生物学习性知之甚少。

　　分布：古北区、东洋区和旧热带区。世界已知 43 种，中国记录 10 种，浙江分布 2 种。

8. 片胫杆蝉属 *Balala* Distant, 1908

Balala Distant, 1908b: 250. Type species: *Balala fulviventris* (Walker, 1851).
Wania Liu, 1939: 297. Type species: *Wania membracioidea* Liu, G. K. C., 1939.

　　主要特征：头冠前缘略弧形，不向前延伸突起，后缘略向前凹，中长小于复眼间距；额、唇基部分隆起，侧额缝延伸至近单眼处，前唇基前缘明显弧形突出或中部略凹陷，舌侧板窄，颊侧缘近复眼处略凹或弧圆突出。前胸背板宽，后缘中部向前凹；小盾片倒三角形，长达爪片端，具中纵脊。前翅长，爪区端部平截而不呈角状；端片发达，近端缘处具浅白色横带。前足胫节向外缢缩成十分扁而宽的片状。雄性尾节侧面观呈四边形；腹突发达、细长；下生殖板较短小，密布刚毛；阳基侧突基突粗壮而长，端突短钝且具刚毛；连索短；阳茎管状，或具侧突。

分布：古北区、东洋区。世界已知 9 种，中国记录 7 种，浙江分布 1 种。

（14）黑面片胫杆蝉 *Balala nigrifrons* Kuoh, 1992（图 1-14；图版 I-1）

Balala nigrifrons Kuoh, 1992: 283.

主要特征：体连翅长：♂ 10.6–11.6 mm，♀ 13.3 mm。体棕色至栗褐色，额唇基及前唇基栗黑色至黑色。前胸背板上的白色鳞片一般不形成纵条带。腹板中域暗黄色，侧板具黑褐斑，背板侧区具对称连续纵长黄色区域。前翅端脉处具 1 透明窄带。雄性尾节侧瓣侧面窄长，背缘、腹缘近平行；腹突细长，端半部向背面弯曲，向后延伸接近尾节侧瓣端部；下生殖板端部弧圆，腹面具较细刚毛；阳基侧突端突略延伸，端部略膨大，具较长刚毛；连索近端部处略缢缩，端缘中部凹入；阳茎管状，前腔发达，阳茎干近中部侧缘各具 1 齿状小突起。

分布：浙江（临安）、陕西、江西、贵州、云南。

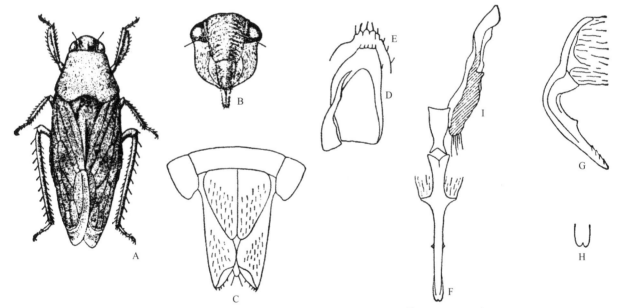

图 1-14　黑面片胫杆蝉 *Balala nigrifrons* Kuoh, 1992（仿 Kuoh，1992）

A. 成虫背面观；B. 颜面；C. 雄虫尾节腹面观；D. 尾节侧面观；E. 尾节端部；F. 阳茎腹面观；G. 阳茎侧面观；H. 阳茎端部腹面观；I. 阳基侧突和连索腹面观

9. 桨头叶蝉属 *Nacolus* Jacobi, 1914

Nacolus Jacobi, 1914: 381; Zhang, 1990: 40. Type species: *Prolepta* (?) *tuberculatus* Walker, 1858.

Ahenobarbus Distant, 1918: 28; Evans, 1946: 46. Type species: *Ahenobarbus assamensis* Distant, 1918.

Mellia Schmidt, 1920: 127. Type species: *Mellia granulata* Schmidt, 1920.

主要特征：头冠显著向前延伸并逐渐变窄，侧面观呈桨状，中长约为头宽的 3 倍或更长，中纵脊发达；前唇基较发达，端部略长于颜面。前胸背板后缘深凹，侧缘略内凹；小盾片短小。前翅窄长，端片发达。雄性尾节腹突较短小，呈指状，具数根至数十根小刚毛；下生殖板阔，边缘内侧围绕 1 圈细长刚毛；阳基侧突粗壮，端部具数根细长刚毛；连索短阔，边缘向背面突起；阳茎管状，简单无突起。

分布：古北区、东洋区。世界已知 1 种，中国记录 1 种，浙江分布 1 种。

（15）桨头叶蝉 *Nacolus tuberculatus* (Walker, 1858)（图 1-15；图版 I-2）

Prolepta (?) *tuberculatus* Walker, 1858: 315.

Nacolus tuberculatus: Distant, 1918: 28.

主要特征： 体连翅长：♂ 11.3–16.5 mm，♀ 13.9–19.8 mm。体棕色至栗褐色，前唇基端黑色，散生黑色小瘤突；头部向前延伸为复眼间宽的 3–6 倍，侧缘脊起向端收狭，端缘微翘；中纵脊端部 3/5–3/4 纵向压缩，侧面有数个瘤突，背缘呈锯齿状，脊起两侧纵向各有数个小突瘤；前唇基两侧缘中部略凹。前胸背板梯形，具 3 纵脊，与头冠 3 脊相连；小盾片两基角微隆，端部中央隆起。前翅短于腹，背板具对称黄色浅斑。腹部第 7 节端缘两侧具 1 乳头状突起。雄性尾节腹突较短小，呈指状，具小刚毛；下生殖板边缘内侧围绕 1 圈细长刚毛；阳基侧突粗壮，端部具数根细长刚毛；连索短阔，边缘向背面突起；阳茎管状。

分布： 浙江（临安）、北京、河南、陕西、甘肃、安徽、湖北、江西、湖南、福建、台湾、广东、广西、四川、贵州、云南；日本，印度。

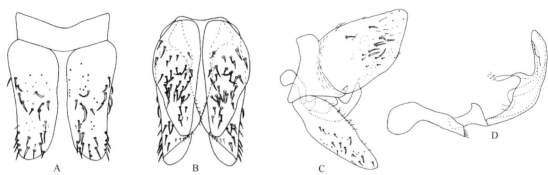

图 1-15　桨头叶蝉 *Nacolus tuberculatus* (Walker, 1858)

A. 雄虫尾节背面观；B. 尾节腹面观；C. 尾节侧面观；D. 阳茎、连索、阳基侧突侧面观

（四）耳叶蝉亚科 Ledrinae

该亚科是一个比较小的、原始的亚科，和杆叶蝉亚科、叶蝉亚科关系密切。

主要特征： 体中至大型，黄色、绿色或者棕色。头冠呈叶状，突出于前方，颜面凹陷；单眼位于头冠，远离复眼和头冠边缘；额唇基窄，宽度小于到两复眼的距离；触角着生于复眼上缘连线上方，并远离复眼。前胸背板较头冠宽，背板隆起，常有耳状突出构造或两侧缘角状突出。前翅翅脉完整，常有额外脉序呈网状，有或无端片；后翅发育完全。后足胫节背面观扁平，常扩展，刚毛列比较稀疏；后足股节端部常有 3 根短的大刚毛。下生殖板舌状。

分布： 世界广布。世界已知 77 属 470 余种，中国记录 24 属 147 种，浙江分布 4 属 5 种。

分属检索表

1. 前胸背板两侧缘延伸成角突 ·· 角胸叶蝉属 *Tituria*
- 前胸背板两侧缘不呈角状突 ·· 2
2. 前翅外缘有瘤粒分布 ·· 点翅叶蝉属 *Confucius*
- 前翅外缘无瘤粒分布 ·· 3
3. 尾节末端深凹，致使尾节成两瓣 ·· 宽冠叶蝉属 *Laticorona*
- 尾节末端未深凹 ·· 片头叶蝉属 *Petalocephala*

10. 角胸叶蝉属 *Tituria* Stål, 1865

Petalocephala (*Tituria*) Stål, 1865: 158. Type species: *Petalocephala* (*Tituria*) *nigromarginata* Stål, 1865.
Tituria Stål, 1866: 102; Distant, 1908b: 159; Kato, 1932: 221; Kuoh, 1966: 32.

主要特征：头顶平坦，向下倾斜。头冠前缘呈角状。单眼位于头顶后方，单眼间距离小于与相邻复眼间的距离。颜面长度比宽度稍小。颜面侧面于复眼连线间明显凹入。前胸背板六边形；前缘直，侧缘有角状突起向外延伸，后缘波曲或微凹入。小盾片三角形，长于前胸盾板中长。前翅末端超过腹部末端，爪区密布刻点。后足股节末端有 3 根大刺。雄虫第 8 腹板长于第 7 腹板，其后缘弧状向前。雄性尾节腹缘近末端或近中部有 1 个指状或钩状突起。生殖板基部与生殖瓣愈合。

分布：古北区、东洋区、旧热带区。世界已知 40 种，中国记录 25 种，浙江分布 1 种。

（16）开化角胸叶蝉 *Tituria kaihuana* Yang *et* Zhang, 1995（图 1-16）

Tituria kaihuana Yang *et* Zhang, 1995: 38.

主要特征：雄虫体连翅长约 14.0 mm。头冠污黄色，基部微绿，侧缘黑色，内方略带红色。单眼透明，两单眼间距小于至复眼距离；触角短。前胸背板中部淡绿色，侧区及后缘黄色，侧缘突伸成角状并有细黑边，中部靠前有 2 对小黑点。翅中域有 1 黑点。雄虫尾节侧视近为三角形，内突钩状。阳基侧突长而弯。阳茎顶端纵裂为 1 对狭片。

分布：浙江（临安、开化）。

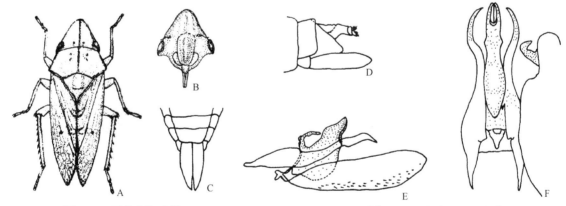

图 1-16　开化角胸叶蝉 *Tituria kaihuana* Yang *et* Zhang, 1995（仿 Yang and Zhang, 1995）
A. 雄虫背面观；B. 颜面；C. 尾节腹面观；D. 尾节侧面观；E. 阳茎、阳基侧突和下生殖板侧面观；F. 阳茎、阳基侧突和尾节腹面观

11. 片头叶蝉属 *Petalocephala* Stål, 1853

Petalocephala Stål, 1853: 251. Type species: *Petalocephala bohemani* Stål, 1853.

主要特征：头向下倾。头冠扁薄，冠缝细。单眼位于头顶后方，之间距离明显小于与相邻复眼间的距离。前胸背板前缘微向前弧状突，侧缘近平行或微向外扩，后缘波曲；靠近前缘可见 1 长深刻痕。小盾片三角形。后足胫节四棱形，腹面观扁平，腹面前脊上有 6 根大刺。雄虫第 8 腹板长于第 7 腹板，其后缘弧状微凸。雄性尾节腹缘近末端或近中部有突起。下生殖板宽柳叶形，基部与生殖瓣愈合。

分布：世界广布。世界已知 90 种，中国记录 27 种，浙江分布 2 种。

（17）赤缘片头叶蝉 *Petalocephala rufa* Cen *et* Cai, 2000（图 1-17）

Petalocephala rufa Cen *et* Cai, 2000: 247, 250.

主要特征：体连翅长：♂ 10.0 mm；头中长 1.3 mm；前胸背板中长 1.8 mm；头宽 2.6 mm；前胸背板间宽 3.0 mm。体褐色。头冠边缘具红色宽边。复眼棕色，单眼透明，围以红色圈。前胸背板两侧缘褐色。前翅外缘红褐色。头冠、前胸背板散生黄白色较大点，翅爪区密布刻点。头冠较宽短，弧状折向末端，末端钝圆。触角脊明显。额唇基延伸至复眼连线处。臀脉 2 条。后足胫节 6 根大刺。雄性第 8 腹板略长于前一体节，后缘弧状向外微凸。尾节腹缘近末端生 1 指状长突起，伸出尾节。下生殖板豆荚形，中部窄。阳基侧突末端腹向折曲近 90°，折曲末端钝圆。连索背面观半圆形，中央具 1 棍状突起。阳茎近末端向两侧扩延，伸出 1 刺状突。

分布：浙江（临安）、陕西、江西、湖南、福建、贵州。

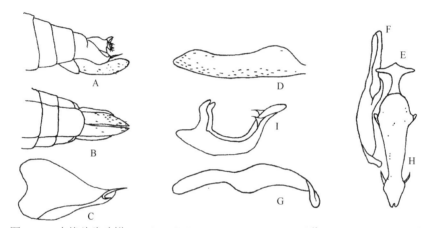

图 1-17　赤缘片头叶蝉 *Petalocephala rufa* Cen *et* Cai, 2000（仿 Cen and Cai，2000）

A. 雄虫腹部末端侧面观；B. 雄虫腹部末端腹面观；C. 尾节内侧观；D. 下生殖板；E. 连索；F. 阳基侧突腹面观；G. 阳基侧突侧面观；H、I. 阳茎腹面观和侧面观

（18）扁茎片头叶蝉 *Petalocephala eurglobata* Cai, He *et* Zhu, 1998（图 1-18）

Petalocephala eurglobata Cai, He *et* Zhu, 1998: 64.

主要特征：体连翅长：雄性 12.5–14.5 mm；头中长 2.3–2.7 mm；前胸背板中长 2.1–2.3 mm；头宽 3.5–3.9 mm；前胸背板间宽 3.6–4.4 mm。体黄色、暗黄色或黄绿色，具刻点，前胸背板中后部隐约具横皱褶。头冠侧缘具暗红色窄边，前胸背板侧缘及前翅前缘基半部黄白色。头冠下倾，两侧下倾，末端略翘起；冠面长三角形，于复眼前缘逐渐收狭至末端，尖锐，前中部略凹陷。冠缝明显。复眼红棕色，单眼褐色。前胸背板向后逐渐隆起，前缘弧状略凸，中央凸出幅度较大，侧缘略外扩，近平行，后缘略波曲，仅中央弧状微前凸；前中部两侧略呈圆形凹陷，背板中央具 1 细凹槽。盾间沟较靠后，弧形前凸。后足胫节背前列（AD 列）大刺 5–6 根。雄性第 8 腹板长于前节，后缘弧状微凸。尾节末端延伸成细长突起，背向弯曲。下生殖板窄长，近基部最宽，后收狭至末端稍尖，外缘中部明显收缩。阳基侧突侧面观片状，较细直，中部最宽；末端直角弯曲，后呈细长条形。连索元宝形，背面具 1 纵脊。阳茎干略扁，近基部膨大，呈椭圆形，后收细；近末端背向钝角折曲，折曲后近足状，折曲腹面具 1 小三角形近膜质的突起。阳茎背腔二叉状，侧臂较短，分得较开。阳茎口位于阳茎末端。

分布：浙江（德清）、安徽、福建、广西、四川；越南。

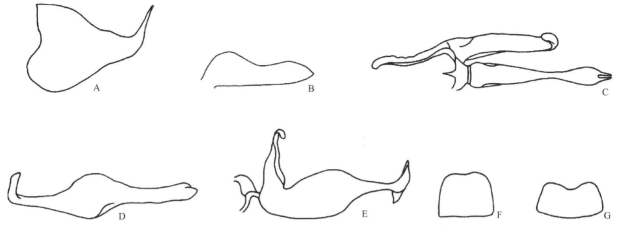

图 1-18　扁茎片头叶蝉 *Petalocephala eurglobata* Cai, He *et* Zhu, 1998（仿 Cai et al.，1998）

A. 雄虫尾节内侧观；B. 下生殖板；C. 连索、阳茎及阳基侧突腹面观；D. 阳基侧突侧面观；E. 阳茎及连索侧面观；F. 雄虫第 8 腹板；G. 雌虫第 7 腹板

12. 点翅叶蝉属 *Confucius* Distant, 1907

Confucius Distant, 1907: 191. Type species: *Confucius granulatus* Distant, 1907.

　　主要特征：头冠扁，冠面向下倾，两侧下斜明显超过颜面；头明显窄且短于前胸背板；侧缘于复眼前缘的直段较短，前缘呈钝角弧状拱出；冠缝明显隆起，冠缝两侧区域略下凹。单眼位于复眼连线上。前胸背板两侧凹陷较深，中后部隆起显著（侧面观），中后部具横皱脊，后缘具较密集的褐色瘤粒；前缘弧状前凸，侧缘稍向外扩，中段略向内收，后缘略波曲，近平直。前翅外缘有瘤粒。后足四棱形；胫节扁平，略扩延，AV 列具 3–5 根大刺且分布较细长刚毛，其余列散布较密集的小短刺。雄虫第 8 腹板稍长于前节腹板。

　　分布：东洋区、旧热带区。世界已知 12 种，中国记录 3 种，浙江分布 1 种。

（19）黑斑点翅叶蝉 *Confucius maculatus* Cai, 1994（图 1-19）

Confucius maculatus Cai, 1994b: 78.

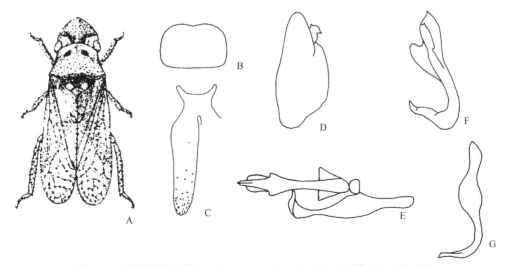

图 1-19　黑斑点翅叶蝉 *Confucius maculatus* Cai, 1994（仿 Cai，1994b）

A. 雄虫背面观；B. 雄虫第 8 腹板；C. 下生殖板；D. 尾节背面观；E. 阳茎、连索和阳基侧突腹面观；F. 阳茎侧面观；G. 阳基侧突侧面观

主要特征：复眼红棕色，单眼黑色。头冠、前胸背板及小盾片黄褐色，密布小颗粒且散布少量小的暗红色瘤粒。头冠端半部较薄，具 1 倒三角形褐色斑。颜面基半部红褐色，其余部位呈暗黄褐色。前胸背板前缘弧状前凸，后缘略波曲，具黑边，侧缘向后略外扩，中段略内收；前中部两侧凹陷最低处为褐色圆斑，中后部具较疏的横皱脊。前翅褐色，密布刻点；A_2 脉末端微隆起。后足胫节前面散生暗红色斑点，AV 列生 5 根大刺。雄性第 8 腹板与前一体节近等长，后缘微波曲，中央凹入。尾节末端近三角形，于腹缘近末端内侧生 1 钩状短突起。下生殖板豆荚形并具细刚毛。阳基侧突基部细长，中部宽，近端部极细，略弯，末端折曲呈近 90°，呈匙状（宽片状），略波曲。连索近圆形。阳茎纵扁，背面近端部隆起，近末端腹面膨大，两侧各有 1 浅小片状脊突，脊突近中段具 1 齿突。阳茎背腔片状。

分布：浙江（泰顺）、江西。

13. 宽冠叶蝉属 *Laticorona* Cai, 1994

Laticorona Cai, 1994a: 205. Type species: *Laticorona aequata* Cai, 1994.

主要特征：头冠扁平，冠面向下倾，两侧略下斜；头三角形，略窄且短于前胸背板；侧缘于复眼前缘逐渐收狭至前缘呈弧状拱出；冠缝明显隆起，冠缝两侧区域略下凹。单眼位于冠面复眼前缘连线上。前胸背板逐渐隆起（侧面观）。后足股节末端有 3 根刺；胫节前腹缘（AV）列具 7 根大刺，其余散布较密集的小短刺。第 8 腹板长于或等于前一体节，后缘弧圆或凹入。雄虫尾节末端近背缘"U"形深裂成不均匀两瓣，背端成大刺突出，末端有少许小刚毛。下生殖板超过尾节，外缘弧凹成长豆荚形。

分布：东洋区。世界已知 2 种，中国记录 3 种，浙江分布 1 种。

（20）长突宽冠叶蝉 *Laticorona longa* Cai, 1994（图 1-20）

Laticorona longa Cai, 1994a: 207.

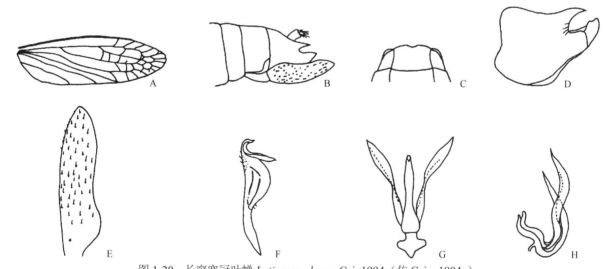

图 1-20　长突宽冠叶蝉 *Laticorona longa* Cai, 1994（仿 Cai，1994a）
A. 前翅；B、C. 生殖节侧面和腹面观；D. 雄虫尾节；E. 下生殖板；F. 阳基侧突侧面观；G. 阳茎腹面观；H. 阳茎侧面观

主要特征：体黄绿色或红褐色。头冠冠缝及边缘鲜红色，近边缘具鲜红色宽边。复眼黑棕色；单眼透明，围以黑圈，单眼外侧各有 1 斜向外指的短隆起带。颜面基部触角窝之前及额唇基区中央为鲜红色，前唇基中央有少许鲜红色。前胸背板前部两侧各有浅凹，具黑色点；前缘和后缘中点处各有 1 个黑点。小盾片末端尖角处为黑色。前翅外缘褐色较深；前翅 M 脉中央有 1 黑褐色瘤点。各足跗节呈暗红色。头冠逐渐收狭，末端锐角圆弧状。冠缝明显，两侧凹洼，冠缝末端微向上翘。前胸背板无角突。盾间沟弧状前凸，

近半圆形。前翅有臀脉 2 条，均不分叉。后足胫节 7 根大刺。颜面额唇基中央具纵向凹槽。雄虫第 8 腹板后缘近平直。阳基侧突端部外缘区生有许多小毛。阳茎细管状，近基部两侧生 2 片状长突起，延伸远超过阳茎末端。阳茎口位于腹面近末端。

分布：浙江（临安）、安徽、江西、福建、广西。

（五）乌叶蝉亚科 Penthimiinae

主要特征：体小至大型，多为中小型，体被白色小刚毛，强壮，扁平，卵圆形。头常宽大于长，单眼位于头冠部，头冠前缘常具横皱纹。

分布：世界广布。世界已知 1 族 46 属 221 种，起源于东洋区；中国记录 5 属 40 种，浙江分布 3 属 6 种。

分属检索表

1. 小盾片长大于宽 ··· 长盾叶蝉属 *Haranga*
- 小盾片宽大于长 ··· 2
2. 头冠及前胸背板上不具网状纹 ·· 乌叶蝉属 *Penthimia*
- 头冠及前胸背板上具明显网状纹 ·· 网背叶蝉属 *Reticuluma*

14. 长盾叶蝉属 *Haranga* Distant, 1908

Haranga Distant, 1908b: 248. Type species: *Haranga orientalis* (Walker, 1851).

主要特征：虫体卵圆形，中央隆起向两侧显著倾斜；头冠较短，前缘突出，顶端有多条明显的横皱纹，复眼外缘略微向外突出，与前胸背板侧缘不形成连续弧线，两单眼间距大于单眼到复眼的距离；前胸背板长，向上隆起，其上多具刻点和横皱，前缘较窄，向前弧圆突出，后缘中部凹陷，侧缘线直，向后斜伸，后角缘收狭与小盾片基部相接；小盾片很长，有些种小盾片延伸到爪片端部，基部宽，两侧自中部向末端急剧收狭，端部尖锐，有些种类小盾片端半部中央具 1 中纵脊；前翅爪片末端平截，端片发达；中、后足胫节前背侧和后背侧隆起，中央形成 1 凹槽。

分布：世界广布。世界已知 7 种，中国记录 4 种，浙江分布 1 种。

（21）黑长盾叶蝉 *Haranga orientalis* (Walker, 1851)（图 1-21；图版 I-3）

Penthimia orientalis Walker, 1851b: 841.

Haranga orientalis: Distant, 1908b: 249.

主要特征：体连翅长：♀9.0 mm。虫体黑色，单眼黄褐色，复眼灰褐色，具黑褐色斑块，其外围有 1 浅黄褐色窄边；颜面纯黑色，触角污黄色；前胸背板色暗，亚黑色，侧后缘具红褐色窄边；前翅黑色，仅端前室末端灰白色，翅脉黄红褐色，端片烟灰色；前、中、后足红棕色，后足胫节刺亦为红棕色；前胸腹板黑色带红褐色边；腹部背面红褐色，腹面黄褐色，尾节黑色，尾节侧瓣端缘黄褐色。虫体较大，卵圆形，头冠及前胸背板极度下倾，全体被黄褐色细毛；头冠较短，前端横皱不明显，触角檐极其发达，使得头冠前缘两侧为角状；颜面侧缘不呈 1 条直线，后唇基中央隆起，两侧倾斜；前胸背板上具较为明显的刻点和横皱，其长度约为头冠中长的 2.5 倍，前缘突出，后缘弧状凹入；小盾片较长，伸达爪片端部，横刻痕位于小盾片基部 1/4 处，端半部具 1 中纵脊，在小盾片 1/2 处中纵脊两侧各有 1 簇黄褐色毛；后足胫节刺较长且粗壮。

分布：浙江（临安）、云南；印度。

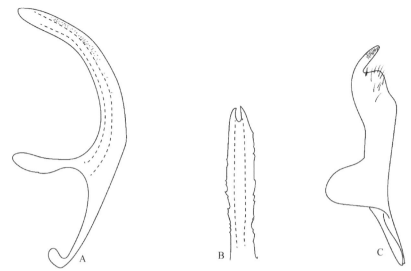

图 1-21　黑长盾叶蝉 *Haranga orientalis* (Walker, 1851)（仿 Shobharani et al.，2018）
A. 阳茎侧面观；B. 阳茎干腹面观；C. 阳基侧突背面观

15. 乌叶蝉属 *Penthimia* Germar, 1821

Penthimia Germar, 1821: 46. Type species: *Cercopis atra* Fabricius, 1794.

Ectopiocephalus Kirkaldy, 1906: 463. Type species: *Ectopiocephalus vanduzeei* Kirkaldy, 1906.

主要特征： 体宽短，卵圆形，扁平。头冠及前胸背板上不具网状纹。头冠宽短，向前下方倾斜，具有横皱纹，颜面横宽，后唇基稍微隆起。单眼位于头冠部，单眼间距大于相邻单复眼间距；头冠宽小于前胸背板宽；头冠中长小于小盾片中长，约为两复眼间宽度之半；小盾片横宽，宽大于长，且基缘明显长于侧缘。前翅宽阔，长为宽的 2 倍多；爪片末端横截；端片宽大。

分布： 世界广布。世界已知 84 种，中国记录 23 种，浙江分布 4 种。

分种检索表

1. 前翅基半部无杂色斑点 ·· 光亮乌叶蝉 *P. nitida*
- 前翅基半部有杂色斑点 ·· 2
2. 前翅端半部黄白色至白色透明 ·· 缘痕乌叶蝉 *P. nigerrima*
- 前翅端部半透明，有明显色斑 ··· 3
3. 阳茎干细长 ··· 烟端乌叶蝉 *P. fumosa*
- 阳茎干管状 ··· 赭点乌叶蝉 *P. scapularis*

（22）烟端乌叶蝉 *Penthimia fumosa* Kuoh, 1992（图 1-22）

Penthimia fumosa Kuoh, 1992: 290.

主要特征： 体连翅长：♂ 5.7 mm。体黑色至深褐色。头冠黑色；单眼浅褐色，复眼灰色具褐色斑块。前胸背板亮黑色，后缘有 1 条极窄的棕红色条斑。小盾片黑色，横刻痕明显，横刻痕的两端有 1 明显的浅红棕色斑点。前翅基部暗红棕色，由基部向端部颜色变浅，翅脉浅棕色，翅面密布浅黄褐色斑点。尾节侧瓣长大于宽，中部具数根长刚毛。生殖瓣三角形。下生殖板内缘平直，近外缘处有数根长刚毛。连索 "Y" 形，连索干细长，约是侧臂长的 3.5 倍。阳基侧突由基部到端部逐渐变细，端部较尖，亚端部着生有多根细长刚毛。阳茎干细长，端部较窄，弯曲度小，阳茎口位于端部。

分布：浙江（开化）、江西、四川、云南。

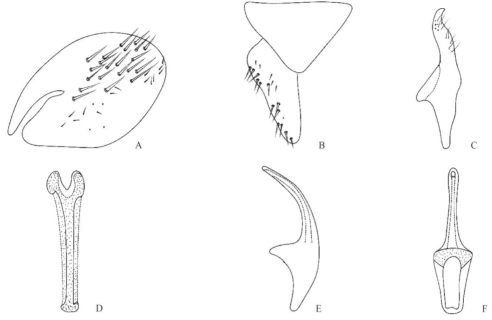

图 1-22 烟端乌叶蝉 *Penthimia fumosa* Kuoh, 1992

A. 雄虫尾节侧瓣侧面观；B. 雄虫生殖瓣和下生殖板腹面观；C. 阳基侧突背面观；D. 连索腹面观；E. 阳茎侧面观；F. 阳茎腹面观

（23）缘痕乌叶蝉 *Penthimia nigerrima* Jacobi, 1944（图 1-23；图版 I-4）

Penthimia nigerrima Jacobi, 1944: 48.

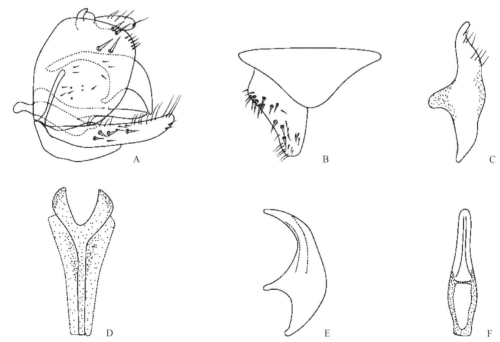

图 1-23 缘痕乌叶蝉 *Penthimia nigerrima* Jacobi, 1944

A. 雄虫尾节侧瓣与下生殖板侧面观；B. 雄虫生殖瓣和下生殖板腹面观；C. 阳基侧突背面观；D. 连索腹面观；E. 阳茎侧面观；F. 阳茎腹面观

主要特征：体连翅长：♂ 4.5–4.8 mm，♀ 4.6–4.9 mm。体黑色至黄白色；头冠黑色，密布黑色刻点；复眼红褐色，其上有灰白色斑块，单眼白色；颜面黑色，舌侧板明显；前胸背板黑色，其上分布有稀疏的白色短刚毛；小盾片黑色，横刻痕两侧及盾片端部各有 1 个黄白色斑点；前翅基半部黑色，其上有稀疏的黄褐色透明小点，端半部黄白色至白色半透明，翅脉黑色或褐色，端室中有深褐色斑块，靠近复眼内侧处各有 1 个瘤状平滑突起，前缘有明显的横皱；颜面宽大于长，其上散生有白色细软毛；前胸背板中域隆起，前缘弧状突出，后缘凹入，表面密集分布有横刻纹和刻点；小盾片呈等边三角形，基部白色短刚毛密集，端部横皱明显，横刻痕弧状深刻，横刻痕后部稍隆起；前翅自爪片中部颜色变为黄白或灰白色，端前室末端翅脉近透明。尾节侧瓣宽短，其上散生有稀疏的刚毛，下生殖板明显长于尾节侧瓣；生殖瓣宽约为长的 2 倍；下生殖板较短，四边形，外侧缘中部向内弯曲，中部及外侧缘着生有密集的刚毛，其中端部侧缘刚毛较长；连索"Y"形，连索干细长，两侧具膜状物；阳基侧突较短，端部弯曲亦短，端部 1/3 和 1/2 处各有 1 簇刚毛；侧面观阳茎外侧缘弯曲不平滑，阳茎干中部处有 1 角状弯折，背面观阳茎两侧曲线连续流畅，阳茎腔略膨大。

分布：浙江（临安）、江苏、湖南、福建。

（24）光亮乌叶蝉 *Penthimia nitida* Lethierry, 1876（图 1-24；图版 I-5）

Penthimia nitida Lethierry, 1876: 82.

主要特征：体连翅长：♂ 5.8–6.2 mm，♀ 6.1–6.3 mm。体黑色，复眼黑褐色具有灰色斑块，单眼褐色；前胸背板亮黑色；小盾片黑色，表面粗糙；前翅近端部深褐色；小盾片端部有 1 个乳白色斑点；小盾片及前翅上密布黄褐色短刚毛；前翅基半部无杂色斑点，翅脉黑色或深褐色。雄虫尾节侧瓣长大于宽，后缘突起，近后缘及腹侧生有数根长刚毛；生殖瓣三角形；下生殖板外侧缘及端部生有稀疏长刚毛；连索"Y"形，连索干和侧臂约等长；阳基侧突基部较宽，端部较窄，亚端部外侧缘有 5 根刚毛；阳茎侧面观指状，较粗短，近端部 2/3 处弯折，背突发达，阳茎口位于端部。

分布：浙江（临安）、江西、湖南、台湾、广东、海南、广西、云南。

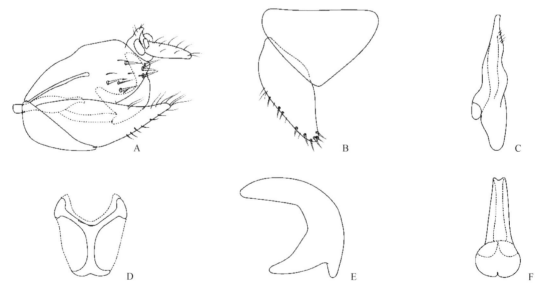

图 1-24　光亮乌叶蝉 *Penthimia nitida* Lethierry, 1876

A. 雄虫尾节侧瓣与下生殖板侧面观；B. 雄虫生殖瓣和下生殖板腹面观；C. 阳基侧突背面观；D. 连索腹面观；E. 阳茎侧面观；F. 阳茎腹面观

（25）赭点乌叶蝉 *Penthimia scapularis* Distant, 1908（图 1-25）

Penthimia scapularis Distant, 1908b: 244.

Penthimia maculosa Distant, 1908b: 244.

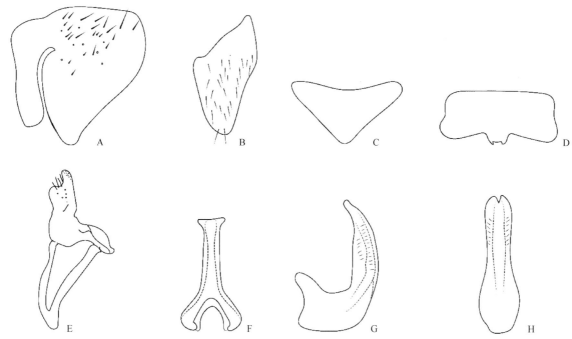

图 1-25　赭点乌叶蝉 *Penthimia scapularis* Distant, 1908（仿 Shobharani et al., 2018）
A. 尾节侧瓣侧面观；B. 生殖瓣腹面观；C. 下生殖板腹面观；D. 雌虫第 7 腹板腹面观；E. 阳基侧突背面观；F. 连索腹面观；G. 阳茎侧面观；H. 阳茎背面观

　　主要特征：体连翅长：♂ 4.0–5.2 mm，♀ 4.4–5.6 mm。头部、前胸背板和胸部黑色。前胸背板近后缘有时呈现黄褐色，其中雌虫前胸背板近后缘的黄褐色范围大于雄性。小盾片黄褐色，有时全部为黑色或雌性的小盾片基部呈现黑色，小盾片侧缘和末端有时有黄色斑点。前翅黑色或黄色至黄褐色，具有稠密的黄褐色或暗棕色斑，翅端部半透明。虫体腹面黑色，后足黑色且具有浅棕色的刺。尾节侧瓣后缘宽圆。下生殖板近基部侧缘向侧面突出，表面散生长刚毛。阳基侧突基部较宽，端部指状弯曲，亚端部着生数根刚毛。连索干是侧臂长的 2 倍。阳茎背突较短，阳茎干管状，基半部较宽，向端部逐渐变窄，背面具脊，腹面观阳茎端部有缺口，阳茎口较大。

　　分布：浙江（临安）、湖北、湖南、四川、贵州。

16. 网背叶蝉属 *Reticuluma* Cheng *et* Li, 2005

Reticuluma Cheng *et* Li, 2005: 379. Type species: *Reticuluma citrana* Cheng *et* Li, 2005.

　　主要特征：虫体扁平，从前胸背板中部开始倾斜，全体被棕色或黑色网状纹，前翅半透明。头冠短小，长度稍窄于前胸背板，头冠上有 4 个黑色或棕色斑纹排列成弧状。头冠宽短于两复眼间宽，向下倾斜，超过复眼连线；头冠顶端有数条横走脊纹，延伸到后唇基基部，有些种不明显。头冠和颜面分界明显。单眼位于头冠前缘，冠缝长约为头冠长度的 2/3。颜面黑色，宽明显大于长，后唇基平坦，中部稍微凹陷，触角檐发达。前胸背板宽约为中长的 2 倍，表面平滑，后缘平直或中部向前弯曲，侧缘长，近乎平直。小盾片明显短于前胸背板，且宽大于长，横刻痕位于小盾片中部，横刻痕未伸达两端，小盾片两侧缘中部及端部各有 1 乳白色或黄白色小点。前翅伸长，长约为宽的 2 倍，半透明，其上覆盖有轻微或密集的网状纹，翅脉周围及翅室中均有分布。前翅具 5 个端室，端室中有小的棕色或黑色斑点，端片狭窄；爪片上两条翅脉间有 1 短横脉相连；前足股节背面生有短刚毛，AM_1 较长，AV_1 和 IC 次之；前足胫节扁平，背面和腹面倾斜，前背侧和后背侧刚毛稀疏，前腹侧刚毛密集；后足股节端部刚毛刺式为 2：2：1，亚端部有数根短刚毛；后足胫节扁平，前背侧刚毛较长，其间分布数根短刚毛；后腹侧刚毛密集；后足跗节第 1、2 节端部平截，均生有端部平截的刚毛。雄虫尾节侧瓣上生有或长或短的刚毛，有的种尾节侧瓣端部具突起；连索"Y"形或"T"形；阳基侧突端部弯曲，其弯曲程度因种而异，数根刚毛位于亚端部边缘；阳茎多数具有 1–2 对突起，只有个别种无突起。

分布：古北区、东洋区。世界已知 9 种，均分布于我国，浙江分布 1 种。

（26）茶网背叶蝉 *Reticuluma testacea* (Kuoh, 1991)（图 1-26；图版 I-6）

Penthimia testacea Kuoh, 1991: 206, 207.

Reticuluma testacea: Fu et Zhang, 2015: 257.

主要特征：体连翅长：♂ 3.5–3.8 mm。体自前胸背板中部向下倾斜，头冠、前胸背板及小盾片黄褐色，其上布满黑褐色的网状纹；头冠前缘加厚，钝圆突出；单眼前至后唇基基部有多条横皱，覆盖不明显的深褐色网状纹，在两复眼之间具有 4 个暗黄色圆斑，排列成弧状；复眼黑色，内侧缘具红褐色边，单眼黑色，位于复眼与冠缝之间，靠近复眼，冠缝明显，黑褐色，占头冠中长的 2/3；颜面黑色，后唇基上分布有细小刻点，两侧倾斜，前唇基长方形，舌侧板不明显，触角檐发达。前胸背板前缘弧状，后缘平直。小盾片三角形，宽大于长，横刻痕弧状，位于中部，两端各具 1 黄白色点。前翅灰白色，半透明，翅脉明显，翅面具 3 条虫蛀状纹，中部纹未达前翅前缘，具 5 个端室，第 2、3、4 端室各具 1 黑褐色小点，端片狭窄。雄虫尾节侧瓣无突起，端缘及中部具长短不一的刚毛，分布杂乱。下生殖板两侧缘近乎平行，近似长方形，端部生有数根长刚毛，中部及外缘具分散的短刚毛。连索短小，呈"Y"形，短于阳基侧突，两侧臂与连索干近乎等长；阳基侧突端部尖细，弯曲部分侧缘生有数根到 10 多根刚毛；阳茎具有 2 对突起，较大的突起两侧具齿，较小的突起位于阳茎端部。

寄主植物：茶树、丁香。

分布：浙江（临安、开化、庆元）、河南、陕西、安徽、江西、湖南、福建、贵州、云南。

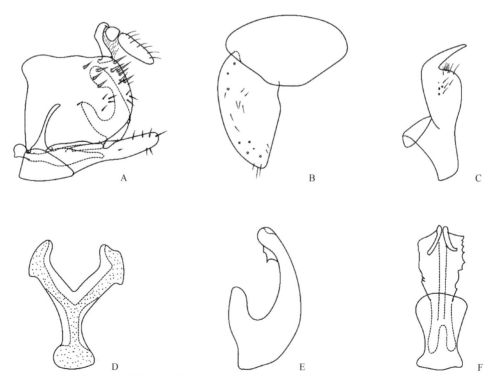

图 1-26 茶网背叶蝉 *Reticuluma testacea* (Kuoh, 1991)（仿 Kuoh，1991）

A. 雄虫尾节侧瓣与下生殖板侧面观；B. 雄虫生殖瓣和下生殖板腹面观；C. 阳基侧突背面观；D. 连索腹面观；E. 阳茎侧面观；F. 阳茎腹面观

（六）离脉叶蝉亚科 Coelidiinae

主要特征：头比前胸狭，复眼发达，其后侧角覆于前胸背板前侧缘；头冠通常较狭，向前延伸超过复眼前缘，前缘弧形、角状或延伸成长突，中域常略隆升高于复眼面，一般具辐射状细条纹，侧缘有时具脊；颜面狭长，两侧缘平行；单眼位于头冠前缘，在长头型种类中位于复眼前方头冠侧缘；额唇基区延长，一般前部较宽，向后部渐狭，有时隆起；前唇基短，一般基部宽，端部狭或两侧缘平行，有的端部侧向扩展变宽。前胸背板短，表面具小瘤突，背侧线具脊；小盾片大。前翅长（Tinobregmini 族短翅型例外），端部宽，脉序不完全，外端前室闭式，后翅前缘基部宽阔。足刺发达，后足股节刚毛式 2：2：1。雄性外生殖器：生殖瓣与尾节相愈合，尾节后背缘具 1–2 对突起，第 10 节有时具成对突起；下生殖板长，一般背腹扁平，宽大或狭窄，有的近呈棱柱状，有的无刚毛，有的具小刚毛、细长刚毛或大刚毛；连索"Y"形；阳基侧突一般较长，常有突起；阳茎多不对称，常具突起，有时阳茎端半部背腹拟二支式或在阳茎腹面有 1 腹片。

分布：世界广布。世界已知 9 族 100 属约 800 种，中国记录 2 族 20 属 230 种，浙江分布 5 属 10 种。

分属检索表

1. 阳茎腹面有 1 个发达的腹片；阳茎简单，管状，阳茎干无突起，阳茎口位于阳茎干的端部 ················ 片叶蝉属 *Thagria*
- 阳茎腹面没有腹片；阳茎有显著突起或端部有小齿，且阳茎干端部或近端部只有 1 个显著的突起，阳茎口远离干的端部 2
2. 阳茎细长，管状 ·· 3
- 阳茎宽扁 ··· 4
3. 阳茎近端部、中部或近基部具 1 个突起，端部不具小刺；尾节三角形，后缘不延伸 ·················· 单突叶蝉属 *Olidiana*
- 阳茎端部至近端部具 1–3 个突起，端部具 1 片小刺；尾节后缘明显向后延伸 ·················· 韦氏叶蝉属 *Webbolidia*
4. 阳茎侧面观中域收缩 ·· 阔茎裳叶蝉属 *Cladolidia*
- 阳茎宽阔，腹缘具 1 膨胀叶片 ·· 囊茎叶蝉属 *Tumidorus*

17. 阔茎裳叶蝉属 *Cladolidia* Nielson, 2015

Cladolidia Nielson, 2015: 14. Type species: *Lodiana cladopenis* Zhang, 1990.

主要特征：体中型，粗壮。体长 7.2–9.0 mm。成虫外部形态特征与单突叶蝉属 *Olidiana* 相似。雄性外生殖器：阳茎长，管状。阳茎干较粗，侧面观扁平、宽阔，中域收缩，背缘近端部锯齿状；尾节具或不具刚毛；阳基侧突较长，长度超过阳茎中域，宽阔，端部 1/3 处渐收缩，有时分叉。下生殖板长条形，基部至端部微窄，端部钝圆；表面光滑或具长刚毛，端部不具刚毛。

分布：东洋区。世界已知 7 种，中国记录 5 种，浙江分布 1 种。

（27）背枝阔茎裳叶蝉 *Cladolidia biungulata* (Nielson, 1982)（图 1-27）

Lodiana biungulata Nielson, 1982: 89.

Cladolidia biungulata: Nielson, 2015: 86.

主要特征：体长：♂ 9.0 mm。雄性外生殖器：尾节后缘没有突起；第 10 节狭长，腹面无突起。下生殖板狭长，端部有数根小刚毛。连索宽"Y"形，短小。阳基侧突发达，较长，端部分叉，叉臂长短不等。阳茎不对称，狭长，端部侧扁，背面有小齿，近端部背面有 1 个发达突起，其上还有长短不一的突起，阳茎口小，位于阳茎干近端部约 1/3 处背面。

分布：浙江（临安）、湖北、广西、四川、贵州、云南。

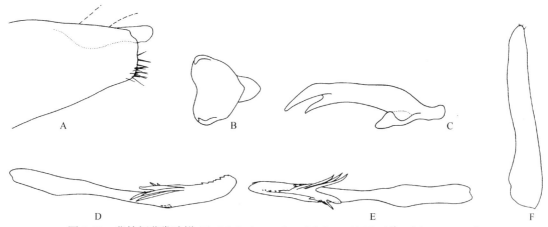

图 1-27　背枝阔茎裳叶蝉 *Cladolidia biungulata* (Nielson, 1982)（仿 Nielson，1982）
A. 尾节侧面观；B. 连索；C. 阳基侧突；D. 阳茎侧面观；E. 阳茎背面观；F. 下生殖板

18. 单突叶蝉属 *Olidiana* McKamey, 2006

Lodiana Nielson, 1982: 86 (nec *Lodiana* Ragonot, 1888). Type species: *Lodiana alata* Nielson, 1982.

Olidiana McKamey, 2006: 503. New name for *Lodiana* Nielson, 1982.

主要特征： 头冠狭窄，略延伸超过复眼前缘，侧缘基向收敛，单眼位于头冠近前缘，复眼大，占头部背面的 2/3；颜面额唇基区狭长，无中纵脊，前唇基端部扩大。前胸背板中长约等于头长，小盾片中长大于前胸背板中长。前翅具 3 个端前室，5 个端室，端片发达。雄虫尾节后背缘无尾节突；阳茎不对称，细长，管状，具单个突起，突起简单或复杂，位于近端部、中部或近基部；下生殖板狭长，端部有刚毛。

分布： 东洋区。世界已知 79 种，中国记录 53 种，浙江分布 5 种。

分种检索表

1. 阳茎干有 1 个发达片状突，边缘有齿，在突起腹面或在紧邻其腹面基部处由阳茎干发出 1 个长刺突 ……………… 2
- 阳茎突不如上述 ……………………………………………………………………………………………… 4
2. 阳茎突腹面的长刺突明显长于片状的阳茎突 …………………………………… 齿片单突叶蝉 *O. ritcheriina*
- 阳茎突腹面的长刺突短于或约等于片状的阳茎突 ………………………………………………………… 3
3. 阳基侧突基半部很宽阔，近端部骤狭 …………………………………… 变异单突叶蝉 *O. mutabilis*
- 阳基侧突狭长，端向渐狭，末端尖 …………………………………… 栉单突叶蝉 *O. pectiniformis*
4. 阳茎突二分叉，均无刺状突起，最多只有小齿突 …………………………………… 叉单突叶蝉 *O. bigemina*
- 阳茎突多不分叉，有多个刺状突起，如分叉则其分支上也有多个刺突 …………………… 黑颜单突叶蝉 *O. brevis*

（28）叉单突叶蝉 *Olidiana bigemina* (Zhang, 1990)（图 1-28）

Lodiana bigemina Zhang, 1990: 105.

Olidiana bigemina: McKamey, 2006: 503.

主要特征： 体长：♂ 9.6 mm。头冠污黄色，冠缝明显，单眼深褐色，复眼褐色；颜面端半部颜色较深，呈深褐色，仅缝、线、额唇基区色浅，前唇基基半部色浅，显著隆起。前胸背板黑色，密被黄色小斑点；小盾片黑色，盾间沟处凹陷。前翅深褐色，密布黄色小斑点。后足胫节黑褐色，胫刺略带橘红色。雄虫尾节表面散布有一些刚毛，尾节末端刚毛较长且密集，尾节末瑞内面有 1 个片状构造。下生殖板狭长，沿外侧有刚毛，近端部处有数根粗壮的大刚毛，端部有数根粗壮短刚毛。连索"Y"形，柄短。阳基侧突扁平，中部膨大，端部狭。阳茎不对称，端部 1/3 扁平，背面有齿，于阳茎口处反面生有 1 个叉状突起，伸向基方，二分支中靠阳茎干一支发达，边缘有小齿，阳茎基部 2/3 管状，端向渐狭，近阳茎口处最狭。

　　分布：浙江（泰顺）。

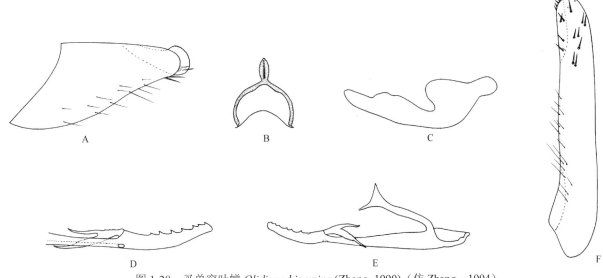

图 1-28　叉单突叶蝉 *Olidiana bigemina* (Zhang, 1990)（仿 Zhang，1994）
A. 尾节侧面观；B. 连索；C. 阳基侧突；D. 阳茎端部；E.阳茎侧面观；F. 下生殖板

（29）黑颜单突叶蝉 *Olidiana brevis* (Walker, 1851)（图 1-29）

Tettigonia brevis Walker, 1851b: 774.

Olidiana brevis: McKamey, 2006: 503.

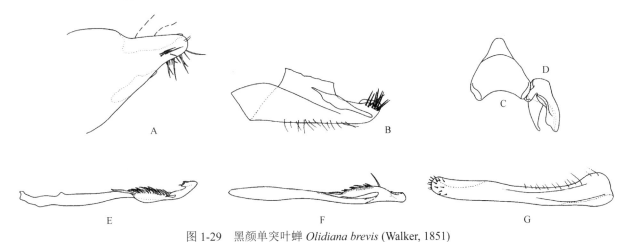

图 1-29　黑颜单突叶蝉 *Olidiana brevis* (Walker, 1851)

A. 尾节侧面观；B. 尾节背腹面观；C. 连索；D. 阳基侧突；E、F. 阳茎侧面观和腹面观；G. 下生殖板（B、G 仿 Zhang，1994；A、C–F 仿 Nielson，2015）

　　主要特征：体长：♂ 6.7–7.5 mm，♀ 8.8–9.6 mm。体褐色，前翅有 1–2 条黄色横带，基部一条宽阔，端部一条常变狭或消失。雄性外生殖器：尾节侧面观后部有 1 个指状突，第 10 节狭长无突。下生殖板狭长，端向略变狭，端部有数根小刚毛。连索宽，"Y"形，短小。阳基侧突短小，侧面观基半部宽阔，端半部明显变狭。阳茎不对称，管状，末端背向弯曲，背面有小齿突，近端部右侧有 1 发达突起，伸向基方，侧缘有数个刺状突起，狭长，阳茎口小，位于近端部，接近阳茎亚端突基部。

　　寄主植物：樟树、白蜡树、柑橘树、橙树、葡萄、甘蔗。

　　分布：浙江（临安）、湖北、湖南、福建、广东、海南、香港、广西、四川、贵州、云南；印度，缅甸，越南，老挝，泰国。

（30）栉单突叶蝉 *Olidiana pectiniformis* (Zhang, 1994)（图 1-30）

Lodiana pectiniformis Zhang, 1994: 87.

Olidiana pectiniformis: McKamey, 2006: 505.

　　主要特征：体长：♂ 7.0–7.6 mm。头冠部浅黄褐色，前缘向前弧形突出超过复眼前缘，冠缝明显，近达单眼处，头冠基部 1/3 处冠缝与二复眼之间微凹陷，褐色。单眼黑褐色，接近头冠前缘；复眼大，黑褐色。颜面污黄色，额唇基区狭长，中部略向两侧扩展，额唇基区两侧橙红色；唇基缝明显，前唇基狭长，纵向隆起，隆起部橙红色，自基部端向渐狭，两侧未隆起部分深褐色，基半部两侧缘近平行，端半部向两侧扩展，宽阔。前胸背板宽阔，密被污黄色小斑点和浅色微毛，中长略短于小盾片中长；中胸小盾片黑褐色，盾间沟明显，凹陷。前翅深褐色，密被污黄色小斑点。尾节侧瓣端向变狭，端部有数根大刚毛，背缘端部有 1 个小瓣片，尾节后背缘无突起；第 10 节无突起。下生殖板狭长，端部略收狭，被有许多小刚毛。连索短小，宽"Y"形。阳基侧突较长，基部宽，端向渐狭，末端尖。阳茎不完全对称，侧面观略向背面弯曲，端部 1/3 背缘齿状，近端部 1/3 处有 1 个发达栉状突，其基部还有 1 个长刺突。

　　分布：浙江（临安）、江苏、安徽、江西。

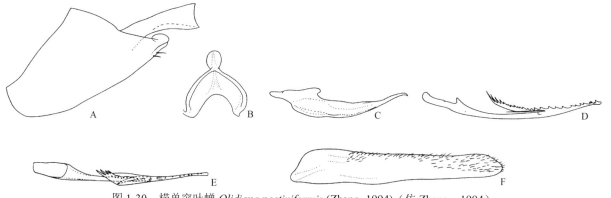

　　图 1-30　栉单突叶蝉 *Olidiana pectiniformis* (Zhang, 1994)（仿 Zhang, 1994）
A. 尾节侧面观；B. 连索；C. 阳基侧突；D. 阳茎侧面观；E. 阳茎背面观；F. 下生殖板

（31）齿片单突叶蝉 *Olidiana ritcheriina* (Zhang, 1990)（图 1-31）

Lodiana ritcheriina Zhang, 1990: 102.

Olidiana ritcheriina: McKamey, 2006: 505.

　　主要特征：体长：♂ 7.0–7.6 mm，♀ 7.8–9.0 mm。头冠部污黄色，冠缝明显；颜面污黄色，触角窝、前唇基等暗褐色至黑色，额唇基区两侧有橘红色纵带，前唇基略隆起，单眼及复眼均呈深褐色。前胸背板及小盾片均为黑色，其上散布有许多污黄色斑点及淡黄色小刚毛；中胸盾间沟处凹陷，小盾片二基角密布小刻点。前翅深褐色，被有稠密的污黄色小斑点。本种体色尤其颜面颜色在不同个体有一定程度变化。雄虫尾节表面散生有一些刚毛，尾节末端内卷，生有数根大刚毛，末端背方有 1 个淡黄色薄片状构造。下生殖板狭长，沿外侧生有许多刚毛，端部有数根粗壮短刚毛，内表面密布小刻点。连索宽阔"Y"形。阳基侧突弯曲，基部宽阔，端部变狭，边缘齿状，外缘近端部处凹陷。阳茎狭长，侧扁，端向渐细，不对称，末端侧面有 2–3 个小齿，近端部背面齿状，约在端部 3/4 处背面生 1 个突起，伸向基方，突起端半部扩展，背腹扁平，边缘齿状，在突起中部腹面有 1 根长刺，长于突起，弯曲，末端渐尖。雌虫第 7 腹板大，长度约为前 3 节长度之和，后缘波状，中央深褐色，两侧污黄色；尾节深褐色，腹缘沿产卵瓣两侧污黄色。

分布：浙江（临安）、北京、山西、陕西、甘肃、安徽、四川。

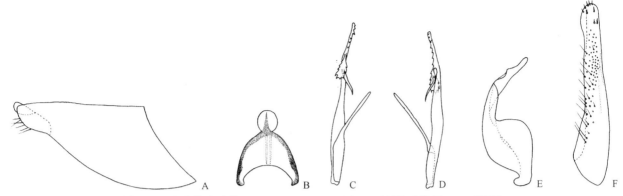

图 1-31　齿片单突叶蝉 *Olidiana ritcheriina* (Zhang, 1990)（仿 Zhang，1994）

A. 尾节侧面观；B. 连索；C. 阳基侧突背面观；D. 阳茎侧面观；E. 阳茎；F. 下生殖板

（32）变异单突叶蝉 *Olidiana mutabilis* (Nielson, 1982)（图 1-32）

Lodiana mutabilis Nielson, 1982: 120.

Olidiana mutabilis: McKamey, 2006: 505.

主要特征：体长：♂ 7.5–8.0 mm，♀ 8.2–9.0 mm。头冠污黄色，中部两侧略带橙红色，头冠前缘向前弧形突出超过复眼前缘，冠缝明显，近达单眼处。单眼深褐色，接近头冠前缘，复眼大，灰褐色。颜面基半部二复眼之间污黄色至浅褐色，额唇基区两侧有橙红色纵带，端半部褐色至黑褐色；额唇基区中部略向两侧扩展，唇基缝明显，前唇基基半部两侧缘平行，中央隆起，端半部向两侧扩展，宽阔，较平坦。前胸背板黑色，被有黄褐色小斑点和浅色微毛，中长明显小于小盾片中长；中胸小盾片大，黑色，盾间沟明显，凹陷。前翅深褐色，密被污黄色小斑点。尾节侧面观后缘无尾节突；第 10 节狭长，腹面无突起。下生殖板狭长，端向略变狭，端部有数根小刚毛。连索宽"Y"形，短小。阳基侧突粗壮，长，略弯曲，端部 1/3 狭长。阳茎不对称，长，基部粗，端向渐尖，端部略显侧扁，近端部有 1 个发达突起，其背面有齿状突，在其近基部腹面还有 1 个细长刺状突，阳茎口小，位于阳茎下近端部突起基部侧面。

分布：浙江（临安）、湖北、广东、四川、贵州。

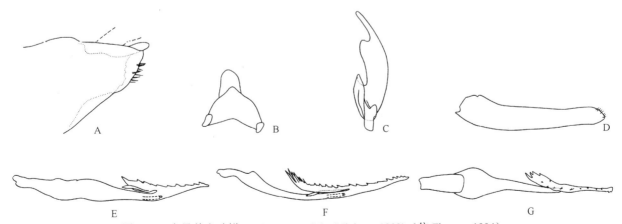

图 1-32　变异单突叶蝉 *Olidiana mutabilis* (Nielson, 1982)（仿 Zhang，1994）

A. 尾节侧面观；B. 连索；C. 阳基侧突；D. 下生殖板；E、F. 阳茎侧面观；G. 阳茎背腹面观

19. 片叶蝉属 *Thagria* Melichar, 1903

Thagria Melichar, 1903: 176. Type species: *Thagria fasciata* Melichar, 1903; by monotypy.
Sabimoides Evans, 1947: 254. Synonymized by Nielson, 1977: 10.

主要特征：尾节后背缘有成对突起；阳茎简单，管状，干无突起，基部附 1 大的片状构造——腹片（paraphysis），腹片位于阳茎腹面，对称或不对称，阳茎口位于阳茎干的端部。

分布：世界广布。世界已知 249 种，中国记录 63 种，浙江分布 2 种。

（33）斜片叶蝉 *Thagria curvatura* Zhang, 1990（图 1-33）

Thagria curvatura Zhang, 1990: 94.

主要特征：体长：♂ 6.0 mm，♀ 7.0 mm。头冠污黄色，略向前突出超过复眼，单眼褐色，接近头冠前缘，冠缝明显，复眼暗褐色；颜面污黄色，额唇基区和前唇基略带褐色，额唇基区宽阔，前唇基较宽，雄性基半部隆起，宽于端半部，雌性前唇基宽度接近一致，触角窝暗褐色。前胸背板淡褐色；盾间沟明显，弧形弯曲；前翅浅褐色，翅脉颜色不同程度加深，沿翅前缘在近 R_{1a} 脉处基方和近端部 r 横脉处各有 1 深褐色斑，后缘近端部也有 1 个深褐色斑；胸足呈浅黄色，仅基节有褐色斑纹。尾节侧瓣被有刚毛，尾节后背缘有 1 对长突，略弯曲，被有刚毛。下生殖板狭长，三棱形，端向渐狭，被有刚毛，末端有 1 束很长的刚毛。连索"Y"形，柄较宽阔。阳基侧突基部细，较直，约为全长的 1/3，端半部弯曲，较宽，约为全长的 2/3，末端渐狭。阳茎细长，管状，端向渐细，超过腹片中长；腹片不对称，长而宽阔，端向渐狭，近端部右侧齿状突出，端部渐尖，倾斜。

分布：浙江（临安）、广东、海南。

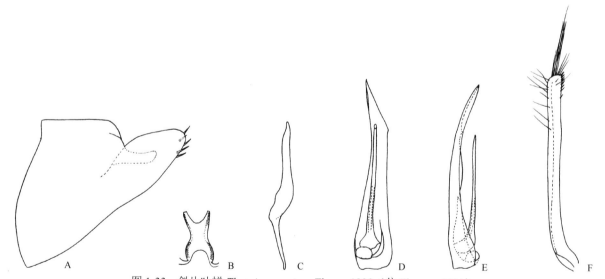

图 1-33　斜片叶蝉 *Thagria curvatura* Zhang, 1990（仿 Zhang, 1994）
A. 尾节侧面观；B. 连索；C. 阳基侧突；D. 阳茎和腹片背面观；E. 阳茎和腹片侧面观；F. 下生殖板

（34）尖头片叶蝉 *Thagria projecta* (Distant, 1908)（图 1-34）

Dharmma projecta Distant, 1908b: 324.
Thagria projecta: Nielson, 1977: 33.

主要特征：体长：♂ 6.3–7.4 mm，♀ 7.8–9.0 mm。体深褐色，前翅密布浅色小斑。头冠向前延伸，呈角状突出。尾节侧瓣宽大，尾节后背缘有 1 对细长突起；第 10 节有 1 对短突起。下生殖板狭长，有 1 纵列大刚毛，端部有细长刚毛。连索宽，"Y"形，干短。阳基侧突很长，超过腹片端部，自近中部处分为两叉，内支常有小齿状突起。阳茎细长，管状，略超过腹片中长；腹片近呈长三角形，端向渐狭，简单，沿侧缘有许多小棘，无突起，向腹面弧形弯曲。

分布：浙江（临安）、湖北、福建、广西、贵州、云南、西藏；东京湾，印度，缅甸，越南，老挝，泰国。

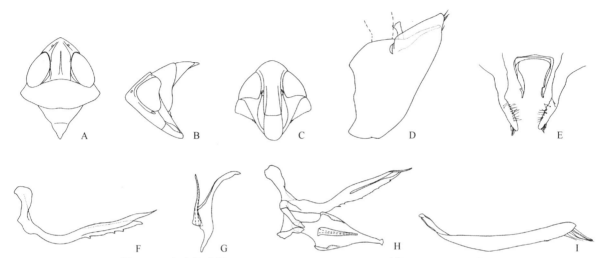

图 1-34　尖头片叶蝉 *Thagria projecta* (Distant, 1908)（仿 Nielson，1977）

A、B. 头冠、前胸背板和小盾片背面观和侧面观；C. 颜面；D、E. 尾节侧面观和背面观；F. 阳基侧突；G. 阳茎和腹片侧面观；H. 连索、阳基侧突、
阳茎和腹片背面观；I. 下生殖板

20. 囊茎叶蝉属 *Tumidorus* Nielson, 2015

Tumidorus Nielson, 2015: 76. Type species: *Lodiana nielsoni* Zhang, 1994.

主要特征：体大型，粗壮。♂ 9.0–10.5 mm，♀ 12.0 mm。成虫外部形态特征与单突叶蝉属 *Olidiana* 相似。雄性外生殖器：阳茎长，宽大。阳茎干腹缘具 1 膨胀叶片，近端部具 1 长突起，突起分叉；尾节三角形，具细长刚毛，尾后缘具 1 对宽短骨片；阳基侧突较长，长度超过阳茎中域，宽阔，端部 1/3 处渐收缩。下生殖板长条形，基部至端部微窄，端部钝圆；表面光滑或具长刚毛，端部具刺状刚毛。

分布：东洋区。世界已知 1 种，中国记录 1 种，浙江分布 1 种。

（35）尼氏囊茎叶蝉 *Tumidorus nielsoni* (Zhang, 1994)（图 1-35）

Lodiana nielsoni Zhang, 1994: 76.

Tumidorus nielsoni: Nielson, 2015: 76.

主要特征：体长：♂ 9.0–10.5 mm，♀ 12.0 mm。除头冠黄褐色外，体背面观呈黑褐色，密被黄褐色小斑点，单眼和复眼黑褐色。头冠前缘向前弧形突出，略超过复眼前缘，冠缝明显，冠缝与复眼之间微凹并各有 1 个浅褐色斑。单眼接近头冠前缘，颜面黄色至黑褐色，不均匀，以额唇基区与复眼之间的狭带颜色最浅；额唇基基半部两侧近平行，中央纵向隆起，端半部向两侧扩展，近平坦。前胸背板宽阔，中长小于小盾片中长；小盾片大，少有黄褐色斑点，盾间沟明显，凹陷。前翅翅脉暗褐色，有黄褐色小斑点。尾节侧瓣短，端向变狭，被有刚毛，背缘端部有 1 个小瓣片，尾节后背缘无突起；第 10 节无突起。下生殖板狭长，外侧缘波曲，疏被刚毛，近端部处和端缘有一些粗壮短刚毛。连索短小，宽"Y"形。阳基侧突基部宽，端半部狭长。阳茎端部背面有齿，近端部背方有 1 个二叉状突起，叉臂长度不等，阳茎干腹面有 1 个片状纵脊，自基部伸达近端部 1/3 处。

分布：浙江（临安）、甘肃、江西、福建、广西。

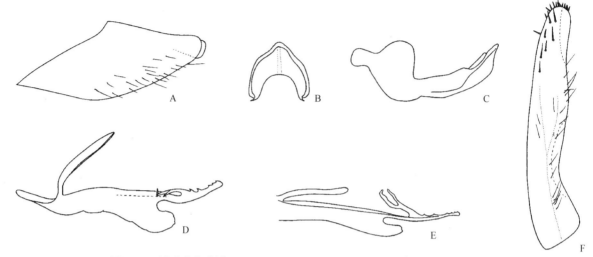

图 1-35　尼氏囊茎叶蝉 *Tumidorus nielsoni* (Zhang, 1994)（仿 Zhang，1994）

A. 尾节侧面观；B. 连索；C. 阳基侧突；D. 阳茎侧面观；E. 阳茎背面观；F. 下生殖板

21. 韦氏叶蝉属 *Webbolidia* Nielson, 2015

Webbolidia Nielson, 2015: 76. Type species: *Taharana webbi* Nielson, 1982.

主要特征：体中至大型。♂ 6.1–8.2 mm，♀ 8.0–9.8 mm。成虫外部形态特征与单突叶蝉属 *Olidiana* 相似。雄性外生殖器：阳茎长，管状。阳茎干端部至近端部具 1–3 根短小刚毛，背缘端部具成片小刺，有时阳茎干中域具 1 列短刺；尾节具少量刚毛，一般明显向后延伸，端部具小骨片；阳基侧突非常短小，长度仅及阳茎根部，基部片状，端部渐细。下生殖板长条形，基部微收缩，近端部稍宽，端部渐窄，通常呈尖锐突出，端部具明显刚毛。

分布：东洋区。世界已知 10 种，中国记录 7 种，浙江分布 1 种。

（36）三刺韦氏叶蝉 *Webbolidia obliqua* (Nielson, 1982)（图 1-36）

Calodia obliqua Nielson, 1982: 163.

Webbolidia obliqua: Nielson, 2015: 78.

主要特征：体长：♂ 7.8–8.1 mm，♀ 9.0–9.2 mm。雄性外生殖器：尾节后背缘无突起；第 10 节狭长，腹面没有突起。下生殖板狭长，端部 1/3 端向渐尖。连索宽"Y"形。阳基侧突短小，基半部宽阔，端半部狭窄。阳茎不对称，狭长，略呈侧扁，稍向背面弯曲，有 3 个细刺突，1 个位于阳茎干端部右侧，2 个位于阳茎干近端部左侧，阳茎干端部背面有许多小齿突；阳茎口很小，位于阳茎干近中部端方，开口于右侧面。

分布：浙江（临安）、江西、福建、广东、海南、广西、四川、云南；越南。

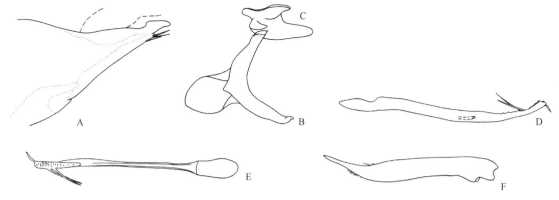

图 1-36 三刺韦氏叶蝉 *Webbolidia obliqua* (Nielson, 1982)（仿 Nielson，1982）
A. 尾节侧面观；B. 连索；C. 阳基侧突；D. 阳茎侧面观；E. 阳茎背面观；F. 下生殖板

（七）横脊叶蝉亚科 Evacanthinae

主要特征：体小型至中型，体长为 4.0–11.5 mm。体色较深，常为棕色、褐色或黑色，或具有鲜艳斑纹，亦有灰白色或绿色等。头冠具有中纵脊和侧脊，部分类群后缘亦具脊，单眼通常位于头冠侧缘；颜面后唇基中央具有纵脊。前翅翅脉较为完整，少数个体附生短横脉，端室 4 或 5 个，爪片一般狭小。雄虫尾节侧瓣形状多变；阳茎干多为弯管状，有些种类着生附突；连索 "Y" 形；阳基侧突端部向一侧或两侧延伸，少数种类不发达；下生殖板狭长或叶片状，着生刚毛。

分布：古北区、东洋区，少数种类分布于新北区。世界已知 27 属 217 种，中国记录 23 属 169 种，浙江分布 6 属 12 种。

分属检索表

1. 头冠向前延伸成尖锥状，中长稍大于前胸背板和中胸小盾片之和 ··············· **突脉叶蝉属 *Riseveinus***
- 头冠没有极度向前延伸，中长稍短于前胸背板和中胸小盾片之和 ······································ 2
2. 尾节侧瓣边缘着生成排或成簇的刺状刚毛列 ·································· **角突叶蝉属 *Taperus***
- 尾节侧瓣近端部仅着生少量的刚毛 ·· 3
3. 尾节侧瓣具有腹缘突起 ·· 4
- 尾节侧瓣无腹缘突起 ·· 5
4. 头冠中纵脊前端具有横脊或横痕 ···················· **横脊叶蝉属 *Evacanthus***
- 头冠中纵脊两侧没有横脊或横痕 ···················· **脊额叶蝉属 *Carinata***
5. 头冠侧脊强烈隆起，冠面凹陷 ························· **锥头叶蝉属 *Onukia***
- 头冠侧脊弱，冠面平坦或微凸 ····················· **凸冠叶蝉属 *Convexana***

22. 脊额叶蝉属 *Carinata* Li *et* Wang, 1991

Carinata Li *et* Wang, 1991: 65. Type species: *Carinata rufipenna* Li *et* Wang, 1991.

主要特征：头冠顶端呈锐角状前突，中纵脊明显，具有侧脊和缘脊，于头冠顶端汇合成一点，冠面略隆起，通常头冠前端有黑色或褐色斑块，大部分种类冠面或侧缘具有纵皱纹，颜面额唇基中央有 1 条明显的中纵脊，两侧有横印痕，且大多数种类额唇基中部两侧缘具有褐色斑块，前唇基基部宽，向端部略窄。单眼位于头冠侧缘，距复眼的距离略小于到头冠顶端的距离。

分布：古北区、东洋区。世界已知 23 种，中国记录 20 种，浙江分布 5 种。

分种检索表

1. 冠面黑色，头冠前缘无圆形斑 ···································· 黄盾脊额叶蝉 *C. flaviscutata*

- 冠面橙黄色或灰色，头冠前缘有 1 黑色近圆形斑 ··· 2

2. 尾节端部具有钩状或者叉状突起 ··· 3

- 尾节端部无任何突起 ··· 4

3. 阳茎腹面观端部箭头状 ·· 叉突脊额叶蝉 *C. bifida*

- 阳茎腹面观端部针状 ·· 单钩脊额叶蝉 *C. unicrurvana*

4. 尾节腹缘突起端部呈羽状分支 ··· 白边脊额叶蝉 *C. kelloggii*

- 尾节腹缘突起端部呈尖钩状 ·· 黑带脊额叶蝉 *C. nigrofasciata*

（37）叉突脊额叶蝉 *Carinata bifida* Li *et* Wang, 1994（图 1-37；图版 I-7）

Carinata bifida Li *et* Wang *in* Li, Wang & Zhang, 1994: 99

　　主要特征：体长：♂ 6.6–6.7 mm。体及前翅淡橙黄色。头冠前端有 1 个缺少 1/5 的圆形褐色斑块，额唇基外侧与触角窝下方有 1 褐色斑块。前胸背板有 1 条褐色横带，前缘隐约有褐色条斑。雄虫尾节侧瓣侧面观近方形，腹缘突起细长支状，腹缘末端有 1 宽扁的叉状突。下生殖板狭长，内侧有 1 列大刚毛。阳茎干腹面观似"箭头"状，亚端部逆向着生 1 对刺突，末端尖锥状。

　　分布：浙江（临安）、福建。

图 1-37　叉突脊额叶蝉 *Carinata bifida* Li *et* Wang, 1994（仿 Li and Wang, 1994）
A. 连索和阳基侧突腹面观；B. 下生殖板腹面观；C. 雄虫尾节侧面观；D. 阳茎侧面观；E. 阳茎腹面观

（38）黄盾脊额叶蝉 *Carinata flaviscutata* Li *et* Wang, 1992（图 1-38；图版 I-8）

Carinata flaviscutata Li *et* Wang, 1992a: 44.

　　主要特征：体长：♂ 6.0–6.2 mm，♀ 6.8–7.0 mm。体及前翅黑色带有杏黄色斑纹。冠面黑色，仅在头冠顶端有 1 个向内凹陷的浅黄色竖斑，颜面黄色。中胸小盾片除两侧角黑色外，全为黄色。前翅爪片域和前缘域均为黄色竖条斑，亚端部有灰白色近透明的斑块。雄虫尾节侧瓣侧面观基部较宽，从腹缘中部向背缘倾斜，致背缘末端尖角状突出，腹缘突起细长，且紧贴在腹缘域，长度超过尾节末端。下生殖板狭长，内侧缘着生 1 列大刚毛。阳茎侧面观基部管状，背缘突起宽片状，阳茎干弯管状，端部分叉。

　　分布：浙江（龙泉）、湖北、福建、广西、贵州、云南。

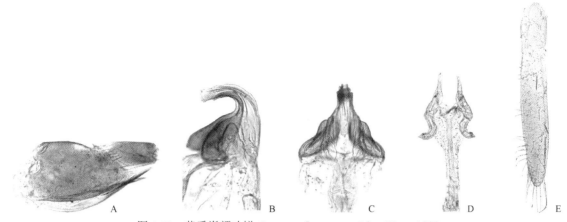

图 1-38　黄盾脊额叶蝉 *Carinata flaviscutata* Li *et* Wang, 1992
A. 雄虫尾节侧瓣；B. 阳茎侧面观；C. 阳茎腹面观；D. 连索和阳基侧突；E. 下生殖板

（39）白边脊额叶蝉 *Carinata kelloggii* (Baker, 1923)（图 1-39；图版 I-9）

Onukia kelloggii Baker, 1923: 372.

Carinata kelloggii: Li *et* Wang, 1991: 67.

　　主要特征：体长：♂ 5.8–6.0 mm，♀ 6.0–6.2 mm。体及前翅橙黄色。头冠前缘有 1 个黑色圆斑，单眼域有黑色斑块，颜面额唇基两侧触角窝下方各有 1 个褐色斑。前胸背板前缘和后缘各有 1 个较窄的褐色横斑。前翅前缘域和端部翅室灰白色半透明状。雄虫尾节侧瓣侧面观宽扁，末端弧圆，腹缘突起的特征较为明显，呈羽状分支（约 16 支），长度伸到尾节末端。下生殖板狭长，较直，内侧着生 1 列较为整齐的大刚毛。阳茎侧面观背缘突起片状，腹缘较为平坦，阳茎干较细，呈弯钩状。

　　分布：浙江（临安）、贵州。

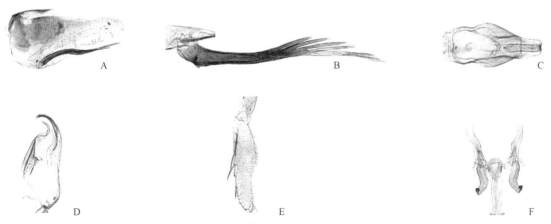

图 1-39　白边脊额叶蝉 *Carinata kelloggii* (Baker, 1923)
A. 雄虫尾节侧瓣；B. 尾节腹缘突起端部；C、D. 阳茎腹面观和侧面观；E. 下生殖板；F. 连索和阳基侧突

（40）黑带脊额叶蝉 *Carinata nigrofasciata* Li *et* Wang, 1994（图 1-40；图版 I-10）

Carinata nigrofasciata Li *et* Wang *in* Li, Wang & Zhang, 1994: 101.

　　主要特征：体长：♂ 5.6 mm，♀ 6.0–6.2 mm。头黄白色。头冠端部中央有黑色圆斑，此斑前缘有较深的凹入，颜面额唇基两侧靠近舌侧板处有褐色斑。前胸背板前缘和后缘各有 1 条褐色横带。前翅褐色，前缘域有近透明的灰白色狭长斑。雄虫尾节侧瓣侧面观较宽,尾节腹缘突起端部呈尖钩状,腹缘突起宽阔,端半部上缘锯齿状,长度超过尾节末端。下生殖板狭长,内侧有 1 列大刚毛。阳茎侧面观背缘片状突起,腹缘较为平坦,阳茎干指状向背缘弯曲。

分布:浙江(西湖)、甘肃、广东、广西、四川、云南。

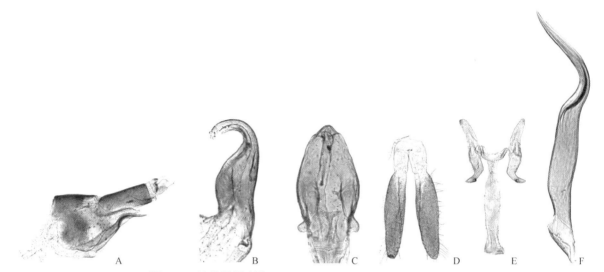

图 1-40 黑带脊额叶蝉 *Carinata nigrofasciata* Li *et* Wang, 1994
A. 雄虫尾节侧瓣;B. 阳茎侧面观;C. 阳茎腹面观;D. 下生殖板;E. 连索和阳基侧突;F. 尾节腹缘突起

(41)单钩脊额叶蝉 *Carinata unicrurvana* Li *et* Zhang, 1994(图 1-41;图版 I-11)

Carinata unicrurvana Li *et* Zhang, 1994: 102.

主要特征:体长:♂ 6.0–6.2 mm,♀ 6.5–6.8 mm。体及前翅淡黄带有白色。头冠前缘有 1 黑色圆形斑,斑的前缘弧形凹入,单眼域有褐色小斑,颜面额唇基两侧触角窝下方各有 1 个黑色斑,前胸背板前缘中部有褐色条斑,后缘有 1 条较窄的横带。前翅前缘域和端室均为黄白色半透明状。雄虫尾节侧瓣侧面观较宽阔,腹缘末端向下延伸成钩状,腹缘突起细长,长度未达尾节末端。下生殖板狭长,中央有 1 列刚毛。阳茎侧面观波曲状,无背缘和腹缘突起,阳茎腹面观端部针状,亚端部两侧各有 1 个刺状突。

分布:浙江(临安)、甘肃、江西、广西、四川。

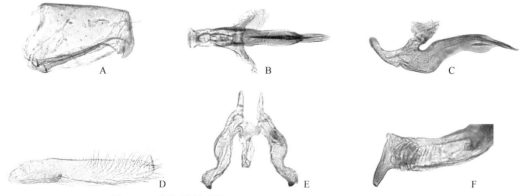

图 1-41 单钩脊额叶蝉 *Carinata unicrurvana* Li *et* Zhang, 1994
A. 雄虫尾节侧瓣;B. 阳茎腹面观;C. 阳茎侧面观;D. 下生殖板;E. 连索和阳基侧突;F. 阳基侧突端部

23. 凸冠叶蝉属 *Convexana* Li, 1994

Convexana Li, 1994: 465. Type species: *Convexana nigrifronta* Li, 1994.

主要特征：头冠前缘钝圆前突，冠面平坦或稍隆起，通常具有纵皱纹，中纵脊明显，侧脊较弱，无缘脊。单眼位于头冠侧缘，靠近复眼。颜面额唇基隆起，中纵脊明显，两侧有横印痕，前唇基由基部向端部渐细，舌侧板宽大。前胸背板宽于头冠，前缘微凸，后缘平直或中部微凹。小盾片三角形，中后缘有弧形刻痕。

分布：古北区、东洋区。世界已知 7 种，中国记录 7 种，浙江分布 1 种。

（42）双斑凸冠叶蝉 *Convexana bimaculatus* (Cai *et* Shen, 1997)（图 1-42；图版 I-12）

Taperus bimaculatus Cai *et* Shen, 1997: 250.

Convexana bimaculatus: Zhang, Zhang &Wei, 2010: 46.

主要特征：体长：♂ 5.7–6.0 mm，♀ 6.3–6.5 mm。头冠棕色，唯中纵脊淡黄白色，小盾片中央淡黄白色，两侧角棕色。前翅前缘域中部和亚端部具 1 个乳白色斑。雄虫尾节侧瓣侧面观基部较宽，腹缘向背缘倾斜。下生殖板基部稍宽，端向渐细，长度明显超过尾节末端。阳茎侧面观背缘囊状突非常发达，腹缘中部有隆起，阳茎干端部较短，阳茎腹面观近似钟形。

分布：浙江（临安）、河南。

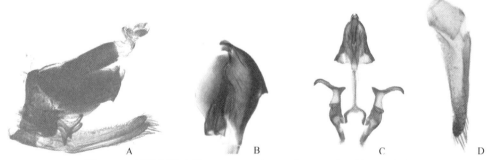

图 1-42　双斑凸冠叶蝉 *Convexana bimaculatus* (Cai *et* Shen, 1997)
A. 雄虫尾节侧瓣；B. 阳茎侧面观；C. 连索、阳基侧突和阳茎背面观；D. 下生殖板

24. 横脊叶蝉属 *Evacanthus* Le Peletier *et* Serville, 1825

Evacanthus Le Peletier *et* Servillle, 1825: 612. Type species: *Cicada interrupta* Linnaeus, 1758.

Eurevacanthus Bliven, 1955: 10. Type species: *Eurevacanthus emilus* Bliven, 1955.

主要特征：头冠前缘钝圆形前突，中长约等于或稍短于前胸背板中长，中央不仅有 1 条明显的纵脊，而且在中前域有 1 条横脊与之呈十字交叉状；大多数种类的侧脊明显，冠面稍凹陷，单眼位于侧脊上，靠近复眼或位于复眼和头顶中央；缘脊无或不明显；颜面额唇基中央具有明显的中纵脊，且两侧有横印痕；舌侧板狭长，前唇基呈舌头状，基部宽于端部，端部弧圆且长度超过舌侧板；触角脊明显。前胸背板宽大于长，前缘弧形微前突，后缘平直或稍向前凹入；中胸小盾片三角形，后缘域通常具有横刻痕。

分布：古北区、东洋区。世界已知 70 种，中国记录 45 种，浙江分布 1 种。

（43）叉突横脊叶蝉 *Evacanthus bistigmanus* Li *et* Zhang, 1993（图 1-43；图版 I-13）

Evacanthus bistigmanus Li *et* Zhang, 1993: 24.

主要特征：体长：♂ 6.5–7.0 mm，♀ 7.0–8.0 mm。头冠钝圆形前突，中长约等于前胸背板中长，中央有 1 个扇形的黑色斑块，颜面与头冠交界处具有 3 个黑斑，颜面中纵脊深棕色，下颚板棕色。前胸背板前缘域和近后缘域各有 1 对深棕色斑块，后缘颜色较浅，为稻黄色；中胸小盾片三角形的 2 个顶角各有 1 个黑斑，其余均为稻黄色，中后域有 1 个横刻痕，伸到两边缘。前翅翅脉明显，基部深褐色，向端部渐呈褐色。雄虫尾节基部较宽，向端部渐窄，腹缘突起从端部 1/4 处开始分离且背向弯曲；下生殖板中央着生 1 列粗大刚毛；阳茎侧面观背缘突起较为发达，为狭长叶片状，且边缘波曲状，阳茎干较为发达，骨化程度较重；阳茎干腹面观在基部两侧各着生 1 长支状突起，与阳茎干等长并依附在一起，阳茎口位于腹部末端。

分布：浙江（临安）、河南、陕西、云南。

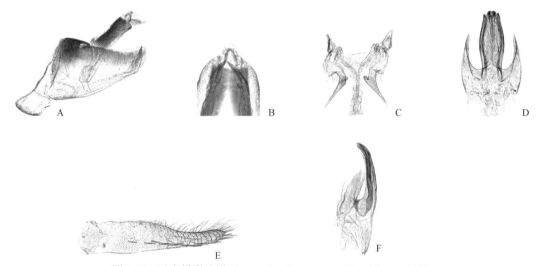

图 1-43　叉突横脊叶蝉 *Evacanthus bistigmanus* Li *et* Zhang, 1993
A. 雄虫尾节侧瓣；B. 尾节腹缘突起；C. 连索和阳基侧突；D. 阳茎腹面观；E. 下生殖板；F. 阳茎侧面观

25. 锥头叶蝉属 *Onukia* Matsumura, 1912

Onukia Matsumura, 1912a: 44. Type species: *Onukia onukii* Matsumura, 1912.

主要特征：头冠顶端锥形前突，中央长度稍大于或等于前胸背板中长，中纵脊明显，头冠侧脊强烈隆起，具侧脊和缘脊，与头冠顶端汇合成一点。冠面凹陷，单眼位于头冠侧缘，与复眼的距离小于到头冠顶端的距离。颜面额唇基中央中纵脊明显，两侧具有横印痕，前唇基基半部宽阔，端半部收窄，舌侧板狭小。触角窝较浅。前胸背板前缘较窄，后缘域明显宽于前缘，约为前缘的 1.5 倍，后缘近平直或微凹。小盾片三角形，中后缘有弧形刻痕。前翅翅脉明显，A_1 脉和 A_2 脉分离，R_{1a} 脉与 C 脉垂直相交，端室 5 个，端片非常狭小。

分布：古北区、东洋区。世界已知 13 种，中国记录 6 种，浙江分布 2 种。

（44）黄纹锥头叶蝉 *Onukia flavimacula* Kato, 1933（图 1-44；图版 I-14）

Onukia flavimacula Kato, 1933b: 455.

主要特征：体长：♂ 6.5 mm，♀ 7.0 mm。头冠、颜面和前胸背板黑色，前翅基半部黑色，向端部渐呈褐色。前翅前缘区有 2 块灰白色的条斑。雄虫尾节侧瓣侧面观形状较为独特，基部较宽，中部突然变窄，与端半部呈二节状。下生殖板基部略宽，向端部变细，中部稍向外弯曲。靠近内侧着生 1 列大刚毛。阳茎侧面观背缘突起发达，呈弧形，腹缘隆起较明显，末端角状，阳茎干稍粗壮，阳茎腹面观中部略膨大。

　　分布：浙江（临安）、福建、台湾、西藏。

图 1-44　黄纹锥头叶蝉 *Onukia flavimacula* Kato, 1933
A. 阳茎侧面观；B. 雄虫尾节侧面观；C. 下生殖板；D. 阳茎、连索和阳基侧突腹面观

（45）黄斑锥头叶蝉 *Onukia flavopunctata* Li et Wang, 1991（图 1-45；图版 I-15）

Onukia flavopunctata Li *et* Wang, 1991: 61.

　　主要特征：体长：♂ 5.0–5.2 mm，♀ 5.5–5.6 mm。体褐色。头冠顶端和两复眼内侧各有 1 个黄色圆形斑块，颜面橙黄色，前胸背板两侧缘各有 1 个黄白色的斑块，中胸小盾片除基缘两侧角褐色外，全为亮黄色。前翅中部靠近外侧有 1 大型灰白色斑块，爪片区有 2 个灰白色小斑，亚端部有较弱的浅色横带。雄虫尾节侧瓣侧面观宽扁，背缘近平直，腹缘端部收窄，末端角状突出。下生殖板近基部稍凹陷，外缘略弧形隆起，内侧缘近平直，末端弧圆，中部着生 1 列大刚毛。阳茎侧面观腹缘隆起向后延伸，延伸程度略超过阳茎基部，阳茎干较细，阳茎干的基部有 1 对短支状突起，阳茎干腹缘观末端宽扁，中部稍凹陷。

　　分布：浙江（龙泉）、天津、陕西、福建、台湾、贵州、云南。

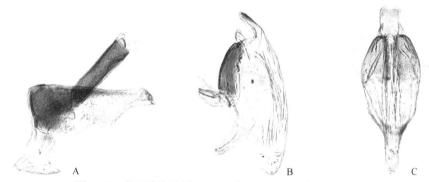

图 1-45　黄斑锥头叶蝉 *Onukia flavopunctata* Li *et* Wang, 1991
A. 雄虫尾节侧瓣；B. 阳茎侧面观；C. 阳茎腹面观

26. 突脉叶蝉属 *Riseveinus* Li, 1995

Riseveinus Li *in* Li & Wang, 1995: 189. Type species: *Dussana sinensis* Jacobi, 1944.

　　主要特征：头冠、前胸背板和小盾片黑色，头冠中纵脊和侧缘及小盾片的刻痕为浅黄色或浅褐色。前翅褐色，具有淡黄色或浅褐色的斑块，翅脉较清晰。头冠向前延伸成尖锥状，中长约与前胸背板和小盾片中长之和相等，或稍短于它们之和，中纵脊明显片状突起，颜面额唇基也有 1 条明显的中纵脊，致使头冠的横截面形成"+"形，侧脊隆起且在复眼前端分叉，侧脊与中纵脊之间凹陷；单眼位于头冠侧域的侧脊分叉内；前翅前缘具有小刻点，翅脉明显，爪脉 A_1 和 A_2 在中部 1/3 处短暂愈合后分开。

　　分布：东洋区。世界已知 5 种，中国记录 5 种，浙江分布 1 种。

（46）中华突脉叶蝉 *Riseveinus sinensis* (Jacobi, 1944)（图 1-46；图版 I-16）

Dussana sinensis Jacobi, 1944: 51.

Riseveinus sinensis: Li, 1995: 192.

　　主要特征：体连翅长：♂ 9.0–9.5 mm，♀ 10.0–11.5 mm。头冠向前延伸，中长约等于前胸背板和小盾片中长之和。雄虫尾节侧瓣端部弧圆，具有很多的刚毛，下生殖板长度超过尾节末端。尾节端部宽圆，下生殖板长于尾节末端，着生有许多的小刚毛。阳基侧突的长度为连索的 2/3，阳基侧突的基部向两端延伸较明显。阳茎背缘基部具有明显的二裂片状突起，腹缘具有 1 对发达的支状突起，长度超过阳茎干，阳茎干侧面观背向弯曲且生殖管非常明显，阳茎开口较大，从阳茎干的端部 1/3 处开至顶端。

　　分布：浙江（临安）、陕西、湖北、福建。

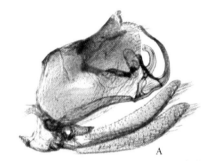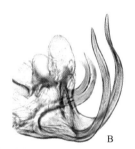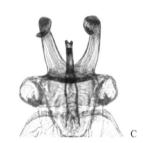

图 1-46　中华突脉叶蝉 *Riseveinus sinensis* (Jacobi, 1944)

A. 雄虫尾节侧瓣；B. 阳茎侧面观；C. 阳茎背面观

27. 角突叶蝉属 *Taperus* Li *et* Wang, 1994

Taperus Li *et* Wang, 1994: 374. Type species: *Taperus fasciatus* Li *et* Wang, 1994.

　　主要特征：头冠、前胸背板和小盾片深棕色；头冠中央通常具有浅褐色的中纵脊，有时还会延伸至前胸背板，甚至是小盾片。颜面浅黄褐色；前翅深棕色，前缘域通常具有浅灰色或近黄色的条斑。头冠前缘近锥形前突，中长短于前胸背板和小盾片之和，中纵脊非常弱，冠面近平坦或微凹；单眼位于侧缘域，与复眼的距离小于头冠顶端的距离；额唇基中央具有 1 条中纵脊，中纵脊的两侧具有横皱纹。尾节侧瓣无腹缘突起，通常在尾节侧瓣边缘着生成排或成簇的刺状刚毛列，是本属显著的鉴别特征。

　　分布：东洋区。世界已知 8 种，中国记录 8 种，浙江分布 2 种。

（47）横带角突叶蝉 *Taperus fasciatus* Li *et* Wang, 1994（图 1-47；图版 I-17）

Taperus fasciatus Li *et* Wang, 1994: 374.

　　主要特征：体长：♂ 6.0–6.2 mm，♀ 6.3–6.5 mm。头冠、前胸背板和小盾片深褐色；头冠中纵脊苍白色，颜面接近白色；前翅接近黑色，第 4 端室域具有灰白色的斑块。雄虫尾节侧瓣基部较开阔，从端部 1/3 处至顶端渐渐变窄，端部着生簇状的粗大刚毛；阳基侧突端部向两侧延伸，但向其中一侧延伸较长，大约为阳基侧突长度的 1/3；阳茎侧面观，腹缘近基部向外形成三角形的突起，端部管状向背面弯曲，与阳茎干两侧薄片状突起之间具有较大的空间，形成明显的直角状凹陷，阳茎口位于端部。

　　分布：浙江（龙泉）、陕西、江西、湖南、福建、海南、广西、四川、贵州。

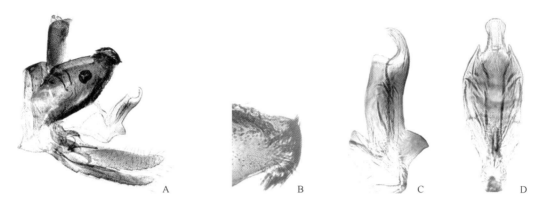

图 1-47　横带角突叶蝉 *Taperus fasciatus* Li *et* Wang, 1994

A. 雄虫尾节侧瓣；B. 雄虫尾节侧瓣端部；C. 阳茎侧面观；D. 阳茎腹面观

（48）方舟角突叶蝉 *Taperus quadragulatus* Zhang, Zhang *et* Wei, 2010（图 1-48；图版 I-18）

Taperus quadragulatus Zhang, Zhang *et* Wei, 2010: 44.

　　主要特征：体长：♂ 5.5 mm，♀ 6.0–6.1 mm。头冠、前胸背板和小盾片浅棕色，头冠中纵脊具有灰白色的条斑。前翅前缘域具有淡黄色条斑。雄虫尾节侧瓣侧面观近方形，在末端外缘着生 1 排整齐的刚毛列。阳基侧突端部突起较短，大约为阳基侧突的 1/6 长。阳茎腹缘较为平坦，没有突起，阳茎端部的弯管状与两侧薄片状突起间的距离很小。

　　分布：浙江（临安）、湖南、贵州。

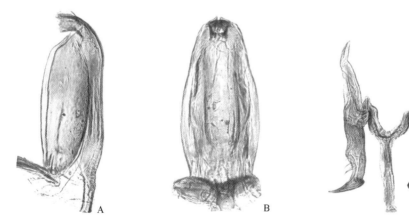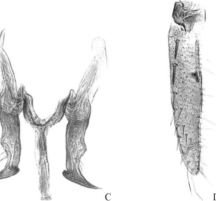

图 1-48　方舟角突叶蝉 *Taperus quadragulatus* Zhang, Zhang *et* Wei, 2010

A. 阳茎侧面观；B. 阳茎腹面观；C. 连索和阳基侧突；D. 下生殖板

（八）隐脉叶蝉亚科 Nirvaninae

　　主要特征：体较细弱，多呈扁平状，体中型，体长 4.0–13.0 mm，体色大多呈浅黄白色，具有黄、红、褐、黑等颜色的斑纹。头后口式，头冠较平坦或微隆起，边缘常具弱脊，冠缝一般较明显（消室叶蝉属除外）；复眼较大，单眼明显，常位于头冠前侧缘，单复眼间距略小于或等于到头冠顶点的距离；触角长，触角檐常凸出，触角窝深；大多数种类翅长于体，前翅革片基部翅脉退化消失，仅端部较明显，具 4 个端室，无端前室；后翅较大，膜质透明，有 3–4 个端室。前、中足圆筒状，后足胫节长而扁，具密集刺毛列，后足股节末端刚毛排列为 2：1：1。

　　分布：全世界分布以热带、亚热带居多。我国隐脉叶蝉主要分布在东洋区，古北区种类较少，该亚科世界已知 45 属 240 余种，中国记录 13 属 73 种，浙江分布有 5 属 12 种。

分属检索表

1. 雄虫尾节侧瓣端缘极度凹入 ···凹片叶蝉属 *Concaveplana*
- 雄虫尾节侧瓣端缘凸出 ·· 2
2. 雄虫尾节侧瓣内侧有 1 发达突起 ···内突叶蝉属 *Extensus*
- 雄虫尾节侧瓣内侧无突起 ··· 3
3. 阳茎干腹向弯曲 ···消室叶蝉属 *Chudania*
- 阳茎干背向弯曲 ··· 4
4. 额唇基中央有明显纵脊，头冠边缘具明显缘脊 ·······································小板叶蝉属 *Oniella*
- 额唇基中央无明显纵脊；阳茎常具突起 ···拟隐脉叶蝉属 *Sophonia*

28. 消室叶蝉属 *Chudania* Distant, 1908

Chudania Distant, 1908b: 268. Type species: *Chudania delecta* Distant, 1908.

　　主要特征：虫体浅黄色，颜面及体背面（包括前翅）常具褐色斑纹图案，褐色深浅不一，由浅褐色至黑褐色，这些显著的褐色斑纹图案是本属明显的外观鉴别特征之一，在同一种内的不同个体略有变化，有些种具雌雄异型现象，即两性标本具截然不同的斑纹图案，雌虫体褐色部分少于雄虫。头冠前缘略呈角状凸出，顶角约等于或略大于 90°，冠缝不明显，头冠中长约等于复眼间宽或稍长，自复眼前角沿侧缘至头冠端部顶点具 1 斜脊；单眼淡黄色，位于复眼前方近侧缘，复眼近椭圆形；颜面宽阔，密布小刻点，额唇基区内具 1 纵脊，基区非常隆起，近呈半球形，两侧具肌痕。前胸背板中长约和头冠等长或略短，前缘向前弧形突出，后缘略凹入，侧缘较直，中胸盾间沟明显，平直或弯曲，达或不伸达侧缘。前翅宽阔，超过腹部末端，前缘略呈弧形弯曲，翅后缘及端部呈深浅不一的褐色，其余区域淡黄色，淡黄色与褐色交界区域边缘角状参差，端部褐色区内常具大小不均的浅黄色斑纹，本属前后翅脉序同小叶蝉亚科较相似。雄虫尾节侧缘后方有 1 发达的尾节突，尾节形状因种而异，其上常具小刚毛，后缘具大刚毛，刚毛数目与发生部位、排列方式因种和个体不同而变化，同一个体两侧也不完全相同；下生殖板宽阔，外缘在基半部常凹入，在凹入部附近中央有 1 纵列粗壮大刚毛，斜伸向内缘端部，在此列刚毛外侧，有许多细长刚毛，此外还有一些小刚毛，一般分布于外缘和端缘，有的种类下生殖板基半部内缘有 1 刺状突；阳茎向腹面弯曲，通常基半部骨化，端半部膜质、囊状（*C. africana* 例外），膜质部腹面常有纵的骨化带或自基半部末端发出的长突，支撑膜质部，阳茎基半部有成对突起，在阳茎基部与连索关键处的腹面，常有 1 叉状短突或 2 个分开的短突；连索基部横宽，凹向腹面，端半部细杆状，末端略膨大，沿干部背面，常有 1 薄纵脊；阳基侧突宽阔，基半部常扭曲，端半部宽阔，末端呈脚状延伸，端缘和延伸部外侧缘有小刚毛。

　　分布：东洋区、旧热带区。世界已知 16 种，中国记录 15 种，浙江分布 1 种。

（49）中华消室叶蝉 *Chudania sinica* Zhang *et* Yang, 1990（图 1-49；图版 I-19）

Chudania sinica Zhang *et* Yang *in* Zhang, 1990: 59.

主要特征：体连翅长：♂ 4.9–5.1 mm，♀ 5.7–6.0 mm。头冠部、颜面基半部、复眼、前胸背板及小盾片均为黑色，前翅后缘及翅端部深褐色，单眼、触角、颜面端半部、胸部和腹部腹面及胸足均呈浅黄色，唯胸足爪节呈浅褐色，腹部背面中央深褐色，由前向后深褐色区域渐宽，以至末端几节背面全呈深褐色。头冠向前略呈角状突出，冠缝可辨或不清楚，头冠缘脊外侧倾斜部分有横条纹；前胸背板略小于头冠中长，前缘向前弧形突出，后缘略凹入；中胸盾间沟明显，不达侧缘。前翅斑纹图案有变化，但基本相似，爪区沿翅基缘、后缘、爪片端部及革区端部呈褐色，其余部分浅黄色，革区端部褐色区沿端横脉及相连纵脉呈浅黄色，在近翅端部有 1 不规则浅黄色横带，不连续；后翅合拢状态位于前翅褐色区下方的区域呈浅灰褐色，其内翅脉深褐色，其余部分白色透明。雄虫尾节深褐色，侧瓣后缘约有 10 根大刚毛，尾节突发达，形状与昆明消室叶蝉 *Chudania kunmingana* 相似，其端部背向弯曲，近呈直角，拐角处有刚毛，背端部横切，端缘不平整；下生殖板黄褐色，微弯，基部 1/3 处外缘内凹，内缘具 1 个刺状突，由此处中部倾斜向内缘端部有 1 纵列大刚毛，约 8 根，在此刚毛列外侧，有一些细长大刚毛和短刚毛；阳茎向腹面弧形弯曲，端半部膜质囊状，端半部膨大，近端部腹面具 1 膜质囊状突起，阳茎基半部骨化，在阳茎中部与膜质部交界处分别向端腹面和背腹面伸出 1 对发达的钩状突起，突起端部渐尖，阳茎基部与连索关键处腹面有 1 叉状短突；阳基侧突宽阔，端部呈蟹钳状。

分布：浙江（西湖、临安）、陕西、湖南、福建、广东、广西、四川、贵州、云南。

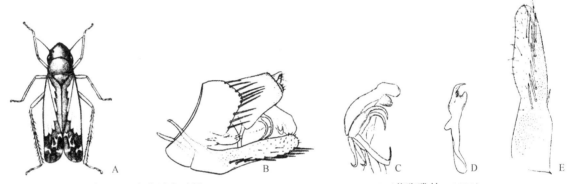

图 1-49　中华消室叶蝉 *Chudania sinica* Zhang *et* Yang, 1990（仿张雅林，1990）
A. 雄虫背面观；B. 尾节侧面观；C. 阳茎侧面观；D. 阳基侧突；E. 下生殖板

29. 凹片叶蝉属 *Concaveplana* Chen *et* Li, 1998

Concaveplana Chen *et* Li, 1998: 382. Type species: *Concaveplana spinata* Chen *et* Li, 1998.

主要特征：头冠前缘角状向前凸出，中央长度大于两复眼间宽，冠面扁平，基部冠缝明显，中端部冠面略下凹，端缘微上翘，侧缘具脊；单眼位置明显，复眼较大；颜面中央长度大于宽，扁平，具中纵脊，两侧具斜褶，前唇基基部至端部逐渐变狭；前胸背板中域微隆起，前缘弧圆突出，后缘略突入，侧缘平直近平行，小盾片横刻痕弧圆，伸达边缘；前翅长于腹部末端，革片基部翅脉退化严重，具 4 个端室，无端前室，后翅具 3 个端室。雄虫尾节侧瓣端缘中部极度向内侧凹入，端缘背侧着生 1 发达的长突起，柳叶状，端腹缘后半部着生发达大刚毛；下生殖板长且阔，中域具 1 列斜的大刚毛；阳茎基部膨大，端部背向弯曲，常具突起；连索"Y"形；阳基侧突基部扭曲，中部宽，端部常呈片状反折。

分布：东洋区。世界已知 7 种，中国记录 7 种，浙江分布 2 种。

（50）红线凹片叶蝉 *Concaveplana rufolineata* (Kuoh, 1973)（图 1-50）

Pseudonirvana rufolineata Kuoh, 1973: 180.

Concaveplana rufolineata: Chen *et* Li, 1998: 384.

主要特征：体连翅长：♂ 7.3–7.5 mm，♀ 7.8–8.1 mm。体淡黄白色，头冠前端弧圆凸出，冠面较平坦，具缘脊，端缘微上翘，自头冠顶点和近前缘至小盾片基侧角和末端，共有 3 条平行的橙红色纵带纹，其中间的带纹在顶点处分叉，呈锚状；单眼白色，复眼中央大部褐色，具黄白色晕圈；颜面黄白色，长大于宽，扁平，额唇基基域微隆起，具短中纵脊，两侧有斜褶，中端部平坦，前唇基基部至端部逐渐变狭，端缘平直；前胸背板比头部略宽，中域微隆起，前缘弧圆突出，后缘微向前凹，侧缘微斜具浅橙色纵带，小盾片处的 3 条带纹比头冠和前胸背板的色浅；前翅淡黄白色，隐现浅褐色，略发乌，前缘端部具 3 条褐色斜纹，第 3 条斜纹后侧及第 1 端室基部各具 1 个透明斑点，第 2 端室具 1 小的黑褐色斑点，爪片区末端具 1 浅褐色斑点。雄虫尾节侧瓣端缘中部显著向内凹入，端背区明显向外延长，1/3 处着生 4 根粗刚毛，末端尖细向腹部弯曲，端腹缘呈弧圆状凸出，端缘着生发达大刚毛；下生殖板长，较宽，中域着生 1 列大刚毛，约 18 根，端部略尖；阳茎管状弯曲，基部着生 1 对片状突起，几乎是阳茎长的 2 倍，突起基部背侧有 1 刺突，突起 1/2 处对折弯向腹部，阳茎亚端部着生 1 对刺状突起；连索"Y"形，主干约为臂长的 2.0 倍；阳基侧突基部略扭曲，中部较宽，端部呈片状反折，弯曲延伸部分着生小刚毛。

　　　　分布：浙江（临安）、陕西、江苏、湖北、江西、湖南、广西。

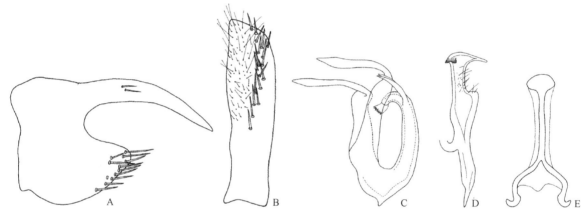

图 1-50　红线凹片叶蝉 *Concaveplana rufolineata* (Kuoh, 1973)

A. 尾节侧面观；B. 下生殖板；C. 阳茎侧面观；D. 连索背面观；E. 阳基侧突背面观

（51）腹突凹片叶蝉 *Concaveplana ventriprocessa* Li *et* Chen, 1998（图 1-51）

Concaveplana ventriprocessa Li *et* Chen, 1998: 75.

　　　　主要特征：体连翅长：♂ 7.5–7.8 mm，♀ 7.9–8.2 mm。体淡黄白色，头冠前端弧圆明显凸出，冠面较平坦，冠缝较明显，具缘脊，端缘微上翘，自头冠顶点和近前缘至小盾片基侧角和末端，共有 3 条平行的橙红色纵带纹，在中间带纹于顶点处分叉，呈锚状；单眼白色，复眼深褐色；颜面黄白色，长大于宽，扁平，额唇基基域微隆起，具中纵脊，两侧有斜褶，中端部平坦，前唇基较宽大，基部至端部逐渐变狭，端缘弧圆形；前胸背板比头部略宽，中域微隆起，前缘弧圆突出，后缘微向前凹，侧缘微斜具浅橙色纵带，小盾片处的 3 条带纹比头冠和前胸背板的色浅；前翅淡黄白色，略发乌，前缘端部具 3 条褐色斜纹，第 2 端室基部具 1 小的浅褐色斑点，爪片区末端具 1 浅褐色斑点。雄虫尾节侧瓣端缘中部显著向内凹入，端背区明显向外延长，基域处着生 4–6 根粗刚毛，末端尖细向腹部弯曲，端腹缘呈角状凸出，端缘着生发达大刚毛；下生殖板长，较宽，中域着生 1 列大刚毛，近 20 根，端部呈指状凸出；阳茎管状弯曲，基部着生 1 对曲折的片状突起，几乎是阳茎长的 2.0 倍，突起距基部 1/5 处背侧有 1 刺突，阳茎亚端部着生 1 对刺状突起；连索"Y"形，主干明显长于臂长；阳基侧突基部略扭曲，中部较宽，端部呈片状反折，弯曲延伸部分着生小刚毛。

分布：浙江（临安）、湖南。

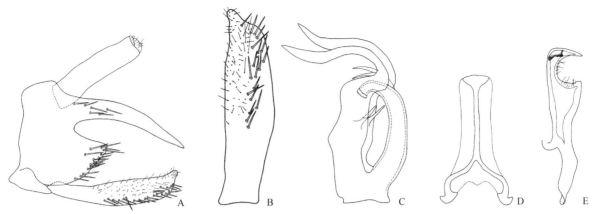

图 1-51　腹突凹片叶蝉 *Concaveplana ventriprocessa* Li *et* Chen, 1998
A. 尾节侧面观；B. 下生殖板；C. 阳茎侧面观；D. 连索背面观；E. 阳基侧突背面观

30. 内突叶蝉属 *Extensus* Huang, 1989

Extensus Huang, 1989: 70. Type species: *Extensus latus* Huang, 1989.

主要特征：头冠前缘角状向前凸出，侧缘自复眼前较平直，然后向前逐渐变细，冠缝较明显，前侧缘具脊；单眼靠近侧缘，较明显，复眼较大；颜面中央长度略大于宽，额唇基基部隆起，具中脊至中部，两侧具斜褶，中端部平坦或略下凹，前唇基基部至端部逐渐变狭，末端近平切，舌侧板狭小。前胸背板中央长度比头冠略短或相等，中域隆起，前缘弧圆突出，后缘略凹入，侧缘向前倾斜，小盾片横刻痕弧圆，伸达边缘。前翅长于腹部末端，革片基部翅脉退化较模糊，具 4 个端室，端片小，无端前室，后翅具 3 个端室。雄虫尾节侧瓣较发达，端区着生发达大刚毛，内侧有 1 发达突起，朝向腹面；下生殖板极狭长，外缘及端部着生许多细刚毛，尤其端部细刚毛较长；阳茎背向弯曲，基部具 1 对钩状突起，端部具细刺突；连索"Y"形；阳基侧突端部较尖锐。

分布：东洋区。世界已知 4 种，中国记录 4 种，浙江分布 2 种。

（52）细线内突叶蝉 *Extensus collectivus* Huang, 1989（图 1-52）

Extensus collectivus Huang, 1989: 72.

主要特征：体连翅长：♂ 4.5–4.9 mm，♀ 5.3–5.8 mm。体浅黄白色，头冠前缘锐角状凸出，冠面中域微隆起，冠缝明显，具明显缘脊，侧缘在复眼前平行，自头冠顶端至小盾片末端具 1 黑色细纵带，此线在近顶点处较细，其余部分线条均匀粗细，单眼附近侧缘浅橙色；单眼淡黄白色，复眼浅褐色；颜面淡黄白色，中央长度大于宽，额唇基基部微隆起，两侧有斜褶，中央具 1 条纵脊至中部，端部略平凹，前唇基自基部至端部渐狭，舌侧板较小。前胸背板前缘弧状凸出向两侧倾斜，中域微隆起；前翅浅黄白色，半透明，前缘端部具 1 条褐色斑纹，第 4 端室、爪片区末端具黑褐色斑纹，端片和端室基部浅褐色。雄虫尾节侧瓣端缘中部圆弧状凸出，端腹角具 1 很小的角突，端区散生大刚毛，生殖腔内（近肛管基部）在尾节后缘着生 1 对细长突起，朝向腹面；下生殖板基部较宽，基部 1/4 处变细，整体极细长，外缘及端缘着生许多细刚毛，尤其端缘细刚毛较长；阳茎背向弯曲，基部着生 1 对向后弯曲的弯钩状突起，端部具 4 根短刺突，几乎等长，阳茎口位于 4 根突起的中央；连索"Y"形，主干约为臂长的 2.0 倍，腹向弯曲（侧面观）；阳基侧突基部扭曲，端部细。

分布：浙江（临安）、湖南、福建、台湾、海南、广西、四川、贵州、西藏。

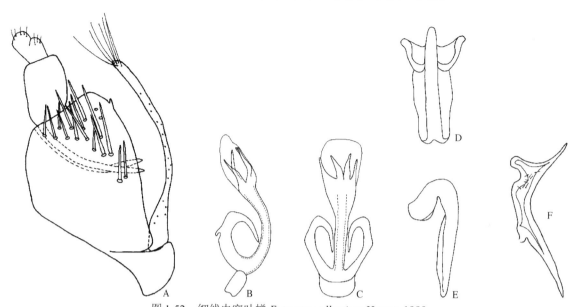

图 1-52　细线内突叶蝉 *Extensus collectivus* Huang, 1989
A. 尾节侧面观；B. 阳茎侧面观；C. 阳茎后腹面观；D. 连索背面观；E. 连索侧面观；F. 阳基侧突背面观

（53）宽带内突叶蝉 *Extensus latus* Huang, 1989（图 1-53）

Extensus latus Huang, 1989: 73.

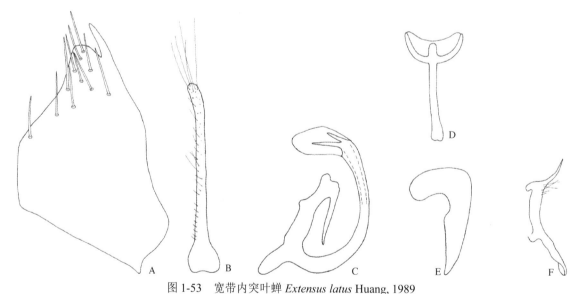

图 1-53　宽带内突叶蝉 *Extensus latus* Huang, 1989
A. 尾节侧面观；B. 下生殖板；C. 阳茎侧面观；D. 连索背面观；E. 连索侧面观；F. 阳基侧突背面观

主要特征：体连翅长：♂ 4.7–5.0 mm，♀ 5.4–5.7 mm。虫体浅黄白色，头冠前缘锐角状凸出，冠面中域微隆起，冠缝明显，具明显缘脊，侧缘在复眼前平行，自头冠顶端至小盾片末端具 1 黑色宽纵带，自单眼附近处至前胸背板后缘具 1 白色宽纵带，边缘不光滑；单眼淡黄白色，复眼浅褐色；颜面淡黄白色，中央长度大于宽，额唇基基部微隆起，两侧有斜褶，中央具 1 条纵脊至中部，端部略平凹，前唇基自基部至端部渐狭，端缘较平直。前胸背板前缘弧状凸出向两侧倾斜，中域微隆起，小盾片宽三角形。前翅乳黄色，透明度不高，爪片后缘具黑褐色宽纵带，前缘端部具 1 条褐色斑纹，第 2 端室具黑褐色斑纹，端片和端室基部浅褐色。雄虫尾节侧瓣端缘中部圆弧状凸出，端区散生大刚毛，生殖腔内在尾节后缘着生 1 对细长突起，朝向腹面；下生殖板极细长，外缘及端缘着生许多细刚毛，尤其端缘细刚毛较长；阳茎背向弯曲，基部着生 1 对向后弯曲的弯钩状突起，端部具 4 根短刺突，其中内侧 2 根突起较外侧 2 根短；连索"Y"形，腹向弯曲；阳基侧突基部扭曲，端部细，向外延伸。

分布：浙江（临安）、湖南、台湾、海南、四川、贵州、云南。

31. 小板叶蝉属 *Oniella* Matsumura, 1912

Oniella Matsumura, 1912a: 46. Type species: *Oniella leucocephala* Matsumura, 1912.

主要特征：头冠前缘角状向前凸出，中央长度比两复眼间宽小，冠面平坦或中域稍隆起，冠缝较明显，侧缘具脊；单眼靠近侧缘，较明显，复眼较大；颜面微突起，中央长度略大于宽，扁平，额唇基中央有明显纵脊，两侧具斜褶，前唇基基部至端部逐渐变狭，末端近平切，舌侧板狭小；前胸背板中央长度比头冠略短或相等，中域隆起，前缘弧圆突出，后缘略突入，侧缘向前倾斜，小盾片横刻痕圆弧形，伸达边缘；前翅长于腹部末端，革片基部翅脉退化不明显，具 4 个端室，端片小，无端前室，后翅具 3 个端室。雄虫尾节侧瓣端缘中部向外凸出，端腹缘常具发达的突起，形状多变，端区着生发达大刚毛；下生殖板较长，叶片状，中域具斜生大刚毛，形成 1 纵列或排列不规则；阳茎弯曲，但常不对称，具发达突起；连索"Y"形；阳基侧突基部常扭曲，中部宽，端部末端弯曲向外。

分布：古北区、东洋区。世界已知 9 种，中国记录 7 种，浙江分布 3 种。

分种检索表

1. 前胸背板前缘黑色；前翅为"8"形黑斑，中间为淡黄色 ·················· 白头小板叶蝉 *O. honesta*
- 前胸背板前缘不为黑色；前翅中部具深褐色横带 ······································· 2
2. 阳茎干端部具 1 对突起 ·· 三带小板叶蝉 *O. ternifasciatata*
- 阳茎干具 2 对突起 ·· 横带小板叶蝉 *O. fasciata*

（54）横带小板叶蝉 *Oniella fasciata* Li *et* Wang, 1992 （图 1-54）

Oniella fasciata Li *et* Wang, 1992b: 128.

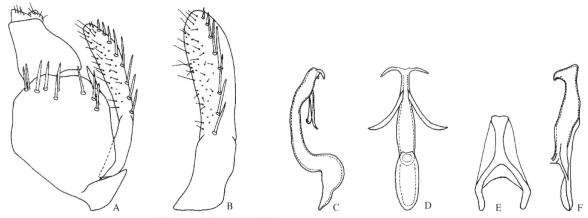

图 1-54　横带小板叶蝉 *Oniella fasciata* Li *et* Wang, 1992
A. 尾节侧面观；B. 下生殖板；C. 阳茎侧面观；D. 阳茎后腹面观；E. 连索背面观；F. 阳基侧突背面观

主要特征：体连翅长：♂ 4.6–5.0 mm，♀ 5.2–5.5 mm。虫体淡黄白色，头冠淡黄白色，前缘呈角状凸出，冠面平坦，基域稍隆起，冠缝、缘脊明显；单眼黄白色，复眼浅褐色；颜面黄色，额唇基较平坦，中端部稍向下凹陷，两侧有斜褶，中央具 1 条短纵脊，舌侧板较小；前胸背板前缘弧状凸出向两侧倾斜，后缘呈角状凹入，侧缘及后缘区域黑色，中胸小盾片近正三角形，黑色；前翅浅黄白色，微发乌，半透明，中部具 1 黑褐色横带斑，伸达两侧缘，前缘端部具 2 条褐色斑纹，端区褐色，由端部向基部颜色逐渐变深。雄虫尾节侧瓣端缘较斜直，腹缘较圆滑，具 1 发达突起，刺状，端区散生大刚毛；下生殖板中域至端部着生约 8 根刚毛，形成 1 纵列，端半部散生许多小刚毛，端缘具较长细刚毛；阳茎基部膨大，中部和端部各着生 1 对二叉状刺突；连索"Y"形，主干约与臂长相等；阳基侧突基部扭曲，中部宽大，端部渐狭。

分布：浙江（临安）、陕西、湖北、四川、贵州。

（55）白头小板叶蝉 *Oniella honesta* (Melichar, 1902)（图 1-55）

Tettigonia honesta Melichar, 1902: 132.

Oniella honesta: Matsumura, 1912a: 46.

Oniella flavomarginata Li *et* Chen, 1998: 85.

主要特征：体连翅长：♂ 5.2–6.0 mm，♀ 6.2–7.0 mm。该种雌雄异型现象普遍，雌雄个体体色斑纹图案差异显著，同性个体间亦有明显不同。头冠前缘呈锐角状凸出，冠面稍隆起，缘脊明显，头冠白色至黄色，均匀无斑纹；单眼浅橘色，复眼黄色隐现浅褐色；颜面颜色比头冠略浅，长大于宽，额唇基中域隆起，两侧有斜褶，中央具 1 条短纵脊，舌侧板较小；前胸背板黑色，前缘弧状凸出向两侧倾斜，后缘微凹入，除小盾片末端黄色外，其余部分为黑色；前翅与头冠同色，微发乌，半透明，前缘端部具 3 条褐色的斑纹，前翅为"8"形黑斑，中间为淡黄色，其余部分斑纹变化较大。雄虫尾节侧瓣端缘中部向外凸出，端腹缘具发达尾节突，形状多样不稳定，端区散生大刚毛；下生殖板中域中部至近端部着生 6–8 根刚毛，形成 1 纵列，端半部散生许多小刚毛，端缘具较长细刚毛；阳茎基部膨大，背缘着生 1 对片状突起，端部细管状背向弯曲，背部具牙齿状突起，端部具 1 小二叉突；连索"Y"形，主干约为臂长的 2.0 倍；阳基侧突基部渐狭，端部弯曲向外延伸成钳状，着生刚毛。

分布：浙江（临安）、河北、山西、陕西、宁夏、甘肃、青海、新疆、安徽、湖北、湖南、四川、贵州、云南。

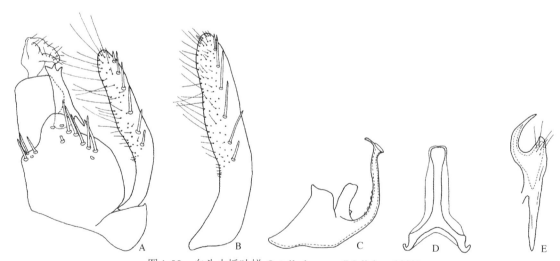

图 1-55 白头小板叶蝉 *Oniella honesta* (Melichar, 1902)
A. 尾节侧面观；B. 下生殖板；C. 阳茎侧面观；D. 连索背面观；E. 阳基侧突背面观

（56）三带小板叶蝉 *Oniella ternifasciatata* Cai *et* Kuoh, 1996（图 1-56）

Oniella ternifasciatata Cai *et* Kuoh, 1996: 186.

　　主要特征：体连翅长：♂ 5.6–5.8 mm，♀ 6.0–6.1 mm。虫体淡黄白色，具光泽，头冠前缘角状凸出，冠面中域稍隆起，冠缝、缘脊明显；颜面中长略大于宽，额唇基基部稍隆起，中央具 1 条纵脊，两侧有斜褶，舌侧板狭小；前胸背板前缘浅黄白色，前缘弧状凸出，后缘略凹入，其余区域及小盾片黑色。前翅淡黄白色，中域具 1 暗红褐色横带纹，爪片基部黑色，前缘具 2 条斜纹、端区为暗红褐色。雄虫尾节侧瓣端缘略向外凸出，端区散生大刚毛；下生殖板长叶片状，端向渐狭，内缘中域着生约 8 根刚毛，形成 1 纵列，端部散生许多小刚毛；阳茎呈"S"状弯曲，基部膨大，近中部背面具 1 齿突，端部具 1 伸向腹面的长刺突；连索"Y"形；阳基侧突基部渐细。

　　分布：浙江（临安）、河南、福建。

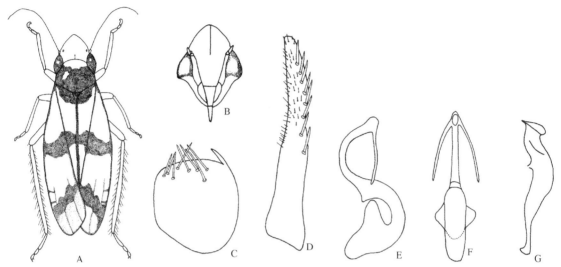

图 1-56　三带小板叶蝉 *Oniella ternifasciatata* Cai *et* Kuoh, 1996（仿 Cai and Kuoh，1996）
A. 雄虫背面观；B. 颜面；C. 尾节侧面观；D. 下生殖板；E. 阳茎侧面观；F. 阳茎腹面观；G. 阳基侧突背面观

32. 拟隐脉叶蝉属 *Sophonia* Walker, 1870

Sophonia Walker, 1870a: 327. Type species: *Sophonia rufitelum* Walker, 1870.

Quercinirvana Ahmed *et* Mahmood, 1969: 260. Type species: *Quercinirvana longicephala* Ahmed, Manzoor *et* Mahmood, 1969.

　　主要特征：头冠较平坦或微隆起，向前凸出，中央长度大于两复眼间宽，前侧缘具缘脊，单眼近复眼前角处，位于头冠侧缘；额唇基中央无明显纵脊，狭长，基部均匀微隆起，其上有斜侧褶，端部较平坦，前唇基由基部至端部逐渐变狭，端缘近平直，舌侧板狭小；前胸背板前缘突出，后缘稍向前突出，侧缘近平直；前翅长于腹部末端，革片基部翅脉退化严重，具 4 个端室，无端前室，端片狭小，后翅具 3 个端室。雄虫尾节侧瓣上着生发达大刚毛，尾节突起部发达或者无，形状不稳定，变化较大；下生殖板一般较宽，且长，中域着生 1 列大刚毛，端半部有小刚毛散生；阳茎向背面弯曲，常具有结构非常复杂的发达突起；连索"Y"形；阳基侧突基部扭曲，端部逐渐变细。

　　分布：古北区、东洋区、澳洲区。世界已知 49 种，中国记录 21 种，浙江分布 4 种。

分种检索表

1. 头冠、前胸背板、中胸小盾片中央具纵带纹，且两侧有红色条纹 ·················· **东方拟隐脉叶蝉 *S. orientalis***

- 头冠、前胸背板、中胸小盾片中央无纵带纹 ·· 2

2. 前翅后缘具有褐色狭边 ··· **褐缘拟隐脉叶蝉 *S. fuscomarginata***

- 前翅后缘无褐色狭边 ·· 3

3. 体乳白色，尾节侧瓣后上缘具 2 个刺状突起，长突为短突的 2.5 倍 ································· 白色拟隐脉叶蝉 *S. albuma*

- 体淡黄色，尾节侧瓣后上缘具 2 个近等长的支状突起 ································· 纯色拟隐脉叶蝉 *S. unicolor*

（57）白色拟隐脉叶蝉 *Sophonia albuma* Li *et* Wang, 1991（图 1-57）

Sophonia albuma Li *et* Wang, 1991: 127.

　　主要特征：体连翅长：♂ 4.3–4.6 mm，♀ 4.8–5.1 mm。体乳白色，无斑纹；头冠前缘向前锐角状凸出，稍隆起，具缘脊，单眼及周围区域浅橙色；颜面中央具纵脊，两侧有斜褶，额唇基基部稍隆起；前翅也为乳白色，端半部前缘具 3 条淡褐色斜纹，其中 1 条较长且颜色较浅，端部的为淡褐色，爪片区末端具 1 浅褐色斑纹，第 2 端室内有 1 近黑色圆斑。雄虫尾节侧瓣端缘向外侧凸出，且端腹角形成刺状突起，端区密生许多大刚毛，后上缘具 2 个刺状突起，长突为短突的 2.5 倍；下生殖板中域着生 1 列大刚毛，端半部背缘有小刚毛散生及末端着生许多细长刚毛；阳茎呈“C”形向背面弯曲，基部明显膨大，着生 1 对薄片状突起，突起端部骤变为针刺状，中部有 1 对刺状突起，端部着生 1 对稍长刺状突起，逐渐变细的阳茎端部夹于两刺突间；连索“Y”形，主干约是臂长的 3.0 倍；阳基侧突端部呈钳状，中部膨大。

　　分布：浙江（临安）、湖北、湖南、四川、贵州。

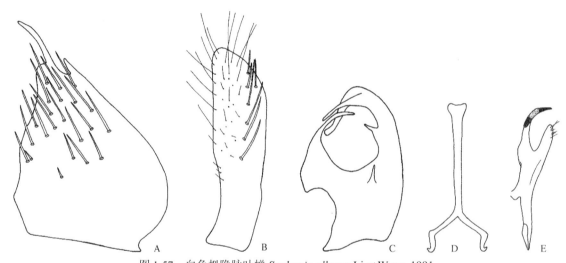

图 1-57　白色拟隐脉叶蝉 *Sophonia albuma* Li *et* Wang, 1991
A. 尾节侧面观；B. 下生殖板；C. 阳茎侧面观；D. 连索背面观；E. 阳基侧突背面观

（58）褐缘拟隐脉叶蝉 *Sophonia fuscomarginata* Li *et* Wang, 1991（图 1-58）

Sophonia fuscomarginata Li *et* Wang, 1991: 125.

　　主要特征：体连翅长：♂ 5.3–5.5 mm，♀ 5.8–6.1 mm。体淡黄白色，头冠前端呈锐角状凸出，冠面微隆起，冠缝明显，具缘脊和中脊，端缘微向上翘；单眼浅黄白色，周围区域有 1 橘色晕圈，复眼深褐色；颜面浅黄色，额唇基基域隆起，具中脊，两侧有斜褶，前唇基似方形；前胸背板前缘凸出，前侧缘微倾斜，前缘域有 1 凹痕，直线状，小盾片横刻痕伸达侧缘，其周围区域乳白色；前翅灰白色，半透明，端部前缘具 3 条褐色斜纹，端缘、端片及 4 个端室基部呈浅褐色，第 2 端室内具 1 黑褐色大圆斑，爪片区末端具 1 浅褐色斑纹，后缘具有褐色狭边。雄虫尾节侧瓣端缘中部尖而凸出，微微向上翘，端区散生大刚毛；下生殖板长扁叶状，中域着生约 5 根大刚毛，形成 1 纵列，端半部散生小刚毛；阳茎呈管状，背向弯曲，基部腹面着生 1 对发达突起，长于阳茎，突起近中部向腹面对折弯曲；连索“Y”形，主干约为臂长的 5.0 倍；阳基侧突基部细，端部延伸弯曲似钳状。

分布： 浙江（临安）、陕西、湖南、四川、贵州、云南。

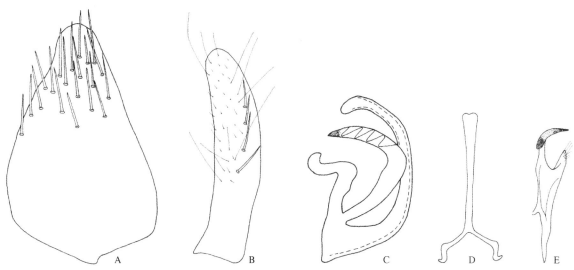

图 1-58　褐缘拟隐脉叶蝉 *Sophonia fuscomarginata* Li *et* Wang, 1991
A. 尾节侧面观；B. 下生殖板；C. 阳茎侧面观；D. 连索背面观；E. 阳基侧突背面观

（59）东方拟隐脉叶蝉 *Sophonia orientalis* (Matsumura, 1912)（图 1-59）

Nirvana orientalis Matsumura, 1912b: 282.

Pseudonirvana orientalis Kuoh, 1966: 70.

Pseudonirvana rufofascia Kuoh *et* Kuoh, 1983: 316.

Sophonia orientalis: Li & Chen, 1999: 51.

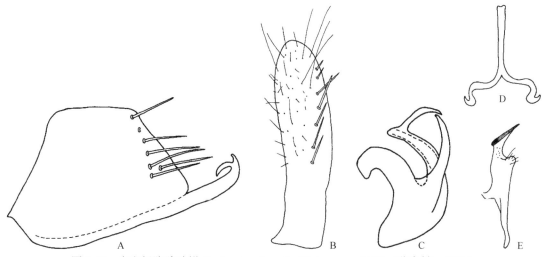

图 1-59　东方拟隐脉叶蝉 *Sophonia orientalis* (Matsumura, 1912)（仿高敏，2013）
A. 尾节侧面观；B. 下生殖板；C. 阳茎侧面观；D. 连索背面观；E. 阳基侧突背面观

主要特征： 体连翅长：♂ 4.6–4.9 mm，♀ 5.2–5.4 mm。体淡黄白色，头冠、前胸背板、中胸小盾片中央具纵带纹，且两侧有红色条纹；头冠顶端有 1 个近似长方形的黑斑，圆斑后方近冠缝两侧各有 1 条黑色较粗纵线，双线从前胸背板端缘到小盾片近末端合并成 1 条黑粗纵线；颜面额唇基较平坦，两侧有斜褶，中央具 1 条短纵脊，前唇基由基部向端部逐渐变狭；前胸背板前缘弧状凸出向两侧倾斜，后缘呈角状凹入，近前缘有 1 弧形横刻痕，中央黑线从前缘至小盾片末端逐渐变粗；前翅浅黄白色，较透明，革片区端部前缘具 2 条浅褐色斑纹，一短一长，第 2 端室基部具 1 个褐色圆形，爪片后缘有浅褐色纵带。雄虫尾节侧瓣腹缘稍向外凸出，其上着生 1 极长的钩状突起，在全长 1/2 处逐渐变细，背向弯曲，突起区域着生约 10 根大刚毛；下生殖板中域着生 6–8 根刚毛，形成 1 纵列，端半部散生许多小刚毛；阳茎基部膨大，着生 1 对片状突起，突起基部着生 1 发达支状突，几乎与阳茎等长，阳茎端部具 1 对倒刺状突起；连索"Y"形，主干比臂长的 2 倍略长；阳基侧突中部膨大，端部弯曲延伸，有刚毛着生。

分布：浙江（临安）、河南、湖南、福建、台湾、贵州。

（60）纯色拟隐脉叶蝉 *Sophonia unicolor* (Kuoh *et* Kuoh, 1983)（图 1-60）

Pseudonirvana unicolor Kuoh *et* Kuoh, 1983: 323.

Sophonia unicolor: Li & Chen, 1999: 40.

主要特征：体连翅长：♂ 5.5–6.0 mm，♀ 6.1–6.3 mm。体淡黄色，无斑纹；头冠前端呈锐角状凸出，冠面稍隆起，具缘脊，复眼与冠缝中间区域隐现黄白色；单眼透明，复眼浅褐色；颜面额唇基较平坦，两侧有斜褶，中央具 1 条短纵脊，局域稍隆起，舌侧板狭小；前胸背板前缘弧状凸出向两侧倾斜，后缘呈角状凹入，近前缘有 1 弧形横刻痕，稍凹陷，后缘后方在中胸背板上隐现褐色圆斑；前翅浅黄白色，微发乌，半透明，革片区端部前缘具 2 条浅褐色斑纹，第 2 端室基部具 1 褐色圆形斑。雄虫尾节侧瓣端缘中部凸出，凸出部位具 2 个长刺状突起，形成横着的"V"形，端区散生约 8 根大刚毛；下生殖板中域近端部着生 3–4 根刚毛，形成 1 纵列，端半部散生许多小刚毛，阳茎基部膨大，着生 1 对片状突起，端部着生 1 对长而弯曲的柳叶状突起；连索"Y"形，主干约为臂长的 3.0 倍；阳基侧突较大，端部弯曲向外延伸，呈钳状。

分布：浙江（临安）、福建。

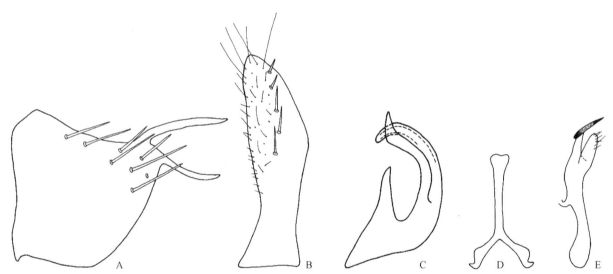

图 1-60　纯色拟隐脉叶蝉 *Sophonia unicolor* (Kuoh *et* Kuoh, 1983)
A. 尾节侧面观；B. 下生殖板；C. 阳茎侧面观；D. 连索背面观；E. 阳基侧突背面观

（九）角顶叶蝉亚科 Deltocephalinae

主要特征：体中等大小。体色不一，多为绿、黄、褐色等。头冠通常等于或宽于前胸背板，有时略窄于前胸背板，与颜面圆弧相交或呈角状。单眼位于或接近头冠和颜面间的边缘，侧唇基缝伸达单眼，触角檐无或不明显。前翅翅脉比较完全，具 2–3 个端前室，一般有端片，如退化则端片宽大，翅前缘无蜡质区，长翅型昆虫休息时前翅端部通常互相重叠，内端室端向渐窄；后足胫节端部刺式多为 2：2：1 或 2：1：1。

分布：该亚科是叶蝉科最大的亚科之一，世界已知约 22 族 736 属 5940 种，中国记录 15 族 69 属 254 种，浙江分布 8 族 34 属 86 种。

分族检索表

1. 颊侧缘无凹刻也非波浪状，向后延伸，背面观在复眼后可见 ·········· 锥顶叶蝉族 Scaphytopiini
- 颊侧缘凹刻或波浪状，但不伸达背面 ··· 2
2. 阳茎叉状，具 2 个阳茎口 ·· 网翅叶蝉族 Opsiini
- 阳茎仅有 1 个阳茎干和 1 个阳茎口 ··· 3
3. 连索线状，两侧臂端部靠近 ··· 4
- 连索"Y"形或"U"形，两侧臂分开 ·· 5
4. 阳茎与连索基愈合 ··· 角顶叶蝉族 Deltocephalini
- 阳茎与连索相关键 ··· 隆脊叶蝉族 Paralimnini
5. 前翅具 2 个端前室 ··· 二叉叶蝉族 Macrostelini
- 前翅具 3 个端前室 ··· 6
6. 前翅具有反折的前缘叉脉；阳茎附突发达，与连索愈合或关键 ·········· 带叶蝉族 Scaphoideini
- 前翅无反折的前缘叉脉，若有则头冠常凹入；阳茎附突有或无，与连索愈合或关键 ········ 7
7. 头冠扁、凹入，向前突出；额唇基长，前翅有许多反折的前缘小脉 ·········· 普叶蝉族 Platymetopiini
- 头冠通常不凹入，向前不突出；额唇基宽，前翅无反折的前缘小脉 ·········· 圆冠叶蝉族 Athysanini

圆冠叶蝉族 Athysanini Van Duzee, 1892

主要特征：体小型或中型，较粗壮，体细长。头冠圆弧或钝角状突出，与颜面圆弧相交。复眼大，单眼位于头冠前缘，距离复眼很近。颜面微隆起，额唇基宽。小盾片三角形，中域横刻痕凹陷、明显。前翅端片较发达，具 4 端室和 3 端前室，前翅无反折的前缘小脉。雄虫尾节较发达；生殖瓣三角形或半圆形；下生殖板基部宽，端向渐窄；连索呈"Y""X""V"或"U"形；阳茎基发达，阳茎干管状、带状，侧面观呈"C"形；阳茎口 1 个，位于端部或近端部。

分布：世界广布。世界已知 263 属，中国记录 26 属，浙江分布 9 属 14 种。

分属检索表

1. 连索"U"形或"V"形 ··· 2
- 连索"Y"形 ··· 3
2. 尾节侧瓣后缘具有内突；阳茎短小 ··· 东方叶蝉属 Orientus
- 尾节侧瓣无内突；阳茎相对粗大，端部有延伸的突起 ·························· 掌叶蝉属 Handianus
3. 阳茎基部具有侧突 ··· 4
- 阳茎基部不具有突起 ··· 6
4. 连索与阳茎基部愈合；阳茎干端部无突起 ··· 拟带叶蝉属 Scaphoidella
- 连索与阳茎基部相关键；阳茎有突起 ·· 5
5. 尾节侧瓣具须状突；阳茎较大 ·· 柔突叶蝉属 Abrus
- 尾节侧瓣无须状突；阳茎短小 ·· 饴叶蝉属 Ophiola
6. 尾节侧瓣延伸成长突；阳茎干长，"C"形弯曲 ···································· 松村叶蝉属 Matsumurella
- 尾节侧瓣具有内突 ··· 7
7. 阳茎干端部无突起 ··· 竹叶蝉属 Bambusana
- 阳茎干端部有突起 ··· 8
8. 头冠无成对的黑色大斑；尾节腹内突端部尖细；阳茎干端部弯向后方 ·········· 端突叶蝉属 Branchana
- 头冠具成对的黑色大斑；尾节腹内突端部稍膨大；阳茎干端部背向弯曲 ·········· 双叉叶蝉属 Chlorotettix

33. 柔突叶蝉属 *Abrus* Dai *et* Zhang, 2002

Abrus Dai *et* Zhang, 2002: 305. Type species: *Abrus hengshanensis* Dai *et* Zhang, 2002.

　　主要特征：体长，较粗壮。头冠向前钝圆突出，中域平坦，中长大于两侧近复眼处长，略小于两复眼间宽，前缘具 4 个黑斑，复眼大，单眼到复眼的距离等于单眼直径；颜面平坦，额唇基区窄长，中长大于两复眼间宽，前唇基区向端部渐宽。前胸背板前缘弧形突出，后缘微凹，中长约等于头冠中长的 1.8 倍。小盾片中域横刻痕明显、平直，中长等于头冠中长。前翅具 4 端室和 3 端前室，端片较发达。雄虫尾节侧瓣具突起和 1 个须状突。下生殖板宽大，基部较宽，端向渐狭，侧缘弧形。连索"Y"形，主干粗壮，两侧臂发达。阳茎基部背腔发达，阳茎干管状、向身体背面弯曲，端部渐细，近端部腹缘有 1 细长突起，干基部向背面有 1 个发达延伸。阳茎口位于端部。

　　分布：古北区、东洋区。世界已知 19 种，中国记录 19 种，浙江分布 2 种。

（61）短板柔突叶蝉 *Abrus breviolus* Dai *et* Zhang, 2008（图 1-61）

Abrus breviolus Dai *et* Zhang, 2008: 46.

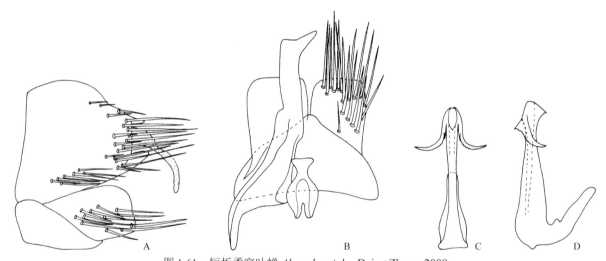

图 1-61　短板柔突叶蝉 *Abrus breviolus* Dai *et* Zhang, 2008
A. 雄性尾节侧面观；B. 生殖瓣、下生殖板、阳基侧突和连索；C、D. 阳茎腹面观和侧面观

　　主要特征：体连翅长：♂ 8.8 mm。体棕黄色。头冠前缘有 4 个黑色小斑，外侧 2 个紧靠单眼后缘；复眼黑褐色。前胸背板前缘两侧有 1 对黑色斑。前翅 3 个端前室端部，以及第 2、3、4 端室基部各有 1 个棕色斑点，内端前室的最大。头冠向前弧形突出，与颜面弧圆相交，中域平坦，中长大于两侧近复眼处长，约等于两复眼间宽的 3/4，复眼大，单眼与复眼间距等于单眼直径；颜面平坦，额唇基窄长，中长大于两复眼间宽，前唇基端向渐宽。前胸背板宽于头冠，前缘弧形突出，后缘中央凹入，中长约等于头冠中长的 2倍，小盾片中域横刻痕直、下陷，中长约等于头冠中长的 1.5 倍。前翅端片发达，4 端室，外端前室较窄，长约等于中端前室的 2/3。雄虫尾节侧面观近四边形，后缘横截状、较直，端部内侧向后伸出 1 膜质、透明的附突，后背缘有 1 对向后的短突起、端向渐尖，后腹缘向后延伸形成 1 个小的角状突、端向渐尖，靠后缘散生许多大刚毛，中部近腹缘有数根大刚毛。下生殖板宽短，不伸达尾节侧瓣后缘，基部较宽，外侧缘和端缘平直，外侧半部有大量大刚毛、排列不整齐。连索"Y"形，主干粗壮，端部中央微凹，两侧臂发达。阳基侧突长，基部宽，端向渐细，外缘近端部 1/3 处变狭，呈肩状，有 1 列小刚毛，端部侧缘向内突出。阳茎基较宽大；阳茎干管状、背向弯曲，端部背缘呈尖角状突出，腹面两侧有 1 对突起、基向延伸，

具许多齿状突；阳茎口位于阳茎干端部；阳茎干基部有 1 个小的基突。

　　分布：浙江（德清、西湖、临安）。

（62）武夷柔突叶蝉 *Abrus wuyiensis* Dai *et* Zhang, 2002（图 1-62）

Abrus wuyiensis Dai *et* Zhang, 2002: 309.

　　主要特征：体连翅长：♂ 9.9 mm，♀ 9.0–9.2 mm。体黄色。头冠前缘有 4 个红褐色斑，中部 1 对较大，外侧 2 个紧靠单眼后缘，复眼黑褐色，单眼无色；冠缝棕红色。中胸小盾片尖角亮黄色。3 个端前室端部第 3、4 端室基部各有 1 个棕色小斑，内端前室的最大，翅脉棕红色。内端前室的最大，翅脉棕红色。头冠向前钝圆突出，中域平坦，中长大于两侧复眼处长，约为两复眼间宽的 3/4，复眼大，单眼位于头冠前缘，与复眼间距小于单眼直径；额唇基窄长，中长大于两复眼间宽，前唇基端向渐宽。前胸背板较头冠宽，前缘弧形突出，后缘中央微凹，中长约为头冠中长的 1.8 倍，中胸小盾片中域横刻痕明显，近平直，中长约等于头冠中长的 1.5 倍。前翅端片发达，4 端室，外端前室短，约为中端前室的 2/3。雄虫尾节侧面观近四边形，后缘横截状、较直，端部内侧向后伸出 1 膜质、透明的附突，后背缘有 1 对向后的细长突起、端向渐尖，后缘近腹缘延伸形成 1 个小的角状突、端向渐尖，后腹缘向后略突出，靠后缘散生许多大刚毛，中部近腹缘有数根大刚毛。下生殖板宽大，基部较宽，外侧缘和端缘圆弧形弯曲，外侧半部有大量大刚毛、排列不整齐。连索"Y"形，主干粗壮，端部中央微凹，两侧臂发达。阳基侧突长，基部宽，端向细，外缘近端部 1/3 处变狭，呈肩状，有 1 列小刚毛。阳茎基较宽大；阳茎干管状、背向弯曲，端部弯向腹面，端部向背方分出 1 支形成突起，突起两侧有 1 对细长突起，基向延伸，端部分叉；阳茎口位于阳茎干端部；阳茎干基部有 1 个发达基突，基突近端部两侧背方有 1 对细长突起；伸向基方，基突背面深凹，两侧形成片脊。

　　分布：浙江（临安）、福建、四川。

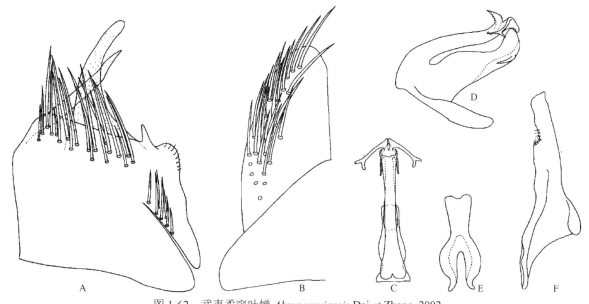

图 1-62　武夷柔突叶蝉 *Abrus wuyiensis* Dai *et* Zhang, 2002
A. 雄虫尾节侧面观；B. 生殖瓣和下生殖板；C. 阳茎腹面观；D. 阳茎侧面观；E. 连索；F. 阳基侧突

34. 竹叶蝉属 *Bambusana* Anufriev, 1969

Bambusana Anufriev, 1969a: 403. Type species: *Thamnotettix bambusae* Matsumura, 1914.

　　主要特征：头冠与前胸背板等宽，呈钝圆角突出，中长稍大于近复眼处长，复眼大，单眼位于头冠前缘，到复眼之距等于单眼直径；颜面额唇基中域平坦、窄长，与头冠以圆弧相交，中长稍大于两复眼间宽，前唇基两侧缘平行。前胸背板中长约为头冠中长的 1.5 倍，前缘弧形突出，后缘中央凹入。小盾片比前胸背板短，中长约等于头冠中长，中域横刻痕明显、弧形、内陷。前翅长，端片较发达，4 端室，外端前室窄短。雄虫尾节较长，腹缘深度骨化，形成突起；下生殖板宽大，基部较宽，侧缘弧形，外缘着生有 1 列大刚毛；连索倒"Y"形，主干近等于侧臂长；阳基侧突窄长，基部宽，端向渐狭，末端尖，向侧面弯曲，近端部着生 1 列小刚毛；阳茎基部宽大，干管状；阳茎口位于端部。

　　分布：古北区、东洋区。世界已知 6 种，中国记录 4 种，浙江分布 1 种。

（63）竹叶蝉 *Bambusana bambusae* (Matsumura, 1914)（图 1-63）

Thamnotettix bambusae Matsumura, 1914a: 176.

Bambusana bambusae: Anufriev, 1969a: 404.

　　主要特征：雄虫尾节侧瓣宽大，端缘渐细成角状，端区着生有粗长刚毛，端腹缘近端部着生有 1 枚齿状突起；生殖瓣阔三角形；下生殖板短于尾节侧瓣，外缘圆弧并着生 1 列粗长刚毛；阳基侧突长，端突较长，侧向弯曲；连索"Y"形，主干明显大于臂长；阳茎基部发达，干管状，端向渐细，基部有 1 枚反向延伸的突起；生殖孔位于阳茎干的末端。

　　寄主植物：竹子。

　　分布：浙江（临安）、河南、甘肃、贵州；千岛群岛，日本。

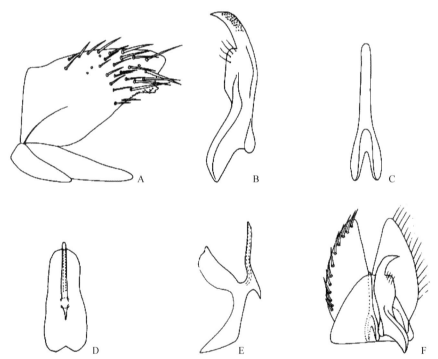

图 1-63　竹叶蝉 *Bambusana bambusae* (Matsumura, 1914)（仿 Dai and Zhang，2006）
A. 尾节侧面观；B. 阳基侧突；C. 连索；D、E. 阳茎腹面观和侧面观；F. 生殖瓣、下生殖板和阳基侧突

35. 端突叶蝉属 *Branchana* Li, 2011

Branchana Li *in* Li, Dai & Xing, 2011: 50. Type species: *Branchana xanthota* Li, 2011.

主要特征：体较粗壮，近圆筒形。头冠前缘呈钝角状突出，等宽于前胸背板，单眼较大；前翅翅脉明显，端片发达，具有 4 个端室。雄虫尾节侧瓣宽圆突出，腹缘有 1 枚突起，端向渐窄，外侧缘有 1 列粗长刚毛；阳基侧突端部细而弯折；连索 "Y" 形；阳茎干管状，末端有 2 对支状突，生殖孔位于亚端部。

分布：东洋区。世界已知 1 种，中国记录 1 种，浙江分布 1 种。

（64）黄脉端突叶蝉 *Branchana xanthota* Li, 2011（图 1-64）

Branchana xanthota Li *in* Li, Dai & Xing, 2011: 50.

主要特征：体连翅长：♂ 5.5–5.8 mm，♀ 5.8–6.0 mm。体淡黄色，前翅翅脉淡黄色，无明显斑纹。雄虫尾节侧瓣端向渐细，末端近似尖突，端部微向上翘，端区有粗长刚毛，腹缘有 1 个长突起，突起末端较细，向背面弯曲；生殖瓣三角形；下生殖板端向渐细，末端尖突，外侧有 1 列粗刚毛；阳基侧突基部粗壮，末端骤然变细而弯曲；连索主干短于臂长；阳茎干管状弯曲，末端有 4 个突起。

分布：浙江（临安）、贵州。

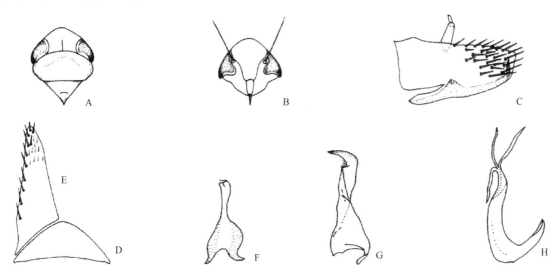

图 1-64　黄脉端突叶蝉 *Branchana xanthota* Li, 2011（仿 Dai and Zhang, 2006）
A. 头、胸部背面观；B. 颜面；C. 雄虫尾节侧瓣；D、E. 生殖瓣和下生殖板；F. 连索；G. 阳基侧突；H. 阳茎侧面观

36. 双叉叶蝉属 *Chlorotettix* Van Duzee, 1892

Chlorotettix Van Duzee, 1892: 306. Type species: *Bythoscopus unicolor* Van Duzee, 1892.

Paramacrosteles Dai, Chen *et* Li, 2006: 592. Type species: *Paramacrosteles nigromaculatus* Dai, Li *et* Chen, 2006.

主要特征：头冠前缘钝角状向前突出，中长短于两侧复眼间宽，头冠窄于前胸背板；单眼远离复眼；颜面隆起，额唇基长，前唇基长方形；前翅狭长，半透明，端片发达，具 3 个端前室，4 个端室。雄虫尾节侧瓣长，近似长方形，末端具有许多细长刚毛；下生殖板近似三角形，末端骤细成指状，侧缘有 1 排细长刚毛；阳基侧突细长，端部稍突出；连索 "Y" 形，主干约等于臂长；阳茎基部宽，背向 "C" 形弯曲，端部 4 分叉；生殖孔位于阳茎干的端部。

分布：古北区、东洋区。世界已知 90 种，中国记录 1 种，浙江分布 1 种。

（65）黑斑双叉叶蝉 *Chlorotettix nigromaculatus* (Dai, Chen *et* Li, 2006)（图 1-65）

Paramacrosteles nigromaculatus Dai, Chen *et* Li, 2006: 592.

Chlorotettix nigromaculatus: Li, Dai & Xing, 2011: 55.

　　主要特征：体连翅长：♂ 4.8–5.0 mm，♀ 5.1–5.2 mm。头冠前缘与中部各有 1 个 "八" 字形暗褐色斑纹；头冠略宽于前胸背板；前翅具有 3 个端前室和 4 个端室，端片宽。雄虫尾节侧瓣长，后缘端部具有 1 簇大刚毛，腹缘具有 1 对指状内突。下生殖板三角形，外缘具有 1 列大刚毛；阳基侧突细长，突起略微发达；连索 "Y" 形；阳茎基部宽，端部具 4 分叉，较长的对突伸向前方，较短的对突伸向后方；生殖孔位于阳茎干的端部。

　　分布：浙江（临安）、河南、甘肃、江西、四川、贵州、云南。

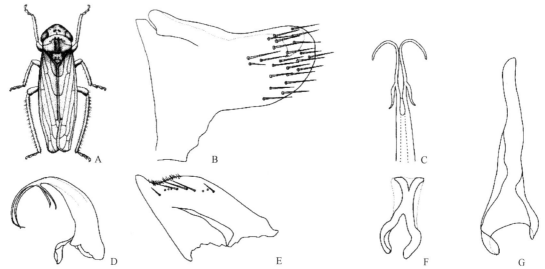

图 1-65　黑斑双叉叶蝉 *Chlorotettix nigromaculatus* (Dai, Chen *et* Li, 2006)（仿李子忠等，2011）
A. 雄虫背面观；B. 尾节背板侧面观；C. 阳茎端部腹面观；D. 阳茎侧面观；E. 下生殖板；F. 连索；G. 阳基侧突

37. 掌叶蝉属 *Handianus* Ribaut, 1942

Handianus Ribaut, 1942: 265. Type species: *Jassus procerus* Herrich-Schaeffer, 1835.

　　主要特征：头部宽于前胸背板，头冠中长略大于两侧复眼处长，小于两复眼间宽之半。额唇基宽短，中长略短于二单眼间宽，前唇基两侧平行，端缘平切。前胸背板前缘弧形突出，后缘微凹，中长约为头冠中长的 2 倍。中胸小盾片横刻痕明显且弯向前方，中长约等于前胸背板中长。前翅端片狭窄，内端前室基部开放，外端前室短，约为中端前室的一半。

　　本属包括 5 个亚属：*Cyclopherus*、*Dlabolia*、*Ephemerinus*、*Pycnoides*、*Usuironus*。

　　分布：世界广布。世界已知 24 种，中国记录 6 种，浙江分布 1 种。

利叶蝉亚属 *Handianus* (*Usuironus*) Ishihara, 1953

Usuironus Ishihara, 1953a: 197. Type species: *Athysanus ogikubionius* Matsumura, 1914.

　　主要特征：雄虫尾节侧瓣后腹缘向后延伸，侧面观端部尖细；下生殖板宽大，基部较宽，端向渐狭，外侧缘和端缘弧形，具许多不成列的刚毛；阳基侧突长，基半部较宽，端半部较狭，端部向外侧伸出，尖细；连索"U"形，主干粗壮，两侧臂发达，与阳茎的连接处较宽；阳茎干粗短，端向渐细，端部向两侧延伸，形成 1 对附突，附突向前折弯，阳茎口位于阳茎干端部。

分布：古北区、东洋区、旧热带区。世界已知 5 种，中国记录 4 种，浙江分布 1 种。

（66）横带掌叶蝉 *Handianus* (*Usuironus*) *limbicosta* (Jacobi, 1944)（图 1-66）

Athysanus limbicosta Jacobi, 1944: 53.

Usuironus limbicosta Anufriev, 1979: 167.

Handianus (*Usuironus*) *limbicosta* (Jacobi): Dai & Zhang, 2004: 743.

主要特征：体淡棕褐色。头冠在两复眼间具 1 黑褐色横带，中央向前微突出，颜面基缘有 1 黑色横带，额唇基基部和中域各有 1 对八字形黑斑，侧缘具黑色肌痕；前唇基基半部有 1 黑色纵斑，端部有 1 倒八字形黑褐斑。前胸背板后半部褐色加深。小盾片中域有 1 对八字形褐斑。前翅淡褐色，前缘白色半透明。雄虫尾节侧瓣后腹缘向后延伸、扁平，侧面观端向渐细，背面观基部较宽、端向渐狭、端部斜截、内缘中部凹入，尾节侧瓣后部下方靠腹缘有 1 列大刚毛。生殖瓣三角形。下生殖板宽大，基部较宽，端向渐狭，外侧缘和端缘弧形，具许多不成列的刚毛。连索"U"形，主干粗壮，两侧臂发达，与阳茎的连接处较宽。阳基侧突长，基半部较宽，端半部较狭，端部向外侧伸出，尖细，外缘近端部 2/5 处有 1 簇小刚毛。阳茎干粗短，端向渐细，端部向两侧平伸，并向前折弯形成 1 对附突，附突端部分叉并侧向呈半弧形弯曲；阳茎口位于阳茎干端部。

分布：浙江（安吉、临安、杭州、开化、庆元）、黑龙江、吉林、河南、陕西、甘肃、江苏、安徽、湖北、江西、湖南、福建、广西、贵州。

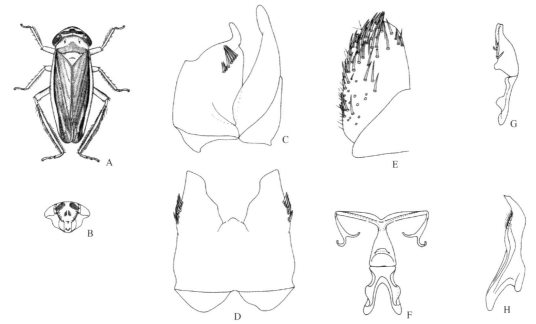

图 1-66　横带掌叶蝉 *Handianus* (*Usuironus*) *limbicosta* (Jacobi, 1944)

A. 成虫背面观；B. 颜面；C. 雄虫尾节侧面观；D. 雄虫尾节背面观；E. 生殖瓣和下生殖板腹面观；F. 阳茎和连索背面观；G. 阳茎和连索侧面观；H. 阳基侧突

38. 松村叶蝉属 *Matsumurella* Ishihara, 1953

Matsumurella Ishihara, 1953a: 200. Type species: *Jassus kogotensis* Matsumurella, 1914.

主要特征：头冠宽短，向前弧形突出，中长近等于两复眼间宽之半；单眼位于头冠前缘与颜面交界处，颜面微突出，与头冠圆弧相交，额唇基中长大于两复眼间宽，前唇基侧缘平行；前胸背板较头冠宽，前缘圆弧突出，后缘中央微凹，中长约为头冠中长的 2 倍；小盾片中域横刻痕明显，近平直；前翅发达，具 4 端室，外端前室较短；雄虫尾节发达，后缘有 1 簇刚毛；下生殖板外缘圆弧突出，两侧缘着生大量刚毛，无序排列；生殖瓣三角形；阳茎长，带状，侧面观呈"C"形，端部有分叉。

分布：古北区、东洋区。世界已知 12 种，中国记录 9 种，浙江分布 2 种。

（67）翘端松村叶蝉 *Matsumurella curticauda* Anufriev, 1971 （图 1-67）

Matsumurella curticauda Anufriev, 1971c: 512.

主要特征：雄虫尾节侧瓣端向渐窄，端部突起向腹缘延长，背缘基部有粗长刚毛；生殖瓣阔三角形，后缘微凹入；连索"Y"形，主干与臂等长；阳茎具 1 对端部突起，突起短且指向前侧方；阳茎口位于端部分叉处。雌虫第 7 腹板深凹明显，中部有小突起。

分布：浙江（西湖、临安）、河南、江苏。

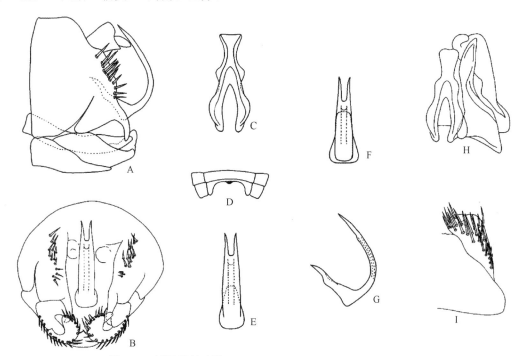

图 1-67　翘端松村叶蝉 *Matsumurella curticauda* Anufriev, 1971

A. 雄性尾节侧瓣侧面观；B. 雄性尾节侧瓣后面观；C. 连索；D. 雌虫第 7 腹节后缘；E、F. 阳茎腹面观；G. 阳茎侧面观；H. 连索、阳基侧突、生殖瓣和下生殖板；I. 生殖瓣和下生殖板

（68）长突松村叶蝉 *Matsumurella longicauda* Anufriev, 1971 （图 1-68）

Matsumurella longicauda Anufriev, 1971d: 511.

主要特征：体连翅长：♂ 7.2–7.5 mm，♀ 7.5–8.0 mm。雄虫尾节侧瓣端向渐窄，后腹缘延伸成长突，向背面弧圆伸出；下生殖板长大于基宽，端向渐狭，侧缘近端部微凹，外缘着生许多大刚毛；阳基侧突基部宽，端向渐狭；连索"Y"形，主干短，两侧臂发达；阳茎基较短，阳茎干管状，1/2 处呈直角，向身体背面弯曲，干端部有 1 对向腹部延伸的突起；阳茎口位于阳茎端部。

分布：浙江（临安）、江苏、贵州。

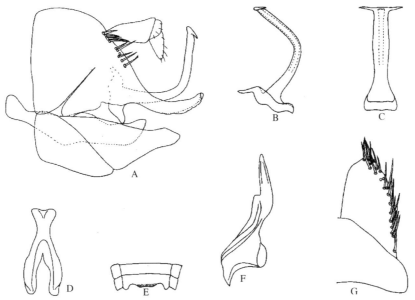

图 1-68　长突松村叶蝉 *Matsumurella longicauda* Anufriev, 1971

A. 雄性尾节侧瓣侧面观；B. 阳茎侧面观；C. 阳茎腹面观；D. 连索；E. 第 7 腹节后缘；F. 阳基侧突；G. 生殖瓣和下生殖板

39. 饴叶蝉属 *Ophiola* Edwards, 1922

Ophiola Edwards, 1922: 206. Type species: *Cicada striatula* Fallen, 1806.

Omaniella Ishihara, 1953a: 196. Type species: *Omaniella flavopictus* Ishihara, 1953.

主要特征：头冠较前胸背板宽，向前钝圆突出，中长大于两复眼间宽，单眼位于头冠前侧缘，到复眼的距离约为单眼直径的 2 倍；颜面与头冠圆弧相交，额唇基较宽，中长约等于两复眼间宽，前唇基端部渐狭。前胸背板前缘突出，后缘微凹，具横皱纹。小盾片横刻痕弧形、内陷，几乎伸达两侧缘。前翅端片发达，具 4 端室，中端前室长为外端前室的 2 倍。雄虫尾节侧瓣端部尖，内弯，端半部有粗刚毛；下生殖板上的刚毛沿侧缘无规则排列，阳基侧突短；连索"Y"形，主干长；阳茎基部背腔不发达，阳茎基背面与 1 叶状突融为一体，阳茎干扁，端部二分叉；阳茎口位于腹面。

分布：古北区。世界已知 12 种，中国记录 4 种，浙江分布 1 种。

（69）尖突饴叶蝉 *Ophiola cornicula* (Marshall, 1866)（图 1-69）

Iassus(?) *corniculus* Marshall, 1866: 119.

Ophiola cornicula: Anufriev & Emeljanov, 1988: 228.

主要特征：体黑色或黑褐色。头冠着生数条浅的横线或斑纹，前胸背板和小盾片具不规则色斑。前翅淡黄褐色，翅脉褐色。雄虫尾节侧瓣端部尖，端半部具粗刚毛；下生殖板上的刚毛沿侧缘无规则排列；阳基侧突短；连索"Y"形，主干长；阳茎端部二分叉，端叶细长，近中域分裂成 1 对小齿突；阳茎口位于腹面。

分布：浙江（安吉、临安）、黑龙江、河南、陕西、甘肃、湖南、贵州。

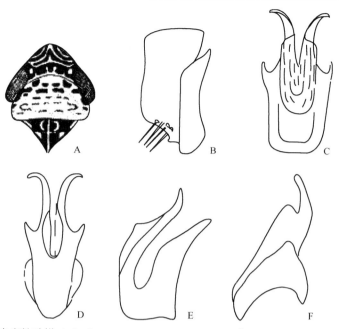

图 1-69　尖突饴叶蝉 *Ophiola cornicula* (Marshall, 1866)（仿 Anufriev and Emeljanov，1988）
A. 头胸部背面观；B. 尾节侧瓣；C–E. 阳茎腹面观、背面观和侧面观；F. 阳基侧突

40. 东方叶蝉属 *Orientus* de Long, 1938

Orientus de Long, 1938: 217. Type species: *Phlepsius ishidae* Matsumura, 1902.

主要特征：头冠较前胸背板窄，前缘圆弧突出，中域有 1 明显横沟，中长近等于两侧复眼处长；颜面额唇基窄而长，前唇基端向渐宽。前胸背板比头冠宽，前缘弧形突出，后缘近平直。小盾片横刻痕明显、凹陷。前翅长且窄，有大量的假脉，端片发达，内端前室基部开放，外端前室仅为中端前室的 1/2 长。雄虫尾节侧瓣后缘内表面有附突；下生殖板基部较窄、狭长，侧缘中部凹入；连索"V"或"U 形"；阳茎短小，基腔大，阳茎干短且背向弯曲；阳茎口位于端部。

分布：古北区、东洋区、新北区。世界已知 12 种，中国记录 4 种，浙江分布 1 种。

（70）新东方叶蝉 *Orientus ishidae* (Matsumura, 1902)（图 1-70）

Phlepsius ishidae Matsumura, 1902: 382.

Orientus ishidae: DeLong, 1938: 217.

主要特征：体连翅长：♂ 4.2–4.5 mm，♀ 4.9–5.0 mm。头冠淡黄色，前缘着生 2 个黑色小斑，近中部有不规则斑纹；前胸背板密布不规则网纹；前翅密布黑褐色斑纹，端缘黑褐色。头冠略小于前胸背板，中长略大于两侧复眼处长。雄虫尾节侧瓣端向渐窄，端缘近似角状突出，密生粗长刚毛，背缘内侧有 1 枚端向渐细并向腹面伸出的突起；下生殖板基部宽大，端部变细，呈线状，外侧有皱纹，末端有数根刚毛；连索近似"U"形；阳基侧突端突侧向弯曲，前侧叶处着生数根刚毛；阳茎干宽短、弯曲，端部渐细，背腔发达，生殖孔位于末端腹面。雌虫腹部第 7 腹板中央长度微大于第 6 腹板中长，后缘中央接近平直，产卵器伸出尾节端缘甚多。

分布：浙江（临安）、黑龙江、吉林、内蒙古、山东、陕西、湖南。

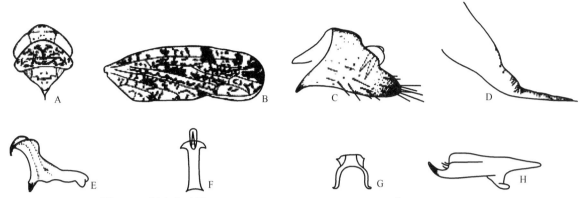

图 1-70　新东方叶蝉 *Orientus ishidae* (Matsumura, 1902)（仿 Li et al.，2011）
A. 头胸部背面观；B. 前翅；C. 尾节侧瓣；D. 下生殖板；E、F. 阳茎侧面观和腹面观；G. 连索；H. 阳基侧突

41. 拟带叶蝉属 *Scaphoidella* Vilbaste, 1968

Scaphoidella Vilbaste, 1968a: 133. Type species: *Scaphoidella arboricola* Vilbaste, 1968.

主要特征：头冠中长较两侧复眼处长，但短于两复眼间宽，前缘圆弧突出，与颜面圆弧相交。复眼大，单眼位于头冠前缘靠近复眼，到复眼的距离等于或短于单眼直径；额唇基长，较两复眼间宽，前唇基端向渐宽。前胸背板较头冠宽，前缘弧形突出，后缘微凹，小盾片几乎等于头冠中长的 1.5 倍，横刻痕凹入。前翅半透明，翅脉黑色或棕黑色，大多数翅室有黑斑，端片发达，内端前室基部开放，4 端室。雄虫尾节侧瓣长于宽，后缘经常有突起（除 *ecaudata* 和 *wideaedeagus* 外），下生殖板长，外缘有 1 列或较多大刚毛。阳基侧突长；连索"Y"形，主干和两侧臂发达，与阳茎基部愈合；阳茎干端部无突起，基腔发达，腹缘有 1 对发达的突起；阳茎干较腹缘突起短，阳茎口位于端部。

分布：古北区、东洋区。世界已知 11 种，中国记录 9 种，浙江分布 4 种。

分种检索表

1. 下生殖板具大量刚毛，不成 1 列 ·· 2
- 下生殖板侧缘具 1 列大刚毛 ·· 3
2. 尾节附突长；下生殖板端向变窄、尖；阳茎基部突起较阳茎干长，侧面观阳茎干腹缘突出，端部突起短 ··················
··· 波曲拟带叶蝉 *S. undosa*
- 尾节附突短；下生殖板端缘圆弧形；阳茎基部突起较阳茎干短，侧面观阳茎干腹缘平直，端部突起长 ··················
··· 树突拟带叶蝉 *S. arboricola*
3. 阳茎干直，端部有 1 对侧突 ·· 狭拟带叶蝉 *S. stenopaea*
- 阳茎干背向弯曲，端部无突起 ·· 单钩拟带叶蝉 *S. unihamata*

（71）树突拟带叶蝉 *Scaphoidella arboricola* Vilbaste, 1968（图 1-71）

Scaphoidella arboricola Vilbaste, 1968a: 133.

主要特征：尾节附突较短，下生殖板端缘圆弧形，侧瓣着生大量刚毛，但不成 1 列。阳茎基部突起较阳茎干短，侧面观阳茎干腹缘平直，端部突起长。阳茎口位于端部。

分布：浙江（西湖）、河南；俄罗斯。

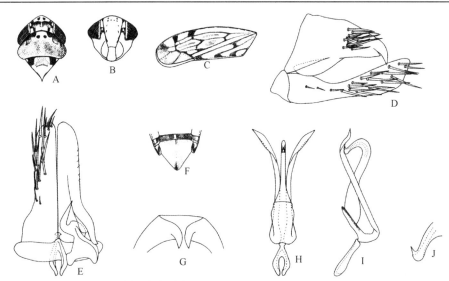

图 1-71　树突拟带叶蝉 *Scaphoidella arboricola* Vilbaste, 1968

A. 头胸部背面观；B. 颜面；C. 前翅；D. 雄虫尾节侧面观；E. 生殖瓣、下生殖板、阳基侧突和连索；F. 雌虫第 7 腹节腹面观；G. 尾节端部后面观；H. 阳茎和连索背面观；I. 阳茎和连索侧面观；J. 阳茎端部侧面观

（72）狭拟带叶蝉 *Scaphoidella stenopaea* Anufriev, 1977（图 1-72）

Scaphoidella stenopaea Anufriev, 1977a: 213.

Scaphoideus multipunctus Li *et* Dai, 2004: 282.

　　主要特征：体连翅长：♂ 4.5–4.8 mm，♀ 4.7–5.0 mm。头冠淡黄褐色，着生 3 个黄白色横纹。雄虫尾节侧瓣端向渐窄，端缘背角呈钩状弯曲。下生殖板外侧着生 1 列大刚毛，端部有长刚毛。阳基侧突基部宽，端部较窄，弯折伸出。阳茎侧突基部与连索愈合，突起向端部伸出 2 支，端部弯曲。阳茎基部呈直角状弯曲，末端二支状。

　　分布：浙江、黑龙江、内蒙古、山东、陕西、甘肃、福建；俄罗斯。

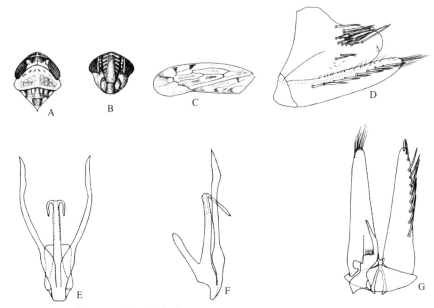

图 1-72　狭拟带叶蝉 *Scaphoidella stenopaea* Anufriev, 1977

A. 成虫头胸部背面观；B. 颜面；C. 前翅；D. 雄虫尾节侧面观；E. 阳茎腹面观；F. 阳茎侧面观；G. 生殖瓣、下生殖板、连索和阳基侧突

（73）波曲拟带叶蝉 *Scaphoidella undosa* Zhang *et* Dai, 2006（图 1-73）

Scaphoidella undosa Zhang *et* Dai, 2006: 850.

主要特征：体连翅长：♂ 5.9–6.0 mm，♀ 6.0–6.2 mm。体黄色到褐色，有棕色或黑色斑。头冠前缘中线两侧各有 1 黑色斑，单眼间有 1 宽的黑色横带，中间断开或色淡。颜面额唇基黄色，有棕褐色横斑，前唇基、颊、舌侧板棕色。前胸背板棕黄色，沿前缘有 4 个棕黑色斑点。小盾片淡黄色，基角有 2 个三角形褐斑，横刻痕后缘有 2 个浅棕色斑点。前翅浅棕色，半透明，翅脉黑色或棕黑色，翅室中有黑斑。尾节侧瓣后背缘突起指向腹面，附突长，后缘中部有许多大刚毛，下生殖板端向变窄、尖；下生殖板长，端部尖，阳基侧突基半部宽，端向渐窄，指向侧面。连索"Y"形，主干短而两侧臂发达。阳茎干短，背向弯曲，近端部有短的突起，阳茎基发达，背缘有 1 发达突起，突起较阳茎干长，侧面观阳茎干腹缘突出，阳茎口位于端部。

分布：浙江（开化）、内蒙古、河南、湖北、江西、湖南、贵州。

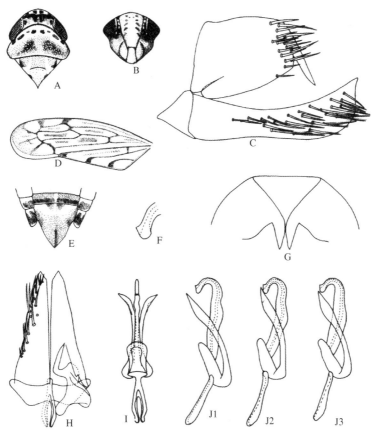

图 1-73　波曲拟带叶蝉 *Scaphoidella undosa* Zhang *et* Dai, 2006

A. 头胸部背面观；B. 颜面；C. 雄性尾节侧面观；D. 前翅；E. 雌虫第 7 腹节后缘；F. 阳茎端部；G. 尾节后面观；H. 连索、阳基侧突、生殖瓣和下生殖板；I. 阳茎和连索背面观；J1-J3. 阳茎和连索侧面观

（74）单钩拟带叶蝉 *Scaphoidella unihamata* (Li *et* Kuoh, 1993)（图 1-74）

Scaphoideus unihamatus Li *et* Kuoh, 1993: 39.

Scaphoidella unihamata: Zhang & Dai, 2006: 848.

主要特征：体连翅长：♂ 4.0–4.3 mm。头冠淡黄白色；头冠前缘具有 1 淡褐色横线，顶端 2 横斑，中域两复眼间有不整齐橙黄色的横带纹；颜面基域有 3 条不很明显的淡褐色横纹；前胸背板污黄白色，前缘有 1 橙黄色横纹，前缘域有 4 枚不规则淡褐色斑，中后部淡黄色；小盾片淡黄略带白色，两基角处和中央纵带纹微带橙黄色，基域中央 2 小点，侧缘 2 小斑点及横刻痕后 1 横线状纹黑褐色；前翅淡橙黄色，翅上散生不规则白色小斑，翅脉褐色，爪脉端部有褐色斑；胸部腹面和胸足淡黄褐色；后足胫节和跗节端部及胫刺着生处黑色。尾节侧瓣近似长方形，端区散生粗刚毛，端缘上角附生 1 钩状突起；下生殖板狭长，外侧有 1 列粗刚毛；阳基侧突基部宽扁，中部弯折，弯折处有细长刚毛，端部细，背缘有细齿；连索 "Y" 形；阳茎干背向弯曲，呈 "C" 形，端部无突起，阳茎侧突与连索愈合，平行伸出，阳茎口位于端部腹面。

分布：浙江（临安）、河北、江西、湖南、福建。

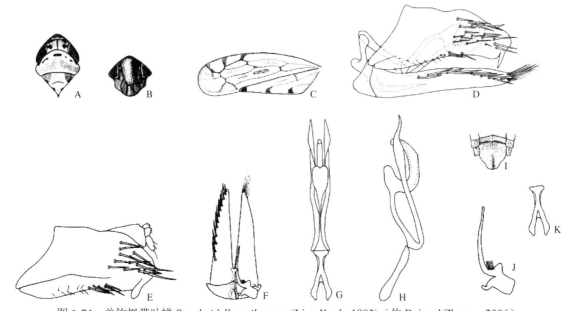

图 1-74　单钩拟带叶蝉 *Scaphoidella unihamata* (Li *et* Kuoh, 1993)（仿 Dai and Zhang，2006）

A. 头、胸部背面观；B. 颜面；C. 前翅；D、E. 尾节侧瓣侧面观；F. 下生殖板；G、H. 阳茎和连索背面观和侧面观；I. 雌虫第 7 腹板；J. 阳基侧突；K. 连索

角顶叶蝉族 Deltocephalini Dallas, 1870

主要特征：体小而纤细。体长大多数为 2.3–6.3 mm。头冠一般角状突出，与颜面弧圆相交。头与前胸背板近等宽，头冠中长一般大于两复眼间宽，复眼大，单眼位于头冠前缘靠近复眼；无触角檐，触角窝浅，颜面隆起，前唇基两侧平行或端向渐窄，前缘和中域明显分开。小盾片三角形，中域横刻痕凹陷、明显。前翅大翅型或亚短翅型，端片发达，通常有 4 个端室，3 个端前室，翅上有时存在加插横脉。生殖荚上具许多大刚毛；阳基侧突基部宽，端部窄；连索线状，与阳茎愈合，阳茎简单。

分布：世界广布。世界已知 68 属 587 种，中国记录 9 属 50 种，浙江分布 5 属 15 种。

分属检索表

1. 头冠弧形突出 ·· 2
- 头冠角状突出 ·· 3
2. 尾节侧瓣腹缘锯齿状 ···梳叶蝉属 *Ctenurellina*
- 尾节侧瓣腹缘平滑 ···冠带叶蝉属 *Paramesodes*
3. 阳茎背面观近端部有成对的突起 ·· 嘎叶蝉属 *Alobaldia*
- 阳茎背面观无突起 ··· 4
4. 阳茎干粗短，端部强烈背折，阳茎口位于端部 ···角顶叶蝉属 *Deltocephalus*

- 阳茎干长，端部略背折，阳茎口模糊 ·· 美叶蝉属 *Maiestas*

42. 嘎叶蝉属 *Alobaldia* Emeljanov, 1972

Alobaldia Emeljanov, 1972: 102. Type species: *Thamnotettix tobae* Matsumura, 1902.

主要特征：头冠与前胸背板近等宽，中长近等于两复眼间宽，前缘角状突出，与头冠弧圆相交，前唇基端向渐窄。前胸背板前缘弧形突出，后缘微凹。前翅长翅型，翅脉宽而明显，外端前室长于中端前室之半，中端前室中部略缢缩，内端前室基部开放。雄虫尾节侧瓣中后域有许多大刚毛；下生殖板近三角形，外侧缘有 1 列大刚毛；阳基侧突基部宽，端部收窄，端部突起指状、外折；阳茎近端部腹缘具成对突起。

分布：世界广布。世界已知 1 种，中国记录 1 种，浙江分布 1 种。

（75）烟草嘎叶蝉 *Alobaldia tobae* (Matsumura, 1902)（图 1-75）

Thamnotettix tobae Matsumura, 1902: 369.

Alobaldia tobae: Emeljanov, 1972: 102.

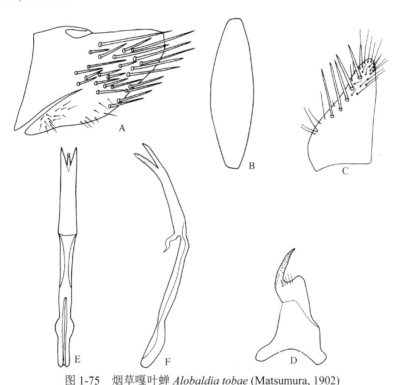

图 1-75　烟草嘎叶蝉 *Alobaldia tobae* (Matsumura, 1902)
A. 尾节侧瓣；B. 生殖瓣；C. 下生殖板；D. 阳基侧突；E、F. 阳茎和连索背面观、侧面观

主要特征：体长：♂ 3.3–3.5 mm，♀ 3.7–4.0 mm。体淡黄褐色。头冠前缘有 4 个黑褐色小斑，中间 2 个较大，亚前缘有 2 条黑褐色横纹，横纹两头大，中间细，中间有时断开，横纹后方有 1 个黄褐色不规则斑（斑纹有变化，甚至消失），复眼黑褐色，单眼淡黄色，冠缝褐色；颜面淡黄褐色，额唇基两侧具有多条褐色横纹，中纵带淡黄褐色、两侧褐色加深，与两侧的横纹相连。前胸背板淡黄褐色，中后部褐色加深，具有 6 条黄褐色纵带。小盾片两基角有 2 个黑褐色三角形斑。前翅淡黄色，翅脉淡白色，翅室周缘暗褐色。前、中足股节具有褐色环，胫刺基部具褐色小点。头冠与前胸背板近等宽，中长近等于两复眼间宽；颜面与头冠弧圆相交，额唇基长大于宽，前唇基端向渐窄，末端略圆弧状、与下颚板边缘平齐。外端前室大于中端前室之半，中端前室中部略缢缩，内端前室基部开放。雄虫尾节侧瓣端向渐窄，末端圆弧状；下生殖

板近三角形，基部宽，端向渐窄，侧缘近中部微凹入，外侧缘有 1 列大刚毛，端部及侧缘密生小刚毛，阳茎干较直，近端部背向微弯曲，近端部腹缘具成对突起，阳茎口位于端部。

寄主植物：水稻、大麦、小麦等。

分布：浙江（临安、庆元）、黑龙江、河南、陕西、甘肃、湖北、江西、湖南、福建、海南、广西、四川、贵州、云南；俄罗斯，朝鲜，日本，美国。

43. 梳叶蝉属 *Ctenurellina* McKamey, 2003

Ctenurella Vilbaste, 1968a: 140.

Ctenurellina McKamey, 2003: 448. Type species: *Ctenurella paludosa* Vilbaste, 1968.

主要特征：体淡黄褐色。头冠中域有 1 条黑褐色横带，前胸背板有 6 条黄褐色纵带，中间 1 条黑线延伸至小盾片基角。小盾片中域横刻痕黄褐色。头冠前缘弧形突出，与颜面弧圆相交，比前胸背板略窄，中长约等于复眼间宽之半。前胸背板前缘弧形突出，后缘中部微凹，中长远大于头冠中长。小盾片中长大于头冠中长。前翅端片发达，4 个端室，外端前室近等于 1/2 中端前室，中端前室长且中部缢缩，内端前室基部闭合。雄虫尾节侧瓣狭长，中后部着生许多大刚毛，腹缘有 1 列锯齿状突起；下生殖板近三角形，窄长，端部尖细，侧缘有 1 列大刚毛；阳基侧突基部宽，端向渐窄，亚端部肩角不明显，端片指状、外折，外缘散生小刚毛；连索与阳茎愈合，阳茎背面观中部偏下隆起，连索主干粗，端部靠近，侧面观阳茎基半部粗壮，端半部细长、背折。

分布：古北区、东洋区。世界已知 1 种，中国记录 1 种，浙江分布 1 种。

（76）梳缘叶蝉 *Ctenurellina paludosa* (Vilbaste, 1968)（图 1-76）

Ctenurella paludosa Vilbaste, 1968a: 140.

Ctenurellina paludosa: McKamey, 2003: 448.

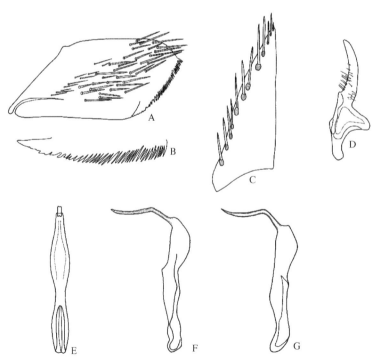

图 1-76　梳缘叶蝉 *Ctenurellina paludosa* (Vilbaste, 1968)

A. 尾节侧瓣；B. 尾节侧瓣腹缘锯齿；C. 下生殖板；D. 阳基侧突；E. 阳茎和连索背面观；F、G. 阳茎和连索侧面观

主要特征：体长：♂ 5.6 mm，♀ 5.8 mm。体淡黄褐色。头冠中域有 1 条深褐色横带，两侧紧贴单眼后缘，伸达复眼，复眼深褐色，单眼无色；颜面额唇基两侧区有红褐色横纹，触角下方色深。前胸背板有 6 条黄褐色纵带，中间有 1 条黑线延伸至小盾片基角。小盾片中域横刻痕黄褐色。股节有黄褐色斑块，胫刺基部具褐色小点。前翅翅脉淡白围以棕色边。头冠前缘弧形突出，与颜面弧圆相交，略窄于前胸背板，中长约等于复眼间宽之半，复眼大，单眼位于头冠前缘，与复眼间的距离等于单眼直径；额唇基长大于宽，前唇基两侧缘近平行。前胸背板前缘弧形突出，后缘中部微凹，中长约等于头冠中长的 1.7 倍；小盾片中长大于头冠中长，中域横刻痕微弧形、内陷；前翅端片发达，具 4 个端室，外端前室长近等于中端前室的 1/2，中端前室长且中部缢缩，内端前室基部闭合。雄虫尾节侧瓣狭长，中后部着生许多大刚毛，腹缘有 1 行锯齿状突起；生殖瓣近后缘弧形突出；下生殖板近三角形，窄长，端部尖细，侧缘有 1 列大刚毛；阳基侧突基部宽，端向渐窄，亚端部肩角不明显，端部突起指状、外折，外缘散生小刚毛；连索与阳茎愈合，阳茎背面观中部偏下隆起，连索主干粗，端部靠近，侧面观阳茎基半部粗壮，端半部细长、背折，粗细交接处腹向边缘弧圆。雌虫第 7 腹板后缘平直。

分布：浙江（庆元、泰顺）、山东、甘肃、江西、福建、广东、广西、云南；俄罗斯，朝鲜，日本，印度。

44. 角顶叶蝉属 *Deltocephalus* Burmeister, 1838

Deltocephalus Burmeister, 1838: 15. Type species: *Cicada pulicaris* Fallén, 1806.

主要特征：体黄褐色至深褐色，头冠、前胸背板、小盾片斑纹有或无。头冠与前胸背板近等宽，前缘角状突出，与颜面弧圆相交，冠缝纤细但基部可见，复眼大，单眼位于头冠前缘紧靠复眼；额唇基窄长，前唇基两侧缘平行或端向渐窄，端部与下颚板下缘平齐。前胸背板等于或长于头冠中长，宽大于中长的 2 倍。小盾片短于头冠中长，中域横刻痕平直或略弧形、内陷，不伸达侧缘。长翅型前翅端片发达，4 个端室，外端前室长于中端前室之半，中端前室中部略缢缩，内端前室基部开放或闭合。亚短翅型短于腹部，腹部末节外露，端室缩短。雄虫尾节侧瓣无突起，端向渐窄，后缘圆弧形，中后部着生许多大刚毛；生殖瓣三角形、卵圆形或鼓形；下生殖板近三角形，侧缘弧形突出或中部微凹，外侧缘有 1 列大刚毛，有时散生小刚毛，端部角状或弧圆；阳基侧突基部宽，端向渐细，亚端部肩角突出，端部突起指状、侧向弯曲；连索线状与阳茎愈合，阳茎干较粗短，端部强烈背折，阳茎口在端部。

分布：世界广布。世界已知 65 种，中国记录 4 种，浙江分布 3 种。

分种检索表

1. 头胸部有橙色纵带；阳茎干端部背向强烈弯曲，呈锐角 ·················钩茎角顶叶蝉 *D. uncinatus*
- 头胸部无橙色或棕色纵带；阳茎干端部背向弯曲，呈直角 ····································2
2. 阳茎干端部具细齿 ···齿突角顶叶蝉 *D. pulicaris*
- 阳茎干端部无细齿 ···栅斑角顶叶蝉 *D. vulgaris*

（77）齿突角顶叶蝉 *Deltocephalus pulicaris* (Fallén, 1806)（图 1-77）

Cicada pulicaris Fallén, 1806: 21.

Deltocephalus pulicaris: Kramer, 1971: 421-423.

主要特征：体长：♂ 2.8–3.0 mm，♀ 2.8–3.2 mm。体黄褐色，常有深色斑纹，身体腹面大部分为黑色。头冠具深褐色斑纹，有时不明显。头冠与前胸背板近等宽，中长大于两复眼间宽；颜面隆起，额唇基长大于宽，前唇基两侧缘近平行，端部略收狭。前胸背板近等于头冠中长，侧缘短。长翅型或亚短翅型。雄虫生殖瓣近三角形；下生殖板近三角形，外侧缘弧形突出，有 1 列大刚毛；阳茎干端部 1/3 背向弯曲，呈直角，近端部后缘具齿突，端部后缘突出。雌虫生殖节前节后缘近平直。

分布：浙江（临安）、河北、青海、新疆。

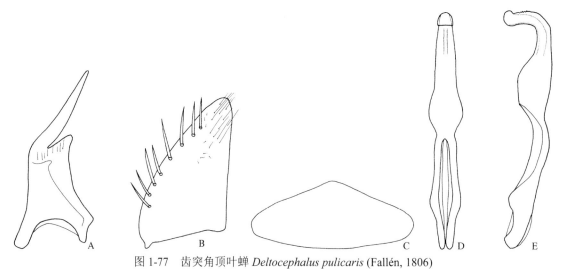

图 1-77 齿突角顶叶蝉 *Deltocephalus pulicaris* (Fallén, 1806)

A. 阳基侧突；B. 下生殖板；C. 生殖瓣；D. 阳茎和连索背面观；E. 阳茎和连索侧面观

（78）钩茎角顶叶蝉 *Deltocephalus uncinatus* Zhang *et* Duan, 2011（图 1-78）

Deltocephalus uncinatus Zhang *et* Duan, 2011: 6.

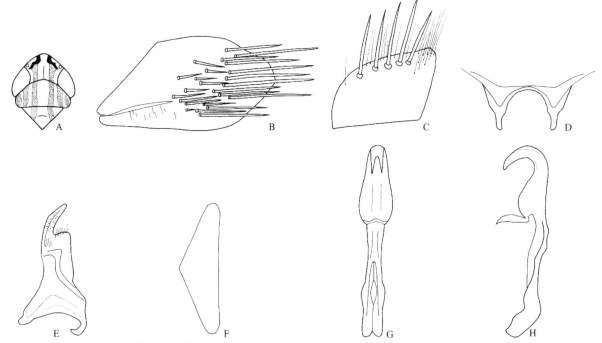

图 1-78 钩茎角顶叶蝉 *Deltocephalus uncinatus* Zhang *et* Duan, 2011

A. 头胸部背面观；B. 尾节侧瓣；C. 下生殖板；D. 腹内突；E. 阳基侧突；F. 生殖瓣；G. 阳茎和连索背面观；H. 阳茎和连索侧面观

主要特征：体长：♂ 3.3–3.5 mm，♀ 3.6–4.0 mm。体黄褐色。头冠前缘两侧各有 1 条深褐色波状纹，中后部两侧各有 1 条橙色或棕色纵带，向后伸达小盾片，单眼半透明；唇基两侧有许多褐色横纹。前胸背板黄褐色，有 6 条橙色或棕色纵带。小盾片黄褐色，胸足具褐色小点。前翅黄褐色，翅脉淡白色。头冠较前胸背板宽，前缘圆角状突出，颜面额唇基长大于宽，前唇基两侧缘近平行。前胸背板略长于头冠。前翅内端前室基部开放。下生殖板基部宽，侧缘端向圆弧突出，端缘圆弧状，宽约为长的 1.4 倍；生殖瓣近三角形；阳基侧突亚端部肩角角状突出，端部突起指状，略侧向弯折；阳茎干基部宽，端向渐细，端部 1/3 背向强烈弯曲，呈锐角，端部指向头向，有深的"V"形刻痕。雌虫第 7 腹板后缘中部"W"形。

分布： 浙江（开化、泰顺）、湖南、海南、广西。

（79）栅斑角顶叶蝉 *Deltocephalus vulgaris* Dash *et* Viraktamath, 1998（图 1-79）

Deltocephalus (Deltocephalus) vulgaris Dash *et* Viraktamath, 1998: 4.

主要特征： 体长：♂ 3.3–3.5 mm，♀ 3.3–3.6 mm。体黄褐色。头冠污白色，前缘具 6 枚褐色小斑点，亚前缘具栅形斑。小盾片污白色，基角具黄色圆斑，横刻痕褐色，横刻痕周围色深。前足股节有环状斑或点或带状斑，胫刺基部具深褐色小点。前翅黄褐色，翅脉淡白色，翅室周缘色深。头冠中长近等于或稍长于两复眼间宽；额唇基长大于宽，前唇基两侧缘平行、近长方形。外端前室长于中端前室之半，内端前室基部开放。雄虫尾节侧瓣端向收狭，后缘圆弧状，中后域有许多大刚毛；下生殖板近三角形，基部宽、端向渐窄，侧缘弧形突出，外侧缘具 1 列大刚毛；连索线状、与阳茎愈合，长于阳茎干，阳茎干背面观细长，中部隆起，端部微凹，侧面观近端部背向弯曲。

分布： 浙江（德清、开化）、陕西、江西、湖南、福建、广东、海南、广西、云南；印度。

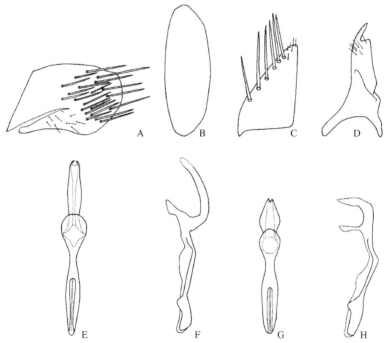

图 1-79　栅斑角顶叶蝉 *Deltocephalus vulgaris* Dash *et* Viraktamath, 1998
A. 尾节侧瓣；B. 生殖瓣；C. 下生殖板；D. 阳基侧突；E、G. 阳茎和连索背面观；F、H. 阳茎和连索侧面观

45. 美叶蝉属 *Maiestas* Distant, 1917

Maiestas Distant, 1917: 312. Type species: *Maiestas illustris* Distant by monotypy.

Insulanus Linnavuori, 1960a: 303 (as subgenus of *Deltocephalus*). Type species: *Stirellus subviridis* Metcalf, 1946, by original designation.

　　主要特征：阳茎干长，端部略背折，端缘不具"V"形凹刻，端部有时突出成细的或尖刺状的突起，阳茎口模糊。

　　分布：世界广布。世界已知 97 种，中国记录 31 种，浙江分布 8 种。

分种检索表

1. 前翅具闪电斑纹 ·· 电光叶蝉 *M. dorsalis*
- 前翅不具闪电斑纹 ··· 2
2. 下生殖板侧缘不着生大刚毛 ·· 光板美叶蝉 *M. glabra*
- 下生殖板侧缘着生大刚毛 ··· 3
3. 内端前室基部闭合 ··· 4
- 内端前室基部开放 ··· 5
4. 下生殖板端部阔圆；阳茎基部腹向延伸，呈踵状 ································· 鞍美叶蝉 *M. webbi*
- 下生殖板端部尖圆；阳茎基部不腹向延伸 ··· 稻叶蝉 *M. oryzae*
5. 下生殖板非三角形 ··· 杰美叶蝉 *M. distincta*
- 下生殖板近三角形 ··· 6
6. 阳基侧突端突较短；阳茎干端部侧面观背向弯曲，呈钩状 ················· 虹彩美叶蝉 *M. irisa*
- 阳基侧突端突较长；阳茎干端部侧面观不背向弯曲 ··· 7
7. 前翅爪片具 2 个深褐色圆形斑 ·· 圆斑美叶蝉 *M. obongsanensis*
- 前翅爪片不具圆形斑 ·· 宽额美叶蝉 *M. latifrons*

（80）电光叶蝉 *Maiestas dorsalis* (Motschulsky, 1859)（图 1-80）

Deltocephalus dorsalis Motschulsky, 1859: 114.

Maiestas dorsalis: Webb & Viraktamath, 2009: 16.

　　主要特征：体连翅长：♂ 3.0–4.0 mm。体浅黄色，具淡褐斑纹。头冠中前域具 2 个浅黄褐斑，后域具 2 个浅黄褐小斑。小盾片基角处各具 1 个浅黄褐斑。前翅具闪电状黄褐色宽纹。前唇基近端部略收窄。内端前室基部闭合。下生殖板基部宽，端向渐窄，近三角形，侧缘有 1 列大刚毛；阳基侧突亚端部肩角不明显，端部突起长、发达；阳茎干腹面观端向渐细、端部尖。

　　寄主植物：水稻、小麦、玉米、高粱、粟、甘蔗、柑橘等。

　　分布：浙江（开化）、河南、陕西、湖北、江西、湖南、广东、海南、广西、云南。

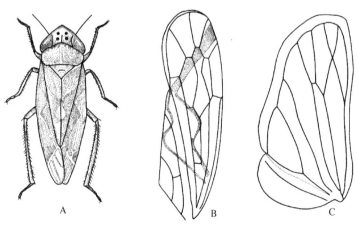

图 1-80　电光叶蝉 *Maiestas dorsalis* (Motschulsky, 1859)

A. 整体背面观；B. 前翅；C. 后翅

（81）杰美叶蝉 *Maiestas distincta* (Motschulsky, 1859)（图 1-81）

Deltocephalus distinctus Motschulsky, 1859: 112.

Maiestas distincta: Webb & Viraktamath, 2009: 18.

主要特征：体连翅长：♂ 3.6–3.7 mm，♀ 3.4–3.8 mm。体黄褐色。头冠前缘具有 4 个黑褐色环状纹，环纹间有 5 个黄白色小斑点，有时黑色环纹不完整，冠缝深褐色；复眼黑色，单眼淡黄色；颜面除额唇基区褐色外，其余部分均为浅黄褐色，额唇基两侧区有数条淡黄褐色横纹。前胸背板、小盾片均为淡黄褐色，小盾片基部色泽较暗。前翅淡黄褐色，半透明，翅脉白色，有时中端前室近翅基一角有 1 个褐色斑点，爪片端部褐色。雌虫第 7 腹板后缘中部具双峰状褐色斑。头冠较前胸背板略宽，中长等于两复眼间宽；前唇基端两侧缘近平行。前胸背板略长于头冠中长，宽为长的 2 倍。小盾片短于头冠中长。前翅长翅型，中端前室中部未明显缢缩，内端前室基部开放。生殖瓣前缘略内凹，后缘突出；下生殖板基部宽，侧缘弧形突出，外侧缘有 1 列大刚毛；阳基侧突基部宽，端部渐窄，亚端部肩角发达、直角状突出，端部突起指状、侧缘伸出，近中部端向渐细；阳茎基部粗，端向渐细，侧面观阳茎端部微背向弯曲。

寄主植物：稻类作物。

分布：浙江（临安）、江西、湖南、福建、台湾、广东、海南、广西、云南；朝鲜，日本，巴基斯坦，印度，泰国，菲律宾，密克罗尼西亚。

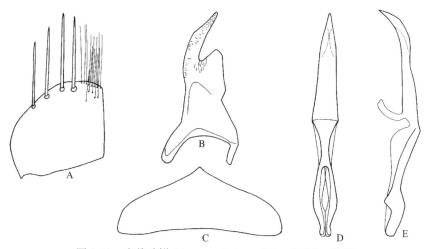

图 1-81　杰美叶蝉 *Maiestas distincta* (Motschulsky, 1859)
A. 下生殖板；B. 阳基侧突；C. 生殖瓣；D. 阳茎和连索背面观；E. 阳茎和连索侧面观

（82）光板美叶蝉 *Maiestas glabra* (Cai *et* Britton, 2001)（图 1-82）

Recilia glabra Cai *et* Britton *in* Cai, Sun, Jiang, Britton & Orr, 2001: 97.

Maiestas glabra: Webb & Viraktamath, 2009: 20.

主要特征：体连翅长：♂ 2.3 mm。体前部黄白色具浅黄褐色不规则斑，与稻叶蝉相似。颜面褐色，额唇基两侧区具污白色斜纹。前翅浅黄褐色，翅脉黄白色具浅褐至褐色的边缘。胫刺基部具黑点。头冠前缘直角状突出，中长显著大于两复眼间宽。前胸背板宽大于长，长约为宽之半，约等于头冠中长的 4/5；前缘弧圆突出，后缘略弧凹。小盾片略短于前胸背板。前翅长翅型，长为宽的 3 倍多，前缘弧曲，端片较宽。雄虫尾节侧瓣端向渐窄，末端圆弧状，中后部密生大刚毛、指向后方；下生殖板宽短，端向渐次收窄，无大刚毛；阳基侧突基部宽，端向渐窄，端部突起指状、短，侧向微弯曲；连索与阳茎愈合，腹面观细长棒状，侧面观波曲，近基部背缘有 1 个膜质片状构造。阳茎干腹面观端向渐细、端部尖，侧面观近端部背向弯曲。

    寄主植物：葛藤。

    分布：浙江。

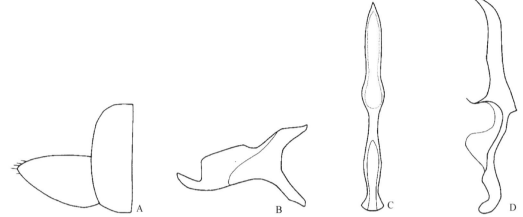

图 1-82　光板美叶蝉 *Maiestas glabra* (Cai *et* Britton, 2001)（仿蔡平等，2001）

A. 生殖瓣和下生殖板；B. 阳基侧突；C. 阳茎和连索背面观；D. 阳茎和连索侧面观

（83）虹彩美叶蝉 *Maiestas irisa* Zhang *et* Duan, 2011（图 1-83）

Maiestas irisa Zhang *et* Duan, 2011: 30.

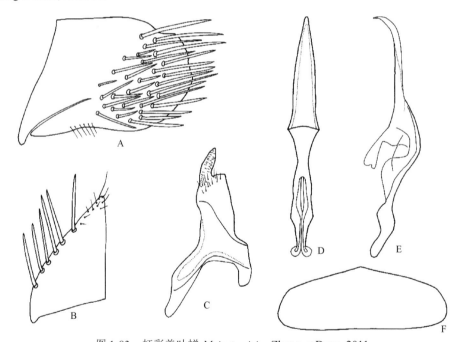

图 1-83　虹彩美叶蝉 *Maiestas irisa* Zhang *et* Duan, 2011

A. 尾节侧瓣；B. 下生殖板；C. 阳基侧突；D. 阳茎和连索背面观；E. 阳茎和连索侧面观；F. 生殖瓣

    主要特征：体连翅长：♂ 4.0 mm，♀ 4.1 mm。体黄褐色。头冠鹅黄色，头冠前缘有 6 个深褐色小点，点有时相连成弧形斑，甚至连成环形斑，冠缝深褐色，前端有 1 条棕黄色的横带，此横带端粗中细，冠缝与复眼间各有 1 个棕黄色不规则斑位于横带下，常与横带融合，复眼黑褐色，单眼黄白色；颜面黄白色，额唇基两侧区有数条黑色横纹、舌侧板缝、唇基间缝、唇基两侧缘、触角下有时深褐色。前胸背板黄白色，中后域透出黑色，具有 6 条模糊的棕黄色不规则纵带。小盾片黄白色，基角有黄褐色斑，中域横刻痕黄褐色。股节具黑褐色环纹，胫刺基部具褐色小点。前翅黄褐色，翅室边缘深褐色，中端前室近基部具 1 深褐色圆斑，爪区有或没有深褐色圆斑。雌虫第 7 腹板后缘中部黑色。头冠中长等于或略小于复眼间宽。前胸背板宽大于 2 倍中长，中长约为头冠中长的 1.2 倍。小盾片短于头冠中长。前翅长翅型，内端前室基部开放。雄虫尾节侧瓣长稍大于宽，后缘弧缘突出，后半部有许多大刚毛；生殖瓣前缘直，后缘中部外凸，侧缘弧圆；下生殖板基部宽、端向渐窄、近三角形，内缘直，侧缘弧形突出，有 1 列大刚毛，阳基侧突基部内臂长，亚端部肩角直角状突出，端部突起短、指状、略外折，中部略膨大；阳茎约等于连索长，背面观基部粗，近基部 1/6 处缢缩，端向渐细，侧面观基部膨大，端部约 2/3 细长，端部约 1/3 背折，呈钩状。雌虫第 7 腹板后缘中部微呈 "W" 形。

　　分布：浙江（开化）、山东。

（84）宽额美叶蝉 *Maiestas latifrons* (Matsumura, 1902)（图 1-84）

Deltocephalus latifrons Matsumura, 1902: 393.

Maiestas latifrons: Webb & Viraktamath, 2009: 16.

　　主要特征：体连翅长 3.1–3.6 mm。体淡黄褐色至黄褐色。头冠黄白色、污黄色、黄色，头冠前缘有 2 个相连的褐色弓形斑，冠缝前端两侧各有 1 个褐色斑点，弓形斑和斑点常通过纵贯头顶的暗色纵带连在一起，头部斑纹有变化甚至消失，冠缝棕黄色，复眼棕黄色、红色、红褐色、黑色，单眼黄白色透明、黄褐色；颜面污黄色，额唇两侧区有数条褐色横纹，前唇基周缘、舌侧板缝处色泽较暗。前胸背板污白色，中域有时透出黑色，具 6 条棕黄色纵带。小盾片污白色至黄白色，基角具棕黄色圆斑，中域横刻痕棕黄色。股节具褐色环，胫刺基部具褐色小点。前翅黄褐色，翅脉淡白色，翅室周缘色深。头冠中长近等于复眼间宽；前唇基端向渐窄。前胸背板中长略大于头冠中长。前翅长翅型，内端前室基部开放，爪片不具圆形斑。下生殖板近直角三角形，侧缘弧凸，端部弧缘；阳基侧突端前片锐角突出，端片指状、外折，长短有变化；阳茎与连索近等长，背面观基部膨大，端部细，无明显缢缩，侧面观阳茎端部略背折。

　　分布：浙江（临安）、陕西、湖北、江西、湖南、福建、广东、海南、广西、四川、云南；俄罗斯，韩国，日本。

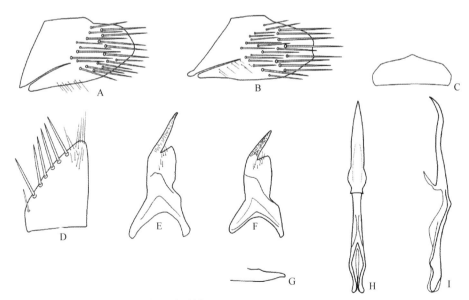

图 1-84　宽额美叶蝉 *Maiestas latifrons* (Matsumura, 1902)

A、B. 尾节侧瓣；C. 生殖瓣；D. 下生殖板；E、F. 阳基侧突；G. 阳基侧突端部侧面观；H. 阳茎和连索背面观；I. 阳茎和连索侧面观

（85）圆斑美叶蝉 *Maiestas obongsanensis* (Kwon *et* Lee, 1979)（图 1-85）

Recilia (*Togacephalus*) *obongsanensis* Kwon *et* Lee, 1979b: 78-79.

Maiestas obongsanensis: Webb & Viraktamath, 2009: 16.

　　主要特征：体连翅长：3.7–3.8 mm。体黄褐色。头冠鹅黄色，头冠前缘有 6 个深褐色小斑点，有时愈合成弧形或环形斑，冠缝深褐色，亚前缘有 1 条棕黄色的横带，两端粗中间细，中域两侧各有 1 个棕黄色不规则斑，常与横带融合，复眼黑褐色，单眼黄白色；颜面黄白色，额唇基两侧区有数条黑色横纹，舌侧板缝、唇基间缝、唇基两侧缘、触角下有时深褐色。前胸背板黄白色，中后域透出黑色，具有 6 条模糊的棕黄色不规则纵带。小盾片黄白色，基角有黄褐色斑，中域横刻痕黄褐色。股节具黑褐色环纹，胫刺基部具褐色小点。前翅黄褐色，翅室边缘深褐色，中端前室近基部一角有 1 个深褐色圆斑，爪片紧贴爪缝，距翅基部 1/3 处具 1 个深褐色圆斑。雌虫第 7 腹板后缘中部黑色。头冠中长等于或略小于两复眼间宽。前胸背板宽约为长的 2 倍，中长约为头冠中长的 1.2 倍。小盾片短于头冠中长。前翅长翅型或亚短翅型，内端前室基部开放。雄虫生殖瓣前缘平直，后缘突出；下生殖板基部宽，侧缘弧形突出，有 1 列大刚毛；阳基侧突亚端角发达，端部突起指状，侧向突出；阳茎与连索近相等，端向渐细，背面观锥状，侧面观阳茎端部略背折。雌虫第 7 腹板后缘中部略凸，微呈"W"形。

　　分布：浙江（临安）、辽宁、江西、湖南；韩国。

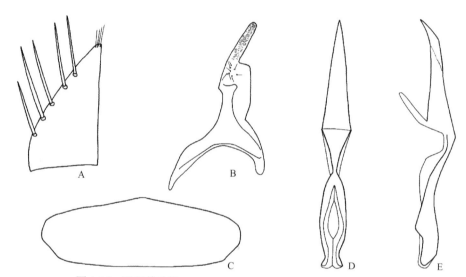

图 1-85　圆斑美叶蝉 *Maiestas obongsanensis* (Kwon *et* Lee, 1979)
A. 下生殖板；B. 阳基侧突；C. 生殖瓣；D. 阳茎和连索背面观；E. 阳茎和连索侧面观

（86）稻叶蝉 *Maiestas oryzae* (Matsumura, 1902)（图 1-86）

Deltocephalus oryzae Matsumura, 1902: 390.

Maiestas oryzae: Webb & Viraktamath, 2009: 18.

　　主要特征：体连翅长 3.6–4.0 mm。体黄褐色。头冠黄白色，前缘两侧各有 1 个弓形褐斑，有时呈 2 个小点，冠缝褐色，亚前缘两侧各有 1 个褐色斑点，复眼内侧各有 1 个褐色斑点，3 个斑常愈合为棕黄色大斑，头冠后缘两侧各有 1 个暗色不规则斑，复眼深褐色，单眼黄白色；颜面污黄色，额唇两侧区有数条横纹，前唇基基缘暗褐色，中央又有 1 条或隐或现的暗斑，舌侧板缝处暗褐色。前胸背板黄白色，中域有时透出黑色。小盾片黄白色，基角色暗，中域横刻痕褐色。股节具褐色斑点与条纹环，胫刺基部具褐色小点。前翅淡黄褐色，翅脉淡白色，翅室周缘褐色。头冠与前胸背板等宽，中长小于两复眼间宽；前唇基端向渐窄。前胸背板略长于头冠中长。小盾片短于头冠中长。前翅长翅型，内端前室基部闭合。雄虫尾节侧瓣中部端向渐窄，腹缘弧线形，中后部有许多大刚毛；生殖瓣前缘平直，后缘中部突出；下生殖板基部宽，侧缘端向弧形突出，端部尖圆，外侧缘有 1 列大刚毛；阳基侧突亚端部肩角发达，端部突起长指状、粗壮、外折，侧面观有两处突起；阳茎与连索近等长，背面观基部膨大，近基部约 1/4 处缢缩，侧面观阳茎端部略背折。

　　寄主植物：水稻、大麦、小麦、玉米、燕麦等。

　　分布：浙江（临安、开化）、黑龙江、吉林、辽宁、内蒙古、河南、陕西、甘肃、安徽、湖北、广西、贵州；朝鲜，日本。

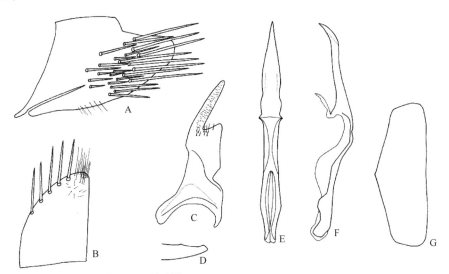

图 1-86　稻叶蝉 *Maiestas oryzae* (Matsumura, 1902)

A. 尾节侧瓣；B. 下生殖板；C. 阳基侧突；D. 阳基侧突端部侧面观；E. 阳茎和连索背面观；F. 阳茎和连索侧面观；G. 生殖瓣

（87）鞍美叶蝉 *Maiestas webbi* Zhang *et* Duan, 2011（图 1-87）

Maiestas webbi Zhang *et* Duan, 2011: 32.

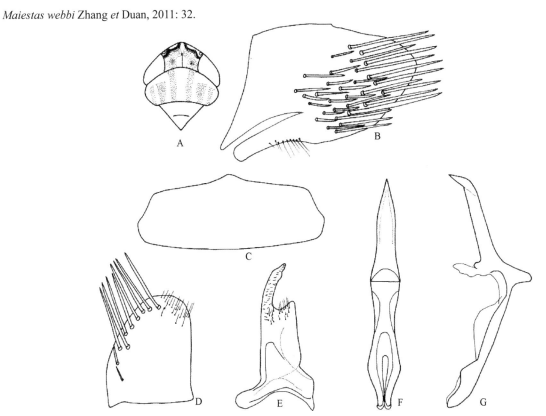

图 1-87　鞍美叶蝉 *Maiestas webbi* Zhang *et* Duan, 2011

A. 头胸部背面观；B. 尾节侧瓣；C. 生殖瓣；D. 下生殖板；E. 阳基侧突；F. 阳茎和连索背面观；G. 阳茎和连索侧面观

主要特征：体长：♂ 4.2–4.3 mm，♀ 4.8–5.2 mm。体棕黄色。头冠鹅黄色，前缘有 4 个褐色环状纹，环状纹有时断裂成点，冠缝褐色，中域各有 1 个棕黄色或褐色横带，常与前缘环状纹融合，横带后常有不规则深色斑，复眼红褐色或黑色，单眼黄白色、透明；颜面淡黄褐色或鹅黄色，额唇基两侧区有数条黄褐色横纹。前胸背板黄白色，具 6 条棕黄色至褐色纵带，中域有时透出黑色。小盾片黄白色，基角、端角有深色斑，中域横刻痕褐色。胫刺基部具褐色小点。前翅棕黄色，翅脉淡白色。雌虫第 7 腹板后缘中部黑色。头冠与前胸背板近等宽，中长略小于两复眼间宽，复眼大；前唇基两侧缘平行。前胸背板前缘弧形突出，后缘平直，长约为宽之半，近等于头冠中长的 1.2 倍。小盾片中长小于头冠中长。前翅长翅型，中端前室中部略缢缩，内端前室基部闭合。雄虫尾节侧瓣长大于宽，端向渐窄，中后部有许多大刚毛；生殖瓣后缘中部角状突出，两侧缘近中部突出；下生殖板基部略宽，端部阔圆突出，侧缘弧形突出，外侧缘有 1 列大刚毛，散生小刚毛；阳基侧突基部宽，端向渐窄，亚端部肩角锐角状突出，端部突起指状、侧向微弯，近端部突然变细；阳茎与连索长度近相等，背面观基部粗，端向渐细，端部尖，侧面观阳茎端部尖细、背向弯曲，阳茎基部腹缘有 1 个腹向的突起，呈蹄状。雌虫第 7 腹板后缘中部略呈"W"形。

分布：浙江（庆元）、陕西、福建。

46. 冠带叶蝉属 *Paramesodes* Ishihara, 1953

Paramesodes Ishihara, 1953b: 45. Type species: *Athysanus albinervosus* Matsumura, 1902.
Coexitianus Dlabola, 1960: 252.

主要特征：体浅黄色或淡黄褐色。头冠中域有 1 条黑色横带，两侧紧贴单眼后缘，伸达复眼；复眼黑色，单眼无色，围有橙黄色边；额唇基两侧区有褐色横纹。前胸背板中央有 1 条黑色纵线，向后伸达小盾片尖角，两侧各有 3 条褐色纵带。小盾片基角通常存在暗色斑。胫节刚毛基部具小黑点。前翅翅脉明显、淡白色，围以黄褐色边；后翅弥漫暗褐色。体宽、较粗壮。头冠较前胸背板宽，前缘弧形突出，中长略大于两侧近复眼处长，小于复眼间宽，与颜面弧圆相交；单眼到复眼的距离约等于单眼直径。颜面宽扁，宽大于长，额唇基宽，微隆起，前唇基两侧缘平行，颊的两侧缘在中部呈钝角弯曲。前胸背板前缘弧形突出，后缘近平直或微凹。小盾片三角形。前翅 4 端室，3 端前室，内端前室基部开放。后足股节端部刺式 2∶2∶1。雄虫尾节侧瓣腹缘平滑，内缘有 1 对长的突起；下生殖板近三角形，窄长，侧缘中部微凹，具 1 行大刚毛；连索与阳茎愈合，两臂平行，端部靠近；阳茎管状，基部粗，端部细，阳茎口位于阳茎末端。雄虫第 1、第 2 腹内突发达。

分布：世界广布。世界已知 16 种，中国记录 5 种，浙江分布 2 种。

（88）钩突冠带叶蝉 *Paramesodes albinervosus* (Matsumura, 1902)（图 1-88）

Athysanus albinervosus Matsumura, 1902: 374.
Paramesodes albinervosus: Wilson, 1983: 21.

主要特征：体连翅长：♂ 5.5–5.9 mm，♀ 5.3–6.0 mm。雄虫尾节侧瓣近梯形，后缘斜截，背缘内突侧面观粗壮，近基部腹向延伸，中部背向弯曲，伸出后背缘，背面观侧扁。下生殖板三角形、窄长，侧缘近中部微凹入，外缘有 1 列大刚毛；连索与阳茎愈合，两臂平行，端部靠近；阳茎干管状，侧面观基部粗，端向渐细，阳茎口位于阳茎末端。

分布：浙江（泰顺）、湖北、福建、台湾、广西；日本。

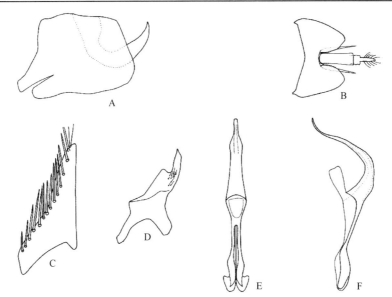

图 1-88 钩突冠带叶蝉 *Paramesodes albinervosus* (Matsumura, 1902)

A. 尾节侧瓣；B. 生殖荚背面观；C. 下生殖板；D. 阳基侧突；E、F. 阳茎和连索背面观和侧面观

（89）莫干山冠带叶蝉 *Paramesodes mokanshanae* Wilson, 1983（图 1-89）

Paramesodes mokanshanae Wilson, 1983: 26.

主要特征：体连翅长：♂ 5.7–6.3 mm，♀ 5.4–6.3 mm。雄虫尾节侧瓣长大于宽，后缘弧形突出，背缘内突端向渐细，侧面观波曲状伸出后缘，指向后腹缘。下生殖板三角形、窄长，侧缘近中部微凹入，外缘有 1 列大刚毛；连索与阳茎愈合，两臂平行，端部靠近；阳茎干管状，侧面观基部粗，端向渐细，阳茎口位于阳茎末端。

分布：浙江（德清）、福建。

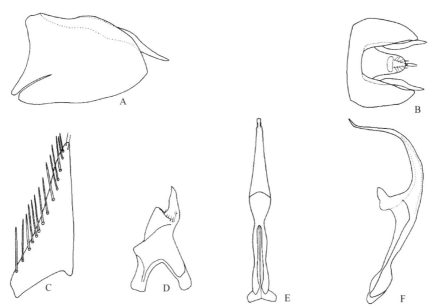

图 1-89 莫干山冠带叶蝉 *Paramesodes mokanshanae* Wilson, 1983

A. 尾节侧瓣；B. 生殖荚背面观；C. 下生殖板；D. 阳基侧突；E、F. 阳茎和连索背面观和侧面观

二叉叶蝉族 Macrostelini Kirkaldy, 1906

主要特征：体小到中型。头冠圆弧状或角状突出，单眼位于头冠前缘，前翅具 2 个端前室，外端前室消失。雄虫尾节侧瓣分布有许多大刚毛，后边缘常有许多小刚毛；下生殖板端部常呈指状；连索"Y"形或线形，与阳茎相关键（侧突叶蝉属 *Yamatotettix* 愈合）。

分布：世界广布。世界已知 37 属约 200 种，中国记录 7 属 64 种，浙江分布 3 属 13 种。

分属检索表

1. 前翅具 3 个端室 ……………………………………………………………………… 拟叉叶蝉属 *Cicadulina*
- 前翅具 4 个端室 ……………………………………………………………………………………………… 2
2. 后翅具 4 个端室 …………………………………………………………………………… 二叉叶蝉属 *Macrosteles*
- 后翅具 3 个端室 …………………………………………………………………………… 二室叶蝉属 *Balclutha*

47. 二室叶蝉属 *Balclutha* Kirkaldy, 1900

Gnathodus Fieber, 1866: 505. Type species: *Cicada punctata* Fabricius, 1775. Preoccupied name.

Balclutha Kirkaldy, 1900a: 243. Proposed for *Gnathodus*.

主要特征：体连翅长 2.2–4.5 mm。体细长，头冠短，前后缘平行，向前弧形突出，个别种类中间略长；头冠与前胸背板等宽，部分种类略窄或微宽。额唇基窄，侧额缝伸达单眼；前唇基端向渐窄。单眼位于头冠前缘，到头冠中缝距离大于到复眼距离，背部可见。前胸背板前缘弧形凸出，侧缘较短，后缘平直或微凹。前翅端片发达，伸达第 2 端室，外端前室缺失，内端前室基部开放，共有 2 个端前室、4 个端室；后翅具有 3 个端室。后足第 1 跗节基部有明显的凹刻痕，透明状。尾节宽，后缘圆弧形，后腹缘常有突起，亚后缘密生羽状大刚毛。下生殖板三角形，端部指状伸出；外缘具有单列刚毛。阳基侧突端突发达，常侧向弯曲。连索"Y"形，主干长、两侧臂发达。阳茎干管状，背向弯曲，阳茎背腔端部膨大或分叉；阳茎口位于近端部。

分布：世界广布。世界已知 119 种，中国记录 28 种，浙江分布 7 种。

分种检索表

1. 阳茎背腔强烈背向延伸，膨大或分叉，超过或近等于阳茎干 ………………………………………………… 2
- 阳茎背腔不膨大或分叉，延伸明显短于阳茎干长度 ………………………………………………………………… 3
2. 阳茎背腔端部分叉 …………………………………………………………………… 背叉二室叶蝉 *B. tricornis*
- 阳茎背腔端部膨大 …………………………………………………………………… 红脉二室叶蝉 *B. rubrinervis*
3. 阳茎基部有突起 ……………………………………………………………………… 黄绿二室叶蝉 *B. incisa*
- 阳茎基部无突起 ………………………………………………………………………………………………… 4
4. 头冠明显窄于前胸背板 …………………………………………………………………………………………… 5
- 头冠与前胸背板近等宽 …………………………………………………………………………………………… 6
5. 阳茎干细长但基部较长，渐细 ………………………………………………… 长茎二室叶蝉 *B. sternalis* complex
- 阳茎干细长但阳茎基部小，骤细 ………………………………………………………… 多色二室叶蝉 *B. versicolor*
6. 阳茎干长，端部超过尾节，基部急剧弯曲 ………………………………………………… 白脉二室叶蝉 *B. lucida*
- 阳茎干短，背向略弯曲，与背腔近平行伸出 ……………………………………………… 黑胸二室叶蝉 *B. saltuella*

（90）黄绿二室叶蝉 _Balclutha incisa_ (Matsumura, 1902)（图 1-90）

Gnathodus incisa Matsumura, 1902: 360.

Balclutha incisa: Knight, 1987: 1206.

主要特征：体连翅长：♂ 2.5–4.0 mm，♀ 2.6–4.1 mm。体淡黄色或浅黄绿色，翅淡黄色，无斑，透明。头冠与前胸背板等宽，有时略微宽于前胸背板，前后缘近平行，中长等于两侧复眼处长。单眼到复眼距离等于单眼直径。后足股节毛序为 2：1：1。尾节阔，后缘圆弧状，后腹缘突起呈钩状弯曲。下生殖板指状端突短。连索主干约为两侧臂 2 倍长。阳茎干背向弯曲，近基部后缘有 3 对以上突起。

分布：浙江（庆元、泰顺）、江西、湖南、福建、台湾、广东、海南、广西、四川、云南；日本，印度，菲律宾，马来西亚，印度尼西亚，密克罗尼西亚，北美，美国（夏威夷），澳大利亚，新西兰，南非，中南美。

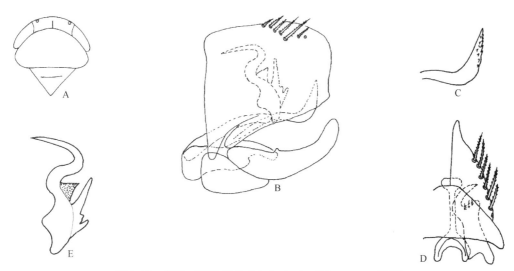

图 1-90　黄绿二室叶蝉 _Balclutha incisa_ (Matsumura, 1902)

A. 头胸部背面观；B. 尾节侧面观；C. 尾节腹突端部侧面观；D. 下生殖板、阳基侧突、连索腹面观；E. 阳茎侧面观

（91）白脉二室叶蝉 _Balclutha lucida_ (Butler, 1877)（图 1-91）

Jassus lucidus Butler, 1877: 91.

Balclutha lucida: Knight, 1987: 1183.

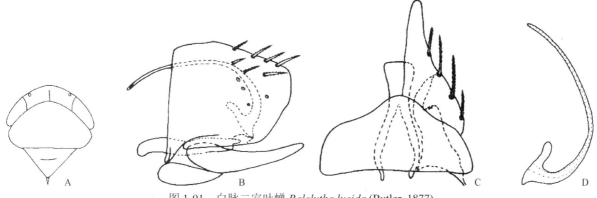

图 1-91　白脉二室叶蝉 _Balclutha lucida_ (Butler, 1877)

A. 头胸部背面观；B. 尾节侧面观；C. 生殖瓣、下生殖板、阳基侧突、连索腹面观；D. 阳茎侧面观

主要特征：体浅黄色，有时发青或污绿色。翅脉透明无斑。头冠圆弧突出，中长略为大于两侧复眼处长，与前胸背板等宽。单眼到复眼距离大于单眼直径。后足股节毛序为 2：1：1。雄性外生殖器：连索短

小，主干与两侧臂等长；阳茎背腔较发达，干较长，背向延伸，端部超过尾节，基部急剧弯曲，阳茎口位于端部。雌性生殖器：第 7 腹板后缘尾向略弧形突出。

　　分布：浙江（庆元）、陕西、福建、台湾、广东、海南、广西；日本，菲律宾，印度尼西亚，新几内亚岛，西印度群岛，北美，澳大利亚，新西兰，密克罗尼西亚，东非，中南美。

（92）红脉二室叶蝉 *Balclutha rubrinervis* (Matsumura, 1902)（图 1-92）

Gnathodus rubrinervis Matsumura, 1902: 357.

Balclutha rubrinervis: Matsumura, 1914a: 165.

　　主要特征：体连翅长 3.4–4.0 mm。体黄色到黄绿色，有时着生红褐色斑纹。头冠较前胸背板略窄。后足股节毛序为 2：2：1。雄性外生殖器：尾节基部宽，尾向渐细，后腹缘 1 个角状突起。下生殖板基部宽，端部骤细且短。连索主干略比臂长。阳茎背腔发达，基部膨大，端部不分叉，阳茎干细短，背向弯曲。阳茎口位于端部。

　　分布：浙江（临安、开化、庆元、泰顺）、河北、山西、河南、陕西、甘肃、安徽、湖北、江西、湖南、福建、台湾、海南、香港、广西、贵州、云南、西藏；俄罗斯，韩国，日本，印度（锡金），新赫布里底群岛。

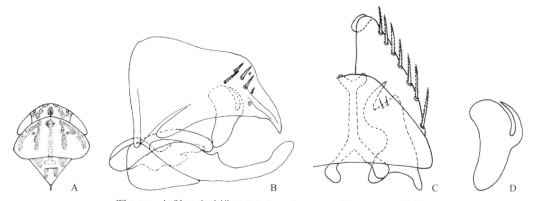

图 1-92　红脉二室叶蝉 *Balclutha rubrinervis* (Matsumura, 1902)
A. 头部背面观；B. 尾节侧面观；C. 生殖瓣、下生殖板、阳基侧突、连索腹面观；D. 阳茎侧面观

（93）黑胸二室叶蝉 *Balclutha saltuella* (Kirschbaum, 1868)（图 1-93）

Jassus (*Thamnotettix*) *saltuella* Kirschbaum, 1868: 86.

Balclutha saltuella: Oshanin, 1906: 186.

Balclutha fuscomaculatus: Dai, Li & Chen, 2004: 753.

　　主要特征：体连翅长：♂ 2.2–3.5 mm，♀ 2.3–3.4 mm。体淡黄色具褐斑。额唇基区和头冠前缘烟褐色。单眼粉红色。头冠、前胸背板、小盾片、前翅，有时着生淡褐色斑纹，但种间存在变化。头冠和前胸背板近等长，单眼到复眼的距离等于单眼直径。后足股节毛序为 2：1：1。雄性外生殖器：尾节阔圆，后缘弧圆，后腹缘略微突出。下生殖板短，指状突为其长度的一半。连索的主干和侧壁近等长。阳茎简单，干细短，背向弯曲，与背腔近平行伸出，基部略大，中部较直。

　　该种与平叉二室叶蝉 *B. rieki* 外形相似，但后者个体较大，头胸部常具 5 条淡褐色纵纹；阳茎基短，端部略为分叉，平行；阳茎口位于亚端部。

　　分布：浙江（安吉、临安、庆元、泰顺）、陕西、湖北、江西、湖南、福建、广东、海南、广西、四川、贵州、云南；俄罗斯，韩国，日本，琉球群岛，印度（锡金），菲律宾，印度尼西亚，地中海，欧洲，北美，澳大利亚，非洲，中南美。

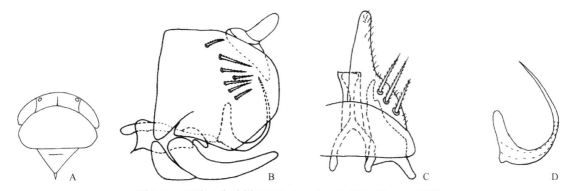

图 1-93　黑胸二室叶蝉 *Balclutha saltuella* (Kirschbaum, 1868)
A. 头部背面观；B. 尾节侧面观；C. 生殖瓣、下生殖板、阳基侧突、连索腹面观；D. 阳茎侧面观

（94）长茎二室叶蝉 *Balclutha sternalis* (Distant, 1918) complex（图 1-94）

Empoanara sternalis Distant, 1918: 107.

Balclutha longa Kuoh, 1987: 128. Synonymized by Webb & Vilbaste, 1994: 67.

Balclutha sternalis: Webb & Vilbaste, 1994: 67.

主要特征：体连翅长：♂ 3.5–4.0 mm，♀ 3.9–4.2 mm。体淡赭黄色、黄色、黄绿色，前翅翅脉与翅同色，有时呈红色。头胸部着生稻黄色到褐色的不规则斑纹。头冠明显小于前胸背板宽。后足股节毛序为 2∶2∶1。雄性外生殖器：尾节宽，端后缘尖圆，后腹缘无突起。下生殖板基部宽，端部渐细，指突长。连索主干大于侧臂长。阳茎干长，端部细如丝，基部较长，端向渐细后急剧背向弯曲和变细。

该种与多色二室叶蝉 *B. versicolor* 相似，但阳茎基部较大而端向渐细可与后者相区别。

分布：浙江（德清、临安）、陕西、甘肃、湖北、湖南、广东、海南、四川、云南；俄罗斯，印度。

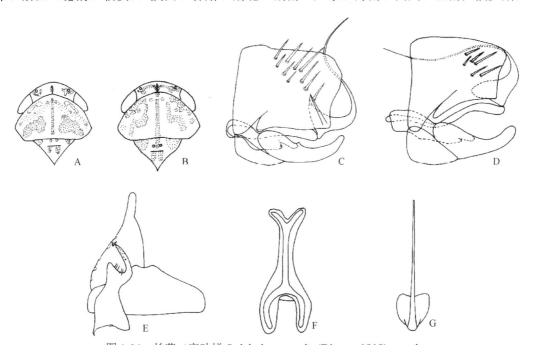

图 1-94　长茎二室叶蝉 *Balclutha sternalis* (Distant, 1918) complex
A、B. 头胸部背面观；C、D. 尾节侧面观；E. 生殖瓣、下生殖板、阳基侧突腹面观；F. 连索腹面观；G. 阳茎背面观

（95）背叉二室叶蝉 *Balclutha tricornis* Lu, Zhang *et* Webb, 2013（图 1-95）

Balclutha tricornis Lu, Zhang *et* Webb, 2013: 530.

　　主要特征：体连翅长：♂ 3.4–4.0 mm，♀ 3.6–4.1 mm。体淡绿色，头冠后缘与前胸背板前缘有污黄绿色杂斑，小盾片淡黄色，单眼绿色。翅前绿色透明，爪区基部烟褐色，第 3、4 端室有淡褐色斑纹。后翅透明，$Rs+M_1$ 脉合并，且周围烟褐色。头冠圆弧状突出，较前胸背板略窄。单眼到复眼距离约为单眼直径的 1.5 倍。翅长于体节。后足股节毛序 2：2：1。尾节阔圆，腹后缘尖角形突出。生殖瓣宽，扁三角形。下生殖板长于尾节侧瓣，基部阔圆，到端部渐细，近端部指状突出。阳基侧突端突长，端前叶发达长方形，散生数根细刚毛。连索"Y"形，主干短于两侧臂。阳茎背腔发达，强烈弯向后方，端部分叉；阳茎干细长，基部背向弯曲，端部直。阳茎口位于端部。

　　分布：浙江（龙泉）。

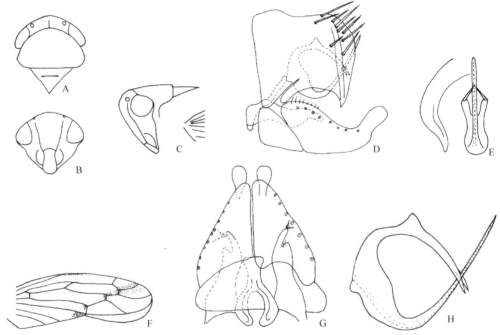

图 1-95　背叉二室叶蝉 *Balclutha tricornis* Lu, Zhang *et* Webb, 2013

A. 头胸部背面观；B. 颜面；C. 头胸部侧面观；D. 尾节侧面观；E. 尾节后面观；F. 前翅；G. 生殖瓣、下生殖板、阳基侧突、连索腹面观；H. 阳茎侧面观

（96）多色二室叶蝉 *Balclutha versicolor* Vilbaste, 1968（图 1-96）

Balclutha versicolor Vilbaste, 1968a: 145.

　　主要特征：体连翅长：♂ 3.9–4.1 mm，♀ 4.0–4.3 mm。体深绿色。头冠、前胸背板绿色，无杂斑；有时体淡黄色，散生许多麻形小斑点。头冠较前胸背板窄，头冠中长较复眼处长。后足股节毛序为 2：2：1。雄虫外生殖器：尾节宽，端后缘弧圆，后腹缘无突起。下生殖板指突短小。阳茎基部短小，阳茎干骤细如纤丝状。

　　分布：浙江（临安、庆元、龙泉、泰顺）、河南、陕西、甘肃、新疆、湖北、福建、四川；俄罗斯。

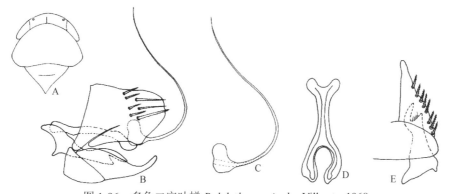

图 1-96　多色二室叶蝉 *Balclutha versicolor* Vilbaste, 1968
A. 头背面观；B. 尾节侧面观；C. 阳茎侧面观；D. 连索腹面观；E. 生殖瓣、下生殖板、阳基侧突腹面观

48. 拟叉叶蝉属 *Cicadulina* China, 1926

Cicadulina China 1926: 43. Type species: *Cicadulina zeae* China, 1926.

主要特征：体连翅长 2.5–3.6 mm。体细小，通常淡黄褐色或暗橙黄色，有些暗色透明。头冠前缘具有 1 对圆形黑褐斑，前胸背板复眼后缘域有黑褐色条形斑纹，小盾片基角有橙斑，前后翅无色透明，有时爪缝为褐色。头冠圆弧突出，中长比复眼处略长，但略短于两单眼间距，宽度稍窄于前胸背板，几乎与前胸背板等长。单眼位于头冠前缘，靠近复眼，背面看不见。两复眼间距大于头冠中长。额唇基区光滑，颜面宽度略大于长度。侧唇基缝伸达单眼，唇基延长，两边略微凹入，但基部与端部等长。前胸背板光滑，没有侧脊。小盾片光滑，三角形。前翅具 2 端前室和 3 端室。后翅具 3 端室。后足股节端部毛序 2：2：1。尾节侧瓣宽短，后缘圆弧状，背缘内生 1 发达的突起，伸出尾节后缘（斐济拟叉叶蝉 *C.* (*Idyia*) *fijiensis* 弱化变短）。后背缘有数根羽状大刚毛。生殖瓣长三角形。下生殖板侧缘中部明显凹入，端部呈指状，向上卷曲，外缘基部有数根大刚毛，排成 1 列。阳基侧突端突粗大，强烈侧向弯曲，亚端部有粗糙纹理；侧叶非常发达。连索"Y"形。阳茎膨大成圆柱形，背向弯曲；部分种类近基部两侧常具有成对突起。阳茎口位于近端部腹缘。生殖前节后缘中叶发达，一般指向尾部。产卵瓣中后部黑褐色。

该属广泛分布于热带和暖温带地区，是世界上最重要和有代表性的传毒介体昆虫之一，主要危害玉米、甘蔗，也危害禾谷类，包括 2 个亚属：拟叉叶蝉亚属 *C.* (*Cicadulina*) 和基突拟叉叶蝉亚属 *C.* (*Idyia*)。

分布：世界广布。世界已知 22 种，中国记录 2 种，浙江分布 2 种。

（97）双点拟叉叶蝉 *Cicadulina* (*Cicadulina*) *bipunctata* (Melichar, 1904)（图 1-97）

Gnathodus bipunctata Melichar, 1904: 47.

Cicadulina zeae China, 1926: 43

Cicadulina bipunctata Heller *et* Linnavuori, 1968: 4.

Cicadulina bipunctata (Melichar): Webb, 1987a: 236.

主要特征：体连翅长：♂ 2.8 mm，♀ 3.0 mm。体细小，橙黄色，有些暗色、透明。尾节短，后缘圆弧。尾节侧叶有发达的突起，细长，超过尾节后缘，端部二叉状，亚端刺有斑纹。发状刚毛具小微毛。有 1 个骨化很弱的或膜质的舌片状结构与阳茎基部相关键，端部生有小刺。生殖瓣长三角形。下生殖板侧缘中部明显凹入，端部窄，呈指状突，骨化微弱，一般向上卷曲，沿外缘基部着生 1 列发状刚毛。阳基侧突端突粗大，平弯向侧缘，亚端部具粗糙纹理；侧叶非常发达。连索"Y"形，与阳基侧突等长，侧臂短于主干，并相互靠近。阳茎 "C" 形，背向弯曲，干膨大成圆柱形，侧缘多小齿突，阳茎口位于端腹部。

分布：浙江（临安）、陕西、福建、台湾、广东、海南、广西、云南；日本，印度洋附近，南太平洋，新几内亚，澳大利亚，非洲。

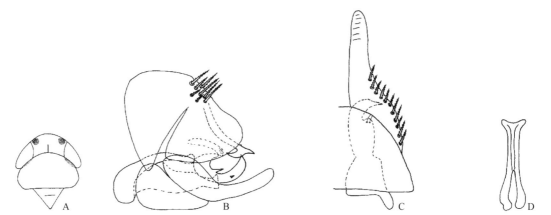

图 1-97　双点拟叉叶蝉 *Cicadulina* (*Cicadulina*) *bipunctata* (Melichar, 1904)

A. 头部背面观；B. 尾节侧面观；C. 生殖瓣、下生殖板、阳基侧突腹面观；D. 连索腹面观

（98）斐济拟叉叶蝉 *Cicadulina* (*Idyia*) *fijiensis* Linnavuori, 1960（图 1-98）

Cicadulina (*Idyia*) *fijiensis* Linnavuori, 1960b: 59.

主要特征：体连翅长：♂ 2.7 mm，♀ 3.2 mm。体淡黄色，头冠近前缘两侧各有 1 对大黑斑及 1 个无色透明小圆斑。头冠圆弧形突出，中长略大于两侧复眼处长。单眼位于头冠前缘靠近复眼。前胸背板较头冠略窄。前后翅无色透明，具有 3 个端室。尾节短小，侧突退化，伸长但不超过尾节后缘，刺状光滑无突。阳茎基侧部有成对长刺突，端部分 2–3 叉，突臂不光滑，有很多大小不一的齿突。阳茎基凹无齿突，干光滑无齿突。

分布：浙江（临安、泰顺）、江西、湖南、福建；尼泊尔，斐济群岛，东南太平洋地区。

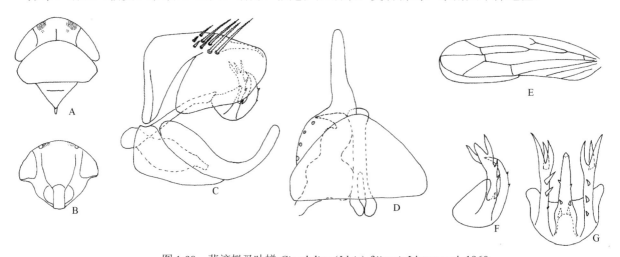

图 1-98　斐济拟叉叶蝉 *Cicadulina* (*Idyia*) *fijiensis* Linnavuori, 1960

A. 头胸部背面观；B. 颜面；C. 尾节侧面观；D. 生殖瓣、下生殖板、阳基侧突、连索腹面观；E. 前翅；F、G. 阳茎侧面观和腹面观

49. 二叉叶蝉属 *Macrosteles* Fieber, 1866

Macrosteles Fieber, 1866: 504. Type species: *Cicada sexnotata* Fallén, 1806.

主要特征：体黄色、褐色；头冠着生黑色斑点，无规则；头冠与前胸背板近等宽或略窄于前胸背板，前缘圆弧突出，中长较两侧复眼处长，与颜面角状相交。前翅端片发达，具 4 个端室，2 个端前室，外端前室退化；后翅具 4 个端室。尾节侧瓣具羽状大刚毛，后缘具 1 列梳状、短粗大刚毛，后腹缘常具瘤突；下生殖板外缘具 6–12 根羽状大刚毛，端部指状、膜质；生殖瓣阔三角形；阳基侧突端叶尖或钝或具刻纹；连索 "Y" 形，主干短于侧臂；阳茎端部具成对端突，端突长或短，分离或相交，有时分叉，阳茎干光滑或长有小刺突，或具耳突在侧缘或背缘，阳茎口位于端部或近端部腹面。

分布：世界广布。世界已知 99 种，中国记录 25 种，浙江分布 4 种。

分种检索表

1. 头冠具 2 对黑色斑纹；尾节侧瓣后腹缘不具瘤突；阳茎干端突背向弯曲 ······················四点叶蝉 *M. quadrimaculatus*
- 头冠具 2 对以上的黑斑（或分或连）；尾节侧瓣后腹缘具瘤突；阳茎干端突腹向弯曲 ··2
2. 第 2 背片具有向后延伸的突起，超过后缘 ··曲纹二叉叶蝉 *M. striifrons*
- 第 2 背片具有向后延伸的突起，未超过后缘 ··3
3. 阳茎端突长，伸达阳茎干近基部；第 2 腹突伸过后缘 ························折突二叉叶蝉 *M. abludens*
- 阳茎端突短，伸达阳茎干的中部；第 2 腹突未伸过后缘 ················拟曲纹二叉叶蝉 *M. parastriifrons*

（99）折突二叉叶蝉 *Macrosteles abludens* Anufriev, 1968（图 1-99）

Macrosteles abludens Anufriev, 1968: 561.

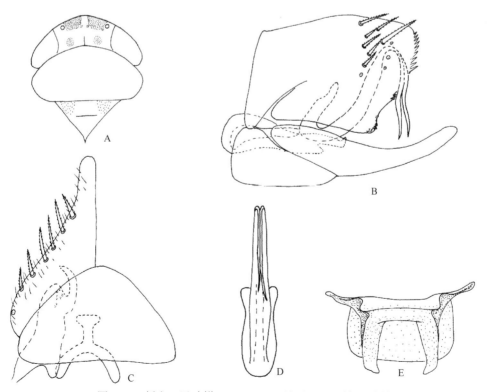

图 1-99　折突二叉叶蝉 *Macrosteles abludens* Anufriev, 1968

A. 雄虫头部背面观；B. 尾节侧面观；C. 生殖瓣、下生殖板和阳基侧突腹面观；D. 阳茎腹面观；E. 第 2 腹内突

主要特征：体连翅长：♂ 3.8–4.3 mm，♀ 4.4 mm。体淡黄绿色。头冠前缘 1 对大黑斑，后缘着生 1 对黑色小圆斑。前胸背板无斑。小盾片基侧角具有黑色三角形斑纹。前翅有 3 条褐色纵带。头冠与前胸背板等宽。雄性外生殖器：尾节宽圆，后腹缘具瘤突。生殖瓣阔三角形。下生殖板三角形，端部指突长。阳基侧突端前叶发达，圆弧状突出。连索"Y"形，主干与侧臂近等长。阳茎干细长，端部 1 对突起细长、向后折弯，伸达阳茎干近基部。第 2 背片具有向后延伸的突起，未超过后缘。

分布：浙江（泰顺）、广西、贵州；亚洲东部。

（100）拟曲纹二叉叶蝉 *Macrosteles parastriifrons* Zhang *et* Lu, 2013（图 1-100）

Macrosteles parastriifrons Zhang, Lu *et* Kwon, 2013: 373.

主要特征：体连翅长：♂ 3.3–3.5 mm，♀ 3.8–4.0 mm。体黄绿色，前翅有时烟色。头部具 3 对褐色斑纹，单眼和复眼间具 1 个短的褐色纵斑。雄虫第 2 端背片主干宽"V"形，坚实；茎薄，短于主干宽的一半。第 2 背片后突伸达背片 1/3。第 1 腹片后突发达，长于基部宽；第 2、3 后突发达，伸出部分超过基部宽的 1 倍。雄性尾节宽，后腹缘具模糊的瘤状物。阳茎侧面观末端突向尾部或腹侧弯曲；阳茎端突短，贴近阳茎干。阳茎干光滑。

该种相似于曲纹二叉叶蝉 *M. striifrons*，但本种阳茎干光滑，第 2 端背片主干坚实；第 2 背片后突末端伸达背板后缘；第 1 腹片后突发达，长于基部宽。

分布：浙江（西湖）。

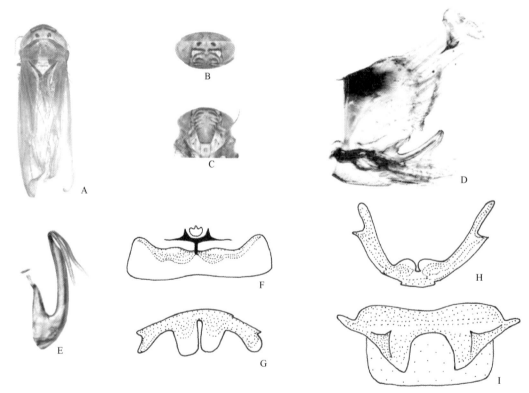

图 1-100　拟曲纹二叉叶蝉 *Macrosteles parastriifrons* Zhang *et* Lu, 2013
A. 雄虫背面观；B. 头部前背面观；C. 颜面；D. 尾节侧面观；E. 阳茎侧面观；F. 雄虫端背片；G、H. 雄虫第 1 腹内突；
I. 雄虫第 2 腹内突

（101）四点叶蝉 *Macrosteles quadrimaculatus* (Matsumura, 1900)（图 1-101）

Cicadula quadrimaculata Matsumura, 1900d: 398.

Macrosteles quadrimaculatus: Esaki & Ito, 1954: 3.

主要特征：体连翅长 4.0 mm。体淡黄色或黄绿色。头冠黄绿色，具 2 对黑色斑纹，其中 2 个位于头冠前缘与颜面交界处，另 2 个位于中域两侧，为斜向不规则形斑纹，单眼淡黄色。前翅淡黄色，各翅室具有淡灰色条纹，翅脉明显。雄性外生殖器：尾节宽，后缘尖圆，着生 1 列梳状刚毛，较短，后腹缘不具瘤突。阳茎简单，干背向弯曲，近端部有小的横向突缘，端部 1 对突起交叉，背向弯曲较长，阳茎口位于分叉处。腹内突发达。

分布：浙江（德清、临安、龙泉、泰顺）、河北、陕西、甘肃、湖南、台湾、贵州；俄罗斯，朝鲜，韩国，日本。

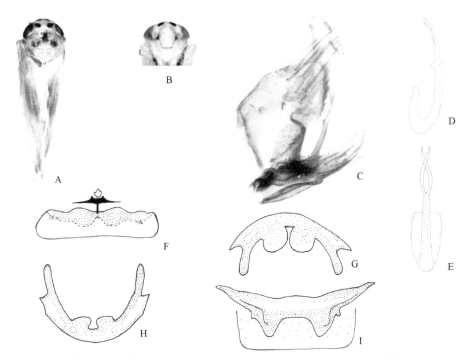

图 1-101 四点叶蝉 *Macrosteles quadrimaculatus* (Matsumura, 1900)
A. 整体图；B. 颜面；C. 尾节侧面观；D、E. 阳茎侧面观及腹面观；F. 雄虫端背片；G、H. 雄虫第 1 腹内突；I. 雄虫第 2 腹内突

（102）曲纹二叉叶蝉 *Macrosteles striifrons* Anufriev, 1968（图 1-102）

Macrosteles orientalis Vilbaste, 1968a: 149.

Macrosteles striifrons Anufriev, 1968b: 559.

主要特征：体黄色。头冠中部具 1 对黑色圆斑，前缘 2 对有黑褐色横曲纹。复眼与单眼间有 1 不规则小斑。雄虫外生殖器：尾节宽圆，后缘圆弧突出，缘生 1 列梳状粗大刚毛；后腹缘突出形成明显瘤突；侧瓣上密生羽状刚毛。生殖瓣阔三角形。下生殖板长，超出尾节，基部到端部渐细，指突长；侧缘具有 1 列羽状大刚毛。阳基侧突端前叶发达，呈直角状，着生数根小刚毛。雄虫第 2 背片具有向后延伸的突起，超过后缘。连索"Y"形，主干比侧臂短。阳茎干背向弯曲，端部有 1 对突起，波浪形向后弯折，相互交叉，侧面观与阳茎干近平行，阳茎口位于端部分叉处。

分布：浙江（德清、临安、开化、庆元、龙泉、泰顺）、黑龙江、辽宁、山东、陕西、甘肃、新疆、安徽、湖北、江西、湖南、福建、台湾、广东、海南、香港、广西、四川、云南；东亚，中亚。

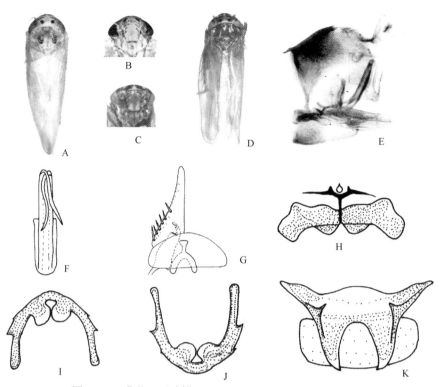

图 1-102　曲纹二叉叶蝉 *Macrosteles striifrons* Anufriev, 1968

A、D. 整体图；B、C. 颜面；E. 尾节侧面观；F. 阳茎腹面观；G. 下生殖板腹面观；H. 雄虫端背片；I、J. 雄虫第 1 腹内突；K. 雄虫第 2 腹内突

隆脊叶蝉族 Paralimnini Distant, 1908

主要特征：小到中型。头冠前缘钝圆突出，单眼位于头冠前缘靠近复眼，头冠与颜面圆弧相交。前翅具 3 端前室。雄虫尾节短，连索两侧臂端部愈合，箭状、球拍状或"V"形，阳茎与连索相关键，阳茎口位于端部或腹部。

分布：世界广布。世界已知 138 属 930 种，中国记录 34 属 77 种，浙江分布 6 属 7 种。

分属检索表

1. 前翅具 2 个端前室；肛节具有肛突，呈叉状伸向尾节 ·· 肛突叶蝉属 *Changwhania*
- 前翅具 3 个端前室；肛节无肛突 ··· 2
2. 尾节侧瓣腹缘延伸成刺状突起 ··· 光叶蝉属 *Futasujinus*
- 尾节侧瓣无突起 ··· 3
3. 阳茎端部分叉 ··· 比赫叶蝉属 *Bhavapura*
- 阳茎端部不分叉 ··· 4
4. 下生殖板内侧缘具长的突起 ··· 拟光头叶蝉属 *Paralaevicephalus*
- 下生殖板内侧缘无突起 ··· 5
5. 连索"V"形；阳茎干细长 ··· 尖头叶蝉属 *Yanocephalus*
- 连索球拍状；阳茎干粗短 ··· 沙叶蝉属 *Psammotettix*

50. 比赫叶蝉属 *Bhavapura* Chalam *et* Rao, 2005

Bhavapura Chalam *et* Rao, 2005c: 385. Type species: *Deltocephalus rufobilineatus* Melichar, 1914.

主要特征：头冠较前胸背板宽，前缘圆角状突出，与颜面圆弧相交，复眼大，单眼位于头冠前缘，到复眼的距离小于单眼直径；额唇基端向收窄，前唇基两侧缘平行。前胸背板前缘弧形突出，后缘中央微凹。小盾片短于头冠中长，中域横刻痕平直、内陷，不伸达两侧缘。前翅端片存在，4 个端室。雄虫尾节侧瓣狭长，端向渐窄，后半部着生许多大刚毛；生殖瓣近三角形；下生殖板内缘平直，侧缘弧形，有 1 列大刚毛，并有小刚毛散生，背缘端部有 1 个黑色心形斑，着生许多黑色瘤状颗粒；阳基侧突基部宽，端部窄，亚端部肩角发达，端部突起端向渐细，侧向弯曲，端部鸟喙状；连索线状，与阳茎愈合，阳茎干腹面弯曲，近基部背缘有 1 小突起，阳茎端部分叉，阳茎开口在端腹部。

分布：东洋区。世界已知 1 种，中国记录 1 种，浙江分布 1 种。

（103）橙带比赫叶蝉 *Bhavapura rufobilineatus* (Melichar, 1914)（图 1-103）

Deltocephalus rufobilineatus Melichar, 1914b: 140.

Bhavapura rufobilineatus: Chalam & Rao, 2005c: 385.

主要特征：体连翅长：♂ 3.6 mm，♀ 3.6–3.7 mm。通体黄褐色。有 2 条橙色纵带起至复眼前缘，纵贯前胸背板和小盾片，纵带上方有 1 个红褐色横斑；复眼橙红色，局部黑色，单眼黑色；颜面黄褐色。前胸背板、小盾片、前翅黄褐色，翅脉淡白色。头冠角状突出，冠缝前缘附近微凹，与颜面弧圆相交，头冠中长略大于复眼间宽。前胸背板中长约为头冠中长的 1.2 倍。外端前室小于 1/2 中端前室，中端前室中部缢缩，内端前室基部闭合。

分布：浙江（开化）、福建、台湾、海南、广西；印度，斯里兰卡。

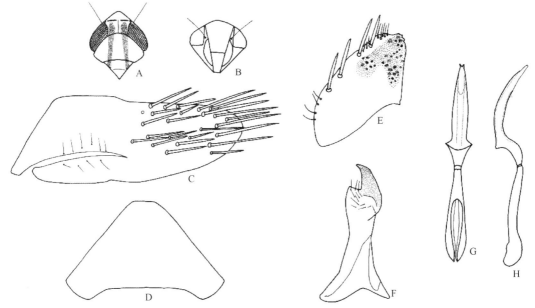

图 1-103　橙带比赫叶蝉 *Bhavapura rufobilineatus* (Melichar, 1914)

A. 头胸部背面观；B. 颜面；C. 尾节侧瓣；D. 生殖瓣；E. 下生殖板；F. 阳基侧突；G. 阳茎和连索背面观；H. 阳茎和连索侧面观

51. 肛突叶蝉属 *Changwhania* Kwon, 1980

Changwhania Kwon, 1980: 96. Type species: *Aconura terauchii* Matsumura, 1915.

主要特征：体黄色至乌黄色。头顶具点状或线状斑纹，触角下具点状斑纹。头部略宽于前胸背板，头冠顶端角状突出，中长等于或稍长于两复眼间宽，冠面平直或略突出，与颜面圆锐相接，单眼位于头冠侧缘，紧靠复眼；额显著长大于宽，前唇基端向渐窄，端缘低而圆，喙短于前唇基，伸达前足基节。前胸背板宽为长的 2 倍，中长等于或稍长于头冠，侧缘甚短。前翅大、狭长，具 2 端前室。前足股节 AV 约 8 根刚毛，前足胫节刺式 1：4，后足股节端部刺式 2：2：1。雄虫尾节长，伸过下生殖板，后半部生有许多大刚毛，腹缘内侧有 1 对突起指向尾后。肛管前腹缘有 1 对发达的突起，呈叉状伸向尾节，端缘多少呈锯齿状；下生殖板近三角形，外缘基部凸出，近端部内凹，着生 1 列大刚毛，端部斜截或弧圆，中部近外缘有 1 个色斑；阳基侧突基部宽，端向渐窄；连索较短，侧臂靠近，骨化程度低；阳茎极细长，不对称，于近基部处弯曲，阳茎干有时扭曲，近末端生有 1 对突起，阳茎口位于近末端腹面。雌虫腹部第 7 腹板后缘中部多少向后凸出。第 1 产卵瓣未强烈弯折，背部刻点达背缘，斑结状至淀粉粒状。第 2 产卵瓣背缘端部约 1/2 具斜的三角形小齿。

分布：古北区、东洋区。世界已知 6 种，中国记录 4 种，浙江分布 1 种。

（104）肛突叶蝉 *Changwhania terauchii* (Matsumura, 1915)（图 1-104）

Aconura terauchii Matsumura, 1915: 163.

主要特征：体长：♂ 3.0–3.3 mm，♀ 3.3–3.5 mm。头冠通常具深褐色圆斑；颜面橘黄色或浅黄褐色，两侧具褐色弧纹。前胸背板有时有深色斑。阳基侧突端片钩状，指向外侧；阳茎基部强烈背折，阳茎干细，端部平截，中部有时扭曲，不对称，有 1 个较长的近端部的突起和 1 个较短的端部突起，突起中部具小的刺状突。雌虫第 7 腹板后缘中部突出，呈片状，通常黑色。

分布：浙江（临安、泰顺）、安徽、江西、云南；朝鲜，韩国，日本。

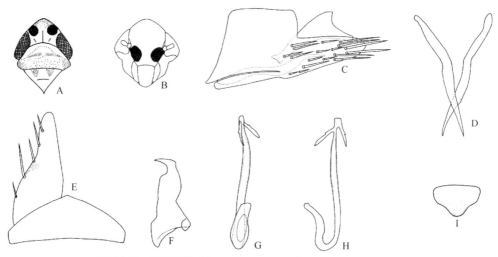

图 1-104　肛突叶蝉 *Changwhania terauchii* (Matsumura, 1915)
A. 头胸部背面观；B. 颜面；C. 尾节侧瓣；D. 尾节侧瓣内突腹面观；E. 生殖瓣和下生殖板；F. 阳基侧突；G. 阳茎背面观；H. 阳茎侧面观；I. 雌虫第 7 腹板

52. 光叶蝉属 *Futasujinus* Ishihara, 1953

Futasujinus Ishihara, 1953b: 47. Type species: *Deltocephalus candidus* Matsumura, 1914.

主要特征：头冠前缘角状突出，单眼位于头冠前缘近复眼处，到复眼的距离等于单眼直径。前胸背板近等于头冠，前翅具 5 端室和 3 端前室。雄虫尾节侧瓣延伸成刺状突起，下生殖板三角形，外缘着生 1 列大刚毛，连索环状，两侧臂端部愈合。

分布：古北区。世界已知 6 种。中国记录 2 种，浙江分布 1 种。

（105）对突光叶蝉 *Futasujinus candidus* (Matsumura, 1914)（图 1-105）

Deltocephalus candidus Matsumura, 1914a: 208.

Futasujinus fraternellus Emeljanov, 1966: 127.

Futasujinus candidus: Ishihara, 1953b: 47.

主要特征：体长：♂ 4.0 mm。体淡棕色。头冠浅棕黄色，前缘有 1 个八字形褐色纹，冠缝清晰，近中域两侧各有 1 棕色宽条纹，唇基淡黄色，有许多不规则纹。前胸背板土黄色，有 6 条褐色宽纵带，近前缘色淡，近呈灰白色。小盾片有 2 个深褐色小斑，盾间沟有 1 个近三角形斑，近端部深棕色。前翅棕色半透明，翅脉明显，翅室外缘深褐色加深。头冠钝角状突出，冠面平坦，中长约等于两复眼间宽，单眼小到复眼距离约等于单眼直径。前翅 5 端室，3 端前室，中端前室狭长，中部缢缩，有时从中部缢缩成 2 个小室，端片小。尾节侧瓣宽短，有 1 发达细长突起，呈针状向内反折，后缘着生大刚毛。生殖瓣正三角形。下生殖板外缘弧形突出，近端部略平截，外侧缘有 1 列大刚毛。阳基侧突端突指状、略向外侧弯曲。连索环状。阳茎近基部两侧略膨大，端缘圆弧形，两侧各有 1 突起，阳茎口位于端部。

分布：浙江（临安）、吉林、甘肃、江西、湖南、台湾、广西；俄罗斯，朝鲜，韩国，日本。

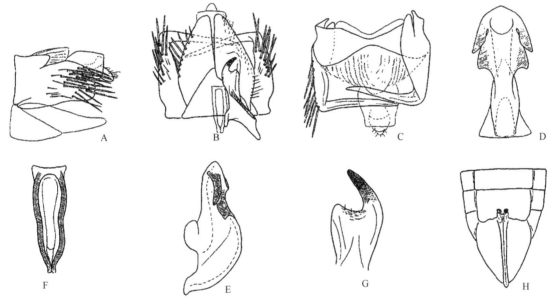

图 1-105　对突光叶蝉 *Futasujinus candidus* (Matsumura, 1914)

A. 尾节侧面观；B. 尾节腹面观；C. 尾节侧瓣腹面观；D. 阳茎腹面观；E. 阳茎侧面观；F. 连索；G. 阳基侧突端部；H. 雌虫腹节端部腹面观

53. 拟光头叶蝉属 *Paralaevicephalus* Ishihara, 1953

Paralaevicephalus Ishihara, 1953b: 14. Type species: *Deltocephalus nigrifemoratus* Matsumura, 1902.

Khasiana Rao, 1989: 81. Type species: *Khasiana primus* Rao, 1989.

主要特征：体连翅长 2.7–3.5 mm。体污黄色。头冠前缘两侧各有 1 条模糊的斑纹，末端加粗，伸达单眼，端部呈柄状伸达头冠前缘。颜面黑色，有相连的横条纹。头冠及前胸背板有污黄色或棕黄色纵条带，头冠 2 条、前胸背板 4–6 条，雌虫显著。前翅翅脉明显，翅室中常有黑色条带，端部烟褐色。头冠较前胸背板宽且长，三角形，前缘角状突出，冠面中域微凹。前唇基两侧缘近平行。复眼较大，单眼位于头冠前缘靠近复眼，到复眼距离约等于单眼直径。前胸背板侧缘短，前缘圆弧形突出，后缘微凹。小盾片短于前胸背板。前翅端片发达，具 4 端室。后足刺式 2：2：1。雄虫尾节侧瓣长大于宽，背面 2/3 有许多大刚毛。生殖瓣大，三角形。下生殖板短，侧缘有许多大刚毛、不规则排列，内侧缘向后伸出 1 个长而粗的突起。阳基侧突端部突起短或长。连索两侧臂端部靠近、愈合，呈环形，主干发达或无。阳茎干长或短，背向弯曲，阳茎口位于端部或腹缘。

分布：古北区、东洋区。世界已知 12 种，中国记录 8 种，浙江分布 1 种。

（106）细茎拟光头叶蝉 *Paralaevicephalus gracilipenis* Dai, Zhang *et* Hu, 2005（图 1-106）

Paralaevicephalus gracilipenis Dai, Zhang *et* Hu, 2005: 405.

主要特征：体连翅长：♂ 2.7–3.0 mm，♀ 3.0–3.5 mm。头冠前缘两侧各有 1 条模糊的斑纹，末端加粗，伸达单眼，端部呈柄状伸达头冠前缘。颜面黑色，有相连的横条纹。前翅翅脉明显，翅室中常有黑色条带，端部烟褐色。头冠较前胸背板宽且长，三角形，前缘角状突出，冠面中域微凹。前唇基两侧缘近平行。复眼较大，单眼位于头冠前缘靠近复眼，到复眼距离约等于单眼直径。前胸背板侧缘短，前缘圆弧形突出，后缘微凹。小盾片短于前胸背板。尾节侧瓣后腹缘向内反折，近背缘 2/3 有许多大刚毛。生殖瓣大、三角形。下生殖板短，侧缘圆弧突出，有许多大刚毛、不规则排列，端部内侧缘向后伸出 1 长而粗的突起，端部强烈弯向背面。阳基侧突短，端部突起不伸达下生殖板突起端缘。连索两侧臂端部愈合，呈环状。阳茎干细长，背向强烈弯曲，有 1 个发达的背腔；阳茎口位于端部腹面。

分布：浙江（临安）、山东、河南、陕西、甘肃、湖南、福建、海南、广西、四川、贵州。

图 1-106 细茎拟光头叶蝉 *Paralaevicephalus gracilipenis* Dai, Zhang *et* Hu, 2005
A. 尾节侧瓣侧面观；B. 下生殖板；C. 连索；D. 生殖瓣、下生殖板、阳基侧突和连索腹面观；E、F. 阳茎腹面观和侧面观

54. 沙叶蝉属 *Psammotettix* Haupt, 1929

Psammotettix Haupt, 1929b: 262. Type species: *Athysanus maritimus* Perris, 1857.

Ribautiellus Zachvatkin, 1933b: 268. Type species: *Cicada striatus* Linnaeus, 1758.

主要特征：体细长，头冠较前胸背板宽，前缘角状突出，与颜面圆角状相交，前唇基基部宽，端向渐窄，前翅长，端片发达，外端前室小，雄虫下生殖板小，侧缘有 1 列大刚毛；连索球拍状，主干长，两侧臂近平行；阳茎干粗短，背向弯曲，端部呈勺状，阳茎口大，位于端部腹缘。

分布：世界广布。世界已知 117 种，中国记录 8 种，浙江分布 2 种。

（107）条沙叶蝉 *Psammotettix striatus* (Linnaeus, 1758)（图 1-107）

Cicada striata Linnaeus, 1758: 437.

Psammotettix striatus: Ribaut, 1938: 166.

主要特征：体连翅长：♂ 3.8–4.0 mm，♀ 3.9–4.2 mm。体灰黄色，头部呈钝角突出，头冠近端处具浅褐色斑纹 1 对，后与黑褐色中线接连，两侧中部各具 1 不规则的大型斑块，近后缘处有 2 个逗点形纹，颜面两侧有黑褐色横纹。复眼黑褐色，1 对单眼。前胸背板具 5 条浅黄色至灰白色条纹，纵贯前胸背板上，与 4 条灰黄色至褐色较宽纵带相间排列。小盾板两侧角有暗褐色斑，中间具 2 个明显褐点，横刻纹褐黑色，前翅浅灰色，半透明，翅脉黄白色。胸部、腹部黑色。足浅黄色。尾节侧瓣端向渐窄，背缘末端部微向上尖突；生殖瓣近梯形；下生殖板宽短，外缘具有 1 列刚毛；阳基侧突基部臂长，端部窄；连索环状，主干长于臂长，两臂端部收敛；阳茎干端部膨大，端部弧圆，生殖孔大，位于端部。

寄主植物：水稻、小麦、大麦、雀麦、甜菜、茄子、甘蔗、大麻。

分布：浙江（临安）、辽宁、陕西、新疆、江苏、湖北、江西、湖南、福建、广西、四川、贵州、云南。

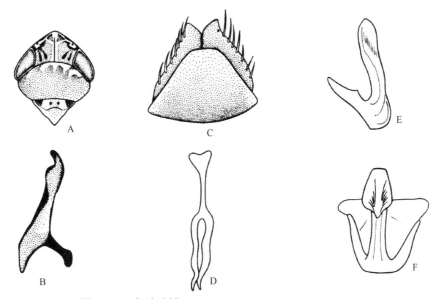

图 1-107　条沙叶蝉 *Psammotettix striatus* (Linnaeus, 1758)
A. 头冠和胸部背面观；B. 阳基侧突；C. 生殖瓣和下生殖板；D. 连索；E. 阳茎侧面观；F. 阳茎腹面观

（108）异条沙叶蝉 *Psammotettix alienulus* Vilbaste, 1980（图 1-108）

Psammotettix alienulus Vilbaste, 1980: 381.

主要特征：体连翅长：♂ 3.9–4.0 mm，♀ 3.9–4.1 mm。体黄褐色。头冠前域具淡褐色斑纹，前胸背板纵带不明显。雄虫尾节侧瓣端向渐细，背部端缘上翘，端部尖，中域着生数根粗刚毛；生殖瓣梯形；下生殖板宽短，外侧缘着生 1 列大刚毛；阳基侧突基部臂细长，与连索相连，端部突起细长；连索环形，主干大于臂长，两臂端部合拢；阳茎简单，阳茎干粗短，端部膨大片状延伸，腹面观端部凹入；阳茎口大，位于端部。

寄主植物：杂草、芦苇。

分布：浙江（临安）、内蒙古、河南、青海、新疆、贵州、西藏。

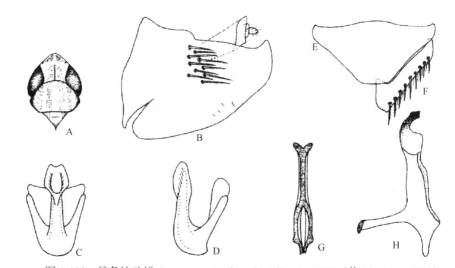

图 1-108　异条沙叶蝉 *Psammotettix alienulus* Vilbaste, 1980（仿 Li et al., 2011）
A. 头胸背面观；B. 尾节侧面观；C、D. 阳茎腹面观和侧面观；E. 生殖瓣；F. 下生殖板；G. 连索；H. 阳基侧突

55. 尖头叶蝉属 *Yanocephalus* Ishihara, 1953

Yanocephalus Ishihara, 1953b: 48. Type species: *Deltocephalus yanonis* Matsumura, 1902.

主要特征：头冠前端角状突出，中长较两侧复眼处长，约为两复眼间宽的 1.5 倍，头冠与颜面角状相交，前胸背板近等于头冠宽，前翅端片不发达。下生殖板三角形，侧缘有成列的大刚毛，连索"V"形，阳茎干细长，端部有短的附突，阳茎口位于端部。

分布：古北区、东洋区。世界已知 2 种，中国记录 1 种，浙江分布 1 种。

（109）纵带尖头叶蝉 *Yanocephalus yanonis* (Matsumura, 1902)（图 1-109）

Deltocephalus yanonis Matsumura, 1902: 400.

Yanocephalus fasciatus Dworakowska, 1973: 423.

Yanocephalus yanonis: Ishihara, 1953b: 48.

主要特征：体连翅长 3.2–4.0 mm。体淡黄白色。头冠前缘有 2 个小黑斑，向后有 2 条黄褐色纵纹。复眼黑褐色，单眼黄褐色，额唇基基半部褐色，端部前和前唇基淡黄白色。前胸背板具 4 条黄褐色纵纹。小盾片和前翅淡黄白色，翅脉周缘具黑色晕纹。胸部腹板和足淡黄褐色，常有黑色斑。腹部黑褐色，各节后缘有黄白色狭边。雄虫下生殖板淡黄白色，中央有 1 条黑色纵线。雌虫尾节黑褐色。头冠向前呈锐角状突出，中长约等于两复眼间宽，单眼位于头冠前缘紧靠复眼，前唇基两侧缘近平行，舌侧板宽大。前胸背板前缘弧形突出，后缘近平直；小盾片横刻痕略凹陷。前翅端片较窄。雄虫翅端与尾节近等长，雌虫稍短于尾节，产卵器常外露。

寄主植物：水稻及其他禾本科植物。

分布：浙江（临安）、辽宁、内蒙古、河南、甘肃、湖北、福建、广西、贵州、云南；朝鲜，韩国，日本。

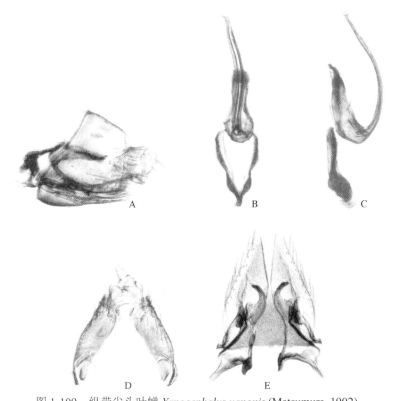

图 1-109　纵带尖头叶蝉 *Yanocephalus yanonis* (Matsumura, 1902)
A. 雄虫尾节侧面观；B. 阳茎与连索腹面观；C. 阳茎与连索侧面观；D. 尾节侧瓣腹面观；E. 生殖瓣、下生殖板、阳基侧突背面观

网翅叶蝉族 Opsiini Emeljanov, 1962

主要特征：头冠前缘钝圆突出，单眼位于头冠前缘近复眼处，前胸背板前缘弧形突出，后缘中央凹入，前翅端前室基部开放。连索"Y"形，阳茎具 2 个阳茎干或 1 个阳茎干端部分叉，具 2 个阳茎口。

分布：世界广布。世界已知 36 属 303 种，中国记录 8 属 39 种，浙江分布 3 属 9 种。

分属检索表

1. 尾节侧瓣腹缘具有刺状突起 ·· 刺瓣叶蝉属 *Norva*
- 尾节侧瓣腹缘无突起 ··· 2
2. 阳茎干具有 2 对腹突 ·· 拟菱纹叶蝉属 *Hishimonoides*
- 阳茎干无腹突 ··· 菱纹叶蝉属 *Hishimonus*

56. 拟菱纹叶蝉属 *Hishimonoides* Ishihara, 1965

Hishimonoides Ishihara, 1965b: 20. Type species: *Hishimonoides sellatiformis* Ishihara, 1965.

主要特征：头冠与前胸背板近等宽，单眼位于头冠前缘近复眼处，头冠前缘两单眼间有 1 个浅横槽，前胸背板中长为头冠中长的 2 倍，前缘弧形突出，后缘微凹，小盾片与前胸背板近等长，前翅端前室基部开放。尾节侧瓣后缘光滑或有突起；连索"Y"形，阳茎具 2 个阳茎干和 2 个阳茎口，在阳茎基有 2 对腹突。

分布：古北区、东洋区。世界已知 14 种，中国记录 9 种，浙江分布 4 种。

分种检索表

1. 尾节侧瓣后缘光滑、无突起 ………………………………………………… 苗岭拟菱纹叶蝉 *H. miaolingensis*
- 尾节侧瓣后缘有 1 或多个齿突或突起 ……………………………………………………………………… 2
2. 阳茎基部腹缘长突起相互交叉 ………………………………………………… 拟菱纹叶蝉 *H. sellatiformis*
- 阳茎基部腹缘长突起相互不交叉 …………………………………………………………………………… 3
3. 阳茎具 2 对腹突，背面 1 对两侧缘锯齿状，近中部突出，端部渐细，腹面 1 对基半部粗，端半部细长、直，向后延伸 …
　………………………………………………………………………………… 齿突拟菱纹叶蝉 *H. similis*
- 阳茎具 2 对腹突，背面 1 对腹突中部呈角状扩延，腹面 1 对腹突细长，平行伸出 ……… 细齿拟菱纹叶蝉 *H. denticulateus*

（110）细齿拟菱纹叶蝉 *Hishimonoides denticulateus* Xing *et* Li, 2010（图 1-110）

Hishimonoides denticulateus Xing *et* Li, 2010: 135.

　　主要特征：体连翅长：♂ 4.8–5.0 mm，♀ 5.0–5.2 mm。雄虫尾节侧瓣端向渐窄，散生粗长刚毛，端缘呈钝角状突出，背缘有微齿，腹缘锯齿状；生殖瓣呈三角形突出；下生殖板基部宽，外侧有长刚毛，端部细如线状，具横皱纹；阳基侧突粗壮，端部较细，微弯曲，有细齿；连索 "Y" 形，主干与臂长近似相等；阳茎干二叉状，侧面观微弯曲，腹面有 2 对突起，其中第 1 对腹突中部呈角状扩延，第 2 对腹突细长，平行伸出。雌虫第 7 腹板中央长度是第 6 腹板中长的 4 倍，中央呈龙骨状突起，后缘中央呈笔架形突出，产卵器微伸出尾节端缘。

　　分布：浙江（临安）、贵州。

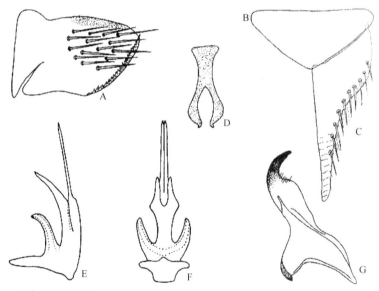

图 1-110　细齿拟菱纹叶蝉 *Hishimonoides denticulateus* Xing *et* Li, 2010（仿 Li et al.，2011）
A. 尾节侧瓣侧面观；B. 生殖瓣；C. 下生殖板；D. 连索；E、F. 阳茎侧面观和腹面观；G. 阳基侧突

（111）苗岭拟菱纹叶蝉 *Hishimonoides miaolingensis* Li *et* Zhang, 2006（图 1-111）

Hishimonoides miaolingensis Li *et* Zhang, 2006: 262.

　　主要特征：体连翅长：♂ 4.0 mm，♀ 4.1 mm。头冠淡黄白色，具不规则斑，复眼黑色，触角和单眼淡黄白色，颜面淡黄白色，密生黑褐色网状斑纹。前胸背板淡褐色，其前缘域淡黄白色，散布不甚明显的淡褐色斑；中胸小盾片淡黄白色，基侧角有不甚明显的淡褐色纹；前翅青白色，半透明，翅脉、散布的斑点和短纹及翅的端缘褐色；胸部腹板褐色，胸足淡黄白色，具褐色斑，后足胫节的胫刺着生处黑色。腹部背腹面淡黄白色，散生不规则形褐色斑点。头冠较前胸背板窄，前缘钝圆突出，中长约等于两复眼间宽之半，亚前缘有 1 条横凹痕，冠缝明显。前胸背板前缘弧圆突出，后缘微凹；小盾片宽大，中长短于前胸背板；前翅翅脉明显，具 3 个端前室，4 个端室，端片发达。雄虫尾节侧瓣近呈梯形，近后缘密生大刚毛。下生殖板基部宽，端向渐窄，端部呈指状突出，侧向微弯曲，外侧缘有 1 列粗长刚毛。连索"Y"形，主干基部微膨大。阳基侧突基部宽大，亚端部急剧弯曲，弯曲处密生细刚毛，末端尖细，向外侧伸出。阳茎干 1 对，细管状，微弯曲，阳茎口位于端部；基部腹缘有 2 对腹突，第 1 对腹突长于阳茎干，边缘锯齿状，第 2 对腹突长约为阳茎干长度的 4 倍；雌虫第 7 腹板中央长度是第 6 节腹板中长的 1.5 倍，后缘中央呈角状突出，两侧斜直，产卵器伸出尾节端缘。

分布：浙江（临安、泰顺）、江西、广东、海南、广西、贵州。

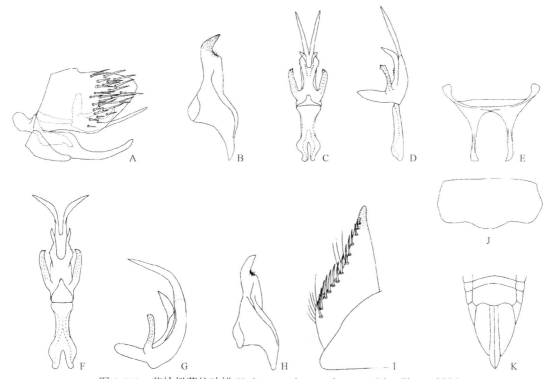

图 1-111　苗岭拟菱纹叶蝉 *Hishimonoides miaolingensis* Li *et* Zhang, 2006

A. 尾节侧面观；B、H. 阳基侧突；C、F. 阳茎和连索背面观；D. 阳茎和连索侧面观；E. 腹部腹板突；G. 阳茎侧面观；I. 生殖瓣和下生殖板；J. 雌虫第 7 腹板；K. 雌虫腹部端部腹面观

（112）拟菱纹叶蝉 *Hishimonoides sellatiformis* Ishihara, 1965（图 1-112）

Hishimonoides sellatiformis Ishihara, 1965b: 37.

　　主要特征：头冠淡黄色，近前缘有黄棕色不规则斑纹，颜面两侧有黑色的肌痕。前胸背板较头冠深，有蠕虫状小斑。前翅灰色，有暗褐色蠕虫状不规则线斑，端部浅褐色，后缘有 1 三角形大褐斑，休息时在体背部形成菱形斑。尾节梯形，后缘钝圆角状突出，有齿状突，后背缘有 1 个显著的突起。阳基侧突较连索长，端部突起钝、侧向弯曲，亚端部侧角不发达。阳茎干近端部略弯曲，阳茎口位于端部，腹缘上侧 1 对突起粗壮，约为下侧突起的一半，略背侧向弯曲，有 1 个基角状小突；下侧成对突起端部交叉。

　　分布：浙江（西湖、临安）、江苏、安徽、湖北；日本。

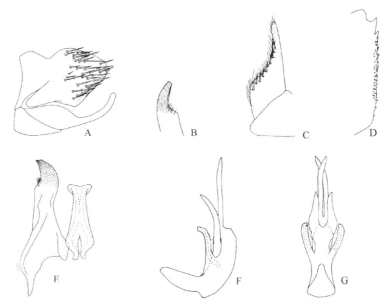

图 1-112　拟菱纹叶蝉 *Hishimonoides sellatiformis* Ishihara, 1965（仿 Dai et al.，2010a）

A. 尾节侧面观；B. 阳基侧突端部；C. 生殖瓣和下生殖板；D. 尾节侧瓣后缘；E. 阳基侧突和连索；F. 阳茎侧面观；G. 阳茎背面观

（113）齿突拟菱纹叶蝉 *Hishimonoides similis* Dai, Viraktamath *et* Zhang, 2010（图 1-113）

Hishimonoides similis Dai, Viraktamath *et* Zhang, 2010: 779.

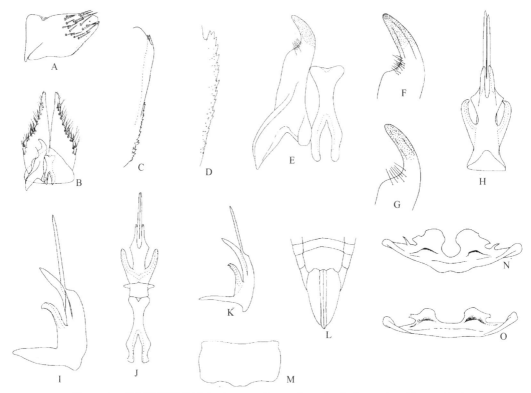

图 1-113　齿突拟菱纹叶蝉 *Hishimonoides similis* Dai, Viraktamath *et* Zhang, 2010
（仿 Dai et al.，2010a）

A. 尾节侧瓣侧面观；B. 生殖瓣、下生殖板、阳基侧突和连索；C. 尾节侧瓣后缘侧面观；D. 尾节侧瓣后缘后面观；E. 阳基侧突和连索；F、G. 阳基侧突；H. 阳茎背面观；I、K. 阳茎侧面观；J. 阳茎和连索背面观；L. 雌虫腹部端部腹面观；M. 雌虫第 7 腹板；N、O. 腹部腹板突

主要特征：体连翅长：♂ 5.1 mm，♀ 5.3 mm。头冠黄色，前缘有 4 个小褐斑，两复眼间有不规则的橙

红色横带，颜面棕色，密生黄色小斑点。前胸背板黄色，后半部分布许多不规则褐色斑。小盾片橙黄色，基角、两侧缘中部及近端部、中域有黑褐色斑。前翅棕黄色，密生黑褐色蠕虫形端纹。头冠与前胸背板近等宽，前缘弧形突出，中长大于两侧近复眼处长，近前缘有 1 条横凹，单眼位于头冠前缘靠近复眼，到复眼的距离等于单眼直径。颜面较平坦，前唇基两侧缘近平直。前胸背板前缘弧形突出，后缘中央近平直，中长约为头冠中长的 2 倍。小盾片横刻痕凹入、弧形弯曲。前翅 3 个端前室，内端前室基部开放，端片发达。尾节侧瓣长约等于宽，后缘向后角状突出，后腹缘微突出，后半域有许多大刚毛。生殖瓣三角形；下生殖板侧缘弧形突出，端部有 1 个指状膜质突起，近侧缘有 1 列大刚毛，沿背部侧缘有许多细长刚毛。阳基侧突端部宽，与基部近等宽，端部外侧角状突出，近端部肩角较发达。连索"Y"形，主干粗壮，与两侧臂近等长。阳茎基发达，腹缘向后有 2 对突起，背面 1 对两侧缘锯齿状，近中部突出，端部渐细，腹面 1 对基半部粗，端半部细长、直，向后延伸，阳茎干短，背向弯曲，端部向体前方呈钩状弯曲，阳茎口位于阳茎干的端部。

分布：浙江（临安）、甘肃、湖南。

57. 菱纹叶蝉属 *Hishimonus* Ishihara, 1953

Hishimonus Ishihara, 1953b: 38. Type species: *Acocephalus discigutta* Walker, 1857.

主要特征：头冠前缘圆弧突出，中长稍大于两侧复眼处，单眼位于头冠前缘近复眼处，头冠前缘两单眼间有 1 个浅横槽，额唇基长大于宽，前唇基长，两侧缘端向稍宽，前胸背板中长为头冠中长的 2 倍，前缘圆弧突出，后缘微凹，小盾片三角形，中长稍短于前胸背板，前翅 3 个端前室，内端前室基部开放，端片发达，前翅具有褐色斑，后缘中部有 1 个大褐斑。尾节侧瓣具大刚毛，下生殖板基部宽，外缘圆弧突出，端部指状突出，连索"Y"形，阳茎具 2 个阳茎干和 2 个阳茎口。

分布：世界广布。世界已知 62 种，中国记录 25 种，浙江分布 4 种。

分种检索表

1. 阳茎干中部腹面具刺状突 ··腹刺菱纹叶蝉 *H. ventralis*
- 阳茎干中部不具刺突 ··· 2
2. 阳茎端叉末端反折 ···突茎菱纹叶蝉 *H. bucephalus*
- 阳茎端叉末端不反折 ··· 3
3. 阳茎端叉末端呈单钩状 ··端钩菱纹叶蝉 *H. hamatus*
- 阳茎端叉宽短，呈片状，端部膨大，末端圆，外缘中部显著切凹 ··············凹缘菱纹叶蝉 *H. sellatus*

（114）端钩菱纹叶蝉 *Hishimonus hamatus* Kuoh, 1976（图 1-114）

Hishimonus hamatus Kuoh, 1976: 436.

主要特征：体连翅长 3.8–4.2 mm。头顶淡黄绿色，前缘有 4 条横纹，单眼后方具有 1 个横点，中域两侧各有 3 个浅棕褐色成列的小斑，部分个体不明显；颜面淡黄色，颊区略深污。前胸背板淡黄绿色，前缘区两侧有数个暗斑，中后部污暗，散布淡黄绿色小圆点。小盾板橙黄色，端部及侧缘淡黄绿色，中线及两侧斑块淡暗褐色。前翅淡青色，散布深褐色短纹及斑点，菱纹黄褐色，前缘有淡黑褐色斑块，翅端区斑纹淡黑褐色，4 个小白圆点明显；后翅透明，翅脉烟褐色；胸部腹面及足基节淡黑褐色，边缘及足的其余各节淡黄色，各足股节各有 2 条暗褐色横带，雄虫色浅而狭，雌虫宽而深。腹部背面黑褐色，边区浅橙褐色；腹面雄虫浅污黄色，后部数节有淡褐色网状纹，雌虫淡黄绿色，尾节浅棕褐色。阳茎端叉末端呈单钩状。

分布：浙江（临安）、山东、河南、新疆、江西、湖南、福建、贵州。

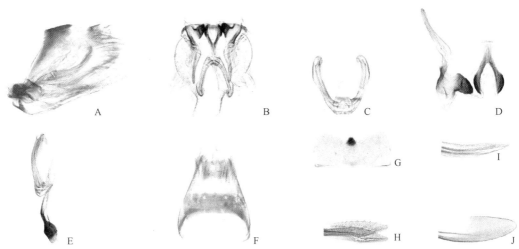

图 1-114　端钩菱纹叶蝉 *Hishimonus hamatus* Kuoh, 1976（仿 Kuoh，1976）

A. 尾节侧瓣侧面观；B. 生殖瓣、下生殖板、阳基侧突、连索、阳茎背面观；C. 阳茎后面观；D. 阳基侧突、连索腹面观；E. 连索、阳茎侧面观；
F. 尾节侧瓣腹面观；G. 雌虫第 7 腹板腹面观；H. 雌虫第 2 产卵瓣端部侧面观；I. 雌虫第 1 产卵瓣端部侧面观；J. 雌虫第 3 产卵瓣端部侧面观

（115）突茎菱纹叶蝉 *Hishimonus bucephalus* Emeljanov, 1969（图 1-115）

Hishimonus bucephalus Emeljanov, 1969: 1101.

Hishimonus reflexus Kuoh, 1976: 431, fig. 1.

Hishimonus biuncinatus Li, 1988a: 52, fig. 2.

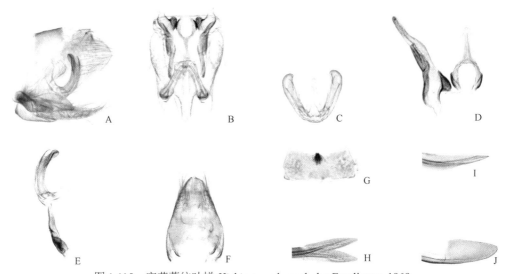

图 1-115　突茎菱纹叶蝉 *Hishimonus bucephalus* Emeljanov, 1969

A. 尾节侧瓣侧面观；B. 生殖瓣、下生殖板、阳基侧突、连索、阳茎背面观；C. 阳茎后面观；D. 阳基侧突、连索腹面观；E. 连索、阳茎侧面观；
F. 尾节侧瓣腹面观；G. 雌虫第 7 腹板腹面观；H. 雌虫第 2 产卵瓣端部侧面观；I. 雌虫第 1 产卵瓣端部侧面观；J. 雌虫第 3 产卵瓣端部侧面观

主要特征：体长：♂ 3.3–4.6 mm，♀ 4.0–5.2 mm。头冠和前胸背板宽度近等，近前缘处有 1 横凹，中长比复眼间宽小；单眼和复眼间距小于其本身直径。前胸背板中长和头冠 2 倍相近，后缘微凹；小盾片比头冠长，横凹痕近平直。头冠黄色，没有明显斑纹。颜面黄色，额唇基区侧方有横向印痕，不甚明显，颊区靠近舌侧板处有 1 对黑斑。前胸背板黄绿色，后方暗绿色，有少许白色小圆斑；小盾片棕黄色，两基角棕黄色，侧缘具白色斑带。前翅银灰色，密布褐色斑点，菱形斑纹褐色，前缘边界和后缘端角明显加深，端区色深。尾节侧瓣端向角状突出，近端部着生大刚毛；生殖瓣近似梯形，侧缘弯曲不平直，中长小于基部宽，端角微突；下生殖板宽大，端向略收狭，至端部骤狭成指状，靠近外缘处有刚毛；阳基侧突端前突不甚发达，端突指状伸长，达到阳茎干中部，末端有 1 小齿突；连索主干略长于侧臂；阳茎干宽，背向微弯，端部侧缘向中心反折，略膨大，内缘有 1 弯曲的小钩，阳茎口明显，在后面近端部。雌虫第 7 腹板中长略小于宽度的一半，后缘微凹，中间具深色突出。第 1 产卵瓣剑叶状，背上部有网状纹饰；第 2 产卵瓣背缘为锯齿状；第 3 产卵瓣端部膨大，有刚毛。

分布：浙江（临安、江山）、河北、山西、河南、陕西、湖北、江西、湖南、福建、广东、贵州。

（116）凹缘菱纹叶蝉 *Hishimonus sellatus* (Uhler, 1896)（图 1-116）

Thamnotettix sellata Uhler, 1896: 259.

Hishimonus sellatus: Knight, 1970: 182.

主要特征：体连翅长 4.0–4.5 mm。体淡黄绿色。头冠顶端和后缘各自的 1 对黄褐色斑点、靠近凹槽的 1 对小斑及中线均为淡黄褐色；复眼黑褐色，单眼黄褐色；颜面淡黄褐色，触角黄褐色。前胸背板淡黄绿色，前缘区有暗色斑，中后部暗绿色；小盾片黄绿色，基角及端区黄褐色，横刻痕不甚明显。前翅灰白色，翅脉黄褐色，翅面散生褐色斑点和短纹，菱形纹浅橙褐色，以致菱形纹明显，端区淡黑褐色，具 4 个白斑。胸部腹板黄绿色有暗色斑；足黄褐色，胫刺基部有暗色斑；腹部背面黑褐色，腹面黄褐色。雄虫阳基侧突粗大；连索主干长度超过臂长；阳茎端叉宽短，呈片状，端部膨大，末端圆，外缘中部显著切凹。

寄主植物：大豆、绿豆、豇豆、芝麻、草莓、大麻、芝麻、茄、桑、泡桐、榆树、无花果、刺梨、枣、蔷薇。

分布：浙江、辽宁、山东、陕西、江苏、安徽、湖北、江西、福建、台湾、广东、香港、四川、贵州；俄罗斯，日本，印度，斯里兰卡，马来西亚。

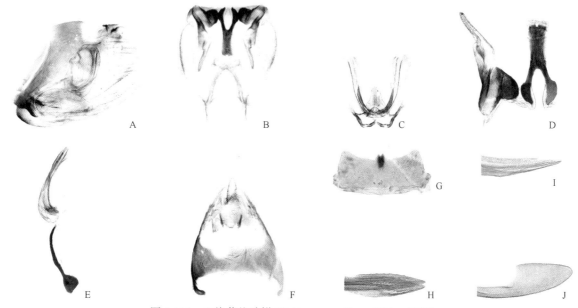

图 1-116　凹缘菱纹叶蝉 *Hishimonus sellatus* (Uhler, 1896)

A. 尾节侧瓣侧面观；B. 生殖瓣、下生殖板、阳基侧突、连索、阳茎背面观；C. 阳茎后面观；D. 阳基侧突、连索腹面观；E. 连索、阳茎侧面观；F. 尾节侧瓣腹面观；G. 雌虫第 7 腹板腹面观；H. 雌虫第 2 产卵瓣端部侧面观；I. 雌虫第 1 产卵瓣端部侧面观；J. 雌虫第 3 产卵瓣端部侧面观

（117）腹刺菱纹叶蝉 *Hishimonus ventralis* Cai *et* He, 2001（图 1-117）

Hishimonus ventralis Cai *et* He *in* Cai, He & Gu, 2001: 203.

主要特征：体连翅长 4.4 mm。头冠前端圆角状突出，中长为复眼间宽的 1/2，前缘域有 1 条横缢痕，冠缝细，单眼位于头冠侧缘，与复眼间距近为自身直径的1/20；额唇基端向渐次弧圆收窄，前唇基基部3/4两侧平行，端部1/4稍向两侧扩大。前胸背板中长为头冠的2倍，为自身宽度的1/2强，前缘弧圆突出，前、后缘钝圆角状相交，后缘微凹入。小盾片长度为前胸背板的2/3强，横刻痕微弧曲，不达侧缘。雄虫第7腹板中长略大于其前一节，后缘浅凹入，端大半部中央有1个"V"形黑褐色纹；产卵瓣略伸过尾节侧瓣。雄虫第8腹板中长微大于其前一节，后缘浅弧凹。基瓣基缘浅凹，两侧缘渐次弧圆收窄，中央呈乳头状突出。尾节侧瓣端部尖圆收窄，并在中上部着生5根大刚毛和若干小刚毛。下生殖板基大半部甚宽，端向收窄，端部细缝呈尾状，外缘域具细长刚毛。连索"Y"形。阳基侧突细长。阳茎干略纵扁叉状，末端有1个钩状突，中部腹面有1个刺状突，阳茎口位于阳茎干末端。

分布：浙江（临安）。

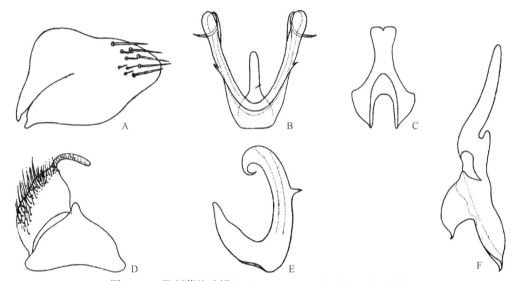

图1-117 腹刺菱纹叶蝉 *Hishimonus ventralis* Cai *et* He, 2001
A. 尾节侧瓣侧面观；B. 阳茎腹面观；C. 连索；D. 生殖瓣和下生殖板；E. 阳茎侧面观；F. 阳基侧突

58. 刺瓣叶蝉属 *Norva* Emeljanov, 1969

Norva Emeljanov, 1969: 1100. Type species: *Norva anufrievi* Emeljanov, 1969.

主要特征：头冠宽短，较前胸背板宽，前缘弧形突出，中长稍大于两侧复眼处长；前胸背板中长显著大于头冠中长；小盾片三角形，中长稍短于前胸背板。前翅具4个端室、3个端前室，内端前室基部开放，体背面有蠕虫形斑纹，前翅后半中部具半圆形褐色斑。雄虫尾节侧瓣腹缘具有刺状突起；连索近"Y"形，主干长；阳茎基宽大，双阳茎干，腹缘着生有1长突；阳茎口位于末端。

分布：古北区、东洋区。世界已知2种，中国记录2种，浙江分布1种。

（118）褐纹刺瓣叶蝉 *Norva anufrievi* Emeljanov, 1969（图1-118）

Norva anufrievi Emeljanov, 1969: 1100.

主要特征：体铁锈红色。前翅基部1/4色淡，呈半圆形褐色斑，翅脉呈棕色，翅的端部和中部分布有许多淡的小斑点和蠕虫形斑纹。头冠较前胸背板宽，前缘弧形突出，中长稍大于两侧复眼处，头冠近前缘有1个横凹痕，前胸背板中长显著大于头冠中长，小盾片三角形，中长稍短于前胸背板。前翅具4个端室，3个端前室，内端前室基部开放。雄虫尾节端向渐窄，后腹缘有1个短突，近后缘有许多大刚毛。生殖瓣三角形。下生殖板窄长，端向渐窄，侧缘近端部微凹入，外侧缘有 1 列大刚毛。连索近"Y"形，主干发达，较两侧臂长；阳基侧突端突发达，向外侧略弯曲，肩角不发达。阳茎基宽大，成对阳茎干近端部背向弯曲，腹缘着生有 1 个发达的长突，阳茎口位于末端。

　　分布：浙江（临安）、辽宁、河南；俄罗斯，朝鲜，韩国。

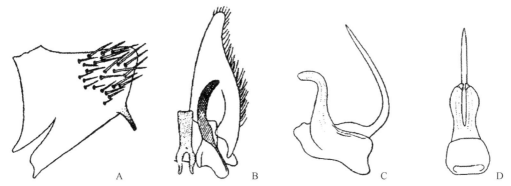

图 1-118　褐纹刺瓣叶蝉 *Norva anufrievi* Emeljanov, 1969（仿 Emeljanov，1969）
A. 尾节侧瓣侧面观；B. 连索、阳基侧突和下生殖板背面观；C、D. 阳茎侧面观和背面观

普叶蝉族 Platymetopiini Haupt, 1929

　　主要特征：头冠前缘角状突出，头冠扁、凹入，向前突出。单眼位于头冠前缘靠近复眼，头冠与颜面角状相交，额唇基长；前唇基端向渐宽。前胸背板前缘弧形突出，后缘中央微凹，侧缘具脊起。前翅有许多反折的前缘小脉。雄虫尾节内侧缘有突起，连索"Y"形，两侧臂呈钝角或近直，阳茎干背向弯曲，阳茎口位于端部。

　　分布：世界广布。世界已知 28 属 204 种，中国记录 5 属 16 种，浙江分布 2 属 3 种。

59. 木叶蝉属 *Phlogotettix* Ribaut, 1942

Phlogotettix Ribaut, 1942: 262. Type species: *Phlogotettix cyclops* Mulsant *et* Rey, 1855.

　　主要特征：头冠前缘角状突出，中长大于两侧近复眼处，单眼位于头冠前缘近复眼处，颜面、前胸背板横宽，中长大于头冠，小盾片与前胸背板近等长，前翅具 4–5 端室、3 端前室。下生殖板末端细缢，端半部有长刚毛，连索"Y"或"T"形，主干短，阳茎干长，背向弯曲，近端部腹缘有 1 对突起。

　　分布：世界广布。世界已知 9 种，中国记录 6 种，浙江分布 2 种。

（119）一点木叶蝉 *Phlogotettix cyclops* (Mulsant *et* Rey, 1855)（图 1-119）

Jassus cyclops Mulsant *et* Rey, 1855: 227.

Phlogotettix monozoneus Li *et* Wang, 1998: 374.

Phlogotettix cyclops: Ribaut, 1942: 262.

　　主要特征：头冠及颜面瓦灰白色，基域中央有黑色圆斑。复眼黑色，单眼与体同色。前胸背板及小盾片具淡黄色、微带白色，小盾片基域及中央纵带黄褐色。前翅淡黄白色，有光泽，有的个体爪脉和爪片末端污黑色。头冠前端宽圆突出，中域轻度隆起，冠缝明显，头冠与颜面弧圆相交，分界线不明显。单眼位于头冠前缘，靠近复眼。颜面长大于宽，额唇基中域隆起，两侧有横印痕列；前唇基近似长方形，端缘弧圆突出；触角长，向后伸超过小盾片末端。前胸背板较头部微宽，明显大于头冠中长，中域隆起，前缘域有弓形凹痕；小盾片较前胸背板短，中域凹陷，端区微隆起，横刻痕弧弯伸不及侧缘。前翅近似皮革质，半透明，超过腹部末端；翅脉明显，端片狭长，端前室 3 个。雄虫尾节端缘近似角状突出，端区有粗长刚毛，腹缘突起匀称，端区向上弯。下生殖板基部宽，内侧附生细长突起，端区细如棒状，密生细长毛，间生粗刚毛。阳基侧突基部宽，端部呈弯钩状；连索近似"Y"形，主干短；阳茎端部分叉，中域有枝状突。

分布：浙江（临安）、黑龙江、吉林、山东、甘肃、湖北、湖南、福建、台湾、海南、四川、贵州、云南。

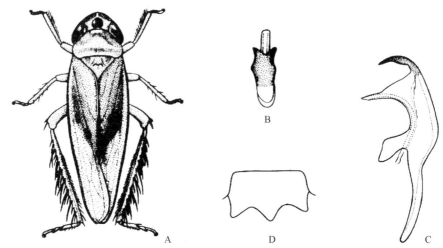

图 1-119　一点木叶蝉 *Phlogotettix cyclops* (Mulsant *et* Rey, 1855)（仿 Ribaut，1942）
A. 体背面观；B. 阳茎后面观；C. 阳茎侧面观；D. 雌虫第 7 腹板腹面观

（120）端钩木叶蝉 *Phlogotettix polyphemus* Gnezdilov, 2003（图 1-120）

Phlogotettix polyphemus Gnezdilov, 2003: 103.

主要特征：外形和体色如一点木叶蝉，唯阳茎端部陡然腹向弯曲。
分布：浙江。

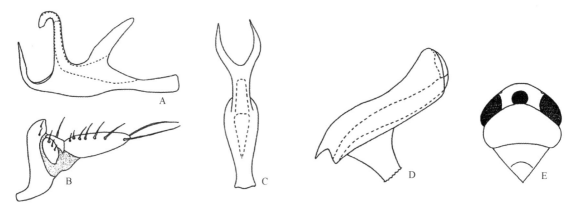

图 1-120　端钩木叶蝉 *Phlogotettix polyphemus* Gnezdilov, 2003（仿 Gnezdilov，2003）
A. 阳茎侧面观；B. 肛管侧面观；C. 阳茎腹面观；D. 尾节侧瓣腹面观；E. 头和胸部背面观

60. 锥顶叶蝉属 *Japananus* Ball, 1931

Japananus Ball, 1931: 218. Type species: *Platymetopius hyalinus* Osborn, 1900.

　　主要特征：中型昆虫。体黄白色至浅绿色，前翅常有棕色横带。头冠较前胸背板窄，向前锥状突出，中域微凹，与颜面角状相交，具脊，单眼位于头冠前缘，靠近复眼；前唇基端向渐宽。前翅端前外室方形，内端前室基部开放。雄虫尾节侧瓣长大于宽，无突起，中后部具大量刚毛；下生殖板端部变窄，近膜质，无刚毛；阳基侧突细长，具短的指状端突；连索长，近线状；阳茎干成对，近端部具突起，阳茎口位于阳茎干近端部。

　　分布：世界广布。世界已知 4 种，中国记录 3 种，浙江分布 1 种。

（121）爱可锥顶叶蝉 *Japananus aceri* (Matsumura, 1914)（图 1-121）

Platymetopius aceri Matsumura, 1914a: 216.

Japananus aceri: Ball, 1931: 218.

　　主要特征：前翅爪区翅脉愈合。阳茎干近端部突起粗大、直，指向中部。
　　寄主植物：枫树。
　　分布：浙江（临安）、吉林、江西、台湾；俄罗斯，朝鲜，韩国，日本。

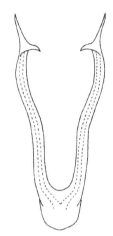

图 1-121　爱可锥顶叶蝉 *Japananus aceri* (Matsumura, 1914) 阳茎腹面观（仿 Xing et al.，2008）

带叶蝉族 Scaphoideini Oman, 1943

　　主要特征：体中等大小，细长，黄褐色；头胸、翅具有橙色、褐色、黑色斑纹。头冠前缘角状突出，窄于前胸背板，中长大于两复眼间宽；单眼位于头冠前侧缘，接近复眼。额唇基区长且窄，颜面颊发达，两侧缘向后延伸超过复眼，背面可见。前翅长，端片发达，外端前室小，中端前室收狭，基部较端部宽；内端前室基部开放，前缘脉斜插，前缘靠近外端前室有一些反折的小脉。尾节侧瓣有大刚毛，下生殖板狭长，端部变细，呈线状突出，侧缘有或无刚毛；连索"Y"形；阳茎有成对的基侧突，或阳茎基部直接与连索相关键，阳茎口位于端部。

　　分布：世界广布。世界已知 61 属 631 种，中国记录 18 属 179 种，浙江分布 5 属 24 种。

分属检索表

1. 下生殖板狭长，侧缘着生许多细长毛 ·· 2
- 下生殖板不如上所述 ··· 3
2. 尾节侧瓣腹缘延伸成长突；阳茎干无腹突 ···································· 缘毛叶蝉属 *Phlogothamnus*
- 尾节侧瓣无突起；阳茎干腹面基部具有 1 对突起 ······························ 腹突叶蝉属 *Osbornellus*
3. 阳茎具有基侧突与连索相连，阳茎干与连索呈分离状 ··························· 带叶蝉属 *Scaphoideus*

- 阳茎与连索直接相连 ··· 4

4. 阳茎干腹部中域具有 1 对突起 ·· 突茎叶蝉属 *Amimenus*

- 阳茎干端部有或无突起 ·· 透斑叶蝉属 *Scaphomonus*

61. 突茎叶蝉属 *Amimenus* Ishihara, 1953

Amimenus Ishihara, 1953b: 41. Type species: *Scaphoideus mojiensis* Matsumura, 1914.

主要特征：头冠前端呈钝角状突出，中长小于两复眼间宽，窄于前胸背板；前翅具 4 端室，3 端前室。雄虫尾节侧瓣长大于宽，后域具有许多粗刚毛；生殖瓣近三角形；下生殖板端向渐窄，外缘着生数列刚毛；阳基侧突基部宽，端部细窄；连索"Y"形；阳茎干粗短，腹面中域具 1 对侧突，生殖孔开口于末端。

分布：古北区、东洋区。世界已知 1 种，中国记录 1 种，浙江分布 1 种。

（122）门司突茎叶蝉 *Amimenus mojiensis* (Matsumura, 1914)（图 1-122）

Scaphoideus mojiensis Matsumura, 1914a: 220.

Amimenus mojiensis: Ishihara, 1953b: 41.

主要特征：体连翅长：♂ 6.0–6.5 mm，♀ 6.2–6.8 mm。体淡黄褐色。头冠前缘具有 1 对深褐色波纹状横纹，对称分布；前胸背板中域具 2 条深褐色纵带；颜面具深褐色横条纹；前翅淡黄褐色，散生淡黄色透明斑，端缘和翅脉常呈黑褐色。头冠前缘钝角状突出，中长大于两侧复眼处长度，但小于两复眼间宽，头冠窄于前胸背板；单眼与复眼的距离小于其直径；额唇基中域轻度隆起，前唇基基部窄于端部。前翅第 3 端前室长且加插一些横脉，端片狭长。雄虫尾节侧瓣长而阔，后域具有许多粗刚毛；生殖瓣近似三角形；下生殖板端向渐细，外缘着生数列刚毛；阳基侧突端部发达，指状伸出向两侧强烈弯曲，端前叶发达呈锐角状凸出，着生数根刚毛；连索"Y"形，主干长于臂长；阳茎干粗短，腹面中域具 1 对侧突，生殖孔位于阳茎干末端。雌虫第 7 腹板中央长度是第 6 节的 2 倍，后缘中央凸出。

分布：浙江（临安）、河南、贵州。

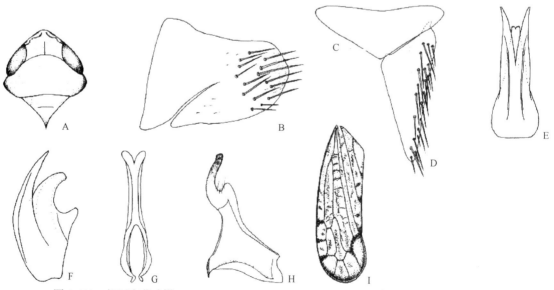

图 1-122　门司突茎叶蝉 *Amimenus mojiensis* (Matsumura, 1914)（仿 Dai and Xing，2010）

A. 头胸部背面观；B. 雄虫尾节侧瓣；C、D. 生殖瓣和下生殖板；E、F. 阳茎腹面观和侧面观；G. 连索；H. 阳基侧突；I. 前翅

62. 腹突叶蝉属 *Osbornellus* Ball, 1932

Osbornellus Ball, 1932: 17. Type species: *Scaphoideus auronitens* Provancher, 1889.

主要特征：体中等大小。头冠呈角状或弧圆状突出，窄于或宽于前胸背板，头冠具斑或横纹，前翅具4个端室，3个端前室，端片发达。雄虫尾节侧瓣狭长，端域着生许多粗长刚毛；生殖瓣近三角形；下生殖板狭长，基部到端部渐细，外侧着生许多细长毛；阳基侧突基部宽大，端部窄；连索"Y"形；阳茎腹面基部或近基部具1对突起，背腔发达。

分布：世界广布。世界已知110种，含3个亚属，中国记录1亚属3种，浙江分布1种。

（123）绥阳腹突叶蝉 *Osbornellus suiyangensis* Xing *et* Li, 2011（图 1-123）

Osbornellus suiyangensis Xing *et* Li *in* Li, Dai & Xing, 2011: 157.

主要特征：体连翅长：♂ 5.7–5.8 mm，♀ 5.9–6.1 mm。头冠淡黄褐色，前缘具黑褐色斑纹；前胸背板和小盾片淡黄褐色，小盾片两侧基黄褐色；前翅淡黄褐色。雄虫尾节侧瓣端向渐窄，端缘呈角状突出，中后域着生许多粗长刚毛；连索主干短于臂长；阳茎腹面基部具1对突起，且突起长于阳茎干，阳茎干管状，弯曲，侧面观端部略膨大，阳茎背腔发达。

分布：浙江（临安）、贵州。

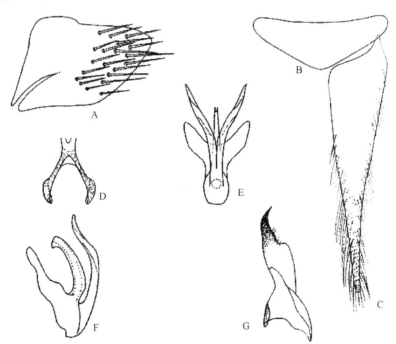

图 1-123　绥阳腹突叶蝉 *Osbornellus suiyangensis* Xing *et* Li, 2011（仿 Li et al., 2011）
A. 尾节侧瓣侧面观；B、C. 生殖瓣和下生殖板；D. 连索；E、F. 阳茎腹面观和侧面观；G. 阳基侧突

63. 缘毛叶蝉属 *Phlogothamnus* Ishihara, 1961

Phlogothamnus Ishihara, 1961: 248. Type species: *Phlogothamnus maculiceps* Ishihara, 1961.

主要特征：头部与前胸背板近等宽，中长大于两复眼间宽，前缘宽圆突出。颜面中长约等于两复眼间宽的 1.8 倍,前唇基的基部较窄,端向渐宽,颊区在复眼下微弯曲。前翅伸出腹部末端,翅脉明显,具 3 个端前室,4 个端室,端片明显。后足股节端刺式 2∶1∶1。雄虫尾节侧瓣端向渐窄,腹缘延伸成长突,侧缘有粗长刚毛;下生殖板窄长,两侧缘有细长缘毛;阳茎干向背面弯曲,端部常有不甚明显的突起,阳茎干常无腹突;连索"Y"形;阳基侧突端突细。

分布:东洋区。世界已知 8 种,中国记录 7 种,浙江分布 1 种。

(124) 多斑缘毛叶蝉 *Phlogothamnus polymaculatus* Li *et* Song, 2010 (图 1-124)

Phlogothamnus polymaculatus Li *et* Song, 2010: 607.

主要特征:体连翅长: ♂ 4.1 mm。头冠淡黄白色,具不规则形黑色斑,复眼黑褐色,具不规则形褐色斑,中后部淡褐色;小盾片淡黄白色,有不规则形黑褐色斑;前翅淡灰白色,翅脉淡褐色;胸部腹板淡黄白色,无明显斑纹。腹部淡黄白色,尾节侧瓣端区黑褐色。雄虫尾节侧瓣宽圆突出,端缘圆,端区有粗长刚毛,端腹缘有片状长突,突起末端尖细;下生殖板基部宽大,端部细长近膜质,两侧有细长毛;阳茎近似管状,两端细中部粗,末端两侧各有 2 个细刺突;连索"Y"形,主干短于臂长,两臂微弯曲;阳基侧突粗长,端部两侧疏生细刺,末端弯曲。

分布:浙江(临安)、江苏、江西。

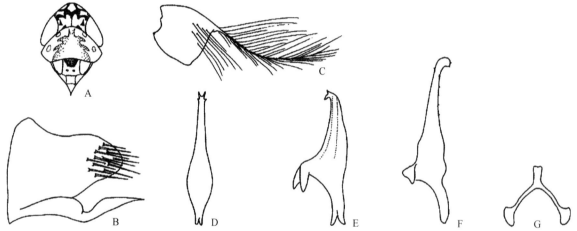

图 1-124 多斑缘毛叶蝉 *Phlogothamnus polymaculatus* Li *et* Song, 2010 (仿 Li et al.,2011)
A. 头、胸部背面观;B. 尾节侧瓣侧面观;C. 下生殖板腹面观;D. 阳茎腹面观;E. 阳茎侧面观;F. 阳基侧突背面观;G. 连索背面观

64. 带叶蝉属 *Scaphoideus* Uhler, 1889

Scaphoideus Uhler, 1889: 33. Type species: *Jassus immistus* Say, 1830.

Bicoloratum Dai *et* Li *in* Li, Dai & Xing, 2011: 49. Type species: *Biocoloratum pingtungsis* Dai *et* Li, 2011.

主要特征:头冠窄于前胸背板,前缘角状突出,中长大于两复眼间宽,单眼位于头冠前侧缘,接近复眼。前翅长,端片发达,外端前室小,中端前室收狭,基部较端部宽,内端前室基部开放,前缘脉斜插,前缘靠近外端前室有一些反折的小脉。尾节侧瓣有成簇的大刚毛,下生殖板狭长,端部变细,呈线状突出,侧缘有或无刚毛,连索"Y"形;阳茎有成对的基侧突,附突发达,与连索愈合或关键,阳茎干小、位于生殖荚的背缘,阳茎口位于端部。

分布:世界广布。世界已知 145 种,中国记录 129 种,浙江分布 20 种。

分种检索表

1. 体背中央具 1 白色纵带，沿头冠伸达前翅近末端 ·· 白纵带叶蝉 *S. kumamotonis*
- 体背无白色纵带 ··· 2

2. 头冠亚前缘具与前缘近平行的橙色或褐色缘线 ··· 3
- 头冠前缘或亚前缘无缘线 ·· 11

3. 前胸背板具数根纵带贯穿至小盾片端部；阳茎干近端部两侧各具 1 个小突 ············· 刺突带叶蝉 *S. acanthus*
- 前胸背板具宽横带，不具纵带 ··· 4

4. 阳茎端部具明显分叉或腹面观中部凹陷 ··· 5
- 阳茎端部腹面观突出或平截，不具明显分叉 ··· 10

5. 连索突起近端部角状膨大，与尖端呈三角形 ··· 6
- 连索突起近端部略微膨大或不膨大 ··· 8

6. 阳茎干端部背向角状略突出 ·· 阔横带叶蝉 *S. festivus*
- 阳茎干端部具 1 对明显突起 ·· 7

7. 阳基侧突端前突起较短，长度小于总长 1/2，阳茎端部 1 对突起较短 ··················· 双钩带叶蝉 *S. ornatus*
- 阳基侧突端前突起较长，长度大于总长 1/2，阳茎端部 1 对突起较长 ··············· 乳翅带叶蝉 *S. galachrous*

8. 连索侧臂长度明显大于主干；阳茎干侧面观粗壮 ··· 褐横带叶蝉 *S. testaceous*
- 连索侧臂长度明显小于主干；阳茎干侧面观较细 ··· 9

9. 阳基侧突端突小于总长 1/2；连索突起近端部不侧向弯曲，且端部侧缘具齿状小突 ········· 端斑带叶蝉 *S. apicalis*
- 阳基侧突端突大于总长 1/2；连索突起近端部 1/4 骤然变细，且侧向弯曲 ················· 双足带叶蝉 *S. bipedis*

10. 下生殖板细长，侧缘近平行；连索突起侧面观较平直，侧面观近端部略微腹向弯曲，端部尖；阳茎干侧面观较粗，宽度约为长度的 1/3 ·· 齿茎带叶蝉 *S. dentaedeagus*
- 下生殖板基部较宽，端向渐细；连索突起近基部起近 90°背向弯曲；阳茎干侧面观较细，宽度约为长度的 1/4 ·············· 黑纹带叶蝉 *S. nigrisignus*

11. 头冠前域中间具 1 独立小点斑，与冠面其他斑纹明显不相关 ····························· 白斑带叶蝉 *S. albomaculatus*
- 头冠前域中间不具 1 小点斑或具与其他斑纹连接的点斑 ·· 12

12. 头冠具超过总面积 2/3 的大斑 ·· 13
- 头冠斑带不超过总面积的 2/3 ··· 14

13. 阳基侧突端前突起较短，长度小于总长 1/2，端半膨大，阳茎腹面观端部尖细 ············· 长茎带叶蝉 *S. changjinganus*
- 阳基侧突端前突起较长，长度大于总长 1/2，近端部具 1 小角状突，阳茎端部两侧各具 1 角状背向突起 ·············· 梵净带叶蝉 *S. fanjingensis*

14. 头冠部具横带；阳基侧突端突较长；阳茎干腹面具 1 对长刺状突起 ··················· 黑面带叶蝉 *S. nigrifacies*
- 头冠部斑纹呈“山”状或多斑聚集构成 ·· 15

15. 头冠部具多个点斑，聚成大斑 ·· 斑腿带叶蝉 *S. maculatus*
- 头冠部斑纹呈“山”状 ·· 16

16. 头冠部“山”状斑纹位于中前域 ·· 黑颊带叶蝉 *S. nigrigenatus*
- 头冠部“山”状斑纹位于中后域 ·· 17

17. 尾节后腹缘有突起 ·· 18
- 尾节后腹缘无突起；阳茎端部两侧无突起 ··· 19

18. 阳茎近基部两侧有 1 对短突 ··· 多变带叶蝉 *S. varius*
- 阳茎无突起 ··· 刘氏带叶蝉 *S. liui*

19. 连索突起近端部向内弯曲 ··· 宽横带叶蝉 *S. transvittatus*
- 连索突起近中部侧向弯曲 ··· 黑横带叶蝉 *S. nitobei*

（125）刺突带叶蝉 *Scaphoideus acanthus* Kitbamroong *et* Freytag, 1978（图 1-125）

Scaphoideus acanthus Kitbamroong *et* Freytag, 1978: 12.

主要特征：体连翅长：♂ 4.0–4.6 mm，♀ 4.6–5.5 mm。头冠与前胸背板近宽，但长于前胸背板。头冠前缘钝尖突出，头长略长于复眼间宽且为复眼处长的 1.4 倍，头宽约为复眼间宽的 2 倍。颜面在复眼下方平截切入；额唇基两侧缘斜向延伸；前唇基亚基部微凹，端部渐宽，端部两侧微缩。前胸背板约为头长的 1.1 倍，后缘微凹；小盾片与前胸背板近等长，横刻痕弧状。前翅长，具不明显端片，两条横脉连接外端前室与前缘，基部脉出自外端前室基部。体色棕黄。头冠棕白，前缘具棕色横纹，2 大棕斑连接复眼。额唇基棕白，前缘具 2 条浅棕色横纹，横纹中部尖状突出；触角窝下缘深棕。前胸背板棕白色，均匀分布 4 条棕色纵纹，贯穿至小盾片端部；中胸盾片棕白，具深棕侧缘。前翅主要翅脉末端颜色加深。尾节侧瓣长约为宽的 2 倍，背缘平直，腹缘突出，端部具长刚毛，中后域具短刚毛。下生殖板三角形，长度约为尾节侧瓣的 1/2，距近端部的 1/3 处具 1 排刚毛，端部微侧向弯曲。阳基侧突"S"形，肩角不明显，端前突侧向弯曲，长度小于总长的 1/2。连索钳形，主干长于两臂；连索突起粗壮，呈"U"形，侧面观可见亚端部具 1 排背向齿突，端部具尖细腹向突起。阳茎粗壮，腹面观三角形；阳茎干两侧近端部均具 1 小尖刺，端部腹向突出，阳茎口位于亚端部。雌性生殖器：第 7 腹板后缘微凸，2 钝圆突起位于中部凹陷两侧。尾节侧瓣长，至端部渐细。尾节侧瓣长，至端部逐渐变细。

分布：浙江（泰顺）、湖南、福建；泰国。

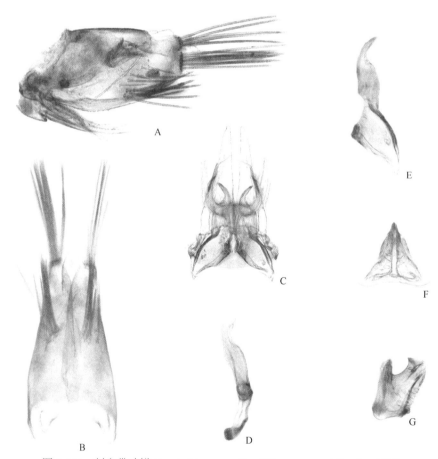

图 1-125　刺突带叶蝉 *Scaphoideus acanthus* Kitbamroong *et* Freytag, 1978
A. 尾节侧面观；B. 尾节侧瓣腹面观；C. 生殖瓣、下生殖板、阳基侧突、连索及连索突起；D. 连索及连索突起侧面观；E. 阳基侧突；F. 阳茎腹面观；G. 阳茎侧面观

（126）白斑带叶蝉 *Scaphoideus albomaculatus* Li, 1990（图 1-126）

Scaphoideus albomaculatus Li, 1990c: 466.

主要特征：体连翅长：♂ 6.2 mm。头冠部乳白色，头冠前域中间具 1 独立小点斑，与冠面其他斑纹明显不相关，中域具"山"字形黑色纹；颜面额唇基淡黄白色，两侧有褐色的短横纹，前唇基、颊、舌侧板均黑色。前胸背板深褐色，前域及后缘有不规则浅褐色斑块；小盾片基半部深褐色，端半部淡黄白色，两侧缘有 2 黑色斑点；前翅淡褐色，具白色透明斑，其中后缘中部 1 个，端前内室 2 个，端前中室及前缘域端半部各有 1 个，翅基部亦为白色，翅端黑褐色，翅脉深褐色，胸部腹板淡黄褐色，具黑色斑块，后足胫节外侧有 1 列黑斑。头冠前缘弧圆突出，中央长度与复眼间宽接近相等，小盾片横刻痕较直。雄虫尾节侧瓣宽，后缘中部向后突出；下生殖板约与尾节等长，端部尖细，外侧有 6 根长刚毛；阳基侧突基半部宽扁，端半部变细且弯曲外伸，末端尖细；连索"Y"形，主干长显著大于臂长，连索突起宽扁，基部与阳茎基近似愈合，基半部弯曲，端半部近似刀状；阳茎棒槌状，阳茎口于端部腹面。

分布：浙江（临安、开化、泰顺）、湖南、福建、台湾、广西、四川、贵州、云南。

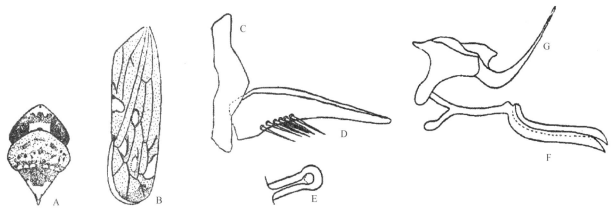

图 1-126　白斑带叶蝉 *Scaphoideus albomaculatus* Li, 1990（仿 Li，1990c）
A. 头胸背面观；B. 前翅；C、D. 生殖瓣和下生殖板；E. 阳茎背面观；F. 连索和连索突起；G. 阳基侧突

（127）端斑带叶蝉 *Scaphoideus apicalis* Li, 2011（图 1-127）

Scaphoideus apicalis Li *in* Cai & Huang, 1999: 334.

Scaphoideus pristiophorus Kamitani *et* Hayashi, 2013: 527.

主要特征：体连翅长：♂ 4.6–4.8 mm，♀ 4.8 5.0 mm。头冠略窄于前胸背板。头冠前缘角状突出，头宽约为复眼间宽的 2.2 倍，中长与复眼间宽近等长且约为复眼处长的 1.8 倍。前胸背板约为头长的 1.2 倍，前缘突出明显，后缘微凹入；小盾片与前胸背板近等长，两侧缘于近基部 1/3 处微突出，近端部 1/3 处微凹入。前翅具明显端片，翅脉棕色，两条横脉位于端外前室与前缘间，基部脉出自外端前室近基部，内端前室基部尖。体色浅黄。头冠白，前缘有 1 黑色缘线，在顶部加宽，1 棕红宽横纹位于中域，横跨复眼间。颜面白，前缘除与头冠接缝处具 1 黑色细纹外，另具 3 根黑色横纹。前胸背板灰白，前域中部具橙色斑，橙斑后缘棕色，中后域具灰棕横带；小胸盾片基半棕橙，端半白，顶角侧缘深棕。前翅半透明，端域具灰棕斑。尾节侧瓣末端具 2 排大刚毛，中域至端域散生数根短刚毛，中域刚毛较长。下生殖板三角形，细长，外缘近基部 1 排长刚毛，至中域刚毛渐向内部着生。阳基侧突基部宽，端部变细，肩角呈小三角形突出；端前突起侧向弯曲，端部斜截呈尖尖，端突小于总长的 1/2，基部具突起，近基部具数根毛。连索钳形，主干 1.3 倍长于侧臂；具 1 对突起，腹面观均匀延伸，至末端外缘斜截与内缘夹呈三角形，外缘斜截处边缘齿状，侧面观微弯，逐渐变细。阳茎腔不明显，与阳茎干呈近 90°角；阳茎干端部背向弯曲，呈小三角形，腹面观竖直，阳茎口孔位于端部。

　　分布： 浙江（临安、开化）、江西、湖南、福建、广西、四川、贵州。

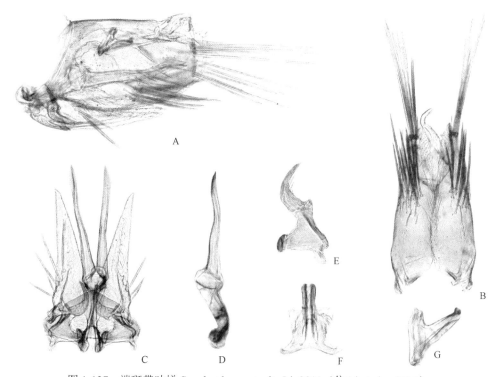

图 1-127 端斑带叶蝉 *Scaphoideus apicalis* Li, 2011（仿 Li et al.，2011）

A. 尾节侧面观；B. 尾节腹面观；C. 生殖瓣、下生殖板、阳基侧突、连索及连索突起；D. 连索及连索突起侧面观；E. 阳基侧突；F. 阳茎腹面观；
G. 阳茎侧面观

（128）双足带叶蝉 *Scaphoideus bipedis* Cai *et* He, 1998 （图 1-128）

Scaphoideus bipedis Cai *et* He *in* Cai, He & Zhu, 1998: 71.

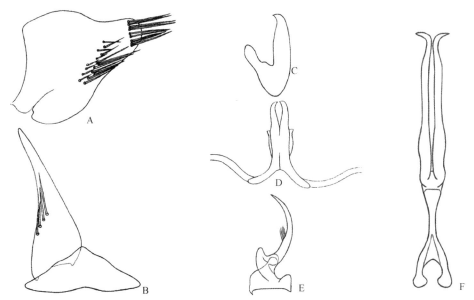

图 1-128 双足带叶蝉 *Scaphoideus bipedis* Cai *et* He, 1998（仿 Cai et al.，1998）

A. 尾节侧瓣；B. 生殖瓣和下生殖板腹面观；C、D. 阳茎侧面观和腹面观；E. 阳基侧突；F. 连索和连索突起腹面观

主要特征：体连翅长：♂ 5.3 mm，♀ 5.5 mm。前胸背板与头冠近宽。头冠前端短圆突出，头长略大于两复眼间宽。前胸背板长于头长；小盾片长于前胸背板。前翅较长，端片明显。头部浅黄，头冠前缘具黑褐缘线，前域具红褐横带，横带前缘中部角状突出，后缘呈齿状波形。额唇基端域具 3 条褐色横纹。前胸背板黄白，前域与中后域皆具红褐横带；小盾片基半红褐，端半浅黄。前翅浅棕半透明，翅面具不规则白斑，端部具深褐色斑，翅脉深褐色。尾节侧瓣短圆，背缘与腹缘微突出，端缘弧形，近端域具长刚毛，中后域具短刚毛。生殖瓣三角形。下生殖板三角形，端向渐窄，侧缘凹入，端半微侧向弯曲，近基部 1/3 具 1 排刚毛。阳基侧突基部较宽，肩角突出明显；端前突起侧向弯曲，近端部 1/4 骤然变细，端突大于总长的 1/2，近基部 1/3 处具 1 排小刚毛。连索"Y"形，臂长大于主干，两臂端部微膨大；1 对连索突起，近端部尖细，端部尖且侧向弯曲。阳茎腔发达，与主干约呈 45°角；阳茎干近端部分为二叉，端部微背向弯曲。雌性生殖器：第 7 腹板锥形，端部钝圆，长度约为第 6 腹板的 2.5 倍。

分布：浙江、河南。

（129）长茎带叶蝉 *Scaphoideus changjinganus* Li, 1990（图 1-129）

Scaphoideus changjinganus Li, 1990b: 100.

主要特征：体连翅长：♂ 7.0 mm。头冠较长，前端呈角状突出，中长约等于两复眼间宽，冠面平坦，端域微向上翘。雄虫尾节侧瓣近似三角形，后缘中部向后突出。阳基侧突端突较短，长度小于总长的 1/2，端半部膨大，基部宽扁，中部向外侧扩大，前端部外弯，其弯折处有许多长刚毛，端部人足形。下生殖板基部宽，端部逐渐变细，外侧有粗刚毛。连索"Y"形，主干细长，其长度约等于臂长的 5 倍；连索侧突起平且细长，其长度与连索近相等，端部凹陷，末端尖。阳茎背面中部有 1 棒状突，端部略弯，腹面观端部尖细，阳茎口位于顶端。

分布：浙江（临安）、辽宁。

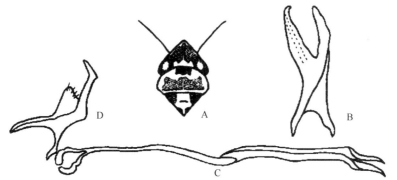

图 1-129　长茎带叶蝉 *Scaphoideus changjinganus* Li, 1990（仿 Li，1990b）
A. 头胸背面观；B. 阳茎侧面观；C. 连索和连索突起；D. 阳基侧突

（130）齿茎带叶蝉 *Scaphoideus dentaedeagus* Li *et* Wang, 2002（图 1-130）

Scaphoideus dentaedeagus Li *et* Wang, 2002: 106.

主要特征：体连翅长：♂ 5.5–5.8 mm，♀ 5.8–6.0 mm。体纤长，头冠略窄于前胸背板。头冠前缘角状突出，复眼间宽 1.1 倍于头长，头长约为复眼处长的 1.6 倍，头宽约为复眼间宽的 2.1 倍。额唇基两侧缘与触角窝处凹陷；前唇基较宽，宽度约为长度的 2/3，两侧缘近平行。前胸背板略宽于头冠，长度约为头长的 1.3 倍；小盾片与前胸背板近等长，两侧缘中部微陷，横刻痕微呈弧状突出。前翅半透明，两横脉自外端前室侧缘近基部发出，斜向翅基部。体淡棕色。头冠黄白色，近前缘具 1 黑色缘线，中域具宽横橙带，横带中部微凸出。颜面灰白，端部具 4 根深棕横纹。前胸背板棕灰，前缘具橙色横纹，两侧深褐，中域具宽棕横纹；小盾片基半橙色，两基角具白斑，顶角两侧深褐。前翅半透明，端部褐色，翅脉深棕。尾节侧瓣长约为宽的 2.5 倍，末端 2 列长刚毛排成一排，近腹缘夹杂长刚毛与短刚毛。下生殖板细长，亚基部变细后平行延伸，端部钝圆，近末端侧缘及端缘具细长刚毛。阳基侧突小，肩角不明显，端前突起侧向近 60°弯曲，端部尖细。连索"Y"形，主干短于两臂，主干中部扁平隆起；1 对连索突平行延伸，近中部侧向扭曲，逐渐变细，端部渐细，侧面观亚端部腹向弯曲，端部尖。阳茎干粗壮，侧面观"U"形，端部略背向弯曲。

　　分布：浙江、陕西、甘肃、湖北、湖南、福建、广西、云南。

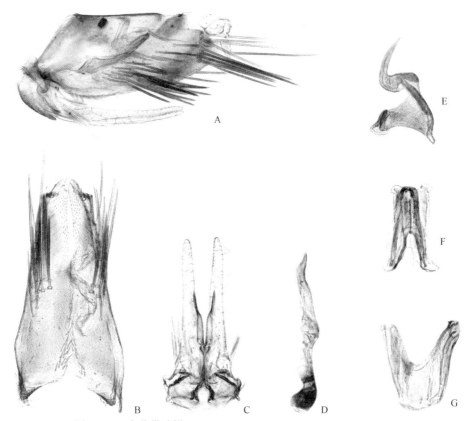

图 1-130　齿茎带叶蝉 *Scaphoideus dentaedeagus* Li *et* Wang, 2002

A. 尾节侧面观；B. 尾节侧瓣腹面观；C. 生殖瓣、下生殖板、阳基侧突、连索及连索突起；D. 连索及连索突起侧面观；E. 阳基侧突；F. 阳茎腹面观；G. 阳茎侧面观

（131）梵净带叶蝉 *Scaphoideus fanjingensis* Li *et* Dai, 2004（图 1-131）

Scaphoideus fanjingensis Li *et* Dai, 2004: 284.

　　主要特征：体连翅长：♂ 6.2–7.3 mm，♀ 7.2–7.6 mm。体细长，前胸背板宽于头冠。头冠前缘角状突出，头长与复眼间宽近等长且约为复眼处长的 1.8 倍，头宽约为复眼间宽的 2.1 倍。颜面额唇基侧缘与触角窝处微凹，前唇基亚基部微缩，至端部略变宽。前胸背板长约为头长的 1.2 倍，宽约为头宽的 1.1 倍；小盾片与前胸背板近等长，前缘突出，后缘微凹，横刻痕弧状突出，中部微凹入。前翅具明显端片，外端前室基部侧向伸出 1 条横脉，侧缘发出 2 根横脉。头冠黄白，"山"字形橙斑近占整个冠面，斑前缘色深至黑色，"山"字形斑两侧缘沿头冠弯曲，后缘两侧各具 1 较深缺刻。颜面棕黄，端部具 4 条横纹，顶端两纹中部呈角状，剩余 2 纹中部断裂，触角窝下方具棕斑。前胸背板棕红，前缘具橙色斑；小盾片深褐色，基角各具 1 褐色大斑，边缘色加深，顶角两侧缘具黑斑。前翅灰白透明，翅脉褐色。尾节侧瓣细长，长约为宽的 2.5 倍，近端部具 2 列长刚毛，腹缘具长短不一的刚毛。下生殖板细短，约为尾节侧瓣长的 1/2，基部较宽，近基部

1/3 处弧状变细后均匀延伸，端部钝圆。阳基侧突细长，肩角明显，端前突细长，至端部逐渐变细，长度大于总长的 1/2，亚基部具 1 小角状突。连索极长，主干约为臂长的 4 倍，两臂钳状内扣；1 对连索突平行延伸，端部尖。阳茎腔明显；阳茎干扁平，端部具 1 对背向角状突起。

　　分布：浙江（临安）、湖南、四川、贵州。

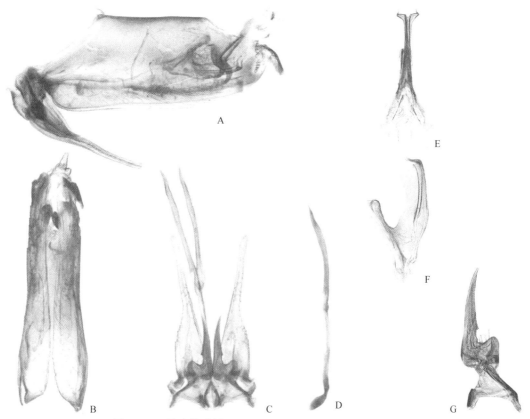

图 1-131　梵净带叶蝉 *Scaphoideus fanjingensis* Li *et* Dai, 2004

A. 尾节侧面观；B. 尾节侧瓣腹面观；C. 生殖瓣、下生殖板、阳基侧突、连索及连索突起；D. 连索及连索突起侧面观；E. 阳茎腹面观；F. 阳茎侧面观；G. 阳基侧突

（132）阔横带叶蝉 *Scaphoideus festivus* Matsumura, 1902（图 1-132）

Scaphoideus festivus Matsumura, 1902: 384.

Scaphoideus pristidens Kirkaldy, 1906: 333.

　　主要特征：体连翅长：♂ 4.2–5.3 mm，♀ 4.4–5.9 mm。体细长。头窄于前胸背板。头冠前缘钝圆突出，头长与复眼间宽近等长且约为复眼处长的 1.7 倍，头宽约为复眼间宽的 2.2 倍。颜面前唇基基部至端部逐渐变宽。前胸背板略宽于头冠，长约为头长的 1.1 倍；小盾片与前胸背板近等长，横刻痕弧状突出。前翅端片明显，外端前室下游斜向伸出 2 条横脉，亚基部斜向伸出 1 条横脉。体色淡棕。头冠灰白，亚前缘具深褐线，与前缘平行，中域具橙色横带，中部尖状突起。颜面棕白，顶部具 3 根深棕细横纹，触角窝下方具深棕斑。前胸背板灰白，前缘中部具橙色斑，两端深棕，后域具极宽棕色横带；小盾片基半部棕橙色，端半部灰白。前翅灰白透明，翅脉棕色。尾节侧瓣后缘突出，端部具数根长刚毛，后域侧缘具长短不一的刚毛。下生殖板三角形，端部钝圆，亚基部侧缘具数根刚毛。阳基侧突细长，肩角钝圆，端前突起长，至端部逐渐变细，亚端部具 1 小波浪突起。连索 "V" 形，主干不明显；连索突极细，1/2 处突然急剧加大，至端部呈三角形。阳茎粗壮，阳茎干腹面观竖直，端部中间凹陷，侧面观端部背向角状突出。

　　分布：浙江（临安）、黑龙江、北京、天津、河北、山西、河南、陕西、宁夏、湖北、江西、湖南、福建、台湾、广东、海南、广西、四川、贵州、云南；韩国，日本，印度，斯里兰卡。

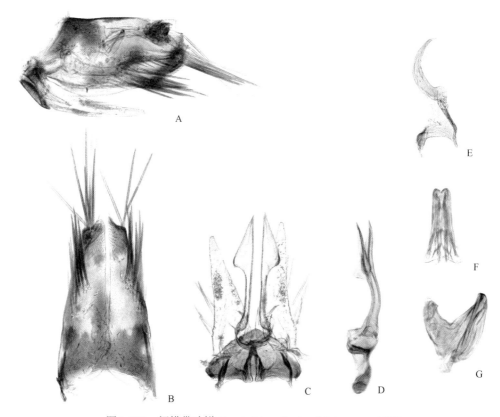

图 1-132　阔横带叶蝉 *Scaphoideus festivus* Matsumura, 1902

A. 尾节侧面观；B. 尾节侧瓣腹面观；C. 生殖瓣、下生殖板、阳基侧突、连索及连索突起；D. 连索及连索突起侧面观；E. 阳基侧突；F. 阳茎腹面
观；G. 阳茎侧面观

（133）乳翅带叶蝉 *Scaphoideus galachrous* Cai *et* He, 2001（图 1-133）

Scaphoideus galachrous Cai *et* He *in* Cai, He & Gu, 2001: 204.

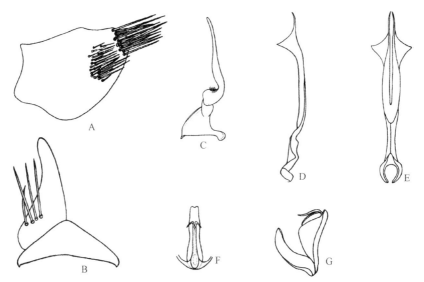

图 1-133　乳翅带叶蝉 *Scaphoideus galachrous* Cai *et* He, 2001（仿 Cai et al.，2001）

A. 尾节侧瓣；B. 生殖瓣和下生殖板；C. 阳基侧突；D、E. 连索和连索突起侧面观和背面观；F、G. 阳茎腹面观和侧面观

主要特征：♂ 5.7–6.2 mm。头冠前端角状突出，复眼间宽与头长相近。额唇基隆起，侧缘渐靠拢；前唇基侧缘近平行。前胸背板长于头冠，前缘弧状突出，后缘微凹入；小盾片与前胸背板等长，横刻痕近平直。前翅外端前室基部发出 2 条横脉斜伸向前缘。体黄褐色。头冠中域具 1 浅黄色鹰形斑纹，斑纹前缘中部和侧缘灰白色，后方排列 7 个灰白点斑。前胸背板侧域具 1 对灰白点；小盾片侧缘中部各具 1 灰白点。前翅基部黄褐色，具浅褐蚀状纹。尾节侧瓣短圆，背缘微凹，端域具长刚毛，中后域具短刚毛。生殖瓣扁三角形。下生殖板短小，基部较宽，近中部骤然变窄，近端部侧缘近平行，端部短圆，亚基部外缘斜向排列 4 根大刚毛。阳基侧突细长，端部较宽，肩角明显；端前突起细长，长度大于总长的 1/2，基半较宽，近基部具短刚毛。连索主干长于两臂，两臂端部靠拢；连索突起基半部平行延伸，近端部膨大与尖端形成三角形。阳茎腔发达；阳茎干主干具三角形背向大突起，端部具 1 对侧向长突。

分布：浙江。

（134）白纵带叶蝉 *Scaphoideus kumamotonis* Matsumura, 1914（图 1-134）

Scaphoideus kumamotonis Matsumura, 1914a: 224.

主要特征：体连翅长：♂ 4.2–4.8 mm，头宽 0.9–1.0 mm；♀ 4.4–5.1 mm，头宽 1.0–1.1 mm。体背中央具 1 白色纵带，沿头冠伸达前翅近末端，前翅 3 条横脉位于外端前室与前缘间，基部横脉由外端前室下游伸出。尾节侧瓣细长，后缘钝圆且散布数根短刚毛，亚端部具 2 簇长毛。下生殖板三角形，侧缘具细毛，基部较宽且具 2–3 根刚毛，端部钝圆。阳基侧突较小，肩角发达；端前突均匀伸长且侧向弯曲，端部骤然变细成尖角，腹外侧具小齿，侧叶及腹面具数根刚毛。连索臂短于连索茎，呈"Y"形；连索突起基部愈合而后平行伸出，每个突起基部至端部 1/2 处略宽，端部 1/2 后端向渐细变尖。阳茎腔发达，阳茎干笔直，侧面观扁平，顶端向后弯曲且具 1 对长侧突侧向基向弯曲，近端部具 2 条平行脊沿腹面延伸。雌性生殖器：第 7 腹板末端中间突起，中部具 1 凹痕，凹痕边缘略着黑色。

分布：浙江（临安）、河南、陕西、安徽、湖北、江西、湖南、广西、四川、贵州、云南、西藏；日本。

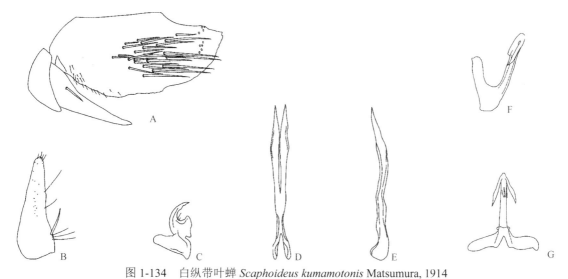

图 1-134　白纵带叶蝉 *Scaphoideus kumamotonis* Matsumura, 1914

A. 尾节侧瓣侧面观；B. 下生殖板腹面观；C. 阳基侧突；D、E. 连索和连索突起背面观和侧面观；F、G. 阳茎侧面观和后面观

（135）刘氏带叶蝉 *Scaphoideus liui* Li *et* Wang, 2002（图 1-135）

Scaphoideus liui Li *et* Wang, 2002: 112.

主要特征：体连翅长：♂ 4.6 mm。体淡黄白色，头冠基域淡黄褐色，沿黄褐色部分的前缘呈波状黑褐色，颜面淡黄白色，无任何斑纹。前胸背板淡黄褐色，前缘域和侧域散生褐色斑纹，其中前缘域 4 斑点排成弧形；小盾片基半部淡黄褐色，端半部淡黄白色，侧缘各有 2 黑褐色斑；前翅淡黄褐色，微带白色，具不规则灰白色透明斑，翅脉褐色；胸部腹板和胸足淡黄白色，无斑纹。头冠前端宽圆突出，冠面轻度隆起，中长与两复眼内缘间宽近等长。雄虫尾节侧瓣近似长方形突出，端腹角呈钩状；生殖瓣后缘呈锐角突出；下生殖板宽短，中域有 1 列粗长刚毛，内缘域有细小刚毛；阳基侧突端部鸟喙状；连索 "Y" 形，臂长是主干长的 2 倍，连索突起平行伸出，端部有细皱纹；阳茎棒状且弯曲，基部与连索近愈合。

　　分布：浙江（临安、庆元）、江西。

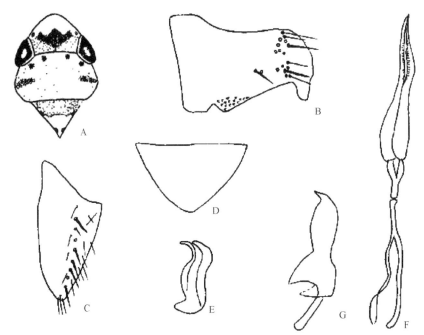

图 1-135　刘氏带叶蝉 *Scaphoideus liui* Li *et* Wang, 2002（仿 Li and Wang，2002）
A. 头胸背面观；B. 尾节侧瓣；C. 下生殖板；D. 生殖瓣；E. 阳茎侧面观；F. 连索和连索突起；G. 阳基侧突

（136）斑腿带叶蝉 *Scaphoideus maculatus* Li, 1990（图 1-136）

Scaphoideus maculatus Li, 1990b: 98.

　　主要特征：体连翅长：♂ 5.9–6.6 mm，♀ 6.5 mm。头窄于前胸背板。头冠前缘钝圆突出，复眼间宽约为中长的 1.2 倍，且约为复眼处长的 1.4 倍，头宽约为复眼间宽的 2 倍。颜面在复眼下方三角形切入，前唇基两侧缘近平行。前胸背板近 1.1 倍长于头宽；小盾片与前胸背板近等长，横刻痕弧形突出。翅半透明，端外前室亚基部伸出 2 条横纹侧向连接端片，下游另有 1 条横脉斜向基部。体棕白色。头冠黄白色，具多个点斑，聚成大斑，五边形，两侧角平直延伸，顶角两侧具深棕三角形斑，两底角附近各具 1 深斑。颜面棕黄，额唇基基部中心具小黑斑，额唇基两侧具棕色横纹，触角窝下方具棕斑。前胸背板棕色，前缘具宽深棕横斑；小盾片黄白，两侧角具长方形深棕大斑。翅脉棕黄透明，翅脉深棕，末端加粗。尾节侧瓣短圆，背缘与末端呈 120° 角，腹缘钝圆急剧突出，末端与腹缘交界处具细角状突出。下生殖板长于尾节侧瓣，近端部 1/3 处突出且与端部形成三角形突起。阳基侧突短，基部较宽，肩角三角形突出，端前突短三角形侧向弯曲。连索主干约为臂长的 2 倍，两臂聚拢；连索突起背向弯曲，端部渐细。阳茎侧面观近菱形，阳茎腔发达，呈五边形；阳茎干短小，阳茎口位于中部，阳茎口上端分两叉突出。雌性生殖器：第 7 腹板前缘弧形，中部具小方形突起。

　　分布：浙江（龙泉）、福建、广西、贵州、云南。

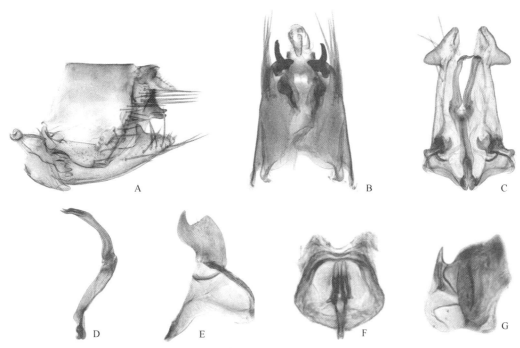

图 1-136　斑腿带叶蝉 *Scaphoideus maculatus* Li, 1990

A. 尾节侧瓣侧面观；B. 尾节腹面观；C. 生殖瓣、下生殖板、阳基侧突、连索及连索突起；D. 连索及连索突起侧面观；E. 阳基侧突；F. 阳茎腹面观；G. 阳茎侧面观

（137）黑面带叶蝉 *Scaphoideus nigrifacies* Cai *et* Shen, 1999（图 1-137）

Scaphoideus nigrifacies Cai *et* Shen, 1999b: 40.

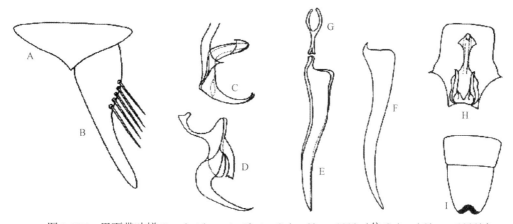

图 1-137　黑面带叶蝉 *Scaphoideus nigrifacies* Cai *et* Shen, 1999（仿 Cai and Shen, 1999b）

A. 生殖瓣；B. 下生殖板；C. 阳茎侧面观；D. 阳基侧突；E、F. 连索及连索突起腹面观和侧面观；G. 连索；H. 阳茎后面观；I. 雌虫第 7、8 腹板

主要特征：体连翅长：♂ 5.0–5.2 mm，♀ 5.5–5.6 mm。头冠黄白色，中域"山"字形纹浅红褐色，头冠部具横带。头冠锐圆角状突出，中长大于复眼间宽，单眼位于冠缘紧靠复眼。颜面额唇基长，端向渐窄，前唇基长方形。前胸背板中长与头冠相等。小盾片与前胸背板等长，横刻痕直，不达及侧缘。前翅端片宽。雌虫第 7 腹板中长长于其前一节的 1/2，后缘弧圆突出，但中央圆弧形刻凹；尾节侧瓣后缘域丛生灰白、黄褐和黑色大刚毛，伸出前翅外露；产卵瓣伸过尾节侧瓣，与前翅末端平齐。雄虫第 8 腹板长方形，与其前一节等长；基瓣略似三角形，后缘中央角状突出；尾节侧瓣近长椭圆形，端半部的后缘域丛生灰白、黄褐和黑色大刚毛，指向后方，伸出前翅外露；下生殖板长，内缘直，外缘自基部至中部渐次收窄，而后细长似燕尾状，外缘基部 2/4 处着生 1 列 5 根白色大刚毛斜向后侧方；阳基侧突连接臂较细

长，端部细缢向侧方弯折尖细突出；连索"Y"形，细小，连索突起双叉并拢，长片状宽大，趋向末端渐次收窄；阳茎近呈倒"U"形弯曲，末端两侧扩延成矢头状，腹面具 1 对长刺状突起，阳茎口位于末端腹面。

分布：浙江（临安）、河南、福建。

（138）黑颊带叶蝉 *Scaphoideus nigrigenatus* Li, 1990（图 1-138）

Scaphoideus nigrigenatus Li, 1990b: 97.

主要特征：体污黄白色。头冠具"山"字形黄褐色横带纹，位于中前域，中线淡黄褐色；头冠顶端有 1 黑色小斑点；额唇基污黄白色，基域有 4 条黑褐色横线，颊、前唇基、舌侧板黑褐色。头冠前端呈角状突出，中长微短于两复眼间宽，冠面平坦；单眼位于头冠前侧缘，紧靠复眼；额唇基长大于宽，端部渐狭，侧缘于触角着生处内凹，前唇基近似长方形；触角长。小盾片三角形，端部尖细，横刻痕位于中后部；前翅长超过腹部末端，端室 4 个，端前外室基部有 3 条横脉伸至前缘，端片发达。雄虫尾节侧瓣宽扁，后缘中部近似尖角状突出；下生殖板细长，末端伸至尾节亚端处，外侧有 5 根长刚毛；阳基侧突端部呈管状，弯折外伸；连索"Y"形，两臂长度较主干短，连索突起扁平伸出，端部尖细；阳茎端部分叉，阳茎口位于分叉中央处。

分布：浙江（临安）、河北、广西、四川、贵州。

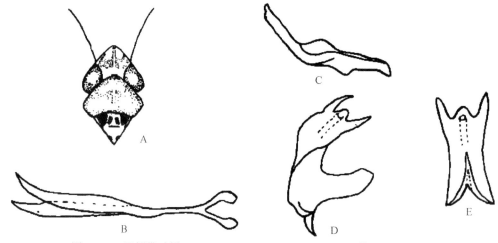

图 1-138　黑颊带叶蝉 *Scaphoideus nigrigenatus* Li, 1990（仿 Li, 1990b）
A. 头胸背面观；B. 连索及连索突起；C. 阳基侧突；D、E. 阳茎侧面观和腹面观

（139）黑纹带叶蝉 *Scaphoideus nigrisignus* Li, 1990（图 1-139）

Scaphoideus nigrisignus Li, 1990c: 468.

主要特征：体连翅长：♂ 5.1–6.5 mm，♀ 5.3–6.7 mm。前胸背板略宽于头冠。头冠前缘钝圆突出，头宽约为复眼间宽的 2.2 倍，复眼间宽约为头部中长的 1.1 倍，头长约为复眼处长的 1.4 倍。颜面在复眼下方凹入；额唇基两侧缘斜向延伸；前唇基基部微凹，端向渐宽，端部两侧微缩。前胸背板中长约为头长的 1.2 倍；小盾片中长约为前胸背板中长的 1.1 倍，横刻痕中部与两侧微端向弯曲。前翅半透明，端片发达，外端前室端部尖，内端前室基部关闭，外端前室与前缘间有 2 条斜向的横脉，基部脉出自外端前室基部。体色淡棕。头冠浅黄，近前缘具 1 黑褐缘线，复眼具橙红横带，横带前缘两侧微弧形突出。颜面灰白，额唇基端部具 3 条褐色横纹。前胸背板灰白，前缘与中后域具 1 橙色横带；小盾片基半橙黄，端半白，顶角侧缘为褐色。前翅淡棕，具不规则棕斑，翅脉棕色。雄性生殖器：尾节侧瓣长约为宽的 2 倍，末端具 2 列长刚毛，中后域具数根刚毛，近腹缘刚毛长，中域刚毛短。下生殖板三角形，下生殖板基部较宽，端向渐细，宽度约为长度的 1/4，侧缘具细毛，近端部具 2 根长刚毛，端部钝且微侧向弯曲。阳基侧突细，肩角不明显，端前突起长且侧向弯曲。连索两臂长于主干，主干片状，侧面观圆弧突出，1 对连索突起背向弯曲，侧面观突起近基部近 90°，背向弯曲，平行延伸至端部，弧状渐细成尖端；腹面观端向渐细。阳茎干竖直，侧面观较细，端部具 1 小三角形背向突起。

分布：浙江（临安、开化、庆元、龙泉、泰顺）、湖北、江西、湖南、福建、广东、广西、四川、贵州。

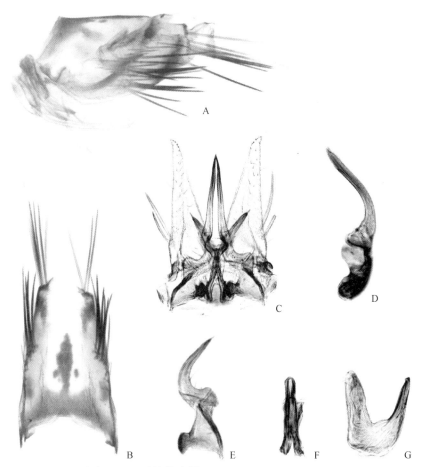

图 1-139　黑纹带叶蝉 *Scaphoideus nigrisignus* Li, 1990

A. 尾节侧瓣侧面观；B. 尾节腹面观；C. 生殖瓣、下生殖板、阳基侧突、连索及突起；D. 连索及连索突起侧面观；E. 阳基侧突；F. 阳茎腹面观；G. 阳茎侧面观

（140）黑横带叶蝉 *Scaphoideus nitobei* Matsumura, 1914（图 1-140）

Scaphoideus nitobei Matsumura, 1914a: 222.

主要特征：体连翅长：♂ 5.3–6.0 mm，♀ 5.6–7.0 mm。头冠微窄于前胸背板。头冠前缘钝圆突出，头长约为复眼处长的 1.4 倍，复眼间宽约为头长的 1.3 倍，头宽约为复眼间宽的 2.1 倍。前唇基近基部 1/3 处微凹，端半渐宽。前胸背板宽度约为头冠的 1.1 倍，长度约为头长的 1.4 倍；小盾片微短于前胸背板，侧缘平直，横刻痕中部微凹。前翅具端片，外端前室下游发出 2 条横脉，自基部另依次伸出 3 条横脉。体色棕。头冠黄白色，复眼间具棕色横带，横带前缘深棕。颜面棕黄。前胸背板棕色，前缘具深棕横带；小盾片基半棕，两侧具大棕斑，端半黄白色。前翅淡棕半透明且具棕色斑，翅脉深棕。尾节侧瓣短圆，中后域具短刚毛，后缘端部平截陷入，腹缘亚端部具短刚毛。下生殖板端半较宽，侧缘弧形，基半较窄，亚端部侧缘着生细毛。阳基侧突肩角不明显；端前突起较短，仅为总长的 1/3，且侧向弯曲。连索"Y"形，主干长于两臂；连索突起平行延伸，端部尖细，中部侧向弯曲且基向延伸；阳茎腔发达，阳茎干管状，较短，端部凹陷。

分布：浙江、河南、江西、福建、台湾、四川、贵州。

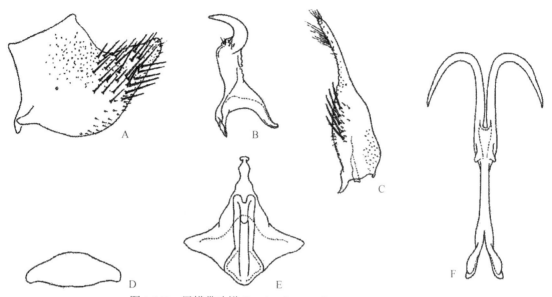

图 1-140　黑横带叶蝉 *Scaphoideus nitobei* Matsumura, 1914

A. 尾节侧瓣侧面观；B. 阳基侧突；C. 下生殖板；D. 生殖瓣；E. 阳茎腹面观；F. 连索及连索突起

（141）双钩带叶蝉 *Scaphoideus ornatus* Melichar, 1903（图 1-141）

Scaphoideus ornatus Melichar, 1903: 196.

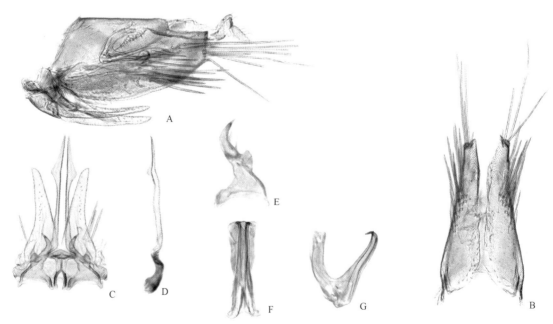

图 1-141　双钩带叶蝉 *Scaphoideus ornatus* Melichar, 1903

A. 尾节侧面观；B. 尾节侧瓣腹面观；C. 生殖瓣、下生殖板、阳基侧突、连索及突起；D. 连索及连索突起侧面观；E. 阳基侧突；F. 阳茎腹面观；G. 阳茎侧面观

主要特征：体连翅长：♂ 4.1–4.2 mm，♀ 4.3–4.6 mm。头冠与前胸背板近等宽。头冠前缘角状突出，头长与复眼间宽近等长且约为复眼处长的 1.5 倍。颜面在复眼下方微凹；额唇基侧缘沿触角窝伸展，而后平

行延伸至近端部变窄；前唇基两侧缘至端部渐宽。前胸背板长约为头长的 1.1 倍；小盾片与前胸背板近等长，横刻痕弧状且中部微凹。前翅长，具端片，外端前室基部下游与外端前室亚基部分别斜向伸出 2 条横纹与前缘相接。体淡棕色。头冠灰白，近前缘具 1 横细纹，与前缘平行，细纹中部加宽，复眼间具橙色横带。颜面棕白，前缘具 1 棕色缘线，中域具 3 条与之平行横纹并连接复眼。前胸背板灰白色，前缘与中后域各具 1 宽棕色的横带，前缘横带中部具橙色长方形斑；小盾片基半淡黄，两侧角棕，端半灰白。前翅半透明，翅脉棕色，部分主脉端部色加深。尾节侧瓣端部具 1 列长刚毛，中后域散生长短不一刚毛。下生殖板三角形，长度约为尾节侧瓣的 3/4，亚基部弧状且具 3 根刚毛，端部刀状且侧向弯曲。阳基侧突基部宽大，肩角角状突出；端前突起侧向弯曲，突端前突起较短，端部尖，长度小于总长的 1/2。连索形如高脚杯，主干扁平；连索突起细长，平行伸出，端部尖，近端部 1/3 处侧向延伸形成三角形突起。阳茎腔发达；阳茎干管状，阳茎端部 1 对背向突起较短，阳茎口位于端部。雌性第 7 腹板后缘突出，中部微凹。

分布：浙江（泰顺）、黑龙江、湖南、台湾、广东、四川、贵州、云南；印度，泰国，斯里兰卡。

（142）褐横带叶蝉 *Scaphoideus testaceous* Li, 1990（图 1-142）

Scaphoideus testaceous Li, 1990c: 465.

主要特征：体连翅长：♂ 4.8 mm，♀ 5.2 mm。体淡黄白色，前胸背板污黄白色，腹部背面淡橘黄色。头冠中域具 1 宽横带纹，前胸背板前缘及中后部横带纹及小盾片基半部橙黄褐色；沿头冠前缘有 1 黑色横线纹，横线纹于头冠顶端处增宽，具 1 小黑点；颜面基域亦具 4 条平行黑色横线纹；前胸侧板有 1 黑色斑。头冠前缘呈角状突出，中央长度微大于两复眼间宽，前唇基端部扩大，前胸背板向前突出，后缘微凹。雄虫尾节侧瓣宽大，中部向后突出；下生殖板微短于尾节，外侧中部生 1 列 5 根长刚毛；阳基侧突基部宽扁，端部变细弯折外伸，弯折处有数根长刚毛。连索"Y"形，侧臂长度明显大于主干，连索突起细长，突起端部腹向弯曲。阳茎短箭头形，干粗壮，阳茎口位于端部。雌虫腹部第 7 腹板向后拱出，其长度是第 6 腹板长的 3 倍，产卵器伸出尾节端缘。

分布：浙江（临安）、贵州。

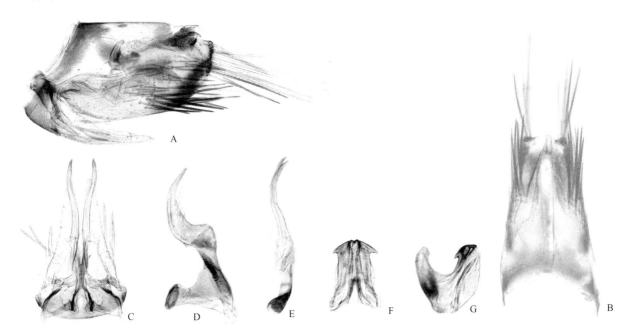

图 1-142　褐横带叶蝉 *Scaphoideus testaceous* Li, 1990

A. 尾节侧面观；B. 尾节侧瓣腹面观；C. 生殖瓣、下生殖板、阳基侧突、连索及突起；D. 阳基侧突；E. 连索及端突侧面观；F、G. 阳茎背面观和侧面观

（143）宽横带叶蝉 *Scaphoideus transvittatus* Li *et* Dai, 2004（图 1-143）

Scaphoideus transvittatus Li *et* Dai, 2004: 281.

主要特征：体连翅长：♂ 5.8–6.0 mm，♀ 6.0–6.3 mm。头冠和颜面淡黄色，复眼黑色，单眼黄白色，头冠近基域有 1 褐色宽横带，横带中央向前突出。前胸背板褐色。小盾片基域褐色，近基角处有 1 近似三角形黑斑，端区黄白色，两侧缘各有 1 黑色斑。前翅淡煤褐色，散生不规则灰白色斑，翅脉黑褐色，在纵横脉交接处常有黑褐色斑块。虫体腹面淡黄白色无任何斑纹，后足胫节有黑色斑。头冠前端宽圆突出，中长微小于前胸背板，单眼位于头冠前侧缘，靠近复眼。雄虫尾节侧瓣端缘宽圆突出，端区有粗长刚毛；下生殖板由基至端渐窄，密生刚毛，端区生横皱；阳基侧突端突较短；连索突起宽扁，平行伸出，近端部向内弯曲，端向渐窄，基部与连索愈合。阳茎"C"形弯曲；阳基突基部宽，末端蟹钳状。雌虫第 7 腹板中长是第 6 节的 2.5 倍，后缘中央微凸，产卵器末端微伸出尾节侧瓣端缘。

分布：浙江（临安）、辽宁、湖北、台湾、四川、贵州。

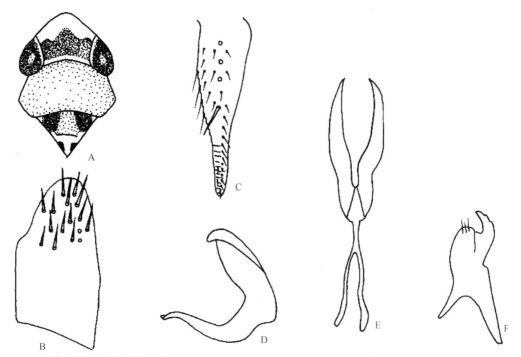

图 1-143 宽横带叶蝉 *Scaphoideus transvittatus* Li *et* Dai, 2004（仿 Li and Dai，2004）
A. 头胸背面观；B. 尾节侧面观；C. 下生殖板；D. 阳茎侧面观；E. 连索及连索突起；F. 阳基侧突

（144）多变带叶蝉 *Scaphoideus varius* Vilbaste, 1968（图 1-144）

Scaphoideus varius Vilbaste, 1968a: 132.

Scaphoideus hongdoensis Kwon *et* Lee, 1978: 21.

主要特征：体连翅长：♂ 5.2 mm，头宽 1.2 mm；♀ 5.8–6.0 mm，头宽 1.5 mm。体色斑纹与刘氏带叶蝉 *S. liui* 相似。尾节侧瓣短，长略大于宽，背缘末端陷入，端部具腹向指状突起，中后域具长短不一的刚毛。下生殖板与尾节侧瓣近等长，长度约为基部最宽处的 3.4 倍，侧缘近端部波浪形且具细毛，端部钝圆。生殖瓣三角形，侧缘弧形。阳基侧突细长，基侧臂长，肩角钝圆；端前突长度小于总长的 1/2，且侧向弯曲。连索两臂靠拢且长于主干；连索突剑形，靠在一起，端部尖，侧面观笔直延伸。阳茎腔近三角形，两侧凹陷；阳茎干基部具 1 对侧向延伸的细长突起，近基部 1/3 处变宽，端部三角形渐尖。

本种与刘氏带叶蝉 *S. liui* 很相似，区别在于阳茎干两侧明显着生有 1 对齿突。

分布：浙江（临安）、陕西、湖南、福建；俄罗斯，朝鲜，韩国。

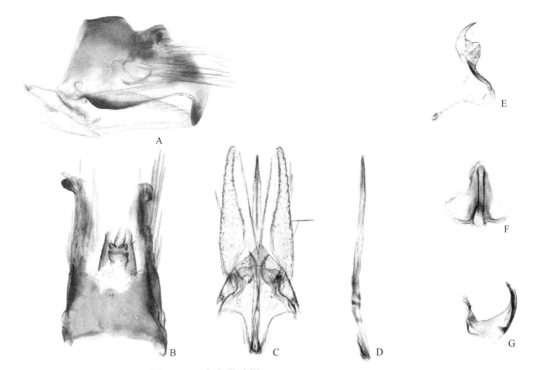

图 1-144　多变带叶蝉 *Scaphoideus varius* Vilbaste, 1968

A. 尾节侧面观；B. 尾节侧瓣背面观；C. 生殖瓣和下生殖板；D. 连索和连索端突；E. 阳基侧突；F、G. 阳茎背面观和侧面观

65. 透斑叶蝉属 *Scaphomonus* Viraktamath, 2009

Scaphomonus Viraktamath *in* Dai, Viraktamath, Zhang & Webb, 2009: 659. Type species: *Scaphotettix freytagi* Viraktamath *et* Mohan, 1993.

主要特征：头部前缘两复眼间有黑色和橘红色相间的横纹；前胸背板具有橘红色横带纹；前翅淡黄褐色，具透明斑。头部与前胸背板近等宽，头冠前端呈角状突出，中长明显大于两侧复眼处长，额唇基宽大，前唇基端向宽大。前胸背板宽大于长；翅脉明显，R_{1a} 和 R_{1b} 脉与前缘反折相交。雄虫尾节侧瓣具有或无端突，并着生粗长刚毛；下生殖板近三角形，外侧有 1 列粗长刚毛；阳基侧突基部宽大，端部细而弯曲；连索 "Y" 形与阳茎丁基部近乎愈合；阳茎干管状弯曲，具有或无端突，阳茎口位于端部或亚端部。

分布：古北区、东洋区。世界已知 10 种，中国记录 5 种，浙江分布 1 种。

（145）片茎透斑叶蝉 *Scaphomonus flataedeagus* Li, 2011（图 1-145）

Scaphomonus flataedeagus Li, 2011: 263.

主要特征：体连翅长 3.6 mm。头冠前缘有 1 条褐色横带，中央与两复眼间橘红色，基缘有 1 条黄褐色横带。雄虫尾节侧瓣宽大，端缘呈角状突出，端区有粗长刚毛；下生殖板端向渐窄，末端呈尖角状突出，外缘着生粗长刚毛列，内侧有 1 个片状突起；连索近 "Y" 形，主干明显短于臂长；阳茎背腔发达，阳茎干管状，侧面观端部微弯曲，腹面观端部呈片状。

分布：浙江（临安）、福建。

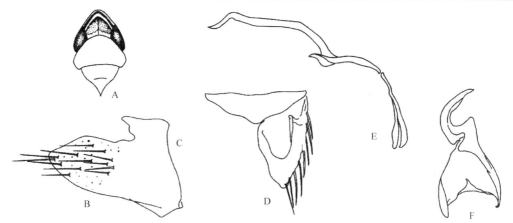

图 1-145 片茎透斑叶蝉 *Scaphomonus flataedeagus* Li, 2011（仿 Li et al., 2011）

A. 雄虫头胸部背面观；B. 尾节侧瓣；C. 生殖瓣；D. 下生殖板；E. 阳茎和连索侧面观；F. 阳基侧突

锥顶叶蝉族 Scaphytopiini Oman, 1943

主要特征：头冠窄于前胸背板，前缘角状突出，中长大于两复眼间宽，单眼位于头冠前侧缘，接近复眼，触角位于颜面下侧；颜面狭长，颊两侧缘向后延伸超过复眼，背面可见，额唇基狭长。

分布：世界广布。世界已知 19 属 183 种，中国记录 7 属 11 种，浙江分布 1 属 1 种。

66. 凯恩叶蝉属 *Xenovarta* Viraktamath, 2004

Xenovarta Viraktamath, 2004: 23. Type species: *Xenovarta acuta* Viraktamath, 2004.

主要特征：体绿色到蓝色，头冠、前胸背板和前翅有红色条纹。头冠向前角状突出，近前缘凹陷，有许多细长纵皱，头冠与颜面角状相交，相交处具脊，背折，中长为复眼间的 1.7–2.7 倍，单眼位于头冠前缘靠近复眼；前唇宽度多变，或侧缘等宽，或端向渐宽，或端向渐窄。前胸背板平坦，侧缘具脊，宽大于中长的 2 倍。前翅端部近平截，内端前室基部开放。雄虫尾节侧瓣向后渐窄，有 1 个骨化的突起、无膜质突起；生殖瓣和下生殖板愈合形成 1 个中板，近后缘或后缘背面具骨化区，近侧缘具大刚毛；阳基侧突端前片发达，端片或长或短，具褶皱；连索"Y"形，与阳茎相关键，侧臂接触，阳茎侧扁，对称或不对称，有或无突起，阳茎口位于阳茎干中部或近端部。雌虫第 7 腹节后缘中部内凹，产卵器超过尾节。

分布：世界广布。世界已知 5 种，中国记录 2 种，浙江分布 1 种。

（146）锐角凯恩叶蝉 *Xenovarta acuta* Viraktamath, 2004（图 1-146）

Xenovarta acuta Viraktamath, 2004: 24.

主要特征：体连翅长：♂ 7.1–7.6 mm，♀ 7.2–7.7 mm。体褐绿色，具橙色条纹。头冠、前胸背板、小盾片具橙色纵带。头冠近端部中线两侧各具 1 个黑点；额唇基中部柠檬黄色至橙色，侧区具褐色横纹。前胸背板具 4 条纵带，中间 1 对延伸至小盾片。前翅黄绿色，翅脉绿色。胸部的腹面和足黄褐色。头冠尖角状突出，侧缘明显，上折，长为复眼间宽的 2.2–2.7 倍，为前胸背板的 1.7–2.0 倍。前唇基部和端部近等宽。尾节后半部背缘具许多大刚毛；生殖瓣和下生殖板愈合成的中板具 1 条中缝，中缝长约为中板的 1/4，侧缘具成行的大刚毛；阳基侧突端片粗短；连索主干约为侧臂的 2 倍长，侧臂端部靠近；阳茎前腔、背腔均发达，阳茎干侧扁，具 1 对刀状的基突，该突起端部钩状，长于阳茎，阳茎开口于阳茎干中部。

分布：浙江（临安）、湖南、福建、香港。

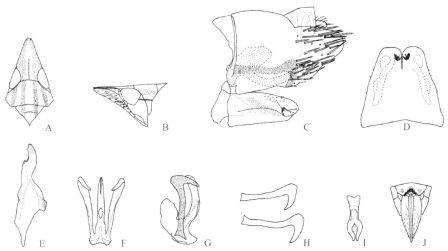

图 1-146 锐角凯恩叶蝉 *Xenovarta acuta* Viraktamath, 2004（仿 Viraktamath，2004）

A. 头胸部背面观；B. 头胸部侧面观；C. 雄虫尾节侧面观；D. 下生殖板；E. 阳基侧突；F、G. 阳茎背面观和侧面观；H. 阳茎侧面突起的变化；I. 连索；J. 雌虫生殖节腹面观

（十）小眼叶蝉亚科 Xestocephalinae

主要特征：小型种类，体较粗壮，头部小，前端弧圆突出；复眼小，单眼位于头部前侧缘，远离复眼；唇基卵圆形，向侧方扩延伸过触角基部，形成 1 凹洼；触角位于复眼内缘，靠近复眼，复眼围绕触角处凹缘；前翅狭而圆，端片狭小，具 3 个端前室；后足股节端刺式 2：1：1。

分布：世界广布。世界已知 7 属 200 种，中国记录 1 属 13 种，浙江分布 1 属 1 种。

67. 小眼叶蝉属 *Xestocephalus* Van Duzee, 1892

Xestocephalus Van Duzee, 1892: 298. Type species: *Xestocephalus pulicarius* Van Duzee, 1892.

Lindbergana Metcalf, 1952: 229. Type species: *Nesotettix freyi* Lindberg, 1936.

主要特征：体扁平，卵圆形。头冠圆形突出，单眼位于前缘，复眼小且与头冠外缘在一圆弧线上，头冠略窄于前胸背板；前唇基在相当于触角窝的水平扩大。前胸背板拱突，侧缘极短；前翅长，超过腹部末端多，端片狭小，具 2 个端前室；后足股节端刺式 2：1：1。雄虫尾节侧瓣末端较圆，具粗刚毛；下生殖板宽大；阳基侧突宽大，"S" 形弯曲，端部人足形；连索 "Y" 形；阳茎向背面弯折，端部尖细。

分布：世界广布。世界已知 127 种，中国记录 13 种，浙江分布 1 种。

（147）四刺小眼叶蝉 *Xestocephalus binatus* Cai et He, 2001（图 1-147）

Xestocephalus binatus Cai et He *in* Cai, He & Gu, 2001: 209.

主要特征：体连翅长：♂ 3.1–3.5 mm，♀ 3.3–3.5 mm。体淡褐色，体背具有不规则网纹；前翅淡黄色，半透明，具有不规则褐色斑。体微扁，卵圆形，头冠前端宽圆突出，冠面隆起并向前倾斜，头冠前端与颜面弧圆相交，冠面间界线难分，单眼位于头冠前侧缘，远离复眼，复眼小且与头冠外缘在同一圆弧线上。前胸背板比头部宽，明显隆起向前倾斜，前缘弧圆突出，后缘接近平直，侧缘短；前翅长超过腹部末端甚多，翅脉明显，端片狭小，具 3 个端前室，4 个端室。雄虫尾节侧瓣端部钝圆突出，散生 10 根粗大刚毛；

下生殖板端向渐窄，向外弯曲，亚端部有 4 根大刚毛；阳基侧突近"S"形弯曲，末端呈足形，外缘有不规则的齿痕；连索短小，背面中央呈脊状；阳茎干侧扁，末端有 4 根逆生的长突。

　　分布：浙江（临安）、河南、贵州。

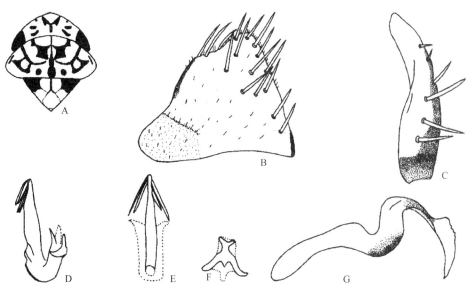

图 1-147　四刺小眼叶蝉 *Xestocephalus binatus* Cai *et* He, 2001（仿 Cai et al., 2001）
A. 头胸部背面观；B. 雄虫尾节侧瓣；C. 下生殖板；D、E. 阳茎侧面观和腹面观；F. 连索；G. 阳基侧突

（十一）缘脊叶蝉亚科 Selenocephalinae

　　主要特征：头冠前缘通常突出或近叶形，具缘脊或沟。该亚科是头冠和颜面相交处阔圆的种类，具粗糙横皱。单眼缘生，少数种类部分或全部在颜面，多数远离复眼。颜面平整或微隆。额唇基缝明显或无。前足胫节端部背面扩展或正常，具缘刺列。前幕骨臂镰刀形，少数种类近端部钝并侧向扩展。

　　分布：主要分布于旧热带区和亚太地区，少数种类分布在欧洲。其中非洲分布 7 族，为该亚科的起源中心，东洋区与古北区关系密切，起源较晚。目前该亚科世界已知 7 族 57 属 323 种，中国记录 3 族 19 属 48 种，浙江分布 3 族 8 属 20 种。

分族检索表

1. 触角檐强；前足胫节背面平坦且边缘尖削，端部有时扩展；前翅端片阔 ························· 胫槽叶蝉族 Drabescini
- 触角檐弱或缺；前足胫节圆或背部微扁；前翅端片狭或阔 ··· 2
2. 触角短，明显短于体长之半，位于复眼近中部到复眼下角 ····················· 缘脊叶蝉族 Selenocephalini
- 触角长，接近或超过体长之半，位于复眼中部到复眼上角 ····················· 脊翅叶蝉族 Paraboloponini

脊翅叶蝉族 Paraboloponini Ishihara, 1953

　　主要特征：触角长，通常等于或大于体长之半，位于复眼中部到复眼上角；额唇基在触角处因触角窝扩展而收缩；前幕骨臂"T"形或镰刀形。

　　分布：主要分布于亚太地区，少数种类分布在非洲。世界已知 35 属 114 种，中国记录 13 属 38 种，浙江分布 6 属 13 种。

分属检索表

1. 后足股节端部刚毛刺式 2：1：1 ··· 叉茎叶蝉属 *Dryadomorpha*

-　后足股节端部刚毛刺式 2：2：1 ··· 2
2.　头冠呈叶状突出，约为复眼处长的 2 倍 ··· 3
-　头冠不呈叶状突出 ·· 4
3.　阳茎与连索膜质相连 ·· 脊翅叶蝉属 *Parabolopona*
-　阳茎与连索相关键 ··· 索突叶蝉属 *Favintiga*
4.　连索干端部膨大 ·· 阔颈叶蝉属 *Drabescoides*
-　连索干端部不膨大 ·· 5
5.　尾节侧瓣无内突；阳茎端部具成对的突起 ································· 卡叶蝉属 *Carvaka*
-　尾节侧瓣具内脊；阳茎端部无成对的突起 ······························· 管茎叶蝉属 *Fistulatus*

68. 卡叶蝉属 *Carvaka* Distant, 1918

Carvaka Distant, 1918: 40. Type species: *Carvaka picturata* Distant, 1918.

主要特征：头冠前缘略突出，宽为长的 2 倍，具数条横隆线；单眼缘生，靠近复眼；前胸背板宽约为长的 2 倍，前缘弧形突出于两复眼之间，侧缘短，后缘横平凹入；前足胫节背面刚毛式 1：4，后足股节端部刺式 2：2：1。雄性尾节侧瓣具数根大型刚毛，常无内突；下生殖板端部指状，无大型刚毛；连索"Y"形，较长；阳茎端部常具成对的突起；阳茎口位于阳茎端部。

分布：东洋区、澳洲区。世界已知 20 种，中国记录 3 种，浙江分布 2 种。

（148）对突卡叶蝉 *Carvaka bigeminata* Cen et Cai, 2002（图 1-148）

Carvaka bigeminata Cen et Cai, 2002: 116-117.

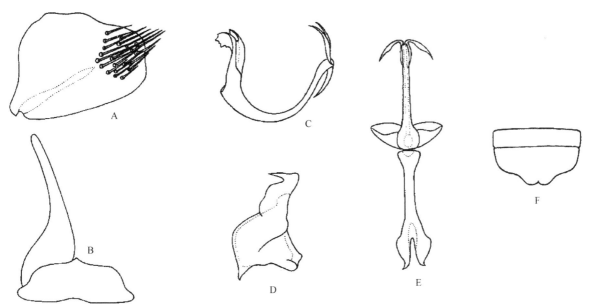

图 1-148　对突卡叶蝉 *Carvaka bigeminata* Cen et Cai, 2002（仿 Cen and Cai，2002）

A. 尾节侧瓣侧面观；B. 生殖瓣和下生殖板腹面观；C. 阳茎侧面观；D. 阳基侧突腹面观；E. 阳茎和连索腹面观；F. 雌虫第 6、7 腹板腹面观

主要特征：体连翅长：♂ 6.0–6.2 mm，♀ 6.4–6.5 mm。头冠宽圆突出；中长约为复眼间宽的 3/5，冠缝可见基半部，复眼前方冠面低平，单眼位于前侧缘上，与复眼的距离等于自身直径。颜面额唇基微隆起，端向弧圆收窄，前唇基端向渐宽，末端伸达颜面边缘。前胸背板中长为头冠的 1.8 倍，近为自身宽度的 1/2，中后部具细密横皱纹，前缘弧圆突出，后缘略弧凹。小盾片近与前胸背板等长，横刻痕拱形达及侧缘。前

翅长为宽的 3.5 倍，端片较宽，包围第 1、2 端室。雌虫第 7 腹板中长近为其前一节的 2 倍，后缘中部向后凸出，中央有 1 小刻凹；产卵瓣略伸过尾节侧瓣，后者端半部腹缘域生有大刚毛。雄虫第 8 腹板长方形，中长近与其前一节相等；基瓣略似元宝形，后缘中央稍突出；尾节侧瓣近方形，后缘域中上部密生大刚毛；下生殖板基部最宽，端向渐次收窄至 1/3 处细长延伸成燕尾状，长过尾节侧瓣；连索细长，近 "Y" 形，臂部长度约为主干长的 3/5；阳基侧突基半部宽大，端半部细缆，末端钩状折向侧方尖出；阳茎细管状背向圆弧状弯曲，末端具 2 对长刺突，其中 1 对位于腹面并拢贴近阳茎干，另 1 对位于背面叉状指向背侧方；阳茎背突发达，两侧骨化；阳茎口位于阳茎末端。

分布：浙江（临安、江山）。

（149）台湾卡叶蝉 *Carvaka formosana* (Matsumura, 1914)（图 1-149）

Melichariella formosana Matsumura, 1914a: 238.

Carvaka formosana: Zhang *et* Webb, 1996: 13.

　　主要特征：尾节侧瓣近方形，后缘域中上部密生大刚毛；下生殖板基部最宽，端向渐次收窄，长过尾节侧瓣，连索 "Y" 形，臂长约为主干长的 1/2；阳基侧突基半部宽大，端部突出，较粗短折向侧方；阳茎细管状背向圆弧状弯曲，末端具 2 对长刺突，2 对阳茎端突均基向伸出；阳茎背突发达，两侧骨化，阳茎口位于阳茎末端。

　　分布：浙江（临安）、湖南、福建、台湾、广东、海南。

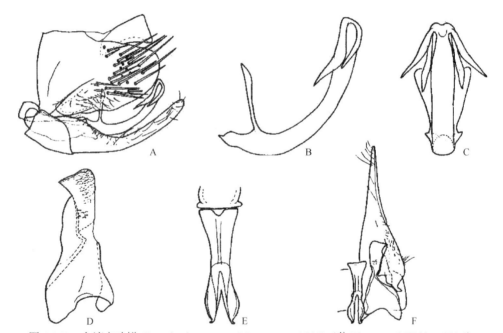

图 1-149　台湾卡叶蝉 *Carvaka formosana* (Matsumura, 1914)（仿 Zhang and Webb，1996）
A. 尾节侧瓣侧面观；B、C. 阳茎侧面观和腹面观；D. 阳基侧突腹面观；E. 阳茎和连索腹面观；F. 生殖瓣、下生殖板和连索背面观

69. 阔颈叶蝉属 *Drabescoides* Kwon *et* Lee, 1979

Drabescoides Kwon *et* Lee, 1979a: 53. Type species: *Selenocephalus nuchalis* Jacobi, 1943.

Drabescus (*Drabescoides*) Anufriev *et* Emeljanaov, 1988: 174.

　　主要特征：头冠横宽，前缘弧圆形，中长近等于两侧长；单眼缘生，远离复眼；触角位于复眼上角，触角窝较深，触角檐钝；额唇基端向收缩，前唇基基部窄，端向略膨大；舌侧板甚宽；前胸背板前缘突出，侧缘短，近直线形，后缘横平微凹入；小盾片三角形，端部尖细；前翅具 5 端室，3 端前室，端片阔；前足胫节背面刚毛式 2∶4、4∶4 或更多，后足股节端部刺式 2∶2∶1；雄虫尾节侧瓣长方形，后缘着生数目不等的刺状突；下生殖板近三角形，端向收狭；阳基侧突近三角形，基部宽扁，端突小；连索"Y"形，干部膨大或宽扁；阳茎宽扁，端向膨大，端部有 1 小尖突，近端部有侧叶；阳茎口开口于近端部腹面。

分布：古北区、东洋区。世界已知 4 种，中国记录 4 种，浙江分布 2 种。

（150）阔颈叶蝉 *Drabescoides nuchalis* (Jacobi, 1943)（图 1-150）

Selenocephalus nuchalis Jacobi, 1943: 30.

Drabescoides nuchalis: Kwon & Lee, 1979a: 53.

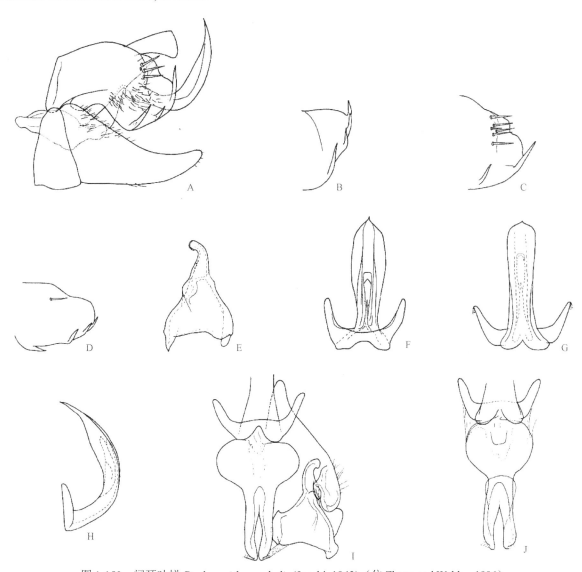

图 1-150 阔颈叶蝉 *Drabescoides nuchalis* (Jacobi, 1943)（仿 Zhang and Webb，1996）

A. 尾节侧面观；B–D. 尾节侧瓣末端侧面观；E. 阳基侧突腹面观；F–H. 阳茎背面观、腹面观和侧面观；I. 下生殖板、阳基侧突、连索和阳茎基部腹面观；J. 连索和阳茎基部腹面观

主要特征：雄虫尾节侧瓣腹后缘近端部分布有 2–4 个不等的齿状突起，突起背向弯曲；阳基侧突基部宽，端向收狭，端突短指状，侧叶缺失；连索近"H"形，臂纤细，干短粗，干端半部膨大加厚成圆形且二分叉；阳茎干侧面观背向弯曲，端向收缩，背面和腹面观干端部弧圆成小尖刺状，干背面观基部至中部

两侧缘具侧叶，阳茎口开口于阳茎干背面近中部。

分布：浙江（临安）、北京、河南、陕西、新疆、安徽、湖南、福建、广东、广西、四川；俄罗斯、朝鲜、日本。

（151）波缘阔颈叶蝉 *Drabescoides undomarginata* Cen *et* Cai, 2002（图 1-151）

Drabescoides undomarginata Cen *et* Cai, 2002: 120-121.

主要特征：体连翅长：♂ 6.5–7.5 mm，♀ 8.0–8.1 mm。头冠前端宽圆突出，前、后缘相互平行，单眼位于前侧缘，与复眼的距离约为自身直径的 3 倍，单眼后方冠面横凹洼。颜面额唇基端向渐次弧曲收窄，前唇基长方形，末端略扩大伸达颜面边缘。前胸背板中长约为头冠的 4 倍，近为自身宽度的 1/2，前缘弧圆突出，后缘微弧凹，表面除前缘域外具有细密横皱纹。小盾片与前胸背板等长，横刻痕弧曲达及侧缘。前翅长为宽的 3 倍，翅端圆起，端片宽，围及第 3 端室中部。雌虫第 7 腹板中长与其前一节相等，后缘"W"形浅波曲；产卵瓣略伸过尾节侧瓣，后者端半部腹缘域生有大刚毛。雄虫第 8 腹板长方形，中长与其前一节相等，基瓣略似元宝形，后缘中央微突出；尾节侧瓣端部角状尖出，末端具 2–3 个黑色短刺突，腹缘亚端部有 1 长刺突指向背方偏前，亚端部背缘域着生 2–5 根中等长大刚毛；下生殖板端向渐次收窄，末端内缘向内稍卷曲；连索臂部近"U"形，主干宽大、扁圆；阳基侧突基部宽大，亚端部渐次收窄，端部 2/3 细长伸出；阳茎宽扁，背后方弯曲，背面浅槽状，阳茎干亚端部两侧片状脊起，近基部背面附生 1 槽状舌形突起，阳茎背突叉状，阳茎口梭形位于阳茎亚端部腹面。

分布：浙江（临安）、河南、广西。

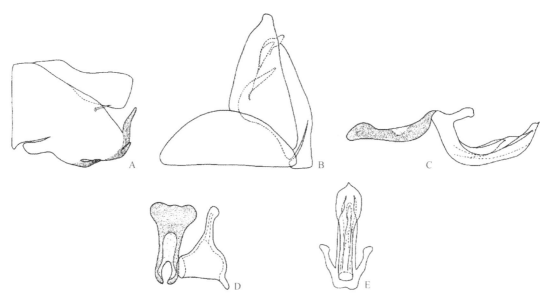

图 1-151　波缘阔颈叶蝉 *Drabescoides undomarginata* Cen *et* Cai, 2002
A. 尾节侧瓣侧面观；B. 生殖瓣、下生殖板和尾节侧瓣腹面观；C. 阳茎和连索侧面观；D. 阳基侧突和连索背面观；E. 阳茎腹面观

70. 叉茎叶蝉属 *Dryadomorpha* Kirkaldy, 1906

Dryadomorpha Kirkaldy, 1906: 335. Type species: *Dryadomorpha pallida* Kirkaldy, 1906.

主要特征：体黄色、黄绿色或淡黄色，前翅在爪片和爪脉端部有 1 个小褐斑或爪片内缘褐色，足上散布褐色小点。头冠前缘尖锐，角状，有横纹；中长为两侧长的 1.5–3 倍，中域纵向扁平微凹，具纵条纹；前缘具横脊；单眼缘生，远离复眼；前幕骨臂向前弯曲，不分叉；颜面侧观微凹或直，额唇基区狭长，侧缘靠近触角处收缩；前唇基延长，端部膨大，唇基间缝明显或不明显；舌侧板大；触角长，触角窝深，触角檐弱；头宽于前胸背板；前胸背板侧缘短，中域具细横隆线；小盾片与前胸背板等长，端部粗糙，具横皱；前翅具 4 端室，3 端前室；前足胫节背面刚毛式 1∶4，后足股节端部刺式 2∶1∶1；雌虫生殖前节后缘沿中线两侧各有 1 小突起；第 2 产卵瓣在第 1 背齿处愈合，末端轻微扩张，有 1 个前背突，背齿粗壮，具齿区域几乎达产卵瓣一半长度，背部骨化区较长。雄性外生殖器尾节侧瓣无突起，有 1 倾斜的内脊伸达后腹缘，分布有大型刚毛；肛管长；生殖瓣三角形；下生殖板基部较宽，端向渐细，端部粗指状，侧缘有许多小刚毛；阳基侧突端突长；连索"Y"形，干短或长，臂短；阳茎背向弯曲，阳茎干长，有 2 个或 4 个端突；阳茎口位于端部腹面。

分布：古北区、东洋区、澳洲区。世界已知 8 种，中国记录 1 种，浙江分布 1 种。

（152）叉茎叶蝉 *Dryadomorpha pallida* Kirkaldy, 1906（图 1-152）

Dryadomorpha pallida Kirkaldy, 1906: 336.

　　主要特征：雄虫尾节侧瓣近端部着生有大型长刚毛，近端部有 1 斜内脊向腹缘伸达，腹后缘无突起；下生殖板端部粗指状，侧缘有较多细长刚毛；阳基侧突端向收狭，端突稍长，侧叶显著；连索"Y"形，臂短于干；阳茎干长，背向弯曲，干端部二分叉，具 2 个长突起，阳茎口位于干腹面端部。

　　分布：浙江（临安）、福建、台湾、香港、澳门。

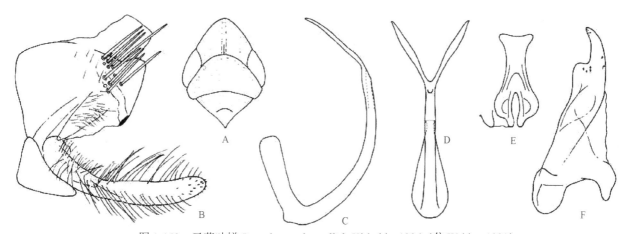

图 1-152　叉茎叶蝉 *Dryadomorpha pallida* Kirkaldy, 1906（仿 Webb，1981）

A. 头胸部背面观；B. 尾节侧面观；C. 阳茎侧面观；D. 阳茎后面观；E. 连索背面观；F. 阳基侧突腹面观

71. 索突叶蝉属 *Favintiga* Webb, 1981

Favintiga Webb, 1981: 47. Type species: *Parabolopona camphorae* Matsumura, 1912.

　　主要特征：体背黄褐色，腹面灰黄色；前翅在亚前缘区近中部有 1 褐斑，爪片及爪脉端部、端前室和亚前缘区附加小脉处均有 1 小褐斑。头冠向前三角形伸长，中长约为两侧长的 2 倍，边缘轻微隆起，端部阔圆，中域具细纵条纹；头部侧观角圆，具横隆线，中部弧状隆起；单眼缘生，远离复眼，从背部可见；前幕骨臂前缘卷曲不分叉；颜面侧观近平直，粗糙，额唇基狭长，侧缘在近触角处收缩；前唇基长，端部膨大，唇基间缝可见；触角长，超过体长之半，触角窝深，内缘扩展到额唇基，触角檐弱；头与前胸背板等宽；前胸背板侧缘长，具隆线，中域具细密横皱；小盾片端部粗糙，具横皱；前翅在亚前缘区有 1 附加小脉；前足胫节背面刚毛式 1∶4，后足股节端部刺式 2∶2∶1；雌虫第 2 产卵瓣在第 1 背齿处愈合，侧观狭长，具 1 小前背突，背齿细小，扩展到端部 1/3 处。雄性外生殖器尾节侧瓣无突起，具几根大型刚毛；肛管较长，圆柱状；生殖瓣三角形；下生殖板基部较宽，端向收缩，端部指状，侧缘有细长刚毛；阳基侧突端突长，端向渐尖，侧叶显著，具感觉毛；连索"Y"形，干长，侧缘背向龙骨状扩展，腹面有 1 对端部分叉的突起，臂短；阳茎背弯，干端向渐尖，具 1 对侧基突；阳茎口位于端部腹面。

　　分布：东洋区。世界已知 3 种，中国记录 3 种，浙江分布 1 种。

（153）细茎索突叶蝉 *Favintiga gracilipenis* Shang *et* Zhang, 2006（图 1-153）

Favintiga gracilipenis Shang *et* Zhang *in* Shang, Zhang, Shen & Li, 2006: 35.

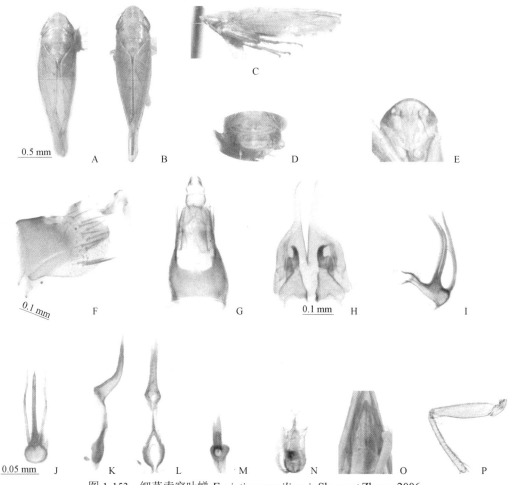

图 1-153　细茎索突叶蝉 *Favintiga gracilipenis* Shang *et* Zhang, 2006

A、C. 雄虫背面观和侧面观；B. 雌虫背面观；D. 头胸前前背面观；E. 颜面；F、G. 尾节侧面观和背面观；H. 生殖瓣和下生殖板腹面观；I、J. 阳茎侧面观和腹面观；K、L. 连索侧面观和腹面观；M. 连索端部后面观；N. 阳茎基腔背面观；O. 雌虫生殖前节腹面观；P. 前足股节和胫节前面观

　　主要特征：体连翅长：♂ 5.8～6.5 mm，♀ 6.5～7.5 mm。体小型，淡黄褐色；头冠前缘弧圆突出，中长是两侧长的 2 倍多，冠缝明显，沿冠缝有 1 浅黄色纵带；单眼缘生，从背部可见，和相应复眼之间的距离是其自身直径的近 4 倍；颜面三角形，额唇基基部较宽，触角处收缩，其下两侧近平行；前唇基基部窄，端部略膨大，唇基间缝明显，其长度约为额唇基长度的 1/3 强；触角长，超过体长之半，位于复眼上角，侧额缝伸达相应单眼。头冠与前胸背板等宽；前胸背板侧缘短，中、后域略隆起，具细密横皱；小盾片三角形，盾间沟明显；前翅长方形，浅褐色透明，沿爪脉端部、前缘区中部及端室外缘有褐色小点，具 4 端室，3 端前室，端片窄，靠近端前外室和亚前缘区有几个小横脉。雌虫生殖前节后缘向后舌状突出，突出部分的端缘平截，并具 2 个小褐色斑，在此意义上的中长约为其前一节中长的近 3 倍。雄性外生殖

器尾节侧瓣长方形，端部略膨大，端缘钝圆，具有数根大型刚毛；生殖瓣近长方形；下生殖板基部阔，距端部 1/2 处收缩成细指状；左右阳基侧突略有不同，左阳基侧突端突较短，端向收缩，端部略钝圆，侧叶突出，具感觉毛；右阳基侧突端突长，端向收缩成尖细状，似鸟喙状，侧叶同样具感觉毛；连索"Y"形，干、臂近等长，干向后延长，端部分叉，成一大一小 2 小叉；阳茎背向略弯，前腔发达而长，阳茎干粗壮，端向略细，阳茎口位于近端部腹面，具 1 对后基突，中部侧观有 1 个小三角形突出，长度几乎到达干端部。

分布：浙江（西湖）。

72. 管茎叶蝉属 *Fistulatus* Zhang, 1997

Fistulatus Zhang *in* Zhang, Zhang & Chen, 1977: 237. Type species: *Fistulatus sinensis* Zhang, 1977.

主要特征：头冠长小于复眼间距离之半，中长略大于两侧长，冠缝明显，冠域有斜条纹向头前方会聚；头冠近端部处微陷，端部平坦；头部前缘具数条横隆线；单眼缘生，远离复眼；颜面宽大于长；触角细长，位于复眼前上角，触角窝深，扩展到额唇基；额唇基区微隆起；前唇基两侧弧形内凹，端部扩大；舌侧板大；前胸背板前缘突出，侧缘较短，后缘近平直，微凹入，前端 1/3 具不规则微隆起，后端 2/3 具横条纹；小盾片三角形，与前胸背板等长；前翅具 4 个端室，3 个端前室；前足胫节背面刚毛式 1：4，后足股节端部刚毛式 2：2：1。尾节侧瓣具突起或内突，生殖瓣近梯形；连索"Y"形；阳茎背腔较发达，端干简单，有或无突起；阳茎口位于干端部。

分布：古北区、东洋区。世界已知 5 种，中国记录 5 种，浙江分布 3 种。

分种检索表

1. 尾节具有 1 对突起 ……………………………………………………………… 双齿管茎叶蝉 *F. bidentatus*
- 尾节具有 2 对突起 ……………………………………………………………………………………… 2
2. 阳茎干具有 1 对片状的突起 ………………………………………………… 黄脉管茎叶蝉 *F. luteolus*
- 阳茎干具有 2 对细突起 …………………………………………………… 四刺管茎叶蝉 *F. quadrispinosus*

（154）双齿管茎叶蝉 *Fistulatus bidentatus* Cen *et* Cai, 2002（图 1-154）

Fistulatus bidentatus Cen *et* Cai, 2002: 117.

主要特征：体连翅长：♂ 6.8–7.2 mm，♀ 8.0–8.2 mm。头冠前端弧圆突出，中长大于复眼处冠长，近为复眼间宽 1/2 弱，冠缝可见基半部；单眼位于前侧缘上，与复眼的距离约为自身直径的 2 倍，单眼后方冠面横向凹洼。颜面唇基整个微隆起，前唇基中部略收窄，末端稍扩大。前胸背板中长为头冠的 2 倍强，为自身宽度的 1/2；前缘圆形突出，后缘弧凹，表面除前缘域外具细密横皱纹。小盾片近与前胸背板等长，横刻痕拱形，不达及侧缘。前翅长为宽的 3.5 倍，翅端圆锐，端片较宽，包围第 1、2 端室。雌虫第 7 腹板中长近为其前一节的 2 倍，后缘"W"形浅波曲；产卵瓣略伸过尾节侧瓣，后者端半部腹缘域疏生刚毛。尾节侧瓣三角形，端部渐次收缩成长刺突状向内相向折曲，腹缘域部分内卷，端半部腹后缘具大刚毛 10 余根；下生殖板近与尾节侧瓣等长，基部 2/5 宽，端大半部细长延伸成燕尾状；连索短小，近"Y"形；阳基侧突基部宽，趋向端部收窄，末端折向侧方尖出；阳茎细长，背面两侧脊起，末端及端前部各有 1 对齿状突，阳茎背突长大，阳茎口位于阳茎末端。

分布：浙江（临安）。

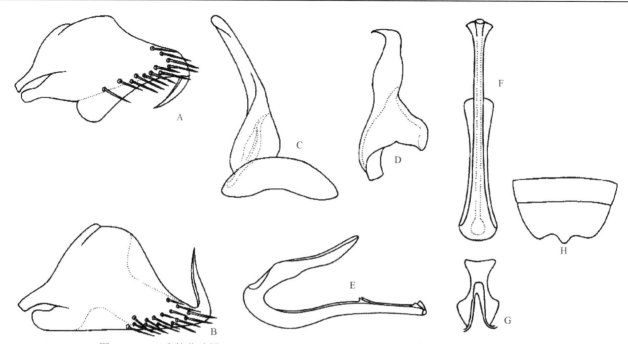

图 1-154　双齿管茎叶蝉 *Fistulatus bidentatus* Cen et Cai, 2002（仿 Cen and Cai，2002）

A. 尾节侧瓣背侧面观；B. 尾节侧瓣腹侧面观；C. 生殖瓣和下生殖板腹面观；D. 阳基侧突腹面观；E. 阳茎侧面观；F. 阳茎腹面观；G. 连索背面观；
H. 雌虫第 6、7 腹板腹面观

（155）黄脉管茎叶蝉 *Fistulatus luteolus* **Cen *et* Cai, 2002**（图 1-155）

Fistulatus bidentatus Cen *et* Cai, 2002: 119.

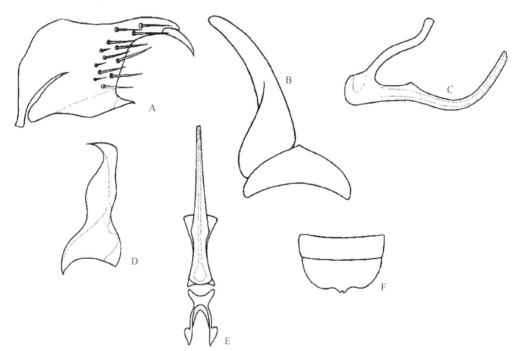

图 1-155　黄脉管茎叶蝉 *Fistulatus luteolus* Cen *et* Cai, 2002（仿 Cen and Cai，2002）

A. 尾节侧瓣侧面观；B. 生殖瓣和下生殖板腹面观；C. 阳茎侧面观；D. 阳基侧突腹面观；E. 阳茎和连索腹面观；F. 雌虫第 6、7 腹板腹面观

　　主要特征：体连翅长：♂ 6.6–7.0 mm，♀ 8.0–8.4 mm。头冠前端弧圆突出，中长大于复眼处冠长，近为复眼间宽 1/2 弱，冠缝可见基半部，单眼位于前侧缘上，与复眼的距离近为自身直径的 2 倍，单眼后方冠面横向凹注。颜面额唇基微隆起，前唇基中部略收窄，末端稍扩大。前胸背板中长为头冠的 2 倍，为自身

宽度的 1/2，前缘圆形突出，后缘弧凹，表面除前缘域外具细密横皱纹。小盾片近与前胸背板等长，横刻痕拱形不达及侧缘。前翅长为宽的 3.5 倍，翅端圆锐，端片较宽，包围第 1、2 端室。雌虫第 7 腹板中长近为其前一节的 1.5 倍，后缘中部近呈 "W" 形波曲；产卵瓣略伸过尾节侧瓣，后者端大半部腹缘域疏生刚毛。雄虫第 8 腹板长方形，中长近与其前一节相等；基瓣近弯月形，后缘中央略向后突出；尾节侧瓣近方形，背方各有 1 细长突起向内相向弯曲，腹缘域部分内卷，末端具 1 长齿突，后缘域疏生约 10 根大刚毛；下生殖板狭长，长过尾节侧瓣，内缘弧曲，外缘自基部渐次收窄至 2/5 处细长延伸，呈燕尾状；连索臂部 "U" 形，主干短，仅为臂长的 1/2；阳基侧突端向不规则收窄，末端折向侧方尖出；阳茎细弯管状略扁，端向渐细，阳茎背突片状，阳茎口位于阳茎末端。

分布： 浙江（西湖、临安）、河南、湖北。

（156）四刺管茎叶蝉 *Fistulatus quadrispinosus* Lu *et* Zhang, 2014（图 1-156）

Fistulatus quadrispinosus Lu *et* Zhang, 2014: 248.

主要特征： 体连翅长：♂ 7.5 mm。体淡褐色，头冠和前胸背板都着生淡褐色的不规则斑纹，单眼处着生黑色的小圆斑。颜面无斑纹。触角梗节深褐色。小盾片具淡褐色的纵条带。前翅烟褐色，透明状。雄虫外生殖器：尾节侧瓣的腹缘和背缘向后延伸成刺状的突起指向中部。生殖瓣近似五边形。下生殖板无大刚毛，端部延伸变细。阳基侧突端部呈鸟喙状。连索 "Y" 形，主干极短，分支端部聚合。阳茎端突非常发达；阳茎干长，管状，强烈地背向弯曲，侧面观背缘有扭曲，干的亚端部背面具凸褶缘，中域附近具 1 对短的细的突起，背向弯曲，端向渐细，而且端部有 1 对小齿突；阳茎口大，位于亚端部腹面。

分布： 浙江（临安）。

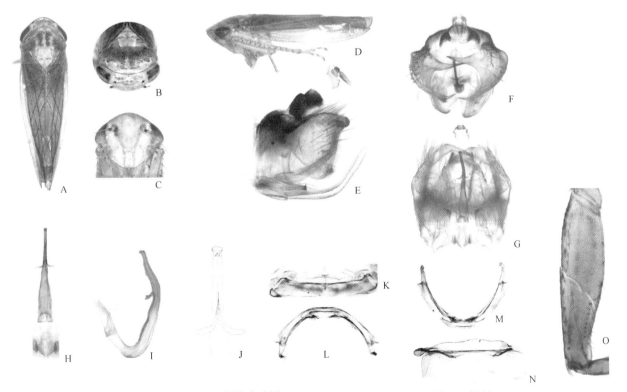

图 1-156　四刺管茎叶蝉 *Fistulatus quadrispinosus* Lu *et* Zhang, 2014

A. 雄虫背面观；B、C. 头前背面观和腹面观；D. 雄虫侧面观；E–G. 尾节侧面观、后面观和腹面观；H、J. 阳茎腹面观、侧面观和背面观；K. 雄虫第 2 背端片背面观；L、M. 雄虫第 1 腹内突背前面观和前面观；N. 雄虫第 2 腹内突背面观；O. 前足股节前面观

73. 脊翅叶蝉属 *Parabolopona* Matsumura, 1912

Parabolopona Matsumura, 1912b: 288. Type species: *Parabolopona guttatus* Uhler, 1896.

主要特征：体黄色或黄绿色；头冠向前呈三角形或弧形突出，扁平，前缘檐状，具缘脊；单眼缘生，与复眼之间的距离是其自身直径的 2 倍；颜面宽略大于长，额唇基区狭长，唇基间缝明显；前唇基狭长，端部膨大；前胸背板横宽，宽度约为长度的 2 倍，侧缘具隆线；小盾片与前胸背板等长；前足胫节背面刚毛式 1∶4，后足股节端部刚毛式 2∶2∶1。雄性外生殖器尾节侧瓣分布有数根大型刚毛和许多小刚毛；生殖瓣三角形；下生殖板基部宽，端向收缩，端部指状；阳基侧突端突较长，侧扁；连索"Y"形，干部向后延伸，在中部与阳茎以膜质相连，臂短；阳茎干直或向背或腹面弯曲，端部分叉或有成对端突或无突起；阳茎口位于干端部腹面；雌性第 2 产卵瓣基半部愈合，端部略膨大，无基突，背齿微小，背面骨化区长或短。

分布：古北区、东洋区。世界已知 9 种，中国记录 8 种，浙江分布 4 种。

分种检索表

1. 尾节具腹突，阳茎具 2 对侧突，位于近端部和中部 ···················· 四突脊翅叶蝉 *P. quadrispinosa*
- 尾节无腹突 ··· 2
2. 阳茎干基部具 1 对突起 ··· 吕宋脊翅叶蝉 *P. luzonensis*
- 阳茎干端部具 1 对突起 ·· 3
3. 阳茎端部延伸成 1 对突起，端向延伸成二叉状 ······················ 华脊翅叶蝉 *P. chinensis*
- 阳茎端部有 1 对突起，侧基向延伸 ······························· 石原脊翅叶蝉 *P. ishihari*

（157）石原脊翅叶蝉 *Parabolopona ishihari* Webb, 1981 （图 1-157）

Parabolopona ishihari Webb, 1981: 45.

主要特征：体长 6.5–7.5 mm。尾节瓣端部尖锐，连索"Y"形，连索突起伸向后方，端部直而狭，阳茎端部 1 对突起，腹面观指向两侧，侧面观指向阳茎干基部，阳茎口大，位于端部腹面。

分布：浙江（临安）、北京、陕西、湖南、海南、广西、云南；日本。

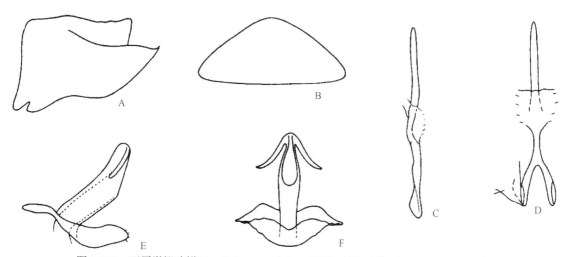

图 1-157　石原脊翅叶蝉 *Parabolopona ishihari* Webb, 1981（仿 Zhang et al.，1995）

A. 尾节侧瓣侧面观；B. 生殖瓣腹面观；C、D. 连索侧面观和背面观；E、F. 阳茎侧面观和后面观

（158）华脊翅叶蝉 *Parabolopona chinensis* **Webb, 1981（图 1-158）**

Parabolopona chinensis Webb, 1981: 45.

　　主要特征：本种尾节侧瓣后缘角状突出，具大刚毛，但下生殖板不具大刚毛；连索"Y"形，突起剑形并指向尾节末端；阳茎近端部"C"形弯曲指向腹部，阳茎端部延伸成 1 对突起，端向延伸成二叉状；阳茎口大，位于干的端部。

　　分布：浙江（临安）、陕西、湖北、四川。

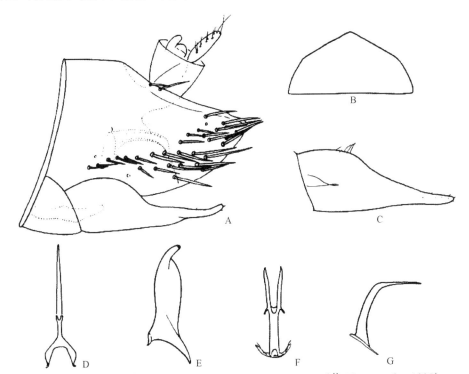

图 1-158　华脊翅叶蝉 *Parabolopona chinensis* Webb, 1981（仿 Zhang et al., 1995）

A. 尾节侧面观；B. 生殖瓣腹面观；C. 下生殖板腹面观；D. 连索背面观；E. 阳基侧突腹面观；F、G. 阳茎背面观和侧面观

（159）吕宋脊翅叶蝉 *Parabolopona luzonensis* **Webb, 1981（图 1-159）**

Parabolopona luzonensis Webb, 1981: 46.

　　主要特征：体连翅长：♀ 8.0–8.5 mm。体黄色或黄绿色；头冠向前呈三角形或弧形突出，扁平，前缘檐状，具缘脊；单眼缘生，与复眼之间的距离是其自身直径的 2 倍；颜面宽略大于长，额唇基区狭长，唇基间缝明显；前唇基狭长，端部膨大；前胸背板横宽，宽度约为长度的 2 倍，侧缘具隆线；小盾片与前胸背板等长；前足胫节背面刚毛式 1：4，后足股节端部刚毛式 2：2：1。连索突起伸向后方，端向渐细，长度长于尾节侧瓣后缘，中端部着生粗短的刚毛；阳茎干近基部具 1 对突起，阳茎口大，位于端部。雌虫生殖前节后缘中部突出，中间有 1 内凹。

　　分布：浙江（泰顺）；菲律宾。

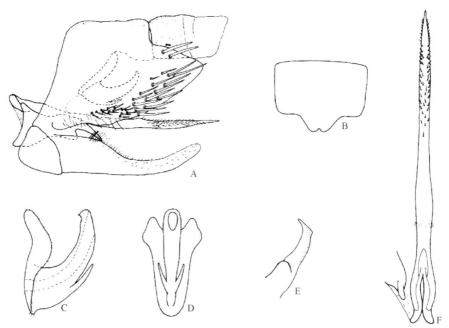

图 1-159　吕宋脊翅叶蝉 *Parabolopona luzonensis* Webb, 1981（仿 Zhang et al., 1995）

A. 尾节侧瓣侧面观；B. 雌性生殖前节；C、D. 阳茎侧面观和后面观；E. 阳基侧突端部；F. 连索背面观

（160）四突脊翅叶蝉 *Parabolopona quadrispinosa* Shang et Zhang, 2006（图 1-160）

Parabolopona quadrispinosa Shang et Zhang, 2006: 37.

　　主要特征：体连翅长：♂ 7.5–8.0 mm，♀ 8.0–8.5 mm。体中型，黄色；头冠前缘弧圆突出，略似铲状，中长是两侧长的 2 倍多，冠缝明显，近前缘有 1 横凹，近后缘两侧各有 1 个小透明斑；前缘有 1 黄色横带；单眼缘生，从背部可见，和相应复眼之间的距离是其自身直径的 3 倍；颜面三角形，额唇基基部阔，端向略收缩；前唇基基部窄，端部略膨大，唇基间缝明显，额唇基较长，约为前唇基长的 3 倍；舌侧板小；触角长，超过体长之半，位于复眼前方上角，触角窝浅，触角脊弱，侧额缝伸达相应单眼。头与前胸背板近等宽；前胸背板前缘弧圆，侧缘直，后缘横平微凹，中、后域略隆起，具细密横皱；小盾片三角形，盾间沟明显，端部粗糙，具横皱；前翅长方形，浅褐色，翅脉明显，黄色，沿爪脉及翅外缘处分布有同样的黑斑；体下及足乳黄色，后足股节端部刺式 2：2：1；雌虫生殖前节后缘圆形突出。雄性外生殖器尾节侧瓣基部阔，端向略收缩，端部角状，分布有数根大刚毛，具腹突；生殖瓣梯形；下生殖板基部阔，端向略收缩，端部角状，外缘具细刚毛；阳基侧突端突细而长，端部尖角状，侧叶宽，具感觉毛；连索"Y"形，干向后延伸，似塔状，在中部与阳茎以膜质相连；阳茎腔复体发达，阳茎干粗壮，背向弯折，具 2 对侧突，位于近端部和中部。

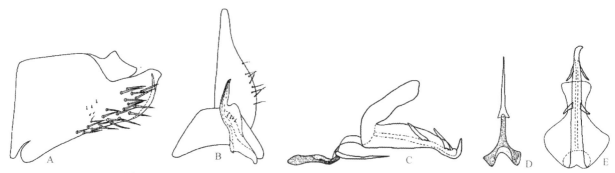

图 1-160　四突脊翅叶蝉 *Parabolopona quadrispinosa* Shang et Zhang, 2006

A. 尾节侧瓣侧面观；B. 生殖瓣、下生殖板和阳基侧突背面观；C. 阳茎和连索侧面观；D. 连索背面观；E. 阳茎腹面观

分布：浙江（西湖、临安）、福建、广西、云南。

胫槽叶蝉族 Drabescini Ishihara, 1953

主要特征：头部前缘平滑或具不规则细横皱，有时有 1 卷曲的口上沟；额唇基粗糙，额唇基沟存在；触角长，超过体长之半，位于复眼上方；触角檐强而倾斜；前足胫节背面明显扩展或正常；前幕骨臂镰形；前翅端片阔。

分布：古北区、东洋区。世界已知 2 属 55 种，中国记录 1 属 31 种，浙江分布 1 属 6 种。

74. 胫槽叶蝉属 *Drabescus* Stål, 1870

Drabescus Stål, 1870: 738. Type species: *Bythoscopus remotus* Walker, 1851.

Tylissus Stål, 1870: 739. Type species: *Tylissus nitens* Stål, 1870.

主要特征：中到大型叶蝉，体粗壮，黑褐色、楔形；头短而阔，少数种类头冠前缘向前伸长，冠域凹或平坦有细纵纹；头部前缘具缘脊或侧观阔圆但具细横线；单眼缘生，位于脊间凹槽内，远离复眼；颜面平整，宽大于长；触角长，位于复眼上方，触角窝深，触角脊强而倾斜，有些种类额唇基沟明显；额唇基区平坦或微隆，有纵皱，基部较宽，端向略收缩；前唇基基部窄，端向膨大；舌侧板大；颊区阔，基部凹陷；前胸背板横宽，前缘突出，侧缘具隆线，后缘横平微凹，中域有细密横皱，具刻点；小盾片阔三角形，微皱；前翅端片阔，具 4 端室，3 端前室；前足胫节背面扁平，端部扩展或正常，缘刺式不规则或 1：4，后足股节端部刺式 2：1、2：2：1 或 2：2：1：1。雄性外生殖器尾节侧瓣有或无大型刚毛，有或无尾节突；生殖瓣半圆形或三角形；下生殖板长三角形，无大型刚毛或具细小刚毛；阳基侧突端突较骨化；连索短或长，"Y" 形；阳茎对称，有或无侧基突，阳茎口开口于近端部腹面。

分布：除纳塔尔胫槽叶蝉 *Drabescus natalensis* 分布于非洲外，其余种类广泛分布于亚洲及太平洋地区。世界已知 57 种，中国记录 31 种，浙江分布 6 种。

分种检索表

（除 *D. albostriatus* 外）

1. 阳茎干不具突起 ·· 赭胫槽叶蝉 *D. ineffectus*
- 阳茎干具突起 ··· 2
2. 头部沿着盾间沟两端具 1 条亮黄色的纵带；尾节腹缘着生齿状边缘 ·········· 宽胫槽叶蝉 *D. ogumae*
- 头部着色方式不如上述，尾节具有突起或不具有突起 ··· 3
3. 阳茎的基侧突腹面观较直，阳茎基侧突短，伸达干的中上部 ·················· 淡色胫槽叶蝉 *D. pallidus*
- 阳茎的基侧突腹面观趋向分离 ··· 4
4. 阳茎干的基侧突腹面观长于阳茎干的长度 ································· 台湾胫槽叶蝉 *D. formosanus*
- 阳茎干的基侧突腹面观稍短于阳茎干的长度 ····························· 透翅胫槽叶蝉 *D. pellucidus*

（161）玉带胫槽叶蝉 *Drabescus albostriatus* Yang, 1995（图 1-161）

Drabescus albostriatus Yang *in* Yang & Zhang, 1995: 42.

主要特征：体连翅长：♀ 11.0–12.0 mm。体灰褐色，前翅具白带斑。头冠短，宽为长的 4 倍，前缘具黄边；颜面污黄，近前缘有黑横纹，后唇基宽阔，向端部渐窄，两侧有短横纹，前唇基狭长，中部缢缩。

前胸背板窄于头部，前缘拱突，后缘弓弯；小盾片近等边三角形，与前胸背板同样，密布黑黄色雀斑。前翅中部有 1 白色横带斑，翅脉黑褐色，间有稀疏小黄点，翅膜上密布褐色雀斑。足大部分黑色，跗节黄褐色有黑斑。胸腹的腹面污黄色，第 7 腹板深裂为双叶，中央黑色。

分布：浙江（开化）。

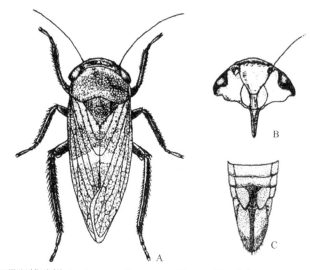

图 1-161 玉带胫槽叶蝉 *Drabescus albostriatus* Yang, 1995（仿 Yang and Zhang，1995）
A. 雌成虫背面观；B. 颜面；C. 雌虫腹端腹面观

（162）台湾胫槽叶蝉 *Drabescus formosanus* Matsumura, 1912（图 1-162）

Drabescus formosanus Matsumura, 1912b: 294.

Drabescus trichomus Yang, 1995: 41, fig. 6. Synonymized by Zhang & Webb, 1996 : 24.

主要特征：尾节侧瓣具有向后延伸的腹突并指向背缘，突起基部分叉，与另 1 突起近等长；阳基侧突端部短小，基部阔，侧叶呈直角状；连索"Y"形，主干略长于侧臂；阳茎近基部着生 1 对远离阳茎干的基侧突，腹面观突起呈"V"形趋向分离，长于阳茎干顶端；阳茎口位于端部。

分布：浙江（开化）、福建、台湾、广东、贵州。

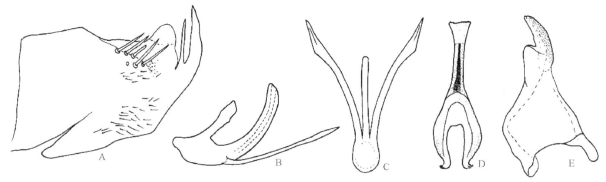

图 1-162 台湾胫槽叶蝉 *Drabescus formosanus* Matsumura, 1912（仿 Zhang and Webb，1996）
A. 尾节侧瓣侧面观；B、C. 阳茎侧面观和腹面观；D. 连索腹面观；E. 阳基侧突

（163）赭胫槽叶蝉 *Drabescus ineffectus* (Walker, 1858)（图 1-163）

Bythoscopus ineffectus Walker, 1858: 266.

Drabescus ineffectus: Distant, 1908c: 145.

主要特征：中型叶蝉，体粗壮，红褐色、楔形；头短而阔，头冠前缘向前伸长。头部前缘具缘脊；单眼缘生，位于脊间凹槽内，远离复眼。雄性外生殖器尾节侧瓣无大型刚毛，尾节腹缘向后延伸成1个较长的尾节突；生殖瓣半圆形；下生殖板长三角形，外缘着生细小刚毛；阳基侧突细长，端突长，侧叶不发达；连索短，"Y"形；阳茎对称，无侧基突，阳茎口开口于近端部腹面。

　　分布：浙江（临安、开化）、陕西、湖北、广西；俄罗斯，印度。

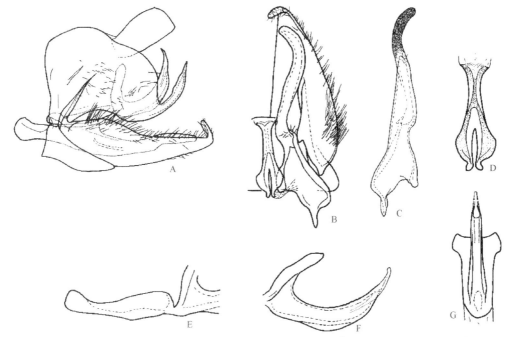

图 1-163　赭胫槽叶蝉 Drabescus ineffectus (Walker, 1858)（仿 Zhang and Webb，1996）

A. 尾节侧瓣侧面观；B. 生殖瓣、下生殖板、阳基侧突和连索背面观；C. 阳基侧突腹面观；D. 连索腹面观；E. 连索和阳茎基部侧面观；F、G. 阳茎侧面观和后面观

（164）宽胫槽叶蝉 *Drabescus ogumae* Matsumura, 1912（图 1-164）

Drabescus ogumae Matsumura, 1912b: 291.

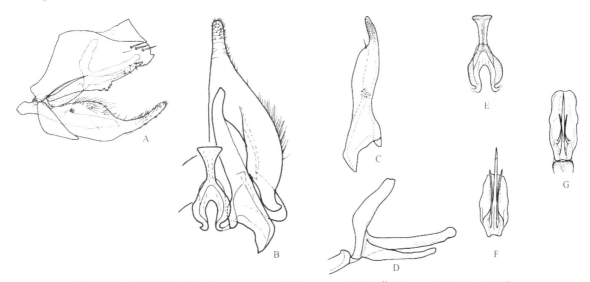

图 1-164　宽胫槽叶蝉 *Drabescus ogumae* Matsumura, 1912（仿 Zhang and Webb，1996）

A. 尾节侧瓣侧面观；B. 生殖瓣、下生殖板、阳基侧突和连索腹面观；C. 阳基侧突背面观；D. 阳茎侧面观；E. 连索腹面观；F. 阳茎后面观；G. 阳茎腹面观

主要特征：体长：♂ 10.0 mm。体黄褐色至暗褐色。头冠部鲜褐色，前缘黑色，在前缘两侧部分，黑色边缘加宽成黑色条纹，头胸部沿着盾间沟两端具 1 条亮黄色的纵带；颜面基绿，额唇基区及前唇基为黑色，其余部分褐色；而在头冠前缘与颜面基缘间有 1 条明显的黄色条纹，单眼缘生。复眼黑褐色；触角基部二节赤褐色。前胸背板黄褐至鲜褐色，两侧的前半部分黑褐色，有时此黑褐色部分向后扩延及整个侧面部分，小盾片为黄褐色，两侧角暗黑褐色；前翅半透明，黄褐至褐黑色；在近翅的前缘部分，有白色斑纹 3 条，翅端部色泽深暗，翅脉为黑褐色，其上散布白色小点；后翅白色半透明。虫体腹面及足均为褐色，杂生黑色斑点。头冠前端微呈角状突出；额唇基区具有纵走皱纹。前胸背板横皱明显，细而稠密；小盾板中央横刻痕呈弧形弯曲，端部亦生有横皱；前翅密生粗大皱纹；前足胫节外侧缘特别扩大，以致前足胫节显著扁平。尾节腹缘着生齿状边缘；连索"Y"形，短小；阳茎背腔发达，阳茎干腹面观扁，具 1 对基侧突，未伸达干的顶端，阳茎口小，位于亚端部腹面。

分布：浙江、山东、陕西、甘肃、台湾、广东、四川、云南；日本。

（165）淡色胫槽叶蝉 *Drabescus pallidus* Matsumura, 1912（图 1-165）

Drabescus pallidus Matsumura, 1912b: 293.

主要特征：体鲜黄褐色，头冠、前胸背板和小盾片着生黄色斑纹。雄虫尾节侧瓣有大型刚毛，腹缘具指形突起；阳基侧突细长，端部突起长，侧叶不发达；连索"Y"形，较短；阳茎干背向弯曲，基部与背腔连接处具有齿状突起，近基部具基侧突 1 对，较短，伸达干的中上部，腹面观较直，阳茎口位于端部腹面。

分布：浙江（临安）、陕西、湖北、广西；朝鲜，日本。

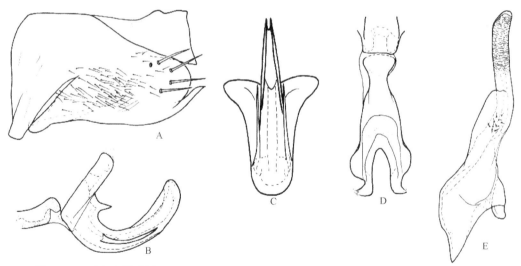

图 1-165　淡色胫槽叶蝉 *Drabescus pallidus* Matsumura, 1912（仿 Zhang and Webb，1996）
A. 尾节侧面观；B. 阳茎和连索端部侧面观；C. 阳茎后面观；D. 阳茎基部腹面观；E. 阳基侧突腹面观

（166）透翅胫槽叶蝉 *Drabescus pellucidus* Cai *et* Shen, 1999（图 1-166）

Drabescus pellucidus Cai *et* Shen, 1999a: 28.

主要特征：体连翅长：♂ 6.5 mm，♀ 8.5–8.8 mm。体前部黑色，背面密生黄褐色小点，小盾片末端和横刻痕两侧前方各有 1 黄褐色长点。前翅透明，翅脉黑色，除端部翅脉外其余各脉上皆疏生黄褐色小点，爪片中部和末端及前翅端室基部前方均有 1 条沥黑色横带，前翅端部黑褐色，自然状态下观察前翅似黑色具 3 条透明横带。体腹面及腹部黑色，额唇基两侧缘红褐色，腹部各节腹板后缘黄褐色。足大部分黑色，仅前、中足胫节内侧及后足股节内侧黄褐色至红褐色，胫刺黄褐色。外形及前翅斑纹相似沥青胫槽叶蝉 *Drabescus piceatus* Kuoh，但两者雄性外生殖器各部分构造显著不同，易于区分。头部宽于前胸背板，头冠前端宽弧圆突出，单眼位于头冠前缘凹槽两侧，相互间距离大于单眼与复眼的间距，冠缝极细弱不清晰。颜面额唇基区基部中域微洼，前唇基近基部略收窄，末端弧圆。前胸背板中长为头冠的 4 倍，为自身宽度 1/2 弱，前缘弧圆突出，后缘微凹入，表面密生横皱纹。小盾片长度略大于前胸背板，中域微洼，横刻痕弧曲不达及侧缘。前翅长为宽的 3 倍强，端片宽，刚伸达第 3 端室。雄虫腹部第 7 腹节长方形，中长与其前一节相等；基瓣狭长，前缘趋向两侧渐次向后缘收窄；尾节侧瓣近三角形，中部背面缢凹，端部指状，端前部着生大刚毛，下生殖板基大半三角形，端部细缢成长条似燕尾，外缘基部 1/3 生有白色细刚毛；由后向前渐次变短；连索宽短，近"U"形；阳基侧突基大半部宽"Y"形，端部缢缩成长指状伸向后侧方；阳茎长片状，背向弯曲，着生 1 对长的基侧突，稍短于阳茎干的长度，阳茎背腔端部似月牙铲状，阳茎口位于末端腹节。

分布：浙江（临安）、河南。

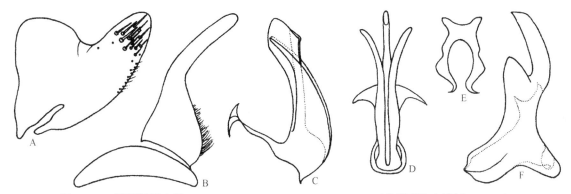

图 1-166　透翅胫槽叶蝉 *Drabescus pellucidus* Cai *et* Shen, 1999（仿蔡平和申效诚，1999a）
A. 尾节侧瓣侧面观；B. 生殖瓣和下生殖板腹面观；C. 阳茎侧面观；D. 阳茎腹面观；E. 连索腹面观；F. 阳基侧突背面观

缘脊叶蝉族 Selenocephalini Fieber, 1872

主要特征：单眼缘生；触角明显短于体长之半，位于复眼近中部到复眼下角；头冠前缘弧圆，有粗横皱；额唇基区端向明显加宽。

分布：古北区、东洋区、旧热带区。该族主要分布于旧热带区，除了亚太地区分布有 4 属、欧洲 1 属，其余均分布于非洲。世界已知 13 属，中国记录 1 属，浙江分布 1 属 1 种。

75. 齿茎叶蝉属 *Tambocerus* Zhang *et* Webb, 1996

Tambocerus Zhang *et* Webb, 1996: 8. Type species: *Selenocephalus disparatus* Melichar, 1903.

主要特征：体黄色或黄褐色，有或无褐色微点；头冠横宽，向前略突出，前缘具缘脊，近端部有 1 较浅横凹，冠域平滑，具不明显的纵纹；单眼缘生，靠近复眼；前幕骨臂"Y"形；触角较长，但短于体长之半，位于复眼前方中部高度处，触角窝浅，触角檐钝；额唇基阔，微隆；唇基间缝明显，侧额缝伸达相应单眼；前唇基基部窄，端部略膨大；头与前胸背板等宽或稍窄；前胸背板横宽，前缘微隆，侧缘短，具细密横皱，后缘横平凹入；小盾片宽大于长，盾间沟明显；前翅长方形，具 4 端室，3 端前室；前足胫节背面圆，刚毛式 5：5 或 1：5，后足股节端部刺式 2：2：1。雄性外生殖器尾节侧瓣后缘渐狭，端部具细小的骨化齿；下生殖板三角形或基半部呈不规则形，其上着生 1 列大型刚毛；阳基侧突端突长或短，端向渐尖；连索"Y"形，干长臂短；阳茎干端部指状，背向弯曲，侧面具细齿，阳茎口位于干端部的腹面。

分布：东洋区。世界已知 17 种，中国记录 7 种，浙江分布 1 种。

（167）四突齿茎叶蝉 *Tambocerus quadricornis* Shang *et* Zhang, 2008（图 1-167）

Tambocerus quadricornis Shang *et* Zhang, 2008: 248.

主要特征：体连翅长：♂ 6.0–6.5 mm。体小型，褐色，具深褐色花纹；头冠前缘弧圆突出，中长大于两侧长，近前缘有 1 横凹；单眼缘生，从背部可见，和相应复眼之间距离等于其自身直径；颜面三角形，额唇基微隆，端向略收缩；前唇基基部窄，端部略膨大，具中纵脊，唇基间缝明显；触角短，短于体长之半，位于复眼前方中部高度处，触角窝浅，触角脊弱，额唇基侧缘紧靠相应复眼边缘。头比前胸背板窄；前胸背板前缘弧圆，侧缘长，后缘近平截；小盾片三角形；前翅长方形，褐色半透明，具同色网纹，翅脉明显，沿爪脉端部及外缘有深色斑，具 4 端室，3 端前室，端片窄。雄性外生殖器尾节侧瓣基部阔，端向收缩成鱼尾状，具尾节突，突起末端齿状；下生殖板近梯形，基部阔方，端向收缩成指状，侧缘具大型刚毛和细长刚毛；阳基侧突端突直而长，端缘平截，侧叶宽，具感觉毛；连索 “Y” 形，干粗壮，约为臂长的 2 倍，臂短，两臂夹角小；阳茎背向弯曲，背腔发达，具大、小 2 对侧突，阳茎干粗壮，侧缘齿状，端部尖，阳茎口开口于端部。

分布：浙江（江山）、广西。

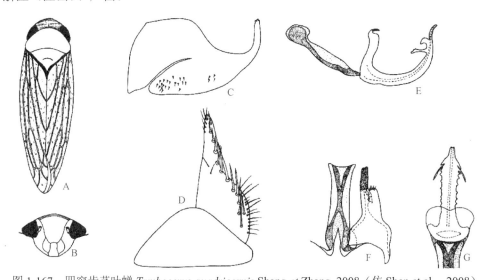

图 1-167　四突齿茎叶蝉 *Tambocerus quadricornis* Shang *et* Zhang, 2008（仿 Shen et al.，2008）
A. 雄虫背面观；B. 颜面腹面观；C. 尾节侧瓣侧面观；D. 生殖瓣和下生殖板腹面观；E. 阳茎和连索侧面观；F. 连索和阳基侧突腹面观；G. 阳茎和连索端部背面观

（十二）片角叶蝉亚科 Idiocerinae

主要特征：楔形叶蝉，体中型；头冠宽于前胸背板。前胸背板侧缘较短；颜面短阔，基向渐宽，近呈三角形；单眼位于颜面，单眼间距离大于或等于单眼到同侧复眼间距离。前翅具 4 个端室，2–3 个端前室，端片发达。后足股节端刺 2：0 或 2：1。腹突常存在。

分布：世界广布。世界已知 123 属 800 余种，中国记录 31 属 93 种，浙江分布 4 属 5 种。

分属检索表

1. 后足股节端刺 2：0 ·· 片角叶蝉属 *Idiocerus*
- 后足股节端刺 2：1 ··· 2
2. 尾节腹缘无内突 ··· 短突叶蝉属 *Nabicerus*

- 尾节腹缘具内突 ··· 3
3. 阳茎前腔发达 ··· 拟长突叶蝉属 *Paramritodus*
- 阳茎前腔不发达 ··· 角突叶蝉属 *Anidiocerus*

76. 短突叶蝉属 *Nabicerus* Kwon, 1985

Nabicerus Kwon, 1985: 68. Type species: *Idiocerus fuscescens* Anufriev, 1971.

主要特征：颜面常黄色带有褐色或黑色斑块，中线两侧具深褐色斑点。小盾片基部具深褐色或黑色三角斑。前翅翅脉深褐色，1A、2A 端部和其他翅脉上具白色斑点。头冠前后缘平行，点状粗糙。颜面宽大于长；额唇基区长大于宽；前唇基端部宽，侧缘弯曲；喙宽且长，超过中足基节。前胸背板侧缘短。小盾片中长大于或等于前胸背板中长。前翅 3 端前室，4 端室；端片大。后足股节端刺 2：1。下生殖板长方形，侧缘带有透明域，无突起。下生殖板长，明显长于尾节，背缘具浓密细刚毛，腹缘和侧面具少量短毛。阳基侧突长，端部背向弯曲，喙状，亚端部具 1 或 2 根短鬃毛，腹缘具小锯齿，腹缘 2/3 处内凹。连索"T"形，中部隆起。阳茎干侧面具 1 对亚端突，片状，背突发达。雌虫第 2 产卵瓣细长，齿突区域短于总长一半，背缘具多个分散的半圆形小突；第 1 产卵瓣具条形刻纹。

分布：古北区、东洋区。世界已知 4 种，中国记录 4 种，浙江分布 2 种。

（168）黑脉短突叶蝉 *Nabicerus nigrinervis* (Cai *et* Shen, 1998)（图 1-168）

Idiocerus (*Liocratus*) *nigrinervis* Cai *et* Shen, 1998a: 32-33.

Nabicerus nigrinervis: Zhang, 2017a: 173.

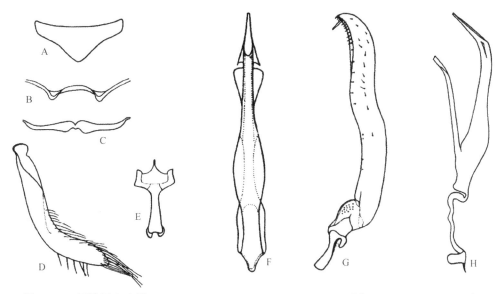

图 1-168　黑脉短突叶蝉 *Nabicerus nigrinervis* (Cai *et* Shen, 1998)（仿 Cai and Shen，1998a）
A. 第 8 腹板；B. 第 2 腹板内突；C. 第 3 背板内突；D. 下生殖板；E. 连索腹面观；F. 阳茎腹面观；G. 阳基侧突侧面观；H. 连索及阳茎侧面观

主要特征：头部前端弧形突出，复眼与前缘相接处略凹入，头冠前、后缘平行，中长与复眼处的冠长相等，冠缝明显；后唇基卵圆形，前唇基长方形；单眼间距离为单眼与复眼间距 2 倍弱；触角无端片。前胸背板中长为头冠的 2.5 倍，为自身宽度的 1/2，后缘浅凹入。小盾片长于前胸背板，横刻痕拱曲，端部具细微横皱纹。前翅具 4 端室、3 端前室，革片第 1 分支纵脉两侧生有刻点。雄虫腹内突及第 3 背板突起甚小；第 8 腹板中长略长于其前节，后缘中央圆角状突出。尾节侧瓣近长方形，末端平截。下生殖板宽马刀形，端半部外缘具长毛，亚端部内缘生有 6 根纤细的刚毛。连索腹面观近十字形。阳基侧突基部甚短，端大部宽片状，略波曲，近末端外缘生有 1 根粗刚毛。阳茎管状，端向渐细，但近中部膨大，端部翘曲，具 1 对齿状端突；背突狭片状，与阳茎端部同向翘曲；阳茎口位于末端腹面。头部黄褐色，颜面基域有 1 对小黑点，触角第 2 节黑色，后唇基两侧各有 1 列红褐色短纹，复眼黑褐色，单眼无色透明。前胸背板、小盾片及前翅浓茶色，前者分布 4 条不规则的黑色纵条纹，并在前缘域相连。小盾片中央有 1 纵条纹，于横刻痕加宽并分为 2 叉，基角各有 1 黑斑。前翅翅脉黑褐色，间断为苍白色。胸部及腹部背面黑色，腹部腹面暗褐色，足黄褐色。

分布：浙江（临安）、河南。

（169）多齿短突叶蝉 *Nabicerus dentimus* Xue *et* Zhang, 2014（图 1-169）

Nabicerus dentimus Xue *et* Zhang, 2014: 390.

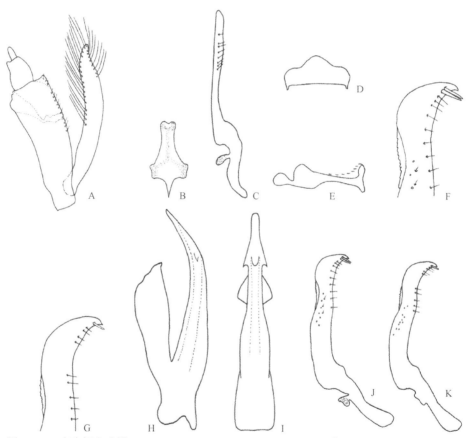

图 1-169　多齿短突叶蝉 *Nabicerus dentimus* Xue *et* Zhang, 2014（仿 Xue and Zhang, 2014）

A. 尾节、肛管和下生殖板侧面观；B. 连索腹面观；C. 阳基侧突背面观；D. 第 8 腹板；E. 连索侧面观；F、G. 阳基侧突端部；H. 阳茎侧面观；I. 阳茎腹面观；J、K. 阳基侧突侧面观

主要特征：体梭形，壮实。体黄褐色，头冠中线两侧各具 1 黑色圆点。颜面黄白色；复眼红褐色；复眼中上部边缘各具有 1 个三角形褐色斑纹，复眼下方各有 1 褐色斑纹；单眼透明，顶部有灰色半圆形斑；额唇基区基部有 5 个褐色椭圆形斑，两侧各具有 5 个褐色斑纹；触角窝褐色；颊中部有褐色斑纹；舌侧板边缘褐色；前唇基稻草色。前胸背板具有黑色斑纹。小盾片两基角有黑色三角形斑，中域具黑色斑纹。前翅半透明，翅脉深褐色与白色相间。头冠前后缘弧形凸出且平行，头冠中长等于近复眼处长，冠缝较短，具横皱。颜面宽大于长；单眼间距离大于单眼到同侧复眼的距离；侧额缝稍外弯，末端远离单眼；触角末端不膨大；触角窝较深；额唇基卵圆形，突出；唇基沟不明显；前唇基端部稍大于基部；舌侧板宽大；颊两侧缘中部内凹。前胸背板点状粗糙。小盾片中长小于头冠和前胸背板中长之和，长小于宽，隆起。前翅

端前外室较小。尾节侧面观长方形，腹缘具多根短毛。下生殖板长于尾节，狭长，内缘端半部密生细长刚毛，腹缘端部疏生刚毛。阳基侧突端部背向弯曲，端半部腹缘中域内凹，内凹处锯齿状；两侧缘平行，末端尖；端部有 1–2 根粗刺，内缘疏生 1 列短刚毛。阳茎干端部弯曲，渐细，末端钝圆，近端部具 1 对短的阳茎突；阳茎口位于腹面阳茎突间或之上；背突发达，侧面观中部扩展，末端渐细。

分布：浙江（临安）、河南、陕西、湖南、福建、广西。

77. 片角叶蝉属 *Idiocerus* Lewis, 1834

Idiocerus Lewis, 1834: 47. Type species: *Idiocerus stigmaticalis* Lewis, 1834.

主要特征：头冠中长通常小于复眼处长，小于前胸背板中长的 1/2。颜面宽大于长，侧缘较直，侧缘夹角稍大于 90°；雄虫触角端部常片状；额唇基区近圆形。小盾片中长大于前胸背板中长。前翅通常 4 端室、3 端前室。后足股节端刺 2：0。下生殖板狭长，边缘具细刚毛。阳基侧突长，端半部背向弯曲，背缘具有 1 列中长刚毛，端部通常具有粗大且长的刚毛。阳茎管状，弯曲，近端部常具 1 对阳茎突；阳茎口位于近端部腹侧，腹面观铲状；背突发达。

分布：世界广布。世界已知 200 余种，中国记录 17 种，浙江分布 1 种。

（170）黑胸宽突叶蝉 *Idiocerus nigripectus* Cai *et* He, 2001（图 1-170）

Idiocerus (*Liocratus*) *nigripectus* Cai *et* He in Cai, He & Gu, 2001: 198.

Idiocerus nigripectus Cai *et* He in Cai, He & Gu, 2001: 198.

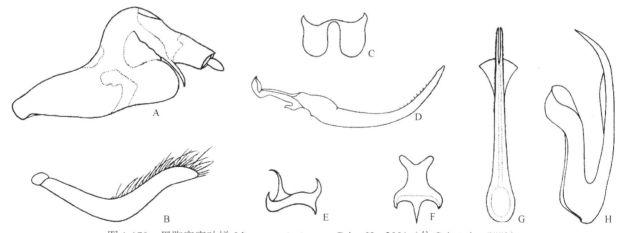

图 1-170　黑胸宽突叶蝉 *Idiocerus nigripectus* Cai *et* He, 2001（仿 Cai et al.，2001）
A. 尾节侧面观；B. 下生殖板；C. 第 2 腹板腹内突；D. 阳基侧突侧面观；E. 连索侧面观；F、G. 连索和阳茎腹面观；H. 阳茎侧面观

主要特征：头部黄褐色，仅前唇基、后唇基端半部中央及颊的大部分为黑色；复眼黑褐，单眼无色透明。前胸背板和小盾片黑色，前者后半部中央有 1 黄褐色斑。前翅暗黄褐色，前缘和翅末端具黑色光泽。胸部腹面和腹部黑色，唯有下生殖板黄褐。足暗黄褐色，股节多少带有黑色。头冠前端宽弧圆突出，中长与复眼处长相等。单眼位于侧额缝末端，相互间距离微大于单眼与复眼间距；后唇基近卵圆形，前唇基基大半部两侧平行，末端扩大。前胸背板中长为头冠的 3 倍，近自身宽度 1/2 弱，前缘弧圆突出，侧区宽角状，后缘微弧凹。小盾片略长于前胸背板，横刻痕模糊呈角状折曲。雄虫第 2 腹板腹内突不发达；第 3 背板腹内突发达，呈"U"形且相互靠近。第 8 腹板中长近与其前一节相等，后缘稍向后突出。尾节侧瓣狭长，末端凸圆，背缘形成 1 长刺突指向后下方。下生殖板近宽"V"形弯曲，仅外缘端半部着生长毛。连索腹面观呈灯台形。阳基侧突狭长，端向渐窄，无大刚毛着生。阳茎干长管状，端向渐细，末端向背后方

翘曲，中部背向有 1 浅片状突起，端半部两侧具细棘；阳茎背腔发达，末端扩大；阳茎口狭长，位于阳茎干末端腹面。

分布：浙江（龙泉）。

78. 拟长突叶蝉属 *Paramritodus* Xue *et* Zhang, 2020

Paramritodus Xue *et* Zhang, 2020: 1449. Type species: *Paramritodus triangulus* Xue *et* Zhang, 2020.

主要特征：头冠具细横纹。侧额缝存在，伸达单眼，内凹；前唇基端部宽于基部；舌侧板宽大；颊侧缘弯曲。前胸背板表面颗粒状。中胸小盾片和小盾片中长之和大于前胸背板中长。前翅具 2 个封闭端前室，存在 r-m1 横脉。后足股节端刺刺式 2：1。雄性尾节伸长，三角状，背部膜质突宽大，具内突。阳茎干粗壮，端半部背向弯曲，腹面观端向渐细；阳茎口着生于腹面中部；背突发达；阳茎前腔发达，但短于阳茎干。

分布：古北区、东洋区。世界已知 6 种，中国记录 6 种，浙江分布 1 种。

（171）黄头拟长突叶蝉 *Paramritodus flavocapitatus* (Cai *et* He, 2001)（图 1-171）

Amritodus flavocapitatus Cai *et* He *in* Cai, He & Gu, 2001: 199.

Paramritodus flavocapitatus: Xue & Zhang, 2020: 1450.

主要特征：体淡褐色。头冠淡黄褐色。颜面黄色。前胸背板淡褐色具黑色斑纹。中胸小盾片和小盾片亮褐色，中胸小盾片基角黑色。前翅淡褐色，前缘脉端半部透明，基部黄色。雄虫第 2 腹板腹内突近 "V" 形，相互宽离；第 3 背板腹突宽 "V" 形，相互间近呈倒 "U" 形。第 8 腹板长方形，中长近与其前一节相等。尾节伸长，后缘圆钝，腹缘具细长内突，端部钩状。第 10 腹节腹突细长。阳基侧突背缘端部 1/4 具 1 列中长刚毛。阳茎前腔笔直，背突侧面观半圆形。

分布：浙江（临安、舟山）、山西。

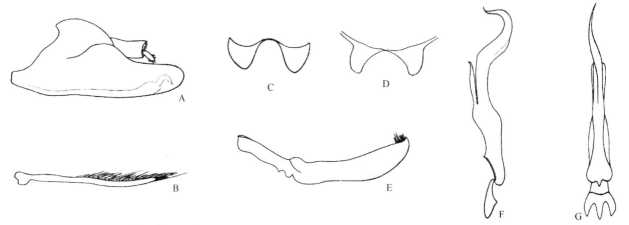

图 1-171　黄头拟长突叶蝉 *Paramritodus flavocapitatus* (Cai *et* He, 2001)（仿 Cai et al.，2001）
A. 尾节侧面观；B. 下生殖板；C. 第 3 背板腹内突；D. 第 2 腹板腹内突；E. 阳基侧突侧面观；F、G. 连索和阳茎侧面观及腹面观

79. 突角叶蝉属 *Anidiocerus* Maldonado-Capriles, 1976

Anidiocerus Maldonado-Capriles, 1976: 139. Type species: *Anidiocerus variabilis* Maldonado-Capriles, 1976.

主要特征：体黄色带有不规则的暗褐色斑纹，颜面常深褐色。颜面复眼和中线间具 1 深褐色圆斑；前翅褐色半透明，基部、端部和前缘脉颜色较深，翅脉深褐色。虫体细长。头冠中长短于近复眼处距离，具横皱；颜面宽稍大于长；单眼之间距离大于到同侧复眼间距离；侧额缝稍弯曲，伸达单眼；额唇基区长大于宽；前唇基端部宽于基部，侧缘内凹。前胸背板侧缘较短，点状粗糙；小盾片中长近等于头冠和前胸背板之和。前翅前缘域亚端部常具透明斑，4 端室、2 端前室；端片大。后足股节端刺 2∶1。尾节背部通常具 1 长膜质域，侧面具横向透明域；前背突长，后突位于尾节侧瓣内侧。生殖瓣长方形。下生殖板长，端部背向弯曲，背、腹缘具多根长毛，侧面具多根短毛。阳基侧突长，端半部背向弯曲，端部渐细；背缘具 1 列刚毛，腹缘具齿突。连索"T"形，中部具隆起。阳茎侧面常具 1 对亚端突，长刺状或齿突状；阳茎口位于腹面端部；背突短，侧面基部缢缩，端部侧面扩展。

分布：东洋区。世界已知 7 种，中国记录 7 种，浙江分布 1 种。

（172）黑面突角叶蝉 *Anidiocerus longimus* Xue *et* Zhang, 2013（图 1-172）

Anidiocerus longimus Xue *et* Zhang *in* Xue et al., 2013: 483.

主要特征：头冠黄色，中部具深褐色斑。颜面基部近复眼处具深褐色圆斑，颜面基域中部、额唇基区、前唇基、舌侧板和颊黑色；复眼下方乳白色；颊边缘黄色。前胸背板和小盾片黑色。小盾片端部黄色。前翅深褐色，前缘域具三角形半透明斑块。头冠前后缘突出，中长略大于近复眼处长，冠缝较短。颜面额唇基区突出；侧额缝稍内凹伸达单眼下方；前唇基端部宽于基部；颊稍内凹。尾节侧瓣中部透明，内侧腹缘具叉状突；背分支突长于腹分支突，腹分支突较粗，背分支突较细。下生殖板背缘端半部和腹缘端部具中长细毛。阳基侧突腹缘端半部除端部外具齿突和细纹；背缘端半部具短刚毛。阳茎具 1 对亚端突，细长，超过阳茎端部；阳茎口位于近端部腹面。

分布：浙江（龙泉）。

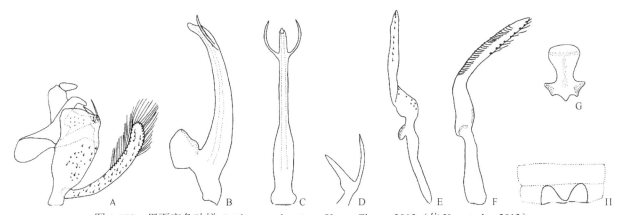

图 1-172　黑面突角叶蝉 *Anidiocerus longimus* Xue *et* Zhang, 2013（仿 Xue et al.，2013）

A. 雄虫尾节、肛节和下生殖板侧面观；B. 阳茎侧面观；C. 阳茎腹面观；D. 尾节突后面观；E. 阳基侧突背面观；F. 阳基侧突侧面观；G. 连索腹面观；H. 腹部腹内突

（十三）广头叶蝉亚科 Macropsinae

主要特征：头冠宽短，前后缘多不平行，头冠中间位置处极窄，近复眼处稍宽；单眼位于颜面，单眼间距为单眼至同侧复眼间距的 2–6 倍；唇基小且阔，端部稍膨大；前胸背板宽大，前缘很突出，中后域拱起，向前侧缘下倾，表面分布有明显的刻点和刻痕；前翅端片极狭乃至消失，后翅端室 3 个；尾节宽短，后缘常有尖刺状附突；下生殖板细长片状；阳茎干多为管状。

分布：世界广布。世界已知 20 属 543 种，中国记录 8 属 133 种，浙江分布 3 属 3 种。

分属检索表

1. 背连索未骨化或呈条带状，无附属突起 ································ 广头叶蝉属 *Macropsis*

- 背连索硬化，有刀片状、钩状或针状突起 ··· 2

2. 尾节侧瓣有刺状突，或端向渐尖 ·································· 暗纹叶蝉属 *Pediopsoides*

- 尾节侧瓣无突起，端部斜截或钝圆 ································· 斜纹叶蝉属 *Pediopsis*

80. 斜纹叶蝉属 *Pediopsis* Burmeister, 1838

Bythoscopus (*Pediopsis*) Burmeister, 1838: 11. Type species: *Jassus tiliae* Germar, 1831.

Pediopsis Burmeister, 1838: 11.

主要特征： 头冠极短，近呈线形。颜面侧面观较平坦，雄虫后唇基向两侧扩展，舌侧板小。前胸背板隆起，密布斜刻痕，前缘超出复眼前缘。盾片三角形，盾间沟角状或圆弧状凹陷。前翅端前室 3 个，端片狭。雄性尾节末端斜截，无突起。下生殖板狭长被刚毛。阳基侧突狭长，近基部 1/3 处弯曲、略膨大。背连索基部与阳茎相连，端部与肛管相连，端部常有叉状、手指状或鸟嘴状突起。阳茎干较长，阳茎口位于亚端部。

分布： 世界广布。世界已知 21 种，中国记录 8 种，浙江分布 1 种。

（173）椴斑斜皱叶蝉 *Pediopsis tiliae* (Germar, 1831)（图 1-173）

Jassus tiliae Germar, 1831: 14.

Pediopsis tiliae (Germar): Flor, 1861: 182.

主要特征： 体棕至褐色。头冠棕色。颜面中线两侧颜色较浅，向两侧渐深，尤其以复眼周围最深，呈现棕红色；复眼红褐至黑色。前胸背板棕色，散布褐色刻点和刻痕。盾片褐至黑色。前翅棕黄色，密布深棕色斑点。头冠明显狭于前胸背板。颜面长大于宽，表面散布有微弱斜刻痕及刻点；单眼间距约为单眼至同侧复眼间距的 5 倍；舌侧板明显。前胸背板中域隆起，纵脊两侧密布斜刻痕。盾片三角形，表面散布微弱的刻点。前翅端前室 3 个，端片狭。

分布： 浙江、黑龙江、吉林、辽宁、陕西、江苏、福建、四川；俄罗斯，朝鲜，日本，马来西亚，新加坡，欧洲，北美洲，澳大利亚。

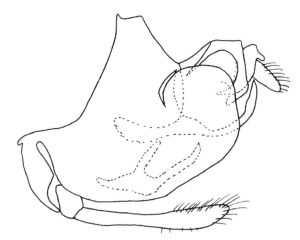

图 1-173　椴斑斜皱叶蝉 *Pediopsis tiliae* (Germar, 1831) 尾节、肛管和下生殖板侧面观（仿 Hamilton，1980）

81. 暗纹叶蝉属 *Pediopsoides* Matsumura, 1912

Pediopsoides Matsumura, 1912b: 305. Type species: *Pediopsoides formosanus* Matsumura, 1912.

主要特征：头冠狭于前胸背板；颜面长大于宽；单眼至中线距离为至同侧复眼距离的 2–3 倍；雄虫后唇基侧域向两侧扩展，舌侧板狭小；前胸背板向前呈角状或圆弧状突出，中域隆起，向前和两侧倾斜；前胸背板上的皱纹模糊不清，走向多样（横向或斜向）；前翅端前室 2 个，端片狭小；后足胫节微刚毛 6–11 根；雌虫第 7 腹板前缘近平直，后缘呈倒 "V" 或 "W" 形凹入。雄虫尾节侧瓣宽大，腹缘一般具有 1 个或多个尖刺状突起，突起基部较宽，向内侧弯折，或端向渐尖；阳茎背向弯曲，基部宽大，干很短，端向渐狭；阳基侧突狭长，末端钩状，近基部 1/3 处略膨大弯折，并在该处与连索关键；背连索与尾节上缘衔接，波状弯曲，在背端部具有竹片状突起。

分布：世界广布。世界已知 31 种，中国记录 21 种，浙江分布 1 种。

（174）库氏暗纹叶蝉 *Pediopsoides* (*Sispocnis*) *kurentsovi* (Anufriev, 1977)（图 1-174）

Oncopsis kurentsovi Anufriev, 1977b: 12.

Pediopsoides (*Sispocnis*) *kurentsovi*: Dai *et* Zhang, 2009: 27.

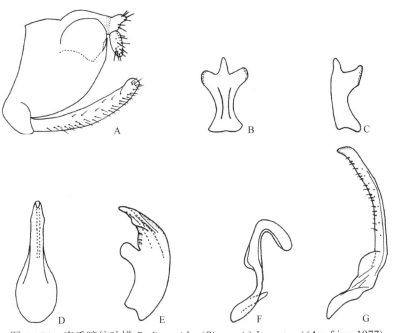

图 1-174 库氏暗纹叶蝉 *Pediopsoides* (*Sispocnis*) *kurentsovi* (Anufriev, 1977)
A. 尾节侧瓣侧面观；B、C. 连索腹面观和侧面观；D、E. 阳茎腹面观和侧面观；F. 背连索侧面观；G. 阳基侧突侧面观

主要特征：体浅黄色至黑色；头冠橙黄，复眼红棕色；前胸背板上分布有一些不规则斑点，与前缘的黑色区域相连；盾片基部有 2 个三角形斑，中线中端部有 2 个圆盘状黑斑；颜面橙黄，有 2–4 个黑斑或三角形斑，复眼下缘有黑斑，前唇基分布有 2 个黑色斑点，后唇基侧缘黑色；前翅黑褐色，前缘域和端域白色半透明。头宽于前胸背板，弧形突出；前胸背板前缘弧状突出，后缘中部凹入，表面密布横向皱纹；盾片三角形，长度约为前胸背板的 1.5 倍，端部有横皱纹；颜面宽大于长，雄虫后唇基侧域向两边扩展，将舌侧板掩盖，雌虫不扩展；前翅具 2–3 个端前室，端片狭。雄性尾节侧瓣后缘中部呈弧形弯曲，腹缘具 1 粗短刺状突，该突起基部较宽，向内侧弯折；下生殖板长片状，略弯，表面着生大量刚毛，阳茎干较短，背向弯曲，近端部侧缘有 2 个角状突起；连索粗壮，两侧臂与阳基侧突关键；阳基侧突中部微膨大，端部

钩状弯向背缘，背面着生一些刚毛；背连索"S"形，中部有 1 短壮突起，两端部均较宽，分别与阳茎和肛管相连。

　　分布：浙江（临安）、河北、山西、河南、陕西、四川；俄罗斯，印度。

82. 广头叶蝉属 *Macropsis* Lewis, 1834

Macropsis Lewis, 1834: 49. Type species: *Cicada virescens* Gmelin, 1789.

Tsavopsis Linnavuori, 1978a: 14. Type species: *Tsavopsis tuberculata* Linnavuori, 1978.

　　主要特征：头冠"V"形角状突出；颜面长大于宽，额区平坦或稍突出；单眼间距是单眼至同侧复眼间距的 4–5 倍；雄虫舌侧板变化大，但大数舌侧板狭；前唇基基部至端部渐狭，有些种类唇基端部膨大；头冠与前胸背板近等宽；前胸背板中域隆起，刻痕斜向；前翅端前室 3 个，个别种类翅脉上分布有白色斑点；后足胫节微刚毛 6–11 根。雄虫尾节腹缘都有附突，指向后缘或背缘；下生殖板细长片状，背向稍弯；阳茎基部肿大，阳茎干为端向渐细的管状；阳基侧突细长；背连索未骨化或呈条带状。

　　分布：世界广布。世界已知 270 余种，中国记录 37 种，浙江分布 1 种。

（175）眉峰广头叶蝉 *Macropsis (Macropsis) meifengensis* Huang *et* Viraktamath, 1993（图 1-175）

Macropsis meifengensis Huang *et* Viraktamath, 1993: 371.

　　主要特征：体棕色；前胸背板棕色，分布有褐色斑点；盾片黄棕色，分散有褐色斑点，且端部颜色稍深，两侧基角处有颜色稍深的三角斑；颜面黄棕色，零散分布有褐色刻点；复眼红褐色；前翅棕色，分布有褐色斑点，且端部的斑点稍多。头冠比前胸背板宽，向前近直角状突出；前胸背板的中纵脊两侧密生斜刻痕；盾片三角形，角落处散布有较多刻点，盾间沟弧形向下弯曲；颜面长大于宽，单眼间距约为至同侧复眼间距的 5 倍，舌侧板不明显；前翅具 3 个端前室，端片狭。雄虫尾节后半缘膜质，膜质区超出了骨化的尾节突；尾节突较宽，有一定的扭折，中间部分具齿，端向渐尖，上缘超出尾节上侧；阳基侧突同大部分广头叶蝉种；阳茎干背向稍弯，端向渐尖；背连索膜质。

　　分布：浙江（临安、开化）、陕西、湖北、台湾、广东、海南、云南；泰国。

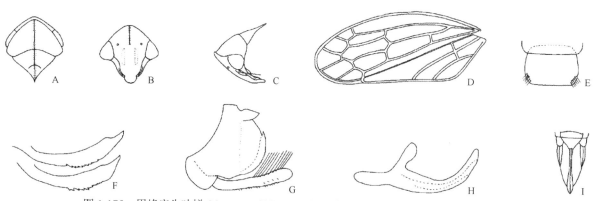

图 1-175　眉峰广头叶蝉 *Macropsis (Macropsis) meifengensis* Huang *et* Viraktamath, 1993
（仿 Huang and Viraktamath，1993）

A. 头、胸部背面观；B. 颜面；C. 头部侧面观；D. 前翅；E. 雄性第 8 腹板；F. 尾节突；G. 尾节；H. 阳茎侧面观；I. 雌性腹部腹面观

（十四）小叶蝉亚科 Typhlocybinae

　　主要特征：体小，纤弱。单眼有或无，一般位于头部前缘。前翅基部翅脉消失，除端横脉外基半部再

无横脉，翅中域无翅室，端部具 4 个翅室，多数种类前翅无端片，在前缘常有 1 卵圆形蜡质区；后翅有周缘脉，其伸达位置不同可作为最为重要的族的鉴别特征。雄虫外生殖器发达。

分布：小叶蝉亚科是叶蝉科的第二大亚科，仅次于角顶叶蝉亚科的种类数量。世界各大动物地理区系均有分布。世界已知 6 族 440 属，广泛分布于东洋区，中国记录 6 族 125 属，其中东洋区分布 124 属，古北区分布较少，只有 47 属。该亚科世界已知约 6000 种，中国记录约 800 种，浙江分布 6 族 32 属 54 种。

分族检索表（♂）

1. 前翅有端片 ··· 眼小叶蝉族 Alebrini
- 前翅无端片 ·· 2
2. 后翅各脉终止于周缘脉，周缘脉至少伸达 R+M 端部 ·· 3
- 后翅纵脉伸达翅端，周缘脉不超过 Cu_1 脉 ·· 4
3. 后翅周缘脉延伸超过 R+M 端部，Cu_1 脉 2 分支 ····················· 叉脉叶蝉族 Dikraneurini
- 后翅周缘脉延伸达到但不超过 MP′脉 ·· 小绿叶蝉族 Empoascini
4. 前翅第 1 端脉伸达翅端或弯向前缘，后翅第 1、2 臀脉完全愈合 ············ 斑叶蝉族 Erythroneurini
- 前翅第 1 端脉（MP″+CuA′）一般伸达翅端，后翅第 1、2 臀脉完全愈合 ······················· 5
5. 后翅有 2 或 3 条横脉，周缘脉与 Cu_1 脉间有横脉相连 ····················· 小叶蝉族 Typhlocybini
- 后翅只有 1 条横脉，周缘脉直接连于 CuA 脉中部 ···················· 塔小叶蝉族 Zyginellini

眼小叶蝉族 Alebrini McAtee, 1926

主要特征：体白色、淡黄色、黄色、橙色、淡褐色、褐色等，头冠通常具有黑色、褐色等斑点；有 1 对单眼，大多位于颜面与头冠交界处边缘，少数位于头冠部；前翅具缘片；后翅膜质，R 脉和 M 脉在端部不愈合，Cu_1 脉 2 分支，周缘脉末端与 R 脉相接；腹内突通常不发达，仅伸达第 3 腹节；下生殖板末端尖或圆，外缘近基部刚毛呈单列或散生，近中部通常有大刚毛。

分布：世界广布。世界已知 33 属 80 余种，中国记录 4 属 27 种，浙江分布 2 属 2 种。

83. 沙小叶蝉属 *Shaddai* Distant, 1918

Shaddai Distant, 1918: 15. Type species: *Shaddai typicus* Distant, 1918.

Sinalebra Schenkel, 1936: 16. Type species: *Sinalebra hummeli* Zachvatkin, 1936.

主要特征：体粗壮，浅黄色至深褐色。头冠前缘稍锐圆突出，头稍窄于前胸背板，冠缝明显；额唇基区和前唇基强烈隆起、宽阔且长，舌侧板宽阔且长。前胸背板前缘突出，后缘平直或稍向前突出，中长约是头冠中长的 2.5 倍。盾间沟平直，黑褐色，不伸达侧缘。前翅缘片宽阔且长，周缘脉伸达第 3 端室，第 1 端室宽阔，第 3 端室狭窄，第 4 端室三角形；后翅周缘脉于端角处脉纹消失，不与 R 脉相接触，第 1 端室呈半开放状。腹内突不发达。雄虫尾节侧瓣近三角形或近四边形，有腹突或无，后缘部着生一些刚毛。下生殖板长于尾节侧瓣，向端部渐细，腹面内缘部着生 1 行粗大刚毛，外缘部着生一些小刚毛和齿突，或着生一些长的纤细的刚毛。阳基侧突长，端部钩状。连索"Y"形或"V"形。阳茎背腔很发达，阳茎干细长或粗短，向端部尖细。阳茎口斜向位于阳茎干末端。

分布：古北区、东洋区。世界已知 3 种，中国记录 3 种，浙江分布 1 种。

（176）斜纹沙小叶蝉 *Shaddai typicus* Distant, 1918（图 1-176）

Shaddai typicus Distant, 1918: 15.

Shaddai distanti Dworakowska, 1977b: 11.

　　主要特征：体连翅长：♂ 4.3 mm。头冠褐色，前缘散布一些小的黄色斑，冠缝黑色，头顶有 1 个黑色斑，从头冠后缘中部斜向两侧有 2 个黑色长条形斑；前胸背板前缘黄色，其后缘浅红色，其他区域褐色，中间有 1 条黑色横带；盾片和小盾片黄色，三角斑黑色，盾片中间有 2 个小黑斑，小盾片中域有 1 褐色纵带；复眼黑褐色；前翅前缘基部黑色，前翅端部烟灰色。雄虫尾节侧瓣末端呈方形，后缘腹突尖锐，后缘着生一些小刚毛。下生殖板长于尾节侧瓣，内缘中部至端部着生 1 行粗大刚毛，中部散生一些纤细小刚毛。阳基侧突长，中部稍膨大，端部钩状。阳茎背腔发达，几乎与阳茎干等长，前腔较发达，阳茎干端部渐细。阳茎口位于阳茎干末端腹面。

　　分布：浙江（庆元）；印度，尼泊尔，缅甸，越南。

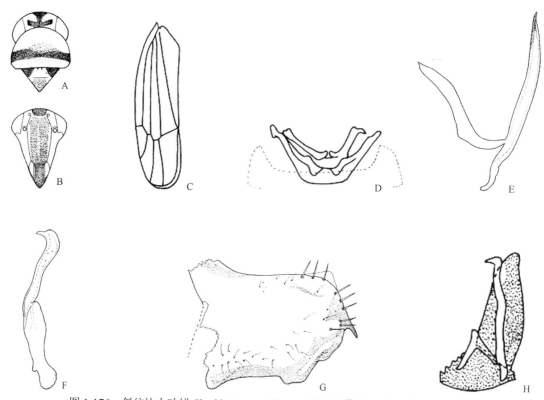

　　图 1-176　斜纹沙小叶蝉 *Shaddai typicus* Distant, 1918（仿 Dworakowska，1993b）
　　A. 头胸背面观；B. 颜面；C. 前翅；D. 腹内突；E. 阳茎侧面观；F. 阳基侧突；G. 雄虫尾节侧瓣；H. 阳基侧突、连索及下生殖板背面观

84. 索布小叶蝉属 *Sobrala* Dworakowska, 1977

Sobrala Dworakowska, 1977b: 12. Type species: *Sobrala tmava* Dworakowska, 1977.

　　主要特征：体修长。头冠前缘与后缘近平行，头窄于前胸背板，冠缝明显；额唇基区隆起、宽阔，前唇基短小，舌侧板狭长。前胸背板前缘突出，后缘平直或稍向前突出，中长大约是头冠中长的 2.5 倍；盾间沟平直，不伸达侧缘。前翅缘片狭长，周缘脉伸达第 3 端室，第 1、2 端室等宽，第 3 端室狭窄，第 4 端室三角形，后翅周缘脉于端角处脉纹消失，不与 R 脉相接触，第 1 端室呈半开放状。腹内突不发达。雄虫尾节侧瓣发达，明显长于下生殖板，后缘不规则形向内翻卷，且常具一些小的齿突和刚毛。下生殖板宽短，不规则形，腹面散生一些小刚毛，端部常有 1 指状突起指向背面，其上着生数根刚毛。阳基侧突骨化程度高，扭曲，端部钩状向腹面弯曲。连索短，"Y"或"V"形。阳茎背腔发达，背腔端部具有大的膜质构造，阳茎干细长，弯向背前方或背后方。阳茎口位于阳茎干末端。

分布：东洋区。世界已知 7 种，中国记录 5 种，浙江分布 1 种。

（177）片突索布小叶蝉 *Sobrala lamellaris* Kang *et* Zhang, 2015（图 1-177）

Sobrala lamellaris Kang *et* Zhang, 2015: 252.

主要特征：体连翅长：♂ 3.3–3.7 mm。体色较深。头冠米黄色至褐色，复眼黑色，头顶有 1 个圆形深黑色斑；前胸背板褐色，后缘稍向前突出；盾片褐色，小盾片黑色，中域盾间沟处浅黄褐色。前后翅浅褐色半透明，翅脉褐色。腹内突伸达第 4 腹节。雄虫尾节侧瓣宽阔，后缘钝圆且有 1 列刚毛，后缘有 1 个片状突起向内折入，其上有很多小的齿突，突起上另有 1 个尖锐的指状突。下生殖板片状，稍长于尾节侧瓣，腹面散生数根小刚毛，端部有 1 个很短的指状突，其上着生数根刚毛。阳基侧突扭曲，端部 1/4 较细，且钩状向腹面弯曲，中下部较粗。连索短，“Y”形。阳茎背腔前腔较其他种不太发达，阳茎干较粗，呈“S”形。阳茎口位于阳茎干末端。

分布：浙江（临安）、江西、湖南、四川。

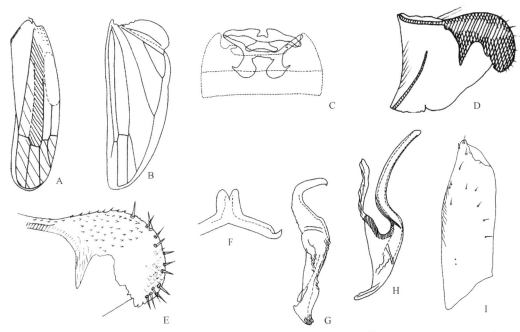

图 1-177 片突索布小叶蝉 *Sobrala lamellaris* Kang *et* Zhang, 2015（仿 Kang and Zhang, 2015）
A. 前翅；B. 后翅；C. 腹内突；D. 雄虫尾节侧瓣；E. 雄虫尾节侧瓣后缘；F. 连索；G. 阳基侧突；H. 阳茎侧面观；I. 下生殖板

叉脉叶蝉族 Dikraneurini McAtee, 1926

主要特征：体白色、淡黄色、黄色、橙色、淡褐色、褐色等，头冠通常具有黑色、褐色等斑点；体小型，通常 2.0–5.0 mm，体多纤细，个别种类粗壮；头冠前缘钝圆或锐角突出，冠缝明显或不清晰，前胸背板前缘弧形突出，后缘平直或凹入，中胸小盾片横刻痕明显，平直或略向前弯曲，一般不达侧缘；前翅存在蜡质区，端区 4 端室；后翅膜质，第 1、2 臀脉完全愈合或不愈合，Cu$_1$ 脉 2 分支，周缘脉超过 R+MP 脉，末端在翅近中部与 C 脉或 MP 脉相接；腹内突通常很发达，伸达第 4 或第 5 腹节；雄虫尾节圆筒形或圆锥形，个别种类扁平；尾节侧瓣的形状、上尾节突和下尾节突的有无、大小、形状及指向，刚毛的有无、大小、形状及排列情况因属而异；下生殖板末端尖或圆，外缘近基部刚毛呈单列或散生，近中部通常有大刚毛；阳基侧突一般细长，有些种类具端前突；连索片状，常呈倒“V”形、倒“Y”形、倒“U”形或近三角形，中突发达或不发达；阳茎前腔或背腔发达或不发达，阳茎干通常管状或片状，基部、亚端部或端部有或无突起，阳茎口位于阳茎干的末端或亚端部腹面。

分布：世界广布。世界已知71属490余种，中国记录20属43种，浙江分布4属6种。

分属检索表（♂）

1. 下生殖板基部愈合 ·· 冠德小叶蝉属 *Cuanta*
- 下生殖板基部不愈合 ··· 2
2. 前翅 MP″+CuA′脉不伸达翅缘 ··· 斑小叶蝉属 *Naratettix*
- 前翅 MP″+CuA′脉伸达翅缘 ··· 3
3. 前翅 R_2 和 RM 脉在翅根相连 ··· 米氏小叶蝉属 *Michalowskiya*
- 前翅 R_2 和 RM 脉分开，由横脉相连 ····································· 叉脉小叶蝉属 *Dikraneura*

85. 冠德小叶蝉属 *Cuanta* Dworakowska, 1993

Cuanta Dworakowska, 1993b: 114. Type species: *Cuanta angusta* Dworakowska, 1993.

主要特征：体扁平，较大。头冠前缘钝圆突出，中长稍短于复眼间距或相等，头窄于前胸背板，冠缝短；侧面观颜面扁平，整个颜面短，额唇基区端部稍隆起，额唇基区宽阔较短，前唇基短小，舌侧板狭小。前胸背板后缘平直，中长是头冠中长的 2.5 倍。盾间沟平直，不达侧缘。前翅宽阔，第 1 端室宽阔且长，第 4 端室近三角形，后翅周缘脉与 C 脉接触。腹内突发达，伸达第 4 腹节或第 5 腹节。雄虫生殖荚圆筒状。尾节侧瓣宽阔，形状变化大，具背突或腹突。下生殖板宽阔，明显长于尾节侧瓣，基部愈合，腹面着生很多大刚毛。阳基侧突短小，端部尖细。连索短杆状或片状。阳茎大，阳茎前腔突很发达，或阳茎干有突起。阳茎口位于阳茎干末端。

分布：东洋区。世界已知4种，中国记录4种，浙江分布2种。

（178）片索冠德小叶蝉 *Cuanta plana* Kang, Huang *et* Zhang, 2018（图 1-178）

Cuanta plana Kang, Huang *et* Zhang, 2018: 135.

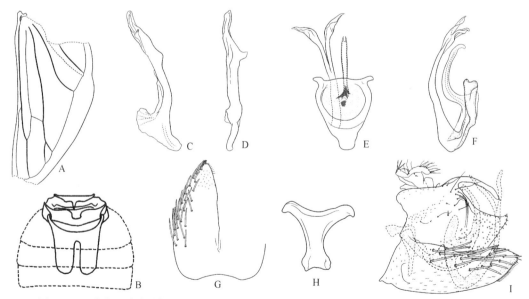

图 1-178 片索冠德小叶蝉 *Cuanta plana* Kang, Huang *et* Zhang, 2018（仿 Kang et al.，2018）

A. 后翅；B. 腹内突；C. 阳基侧突侧面观；D. 阳基侧突后面观；E. 阳茎前面观；F. 阳茎侧面观；G. 下生殖板；H. 连索；I. 雄虫生殖荚侧面观

主要特征：体连翅长：♂ 4.1–5.0 mm。体黄色。头冠前缘浅黄褐色，后缘黄褐色，近复眼处浅黄色发白，复眼黄褐色；前胸背板前缘浅黄色发白，散布一些不规则形黄褐色斑，前胸背板中部及后缘黄色；盾片中域及三角斑黄褐色，其他区域浅黄色发白；前翅浅黄色透明，后翅无色透明。腹内突发达，伸达第 5 腹节。雄虫尾节侧瓣宽阔，端部及下缘着生一些很短但较粗的刚毛，上缘中部伸出 1 个很长的背突，尾节突基部着生一些较大刚毛和小刚毛。下生殖板宽阔，基部愈合，外缘处着生数行大刚毛，端部密布细小刚毛。阳基侧突端部细，亚端部向外角状突出。连索片状，端部向两侧叶状伸出。阳茎干较短，细且弯曲，前腔端部有 1 个长的突起，突起端部二分叉。阳茎口位于阳茎干末端。

分布：浙江（临安）、江西。

（179）中突冠德小叶蝉 *Cuanta centrica* Kang, Huang *et* Zhang, 2018（图 1-179）

Cuanta centrica Kang, Huang *et* Zhang, 2018: 135.

主要特征：体连翅长：♂ 3.5 mm。体黄褐色。头冠黄色，冠缝黄褐色，冠缝周围有 4 个不规则形褐色斑围成 1 个近圆环；前胸背板前缘黄色，分布一些大小不一的褐色斑，前胸背板中域及后缘黄褐色；盾片黄褐色，有几个深褐色斑，小盾片黄色，中下部有个黑色斑；前翅黄色，基部和中部各有 1 个褐色带纹，两褐色带纹之间散布一些褐色圆斑，后翅无色透明。腹内突伸达第 5 腹节。雄虫尾节侧瓣端部着生很多细长刚硬的刚毛，表面布满刻纹。下生殖板外缘着生 1 行大刚毛，近端部伴生很多细长刚毛，外缘至中部布满齿突。阳基侧突弯向腹面，基部足状，端部稍细。连索长棒状，基部厚重钝圆，端部平截。阳茎背腔分叉 "V" 形，前腔基部突起端部尖细，阳茎干粗短、弯曲，中部有 1 对二叉状的突起，突起近阳茎干的分叉较长，远离阳茎干的分叉较短。阳茎口位于阳茎干端部。

分布：浙江（临安）。

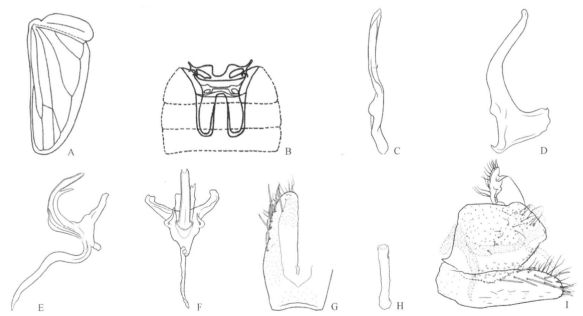

图 1-179　中突冠德小叶蝉 *Cuanta centrica* Kang, Huang *et* Zhang, 2018（仿 Kang et al.，2018）

A. 后翅；B. 腹内突；C. 阳基侧突背面观；D. 阳基侧突侧面观；E. 阳茎侧面观；F. 阳茎后面观；G. 下生殖板；H. 连索；I. 雄虫生殖荚侧面观

86. 叉脉小叶蝉属 *Dikraneura* Hardy, 1850

Dikraneura Hardy, 1850: 423. Type species: *Dikraneura variata* Hardy, 1850.

　　主要特征：体修长。头冠前缘弧形或钝圆突出，中长一般短于两复眼间距，冠缝短；颜面宽阔，侧面观颜面隆起，额唇基区宽阔、较短，前唇基短。前胸背板宽阔，胸宽略大于头宽或等于头宽，前胸背板中长约为头冠中长的 2 倍，后缘凹入。盾间沟平直，不达侧缘。前翅狭长，第 1 端室较宽，第 2 端室狭长，第 3 端室短，第 1 和第 4 端室横脉处于同一水平，第 4 端室与第 1 端室等长，后翅周缘脉与 C 脉接触。腹内突简单或发达，一般伸达第 3–5 腹节。雄虫尾节侧瓣端部常具 1 指状突起。下生殖板宽阔，端部钝圆，腹面外缘常着生 1 行大刚毛，并伴生数根小刚毛。阳基侧突宽阔，端部细，具端前突。连索"U"形或"Y"形。阳茎背腔发达，阳茎干长，近基部、中部或端部常具突起。阳茎口位于阳茎干末端或腹面。

　　分布：世界广布。世界已知 70 种，中国记录 4 种，浙江分布 1 种。

（180）东方叉脉小叶蝉 *Dikraneura (Dikraneura) orientalis* Dworakowska, 1993（图 1-180）

Dikraneura (Dikraneura) orientalis Dworakowska, 1993a: 154.

　　主要特征：体连翅长：♂ 3.6–4.2 mm。体黄褐色。头冠、前胸背板前缘、盾片和小盾片浅黄褐色，前胸背板中部及后缘黄褐色，复眼黑褐色；前后翅浅黄褐色透明，翅脉褐色。体修长。头冠前缘钝圆突出，前胸背板中长约为头冠中长的 2 倍。腹内突较发达，伸达第 4 腹节。雄虫尾节侧瓣基部略宽，端部有 1 较长指状突起，端部着生 3 根大刚毛，近端部区域着生一些小刚毛。下生殖板基部宽阔，端半部狭窄，端部钝圆，腹面布满齿突，端部着生一些较大刚毛，中部着生 1 行大刚毛。阳基侧突较细，端部渐细，端前突片状。连索"U"形，两臂端部二分叉。阳茎背腔发达，阳茎干较细，端部、腹面近基部及腹面近中部各有 1 对较短突起，阳茎干亚端部背面也有 1 个角状突起。阳茎口位于阳茎干腹面近中部。

　　分布：浙江（临安、龙泉）、河南、陕西、台湾、四川、云南；日本。

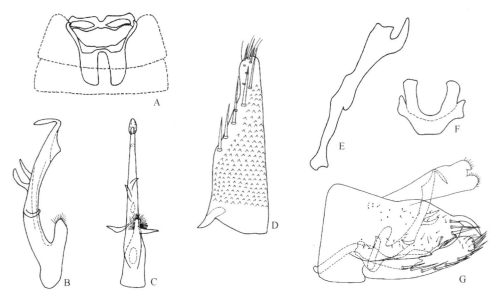

图 1-180　东方叉脉小叶蝉 *Dikraneura (Dikraneura) orientalis* Dworakowska, 1993
A. 腹内突；B、C. 阳茎侧面观和前面观；D. 下生殖板；E. 阳基侧突；F. 连索；G. 雄虫生殖荚侧面观

87. 米氏小叶蝉属 *Michalowskiya* Dworakowska, 1972

Michalowskiya Dworakowska, 1972f: 122. Type species: *Michalowskiya lutea* Dworakowska, 1972.

　　主要特征：体粗壮。头冠前缘锐圆突出，中长约等于两复眼间距，头略窄于前胸背板，冠缝明显；额唇基区稍隆起，前唇基狭窄。前胸背板宽约为中长的 2 倍，前缘突出，后缘平直。横刻痕平直，不达侧缘。

前翅第 1 端室宽于第 2 端室，第 3、第 4 端室宽阔，后翅周缘脉在中部与前缘脉相接。腹内突伸达第 4 腹节。雄虫生殖荚部分膜质。尾节侧瓣上缘近端部有 1 个突起或无，端部具上尾节突或不明显，着生数根小刚毛，尾节侧瓣中部着生几根小刚毛和数根长的纤细的刚毛。下生殖板略超过或略短于尾节侧瓣末端，生殖瓣长方形，下生殖板宽阔，外缘着生 1 行大刚毛，中部或基部着生数根小刚毛。阳基侧突长，没有明显的端前突，具有长的内突，端部渐细。连索片状，呈倒 "Y" 形或不规则形，中突发达。阳茎弯向背后方，基部侧方有 1 对突起，长于或短于阳茎干，前腔短而阔，阳茎口位于阳茎干末端。肛管短。

分布：东洋区。世界已知 2 亚属 13 种，中国记录 2 亚属 9 种，浙江分布 2 种。

（181）短突米氏小叶蝉 *Michalowskiya* (*Michalowskiya*) *breviprocessa* Kang *et* Zhang, 2013（图 1-181）

Michalowskiya (*Michalowskiya*) *breviprocessa* Kang *et* Zhang, 2013: 295.

主要特征：体连翅长：♂ 3.6–3.7 mm。体黄色。头冠及前胸背板边缘和小盾片乳黄色，前胸背板中下部有 1 个 "人" 形黄褐色大斑，其余部位具不规则的浅黑褐色斑；翅浅黄褐色，前翅蜡质区发白。体粗壮。前翅第 1 端室宽约为第 2 端室的 2 倍。雄虫尾节侧瓣上缘近端部有 1 个小的上尾节突，端部着生几根小刚毛，尾节侧瓣下缘近中部具几根小刚毛，上缘中部及下缘基部着生数根纤细的小刚毛。下生殖板宽阔近三角形，向端部渐狭，端部较尖，外缘着生 1 行大刚毛，伴生 1 行长的纤细的小刚毛，近外缘着生几根小刚毛。连索片状，呈倒 "Y" 形。阳基侧突长，中部宽阔，具有角状内突，端部渐细、向外钩状。阳茎稍短，阳茎干腹面观宽阔，侧面观较细，端部扇状膨大，1 对基突短，约为阳茎干的 2/3，端部渐细，阳茎口位于阳茎干末端。

分布：浙江（临安）、湖南、福建。

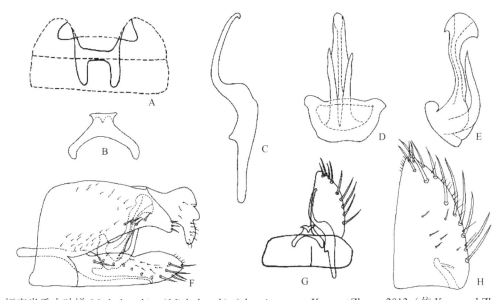

图 1-181　短突米氏小叶蝉 *Michalowskiya* (*Michalowskiya*) *breviprocessa* Kang *et* Zhang, 2013（仿 Kang and Zhang, 2013）
A. 腹内突；B. 连索；C. 阳基侧突；D. 阳茎腹面观；E. 阳茎侧面观；F. 雄虫生殖荚侧面观；G. 阳基侧突、连索、下生殖板背面观；H. 下生殖板

（182）无纹米氏小叶蝉 *Michalowskiya* (*Michalowskiya*) *lutea* Dworakowska, 1972（图 1-182）

Michalowskiya lutea Dworakowska, 1972k: 123.

主要特征：体连翅长：♂ 3.8–4.0 mm。体粗壮，黄色。前翅第 1 端室宽于第 2 端室的 2 倍。头冠和前胸背板的边缘及盾片的中间部分发白，前胸背板中下部有 1 个钟罩形黄褐色斑，其余部位具不规则的黄褐色斑；翅浅黄褐色。雄虫尾节侧瓣上缘近端部有 1 个指状突起，背突瘤状，着生数根小刚毛，尾节侧瓣中部着生几根小刚毛。下生殖板宽阔，向端部渐狭，端部钝圆，外缘着生 1 行大刚毛，并伴生数根很长的纤细的刚毛，近中部有数根小刚毛。阳基侧突长，端部渐细、向外钩状，中下部宽阔，具有长的内突。连索片状，呈倒"Y"形，中突端部宽阔。阳茎干腹面观扁平，端部膨大，具有 1 对扭曲的稍短于阳茎干的突起。阳茎口位于阳茎干末端。

　　寄主植物：松树、杨树、蔷薇。

　　分布：浙江（西湖）、湖南、福建、贵州、云南。

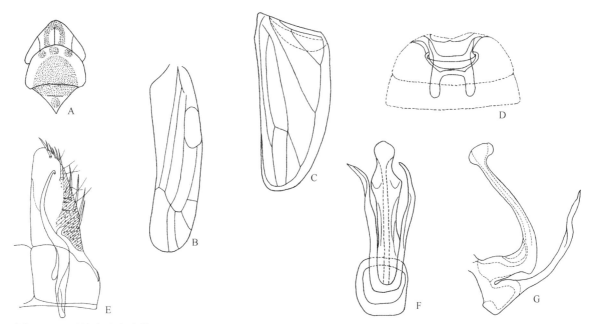

图 1-182　无纹米氏小叶蝉 *Michalowskiya* (*Michalowskiya*) *lutea* Dworakowska, 1972（仿 Kang and Zhang，2013）

A. 头冠、前胸背板和小盾片背面观；B. 前翅；C. 后翅；D. 腹内突；E. 下生殖板、阳基侧突、生殖瓣背面观；F. 阳茎腹面观；G. 阳茎侧面观

88. 斑小叶蝉属 *Naratettix* Matsumura, 1931

Naratettix Matsumura, 1931b: 73. Type species: *Erythria zonata* Matsumura, 1915.

　　主要特征：外形与米氏小叶蝉属 *Michalowskiya* 相似。体粗壮。头冠前缘锐圆突出，中长约等于两复眼间距，头略窄于前胸背板，冠缝明显；额唇基区稍凹入，前唇基狭窄。前胸背板宽约为中长的 2 倍，前缘突出，后缘平直。横刻痕平直，不达侧缘。前翅端部狭，MP″+CuA′不伸达翅缘，第 1 端室、第 2 端室开放。腹内突伸达第 4 腹节。雄虫生殖荚部分膜质。尾节侧瓣后侧角向下突出，下缘向上倾斜，端部着生数根小刚毛。下生殖板宽阔、近三角形，外缘着生 1 列大刚毛，并伴生数根长的纤细的小刚毛。阳基侧突宽阔，端部细，具端前突，中下部有 1 个内突。连索片状，呈倒"Y"形，中突发达。阳茎弯向背后方，基部有 1 对长于或短于阳茎干的突起或无，前腔发达，阳茎口位于阳茎干末端。

　　分布：古北区、东洋区。世界已知 12 种，中国记录 3 种，浙江分布 1 种。

（183）菱纹斑小叶蝉 *Naratettix zonata* (Matsumura, 1915)（图 1-183）

Erythria zonata Matsumura, 1915: 159.

Naratettix zonata: Dworakowska, 1980b: 647.

　　主要特征：体长：♂ 4.0 mm。体扁平，淡黄色，复眼淡褐色。头冠及胸部具有橘色长条斑。前翅中央有 1 条黑色窄横带，第 1 端室基部有 1 个黑斑。雄虫腹内突伸达第 4 腹节。尾节侧瓣端部钝圆，中域着生数根小刚毛。下生殖板宽阔，近三角形，外缘着生 1 列大刚毛，并伴生数根细长的小刚毛。阳基侧突宽阔，端部细，中下部具有 1 个内突。连索片状，呈倒"Y"形，中突端部宽阔。阳茎背腔发达，阳茎干亚端部向两侧锯齿状突出，有 1 对长基突，基突端部细，在亚端部向腹面弯折。阳茎口位于阳茎干末端。阳茎干前腔短、中部阔、基部狭，腹面观端部向两边有耳状突出，无基部突起，阳茎口位于阳茎干末端。

分布：浙江（龙泉）、河南、台湾；日本。

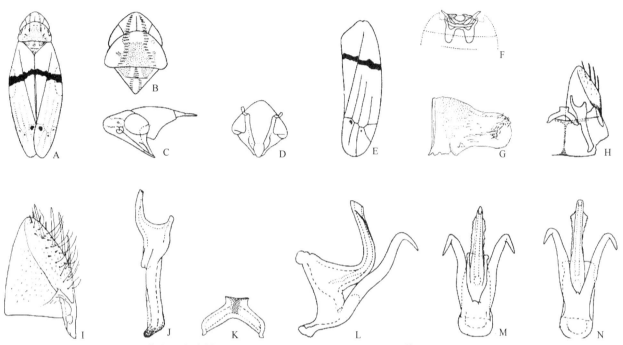

图 1-183　菱纹斑小叶蝉 *Naratettix zonata* (Matsumura, 1915)（仿 Dworakowska，1980）
A. 整体背面观；B. 头胸背面观；C. 头胸侧面观；D. 颜面；E. 前翅；F. 腹内突；G. 雄虫尾节侧瓣；H. 阳基侧突、连索、下生殖板及第 9 腹节；
I. 下生殖板；J. 阳基侧突；K. 连索；L. 阳茎侧面观；M、N. 阳茎后面观

小绿叶蝉族 Empoascini Distant, 1908

主要特征：体小。通常有单眼，前翅无端片，后翅纵脉均终止于周缘脉，周缘脉延伸但不超过在 MP′脉（或 RP+MP′脉）的端部；雄性肛突成对，通常较发达，阳基侧突近端部无发达的片状结构；下生殖板侧面常具多根大刚毛。

分布：世界广布。世界已知 92 属，中国记录有 44 属，浙江分布 9 属 16 种。

分属检索表（♂）

1. 后翅 CuA 脉端部分二叉 ·· 2
- 后翅 CuA 脉端部不分叉 ··· 4
2. 冠缝长，伸达颜面触角基部水平处 ···································· 光小叶蝉属 *Apheliona*
- 冠缝短，至多伸达头冠前缘 ·· 3
3. 雄性尾节侧观无肛突；阳茎干基腹面无突起 ···················· 巴塔叶蝉属 *Alebrasca*
- 雄性尾节侧观有肛突；阳茎干基腹面有突起 ···················· 尼小叶蝉属 *Nikkotettix*
4. 下生殖板基部愈合 ··· 石原叶蝉属 *Ishiharella*
- 下生殖板基部分离 ·· 5
5. 前翅所有端脉都源于 m 室 ··· 奥小叶蝉属 *Austroasca*

- 前翅端脉不如上述 ……………………………………………………………………………… 6
6. 前翅 MP′脉源于 r 室 …………………………………………………………………………… 7
- 前翅 MP′脉源于 m 室 …………………………………………………………………………… 8
7. 肛突端部常具齿；阳茎端部有 1 个长突 …………………………………… 偏茎叶蝉属 *Asymmetrasca*
- 肛突端部常无齿；阳茎端部一般无长突 ……………………………………… 小绿叶蝉属 *Empoasca*
8. 阳基侧突端部强烈扭曲；尾节突端部分二叉 ………………………………… 雅氏叶蝉属 *Jacobiasca*
- 阳基侧突端部略微扭曲；尾节突端部不分叉 …………………………………… 芒果叶蝉属 *Amrasca*

89. 巴塔叶蝉属 *Alebrasca* Hayashi *et* Okada, 1994

Alebrasca Hayashi *et* Okada, 1994: 267. Type species: *Alebrasca actinidiae* Hayashi *et* Okada, 1994.

Bhatasca Dworakowska, 1995: 143. Type species: *Bhatasca expansa* Dworakowska, 1995.

主要特征： 头冠前端弧形突出，中长小于复眼间宽，冠缝明显；颜面较狭，额唇基区隆起。前胸背板长大于头长，胸宽略大于头宽，未达侧缘；前翅狭长，RP、MP′脉源于 r 室，MP″+CuA′脉源于 m 室，RP 和 MP′脉共柄或基部起自一点，后翅 CuA 脉部分二叉。腹突发达。雄性尾节侧瓣近三角形，端部着生小刚毛，无尾节突。下生殖板长三角形，超过尾节端部，近基部斜伸达内缘端部有 1 斜列大刚毛。阳基侧突接近尾节长度，基部阔，端半部狭长，有细刚毛，端部或近端部有锯齿突。阳茎无突起，前腔发达，阳茎干管状，弯曲，端部分二叉，阳茎口位于阳茎干亚端部。肛突侧观无突起。

分布： 东洋区。世界已知 2 种，中国记录 2 种，浙江分布 1 种。

（184）弯茎巴塔叶蝉 *Alebrasca actinidiae* Hayashi *et* Okada, 1994 （图 1-184）

Alebrasca actinidiae Hayashi *et* Okada, 1994: 269.

Bhatasca rectangulata Qin *et* Zhang, 2011: 54.

主要特征： 体长：♂ 3.6–4.5 mm。雄性头冠中部有 1 浅红色纵斑，宽，近中部冠缝两侧各有 1 个浅黄褐色圆斑，前缘单眼外侧至复眼间浅黄色，冠缝红褐色，复眼黑色，单眼位于头冠与颜面交界处；颜面基部单眼外侧至复眼间浅黄色，额唇基浅血红色，前唇基、舌侧板、颊浅红褐色，颊区复眼下方色稍浅。前胸前板中后域黄褐色，中胸盾间沟褐色，三角斑区紧挨前胸背板后缘各有 1 个近半圆形黑斑，盾间沟前中域及其盾间沟后两侧缘有暗乳黄色斑纹。前翅红褐色，端部色浅，半透明，蜡质区较明显，后翅半透明，翅脉褐色。腹部背、腹面黑色。后足胫节、跗节深烟褐色，足其余各节黄色。有的个体体色浅，头冠橙黄至淡黄褐色，前缘两单眼之间浅红色或浅橙红色；额唇基、前唇基浅红色至黄或橙黄色，舌侧板、颊黄白色至浅红色，前胸背板中后域浅黄褐至浅橙红色；有的个体盾间沟前中域及盾间沟后有乳黄色大斑，三角形斑橙黄色；三角形斑区紧挨前胸背板后缘无近半圆形黑斑；前翅基部 3/5 红色，其余浅黄色；足黄色。腹突发达，伸达第 4、5 节节间膜。雄虫尾节侧瓣三角形，端部着生小刚毛，无尾节突。下生殖板长，近长三角形，超过尾节端部，近基部中央斜伸达内缘端部有 1 斜列大刚毛，大刚毛列外侧着生若干细长刚毛，外缘近基部有几根较长刚毛，其端方至外缘端部着生小刚毛。阳基侧突基部阔，端半部变狭，长，弯曲，末端尖锐，近中部着生细刚毛，近端部有锯齿突。阳茎前腔发达，侧面观阳茎干中部强烈弯曲，端向收狭，末端弯曲成鸟喙状；背面观阳茎近中部略膨大，向两端略收狭，阳茎端部二分叉；阳茎口位于阳茎干亚端部。连索前缘两侧略突出，中部近平直，端半部略膨大，后缘突出。肛突侧面观无突起。

分布： 浙江（临安）、河南、甘肃、湖南、福建、四川。

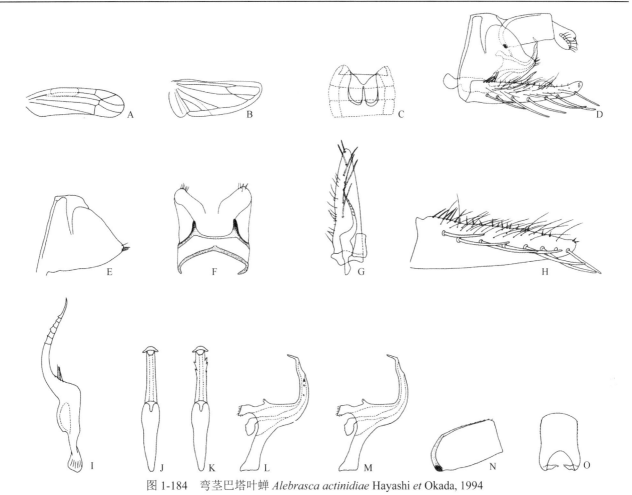

图 1-184　弯茎巴塔叶蝉 *Alebrasca actinidiae* Hayashi *et* Okada, 1994

A. 前翅；B. 后翅；C. 腹内突；D. 雄虫外生殖器侧面观；E. 雄虫尾节侧瓣侧面观；F. 雄虫尾节侧瓣背面观；G. 阳基侧突、连索、下生殖板和生殖瓣腹面观；H. 下生殖板；I. 阳基侧突；J、K. 阳茎腹面观；L、M. 阳茎侧面观；N. 肛突侧面观；O. 肛突背面观

90. 芒果叶蝉属 *Amrasca* Ghauri, 1967

Amrasca Ghauri, 1967: 159. Type species: *Amrasca splendens* Ghauri, 1967.

主要特征：头顶包括复眼略宽于前胸背板，前缘弧形突出，前后缘不平行，中长大于侧面近复眼处长度，单眼位于头冠前缘与颜面交界处，冠缝明显。前翅各端脉基部分离，RP 脉源于 r 室，MP″+CuA′和 MP′脉源于 m 室，后翅 CuA 脉端部不分二叉。腹内突阔，常伸达第 4 腹节。雄性尾节侧瓣近三角形，端部或背缘着生刚毛，尾节突发达，下生殖板长，超过尾节端部，形态特征有变化，侧面大刚毛及其背方的细刚毛发达。阳基侧突阔，近端部有细刚毛，端部有锯齿突。阳茎侧观狭长，前腔发达，背腔无或不发达，阳茎干弯曲。连索多"凸"字形，基半部阔，端半部骤狭。肛突短阔，不甚发达。

分布：世界广布。世界已知 15 种，中国记录 2 种，浙江分布 1 种。

（185）棉叶蝉 *Amrasca* (*Sundapteryx*) *biguttula* (Ishida, 1913)（图 1-185）

Chlorita biguttula Ishida, 1913: 1.

Amrasca (*Sundapteryx*) *biguttula*: Xu et al., 2017: 363.

主要特征：体长约 2.3 mm。头冠淡黄绿色，近前缘处有 2 个小黑斑，该斑四周围饰有淡白色纹，颜面黄色，中央有 1 白色纵斑，端部色浅；复眼黑褐色，上有淡色斑。前胸背板淡黄绿色，前侧缘有 3 个白色斑纹，后缘中央还有 1 个白色斑，小盾片基部中央、两侧角及侧缘中央各有 1 个白色斑纹，小盾片淡黄绿色。前翅透明微带黄绿色，端部色略灰暗，在 cua 室端部有 1 个黑色斑。胸、腹部淡黄绿色。足淡黄绿色，胫节末端至跗节黄绿色。该种体色有变化，有的个体整体黄褐至红褐色。腹突伸达第 3 腹节端部。雄性尾节侧瓣近三角形，基部阔，端向收狭，端部着生刚毛，尾节突发达，超过尾节侧瓣甚多，近端部收狭，末端尖锐。下生殖板窄长，整体波曲，基部阔，A 群刚毛 2 列，C 群大刚毛呈单列，至近中部渐细长，B 群刚毛细长单列。阳基侧突短，基部阔，端部弯曲，端部有齿突和细刚毛。阳茎侧观狭长，前腔约为阳茎干长度的 2 倍，阳茎干侧观半圆形弯曲。连索基部阔，端半部狭，呈"凸"字形。

　　寄主植物：棉、茄、木棉、锦葵、马铃薯、番茄、地瓜、空心菜、秋菊、向日葵、萝卜、芝麻、桑、葡萄、美人蕉、紫苏、野苋菜。

　　分布：浙江、河北、山东、河南、陕西、江苏、安徽、湖北、江西、湖南、福建、台湾、海南、广西；日本，印度，孟加拉国，越南，斯里兰卡，阿富汗。

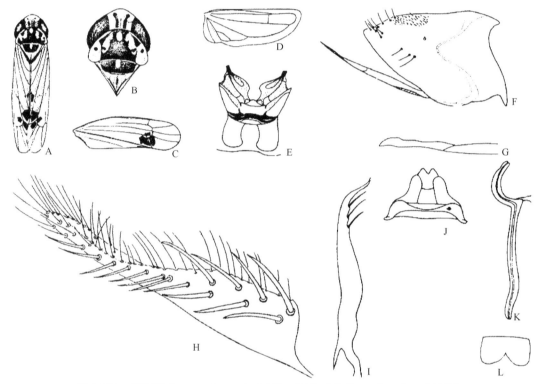

图 1-185　棉叶蝉 *Amrasca biguttula* (Ishida, 1913)（仿 Dworakowska，1970h）

A. 成虫背面观；B. 头胸部背面观；C. 前翅；D. 后翅；E. 腹内突；F. 雄虫尾节侧瓣侧面观；G. 尾节突；H. 下生殖板；I. 阳基侧突；J. 连索；K. 阳茎侧面观；L. 第 9 尾节腹面

91. 光小叶蝉属 *Apheliona* Kirkaldy, 1907

Apheliona Kirkaldy, 1907b: 67. Type species: *Heliona bioculata* Melichar, 1903.

Empoanara Distant, 1918: 106. Type species: *Empoanara militaris* Distant, 1918.

　　主要特征：体粗壮。头冠宽短，前端呈弓形，前后缘平行，头宽大于前胸背板宽，头长约为胸长之半，冠缝明显，到达颜面触角基部水平处，单眼位于颜面近基部，侧额缝靠近单眼；颜面宽阔，宽度接近中长。前翅 RP、MP′脉基部共柄，源于 r 室，MP″+CuA′室源于 m 室，后翅 CuA 脉端部分二叉，分叉点在 CuA 和 MP″脉交叉点的基部。腹突发达。雄性尾节侧瓣基部阔，端半部收狭，端部钝圆或角状突出，个别种类尾节端部具长或短的突起，有尾节突。下生殖板阔，超过尾节端部，端部向背上方弯曲，有 4 种类型的刚毛。阳基侧突近端部有细刚毛，部分种类近端部刚毛细长，端部具齿。阳茎无突起，前腔发达，侧观阳茎干背面扩展成片状，膜质。连索多呈"X"形。肛突发达。

分布：古北区、东洋区。世界已知 29 种 2 亚种，中国记录 6 种，浙江分布 1 种。

（186）锈光小叶蝉 *Apheliona ferruginea* (Matsumura, 1931)（图 1-186）

Sujitettix ferruginea Matsumura, 1931b: 76.

Apheliona ferruginea: Dworakowska, 1994: 267.

主要特征：体长：♀ 4.3–4.4 mm。体橙黄色。单眼黑褐色，边缘灰褐色，头顶近前缘有 2 个深褐色圆斑。单眼褐至黑色，围绕单眼有黑色斑纹。前胸背板中域及后缘横条斑黄褐色，其中部还有 1 个横的或半月形黑褐色横斑，其两侧前缘有黑线纹，前翅灰褐色，端缘褐色，翅基部橙色。腹部背面中部黑褐色，两侧缘色浅，几乎半透明。腹内突伸达第 5 腹节。雄虫尾节侧瓣近三角形，背端角角状，外面有 8 根小刚毛，内表面还有 2 根刚毛，尾节突略弯曲，超过背端角，基部阔，端向收狭，端部尖锐。阳基侧突端部有 8 个齿，几乎均匀分布，近端部有 2 根刚毛。下生殖板基部 1/3 阔，基部 2/3 弯向背上方，背缘近中部有 3 根刚毛，其端向背缘还有小刚毛 27 根，侧面大刚毛约 20 根，其背方细刚毛长，1–3 列。肛突长，端部变狭，端部片状。阳茎干狭，约为前腔长度的 2/3，基部狭，端背面膜质扩展，端部有凹刻，阳茎背腹观肛突沿中线伸向两侧，阳茎干长阔，端部阔。连索后半部变狭。

分布：浙江（临安）、陕西、湖北、湖南、台湾、广东、海南、四川、云南；日本，印度，孟加拉国，泰国，马来西亚，文莱，印度尼西亚。

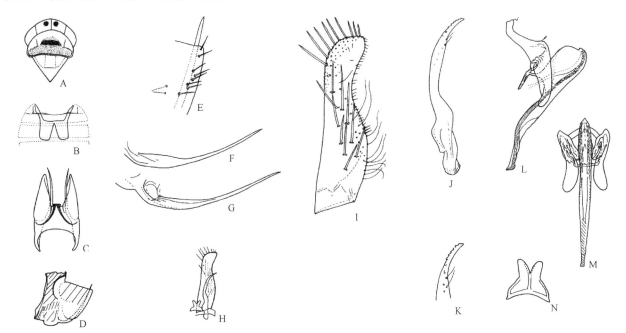

图 1-186　锈光小叶蝉 *Apheliona ferruginea* (Matsumura, 1931)（仿 Dworakowska，1994）

A. 头胸部背面观；B. 腹内突；C. 雄虫尾节侧瓣和肛突背面观；D. 雄虫尾节和肛突侧面观；E. 雄虫尾节端部；F、G. 尾节突；H. 阳基侧突、连索、下生殖板和生殖瓣腹面观；I. 下生殖板；J. 阳基侧突；K. 阳基侧突端部；L. 阳茎和肛突侧面观；M. 阳茎和肛突腹面观；N. 连索

92. 偏茎叶蝉属 *Asymmetrasca* Dlabola, 1958

Asymmetrasca Dlabola, 1958: 51. Type species: *Empoasca decedens* Paoli, 1932.

主要特征：体小，绿色种类。形态特征似小绿叶蝉属 *Empoasca* 的种类，但雄性下生殖板基部狭，缺角状基侧突，下生殖板近基部背缘的刚毛与基部远距。肛突端部常具齿。阳茎背突发达，阳茎干等于或长于前腔长度，端部向侧面有 1 个长突。

分布：古北区、东洋区。世界已知 16 种，中国记录 15 种，浙江分布 2 种。

（187）锐偏茎叶蝉 *Asymmetrasca rybiogon* (Dworakowska, 1971)（图 1-187）

Empoasca (*Empoasca*) *rybiogon* Dworakowska, 1971b: 508.

Asymmetrasca rybiogon: Liu et al., 2014: 338.

主要特征：体长：♂ 2.9–3.2 mm。体淡绿色，头冠短，浅黄色。复眼棕褐色。颜面前唇基墨绿色，额唇基区暗黄色。前胸背板灰黄色，中胸背板两侧缘有暗色条纹。前翅浅黄绿色，前、后翅透明，腹部背、腹面橙黄色。腹内突自基部至端部向两侧略岔开，伸达第 5 腹节。尾节侧瓣端部着生 10–11 根小刚毛，尾节突未伸达尾节侧瓣端部。下生殖板狭长，基部与端部宽度几相等，背缘波状，侧面有 2 斜列大刚毛，至近端部大刚毛呈单列，近中部大刚毛列背方及腹缘端部有细长刚毛，近中部背缘有 5–6 根小刚毛，下生殖板端半部背缘有 1–2 列小刚毛。阳基侧突端部细、弯曲，近端部有 6–7 根细刚毛，端部有细齿突。阳茎前腔发达，阳茎干基部阔，端向收狭，阳茎端部有 1 个突起，背腹观向左侧下方延伸。连索基部阔，端部中央缺凹。肛突基部阔，端部有瘤突。

寄主植物：水稻、棉花、黑豆、沙打旺、苹果、山楂。

分布：浙江（庆元）、陕西、江苏、江西、湖南、福建、海南、广西、贵州、云南；朝鲜。

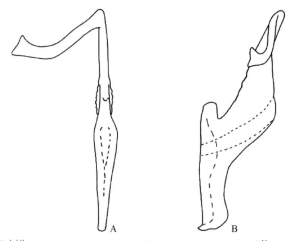

图 1-187　锐偏茎叶蝉 *Asymmetrasca rybiogon* (Dworakowska, 1971)（仿 Dworakowska, 1982）
A. 阳茎腹面观；B. 阳茎侧面观

（188）卢偏茎叶蝉 *Asymmetrasca lutowa* (Dworakowska, 1971)（图 1-188）

Empoasca lutowa Dworakowska, 1971b: 508.

Asymmetrasca lutowa: Liu et al., 2014: 338.

主要特征：体黄色。冠缝伸达头顶前缘。复眼黑色。颜面阔。中胸背板中央有 1 个长方形白色斑纹，小盾片黄色。前翅黄绿色，前、后翅透明。腹部背、腹面黄色。腹内突发达。雄性尾节侧瓣近三角形，端部着生小刚毛，尾节突细，向背上方弯曲。下生殖板长，基半部两侧缘近平行，端部 1/3 略向背上方弯曲，近基部斜生 3 列大刚毛，至中部大刚毛呈双列，斜伸达内缘近端部，内缘端部大刚毛呈单列。阳基侧突端半部略长，近端部有细刚毛，端部有少数细齿突。阳茎侧观前腔及背腔不甚发达，阳茎干长，端部弯折成钩状，阳茎口位于阳茎干近中部腹面。连索近四边形，后缘中央凹入。

分布：浙江（庆元）、陕西；朝鲜，印度。

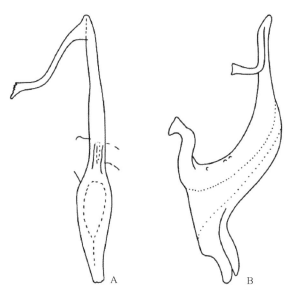

图 1-188　卢偏茎叶蝉 Asymmetrasca lutowa (Dworakowska, 1971)（仿 Dworakowska，1971b）
A. 阳茎腹面观；B. 阳茎侧面观

93. 奥小叶蝉属 Austroasca Lower, 1952

Austroasca Lower, 1952: 202. Type species: Empoasca viridigrisea Paoli, 1936.

主要特征：体粗壮。头冠前端钝圆，冠缝明显，单眼位于头冠前缘与颜面交界处；颜面宽阔，宽度接近中长，额唇基区隆起；前胸背板发达，中长大于头长，中胸盾间沟明显。前翅所有端脉皆源于 m 室，各端脉基部常分离，后翅 CuA 脉端部不分叉。腹内突不发达。雄性尾节侧瓣近三角形，端部有小刚毛，尾节突长。下生殖板阔，超过尾节端部，端部向背上方弯曲，侧面有大刚毛，其背方有细刚毛，下生殖板背缘还有小刚毛。阳基侧突近端部有细刚毛，端部有锯齿突。阳茎无突起，前腔发达，背腔无或不发达。阳茎干弧形或略弯曲。连索前缘中部或中部及两侧突出。肛突短阔或略狭。

分布：世界广布。世界已知 25 种，中国记录 2 种，浙江分布 1 种。

（189）棉奥小叶蝉 Austroasca vittata (Lethierry, 1884)（图 1-189）

Empoasca vittata Lethierry, 1884: 65.
Austroasca vittata: Chou & Ma, 1981: 195.

主要特征：体黄绿色。头冠缝两侧各有 1 个浅黄绿色斑，复眼黄褐色，单眼中后部围以乳黄色斑纹，颜面基部黄色，前唇基和颊略显黄绿色。前胸背板前侧缘有乳黄色不规则斑纹，中胸盾间沟前中域和盾间沟后有乳黄白色斑。前翅黄绿色，沿爪缝黄白色，翅端部黄褐色。足黄色至黄绿色。腹部黄色，下生殖板端部浅绿色。腹内突伸达第 3 腹节。雄性尾节侧瓣长，端向收狭，近三角形，端部有小刚毛，尾节突长，超过尾节侧瓣端部，向背上方弯曲。下生殖板长、阔，超过尾节端部甚多，端部向背上方弯曲，近基部背缘无刚毛，近基部大刚毛双列，端半部大刚毛呈单列，延伸至内缘端部，大刚毛列背方着生 2–4 列细长刚毛，背缘端半部有小刚毛。阳基侧突近端部有细刚毛，端部有锯齿突。阳茎前腔约为阳茎干长度的 2 倍，阳茎干弧形弯曲，阳茎口位于阳茎干端部。连索基部中央突出，两侧缘凹陷，端部中央切凹。肛突伸近尾节侧瓣高度之半，阔，端向收狭，端部钝圆。

　　寄主植物：棉花、核桃及桃属、蒿属植物。

　　分布：浙江、黑龙江、吉林、辽宁、陕西、江苏；俄罗斯，蒙古，朝鲜，日本，波兰，奥地利，匈牙利，保加利亚，罗马尼亚，南斯拉夫，乌克兰。

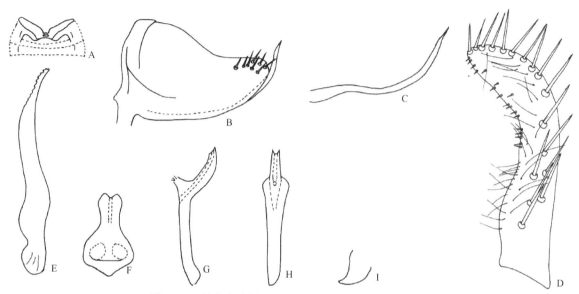

图 1-189　　棉奥小叶蝉 *Austroasca vittata* (Lethierry, 1884)

A. 腹内突；B. 雄虫尾节侧瓣侧面观；C. 尾节突；D. 下生殖板；E. 阳基侧突；F. 连索；G. 阳茎侧面观；H. 阳茎腹面观；I. 肛突

94. 小绿叶蝉属 *Empoasca* Walsh, 1862

Empoasca Walsh, 1862: 149. Type species: *Empoasca viridescens* Walsh, 1862.

　　主要特征：体纤弱或粗壮，体翅黄绿、绿色至暗绿色，头冠前端钝圆、弧形至弓形突出，冠缝明显，未达头冠前缘，单眼位于头冠前缘或头冠与颜面交界处；颜面宽阔，宽度等于或略小于中长，额唇基区隆起，前胸背板前缘弧形突出。胸长大于头长，胸宽等于或小于头宽。前翅 RP、MP′脉共柄或基部分离，后翅 CuA 端部不分二叉。腹内突发达，有尾节突。下生殖板具大刚毛，大刚毛列外侧常具细刚毛。阳基侧突基部阔，端半部变狭、长，近端部有细刚毛，端部有锯齿突。阳茎前腔一般较发达或发达。肛突侧观明显。

　　分布：世界广布。世界已知 10 亚属 800 余种，中国记录 4 亚属 100 余种，浙江分布 2 亚属 6 种。

指名亚属 *Empoasca* (*Empoasca*) Walsh, 1862

Empoasca (*Empoasca*) Walsh, 1862: 149. Type species: *Empoasca viridescens* Walsh, 1862.

　　主要特征：体纤弱，一般绿色，头冠前端钝圆或弧形突出，中长大于侧面近复眼处长度，冠缝未达头冠前缘；颜面宽阔，额唇基区略隆起。前胸背板中长大于头长。前翅 RP、MP′脉基部一般分离，较少基部起自一点，后翅 CuA 脉端部不分二叉。腹内突发达，尾节突长超过尾节侧瓣端部。下生殖板狭长，侧面斜生 2–3 列大刚毛。阳基侧突基部阔，端半部变狭长，近端部有细刚毛，端部有锯齿突，肛突侧观明显。

　　分布：世界广布。世界已知 470 余种，中国记录 47 种，浙江分布 5 种。

分种检索表（♂）

1. 阳茎基腹面具长突起 ·· 长小绿叶蝉 *E. (E.) longa*

- 阳茎基腹面无突起 ··· 2

2. 尾节突分二叉，背叉明显长于腹叉 ··· 越小绿叶蝉 *E. (E.) vietnamica*

- 尾节突不分叉 ··· 3

3. 腹突向两侧岔开 ··· 广道小绿叶蝉 *E. (E.) hiromichi*

- 腹突平行延伸 ··· 4

4. 阳茎干具瘤突；肛突弧形弯曲 ··· 古田小绿叶蝉 *E. (E.) gutianensis*

- 阳茎干光滑不具瘤突；肛突波曲 ·· 莫蒂小绿叶蝉 *E. (E.) motti*

（190）古田小绿叶蝉 *Empoasca (Empoasca) gutianensis* Zhang *et* Liu, 2011（图 1-190）

Empoasca (Empoasca) gutianensis Zhang *et* Liu *in* Liu, Qin, Fletcher & Zhang, 2011b: 35.

主要特征：体长：♂ 3.1 mm。体绿色，头顶前缘弓形突出。冠缝未达头顶前缘，两侧有不规则的淡橄榄绿色斑纹。复眼黑棕色。颜面阔，前唇基墨绿色。前胸背板前缘和眼下有不规则的斑纹。前后翅半透明，腹部黄绿色，足淡黄至淡绿色。腹内突平行延伸，伸达第 5 腹节基部。雄性尾节侧瓣基部阔，端部钝圆，着生 12–13 根小刚毛，尾节突侧观背向弯曲，端部收狭，在亚端部腹面有小瘤突，未伸达尾节侧瓣端缘。下生殖板端部略收狭，基部背缘有 4–5 根刚毛，侧面大刚毛和散生小刚毛不规则排列，下生殖板端背缘还约有 20 根小刚毛。连索阔，端缘中央深凹。阳茎侧观前腔发达，阳茎干背向弯曲，阳茎干腹、侧面有瘤突，阳茎口位于端部。肛突细长，弯曲，端部尖锐。

分布：浙江（开化）。

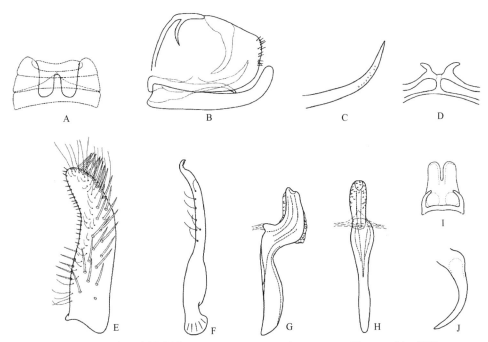

图 1-190　古田小绿叶蝉 *Empoasca (Empoasca) gutianensis* Zhang *et* Liu, 2011
A. 腹内突；B. 雄虫尾节侧瓣侧面观；C. 尾节突；D. 后桥；E. 下生殖板；F. 阳基侧突；G. 阳茎侧面观；H. 阳茎腹面观；I. 连索；J. 肛突

（191）广道小绿叶蝉 *Empoasca (Empoasca) hiromichi* (Matsumura, 1931)（图 1-191）

Chlorita hiromichi Matsumura, 1931b: 88.

Empoasca (*Empoasca*) *hiromichi*: Zhang, Liu & Qin, 2008: 63, 68.

主要特征：体黄绿色。冠缝两侧各有 1 个浅青绿色斑，近后缘两侧各有 1 浅乳黄色斑纹，复眼黄褐色，前唇基浅黄略显浅黄绿色，前胸背板前缘中部及两侧缘有浅乳黄色斑纹，前翅浅黄绿色，前后翅透明，腹部背腹面橙黄色。腹内突自基部至端部向两侧岔开，伸达第 4 腹节。雄性尾节侧瓣后缘着生小刚毛。下生殖板狭长，背缘波状，基部背缘约有 4 根刚毛，侧面斜生 2 列大刚毛，内缘端部大刚毛呈单列，大刚毛列背方有 2–4 列细刚毛，下生殖板端背缘还有小刚毛。阳基侧突基部阔，端部狭，弯曲，近端部有细刚毛，端部有锯齿突。阳茎干侧观宽阔，腹面观阳茎基半部细长，阳茎口位于阳茎干亚端部。连索基部宽阔，端半部收狭，后缘中央凹入。肛突基部阔，端向收狭，端部尖锐。

寄主植物：棉花。

分布：浙江（西湖）、山东、陕西、江苏、湖南；日本。

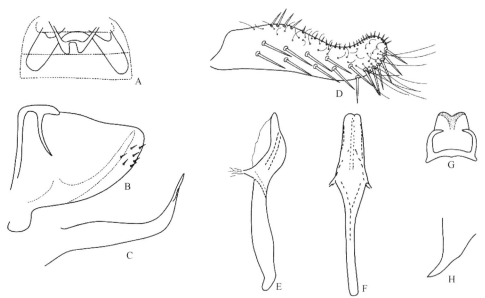

图 1-191　广道小绿叶蝉 *Empoasca* (*Empoasca*) *hiromichi* (Matsumura, 1931)
A. 腹内突；B. 雄虫尾节侧瓣侧面观；C. 尾节突；D. 下生殖板；E. 阳茎侧面观；F. 阳茎腹面观；G. 连索；H. 肛突

（192）长小绿叶蝉 *Empoasca* (*Empoasca*) *longa* Zhang *et* Liu, 2011（图 1-192）

Empoasca (*Empoasca*) *longa* Zhang *et* Liu *in* Liu, Qin, Fletcher & Zhang, 2011a: 5.

主要特征：体长：♂ 2.6 mm。体灰黄色。头顶前缘弓形突出。头冠沿冠缝两侧有淡绿色斑纹。复眼黑棕色，前胸背板的前缘和眼下有不规则的淡绿色斑纹，小盾片淡黄色。前后翅半透明。腹部黄色，足淡黄至绿色。腹内突平行延伸至第 5 腹节，端部钝圆。尾节侧瓣短，端背部平截，端部有 9–10 根小刚毛；尾节突几伸达尾节侧瓣端缘，端部弯曲，端向收狭；在尾节突的腹侧面和背中部有一些细短的微刚毛。下生殖板基部阔，端部向背上方弯曲，渐狭；端背缘有 17–19 根小刚毛，侧面有 2 斜列大刚毛，内缘中部至端部大刚毛呈单列，大刚毛列背方有 2–4 列细刚毛。阳基侧突端部有 5 个小齿，亚端部散生 5–7 根细刚毛。连索阔，基缘明显突出，端缘明显沿骨化的中线凹入。阳茎侧观前腔发达，背腔不明显；阳茎干粗壮，强烈弯曲，从阳茎基腹面着生 1 对突起，伸达阳茎干中央位置；侧观这 1 对突起背向弯曲，端部尖锐，阳茎口位于端部。肛突粗壮，中部明显肿大，端腹缘有细齿。

分布：浙江（龙泉）、湖南、广西。

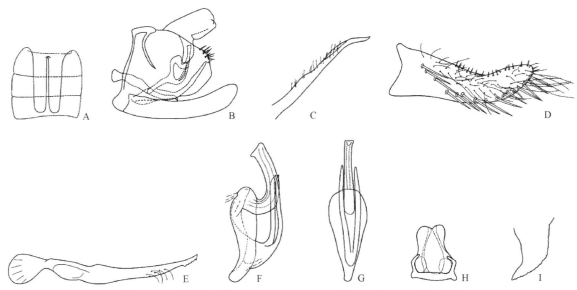

图 1-192　长小绿叶蝉 *Empoasca* (*Empoasca*) *longa* Zhang *et* Liu, 2011
A. 腹内突；B. 雄虫尾节侧瓣侧面观；C. 尾节突；D. 下生殖板；E. 阳基侧突；F. 阳茎侧面观；G. 阳茎腹面观；H. 连索；I. 肛突

（193）莫蒂小绿叶蝉 *Empoasca* (*Empoasca*) *motti* Singh Pruthi, 1940（图 1-193）

Empoasca kerri var. *motti* Singh Pruthi, 1940: 9.

Empoasca (*Empoasca*) *motti*: Lu & Qin, 2014: 15.

主要特征：体长：♂ 3.0–3.2 mm。体黄色。冠缝几达头顶前缘。复眼黑褐色。颜面狭，前唇基淡黄色，色较浅。中胸背板中央有 1 个不规则白色斑纹。小盾片淡黄色。前后翅透明。腹内突伸达第 5 腹节。尾节侧瓣端部钝圆，端部着生 7–8 根小刚毛，尾节突伸达尾节侧瓣端部，波曲，细长，端部尖锐，整体向背上方。下生殖板基部阔，近基部背缘有 4–5 根刚毛，侧面有 2 斜列大刚毛，端部大刚毛呈单列，大刚毛列背方有 2–4 列细刚毛，沿下生殖板背缘还有 1–2 排小刚毛。阳基侧突端部狭，波曲，近端部有 3–5 根细刚毛，端部有锯齿突。阳茎前腔发达，阳茎干阔，侧观背缘透明，腹观阳茎干宽度几相等，阳茎口位于端部。肛突发达，波曲，基部阔，端向收狭，端部尖。连索基部阔，端缘中央凹入。

分布：浙江（临安、开化）、海南、云南；印度，尼泊尔。

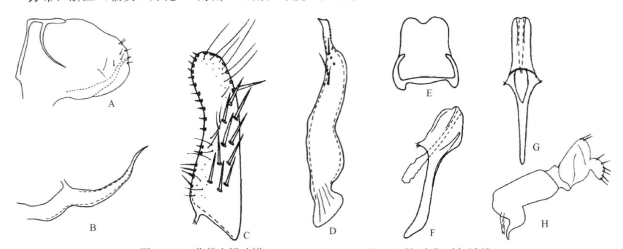

图 1-193　莫蒂小绿叶蝉 *Empoasca* (*Empoasca*) *motti* Singh Pruthi, 1940
A. 雄虫尾节侧瓣侧面观；B. 尾节突；C. 下生殖板；D. 阳基侧突；E. 连索；F. 阳茎侧面观；G. 阳茎背面观；H. 肛突

（194）越小绿叶蝉 *Empoasca* (*Empoasca*) *vietnamica* Dworakowska, 1972（图 1-194）

Empoasca vietnamica Dworakowska, 1972h: 24.

Empoasca (*Empoasca*) *vietnamica*: Lu & Qin, 2014: 15.

主要特征： 体长：♂ 2.5–2.8 mm。体黄色。复眼褐色。颜面前唇基深黄色。前胸背板前缘中部及两侧缘有暗乳黄色不规则形斑纹，中后域浅青黄色，后缘两侧青绿色；中胸盾间沟褐色，小盾片乳白色。前翅暗青色，半透明，后翅透明，翅脉褐色。腹内突伸达第 5 腹节。尾节侧瓣近方形，端部着生 5–6 根小刚毛，尾节突伸出尾节侧瓣端部，端部弯向背上方，二叉状，背叉明显长于腹叉，其端缘不光滑。下生殖板基部阔，略波曲，近基部背缘有 4–5 根刚毛，侧面有 2–3 斜列大刚毛，至近端部大刚毛呈单列，大刚毛列背方有 2–4 列细刚毛，下生殖板端半部背缘有 2–3 排小刚毛。阳基侧突端部狭，近端部有 3–4 根细刚毛，端部有齿突。阳茎简单，前腔长，侧观略弯曲，阳茎干阔，阳茎口位于端部。肛突发达，波曲，基部阔，端部尖。连索近长方形，端部中央深凹。

分布： 浙江（龙泉）、广东、海南；越南。

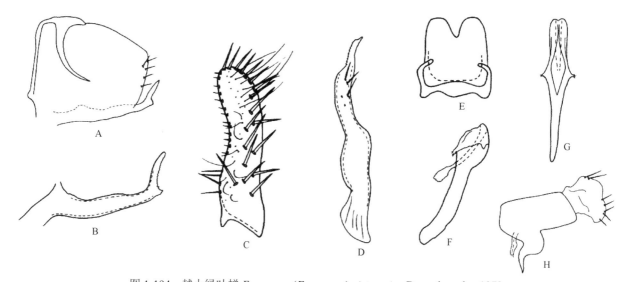

图 1-194　越小绿叶蝉 *Empoasca* (*Empoasca*) *vietnamica* Dworakowska, 1972
A. 雄虫尾节侧瓣侧面观；B. 尾节突；C. 下生殖板；D. 阳基侧突；E. 连索；F. 阳茎侧面观；G. 阳茎背面观；H. 肛突

松村叶蝉亚属 *Empoasca* (*Matsumurasca*) Anufriev, 1973

Empoasca (*Matsumurasca*) Anufriev, 1973: 540.

Matsumurasca Anufriev *in* Xu et al., 2021: 279.

主要特征： 前翅 RP、MP′脉共柄，至第 3 端室呈三角形。下生殖板三角形，基部阔，有基突，端部向背上方弯曲，四种类型的刚毛均存在。阳茎前腔发达，阳茎干基部或阳茎前腔端部具突起。阳基侧突端部具齿和细刚毛。肛突发达。

分布： 世界广布。世界已知 210 余种，中国记录 11 种，浙江分布 1 种。

（195）小贯小绿叶蝉 *Empoasca* (*Matsumurasca*) *onukii* Matsuda, 1952（图 1-195）

Empoasca onukii Matsuda, 1952: 20.

Empoasca (*Matsumurasca*) *onukii* Lu *et* Qin, 2014: 15.

主要特征：体纤弱，新鲜标本整体黄绿色，陈旧标本黄至黄褐色；头冠前缘弧形突出，后缘凹入，前、后缘不平行，中长大于侧面近复眼处长度，约等于复眼基部间宽；冠缝明显，几达头冠前缘；复眼褐色至深褐色，单眼位于头顶和颜面交界处，靠近复眼一侧，周围有乳黄色环纹；颜面中长略大于复眼间宽，额唇基区隆起，端部饰有淡青色斑纹。前胸背板中长大于头长。前、后翅近透明，前翅横脉位于端部约 1/4 处，r 室与 c 室近等宽，皆窄于 m 室和 cua 室，RP 与 MP′脉基部共柄，皆源于 r 室，致第 3 端室呈三角形，MP″+ CuA′脉源于 m 室，第 2 端室端向渐宽；后翅 CuA 脉不分叉。足整体黄色，以下各节或饰有青黄色斑纹：前、中足基节，前足股节端部和胫节基部，中、后足股节基部和端部，后足胫节基部和端部及后足跗节。雄性尾节侧瓣延伸，端部钝圆或突出，端部着生小刚毛，尾节突波曲，伸达尾节侧瓣端部水平处。下生殖板三角形，基部宽，基侧缘中部具三角状突出，下生殖板端向强烈收狭，端部向背上方弯曲，近基部中央斜伸达内缘近端部有 2 斜列大刚毛，端部大刚毛呈单列；腹面观二下生殖板宽度之和大于尾节宽度。阳基侧突基部短，端部狭长，略弯曲，近端部有细刚毛，端部有锯齿突。阳茎干侧观直，无突起，前腔与阳茎干近等长，无背腔，背腹观阳茎中部明显膨大，两端收狭，阳茎口位于阳茎干端部。连索近梯形，基部阔，端向略狭，前缘波曲，后缘中央切凹；肛突端部弧形弯曲，略收狭，末端不尖锐。

分布：浙江（临安）、河北、河南、甘肃、湖南、福建、海南、四川、云南；日本，越南。

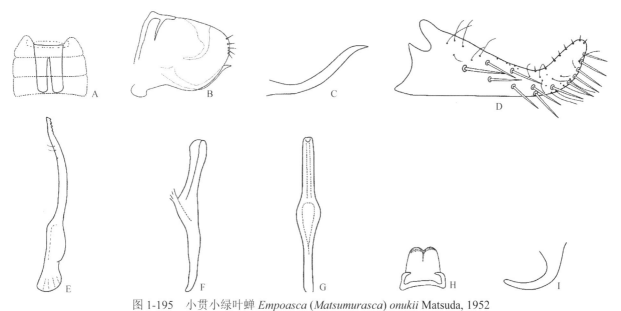

图 1-195　小贯小绿叶蝉 Empoasca (Matsumurasca) onukii Matsuda, 1952
A. 腹内突；B. 雄虫尾节侧瓣侧面观；C. 尾节突；D. 下生殖板；E. 阳基侧突；F. 阳茎侧面观；G. 阳茎腹面观；H. 连索；I. 肛突

95. 石原叶蝉属 *Ishiharella* Dworakowska, 1970

Ishiharella Dworakowska, 1970e: 716. Type species: *Empoasca polyphemus* Matsumura, 1931.

主要特征：体粗壮，圆筒形。头冠宽短，前后缘近平行，中长小于复眼间宽，无冠缝，头冠前缘与颜面交界处有 1 个黑色大斑，单眼位于颜面基部，与复眼远距。颜面宽阔，宽度接近或略小于中长，额唇基区隆起。前胸背板大，前侧缘有 1 个"八"字形横凹陷，胸长大于头长，胸宽大于或等于头宽。前翅 3 条端脉皆源于 m 室，RP 与 MP′脉共柄，前翅第 2 端室端向收狭，后翅 CuA 脉端部不分叉。腹内突简单。雄性尾节侧瓣后缘及后腹缘向内卷褶，于内侧向后延伸形成 1 个尾突。下生殖板基部不同程度愈合，靠外侧自近基部至近端部有 1 列大刚毛。阳基侧突狭长，端部螺旋状扭曲或分二叉，近端部常有 1 个齿状突。

分布：东洋区。世界已知 11 种，中国记录 8 种，浙江分布 1 种。

（196）周氏石原叶蝉 *Ishiharella iochoui* Dworakowska, 1982（图 1-196）

Ishiharella iochoui Dworakowska, 1982b: 55.

Ishiharella scitula Qin *et* Zhang, 2004: 116.

　　主要特征：体长：♂ 4.3 mm。体暗黄褐色。头顶端部中央有 1 个黑色圆斑。前胸背板中部红色，其余部位略显褐色。中胸盾片和小盾片黑色。前翅红褐色，翅脉褐色。雄性尾节侧瓣后缘及后腹缘向内卷褶。下生殖板基部愈合，近基部至近端部有大刚毛。阳基侧突扭曲，端部二叉状，近端部还有 1 个短齿。阳茎干侧观粗短，阳茎口位于阳茎干端部腹面，阳茎基部腹缘向基下方形成 1 个发达突起，细长，向后方钩状弯曲，近端部腹缘形成发达突起，分别向基方和端方延伸，基突短，与连索相关键，端突细长，向后方延伸，背面观呈宽片状，具 2 个对称端突。连索近梯形，基部狭、端部阔，后缘中央深凹入。肛突短小、简单。

　　分布：浙江（德清）、湖南。

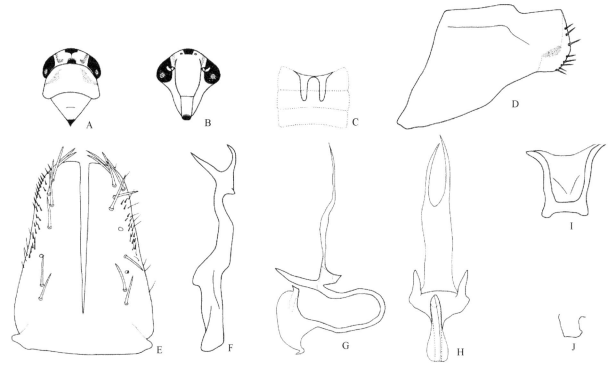

图 1-196　周氏石原叶蝉 *Ishiharella iochoui* Dworakowska, 1982
A. 头胸部背面观；B. 颜面；C. 腹内突；D. 雄虫尾节侧瓣侧面观；E. 下生殖板；F. 阳基侧突；G. 阳茎侧面观；H. 阳茎背面观；I. 连索；J. 肛突

96. 雅氏叶蝉属 *Jacobiasca* Dworakowska, 1972

Austroasca (*Jacobiasca*) Dworakowska, 1972d: 29. Type species: *Chlorita lybica* Bergevin *et* Zanon, 1922.

Jacobiasca Dworakowska, 1977b: 14.

　　主要特征：体纤弱，头冠前端弧形突出，后缘凹入，前、后缘近平行，中长略小于复眼间宽，大于侧面近复眼处长度，冠缝明显；颜面宽阔，额唇基区隆起。中胸盾间沟明显。前翅 MP″+CuA′ 和 MP′ 脉源于 m 室，其基部分离，RP 脉源于 r 室，后翅 CuA 脉端部不分叉。腹突不发达，自基部向两侧岔开。雄性尾节侧瓣基部阔，端向收狭，近三角形，有尾节突，其端部一般分二叉，若不分叉，则端部或近端部不光滑。

下生殖板发达，超过尾节端部，有大刚毛，斜伸达内缘端部。阳基侧突基部短，端半部变狭，长，端部扭曲，近端部有细刚毛，端部有细齿突。阳茎无突起，前腔发达，背腔无或不发达，阳茎干阔或较阔，侧观弯曲。肛突不发达。连索"凸"字形。

分布：世界广布。世界已知 19 种，中国记录 2 种，浙江分布 1 种。

（197）波宁雅氏叶蝉 *Jacobiasca boninensis* (Matsumura, 1931)（图 1-197）

Chlorita boninensis Matsumura, 1931b: 86.

Jacobiasca boninensis: Dworakowska, 1977b: 14.

主要特征：体黄色；头顶两侧靠复眼各有 1 个乳黄色斑纹，沿冠缝有 1 乳黄色纵斑，复眼深褐色，颜面黄色，额唇基中央有 1 个乳黄色纵斑。前胸背板前侧缘有不规则斑纹，中胸盾间沟前中域和盾间沟后乳黄白色，二基侧角黄色，前翅黄色，半透明，后翅黄白色。腹部黄色。足黄色至浅黄绿色。雄性尾节侧瓣基部阔，端向收狭，近三角形，尾节突端部分二叉。下生殖板最宽处位于近基部，端向略狭，近基部大刚毛呈 2 列，而后大刚毛呈单列，斜伸达内缘端部，大刚毛列背方有 2–4 列细刚毛，近基部外缘有 5 根刚毛，外缘端半部有刚毛。阳基侧突端半部狭长，近端部扩展，着生细刚毛，端部扭曲，端部有细齿。阳茎前腔细长，阳茎干阔，侧观弯曲，背腔不发达，腹面观阳茎近中部略扩展，基部明显狭。连索"凸"字形。肛突基部阔，端向收狭。

分布：浙江（临安）、陕西、甘肃、江苏、湖南、广东、海南、广西、四川、贵州、云南；日本，印度，越南，马来半岛。

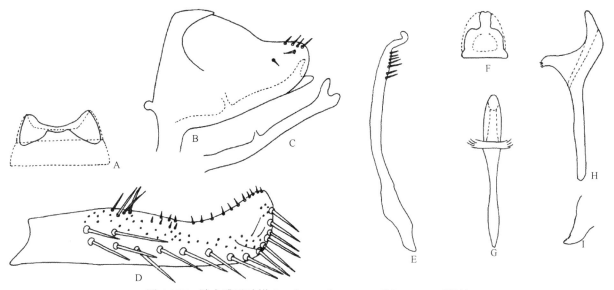

图 1-197　波宁雅氏叶蝉 *Jacobiasca boninensis* (Matsumura, 1931)
A. 腹内突；B. 雄虫尾节侧瓣侧面观；C. 尾节突；D. 下生殖板；E. 阳基侧突；F. 连索；G. 阳茎腹面观；H. 阳茎侧面观；I. 肛突

97. 尼小叶蝉属 *Nikkotettix* Matsumura, 1931

Nikkotettix Matsumura, 1931b: 76. Type species: *Nikkotettix galloisi* Matsumura, 1931.

主要特征：体纤细或粗壮。头冠前缘弧形突出，后缘凹入，冠缝明显，未伸达前缘，单眼位于头顶前缘与颜面交界处。前胸背板阔，中长大于头长，胸宽略大于或约等于头宽。前翅 RP 和 MP′脉源于 r 室，MP″+CuA′脉源于 m 室，第 2、3 端脉基部远离或共柄，后翅 CuA 脉端部分二叉。雄性尾节侧瓣发达，有或无尾节突；下生殖板长，超过尾节末端；腹突短、阔；阳基侧突小绿叶蝉属 *Empoasca* 型；阳茎干基部腹面有 1 个或 1 对突起。

分布：东洋区。世界已知 5 种，中国记录 4 种，浙江分布 2 种。

（198）太白尼小叶蝉 *Nikkotettix taibaiensis* Qin *et* Zhang, 2003（图 1-198）

Nikkotettix taibaiensis Qin *et* Zhang, 2003: 27.

主要特征：体长：♂ 4.7–4.9 mm，♀ 5.4 mm。体粗壮。头冠橙红色，头冠近中部冠缝两侧各有 1 个浅褐至浅黄褐色圆斑，复眼黑色，在头顶前缘与颜面交接处有 2 个近三角形黑色大斑；额唇基、前唇基橙红色，前唇基端部浅黑色，颊浅橙红色。前胸背板前缘中部有 1 个近菱形浅黑色大斑，沿后缘至两侧浅黑色，小盾片端角黑色。前翅浅橙红色，后翅半透明。头冠前缘弧形突出，前侧缘和复眼连续，后缘凹入，中长略小于复眼间宽，大于侧面近复眼处长度；颜面宽阔，宽度小于中长，额唇基、前唇基隆起，前唇基端部近平截。胸宽略大于头宽，胸长大于头长。前翅第 2、3 端脉共柄，后翅 CuA 脉端部分二叉。雄性尾节侧瓣褐色，后缘有刚毛，无尾节突；下生殖板宽阔，超过尾节长度，基部 1/4 两侧缘近平行，外缘中部略隆起，端部 1/3 略向后上方弯曲，近基部靠外缘斜生 2 根大刚毛，其中基部的 1 根较短，而后刚毛列呈双列，斜伸达内缘端部，刚毛列外侧散生细长刚毛，外缘近中部至端部着生小刚毛；阳基侧突基部很短，端半部变狭、很长，有细刚毛，末端尖锐，近端部有锯齿状突；连索基部宽阔，端向收狭，两侧缘向内弯曲；阳茎干侧观显著扁平，基部腹面有 1 对发达长突，超过阳茎干长度，端向渐细，末端尖，腹面观相对延伸，交叉，阳茎口斜切，位于近端部；肛突弯曲，末端尖锐，不呈钩状；腹突伸达第 5 腹节。

分布：浙江（临安）、陕西。

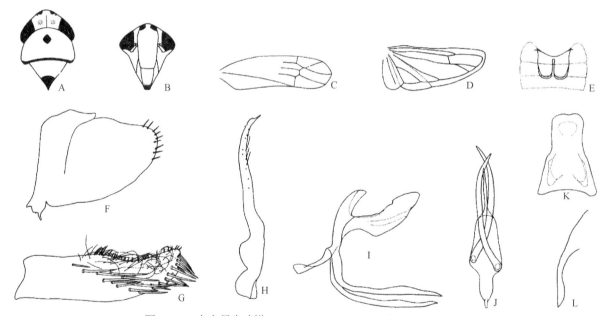

图 1-198　太白尼小叶蝉 *Nikkotettix taibaiensis* Qin *et* Zhang, 2003

A. 头胸部背面观；B. 颜面；C. 前翅；D. 后翅；E. 腹内突；F. 雄虫尾节侧瓣侧面观；G. 下生殖板；H. 阳基侧突；I. 阳茎侧面观；J. 阳茎腹面观；
K. 连索；L. 肛突

（199）伽氏尼小叶蝉 *Nikkotettix galloisi* Matsumura, 1931（图 1-199）

Nikkotettix galloisi Matsumura, 1931b: 76.

主要特征：体浅褐色。头顶中部前缘橙色，前胸背板中部黄色至橙黄色，复眼红色，有黑斑，中胸基角黑色。前翅黄褐色，后翅翅脉灰白色。腹部背面中央有黑色纵斑。雄性尾节侧瓣后缘有小刚毛，尾节突长，明显超过尾节侧瓣端部，弯向背上方；下生殖板宽阔，侧观超过尾节长度，基部 1/4 两侧缘近平行，背缘中部略隆起，端部 1/3 略向后上方弯曲，近基部靠背缘有 1 列大刚毛，而后刚毛列 2–3 列，伸达内缘端部，刚毛列外侧散生少量细长刚毛，背缘近中部至端部着生小刚毛；阳基侧突狭，端部有少量锯齿状突，近端部刚毛细；连索基部梯形，基部宽阔，端向收狭；阳茎背腔短，阳茎干管状，略弯曲，中部略膨大，基背面有 1 个小的刺状突起，基腹面有 1 对突起，不超过阳茎干长度，弯曲，阳茎口位于腹面近中部；肛突长，波曲，端向渐狭。

分布：浙江（临安）、陕西；日本。

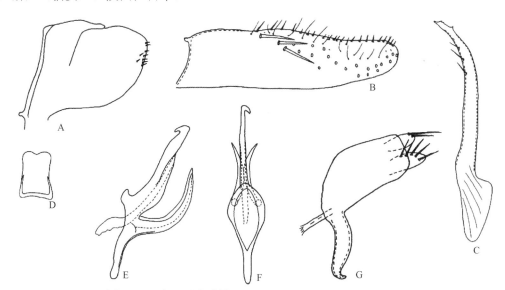

图 1-199　伽氏尼小叶蝉 *Nikkotettix galloisi* Matsumura, 1931
A. 雄虫尾节侧瓣侧面观；B. 下生殖板；C. 阳基侧突；D. 连索；E、F. 阳茎侧面观和背面观；G. 肛突

斑叶蝉族 Erythroneurini Young, 1952

主要特征：体纤细。多数个体单眼退化。前翅 4 端室近平行，第 3 端室基部无柄。后翅臀脉愈合，周缘脉在翅端半部与 Cu_2 脉愈合，或退化，不伸达 Cu_2 脉。

分布：世界广布。世界已知 180 属约 2000 种，中国记录 55 属 320 种，浙江分布 8 属 9 种。

分属检索表

1. 单眼存在 ·· 新小叶蝉属 *Singapora*
- 单眼缺失 ··· 2
2. 前翅 RP 脉不达外缘 ··· 二星叶蝉属 *Arboridia*
- 前翅 RP 脉达外缘 ··· 3
3. 后翅外缘平截 ··· 赛克叶蝉属 *Ziczacella*
- 后翅外缘弧圆 ··· 4
4. 前胸背板具横纹 ··· 白小叶蝉属 *Elbelus*
- 前胸背板不具横纹 ··· 5
5. 无尾节背突 ··· 白翅叶蝉属 *Thaia*
- 具尾节背突 ··· 6
6. 下生殖板外缘近基部外延 ·· 顶斑叶蝉属 *Empoascanara*
- 下生殖板外缘近基部无外延 ··· 7

7. 阳基侧突末端具 2 次延伸 ……………………………………………………………… 斑翅叶蝉属 *Tautoneura*

- 阳基侧突末端不具 2 次延伸 ……………………………………………………………… 暗小叶蝉属 *Seriana*

98. 二星叶蝉属 *Arboridia* Zachvatkin, 1946

Zyginidia (*Arboridia*) Zachvatkin, 1946: 153. Type species: *Typhlocyba parvula* Boheman, 1845.

Arboridia (*Arboridia*) Dworakowska, 1970g: 607. Type species: *Typhlocyba parvula* Boheman, 1845.

  主要特征：体型中等，黄白色、橙色或黑色，头冠常具 1 对黑斑。头冠前缘钝圆突出，冠缝不明显或仅基部明显。无单眼。颜面侧面观隆起，前唇基长略大于宽，端部较窄，舌侧板大。前胸背板等宽于或略宽于头冠，表面平滑，后缘略凹入。前翅第 1、3 端室阔，第 2、4 端室较窄，第 4 端室未伸达翅端，近等长于第 3 端室中长；具 AA 脉。后翅 RA 脉明显或退化，周缘脉伸达 CuA″脉并与其愈合。雄虫 2S 腹内突宽或窄，延伸至第 3–4 腹节。肛管中度骨化，无肛突。雄虫尾节球状，中度骨化；尾节侧瓣后缘平截或圆弧，覆微齿状刻痕，基腹缘或腹缘散生许多纤细刚毛，内膜具小刚毛；尾节背突形状多样，与尾节侧瓣相关联；无尾节腹突。下生殖板超出尾节侧瓣后缘，亚基部呈角状突出，向端部渐狭，端部略侧扁；亚基部角状突上具 2 列至多列粗壮小刚毛，自此至端部具 1 列小刚毛，端部腹面散生许多小刚毛，大刚毛 3–4 根，着生于下生殖板亚基部，呈直线排列。阳基侧突端部具二次延伸，亚端部具感觉孔，端前叶明显。连索"V"形或"U"形，中柄短，无中叶。阳茎干管状，有或无突起；背腔侧面观片状，后面观"Y"形或"T"形；前腔退化或短于阳茎干，无前腔突；阳茎开口于端部或亚端部腹面。

  分布：古北区、东洋区。世界已知 2 亚属 73 种，中国记录 2 亚属 21 种，浙江分布 2 亚属 2 种。

二星叶蝉亚属 *Arboridia* (*Arboridia*) Dworakowska, 1970

Zyginidia (*Arboridia*) Zachvatkin, 1946: 153. Type species: *Typhlocyba parvula* Boheman, 1845.

Arboridia (*Arboridia*) Dworakowska, 1970g: 607.

  主要特征：后翅 RA 脉退化；阳茎干无突起，或突起多位于基部，前腔发达，但短于阳茎干。

  分布：古北区、东洋区。世界已知 71 种，中国记录 19 种，浙江分布 1 种。

（200）俄二星叶蝉 *Arboridia* (*Arboridia*) *suputinkaensis* (Vilbaste, 1968)（图 1-200）

Erythroneura suputinkaensis Vilbaste, 1968a: 109.

Arboridia (*Arboridia*) *suputinkaensis*: Dworakowska, 1970d: 613.

  主要特征：体长：♂ 3.05 mm。头顶黄褐色，中间冠缝两侧各有一两个黑色圆斑。冠缝基部有黑点，靠近复眼基部的位置和复眼后缘暗黄色。前胸背板前缘暗黄色，中部和后部暗褐色。三角斑黑色，中胸背板其余部位和小盾片暗黄色。颜面额唇基区上部两侧和下顶部棕色。前翅暗褐色。腹内突延伸至第 3 腹节后缘。尾节侧瓣后缘圆弧状，尾节背突较大，亚基部有 1 个较大的角状突起。阳基侧突顶部膨大，平截状，端部中间位置有 1 个小齿状突起。阳茎背腔发达，阳茎干管状，阳茎口位于亚端部，顶部背侧有 1 对向两侧延伸的小突起，腹侧有 1 个细长突起。连索"V"形。

  分布：浙江（临安）、河南；俄罗斯。

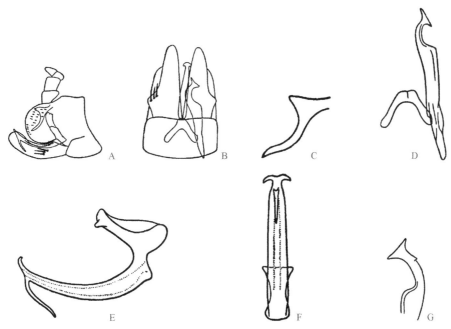

图 1-200 俄二星叶蝉 *Arboridia* (*Arboridia*) *suputinkaensis* Vilbaste, 1968（仿 Anufriev and Emeljanov，1988）
A. 尾节侧面观；B. 尾节腹面观；C. 肛突；D. 阳基侧突和连索；E. 阳茎侧面观；F. 阳茎后面观；G. 阳基侧突端部侧面观

端突二星叶蝉亚属 *Arboridia* (*Arborifera*) Sohi et Sandhu, 1971

Arboridia (*Arborifera*) Sohi *et* Sandhu, 1971: 401. Type species: *Arboridia viniferata* Sohi *et* Sandhu, 1971.
Arboridula Dworakowska *et* Viraktamath, 1975: 529.

主要特征：后翅 RA 脉明显；阳茎口腹面具 1 对纤细突起，前腔退化。
分布：古北区、东洋区。世界已知 6 种，中国记录 2 种，浙江分布 1 种。

（201）茱萸二星叶蝉 *Arboridia* (*Arborifera*) *surstyli* Cai *et* Xu, 2006（图 1-201）

Arboridia (*Arborifera*) *surstyli* Cai *et* Xu *in* Cai et al., 2006: 75.

主要特征：后翅 RA 脉明显；阳茎口腹面具 1 对纤细突起，前腔退化。
分布：浙江（临安）、山西。

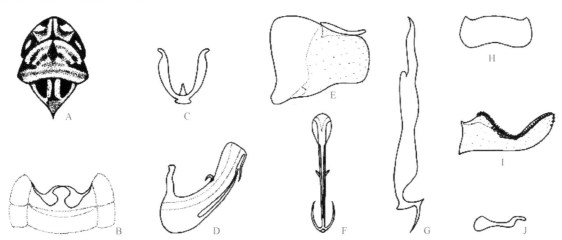

图 1-201 茱萸二星叶蝉 *Arboridia surstyli* Cai *et* Xu, 2006（仿 Cai et al.，2006）
A. 头胸部背面观；B. 腹内突；C. 连索腹面观；D. 阳茎侧面观；E. 尾节侧瓣和突起；F. 阳茎腹面观；G. 阳基侧突侧面观；H. 基瓣；I. 下生殖板；
J. 连索侧面观

99. 白小叶蝉属 *Elbelus* Mahmood, 1967

Elbelus Mahmood, 1967: 13. Type species: *Elbelus tripunctatus* Mahmood, 1967.

主要特征：体粗壮，白色，头冠具 1 对黑色圆斑，中胸盾片中部具 1 个黑色圆斑。头冠前缘平行于后缘，冠缝明显。无单眼。颜面侧面观隆起，腹面观短阔，前唇基长近等于宽，端部收狭，舌侧板小。前胸背板略宽于头冠，表面覆横纹，后缘平直。前翅第 1 端室阔，第 4 端室最窄，未伸达翅端，与第 3 端室等长；AA 及 AP 脉明显。后翅 RA 脉缺失，周缘脉伸达 CuA″脉并与其愈合，但愈合后的短脉缺失。雄虫 2S 腹内突阔，外缘内折成兜状，延伸至第 5 腹节。肛管骨化弱，具半环形骨化带，肛突钩状，短小。雄虫尾节圆柱状，基部骨化强，端部骨化较弱；尾节侧瓣后缘平截，覆微齿状刻痕，腹缘具许多纤细刚毛，内膜无小刚毛；尾节背突狼牙状，与尾节侧瓣相关联；无尾节腹突。下生殖板超出尾节侧瓣后缘，亚基部较阔，向端部渐狭，端部背面形成山峰状骨化突；外缘亚基部至端部具多列粗壮小刚毛，端部散生数根小刚毛，大刚毛 2 根，着生于下生殖板中部。阳基侧突端部钢叉状，亚端部具感觉孔，端前叶不明显。连索十字形，中柄较长，中叶明显。阳茎干侧扁，基部两侧具 1 对纤细突起；背腔发达，侧面观片状，腹面观窄；前腔短，无前腔突；阳茎开口于亚端部，腹面。

　　分布：东洋区。世界已知 2 种，中国记录 1 种，浙江分布 1 种。

（202）三点白小叶蝉 *Elbelus tripunctatus* Mahmood, 1967（图 1-202）

Elbelus tripunctatus Mahmood, 1967: 13.

Elbelus yunnanensis Chou et Ma, 1981: 197.

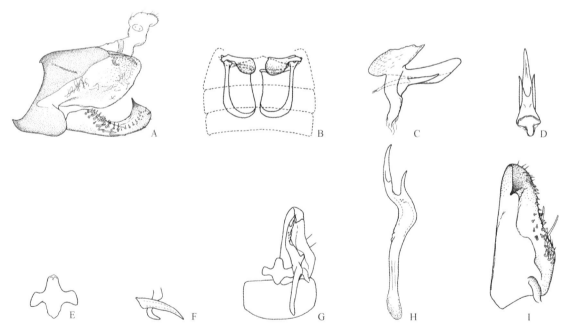

图 1-202　三点白小叶蝉 *Elbelus tripunctatus* Mahmood, 1967（仿曹阳慧，2014）

A. 生殖荚；B. 2S 腹内突；C. 阳茎侧面观；D. 阳茎腹面观；E. 连索；F. 肛突及尾节背突；G. 下生殖板、阳基侧突、连索及第 9 腹板；H. 阳基侧突侧面观；I. 下生殖板背面观

　　主要特征：体粗壮，白色，头冠具 1 对黑色圆斑，中胸盾片中部具 1 个黑色圆斑。头冠前缘平行于后缘，冠缝明显。无单眼。颜面侧面观隆起，腹面观短阔，前唇基长近等于宽，端部收狭，舌侧板小。前胸背板略宽于头冠，表面覆横纹，后缘平直。前翅第 1 端室阔，第 4 端室最窄，未伸达翅端，与第 3 端室等

长；AA 及 AP 脉明显。后翅 RA 脉缺失，周缘脉伸达 CuA″脉并与其愈合，但愈合后的短脉缺失。雄虫 2S 腹内突阔，外缘内折成兜状，延伸至第 5 腹节。肛管骨化弱，具半环形骨化带，肛突钩状，短小。雄虫尾节圆柱状，基部骨化强，端部骨化较弱；尾节侧瓣后缘平截，覆微齿状刻痕，腹缘具许多纤细刚毛，内膜无小刚毛；尾节背突狼牙状，与尾节侧瓣相关联；无尾节腹突。下生殖板超出尾节侧瓣后缘，亚基部较阔，向端部渐狭，端部背面形成山峰状骨化突；外缘亚基部至端部具多列粗壮小刚毛，端部散生数根小刚毛，大刚毛 2 根，着生于下生殖板中部。阳基侧突端部钢叉状，亚端部具感觉孔，端前叶不明显。连索十字形，中柄较长，中叶明显。阳茎干侧扁，基部两侧具 1 对纤细突起；背腔发达，侧面观片状，腹面观窄；前腔短，无前腔突；阳茎开口于亚端部，腹面。

分布：浙江（温岭）、陕西、安徽、湖南、广东、海南、广西、贵州、云南；印度，越南，泰国。

100. 顶斑叶蝉属 *Empoascanara* Distant, 1918

Empoascanara Distant, 1918: 94. Type species: *Empoascanara prima* Distant, 1918.

主要特征：体小，多为褐色。头冠前缘钝圆突出，常具 1 个或 1 对深色圆斑。前唇基较窄。前胸背板前缘突出，后缘较平直，前胸长短于头长的 2 倍，前胸略宽于头宽。前翅 AA 脉明显；后翅亚前缘脉退化。腹内突不发达。雄虫尾节侧瓣后缘不及下生殖板末端；刚毛退化；尾节背突存在。下生殖板亚基部向外呈角状突出，上着生 1 组小刚毛，中部近外缘着生数根大刚毛。阳基侧突端前叶明显；端部足状，覆刻纹。连索片状。阳茎干管状或扁平；多具发达的前腔突。

分布：世界广布。世界已知 2 亚属 88 种，中国记录 2 亚属 16 种，浙江分布 1 种。

（203）麦顶斑叶蝉 *Empoascanara (Empoascanara) mai* Dworakowska, 1992（图 1-203）

Empoascanara (Empoascanara) mai Dworakowska, 1992: 112.

主要特征：尾节背突分叉，腹支略长于背支；下生殖板具 3 根大刚毛；阳茎干扁平，端部侧缘锯齿状；前腔突细长且直，自亚基部折向背端，长于阳茎干；阳茎开口于端部。

分布：浙江（临安）、山东、河南、陕西、安徽、湖北、湖南、福建、云南。

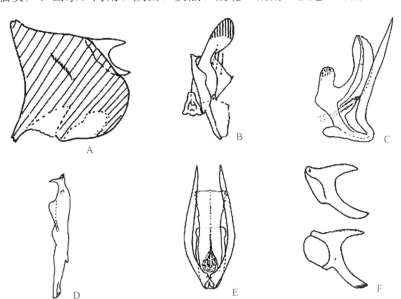

图 1-203　麦顶斑叶蝉 *Empoascanara (Empoascanara) mai* Dworakowska, 1992（仿 Dworakowska，1992）

A. 生殖荚；B. 下生殖板、阳基侧突和连索；C. 阳茎侧面观；D. 阳基侧突侧面观；E. 阳茎腹面观；F. 肛突

101. 暗小叶蝉属 *Seriana* Dworakowska, 1971

Seriana Dworakowska, 1971a: 345. Type species: *Seriana frater* Dworakowska, 1971.

　　主要特征：头冠前缘角状突出，冠缝明显。颜面狭窄，舌侧板狭长。前胸背板前缘突出，后缘略凹入，胸长约为头长的 2 倍，前胸宽略宽于头宽。前、后翅有光泽；前翅基半部翅脉几乎退化，端部翅室阔；后翅亚前缘脉明显。雄虫尾节侧瓣通常近三角形，末端呈角状突出；个别种类呈近四边形，末端弧形；尾节背突发达，细长。下生殖板末端骨化，近中部着生 4 根大刚毛呈直线排列。阳基侧突简单。连索"V"形或"Y"形，无中叶。阳茎干细管状。阳茎口位于阳茎干末端或亚端部腹面。

　　分布：东洋区。世界已知 45 种，中国记录 5 种，浙江分布 1 种。

（204）背刺暗小叶蝉 *Seriana indefinita* Dworakowska, 1971 （图 1-204）

Seriana indefinita Dworakowska, 1971a: 346.

　　主要特征：阳茎干无对称突起。
　　分布：浙江（兰溪）、陕西、湖北、湖南、福建、广东、四川、云南。

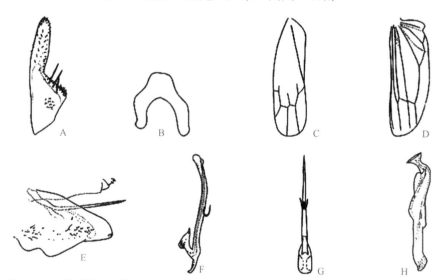

图 1-204　背刺暗小叶蝉 *Seriana indefinita* Dworakowska, 1971 （仿 Dworakowska，1971a）
A. 下生殖板背面观；B. 连索；C. 前翅；D. 后翅；E. 生殖荚；F. 阳茎侧面观；G. 阳茎腹面观；H. 阳基侧突侧面观

102. 新小叶蝉属 *Singapora* Mahmood, 1967

Singapora Mahmood, 1967: 20. Type species: *Singapora nigropunctata* Mahmood, 1967.
Erythroneuropsis Ramakrishnan *et* Menon, 1973: 37. Type species: *Erythroneuropsis indicus* Ramakrishnan *et* Menon, 1973.

　　主要特征：体粗壮，绿色至黄色，或褐色，多数种类头冠顶端具 1 个黑色圆点，少数种类无斑纹。头冠前缘平行于后缘，冠缝明显。具单眼。颜面侧面观隆起，前唇基阔，舌侧板小。前胸背板等宽于或略宽于头冠，表面平滑，后缘凹入。前翅第 1 端室阔，其余端室略窄，第 4 端室伸达翅端，与第 3 端室等长；具 AA 及 AP 脉。后翅 RA 脉退化，周缘脉伸达 CuA″脉并与其愈合。雄虫 2S 腹内突长度及宽度种间差异大。肛管中度骨化，具半环形强骨化带，端部延伸出钩状或片状肛突。雄虫尾节多为圆柱状，中度骨化；尾节侧瓣后缘平截或圆弧，覆微齿状刻痕，基腹缘及中部具少量纤细刚毛，内膜无小刚毛；无尾节背突及腹突。下生殖板超出尾节侧瓣后缘，狭长形，亚基部较阔，向端部渐狭，端部侧扁，略背向弯曲；外缘亚基部具 1 组大刚毛，自此至端部具 1 列小刚毛，端部腹面散生数根或具 1 列小刚毛，大刚毛 1–5 根，着生于下生殖板中部外缘，呈直线排列。阳基侧突端部长，足状，中部靠近端前叶处具感觉刺，端前叶明显。连索三角片状，中柄长或短，中叶明显。阳茎干管状，无突起或端部具突起；背腔侧面观窄，后面观"Y"形或宽片状；前腔发达，与阳茎干相关联，前腔突长于阳茎干；阳茎开口于端部或亚端部腹面。

分布：古北区、东洋区。世界已知 18 种，中国记录 15 种，浙江分布 1 种。

（205）桃一点叶蝉 *Singapora shinshana* (Matsumura, 1932)（图 1-205）

Zygina shinshana Matsumura, 1932: 117.

Singapora shinshana: Dworakowska, 1970e: 760.

主要特征：阳茎干无突起，尾节背突弯钩状；阳基侧突端部缓缓弯曲。

分布：浙江（开化）、北京、山东、陕西、江苏、江西、湖南、台湾、广东、四川；朝鲜，韩国，日本。

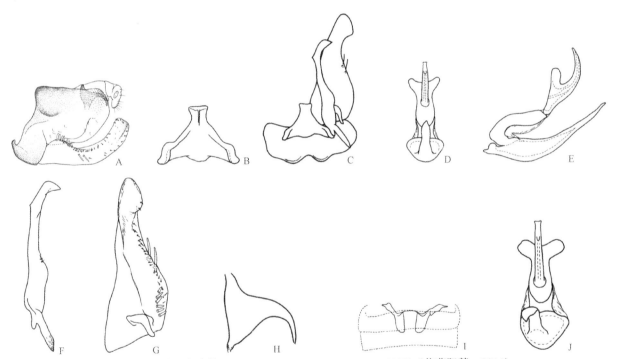

图 1-205　桃一点叶蝉 *Singapora shinshana* (Matsumura, 1932)（仿曹阳慧，2014）

A. 生殖荚；B. 连索；C. 下生殖板、阳基侧突、连索及第 9 腹板；D、J. 阳茎腹面观；E. 阳茎侧面观；F. 阳基侧突侧面观；G. 下生殖板背面观；H. 肛突；I. 2S 腹内突

103. 斑翅叶蝉属 *Tautoneura* Anufriev, 1969

Tautoneura Anufriev, 1969b: 186. Type species: *Tautoneura tricolor* Anufriev, 1969.

主要特征：体型小，纤细，白色至黄白色，头冠及前胸背板无斑纹或具红色条形斑，前翅常具红点，但红点的位置及数量在种间甚至个体间有差异。头冠前缘锐圆突出，冠缝明显，但未伸达头冠端部。无单眼。颜面侧面观隆起或扁平，前唇基长，端部狭，舌侧板小。前胸背板等宽于或略宽于头冠，表面平滑，后缘凹入。前翅第 3 端室阔，第 4 端室最窄，未伸达翅端，近等长于第 3 端室中长；AA 及 AP 脉缺失。后翅 RA 脉明显，周缘脉伸达 CuA″脉并与其愈合。雄虫 2S 腹内突宽，延伸至第 4–5 腹节。肛管骨化弱，多具钩状肛突，少数种类肛突退化。雄虫尾节球状，骨化弱；尾节侧瓣后缘圆弧状，多数种类基腹缘具 2 根大刚毛，少数种类具 1 根或多根，腹缘及中部散生许多纤细刚毛，内膜具数根小刚毛；尾节背突刀片状，与尾节侧瓣相关联；有或无尾节腹突。下生殖板超出尾节侧瓣后缘，亚基部角状或弧圆突出，向端部渐狭；外缘亚基部具 1 列长的粗壮小刚毛，自此至端部具 1 列小刚毛，端部腹面散生数根小刚毛，大刚毛 2–4 根，着生于下生殖板亚基部至中部，呈直线排列。阳基侧突端部具 2 次延伸，无感觉器，端前叶明显。连索似"巾"字形，中柄窄，中叶细长。阳茎干管状，常具成对突起；背腔侧面观片状，后面观窄；前腔发达，与阳茎干近等长，无前腔突；阳茎开口于端部或亚端部腹面。

　　分布：东洋区。世界已知 60 种，中国记录 22 种，浙江分布 1 种。

（206）桑斑翅叶蝉 *Tautoneura mori* (Matsumura, 1910)（图 1-206）

Typhlocyba mori Matsumura, 1910c: 121.

Tautoneura mori: Dworakowska, 1977a: 290.

　　主要特征：阳基侧突末端端齿不着生纤细刚毛，阳茎前腔无突起，阳茎干基部无突起，阳茎干末端仅具单个突起。

　　分布：浙江（景宁）、河北、河南、陕西；日本。

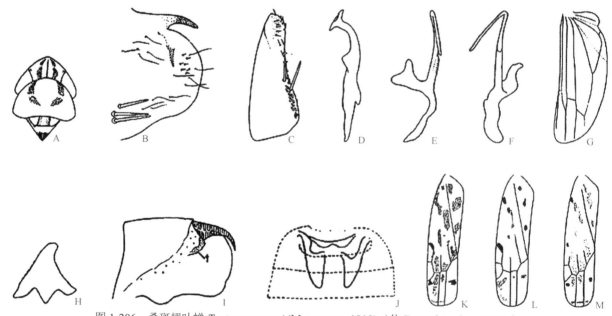

图 1-206　桑斑翅叶蝉 *Tautoneura mori* (Matsumura, 1910)（仿 Dworakowska，1977a）

A. 头胸部背面观；B、I. 生殖荚；C. 下生殖板背面观；D. 阳基侧突侧面观；E. 阳茎侧面观；F. 阳茎腹面观；G. 后翅；H. 连索；J. 2S 腹内突；
K–M. 前翅

104. 白翅叶蝉属 *Thaia* Ghauri, 1962

Thaia Ghauri, 1962: 253. Type species: *Thaia oryzivora* Ghauri, 1962.

Hardiana Mahmood, 1967: 14. Type species: *Hardiana assamensis* Mahmood, 1967.

主要特征：体型较大，粗壮，白色至橙褐色，多无斑纹。头冠前缘与后缘近平行，冠缝明显。无单眼。颜面侧面观隆起，前唇基长，舌侧板大。前胸背板略宽于头冠，表面具 1 对三角形大凹陷，后缘平直。前翅第 1、3 端室阔，第 2 端室较窄，第 4 端室未伸达翅端，略短于第 3 端室；具 AA 脉。后翅 RA 脉退化，周缘脉伸达 CuA″脉并与其愈合。雄虫 2S 腹内突宽或窄，延伸至第 3–4 腹节。肛管骨化强，肛突发达，形状多样，大多从基部延伸出。雄虫尾节球状，骨化强；尾节侧瓣后缘圆弧，刚毛退化，内膜常具小刚毛；多无尾节背突；尾节腹突形状多样，基部与尾节侧瓣愈合。下生殖板超出尾节侧瓣后缘，基部较端部略阔，端部侧扁；外缘亚基部至亚端部或端部具 1 列小刚毛，基部刚毛较长，端部腹面散生许多小刚毛，大刚毛 3–7 根，着生于下生殖板中部外缘，呈直线排列。阳基侧突端部腹面观阔，背面观较窄，向端前叶处渐阔，端部尖锐，亚端部具感觉孔，端前叶明显。连索片状，较阔，中柄阔，中叶明显。阳茎干管状，多无突起；背腔侧面观窄或片状，前腔短于阳茎干，无或具 1 个前腔突；阳茎开口于端部，常具乳突。

分布：东洋区、旧热带区。世界已知 2 亚属 22 种，中国记录 8 种，浙江分布 1 种。

（207）稻白翅叶蝉 *Thaia* (*Thaia*) *subrufa* (Motschulsky, 1863)（图 1-207）

Thamnotettix subrufa Motschulsky, 1863: 100.

Thaia rubiginosa Kuoh, 1982: 396.

Thaia (*Thaia*) *subrufa*: Ghauri, 1962: 256.

主要特征：体长：♂ 3.60–3.70 mm，♀ 3.70 mm。体色一般为橙棕色。复眼黑色。三角斑深棕色。前翅半透明，浅棕色。头冠圆弧状，前缘与后缘平行，冠缝特别长，几乎伸达头冠前缘，头冠宽度超过前胸背板。前胸背板前缘凸出，后缘稍微前凹。盾间沟靠近顶端。腹内突退化，未超过第 3 腹节。下生殖板中部缢缩，外缘生有 4 根大刚毛，端部和近上缘生有一些小刚毛，距端部 1/3 位置有 1 个齿状突起。肛突腹向延伸，钩状。阳基侧突瘦细，向端部渐细，端前叶明显，钩状。连索形状不规则，近三角形。阳茎结构复杂，阳茎干细长 "S" 形，背腔突长 "S" 形，略短于阳茎干。

分布：浙江（临安）、河南、江苏、安徽、湖北、江西、湖南、福建、台湾、广东、海南、广西、重庆、四川、贵州、云南；日本，印度，孟加拉国，缅甸，越南，泰国，斯里兰卡，马来西亚，印度尼西亚，爪哇。

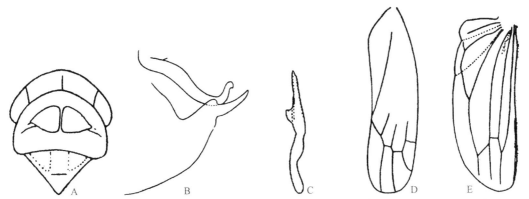

图 1-207　稻白翅叶蝉 *Thaia* (*Thaia*) *subrufa* (Motschulsky, 1863)（仿 Dworakowska, 1970e）

A. 头胸部背面观；B. 肛突；C. 阳基侧突侧面观；D. 前翅；E. 后翅

105. 赛克叶蝉属 *Ziczacella* Anufriev, 1970

Erythroneura (*Ziczacella*) Anufriev, 1970c: 697. Type species: *Erythroneura heptapotamica* Kusnezov, 1928.

主要特征： 体覆斑纹。头冠前缘角状突出，前唇基、舌侧板大而阔。前胸背板前缘突出，后缘凹入，前胸长短于头长的 2 倍，前胸宽大于头宽。前翅 AA 脉模糊；后翅亚前缘脉存在。腹内突不发达。雄虫尾节侧瓣后缘不及下生殖板末端；基腹缘着生 1 组小刚毛；尾节背突存在。下生殖板近基部至末端着生 1 列小刚毛，近基部着生数根大刚毛，呈直线排列。阳基侧突端前叶明显；端部二次延伸。连索"V"形。阳茎干管状；前腔发达，多具突起。阳茎开口于末端。

分布： 古北区、东洋区。世界已知 6 种，中国记录 4 种，浙江分布 1 种。

（208）七河赛克叶蝉 *Ziczacella heptapotamica* (Kusnezov, 1928)（图 1-208）

Erythroneura heptapotamica Kusnezov, 1928: 316.

Erythroneura (*Ziczacella*) *heptapotamica*: Anufriev, 1970c: 698.

主要特征： 尾节背突尖齿状；下生殖板具 4 根大刚毛；阳基侧突二次延伸细长；阳茎干自亚基部腹向弯曲，具 2 对突起，亚端部 1 对纤细，端部 1 对较粗壮，呈夹状；前腔突发达，向后呈环抱状。

分布： 浙江（临安）、北京、山西、山东、陕西、湖南、四川；俄罗斯，日本，吉尔吉斯斯坦，哈萨克斯坦，乌克兰。

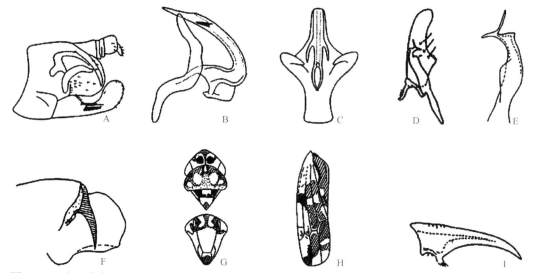

图 1-208 七河赛克叶蝉 *Ziczacella heptapotamica* (Kusnezov, 1928)（仿 Ross，1965；Vilbaste，1968a）

A、F. 生殖荚；B. 阳茎侧面观；C. 阳茎腹面观；D. 下生殖板、阳基侧突及连索；E. 阳基侧突端部侧面观；G. 头胸部背面观和颜面；H. 前翅；I. 肛突

小叶蝉族 Typhlocybini Kirschbaum, 1868

主要特征： 前翅 MP″+CuA′脉弯向翅后缘；后翅第 1、2 臀脉端部分离，周缘脉只伸达 CuA 脉近端部，RP、MP′脉端部愈合使后翅有 2 横脉，或有横脉相连，使后翅具 3 条横脉。

分布： 世界广布。世界已知 46 属 500 余种，中国记录 20 余属 100 余种，浙江分布 7 属 17 种。

分属检索表（♂）

1. 后翅 2 横脉 ·· 2
- 后翅 3 横脉 ··· 5
2. 连索大而片状，呈纵长的凸字形，无中瓣，两侧骨化强 ····································· 3
- 连索不如上述 ··· 4
3. 阳茎干端部附突对称 ··· 沃小叶蝉属 *Warodia*
- 阳茎干端部附突不对称 ··· 蕾氏小叶蝉属 *Farynala*
4. 阳茎前腔向后伸出附突 ··· 点小叶蝉属 *Zorka*
- 阳茎前腔向后无突起 ··· 小叶蝉属 *Typhlocyba*
5. 下生殖板亚端部突然收狭，且此处外缘有一列桩状刚毛 ····· 辜小叶蝉属 *Aguriahana*
- 下生殖板亚端部无突然收狭，且此处外缘无一列桩状刚毛 ·························· 6
6. 下生殖板外侧中部生有数根大刚毛 ······················· 毛尾小叶蝉属 *Comahadina*
- 下生殖板外侧近基部或中部有 1 根大刚毛 ·················· 雅小叶蝉属 *Eurhadina*

106. 辜小叶蝉属 *Aguriahana* Distant, 1918

Aguriahana Distant, 1918: 105. Type species: *Aguriahana metallica* Distant, 1918.

Eupteroidea Young, 1952: 92. Type species: *Typhlocyba stellulata* Burmeister, 1841.

主要特征：体梭形，后翅 3 横脉。雄虫尾节侧瓣后缘分瓣，上瓣骨化强烈，具黑齿及瘤突。生殖瓣较小，中长远短于下生殖板长的 1/4–1/2，阳基侧突末端常超过其基部。下生殖板基部长，基部着生有 1 亚缘列长而细的大刚毛；外缘或多或少突然向内收狭，此区外缘有 1 列桩状刚毛。连索片状，两侧臂发达，中脊发达。阳基侧突弓形，中部坚固，尾向部与中部近等长；尾向部外侧缘有 1 列刚毛，具亚端齿。阳茎骨化强，干上在背、腹、两侧缘 4 个区域可产生附突，阳茎口在干的端部。

分布：世界广布。世界已知 59 种，中国记录 29 种，浙江分布 3 种。

分种检索表

1. 前翅沿爪区外缘及革区沿爪缝各具 1 个长褐色细纹，尾节侧瓣腹缘有长突 ·············· 浙江辜小叶蝉 *A. zhejiangensis*
- 前翅及尾节侧瓣不如上述 ·· 2
2. 前翅基半部无斑，与端半部有明显界线 ··· 华辜小叶蝉 *A. sinica*
- 前翅革区与端部无明显界线，翅上的斑纹及斑块构成复杂图案 ·············· 三角辜小叶蝉 *A. triangularis*

（209）华辜小叶蝉 *Aguriahana sinica* Zhang, Chou *et* Huang, 1992（图 1-209）

Aguriahana sinica Zhang, Chou *et* Huang, 1992: 104.

主要特征：体长：♂ 2.9 mm，♀ 3.0 mm。头冠向前突出，头长与复眼间宽近相等，冠缝短。前胸背板前缘弧形突出，后缘微凹，中段近平直，胸长小于胸宽但明显大于头长；小盾片宽大于长，盾间沟明显，微弯，不达侧缘。头冠、颜面、前胸背板、中胸小盾片、胸部腹面及胸足浅黄色，唯前唇基、复眼、前足股节端部、胫节和跗节、后足胫节端部和端跗节褐色，头冠前缘 2 复眼间两侧各有 3 个小褐点，腹部浅黄色，背部中域浅褐色，前翅基半部 2/5 黄白色，端半部 3/5 浅褐色，其间有 1 条深褐色弧线由前缘基向伸达翅后缘，爪区端部有 1 个深褐色小斑，端区沿翅脉呈褐色，有 2 根大刚毛。阳基侧突端半部细长，端部鸟喙状。阳茎基部有 1 对发达侧突，明显长于阳茎干，阳茎干细长，端部略膨大。

分布：浙江（定海）、湖南、福建、海南。

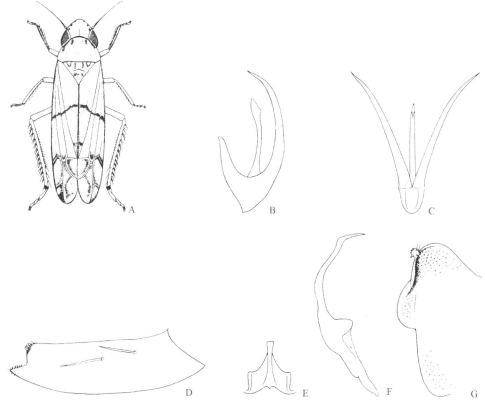

图 1-209　华辜小叶蝉 *Aguriahana sinica* Zhang, Chou *et* Huang, 1992（仿张雅林等，1992）

A. 整体背面观；B. 阳茎侧面观；C. 阳茎后面观；D. 下生殖板；E. 连索；F. 阳基侧突；G. 雄虫尾节侧瓣后缘

（210）三角辜小叶蝉 *Aguriahana triangularis* (Matsumura, 1932)（图 1-210）

Eupteryx triangularis Matsumura, 1932: 94.

Aguriahana triangularis: Dworakowska, 1972a: 291.

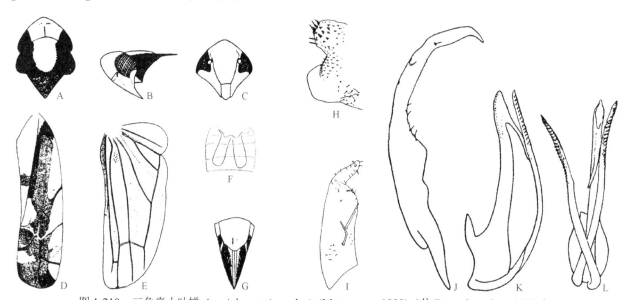

图 1-210　三角辜小叶蝉 *Aguriahana triangularis* (Matsumura, 1932)（仿 Dworakowska，1972a）

A. 头胸背面观；B. 头胸侧面观；C. 颜面；D. 前翅；E. 后翅；F. 腹内突；G. 雌虫腹部末端；H. 雄虫尾节侧瓣后缘；I. 下生殖板；J. 阳基侧突；

K. 阳茎侧面观；L. 阳茎后面观

主要特征：体长：♂ 3.1 mm，♀ 3.2 mm。头部没有明显的斑纹。前胸背板黑色，中部"U"形，黄色。前翅具明显的暗色斑纹。腹内突达第 5 腹节中部至末端。尾节侧瓣后缘上瓣及下瓣末端皆钝圆，上瓣具小棘突及小硬刚毛。下生殖板近基部有 2 根大刚毛，转折处有 4 根桩状刚毛，端部大刚毛直。阳基侧突末端喙状，亚端齿近尾向部中部，短、末端钝。阳茎具 1 对细长的基附突，有时在近基部交叉，末端具刻纹；阳茎干较直，阳茎口下缘有 1 末端指向基部的短腹附突。

分布：浙江（临安）、河南、陕西、湖北、福建、台湾、广西、四川、贵州、云南。

（211）浙江辜小叶蝉 *Aguriahana zhejiangensis* Cai, He *et* Zhu, 1998（图 1-211）

Aguriahana zhejiangensis Cai, He *et* Zhu, 1998: 73.

主要特征：体长：♂ 3.5 mm，♀ 3.5–3.6 mm。体苍白色带，头冠前缘及前胸背板侧缘黑褐色，复眼黑色，颜面触角窝上方有 1 黑褐色短横线纹。前翅白绿色，前翅沿爪区外缘及革区沿爪缝各具 1 个长褐色细纹。头冠前端弧圆突出，中长近等于两复眼间宽，冠缝基部 2/3 清晰。前胸背板前侧缘宽弧圆，后缘平直，中长显著大于头冠，为自身宽度 1/2 稍强。小盾片长度近等于前胸背板，横刻痕平直。前翅狭长，长为宽的 4.0 倍，顶角略突出，外缘凹曲。腹内突伸达第 6 腹板中部。雄虫尾节侧瓣上瓣短，下瓣末端具有 1 长突起背向弯曲，其末端叉状，背缘向后下方指状突出，且生有 3 根小刚毛。下生殖板短宽，基半部中央偏外缘具 3 根大刚毛，端部内侧有 2 个桩状刚毛和若干小刚毛。阳基侧突狭长，末端折向外方如钩。阳茎干纵扁管状，末端有 1 对戟状突起。

分布：浙江（定海）。

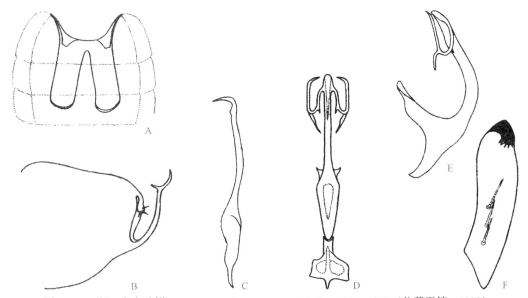

图 1-211　浙江辜小叶蝉 *Aguriahana zhejiangensis* Cai, He *et* Zhu, 1998（仿蔡平等，1998）
A. 腹内突；B. 雄虫尾节侧瓣；C. 阳基侧突；D. 连索、阳茎腹面观；E. 阳茎侧面观；F. 下生殖板

107. 毛尾小叶蝉属 *Comahadina* Huang *et* Zhang, 2010

Comahadina Huang *et* Zhang, 2010: 66. Type species: *Comahadina angelica* Huang *et* Zhang, 2010.

主要特征：前翅半透明，端 RP、MP′脉基部共柄，R 端脉中部有 1 个黑褐色圆斑。后翅透明，具 3 横脉。体形较宽。颜面隆起。头冠前缘钝圆突出，后缘弧形凹入，中长近等于复眼间宽，但远小于前胸背板中长；前胸背板前缘弧形突出，后缘中部平直，侧缘微突；横刻痕深刻平直，不伸达侧缘。雄虫尾节侧瓣基宽，后缘分瓣；背瓣细长，腹面排列有几根小硬刚毛。下生殖板由基部向端部渐细，外侧中部生有数根大刚毛；末端扭转，有数根中等刚毛及数根小硬刚毛。阳基侧突末端尖细，亚端部较宽，中部着生几根细刚毛。连索尾向细长，头向侧两足处较宽，呈细长倒"Y"形。阳茎干弯曲，端囊长；阳茎干端部有成对突起，阳茎口在亚端部。

分布：东洋区。世界已知 1 种，中国记录 1 种，浙江分布 1 种。

（212）洁毛尾小叶蝉 *Comahadina angelica* Huang *et* Zhang, 2010（图 1-212）

Comahadina angelica Huang *et* Zhang, 2010: 66.

主要特征：体长：♂ 3.6 mm，♀ 3.8 mm。体乳白色，复眼灰褐色。三角斑半透明，边缘白色。前翅半透明，端部沿翅缘为弧形烟褐色斑，端 RP、MP′脉基部共柄，R 端脉端 1/3 处覆有短褐纹，R 端脉中部有 1 个黑褐色圆斑。后翅透明，具 3 横脉。腹部背面淡褐色，腹面奶油色；尾节及下生殖板淡褐色。腹内突伸达第 5 腹节中部。雄虫尾节侧瓣基宽；侧缘背瓣细长，腹面排列有几个硬刚毛。下生殖板由基向端渐细，外侧中部生有 3 根大刚毛；末端骨化强，片状折叠，有 2 根中等刚毛及数根小硬刚毛。阳基侧突尾部在与中部交界处横折弯曲，着生有几根细刚毛。连索如属征。阳茎干弯曲，端囊长，超过阳茎干长的 1/2；阳茎干端部有 1 对突起，突起近基部有 1 个小分支；阳茎口在亚端部。

分布：浙江（临安）、湖北、广西。

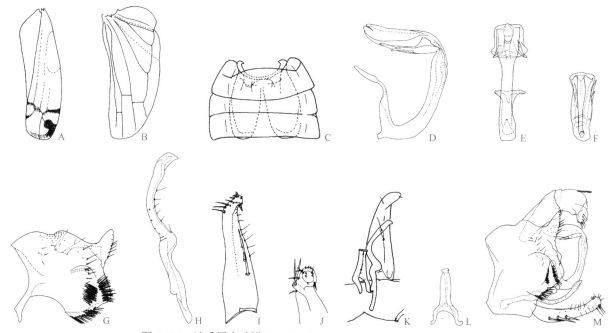

图 1-212　洁毛尾小叶蝉 *Comahadina angelica* Huang *et* Zhang, 2010

A. 前翅；B. 后翅；C. 腹内突；D. 阳茎侧面观；E. 阳茎后面观；F. 阳茎干末端；G. 雄虫尾节侧瓣；H. 阳基侧突；I. 下生殖板；J. 下生殖板端部；K. 阳基侧突、连索、下生殖板及第 9 腹节；L. 连索；M. 雄虫生殖荚

108. 雅小叶蝉属 *Eurhadina* Haupt, 1929

Eurhadina Haupt 1929b: 1075. Type species: *Cicada pulchella* Fallén, 1806.

主要特征：后翅 3 条横脉。雄虫尾节侧瓣后缘分瓣，末端皆钝圆，上瓣末端常有小硬刚毛着生或密布棘状突，下瓣内卷，末端常为指形、三角形等。生殖瓣宽大，在有些种中最长处与下生殖板长近等长。下生殖板基部宽，端向渐细，近基部或中部有 1 根大刚毛，近末端有 1 列小硬刚毛，端部也有数个、不成列。阳基侧突细长，端部尤其明显，常在外侧缘有 1 列小刚毛，内侧缘有 1 列感觉孔。连索"Y"形，侧臂发达，中脊较发达。阳茎前腔不发达，背腔细长，阳茎干细长弯曲，某些种类在背部有加宽，附突位于阳茎干末端，直、弧形或 S 形弯曲，常具分支，阳茎口位于干的亚端部。

分布：世界广布。世界已知 104 种，中国记录 55 种，浙江分布 9 种。

扁雅小叶蝉亚属 *Eurhadina* (*Singhardina*) Mahmood, 1967

Singhardina 亚属与 *Eurhadina* 亚属的 3 个主要差异特征：①颜面扁平；②雄虫尾节侧瓣侧缘开裂明显；③下生殖板末端钩状。

分布：东洋区。

分种检索表

1. 雄虫尾节侧瓣开裂不明显或上瓣明显大于下瓣；前翅斑纹多为简单的褐色或黄褐色 ······ 黄纹雅小叶蝉 *E.* (*S.*) *flavistriata*
- 雄虫尾节侧瓣后缘开裂，上瓣背缘常有具内脊的突起；前翅多斑纹鲜艳 ···································· 2
2. 前翅 RP 脉被有大的黄褐色至黑褐色大斑 ··· 红冠雅小叶蝉 *E.* (*S.*) *rubrocorona*
- 前翅 RP 脉上无斑或只有褐色的短纹 ··· 3
3. 前翅白色到黄色，斑纹简单 ·· 4
- 前翅具红色等明亮色彩，斑纹复杂 ··· 5
4. 革区端半部有 1 大的圆形黑褐色斑 ··· 尾斑雅小叶蝉 *E.* (*S.*) *diplopunctata*
- 爪片后缘中央有半圆形黑斑 ··· 中斑雅小叶蝉 *E.* (*S.*) *centralis*
5. 前翅爪区中部或相邻的革区有界限明显的褐色斑块，网粒体区下缘有斜宽纹，无其他明显斑纹 ················ 6
- 前翅不如上述 ··· 8
6. 阳茎背侧附突末端不分叉 ··· 大竹岚雅小叶蝉 *E.* (*S.*) *dazhulana*
- 阳茎背侧附突末端分叉 ··· 7
7. 阳茎背侧附突末端小叉状 ··· 双禽雅小叶蝉 *E.* (*S.*) *biavis*
- 阳茎背侧附突具 3 分支，轮状排列 ··· 武夷雅小叶蝉 *E.* (*S.*) *wuyiana*
8. 阳茎干外侧突起具 1 分支，始于近基部 ··································· 周氏雅小叶蝉 *E.* (*S.*) *choui*
- 阳茎干近端 3/4 两侧背向延伸，外侧突起 3 分支，下分支长形叶状 ··············· 瑞雅小叶蝉 *E.* (*S.*) *rubrania*

（213）双禽雅小叶蝉 *Eurhadina* (*Singhardina*) *biavis* Yang *et* Li, 1991（图 1-213）

Eurhadina biavis Yang *et* Li, 1991: 25.

Eurhadina rubromia Cai *et* Kuoh, 1993: 225.

主要特征：体长：♂ 3.0–3.1 mm。体橙黄色，具鲜明斑纹。颜面极扁，复眼灰色，其内侧有桃红色晕带。前胸背板前缘有橘红色带斑，在复眼后方较深，形成轮廓不清的圆斑；小盾片尖端黑亮。前翅沿爪缝具 1 橙黄色宽带，爪缝中部有不规则的大型黑斑；翅端沿脉有淡褐色晕，在第 3 和第 4 端室基部的脉上有 1 小黑纹，其上方有 1 褐色圆斑。足黄白色，跗节端部黑色。腹部背板黑色，腹板黄白。腹内突达第 5 腹节末端。雄虫下生殖板在基部 1/3 处生 1 大刚毛。阳基侧突尾向部具 3 刚毛。阳茎端部具 2 对突起，腹附突由基部始 2 分叉，背附突细长，末端超过腹附突，端部小叉状。

分布：浙江（临安、开化、龙泉、泰顺）、福建、云南。

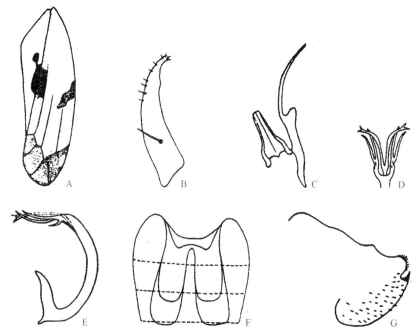

图 1-213　双禽雅小叶蝉 *Eurhadina* (*Singhardina*) *biavis* Yang *et* Li, 1991（仿杨集昆和李月华，1991）

A. 前翅；B. 下生殖板；C. 阳基侧突、连索；D. 阳茎干末端；E. 阳茎侧面观；F. 腹内突；G. 雄虫尾节侧瓣后缘侧面观

（214）中斑雅小叶蝉 *Eurhadina* (*Singhardina*) *centralis* Yang *et* Li, 1991（图 1-214）

Eurhadina centralis Yang *et* Li, 1991: 26.

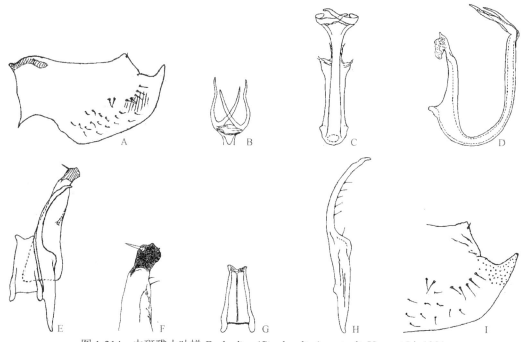

图 1-214　中斑雅小叶蝉 *Eurhadina* (*Singhardina*) *centralis* Yang *et* Li, 1991

A. 雄虫尾节侧瓣；B. 阳茎干端部；C. 阳茎后面观；D. 阳茎侧面观；E. 阳基侧突、连索、下生殖板；F. 下生殖板端部；G. 连索；H. 阳基侧突；I. 雄虫尾节侧瓣后缘

主要特征：体长：♂ 3.0 mm。体乳白色，具橘红色及中央黑斑。头部乳白色，前端有 1 对淡橘红色斑，基部有 3 个橙黄色大斑；复眼灰黄色，有暗斑。前胸背板乳白色，前缘有八字形橘红斑，后角各有 1 灰色暗斑；盾片及小盾片乳白色，略透明。前翅乳白色，爪片后缘中央有半圆形黑斑，爪片尖端黑褐色；蜡斑

乳白色，其下方具褐纹；翅端有暗斑，第 3 与 4 端室内有 1 黑纹，足白色。腹部背板黑色，腹板黄色，仅各节的基部黑色。腹内突达第 6 节中部。雄虫阳基侧突尾向部具 7 根刚毛，端部 1/5 处有 1 齿突。阳茎具 2 对端突。

　　分布：浙江（泰顺）、湖南、福建。

（215）周氏雅小叶蝉 *Eurhadina (Singhardina) choui* Huang *et* Zhang, 1999（图 1-215）

Eurhadina choui Huang *et* Zhang, 1999: 247.

　　主要特征：体长：♂ 3.6 mm。体扁，头顶钝圆突出，冠缝明显，复眼呈不均匀的黑褐色。头冠、前胸背板及小盾片底色皆为白色，但被有不同的色斑。头冠前缘有 4 个、后缘有 2 个橙色圆斑，头冠中长近等于复眼间宽，头宽略小于前胸背板宽。前胸背板密被褐斑，中长大于头冠中长。小盾片三角斑浅棕黄色，中长小于前胸背板中长，尖端黑褐色，横刻痕明显，略弯曲，不达侧缘，横刻痕下具 1 倒三角形的黄色斑。前翅半透明，基半部浅橙黄色，端半部浅黄色，沿前后缘有一些黑褐色斑，爪片近翅后缘中部有 1 大的长方形褐色纵斑，网粒体区橙黄色，第 3 端室近三角形，后翅透明，有 3 条横脉。腹内突接近第 6 腹节，突起端向岔开。雄虫尾节侧瓣密被棘状小刚毛，端部有 1 指状的骨化附突，色深，指向背方。下生殖板端向渐细，长三角形，端部稍有钩状弯曲，近基部外缘有 1 大刚毛，近端内侧缘有 1 列小刚毛。阳基侧突细长，具细小刚毛。阳茎干细长弯曲，有 2 对端突；内侧突起细小，呈“Y”字形，外侧突起具 1 分支，始于近基部，内侧分支细长，端部相交错，外侧分支长度近内侧分支的 1/2，背向延伸。

　　分布：浙江（龙泉）、湖南、福建。

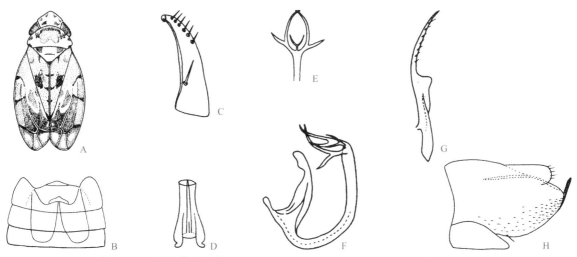

图 1-215　周氏雅小叶蝉 *Eurhadina (Singhardina) choui* Huang *et* Zhang, 1999
A. 整体背面观；B. 腹内突；C. 下生殖板；D. 连索；E. 阳茎干端部；F. 阳茎侧面观；G. 阳基侧突；H. 雄虫尾节侧瓣

（216）大竹岚雅小叶蝉 *Eurhadina (Singhardina) dazhulana* Yang *et* Li, 1991（图 1-216）

Eurhadina dazhulana Yang *et* Li, 1991: 23.

　　主要特征：体长：♂ 2.6 mm。体橘红色，杂有桃红色及褐色等斑纹。头部桃红色，复眼灰褐色，头冠中央有 1 白色宽纵带，头前缘具有 1 对不明显的淡斑。前胸背板桃红色，中央有黄色宽纵带，两侧具明显的淡色斑纹；盾片黄色，有 3 块暗斑；小盾片黄色，尖端黑色、具光泽。前翅爪片中部有 1 卵形黑斑，向下扩展而色渐淡；蜡斑黄色，其下方 1 斜向褐条斑；翅端的黑点偏离翅脉，位于三角形第 3 端室的一边。足桃红色，胫节端部褐色，跗节末端黑色。腹内突达第 6 腹节中部。雄虫下生殖板中部有 1 大刚毛。阳基侧突尾向部长而弯，侧缘有 5 根刚毛。阳茎端部具 2 对突起，第 1 对具粗大的端尖，第 2 对呈细叉状。

　　分布：浙江（庆元、泰顺）、湖南、福建、云南。

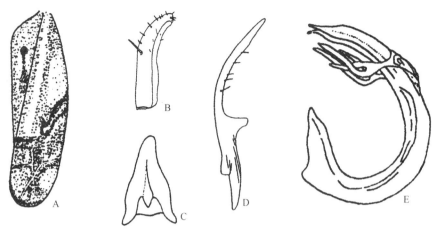

图 1-216　大竹岚雅小叶蝉 *Eurhadina (Singhardina) dazhulana* Yang *et* Li, 1991
（仿 Yang et al., 1991）
A. 前翅；B. 下生殖板；C. 连索；D. 阳基侧突；E. 阳茎侧面观

（217）尾斑雅小叶蝉 *Eurhadina (Singhardina) diplopunctata* Huang *et* Zhang, 1999（图 1-217）

Eurhadina diplopunctata Huang *et* Zhang, 1999: 253.

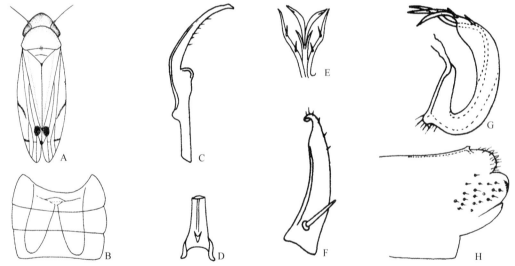

图 1-217　尾斑雅小叶蝉 *Eurhadina (Singhardina) diplopunctata* Huang *et* Zhang, 1999
（仿黄敏和张雅林，1999）
A. 整体背面观；B. 腹内突；C. 阳基侧突；D. 连索；E. 阳茎干端部；F. 下生殖板；G. 阳茎侧面观；H. 雄虫尾节侧瓣后缘侧面观

　　主要特征：体长：♂ 3.5 mm。体扁，头顶钝圆突出，复眼褐色，冠缝明显，头冠及前胸背板白色，无任何斑纹。头冠中长大于复眼间距，头冠宽小于前胸背板。前胸背板中长大于头冠中长，肩区不明显；小盾片黄色，有的种类在基部中线有 1 长卵圆形的橙红色斑，小盾片尖端黑色，三角斑不明显。前翅半透明，白色，网粒体区不明显，前缘有褐色横纹；革爪区的革片部有 1 大的圆形黑褐色斑，端区被有浅褐色斑。端 R 脉上无斑块，第 3 端室四边形。腹内突几乎伸达第 5–6 腹节节间，突起两侧不平行，端向渐细，两突起端向岔开。雄虫尾节侧观具开裂，上瓣被有小刚毛，下瓣无附突。下生殖板渐细，近基部外侧有 1 粗大刚毛，近端内侧及端部有 1 列细小而稀疏的刚毛。阳基侧突无突起，着生有细小刚毛，与连索都较细长。阳茎干较宽扁，3 对端突；内侧的 2 对突起基部相并，最内侧的 1 对长而端部宽，端部弯向两侧，中间的 1

对细小，不及腹侧附突的 1/2；背侧附突细长，在基部及中部各有 1 小刺状突起。

分布：浙江（开化、泰顺）、福建。

（218）黄纹雅小叶蝉 *Eurhadina* (*Singhardina*) *flavistriata* Yang *et* Li, 1991（图 1-218）

Eurhadina flavistriata Yang *et* Li, 1991: 27.

主要特征：体长：♀ 3.4 mm。体乳白色，具黄色斑纹。头部乳白，前缘具 1 对淡橙黄色圆斑，复眼乳黄色。前胸背板乳白，前缘有 1 对橘红色斑；盾片和小盾片乳白色，近尖端处有 1 对小黑点。前翅乳白色，有 2 条淡黄色纵带，蜡斑白色而不显著，其下方至翅端有一些斜纹，其上方有 1 大黑斑；翅端室 3 与 4 间有 1 小黑点。足黄白色。腹部乳黄色，产卵器尖端桃红色。尾节侧瓣后缘上瓣宽而高，具棘突及小硬刚毛，下瓣小。阳茎末端 2 对端突，背附突细长无分支，腹附突近基下方具小分支，不及上分支的 1/2；侧观背、腹附突末端相互交错。

分布：浙江（临安、开化）、福建。

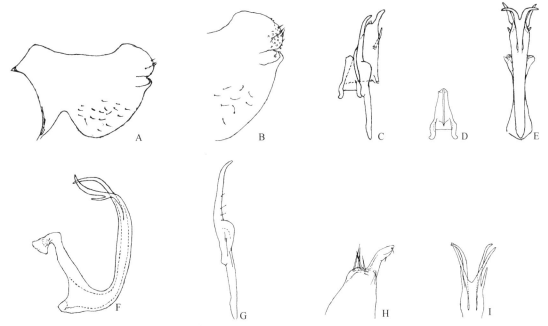

图 1-218　黄纹雅小叶蝉 *Eurhadina* (*Singhardina*) *flavistriata* Yang *et* Li, 1991

A. 雄虫尾节侧瓣；B. 雄虫尾节侧瓣后缘；C. 阳基侧突、连索、下生殖板；D. 连索；E. 阳茎后面观；F. 阳茎侧面观；G. 阳基侧突；H. 下生殖板端部；I. 阳茎干末端

（219）瑞雅小叶蝉 *Eurhadina* (*Singhardina*) *rubrania* Huang *et* Zhang, 1999（图 1-219）

Eurhadina rubrania Huang *et* Zhang, 1999: 246.

主要特征：体长：♂ 4.2–4.6 mm。体扁，头顶钝圆突出，冠缝不太明显，复眼黑褐色。头冠、前胸背板及小盾片均呈浅黄色，有不规则橘黄色斑纹。头冠中长近等于复眼间宽，头宽略小于前胸背板宽。前胸背板中长大于头冠中长，其后侧角各具 1 黑色小点。小盾片中长小于前胸背板中长，尖端黑褐色，横刻痕明显，略弯曲，不达侧缘，自横刻痕至端角有 1 褐色纵中线。前翅半透明，浅褐色，沿内、后缘有一些黑褐色斑，网粒体区橘红色，第 3 端室近呈三角形。腹内突接近第 5–6 腹节节间，两侧近平行，端向稍收狭，2 个突起端向岔开。雄虫尾节侧瓣密被棘状小刚毛，端部收狭、内弯，被小棘。下生殖板端向渐细，长三角形，端部向上弯曲，近基部外缘有 1 大刚毛，近端部内侧缘有 1 列小刚毛。阳基侧突细长，具细小刚毛。

阳茎干宽而直，有 2 对端突；内侧突起细小弯曲，外侧突起具 3 分支，主支宽扁，端尖，基向延伸，近基部内侧分出 1 细小分支，端向延伸。

分布：浙江（临安、开化、龙泉）、湖南。

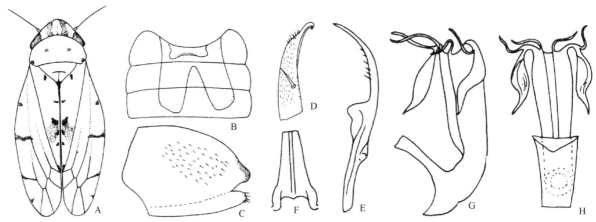

图 1-219　瑞雅小叶蝉 *Eurhadina* (*Singhardina*) *rubrania* Huang *et* Zhang, 1999

（仿 Huang and Zhang，1999）

A. 整体背面观；B. 腹内突；C. 雄虫尾节侧瓣；D. 下生殖板端部；E. 阳基侧突；F. 连索；G. 阳茎侧面观；H. 阳茎后面观

（220）红冠雅小叶蝉 *Eurhadina* (*Singhardina*) *rubrocorona* Cai *et* Kuoh, 1993（图 1-220）

Eurhadina rubrocorona Cai *et* Kuoh, 1993: 223.

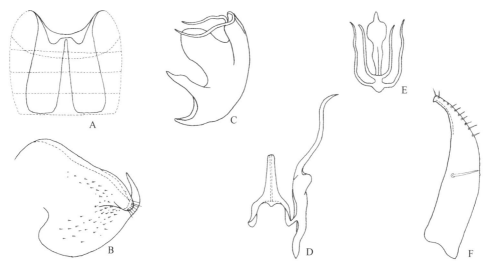

图 1-220　红冠雅小叶蝉 *Eurhadina* (*Singhardina*) *rubrocorona* Cai *et* Kuoh, 1993（仿蔡平和葛钟麟，1993）

A. 腹内突；B. 雄虫尾节侧瓣后缘侧面观；C. 阳茎侧面观；D. 阳基侧突、连索；E. 阳茎干末端；F. 下生殖板

主要特征：体长：♂ 3.5 mm。头冠向前呈锐角突出，中长几为两复眼间宽；前胸背板中长略大于头冠、为自身宽度 1/2 强，前缘弧圆突出，后缘微凹入；小盾片与头冠等长，横刻痕直、不达侧缘。颜面额唇基平坦。头冠橘红色，复眼色黑；前胸背板及小盾片暗褐，小盾片中域有 2 个浅色条斑与末端同为黄褐色；前翅基半粉红色，基半中央的 1 长椭圆形大斑、前缘距基部 2/5 处的 1 伸达后缘的斜纹、端部前域的 1 弧形纹均为黑褐色，顶角有 1 黑色大斑，弧形纹所围区域的中央有 1 粉红色梯形斑，其两侧浅黄绿色，端脉多为黄褐色，中室色粉红，第 1 端室、第 2 端室上半部及第 3 端室外缘均为暗褐，第 4 端室、第 3 端室中央及第 2 端室下半部三角形区域均为无色透明。颜面端半部、中后胸腹面、腹部腹面及足黄褐色，颜面基半部及前胸腹面黑色，腹部背面大部分黑褐，仅下缘及末端背板浅黄色，后足胫节基部外侧红色。腹内突

发达，达第 6 腹节末端。雄虫尾节侧瓣上瓣窄，侧缘有数根小硬刚毛；下瓣末端端向渐尖成为钩状突起、弯向背面。下生殖板端向渐窄，内缘凹曲，在中央近内缘处着生 1 大刚毛，端部外缘生有数根小刚毛。阳基侧突长，尾向部细长、波状弯曲、端向渐尖。连索细“Y”形。阳茎干背缘有 1 大的、末端钝圆的片状延伸，干末端具 2 对细长突起，皆波状弯曲。

　　分布：浙江（临安、开化、龙泉、泰顺）、福建、贵州。

（221）武夷雅小叶蝉 *Eurhadina* (*Singhardina*) *wuyiana* Yang *et* Li, 1991（图 1-221）

Eurhadina wuyiana Yang *et* Li, 1991: 26.

Eurhadina flavescens Huang *et* Zhang, 1999: 250.

　　主要特征：体长：♂ 3.2 mm。体橙黄色，具明显斑纹。头部橙黄，中央及基部有不明显的淡纹，复眼灰色、前端具黑斑。前胸背板橙黄，中部具不明显的淡纵带；盾片具暗斑，小盾片爪缝为淡色带，隔开 1 黑色条斑；蜡斑粉白色，其下方具 1 褐色斜斑，近翅缘呈黑色；翅端沿脉有褐边，第 3 与 4 端室间脉上有 1 黑纹。足黄白色，跗节端部黑色。腹部淡黄色，第 1–4 背板具灰黑色横带。腹内突达第 5 腹节基部。尾节侧瓣密被棘状刚毛，无骨化突起。下生殖板端向渐细、长三角形，近基部外侧缘有 1 粗大刚毛，近端内侧缘有 1 列小硬刚毛。阳基侧突细长，具少量刚毛。连索基部横宽，中脊呈片状。阳茎干弯曲、宽扁，中央下凹，具 2 对端突；背侧附突 3 分叉，轮状排列，各分支大小相近，腹侧附突细小，大小与背侧附突分支相近。

　　分布：浙江（庆元、龙泉、泰顺）、湖南、福建、四川、云南。

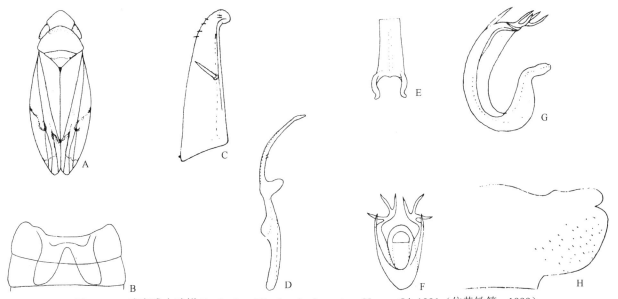

图 1-221　武夷雅小叶蝉 *Eurhadina* (*Singhardina*) *wuyiana* Yang *et* Li, 1991（仿黄敏等，1999）
A. 整体背面观；B. 腹内突；C. 下生殖板；D. 阳基侧突；E. 连索；F. 阳茎干末端；G. 阳茎侧面观；H. 雄虫尾节侧瓣

109. 蕃氏小叶蝉属 *Farynala* Dworakowska, 1970

Farynala Dworakowska, 1970c: 211. Type species: *Farynala novica* Dworakowska, 1970.

　　主要特征：体纤细，头宽稍宽于前胸背板宽，头冠中长小于复眼间距，前胸背板比头冠及小盾片中长皆长；前翅两侧缘平行，末端钝圆，ScP+RA 脉直指翅缘，RP 与 MP′脉基部共柄；后翅末端钝圆，由基向端渐收狭。雄虫尾节侧瓣后缘、腹缘各有 1 组粗刚毛，后缘末端渐狭，钝圆，有几个小硬刚毛。下生殖板两侧平行延伸至近端部由外侧缘向内骤然收狭，基部 1 大刚毛，外缘 1 列小硬刚毛沿基部向上延伸，末端有几个散生的小刚毛，顶部有 1 组桩状刚毛。阳基侧突基部小，中部瘤突发达，尾向部细长弯曲，无亚端突起，外具 1 列刚毛，内 1 列感觉孔。连索片状、凸字形，中脊短小。阳茎干具不对称的端附突，阳茎口在干的端部。

分布：东洋区。世界已知 12 种，中国记录 5 种，浙江分布 1 种。

（222）右岐蕃氏小叶蝉 *Farynala dextra* Yan *et* Yang, 2017（图 1-222）

Farynala dextra Yan *et* Yang, 2017: 520.

主要特征：体长：♂ 2.6–2.7 mm。体淡黄色，复眼灰黑色，颜面浅米棕色，前胸背板米黄色，三角斑黄色。前翅半透明，第 1 端室前近翅后缘的前后角上各具 1 烟色斑。腹内突伸达第 6 腹节。雄虫尾节向端收狭，末端钝圆，后缘及腹缘各具 1 组大刚毛；下生殖板基部具 1 大刚毛，两侧近平行，近端 1/3 处不收狭。阳茎具不对称的 3 附突，2 个端附突弯曲，另一个自阳茎干中部，后面观为右侧生出，指向阳茎端部。

分布：浙江（嵊州）、湖北。

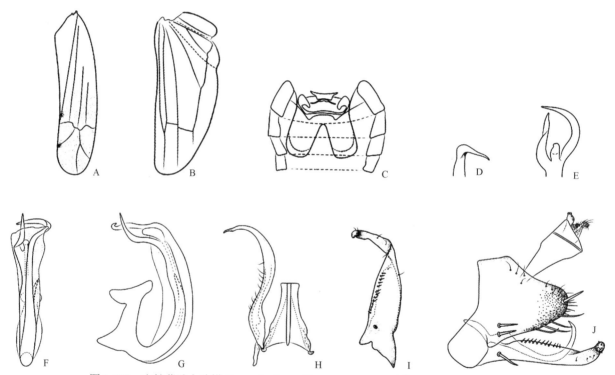

图 1-222　右岐蕃氏小叶蝉 *Farynala dextra* Yan *et* Yang, 2017（仿 Yan and Yang，2017）
A. 前翅；B. 后翅；C. 腹内突；D. 阳基侧突端部；E. 阳茎干末端；F. 阳茎后面观；G. 阳茎侧面观；H. 阳基侧突及连索；I. 下生殖板；J. 雄虫生殖荚侧面观

110. 小叶蝉属 *Typhlocyba* Germar, 1833

Typhlocyba Germar, 1833: 180. Type species: *Cicada quercus* Fabricius, 1777.
Anomia Fieber, 1866a : 509.

主要特征：体纤细。头冠前缘锐角突出，颜面及头冠皆隆起，头冠中长大于复眼间距但小于前胸背板中长；前翅近端渐细，最宽处为翅中部，第 3 端室三角形，RP、MP′基脉部共柄，端部皆为弧形，第 1、2 端室稍大于第 3、4 端室所占的面积。后翅白色透明，2 横脉。腹内突一般不伸达第 6 腹节。尾节侧瓣后缘分瓣或不分瓣，后缘渐细，常在后上角有骨化的突起，齿状、指状、三角形，或后缘平截，在后下角有突起，后缘还常有较长的小刚毛。下生殖板末端常有突起，基部有 1 大刚毛。连索小、短、宽，多为凸字形，具中脊及中瓣。阳基侧突中部宽扁，端部较短。阳茎形状多变，具基部附突、端部附突或无突起。

分布：世界广布。世界已知 81 种，中国记录 9 种，浙江分布 1 种。

（223）拟贝小叶蝉 *Typhlocyba parababai* Cai *et* Shen, 1998（图 1-223）

Typhlocyba parababai Cai *et* Shen, 1998b: 48.

主要特征：体长：♂ 4.47 mm，♀ 4.74 mm。头冠前端钝圆、角状突出，中长约等于两复眼间宽。前胸背板微窄于头部，中长稍大于头冠，前侧缘弧圆，后缘浅凹入，小盾片长度略短于前胸背板。前翅中等长、较宽，前、后缘弧曲近相互平行，端部渐次收窄锐圆。全体淡黄色，体背具有红色斑纹，其中头冠中央有 1 条、前胸背板有 3 条红色斑纹，小盾片端部黄白色。前翅半透明，端部烟黄褐色，基大半部分布数条红色斑纹，近呈网络状，前缘中央外方及爪片末端外方各有 1 近三角形黑褐色斑，亚端缘及端部中域均有 1 黑褐色小点。体腹面及足浅黄色，腹部腹面稍具绿色光泽，腹部背面黑色。雄虫腹内突长而宽大，伸达第 6 腹节中部，基部分离。尾节侧瓣宽短，近梯形，腹缘末端有 1 刺状突起指向背后方，端半部表面疏生短细毛，腹缘基部着生的毛较长，后缘具小硬刚毛。下生殖板狭长弯曲，端向渐次收窄，近基部中央有 1 大刚毛。连索宽片状，近盾形。阳基侧突极狭长，近基部较宽，而后收窄细长伸出，端部向侧方弯曲。阳茎长弯扁管状，在基部侧生 1 对细长突起，突起末端侧向伸出不超过阳茎。

分布：浙江（临安）、河南。

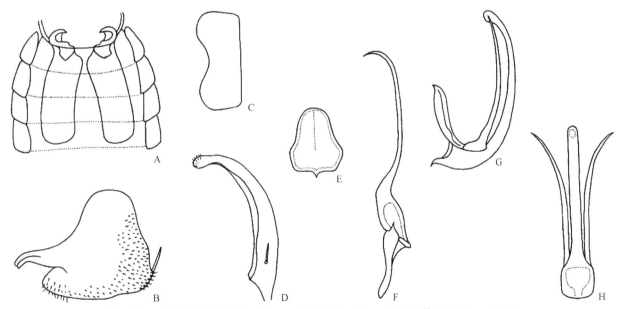

图 1-223　拟贝小叶蝉 *Typhlocyba parababai* Cai *et* Shen, 1998（仿 Cai et al., 1998）
A. 腹内突；B. 雄虫尾节侧瓣；C. 雄虫第 9 腹节；D. 下生殖板；E. 连索；F. 阳基侧突；G. 阳茎侧面观；H. 阳茎后面观

111. 沃小叶蝉属 *Warodia* Dworakowska, 1971

Warodia Dworakowska, 1970f: 215. Type species: *Typhlocyba hoso* Matsumura, 1932.

　　主要特征：头冠钝圆突出，中长等于或小于复眼间宽，冠缝明显，伸达前缘；前翅在爪区末端处稍有加宽，ScP+RA 脉直指翅缘，端区占全翅的 1/4–1/3，RP 与 MP′脉基部共柄，第 3 端室最小，第 1、4 端室等大，第 2 端室最大；后翅 2 横脉，末端渐细，钝圆。头冠、前胸背板、前翅具黄、橙、赭黄之斑块，前翅的在爪区中域及 Cu 纵脉上的纵向长条纹皆与爪缝平行。雄虫尾节侧瓣狭长或末端平截，末端有数根小硬刚毛，腹缘有内脊。下生殖板狭长，基部有 1 大刚毛，外侧缘由中部始向端 1 列小刚毛并端向渐密，由基向端还有 1 列较长的细刚毛。阳基侧突基部短，中部瘤突发达但较短，有丛生的刚毛，端部较长，在有些种类尾向部是前两者之和的 3 倍；外侧缘有 1 列小刚毛，内缘近基部有 1 列感觉孔，且有排列较平整的小硬毛。连索较大，中脊发达，长凸字形。阳茎前腔、背腔大小相似，干较直，末端有成对突起，阳茎口在干末端。

　　分布：古北区、东洋区。世界已知 10 种，中国记录 10 种，浙江分布 1 种。

（224）本州沃小叶蝉 *Warodia hoso* (Matsumura, 1931)（图 1-224）

Typhlocyba hoso Matsumura, 1931b: 64.

Warodia hoso: Dworakowska, 1982a: 119.

　　主要特征：体长：♂ 2.8 mm，♀ 3.4 mm。冠缝达头冠顶端。前翅革区有 1 条纵纹。腹内突达第 4 腹节末端。尾节侧瓣后缘近腹缘有延长，亚后缘具成片小刚毛，基腹缘具成列小刚毛。阳基侧突末端稍钝，刚毛延伸至近端 2/3 处。阳茎干端部具 2 对附突，背附突较短，弧形弯曲，末端相对，腹附突长，超过干长，两突起在近基部处汇合，然后分别弯向两侧，干顶端还有单个短小突起。

　　分布：浙江（西湖）、陕西、新疆、江苏、湖北、湖南、广西；日本。

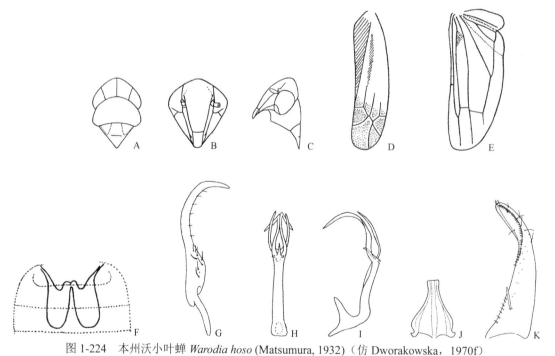

图 1-224　本州沃小叶蝉 *Warodia hoso* (Matsumura, 1932)（仿 Dworakowska，1970f）

A. 头胸背面观；B. 颜面；C. 头胸侧面观；D. 前翅；E. 后翅；F. 腹内突；G. 阳基侧突；H. 阳茎后面观；I. 连索；J. 阳茎侧面观；K. 下生殖板

112. 点小叶蝉属 *Zorka* Dworakowska, 1970

Zorka Dworakowska, 1970f: 216. Type species: *Zorka ariadnae* Dworakowska, 1970.

主要特征：体灰黄色，头、胸及前翅有交杂的白色及黑褐色斑点组成的图案，头冠锐圆突出，中长大于复眼间距，等于或小于小盾片中长，但总是小于前胸背板中长，头宽小于前胸背板宽；前翅中部稍有加宽，末端渐细、钝圆，RP 与 MP′脉基部共柄，端室占全翅的 1/4–1/3；后翅 2 横脉，末端渐细，钝圆。雄虫有多指形的肛突。尾节侧瓣腹缘被有细刚毛，由腹缘伸出 1 长指形突，后上角有时角状骨化。下生殖板在中部有加宽，然后由外缘向内收狭，基半部外侧纵向排列有数根大刚毛，收狭的端部有 1 列小硬刚毛。阳基侧突直，末端弯曲，有亚端齿，端部外侧缘有 1 列长而软的刚毛。阳茎前后腔皆不发达，由前腔向后伸出成对的附突，干短而后弯，末端有成对小附突，阳茎口在干末端。

分布：古北区、东洋区。世界已知 8 种，中国记录 2 种，浙江分布 1 种。

（225）多斑点小叶蝉 *Zorka multimaculata* (Kuoh *et* Hu, 1992)（图 1-225）

Parafagocyba multimaculata Kuoh *et* Hu, 1992: 323.

Zorka multimaculata: Huang *et* Zhang, 2013: 85.

主要特征：头冠前缘较钝，中长约与复眼间宽等距。体黄色。头及胸上部和前翅为黄褐色，斑点为黑色。腹内突达第 4 腹节末端。尾节侧瓣后缘上角及下角各有 2 指形突起，皆细长，后者长为前者的 2 倍强，2 突起之间的侧缘有 1 列小硬刚毛。下生殖板近基有 1 根大刚毛和 2 根中等长度的刚毛，外缘端半部着生有 1 列小刚毛。阳基侧突亚端部加宽。阳茎干细小，基附突粗大，接近阳茎干的 3 倍长。

分布：浙江（临安）。

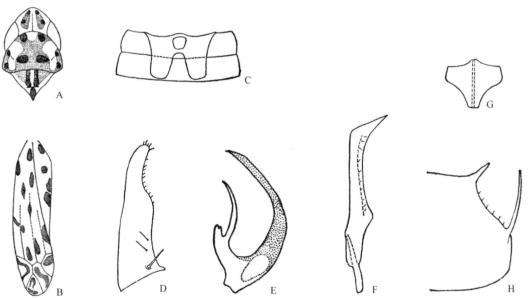

图 1-225　多斑点小叶蝉 *Zorka multimaculata* (Kuoh *et* Hu, 1992)（仿葛钟麟等，1992）
A. 头胸背面观；B. 前翅；C. 腹内突；D. 下生殖板；E. 阳茎侧面观；F. 阳基侧突；G. 连索；H. 雄虫尾节侧瓣后缘

塔小叶蝉族 Zyginellini Dworakowska, 1977

主要特征：塔小叶蝉体小而纤细，但部分种类略粗壮或宽扁。体色大多鲜艳明亮，头冠、前胸背板和前翅常具有褐、黑、橙、黄、红色等的小斑点、大斑或条带，形成图案；多数种类无单眼；前翅第 1 端脉指向后缘，后翅第 1、2 臀脉基部愈合，端部分离，R、M 脉端部愈合，周缘脉直接连于 CuA 脉，后翅仅有 1 个开放的端室，只有 1 条横脉；腹内突较发达；尾节侧瓣有些具附突。

分布：世界广布。世界已知 31 属 160 余种，中国记录约 12 属 60 余种，浙江分布 2 属 4 种。

113. 零叶蝉属 *Limassolla* Dlabola, 1965

Limassolla Dlabola, 1965: 665. Type species: *Zyginella pistaciae* Linnavuori, 1962.
Pruthius Mahmood, 1967: 33. Type species: *Pruthius aureata* Mahmood, 1967.

主要特征：颜色鲜艳，颜面凸起，冠缝明显，多数种类在前胸背板前部有 5 个相间排列的大型白色或淡黄白色斑纹，前翅散生有许多黑点或橘红色小斑点，在不同种类，甚至同种不同个体间斑点的多少和排列有变化，第 3 端室内有 1 明显的圆斑，后翅周缘脉在近 MP″脉处连于 CuA 脉。腹内突发达。雄性外生殖器：尾节侧瓣无大刚毛，其腹缘内面有 1 发达的伸向背后方的尾节突。下生殖板近端部处急剧变狭，腹面有 1 斜列大刚毛或仅在近基部有 1–2 根大刚毛，有些种类在下生殖板腹面被有鳞片状构造。阳基侧突基部阔，端部呈足状。连索凸字形。阳茎形状变化较大，多数种类阳茎有突起，突起的着生部位和形状有很大变化。零叶蝉属种类雄性外生殖器特征变化较大，尤以阳茎最为显著。

分布：世界广布。世界已知 42 种，中国记录 31 种，浙江分布 3 种。

分种检索表

1. 中胸小盾片黑色，相邻区域浅黄色，中胸盾片除三角斑区外布有黑褐色斑纹，三角斑浅黄色至灰色 ……………………………………………………………………………………………………… 比氏零叶蝉 *L. (L.) bielawskii*
- 中胸背板与小盾片不似上述 ……………………………………………………………………………… 2
2. 体背中线具 1 明显橙黄色纵带，雄虫阳茎附突自阳茎基部生出 ……………………… 带零叶蝉 *L. (L.) fasciata*
- 体背散生橘红斑纹，雄虫阳茎附突自阳茎端部生出 ……………………………… 河北零叶蝉 *L. (L.) hebeiensis*

（226）比氏零叶蝉 *Limassolla* (*Limassolla*) *bielawskii* Dworakowska, 1969（图 1-226）

Limassolla bielawskii Dworakowska, 1969a: 437.

主要特征：体长：♀ 2.8–3.0 mm。雌虫体浅乳黄色，头冠中域及前胸背板中部有浅灰色斑纹，前胸背板上偶有褐色斑块；中胸盾片除三角斑区外布有黑褐色斑纹，三角斑浅黄色至灰色，小盾片黑色；前翅零落分布黑褐色斑点，颜面、足及腹部浅黄色。雌虫第 7 腹板中部突出。

分布：浙江（西湖）。

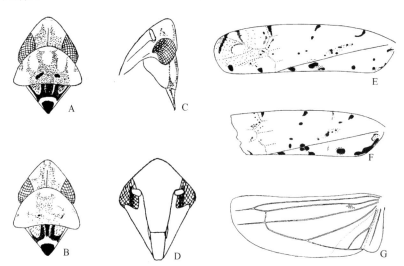

图 1-226 比氏零叶蝉 *Limassolla* (*Limassolla*) *bielawskii* Dworakowska, 1969（仿 Dworakowska，1969a）
A、B. 头胸背面观；C. 头胸侧面观；D. 颜面；E、F. 前翅；G. 后翅

（227）带零叶蝉 *Limassolla (Limassolla) fasciata* Zhang *et* Chou, 1988（图 1-227）

Limassolla fasciata Zhang *et* Chou, 1988: 248.

　　主要特征： 体长：♂ 3.0–3.2 mm。体背面自头冠端部至前翅末端沿中线有 1 条橙黄色纵带，但有些个体在前翅间断。复眼暗褐色。头冠中长约等于复眼间宽。头部橙色成分较浅，向顶端呈"凸"字形，端部两侧浅黄色。颜面浅黄色。前胸背板宽大于头宽，长略大于头长，中域橙黄色，两侧浅黄色。盾片中域及侧缘橙黄色，中央纵线及两侧浅黄色；小盾片 2 基角橙黄色，顶角橘红色，其余部分浅黄色。前翅白色，沿翅后缘呈橙黄色。爪区常有 1–2 处间断，发生于爪片近中部和近端部，爪片末端橙红色，革区沿翅后缘橙黄色，沿翅前缘中部有 1 浅黄色狭长纵带，其两端各有几个褐色小斑，第 3 端脉末端有褐色小斑。腹内突发达，近伸达第 5 腹节中部。雄性外生殖器：尾节侧瓣后缘密布小刻点，尾节附突基部上方和尾节腹缘有几根小刚毛，尾节附突细长，末端略膨大。下生殖板外缘近基部凹陷处有 2 根大刚毛，外缘基部和端部有几根小刚毛。阳茎基半部腔复体发达，腔口很大；阳茎干细长管状，其基部两侧有 1 对突起，弯曲，较长但不超过阳茎干。

　　分布： 浙江（开化、庆元）、湖南。

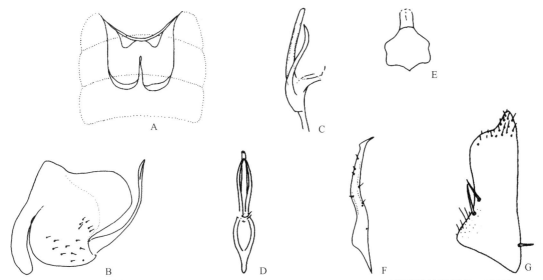

　　图 1-227　带零叶蝉 *Limassolla (Limassolla) fasciata* Zhang *et* Chou, 1988（仿张雅林和周尧，1988）
A. 腹内突；B. 雄虫尾节侧面观；C. 阳茎侧面观；D. 阳茎后面观；E. 连索；F. 阳基侧突；G. 下生殖板

（228）河北零叶蝉 *Limassolla (Limassolla) hebeiensis* Cai, Liang *et* Wang, 1992（图 1-228）

Limassolla hebeiensis Cai, Liang *et* Wang, 1992: 324.

　　主要特征： 体连翅长：♂ 3.5 mm，♀ 3.6 mm。体浅黄白色，散生橘红色斑纹，复眼黑褐色，后翅无色透明。头冠向前锥形尖出，后缘凹弧，中长显大于复眼间距，冠缝明显。雄虫腹突发达，伸达第 5 腹节中部。尾节向端收狭，近端部缢缩而向背突出，尾节突发达，沿后缘伸向背侧，但不超过尾节。下生殖板狭长，内弧曲而外中突，末端尖出，内外缘突出处生有小刚毛。连索近凸状，边缘骨化成脊。阳基侧突狭长略 S 弯，近端部有 1 齿使末端呈足状，外缘分布若干小刚毛。阳茎细长管状，弯向背侧，背腔突叉状，端附突为 2 对叉状附突，分别指向背腹两侧。雌虫第 7 腹板中长为其前节 2 倍余，后缘呈凸字形突出。尾节腹缘端半部生有 5–6 根小刚毛。

　　分布： 浙江、河北、河南、安徽。

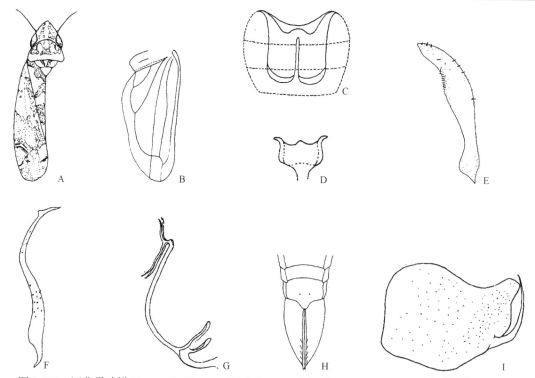

图 1-228　河北零叶蝉 Limassolla (Limassolla) hebeiensis Cai, Liang et Wang, 1992（仿蔡平等，1992）
A. 整体背面观；B. 后翅；C. 腹内突；D. 连索；E. 下生殖板；F. 阳基侧突；G. 阳茎侧面观；H. 雌虫腹部末端；I. 雄虫尾节侧面观

114. 杨小叶蝉属 *Yangisunda* Zhang, 1990

Yangisunda Zhang, 1990: 182. Type species: *Yangisunda ramosa* Zhang, 1990.

　　主要特征：头冠长、宽分别略大于前胸背板长、宽，中长略大于复眼间宽，冠缝短。前翅翅面常有几个固定的褐色斑块及斑纹，网粒体区后缘的斜纹或斑块黑褐色或褐色，端横脉及端纵脉为褐色短纹所覆，第 2、3 端脉基部不共柄，第 3 端室狭长，内有 1 纵向的长圆斑。腹内突很发达。雄性外生殖器：尾节分瓣，后缘弧形，有小刚毛，背瓣有指状突出，腹瓣生有许多刚毛。下生殖板略向背面弯曲，基部有 1 大刚毛，端部分瓣。阳基侧突末端把手状。连索发达。阳茎端部有发达的枝状突起。本属雄外生殖器相似于 *Ahimia* 和 *Sundara*，尾节侧瓣后缘背方有 1 指形短突，但其尾节腹侧面具 1 褶状构造，被有许多刚毛，下生殖板及阳基侧突等均有明显区别。连索相似于 *Borulla* 和 *Lowata*，但其他构造显然不同。

　　分布：东洋区。世界已知 7 种，中国记录 7 种，浙江分布 1 种。

（229）双枝杨小叶蝉 *Yangisunda bisbifudusa* Zhang, Gao *et* Huang, 2011（图 1-229）

Yangisunda bisbifudusa Zhang, Gao *et* Huang, 2011: 49.

　　主要特征：体长：♂ 2.6–2.7 mm。复眼黑色，头冠、前胸背板、小盾片亮黄褐色，颜面前缘有白斑，其余部分淡黄色。前翅淡黄褐色，第 3 端室内圆斑长椭圆形。腹内突两侧平行，略超过第 5 腹节末端。雄性外生殖器：尾节背瓣指形突起斜向上伸，腹瓣侧缘着生有许多细小刚毛，无大刚毛。阳茎端突在近基部分 2 支，外分支长，内分支又分成 2 支，一长一短，阳茎干端部有膜质包囊，阳茎开口于端部。

　　分布：浙江（遂昌）、福建。

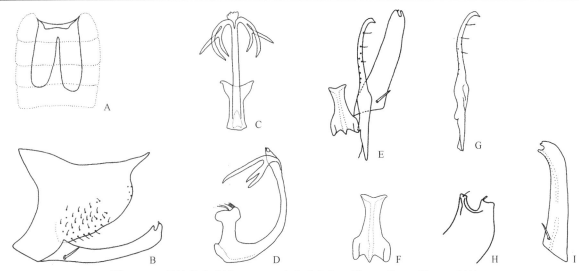

图 1-229　双枝杨小叶蝉 *Yangisunda bisbifudusa* Zhang, Gao *et* Huang, 2011

A. 腹内突；B. 雄虫尾节侧面观；C. 阳茎后面观；D. 阳茎侧面观；E. 阳基侧突、连索、下生殖板背面观；F. 连索；G. 阳基侧突；H. 下生殖板末端背面观；I. 下生殖板

（十五）叶蝉亚科 Iassinae

主要特征： 体连翅长：4.0–15.0 mm。体黄色、黄绿色、黄褐色、褐色等；复眼褐色或红褐色；小盾片黄绿色或黄色；有些种类爪片基部有 1 个褐色斑点。头冠宽短，中央长度一般不超过两复眼间宽的 1/2，头冠及前胸背板着生横皱纹；前胸背板宽于头部，以中后部最宽，前、后缘接近平行；单眼位于头冠前缘或与颜面基缘相交处；触角脊明显，触角中等或很长，横置或斜向延伸至额唇基上；前翅翅脉完整或端部具有少量短横脉，呈网状脉（如网脉叶蝉属），端片较宽。雄虫尾节较发达，尾节侧瓣常较宽大，一般着生许多大刚毛；连索常呈"Y"形、高脚杯形或近"山"字形；阳茎侧面观大多近"U"形或马刀形，腹面观常细长，阳茎开口常位于端部或亚端部。雌虫体较雄虫稍大，第 7 腹板通常为第 6 腹板的 1–5 倍，尾节侧瓣端部着生刚毛。

分布： 世界广布。世界已知 6 族 51 属 702 种，中国记录 3 族 6 属 83 种，浙江分布 5 属 11 种。

分属检索表

1. 头冠颜面界限明显，前翅 R 与 M 脉在端部分开 ⋯⋯⋯⋯⋯⋯⋯⋯⋯⋯⋯⋯⋯⋯⋯⋯⋯⋯⋯⋯⋯⋯⋯⋯⋯⋯⋯⋯ 2
- 头冠颜面界限不明显，前翅 R+M 脉在端部合脉 ⋯⋯⋯⋯⋯⋯⋯⋯⋯⋯⋯⋯⋯⋯⋯⋯⋯⋯⋯⋯⋯⋯⋯⋯⋯⋯⋯ 3

2. 前翅端室区有短横脉；头冠前缘侧面观脊状或角状隆起，单眼紧靠复眼或到复眼的距离等于单眼直径；雄虫腹部第 8 腹板多刚毛，下生殖板内缘无大刚毛 ⋯⋯⋯⋯⋯⋯⋯⋯⋯⋯⋯⋯⋯⋯⋯⋯⋯⋯⋯ **网脉叶蝉属 *Krisna***
- 前翅端室区无短横脉；头冠前缘弧圆，单眼到复眼的距离是单眼直径的 2 倍；雄虫腹部第 8 腹板无刚毛，下生殖板内缘具有大刚毛 ⋯⋯⋯⋯⋯⋯⋯⋯⋯⋯⋯⋯⋯⋯⋯⋯⋯⋯⋯⋯⋯⋯⋯⋯⋯ **翅点叶蝉属 *Gessius***

3. 雄性生殖器下生殖板长度短于尾节一半，生殖前节全部隐藏于下生殖板，连索和阳茎愈合，阳基侧突一般着生齿突，较弯曲 ⋯⋯⋯⋯⋯⋯⋯⋯⋯⋯⋯⋯⋯⋯⋯⋯⋯⋯⋯⋯⋯⋯⋯⋯ **曲突叶蝉属 *Trocnadella***
- 雄性生殖器下生殖板长度长于尾节一半，生殖前节部分隐藏于下生殖板 ⋯⋯⋯⋯⋯⋯⋯⋯⋯⋯⋯⋯ 4

4. 连索缺失，尾节侧瓣长明显大于宽，近长方形，刚毛分布在端部腹侧边缘；阳基侧突基部弯曲成钝角或直角 ⋯⋯⋯⋯⋯⋯⋯⋯⋯⋯⋯⋯⋯⋯⋯⋯⋯⋯⋯⋯⋯⋯⋯⋯⋯⋯⋯⋯⋯⋯⋯⋯⋯⋯⋯⋯⋯ **华曲突叶蝉属 *Siniassus***
- 具连索，尾节侧瓣长略大于宽，圆弧形，刚毛分布在近端部区域；阳基侧突狭长，肛节无肛突 ⋯⋯⋯⋯⋯⋯⋯⋯⋯⋯⋯⋯⋯⋯⋯⋯⋯⋯⋯⋯⋯⋯⋯⋯⋯⋯⋯⋯⋯⋯⋯⋯⋯⋯⋯ **长突叶蝉属 *Batracomorphus***

115. 长突叶蝉属 *Batracomorphus* Lewis, 1834

Batracomorphus Lewis, 1834: 51. Type species: *Batracomorphus irroratus* Lewis, 1834.

主要特征：体黄绿色、褐色或锈色。体形较粗壮，头冠宽短，中长为复眼间宽的 1/6–1/4，前缘宽圆突出，与颜面弧圆相交，无明显分界线；前胸背板前狭后宽，密布横皱，其宽度微大于长，中长为头冠中长的 4–6 倍，侧缘长且具有缘脊；颜面宽短，前唇基圆柱形，额唇基宽大，显著高于颊区；单眼位于颜面基缘，单眼间距离为到复眼距离的 2–4 倍；前翅具刻点，端片宽大，3 个端前室，5 个端室。雄虫尾节侧瓣宽大，长略大于宽，圆弧形，端半部通常有粗长刚毛，腹缘具有突起，不同个体间腹缘突起端部变化较大；下生殖板宽扁或细长，有些种类甚至伸出尾节端缘，侧缘有细长毛；连索一般"Y"形或高脚杯形；阳基侧突狭长，端部形状变化较大；阳茎长管状，侧面观近"U"形或"Y"形，阳茎开口通常位于顶端或亚顶端。雌虫第 7 腹板后缘形状变化较大，通常平直、"V"形或半圆形凹入等。

分布：世界广布。世界已知 360 种，中国记录 37 种，浙江分布 5 种。

分种检索表

1. 阳基侧突端部二分叉，腹缘内突端部二分叉，阳茎端部向两侧呈弧圆形扩延 ························· 月钩长突叶蝉 *B. lunatus*
- 阳基侧突端部呈钩状 ·· 2
2. 阳基侧突端部为钩状，且近端部外缘为锯齿状，内突端部轻微二分叉，阳茎端部有半圆形片状扩延 ·························
  ··· 端叉长突叶蝉 *B. allionii*
- 阳基侧突端部为钩状，近端部外缘不为齿状 ··· 3
3. 腹缘内突端部外缘为齿状，几乎与尾节等长，阳基侧突前端较细较直，后部弯曲端部钩状，阳茎端部腹面有一椭圆形凹陷，内侧轻微突起 ·· 黑缘长突叶蝉 *B. nigromarginattus*
- 不如上述 ·· 4
4. 阳基侧突端部钩状，腹缘内突端部为三叉状，阳茎端部外侧有 1 对三角形突起 ············· 三叉长突叶蝉 *B. trifurcatus*
- 阳基侧突较直较壮，端部钩状，腹缘内突端部狭片状，阳茎较壮，端部内侧有三角形片状扩延 ·······················
  ··· 弯片长突叶蝉 *B. laminocus*

（230）端叉长突叶蝉 *Batracomorphus allionii* (Turton, 1802)（图 1-230）

Cicada allionii Turton, 1802: 594.
Batracomorphus allionii: Metcalf, 1966: 121.

主要特征：体连翅长：♂ 5.2–5.8 mm，♀ 5.8–7.2 mm。体淡黄色或黄绿色，足胫节大部分和跗节绿色；前翅半透明，无微毛且具有光泽，端部基部具有不明显的浅色褐斑；复眼栗褐色，单眼无色，围 1 浅褐色圈。体形略粗壮，头冠宽短弧圆突出；前胸背板表面具有略粗横皱纹，长约为头冠长的 5 倍，前缘弧圆，近前缘具 1 条弧凹透明宽带，后缘近平直；颜面额唇缝、侧额缝模糊，额唇基区略微隆起；唇基间缝略弧圆，前唇基近方形，末端平截；单眼位于颜面复眼中央的连线上，相互距离为复眼间距的 3 倍；小盾片三角形，具有弧形凹刻痕，不伸达两侧缘，刻痕后有横皱纹。雄虫尾节侧瓣中后部宽大，端部着生几根粗大刚毛，尾节突起较细，近端部向下弯曲，顶端突然膨大，末端近平截仅在中部微凹；下生殖板较窄，中部最窄，表面着生头发状长毛；连索"Y"形；阳基侧突狭长，端半部外缘锯齿状，顶端尖钩状；阳茎侧面观近"U"形，腹面观端部 1/3 处开始分叉，在两瓣的顶端分别向两侧扩延成三角形；阳茎口位于分叉的基部。雌虫第 7 腹板中长约为第 6 腹板的 2 倍，尾节侧瓣疏生短刚毛，后缘近平直，产卵瓣与尾节等长。

分布：浙江（临安）、黑龙江、吉林、辽宁、内蒙古、山东、河南、陕西、安徽、湖北、四川、贵州、云南；欧洲。

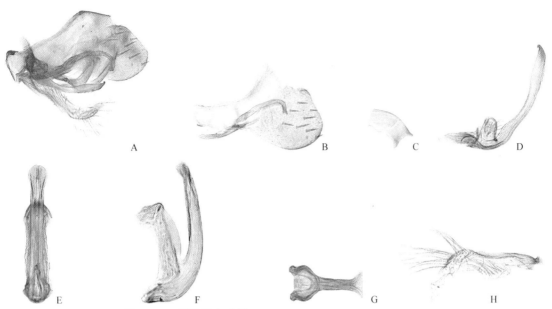

图 1-230　端叉长突叶蝉 *Batracomorphus allionii* (Turton, 1802)

A. 尾节整体图；B. 尾节侧面观；C. 腹缘内突端部；D. 阳基侧突；E. 阳茎腹面观；F. 阳茎侧面观；G. 连索；H. 下生殖板

（231）月钩长突叶蝉 *Batracomorphus lunatus* Cai *et* He, 2001（图 1-231）

Batracomorphus lunatus Cai *et* He *in* Cai, He & Gu, 2001: 191.

Batracomorphus furcatus Li *et* Wang, 2003: 133.

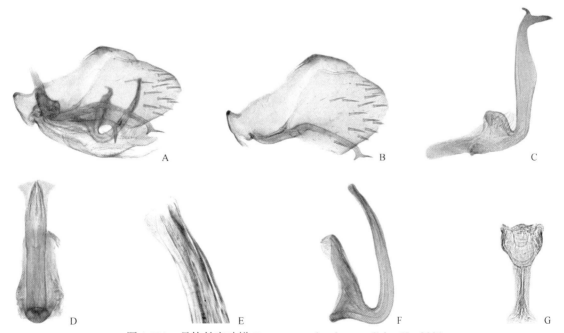

图 1-231　月钩长突叶蝉 *Batracomorphus lunatus* Cai *et* He, 2001

A. 尾节整体图；B. 尾节侧面观；C. 阳基侧突；D. 阳茎腹面观；E. 阳茎端部；F. 阳茎侧面观；G. 连索

主要特征： 全体浅黄绿色，足的跗节及部分个体前胸背板中后域绿色；复眼灰褐色至红褐色，单眼无色透明围 1 红色圈；前翅端片基部具褐斑；腹部背面黄褐色至橙红色。头冠宽短，弧圆突出，中长与复眼处冠长相等；单眼位于颜面基缘域，与复眼的距离为自身直径的 2.5 倍；前胸背板中长约为头冠的 4.5 倍，近为自身宽度的 1/2，后缘微凹，表面具有细密横皱纹；小盾片长度略小于前胸背板，横刻痕弧圆不伸达两侧缘；前翅翅面密生小褐点。雄虫第 8 腹板中长为其前一节的 1.5 倍，后缘钝锥圆突出；尾节侧瓣自中部端向渐次收窄，末端圆起，疏生少量短刚毛；尾节突起末端弯曲并扩延成月牙形；下生殖板内缘着生细长毛；连索近"Y"形，阳基侧突末端外向弯曲成小钩状，并相对着生 1 个指状突；阳茎腔复体短，阳茎干管状背向弯曲，端部 2/5 裂为两片，末端背面向两侧角状扩延，阳茎口位于腹面末端，长度约为阳茎干的 2/3。雌虫第 7 腹板中长为第 6 腹板的 1.5 倍，后缘微凹，产卵瓣长度超过尾节。

分布：浙江（临安）、陕西、湖南、贵州。

（232）黑缘长突叶蝉 *Batracomorphus nigromarginattus* Cai *et* Shen, 1999（图 1-232）

Batracomorphus nigromarginattus Cai *et* Shen, 1999b: 37.

主要特征：体连翅长：♂ 6.8–7.0 mm，♀ 7.0–7.5 mm。全体浅黄绿色，有时头冠、小盾片的大部分淡黄色，前胸背板中后部、尾节和足的跗节绿色；前翅近透明，端片基部和外缘黑褐色。头冠前端弧圆突出，中长与复眼处冠长相等，单眼位于颜面基缘，距离复眼近为自身直径的 3 倍，唇基间缝拱形，前唇基长方形；前胸背板中长为头冠的 4 倍强，近为自身宽度的 1/2，前缘弧圆突出，后缘微凹入，表面具有细密的横皱纹；小盾片约与前胸背板等长，横刻痕拱曲不伸达侧缘；前翅长为宽的 3 倍，端片包围第 1 端室，表面密生刻点。雄虫腹部腹面疏生细小微毛，第 8 腹板中长约为第 7 腹板的 1.5 倍，后缘钝圆锥形突出，尾节侧瓣端大半部近足形，尾节突发达，但不伸过尾节，近末端稍扩延而后渐次收窄尖出，其下缘具有细齿列；下生殖板狭长，于基部 3/5 处卷合，末端尖出，近中部外缘和端前部表面密生长毛；连索浅酒杯形，主干长为臂部的 1.5 倍；阳基侧突亚端部向外丘状扩延，而后狭细弯向外侧方，末端钩状向背侧前方弯曲；阳茎侧面观近"U"形，阳茎干端部稍膨大，顶端斜截，腹面观端部分叉，阳茎口位于腹面端部，长度近为阳茎的 1/3 弱。雌虫第 7 腹板中长约为第 6 腹板的 1.5 倍，后缘角状凹入，但两侧微波曲；尾节侧瓣疏生短刚毛，产卵瓣短于尾节。

分布：浙江（临安）、河南、陕西、安徽、云南。

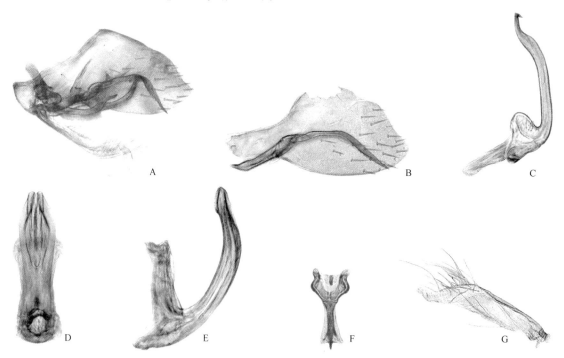

图 1-232　黑缘长突叶蝉 *Batracomorphus nigromarginattus* Cai *et* Shen, 1999

A. 尾节整体图；B. 尾节侧面观；C. 阳基侧突；D. 阳茎腹面观；E. 阳茎侧面观；F. 连索；G. 下生殖板

（233）弯片长突叶蝉 *Batracomorphus laminocus* Cai *et* He, 2001 （图 1-233）

Batracomorphus laminocus Cai *et* He in Cai, He & Gu, 2001: 189.

主要特征：体连翅长：♂ 4.8–5.0 mm，♀ 5.7 mm。全体淡黄绿色，有的个体前胸背板中后域、前翅前缘、足的胫节末端和跗节青色，日久黄色加深，绿色减退；复眼灰褐至红褐色，单眼无色透明围以红色圈；前翅爪片末端前方有 1 褐点，端片褐色。腹部背面浅橙黄至锈红色。头冠前端弧圆突出，中长与复眼处冠长相等，单眼位于颜面基缘域，与复眼距离近为自身直径的 2 倍强。前胸背板中长为头冠长的 5 倍，近为自身宽度的 1/2，后缘微弧凹，表面具细密横皱纹。小盾片长度微小于前胸背板，横刻痕弧圆不达及侧缘。前翅长为宽的 3 倍，第 3 端室基横脉低于第 4 端室基横脉，翅面密生刻点，刻点上具褐色微毛。雌虫第 7 腹板中长长于其前一节，后缘浅弧凹；产卵瓣与尾节等长。雄虫第 8 腹板中长为其前一节的 2 倍，后缘锥圆突出。基瓣与尾节侧瓣基腹缘愈合。尾节侧瓣略长，后缘凸圆，后半域疏生短刚毛约 8 根；尾节突端半狭片状，末端向内斜向背方弯曲。下生殖板质地柔薄且透明，内缘亚端部和外缘端大部着生细长毛。连索呈高脚酒杯形，主干较粗。阳基侧突端部渐次收窄，外向弯曲。阳茎腔复体短，阳茎干管状端向渐次收窄，端部裂为两片，背缘略向两侧翼状扩展；阳茎口位于末端后腹面，长度约为阳茎干长的 1/3；阳茎背腔发达，长达阳茎亚端部。

分布：浙江（临安）。

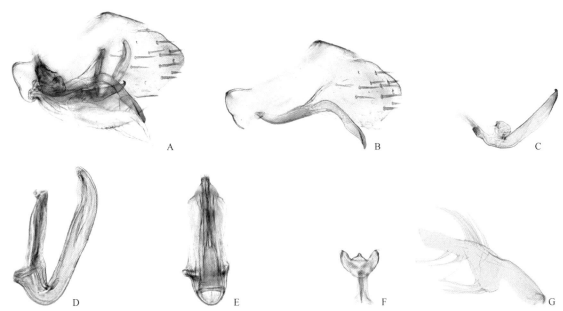

图 1-233 弯片长突叶蝉 *Batracomorphus laminocu*s Cai *et* He, 2001
A. 尾节整体图；B. 尾节侧面观；C. 阳基侧突；D. 阳茎侧面观；E. 阳茎腹面观；F. 连索；G. 下生殖板

（234）三叉长突叶蝉 *Batracomorphus trifurcatus* Li *et* Li, 2011 （图 1-234）

Batracomorphus trifurcatus Li *et* Li, 2011: 286.

主要特征：体连翅长：♂ 4.4–4.5 mm，♀ 4.5–4.6 mm。头冠淡黄白色，复眼褐色，单眼黄白色，颜面黄白色，无斑纹。前胸背板前缘淡黄白色，中后部淡黄微带绿色光泽；前翅淡黄白色，翅脉淡黄绿色，爪片末端有褐色斑，胸部腹板和胸足淡黄白色。腹部背面淡黄微带绿色光泽，腹面黄白色，无斑纹。雄虫尾节侧瓣宽大，端半部近长方形，端区有粗长刚毛，腹缘内突末端三叉状；下生殖板骨化程度低，近乎膜质，中部膨大，基部内缘和端部外缘均着生细长刚毛；阳茎腔复体细小，阳茎干腹面观粗宽，端腹缘从中部向两侧卷折成小旗状齿突，侧面观端部背缘具强烈细齿，性孔裂缝状，背腔宽扁；连索"Y"形；阳基侧突较长，亚端部膨大，端部骤然变细。

　　分布：浙江（临安）、陕西、湖南、贵州。

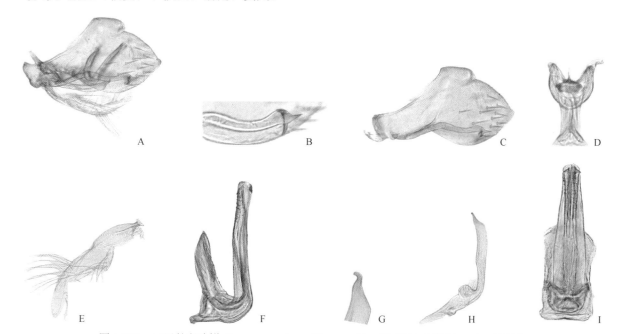

图 1-234　三叉长突叶蝉 *Batracomorphus trifurcatus* Li *et* Li, 2011（仿 Li et al., 2011）
A. 尾节整体图；B. 腹缘内突端部；C. 尾节侧面观；D. 连索；E. 下生殖板；F. 阳茎侧面观；G. 阳基侧突端部；H. 阳基侧突；I. 阳茎腹面观

116. 华曲突叶蝉属 *Siniassus* Dai, Dietrich *et* Zhang, 2015

Sinojassus Dai, Zhang, Zhang *et* Dietrich, 2010: 16. Type species: *Sinojassus spinada* Dai, Zhang *et* Zhang, 2010.

Siniassus Dai, Dietrich *et* Zhang, 2015: 33. Type species: *Sinojassus loberus* Dai, Zhang *et* Zhang, 2010.

　　主要特征：体淡褐色且带有褐色刻点。体较粗壮，头冠宽短，窄于前胸背板，头冠中长约等于复眼间距离的 1/2，具有横皱纹，从前胸背板的后缘到触角窝形成 1 个连续的倾斜。颜面宽大于长，具有横皱纹，单眼位于头冠前缘，单眼到复眼的距离约等于头冠中长。触角窝明显，前唇基向顶端渐窄。颊的外缘向内凹入到复眼下面。前胸背板具有横皱纹，前缘弧形，后缘微凹，侧缘脊状，前胸背板稍隆起，前半部向下倾斜，前胸背板前缘和后缘宽的比例为 0.78–0.86。小盾片三角形，中长等于前胸背板中长，中后部具有弧圆刻痕。前翅具有 5 个端前室，3 个亚前缘室，端片较宽；后翅有 4 个封闭的端室。前足股节和胫节较发达，具有很多的刚毛；后足胫节刺毛列：R_1 21、R_2 11、R_3 14。雄虫尾节侧瓣较短，长明显大于宽，侧面观尾节侧瓣后缘向内卷曲，后缘后半部有或没有微刚毛，腹缘没有突起；下生殖板近似三角形，相对于尾节侧瓣较短，侧面观在端部背向弯曲，在腹缘内侧的端部具有短的小刚毛；连索缺失；阳基侧突狭长，基部 1/3 处臂状弯曲成直角或钝角，在基部有少量短刚毛；阳茎悬浮在尾节侧瓣的腔体中，由许多膜状物质连接，阳茎形状较简单，没有突起，阳茎口位于顶端或亚顶端。雌虫的第 7 腹板为第 6 腹板的 2 倍，后缘凹入；产卵器不超过尾节侧瓣，产卵瓣狭长，弓形弯曲；第 1 产卵瓣末端 3/5 处背面着生鳞片状刻纹，无齿状突；第 2 产卵瓣的背缘具有少量的齿状突。

　　分布：东洋区。世界已知 4 种，仅在中国记录，浙江分布 1 种。

（235）穗突华曲突叶蝉 *Siniassus loberus* (Dai, Zhang *et* Zhang, 2010)（图 1-235）

Sinojassus loberus Dai, Zhang *et* Zhang, 2010: 18.

Siniassus loberus: Dai, Dietrich & Zhang, 2015: 34.

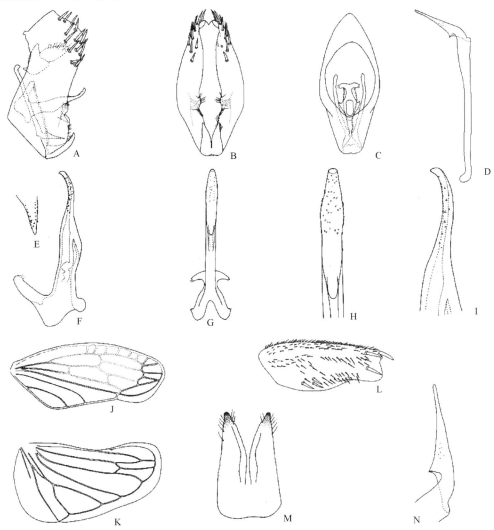

图 1-235 穗突华曲突叶蝉 *Siniassus loberus* (Dai, Zhang *et* Zhang, 2010)

A–C. 雄虫尾节侧面观、腹面观和背面观；D. 阳基侧突；E. 雄虫尾节腹缘刺突；F. 阳茎侧面观；G. 阳茎腹面观；H. 阳茎腹面观端部放大；I. 阳茎侧面观端部放大；J. 前翅；K. 后翅；L. 前足股节；M. 下生殖板腹面观；N. 阳基侧突端部放大侧面观

主要特征：体连翅长：♂ 4.8–5.7 mm，前胸背板前缘宽 1.8–2.0 mm，后缘宽 2.3–2.5 mm；♀ 5.9–6.0 mm，前胸背板前缘宽 2.0 mm，后缘宽 2.5 mm。体较粗壮；头冠宽短，窄于前胸背板，头冠中长约等于复眼间距离的 1/2，具有横皱纹，从前胸背板后缘到触角窝形成 1 个连续的倾斜；颜面宽大于长，具有横皱纹；单眼位于头冠前缘，单眼到复眼的距离约等于头冠中长；触角窝明显，前唇基向顶端渐窄；颊的外缘向内凹入到复眼下面；前胸背板具有横皱纹，前缘弧形，后缘微凹，侧缘脊状；前胸背板稍隆起，前半部向下倾斜，前胸背板前缘和后缘宽的比例为 0.78–0.86。小盾片三角形，中长等于前胸背板的中长，中后部具有弧圆形刻痕；前翅具有 5 个端前室和 3 个亚前缘室，端片较宽，后翅有 4 个封闭的端室；前足股节和胫节较发达，具有很多刚毛，后足胫节刺毛列：R_1 21、R_2 11、R_3 14。雄虫尾节侧瓣腹缘域内侧具有穗状刺内突；下生殖板短小，端部呈三角形，在近端部侧缘有少量头发状的细毛和小刚毛；阳基侧突狭长，基部 1/3 处臂状弯曲成直角或钝角，在基部有少量短刚毛，端部弯曲；阳茎侧面观基部到中部较宽，随后锥状变细到端部，在背面端部有许多小齿状突起；阳茎口位于腹面近端部。

分布：浙江（临安）。

117. 网脉叶蝉属 *Krisna* Kirkaldy, 1900

Krisna Kirkaldy, 1900a: 243. Type species: *Sive strigicollis* Spinola, 1852.

主要特征：体大多绿色、黄绿色、黄色、褐色或深褐色；头冠前缘红色、褐色、黑色或有 2 个小黑点；少数种类足的胫节和跗节绿色或红色；复眼褐色或红色，单眼红色、砖红色或无色；前翅黄色、黄绿色或褐色，爪片发达，基部或有 1 个褐色或黑色斑点。头冠中长等于或略长于复眼处长，前缘向上翘起，冠面微凹，冠缝明显；单眼位于头冠边缘，紧靠复眼或到复眼的距离等于单眼直径；颜面平坦，前唇基端向加宽；前胸背板前狭后宽，具有横皱纹，前缘弧圆，后缘微凹；小盾片三角形，中长等于或大于前胸背板，凹刻痕角状或弧形；前翅端片发达，第 1 端室窄长，具 3 个端前室，前缘近端部具有不规则短横脉，呈网状。雄虫第 8 腹板宽大，多刚毛；尾节侧瓣宽，端半部着生大刚毛，腹缘具有发达的长突起；阳基侧突狭长，端突非常发达，端部背向轻微弯曲；连索 "Y" 形或近山字形；下生殖板内缘无刚毛；阳茎腔发达，背腔欠发达；阳茎干粗壮，背向弯曲；阳茎口通常位于亚端部。

分布：东洋区、旧热带区、新热带区。世界已知 35 种，中国记录 10 种，浙江分布 3 种。

分种检索表

1. 雄虫尾节腹突端半部有小刺突 ·· 红边网脉叶蝉 *K. rufimarginata*
- 雄虫尾节腹突端半部光裸，无小刺突 ··· 2
2. 阳茎干基部侧面观圆弧状，无角状突起；尾节腹缘突起近端部平直 ············· 凹痕网脉叶蝉 *K. concava*
- 阳茎干基部侧面观呈角状突起；尾节腹缘突起近端部波状弯曲 ············· 弓茎网脉叶蝉 *K. viraktamathi*

（236）凹痕网脉叶蝉 *Krisna concava* Li *et* Wang, 1991 （图 1-236）

Krisna concava Li *et* Wang, 1991: 298.

Krisna bimaculata Cai *et* He, 1998: 23.

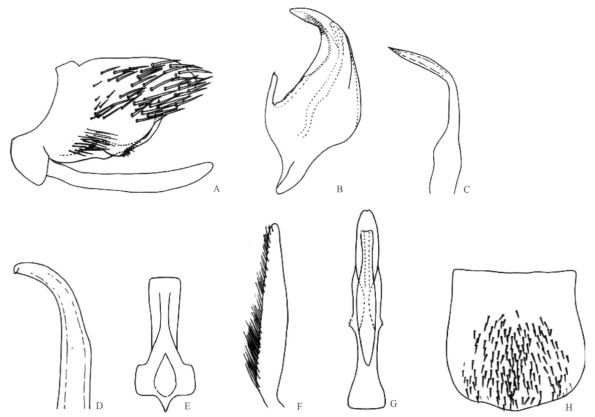

图 1-236　凹痕网脉叶蝉 *Krisna concava* Li *et* Wang, 1991

A. 尾节侧面观；B. 阳茎侧面观；C. 尾节突起；D. 阳基侧突端部侧面观；E. 连索；F. 下生殖板；G. 阳茎腹面观；H. 雄虫第 8 腹板腹面观

主要特征：体连翅长：♂ 12.0–12.5 mm，♀ 14.5–15.0 mm。雄虫体黄褐色，腹部背面浅红褐色，腹面稻黄色；雌虫体色较浅，呈青褐色。头冠中长为二复眼间宽 1/2 弱，冠缝清晰但不伸达端缘；单眼与复眼的间距稍小于单眼直径；前胸背板长为头冠中长的 3 倍强，为自身宽的 1/2 强，前缘弧圆，后缘微凹入，表面横皱纹细弱；雄虫额唇基中域有 1 瘤粒状突起，雌虫则不明显；前唇基基部窄，端部宽，呈梯形；小盾片与前胸背板等长，横刻痕圆弧状，端部具细微横皱纹；前翅端部增加若干短横脉，基半部翅面生有粗刻点，仅爪片末端有 2 小点；复眼栗褐色。雄虫第 8 腹板后缘中央向后稍突出；尾节侧瓣端半部近心形，表面密生大刚毛，腹缘有 1 狭长突起，从中部折曲弯向下方，末端尖出；下生殖板近似马刀状，外缘密生短细刚毛；连索腹面观呈"Y"形；阳基侧突端大半部极细长；阳茎基大半部宽大，端部侧面观渐细，并在后腹面纵向槽状深陷入，阳茎中部背、腹面中央也有槽状浅陷入。

　　分布：浙江（临安）、河南、安徽、湖南、四川、贵州、云南。

（237）红边网脉叶蝉 *Krisna rufimarginata* Cai *et* He, 1998（图 1-237）

Krisna rufimarginata Cai *et* He, 1998: 22.

Krisna burmanica Viraktamath, 2006: 15.

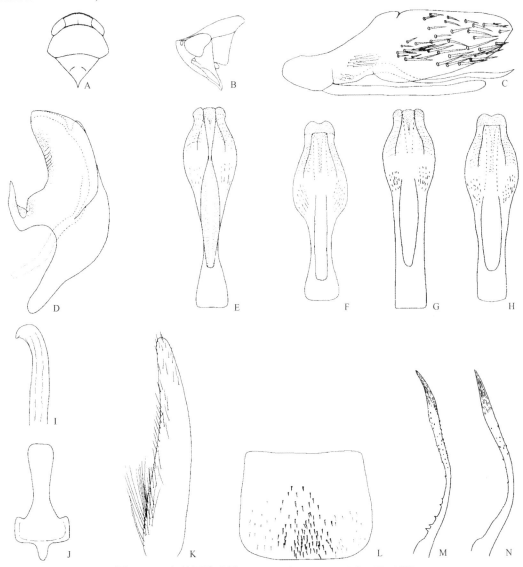

图 1-237　红边网脉叶蝉 *Krisna rufimarginata* Cai *et* He, 1998

A. 头冠和前胸背板背面观；B. 头冠和前胸背板侧面观；C. 尾节侧面观；D. 阳茎侧面观；E-H. 阳茎腹面观；I. 阳基侧突端部侧面观；J. 连索；K. 下生殖板；L. 雄虫第 8 腹板腹面观；M、N. 尾节突起

　　主要特征：体连翅长：♂ 9.0–10.0 mm，♀ 10.0–11.0 mm。体黄色或黄绿色；复眼红褐色，单眼透明；

头冠前缘红色或砖红色；前翅浅黄色，端片基部无褐斑；后翅乳白色。头冠中长为复眼间宽的 1/3 强，冠缝明显；单眼与复眼间的距离为单眼直径的 1.5 倍；额唇基隆起，前唇基自基部向端部渐次变宽成梯形；前胸背板中长为头冠中长的 2.5 倍，为自身宽度的 1/2，前缘弧圆，后缘近微凹，表面具有横皱纹；小盾片三角形，中长稍短于前胸背板，靠近中下部有 1 弧形凹刻痕，伸达两侧缘，无横皱纹；前翅疏生刻点，无微毛，近端部短横脉增多。雄虫第 8 腹板着生刚毛，后缘平直；下生殖板狭长，端部稍向外弯曲，外缘域着生毛发状微毛，无刚毛；尾节侧瓣着生较多的大刚毛，尾节腹突近基部向下弯曲，中部近平直，伸出尾节侧瓣，在端部近 1/2 处着生许多小突起，在近中部有 5–6 个齿状突；阳基侧突细长，稍弯曲；连索近"中"字形；阳茎较粗壮，侧面观端半部稍向上弯曲，背面有皱褶，腹面观狭长，端半部囊状突出向两侧缘膨大，有皱纹；阳茎开口位于亚端部。

分布：浙江（临安）、陕西、甘肃、湖北、江西、湖南、福建、广东、海南、广西、四川、贵州。

（238）弓茎网脉叶蝉 *Krisna viraktamathi* Zhang, Zhang *et* Dai, 2008（图 1-238）

Krisna viraktamathi Zhang, Zhang *et* Dai, 2008: 52.

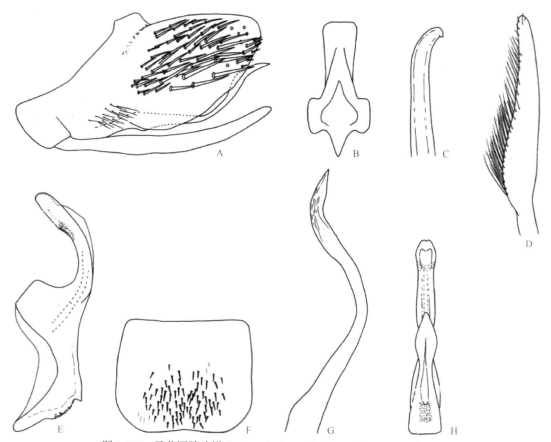

图 1-238　弓茎网脉叶蝉 *Krisna viraktamathi* Zhang, Zhang *et* Dai, 2008

A. 尾节侧面观；B. 连索；C. 阳基侧突端部；D. 下生殖板；E. 阳茎侧面观；F. 雄虫第 8 腹板腹面观；G. 尾节腹缘突起；H. 阳茎腹缘观

主要特征：体连翅长：♂ 10.0–10.5 mm，♀ 11.5–12.0 mm。体黄绿色，前翅端片基部沥青色。头冠弧圆稍前突，在端部边缘脊状翘起，颜面较平坦，上缘具有横皱纹；单眼位于头冠前缘的冠面结合处，单眼到复眼的距离等于单眼的直径长；前胸背板中长为头冠的 3 倍多；小盾片三角形，中长大于前胸背板；雄虫第 8 腹板后缘微凹。尾节侧瓣狭长，端半部具有很多的微毛，腹缘突起较弯曲；阳基侧突较长，但不伸出尾节末端，近端部膨大稍弯曲；阳茎腔较发达，基部有三角形突起，腹缘有很多的齿状突，侧面观，近端部明显弯曲，后缘突起在中部有皱褶；腹面观在中部较宽，向端部渐细；阳茎开口于腹缘顶端。

分布：浙江（临安）、甘肃、湖南、福建、广西、四川。

118. 曲突叶蝉属 *Trocnadella* Pruthi, 1930

Trocnadella Pruthi, 1930: 8. Type species: *Trocnadella shillongensis* Pruthi, 1930.

主要特征：头冠窄于前胸背板，具有横皱纹，颜面较平滑；额唇基向额部强烈倾斜，且具有横皱纹；触角窝较明显；前胸背板明显隆起，具有横皱纹，宽大约是长的2倍，前胸背板和头冠明显向前下方倾斜；前翅具有小刻点和微刚毛；后足股节刺毛列式2：2：1。雄虫第8腹板具有头发状的刚毛，尾节侧瓣具有2–3列刚毛，腹缘没有突起；连索与阳茎愈合；阳基侧突较粗壮，端部向下弯曲，大多呈"S"形；阳茎二瓣状，阳茎口较大。

分布：东洋区。世界已知12种，中国记录9种，浙江分布1种。

（239）褐盾曲突叶蝉 *Trocnadella arisana* (Matsumura, 1912)（图1-239）

Macropsis arisana Matsumura, 1912b: 299.

Trocnadella arisana: Viraktamath, 1979: 105.

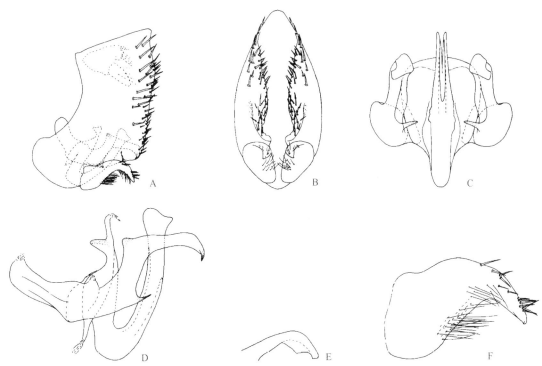

图 1-239　褐盾曲突叶蝉 *Trocnadella arisana* (Matsumura, 1912)
A. 尾节侧面观；B. 尾节腹面观；C. 阳茎、连索和阳基侧突侧后面观；D. 阳茎、连索和阳基侧突侧面观； E. 尾节腹缘突起侧后面观；F. 下生殖板侧面观

主要特征：体连翅长：♂ 7.0–7.5 mm，♀ 7.5–8.0 mm。体淡黄褐色；头部淡黄微带绿色光泽；前胸背板微带绿色光泽，后部淡黄色；小盾片褐色；前翅淡黄褐色。头胸部隆起向前下方倾斜，前胸背板显著宽于头部，尤以中后部最宽，密布横皱纹和刻点；单眼位于颜面基缘，单眼间距离约等于单眼到复眼间距离的4倍；小盾片三角形，锈褐色，密布横皱纹，基缘域有2个凹痕，横刻痕角状弯曲；前翅长度超过腹部末端，密布微毛。雄虫尾节侧瓣宽大，呈舟形，腹缘无突起，着生较多的刚毛，约排成2排；下生殖板大致呈三角形，基部宽大，端部变细扭曲，着生少量的细小刚毛；连索与阳茎愈合；阳基侧突狭长，呈"S"形扭曲，中部内侧具有1个较细长的刺状突起，外侧偏端方有1个较大的三角形齿状突起，端部不分叉；阳茎侧面观管状弯曲，端部稍膨大成铲状平截，腹面观性孔位于端部的1/2处，呈裂缝状。

分布：浙江（临安）、甘肃、湖南、福建、广西、四川；日本。

119. 翅点叶蝉属 *Gessius* Distant, 1908

Gessius Distant, 1908b: 301. Type species: *Gessius verticalis* Distant, 1908.

主要特征：头冠较前胸背板窄，前后缘近平行，与颜面圆弧相交，有横皱纹。复眼大、突出，单眼位于冠面交界处，到复眼距离至少为单眼直径的 2 倍；颜面长而宽，后唇基由后向前逐渐收窄，前唇基端部较基部宽，末端波曲，具有缘脊，且向上反折。前胸背板宽大隆起，中长是头冠中长的 3 倍多，前缘弧形突出，后缘微凹，前侧缘长而斜直；中胸小盾片三角形，端部尖细，前翅翅脉明显，端片发达，具 4 个翅室，3 个端前室，爪片上有粗大刻点，且连接成线状。雄虫第 8 腹板宽大，呈舌状，中长明显长于前一节。雄虫尾节宽，有许多大刚毛，腹缘有 1 发达的突起；下生殖板狭长，外侧缘着生细长刚毛，内缘着生 4–5 根大刚毛；阳基侧突基部弯折较宽，而后收窄细长弯向侧下方；连索近"山"字形；阳茎背腔短、前腔发达，阳茎干粗壮、背向弯曲，阳茎口位于腹面的末端或近末端。雌虫第 7 腹板后缘微凹，产卵瓣伸出尾节侧瓣。

分布：古北区、东洋区。世界已知 14 种，中国记录 6 种，浙江分布 1 种。

（240）直突翅点叶蝉 *Gessius strictus* Wang *et* Li, 1997（图 1-240）

Gessius strictus Wang *et* Li, 1997: 225.

Parakrisna striata Cai *et* He *in* Cai, He & Gu, 2001: 192.

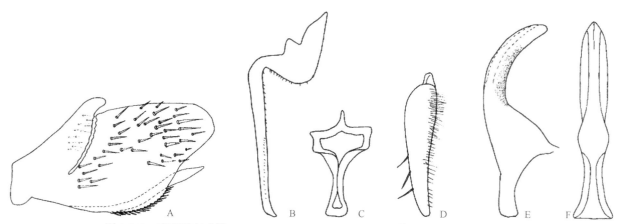

图 1-240　直突翅点叶蝉 *Gessius strictus* Wang *et* Li, 1997（仿 Wang and Li, 1997）
A. 尾节侧面观；B. 阳基侧突；C. 连索；D. 下生殖板；E. 阳茎侧面观；F. 阳茎腹面观

主要特征：体连翅长：♂ 9.0–10.0 mm，♀ 11.0–11.5 mm。体黄褐色，前翅有暗褐或黑色斑纹，前缘域黄褐色，后翅黑褐色；腹部背面红褐色，腹面浅黄色；复眼褐色，单眼透明，边缘为红褐色；翅面爪片基部有褐色斑点，后翅灰色。头冠前端弧圆突出，前、后缘平行，冠缝纤细可见；单眼位于颜面基缘域，与邻近复眼间距近为自身直径的 2 倍；触角檐与额唇基处于同一平面，且显著高于颜面其他部分，额唇基端向渐次收窄，前唇基端向渐次增宽成梯形；额区及后唇基区有横皱纹。前胸背板隆起，中长为头冠的 5 倍强，近为自身宽度的 2/3，前缘弧形，后缘微凹，表面具有细密的横皱纹，但近前缘域有不规则凹洼，无横皱纹。小盾片三角形，中长稍小于前胸背板，弧形横刻痕不达及侧缘。雄虫第 8 腹板宽大成舌状，中长为前一节的 3 倍强；尾节近基部有较深的裂痕，裂痕前着生细长毛，裂痕后端半部着生大刚毛；尾节侧瓣外缘锯齿状且着生大刚毛；尾节侧瓣腹缘突起弯曲，且端部较细，伸出尾节；下生殖板狭长，外缘域着生较密的细长毛，内缘域着生 2–3 根大刚毛；连索近"山"字形；阳基侧突近基部宽，着生微毛，而后收窄细长弯向侧下方，且其上面着生 1 列小突起，末端钩状弯曲；阳茎干侧面观端部背向弯曲，近基半部背面有膜状突起，端半部有微小脊纹，阳茎口位于阳茎末端的腹面。雌虫第 7 腹板中长大于其前一节，后缘微凹，产卵瓣伸出尾节侧瓣。

分布：浙江（临安）、甘肃、湖南、福建、广西、四川。

（十六）圆痕叶蝉亚科 Megophthalminae

主要特征：体楔形。体连翅长：3.0–9.0 mm。头宽于前胸背板，头冠宽短，前缘弧圆，中央长度短于近复眼处冠长。颜面长等于或稍大于宽；额唇基宽阔而平坦，基部宽于端部；前唇基通常凸出于颊。单眼位于颜面。前胸背板光滑，少有粗糙或刻点。前胸背板不显著拱起或下倾；单眼位于颜面，单眼间距离为单眼与复眼间距离的 2 倍以下；后翅端室 4 个，端片狭小或退化。后足股节刺式为 2：1 或 2：0。

分布：世界广布。世界已知 59 属 710 种，中国记录 10 属 27 种，浙江分布 3 属 5 种。

分属检索表

1. 前翅翅脉网状 ·· 网翅叶蝉属 *Dryodurgades*
- 前翅翅脉非网状 ··· 2
2. 头冠后缘在复眼后呈波状弯曲 ··· 淡脉叶蝉属 *Japanagallia*
- 头冠后缘在复眼后弧形弯曲 ··· 锥茎叶蝉属 *Onukigallia*

120. 淡脉叶蝉属 *Japanagallia* Ishihara, 1955

Japanagallia Ishihara, 1955: 215. Type species: *Agallia pteridis* Matsumura, 1905.

主要特征：体色通常为褐色至暗褐色，雄性头冠及颜面基部有黑色斑块。体小，体长通常为 3.9–5.4 mm。头较前胸背板宽，中部短于两侧复眼处长，前缘突圆，后缘两侧复眼处弯曲。颜面长明显大于宽，单眼至复眼距离小于单眼间距；前唇基狭长，端部伸过颊末端。前翅爪区两臀脉间有横脉连接，具 3 端前室。后足股节刺式为 2：1。后足胫节毛序为 PD 8，AD 7，AV 6。雄性尾节变化多样，通常背腹缘有内刺突，肛管突发达；下生殖板短小，有短粗刚毛；连索小，长大于宽；阳茎通常延长，背腔突发达，阳茎干、背腔或前腔常有突起，生殖孔位于端部。

分布：古北区、东洋区。世界已知 28 种，中国记录 21 种，浙江分布 2 种。

（241）齿缘淡脉叶蝉 *Japanagallia dentata* Cai et He, 2001（图 1-241）

Japanagallia dentata Cai *et* He *in* Cai, He & Gu, 2001: 201.

主要特征：体长：♂ 3.8 mm，体连翅长：4.1 mm。头冠前端宽弧圆突出，中长小于复眼处冠长。单眼位于侧额缝末端，相互间距离为单眼与复眼间距的 2 倍；后唇基端向渐窄，前唇基长卵形。前胸背板中长为头冠长的 8 倍，前、后侧缘宽角状相交，后缘浅弧凹。小盾片与前胸背板等长，横刻痕浅弧曲。雄虫第 8 腹板长方形，中长略小于其前一节长。基斑近长方形。尾节侧瓣宽大，后缘中下部 "U" 形刻凹，刻凹的上部向背后方突出，其后缘呈不规则齿条状，下部倒 "U" 形突出。下生殖板短小，中部膜质似分为两部分，端半部三角形。连索宽片状，近锚柱形。阳基侧突中前部均匀粗细，末端蟹钳状。阳茎腔复体短，但背、腹向拉长突出；阳茎干管状，中前部背面和末端腹面均具浅斜脊状突起；阳茎口位于末端背面。

分布：浙江（临安）。

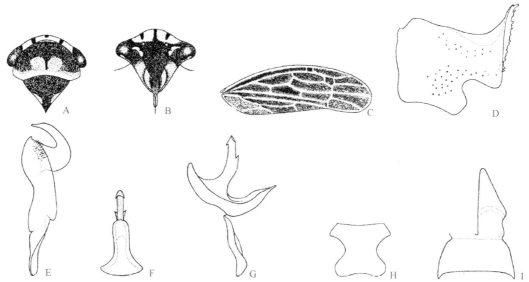

图 1-241　齿缘淡脉叶蝉 *Japanagallia dentata* Cai *et* He, 2001

A. 头冠、前胸背板、中胸小盾片背面观；B. 颜面；C. 前翅；D. 雄性尾节侧面观；E. 阳基侧突；F. 阳茎背面观；G. 阳茎和连索侧面观；H. 连索；
I. 下生殖板和生殖瓣腹面观

（242）长突淡脉叶蝉 *Japanagallia longa* Cai *et* He, 2001（图 1-242）

Japanagallia longa Cai *et* He *in* Cai, He & Gu, 2001: 200.

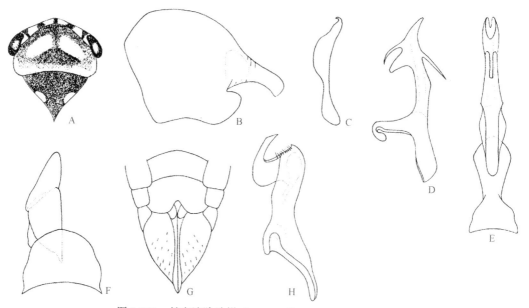

图 1-242　长突淡脉叶蝉 *Japanagallia longa* Cai *et* He, 2001

A. 头冠、前胸背板、中胸小盾片背面观；B. 雄性尾节侧面观；C. 连索侧面观；D. 阳茎侧面观；E. 阳茎和连索腹面观；F. 下生殖板和生殖瓣腹面
观；G. 雌虫腹部端部腹面观；H. 阳基侧突

　　主要特征：体连翅长：♂ 4.5–5.3 mm，♀ 5.3–5.4 mm。头冠浅黄褐，具 5 个黑点；前胸背板黑色，中域两侧各有 1 角状黄褐色斑，后缘域浅黄褐；小盾片黑色，中部两侧各有 1 灰白色点；前翅黑色，翅脉浅黄褐至黄褐色。颜面黑色，仅基域和颊的中部及边缘浅黄褐，前者分布 3 个黑色长点；复眼黑色，单眼无色透明；触角黄褐。胸部腹面和腹部黑色，唯有下生殖板浅黄褐；足暗褐，胫刺基部黑色。头冠前端宽弧圆突出，中长小于复眼处冠长。单眼位于侧额缝末端，相互间距离为单眼与复眼间距的 2 倍；后唇基端向渐窄，末端收圆；前唇基端向渐宽，末端圆起，近呈鞋拔形。前胸背板中长为头冠的 9 倍，侧缘近弧圆，后

缘稍弧凹。小盾片近与前胸背板等长，横刻痕略弧曲。雌虫第 7 腹板中长大于其前一节，后缘中部"V"形刻凹；产卵器伸过尾节侧瓣。雄虫第 8 腹板长方形，中长与其前一节相等。基瓣宽大，后缘宽弧圆。尾节侧瓣宽大，后缘中部"V"形刻凹，刻凹的上部狭长突出似象鼻状，下部近乳状突出。下生殖板宽短，中部膜质似分为两部分，端半部三角形。连索较长，近呈飞弹形。阳基侧突近基部较宽，末端蟹钳状。阳茎腔复体较长大，背腔直立；阳茎干近平伸，端部背面具角状突和刺状突各 1 个，腹面有 1 长片状突起；阳茎口位于阳茎干末端腹面。

分布：浙江（临安）。

121. 网翅叶蝉属 *Dryodurgades* Zachvatkin, 1946

Durgades (*Dryodurgades*) Zachvatkin, 1946: 158. *Dryodurgades* Zachvatkin, 1946: 158. Type species: *Agallia reticulata* Herrich-Schäffer, 1834, by original designation.

主要特征：体狭长；头冠较前胸背板宽，中长短于两侧复眼处冠长，后缘近复眼处弯曲。颜面略宽于长，单眼至复眼距离明显小于单眼间距。前胸背板表面粗糙，中长略宽于小盾片。前翅爪片区和革片区有附属横脉连接。前足股节间插刚毛弧形排列，AV 2 根，其中 1 根长且明显；后足股节刺式为 2∶1，后足胫节毛序为 PD 10±2，AD 7±1，AV 6±1。雄虫尾节横宽，后缘钝圆突出，无突起；下生殖板三角形，端部尖，无大刚毛，边缘分布稀疏小刚毛；阳基侧突狭长，端部扭曲为弯钩状；连索宽短。阳茎对称，背腔突和阳茎基发达；阳茎干侧扁，端部和亚端部常有成对分叉的突起；阳茎口位于端部或亚端部；肛突发达。

分布：古北区、东洋区。世界已知 11 种，中国记录 3 种，浙江分布 1 种。

（243）台湾网翅叶蝉 *Dryodurgades formosanus* (Matsumura, 1912)（图 1-243）

Agallia formosanus Matsumura, 1912b: 313.

Dryodurgades formosanus: Viraktamath, 1973: 309-310, figs. 3-6.

Dryodurgades bifurcatus Cai *et* Shen, 1999b: 39.

主要特征：体浅棕色，有小的暗斑。雄虫尾节侧瓣基部宽，端向渐狭，后缘近平直，后背缘内侧有小的刺状突。肛管端部骨化，呈弯钩状；连索宽，侧缘深凹，后缘有宽的"V"形凹入。阳基侧突基部狭窄，端部阔，钩状扭曲，内臂短于外臂；下生殖板基部宽，渐向端部收狭，末端钝圆；阳茎干长，端部着生 1 对腹向、端部阔、弯曲的突起，突起有侧向的齿状突。

分布：浙江（临安）、河南、湖南、台湾、四川、贵州。

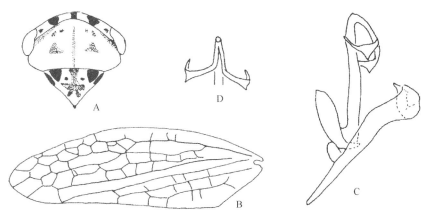

图 1-243　台湾网翅叶蝉 *Dryodurgades formosanus* (Matsumura, 1912)

A. 头冠、前胸背板、中胸小盾片背面观；B. 前翅；C. 阳茎、连索侧面观；D. 阳茎端部背面观

122. 锥茎叶蝉属 *Onukigallia* Ishihara, 1955

Onukigallia Ishihara, 1955: 215. Type species: *Agallia onukii* Matsumura, 1912.

　　主要特征：头冠中央长度短于两侧复眼处长；唇基端部略宽；前翅无端片，具 4 个端室和 3 个端前室；雄虫尾节侧瓣和下生殖板具长且呈头发丝状的刚毛。

　　分布：古北区、东洋区。世界已知 5 种，中国记录 5 种，浙江分布 2 种。

（244）梵净锥茎叶蝉 *Onukigallia fanjingensis* Zhang *et* Li, 1999（图 1-244A-J）

Onukigallia fanjingensis Zhang *et* Li, 1999: 108.

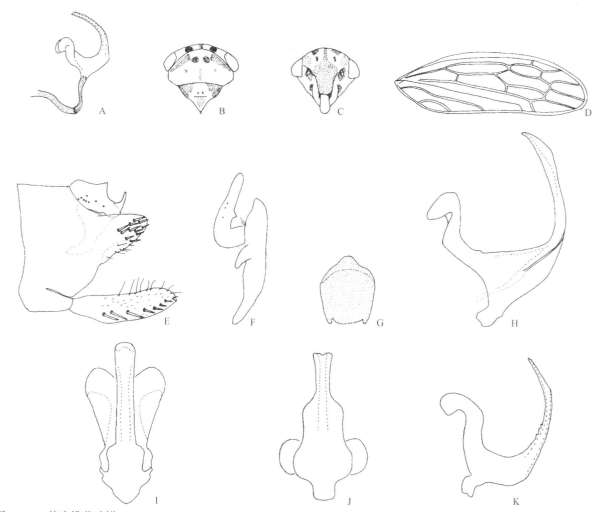

图 1-244　梵净锥茎叶蝉 *Onukigallia fanjingensis* Zhang *et* Li, 1999（A–J）及欧氏锥茎叶蝉 *O. onukii* (Matsumura, 1912)（K）
A. 阳茎侧面观；B. 头冠、前胸背板、中胸背板；C. 颜面；D. 前翅；E. 雄虫尾节侧面观；F. 阳基侧突背面观；G. 连索背前面观；H. 阳茎侧面观；
I. 阳茎后面观；J. 阳茎后腹面观；K. 阳茎侧面观

　　主要特征：体连翅长：♂ 4.8 mm，♀ 5.0 mm。体棕褐色。雄虫头冠有 2 黑斑延伸到额，中央有 1 小黑斑延伸到额、二分叉，终止于触角檐，颜面后唇基两侧具黑条，颊外侧黑色；前胸背板前缘下有大型黑斑块，基域有 2 大型三角形黑斑，中央有 1 淡棕色条斑；小盾片基角有 2 大型三角形黑斑，中央有纺锤形大黑斑。雌虫：斑纹较雄虫小且淡；头冠有 2 黑斑延伸到额前端，单眼下有小黑点，颊中央和舌侧板内侧黑色；前胸背板前缘有 2 圆黑点，两侧各有 1 淡褐斑，基域有 2 淡褐斑；小盾片基角有 2 三角形大黑斑，横刻痕下有 1 圆形黑斑。雌雄单眼无色，复眼黑褐色，前翅基部黑色，脉纹黑色。胸、腹部和足黄色，爪黑色。头冠宽短，与前胸背板等宽，中长约等于二复眼内缘间宽的 1/7，尤以中央处稍短，前后缘近平行；复眼小，两复眼约占整个头冠宽的 1/5；颜面长宽近相等，单眼位于基域，两单眼间距离大于复眼间的距离，后额缝消失，额唇基平坦，前唇基长方形，常伸出颊端缘，舌侧板狭长；触角细长，触角窝深。前胸背板横宽，尤以中后部最宽，稍隆起，密布刻点，前缘弧圆，后缘近平直，侧缘很短；小盾片近正三角形，长为前胸背板的 3/4 强，宽大，横刻痕深；前翅长超过腹部末端很长，脉纹强壮，具 4 个端室和 3 个端前室，无端片。雄虫尾节端向收狭，后缘三角形突出，近后缘有大刚毛。下生殖板宽大、片状，侧缘具有成列的大刚毛及细刚毛；阳茎侧面观"L"形，阳茎背突发达、片状，阳茎侧面观基部宽并向中部渐收狭，端半部宽扁，端部缢缩成锥状；连索大，近六边形；阳基侧突细长，近端部突起向上伸出，延伸成长条形。

分布：浙江（临安）、陕西、湖北、广西。

（245）欧氏锥茎叶蝉 *Onukigallia onukii* (Matsumura, 1912)（图 1-244K）

Agallia onukii Matsumura, 1912b: 315.

Onukigallia onukii: Ishihara, 1955: 216.

主要特征：尾节后缘圆弧状突出，有细长刚毛。下生殖板长，后缘圆弧状，侧缘有成列的粗刚毛，并散生细长刚毛。阳茎背腔发达，前腔短小；阳茎干基部粗、端向渐窄；阳茎干背向弯曲，近中部具小齿突，端部腹缘侧面观斜截，后面观呈勺状；阳茎口位于端腹缘；肛突发达，具指状突起。

分布：浙江（临安）、河南、陕西、甘肃、安徽、湖北、贵州；俄罗斯，韩国，日本。

二、角蝉科 Membracidae

主要特征：小到大型昆虫，体长 2.0–20.0 mm。头后口式，额唇基平或凸圆。头顶有或无向上的突起。前胸背板通常向后延伸盖在小盾片和腹部上方，还有背突、前突或侧突。中胸背板无盾侧沟。小盾片通常被遮盖或退化，如露出可见，则后顶端圆、尖锐或有缺切；背面有脊或无脊。前翅 M 脉的基部愈合到 Cu 脉上，横脉 r 常存在；爪片逐渐变狭，顶端尖锐或斜截。前足转节和股节不愈合；后足胫节有 3 列或更少列的小基兜毛。雄虫尾节一般有分开的侧板。雌、雄尾节一般无向后的突起。

分布：角蝉科世界包括 12 个亚科，中国目前有露盾角蝉亚科、隐盾角蝉亚科和斯米角蝉 3 亚科，其中露盾角蝉亚科和斯米角蝉亚科东西半球均有分布，隐盾角蝉亚科分布于东半球。目前世界已知露盾角蝉亚科约 216 属 1350 种，中国记录 41 属 282 种。本卷记述浙江角蝉科 8 属 13 种，均属露盾角蝉亚科。

（十七）露盾角蝉亚科 Centrotinae

主要特征：前胸背板多有后突起，个别无后突起，但有上肩角。小盾片发达，全部或部分露出可见。前胸背板下缘和中胸前侧片下缘一般无突起。前翅 5 端室，后翅 3 或 4 端室。

分布：世界已知 22 族，其中 2 族仅分布于西半球，东、西半球均有分布的 1 族，19 族分布于东半球，中国记录 14 族 40 属，浙江分布 8 属 13 种。

分属检索表

1. 前胸背板有从背盘部向上高耸成柱状的中背突；从中背突顶端向两侧伸出的侧枝简单，无向前的再分支 ························

   ································ 矛角蝉属 *Leptobelus*

- 前胸背板上没有中背突，但有由前胸背板向后延伸的后突起 ································ 2

2. 后足转节内侧有齿突 ··· 3

- 后足转节内侧无齿突 ··· 4

3. 雌雄两性均无上肩角 ·· **秃角蝉属 *Centrotoscelus***

- 雌雄两性均有上肩角，或仅雌性有而雄性无上肩角；肩角发达；上肩角端尖，呈刺状；后突起长，两侧缘平直或稍凹，有明显的中脊 ·· **三刺角蝉属 *Tricentrus***

4. 前胸背板无上肩角；前胸背板后突起呈屋脊状，基部背面不抑扁 ················ **圆角蝉属 *Gargara***

- 前胸背板上肩角发达，或仅呈脊起状 ··· 5

5. 前胸背板后突起上有明显高耸侧扁的背结 ·· 6

- 前胸背板后突起上无明显高耸侧扁的背结 ·· 7

6. 上肩角有分叉的齿突 ·· **锯角蝉属 *Pantaleon***

- 上肩角上无分叉的齿突 ·· **结角蝉属 *Antialcidas***

7. 上肩角不发达，呈半圆形或钝角形的脊起 ····························· **脊角蝉属 *Machaerotypus***

- 上肩角发达，呈明显伸向外上方的角状突起；上肩角伸向外上方，头胸前面观不似猫头状 ············· **耳角蝉属 *Maurya***

123. 矛角蝉属 *Leptobelus* Stål, 1866

Leptobelus Stål, 1866: 90. Type species: *Centrotus dama* Germar, 1935 = *Leptobelus dama* (Germar, 1935).

主要特征：体大型。前胸背板有向上高耸的中背突，呈柱状，从其顶端向两侧伸出侧枝，侧枝直而无分枝，顶端尖锐；从中背突顶端向后生出后枝，后枝基部远离小盾片，直或倾斜向下，顶端尖锐，超出前翅臀角，离开或接触前翅后缘。肩角发达。小盾片完全露出，基部常隆起，顶端有缺切。前翅狭长，基部革质，端部膜质，透明；2 盘室，5 端室。后翅 4 端室。足正常。

分布：古北区。世界已知 8 种，中国记录 6 种，浙江分布 1 种。

（246）撒矛角蝉 *Leptobelus sauteri* Schumacher, 1915（图 1-245）

Leptobelus sauteri Schumacher, 1915b: 115.

雌性：体大型，栗褐色到黑色。头部暗褐色，有粗刻纹与稀疏的刻点及细毛。头顶宽大于高，上缘波状。复眼大，褐色，有斑点。单眼位于复眼中心连线稍上方，彼此间距离稍大于距复眼的距离。额唇基长，其长 2/3 伸出头顶下缘，每侧有 1 纵脊，顶端尖而有毛。前胸背板暗褐色，被稀疏的细毛，混有灰色毛。前胸斜面近垂直，中脊明显，纵贯全长；胝大，有光泽。背盘部升高，中背突柱状，从其顶端向两侧伸出细长的侧枝，端部稍向后弯曲；中背突顶端与侧枝着生处基本等高，无明显的突顶露出。中背突高约 3.4 mm，最狭处宽约 1.3 mm，显得低矮粗壮。从中背突顶端向后伸出细长的后枝，端部稍向下弯曲，基部远离小盾片，顶端远离或触及前翅后缘，远伸出前翅臀角。小盾片完全露出，长大于宽，基部隆起，端部抑平，顶端有小缺切。肩角发达。前翅长，基部革质，栗褐或黑色，有刻点，其余浅黄色，透明，有皱纹；翅脉红褐色，5 端室，2 盘室。后翅透明，4 端室。足栗褐色。腹部黑色，背板有红褐色后缘。

雄性：体略小于雌虫。

量度：♀平均体长 9.7 mm；肩角间宽 3.0 mm；侧枝间宽 7.2 mm；中背突高 3.4 mm；中背突最狭处宽 1.3 mm。

分布：浙江（临安）、安徽、江西、福建、台湾；日本。

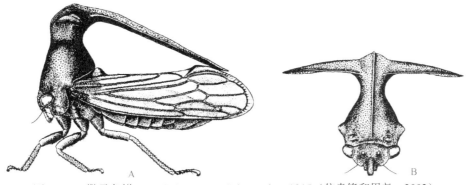

图 1-245　撒矛角蝉 *Leptobelus sauteri* Schumacher, 1915（仿袁锋和周尧，2002）
A. 雌体侧面观；B. 头胸前面观

124. 圆角蝉属 *Gargara* Amyot *et* Serville, 1843

Gargara Amyot *et* Serville, 1843: 537. Type species: *Membracis genistae* Fabricius, 1775 = *Gargara genistae* (Fabricius, 1775).
Maerops Buckton 1903: 257.

主要特征： 小到中型。前胸背板背盘部隆圆或平。肩角三角形，端钝。后突起从前胸背板后缘向后伸出，紧贴在小盾片和腹部上方，顶端一般伸达前翅臀角，向后渐细，有明显的背脊，背面无抑扁处，一般无背齿突，只有个别种背面基部有齿突。小盾片仅两侧露出，端部有深的缺刻。前翅长约为宽的 2.5 倍，基部革质，有刻点，5 端室，2 盘室，端膜较宽，无明显的翅痣。后翅无色透明，3 端室。足正常，后足转节内侧无齿突；胫节有 3 列基兜毛。后足跗节最长。

分布： 世界广布。世界已知 170 种，中国记录 7 种，浙江分布 1 种。

（247）黑圆角蝉 *Gargara genistae* (Fabricius, 1775)（图 1-246）

Membracis genistae Fabricius, 1775: 677.
Gargara genistae: Yuan & Chou 2002: 231.

雌性： 体中小型，黑色、赤褐色或黄褐色。头部黑色，有稠密刻点和浅黄褐色斜立细毛；基缘弓形弯曲，下缘倾斜，波状，明显上翘。复眼黄褐色至深褐色，卵圆形。单眼白色至浅黄褐色，位于复眼中心连线稍上方，彼此间距离等于到复眼的距离。额唇基 1/2 伸出头顶下缘，略向后倾斜；中瓣宽阔，梯形，端缘平截或略呈弧形；侧瓣三角形，伸达中瓣端部 1/3 处。前胸背板赤褐色至黑色，有稠密刻点和灰白色至黄褐色斜立细毛。前胸斜面倾斜，宽为高的 3 倍。肩角钝三角形。背盘部低平。中脊起不明显，仅在后突起上较发达。后突起粗直，伸达前翅臀角处，有时伸达前翅第 5 端室中部，由中部起渐尖；侧脊发达；顶端较钝。小盾片两侧露出较宽，赤褐色至黑色，有稠密刻点和浅黄褐色斜立细毛。前翅透明，无色或有不规则浅黄色晕斑，长度不超过腹部末端；基部 1/6 革质，黄褐色至黑色，有刻点和细毛；翅脉浅黄褐色，盘室处的横脉常为褐色；2 盘室大小近等；端膜宽。后翅无色透明，有辐射状皱纹，翅脉浅黄褐色。胸部侧面褐色至黑色，有稠密的灰白色至浅黄褐色斜立细毛，中后胸两侧及腹基部常有绵毛组成的白斑。足股节以上为黑色，胫节和跗节黄褐色至赤褐色，腹部黄褐色至黑色。第 2 产卵瓣狭长，端背部有 2 个大钝齿，其外的小锯齿较钝，每个钝齿上又分出 2–6 个不明显的小钝齿。

雄性： 外形与雌性基本相同，但体较小，前翅长超过腹部末端。生殖侧板近半圆形。下生殖板狭长，基部较宽，向端部逐渐变狭，顶端钝；中裂稍大于 1/2。阳基侧突较直，端部弯成直角，弯曲处稍宽，顶端有三角齿状小钩。阳茎"U"形，外臂侧面观向端部逐渐变细，背面具倒逆的细齿；后面观向端部渐狭，阳茎口较小，椭圆形，位于阳茎端腹面，占阳茎外臂长度的 1/5。

量度：体长♀4.6–5.5 mm，♂3.9–5.0 mm；肩角间宽♀ 2.2–2.8 mm，♂ 1.9–2.4 mm。

染色体：$2n = 19 + XO$。

生物学：据在陕西杨凌观察，年发生 2 代，以卵在土表下 5.0–20.0 cm 的刺槐等寄主根茎表皮下越冬。5 月上旬越冬卵开始孵化，孵化盛期在 5 月中旬。6 月初成虫开始羽化，6 月中旬进入羽化盛期。第 2 代 6 月下旬出现卵，7 月中旬出现若虫，8 月上、中旬出现成虫。雌成虫对产下的卵有照料行为。若虫孵化后即爬到刺槐枝条中上部幼嫩部分取食，有蚂蚁伴随。其是枸杞栽培圃中的重要害虫。

分布：广布中国各省份，除未见青海采集的标本外，其他各省份均已采到标本。国外分布于东半球各国。已传入美国东部一些州。

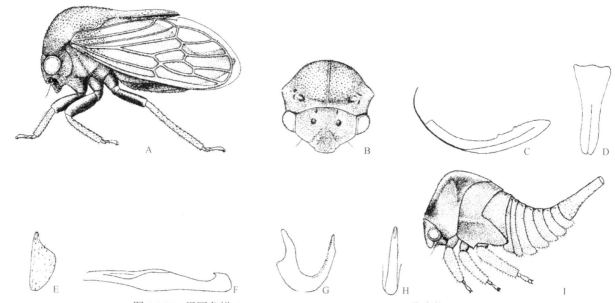

图 1-246　黑圆角蝉 *Gargara genistae* (Fabricius, 1775)（仿袁锋，2002）

A. 雌体侧面观；B. 头胸前面观；C. 第 2 产卵瓣；D. 雄性下生殖板；E. 生殖侧板；F. 阳基侧突；G. 阳茎；H. 阳茎后面观；I. 第 5 龄若虫

125. 脊角蝉属 *Machaerotypus* Uhler, 1896

Machaerotypus Uhler, 1896: 284. Type species: *Machaerotypus sellatus* Uhler, 1896.

主要特征：小到中型，暗褐色，一些种有鲜艳的红色斑纹，上肩角不发达，仅呈脊起状。后突起从前背板后缘生出，向后延伸，呈屋脊状，盖在小盾片和前翅后缘上，顶端伸达或超过前翅臀角，基部不拱起。小盾片两侧露出。肩角三角形，向外超过脊起状的上肩角。前翅不透明或半透明，5 端室，2 盘室，端膜发达。后翅 3 端室。足正常，后足转节内侧无齿突。

分布：古北区、东洋区。世界已知 10 种，中国记录 8 种，浙江分布 1 种。

（248）二带红脊角蝉 *Machaerotypus rubronigris* Funkhouser, 1938（图 1-247）

Machaerotypus rubronigris Funkhouser, 1938: 17.

Subrinocator rubronigris Yuan et Chou, 2002: 262.

雌性：中型美丽种。头宽大于高，黑色，有细刻点和稀疏细毛，基缘拱起，微波状。复眼鲜红色。单眼大而明显，透亮，位于复眼中心联线很上方，彼此间距等于到复眼的距离。头顶下缘倾斜，波状。额唇基 1/2 伸出头顶下缘，顶端圆而有毛。前胸背板黑色，有光泽、刻点及很细的毛。前胸斜面突圆，宽大于高，中脊起明显，纵贯全长。肩角大，三角形，顶端钝，远伸出上肩角之外。上肩角呈弧形的脊起，鲜红色。后突起屋脊形，紧贴小盾片和前翅后缘，基部略低扁，端部变尖细，伸出前翅臀角之外；中间有 1 鲜红色横带，顶端非鲜红色。小盾片两侧露出。前翅黑色，有光泽，不透明，基部革质，有刻点，顶尖，5个端室，2 个盘室。胸部两侧、体腹面及足均黑色。

雄性：未知。

量度：♀体长 7.1 mm；肩角间宽 0.6 mm；上肩角间宽 1.3 mm。

分布：浙江（临安）、甘肃（天水）。

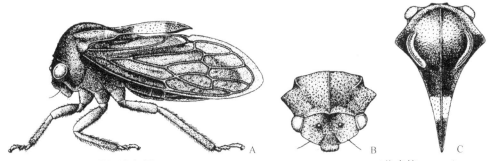

图 1-247　二带红脊角蝉 *Machaerotypus rubronigris* Funkhouser, 1938（仿袁锋，2002）

A. 雌体侧面观；B. 头胸前面观；C. 头胸背面观

126. 耳角蝉属 *Maurya* Distant, 1916

Maurya Distant, 1916b: 326. Type species: *Centrotus gibbosulus* Walker, 1870 = *Maurya walkeri* (Atkinson, 1886).

Tsunozemia Kato, 1940b: 152.

主要特征：小型，前胸背板的上肩角发达，短而粗壮，伸向外上方，顶尖，短于两基间的距离。后突起从前胸背板后缘生出，向后延伸，屋脊状，盖在小盾片和前翅后缘上，顶端伸达前翅臀角；背面无明显的基背结、中背结或亚端结，一些种的个别个体在后突起的基部有齿突，但不稳定。小盾片两侧露出。肩角粗大，三角形，端钝。前翅宽，透明或半透明，5 端室，2 或 3 盘室。后翅 3 端室。足正常，后足转节内侧无齿突。

分布：古北区、东洋区。世界已知 13 种，中国记录 10 种，浙江分布 2 种。

（249）安耳角蝉 *Maurya angulatus* Funkhouser, 1921（图 1-248）

Maurya angulatus Funkhouser, 1921: 48.

雌性：体小型，褐色，有刻点，被细毛。头宽大于长，有细刻纹和刻点，被稠密的细毛。基缘拱起，微波状。复眼大而突出，灰白色。单眼小，透亮，位于复眼中心连线上方，彼此间距等于到复眼的距离。头顶下缘波状，有翘边。额唇基长大于宽，1/2 伸出头顶下缘。前胸背板褐色，杂有黑点，有刻点，密被细毛，混有白色毛，有不规则皱纹。前胸斜面凸圆，宽大于高，中脊起明显，纵贯全长。上肩角粗短，短于其基部间的距离，伸向外前方，背腹略扁，前缘圆，顶尖向后。后突起从前胸背板后缘向后延伸，粗壮，屋脊状，盖在小盾片和后翅后缘上，顶尖，伸过前翅臀角。小盾片两侧露出狭窄。肩角大而三角形。前翅透明，散有不规则形的黑色斑点；基部 1/5 革质，有刻点多细毛；顶端有赤褐色色彩；翅脉明显，5 端室，2 盘室。后翅无色，3 端室。胸部两侧有稠密的细毛。体腹面和足浅褐色。

雄性：与雌性外形基本相同。外生殖器阳茎弯曲，顶端背缘有倒逆的齿；阳基侧突端部细直，顶端弯成 1 小钩，近顶端有 1 根毛，弯钩内方毛细而长毛不一。

　　量度：体长♀ 5.8–7.0 mm，♂ 5.8–6.2 mm；肩角间宽♀ 2.6–3.0 mm，♂ 2.5–2.6 mm；上肩角间宽♀ 2.8–3.4 mm，♂ 2.6–2.7 mm。

　　分布：浙江（临安）、山东、江苏、江西、福建、台湾、贵州、云南；日本。

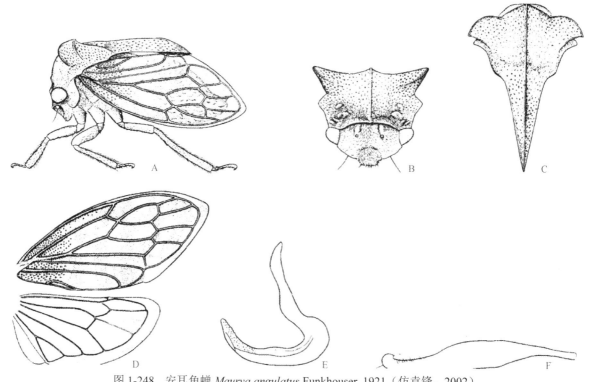

图 1-248　安耳角蝉 *Maurya angulatus* Funkhouser, 1921（仿袁锋，2002）
A. 雌体侧面观；B. 头胸前面观；C. 头胸背面观；D. 前后翅；E. 阳茎；F. 阳基侧突

（250）齿耳角蝉 *Maurya denticula* Funkhouser, 1938

Maurya denticula Funkouser, 1938: 18.

　　雌性：体小型。头宽大于高，褐色，有粗皱纹和细刻点，密被细毛，基缘拱起，波状。复眼灰白色。单眼大，浅黄色，位于复眼中心连线上方，彼此间距离远大于到复眼的距离。头顶下缘弯曲，有凸缘。额唇基 2/3 伸出头下缘，顶端尖而有毛。前胸背板褐色，宽大于高，有细刻点和稠密的细毛。前胸斜面倾斜，宽大于高，中背明显，纵贯全长。肩角大，三角形，端钝。上肩角发达，粗壮，略呈三棱状，背腹扁平，伸向上外方，长等于两基部间的距离，端圆钝。背盘后部中央有 1 三角形的齿突，位于上肩角之后、后突起基部之前。后突起屋脊形，发达，紧贴在小盾片和后翅后缘上；侧面观，中部之后最高，顶端陡然变尖细，伸达前翅内角之外，中间有 1 浅褐色横带。小盾片两侧露出狭窄。前翅透明，有皱纹，混有褐色斑点；基部革质区宽，褐色，有刻点；顶端尖；端膜很狭；5 个端室。胸部两侧有白色的毛。体腹面褐色。足褐色。

　　雄性：未知。

　　量度：体长♀6.0 mm；上肩角间宽 3.4 mm。

　　分布：浙江（临安）。

127. 结角蝉属 *Antialcidas* Distant, 1916

Antialcidas Distant, 1916b: 326. Type species: *Antialcidas trifoliaceus* (Walker, 1858) = *Centrotus trifoliaceus* Walker, 1988.

主要特征：体中到大型，褐色到暗褐色，一些种体上有鲜艳的红色斑纹。前胸背板有发达的上肩角，三棱状，伸向外上方，长约等于其基部间的距离，顶尖或钝，无分叉的齿突。后突起从前胸背板后缘向后延伸，紧贴在小盾片和前翅后缘上，有侧扁高耸多呈三角形或半圆的中背结，顶部徒然变尖锐，超出前翅臀角。肩角发达，三角形。小盾片两侧露出狭窄。前翅半透明，5 端室，2 盘室，端膜狭。后翅 3 端室。足正常，转节内侧无齿。

分布：古北区、东洋区。世界已知 8 种，中国记录 8 种，浙江分布 2 种。

（251）三叶结角蝉 *Antialcidas trifoliaceus* (Walker, 1858)（图 1-249）

Gentrotus trifoliaceus Walker, 1858: 163.

Antialcidas trifoliaceus: Yuan & Chou, 2002: 284.

雌性：体中型，黑色，有橘红色斑纹的美丽种。头顶黑色，有刻点和光泽，被稀疏金黄色细柔毛，基缘弓形，稍拱起。复眼红褐色，半球形，内缘直。单眼淡黄色，透明，位于复眼中心连线稍上方，彼此间距大于到复眼的距离。头顶下缘弧形，额唇基长大，其长度的 2/3 伸出头顶下缘，端钝。前胸背板黑色，但中脊起、肩角、上肩角顶端和基部、后突起的侧脊和顶端橘红色，肩角基部的橘红色斑纹与复眼相接，显得很美丽；有粗刻点，密被细柔毛。前胸斜面近垂直，中脊起纵贯全长；胝稍凹陷。上肩角发达，三棱形，伸向外上方，基部粗状，端部突变细，顶端尖而向后弯曲。肩角三角形，顶端尖。后突起由前胸背板后缘向后直延伸，紧贴在小盾片和前翅后缘上，侧面观基部低凹，中后部有半圆形侧扁的背结，背结顶端比上肩角高；顶端尖而伸达前翅臀角。小盾片两侧露出狭窄。前翅基部 1/5 革质，其余褐色，近基部有 1 褐黄色点，中部有 1 褐黄色斑，外缘有 1 个透明斑。胸侧和腹面黑色。足黑色。

雄性：未知。

分布：浙江（西湖）、中国北部（省名不详）、江苏（南京卫岗）、福建（坳头）、西沙永兴岛。

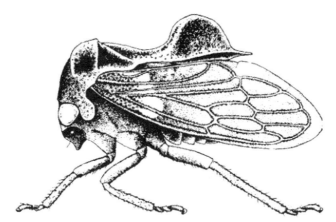

图 1-249　三叶结角蝉 *Antialcidas trifoliaceus* (Walker, 1858)雌体侧面观（仿袁锋，2002）

（252）饰结角蝉 *Antialcidas decorate* (Funkhouser, 1937)（图 1-250）

Maurya decorate Funkhouser, 1937: 29.

Antialcidas decorate: Yuan & Chou, 2002: 291.

雌性：体大型。头宽大于高，有细刻点，密被细毛，基缘拱起。复眼白色透亮。单眼浅黄色，位于复眼中心连线稍上方，彼此间距离等于到复眼的距离。头顶下缘波状。额唇基 1/2 伸出头顶下缘，端圆钝。前胸背板黄色，但前胸斜面和后突起上的中背结黑色，有细刻点，密被细毛和长毛。前胸斜面长宽略相等，有粗刻纹，中脊起全长均有。肩角发达，三角形，端钝。上肩角粗短，端钝，向上伸张，向外不超过肩角。

后突起从前胸背板向后延伸，基部低平，中部升高成较低的中背结，顶端尖锐，略高于上肩角；顶端伸出前翅内角之外。小盾片两侧露出宽，黑色，有刻点。前翅黄色透明，基部革质化，有刻点；端部 1/4 处有 1 窄狭的褐色横带，从体侧面观，此横带恰在后突起之下；前翅顶端还有 1 褐斑；端膜宽；5 端室，2 盘室。胸部两侧和体腹面黄色，有细毛。

雄性： 未知。

量度： ♂ 体长 5.0 mm；肩角间宽 2.3 mm；上肩角间宽 1.9 mm。

分布： 浙江（德清）。

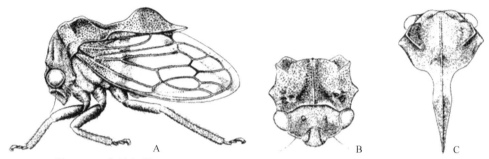

图 1-250　饰结角蝉 *Antialcidas decorate* (Funkhouser, 1937)（仿袁锋，2002）
A. 雌体侧面观；B. 头胸前面观；C. 头胸背面观

128. 锯角蝉属 *Pantaleon* Distant, 1916

Pantaleon Distant, 1916b: 327. Type species: *Pantaleon montifer* (Walker, 1851) = *Centrotus montifer* Walker, 1851.

Eupantaleon Kato, 1928a: 33.

主要特征： 体中到大型，褐到暗褐色，前胸背板有发达的上肩角，伸向外上方，长约等于其基部间的距离，有明显分叉的齿突。后突起从前胸背板后缘向后延伸，紧贴小盾片和前翅后缘上，有侧扁高耸成三角形或半圆形的中背结；顶部突然变细，顶尖锐，伸出前翅臀角。肩角发达，三角形。小盾片两侧露出窄狭。前翅半透明，5 端室，2 盘室。后翅 3 端室。足正常，后足转节内侧无齿。

分布： 古北区、东洋区。世界已知 7 种，中国记录 6 种，浙江分布 1 种。

（253）背峰锯角蝉 *Pantaleon dorsalis* (Matsumura, 1912)（图 1-251）

Centrotus dorsalis Matsumura, 1912a: 18.

Pantaleon dorsalis: Yuan & Chou, 2002: 294.

雌性： 体中型，粗壮。头长宽相等，有粗皱纹，暗褐色，有细刻点，密被混有灰白色毛的细毛，基缘波状拱起。复眼椭圆形，亮褐色，不突出。单眼小，亮褐色，位于复眼中心连线上，彼此间距约等于距复眼的距离。头顶下缘倾斜，波状。额唇基长宽相等，褐色，有刻点和细毛，顶端钝而有毛。前胸背板褐色，有细刻点和相当稠密的细毛。前胸斜面长宽约相等，垂直，中脊起明显。肩角发达、端钝。上肩角粗壮，长于其基部间距离，伸向外上方，顶端略向后弯曲，分 2 叉，前叉较后叉长大而粗壮。后突起从前胸背板后缘生出，紧贴在小盾片和前翅后缘上，基部低，近中部有大而侧扁的背结，长大于高，其前缘近垂直，背面和后缘圆形，两侧有不规则的锈红褐色短线条组成的斑纹；顶端尖锐，伸出前翅臀角之外。小盾片两侧狭窄露出。前翅褐色，不透明，内缘和端缘色稍淡；基部褐色，革质，有刻点和稀疏细毛；顶尖；翅脉褐色，5 端室，2 盘室，第 3、4、5 端室端部有近圆形白斑，这 3 个端室外的端膜色淡，透明。足和体腹面全为褐色。

雄性：外形和雌性基本相似，但体较小，前翅第 3–5 端室端部近圆形的白斑更大而且明显。阳茎极弯曲，端部逐渐变细。阳基侧突基部膨大，无齿。

量度：体长♀ 6.2–7.0 mm，♂ 6.0–6.1 mm；肩角间宽♀ 2.9–3.2 mm，♂ 2.7–2.8 mm；上肩角间宽♀ 3.5–4.4 mm，♂ 2.8–2.9 mm；中背结高♀ 1.4–2.0 mm，♂ 1.2–1.4 mm。

染色体：$2n = 20 + XO$。

分布：浙江（西湖、临安、普陀）、北京、河北（雾灵山）、山东、陕西、江苏、安徽（黄山、麻姑山）、湖北（神农架）、江西（安源、梅岭）、福建（建阳）、台湾、广东、广西（灵川）、四川（峨眉山、灌县、金川）、贵州（黄平）；日本。

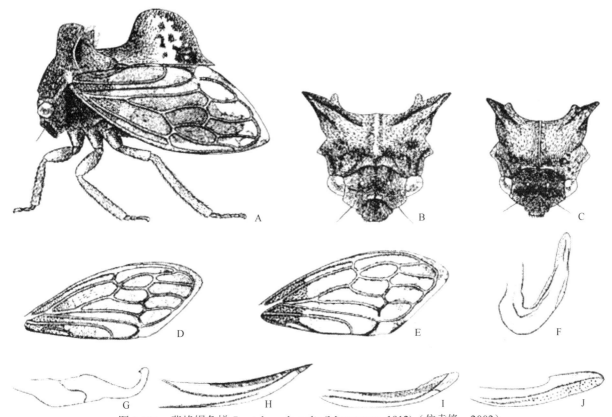

图 1-251　背峰锯角蝉 *Pantaleon dorsalis* (Matsumura, 1912)（仿袁锋，2002）

A. 雌体侧面观；B. 雌头胸前面观；C. 雄头胸前面观；D. 雄前翅；E. 雌前翅；F. 阳茎；G. 阳基侧突；H. 第 1 产卵瓣；I. 第 2 产卵瓣；J. 第 3 产卵瓣

129. 秃角蝉属 *Centrotoscelus* Funkhouser, 1914

Centrotoscelus Funkhouser, 1914: 72. Type species: *Centrotoscelus typus* Funkhouser, 1914.

　　主要特征：前胸背板上有三角形的肩角，端钝。雌雄均无上肩角。后突起从前胸背板后缘向后直伸，向后渐细尖，顶端伸达前翅臀角附近，腹面和小盾片与背部紧贴。小盾片仅两侧露出，顶端有深缺切。前翅长度约为宽的 2.5 倍，5 端室，2 盘室，端膜较宽。后翅无色透明，3 端室。胸部侧面无齿突。足正常，胫节不扩大；后足转节内侧有齿状 3 列基兜毛。后足跗节最长。

　　分布：古北区、东洋区。世界已知 19 种，中国记录 19 种，浙江分布 1 种。

（254）达氏秃角蝉 *Centrotoscelus davidi* (Fallou, 1890)（图 1-252）

Gargara davidi Fallou, 1890: 354.

Centrotoscelus davidi: Yuan & Chou, 2002: 341.

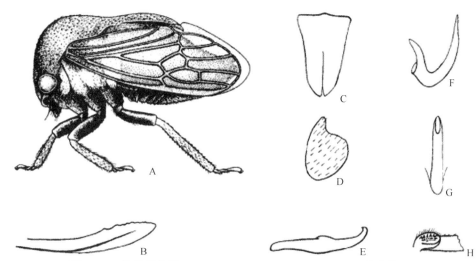

图 1-252　达氏秃角蝉 *Centrotoscelus davidi* (Fallou, 1890)（仿袁锋，2002）

A. 雌体侧面观；B. 第 2 产卵瓣；C. 雄性下生殖板；D. 生殖侧板；E. 阳基侧突；F. 阳茎侧面观；G. 阳茎后面观；H. 后足转节内侧

雌性：体中小型，黑色、黄褐色、赤褐色，前胸斜面基部及后突起端部色较暗。头部黑色，有稠密刻点和浅黄褐色斜立细毛。头顶垂直，宽为长的 1.3 倍，基缘弓形，下缘倾斜，略呈波形，稍上翘。复眼褐色，卵圆形。单眼浅黄褐色，半透明，位于复眼中心连线稍上方，彼此间的距离为到复眼距离的 1.3 倍。额唇基长大于宽，其长度 1/2 伸出头顶下缘；中瓣端缘略呈弧形，侧瓣延伸到中瓣端部 1/3 处。前胸背板黄褐色至赤褐色，有时为黑色，前胸斜面基部和后突起端部颜色常较暗；有稠密刻点和浅黄褐色斜立细毛。前胸斜面稍倾斜，宽为高的 2 倍。肩角三角形，较钝。背盘部稍隆圆，中脊起全长明显。肩角上方有时有 1 条短脊起，有时有 1 瘤状突起，但没有明显呈角状的上肩角。后突起平直，伸达或稍超过前翅臀角，侧脊明显，腹脊发达。小盾片两侧露出较宽。前翅无色透明，有时有浅黄褐色不明显晕斑，有时端部 1/3 为浅黄褐色；长度稍伸过腹部末端；基部 1/6 革质，赤褐色到黑褐色，有刻点和浅黄褐色细毛；翅脉黄褐色，2 个盘室大小相近，端膜宽。后翅无色透明，有辐射状皱纹，翅脉浅黄褐色。胸部侧面黑色，有浅黄褐色细毛，常有白色绵毛组成的白斑。足股节以上黑色，胫节和跗节赤褐色，前足股节端部有 2 根基兜毛，后足转节有 1 列锥形小齿稀疏排列，内侧又散生若干颗粒状小齿。腹部赤褐色到黑色，肛管端部向下弯曲，稍呈钩状。第 2 产卵瓣狭长，端部背面有 2 个钝齿，2 钝齿间的距离为端部长度的 1/3；端部边缘的齿长而钝，每个上边又分出 2–3 个小齿。

雄性：外形与雌性相似，但身体常为黑色，肩角上方无短脊起和瘤突，肛管端部不弯曲。下生殖板向端部渐狭，顶端钝，中裂占全长的 1/2。生殖侧板卵圆形，内上角稍突出。阳基侧突较直，端部变狭，顶端弯成钩状。阳茎 "U" 形，外臂背面有倒逆的细齿，阳茎口小而椭圆形，位于腹面顶端，占外臂长的 1/4。

量度：体长♀ 4.3–5.5 mm，♂ 4.0–4.8 mm；肩角间宽♀ 1.9–2.2 mm，♂ 1.3–1.9 mm。

若虫：第 5 龄体黄色，长 5.0–5.6 mm。头黄色，生有少量基瘤刺。头顶长是宽的 2 倍，基缘弧形；头顶突发达，生有 2–3 个短刺。单眼位于复眼中心连线上方。复眼红色，椭圆形。眼下片长条形，向外伸至复眼外缘。头顶有 1 列较粗的基瘤刺。额唇基不分瓣，完全位于头的腹面。喙端达后足基节。前胸斜面近方形，中脊起发达；胝椭圆形光滑。前突起向上方伸出。上肩角芽呈脊起状，明显。前胸背板后缘有 1 列基瘤刺，后突起达中胸背板 1/2 处。中胸背板后缘亦有 1 列基瘤刺，后突起达后胸背板 1/2 处。后胸背板中线两侧各有 1 发达的瘤状突起。前胸背板下侧角三角形，周缘有刺。前翅芽端部尖削，前缘角大，其长占翅芽全长的 2/5。腹部背面密生基瘤刺，背瘤突发达，两列，每个 3–4 分支。侧背瘤突 2 列，呈粗刺状。第 9 腹节长为腹部全长的 1/2，其背面及下侧缘密生基瘤刺；侧生片近半圆形，周缘有刺。足黄色，胫节扁平，外面有黑斑，前侧缘有 1 列很发达的基瘤刺。

生物学：据在河南鸡公山的观察，成虫、若虫聚集在紫穗槐茎基部。

分布：浙江（临安）、黑龙江、吉林、北京、河北、山东、河南、江苏、上海、湖北、江西、福建、台湾、广东、海南、广西；俄罗斯，日本，印度，孟加拉国，缅甸，越南，斯里兰卡，马来西亚，加里曼丹岛。

130. 三刺角蝉属 *Tricentrus* Stål, 1866

Tricentrus Stål, 1866: 89. Type species: *Centrotus fairmairei* Stål, 1859 = *Tricentrus fairmairei* (Stål, 1859).

Otaris Buckton, 1903: 249.

Taloipa Buchton, 1905: 334.

主要特征：体背面观近三角形，一般体长大于宽。前胸背板上有发达的上肩角，少数仅雌性有上肩角，而雄性无上肩角，呈明显的性二型现象；上肩角多呈刺状，顶尖，伸向侧上方，但有的伸向前上方，有的端部向后弯曲。肩角发达，三角形端钝或尖。后突起由前胸背板后缘向后直伸，盖在小盾片和前翅后缘上，逐渐变细，顶多尖锐，伸达前翅臀角或超出，向下弯或稍向上斜翘，有背脊与侧脊。小盾片两侧露出。前翅长不到宽的 2 倍；5 端室，2 盘室，Sc 脉近端部粗；端膜宽或狭。后翅 3 端室。足正常，不扩大成叶状。后足转节内侧有齿突。后足跗节最长。

分布：古北区、东洋区、澳洲区。世界已知 300 种，中国记录 98 种，浙江分布 4 种。

分种检索表

1. 雌性第 9 腹节背板后上角短管状，从背面观可见肛管开口 ·· 2
- 雌性第 9 腹节背板后上角呈弯刺状，从背面观看不见肛管开口 ·· 3
2. 额唇基中瓣 1/2 以上伸出头顶下缘；上肩角向两侧平伸，向后极弯曲，顶端不高于前胸背板背盘部；体中型，黑色 ·······
　　·· 扁三刺角蝉 *T. depressicornis*
- 额唇基中瓣 1/2 伸出头顶下缘；上肩角较短，顶端尖，其长小于两基间的距离；后突起黑色，但中部红褐色；体中小型；前胸背板黑色；足的股节黑色 ······················· 白胸三刺角蝉 *T. allabens*
3. 上肩角极短，向外不伸出肩角；后突起端部短，顶端钝，刚伸达前翅臀角 ·······················
　　·· 杭州三刺角蝉 *T. hangzhouensis*
- 上肩角向外伸出肩角；后突起中部明显向上隆起，顶端尖，伸达前翅臀角；上肩角宽扁，其长等于两基间距离；前胸斜面单色，其前缘非异色 ··················· 新卡三刺角蝉 *T. neokamaonensis*

（255）扁三刺角蝉 *Tricentrus depressicornis* Funkhouser, 1935（图 1-253）

Tricentrus depressicornis Funkhouser, 1935: 82.

雌性：体中型，黑色。头部黑色，宽大于长，具刻点和毛，头顶上缘微弧形，下缘斜。复眼黄褐色，半球形。单眼大，淡黄色，位于复眼中心连线上方，彼此间距离大于到复眼的距离。额唇基不分瓣，顶端不在一弧线上，其长度的 1/2 多伸出头顶下缘，边缘上翘，不加宽，弧形，具细毛。前胸背板黑色，有粗刻点和稀疏毛，前胸斜面凸圆，宽大于高，中脊起强，全贯。肩角钝。上肩角细，尖，后弯，背腹扁平，向两侧平伸，不高于背盘部，其长等于两基间距离的 1/2。后突起直，屋脊形，顶端尖，不与翅接触，伸过前翅臀角。小盾片两侧外露少。前翅透明，基部黑色，不透明，有刻点和毛，翅脉粗，黄褐色，2 盘室，5 端室，第 1 盘室具短脉柄，端膜宽，Sc 脉近端部膨大。后翅 3 端室，白色、透明，多皱纹。胸、腹黑色。足褐色，后足转节内侧具齿。产卵瓣长刀状，端半部的基部 1/2 有 2 大齿，之外有若干小齿，顶端尖。第 9 腹背板后上角管状。

雄性：不详。

量度：♀体长 6.0 mm，肩角间宽 3.0 mm，上肩角间宽 3.5 mm。

分布：浙江（临安、舟山）、福建。

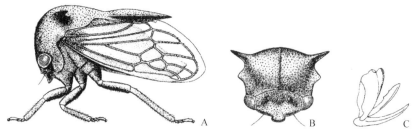

图 1-253　扁三刺角蝉 *Tricentrus depressicornis* Funkhouser, 1935（仿袁锋，2002）
A. 雌体侧面观；B. 头胸前面观；C. 外生殖器

（256）白胸三刺角蝉 *Tricentrus allabens* Distant, 1916（图 1-254）

Tricentrus allabens Distant, 1916a: 166.

雌性：体中小型，黑色。头部黑色，额唇基后倾，有粗刻点与金色毛，头顶上缘弧形，波曲，下缘倾斜，微曲，边缘上翘。复眼大，半球形，黄褐色。单眼浅黄色，大而明显，位于复眼中心连线上方，彼此间距离大于到复眼的距离。额唇基长大于宽，1/2 伸出头顶下缘，分瓣不明显，顶端不在一弧线上，中瓣端缘弧形，稍加宽，边缘上翘。前胸斜面宽大于高，中央凸圆，中脊起在近前缘缺如；胝黑色，有光泽。肩角发达，三角形，端部钝。上肩角伸向侧上方，顶端尖，后弯，其长小于两基间距离，背腹有脊。后突起纤细，直，有 3 条脊，顶端尖，伸过前翅臀角；中部红褐色。小盾片两侧外露。前翅淡褐色，基部黑色，有刻点和毛，之外有白毛斑透翅可见；翅脉粗，暗褐色，上有毛，2 盘室，5 端室，第 1 盘室有柄，Sc 脉近端部膨大。后翅白色，透明，3 端室。足黄褐色，后足转节内侧具弱齿。胸两侧有白毛斑，胸与腹部腹面黑色，有白色细毛。第 2 产卵瓣长刀状，端半部加宽，上缘具齿，其基部有 1 大齿，端部有数小齿，顶端尖。第 9 腹背板后上角短管明显。

雄性：不详。

量度：♀体长 6.0 mm，肩角间宽 2.2 mm，上肩角间宽 2.8 mm。

分布：浙江（舟山）、陕西、江苏、台湾、西藏；印度，缅甸，马来西亚，印度尼西亚。

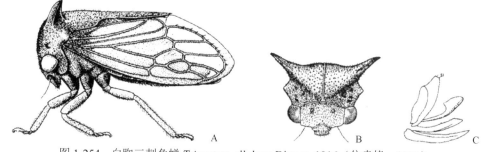

图 1-254　白胸三刺角蝉 *Tricentrus allabens* Distant, 1916（仿袁锋，2002）
A. 雌体侧面观；B. 头胸前面观；C. 外生殖器

（257）杭州三刺角蝉 *Tricentrus hangzhouensis* Yuan *et* Fan, 2002（图 1-255）

Tricentrus hangzhouensis Yuan *et* Fan *in* Yuan & Chou, 2002: 466.

雌性：体小型，褐色。头黑褐色，有刻点和毛，宽大于长，头顶上缘弧形，下缘倾斜，褐色；复眼黄褐色，有褐斑。单眼浅黄色，透明，位于复眼中心水平连线上方，彼此间距离大于到复眼的距离。额唇基长宽近等；侧瓣极狭，伸出头顶下缘之长几乎等于头顶下缘至中瓣顶端的 1/2；中瓣 1/2 伸出头顶下缘，顶端平直，边缘上翘，具长细毛。前胸背板褐色，凸圆，密被细刻点和金黄色短毛。前胸斜面前缘黑色，其宽大于高，中脊起弱而全贯；胝大，有毛。上肩角微突出，不伸过肩角。肩角发达，远超过上肩角。后突起短，基部微凹，端半部粗，顶端钝，黑色，恰伸达前翅臀角，中脊起强。小盾片两侧外露。前翅浅黄色透明；翅脉黄褐，上被 2 列细毛，第 1 盘室基部，第 4、5 端室基部及相连处翅脉褐色，基部褐色，有刻点和毛，不透明，2 盘室，5 端室；端膜狭。后翅白色，透明，多皱纹，3 端室。腹基部两侧有白毛斑透翅可见。足的转节、股节大部分锈褐色，股节端部与胫、跗节褐色；后足转节内侧有齿。胸两侧被白毛斑。

雄性：不详。

量度：体长 4.2 mm，肩角间宽 2.0 mm，上肩角间宽 1.9 mm。

分布：浙江（西湖）。

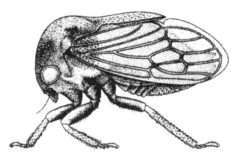

图 1-255　杭州三刺角蝉 *Tricentrus hangzhouensis* Yuan *et* Fan, 2002 雌体侧面观（仿袁锋，2002）

（258）新卡三刺角蝉 *Tricentrus neokamaonensis* Yasmeen *et* Ahmad, 1976（图 1-256）

Tricentrus neokamaonensis Yasmeen *et* Ahmad, 1976: 109.

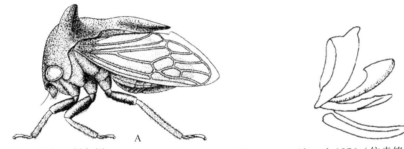

图 1-256　新卡三刺角蝉 *Tricentrus neokamaonensis* Yasmeen *et* Ahmad, 1976（仿袁锋，2002）
A. 雌体侧面观；B. 外生殖器

雌性：体小型，褐色。头部黑色，长大于宽，具粗刻点和金黄色伏毛；头顶上缘拱起，弧形，下缘倾斜，褐色，边缘上翘。复眼黄褐色，半球形。单眼黄褐色，位于复眼中心连线上方，彼此间距离大于到复眼的距离。额唇基长大于宽；侧瓣小，微露出头顶下缘；中瓣 1/2 伸出头顶下缘，端部扩大，顶端半圆形，边缘上翘。前胸背板锈褐色，密被刻点和金色粗毛。前胸斜面宽大于高，前缘中脊起弱；胝黑色，有毛和皱纹。肩角三角形，顶端稍钝。上肩角伸向侧上方，背腹扁平，顶端尖，黑色，微后弯，其长等于两基间距离。后突起三棱状，中央隆起，顶端黑色，尖，伸达前翅臀角。小盾片两侧外露多。前翅淡黄色，半透明，基部褐色，有刻点和毛，不透明，之外有白毛斑，透翅可见；翅脉明显，被 2 列刺毛，2 盘室，5 端室，第 1 盘室具柄，第 1、2、3 端室外的端膜褐色，Sc 脉近端部膨大。后翅白色，透明，3 端室，多皱纹。胸、腹锈黑色，胸侧被密毛。足的胫、跗节褐色；后足转节内侧具齿。第 2 产卵瓣长刀状，具齿部基部 1/2 有 2 个远离的大齿，端部 1/2 有数个整齐的小齿，顶端尖。第 9 腹背板后上角呈弯刺状。

雄性：不详。

量度：体长 5.1 mm，肩角间宽 2.4 mm，上肩角间宽 3.2 mm。

分布：浙江（天台）；孟加拉国。

第二章　沫蝉总科 Cercopoidea

主要特征：体小至中大型，体长 0.5–22.0 mm。体色多样，热带及亚热带地区的种类通常较鲜艳。体表多密被短的绒毛，有时具明显的刻点。头较前胸背板窄；头冠近三角形，前缘尖或较阔圆，常具唇基端。单眼 2 个，位于头顶背面。复眼近圆形。后唇基通常膨大，中央有时具纵沟或纵脊。触角 3 节，鞭节芒状。喙 3 节。前胸背板六边形，通常宽大于长，前缘直或略向前凸出，前、后侧缘通常等长。小盾片三角形，中央多浅凹陷；巢沫蝉科 Machaerotidae 的许多种类的小盾片特化成刺突。前翅革质，通常具短的 Sc 脉，静止时左右翅形成屋脊状。后翅前缘基部呈三角状突出。后足胫节外侧具短刺 1–2 根，后足胫节及跗节端部具成排的刺列。

生物学：沫蝉总科昆虫均为植食性昆虫，它们以刺吸式口器汲取寄主植物木质部的营养及水分，少部分种类可传播植物病害。成虫善跳跃。若虫分泌白色的泡沫状物，将身体隐匿于其中，通常生活在其寄主植物的叶片及枝干上，也有生活于近地表的土壤中。巢沫蝉科的若虫则隐藏在其营造的、位于其寄主植物茎干上的钙质管状物内。沫蝉总科与角蝉总科 Membracoidea 的种类外形近似，但后者后足胫节内外缘有几列众多的细刺，其端部无刺列，可资区别。

分布：世界各大动物地理区均有分布。世界已知 5 科约 315 属 3000 种，中国记录 3 科约 52 属 320 种，浙江分布 3 科 13 属 29 种。

分科检索表

1. 成虫小盾片大而长，平坦或形成棘状突起；前翅具明显的膜质端区；若虫营钙质管状物为巢 ··· **巢沫蝉科 Machaerotidae**
- 成虫小盾片较短，不呈棘状突起；前翅无膜质端区；若虫隐藏在唾沫似的分泌液中 ·················· 2
2. 复眼长宽略等；前胸背板前缘直或近平直，后缘直或向前微突出 ·····························**沫蝉科 Cercopidae**
- 复眼长大于宽；前胸背板前缘在复眼之间突出成角状，后缘凹入成角状 ·················**尖胸沫蝉科 Aphrophoridae**

三、尖胸沫蝉科 Aphrophoridae

主要特征：体小至中偏大型的种类。体色较暗。体表密被或稀疏绒毛，有或无明显的刻点。头顶具或无中纵脊。唇基端与后唇基之间分界明显。触角脊片状，有时厚并具沟。触角鞭节基部膨大，隐匿于梗节内或露出梗节之外，背面具锥形、板形及腔锥感器。前胸背板具或无中纵脊。喙短或长，顶端伸至前足基节间或后足基节之后。雄虫下生殖板通常大，从腹面盖住生殖刺突及阳茎干。后足胫节外侧具刺 2 根，偶为 1 根或 3–6 根。

分布：世界广布。世界已知 135 属 1300 种，中国记录 25 属 150 种，浙江分布 6 属 16 种。

分属检索表

1. 体表刻点细小不明显；喙较短，端部伸于中足转节之间 ·· 2
- 体表具较粗大而明显的刻点；喙长，端部伸抵后足转节之后 ·· 4
2. 头前伸成头突，长大于前胸背板 ···**象沫蝉属 Philagra**
- 头不前伸成头突，长短于前胸背板 ·· 3
3. 头冠和唇基端较长，颜面腹面观其顶端与两侧以及前、中胸侧板有 1 条黄白色的倒 "V" 字形纹；雄性生殖刺突顶端叉状

....**铲头沫蝉属 Clovia**

\- 头冠和唇基端部较短，颜面腹面观其顶端和两侧以及前、中胸侧板无黄色的倒 "V" 字形纹；雄性生殖刺突顶端非叉状 ····

....**圆沫蝉属 Lepyronia**

4. 腹面观雄虫下生殖板完全盖住生殖刺突及阳茎干 ···**尖胸沫蝉属 Aphrophora**

\- 腹面观雄虫下生殖板不完全盖住生殖刺突及阳茎干 ···5

5. 雄性下生殖板较宽（顶端除外）；生殖刺突端缘平宽；阳茎干极短 ······················**连脊沫蝉属 Aphropsis**

\- 雄性下生殖板较狭长；生殖刺突叉状；阳茎干较长，具明显的颈部 ······················**秦沫蝉属 Qinophora**

131. 铲头沫蝉属 *Clovia* Stål, 1866

Clovia Stål, 1866: 75. Type species: *Ptyelus bigoti* Signoret *in* Fairmaire *et* Signoret, 1858.

主要特征：包括体型变化较大的一些种类。体中偏小型。体背较平坦，被短的绒毛及细小的刻点。头顶长，略等于或长于前胸背板，背面无粗大刻点，中央无纵脊。唇基端部较宽大，纵向长，长约为头顶的 1/2。单眼彼此远离，单眼间距与单、复眼间距略等。触角鞭节基部的膨大部分隐藏于第 2 节内。触角檐薄叶状，无檐沟。颜面腹面观长，扁平，无刻点，中央无纵脊，其顶端与两侧及前、中胸侧板常有黄白色倒 "V" 字形纹。喙短，伸达中足基节。前胸背板平坦，无刻点，中央无纵脊，前缘圆，前侧缘短。后足胫节外侧刺 2 根。雄性下生殖板长，其基部宽阔，向端部渐收窄，左右贴近，从腹面完全盖住生殖刺突与阳茎；侧面观末端钩状。生殖刺突狭长，基半部膨大，端半部杆状、弯曲，其顶端叉状。阳茎干细长，管状，弯向背面，其端部或近基部通常有刺突。

生物学：水稻、芒果、芋头等。

分布：东洋区、旧热带区、澳洲区。世界已知 100 余种，中国记录近 20 种，浙江分布 3 种。

分种检索表

1. 体小，长小于 6.5 mm；颜面顶端与侧缘无伸向中胸侧板的倒 "V" 字形黄白色纹 ·····················**一点铲头沫蝉 C. puncta**

\- 体较大，长大于 6.5 mm；颜面顶端与侧缘有一条伸向中胸侧板的倒 "V" 字形黄白色纹 ···2

2. 体明显大，长大于 9.4 mm；雄性下生殖板顶端叉状 ·····························**多带铲头沫蝉 C. multilineata**

\- 体明显小，长小于 9.0 mm；雄性下生殖板顶端非叉状 ·····················**短刺铲头沫蝉 C. quadrangularis**

（259）多带铲头沫蝉 *Clovia multilineata* (Stål, 1865)（图 2-1）

Ptyelus multilineatus Stål, 1865: 154.

Clovia multilineata: Stål, 1866: 75.

主要特征：体较大，体长♂ 9.4–9.8 mm，♀ 10.2–12.4 mm。体黑褐色，头顶和前胸背板背面具 6 条黄色纵纹。颜面黑色，其顶端和侧缘有 1 条延伸至中胸侧板的宽的倒 "V" 字形黄白色斑纹。前唇基（基部除外）、喙基片（基部除外）及颊叶（基部除外）黄褐色，胸节侧板黄褐色。复眼之前的头冠前缘部分（包括触角檐、触角窝）及其之后的前胸侧缘区及中胸侧板外缘黑色。触角基节黄褐色。前唇基基部、后唇基、喙基片基部、颊叶基部、喙端节及中胸腹板黑色。前胸背板侧缘黑色。前翅前缘区中部前后 1 较大和 1 短小的缘斑、革片端半部 2 条伸向翅端的条纹，以及爪片上 2 条伸向翅端的条纹黄色，革片和爪片内侧的纵向条纹在翅端部分相交。足黄褐色。腹部背面和腹面黄褐色，雄虫下生殖板末端刺突暗褐色。雄性生殖器结构如图 2-1 所示。

分布：浙江（杭州）。文献学上本种在我国台湾、广东、海南、广西、四川和云南，以及越南的分布记录很可能是错误鉴定的结果。

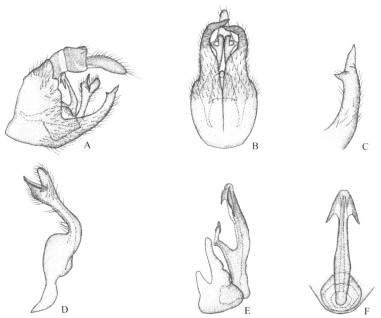

图 2-1　多带铲头沫蝉 *Clovia multilineata* (Stål, 1865)雄性生殖器

A. 生殖节，侧面观；B. 生殖节，腹面观；C. 下生殖板端半部，侧腹面观；D. 生殖刺突，侧腹面观；E. 阳茎干，侧面观；F. 阳茎干，尾面观

（260）一点铲头沫蝉 *Clovia puncta* (Walker, 1851)（图 2-2）

Ptyelus punctum Walker, 1851b: 718.

Clovia puncta: Distant, 1908a: 94.

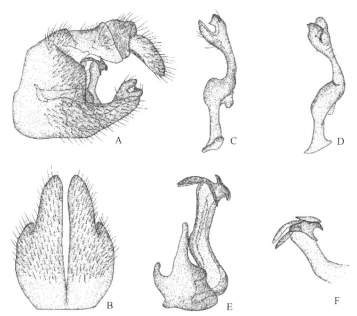

图 2-2　一点铲头沫蝉 *Clovia puncta* (Walker, 1851)雄性生殖器

A. 生殖节，侧面观；B. 生殖节，腹面观；C、D. 生殖刺突，侧腹面观；E. 阳茎干，侧面观；F. 阳茎干顶端，背侧面观

　　主要特征： 小型种，体长♂ 5.0–5.5 mm，♀ 5.6–6.0 mm；体浅草黄色。颜面色较深，前面观前缘两侧各有 1 个小黑色斑点。前翅在爪片缝顶端外侧的革片内缘上有 1 小的浅黑色斑点。雄性生殖器结构如图 2-2 所示。本种是我国铲头沫蝉属 *Clovia* 已知种类中体型最小的种，易于识别。

　　寄主植物： 孟仁草、龙爪茅、牛筋草、马唐、白檀香、水稻等禾本科植物。

　　分布：浙江（舟山、温州）、江苏、湖北、江西、湖南、福建、台湾、广东、海南、广西、四川、贵州、云南；日本，印度。

（261）短刺铲头沫蝉 *Clovia quadrangularis* Metcalf *et* Horton, 1934（图 2-3）

Clovia quadrangularis Metcalf *et* Horton, 1934: 422, pl. 43, figs. 138, 142.

　　主要特征：体长♂ 6.6–8.2 mm，♀ 7.4–9.0 mm。头顶、前胸背板及小盾片黄褐色，三者的背面分别有 6、9 和 2 条褐色纵带，头顶前缘中央有 2 条栗褐色横纹。复眼灰黑色，中间有 2 条黄褐色纵纹。单眼灰白色。喙基节黄褐色，端节暗褐色。前翅黄褐色，革片上杂有黑色和黄白色，前缘中央和顶端各有 1 大的白色透明斑，自翅顶角有 1 条前缘走向的黑色斜带，内缘在爪片缝末端有 1 黑色点状斑。头部腹面及前胸与中胸的侧板、腹板栗褐色或暗褐色，颜面顶端与两侧及前胸和中胸侧板有 1 条倒 "V" 字形黄白色纹，后胸的侧板和腹板、足及腹节黄褐色，足的爪及后足股节端半部与胫节大部暗褐色，前足和中足的股节与胫节有时暗褐色。雄性生殖器结构如图 2-3 所示，阳茎干顶端有 2 条指向前下方的短的刺突。

　　本种与松铲头沫蝉 *C. conifera* (Walker) 较近似，但本种体较狭长，阳茎干端部的刺突极短，指向前下方，可资区别。

　　寄主植物：木麻黄、弗氏木麻黄、粗枝木麻黄、番石榴。

　　分布：浙江（丽水）、江苏、安徽、湖北、江西、湖南、福建、台湾、广东、海南、香港、澳门、广西、四川、贵州、云南；泰国。

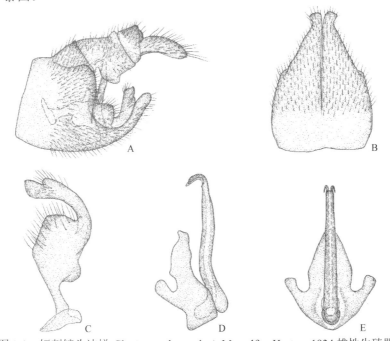

图 2-3　短刺铲头沫蝉 *Clovia quadrangularis* Metcalf *et* Horton, 1934 雄性生殖器
A. 生殖节，侧面观；B. 生殖节，腹面观；C. 生殖刺突，侧腹面观；D. 阳茎干，侧面观；E. 阳茎干，尾面观

132. 象沫蝉属 *Philagra* Stål, 1863

Chalepus Walker, 1851b: 731. (Preoccupied by *Chalepus* Thunberg 1805)

Philagra Stål, 1863b: 593. Type species: *Philagra douglasi* Stål, 1863.

　　主要特征：小至中偏大型的种类，体较狭长，体表无明显刻点。头在复眼之前向前上方突出成头突，其长度略等于或长于前胸背板与小盾片之和，头突的背、侧及腹面有或没有纵脊。唇基端随头顶前伸长而大，其纵向长度大于基部最宽处横向长度，无或具中纵脊。单眼彼此远离，单眼间距大于单、复眼间距。触角鞭节膨大的基部隐藏于梗节内，表面着生锥形感器 2 根及 10 余个腔锥感器。触角脊叶状，无檐沟。颜面纵向长，表面平坦无刻点，有或没有中脊，部分种类的颜面两侧及前、中胸侧板常常具倒"V"字形黄白色斑纹。喙短，末端伸于中足基节之间。前胸背板平坦，无中脊；前缘较圆，前侧缘短，后缘向前突出。前翅革质，翅表脉纹不明显；前缘弓形弯曲，顶角尖。后足胫节外侧具刺 2 根，后足第 2 跗节二叶状，其内侧叶长于外侧叶。雄虫尾节侧面观短，向体后方突出；肛节及肛突大而长。下生殖板大而长，二板左右接近，从腹面完全覆盖住生殖刺突及阳茎干；板的基部宽阔，向端部收窄，末端钩状，弯向背前方。生殖刺突基半部膨大，端半部狭长、弯曲，顶端叉状。阳茎干管状，狭长，侧面观弯向背前方，端部常具 2 根沿茎干外侧下垂的刺突，生殖孔位于茎干端部后上方。

分布：古北区、东洋区、澳洲区。世界已知 30 余种，中国记录近 20 种，浙江分布 4 种。

分种检索表

1. 头突腹面两侧及前、中胸侧板具 1 倒"V"字形黄色斑纹 ·· 白纹象沫蝉 *P. albinotata*
- 头突腹面两侧及前、中胸侧板无倒"V"字形黄色斑纹 ·· 2
2. 头突长，长于前胸背板及小盾片长度之和；前翅翅表具 4 个黄白色斑 ····················· 四斑象沫蝉 *P. quadrimaculata*
- 头突较短，短于前胸背板及小盾片长度之和 ··· 3
3. 头突较宽；前翅前缘区近翅尖 1/3 处有 1 黄色带状斜斑 ······································· 黄翅象沫蝉 *P. dissimilis*
- 头突较尖细；前翅前缘区近翅尖 1/3 处无黄色带状斜斑 ··· 细突象沫蝉 *P. subrecta*

（262）白纹象沫蝉 *Philagra albinotata* Uhler, 1896（图 2-4）

Philagra albinotata Uhler, 1896: 286.

主要特征：体较短小，体长 ♂ 11.0–12.0 mm，♀ 12.0–13.5 mm。体棕褐色，头突背面及其腹面端半部色深、近暗黑色，头突腹面自端部具 1 伸至前、中胸侧板的倒"V"字形黄色斑纹（图 2-4B、C），小盾片顶端黄色，前翅前缘区中部之后有 1 条自前缘向爪片缝顶端方向伸出的短的黄色斜带。头突较细长，近等于前胸背板及小盾片长度之和，向体前上方较平缓地伸出（图 2-4C）；头突背面及后唇基无中纵脊（图 2-4）。

分布：浙江、北京、陕西、江苏、安徽、湖北、湖南、福建、广西、四川、贵州、云南；日本。

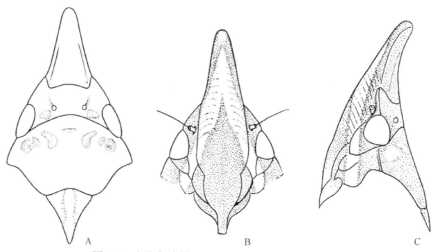

图 2-4　白纹象沫蝉 *Philagra albinotata* Uhler, 1896

A. 头部、前胸背板及小盾片，背面观；B. 头部，腹面观；C. 头部、前胸背板及小盾片，侧面观

（263）四斑象沫蝉 *Philagra quadrimaculata* Schmidt, 1920（图 2-5）

Philagra quadrimaculata Schmidt, 1920: 125.

主要特征： 体较大且狭长，体长♂ 11.8–13.0 mm，♀ 13.6–15.4 mm。体暗褐色，头突背面及其腹面端半部色深、近黑色；颜面褐色，部分种类的颜面两侧及前、中胸侧板无倒 "V" 字形黄白色斑纹。前翅爪片缝中央 1 小的圆形斑及前缘区中部之后 1 条自前缘向爪片缝顶端方向伸出的短的斜带黄色，前者有时很小或者消失。胸节腹面、足及腹节黄褐色。足的爪、前足和中足的第 2 与第 3 跗节、后足胫节外侧刺与端刺的刺尖及后足第 1 与第 2 跗节端刺的刺尖黑色。头突细长，向体前上方弧形伸出，其两侧近平行，长大于前胸背板与小盾片之和，其背、侧及腹面无纵脊。唇基端及颜面无中脊。雄虫尾节后缘（图 2-5A）侧面观向体后方突出，侧面观后缘与下生殖板上缘之间的夹角尖；肛节及肛突（图 2-5A）大而长。下生殖板（图 2-5A、B）大而长，左右接近，从腹面完全盖住生殖刺突及阳茎干；板的基部宽阔，向端部收窄，末端钩状，弯向背前方。生殖刺突（图 2-5A、C）大，侧面观背缘近端部深凹入，顶端明显掘开，叉状，上齿明显大而长。阳茎干（图 2-5A、D、E）管状，细长，侧面观弯向体背前方；尾面观端部（图 2-5E）略膨大，无刺突。

分布： 浙江（杭州）、陕西、安徽、湖北、江西、福建、广东、广西、四川、西藏。

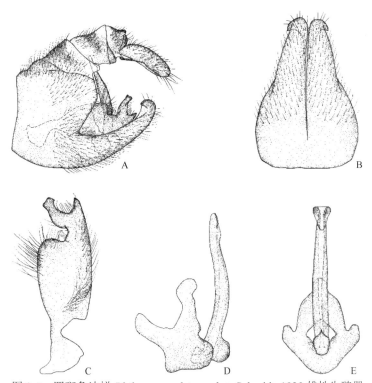

图 2-5 四斑象沫蝉 *Philagra quadrimaculata* Schmidt, 1920 雄性生殖器
A. 生殖节，侧面观；B. 生殖节，腹面观；C. 生殖刺突，侧腹面观；D. 阳茎干，侧面观；E. 阳茎干，尾面观

（264）黄翅象沫蝉 *Philagra dissimilis* Distant, 1908（图 2-6）

Philagra dissimilis Distant, 1908b: 109.

主要特征： 体短阔，体长♂ 10.0–12.8 mm，♀ 10.8–14.0 mm。体背面黄褐色或暗褐色，头顶至小盾片末端常有 1 条黑色中纵带，前胸背板后缘中央 1 斑点及小盾片的尖黄色，前翅表面不规则散布黄色斑点，前翅前缘区近翅尖 1/3 处有 1 黄色带状斜斑（该斑有时不显或无）。头与胸节腹面及足棕褐色，后唇基大部及喙的端节黑褐色或黑色，后足胫节外侧刺与端刺的刺尖及后足第 1、2 跗节端刺的刺尖黑色。腹节黑褐色。头突短而粗，与前胸背板近等长，其背、侧及腹面无纵脊。雄性生殖器结构见图 2-6，阳茎干端部有 2 条较长的刺突伸向后下方（图 2-6C）。

　　分布：浙江（杭州、衢州）、安徽、湖北、江西、湖南、福建、广东、海南、广西、四川、贵州、云南；印度，越南，泰国。

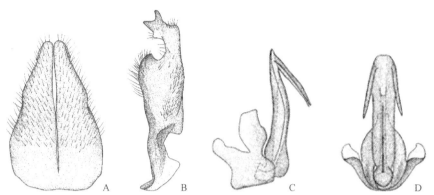

图 2-6　黄翅象沫蝉 *Philagra dissimilis* Distant, 1908 雄性生殖器
A. 下生殖板，腹面观；B. 生殖刺突，侧腹面观；C. 阳茎干，侧面观；D. 阳茎干，尾面观

（265）细突象沫蝉 *Philagra subrecta* Jacobi, 1921

Philagra subrecta Jacobi, 1921: 30.

　　主要特征：体狭长，体长♂ 8.8–12.8 mm，♀ 9.8–14.4 mm。本种与黄翅象沫蝉 *P. dissimilis* Distant 外形较近似，但本种体狭长，头突较细长，其长度约为前胸背板的 1.5 倍，头突侧面有纵脊，前翅表面无明显的色斑，可资区别。

　　寄主植物：深山含笑。

　　分布：浙江（丽水）、江西、福建、台湾、广东、海南、广西、四川、云南、西藏；越南。

133. 圆沫蝉属 *Lepyronia* Amyot *et* Serville, 1843

Lepyronia Amyot *et* Serville, 1843a: 567. Type species: *Cicada coleoptrata* Linnaeus, 1758.

　　主要特征：体小型，近圆形，体背平坦，密被较长的绒毛，无明显刻点。头顶较长，略短于前胸背板，无中脊。唇基端较大。单眼较接近，单眼间距略小于单、复眼间距。触角第 3 节隐藏于第 2 节内。触角檐薄叶状，无檐沟。颜面无中脊，两侧有侧横脊线。喙短，伸达中足基节。前胸背板平坦，无中脊，前缘圆，前侧缘短。前翅短，前缘弓形弯曲，十分凸起。后足胫节外侧刺 2 根。雄性下生殖板大而长，从腹面完全覆盖住生殖刺突和阳茎干。生殖刺突极狭长。阳茎干顶端常具较长的下垂的刺突。

　　分布：古北区、东洋区（北部）、新北区。世界已知 20 余种，中国记录 4 种，浙江分布 1 种。

（266）岗田圆沫蝉 *Lepyronia okadae* (Matsumura, 1903)（图 2-7）

Euclovia okadae Matsumura, 1903: 25, figs. 5, 5A, B.
Lepyronia okadae: Liang, 1997: 311.

　　主要特征：体小型，体长♂ 5.6–6.6 mm，♀ 5.8–7.2 mm。体背黄褐色，前翅端部具 2 条斜带，其中 1

条宽且直、自爪片缝末端的内缘伸至前缘，另 1 条细且弧形、自顶角伸至前缘。体腹面暗褐色，喙基节、后胸侧板与腹板、后足基节与跗节及生殖节黄褐色。雄性生殖器结构如图 2-7 所示。

本种与鞘圆沫蝉 *L. coleoptrata* (Linnaeus) 外形近似，但二种在体型大小、前翅色斑及雄性生殖器结构上有异，可资区别。

寄主植物：水稻，禾本科杂草。

分布：浙江（湖州、杭州）、黑龙江、河北、山东、江苏、安徽、湖北、福建、四川、贵州；朝鲜，日本。

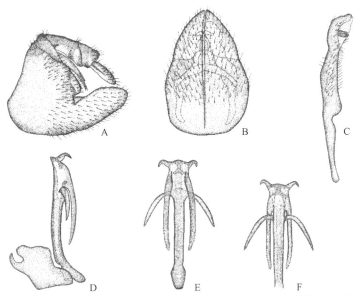

图 2-7 岗田圆沫蝉 *Lepyronia okadae* (Matsumura, 1903)雄性生殖器

A. 生殖节，侧面观；B. 生殖节，腹面观；C. 生殖刺突，侧腹面观；D. 阳茎干，侧面观；E. 阳茎干，尾面观；F. 阳茎干，前面观

134. 尖胸沫蝉属 *Aphrophora* Germar, 1821

Aphrophora Germar, 1821: 48. Type species: *Cercopis alni* Fallén, 1805.

Miphora Matsumura, 1940a: 37, 61. Synonym of *Aphrophora* by Liang, 1998: 241.

主要特征：小到中型的种类，体表具明显、较粗大的刻点，并被短的绒毛。头短而宽，长小于前胸背板的 1/2，前缘常较尖，中央有明显的中纵脊；背面观复眼最宽处稍宽于前胸背板。唇基端纵向短，横向狭长，近矩形，其宽约为长的 2 倍，其长约为整个头顶长的 1/3。头顶在单复眼之间近头冠后缘具明显的横向脈斑。单眼相互接近，单眼间距约为单、复眼间距的 1/2。触角檐叶状，无檐沟。触角鞭节基部膨大，露于梗节之外，其表面通常具 3 个板形感器及多个小型的腔锥感器。颜面较扁平，密布粗大刻点，中央具纵脊，两侧有明显的横脊线。喙长，顶端伸于后足基节间。前胸背板宽大，近六边形，表面密布粗大刻点，具明显的中纵脊；中部之前侧区中央具 2 块斜向复眼内缘的较大的长形脈斑区；中后部明显背向隆起；前缘呈钝角向前突出；前侧缘十分短，短于复眼沿头顶侧缘方向直径的 1/3；后侧缘明显长；后缘头向微突出。前翅长约为宽的 2.5 倍，表面密布粗大刻点，前缘弧形，翅表脉纹凸出、明显，翅端较阔圆。后足胫节外侧刺 2 根。雄虫尾节宽大，后缘中央具明显的锥形突起；肛节及肛突大而长。下生殖板较大，短于尾节，从腹面完全覆盖住生殖刺突及阳茎干；板的基部与尾节完全愈合，左右板基部常愈合，在端部分开。下生殖板大而长，顶端足形，端缘明显宽。阳茎干十分短小；生殖孔位于阳茎干顶端。

分布：古北区、东洋区、新北区。世界已知 100 余种，中国记录近 20 种，浙江分布 6 种。

分种检索表

1. 头顶和前胸背板前半部中央有 1 条宽的黑褐色纵带 ································ 松尖胸沫蝉 *A. flavipes*
- 头顶和前胸背板前半部中央无宽的黑褐色纵带 ·· 2
2. 前胸背板盘区在中脊线两侧各有 1 个小的黑褐色斑点 ···················· 竹尖胸沫蝉 *A. notabilis*
- 前胸背板盘区在中脊线两侧无小的黑褐色斑点 ··· 3
3. 体背一致淡草黄色 ·· 海滨尖胸沫蝉 *A. maritima*
- 体背颜色不如上述 ·· 4
4. 前翅基部 1/3 处白色斜带后侧的脉纹上有排成 1 斜列的 5 条黑色短纹 ······ 毋忘尖胸沫蝉 *A. memorabilis*
- 前翅翅表脉纹上无排成 1 斜列的 5 条黑色短纹 ··· 5
5. 体较大，体长♂ 9.8–11.0 mm，♀ 10.2–11.4 mm；前翅中央的白色横带直 ······ 横带尖胸沫蝉 *A. horizontalis*
- 体较小，体长♂ 8.0–9.0 mm，♀ 8.2–9.2 mm；前翅中央之前的乳白色横带斜向分布 ······ 小白带尖胸沫蝉 *A. obliqua*

（267）松尖胸沫蝉 *Aphrophora flavipes* Uhler, 1896

Aphrophora flavipes Uhler, 1896: 289.

主要特征： 体长♂ 9.0–9.5 mm，♀ 9.5–10 mm。体黄褐色。复眼黑褐色，单眼红色。头宽 2–3 mm，头顶向前方突出，头顶中央黑褐色。前胸背板淡褐色，前半部中央有 1 条宽的黑褐色纵带，中脊明显。前翅灰褐色，前缘及后缘色浅，中部前后自前缘分别有 1 条伸向小盾片顶端和爪片缝顶端的茶褐色色带。

寄主植物： 赤松、油松、樟子松、黑松、落叶松、华山松、白皮松。

分布： 浙江（舟山）、吉林、辽宁、北京、河北、山东、福建、四川；朝鲜，日本。

（268）横带尖胸沫蝉 *Aphrophora horizontalis* Kato, 1933（图 2-8）

Aphrophora horizontalis Kato, 1933: 228, pl. 15, fig. 2.

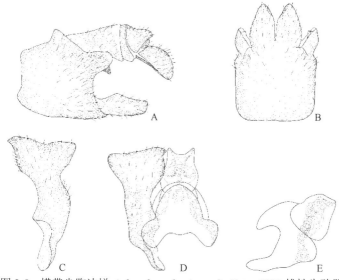

图 2-8　横带尖胸沫蝉 *Aphrophora horizontalis* Kato, 1933 雄性生殖器
A. 生殖节，侧面观；B. 生殖节，腹面观；C. 生殖刺突，侧腹面观；D. 阳茎和左生殖刺突，腹面观；E. 阳茎干，侧面观

主要特征： 体长♂ 9.8–11.0 mm，♀ 10.2–11.4 mm。头顶、前胸背板前半部及小盾片黄褐色，前胸背板后半部暗褐色。复眼灰色或浅黑色，单眼水红色。触角第 1 和第 2 节黄褐色，第 3 节暗褐色。后唇基黄褐色，表面刻点暗褐色；前唇基、喙基片、颊叶及触角窝暗褐色。喙基节黄褐色，端节黑褐色。前翅乳白色，

翅基、翅中央之后 1 横带、爪片脉纹 1A 与 2A 中央的各 1 条短纹、爪片缝末端之后内缘上的 1 短纹及其内侧 Cu_1 与 M 脉上的各 1 条短纹暗褐色至黑褐色。胸节腹面暗褐色。足黄褐色，基节、爪、前足和中足股节与胫节上各 2 条环带、后足股节及后足胫节端部暗褐色。雄性生殖器结构如图 2-8 所示。

　　寄主植物：佛肚竹、桂竹、紫竹、毛竹、金竹、玉山竹。

　　分布：浙江（湖州、杭州）、安徽、湖北、江西、湖南、福建、台湾、广东、广西、四川、贵州、云南。

（269）海滨尖胸沫蝉 *Aphrophora maritima* Matsumura, 1903（图 2-9）

Aphrophora maritima Matsumura, 1903: 41, fig. 16.

Petaphora maritima: Matsumura, 1942: 69.

　　主要特征：体长♂ 9.0–10.0 mm，♀ 9.4–11.0 mm。体淡草黄色，单眼水红色，颜面中央（中脊除外）及其两侧横脊线间刻点、触角第 3 节及喙暗黑色，触角窝、颊叶、胸节腹板及足不规则夹杂暗黑色，后足胫节外侧刺及其端节与跗节端刺的刺尖黑色，腹节腹板褐色。体背面较平坦而光滑；头较长，大于前胸背板长度的 1/2；唇基端前缘弧形；喙短，伸于中足转节之间。雄性生殖器结构如图 2-9 所示。

　　寄主植物：黑杨、当归属（伞形科）。

　　分布：浙江（杭州、丽水）、陕西、江苏、安徽、湖北、江西、湖南、福建、广东、海南、广西、四川、贵州；俄罗斯滨海区，朝鲜，韩国，日本。

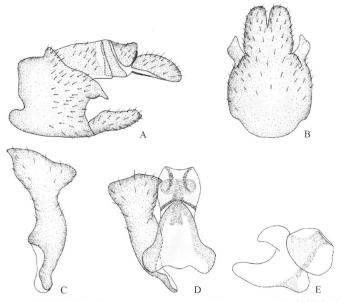

图 2-9　海滨尖胸沫蝉 *Aphrophora maritima* Matsumura, 1903 雄性生殖器
A. 生殖节，侧面观；B. 生殖节，腹面观；C. 生殖刺突，侧腹面观；D. 阳茎干和左生殖刺突，腹面观；E. 阳茎干，侧面观

（270）毋忘尖胸沫蝉 *Aphrophora memorabilis* Walker, 1858（图 2-10）

Aphrophora memorabilis Walker, 1858: 186.

Cercopis memorabilis: Lallemand, 1912: 61.

　　主要特征：体较大且宽，体长♂ 11.0–12.0 mm，♀ 11.2–13.0 mm。体黄褐色。复眼灰黑色，单眼水红色。前翅基部 1/3 处有 1 条白色斜带，其两侧黑褐色，白带后侧的脉纹上有排成 1 斜列的 5 条黑色短纹，M 脉近基部及 Cu_1 脉近端部各具 1 条黑色短纹，翅端部灰白色。体腹面黄褐色；颜面刻点、喙端节及足的爪暗褐色；后足胫节外侧刺与端刺的刺尖及后足第 1、2 跗节端刺的刺尖黑色。腹节腹板盘区有时棕褐色。雄性生殖器结构如图 2-10 所示。

本种分布较广，其体色变化较大，体背有时草黄色，近翅基及翅端的白色带不显或无，翅表只有中部之前脉纹上排成 1 斜列的 5 条黑色短纹及 M 脉近基部与 Cu_1 脉近端部的各 1 条黑色短纹。

寄主植物：竹子等。

分布：浙江（湖州、杭州、丽水）、陕西、江苏、安徽、湖北、江西、湖南、福建、台湾、广东、广西、四川、贵州、云南；日本。

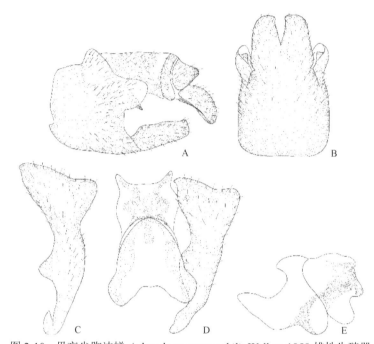

图 2-10 毋忘尖胸沫蝉 *Aphrophora memorabilis* Walker, 1858 雄性生殖器

A. 生殖节，侧面观；B. 生殖节，腹面观；C. 生殖刺突，侧腹面观；D. 阳茎和右生殖刺突，腹面观；E. 阳茎干，侧面观

（271）竹尖胸沫蝉 *Aphrophora notabilis* Walker, 1858（图 2-11）

Aphrophora notabilis Walker, 1858: 186.

Aphrophora notabilis: Lu & Xu, 1992: 687, 692. [Misidentified as *Aphrophora horizontalis* Kato, 1993.]

主要特征：体长 ♂ 7.5–8.5 mm，♀ 8.5–9.8 mm。体黄褐色。复眼烟黑色，单眼鲜红色。单、复眼间有 1 个小的黑斑。前胸背板盘区中脊两侧各有 1 个小的黑褐色斑点，但在有的个体中该黑褐色斑点缺如。颊中央具 1 小的黑点。前翅爪片及革片内侧黄白色，革片（除内侧外）烟黑色，中部之前自前缘区有 1 条斜向小盾片顶端的白色横带，中部之后的前缘区有 1 个较大的近月牙形的白斑；爪片中部有斜向排列的 2 个黑褐色斑点，其中外侧的 1 个大，内侧的 1 个明显小；爪片基部近爪片缝有 1 个小的黑褐色斑点。头短而阔，长小于前胸背板的 1/2，中央有明显的纵脊。唇基端横向狭长，近矩形，其宽约为长的 2 倍，其长约为整个头顶的 1/3。单眼接近，单眼间距约为单、复眼间距的 1/2。触角檐叶状，无檐沟。触角第 3 节明显，不隐藏于第 2 节内。颜面扁平，密布粗大刻点，中央具纵脊，两侧有明显的横脊线。喙长，伸达后足基节。前胸背板宽大，近六边形，密布粗大刻点，前端有大的胝斑，中央具纵脊，前缘呈钝角向前突出；前侧缘短，后缘浅凹入。前翅长约为宽的 2.5 倍，密布粗大刻点，前缘弧形，翅表脉纹凸出、明显，翅端阔圆。雄性生殖器结构如图 2-11 所示。

寄主植物：毛竹、刚竹、淡竹、早竹、甜竹、红壳竹、五月季竹、角竹及小径杂竹。

分布：浙江（杭州、宁波）、陕西、安徽、江西、湖南、福建、广东、广西、四川。

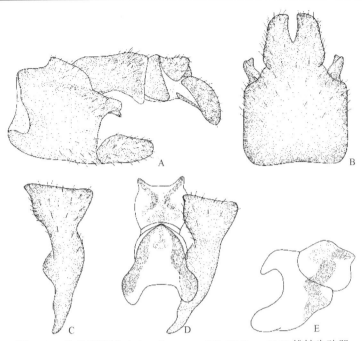

图 2-11 竹尖胸沫蝉 *Aphrophora notabilis* Walker, 1858 雄性生殖器
A. 生殖节，侧面观；B. 生殖节，腹面观；C. 生殖刺突，侧腹面观；D. 阳茎干和右生殖刺突，腹面观；E. 阳茎干，侧面观

（272）小白带尖胸沫蝉 *Aphrophora obliqua* Uhler, 1896

Aphrophora obliqua Uhler, 1896: 288.

Trigophora obliqua: Matsumura, 1942: 92.

　　主要特征：体较细小，体长♂ 8.0–9.0 mm，♀ 8.2–9.2 mm。头顶及前胸背板前半部黄褐色，前胸背板后半部暗褐色。小盾片褐色，其侧缘黄褐色。复眼灰色或浅黑色，单眼水红色。触角第 1、2 节黄褐色，第 3 节褐色。后唇基（侧区除外）黄褐色，后唇基侧区、前唇基、喙基片、颊叶及触角窝褐色。喙基节黄褐色，端节漆黑色。前翅暗褐色，中央之前 1 条自前缘向小盾片顶端方向斜向伸出的横带乳白色，翅端区灰白色。前胸和中胸的侧、腹板及前、中足褐色至暗褐色，后胸侧、腹板及后足黄褐色，后足胫节外侧刺与端刺的刺尖及后足第 1、2 跗节端刺的刺尖黑色。腹节红褐色。

　　分布：浙江（杭州）、河南、陕西、甘肃、安徽、湖北、江西、福建、广西、四川、贵州；日本。

135. 连脊沫蝉属 *Aphropsis* Metcalf *et* Horton, 1934

Aphropsis Metcalf *et* Horton, 1934: 409. Type species: *Aphropsis gigantea* Metcalf *et* Horton, 1934.

　　主要特征：体中到大型，体表密被粗大刻点及短的绒毛。头短而宽，长短于前胸背板的 1/2，具明显的中脊。唇基端横向狭长，其纵长约为整个头顶长度的 1/3。单眼彼此接近，单眼间距约为单、复眼间距的 1/2。触角檐短而厚，具浅的檐沟。触角鞭节基部膨大，露于梗节之外。颜面较扁平，表面密布粗大刻点，具中脊，两侧有明显的横脊线。喙长，端部伸达后足基节。前胸背板宽大，近六边形，表面密布粗大刻点，前端有 2 个大型的胝，具中脊；前缘呈钝角向前突出，前侧缘短，后缘向前微突出。前翅密布粗大刻点，翅表脉纹凸起明显。后足胫节外侧刺 2 根。

　　本属与尖胸沫蝉属 *Aphrophora* Germar 外形近似，但本属种类体较大，触角檐厚并具浅的檐沟，可资区别。

　　分布：东洋区（中国秦岭以南的地区）。世界已知 4 种，均分布于中国，浙江分布 1 种。

（273）大连脊沫蝉 *Aphropsis gigantea* Metcalf *et* Horton, 1934（图 2-12）

Aphropsis gigantea Metcalf *et* Horton, 1934: 409, pl. 39, fig. 51, pl. 41, figs. 96, 101.

　　主要特征：体大型，体长♂ 16.4–18.0 mm，♀ 17.5–20.2 mm。头顶浅黑色，其前缘、后缘、中脊及单眼与复眼之间的胝黄褐色。复眼灰黑色或黑色，单眼水红色。触角基节黄褐色。颜面黄褐色，后唇基表面的刻点、前唇基的侧区、喙基片中上部的中央及颊叶在复眼内侧的部分（包括触角窝）均暗褐色。喙黄褐色，其端节的端半部黑褐色。前胸背板前半部黄褐色，背表刻点暗褐色；后半部铁锈色。小盾片暗褐色。前翅暗褐色，翅脉铁锈色并不规则夹杂黄褐色。胸节腹面黄色，前胸和中胸侧板杂有黑色，中胸腹板内侧黑色。足黄褐色，爪、股节端部、前足与中足胫节基部及端部的各 1 条环带，以及后足胫节端部、前足与中足的第 1 跗节及后足第 3 跗节的端部均黑褐色。后足胫节外侧刺与端刺的刺尖及后足第 1、2 跗节端刺的刺尖黑色。腹节腹板中央及雄性下生殖板黑褐色。体背面及后唇基表面的刻点大而密。触角檐短厚，檐沟浅而不显。前翅脉纹凸出明显。雄虫下生殖板（图 2-12A、B）大而长，基部内侧 2/3 与尾节愈合；左右生殖板明显分开，板的内缘在近端部掘开，其顶端明显窄。生殖刺突如图 2-12C 和 2-12D 所示。阳茎干非常短小（图 2-12D、E）。

　　本种是尖胸沫蝉科我国已知种类中体型最大的物种，其前胸背板前半部黄褐色，雄性下生殖板（图 2-12A、B）的形状特异，易于识别。

　　分布：浙江、山西、陕西、安徽、湖北、江西、湖南、福建、重庆、四川、贵州、云南。

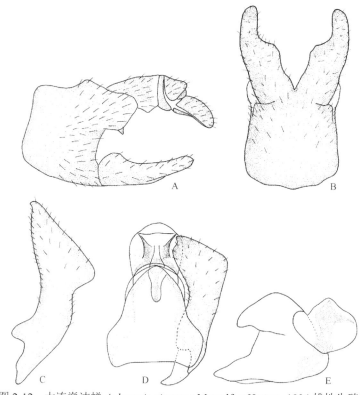

图 2-12　大连脊沫蝉 *Aphropsis gigantea* Metcalf *et* Horton, 1934 雄性生殖器

A. 生殖节，侧面观；B. 生殖节，腹面观；C. 生殖刺突，侧腹面观；D. 阳茎干及右生殖刺突，腹面观；E. 阳茎干，侧面观

136. 秦沫蝉属 *Qinophora* Chou *et* Liang, 1987

Qinophora Chou *et* Liang, 1987: 29. Type species: *Qinophora sinica* Chou *et* Liang, 1987.

主要特征： 体较大型。头较长，窄于前胸背板，中央具纵脊。唇基端横向狭长，其宽约为长的 2 倍，侧、后缘内陷。单眼相近，单眼间距约为各自与邻近复眼之间距离之半。触角檐较厚，无檐沟。触角鞭节基部膨大，露出于梗节之外。颜面中度膨大，表面着生有粗大的刻点，具中纵脊，两侧横脊线较明显。喙长，顶端伸达后足基节间。前胸背板较大，背面被粗大的刻点，前端胝眍区明显，具中纵脊；前缘在复眼之间向前呈角状突出，前侧缘较长。小盾片较大，中央浅凹陷，具横皱。前翅半透明，翅表密被较粗大的刻点，翅脉明显，外缘近翅尖的翅室大且明显。后足胫节外侧刺 2 根。

分布： 东洋区（中国，印度）。世界已知 2 种，中国记录 1 种，浙江分布 1 种。

（274）中华秦沫蝉 *Qinophora sinica* Chou *et* Liang, 1987（图 2-13）

Qinophora sinica Chou *et* Liang, 1987: 29, figs. 1-2.

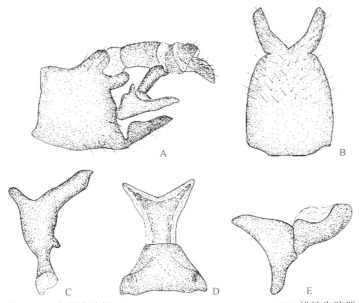

图 2-13　中华秦沫蝉 *Qinophora sinica* Chou *et* Liang, 1987 雄性生殖器
A. 生殖节，侧面观；B. 生殖节，腹面观；C. 生殖刺突，侧腹面观；D. 阳茎干，腹面观；E. 阳茎干，侧面观

主要特征： 较大型的种类，体长♂ 14.6–15.2 mm，♀ 15.0–15.7 mm。体背大部分黑褐色，被较粗大的刻点及不规则的黄褐色斑纹。头冠背面黄褐色，唇基端前侧区（有时为整个唇基端）、复眼与唇基端之间的侧缘区中部、复眼内侧的胝斑及单眼之后的头冠侧缘均为黑褐色；头部腹面黑褐色，触角、触角檐、颜面顶端的 1 "T" 形纹及后唇基与前唇基交接处的 1 短而窄的横带均为淡黄色；头冠前缘钝圆。颜面中央有时具 1 条淡黄色的纵向窄带。喙褐黄色，其顶端黑褐色。前胸背板前端 1/3 部分黄褐色，散布黑褐色刻点，胝凹大且明显；后端 2/3 部分黑褐色，其侧区中央各有 1 条不达后侧缘的淡黄色纵向条纹，背面观近呈 "八" 字形排列；中脊前 1/2 明显、黑褐色，后 1/2 不显、淡黄色，二者汇合处的淡黄色纵带向左、右侧前方分叉形成 "Y" 形。小盾片黑褐色，其末端及侧缘前 1/2 淡黄色。前翅黑褐色，前缘中部前后的各 1 个近长卵形的斑及爪片末端之外革片内缘上的 1 小的窄斑淡黄白色。前胸和中胸腹板黑褐色，中胸侧区中部各有 1 条短的淡黄色纵带；后胸腹板淡黄色。足黄褐色，前足和中足股节及胫节上的各 2 条环带及后足股节上的 1 条环带黑褐色。腹节包括生殖节腹面棕褐色。雄虫尾节（图 2-13A）侧面观纵向较高，上缘较短，下缘较

长；腹面观（图 2-13B）长大于宽，前端略窄，后端稍宽。下生殖板（图 2-13A、B）狭长，腹面观伸向侧后方，从腹面不完全覆盖住生殖刺突及阳茎干。生殖刺突（图 2-13A、C）叉状，其上端的叉突短而小，下端的叉突大而长。阳茎干（图 2-13D、E）短而宽，端部向两侧伸展，腹面观近"V"字形。

分布：浙江、陕西、湖北、四川、贵州。

四、沫蝉科 Cercopidae

主要特征：小到大型的种类，体色多鲜艳。体表密被短的绒毛，无明显的刻点。头窄于或显著窄于前胸背板。复眼长宽略等。颜面常膨大，具或不具中纵脊，后唇基有时具中纵沟。前胸背板前缘直或近平直，后缘直或向前微突出。小盾片较短，不呈棘状突起。前翅无膜质端区，翅端区内的脉纹多而密，常呈网状。后足胫节外侧刺 1–2 根。若虫通常隐匿于唾沫似的白色泡沫液中。

分布：世界广布。世界已知 150 属 1500 种，中国记录 20 属 120 种，浙江分布 6 属 12 种。

分属检索表

1. 后足胫节外侧刺 2 根 ·· 2
- 后足胫节外侧刺 1 根 ··· 3
2. 体中大型、较粗壮，前胸背板和前翅明显宽阔；头顶无中脊 ······················ **丽沫蝉属 Cosmoscarta**
- 体小型；头顶具中脊 ··· **凤沫蝉属 Paphnutius**
3. 后唇基中央具凹沟 ··· 4
- 后唇基中央不具凹沟 ·· 5
4. 后翅 Rs 脉和 M 脉退化并与 R 脉在翅的近中部并接，翅端具闭合端室 2 个；m-cu 脉在 Cu_1a/Cu_1b 分支点之前与 Cu_1a 脉相连 ··· **曙沫蝉属 Eoscarta**
- 后翅 Rs 脉、M 脉及 R 脉正常，翅端具闭合端室 4 个；m-cu 脉在 Cu_1a/Cu_1b 分支点之后与 Cu_1a 脉相连 ·····················
··· **拟沫蝉属 Paracercopis**
5. 头部锥形向前伸出 ··· **长头沫蝉属 Abidama**
- 头部不呈锥形向前伸出 ··· **稻沫蝉属 Callitettix**

137. 丽沫蝉属 *Cosmoscarta* Stål, 1869

Cosmoscarta Stål, 1869a: 11. Replacement name for *Cercopis* Stål, 1866 [nec *Cercopis* Fabricius, 1775].

主要特征：中偏大型的种类，体多宽阔。多为鲜艳而美丽的种类，体表底色通常为红色，被黑色或褐色斑点或条带。头短小，明显窄于前胸背板，向前下方强烈下倾。单眼彼此远离，单眼间距大于或近等于单、复眼间距。触角檐短，弧形。唇基端与后唇基愈合，彼此间无边界相分。颜面极鼓起，膨大近球形，其中央无纵脊或纵沟，两侧有不显的横脊线。喙短，伸达中足基节处。前胸背板宽大，中前部向前下方强烈下倾，前端两侧有 2 个大型的胝，中央有弱的纵脊，前缘直，后缘直或向前微突出；前侧缘长，侧、后缘上折；背板的中后部隆出，其后部常盖住小盾片基部及前翅爪片基部（前胸背板侧、后缘有时隆起并多少盖住小盾片及前翅基部）。前翅端部的脉纹网状、凸出而明显。后翅端室 4 个。后足胫节外侧刺 2 个，其中上侧刺极小。雄性尾节侧面观短而高，腹面观较短且较宽而阔；侧面观臀突前的尾节背缘部分明显长。下生殖板短而阔，基部与尾节完全愈合，无基板；下生殖板末端无刺状突起，二板左右接近，在端部向两侧略张开。生殖刺突较长，其基部阔，端部 1/3 收窄，顶端钩状。阳茎干较短，片状，前后向多少扁平，弯向背面，侧面观指向后上方，顶端伸向背前方，端部通常有 2 对细长刺突，其中 1 对位于茎干顶端、指向前上方，另 1 对在茎干端部内侧，指向前下方；生殖孔位于阳茎干顶端背面。

分布：东洋区。世界已知 40 余种，中国记录近 20 种，浙江分布 3 种。

分种检索表

1. 前胸背板紫黑色，无斑点；头紫黑色；小盾片橘黄色；前翅黑色，翅基及翅端部网状脉纹区之前各有 1 条橘黄色横带 …
…… **东方丽沫蝉 *C. heros***

- 前胸背板橘红色，具 4 个黑斑 …………………………………………………………………………………………… 2

2. 体较小，体长♂ 13.0–15.8 mm，♀ 14.0–17.2 mm；前翅翅表的黑色斑点通常融合成 2 条横带，端部网状脉纹区黑色………
………………………………………………………………………………………………… **斑带丽沫蝉 *C. bispecularis***

- 体较大，♂ 15.4–19.0 mm，♀ 15.8–19.8 mm；前翅翅表的黑色斑不融合成横带，端部的网状脉纹区黄褐色 …………………
……………………………………………………………………………………………… **黑斑丽沫蝉 *C. dorsimacula***

（275）斑带丽沫蝉 *Cosmoscarta bispecularis* White, 1844（图 2-14）

Cosmoscarta bispecularis White, 1844: 426.

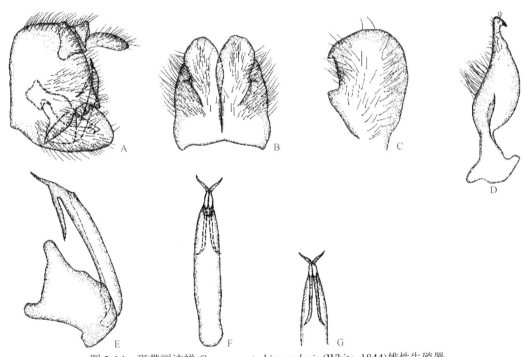

图 2-14　斑带丽沫蝉 *Cosmoscarta bispecularis* (White, 1844)雄性生殖器

A. 生殖节，侧面观；B. 生殖节，腹面观；C. 下生殖板，侧腹面观；D. 生殖刺突，侧腹面观；E. 阳茎干，侧面观；F. 阳茎干，尾面观；G. 阳茎干端部，前面观

主要特征：体长♂ 13.0–15.8 mm，♀ 14.0–17.2 mm。头（包括颜面）、前胸背板及小盾片橘红色。复眼黑色；单眼黄色、透亮。触角基节暗褐色。喙橘红色。前胸背板有 4 个黑斑，其中近前缘的 2 个小，近圆形，且有时融合成横带，近后缘的 2 个大，近长方形，与背板后侧缘平行。前翅橘红色，翅端部网状脉纹区黑色，翅基与翅端部网状脉纹区之间具 7 个黑色斑点，其中基部的 1 个极小，近三角形，其他 6 个分为 2 横列，每 3 个成 1 列，2 列的前缘斑和中斑均部分融合，与爪区内的斑仅以红色的爪片缝相隔。后翅灰白色、透明，脉纹深褐色，翅基、翅基的脉纹及前缘区与径脉基部 2/3 橘红色。胸节腹面黑色，前胸侧板及后胸腹板橘红色。足橘红色，爪、端跗节、后足胫节外侧刺与端刺的刺尖及后足第 1、2 跗节端刺的刺尖黑色。腹节背板橘红色，侧板及腹板黑色，侧板及腹板的侧缘与后缘、腹板的中央及生殖节橘红色。雄性生殖器结构如图 2-14 所示。

寄主植物：黄荆、桉树、桑、桃、茶、咖啡、三叶橡胶、芭蕉、肉桂、油茶、泡桐、相思木、栓皮栎、麻栎、枫香等。若虫的寄主植物为裸花水竹叶、蟛蜞菊、荆条。

分布：浙江、江苏、安徽、江西、福建、台湾、广东、海南、广西、四川、贵州、云南；印度（锡金），缅甸，越南，老挝，泰国，柬埔寨，马来西亚。

（276）黑斑丽沫蝉 *Cosmoscarta dorsimacula* (Walker, 1851)（图 2-15）

Cercopis dorsimacula Walker, 1851b: 658.

Cosmoscarta dorsimaculata: Butler, 1874: [Misspelling].

主要特征：体长♂ 15.4–19.0 mm，♀ 15.8–19.8 mm。头（包括颜面）、前胸背板及小盾片橘红色。复眼黑色；单眼黄色、透亮。触角基节暗褐色。喙橘红色。前胸背板有 4 个黑斑，其中近前缘的 2 个小，近圆形，近后缘的 2 个大，近长方形。前翅橘红色，翅端部网状脉纹区黄褐色，翅基与翅端部网状脉纹区之间具 7 个黑色斑点，其中翅端部网状脉纹区之前外缘内侧 1 个，其他 6 个分为 2 横列，每 3 个成 1 列。后翅灰白色、透明，脉纹深褐色，翅基、翅基的脉纹及前缘区与径脉（R）基部 2/3 橘红色。胸节腹面黑色，前胸侧板橘红色。足橘红色，爪、端跗节端部、后足胫节外侧刺与端刺的刺尖及后足第 1、2 跗节端刺的刺尖黑色。腹节背板橘红色，侧板及腹板黑色，侧板及腹板的侧缘与后缘、腹板的中央及生殖节橘红色。雄性生殖器结构如图 2-15 所示。

寄主植物：核桃、野葡萄、菊芋、艾。

分布：浙江、江苏、安徽、江西、福建、广东、海南、广西、四川、贵州、云南、西藏；印度（锡金），缅甸，越南，老挝，泰国，柬埔寨，马来西亚。

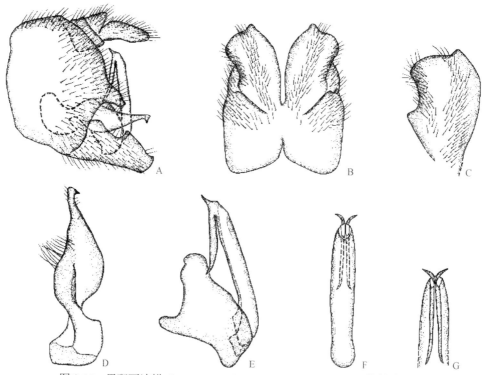

图 2-15　黑斑丽沫蝉 *Cosmoscarta dorsimacula* (Walker, 1851) 雄性生殖器

A. 生殖节，侧面观；B. 生殖节，腹面观；C. 下生殖板，侧腹面观；D. 生殖刺突，侧腹面观；E. 阳茎干，侧面观；F. 阳茎干，尾面观；G. 阳茎干端部，前面观

（277）东方丽沫蝉 *Cosmoscarta heros* (Fabricius, 1803)（图 2-16）

Cercopis heros Fabricius, 1803: 89.

Cosmoscarta heros: Stål, 1869a: 11.

　　主要特征：体长♂ 14.6–17.0 mm，♀ 15.6–17.2 mm。头（包括颜面）及前胸背板紫黑色具光泽。复眼灰色，单眼浅黄色。触角基节褐黄色。喙橘黄色或橘红色或血红色。小盾片橘黄色。前翅黑色，翅基及翅端部网状脉纹区之前各有 1 条橘黄色横带，其中翅基的 1 条极宽，翅端之前的 1 条较窄、呈波形。后翅灰白色透明，脉纹深褐色；翅基、翅基的脉纹、前缘区与径脉（R）基部 2/3 及爪区浅红色。胸节腹面褐色或紫黑色，后胸侧板及腹板橘黄色或橘红色或血红色。足橘黄色或橘红色或血红色，跗节、爪、前足与中足的股节末端与胫节以及后足胫节末端暗褐色，后足胫节外侧刺与端刺的刺尖及后足第 1、2 跗节端刺的刺尖黑色。腹节橘黄色或橘红色或血红色，侧板及腹板的中央有时黑色。雄性生殖器结构如图 2-16 所示。

　　寄主植物：香樟树、朴树、紫薇、鹅掌柴（鸭母树）、厚叶算盘子、马缨丹、荆条。若虫的寄主植物为一种灌木毛棯。

　　分布：浙江（杭州）、江西、福建、广东、海南、广西、四川、贵州、云南；越南，泰国。

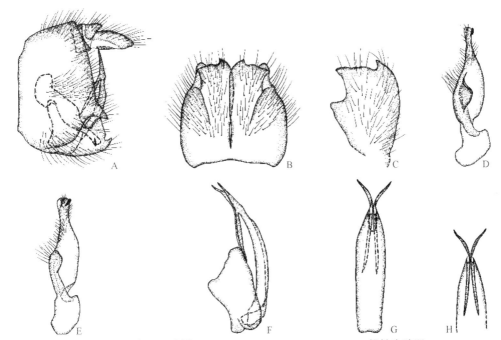

图 2-16　东方丽沫蝉 *Cosmoscarta heros* (Fabricius, 1803)雄性生殖器

A. 生殖节，侧面观；B. 生殖节，腹面观；C. 下生殖板，侧腹面观；D、E. 生殖刺突，侧腹面观；F. 阳茎干，侧面观；G. 阳茎干，尾面观；H. 阳茎干端部，前面观

138. 凤沫蝉属 *Paphnutius* Distant, 1916

Paphnutius Distant, 1916a: 200. Type species: *Paphnutius ostentus* Distant, 1916.

Pseudaufidus Schmidt, 1920: 112. Synonym of *Paphnutius* by Lallemand, 1949: 24, 37.

　　主要特征：体小型、狭长，前翅两侧近平行，体长 4.4–8.0 mm。体黑色，密被短的茸毛，头（包括颜面）、前翅基部、喙基节、后胸侧板及腹板、前足及中足股节的基半部，以及后足基节与胫节通常血红色或黄褐色。头较长，比前胸背板窄，其长与宽略等，前缘圆形；头顶具明显的中脊。颜面膨大成半球形。

单眼相互接近。喙短，伸达中足基节处。前胸背板宽约为长的 2 倍，前缘平直，后缘凹陷，前侧缘直且上折，前、后侧缘间的夹角尖；盘区略隆起，有细小刻点及横皱纹。小盾片长宽略相等，中域凹陷。前翅狭长，近端部变阔，长约为宽的 3 倍，前缘基半部上折形成檐槽，翅表密被细小刻点。后翅具闭合端室 4 个。雄虫尾节短而阔，侧缘具侧突；肛节及肛突短而小。下生殖板短阔，其端部无刺突；二板紧依，从腹面盖住生殖刺突及阳茎干；下生殖板基部无侧基片。生殖刺突狭长，其基部 2/3 较阔，近端部收窄，顶端较尖，常近喙状；阳茎干较长，弯向背面，其基部杆状，中上部片状，无端突。

　　分布：东洋区［中国秦岭以南地区；印度东北部（阿萨姆、大吉岭、锡金），孟加拉国，越南北部］。世界已知 8 种，中国记录 7 种，浙江分布 2 种。

（278）红头凤沫蝉 *Paphnutius ruficeps* (Melichar, 1915)（图 2-17）

Callitettix ruficeps Melichar, 1915: 8.

Paphnutius ruficeps: Jacobi, 1944: 23.

　　主要特征：体长♂ 5.0–5.8 mm，♀ 5.4–7.0 mm。头（包括颜面）血红色，触角基节黑色，头顶在复眼内侧的部分有时黑色，后唇基两侧有时夹杂暗褐色。复眼黑色，单眼血红色或红褐色。喙基节黄褐色或草黄色，端节黑色。前胸背板及小盾片黑色具光泽，有时前胸背板侧缘或侧缘区黄褐色或红褐色。前翅黑色或黑褐色，翅基血红色。后翅灰白色、透明，脉纹深褐色，翅基及基部脉纹浅红色。胸节腹面及足黑色，后胸侧板及腹板、前足及中足股节的基半部（有时为中足股节全部）及后足基节、转节与股节均血红色或黄褐色。腹节黑色，各节的侧、后缘红褐色。雄虫尾节（图 2-17A）侧面观后缘中央具 1 毛簇。下生殖板（图 2-17C）较短，长大于尾节长的 1/2。生殖刺突（图 2-17D）狭长。阳茎干（图 2-17E、F）侧面观基部宽，向顶端渐收窄；腹面观较宽，顶端向两侧膨大（图 2-17F）；生殖孔位于阳茎干顶端背上方。

　　寄主植物：泡桐树、玉米、漆树。

　　分布：浙江（杭州、温州）、陕西、湖北、江西、湖南、福建、广东、广西、四川、贵州、云南、西藏；印度（锡金），越南（北部）。

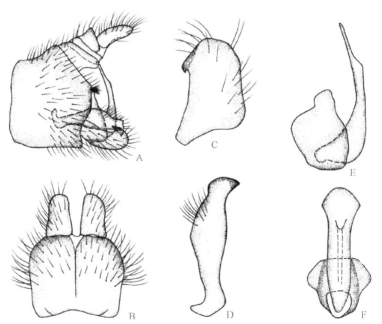

图 2-17　红头凤沫蝉 *Paphnutius ruficeps* (Melichar, 1915)雄性生殖器

A. 生殖节，侧面观；B. 生殖节，腹面观；C. 下生殖板，侧腹面观；D. 生殖刺突，侧腹面观；E. 阳茎干，侧面观；F. 阳茎干，尾面观

（279）施氏凤沫蝉 *Paphnutius schmidti* (Haupt, 1924)（图 2-18）

Pseudaufidus schmidti Haupt, 1924: 302, 304.

Paphnutius schmidti: Lallemand, 1949: 38.

主要特征：体长♂ 5.0–5.7 mm，♀ 5.5–6.5 mm。本种外形和体色与红头凤沫蝉 *P. ruficeps* (Melichar, 1915)
十分相似，但本种头顶的中脊不明显或缺如，雄虫阳茎干明显细长，其顶端呈明显的二叉状分支（图 2-18E、
F），可资区别（Liang and Webb，1994）。

分布：浙江（杭州、温州）、江西、福建、四川。

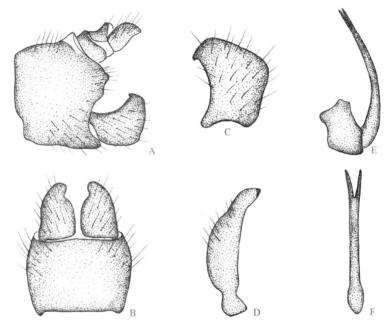

图 2-18 施氏凤沫蝉 *Paphnutius schmidti* (Haupt, 1924)雄性生殖器
A. 生殖节，侧面观；B. 生殖节，腹面观；C. 下生殖板，侧腹面观；D. 生殖刺突，侧腹面观；E. 阳茎干，侧面观；F. 阳茎干，尾面观

139. 长头沫蝉属 *Abidama* Distant, 1908

Abidama Distant, 1908b: 114. Type species: *Sphenorhina producta* Walker, 1851.

主要特征：体狭长，两侧近平形。唇基端与后唇基愈合并向前下方突出成锥状（通常雄虫明显，雌
虫不明显）。雄虫腹面观前、后唇基狭长，凸出，并明显向前突出，其中央平坦光滑，二唇基在同一平面；
雌虫腹面观后唇基膨大、较阔，略向前突出，前、后唇间成角度。头顶在单眼之间的部分明显凸出。单
眼彼此接近，单眼间距约为单、复眼间距的 1/2。触角檐短，弧形。触角基节长，其中第 2 节最长，第 3
节最短，基节与第 2 节间弯曲成角度。喙短，伸于中足基节间。前胸背板长，前缘直，前侧缘长而直、
上折，后缘略凹入。小盾片三角形，其基部两侧及尖低陷。前翅狭长，前缘区基部 3/4 形成明显的檐槽，
翅端脉纹网状。后翅端室 4 个，Cu_1 与 M 脉之间由横脉 m-cu 连接，Cu_1 二分支，Cu_1a 与 Cu_1b 在分叉 Cu_1/m-cu
之后分支。足细长，前足股节明显长于中、后足股节；后足胫节外侧刺 1 个。雄性下生殖板长，端部有
细长的刺突，二板左右远离；阳茎干管状，极狭长，基部向后下方伸出再弯向背面，侧面观强烈伸向前
上方。

分布：东洋区。世界已知 6 种，中国记录 3 种，浙江分布 1 种。

（280）四斑长头沫蝉 *Abidama contigua* (Walker, 1851)（图 2-19）

Sphenorhina contigua Walker, 1851b: 695.

Abidama contigua Liang, 1999: 253.

　　主要特征：体狭长，两侧近平行，体长♂ 8.4–9.8 mm，♀ 8.0–9.6 mm。头（包括颜面）、前胸背板及小盾片黑色具光泽。复眼灰黑色；单眼浅黄色、透亮。前翅暗褐色或黑褐色，翅表有 4 个橘黄色或草黄色斑，其中爪片中央之前及其外侧略后革片上各 1 个，前缘区近翅尖 1/3 处及其内侧近爪片缝末端各 1 个，近翅基的两斑有时相连成横带，近爪片末端的斑小且有时消失。头及胸部腹面黑色，雄虫的前、后唇基中央棕褐色。喙基节黄褐色，端节暗褐色。胸部腹面暗褐色，前胸侧板黑色具光泽，后胸侧、腹板黄褐色或橙黄色。足黄褐色，股节、胫节、跗节及爪暗褐色，有时整个足（基节除外）均暗褐色。腹节黄褐色或橙黄色或暗褐色。雄性生殖器结构如图 2-19 所示。

　　寄主植物：水稻、玉米、甘蔗、苎麻。

　　分布：浙江（杭州、台州、丽水、温州）、河南、安徽、湖北、江西、湖南、福建、广东、广西、贵州；印度，尼泊尔，越南，老挝，泰国，柬埔寨。

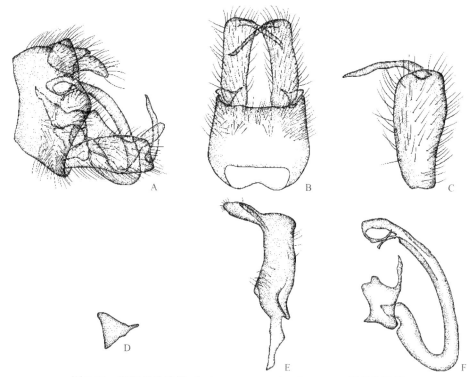

图 2-19　四斑长头沫蝉 *Abidama contigua* (Walker, 1851)雄性生殖器
A. 生殖节，侧面观；B. 生殖节，腹面观；C. 下生殖板，侧腹面观；D. 下生殖板基突，侧腹面观；E. 生殖刺突，侧腹面观；F. 阳茎干，侧面观

140. 稻沫蝉属 *Callitettix* Stål, 1865

Callitettix Stål, 1865: 152. Type species: *Sphenorhina braconoides* Walker, 1858b.

　　主要特征：体狭长，体长 9.4–13.5 mm。头长宽近等，前缘尖，头顶额区低，单眼前侧区深凹陷。额区之后的中央部分隆起具纵脊，复眼内侧近后缘有 1 较大的圆形胝凹。单眼间距小于单、复眼间距。触角第 1 节短于第 2 节。后唇基瘦窄，隆起并向前下方突出，在正面中央形成明显的纵脊，其底面与前唇基间成钝角，两侧具较显的横脊线。前胸背板大，前端侧区低陷，内有大的胝凹，前侧缘直，上折。小盾片长大于宽，中央凹入，顶端低陷。前翅长，M 与 Cu$_1$ 脉在翅基 1/3 段共柄，R$_1$ 与 Rs 脉在翅区中部之后分叉，翅端网状脉纹明显，后翅端室 4 个，Cu$_1$a 与 Cu$_1$b 脉的分支点远在 r-m 脉之前，Sc 在 r-m 脉之前较直。足极细长，前足股节明显长于中足股节，后足胫节外侧刺 1 根。雄性生殖板纵长，末端具带关节的细长刺突；生殖刺突粗壮，端缘上侧有 1 指形突起；具生殖刺突基板；阳茎干长，基部伸向后下方，再弯向背面伸向背前方，末端向后下方弯曲，与近端部腹面的 1 下垂刺突相接形成环状。

分布：东洋区（自印度东北部至我国华南以及东南亚）。世界已知 5 种，中国记录 2 种，浙江分布 2 种。

（281）桔黄稻沫蝉 *Callitettix braconoides* (Walker, 1858)（图 2-20）

Sphenorhina braconoides Walker, 1858b: 185.

Callitettix braconoides: Distant, 1908b: 111, fig. 85.

主要特征：体狭长，两侧近平行，体长♂ 11.0–11.8 mm，♀ 11.8–12.8 mm。体橘黄色或淡血红色。前翅基部 2/3 半透明，端部 1/3 黑色，该黑色区之前具 1 橘红色横带。复眼、喙端节、足跗节和爪节、前足股节末端及其背面近端部的 1/2、前中足胫节基部 3/5、后足胫节端部 2/5 及其外侧刺及其生殖板黑色；尾节夹杂暗褐色。雄性生殖板窄长，基部与端部等宽，左右远离，平行或略呈"八"字形尾向伸出，末端刺突长而粗。生殖刺突粗壮，端缘上侧的指形突短小。阳茎干较长而粗，端部背面的透明角状突起低平，端环外缘较平滑（图 2-20）。

寄主植物：竹子、水稻。

分布：浙江、江西、福建、广东、海南、广西、四川、贵州、云南；印度（锡金），缅甸，越南，老挝。

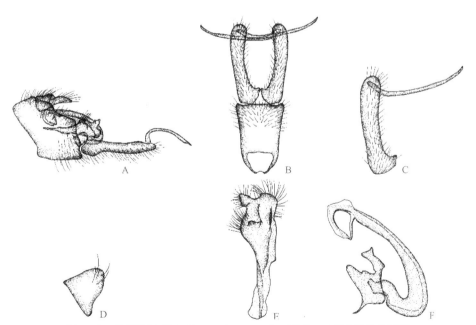

图 2-20　桔黄稻沫蝉 *Callitettix braconoides* (Walker, 1858)雄性生殖器

A. 生殖节，侧面观；B. 生殖节，腹面观；C. 下生殖板，侧腹面观；D. 下生殖板基突，侧腹面观；E. 生殖刺突，侧腹面观；F. 阳茎干，侧面观

（282）赤斑稻沫蝉 *Callitettix versicolor* (Fabricius, 1794)（图 2-21）

Ceropis versicolor Fabricius, 1794: 50.

Callitettix versicolor: Stål, 1869a: 11.

　　主要特征：体较狭长，体长♂ 11.0–12.0 mm。♀ 11.8–13.50 mm。全体黑色具光泽。复眼黑褐色；单眼黄红色，透亮。雄虫颜面中央褐色。前翅黑色，革片和爪片近基部各具 1 个较大的、横向近带状的白色斑，革片近端部的外缘区具 1 个较大的近肾形的血红色斑，雌性在此斑内侧的革片上（小盾片缝顶端的外侧）具 1 个小的血红色斑点。头冠稍凸起。前胸背板中后部隆起。足长，前足股节特别长。小盾片三角形，中部呈棱形下凹。雄性生殖器结构如图 2-21 所示。

　　寄主植物：水稻、玉米、高粱、粟、甘蔗、油菜、小麦、菜豆、竹子、美人蕉、禾本科杂草等。

　　分布：浙江（杭州）、河南、陕西、安徽、湖北、江西、湖南、福建、广东、广西、重庆、四川、贵州、云南；印度（北部地区、锡金），缅甸，越南，老挝，泰国，柬埔寨，马来西亚。

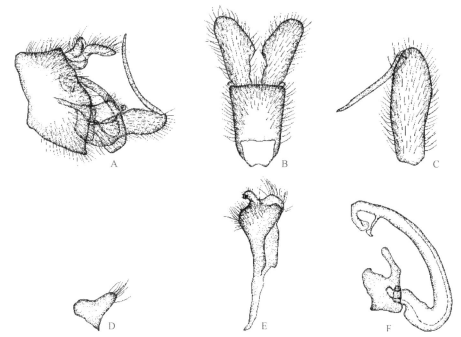

图 2-21　赤斑稻沫蝉 Callitettix versicolor (Fabricius, 1794)雄性生殖器
A. 生殖节，侧面观；B. 生殖节，腹面观；C. 下生殖板，侧腹面观；D. 下生殖板基突，侧腹面观；E. 生殖刺突，侧腹面观；F. 阳茎干，侧面观

141. 拟沫蝉属 *Paracercopis* Schmidt, 1925

Paracercopis Schmidt, 1925: 4. Type species: *Cercopis (Callitettix) seminigra* Melichar, 1902.

Esakius Ôuchi, 1943: 498. Synonym of *Paracercopis* by Liang, 1993(1992): 444.

　　主要特征：中偏小型的种类，体形较短阔，近宽卵圆形，体表密被短的绒毛，体长 6.8–10.8 mm。体通常黑色，前翅全部或前 2/5 部分红色、暗红色或砖黄色，翅端缘常夹杂玫瑰红色，有时翅中部之前具 1 条窄的暗褐色或灰白色横带。头部较短宽，明显窄于前胸背板，向体前下方伸出；头顶在复眼之前的部分横向低陷，后段背向隆起。单眼相互接近，靠近头顶后缘。后唇基隆起，侧面瘦窄，中央具中纵沟（雄虫中明显，雌虫中不很明显）。喙短，顶端不超出中足基节。前胸背板较宽大。小盾片中央浅凹陷，顶端低凹。前翅长约为宽的 2.5 倍，翅表密被细小的刻点。后翅端室 4 个，CuA_1 及 CuA_2 脉共短柄，CuA_1 与 CuA_2 脉远在 m-cu 与 CuA_1 脉交接处分叉。后足胫节外侧刺 1 根。雄虫尾节侧面观上宽下窄，肛节及肛突较短小。下生殖板纵长，末端明显收窄成短的刺突；具侧基片。生殖刺突纵长，端部 2/3 较基部 1/3 明显宽，侧面观背缘中部常呈角状突起，端部长且宽，端缘明显向内凹入。阳茎干管状，较长，弯向体背上方；生殖孔位于其端部内侧背面。

　　分布：东洋区（西起西藏、东至浙江的中国秦岭以南地区；印度东北部及缅甸北部地区）。世界已知6种，中国记录4种，浙江分布2种。

（283）浙江拟沫蝉 *Paracercopis chekiangensis* (Ôuchi, 1943)（图 2-22）

Esakius chekiangensis Ôuchi, 1943: 499, fig. 4. Wrongly synonymized with *Paracercopis atricapilla* (Distant, 1908) by Liang, 1993 (1992): 445.

Paracercopis atricapilla: Liang, 1993(1992): 445, figs. 1-3. [Misidentification.]

　　主要特征：体较小，近卵圆形，体长♂ 6.8–7.2 mm，♀ 7.0–9.0 mm。体暗红褐色，前翅黄褐色，外缘及端部带有玫瑰红色，中央之前的 1 条横带暗褐色。雄虫尾节（图 2-22A）侧面观较短，后缘近中央向后突出。下生殖板（图 2-22C）长，明显长于尾节，顶端收窄成刺状。生殖刺突（图 2-22E）较长，侧面观背缘在近基部 1/3 处向上突出，端缘掘开，背缘具 1 刺突。阳茎干（图 2-22F）侧面观短粗，稍向体前方倾斜，基部较宽，向端部渐收窄；生殖孔位于阳茎干近顶端后背缘。

　　本种外形与分布于缅甸的 *P. atricapilla* (Distant, 1908) 十分相似，但据雄性生殖器结构可以区分。

　　分布：浙江（杭州）、陕西、甘肃、湖北、福建、四川。

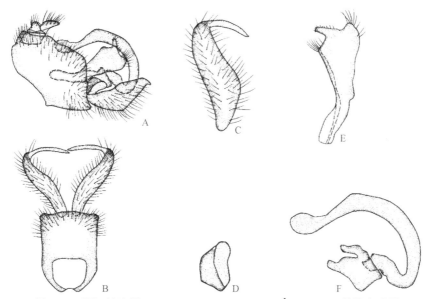

图 2-22　浙江拟沫蝉 *Paracercopis chekiangensis* (Ôuchi, 1943)雄性生殖器

A. 生殖节，侧面观；B. 生殖节，腹面观；C. 下生殖板，侧腹面观；D. 下生殖板基突，侧腹面观；E. 生殖刺突，侧腹面观；F. 阳茎干，侧面观

（284）红翅拟沫蝉 *Paracercopis fuscipennis* (Haupt, 1924)（图 2-23）

Eoscarta fuscipennis Haupt, 1924: 305.

Paracercopis fuscipennis: Schmidt, 1925: 5.

　　主要特征：体长♂ 7.8–8.2 mm。头（包括颜面）、前胸背板及小盾片黑色具光泽，复眼灰色，单眼亮黄色。触角基节黑色，端芒灰白色。喙黄褐色或浅黑色。前翅红色或褐红色，后翅透明，翅基、脉纹及前缘浅红色。前胸及中胸侧板与腹板黑褐色，后胸侧板及腹板褐黄色。足和腹节黑色或黑褐色。雄性生殖器结构如图 2-23 所示。

　　分布：浙江（湖州）、湖北、福建。

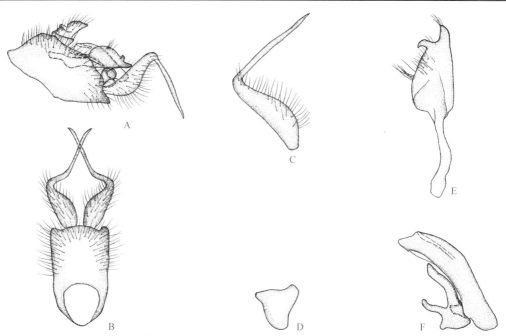

图 2-23　红翅拟沫蝉 *Paracercopis fuscipennis* (Haupt, 1924)雄性生殖器

A. 生殖节，侧面观；B. 生殖节，腹面观；C. 下生殖板，侧腹面观；D. 下生殖板基突，侧腹面观；E. 生殖刺突，侧腹面观；F. 阳茎干，侧面观

142. 曙沫蝉属 *Eoscarta* Breddin, 1902

Eoscarta Breddin, 1902: 58. Type species: *Eoscarta eos* Breddin, 1902.

Eoscartoides Matsumura, 1940a: 38, 69. Synonym of *Eoscarta* by Liang, 1996: 103.

主要特征：中小型种类。头较前胸背板窄，向前下方强烈下倾。头顶在单眼之间的部分明显凸出。单眼彼此接近，单眼间距约为单、复眼间距的 1/2。触角檐较长，弧形。后唇基隆起，中央具纵沟，侧面瘦窄，侧横脊线不明显。喙短，顶端伸抵中足基节间。前胸背板宽，其中前部向前下方强烈下倾，中央有极弱而不显的纵脊，前缘直，后缘向前微凹入，前侧缘较长，弧形，上折。小盾片三角形，其基部两侧、中央盘区及顶端浅凹陷。后翅 M 脉与 Rs 脉退化并在翅中部之前与 R 脉并接，端部具闭合端室 2 个。后足胫节外侧刺 1 根。雄虫下生殖板长，其端部具刺突；具侧基片；阳茎干细长、管状，侧面观其基部向后伸出，再弯向背面，指向身体的背前方向。

分布：古北区、东洋区。世界已知 12 种，中国记录 8 种，浙江分布 2 种。

（285）褐翅曙沫蝉 *Eoscarta assimilis* (Uhler, 1896)（图 2-24）

Monecphora assimilis Uhler, 1896: 285.

Eoscarta assimilis: Matsumura, 1920: 362, pl. [13], fig. 3.

主要特征：体长♂ 6.5–8.2mm，♀ 7.6–9.0mm。头（包括颜面）、前胸背板前端及小盾片黑褐色，前胸背板中后部褐黄色。复眼灰黑色，单眼淡黄白色。喙黄褐色。前翅褐黄色，端部玫瑰红色，中部之前有 1 条由灰白色茸毛组成的横带。胸节腹面及足黑褐色，后胸侧、腹板及后足黄褐色。腹节黑褐色。雄虫尾节（图 2-24A）短，肛节及肛突短小。下生殖板（图 2-24C）腹面观较狭长，末端刺突较短，短于下生殖板基部的膨大部分（图 2-24C）。生殖刺突（图 2-24E）较长，基部窄，向端部渐宽，侧腹面观顶端背缘具 1 明显的指状突。阳茎干（图 2-24F）管状，较长并较粗，顶端微膨大，生殖孔位于阳茎干近端部背面。

本种的分布地区范围较广，不同地区的个体在体形、体色及大小等方面存在着一定的种间变异。例如，成虫的体背及腹面有时均为黄褐色。

寄主植物：白杨、柳、玉米等。

分布：浙江（湖州、杭州）、黑龙江、吉林、河北、陕西、江苏、安徽、湖北、江西、福建、台湾、广东、广西、重庆、四川、贵州；俄罗斯（远东地区），朝鲜，韩国，日本。

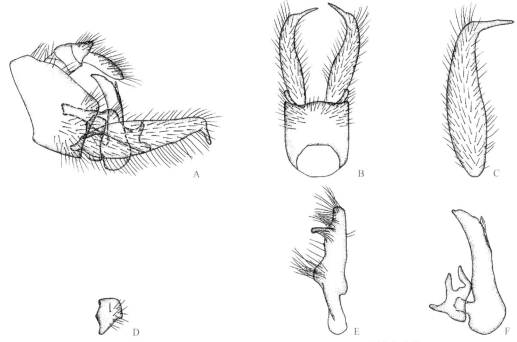

图 2-24　褐翅曙沫蝉 *Eoscarta assimilis* (Uhler, 1896)雄性生殖器

A. 生殖节，侧面观；B. 生殖节，腹面观；C. 下生殖板，侧腹面观；D. 下生殖板基突，侧腹面观；E. 生殖刺突，侧腹面观；F. 阳茎干，侧面观

（286）黑点曙沫蝉 *Eoscarta liternoides* Breddin, 1902 （图 2-25）

Eoscarta liternoides Breddin, 1902: 58.

Eoscarta (Paraeoscarta) liternoides: Lallemand, 1949: 48, pl. 1, fig. 4.

　　主要特征：体长♂ 9.8–10.8 mm，♀ 10.2–11.2 mm。头（包括颜面）、前胸背板及小盾片黄赭色。复眼灰黑色；单眼浅黄色、透亮。前翅半透明，翅基、爪片及前缘区黄赭色，翅端玫瑰红色，内有 6–9 个小的黑色斑点。体腹面及足黄赭色，足的爪、后足胫节外侧刺与端刺的刺尖及后足第 1、2 跗节端刺的刺尖黑色。雄性生殖器结构见图 2-25。下生殖板（图 2-25A–C）基部膨大部分的基部较宽，向顶端收窄，端部刺突长于下生殖板基部膨大部分。生殖刺突（图 2-25E）侧腹面观端半部较宽。阳茎干（图 2-25F）侧面观短而宽。

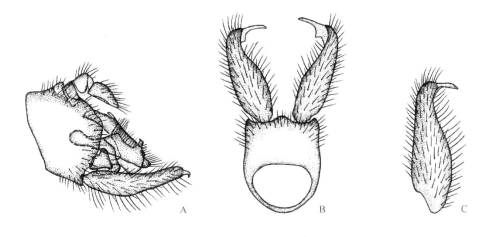

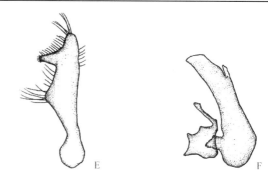

图 2-25　黑点曙沫蝉 *Eoscarta liternoides* Breddin, 1902 雄性生殖器

A. 生殖节，侧面观；B. 生殖节，腹面观；C. 下生殖板，侧腹面观；D. 下生殖板基突，侧腹面观；E. 生殖刺突，侧腹面观；F. 阳茎干，侧面观

分布：浙江（杭州）、江西、福建、海南、广西、云南、西藏；印度，越南，老挝，泰国，马来西亚，印度尼西亚。

五、巢沫蝉科 Machaerotidae

主要特征：多为小至中型的种类，体长多为 5.0–10.0 mm。体色多为黄褐色、褐色或黑色，多数种类中胸小盾片两侧具白色或黄白色的侧条纹。成虫小盾片大而长，平坦或形成棘状突起。前翅具明显的膜质端区。后足胫节外侧刺 2 根。若虫隐匿于其营造的钙质管状物中。

分布：东洋区、旧热带区、澳洲区。世界已知 30 属 140 种，中国记录 7 属 28 种，浙江分布 1 属 1 种。

143. 巢沫蝉属 *Taihorina* Schumacher, 1915

Taihorina Schumacher, 1915a: 84; Maa, 1963: 11, 37. Type species: *Taihorina geisha* Schumacher, 1915.

Aphromachaerota Lallemand, 1951: 84. Synonym of *Taihorina* by Maa, 1963: 37.

主要特征：体小到中型，较短粗。头部很小，显著窄于前胸背板，向体前下方伸出。后唇基延伸至头顶背面。复眼横向短，纵向长，横径显著小于纵径。单眼相互靠近，单眼间距明显短于其与邻近复眼间的距离。触角檐短，侧面观叶状。后唇基大，强烈隆起；前唇基小。喙较短，顶端伸达中足基节与后足基节之间。前胸背板宽大，长宽近等，背面具细小的刻点，中央部分及中后部强烈背向隆起，前侧区低；背板中部之前向体前下方及体侧下方强烈倾斜；前侧缘明显长，前缘及后缘呈角状前伸。小盾片大而长，楔形，较平坦。前翅较短宽，长约为宽的 2 倍，半透明，翅表密被细小的刻点，脉纹不明显。后足股节短，胫节外侧刺 2 根。雄虫尾节侧面观窄，纵向高，尾节端叶向下延伸，背面着生小的角形突起；肛节较大，肛突较长。下生殖板较长，从腹面盖住生殖刺突及阳茎干。生殖刺突长，侧面观中部向下方明显膨大。阳茎干较长，管状；生殖孔位于阳茎干近顶端背上方。

分布：古北区、东洋区。世界已知 3 种，中国记录 2 种，浙江分布 1 种。

（287）栗巢沫蝉 *Taihorina geisha* Schumacher, 1915（图 2-26）

Taihorina geisha Schumacher, 1915a: 85.

Neuromachaerota becquarti Liu, 1942: 5, pl. 1.

主要特征：体较小，体形粗短，成虫体长♂ 5.0–6.0 mm，♀ 6.0–7.5 mm。头部、前胸背板、小盾片及体腹面淡绿色（干标本呈草黄色），小盾片端部杂有锈褐色；腹面淡褐色。复眼暗褐色，单眼暗红色。中胸腹板（外侧除外）及喙端节背面浅黑色。前翅暗褐色，翅基部分锈褐色，翅中央有 1 较宽的灰白色横带区，翅表散布黑色小斑点，革片外缘约具 30 个黑色斑点。后翅膜质，无色透明。足股节及胫节表面有锈色小斑点，胫节侧面及后足股节腹面杂有暗褐色条纹。雄虫尾节（图 2-26A）侧面观窄，纵向高，尾节端叶向下延伸，背面着生小的角形突起；肛节较大，肛突较长。下生殖板（图 2-26C）较长，从腹面盖住生殖刺突及阳茎干。生殖刺突（图 2-26D）长，侧腹面观中部向下方明显膨大，顶端着生刚毛。阳茎干（图 2-26E、F）较长，管状，侧面观近弓形，基部明显宽，自基部向端部渐收窄，顶端较细，其内缘近中部以下着生少量微刺；生殖孔位于阳茎干近顶端背上方。

寄主植物：板栗、槲树、铁椆。

分布：浙江（衢州）、吉林、辽宁、陕西、江苏、安徽、湖北、福建、四川、贵州；朝鲜。

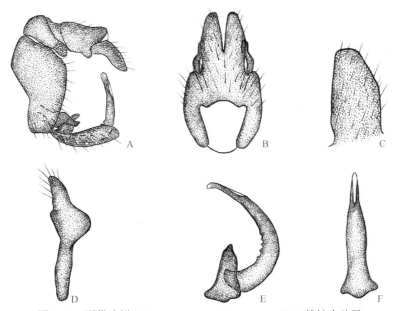

图 2-26　栗巢沫蝉 *Taihorina geisha* Schumacher, 1915 雄性生殖器
A. 生殖节，侧面观；B. 生殖节，腹面观；C. 下生殖板，侧腹面观；D. 生殖刺突，侧腹面观；E. 阳茎干，侧面观；F. 阳茎干，尾面观

第三章　蝉总科 Cicadoidea

蝉总科 Cicadoidea 属于昆虫纲 Insecta 半翅目 Hemiptera 头喙亚目 Auchenorrhyncha，包括蝉科 Cicadidae 和螽蝉科 Tettigarctida。螽蝉科 Tettigarctidae 分布于澳大利亚，现存一个属 *Tettigarcta*，仅 *T. tomentosa* 和 *T. crinite* 两个种；蝉科 Cicadidae 被划分为蝉亚科 Cicadinae、姬蝉亚科 Cicadettinae、裸蝉亚科 Tibicininae、特蝉亚科 Tettigomyinae 和德蝉亚科 Derotettiginae 五个亚科。

主要特征：体型壮硕，体长多在 10 mm 以上，头部有 3 个单眼，呈三角形排列；触角短小，鬃状；后唇基发达，前胸背板短阔、具内片和外片，小于且不延伸超过中胸背板；中胸背板特别发达，后方具有"X"形隆起；后胸背板退化；前、后翅发达，翅膜质，脉纹粗；若虫前足开掘式。

生物学：蝉总科昆虫以刺吸式口器取食植物的枝干和根部汁液，引起树叶枯萎、落花、落果、枯枝等，其中一些种类还可通过传播植物病毒病造成更为严重的危害，部分种类为农林业生产的重要害虫。除螽蝉科昆虫外，其他蝉总科昆虫以鸣声嘹亮而著称。

分布：世界广布，分布于世界各大动物地理区系。世界已知 2 科 180 余属 3102 种，中国记录 1 科 60 余属近 210 种。

六、蝉科 Cicadidae

蝉科 Cicadidae 隶属于半翅目 Hemiptera 头喙亚目 Auchenorrhyncha 蝉次目 Cicadomorpha 蝉总科 Cicadoidea。Moulds（2005）将蝉总科划分为螽蝉科 Tettigarctidae 和蝉科 Cicadidae 2 个科，其中螽蝉科仅包括 1 现存属、2 现存种（均仅分布于澳大利亚），蝉科则包括除螽蝉科以外的所有的现存种，世界已知 3100 余种（Sanborn，2013），中国记录约 210 种（周尧等，1997）。

主要特征：体粗壮中大型，头部有 3 个单眼，呈三角形排列；触角短小，鬃状；前胸背板短阔、具内片和外片，小于且不延伸超过中胸背板；中胸背板特别发达，后方具有"X"形隆起；腹部具有腹瓣；翅膜质，脉纹粗；前足开掘式；雄虫腹部第 1 节两侧有发音器。

生物学：蝉科昆虫具有典型的刺吸式口器，取食植物的枝干和根部汁液，引起树叶枯萎、落花、落果、枯枝等，其中一些种类还可通过传播植物病毒病造成更为严重的危害，因此许多种类都为农林业生产的重要害虫。

分布：世界广布，广泛分布于世界各大动物地理区系。世界已知 5 亚科 180 余属 3100 余种，中国记录 3 亚科 60 余属近 210 种，本卷报道浙江地区半翅目蝉科昆虫 2 亚科 18 属 23 种。

分亚科、分属检索表

1. 无背瓣（姬蝉亚科 **Cicadettinae**） ·· 2
- 具背瓣（蝉亚科 **Cicadinae**） ·· 6
2. 前翅不透明或半透明 ·· 3
- 前翅透明 ·· 4
3. 后唇基中央无纵沟；头冠稍宽于中胸背板基部 ································· 暗翅蝉属 *Scieroptera*
- 后唇基中央有纵沟；头冠约等宽于中胸背板基部 ································· 红蝉属 *Huechys*
4. 复眼显著突出 ·· 碧蝉属 *Hea*

- 复眼正常 ·· 5
5. 雄性抱握器舌片状；伪阳基侧突细长，长约为阳具鞘的 2 倍 ···················· 姬蝉属 *Cicadetta*
- 雄性抱握器指状；伪阳基侧突不如上述长 ··· 指蝉属 *Kosemia*
6. 背瓣较小，鼓膜大部分外露 ·· 草蝉属 *Mogannia*
- 背瓣大，完全盖住鼓膜 ··· 7
7. 前后翅不透明或半透明；前胸背板侧缘明显扩张，呈角状伸出 ······················· 8
- 前后翅透明；前胸背板不如上述 ·· 9
8. 头冠前方平截；前翅前缘膜正常、不弯曲 ·· 蟪蛄属 *Platypleura*
- 头冠前方圆弧形突出；前翅前缘膜显著扩张、弯曲 ····························· 毛蟪蛄属 *Suisha*
9. 前胸背板侧缘有齿突；体细长，体壁薄、半透明 ······································· 10
- 前胸背板侧缘无齿突；体粗短，体壁厚、不透明 ······································ 16
10. 雄性腹瓣长大于宽、发达 ·· 11
- 雄性腹瓣宽大于长、不发达 ··· 12
11. 体大型；前胸背板约与中胸背板 "X" 隆起前部分等长 ···················· 大马蝉属 *Macrosemia*
- 体中型；前胸背板短于中胸背板 "X" 隆起前部分 ·························· 寒蝉属 *Meimuna*
12. 第 3 腹瓣有瘤突 ·· 蟪蝉属 *Tanna*
- 第 3 腹瓣无瘤突 ··· 13
13. 前胸背板侧缘具 1 小齿突 ·· 螂蝉属 *Pomponia*
- 前胸背板侧缘无齿突 ·· 14
14. 第 4 腹节两侧具白齿状突起 ··· 真宁蝉属 *Euterpnosia*
- 第 4 腹节两侧无白齿状突起 ··· 15
15. 雄性体壁薄，透明；腹瓣横位 ·· 日宁蝉属 *Yezoterpnosia*
- 雄性体壁半透明；腹瓣纵位 ··· 细蝉属 *Leptosemia*
16. 头冠窄于中胸背板基部；背瓣高高隆起 ·· 透翅蝉属 *Hyalessa*
- 头冠宽于中胸背板基部；背瓣隆起不明显 ··· 17
17. 喙较短、达中足基节；抱钩曲棍状 ·· 蚱蝉属 *Cryptotympana*
- 喙较长、达后足基节；抱钩宽片状 ·· 螓蝉属 *Auritibicen*

（十八）姬蝉亚科 Cicadettinae

主要特征：雄性有鼓膜发音器、腹瓣和听器，但无背瓣。

分布：世界广布，主要分布于南半球的热带、亚热带地区。世界已知 14 族 200 余属 1800 多种，中国记录 5 族 17 属 58 种，浙江分布 5 属 6 种。

144. 姬蝉属 *Cicadetta* Kolenati, 1857

Cicadetta Kolenati, 1857: 417. Type species: *Cicada montana* Scopoli, 1772.

主要特征：体型小。前翅 M 脉和 CuA 脉在基室处愈合。雄性尾节端刺不太发达，端部较钝；尾节基叶片状突出；抱钩中叶舌片状，整体或端部略上翘，大于肛刺。阳茎的伪阳基侧突非常长，明显超过阳具鞘，外露，长度约为其长度的 2 倍。

分布：广泛分布于除新热带区和澳大利亚外的各大动物区。世界已知 68 种，中国记录 5 种，浙江分布 1 种。

（288）山西姬蝉 **Cicadetta shansiensis** (Esaki *et* Ishihara, 1950)（图版Ⅱ-1）

Melampsalta shansiensis Esaki *et* Ishihara, 1950: 43.

Cicadetta shansiensis: Metcalf, 1963: 380.

　　主要特征：体小、黑色，被有银白色短毛；头宽约等于中胸背板基部；单眼浅红色，复眼深褐色；前胸背板黑色，中央纵带和前后缘褐色；中胸背板黑色，或有时中央有 1 对模糊的褐色细纵纹；前后翅透明，前翅 M-Cu$_1$ 脉在基室处愈合，2A、3A 脉两侧具有很淡的污黄褐色斑；腹部稍长于头胸部；腹部背板黑色，第 3–7 背板后缘和第 8 背板后半部均为黄褐色；腹部腹板为黄褐色，各节腹板中央近基部有 1 个大的黑色斑；雄性腹瓣褐色，基部黑色，后缘钝弧形，达腹部第 2 腹板后缘；基节刺很小，三角刺状；足褐色；雄性尾节暗褐色，端刺发达、基部较宽，至末端渐细，顶端钝弧形；尾节上叶发达、片状，末端钝弧形、突出；尾节下叶指状；抱钩中叶舌片状，约和肛刺大小相等；抱握器短，基部较宽扁、黑褐色，末端突然变细，钩状剧烈侧弯，端部亮棕色，骨化。

　　分布：浙江（临安）、北京、河北、山西、山东、陕西、甘肃、湖北、四川。

145. 暗翅蝉属 *Scieroptera* Stål, 1866

Scieroptera Stål, 1866: 4. Type species: *Tettigonia splendidula* Fabricius, 1775.

　　主要特征：头冠稍宽于中胸背板基部；后唇基中央无纵沟，后唇基顶端短于头顶；前胸背板长于头部，侧缘稍倾斜，后角稍呈叶状扩张；中胸背板"X"隆起前部分短于前胸背板；腹部长于头、胸部之和；腹瓣小、横位，无背瓣；前翅不透明，8 个端室，后翅透明，6 个端室。

　　分布：东洋区。世界已知 26 种，中国记录 4 种，浙江分布 1 种。

（289）台湾暗翅蝉 **Scieroptera formosana** Schmidt, 1918（图版Ⅱ-2）

Scieroptera splendidula (nec Fabricius) Matsumura, 1907: 102.

Scieroptera formosana Schmidt, 1918: 281.

Scieroptera formosana albifascia Kato, 1926a: 29.

　　主要特征：虫体中等大小；头冠宽于中胸背板基部，且明显短于前胸背板；头顶和触角基片均为黑色；单眼浅红色，复眼暗褐色，后单眼间距离约等于到相邻复眼间的距离；后唇基除基部黑色外均为红褐色，明显突出，中央无纵沟，两侧具有浅褐色横脊，被有稀疏的银白色长毛；喙管暗褐色，伸达中足基节。前胸背板内片黑色，中央纵带和边缘黄白色，中央纵带后缘稍扩张，其内包含 2 个黑色小斑，侧后角不明显突出；中胸背板、"X"隆起中央及后胸背板中央均为黑色，中胸背板中央剑状斑纹、两侧缘和"X"隆起前臂等均为黄白色。前翅暗褐色至暗褐色、不透明，结线不明显，前缘脉基半部黄白色，翅脉暗褐色，具有蓝色及铜绿色金属光泽；后翅微褐色、透明，翅脉暗褐色。足赭黄色或红褐色，被浓密的浅褐色长毛和短毛；前足股节具有 4 根红棕色或暗褐色强刺，从主刺到端刺逐渐减小，均前倾。雄性腹部长度大于头、胸部之和，近圆柱形；红色或红褐色，背板中央无黑色纵带。无背瓣，鼓膜外露、乳白色，有 3 根长脊。腹瓣红色或红褐色，较小、横位，外缘圆弧形，内缘钝弧形，彼此靠近，后缘圆弧形，不及腹部第 2 腹板后缘，腹腔部分可见，被有浓密的银白色短毛，基节刺较小，呈三角片状，末端尖细。雄性尾节红褐色，尾节端刺细长，被有较密的浅褐色长毛和短毛；尾节上叶细长，端部上弯，末端尖细；尾节下叶粗指状突出；抱钩中叶非常小；抱钩暗红棕色、细长、下垂，呈八字形分叉。

　　分布：浙江（临安、舟山）、湖北、江西、湖南、福建、台湾、广东、广西、云南；日本，印度，缅甸，越南，菲律宾，马来西亚。

146. 红蝉属 *Huechys* Amyot *et* Audinet-Serville, 1843

Huechys Amyot *et* Audinet-Serville, 1843: 464. Type species: *Cicada sanguinea* De Geer, 1773.

主要特征：体中等大小，多为红色。头冠稍宽于或约等于中胸背板基部，后唇基侧偏而突出，中央具纵沟，与头顶颜色常不同，界限明显。前胸背板侧缘不明显，短于中胸背板，腹部长于中胸背板。前翅不透明或半透明，一般有 8 个端室（大红蝉为 9 个端室），后翅半透明或透明，有 6 个端室；前翅 M 脉和 CuA 脉在基室处明显分离。足多为黑色（大红蝉的足为红色或暗红色），密被黑色长毛和短毛；前足股节具有 3 根强刺，其中主刺和端刺前倾，而副刺则近乎直立；雄性无背瓣，鼓膜具有 3–4 条长脊；腹瓣外缘截直，内后缘呈肾形。

分布：东洋区。世界已知 51 种，中国记录 4 种，浙江分布 1 种。

（290）红蝉 *Huechys sanguinea* (De Geer, 1773)（图版Ⅱ-3）

Cicada sanguinea De Geer, 1773: 221.

Huechys (*Huechys*) *sanguinea* (De Geer): Metcalf, 1963: 25.

主要特征：体中等大小；头冠黑色，稍宽于中胸背板基部。复眼黑色，单眼血红色，后单眼间距约等于后单眼到相邻复眼间的距离；后唇基红色或橘红色，明显突出，中央具纵沟，两侧具有不明显横脊；后唇基两侧和近基部密被有黑色长毛。喙管基部暗褐色，端部黑色，伸达后足基节处。前胸背板漆黑色、无斑纹，被有浓密的黑色长毛；前胸背板外片不明显，其侧后角稍扩张；中胸背板为红色，其中央有 1 条非常宽的黑色纵带，"X"隆起及后胸背板后缘黑色。前翅暗褐色、不透明，结线不明显，翅脉黑色；后翅淡褐色，半透明，翅脉暗褐色。足暗褐色至黑色，无斑纹，被有浓密的黑色长毛和短毛；前足股节具有 3 根黑色强刺，从主刺到端刺逐渐减小，其中主刺和端刺前倾，副刺则近乎直立。雄性腹部长于头、胸部，近圆柱形；腹部第 1 背板及第 2 背板的前缘黑色或暗褐色，其余红色或橘红色。腹部腹板同样红色或橘红色，被有稀疏的淡红色短毛；第 7 腹板较长，明显长于第 8 腹板。腹瓣暗褐色，被有稀疏的暗褐色短毛；腹瓣侧缘截形，内后缘近乎肾形；基节刺小，呈三角片状。雄性尾节主要为红色，其尾节端突短而钝，近端部边缘为黑色，被有浓密的金色长毛；尾节上叶大、片状，近端部略呈暗褐色，圆弧状突出；尾节下叶小；抱钩中叶较发达，略呈三角状突出，端部钝弧形；抱钩长黑红色、三角刺状，基部靠近而端部剪刀状近直角状分叉。

分布：浙江、陕西、江苏、江西、湖南、福建、台湾、广东、海南、香港、广西、四川、贵州、云南；印度，缅甸，泰国，马来西亚。

147. 碧蝉属 *Hea* Distant, 1906

Hea Distant, 1906a: 121. Type species: *Hea fasciata* Distant, 1906.

Kinoshitaia Ouchi, 1938: 106. Type species: *Hea flavofenestrata* Distant, 1906.

主要特征：头冠短而阔，头冠约与中胸背板基部等宽，复眼在前胸背板前侧角外上方突出；喙管达中足基节；前胸背板长于头长，短于中胸背板长度；前、后翅透明，前翅有褐色斑纹或无此斑纹，有 8 个端室，后翅有 6 个端室；腹部长大于头、胸部之和。尾节上叶不太发达、片状，端部圆弧形突出；尾节下叶较发达，呈宽指状，侧扁；抱钩中叶较发达，整体略上翘，端部骨化，呈钩状下弯，约等于肛刺大小；抱钩为 1 对厚片状突起，近端部稍骨化。

分布：东洋区。世界已知 3 种，中国记录 3 种，浙江分布 1 种。

（291）碧蝉 *Hea fasciata* Distant, 1906（图版 II-4）

Hea fasciata Distant, 1906a: 122.

Kinoshitaia sinensis Ouchi, 1938: 107.

主要特征：体绿色，被有淡黄色和银白色短毛；头冠约等于或稍宽于中胸背板基部，头长明显短于前胸背板长度；头部前缘不突出，圆弧形；头顶黑色，其后缘中央纵沟及触角基片绿色至黄绿色；单眼红色，复眼暗褐色，后单眼间距稍小于后单眼到相邻复眼间的距离；后唇基除基部黑色外，其余均为绿色，中央具有纵沟，两侧有黑色的细横脊；颊、轴节间片和前唇基均为黑色，三者分界处绿色，被有较密的银白色长毛和灰色短毛；喙管基部为棕褐色，端部暗褐色，达中足转节。前胸背板和中胸背板褐赭色，两侧缘淡绿色，中部有黄绿色宽纵带，达"X"隆起的前缘；"X"隆起及后胸背板后缘中央绿色至黄绿色。前后翅透明，前翅前缘及基膜红色，后翅翅脉基部红褐色，端半部褐色，前翅第 8 端室后纵脉、Cu$_1$ 和 1A 脉内外缘烟褐色，前后翅轭区和基部红色。足黄绿色，有黑色斑纹，被有银白色长毛；前足股节具有 4 根黑色强刺，均稍微倾斜，从主刺到端刺逐渐减小。雄性腹瓣纵位、窄小，呈筒靴状，外缘较直，内后缘圆弧形或半圆形，腹板后缘不及第 2 腹板后缘，鼓室部分可见；腹瓣淡绿色或黄绿色，被有较密的银白色软毛；基节刺小，三角片状。腹部长于头胸部之和，腹部背板黄绿色，中央隆起，第 1–7 背板中央有银白色毛斑，由前向后逐渐变窄，组成 1 个三角形白色纵斑；腹部腹板绿色或黄绿色，第 7 腹板较长，近梯形，后缘圆弧形，长于第 8 腹板；无背瓣，鼓膜乳白色，1 条短脊，2 条长脊。雄性尾节黄绿色，被有稀疏的银白色长毛；尾节端刺基部较宽，朝端部渐细，末端钝弧形；尾节上叶较发达，侧面观呈三角状，端部圆弧形突出；尾节下叶宽指状，端部钝圆；抱钩中叶较发达、舌片状，整体略上翘，约与肛刺大小相等；抱钩为 1 对厚片状突起，近端部稍骨化。

分布：浙江（临安、天目山、舟山、庆元、龙泉）、安徽、湖北、江西、四川、贵州、云南；尼泊尔、越南。

148. 指蝉属 *Kosemia* Matsumura, 1927

Kosemia Matsumura, 1927: 55. Type species: *Cicadetta sachalinensis* Matsumura, 1917.

Karapsalta Matsumura, 1931a: 1233.

主要特征：体小到中型。头冠（包括复眼）约与中胸背板基部等宽；两侧单眼间距离等于其到相邻复眼间的距离。喙管长度超过中足基节。前胸外片向外扩张，后侧角向侧后方扩张。雄性腹瓣稍向内倾斜，内后缘圆弧形，彼此靠近但不接触，后缘不超过第 2 腹板。雄性腹部近圆柱形，背部不隆起；雄性尾节腹面观近卵圆形；尾节端刺尖；尾节上叶发达，侧面观呈三角形，端部钝圆；尾节基叶较发达，侧面观呈角状突出，近基部略向尾节内侧折叠；抱钩中叶似鸭喙管状，端部侧面观略向上弯曲，腹面观抱钩中叶中央稍隆起，不发达且明显小于肛刺。抱钩较发达，指状，端部多钝圆，基部靠近然后左右分离。阳茎弓形，具有腹撑；伪阳基侧突源自阳具鞘背面靠近基部的地方且长于阳具鞘；射精管管状、细长，几乎透明，末端止于阳具鞘；阳茎基片在背面观可见 2 个朝端部的突起。雌性尾节端刺短而尖，超过肛刺；产卵鞘等于或稍超过尾节端刺。

分布：古北区、东洋区。世界已知 11 种，中国记录 10 种，浙江分布 2 种。

（292）雅氏指蝉 *Kosemia yamashitai* (Esaki *et* Ishihara, 1950)（图版Ⅲ-1）

Melampsalta yamashitai Esaki *et* Ishihara, 1950: 40.

Kosemia yamashitai: Sanborn, 2013: 525.

　　主要特征：体黑色，被有金色的软毛。头冠稍窄于中胸背板基部；单眼淡橘红色，复眼棕色；前胸背板黑色，其边缘尤其后缘均呈棕色，其两侧被有金色软毛；前胸背板中央有 1 倒"Y"字形斑，黑色或淡棕色；中胸背板除棕色"X"隆起外均为黑色；前后翅透明，翅脉暗棕色，前翅 M 脉和 CuA 脉仅在基室处靠近但不愈合；雄性腹瓣暗棕色，基部略黑色；腹瓣内缘圆弧形，后缘略呈圆弧形；基刺小，呈暗棕色；腹部长度约等于头胸部之和，腹部背板和腹部腹板几乎黑色，被有金色和亮棕色刚毛；腹板中央后缘具有 1 列黑色半圆形斑点；足黑色；雄性尾节端刺较短，基部较阔，端部逐渐变细；尾节上叶基部略向内下凹，侧面观呈圆弧状突出；抱钩中叶小、黑色，侧面观可见其端部稍向上弯曲，腹面观而言，抱钩中叶中央稍隆起，不发达且明显小于肛刺；抱握器黑红色，基部略显黑色，指状、端部多钝圆，基部左右靠近然后彼此远离。

　　分布：浙江（临安、舟山、开化、江山、庆元）、山西、陕西、宁夏、甘肃、湖北。

（293）褐指蝉 *Kosemia fuscoclavalis* (Chen, 1943)（图版Ⅲ-2）

Melampsalta fuscoclavalis Chen, 1943: 39.

Kosemia fuscoclavalis: Sanborn, 2013: 524.

　　主要特征：体黑色，被银白色的短毛；头冠窄于中胸背板基部；复眼深褐色，单眼淡红色；前胸背板黑色，其边缘和中央纵带淡砖红色；中胸背板黑色，中央 2 个三角形淡砖红色斑；前翅显著的宽阔，其前缘脉明显呈弓形；前翅 M 脉和 CuA 脉仅在基室处靠近但不愈合；后翅 2A 脉两侧具有很细的烟褐色斑，3A 脉和轭区基部同样具有烟褐色斑；雄性腹瓣呈淡赭红色或淡砖红色，被有稀疏的银白色短毛；腹瓣内缘钝圆，后缘圆弧形；基刺小，淡砖红色；腹部约与头胸部等长，朝尾部渐细；腹板黑色，具淡赭黄色斑点；腹板砖红色，被有稀疏的银白色短毛；足赭红色；雄性尾节端刺较长，末端逐渐变细；尾节上叶略向外凸起，远离尾节端刺；抱钩中叶小，侧面观可见其端部稍向上弯曲，腹面观中央稍隆起，不发达且明显小于肛刺；抱握器较发达、暗红色，指状、端部多钝圆，基部左右靠近然后彼此远离。

　　分布：浙江（临安、龙泉）、陕西、西藏。

（十九）蝉亚科 Cicadinae

　　主要特征：后胸背板背面观完全不可见；雄性有鼓膜发音器，具背瓣（完全或不完全盖住鼓膜）；雌、雄性均有较发达的听器。

　　分布：世界各大动物地理区系均有分布，世界已知 180 属近 2100 种。我国的绝大多数种类属于此亚科，已知约 9 族 48 属 221 种，而且大多数分布在我国的南方，尤其是浙江、福建、台湾、广东、广西、云南等地。该亚科在浙江分布 13 属 17 种。

149. 草蝉属 *Mogannia* Amyot *et* Audinet-Serville, 1843

Mogannia Amyot *et* Audinet-Serville, 1843: 467. Type species: *Cicada conica* Germar, 1830.

Cephaloxys Signoret, 1847: 402. Type species: *Cephaloxys viridis* Signoret, 1847.

主要特征：体小、粗短。头背面观三角形，窄于中胸背板基部，等于或稍长于前胸背板；后唇基呈锥状向前凸出，其上无横纹。前胸背板背面观梯形，宽于头，前窄后宽；内片两侧对称的各有 2 条斜沟；外片侧缘无刺突，但特别发达，延伸至前胸侧腹面，并紧贴其上，侧后角稍扩张；腹部稍膨大，稍长于头部到"X"隆起间的距离；背瓣小，鼓膜大部分外露；雄性腹瓣小，横位，亚端部大多向中央扩张，侧缘特别倾斜，左右分离，相离较近，不超过第 2 腹板后缘；前足股节通常具 3 根刺突；前后翅透明，前翅端室8 个，后翅端室 6 个。雄性尾节钩状突很短，扁平状，不明显；抱钩腹面观左右彼此分离，抱钩上叶长，侧突较圆；阳具鞘基部两侧有明显的突起（除瑞丽草蝉 *M. ruiliensis*）；阳具鞘管状，细长，末端有刺突。

分布：古北区、东洋区。世界已知 36 种，中国记录 13 种，浙江分布 3 种。

分种检索表

1. 体黑色，具蓝色金属光泽 ·· 兰草蝉 *M. cyanea*
- 体色不如上述 ··· 2
2. 体绿色或绿褐色，中胸背板具黑斑 ··· 绿草蝉 *M. hebes*
- 体色不如上述，中胸背板无黑斑 ··· 大鼻草蝉 *M. nasalis*

（294）兰草蝉 *Mogannia cyanea* Walker, 1858（图版Ⅲ-3）

Mogannia cyanea Walker, 1858: 40.

Mogannia tienmushana Chen, 1957: 262.

主要特征：体黑色，具蓝色金属光泽，密被暗褐色短毛。头背面观三角形，长于前胸背板，等于中胸背板基部宽，无明显斑纹；后唇基背面观向前突出，稍长于头顶中央，无横向沟纹，头顶端部有成簇的黑色短毛；复眼暗褐色，单眼赭色，后单眼距离稍长于其到相邻复眼间的距离；喙管黑色，伸达中足基节端部。前胸背板除内片外无沟纹。中胸背板稍窄于外片，"X"隆起黑色。腹部圆柱形，不向两侧扩张，无明显斑纹；背瓣小，较宽，近三角形，端部凸圆；鼓膜大部分外露，有 8 根长脊，7 根短脊，第 1–5 根长脊起源于基部，第 6、7 根游离。腹部腹板黑色，具蓝色金属光泽；腹瓣黑色，比较短，弯月形，伸达第 2 腹板前缘。足黑色，前足股节有 3 根刺突，主刺俯卧，几乎平躺于股节，副刺及端刺直立，尖锐且很短。前翅端半部透明，基半部暗褐色或橙色，有的个体为黄色或赭色，结线外或第 1、2 中室基部有褐色横带或斑点，基半部翅脉赭色或橙色，端半部深褐色，基膜红色或黄色；后翅透明，基部黄色、橙色或赭色，翅脉基半部橙色或暗褐色，端半部赭色。雄性尾节腹面观椭圆形；端刺侧面观细长，向上突出；尾节基叶短，端部尖锐，有成簇的黑色短毛；尾节上叶侧面观较长，端部稍向下弯曲；尾节端背突侧面观较宽，圆形，靠近边缘处凸出，形成 1 个明显的界限；抱钩上叶腹面观很长，较细，端部向内弯曲，抱钩侧突腹面观短，稍扩张，圆形；阳具鞘基部两侧各有 1 小的突起；阳具鞘管状，末端有 5 根长刺，2 根短刺；第 7 腹板后缘圆形。

分布：浙江（临安、舟山、开化、庆元）、江西、湖南、福建、台湾、广东、广西、四川、云南；日本，印度，缅甸。

（295）绿草蝉 *Mogannia hebes* (Walker, 1858)（图版Ⅲ-4）

Cephaloxys hebes Walker, 1858: 38.

Mogannia subfusca Kato, 1928a: 32.

主要特征：体绿色或绿褐色，密被金黄色短毛。复眼暗褐色，单眼赭色，后单眼间距离稍短于其到相邻复眼间的距离；复眼之间有暗褐色条带；后唇基背面观稍短于头顶中央，头顶端部有成簇的短毛；喙管黄绿色，末端深褐色，伸达中足基节端部。前胸背板外片黄绿色，内片浅褐色，靠近中央部位有 1 对黑色钩状条带，两侧有 1 对浅棕色斜带。中胸背板从前缘处伸出 2 对倒圆锥形黑斑，中央 1 对较小；"X"隆起赭黄色，前臂内侧有 1 对小黑点。腹部背板观黄绿色或赭黄色，中央稍隆起；腹部稍长于头到"X"隆起间的距离；有的个体第 2、3 背板两侧靠近中央部分有成对的较大的黑斑；腹部腹板绿色或赭黄色；背瓣小，黄绿色或赭黄色，很短；鼓膜大部分外露，有 8 根长脊，7 根短脊，第 1–5 根长脊起源于基部，第 6–8 根游离。腹瓣小，长茄形，横位，伸达第 2 腹板前缘；足绿色或黄绿色，前足股节通常有 3 根刺突，主刺俯卧，几乎平躺于股节，副刺及端刺直立，尖锐且很短。前后翅透明，前翅基半部浅黄色，翅脉绿色，端部 1/3 翅脉浅褐色，基膜及爪区后缘稍呈褐色；后翅基部黄绿色，翅脉浅绿色，端部 1/3 浅褐色。雄性尾节腹面观筒状；尾节端刺侧面观较短，向上突出；尾节基叶短，端部钝圆；尾节上叶侧面观细长，几乎不弯曲；尾节端背突侧面观较宽，圆形，靠近边缘处凸出，形成 1 个明显的界限；抱钩上叶腹面观长，较细，稍向两侧弯曲，抱钩侧突腹面观短，稍扩张，圆形；阳具鞘基部两侧各具 1 短的突起；阳具鞘管状，端部侧面观似乎被截断，末端有 5 根长刺；第 7 腹板后缘圆形。

分布：浙江（临安、舟山、庆元）、江苏、安徽、湖北、江西、湖南、福建、广东、广西；朝鲜，日本。

（296）大鼻草蝉 *Mogannia nasalis* (White, 1844)（图版Ⅳ-1）

Cicada nasalis White, 1844: 426.

Mogannia nasalis: Walker, 1850b: 248.

主要特征：体黑色或红棕色，被金黄色短毛。头背面观三角形，短于前胸背板，窄于中胸背板基部；后唇基长，明显长于头顶，头顶端部有成簇的短毛；复眼暗褐色，单眼浅橘黄色，后单眼距离稍长于其到相邻复眼间的距离；喙管黑色，伸达中足基节端部；颜面赭黄色，颊处有成簇的短毛。前胸背板背面观红棕色或褐色。中胸背板背面观稍窄于外片，无明显斑纹。腹部背板观圆筒形，长于头到"X"隆起间的距离，第 2 背板两侧有 1 个黑斑；腹面暗褐色或红棕色，具金黄色短毛；背瓣暗褐色，顶端凸圆，有的个体背瓣较短，端部较宽，钝圆，鼓膜大部分外露，有 9 根长脊，8 根短脊，第 1–6 根长脊起源于基部，第 7–9 根游离；腹瓣棕色，弯月形，伸达第 2 腹板前缘，鼓膜从腹面可见；足褐色，前足股节通常有 3 根齿突，主刺俯卧，几乎平躺于股节，副刺及端刺直立，尖锐且很短。前后翅透明，前翅沿结线有 1 很宽的横带，前窄后宽，呈赭黄色或暗褐色，半透明或不透明；有的个体横带两侧缘为不连续的褐色斑点组成的斜横带，斜横带的内侧，包括基室，稍呈黄色，半透明；后翅透明，翅脉褐色。雄性尾节腹面观筒状，尾节端刺侧面观长，向上突出；尾节基叶短，三角形，末端尖锐，被短毛；尾节上叶侧面观较粗壮，指状，向上弯曲；尾节端背突侧面观较宽，圆形，靠近边缘处凸出，形成 1 个明显的界限；抱钩上叶腹面观很长，端部较细，向两侧弯曲；阳具鞘基部两侧各具 1 较长的叶状突起；阳具鞘侧面观管状，亚端部处分两叉，末端共有 7 根长刺，1 根短刺；第 7 腹板后缘圆形。

分布：浙江、安徽、湖南、福建、广东、香港、广西；印度。

150. 蟪蛄属 *Platypleura* Amyot *et* Audinet-Serville, 1843

Platypleura Amyot *et* Audinet-Serville, 1843: 465. Type species: *Cicada stridula* Westwood, 1845.

Poecilopsaltria Stål, 1866: 2. Type species: *Tettigonia 8-guttata* Fabriciius, 1789.

Dasypsaltria Haupt, 1917: 303. Type species: *Dasypsaltriamaera* Haupt, 1917.

Systophlochius Villet, 1989: 52. Type species: *Platypleura palochius* Villet, 1989.

主要特征：体粗短，被长毛；头冠等于或稍宽于中胸背板基部，头部相当阔、短，复眼前方平截，前胸背板侧缘扩张；腹部短，宽锥形，约等于头胸部；背瓣大，完全盖住鼓膜，腹瓣横阔，多呈弯月形，左右内角靠近或接触。前翅基半部密被斑纹，不透明，端半部除斑点外半透明，结线明显，前缘膜正常，不弯曲；后翅 6 个端室。分布于我国的种类成虫前足股节无刺。

分布：古北区、东洋区、旧热带区。世界已知 84 种，中国记录 6 种，浙江分布 1 种。

（297）蟪蛄 *Platypleura kaempferi* (Fabricius, 1794)（图版Ⅳ-2）

Tettigonia kaempferi Fabricius, 1794: 23.

Platypleura kaempferi Stål, 1863b: 572.

主要特征：体中型，粗短，密被银白色短毛；头冠明显窄于前胸背板，约与中胸背板基部等宽或稍宽；腹部稍短于头胸部。后唇基基部狭横纹，复眼间横带、单眼区、顶侧区短纵纹及复眼内缘均为黑色；后唇基中央有很宽的黑色纵沟，前唇基仅中部有 1 橄榄色斑外，其余均为黑色，喙管较长，明显超过后足基节，有的长达第 3 腹节。前胸背板中纵带及其两侧斑纹、斜沟、内区侧缘、侧区前角叶及后缘区斑纹均为黑色。中胸背板前缘中央伸出 4 个倒圆锥形黑斑，内侧 1 对短小，外侧 1 对较大；"X"隆起前区的矛状斑常与其两侧的 1 对圆斑合并。前翅基半部不透明，污褐色或灰褐色，基室暗褐色，前缘膜处有 2 暗色斑，前翅具 3 条横带，基部 1 条经径室中部达后肘室端；中间 1 条不规则横带从径室端部起，在后肘室端部与基横带相连，且中间有暗色斑；外侧 1 条经过 1–5 端室基部和 1–3 中室基部；径室端部和第 8 端室各有 1 半透明斑；端室纵脉端部及外缘也有不规则暗褐色斑点；后翅外缘无色透明，其余深褐色，不透明。腹部背板黑色，各节背板后缘橄榄绿色，头胸部腹面黑色，被白色蜡粉，腹部腹板及腹瓣除各节后缘及腹瓣外缘橄榄绿外，其余均为黑色，稀被白色蜡粉和灰白色长绒毛；腹瓣横位，弯月形，内角稍重叠，后缘圆弧形，不超过第 2 腹节。雄性尾节小，顶端尖，无明显侧突，抱钩左右合并，腹面也合并，包住管状的阳茎，阳茎基部有 1 对锥形突起，端部平截。

分布：浙江（临安、舟山、开化、江山、龙泉）、辽宁、北京、天津、河北、山西、山东、河南、陕西、江苏、安徽、湖北、江西、湖南、福建、台湾、广东、广西、重庆、四川、贵州、云南；俄罗斯，朝鲜，日本，马来西亚。

151. 毛蟪蛄属 *Suisha* Kato, 1928

Suisha Kato, 1928b: 183. Type species: *Dasypsaltria formosana* Kato, 1927.

主要特征：体粗短，多毛。头冠约等于中胸背板基部，头长明显小于复眼间宽，头顶稍突出。前胸背板侧缘钝角形或圆弧形突出。前翅不透明或半透明，前缘膜显著扩张且弯曲；后翅 6 个端室。腹部短于头胸部；腹瓣横位，后缘圆弧形。

分布：古北区、东洋区。世界已知 2 种，中国记录 2 种，浙江分布 1 种。

（298）毛蟪蛄 *Suisha coreana* (Matsumura, 1927)（图版Ⅳ-3）

Pycna coreana Matsumura, 1927: 46.

Suisha coreana: Kato, 1928b: 184.

主要特征：头胸部橄榄绿色；头冠稍宽于中胸背板基部，前方圆弧形突出；复眼间具黑色宽横带；前胸背板中央"I"形纹黑色；中胸背板具 4 个倒圆锥形黑色斑；前翅基半部具黄褐色大斑，其上有 2 条暗褐色横带，不透明，第 1–3 中室端部及第 1–4 端室基部的不规则斜斑及各纵脉端部的 2 个斑点均为黑色；腹部稍短于头胸部，背板黑色，后缘橄榄绿色，腹板黑色；背瓣灰褐色，前缘橄榄绿色；腹瓣近半圆形，后缘灰绿色，基半部灰黑色，内角重叠，达第 3 腹节；雄性尾节很小，顶端锐角形；抱钩合并，端部伸出较长，端半部不构成圆环形，呈"双指"并列状；阳具鞘基部粗，端部细，背中央稍凹。

　　分布：浙江（临安、舟山、庆元）、陕西、甘肃、江苏、湖南；朝鲜，日本。

152. 大马蝉属 *Macrosemia* Kato, 1925

Macrosemia Kato, 1925: 57. Type species: *Macrosemia kareisana* Matsumura, 1907.

　　主要特征：体大型，复眼不突出；头冠等于或宽于中胸背板基部，两侧明显向后下方倾斜；后唇基向前稍隆起，背面观长度短于头顶中央长度，中央具有"Y"字形斑纹；前胸背板明显短于中胸背板，外片发达，前侧缘具齿状突起；雄性腹部倒圆锥形，等于或稍长于头胸部；翅透明，前翅长约为宽的 3.2 倍；喙管端部超过后足基节；背瓣背面观完全盖住鼓膜，但侧面观时稍微露出部分鼓膜；雄性腹瓣长，端部尖，端部 2/3 处稍微膨胀，呈瓢形，左右分离。

　　分布：东洋区。世界已知 18 种，中国记录 11 种，浙江分布 1 种。

（299）震旦大马蝉 *Macrosemia pieli* (Kato, 1938)（图版Ⅳ-4）

Platylomia pieli Kato, 1938: 11.

Macrosemia pieli: Lee, 2008: 16.

　　主要特征：体大型，头部赭绿色，宽于中胸背板。单眼红色，复眼褐色，两侧单眼间距约为单复眼间距的 1/3；单眼区斑纹、头顶两侧宽横斑、复眼后缘，以及复眼内侧的 1 对斑点均为黑色。舌侧片黑色；后唇基赭黄色，中央具有褐色"Y"字形斑纹，两侧横沟赭黄色；前唇基中央赭黄色，两侧黑色。喙管赭黄色，端部黑色，达后足基节。前胸背板长为头部的 2 倍，内片赭绿色，侧缘和后缘黑色，中央 1 对纵纹（基部和端部加粗，并愈合）、中沟下方的纵纹、中沟和侧沟处斑纹均为淡褐色；外片绿褐色，后角处 1 对黑色大斑，前侧缘有明显的齿状突起及 1 对倒三角形小黑斑，后角扩张。中胸背板赭绿色，具有以下黑色斑纹：中央矛状斑，基部较细，端部粗，与盾片凹陷处的 1 对黑色大斑愈合在一起；两侧有 2 对倒圆锥形纹：盾侧缝处 1 对较小，后端与中央斑纹的膨大处相连，前端中央常包括 2 个绿色细纹；外侧 1 对粗大，达"X"隆起前臂。"X"隆起黄绿色，无斑纹，前缘和两侧被长毛。足黄绿色，密被白色蜡粉，股节中央具黑色纵纹，胫节端部和跗节暗褐色；前足股节主刺和副刺均粗大，长度相等，端刺比其他种类要长，但小于主刺和副刺。翅透明，前翅第 2、3 端室基横脉及各纵脉端部有浅褐色斑点；翅脉基半部赭黄色，端半部深褐色。雄性腹部明显长于头胸部，雌性腹部明显短于头胸部，均被银白色毛。背板黑色，第 4、5 背板有少许不明显的褐色斑纹；腹板褐色，末端黑色，腹壁薄，半透明。背瓣长圆形，褐色。雄性腹瓣浅赭黄色，基部缢缩，外露部分鼓膜，中部扩大而隆起，呈瓢状，端部尖形，左右分离，伸达第 7 腹板。雄性尾节钝圆形，抱钩圆形膨大，钩叶左右分离，短三角棱形，末端平截、片状、伸向外侧；阳茎管状，基部粗，末端很细。

　　分布：浙江（临安、舟山、开化、龙泉）、江苏、安徽、江西、湖南、福建、广东、广西；越南。

153. 寒蝉属 *Meimuna* Distant, 1905

Meimuna Distant, 1905: 67. Type species: *Dundubia tripurasura* Distant, 1881.

　　主要特征：体中型、稍细；头冠等于或稍宽于中胸背板基部；后唇基短于或长于头部，少许或大幅度向前膨大突出；喙管端部达后足基节；前胸背板明显短于中胸背板，外片外缘不发达，前侧缘具齿状突起；背瓣盖住大部分鼓膜；雄性腹部倒圆锥形，稍长于头胸部。雄性腹瓣长，彼此分离，端部圆形或尖形。

分布：东洋区。世界已知 31 种，中国记录 18 种，浙江分布 2 种。

（300）蒙古寒蝉 *Meimuna mongolica* (Distant, 1881)（图版 V-1）

Cosmopsaltria mongolica Distant, 1881: 638.

Meimuna mongolica Distant, 1906a: 66.

主要特征：体中型，较粗。头部绿色，稍宽于中胸背板。单眼和复眼均为红褐色，头顶前侧缘有 1 对黑色的宽斜斑，与后缘两斑纹愈合在一起。单眼区斑纹、复眼内缘以及侧单眼斜后方的 1 对小斑点均为黑色。舌侧片绿色至黑色，被白色短毛；后唇基中央具绿色圆斑，基部宽横斑、端部短纵纹以及两侧横沟均为黑色。喙管绿色，端部黑色，达后足基节。前胸背板内片绿色，后缘黑色，中央 1 对纵带（基部膨大、2/3 处靠近、端部愈合）、中沟、侧沟以及中沟下方的纵纹均为黑色；外片绿色，侧后缘有 2 对黑色斑纹，前侧缘有齿状突起。中胸背板具 5 条黑色斑纹：中央 1 条细长，矛状，后端膨大；盾侧缝处 1 对斑，内缘波浪状，外缘较直，端部与中央斑纹愈合在一起；外侧 1 对粗大，伸达"X"隆起前臂外侧，基部 1/3 处有间断。"X"隆起黄绿色，前盾片凹槽处 1 对黑色斑点。足绿色，稀被白色长毛和白色蜡粉，胫节赭绿色，端部稍带暗褐色；前足股节周缘暗褐色，主刺和副刺均直立，等长，基部稍宽，端部稍窄，端刺很小。翅透明，前翅第 2、3 端室基横脉处有暗褐色斑点；基半部翅脉红褐色，端半部翅脉暗褐色。雄性腹部长于头胸部，密被白色蜡粉。背板黄绿色，有不规则的褐色或暗褐色斑纹，随着体节的增加，斑纹颜色加深，每节的后缘绿色；腹板褐色，蜡粉较厚。背瓣绿色，长圆形，完全盖住鼓膜。雄性腹瓣绿色，宽大，内缘基半部较宽，端半部叉状向两侧分开，外缘较直，达第 5 节腹板后缘。雄性尾节暗褐色，被白色蜡粉；抱钩长弯钩状，彼此靠近，内侧平行、外侧近端部膨大，向外弯曲。

分布：浙江（临安、舟山、开化、庆元）、辽宁、内蒙古、北京、河北、河南、陕西、江苏、安徽、江西、湖南、福建、广东、广西；蒙古，韩国，越南。

（301）松寒蝉 *Meimuna opalifera* (Walker, 1850)（图版 V-2）

Dundubia opalifera Walker, 1850b: 56.

Meimuna opalifera Oshanin, 1908: 389.

主要特征：体中型，被金黄色短毛，头部橄榄绿色，稍宽于中胸背板基部。头部中央的宽横带、单眼区斑纹、复眼内侧不规则大斑均为黑色。舌侧片黑色，被白色短毛；后唇基赭绿色，向前突出，背面观长度大于头顶长，基部锚形斑、中央纵纹及两侧横沟均为黑色。喙管赭绿色，达后足基节。前胸背板内片赭绿色，后缘黑色，中央 1 对纵纹（端部扩大且加粗，基部愈合，呈"沙漏"形，中间围成"！"形绿色斑）、中沟下方的纵纹、中沟和侧沟处斑纹均为黑色；外片后侧缘具 1 对黑色斑纹，前侧缘黑色，具尖锐的齿状突起。中胸背板黑色，具有 2 对绿色斑纹：中央 1 对八字形斑纹；外侧 1 对不规则纵纹，基部分叉。"X"隆起绿色，盾片凹陷处有 1 对黑色斑点。足赭绿色，股节基部、端部和侧缘纵纹深赭色，胫节基部和端部深赭色，跗节和爪赭绿色；前足股节主刺细长，中部稍膨大，副刺最长，基部稍宽，自基部向端部呈三角形变窄，端刺向上倾斜，较短。翅透明，前翅第 2、3 端室基横脉处有烟褐色斑，翅脉深赭色或黑色，前翅前缘脉基部绿色。腹部明显长于头胸部，细长，端部变尖。背板大体黑色，第 2–6 节后缘赭绿色。背瓣大，呈圆形，黑色。雄性腹瓣颜色多变，整体赭绿色到整体黑色，基部宽大，近端部突然收缩，呈三角形，顶端尖，指向外侧，达第 4 腹板。雄性尾节黑色，较宽；抱钩黑色，呈宽锚状，端部三角形膨大；上叶短、钝圆形。

分布：浙江（临安、舟山、开化、龙泉）、河北、山东、河南、陕西、安徽、湖北、江西、湖南、福建、台湾、广东、澳门、广西、四川、贵州；韩国，日本。

154. 螗蝉属 *Pomponia* Stål, 1866

Pomponia Stål, 1866: 6. Type species: *Cicada fusca* Olivier, 1790.

主要特征：体中型，多数为褐色或绿色。头冠等于或宽于中胸背板基部；单复眼间距大于两侧单眼间距；后唇基向前稍突出；喙管长，明显超过后足基节；前胸背板外片短，侧缘较窄，前侧缘波状或有齿状突起，后角稍扩张；雄性腹部明显长于头胸部；背瓣大体完全盖住鼓膜；雄性腹瓣小、横位，鳞片状；翅透明，前翅多具褐色斑纹。

分布：东洋区。世界已知 37 种，中国记录 6 种，浙江分布 1 种。

（302）螗蝉 *Pomponia linearis* (Walker, 1850)（图版 V-3）

Dundubia linearis Walker, 1850a: 48.
Pomponia linearis: Stål, 1866b: 171.

主要特征：体大型，被金色短毛，头部三角形，暗褐色，约与中胸背板基部等宽。单眼红褐色，复眼赭绿色；单眼区的纵纹、额唇基缝下方的横纹、复眼边缘的大斑均呈深赭色。舌侧片黑色；后唇基基部和端部 1/3 深赭色，中央 1/3 赭绿色；前唇基绿色。喙管端部黑色，达第 2 腹板。前胸背板内片赭绿色，中央有 1 对纵纹两端合并，末端较粗；外片前缘和后角的 2 对斑纹褐色，前侧缘具齿状突起。中胸背板绿色，中部的矛状斑、盾侧缝处 1 对大的倒圆锥形斑和较阔的亚缘斑、盾片凹陷处的圆形斑均为赭色。"X"隆起绿色，后角黑色，其余部分绿色或赭绿色。足黄绿色，前足股节端部和胫节及中、后足胫节的基部和端部以及跗节均为黑色；前足股节主刺长且钝，向前倾斜，副刺直立，基部宽，端部窄，端刺小且细。翅透明，淡棕色，前翅第 2、3、5 端室基横脉处及各纵脉端部有烟褐色斑点，其中 M_1 脉处斑纹是其他纵脉端部斑纹的 2 倍；结线明显，有斑点处的翅脉黑色，前缘脉基半部赭绿色，端半部暗褐色。雄性腹部明显长于头胸部，雌性腹部短于头胸部。背板赭色，被白色蜡粉，每节后缘稍黑色；腹板浅褐色，半透明，第 7、8 节腹板颜色较深。背瓣内侧圆弧形，外侧倾斜露出部分鼓膜。雄性腹瓣横位，外缘和后缘圆弧形、稍黑色，内侧呈角状，左右接触或靠近。雄性尾节浅褐色，上叶发达，尖细；抱钩基部愈合，腹侧面有 2 对尖刺，外边的较短，里面的粗且长；尾节基叶发达，靠近中央，端部向内倾斜，长椭圆形。

分布：浙江（临安、舟山、开化、龙泉）、安徽、江西、湖南、福建、台湾、广东、广西、四川、云南、西藏；日本，印度，缅甸，菲律宾，马来西亚。

155. 真宁蝉属 *Euterpnosia* Matsumura, 1917

Euterpnosia Matsumura, 1917a: 202. Type species: *Euterpnosia chibensis* Matsumura, 1917.

主要特征：体细长，头冠宽于中胸背板基部；前胸背板后角稍扩张；腹部明显长于头胸部；第 3、4 腹板无瘤状突起，但第 4 腹节两侧有臼状突起；背瓣小，呈宽而短的狭片状，边缘上翻；雄性腹瓣小，左右分离；翅透明，前翅 8 个端室，后翅 6 个端室；雄性尾节后方狭窄，抱钩小且合并；阳茎管状，细长。

分布：东洋区。世界已知 25 种，中国记录 21 种，浙江分布 1 种。

（303）中华真宁蝉 *Euterpnosia chinensis* Kato, 1940（图版 V-4）

Euterpnosia chinensis Kato, 1940a: 8.

主要特征：体中型偏大，细长，头部绿色，被稀疏的金黄色短毛，宽于中胸背板基部。单眼浅红色，复眼深褐色，单眼区及头顶前侧的大斑均为黑色。后唇基中央有 1 对黑色纵带，末端愈合，两侧横沟有短的黑色横纹，中央有褐色斑点。喙管绿褐色，端部暗褐色，达后足基节。前胸背板长于头部，内片绿色，中央 1 对黑色纵纹（基部靠近，端部相连，内部绿褐色），中沟和侧沟处的斑纹均为黑色；外片后角及后缘两侧的斑点暗褐色。中胸背板绿色，约为前胸背板长的 1.5 倍，具 5 条黑色纵纹：中央 1 条长达 "X" 隆起前，后端稍加粗；盾侧缝处 1 对较短，末端向内弯曲；外侧 1 对较粗，后端向两侧弯曲。"X" 隆起前臂处具 1 对黑色斑点。足股节斑纹及胫节基部均为褐色。翅透明，翅脉褐色，前翅第 2、3 端室基横脉处有烟褐色斑；前翅前缘脉和 Cu_2 脉绿褐色。雄性腹部明显长于头胸部，背板绿色，有不规则的暗褐色斑点，第 4 腹节两侧的瘤状突起大、黑色；腹板浅灰褐色、被白粉，体壁薄，半透明。背瓣小，外缘黑色。雄性腹瓣小，外侧倾斜，使鼓膜外露。

分布：浙江（临安、开化、龙泉）、河南、台湾。

156. 日宁蝉属 *Yezoterpnosia* Matsumura, 1917

Yezoterpnosia Matsumura, 1917a: 186. Type species: *Cicada nigricosta* De Motschulsky, 1866.

主要特征：前胸背板前侧缘具齿状突起；前翅第 1 端室基脉长度等于或大于第 1 端室纵脉的 1/2；腹板没有瘤状突起和臼状突起；背瓣小，退化；雄性腹瓣宽大于长，彼此分离，达到或超过第 2 腹板后缘；第 3 腹板宽，宽于中胸背板后缘；钩叶不分叉；尾节上叶不尖锐。

分布：东洋区。世界已知 6 种，中国记录 6 种，浙江分布 1 种。

（304）端晕日宁蝉 *Yezoterpnosia fuscoapicalis* (Kato, 1938)（图版 VI-1）

Terpnosia fuscoapicalis Kato, 1938: 18.

Yezoterpnosia fuscoapicalis: Lee, 2012: 255.

主要特征：体中型，头部赭绿色，密被白色长毛，与中胸背板基部等宽。单眼红色，复眼褐色，稍突出，两侧单眼间距略大于单复眼间距的 1/2；单眼区斑纹、头顶前缘宽横斑、复眼内侧 1 对大斑均为黑色。舌侧片黑色；后唇基黄色，中央有 1 对平行的黑色纵纹，长度约为后唇基的 2/3，端部愈合，两侧具黄色横纹；前唇基黄绿色，中央有 1 个黑色纵斑。喙管绿褐色，中央及端部黑色，达后足基节。前胸背板内片赭绿色，中央 1 对纵纹（基部和端部均向外侧扩张成三角形）、中沟和侧沟间的纵纹、内片周缘黑色；外片黄绿色，中央稍呈绿色，外缘稍扩张。中胸背板赭绿色，具 5 条极宽的黑色纵纹：中央 1 条纵纹，达 "X" 隆起前，与盾片凹陷处斑点愈合，形成 1 方形斑；盾侧缝处 1 对较短，倒圆锥形或弯钩状；外侧 1 对较粗，基部稍向外弯曲。"X" 隆起黄色，前臂密被白色长毛。足赭黄色，前足股节端部颜色较深，副刺最长，基部端部基本等宽，主刺和端刺为圆锥形，基部宽，端部尖，端刺短于主刺。翅透明，前翅顶角具浅褐色晕斑，第 2、3 端室基横脉处有烟褐色斑点；翅脉暗褐色。雄性腹部褐色或绿色，明显长于头胸部，中央膨大，第 6 腹节突然缢缩，第 7 腹节前后等宽，第 8 腹节后半部明显缢缩。背板黄色，第 2–6 背板中央有成对的不规则暗褐色斑纹，第 3–6 背板两侧也有不规则暗褐色斑点，第 6 背板端半部至腹末均为黑色。腹板黄色，半透明，第 2 腹板、第 3 腹板前缘、第 6 腹板端半部及第 7、8 腹板暗褐色。背瓣退化，不及鼓膜长的 1/2，大体黄色，前缘黑色。雄性腹瓣小，黄色，侧缘波状，后缘弧形，不达第 2 腹板后缘。雌性腹部背板有 4 列不规则斑点组成的深褐色带，腹板中央也有褐色纵带。雄性尾节小，黑色，上叶较短，弯钩状，向后上方弯曲；抱钩短小，钩叶愈合，侧缘圆弧形；基叶很长，约与尾节腹面等长，尖，基部直，端部稍弯曲；阳茎管状，细长，伸出尾节，端部分叉。

分布：浙江（临安、开化、龙泉）、江西、湖南、福建、广西。

157. 细蝉属 *Leptosemia* Matsumura, 1917

Leptosemia Matsumura, 1917a: 196. Type species: *Leptopsaltria sakaii* Matsumura, 1913.

Chosenosemia Doi, 1931: 52. Type species: *Chosenosemia souyoensis* Doi, 1931.

主要特征：头冠约等于或稍宽于中胸背板基部；后唇基稍向前突出；前胸背板内片与外片同色；前胸背板明显短于中胸背板，前侧缘稍扩张，但无齿状突起；雄性腹部圆柱形，长于头胸部；第 3、4 腹板无瘤状突起、侧缘无臼状突起；雄性背瓣半圆形，完全盖住鼓膜；雄性腹瓣小，鳞片状，彼此分离，未达到第 2 腹板；翅透明，无斑纹。

分布：东洋区。世界已知 4 种，中国记录 3 种，浙江分布 1 种。

（305）南细蝉 *Leptosemia sakaii* (Matsumura, 1913)（图版Ⅵ-2）

Leptopsaltria sakaii Matsumura, 1913: 76.

Leptosemia sakaii: Matsumura, 1917a: 196.

主要特征：体中型偏小、前后等宽。头部赭绿色，宽于中胸背板基部，单眼浅红色，复眼褐色，两侧单眼间距小于单复眼间距的 1/2，单眼区不规则斑纹、头顶侧缘弯曲的斑纹、头顶前缘内角斑纹及复眼内缘横纹均为黑色。舌侧片黑色；后唇基绿色，横沟基半部略褐色，端半部绿色；前唇基绿色。喙管赭色，端部暗褐色，达后足基节。前胸背板内片绿色，中央具 1 对纵纹（基部和端部靠近愈合，呈哑铃形）、中沟、侧沟处斑纹及内片周缘均为黑色或暗褐色；外片后角稍扩张，具 1 对黑色斑点，前侧缘无齿状突起。中胸背板绿色，具 5 条暗褐色纵纹：中央 1 条长达"X"隆起基部，2/3 处呈菱形膨大；盾侧缝处 1 对较短，约为中央纵纹的 1/2；外侧 1 对较长，达"X"隆起前臂处，与盾片凹陷处圆斑平齐，末端向外弯曲，形成连续或间断的弯钩状斑。足绿色至绿褐色，带有褐色斑纹；前足股节主刺细长，副刺基部宽，端部细、直立，端刺细、倾斜。翅透明，前翅端室短，第 2、3、5、7 端室基横脉处及各纵脉端部有烟褐色斑点；基半部翅脉及前缘脉黄绿色或赭黄色，端半部褐色；后翅无斑纹，翅脉褐色。雄性腹部明显长于头胸部，腹部背板绿赭色，被银白色短毛，第 2 背板有 1 黑色中央纵带，第 3–7 背板两侧具黑色小斑点，第 8 背板基半部黑色；腹板褐色，腹壁薄、半透明。背瓣赭色，内侧倾斜，露出部分鼓膜。雄性腹瓣绿色或绿褐色、小且纵位。雄性尾节椭圆形，上叶不发达；抱钩基部合并，端部三角形，中央有缺刻；阳茎细，从抱钩的腹面伸出，端部分叉。

分布：浙江（临安、龙泉）、河北、江西、台湾、四川；韩国，日本。

158. 蟪蝉属 *Tanna* Distant, 1905

Tanna Distant, 1905: 61. Type species: *Pomponia japonensis* Distant, 1892.

Neotanna Kato, 1927: 26. Type species: *Tanna viridis* Kato, 1925.

主要特征：头冠稍窄于或等于中胸背板基部；前胸背板前侧缘角状或有小的齿状突起；腹部明显长于头胸部，第 3、4 腹板两侧（或仅第 3 腹板）有瘤状突起，前 1 对较大，后 1 对很小（或无）；背瓣大。雄性腹瓣小，多为鳞片状；翅透明，前翅 8 个端室，后翅 6 个端室。

　　分布：东洋区。世界已知 25 种，中国记录 12 种，浙江分布 2 种。

（306）中华蟪蝉 *Tanna sinensis* (Ouchi, 1938)（图版Ⅵ-3）

Neotannasinensis Ouchi, 1938: 87.

Tanna sinensis: Hua, 2000: 64.

　　主要特征：体长而粗，头部淡绿色，与中胸背板基部等宽，密被黄色短毛。头顶长度约为复眼间距的 5/6，单眼浅橙黄色，复眼褐色、球形突出，两侧单眼间距为单复眼间距的 1/2；单眼区斑纹、头顶前侧缘斜斑，以及复眼内缘黑色，其余部分绿色。后唇基中央纵沟绿色，两侧横沟暗褐色；前唇基中央绿色，两侧黑色。喙管绿褐色，端部黑色，达后足基节末端。前胸背板内片绿色，后缘黑色，中央 1 对纵纹（基部外阔、2/3 处缢缩、端部愈合）、中沟和侧沟处斑纹黑色；外片淡绿色，后缘黑色，两侧 1 对斑点淡褐色。中胸背板淡绿褐色，约等于头部和前胸背板长度之和，具以下黑色斑纹：起始于前缘的不连续的 3 对斑纹；"X"隆起前形成 "山"字形斑纹，其中中央纹为剑形，直达中胸背板前缘。"X"隆起淡绿褐色，密被金黄色短毛。翅透明，前翅第 2、3、5、7 端室基横脉处及各端室纵脉端部有烟褐色斑点；翅脉基半部绿色或绿褐色，端半部褐色，翅脉结线处淡绿色；后翅翅脉暗褐色，外缘淡褐色。雄性腹部明显长于头胸部，约为头胸部的 1.3 倍，且明显宽于头胸部。腹部背板褐色，两侧颜色稍浅，被白色短毛，第 8 腹板密被白色蜡粉；腹板浅褐色，半透明，稀被白色蜡粉，第 3 腹板上瘤状突起较大，深褐色，第 4 腹板上无瘤状突起。背瓣小，顶端近圆形；雄性腹瓣小，鳞片状，左右分离，后缘角状，不超过第 2 腹板。雄性尾节褐色，上叶短而上弯、黑色；抱钩愈合成瓦片状，端部有"V"字形缺刻；阳茎管状、较粗，不分叉。

　　分布：浙江（临安、开化）、安徽、湖南、福建、广西。

（307）蟪蝉 *Tanna japonensis* (Distant, 1892)（图版Ⅵ-4）

Pomponia japonensis Distant, 1892: 102.

Tanna japonensis japonensis: Hayashi, 1984: 53.

　　主要特征：体大型，头部绿色，窄于前胸背板基部。单眼浅橙黄色，复眼褐色，向两侧突出，两侧单眼间距是单复眼间距的 1/2，单眼区斑纹、头顶两侧的细纹，以及复眼内缘均为黑色。舌侧片绿色；后唇基绿色，两侧横沟黑色；前唇基绿色，两侧稍带黑色。喙管黄绿色，端部黑色，超过后足基节。前胸背板内片褐色，外缘黑色，中央"I"形纹绿色，基部和端部外侧形成黑色斑纹，外缘深褐色；外片绿色，后角具 2 对暗褐色斑纹，前角稍扩张，后缘黑色。中胸背板绿色，具 7 条不明显的暗褐色纵斑：中央 1 条细长纵纹，矛状；盾侧缝处 1 对倒圆锥形斑，基部中央绿色，形成 1 对圆形斑；近外侧 1 对很小的楔形斑；最外侧 1 对粗而大，起始于中胸背板前缘，结束于"X"隆起前臂外侧；"X"隆起前形成"山"字形斑。"X"隆起绿色，中央暗褐色，盾片前凹陷处斑点暗褐色，密被金黄色短毛。足基节和股节绿色，胫节和跗节黄绿色、端部褐色；前足股节主刺细长，端部钝，副刺基部宽，端部尖细，端刺很小，几乎消失。翅透明，前翅第 2、3、5、7 端室基横脉处及各端室纵脉端部有烟褐色斑点。腹部褐色或暗褐色，被金黄色和银白色短毛，明显长于头胸部。各节背板后缘颜色更深，第 3、4 背板两侧有银白色毛斑；腹板灰褐色，被白色蜡粉，第 3 腹板上瘤状突起较大，深褐色，第 4 腹板上瘤状突起很小。背瓣大，褐色，仅两侧稍露出部分鼓膜。雄性腹瓣小，绿色，近三角形，达第 2 腹板。雄性尾节小，褐色，两侧后端暗褐色；上叶小，尖状；抱钩愈合成长瓦片状，端部有"V"字形缺刻；阳茎管状、较粗。

　　分布：浙江（临安、开化、龙泉）、河南、安徽、江西、湖南、福建、四川、西藏；韩国，日本，印度，老挝。

159. 透翅蝉属 *Hyalessa* China, 1925

Hyalessa China, 1925: 474. Type species: *Hyalessa ronshana* China, 1925.

Sonata Lee, 2010: 20. Type species: *Oncotympana fuscata* Distant, 1905.

主要特征：体小到大型，头冠宽于前胸背板；中胸背板外片长度为内片长度的 1/4–1/3；前侧缘不具齿状突起；翅透明，前翅 8 个端室，后翅 6 个端室，大部分种类中，前翅第 2、3、5、7 翅室基横脉及各纵脉端部有明显的褐色斑点；雄性腹节短于头胸部，第 3 腹节明显宽于中胸背板；背瓣高高隆起，侧缘膨胀伸出体外，完全盖住鼓膜；雄性腹瓣宽大于长，侧缘圆形，内角重叠或接触；钩叶大，彼此从基部分离或相靠近；阳茎粗，端部弯曲，带有 1 对硬化的侧突和 1 对膜质的囊状突。

分布：古北区、东洋区。世界已知 11 种，中国记录 7 种，浙江分布 1 种。

（308）斑透翅蝉 *Hyalessa maculaticollis* (De Motschulsky, 1866)（图版Ⅶ-1）

Cicada maculaticollis Motschulsky, 1866: 185.

Hyalessa maculaticollis: Wang, Hayashi & Wei *in* Wang et al., 2014: 25.

主要特征：体大而粗壮，头冠绿色，稍窄于中胸背板基部。单眼红色、复眼褐色，明显突出，单眼区斑纹、头顶侧缘及复眼内缘大斑均为黑色。舌侧片绿色；后唇基基部中央圆形斑纹绿色，斑纹外缘黑色，纵沟和两侧横沟黑色；前唇基中央绿色，两侧黑色。喙管绿色，中央具黑色纵纹，端部黑色，达后足基节。前胸背板内片杂色，中央 1 对宽纵纹（前端扩张、后端合并，中央围成 "!" 形斑纹）、内片侧缘及后缘均为黑色，中沟和侧沟边缘及中间区域有大面积不规则棕色斑纹；外片绿黄色，后缘黑色、波浪状，后角有 2 对黑色斑纹。中胸背板黑色，有 6 对较明显的绿色斑点：中央 1 对 "八" 字形短斑，两侧围绕着 3 对对称的斑点；中胸背板侧缘 1 对较大的斑纹；"X" 隆起前臂外侧 1 对横斑。"X" 隆起赭黄色，中央及前臂、后臂处斑点黑色。有的个体中胸背板斑点减小或消失。足绿色，具不规则的黑色斑纹；前足股节 3 根刺均为黑色，主刺倾斜严重，约与股节平行，副刺直立，呈三角形，端刺小且端部钝。翅透明，前翅第 2、3、5、7 端室基横脉处及各纵脉端部有烟褐色斑点；基半部翅脉褐色或暗褐色，端半部暗褐色或褐色；后翅无斑纹。腹部短于头胸部，背板黑色，第 3、4 背板常被白色蜡粉，第 2–4 背板后缘褐色，两侧常有对称的褐色斑纹；腹板黑色或绿褐色，两侧带有绿色或黑色的斑纹。背瓣大，球状突出，完全盖住鼓膜；颜色多变：绿色、黑色或杂色。雄性腹瓣横位，内角重叠，外缘阔圆形；灰绿色、褐色、纯黑色或杂色，有的带有褐色边缘。雄性尾节上叶钝圆形，端部稍伸出尾节；钩叶长阔片状，左右平行靠近，骨化程度很高；阳茎管状，较粗，端部有 2 对突起，1 对囊状，1 对硬化，2 对突起中央区域具有横纹。

分布：浙江（临安、开化、龙泉）、辽宁、河北、山西、山东、河南、陕西、江苏、安徽、湖北、江西、湖南、福建、台湾、广东、海南、广西、四川、贵州、云南；俄罗斯，韩国，日本。

160. 蠎蝉属 *Auritibicen* Lee, 2015

Auritibicen Lee, 2015: 241. Type species: *Tibicen intermedius* Mori, 1931.

主要特征：头特别宽短，宽于中胸背板基部，约为复眼间宽的 1/2；头冠在两复眼间呈截形；前胸背板侧区叶状，但无刺突；腹部约与头胸部等长，背瓣大，完全盖住鼓膜；腹瓣宽、纵位；喙管伸达或略超过后足基节；前、后翅透明。雄性尾节端刺短，抱钩合并为宽片状向下弯曲，阳具鞘管状。

Lee（2015）建立了蠎蝉属 *Auritibicen*，并将原隶属于蠎蝉属 *Lyristes* 的 14 个亚洲种类转移至该属中。

分布：古北区、东洋区。世界已知 24 种，中国记录 20 种，浙江分布 1 种。

（309）贾氏螰蝉 *Auritibicen jai* (Ouchi, 1938)（图版Ⅶ-2）

Tibicen jai Ouchi, 1938: 78.

Auritibicen jai: Lee, 2015: 241.

主要特征：体大型，多为黑色，具绿色或赭黄色斑；头冠宽于中胸背板基部，雄性腹部稍长于头胸部；雌性腹部约与头胸部等长。头部黑色，复眼突出，头顶前、后缘两侧有 4 个长方形的赭黄色斑，后缘的赭黄色斑中间还有 1 个小黑点；后唇基顶端中央有 1 "A" 形黄褐斑，两侧暗褐色；喙管短，刚伸过中足基节；前胸背板中央的倒箭头状纹（中部赭黄色）、内外片交界处及外片外缘黑色；内片红褐或赭黄色，外片绿色或黄绿色。中胸背板黑色，中央 "W" 纹、两侧及 "X" 隆起两侧赭黄色，中胸背板两侧有白色蜡粉。前、后翅透明，前翅结线以内翅脉绿色，有的为暗褐色，仅 1A、2A 脉绿色，端半部翅脉暗褐色，基室绿色或绿褐色、不透明；第 2、3 端室基横脉处有烟褐色斑点。腹部背板黑色，背中央两侧及两侧边缘有白色蜡粉形成的 4 列点带；背瓣内侧黑色，外侧褐色；头胸部腹面及各足的基节外侧黑色，被白色蜡粉；腹部腹板及腹瓣褐色，腹板的颜色更深，被白色蜡粉，腹瓣的颜色较浅，有时呈赭黄色，内缘基半部重叠，端半部外倾、叉开，后角钝圆，达腹部第 5 节；腹瓣后角的形状、大小、宽窄等有较大的变化。雄性尾节黑色，后缘两侧稍突出，中央平截形，无突起；抱钩合并、黑色、阔片状，两侧稍下折，末端阔圆形；下生殖板长形，两侧上翘。

分布：浙江（龙泉）、河北、陕西、江西。

161. 蚱蝉属 *Cryptotympana* Stål, 1861

Cryptotympana Stål, 1861: 613. Type species: *Tettigonia pustulata* Fabricius, 1787.

主要特征：体大型，黑色，具光泽，形态单一。头冠短而宽，前方稍呈截形，稍宽于中胸背板基部；喙管较短，达中足基节。前胸背板侧缘倾斜，中胸背板发达而隆起；后胸腹板中央有 1 锥状突起，且向后延伸。雄性腹部粗短，约与头胸部等长；背瓣大、稍隆起，完全盖住鼓膜；腹瓣较宽，内缘接触。前、后翅透明，前翅基部常有不透明斑。雄性尾节具端刺，两侧钝圆；抱钩完全愈合成曲棍状，粗而长，向下弯曲，末端钝圆；阳具鞘管状，端部有各种刺突、囊突或某一个侧面膜质等变化。雌性产卵鞘不伸出或稍伸出腹末。

分布：东洋区。世界已知 53 种，中国记录 9 种，浙江分布 1 种。

（310）蚱蝉 *Cryptotympana atrata* (Fabricius, 1775)（图版Ⅶ-3）

Tettigonia atrata Fabricius, 1775: 681.

Cryptotympana atrata Stål, 1861: 613.

主要特征：体大型，漆黑色，密被金黄色短毛；头冠稍宽于中胸背板基部；复眼深褐色，单眼浅红色；前胸背板黑色，无斑纹，中央有 "I" 形隆起；中胸背板前缘中部有 "W" 形刻纹；前后翅透明，基部 1/4–1/3 黑褐色，基室黑色；前翅比体长，基半部脉纹红褐色，端半部及后翅脉纹黑褐色；腹部约与头胸部等长，背板黑色，侧腹缘黄褐色；背瓣大，被黑色绒毛；腹瓣铁铲形，黑褐色，达第 2 腹节后缘或稍突出；雄性尾节较大，背面黑色，两侧黄褐色；抱钩合并成粗棒状，端部较细、钝圆、下弯；阳具鞘舌状，弓形，端囊呈钩状。

分布：浙江（临安、舟山、开化、龙泉）、河北、山东、陕西、湖北、湖南、福建、台湾、广东、海南、广西、四川、云南；越南，老挝。

第四章　蜡蝉总科 Fulgoroidea

主要特征：体小到大型，长 2.0–30.0 mm。触角着生在头两侧复眼下方，互相远离，梗节膨大成球状或卵形，其上具多数感觉器；单眼通常 2 个，着生在复眼和触角之间颊的凹陷处，后唇基不延伸到复眼之间，常以 1 横脊与额分开。成虫常具 2 对翅，膜质或皮革质，前翅前缘基部具肩板，爪区 2 条脉端部常愈合成"Y"形。中足基节长，着生在体两侧，基部互相远距；后足基节短阔，固定在身体不能活动，胫节具 2–7 个大的侧刺和 1 列端刺。

分布：世界广布。世界已知现生蜡蝉 21 科 1500 余属 9000 余种，中国记录 16 科，浙江分布 9 科 78 属 120 种。

分科检索表

1. 后足胫节端部侧方具 1 个大且能活动的距 ·· 飞虱科 Delphacidae
- 后足胫节端部侧方无大型距 ··· 2
2. 前翅爪脉上具颗粒；下唇端节长远大于宽 ································· 粒脉蜡蝉科 Meenoplidae
- 前翅爪脉上无颗粒，若有则下唇端节长不大于宽 ··· 3
3. 后足第 2 跗节具成排的端刺 ··· 4
- 后足第 2 跗节无刺或仅具 2 个端刺（每边各 1） ·· 6
4. 后翅臀区多横脉，脉纹网状 ·· 蜡蝉科 Fulgoridae
- 后翅臀区翅脉非网状 ··· 5
5. 头向前延伸很长，否则额有 2–3 条脊 ··································· 象蜡蝉科 Dictyopharidae
- 头向前轻微延伸，否则额仅具 1 条中脊或仅显示 1/2 部分 ············· 菱蜡蝉科 Cixiidae
6. 后足第 2 跗节无端刺 ··· 广蜡蝉科 Ricaniidae
- 后足第 2 跗节具端刺 ··· 7
7. 中胸背板后角被 1 沟或 1 细线划出；后足第 1 跗节或较长 ······· 扁蜡蝉科 Tropiduchidae
- 中胸背板后角不被沟或线划出；后足第 1 跗节短或很短 ··· 8
8. 前翅爪区基部具颗粒 ··· 蛾蜡蝉科 Flatidae
- 前翅爪区基部无颗粒 ··· 瓢蜡蝉科 Issidae

七、菱蜡蝉科 Cixiidae

主要特征：体小至中型。头包括复眼窄于前胸背板。头顶前缘平截或弓形突出，头顶侧脊略微隆起或强烈突起。额平坦或鼓凸，通常长大于宽；头向前轻微延伸，否则额仅具 1 条中脊或仅显示 1/2 部分可见，单眼 3 个。前胸背板很窄，衣领状，常具明显的中脊，后缘凹入。中胸背板菱形，扁平或鼓起，有 3–5 条纵脊。前翅膜质；常有翅痣；ScP 脉与 R 脉在基部合并；形成极简单的网状；爪缝明显。后足胫节端部具有刺；第 1、2 跗节都具有端刺，部分种类跗节具有膜质齿。

生物学：菱蜡蝉科昆虫一般生活在寄主植物上，取食寄主叶片和嫩茎，部分种类为植物病原体传播者。

分布：世界广布。世界已知 231 属 2498 种，中国记录 27 属 240 种，浙江分布 2 亚科 11 属 23 种。

（二十）帛菱蜡蝉亚科 Borystheninae

主要特征：头包括复眼窄于前胸背板；头顶极短，侧脊轻微或片状隆起。额中部凹陷，两侧隆起；额唇基沟平直。前胸极狭，后缘成角度凹入。中胸背板具 3 条明显纵脊，后缘明显平截。前翅向端部强烈膨大，内缘在爪片"Y"脉（Pcu＋A₁）端部向后弯曲膨大突出，弯曲处呈光滑的弧形；无翅痣，ScP+RA₁脉基部细，端部膨大，凹槽状，和前缘脉相融合；翅面有许多褐色斑纹。后足胫节端刺 6 个，无外侧刺。后足跗节刺式 7-5。

分布：东洋区、澳洲区。世界已知 1 属 25 种，中国记录 1 属 5 种，浙江分布 1 属 1 种。

162. 帛菱蜡蝉属 *Borysthenes* Stål, 1866

Borysthenes Stål, 1866: 165. Type species: *Cixus finitus* Stål, 1866.

主要特征：头顶极短。额中部凹陷，两侧隆起；中脊明显，近前缘处分叉；额唇基沟平直；额在额唇基沟处两侧成角度向外扩大。后唇基窄于额，中脊明显。前胸极狭。中胸背板具 3 条明显纵脊。前翅端部强烈膨大，内缘在爪片 Y 脉（Pcu＋A₁）的端部向后弯曲膨大突出；无翅痣；ScP+RA脉基部细，端部逐渐扩大，凹槽状，和前缘脉相融合。后足胫节端刺 6 个，无外侧刺；后足跗节刺式 7-5。

分布：东洋区、澳洲区。世界已知 25 种，中国记录 5 种，浙江分布 1 种。

（311）弯帛菱蜡蝉 *Borysthenes deflexus* Fennah, 1956（图 4-1）

Borysthenes deflexus Fennah, 1956: 447.

图 4-1　弯帛菱蜡蝉 *Borysthenes deflexus* Fennah, 1956（仿 Fennah，1956）
A. 肛节侧面观；B. 右抱器侧面观；C. 阳茎右面观；D. 肛节、右抱器、尾节后缘及阳茎侧面观

主要特征：体长：♂ 6.0 mm，♀ 7.0 mm。体色赭黄色至褐黄色，胸节与腹部轻微烟灰色，前翅透明，表面覆盖蜡粉，爪片中部至基室基部的 1/3 处有 1 不规则拱形状条带，基室中部至爪片远端部分有 1 深度凹陷的条带，节点至缝角处有 1 中断的条带，端室接近端角处有 1 卵圆形斑点，后翅透明，在前缘脉近基部和远端分布 2 条条带。雄性外生殖器：肛节对称，基部至端部渐窄，肛节孔远端侧面 90°向下弯曲。尾节侧缘近矩形凸出，腹中突呈长三角形。阳茎呈管状，近右端部着生 1 短且直的刺，指向腹头向，近左端部有 1 短刺指向腹面弯曲，1 长刺指向腹头向，端部向下弯曲。阳茎鞭节端部着生 1 小刺，弯向背面。

分布：浙江（开化）、湖北、广东。

（二十一）菱蜡蝉亚科 Cixiinae

主要特征：头包括复眼窄于前胸背板；头顶前缘平截或弓形突出，侧脊轻微或片状隆起。额平坦或隆起，通常长大于宽；额唇基沟弓状向额突出。前翅后缘在爪缝端部略微向后突出。后足胫节外侧刺 3–5 个。

分布：世界广布。世界已知 215 属 2413 种，中国记录 26 属 225 种，浙江分布 10 属 22 种。

分属检索表

1. 前翅亚前缘脉 ScP 和径脉 R 相互分离，分别源于基室 ·· 安菱蜡蝉属 *Andes*
- 前翅亚前缘脉 ScP 和径脉 R 基部融合，形成共柄 ·· 2
2. 中胸背板纵脊 3 条 ·· 3
- 中胸背板纵脊 5 条 ·· 7
3. 前翅前缘在基室水平处凹陷；后中脉 MP 向前肘脉 CuA 强烈弯曲 ················ 拟正菱蜡蝉属 *Neocarpia*
- 前翅前缘平滑，无凹陷；后中脉 MP 不向前肘脉 CuA 弯曲 ·· 4
4. 额鼓凸，中脊上部消失，仅基部明显 ·· 5
- 额扁平，中脊发达，全部明显 ·· 6
5. 头顶前缘脊仅见残留痕迹；前翅中脉 M 分支模式为 3+2 ······················ 库菱蜡蝉属 *Kuvera*
- 头顶前缘脊完全消失；前翅中脉 M 分支模式为 2+2 ······················ 贝菱蜡蝉属 *Betacixius*
6. 后足第 2 跗节有 9–11 个端刺，并着生膜质齿 ································ 大菱蜡蝉属 *Macrocixius*
- 后足第 2 跗节有 8–9 个端刺，部分种类无膜质齿 ································ 菱蜡蝉属 *Cixius*
7. 头顶很狭，呈深槽状，侧脊冠状隆起，亚端脊向前会聚成尖锐角，呈 "V" 形；阳茎鞭节弯向背面 ·········
·· 冠脊菱蜡蝉属 *Oecleopsis*
- 头顶宽，平坦或适度凹陷，亚端脊扁弓状，锐角、钝角或平直；阳茎鞭节弯向左侧 ·············· 8
8. 后足第 1、2 跗节端刺数通常多于 10 个，且每一跗节都具膜质齿 ··········· 五胸脊菱蜡蝉属 *Pentastiridius*
- 后足第 1、2 跗节端刺数通常少于 10 个，跗节不具膜质齿或仅第 2 跗节具膜质齿 ·············· 9
9. 后足第 2 跗节均有膜质齿，或第 2 跗节有 2–3 根细毛 ························ 瑞脊菱蜡蝉属 *Reptalus*
- 后足跗节均无膜质齿 ·· 脊菱蜡蝉属 *Oliarus*

163. 安菱蜡蝉属 *Andes* Stål, 1866

Andes Stål, 1866: 166. Type species: *Andes undulata* Stål, 1870.

主要特征：头顶狭，前缘横截，向后逐渐变宽，有 2 条白色纵带；基部 "U" 形或 "V" 凹入；无中脊；前缘脊发达。额长而狭，向上逐渐变狭；中脊不完全，侧脊强烈隆起，常具有褐色斑点；中单眼存在。唇基中脊发达。前胸背板后缘直角凹入。中胸背板具 3 条纵脊。前翅 ScP 脉、R 脉和 M 脉相互分离，分别起源于基室，ScP 脉和 R 脉基部无共柄或形成 1 个短柄；r-m 脉在 M 脉第 1 分叉处；PCu+A$_1$ 脉分叉位于爪片的中部；端室 10 个。后足胫节端刺 6 个；第 1 跗节无膜质齿，第 2 跗节有 1–4 个膜质齿或细刚毛。

分布：世界广布。世界已知 119 种，中国记录 9 种，浙江分布 3 种。

分种检索表（♂）

1. 阳茎有 1 表面粗糙的筒状物 ·· 安拉菱蜡蝉 *A. lachesis*
- 阳茎无表面粗糙的筒状物 ··· 2

2. 阳茎突出物宽大，呈镰刀状 ·· 云斑安菱蜡蝉 *A. marmoratus*

- 阳茎突出物小，呈三角状 ·· 齐安菱蜡蝉 *A. truncates*

（312）安拉菱蜡蝉 *Andes lachesis* Fennah, 1956（图 4-2）

Andes lachesis Fennah, 1956: 447.

主要特征：体长：♂ 6.0 mm，♀ 7.0 mm。额与唇基除了颊和头两侧复眼上方部分都有白色条纹。前翅爪片内角有 1 宽条带着生于近端部的 CuA_1 脉与爪脉之间的基室，M 脉与 CuA_1 脉交叉区呈黄色，近爪脉结合点处有 1 个 "L" 形斑纹，前缘脉基部 1/3 处有 1 宽条带，终止于近爪片端部，基室有 1 斑点，另 1 斑点着生于翅痣远端，MA_2 亚端室有 1 短条带，爪片端缘远端有 1 深灰色的斑点，端室有 2 个灰白色长卵圆形斑纹。翅脉同色，并覆盖颗粒。雄性外生殖器：肛节长且宽，端缘平截，侧端角不对称并有 2 个突出。尾节后侧缘钝圆凸出，腹中突三角状。阳茎下方有 1 个垂直的三角状脊，其上有 1 很宽的粗糙表面的筒状物，此筒状物环绕阳茎鞘。此筒状物背面着生 1 又短又细的小刺，指向右侧。该刺下方有 1 小长三角状的粗糙表面的凸起。阳茎端部有 1 个长且粗波浪状的刺，指向头向，超过阳茎，端部突然向右腹侧。阳茎鞭节粗糙状或近毛状。

本研究未见标本，根据 Fennah（1956）文献描述。

分布：浙江（德清）。

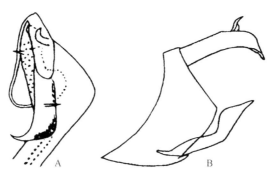

图 4-2　安拉菱蜡蝉 *Andes lachesis* Fennah, 1956（仿 Fennah，1956）

A. 阳茎左面观；B. 肛节、尾节及左抱器侧面观

（313）云斑安菱蜡蝉 *Andes marmoratus* (Uhler, 1896)（图 4-3）

Metabrixia marmorata Uhler, 1896: 280.

Andes marmorata: Chou et al., 1985: 24.

主要特征：体长：♂ 6.3 mm，♀ 7.5 mm。头顶长是宽的 2.7 倍；侧脊强隆起，无中脊；后缘 "V" 形凹入。额侧脊具相等间距排列的 6 条黑褐色条纹；额中脊端半部明显。前翅灰褐色，半透明；翅脉具颗粒，RA 脉 2 分支，RP 脉 3 分支，MA 脉 3 分支，MP 脉 2 分支，CuA 脉 2 分支；iCu 脉不伸长；端室 10 个；翅面无刚毛。后足股节褐色，胫节端刺 6 个，外侧刺 3 个。后足跗节刺式 8-8，第 2 跗节具膜质齿 2 个。雄性外生殖器：尾节对称。腹中突腹面观三角形。肛节粗短。抱器对称。阳茎鞘宽，左侧形成 1 扁刺突，斜指向头向，刺突上缘具 1 列 2 分叉的小刺；基腹面形成 1 宽大的镰刀状突起，尖端指向前方，该刺突近端部下方具 1 三角形片状突起；端部着生 1 细长弯曲的刺突，缠绕成 3 个螺旋，尖端指向头向右侧上方。阳茎鞭节无刺突。

分布：浙江（开化）、北京、河南、台湾、广西、贵州；朝鲜，韩国，日本。

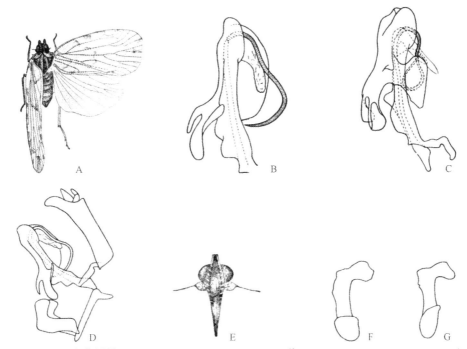

图 4-3　云斑安菱蜡蝉 *Andes marmoratus* (Uhler, 1896)（仿 Chou，1985；Emeljanov，2015）

A. 成虫背面观；B. 阳茎左面观；C. 阳茎右面观；D. 肛节、阳茎及抱器侧面观；E. 颜面前面观；F. 左抱器侧面观；G. 右抱器侧面观

（314）齐安菱蜡蝉 *Andes truncates* Fennah, 1978（图 4-4）

Andes truncates Fennah, 1978: 208.

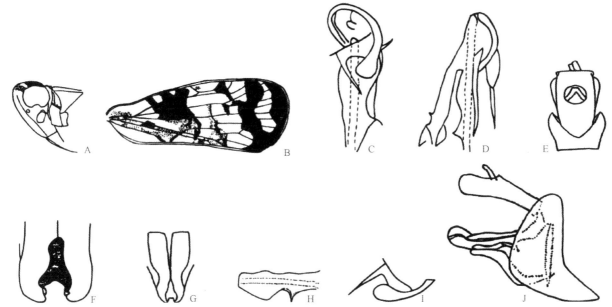

图 4-4　齐安菱蜡蝉 *Andes truncates* Fennah, 1978（仿 Fennah，1978）

A. 头与前胸背板左面观；B. 前翅；C. 阳茎左面观；D. 阳茎右面观；E. 肛节与尾节背面观；F. 尾节腹中突与抱器基部头向观；G. 抱器头向观；
H. 阳茎基部右面观；I. 阳茎左侧刺侧面观；J. 肛节、尾节、阳茎及抱器侧面观

　　主要特征：体长：♂ 5.0 mm，♀ 6.7 mm。头顶长是宽的 3.1 倍。额中脊基部 2/3 明显；侧脊有 7 个褐色斑点。前翅前缘脉有 4 个褐色斑点；端部褐色。RA 脉 2 分支，RP 脉 3 分支，MA 脉 3 分支，MP 脉 2 分支，CuA 脉 2 分支；iCu 脉不伸长；端室 10 个；翅面无刚毛。后足胫节端刺 6 个，外侧刺 3 个，后足跗节刺式 8-8，无膜质齿。雄性外生殖器：尾节对称。肛节长，对称。腹中突腹面观三角形。抱器长，对称。阳

茎鞘基部 1/3 向下突出；阳茎顶右侧有 1 管状突出物指向前方，端部外侧有 2 个小齿；阳茎顶左侧有 1 长刺，伸向前方；左端部有 1 刺，基部弯向背面，然后向前腹面弯曲，最后弯向后下方。阳茎鞭节无刺。

　　分布：浙江（龙泉）、贵州；越南。

164. 贝菱蜡蝉属 *Betacixius* Matsumura, 1914

Betacixius Matsumura, 1914b: 412. Type species: *Betacixius ocellatus* Matsumura, 1914.

　　主要特征：体小到中型，体长 4.3–7.3 mm。多数种类的前唇基和额侧端部有斑纹或斑点，有些种类颜色单一。头顶很短，宽度远大于长度，侧脊中度隆起，中脊两侧略凹陷，前缘脊完全消失，无任何痕迹。额基部钝圆，中脊不完全，基半部消失，不伸达头顶前缘，侧脊略微隆起。额唇基沟向上弯曲，唇基鼓凸。前胸背板小，中脊明显。中胸背板具 3 条纵脊。前翅 M 脉端部 4 分支（MA 脉 2 分支，MP 脉 2 分支）。后足胫节端刺 6 个，胫节外侧刺 2–5 个，跗节刺式(7–8)-(7–8)，第 2 跗节具膜质齿 3–4 个。

　　分布：古北区、东洋区。世界已知 23 种，中国记录 15 种，浙江分布 4 种。

分种检索表

1. 阳茎鞭节无刺 ··· 丽贝菱蜡蝉 *B. delicates*
- 阳茎鞭节有刺 ·· 2
2. 阳茎刺 4 个 ··· 斜纹贝菱蜡蝉 *B. obliquus*
- 阳茎刺多于 4 个 ·· 3
3. 阳茎刺 6 个 ··· 黄带贝菱蜡蝉 *B. flavovittatus*
- 阳茎刺 5 个 ··· 唇贝菱蜡蝉 *B. clypealis*

（315）唇贝菱蜡蝉 *Betacixius clypealis* Matsumura, 1914（图 4-5）

Betacixius clypealis Matsumura, 1914b: 415.

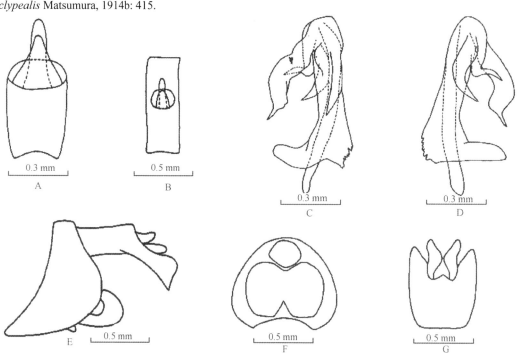

图 4-5　唇贝菱蜡蝉 *Betacixius clypealis* Matsumura, 1914（仿 Tsaur et al.，1991）

A. 雌性肛节背面观；B. 雄性肛节背面观；C. 阳茎右面观；D. 阳茎左面观；E. 尾节侧面观；F. 雌性尾节头向观；G. 尾节腹面观

主要特征：体长：♂ 4.9–5.6 mm，♀ 5.2–6.1 mm。头顶宽是长的 5.0 倍；中脊明显。中单眼和额唇基沟之间有 1 黄色条纹，中脊上部消失；中单眼红色。前胸很狭。前翅半透明，翅面无斑纹，长为宽的 2.9 倍；翅脉具有颗粒和刚毛；RA 脉不分支，RP 脉 2 分支，MA 脉 2 分支，MP 脉 2 分支，CuA 脉 2 分支；ScP+R 脉分叉在 CuA 脉分叉的端部。后足胫节端刺 6 个，外侧刺 4 个；后足跗节刺式 7-7，第 2 跗节端刺有 3 个膜质齿。雄性外生殖器：肛节对称；尾节对称；抱器对称。阳茎鞘端部左侧有 1 刺，右侧有 2 刺；左侧刺平直，和阳茎鞘平行，端部变尖细，指向前方；右侧上部 1 刺基部 2/3 粗壮，平直，然后向背面弯曲指向前上方且逐渐变细；另 1 刺粗壮。阳茎鞭节背缘有 2 个针状小刺。

分布：浙江（平湖、泰顺）、台湾。

（316）丽贝菱蜡蝉 *Betacixius delicates* Tsaur *et* Hsu, 1991（图 4-6）

Betacixius delicates Tsaur *et* Hsu *in* Tsaur, Hsu & Van Stalle, 1991: 30.

主要特征：体长：♂ 4.6–4.9 mm，♀ 5.3–5.5 mm。头顶侧脊中度隆起；宽是长的 6.3 倍。额中单眼和额唇基沟之间有黄色条纹，中脊褐色上部消失；中单眼清晰。前胸很狭。前翅长为宽的 2.8 倍；翅脉有颗粒和刚毛；RA 脉不分支，RP 脉 2 分支，MA 脉 2 分支，MP 脉 2 分支，CuA 脉 2 分支；ScP+R 脉分叉在 CuA 脉分叉的端部。后足胫节端刺 6 个，外侧刺 4 个；后足跗节刺式 7-7，第 2 跗节端刺有 3 个膜质齿。雄性外生殖器：肛节对称；尾节对称；抱器对称。阳茎鞘端部近阳茎顶处，左右侧各 1 个；左侧 1 刺背面观向外卷曲 45°，指向前方；右侧 1 刺基部宽，结实，向端部平滑变细，指向背面。阳茎鞭节无刺。阳茎鞘基腹缘向内圆滑凹陷，呈锯齿状。

分布：浙江（龙泉）、台湾。

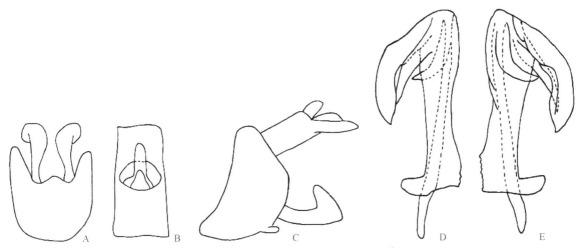

图 4-6　丽贝菱蜡蝉 *Betacixius delicates* Tsaur *et* Hsu, 1991（仿 Tsaur et al.，1991）
A. 抱器和尾节腹面观；B. 肛节头向观；C. 肛节、尾节和抱器侧面观；D. 阳茎左面观；E. 阳茎右面观

（317）黄带贝菱蜡蝉 *Betacixius flavovittatus* Hori, 1982（图 4-7）

Betacixius flavovittatus Hori, 1982: 179.

主要特征：体长：♂ 4.3–4.4 mm，♀ 4.8–5.1 mm。头顶前缘脊模糊，侧脊中度隆起；宽是长的 4.0 倍；中脊明显。额中单眼和额唇基沟之间有 1 黄色条纹，中脊上部消失。前胸很狭。前翅半透明，长为宽的 2.9 倍；翅脉有颗粒；RA 脉不分支，RP 脉 2 分支，MA 脉 2 分支，MP 脉 2 分支，CuA 脉 2 分支；ScP+R 脉分叉在 CuA 脉分叉的端部；翅面密被刚毛。后足胫节端刺 6 个，外侧刺 4 个；后足跗节刺式 7-7，第 2 跗节端刺有 3 个膜质齿。雄性外生殖器：肛节对称；尾节对称；抱器对称。阳茎共 6 刺。最长 1 刺着生在阳茎鞘端部，和阳茎鞘几乎平行，端部伸达基部；阳茎鞘左侧 1 刺基部粗壮，右侧 1 刺基半部弯曲 45°指向上方，端部反转约 85°指向后上方。阳茎鞭节共 3 个小刺。

分布：浙江（龙泉）、台湾。

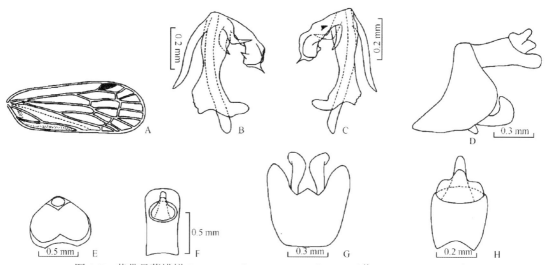

图 4-7　黄带贝菱蜡蝉 *Betacixius flavovittatus* Hori, 1982（仿 Tsaur et al.，1991）

A. 前翅；B. 阳茎右面观；C. 阳茎左面观；D. 肛节、尾节及抱器侧面观；E. 雌性尾节头向观；F. 雄性肛节背面观；G. 尾节及抱器腹面观；H. 雌性肛节背面观

（318）斜纹贝菱蜡蝉 *Betacixius obliquus* Matsumura, 1914（图 4-8）

Betacixius obliquus Matsumura, 1914b: 412.

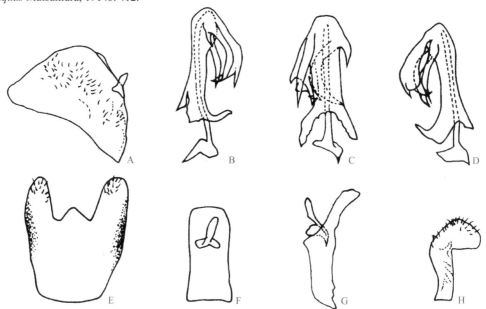

图 4-8　斜纹贝菱蜡蝉 *Betacixius obliquus* Matsumura, 1914（仿 Tsaur et al.，1991）

A. 尾节侧面观；B. 阳茎右面观；C. 阳茎腹面观；D. 阳茎左面观；E. 尾节腹面观；F. 肛节背面观；G. 肛节侧面观；H. 抱器侧面观

主要特征：体长：♂ 5.5 mm，♀ 6.0–6.1 mm。头顶前缘脊模糊，宽是长的 6.2 倍。额中脊上部消失。前胸很狭。前翅半透明，长为宽的 2.8 倍；1 条褐色的弧形横带从翅痣处延伸至中脉主干处；翅脉有颗粒无毛；RA 脉不分支，RP 脉 2 分支，MA 脉 2 分支，MP 脉 2 分支，CuA 脉 2 分支；ScP+R 脉分叉在 CuA 脉分叉的端部。后足胫节端刺 6 个，外侧刺 3 个；后足跗节刺式 7-7，第 2 跗节端刺有 3 个膜质齿。雄性外生殖器：肛节对称；尾节对称；腹中突腹面观三角形；抱器钩状。阳茎共 4 刺。阳茎鞭节端部 2 刺，左侧 1 刺长而粗壮，弯曲；右侧 1 刺短细，指向前上方。阳茎鞘近阳茎顶处 2 刺，右侧刺端部分叉，分叉的左支粗壮，

右支细；左侧刺钩状弯曲。

　　分布：浙江（泰顺）、海南、四川；日本。

165. 菱蜡蝉属 *Cixius* Latreille, 1804

Cixius Latreille, 1804: 310. Type species: *Cicada nervosa* Linnaeus, 1758.

　　主要特征：体小到中型。头窄于前胸；头顶宽，前缘脊略向前成角度突出，后缘弓状凹入，中脊明显。额中脊上部不分叉，侧脊隆起；中单眼可见。后唇基轻度鼓起。前胸很狭，后缘角度凹入。中胸背板有 3 条纵脊。前翅半透明或透明，翅脉有颗粒，颗粒通常有毛；R 脉、M 脉、CuA 脉端部分支；端室 8–14 个。后足胫节端刺 6 个，外侧刺 2–3 个；后足跗节刺式(6–8)-(6–9)，部分类群第 2 跗节端刺有膜质齿。

　　分布：世界广布。世界已知 299 种，中国记录 92 种，浙江分布 3 种。

分种检索表（♂）

1. 阳茎鞭节有刺 ·· 艾菱蜡蝉 *C. arisanus*
- 阳茎鞭节无刺 ··· 2
2. 阳茎鞘共 1 刺 ··· 伊菱蜡蝉 *C. kommonis*
- 阳茎鞘共 3 刺 ·· 刻点菱蜡蝉 *C. (S.) stigmaticus*

（319）艾菱蜡蝉 *Cixius arisanus* Matsumura, 1914（图 4-9）

Cixius arisanus Matsumura, 1914b: 386.

　　主要特征：体长：♂ 6.8–7.3 mm，♀ 7.6–8.3 mm。头顶长是宽的 1.2 倍；前缘脊平直，亚端脊扁弓状，亚端脊和后缘平行。额侧脊叶片状隆起；中单眼清晰。前胸很狭。前翅半透明，长为宽的 3.1 倍；翅面散布褐色斑点；翅脉有细小的颗粒，无毛；RA 脉不分支，RP 脉 4 分支，MA 脉 3 分支，MP 脉 2 分支，CuA 脉 2 分支；ScP+R 脉分叉在 CuA 脉分叉的基部；端室 11 个。后足胫节端刺 6 个，外侧刺 3 个；后足跗节刺式 8-9，第 2 跗节端刺有 2 个膜质齿。雄性外生殖器：肛节对称；尾节对称；抱器对称。阳茎共 5 刺。阳茎鞘近阳茎顶处 2 刺；阳茎鞘基腹面有 1 叉状小刺。阳茎鞭节中部背缘有 1 三角形的小尖刺；左侧着生 1 中度大小的刺，基部略向左外侧弯曲。

　　分布：浙江（龙泉）、台湾。

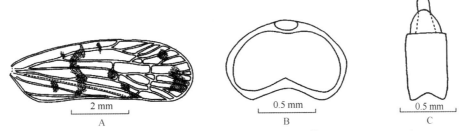

图 4-9　艾菱蜡蝉 *Cixius arisanus* Matsumura, 1914（仿 Tsaur et al.，1991）
A. 前翅；B. 雌性尾节背面观；C. 雌性肛节头向观

（320）伊菱蜡蝉 *Cixius kommonis* Matsumura, 1914（图 4-10）

Cixius kommonis Matsumura, 1914b: 400.

主要特征：体长：♂ 5.1–5.7 mm，♀ 5.4–6.1 mm。头顶长是宽的 1.2 倍；前缘脊平直，亚端脊扁弓状。额侧脊叶片状隆起；中单眼清晰。前胸很狭。前翅半透明，长为宽的 3.0 倍；翅面端部散布褐色斑点和条纹；RA 脉不分支，RP 脉 2 分支，MA 脉 3 分支，MP 脉 2 分支，CuA 脉 2 分支；ScP+R 脉分叉在 CuA 脉分叉的基部；端室 10 个。后足胫节端刺 6 个，外侧刺 3 个；后足跗节刺式 7-7，第 2 跗节端刺有 3 个膜质齿。雄性外生殖器：肛节对称；尾节对称；抱器对称。阳茎共 1 刺，阳茎鞘近阳茎顶处右侧，总体平直，和阳茎鞘平行，端部略向上弯曲。阳茎鞭节无刺。

上述特征依据的是 Tsaur 等（1991）的文献记载。

分布：浙江（泰顺、庆元）、台湾。

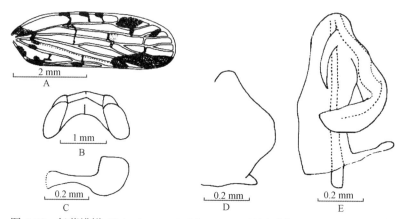

图 4-10　伊菱蜡蝉 *Cixius kommonis* Matsumura, 1914（仿 Tsaur et al.，1991）
A. 前翅；B. 头部背面观；C. 左抱器侧面观；D. 尾节左面观；E. 阳茎右面观

（321）刻点菱蜡蝉 *Cixius (Sciocixius) stigmaticus* (Germar, 1818)（图 4-11）

Flata stigmatica Germar, 1818: 199.

Cixius stigmaticus: Stephens, 1829: 355.

Cixius (Acanthocixius) stigmaticus: Mozaffarian & Wilson, 2011: 9.

Cixius (Sciocixius) stigmaticus: Emeljanov, 2015: 115.

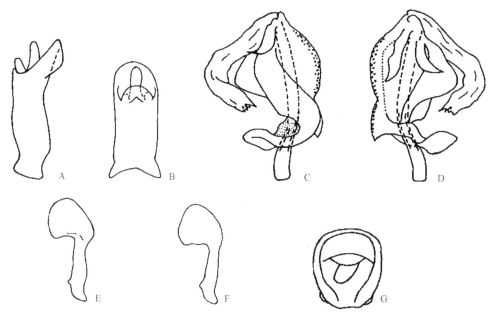

图 4-11　刻点菱蜡蝉 *Cixius (Sciocixius) stigmaticus* (Germar, 1818)（仿 Emeljanov，2015）
A. 肛节侧面观；B. 肛节背面观；C. 阳茎左面观；D. 阳茎右面观；E. 左抱器侧面观；F. 右抱器侧面观；G. 肛节尾向观

　　主要特征：头顶亚端脊倒"V"形，不与前缘脊相接触，中纵脊明显。额黄褐色，具不规则形黑褐色斑纹，额中脊褐色至黑褐色，清晰完整，隆起，侧脊黑褐色，隆起。唇基中脊清晰完整，隆起。额唇基沟后缘两侧有 1 黑色斑点。前翅颗粒深褐色，无毛，共有端室 10 个；亚端室 6 个。翅痣三角形。雄性外生殖器：尾节对称；腹中突腹面观三角形；肛节对称；抱器对称，钩子状。阳茎共 3 刺。阳茎鞘 3 刺，着生于端部近阳茎顶处，腹面观都可见：左侧 2 刺；右侧 1 刺粗短，着生于与左侧背支刺相对应位置。阳茎鞭节无刺。阳茎鞘基腹缘端缘有 1 对突刺，腹缘端缘中部有 1 半圆形凹陷。

　　分布：浙江（庆元）、广西、贵州；俄罗斯（远东地区）。

166. 库菱蜡蝉属 *Kuvera* Distant, 1906

Kuvera Distant, 1906b: 261. Type species: *Kuvera semihyalina* Distant, 1906.

　　主要特征：体小到中型。头比前胸背板窄。头顶长约为宽的一半；头顶前缘脊很模糊，仅存残留的痕迹；前缘和后缘宽抛物线形，几乎平行。额鼓起，中脊不完全，上部消失，不伸达头顶前缘，无痕迹；侧脊略微隆起。中单眼小。额唇基沟向上弯曲，半圆形。中胸背板有 3 条明显的纵脊。前翅半透明；R 脉和 M 脉基部共柄，产生于基室；M 脉端部 5 分支（MA 脉 3 分支，MP 脉 2 分支），CuA 脉 2 分支。端室 10–11 个。后翅 MP 脉和 CuA_1 脉柄状连接。后足胫节端刺 6 个，外侧刺 2–4 个；后足跗节刺式 7-8，第 2 跗节端刺有数个膜质齿。

　　分布：古北区、东洋区。世界已知 21 种，中国记录 14 种，浙江分布 4 种。

分种检索表（♂）

1. 阳茎鞘近阳茎顶处 2 刺等长 ··· 台湾库菱蜡蝉 ***K. taiwana***
 - 阳茎鞘近阳茎顶处 2 刺不等长 ·· 2
2. 阳茎鞘左侧刺 S 状弯曲 ··· 威氏库菱蜡蝉 ***K. vilbastei***
 - 阳茎鞘左侧刺钩状弯曲，横跨阳茎鞘背面 ··· 3
3. 阳茎鞘左侧刺着生于阳茎鞘顶部 ··· 盖库菱蜡蝉 ***K. toroensis***
 - 阳茎鞘左侧刺着生于阳茎左侧近中部 ··················· 龙王山库菱蜡蝉 ***K. longwangshanensis***

（322）台湾库菱蜡蝉 *Kuvera taiwana* Tsaur *et* Hsu, 1991（图 4-12）

Kuvera taiwana Tsaur *et* Hsu *in* Tsaur, Hsu & Van Stalle, 1991: 50.

　　主要特征：体长：♂ 4.9 6.0 mm，♀ 5.7–7.3 mm。头顶宽是长的 3.3 倍；中脊明显。额黑色，侧面从触角下缘到额唇基沟末端之间有 1 明显的黄色条纹；中脊黑色，上部消失；中单眼清晰。前胸很狭。前翅半透明，无斑纹，长为宽的 2.9 倍；翅脉有颗粒，无毛；RA 脉不分支，RP 脉 3 分支，MA 脉 3 分支，MP 脉 2 分支，CuA 脉 2 分支；ScP+R 脉分叉在 CuA 脉分叉的端部；端室 9 个。胸足浅黑色。后足胫节端刺 6 个，外侧刺 3 个；后足跗节刺式 7-8，第 2 跗节端刺有 4 个膜质齿。雄性外生殖器：肛节对称；尾节对称；腹中突三角形；抱器对称。阳茎共 3 刺。阳茎鞘共 2 刺，着生在阳茎鞘端部阳茎顶处，左右侧各 1 个。阳茎鞭节 1 刺细，锥状，着生在阳茎鞭节中部背缘。

　　分布：浙江（龙泉）、台湾、海南。

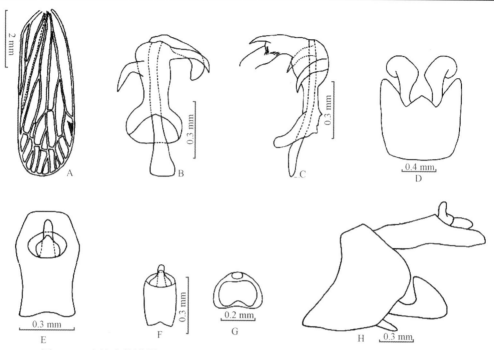

图 4-12 台湾库菱蜡蝉 *Kuvera taiwana* Tsaur *et* Hsu, 1991（仿 Tsaur et al., 1991）

A. 前翅；B. 阳茎腹面观；C. 阳茎左面观；D. 雄性尾节腹面观；E. 雄性肛节背面观；F. 雌性肛节背面观；G. 雌性尾节头向观；H. 肛节、尾节及抱器侧面观

（323）盖库菱蜡蝉 *Kuvera toroensis* Matsumura, 1914（图 4-13）

Kuvera toroensis Matsumura, 1914b: 410.

主要特征： 体长：♂ 5.1–5.7 mm，♀ 5.8–6.2 mm。头顶宽是长的 4.8 倍；中脊基半部明显。前翅半透明，长为宽的 3.0 倍；翅脉有颗粒，无毛；RA 脉不分支，RP 脉 3 分支，MA 脉 3 分支，MP 脉 2 分支，CuA 脉 2 分支；ScP+R 脉分叉在 CuA 脉分叉的端部；端室 10 个。后足胫节端刺 6 个，外侧刺 3 个；后足跗节刺式 7-8，第 2 跗节端刺有 4 个膜质齿。雄性外生殖器：肛节对称；尾节对称；抱器对称，钩状。阳茎共 3 刺。阳茎鞘共 2 长刺，着生在阳茎鞘端部近阳茎顶处，左右侧各 1 个；右侧 1 刺着生在阳茎鞘端部 1/3 处，镰刀形；左侧 1 刺细长，着生在阳茎鞘端部阳茎顶右侧端角处，钩状。阳茎鞭节 1 刺，细小，锥状。

本研究未见浙江分布的标本。根据 Tsaur 等（1991）文献描述。

分布： 浙江（龙泉）、台湾、云南。

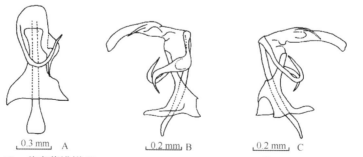

图 4-13 盖库菱蜡蝉 *Kuvera toroensis* Matsumura, 1914（仿 Tsaur et al., 1991）

A. 阳茎背面观；B. 阳茎左面观；C. 阳茎右面观

（324）威氏库菱蜡蝉 *Kuvera vilbastei* Anufriev, 1987（图 4-14）

Kuvera vilbastei Anufriev, 1987: 7.

主要特征：体长：♂ 5.5 mm，♀ 8.1 mm。头顶宽是长的 4.6 倍。额中脊上部消失；中单眼清晰。前胸很狭。前翅半透明，长为宽的 3.0 倍；翅脉有颗粒，无毛；RA 脉不分支，RP 脉 3 分支，MA 脉 3 分支，MP 脉 2 分支，CuA 脉 2 分支；ScP+R 脉分叉在 CuA 脉分叉的远前端接近翅痣处；翅面经过 CuA 脉分叉处和 Pcu+A$_1$ 脉分叉处有 1 褐色横带；端室 10 个。后足胫节端刺 6 个，外侧刺 3 个；后足跗节刺式 7-8，第 2 跗节端刺有 3 个膜质齿。雄性外生殖器：肛节对称；尾节对称；抱器靴子状。阳茎共 3 刺。阳茎鞭节背面观呈"S"形弯曲，中部有 1 尖刺，弯曲指向背前方。阳茎鞘近阳茎顶处 2 刺长，左面 1 刺"S"形弯曲，横跨阳茎干；右边 1 刺镰刀状弯曲。

本研究未见浙江分布的标本。根据 Anufriev（1987）文献描述。

分布：浙江（缙云）、西藏；俄罗斯。

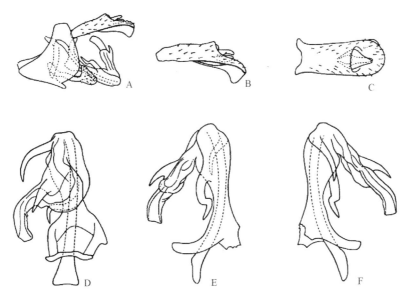

图 4-14 威氏库菱蜡蝉 *Kuvera vilbastei* Anufriev, 1987（仿 Emeljanov，2015）
A. 肛节、尾节、阳茎和抱器侧面观；B. 肛节侧面观；C. 肛节背面观；D. 阳茎背面观；E. 阳茎左面观；F. 阳茎右面观

（325）龙王山库菱蜡蝉 *Kuvera longwangshanensis* Luo, Liu *et* Feng, 2019（图 4-15）

Kuvera longwangshanensis Luo, Liu *et* Feng, 2019: 144.

主要特征：体长：♂ 5.6 mm。成虫体表轻微覆盖蜡粉。头顶宽是长的 3.8 倍。额中脊仅在基部明显，额唇基沟强烈弯曲。前翅细长，通常 ScP+R 脉分叉，离 CuA 脉较远。RP 脉 3 分叉，MA 脉 2 分叉，MP 脉 3 分叉，CuA 脉 2 分叉，有 10 个端室。后足有 3 个侧刺，6 个端刺，后足跗刺式 7-8，第 2 跗节有 4 个膜质齿。雄性外生殖器：尾节不对称，有 1 个三角状腹中突；肛节不对称；抱器对称，钩子状。阳茎有 3 刺，腹面观阳茎鞘近中部较窄，两侧有 2 刺。阳茎鞭节有 1 个又长又粗的刺着生于阳茎鞭节的 1/3 处。

分布：浙江（安吉）。

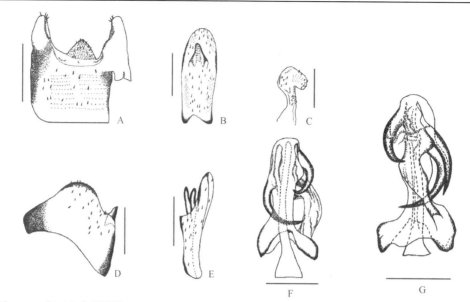

图 4-15 龙王山库菱蜡蝉 *Kuvera longwangshanensis* Luo, Liu *et* Feng, 2019（仿 Luo et al.，2019）
A. 尾节腹面观；B. 肛节背面观；C. 抱器侧面观；D. 尾节侧面观；E. 肛节侧面观；F. 阳茎腹面观；G. 阳茎背面观

167. 大菱蜡蝉属 *Macrocixius* Matsumura, 1914

Macrocixius Matsumura, 1914b: 394. Type species: *Macrocixius giganteus* Matsumura, 1914.

主要特征：体长 8.8–12.5 mm。头明显窄于前胸背板。头顶前缘脊几乎平截或略突出，亚端脊平直；中脊明显，未伸达亚端脊。额、中脊和侧脊隆起。中单眼清晰。前胸背板狭。中胸背板 3 条脊。前翅细长，中部略宽，刚毛有或无，具端室 12 个；RP 脉 4 分叉，MA 脉 3 分叉，MP 脉 2 分叉，翅面具斑纹。后足跗节齿序 8–9/7–9。

分布：古北区、东洋区。世界已知 8 种，中国记录 5 种，浙江分布 1 种。

（326）硕大菱蜡蝉 *Macrocixius grossus* Tsaur *et* Hsu, 1991（图 4-16）

Macrocixius grossus Tsaur *et* Hsu *in* Tsaur, Hsu & Van Stalle, 1991: 6.

主要特征：体长：♂8.6 mm，前翅长 7.2 mm。体躯密布蜡粉。额唇基沟两侧有黄色圆斑。前翅与后翅半透明，翅脉黄色至绿色，密布黑色颗粒。雄性外生殖器：阳茎腹缘侧面观平滑，阳茎鞘顶部腹面观两侧各具 1 小三角形突刺，指向头向；阳茎鞘右侧有 4 刺，均着生于阳茎鞘端部，最长 1 刺基部膨大，侧面观从右侧向背侧弯曲，腹面观从左侧到右侧，端部未超出右侧，指向头向，稍短 2 刺略等长，最短 1 刺附着于上支刺的近端部；阳茎鞘左侧有 1 刺，粗壮，基部膨大，与阳茎干平行，端部弯指向背侧。阳茎鞭节有 3 短刺，1 刺着生于背缘，略弯曲，指向背侧头向，另外 2 刺在鞭节腹缘的左侧，2 刺近垂直，指向头向；阳茎鞭节端部形成 1 片状突出。

本研究未见浙江分布的标本。根据 Tsaur 等（1991）文献描述。

分布：浙江（龙泉）、台湾、四川、贵州、云南；越南。

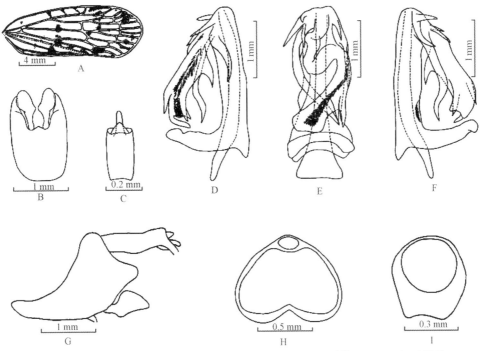

图 4-16　硕大菱蜡蝉 *Macrocixius grossus* Tsaur *et* Hsu, 1991（仿 Tsaur et al.，1991）
A. 前翅；B. 雄性尾节腹面观；C. 雌性肛节背面观；D. 阳茎左面观；E. 阳茎背面观；F. 阳茎右面观；G. 肛节、尾节及抱器侧面观；H. 雌性尾节头向观；I. 雄性尾节头向观

168. 拟正菱蜡蝉属 *Neocarpia* Tsaur *et* Hsu, 2003

Neocarpia Tsaur *et* Hsu, 2003: 440. Type species: *Neocarpia maai* Tsaur *et* Hsu, 2003.

　　主要特征：体小到中型。头包括复眼略比前胸背窄。头顶宽大于长；中脊完全；侧脊隆起；无亚端脊。额长大于宽；中脊完全；额面常有斑点；无中单眼。前胸背板很狭。ScP+R 脉基部融合形成共柄，M 脉单独源于基室。R 脉端部不分叉，MP 脉和 CuA$_1$ 脉端部完全融合。后足胫节端刺 6 个，无外侧刺。

　　分布：东洋区。世界已知 7 种，中国记录 5 种，浙江分布 1 种。

（327）马氏拟正菱蜡蝉 *Neocarpia maai* Tsaur *et* Hsu, 2003（图 4-17）

Neocarpia maai Tsaur *et* Hsu, 2003: 440.

　　主要特征：体长：♂ 5.1–5.7 mm，♀ 6.1–6.3 mm。头顶宽是长的 2.0 倍；前缘平直；中脊明显；侧脊隆起。1 条两边平行的黄色条带纵贯头顶、前胸背板和中胸背板两侧脊之间。额中脊完全，侧脊叶片状隆起。前胸很狭。前翅半透明，长为宽的 2.5 倍；翅脉具有颗粒，无毛；端缘在纵脉端部具黑色斑点。RA 脉不分支，RP 脉 2 分支，MA 脉 3 分支，MP 脉 2 分支，CuA 脉 2 分支；ScP+R 脉分叉在 CuA 脉分叉的基部。无翅痣，只有翅痣结节。后足胫节端刺 6 个，无外侧刺；后足跗节刺式 7-(7–8)，第 2 跗节端刺有 0–3 个膜质齿。雄性外生殖器：肛节宽短；尾节对称；腹中突腹面观五边形；抱器对称。阳茎共 4 刺，阳茎鞘近阳茎顶处着生 3 刺，阳茎顶腹面 2 刺相伴生。阳茎顶右侧着生 1 刺，指向前上方。阳茎鞘基腹面有一区域着生鳞片状小刺。阳茎鞭节长，端部边缘波浪状扭曲，左端角着生 1 锥状小刺。

　　分布：浙江（龙泉）、台湾。

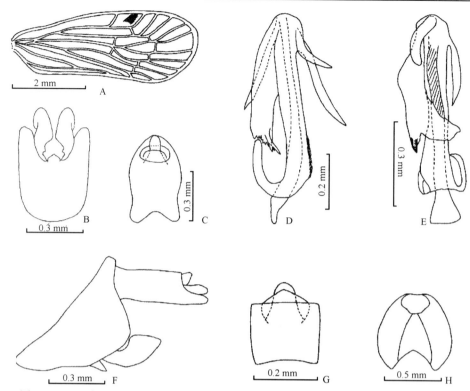

图 4-17　马氏拟正菱蜡蝉 *Neocarpia maai* Tsaur *et* Hsu, 2003（仿 Tsaur and Hsu，2003）
A. 前翅；B. 雄性尾节腹面观；C. 雄性肛节背面观；D. 阳茎侧面观；E. 阳茎背面观；F. 肛节、尾节及抱器侧面观；G. 雌性肛节背面观；H. 雌性尾节头向观

169. 冠脊菱蜡蝉属 *Oecleopsis* Emeljanov, 1971

Oecleopsis Emeljanov, 1971: 621. Type species: *Oliarus artemisiae* Matsumura, 1914.

主要特征：体长差异明显。头明显比胸狭窄。头顶窄，具有高度隆起的侧脊。头顶被分成了 2 个狭长的三角形；或者亚端脊在前缘脊之前合并，以 2 条小纵脊和前缘相连；中脊退化。额和后唇基扁平，结合形成长的菱形；无斑点或斑纹。中脊端部分叉；中单眼存在。中胸背板有 5 条纵脊。前翅前缘脉、爪缝（CuP）无颗粒；翅痣发达；ScP+R 脉分叉在 CuA$_1$ 和 CuA$_2$ 脉分叉的端部或在同一水平上，r-m 脉位于 M 脉第 1 分叉的基部；端室 10–11 个。后足胫节端刺 6 个，外侧刺 3–8 个。后足跗节刺式(6–7)-(4–5)；第 1、2 跗节端刺无膜质齿。

分布：古北区、东洋区。世界已知 14 种，中国记录 12 种，浙江分布 1 种。

（328）中华冠脊菱蜡蝉 *Oecleopsis sinicus* (Jacobi, 1944)（图 4-18）

Mnemosyne sinica Jacobi, 1944: 12.

Oecleopsis sinicus: Van Stalle, 1991: 23.

主要特征：体长：♂ 5.8–6.8 mm，♀ 6.4–7.1 mm。头顶深，长是宽的 1.7–2.1 倍，亚端脊"V"形，头顶外侧有 1 个黄色圆斑。前翅半透明，长是宽的 3.3 倍，翅脉具有颗粒，无毛；翅痣深褐色；RA 脉不分支，RP 脉 3 分支，MA 脉 3 分支，MP 脉 2 分支，CuA 脉 2 分支；ScP+R 脉分叉和 CuA 脉分叉在同一水平上；端室 11 个。后足胫节外侧刺 3 个；后足跗节刺式 7-5。雄性外生殖器：腹中突腹面三角形；抱器对称。阳茎共 4 刺。阳茎鞭节端刺 2 分叉，分叉的分支对称，几乎等长。鞭节亚端刺 2 个，短，背面 1 刺大，尖细，指向左前方；腹面 1 刺小，着生在端刺基部，基部指向左前方，端部向腹面弯曲。阳茎鞘右侧近阳茎顶处 1 刺很短。

本研究浙江未见标本。根据 Guo（2009）文献描述。

分布：浙江（开化）、湖南、福建、广西；日本。

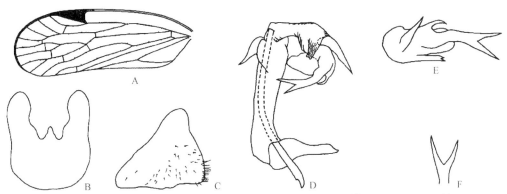

图 4-18　中华冠脊菱蜡蝉 *Oecleopsis sinicus* (Jacobi, 1944)（仿 Guo et al.，2009）

A. 左前翅；B. 尾节腹面观；C. 尾节左面观；D. 阳茎右面观；E. 阳茎鞭节端部前面观；F. 阳茎鞭节端刺前面观

170. 脊菱蜡蝉属 *Oliarus* Stål, 1862

Oliarus Stål, 1862a: 306. Type species: *Cixius walkeri* Stål, 1859.

主要特征：体长差异较大。头顶侧脊强隆起；亚端脊形状多样，与前缘以 1 条或 2 条短纵脊相连或与前缘相分离；中脊存在，缺失或仅基半部明显。中单眼存在，明显。前胸背板短，衣领状。中胸背板纵脊明显。前翅长是宽的 2.7–3.9 倍，半透明，翅脉通常有斑点、颗粒或刚毛；脉序特点是 RA 脉不分支或 2 分支，RP 脉 2 分支或 3 分支，MA 脉 2 分支，MP 脉 2 分支，CuA 脉 2 分支；端室 10–12 个。后足胫节有外侧刺；后足跗节刺式通常为 7-5 或 7-7，跗节无膜质齿。

分布：古北区、东洋区。世界已知 317 种，中国记录 27 种，浙江分布 1 种。

（329）褐脉脊菱蜡蝉 *Oliarus insetosus* Jacobi, 1944（图 4-19）

Oliarus insetosus Jacobi, 1944: 13.

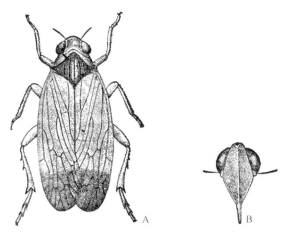

图 4-19　褐脉脊菱蜡蝉 *Oliarus insetosus* Jacobi, 1944（仿 Chou et al.，1985）

A. 成虫背面观；B. 额和唇基腹面观

主要特征：体长：♂ 10.0 mm，♀ 6.0 mm。头顶长度为其基部宽的 1.5 倍，侧端域向后伸达至侧缘基的 1/3 处，与侧端域前缘融合；额的中脊和侧脊浅褐色，其前端有分叉；喙较短，仅伸达中足基节处。前胸背板极短，后缘凹入成钝角状。腹部腹板后缘褐色或黄褐色，其末端平截状。前翅淡灰褐色半透明，横脉及近外缘纵脉明显褐色，翅痣褐色。足黄褐色，股节大部分黑褐色，跗节和后足胫节褐色或黄褐色；后足胫节外侧有 1 大刺，2 小刺，端刺 6 个；基跗节细长，长为其余 2 节之和的 2 倍，后足跗节刺式 7-5。

本研究浙江未见标本。根据 Jacobi（1944）文献描述。

分布：浙江、贵州。

171. 五胸脊菱蜡蝉属 *Pentastiridius* Kirschbaum, 1868

Pentastiridius Kirschbaum, 1868: 45. Type species: *Flata pallens* Germar, 1821.

主要特征：体长差异较大。头顶中度凹陷，狭窄；亚端脊弓状，与前缘以 1 条或 2 条短纵脊相连；中脊存在、缺失或仅基半部明显。额最宽处位于额唇基沟背中央；额唇基沟弯向背面；中单眼明显。前胸背板短，衣领状。中胸背板 5 纵脊。前翅透明或半透明。后足胫节有不活动的外侧刺；后足跗节第 1、2 跗节每节端刺都超过 10 个（通常 10–22 个），而且通常第 1 跗节端刺数大于第 2 跗节端刺数，每个端刺除外侧 2 刺外有膜质齿。

分布：世界广布。世界已知 44 种，中国记录 4 种，浙江分布 1 种。

（330）端斑五胸脊菱蜡蝉 *Pentastiridius apicalis* (Uhler, 1896)（图 4-20）

Myndus apicalis Uhler, 1896: 281.

Pentastiridius apicalis: Anufriev & Emeljanov, 1988: 463.

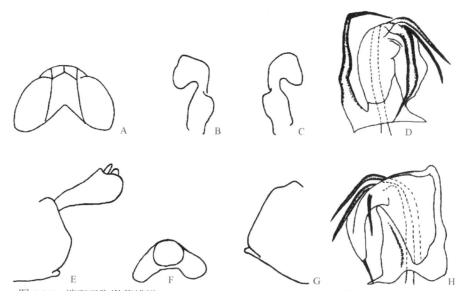

图 4-20　端斑五胸脊菱蜡蝉 *Pentastiridius apicalis* (Uhler, 1896)（仿 Van Stalle，1991）

A. 头顶与复眼背面观；B. 左抱器侧面观；C. 右抱器侧面观；D. 阳茎左面观；E. 肛节和尾节后缘侧面观；F. 尾节头向观；G. 尾节右缘侧面观；H. 阳茎右面观

主要特征：翅长 5.1 mm。头部黑色脊与外缘为浅黄色。头顶长是宽的 1.3 倍，亚端脊从基部的 4/5 处至侧缘分叉，并用 2 个小纵脊连接端脊。前翅长是宽的 2.9 倍，半透明，端部有轻微的烟灰色与棕色混合。翅脉黄色，较稀疏，横脉棕色。ScP+R 脉分叉点稍远于 CuA 脉，有 11 个端室，前缘无颗粒。足黄色。雄性外生殖器：肛节端部轻微钝圆；尾节不对称，右侧侧缘平直，左侧有 1 小的角状突起。阳茎鞭节右侧有

1 个巨大的刺，其基部与阳茎鞭节连接，端部超过阳茎鞭节。2 个更长的刺着生于阳茎端部，还有 1 刺着生于腹缘。阳茎鞘基部着生 1 刺。

本研究浙江未见标本，根据 Van Stalle（1991）文献描述。

分布：浙江（开化）、陕西、江苏、江西、福建、四川；日本。

172. 瑞脊菱蜡蝉属 *Reptalus* Emeljanov, 1971

Reptalus Emeljanov, 1971: 621. Type species: *Cixius quinquecostatus* Dufour, 1833.

主要特征：头顶宽，扁平；亚端脊弓状，以 2 条短纵脊和头顶前缘相连。额中脊基部分叉；中单眼清晰。前胸背板短，衣领状。中胸背板 5 纵脊。前翅翅脉有细密的颗粒（有刚毛或无刚毛）；脉序类似脊菱蜡蝉属 *Oliarus*。后足第 1 跗节端刺 7–8 个，无膜质齿，第 2 跗节端刺 7–10 个，除外侧 2 端刺之外，其余每个端刺都附有膜质齿，或第 2 跗节端刺有 2–3 个很细的刚毛。

分布：古北区、东洋区、新北区。世界已知 28 种，中国记录 6 种，浙江分布 3 种。

分种检索表

1. 前翅有 4 条褐色横条带；左抱器端突外支细长，波浪状弯曲 ·················· 四带瑞脊菱蜡蝉 *R. quadricinctus*
- 前翅无条纹；左抱器端突外支短，不呈波浪状弯曲 ·· 2
2. 阳茎鞭节基腹面有 1 小刺 ·· 基刺瑞脊菱蜡蝉 *R. basiprocessus*
- 阳茎鞭节腹面无刺 ·· 顺溪坞瑞脊菱蜡蝉 *R. shunxiwuensis*

（331）基刺瑞脊菱蜡蝉 *Reptalus basiprocessus* Guo *et* Wang, 2007（图 4-21）

Reptalus basiprocessus Guo *et* Wang, 2007: 275.

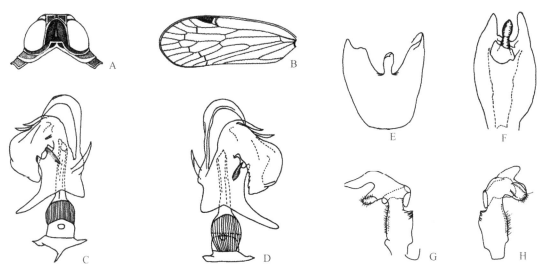

图 4-21 基刺瑞脊菱蜡蝉 *Reptalus basiprocessus* Guo *et* Wang, 2007（仿 Guo and Wang，2007）
A. 头部与胸部背面观；B. 左前翅；C. 阳茎腹面观；D. 阳茎背面观；E. 尾节腹面观；F. 肛节背面观；G. 右抱器侧面观；H. 左抱器侧面观

主要特征：体长：♂ 6.3–7.0 mm，♀ 7.0–8.0 mm。头顶长约是宽的 0.6 倍，侧脊隆起。前胸很狭。前翅半透明，长为宽的 2.8–3.0 倍；翅面无斑纹。翅脉有颗粒。RA 脉 2 分支，RP 脉 2 分支，MA 脉 3 分支，MP 脉 2 分支，CuA 脉 2 分支；ScP+R 脉分叉在 CuA 脉分叉的端部；端室 11 个。后足胫节端刺 6 个，外侧刺 3 个。后足刺式 7-7，第 2 跗节膜质齿 5 个。雄性外生殖器：尾节不对称；抱器极不对称。阳茎共 8 刺。阳茎鞭节后缘中部有 2 个细尖刺，均指向左侧；鞭节基腹面着生 1 小刺，指向左下方。阳茎鞘 5 刺，右侧基部 2 刺；腹面 1 刺短细，指向右后方。阳茎鞘左端部腹面有 2 中度大小的刺；阳茎鞘背面右侧端部有 1 个中高度大小的尖刺指向左后上方。

分布：浙江（临安）、湖北、湖南、福建。

（322）四带瑞脊菱蜡蝉 *Reptalus quadricinctus* (Matsumura, 1914)（图 4-22）

Oliarus quadricinctus Matsumura, 1914b: 419.

Reptalus quadricinctus: Anufriev & Emeljanov, 1988: 464.

主要特征：体长：♂ 5.0–5.3 mm，♀ 5.6–6.2 mm。头顶长约是宽的 0.7 倍；侧脊隆起。前胸很狭。前翅半透明，长为宽的 2.7–3.0 倍；翅面有 4 条褐色横条纹。RA 脉 2 分支（很少 3 分支），RP 脉 2 分支，MA 脉 3 分支，MP 脉 2 分支，CuA 脉 2 分支；ScP+R 脉分叉在 CuA 分叉的基部；端室 11 个（很少 12 个）。后足胫节端刺 6 个，外侧刺 3 个。后足刺式 7-7，第 2 跗节膜质齿 5 个。雄性外生殖器：尾节不对称；抱器极不对称。阳茎共 7 刺。阳茎鞭节后缘中部有 2 个细尖刺，均指向左侧。阳茎鞘 5 刺，右侧基部 2 刺，其中背面 1 刺长而大，钩状；腹面 1 刺短小，指向右后方。阳茎鞘左端部腹面有 2 中度大小的刺；阳茎鞘背面右侧端部有 1 个中高度大小的尖刺指向左后上方。

分布：浙江（龙泉）、吉林、陕西、安徽、湖北、湖南、福建；俄罗斯，日本。

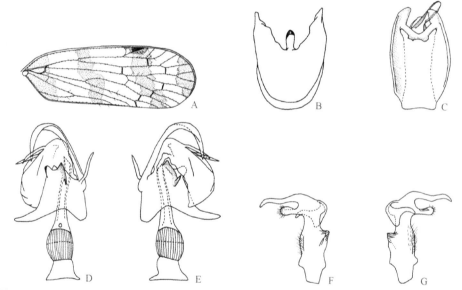

图 4-22　四带瑞脊菱蜡蝉 *Reptalus quadricinctus* (Matsumura, 1914)（仿 Guo and Wang，2007）
A. 右前翅；B. 尾节腹面观；C. 肛节腹面观；D. 阳茎腹面观；E. 阳茎背面观；F. 左抱器外侧最大面观；G. 右抱器内侧最大面观

（333）顺溪坞瑞脊菱蜡蝉 *Reptalus shunxiwuensis* Bai, Guo *et* Feng, 2015（图 4-23）

Reptalus shunxiwuensis Bai, Guo *et* Feng, 2015: 1.

主要特征：体长：♂ 5.8–6.0 mm，♀ 4.8–5.0 mm。额中脊端部分叉；头顶长为宽的 0.5 倍；侧脊隆起。前胸很狭。前翅半透明，长为宽的 2.7 倍；翅面无斑纹。翅脉有颗粒。RA 脉 2 分支，RP 脉 2 分支，MA 脉 3 分支，MP 脉 2 分支，CuA 脉 2 分支；ScP+R 脉分叉在 CuA 分叉的基部；端室 11 个。后足胫节端刺 6 个，外侧刺 3 个。后足刺式 7-7，第 2 跗节膜质齿 5 个。雄性外生殖器：尾节不对称；抱器极不对称。阳茎共 7 刺。阳茎鞭节后缘中部有 2 个细尖刺，均指向左侧。阳茎鞘 5 刺，右侧基部 2 刺。阳茎鞘左端部腹面有 2 中度大小的刺；阳茎鞘背面右侧端部有 1 个中高度大小的尖刺指向左后方。阳茎鞘右侧基刺中大刺端部位于阳茎偏背侧。

分布：浙江（临安）。

图 4-23　顺溪坞瑞脊菱蜡蝉 *Reptalus shunxiwuensis* Bai, Guo *et* Feng, 2015（仿 Guo，2011）

A. 左前翅；B. 阳茎腹面观；C. 阳茎背面观；D. 肛节背面观；E. 尾节腹面观；F. 左抱器外侧最大面观；G. 右抱器外侧最大面观；H. 肛节与尾节右侧面观

八、飞虱科 Delphacidae

主要特征： 体小，体连翅长多为 3.0–5.0 mm，常有长、短翅型。后足胫节具 2 侧刺，末端有 1 个大且能活动的距，在胫节端部及第 1、2 跗节端部还具端刺；阳茎管状，有的种类具阳茎鞘或阳茎基。

生物学： 植食性，且食性范围一般很窄，多数仅取食一种或几种在分类系统上较近缘的植物种类；飞虱常有多型现象，同一种内由于翅型的不同可分为长翅型和短翅型，也分别被称为"迁飞扩散型"和"定居繁殖型"，也有的种类前翅介于长、短翅型之间，即中翅型，影响翅型分化的环境因素主要是营养条件、虫口密度和温、湿度条件，也与亲本的遗传因子有关；飞虱为多世代发生型，经历卵、若虫和成虫 3 个虫期；有趋光性；飞虱多在本地越冬，但也有种类有迁飞危害习性；飞虱的天敌种类很多，包括寄生性、捕食性及病原性和线虫等天敌种类，其中蜘蛛类、蜻类、缨小蜂类、螯蜂类、捻翅虫类是其主要的捕食性和寄生性天敌。

分布： 世界广布。世界已知 420 余属 2200 余种，中国记录 160 余属 330 余种，浙江分布 45 属 66 种。

分属检索表（♂）

1. 雄虫阳茎鞘发达，阳茎细长，从阳茎鞘基部或中部伸出 ·· 2
- 雄虫阳茎形态各异，若细长，不从阳茎鞘中伸出 ·· 3
2. 阳茎鞘与阳茎愈合，阳茎鞘长，与阳茎近等长或略短 ·································· 长鞘飞虱属 *Preterkelisia*
- 阳茎鞘与阳茎可分离，阳茎鞘宽短 ·· 长突飞虱属 *Stenocranus*
3. 阳茎退化，与臀节相连有一卷曲呈环形的丝状附属物，向前深入腹腔内 ·················· 长飞虱属 *Saccharosydne*

－　阳茎不如上述 ………………………………………………………………………………………… 4

4. 后足胫距后缘无齿；阳茎与臀节紧密相接，多嵌合于臀节腹面 …………………………………… 5

－　后足胫距后缘通常具齿，若无齿，阳茎不如上述 ………………………………………………… 10

5. 头顶圆锥形 ……………………………………………………………………… 匙顶飞虱属 *Tropidocephala*

－　头顶近方形 ………………………………………………………………………………………… 6

6. 无中侧脊 ……………………………………………………………………………… 鼓面飞虱属 *Gufacies*

－　有中侧脊 …………………………………………………………………………………………… 7

7. 触角第 1 节矢形，中央具隆起的纵脊 …………………………………………… 偏角飞虱属 *Neobelocera*

－　触角圆柱形，中央无纵脊 ………………………………………………………………………… 8

8. 头顶基宽常为中长的 2.0 倍以上 ……………………………………………………… 短头飞虱属 *Epeurysa*

－　头顶基宽与中长近等长 …………………………………………………………………………… 9

9. 触角长，第 2 节端部超过唇基端部 ……………………………………………………… 马来飞虱属 *Malaxa*

－　触角短，第 2 节端部仅伸达或未达额唇基缝 ………………………………………… 竹飞虱属 *Bambusiphaga*

10. 额具 2 条中脊 ………………………………………………………………………… 锥翅飞虱属 *Yanunka*

－　额具 1 条中脊 …………………………………………………………………………………… 11

11. 触角第 1 节扁平，三角形 …………………………………………………………… 扁角飞虱属 *Perkinsiella*

－　触角第 1 节不扁平，非三角形 …………………………………………………………………… 12

12. 前、中足股节和胫节扁平 ………………………………………………………………… 纹翅飞虱属 *Cemus*

－　前、中足股节和胫节不扁平 ……………………………………………………………………… 13

13. 阳茎端部具逆生长的鞭节 ………………………………………………………………………… 14

－　阳茎端部无逆生长的鞭节 ………………………………………………………………………… 19

14. 额在端部处最宽 ……………………………………………………………………… 披突飞虱属 *Palego*

－　额在近中部处最宽 ………………………………………………………………………………… 15

15. 悬片共柄宽短，明显短于二叉臂长度 …………………………………………………………… 16

－　悬片共柄长于或与二叉臂长度几相等 …………………………………………………………… 17

16. 阳基侧突端突分叉 …………………………………………………………………… 叉飞虱属 *Garaga*

－　阳基侧突端突不分叉 ………………………………………………………………… 瓶额飞虱属 *Numata*

17. 雄性臀节衣领状 ……………………………………………………………… 新叉飞虱属 *Neodicranotropis*

－　雄性臀节环状 ……………………………………………………………………………………… 18

18. 雄性尾节腹中突发达，端部分裂 ……………………………………………… 世纪飞虱属 *Shijidelphax*

－　雄性尾节腹中突小、片状，端部不分裂 ……………………………………………… 大叉飞虱属 *Ecdelphax*

19. 前胸背板侧脊伸达或几伸达后缘 ………………………………………………………………… 20

－　前胸背板侧脊不达后缘 …………………………………………………………………………… 26

20. 无臀刺突 …………………………………………………………………………………………… 21

－　有臀刺突 …………………………………………………………………………………………… 22

21. 2 中侧脊在头顶端缘前愈合成 1 共柄；阳茎具刺状突 ………………………………… 龙潭飞虱属 *Longtania*

－　2 中侧脊在头顶端缘相会聚，不形成 1 共柄；阳茎无刺状突 ……………………………… 丽飞虱属 *Lisogata*

22. 雄虫臀节腹缘中部具 1 细长刺突，在二基侧角还各具 1 小齿突 ……………… 单突飞虱属 *Monospinodelphax*

－　雄虫臀节不如上述 ………………………………………………………………………………… 23

23. 体背面自头顶至中胸小盾片末端贯穿 1 条淡色中纵带 …………………………………………… 24

－　体背面自头顶至中胸小盾片末端无淡色中纵带 ………………………………………………… 25

24. 阳茎具细小齿列，侧观略向背方弯曲 …………………………………………………… 带背飞虱属 *Himeunka*

－　阳茎无齿列，侧观向腹面急弯 ……………………………………………………… 长唇基飞虱属 *Sogata*

25. 2 中侧脊隆起，在头顶会聚并在端部形成 1 尖出隆脊 ………………………………… 喙头飞虱属 *Sardia*

\- 2 中侧脊在头顶端部或稍前相遇，不在端部形成 1 尖出隆脊 ······ 姬飞虱属 *Ulanar*

26. 后足基跗节具侧刺 ······ 褐飞虱属 *Nilaparvata*

\- 后足基跗节无侧刺 ······ 27

27. 尾节侧观端侧缘具深缺刻 ······ 28

\- 尾节侧观端侧缘无深缺刻 ······ 30

28. 侧观阳茎弯曲，但不向腹面急剧弯折 ······ 灰飞虱属 *Laodelphax*

\- 侧观阳茎急剧向腹面弯折 ······ 29

29. 膈背缘中部深凹，伸入膈孔 ······ 类节飞虱属 *Laoterthrona*

\- 膈背缘中部"V"形凹缺，但不伸入膈孔 ······ 奇洛飞虱属 *Chilodelphax*

30. 尾节背侧角弯向中部或向中部翻折 ······ 31

\- 尾节背侧角不如上述 ······ 37

31. 阳茎侧观基背缘具皱纹 ······ 皱茎飞虱属 *Opiconsiva*

\- 阳茎不如上述 ······ 32

32. 雄虫臀刺突 1 对，不对称 ······ 柯拉飞虱属 *Coracodelphax*

\- 雄虫臀刺突无，若有则对称 ······ 33

33. 阳茎侧扁、扭折 ······ 托亚飞虱属 *Toya*

\- 阳茎不如上述 ······ 34

34. 悬片整体环状，宽窄均匀，背面无突起或加厚共柄 ······ 东洋飞虱属 *Orientoya*

\- 悬片不如上述 ······ 35

35. 膈背缘中部圆形或锥状隆起表面具颗粒状突起 ······ 淡肩飞虱属 *Harmalia*

\- 膈不如上述 ······ 36

36. 阳基侧突具内端角，阳茎背面无大齿 ······ 梅塔飞虱属 *Metadelphax*

\- 阳基侧突无内端角，阳茎背面具大齿 ······ 淡脊飞虱属 *Neuterthron*

37. 悬片腹面椭圆形，腹缘不相接 ······ 白脊飞虱属 *Unkanodes*

\- 悬片不如上述 ······ 38

38. 悬片"Y"形 ······ 刺突飞虱属 *Spinaprocessus*

\- 悬片非"Y"形 ······ 39

39. 悬片整体长方形，中部具孔 ······ 白背飞虱属 *Sogatella*

\- 悬片环状或腹面环状，背面具柄 ······ 40

40. 触角长，几伸达后唇基端部 ······ 长角飞虱属 *Toyoides*

\- 触角短，至多伸达后唇基中部 ······ 41

41. 后足基跗节长于其余 2 节长度之和 ······ 长跗飞虱属 *Kakuna*

\- 后足基跗节不如上述 ······ 42

42. 膈背缘中部凹陷 ······ 派罗飞虱属 *Paradelphacodes*

\- 膈背缘中部具突起 ······ 43

43. 阳茎端半部弯曲，呈镰刀形 ······ 镰飞虱属 *Falcotoya*

\- 阳茎不如上述 ······ 44

44. 膈背缘突起端部扩展成叉状；阳茎近基部腹面具突起 ······ 白条飞虱属 *Terthron*

\- 膈背缘突起端部不呈叉状；阳茎近基部腹面无突起 ······ 宽头飞虱属 *Ishiharodelphax*

173. 竹飞虱属 *Bambusiphaga* Huang *et* Ding, 1979

Bambusiphaga Huang *et* Ding *in* Huang et al., 1979: 170. Type species: *Bambusiphaga nigropunctata* Huang *et* Ding, 1979.

　　主要特征：体狭长，黄色至黄褐色，常具褐至黑褐色斑纹。头部（包括复眼）窄于前胸背板。头顶近方形，中长略大于基宽，基宽约大于端宽，端部略侧向扩展，稍突出于复眼前缘，中侧脊起自侧脊近端部1/3 处，在头顶端部会聚，侧缘略凹入，"Y"形脊清晰；额长，近四边形，中脊单一，侧脊近平行；后唇基发达，中脊不甚清晰，无侧脊；触角圆柱形，第 2 节端部伸达或未达额唇基缝，第 1 节长宽略相等，第2 节约为第 1 节的 2.7 倍。前胸背板约等于头长，侧脊直，几伸达后缘；中胸背板长大于头顶和前胸背板之和，中脊伸达小盾片末端。前翅明显超过腹端部，横脉位于近中部，端缘尖圆。后足刺式 5-6-4。后足胫距后缘无齿，仅端部具 1 小齿。雄虫臀突小，臀节环状，臀刺突有或无，尾节有或无腹中突；阳茎有或无阳茎基，阳茎管状；阳茎侧突简单，具突起或端部分叉。

　　分布：东洋区。世界已知 27 种，中国记录 25 种，浙江分布 2 种。

（334）带纹竹飞虱 *Bambusiphaga fascia* Huang *et* Tian, 1980

Bambusiphaga fascia Huang *et* Tian *in* Kuoh et al., 1980: 422.

Malaxa herioca Yang, 1989: 25.

　　未获得浙江标本，该种形态特征及分布主要依据丁锦华（2006）等的记载。

　　主要特征：雄虫体黄至黄褐色；触角内侧的条纹、前胸背板侧脊外侧复眼后方、中胸背板、翅基片、前中足基节、胸部腹板和腹部黑色或黑褐色；前翅基半部黑褐色，端半部黄白色。雄性外生殖器：雄虫尾节及臀节黑色。雌虫体色淡，前翅中部有 1 条黑褐色弧形斜带纹，腹部背面黄褐色；产卵器色略深。雄虫臀节左端侧具 1 根长突，弯曲，后面观超过阳基侧突基部；尾节后面观后开口卵圆形，腹缘弧凹；阳茎管状，细长，基部阔，端向收狭；阳基侧突伸达臀节基部，基部阔，端向收狭，相对弯曲。

　　分布：浙江、甘肃、江苏、安徽、台湾。

（335）乳黄竹飞虱 *Bambusiphaga lacticolorata* Huang *et* Ding, 1979

Bambusiphaga lacticolorata Huang *et* Ding *in* Huang et al., 1979: 175.

Bambusiphaga nigromarginata Huang *et* Tian *in* Kuoh et al., 1980: 421.

　　未获得浙江标本，该种形态特征及分布主要依据丁锦华（2006）等的记载。

　　主要特征：雄虫体乳黄、淡黄、淡黄褐至橘红色，中胸背板基部具暗褐色大斑，小盾片两侧缘和翅基片端部黑褐色。前翅透明、无翅斑，深色型个体前翅革片前缘黑褐色。雌虫色浅，仅产卵器及两侧淡褐色。雄性外生殖器：雄虫臀节短，无臀刺突；尾节侧观腹缘远长于背缘，端侧缘波曲，端腹角突出，后面观尾节开口长大于宽；膈孔不完整，腹面圆，端部两侧向中部角状伸出；阳茎管状，腹向弯曲，阳茎基突长刺状，自阳茎右侧伸出，超过阳茎端部，性孔位于阳茎末端；阳基侧突向两侧岔离，后面观端部内折，顶端尖，外缘近端部具 1 角状突起，侧面观侧缘波曲，端缘宽且近平截。

　　分布：浙江、江苏。

174. 纹翅飞虱属 *Cemus* Fennah, 1964

Cemus Fennah, 1964: 147. Type species: *Cemus leviculus* Fennah, 1964.

　　主要特征：头部（包括复眼）与前胸背板近等宽。头顶近方形，端缘截形，中侧脊起自侧缘近基部，在头顶端缘不会聚，"Y"形脊清晰；头顶侧观与额圆弧相接。额近长六边形，中长不及最宽处宽的 2.0 倍，以单眼水平处最宽，中脊在中部至中偏基部处分叉；后唇基基部稍宽于额端部；触角第 2 节端部几伸达后唇基端部，第 1 节长大于端宽，约为第 2 节长度之半。前胸背板侧脊未伸达后缘；中胸背板中脊伸至小盾片末端。前、中足股节和胫节扁平，但不叶状扩张。后足刺式 5-7-4，后足胫距后缘具齿。雄虫臀节短、环状，端侧角远距；具臀刺突；尾节侧观腹缘长于背缘，具腹中突；膈宽，背缘中部"V"形凹入；阳茎发达、管状，略弯曲，端背面逆生长鞭节；悬片"Y"形；阳基侧突狭，基部阔，端向收狭，端部变细或侧向翻转。

分布：东洋区、旧热带区。世界已知 11 种，中国记录 7 种，浙江分布 1 种。

（336）黑斑纹翅飞虱 *Cemus nigropunctatus* (Matsumura, 1940)

Jamiphax nigropunctatus Matsumura, 1940: 36.

Cemus nigropunctatus: Yang, 1989: 135.

未获得浙江标本，该种形态特征及分布主要依据丁锦华（2006）等的记载。

主要特征：体黄褐至暗褐色。额及颊区具淡色小圆斑；唇基、触角第 1 节背面及第 2 节基部、胸部腹及侧板均黑色；各胸足淡黑至黑色，具黄褐色条纹；前翅翅脉密布黑褐色颗粒状突起，端区近后缘具 1 暗黄褐色弧形带纹，沿 R_1 脉具暗黄褐色条纹；短翅型前翅色同长翅型，但端部无带纹，仅在各脉间具浅黑褐色条纹。腹部黑褐色，各腹板后缘及背面散生黄褐色斑点。雌虫体色基本同雄虫，产卵器黄褐色。雄性外生殖器：雄虫臀节侧观端背角后向延伸成 1 短刺突；尾节侧观背腹缘近等宽，端背角角状，端腹角突出；后面观腹中突锥状；膈色深，背缘中部"V"形切凹；阳茎向背方弧形拱曲，端部背面逆生 1 根长鞭节，其端部抵近阳茎基部，在阳茎近基部腹缘还有 1 小突起；悬片共柄宽，基部分叉，端部二叉臂略短于共柄长，端向收狭；阳基侧突端向分歧，波曲，自近中部处骤细。

分布：浙江（龙泉）、吉林、河北、陕西、甘肃、江苏、安徽、江西、湖南、福建、台湾、广东、海南、广西、四川、贵州、云南；韩国，日本。

175. 奇洛飞虱属 *Chilodelphax* Vilbaste, 1968

Chilodelphax Vilbaste, 1968a: 24. Type species: *Unkanodes* (*Chilodelphax*) *silvatica* Vilbaste, 1968.

Unkanodes (*Chilodelphax*) Vilbaste, 1968a: 24.

主要特征：头部（包括复眼）窄于前胸背板。头顶近方形，端缘截形，中侧脊起自侧缘中偏基部，在头顶端缘相会聚，侧面观头顶与额圆弧相接；额侧脊拱出，中长约为最宽处宽的 2.0 倍；后唇基基部宽于额端部；触角圆筒形，第 2 节端部伸达额唇基缝，第 1 节长大于宽，大于第 2 节长度之半。前胸背板长短于头长，侧脊未伸达后缘。后足刺式 5-7-4，后足胫距后缘具齿。雄虫臀节环状，臀刺突 1 对或缺如；尾节侧观端侧缘具缺刻；膈背缘中部凹入，膈中域具突起；阳茎管状，弯曲，端半部具齿；阳基侧突长，端部骤细，内端角长，折向侧方。

分布：古北区。世界已知 2 种，中国记录 1 种，浙江分布 1 种。

（337）白带奇洛飞虱 *Chilodelphax albifascia* (Matsumura, 1900)（图版Ⅷ-1）

Liburnia albifascia Matsumura, 1900c: 268.

Chilodelphax albifascia: Kwon, 1982: 4.

主要特征：体褐色。体背具 1 条淡色背中带。头顶端半中侧脊至两侧脊间、额、唇基和颊黑色，各足基节、胸部腹面及前翅大部黑褐色。雌虫色浅，后足胫距后缘具齿约 14 枚。雄性外生殖器：雄虫臀节短，无臀刺突；尾节侧观腹缘与背缘近等宽，端背角钝圆，端侧缘近中部具深缺刻；阳茎基半部阔，两侧缘波曲，端半部骤细，急剧下弯，具不规则排列的小齿，顶端稍上翘；阳基侧突长，后面观内缘弧凹，内端角延伸成 1 细的突起，弯折向两侧。

分布：浙江（临安、龙泉）、江苏；俄罗斯（滨海区），韩国，日本。

176. 柯拉飞虱属 *Coracodelphax* Vilbaste, 1968

Coracodelphax Vilbaste, 1968a: 22. Type species: *Coracodelphax obscurus* Vilbaste, 1968.

主要特征：体小，褐色至黑色。头部（包括复眼）略窄于前胸背板。头顶近方形，端缘略钝圆，中侧脊起自侧缘中偏基部，在头顶端缘相遇，"Y"形脊主干消失；额侧脊略拱，中长不足最宽处宽的 2.0 倍，中脊在基部分叉；后唇基基部略宽于额端部；触角圆筒形，第 2 节端部略伸过额端部，第 1 节长大于端宽，约为第 2 节长度之半。前胸背板侧脊未伸达后缘。后足刺式 5-7-4，后足胫距后缘具齿。雄虫臀节环状，臀刺突 1 对，不对称；后面观尾节背侧角向中部翻折，侧面观背侧角宽大，显著向后突出；膈背缘中部平，膈孔背缘中部角状上切；阳茎管状，端部弯曲；阳基侧突中等长，具突起。

分布：古北区、东洋区。世界目前仅知 1 种。中国记录 1 种，浙江分布 1 种。

（338）暗黑柯拉飞虱 *Coracodelphax obscurus* Vilbaste, 1968

Coracodelphax obscurus Vilbaste, 1968a: 22.

未获得浙江标本，该种形态特征及分布主要依据丁锦华（2006）等的记载。

主要特征：雄虫体褐至黑色，具油状色泽。前胸背板后缘大半黄白色。前翅透明，黄褐色。短翅型雄虫中胸背板为黄褐或褐色，余同长翅型。雌虫大体褐色。后足胫距后缘具齿 9–14 枚。雄性外生殖器：雄虫臀节短小，陷于尾节背窝内，左侧的 1 根刺突端部钩状，弯向腹面，右侧的 1 根直；后面观尾节后开口宽大于长，侧面观尾节背侧角宽大，显著向后突出；膈中域色深，背缘中部平直，膈孔背缘中部角状上切；阳茎端部腹向弯曲，近端部背缘具微齿；悬片环状；阳基侧突基部阔，端向收狭，端部细尖，内基角及外缘近中部各有 1 小的突起。

分布：浙江、江苏、江西；俄罗斯，韩国。

177. 大叉飞虱属 *Ecdelphax* Yang, 1989

Ecdelphax Yang, 1989: 137. Type species: *Dicranotropis cervina* Muir, 1917.

主要特征：头部（包括复眼）稍窄于前胸背板。头顶近方形，中长略等于基宽，端缘截形，2 中侧脊起自侧缘近基部，在头顶端部不会聚，"Y"形脊清晰；额侧脊拱出，长约为最宽处宽的 2.0 倍，以近中部处最宽，额中脊在复眼中部水平处分叉；喙伸达中足转节；触角圆柱形，第 2 节端部伸达后唇基中部，第 1 节约为端宽的 2.0 倍，短于第 2 节长度。前胸背板侧脊未伸达后缘。后足刺式 5-7-4，后足胫距后缘具齿。雄虫臀节短、环状，陷入尾节背窝内，侧观臀刺突从端腹面处伸出；具腹中突；膈宽，背缘中部隆起；阳茎长、管状，端部逆生 1 细长鞭节；悬片"Y"形；阳基侧突发达，端部分二叉。

分布：东洋区。世界已知 4 种，中国记录 4 种，浙江分布 4 种。

分种检索表

1. 阳基侧突侧观内外叉长度几相等 ······················· 2
- 阳基侧突侧观内叉明显长于外叉（内叉约为外叉长度的 2.0 倍）······· 3
2. 阳茎端部逆生鞭节端部分叉，短于阳茎干长度 ·········· 大叉飞虱 E. cervina
- 阳茎端部逆生鞭节端部不分叉，长于阳茎干长度 ········ 拟大叉飞虱 E. paracervina
3. 雄虫臀刺突发达，侧观从端腹面中部伸出，指向后背方 ···· 齿突大叉飞虱 E. dentata
- 侧观雄虫臀刺突从端腹角伸出，指向腹下方 ·········· 扭曲大叉飞虱 E. tortilis

（339）大叉飞虱 *Ecdelphax cervina* (Muir, 1917)

Dicranotropis cervina Muir, 1917: 318.
Ecdelphax cervina: Yang, 1989: 138.

　　未获得浙江标本，该种形态特征及分布主要依据丁锦华（2006）等的记载。
　　主要特征：体褐色。额或具数对淡色小圆斑。长翅型前翅淡黄褐色，短翅型前翅在端区具 2 黑斑。雄性外生殖器：雄虫尾节腹中突小；尾节侧观端侧缘波曲；阳茎侧观端部钝截，逆生鞭节的端部二叉状，未伸达阳茎基部，在阳茎左侧近端部还具 1 刺突；悬片"Y"形，二叉臂细短，约为共柄长度之半；阳基侧突端部 2 分叉，后面观内叉长于外叉。
　　分布：浙江、江西、福建、台湾、海南、广西、云南；菲律宾。

（340）齿突大叉飞虱 *Ecdelphax dentata* Yang, 1989 （图版Ⅷ-2）

Ecdelphax dentata Yang, 1989: 140.

　　主要特征：体淡褐色。触角第 1 节及第 2 节基部暗褐色。前翅半透明。雄性外生殖器：雄虫臀刺突发达，侧观从端腹面中部伸出，弯曲指向背上方；侧面观尾节端侧缘近中部角状突出，腹中突小、片状；后面观膈背缘中部向背方凸出，端缘钝圆；阳茎侧观向背方弯曲，端部逆生鞭节长且扭曲，伸近阳茎基部；悬片共柄阔，与端部二叉臂几等长；后面观阳基侧突端向分歧，中部分叉，内叉明显长于外叉，侧面观阳基侧突端前部有 1 个小凹口。
　　分布：浙江（龙泉、泰顺）、台湾。

（341）扭曲大叉飞虱 *Ecdelphax tortilis* (Kuoh, 1982) （图版Ⅷ-3）

Dicranotropis tortilis Kuoh, 1982a: 71.
Ecdelphax tortilis Ding, 2006: 277.

　　主要特征：体淡黄褐至褐色。额具淡色小圆斑；前翅几透明。腹部暗褐或黑褐色，具黄褐色斑。雄性外生殖器：雄虫臀节 1 对刺状突短粗，侧观从端腹角处伸出，指向端腹面；尾节侧观端侧缘向后拱出，腹缘略宽于背缘；腹中突小，圆片状；膈背缘中部突出，端缘近平截，两侧缘凹入；阳茎长，侧观弧形弯向背方，端部逆生鞭节伸达阳茎基部；悬片两侧叉细长，与共柄长度几相等；阳基侧突波曲，于近中部处分叉，二叉长度不相等，内叉明显长于外叉。
　　分布：浙江（德清、临安、泰顺）、广西、贵州。

（342）拟大叉飞虱 *Ecdelphax paracervina* Ding, 2006（图版Ⅷ-4）

Ecdelphax paracervina Ding, 2006: 278.

　　主要特征：体褐色。额区的小圆斑淡色或不甚清晰。前翅近透明。腹部背面两侧、尾节及臀节黑褐色，腹部背面中域暗褐色。雄性外生殖器：雄虫具 2 对臀刺突，1 对从端腹角伸出，另外 1 对从端背角处伸出；尾节后面观腹中突小、片状，侧面观顶端细尖；膈背缘中部片状隆起，端缘钝圆；阳茎长，略向背方弯曲，顶端背缘逆生鞭节明显超过阳茎基端；悬片二叉臂细长，向端部渐变细，与共柄部长度几相等，共柄部向基部渐细；阳基侧突发达，分歧，端部二叉状，后面观二叉长度几相等。

　　分布：浙江、湖南。

178. 短头飞虱属 *Epeurysa* Matsumura, 1900

Epeurysa Matsumura, 1900c: 261. Type species: *Epeurysa nawaii* Matsumura, 1900.

　　主要特征：头部（包括复眼）窄于或与前胸背板近等宽。头顶宽短，端部略扩展，几与基部近等宽，基缘及端缘略弧形弯曲，中侧脊起自侧缘中偏基部，先横向延伸与"Y"形脊臂连接，再折向头端部，在顶端相会聚；额宽，中长小于最宽处宽的 1.5 倍，以近中部处最宽，中脊在额基端分叉；触角圆柱形，第 2 节端部伸达或稍伸出额端部，第 1 节长宽近相等，第 2 节略粗长；喙伸达中足转节。前胸背板长于头顶，侧脊未伸达后缘。后足刺式 5-6-4。后足胫距后缘无齿，仅尖端具 1 微齿。雄虫臀节环状，具臀刺突；腹中突 3 个或无；阳茎管状，端部弯曲，阳茎基突端部或有 1 结节，并由此伸出 1 根端肢；膈膜质，膈孔开放；阳基侧突内基角具突起。

　　分布：古北区、东洋区。世界已知 14 种，中国记录 11 种，浙江分布 2 种。

（343）烟翅短头飞虱 *Epeurysa infumata* Huang *et* Ding, 1979（图版Ⅷ-5）

Epeurysa infumata Huang *et* Ding *in* Huang et al., 1979: 177.

　　主要特征：体灰黄褐至暗褐色。复眼黑褐，具红色环纹，单眼暗红色；腹部腹面暗黄或橙黄色，饰有暗褐色斑。雄性尾节及阳基侧突黑至黑褐色。雌虫体色略浅。雄性外生殖器：后面观雄虫臀刺突乳头状；尾节腹中突 3 个，中间的 1 个突起长，顶端圆且略膨大，两侧的 2 个突起低，侧观顶端尖；阳茎细长，端部弯向腹面，阳茎基突端肢稍长于结节最宽处宽度；阳基侧突端部扩展，端缘平截，其内缘近中部突起不甚明显。

　　分布：浙江（龙泉）、贵州、云南。

（344）短头飞虱 *Epeurysa nawaii* Matsumura, 1900（图版Ⅷ-6）

Epeurysa nawaii Matsumura, 1900c: 261.

Epeurysa nawae Matsumura, 1917b: 381.

　　主要特征：体灰黄褐至暗褐色，雄性尾节及阳基侧突黑色至黑褐色。雄虫臀刺突乳头状；尾节侧观腹缘长于背缘，背侧角不突出，端侧缘波曲，腹面观具 3 个腹中突，中间的 1 个突起长，顶端圆且略膨大，两侧的 2 个突起低，侧观顶端尖；阳茎细长，端部弯向腹面，阳茎基突较阳茎细，近端部有 1 结节，端部延伸成 1 细端肢，弯曲；阳基侧突端部钝圆，内基角有 1 指状突，内缘近中部还具 1 小突起。

分布：浙江（德清、临安、莲都、龙泉、泰顺）、陕西、甘肃、江苏、安徽、湖北、江西、湖南、福建、台湾、广东、海南、广西、四川、贵州、云南；俄罗斯（滨海区），日本，斯里兰卡。

179. 镰飞虱属 *Falcotoya* Fennah, 1969

Falcotoya Fennah, 1969: 39. Type species: *Falcotoya aurinia* Fennah, 1969.

主要特征：头部（包括复眼）与前胸背板近等宽。头顶近方形，基宽约等于端宽，端缘截形，中侧脊起自侧缘近基部，在头顶端部或不会聚；"Y"形脊主干不甚清晰；额腰鼓形，中长可达最宽处的 2.0 倍，以近中部最宽，中脊单一或分叉；后唇基基部宽于额端部；触角圆筒形，第 2 节端部伸达额唇基缝，第 1 节长稍大于宽，约为第 2 节长度之半。前胸背板侧脊未伸达后缘。后足刺式 5-7-4，后足胫距后缘具齿。雄虫臀节环状或衣领状，具 1 对臀刺状；尾节背侧角突出，膈背缘中部具叶状突；阳茎管状，端半部近镰刀形弯曲，端部具小齿；悬片环状；阳基侧突中等，向两侧强烈分歧，内缘基部有 1 个突起。

分布：世界广布。世界已知 8 种，中国记录 5 种，浙江分布 1 种。

（345）琴镰飞虱 *Falcotoya lyraeformis* (Matsumura, 1900)（图版Ⅷ-7）

Liburnia lyraeformis Matsumura, 1900c: 267.
Falcotoya lyraeformis: Fennah, 1969: 40.

主要特征：体黄褐色至暗褐色。中胸背板侧脊外侧具黑褐色纵斑。前翅透明，翅脉上具小颗粒状突起。后足胫距后缘具齿约 16 枚。雄性外生殖器：雄虫臀节衣领状，其腹面伸出 1 对粗长刺突，侧观弯向腹面；尾节侧面观腹缘与背缘近等宽，背侧角突出，端侧缘中部略凹入；膈窄，两侧缘斜切，背缘中部片状突起两侧几平行，端缘稍内凹；阳茎基部阔，背缘圆拱，自近中部强烈弯向腹面，至端部直，表面具许多小齿，性孔位于端背缘，近基部腹面还具 1 突起；阳基侧突伸达臀节，弯曲，向两侧岔离，端部扩展，端缘处最宽，近平截，外端角圆，内端角尖出，内基角处还具 1 突起。

分布：浙江（龙泉）、江苏、福建、贵州；韩国，日本，南马里亚纳群岛，西加罗林群岛。

180. 叉飞虱属 *Garaga* Anufriev, 1977

Garaga Anufriev, 1977c: 867. Type species: *Liburnia nagaragawana* Matsumura, 1900.

主要特征：头部（包括复眼）稍窄于前胸背板。头顶近方形，端缘平截，基宽大于端宽，中侧脊起自侧缘近基部，未在头顶端部会聚，"Y"形脊清晰；额长约为最宽处宽的 2.0 倍，以近中部处最宽，额中脊在复眼中线稍下方分叉；触角圆柱形，第 2 节端部伸过额唇基缝，第 1 节长大于宽，大于第 2 节长度之半。前胸背板约与头顶等长，侧脊未伸达后缘。后足胫距后缘具齿。雄虫臀节短、环状，臀刺突无；尾节侧观端腹角强烈伸出，腹中突 2 对，中间的 1 对小，两侧的 1 对宽且长，内端角突出；膈宽，背缘波曲，中部切凹，膈面中域膨突，侧观锥形凸出；阳茎长管状，弯曲，端部逆生 1–2 鞭节；悬片"Y"形，腹柄短；阳基侧突强烈岔离，端部二叉状。

分布：古北区、东洋区。世界已知 6 种，中国记录 6 种，浙江分布 4 种。

分种检索表

1. 阳茎端部逆生 1 鞭节 ·· 2
- 阳茎端部逆生 2 鞭节 ·· 3

2. 阳茎端部逆生鞭节端部有 3 个突起 ·· **三突叉飞虱 *G. tricuspis***

- 阳茎端部逆生鞭节端部简单，无分支 ·· **鞭突叉飞虱 *G. flagelliformis***

3. 阳茎鞭节左侧的一根端生 3 个突起 ··· **叉飞虱 *G. nagaragawana***

- 阳茎鞭节左侧的一根端生 4 个以上突起 ·· **荻叉飞虱 *G. miscanthi***

（346）鞭突叉飞虱 *Garaga flagelliformis* Ding, 2006

Garaga flagelliformis Ding, 2006: 265.

未获得浙江标本，该种形态特征及分布主要依据丁锦华（2006）等的记载。

主要特征： 体黄褐至暗褐色。额及颊具淡黄色小圆斑；触角第 1 节端部及第 2 节基部黑色；前中足基节、腹部腹面、雄虫尾节、膈和阳基侧突均为黑色，腹部背面中域褐色。雄性外生殖器：雄虫膈宽而色深，背缘两侧稍隆起，中部角状凹陷，侧面观膈中域膨突锥状，明显超过尾节端侧缘；阳茎侧观向背方弧形弯曲，顶端逆生 1 根细长鞭节，端部弯曲；阳基侧突狭长，向两侧岔离，端部宽叉状，侧观二叉长度不相等。

分布： 浙江（临安）。

（347）叉飞虱 *Garaga nagaragawana* (Matsumura, 1900)（图版Ⅷ-8）

Liburnia nagaragawana Matsumura, 1900c: 265.
Garaga nagaragawana: Anufriev, 1977c: 867.

主要特征： 体黄褐至暗褐色。额及颊有淡黄色小圆斑；触角第 1 节暗黑色。长翅型前翅端部具黑褐色斑，弧形延伸至近后缘端部，端后缘各端室端部具透明斑，Sc_1 和 Sc_2 脉顶端具黑褐色斑，沿 R_1 和 R_2 脉具黑褐色条纹，翅斑黑褐色。短翅型前翅端部有 1 近三角形黑褐色大斑。腹部及雄虫尾节大部黑色。雄性外生殖器：雄虫膈背缘波曲，中部浅凹，侧观膈中域膨突向后锥状凸出，明显伸出尾节端侧缘；阳茎侧观向腹面弧形弯曲，顶端逆生 2 根长鞭节，左侧的 1 根长，端部弯向背方，右侧的 1 个末端具 3 个突起；阳基侧突直、细长，向两侧分歧，端二叉相交成钝角。

分布： 浙江（龙泉、泰顺）、湖南、台湾、贵州；俄罗斯（沿海边区），韩国，日本，菲律宾。

（348）荻叉飞虱 *Garaga miscanthi* Ding et al., 1994

Garaga miscanthi Ding et al., 1994: 12.

未获得浙江标本，该种形态特征及分布主要依据丁锦华（2006）等的记载。

主要特征： 体浅黄至黄褐色。额及颊具淡色小圆斑；触角第 1 节端部和第 2 节基部黑色。前翅端后缘有 1 弯曲的黑褐色纵斑，沿端后缘可见几个透明斑，沿 R_1 和 Rs 脉可见黑褐色纵纹；短翅型前翅端部具黑褐色大斑。腹部雄虫黑褐色，雌虫黄褐或具黑褐色斑。雄性外生殖器：雄虫有 2 对腹中突，中间的 1 对基部愈合，两侧的 1 对宽长，端部稍向内弯；侧观膈面中域膨突呈尖锥形向后突出，明显伸出尾节端侧缘；阳茎中部向背面弯曲，端部逆生 2 根鞭节，上面的 1 根细长，下面的 1 根基部狭，端部骤加宽，端部具 4–7 个丫杈状突起；阳基侧突细长，直，向两侧岔离，端部二叉长度不相等。

分布： 浙江、吉林、河北、甘肃、江苏、安徽、湖北、江西、湖南、福建；日本。

（349）三突叉飞虱 *Garaga tricuspis* Ding, 2006（图版Ⅷ-9）

Garaga tricuspis Ding, 2006: 268.

主要特征：体黄褐色，额及颊区可见淡黄色小圆斑；触角第 1 节端部和第 2 节基部黑褐色。腹部、尾节、阳基侧突及膈黑色或黑褐色，腹部腹面各节具黄褐或橘红色斑。雄性外生殖器：雄虫膈背缘中部隆起，中央凹入，膈面中域突起向后突出，侧观伸出尾节端侧缘；阳茎侧观向背方弧形弯曲，端部逆生的 1 根鞭节未伸达阳茎基端，其顶端有 3 个突起，中间的 1 个突起短，两侧的突起较长；阳基侧突直、细长，向两侧分歧，端部变细，内缘近端部有 1 突起，折向外侧，侧面观顶端二叉状，二叉长度不相等。

分布：浙江（龙泉）、江西。

181. 鼓面飞虱属 *Gufacies* Ding, 2006

Gufacies Ding, 2006: 120. Type species: *Gufacies hyalimaculata* Ding, 2006.

主要特征：头部（包括复眼）略窄于前胸背板。头、胸部各脊隆起，头顶梯形，基缘直，端缘横截，无中侧脊，仅在中脊近中部具 1 小室；额腰鼓形，中脊单一，中长不足最宽处宽的 2.0 倍；后唇基中脊隆起，侧观呈弧形弯曲；喙伸达中足转节；触角圆筒形，第 2 节端部未伸达额唇基缝，第 1 节长稍大于端宽，约为第 2 节长度之半。前胸背板短于头长，侧脊直，伸达后缘。后足胫距厚，仅端部具 1 小齿。后足刺式 5-7-4。雄虫臀节陷入尾节内，后面观臀节端缘中央延伸成 1 三角形叶状突；尾节端侧缘中部凸出，无腹中突；阳茎细长、管状，基部具 1 刺突；悬片环状；阳基侧突长，自基部至端部几等宽，强烈岔离。

分布：东洋区。世界已知 1 种，中国记录 1 种，浙江分布 1 种。

（350）透斑鼓面飞虱 *Gufacies hyalimaculata* Ding, 2006

Gufacies hyalimaculata Ding, 2006: 121.

未获得浙江标本，该种形态特征及分布主要依据丁锦华（2006）等的记载。

主要特征：体褐色。胸部背板各脊和后唇基黄白或黄褐色。前翅（中翅型）黑褐色，沿前、后缘约有 10 个大小不等的透明斑。腹部及雄虫尾节暗褐或黑褐色。雌虫体色同雄虫，但腹部色浅，产卵器鞘黄白色。雄性外生殖器：腹面观雄虫臀节端缘中部角状向上突出，基缘具 1 对小齿，侧观端部延伸成 1 长刺突。尾节侧观腹缘宽于背缘，基侧缘近平直，端侧缘近中部强烈凸出；膈窄，中部略凹，膈孔横卵圆形；阳茎基部 1 长刺突沿阳茎方向延伸，稍短于阳茎长度；阳基侧突侧扁，后面观几等宽，强烈分歧，端缘钝截，内端角略突出。

分布：浙江。

182. 淡肩飞虱属 *Harmalia* Fennah, 1969

Harmalia Fennah, 1969: 37. Type species: *Sogata thoracica* Distant, 1916.
Paracorbulo Tian *et* Ding *in* Tian et al., 1980: 315. Type species: *Paracorbulo sirokata* Matsumura *et* Ishihara, 1945.

主要特征：头部（包括复眼）窄于前胸背板。头顶近方形，端缘截形，中侧脊起自侧缘中偏基部，常在头顶端缘前相会聚，"Y" 形脊共柄不甚清晰；额中长约为最宽处的 2.0 倍，最宽处位于近端部；后唇基基部略宽于额端部；触角圆筒形，第 2 节端部伸达额唇基缝，第 1 节长大于端宽，略小于第 2 节长度之半。前胸背板侧脊未伸达后缘。后足刺式 5-7-4，后足胫距后缘具齿。雄虫臀节衣领状，短，陷于尾节背窝内，臀刺突 1 对；无腹中突；尾节后面观背侧角常向中部翻折，侧观端背角突出；膈窄，背缘中部圆形或锥状隆起，表面还具颗粒状突起；阳茎管状，直，表面有或无齿；悬片腹面环状，具柄；阳基侧突基角中等长，具内外端角。

　　分布：东洋区。世界已知 13 种，中国记录 12 种，浙江分布 2 种。

（351）蓼飞虱 *Harmalia gayasana* (Kwon, 1982)

Opiconsiva gayasana Kwon, 1982: 6.

Harmalia gayasana: Ding et al., 1990: 48.

　　未获得浙江标本，该种形态特征及分布主要依据丁锦华（2006）等的记载。

　　主要特征：体污黄褐至黑褐色，具油状光泽。前胸背板后半大部黄白色，近前缘及复眼后方色深暗，中胸背板侧后缘及小盾片端部或为黄白色。前翅透明。雌虫略浅。后足胫距后缘具齿 16–18 枚。雄性外生殖器：雄虫臀节端侧角基部接近，各向腹侧方伸出 1 根弯曲的刺突；侧观尾节背侧角强烈端向延伸，端部狭并腹向弯曲；膈背缘中突锥形，表面具瘤状突；阳茎同基部稍阔，略弯曲，端向略收狭，性孔位于端部；阳基侧突内端角小，外端角近四方形。

　　分布：浙江、吉林、辽宁、河北、江苏、安徽。

（352）白颈淡肩飞虱 *Harmalia sirokata* (Matsumura *et* Ishihara, 1945)（图版Ⅷ-10）

Sogata sirokata Matsumura *et* Ishihara, 1945: 64.

Harmalia sirokata: Yang, 1989: 204.

　　主要特征：体黄褐至黑褐色，具光泽。雄性前胸背板后部大半淡黄褐或黄白色。前翅透明。雌虫体色略浅。后足胫距后缘具齿 16–19 枚。雄性外生殖器：雄虫臀节端侧角接近，各向腹面伸出 1 根细而弯曲的臀刺突；尾节侧观背侧角强烈突出，端部向腹面弯曲；膈背缘中部锥状突出，其上具小颗粒状突起；阳茎管状，基端略阔，端向略收狭，性孔位于端部；悬片腹孔近椭圆形，背缘呈角状，背柄略加厚；阳基侧突内缘凹，外缘波曲，内端角细，外端角宽圆。

　　分布：浙江（龙泉）、福建、台湾、广东、海南、广西、四川、贵州、云南；日本。

183. 带背飞虱属 *Himeunka* Matsumura *et* Ishihara, 1945

Himeunka Matsumura *et* Ishihara, 1945: 70. Type species: *Unkana tateyamaella* Matsumura, 1935.

　　主要特征：体小，体背面自头顶中侧脊间至中胸小盾片端部具 1 条淡色中纵带。头部（包括复眼）窄于前胸背板，头顶近方形，中央大于基宽，中侧脊起自侧缘中偏基部，在头顶端缘会聚，"Y"形脊主干不甚清晰。头顶侧观与额锐角圆弧相交。额中长约为最宽处宽的 2.5 倍，以中部或中偏端部处最宽；触角短，圆筒形，第 2 节端部几伸达额唇基缝，第 1 节长宽近相等，略小于第 2 节长度之半。前胸背板侧脊直，抵近后缘。后足刺式 5-7-4，后足胫距后缘具齿。雄虫臀节具 2 对臀刺突；无腹中突；膈背缘中部隆起，膈突表面及侧缘具齿；阳茎管状，基部略阔，端向收狭，具细齿列；阳基侧突侧扁，端部扩展，具内、外端角。

　　分布：东洋区。世界已知 2 种，中国记录 2 种，浙江分布 1 种。

（353）带背飞虱 *Himeunka tateyamaella* (Matsumura, 1935)（图版Ⅸ-1）

Unkana tateyamaella Matsumura, 1935a: 135.

Himeunka tateyamaella: Matsumura & Ishihara, 1945: 71.

Sogatellana semicirculara Yang, 1989: 196.

主要特征：雄性体黄褐至褐色。体背中纵带略呈黄白色。前翅几透明，端后缘具 1 污色纵斑。雌虫体色几同雄性。后足胫距后缘具齿 16–18 枚。雄性外生殖器：雄虫臀节衣领状，端侧角膨大，各伸出 1 根短刺突，在其腹面还有 1 对弯曲的长刺突；尾节侧观腹缘宽于背缘，端背角钝圆，端腹角突出；膈中域隆起，膈突发达，周缘及表面具齿，侧观膈突片状延伸，显著伸出尾节端侧缘；阳茎管状，基部略阔，端向收狭，侧观近性孔背面及侧腹缘具齿列；悬片腹面椭圆形，背柄宽，两侧角略突出；阳基侧突短，端部扩展，内端角尖，端外角宽圆。

分布：浙江（莲都）、江苏、安徽、江西、湖南、福建、广东、海南、广西、贵州；日本。

184. 宽头飞虱属 *Ishiharodelphax* Kwon, 1982

Ishiharodelphax Kwon, 1982: 3. Type species: *Delphacodes matsuyamensis* Ishihara, 1952.

主要特征：体小。头部（包括复眼）与前胸背板近等宽。头顶近方形，端缘截形；中侧脊起自侧缘中偏基部，在头顶端缘相会聚；"Y"形脊主干不甚清晰；额侧脊拱出，中长不超过最宽处宽的 2.0 倍，最宽处位于近中部；触角圆筒形，第 2 节端部伸出额唇基缝，第 1 节长大于宽，小于第 2 节长度之半。前胸背板侧脊未伸达后缘。后足刺式 5-7-4，后足胫距后缘具齿。雄虫臀节环状，具 1 对臀刺突；膈背缘中部突出，两侧斜切；阳茎管状，表面具齿；阳基侧突强烈岔离。

分布：古北区、东洋区。世界已知 2 种，中国记录 2 种，浙江分布 1 种。

（354）小宽头飞虱 *Ishiharodelphax matsuyamensis* (Ishihara, 1952)（图版Ⅸ-2）

Delphacodes matsuyamensis Ishihara, 1952: 44.

Ishiharodelphax matsuyamensis: Kwon, 1982: 3.

Smicrotatodelphax maritimus Yang, 1989: 232.

主要特征：体灰黄褐色。前翅半透明。腹部背面黑褐色。雌虫体色同雄性。后足胫距具齿 8–12 枚。雄性外生殖器：雄虫臀节短，自端腹缘中部两侧伸出 1 个细长刺突；尾节侧面观背缘明显宽于腹缘，背侧角宽圆，后面观尾节腹缘弧凹；膈窄，背缘中部突起窄；阳茎侧观端向收狭，表面具齿列，性孔位于端部背面，腹面观两侧缘具齿列；悬片腹环椭圆形，背柄宽短，背缘近平直；阳基侧突长，后面观强烈岔离，端部狭。

分布：浙江（临安）、江苏、台湾；韩国，日本。

185. 长跗飞虱属 *Kakuna* Matsumura, 1935

Kakuna Matsumura, 1935b: 76. Type species: *Kakuna kuwayamai* Matsumura, 1935.

Parametopina Yang, 1989: 308. Type species: *Parametopina yushaniae* Yang, 1989.

主要特征：褐色种，体大型。头部（包括复眼）窄于前胸背板。头顶近方形，中侧脊在头顶端部会聚，侧观头前缘与额圆弧相接，体背面（自头顶中部至前翅后缘中部）具 1 条乳白色中纵带，额中脊在基部分叉；触角圆柱形，至多伸达后唇基中部。前翅具大的褐色纵斑。后足基跗节长于其余 2 节长度之和，后足胫距厚，后缘具密齿。雄虫臀节陷入尾节背窝内，环状，臀刺突有或无。无腹中突。尾节侧观侧背角突出。膈窄，背缘中部突起；悬片腹面环状；阳茎长，管状；阳基侧突发达，端部相对延伸，向内弯曲。

分布：东洋区。世界已知 6 种，中国记录 6 种，浙江分布 1 种。

（355）白脊长跗飞虱 *Kakuna kuwayamai* Matsumura, 1935

Kakuna kuwayamai Matsumura, 1935b: 76.

　　未获得浙江标本，该种形态特征及分布主要依据丁锦华（2006）等的记载。
　　主要特征：体黄白色至褐色。前翅透明。腹部及尾节黑褐至黑色。雌虫体黄褐色；腹部背面有黑褐色斑。后缘具齿约 40 枚。雄性外生殖器：雄性尾节侧观腹缘与背缘近等宽，腹缘斜，背缘波曲，背侧角突出，后面观尾节腹缘凹；膈背缘中部具 1 对刺状突；阳茎长，端部扩展，侧观端半部背、腹缘各具 3 个刺突，另在阳茎基腹面还有 1 个片状突，超过阳茎长度之半；悬片腹面椭圆形，背柄长方形，基部略加宽；阳基侧突基部相接，而后端向分歧，端向收狭，端部向内弯曲，顶端细。
　　分布：浙江（安吉、莲都）、福建、贵州；韩国，日本。

186. 灰飞虱属 *Laodelphax* Fennah, 1963

Laodelphax Fennah, 1963: 15. Type species: *Delphax striatella* Fallén, 1826.
Callidelphax Wagner, 1963: 167.

　　主要特征：头部（包括复眼）窄于前胸背板。头顶近方形，中长约等于基宽，端缘截形，2 中侧脊起自侧缘中偏基部，在头顶端缘会聚，"Y" 形脊清晰；额侧脊拱出，中长约为最宽处的 2.0 倍，最宽处位于近中部，中脊在额基部分叉；喙伸过中足转节；触角圆筒形，第 2 节端部稍伸出额唇基缝，第 1 节长大于端宽，约为第 2 节长度之半。前胸背板与头顶近等长，侧脊未达后缘。后足刺式 5-7-4，后足胫距后缘具齿。雄虫臀节环状，具 1 对臀刺状；尾节侧观端侧缘中部具深缺刻，后面观侧缘基部向后突出，无腹中突；膈宽；阳茎短，管状，基部扁阔；悬片腹面环状，2 背柄细；阳基侧突短。
　　分布：世界广布。世界已知 2 种，中国记录 1 种，浙江分布 1 种。

（356）灰飞虱 *Laodelphax striatellus* (Fallén, 1826)（图版Ⅸ-3）

Delphax striatella Fallén, 1826: 75.
Laodelphax striatellus: Kuoh, 1983: 148.

　　主要特征：体黄褐至黑色。雄性中胸背板和腹部黑色，仅小盾片末端和后侧缘黄褐色；雌虫中胸背板中域淡黄色，两侧具黑褐色宽纵带；腹部背面暗褐色，腹面淡黄褐色。前翅透明，翅斑黑褐色。后足胫距后缘具齿 16–20 枚。雄性外生殖器：雄虫臀节短，自端侧角腹面各伸出 1 根短刺突，端部尖锐；后面观尾节侧腹缘凹缺，背侧角稍伸向中部，侧面观腹缘明显长于背缘；膈面骨化，背缘隆起，中部略凹，膈中域拱凸，侧面观明显伸出端侧缘；阳茎侧扁，基部阔，侧观背缘弧形弯曲，腹缘波曲，端部骤狭，顶端细尖，性孔位于近端部腹缘；悬片腹环长卵形，腹面收窄，背面背柄较长；阳基侧突短，后面观近基部阔，端向收狭，端部弯向两侧。
　　分布：中国广布；东亚，中亚细亚至菲律宾北部和印度尼西亚（北苏门答腊），欧洲，北非。

187. 类节飞虱属 *Laoterthrona* Ding *et* Huang, 1980

Laoterthrona Ding *et* Huang, 1980: 297. Type species: *Delphacodes nigrigena* Matsumura *et* Ishihara, 1945.

　　主要特征：头部（包括复眼）窄于前胸背板。头顶近方形，基宽略大于端宽，中侧脊起自侧缘近基部，在头顶端缘会聚，侧面观头顶与额圆弧相接，"Y"形脊不甚清晰；额狭，中长大于最宽处的 2.0 倍，在近中部处最宽，额中脊在基部分叉；触角圆筒形，第 2 节端部伸达或略超过额端部，第 1 节长大于端宽，约为第 2 节长度之半。前胸背板侧脊未伸达后缘。后足刺式 5-7-4，后足胫距后缘具齿。雄虫臀节环状，无臀刺突；侧观尾节端侧缘深凹刻或具 1 突起；膈背缘中部深凹，伸入膈孔；阳茎管状，自近基部强烈弯向腹面；阳基侧突长，端部折向侧面。

　　分布：古北区、东洋区。世界已知 3 种，中国记录 3 种，浙江分布 1 种。

（357）黄褐类节飞虱 *Laoterthrona testacea* Ding et Tian, 1980

Laoterthrona testacea Ding et Tian, 1980: 300.

　　未获得浙江标本，该种形态特征及分布主要依据丁锦华（2006）等的记载。
　　主要特征：体黄褐色。腹部和雄性尾节暗褐色。后足胫距后缘具微齿 14 个。雄性外生殖器：雄虫臀节短。尾节侧观端侧缘近基部深刻凹，后面观尾节腹缘弧形深凹，侧腹缘具角状突；阳茎自基部至端部几等宽，顶端斜截，基部 1/4 直角弯向腹面，在弯曲处左侧近腹缘有 1 大刺，指向阳茎端部。膈背缘中部深刻凹，狭槽状，其两侧缘色深；阳基侧突向端部强烈分歧，近端部具 1 片状突，端部还具 1 小突起，后面观端部折向侧面。

　　分布：浙江、江苏、江西。

188.　丽飞虱属 *Lisogata* Ding, 2006

Lisogata Ding, 2006: 579. Type species: *Lisogata zhejiangensis* Ding, 2006.

　　主要特征：头部（包括复眼）窄于前胸背板。头顶近梯形，两侧缘端向略收狭，端缘截形，中侧脊起自侧缘中偏基部，在头顶端部相会聚，"Y"形脊主干不甚清晰；额侧缘波曲，端部最宽，中长约为最宽处宽的 2.0 倍；后唇基基部稍宽于额端部；触角圆柱形，第 2 节端部稍伸出额唇基缝，第 1 节长大于端宽，约等于第 2 节长度之半。前胸背板侧脊伸近后缘。后足刺式 5-7-4，后足胫距后缘具密齿。雄虫臀节环状，陷入尾节背窝内，无臀刺突；膈窄，背缘宽平；阳茎波曲、管状，基部阔；悬片"n"形；阳基侧突长，自基部高度岔离。

　　分布：东洋区。世界已知 1 种，中国记录 1 种，浙江分布 1 种。

（358）浙丽飞虱 *Lisogata zhejiangensis* Ding, 2006

Lisogata zhejiangensis Ding, 2006: 579.

　　未获得浙江标本，该种形态特征及分布主要依据丁锦华（2006）等的记载。
　　主要特征：体黄褐色或橘黄色。头顶"Y"形脊主干、前中胸背板中脊黄白色。前、后翅透明。腹部背面多少具橘红色泽。后足胫距后缘具齿 30 多枚。雄性外生殖器：雄虫尾节侧观背侧角钝圆，略突出；阳茎侧面观基部阔，端向收狭，向腹面二度弯曲，端部钝圆，略扩展，略弯向腹面；阳基侧突内缘近端部各具 1 细长突，近直角状折向中部。

　　分布：浙江、贵州。

189.　龙潭飞虱属 *Longtania* Ding, 2006

Longtania Ding, 2006: 446. Type species: *Longtania picea* Ding, 2006.

主要特征： 体小。头部（包括复眼）窄于前胸背板，中长明显大于基宽，基部平直，端缘弧圆，头端部远突出于复眼前缘，中侧脊在头顶端缘前愈合成 1 共柄，"Y"形脊主干消失；侧观头顶与额几呈直角相接。额狭，中长大于最宽处宽的 2.0 倍，以近单眼处为最宽，自单眼下两侧脊略向端部缢缩，额中脊单一；触角圆筒状，第 2 节端部伸达额端部，第 1 节长稍大于端宽，约为第 2 节长度之半。前胸背板短于头顶长，侧脊伸达后缘。后足刺式 5-7-4，后足胫距叶片状，侧缘具齿。雄虫臀节环状，端缘宽短，无臀刺突；尾节侧观端背角圆或角状；膈孔大，背缘中部具突起；阳茎管状，具刺突；悬片带状，与阳茎基部相愈合；阳基侧突宽，端部扩展。

分布： 东洋区。世界已知 2 种，中国记录 2 种，浙江分布 1 种。

（359）黑龙潭飞虱 *Longtania picea* Ding, 2006（图版Ⅸ-4）

Longtania picea Ding, 2006: 447.

主要特征： 短翅型头胸部黄褐色。前翅透明、具光泽，沿端缘及爪片末端具黑斑。腹部背面大部沥青黑色。后足胫距后缘约具齿 17 枚。雄虫尾节后开口长稍大于宽，侧观背缘略宽于腹缘；膈背缘两侧斜切，中部具 1 个锥状突起；雄性外生殖器：阳茎管状，侧观背缘几平直，腹缘中部扩展，顶端逆生 1 短突起，左侧近中部还具 2 刺突，右侧近中部有 1 个刺突，性孔位于阳茎端部；阳基侧突端部扩展，内端角顶尖，外端角大且宽圆。

分布： 浙江（龙泉、泰顺）、云南。

190. 马来飞虱属 *Malaxa* Melichar, 1914

Malaxa Melichar, 1914a: 275. Type species: *Malaxa acutipennis* Melichar, 1914.

主要特征： 体细长，常具黑褐色斑纹。头部（包括复眼）窄于前胸背板。头顶端部突出于复眼前缘，中长长或略短于基宽，中侧脊在头顶端部前会聚；额长为最宽处的2.7–3.0倍，以中部或端部处最宽，喙伸达中足基节；触角很长，圆柱状，第 2 节端部超过唇基端部，第 1 节长为宽的 3.6–5.2 倍，约为第 2 节长度之半。前胸背板短于头长，侧脊伸达后缘，中胸背板长于头顶和前胸背板长度之和。前翅长[翅长与最宽处之比为（1.8–3.2）：1]，远伸出虫体腹部末端，透明，横脉位于中部，翅端尖圆。后足刺式 5-6-4，距厚，后缘无齿，仅具 1 端齿。雄虫臀节短，环状，左侧端角具突起；尾节具 2 个腹中突，2 腹中突之间"V"形凹入；阳基侧突基半部阔，端部分叉或具突起；阳茎管状，呈"C"形弯曲，有或无阳茎基。

分布： 东洋区、新热带区。世界已知 13 种，中国记录 3 种，浙江分布 1 种。

（360）窈窕马来飞虱 *Malaxa delicata* Ding et Yang, 1986

Malaxa delicata Ding et Yang, 1986: 418.
Malaxa fusca Yang et Yang, 1986: 61.

　　未获得浙江标本，该种形态特征及分布主要依据丁锦华（2006）等的记载。
主要特征： 体黄褐色，具光泽，有黑至黑褐色斑纹。头顶、前胸背板（除后侧缘）、中胸背板（除窄侧缘）、颊和额（除端部）黑色，后唇基基部灰黑色；复眼和单眼红褐色；触角第 1 节内缘褐色，第 2 节黑褐色。中胸侧板和中足基节有黑斑。足黄色，在股节端部、胫节和中足基节有褐斑。肩片端半部褐色。前翅基半部除围绕 Sc 脉及 Cu_1 脉端部外为灰黑色，Ⅰ A 及Ⅱ A 分叉点透明，沿 Sc_1、sc-r 及 R_1 和 M_2 之间的区域黑褐色至褐色。后翅透明，翅脉褐色，腹部黄褐至黑褐色。外生殖器黑褐色。雄性外生殖器：雄虫臀节小，后面观左侧端角 1 根突起刺状、强壮波曲。尾节后面观长约为宽的 1.6 倍，尾节侧观背缘狭，端腹角乳头状突出，后缘几平直；腹中突小，中部"V"形切凹；阳基侧突长，基内角略突出，端部二叉状，二叉长度几相等。阳茎简单、管状，基部阔，端向收狭，弯向腹面，呈"C"形，其基部有 1 个突起，基部 1/3 有 1 小的刺状突。

分布：浙江、福建、台湾、云南。

191. 梅塔飞虱属 *Metadelphax* Wagner, 1963

Metadelphax Wagner, 1963: 170. Type species: *Delphax propinqua* Fieber, 1866.

主要特征：体褐色。头部（包括复眼）略窄于前胸背板。头顶近方形，端缘截形，中侧脊起自侧缘中偏基部，在头顶端部会聚，"Y"形脊主干不甚清晰；额侧脊弧形拱出，中长大于最宽处的 2.0 倍，以中部处最宽；触角圆筒形，第 2 节端部伸出额唇基缝，第 1 节长大于端宽，约为第 2 节长度之半。前胸背板侧脊未伸达后缘。后足刺式 5-7-4，后足胫距后缘具齿。雄虫臀节具 1 对臀刺突，尾节侧观端背侧突出；膈中域骨化或具叉状突；阳茎管状；悬片中央具孔，背柄阔；阳基侧突宽扁，岔离，具内、外端角。

分布：世界广布。世界已知 2 种，中国记录 2 种，浙江分布 1 种。

（361）黑边梅塔飞虱 *Metadelphax propinqua* (Fieber, 1866)（图版Ⅸ-5）

Delphax propinqua Fieber, 1866: 525.

Metadelphax propinqua: Wagner, 1963: 70.

主要特征：雄性体灰黄褐色。头顶端半中侧脊至两侧脊间褐色；额、颊和唇基褐色；触角第 1 节端部和第 2 节基部黑褐色。前翅透明。腹部黑褐色，各节后缘黄色。雌虫体色几同雄性。后足胫距后缘具齿 14–26 枚。雄性外生殖器：雄虫臀节衣领状，1 对臀刺突细，从近中部腹面伸出；尾节侧观端背角发达，端部下弯；膈背缘中部突起叉状；阳茎端向收狭，侧观性孔位于近端部背面，附近可见细微齿列；悬片中部孔长卵形，背柄基部扩展，背缘平直；阳基侧突内缘凹入，外缘略波曲，端缘宽，具内、外端角。

分布：浙江（临安、龙泉）、国内除西藏外其他省份均有分布；韩国，日本，巴基斯坦，印度，越南，斯里兰卡，菲律宾，马来西亚，西密克罗尼西亚，澳大利亚，非洲，中美洲。

192. 单突飞虱属 *Monospinodelphax* Ding, 2006

Monospinodelphax Ding, 2006: 347. Type species: *Indozuriel dantur* Kuoh, 1980.

主要特征：头部（包括复眼）略窄于前胸背板。头顶近方形，中长约等于基宽，端缘截形，2 中侧脊起自侧缘中偏基部，在头顶端缘不会聚，"Y"形脊清晰；额腰鼓形，中长为最宽处宽的 2.0 倍，以中部处最宽，中脊约在基部 1/3 处分叉；触角圆筒形，第 2 节端部伸出额唇基缝，第 1 节长大于端宽，约为第 2 节长度之半。前胸背板侧脊伸达后缘，中胸背板中脊伸达小盾片端部。后足刺式 5-7-4，后足胫距后缘具齿。雄虫臀节环状，腹缘中部具 1 根细长刺突，在 2 基侧角还各具 1 小齿突；后面观尾节腹缘中部浅凸，其中央具 1 对并拢的柱状突，两侧缘深凹；膈宽，背缘中部凹入；阳茎宽扁；悬片"Y"形；阳基侧突细长。

分布：东洋区。世界已知 1 种，中国记录 1 种，浙江分布 1 种。

（362）单突飞虱 *Monospinodelphax dantur* (Kuoh, 1980)

Indozuriel dantur Kuoh, 1980: 195.

Monodelphax dantur: Ding, 2006: 347.

　　未获得浙江标本，该种形态特征及分布主要依据丁锦华（2006）等的记载。

　　主要特征：体淡褐或黄褐色。头顶两侧脊与中侧脊间、额侧脊内侧、颊和唇基淡黑色或暗栗色；触角第 1 节端部及第 2 节基部暗褐至黑褐色。前翅近透明，近端后缘具黑褐色弧形斑纹，在端脉端部还具暗褐色斑及条纹。腹部黑色。短翅型雄虫前翅端部具三角形黑斑，余同长翅型雄虫。雌虫色略浅。雄性外生殖器：雄虫臀节端腹缘中部伸出 1 根细长突起，在两侧角还各具 1 粗齿；尾节侧面观腹缘宽于背缘，端侧缘近基部凹入，腹侧角向后突出，后面观尾节腹缘中部浅凹，两侧隆起，中央具 1 对并列紧靠的柱状突，尾节侧腹缘交界处深凹；膈背缘中部"U"形凹入，膈孔椭圆形；阳茎宽扁，整体近三角形；悬片细长，共柄部长于二叉臂，端部二叉臂直；阳基侧突明显细长，略端向分歧，端部内弯，侧面观阳基侧突波曲。

　　分布：浙江（龙泉）、河北、江苏、安徽、湖北、江西、湖南、福建、台湾、广东、海南、广西、云南；韩国。

193. 偏角飞虱属 *Neobelocera* Ding *et* Yang, 1986

Neobelocera Ding *et* Yang *in* Ding et al., 1986: 420. Type species: *Neobelocera asymmetrica* Ding *et* Yang, 1986.

　　主要特征：头部（包括复眼）宽于前胸背板。头顶梯形，基部宽，端向收狭，两侧缘略凹成弧形，基宽大于中长，端缘截形，中侧脊起自侧缘顶端并横向延伸，在头端缘角状会聚，与"Y"形脊叉臂围成 1 个近四边形小室；额近六边形，中长为最宽处宽的 1.5–2.0 倍，基宽稍大于端宽，中脊在基端分叉；后唇基中脊隆起，侧观端部圆弧形弯曲，喙伸达中足转节；触角第 2 节伸过额唇基缝，第 1 节扁平，具中隆纵脊，左右端侧角不对称，第 2 节长卵圆形，长于第 1 节中长。前胸背板短于头长，侧脊弯曲，伸达后缘；中胸背板中脊伸至小盾片末端。后足刺式 5-6-4 或 5-7-4，后足距厚，仅在端部有 1 齿。雄虫臀节小，无臀刺突；膈孔开放；阳茎细长或基部宽扁；阳基侧突发达，近平行延伸。

　　分布：东洋区。世界已知 6 种，中国记录 6 种，浙江分布 2 种。

（363）浙江偏角飞虱 *Neobelocera zhejiangensis* (Zhu, 1988)

Belocera zhejiangensis Zhu, 1988: 397.

Neobelocera zhejiangensis: Ding & Hu, 1991: 250.

　　未获得浙江标本，该种形态特征及分布主要依据丁锦华（2006）等的记载。

　　主要特征：体褐至黑褐色。头顶各脊黄白色；除唇基中脊端部黑褐色外，额和颊其余各脊黄白色；触角第 1 节中部具褐色纵纹，第 2 节自基部外缘有 1 深褐色短条纹斜向内缘；前胸背板侧区、中脊及侧脊黄白色，且中脊及侧脊两侧具黑褐色条纹。前翅翅脉黑褐色，有白色颗粒状突，翅面还具明显黑斑。雄性尾节黑色。雄性外生殖器：雄虫臀节圆筒状；尾节后开口长大于宽；阳茎宽短、扁平，分叉，近基部细叉长刺状，腹叉基部阔，粗端部急弯成 1 细刺突；阳基侧突长，伸达臀节，波曲，自基部至端部近等宽，内端角尖，外端角钝圆。

　　分布：浙江、安徽。

（364）汉阴偏角飞虱 *Neobelocera hanyinensis* Qin *et* Yuan, 1998 （图版IX-6）

Neobelocera hanyinensis Qin *et* Yuan, 1998: 168.

　　主要特征：头顶及前胸背板侧脊间及中胸背板污黄褐色，前胸背板侧区色略深，各脊均淡黄褐色，头顶"Y"形脊、前胸背板 3 条脊及中胸背板中脊两侧均有较清晰的黑褐色条纹；额污黄褐色，颊及后唇基淡黑褐色，各脊色淡黄褐，额中脊两侧及侧脊内侧有黑褐色条纹，颊近侧脊有 3 个淡色小圆斑，排成 1 纵列；触角第 1 节黑褐色，中央及两侧缘各有 1 淡黄色纵斑，第 2 节污黄褐色，自基部背缘至端部下缘有 1 条暗褐色斜纹。胸部腹面及各足基节大部黑褐色，足其余部分污黄褐色，各足胫节近基、端部及中、后足股节近端部有少许暗褐色小斑纹，各足股节基半部色较深。尾节深褐色。雄性外生殖器：雄虫臀节短环状，无臀刺突，尾节后开口长大于宽，侧观后缘强烈拱凸；膈左右远离；阳茎狭长、侧扁，端部 2/5 处骤变细；阳基侧突大，顶端尖，侧面具突起，左右不对称，左阳基侧突侧面突起端部分 3 支，右阳基侧突则分 5 支。

分布：浙江（临安）、陕西。

194. 新叉飞虱属 *Neodicranotropis* Yang, 1989

Neodicranotropis Yang, 1989: 118. Type species: *Neodicranotropis tungyaanensis* Yang, 1989.

主要特征：头部（包括复眼）略窄于前胸背板。头顶近方形，基宽略大于中长及端宽，端缘截形，中侧脊起自两侧缘中偏基部，在头顶端部不会聚；额侧脊向两侧拱出，中长不达最宽处宽的 2.0 倍，以近中部处最宽，中脊在单眼水平线或其上方分叉；后唇基基部宽于额端部；触角圆筒形，第 2 节端部伸出额唇基缝，第 1 节长大于端宽，约为第 2 节长度之半。前胸背板侧脊未伸达后缘。后足刺式 5-7-4，后足胫距后缘具齿。雄虫臀节陷入尾节背窝内，衣领状，端侧角分离，具 2 刺突；尾节腹中突发达；膈较宽且骨化；阳茎管状，向背方弯曲，端背面逆生鞭节；悬片"Y"形；阳基侧突中等长，几平行延伸，侧观端部分叉。

分布：东洋区。世界已知 2 种，中国记录 2 种，浙江分布 1 种。

（365）东眼山新叉飞虱 *Neodicranotropis tungyaanensis* Yang, 1989（图版Ⅸ-7）

Neodicranotropis tungyaanensis Yang, 1989: 119.

主要特征：体暗褐色至褐色。额具淡色小圆斑，腹部及雄性尾节黑褐色。前翅近透明，短翅型个体翅端部中央具黑褐色斑纹。雄性外生殖器：雄虫臀刺突短，侧观从端腹缘伸出；尾节腹中突端部略扩展，端缘中部突出；膈两侧骨化，背缘中部具 1 小的三角形突起；阳茎管状，中部弧形向背方拱曲，背端部逆生 3 根细长突起，其中的 1 根位于背缘，另 2 根位于腹缘两侧；悬片大，"Y"形，共柄部宽且明显长，背方二叉臂细短；后面观阳基侧突基部阔，端向收狭，弧形内弯，端部尖，侧面观端部分二叉。

分布：浙江（临安）、台湾。

195. 淡脊飞虱属 *Neuterthron* Ding, 2006

Neuterthron Ding, 2006: 443. Type species: *Neuterthron hamuliferum* Ding, 2006.

主要特征：体小。头顶近方形，头前缘与额圆弧相接。额中脊基部分叉；后足胫距厚，屋脊状，后缘具齿。雄虫臀节环状，陷入尾节背窝内；尾节背侧角很发达，向腹面翻折，侧观端背角明显突出；膈背缘中部凹，膈面中部延伸成 1 个长突，侧观伸出尾节端侧缘；阳茎管状，背缘具齿；阳基侧突很长，伸达臀节水平。

分布：东洋区。世界已知 4 种，中国记录 4 种，浙江分布 1 种。

（366）钩突淡脊飞虱 *Neuterthron hamuliferum* Ding, 2006

Neuterthron hamuliferum Ding, 2006: 444.

　　未获得浙江标本，该种形态特征及分布主要依据丁锦华（2006）等的记载。

　　主要特征：短翅型雄虫黄褐至暗褐色，体背面（沿头顶"Y"形脊主干至中胸小盾片端部）具 1 条浅黄褐色中纵斑。头顶端半中侧脊与侧脊间、额、颊、唇基、各足基节、后足股节近基部、腹部和前翅除端缘外均黑色或黑褐色，额和颊具不甚清晰的淡色斑。短翅型雌虫体色稍浅，长翅型雌虫暗褐色至黑褐色，短翅及长翅型雌虫体背面中纵带均黄白色，长翅型雌虫中胸背板中脊两侧还具黑褐色条斑；唇基和颊具淡色斑。前翅烟污色。后足胫距具缘齿 13–16 枚。雄性外生殖器：雄虫臀节 1 对臀刺突短，侧观从端腹角伸出，端部略下弯；尾节后开口长明显大于宽，背侧角向腹面翻折，其上半部侧缘中央具凹口，其下方形成 1 角状突，无腹中突，侧面观尾节背侧角显著延伸，端部截形；膈背缘中央切凹，两侧弧形隆起，膈中域长突发达，侧观明显超出尾节端侧缘，端部弯向背方；阳茎管状，侧面观端部呈直角状下弯，背缘具 1 对刺突，另在阳茎端部左侧近中部具 1 纵列小齿；悬片环状；阳基侧突狭长，后面观岔离，自基部至端部几等宽，顶端细，钩状。

　　分布：浙江、湖北、四川、贵州、云南。

196. 褐飞虱属 *Nilaparvata* Distant, 1906

Nilaparvata Distant, 1906b: 473. Type species: *Delphax lugens* Stål, 1854.

Hikona Matsumura, 1935a: 139. Type species: *Hikona formosana* Matsumura, 1935.

　　主要特征：体黄褐至黑褐色。头部（包括复眼）窄于前胸背板。头顶近方形，中侧脊起自侧缘近基部，在头端部或额基部会聚；额侧脊略拱；后唇基基部稍宽于额端部；触角圆筒形，第 2 节端部伸出额唇基缝，第 1 节长大于端宽，第 2 节约为第 1 节长的 2 倍。前胸背板侧脊未伸达后缘。后足刺式 5-7-4，基跗节具 1–5 个侧刺，后足胫距后缘具齿。

　　分布：世界广布。世界已知 15 种，中国记录 5 种，浙江分布 3 种。

分种检索表

1. 尾节侧腹缘无突起 ·· 褐飞虱 *N. lugens*
- 尾节侧腹缘有突起 ·· 2
2. 有臀刺突；腹中突大，三角形，两侧缘锯齿状 ···················· 拟褐飞虱 *N. bakeri*
- 无臀刺突；腹中突小，片状，两侧缘非锯齿状 ···················· 伪褐飞虱 *N. muiri*

（367）拟褐飞虱 *Nilaparvata bakeri* (Muir, 1917)（图版Ⅸ-8）

Delphacodes bakeri Muir, 1917: 336.

Nilaparvata bakeri: Muir, 1922: 351.

　　主要特征：体褐色至黑褐色，具油状光泽；前翅透明。后足胫距后缘具齿 28–33 枚。雄性外生殖器：雄虫臀节端侧角分离，各腹向伸出 1 根较短的臀刺突；尾节后面观侧腹缘及腹缘具 3 个突起，腹中突三角形，两侧缘锯齿状，侧腹突小；尾节侧面观端侧缘强烈波曲，背侧角宽圆；膈背缘凹入；阳茎管状，侧观端部腹向弯曲、具齿，性孔位于端部；悬片背缘阔且平直，腹缘深凹；阳基侧突大，端部分叉，内叉小，外叉大。雌虫第 1 载瓣片内缘基部凹陷，形成 2 个突起。

　　分布：浙江（龙泉）、吉林、河南、江苏、安徽、湖北、江西、湖南、福建、台湾、广东、海南、广西、四川、贵州、云南；韩国，日本，印度，泰国，菲律宾，马来西亚，印度尼西亚。

（368）褐飞虱 *Nilaparvata lugens* (Stål, 1854)（图版IX-9）

Delphax lugens Stål, 1854: 254.

Nilaparvata lugens Muir *et* Giffard, 1924: 16.

Hikona formosana Matsumura, 1935a: 139.

主要特征：体褐色至黑褐色，具油状光泽；前翅透明，端脉和翅斑暗褐或黑褐色。雄性外生殖器：雄虫端侧角分离，各伸出 1 根臀刺突；膈背缘中部弧形凹入；阳茎管状，长，略波曲，侧观端半部收狭，端部细且上弯，顶端尖，性孔位于中偏端部，其下方具 5 微齿；悬片腹部环状，椭圆形，共柄窄且狭长；阳基侧突发达，内缘近基部强烈凹陷，端部强烈收狭，相对弯曲，顶端尖锐，相对延伸。雌虫第 1 载瓣片内缘基部有 1 大的半圆形突起。

分布：浙江（龙泉）、国内除黑龙江、内蒙古、青海、新疆外其他各省份均有分布；俄罗斯（滨海地区），韩国，日本，东南亚，太平洋岛屿及澳大利亚。

（369）伪褐飞虱 *Nilaparvata muiri* China, 1925

Nilaparvata muiri China, 1925: 480.

未获得浙江标本，该种形态特征及分布主要依据丁锦华（2006）等的记载。

主要特征：体灰黄褐至暗褐或黑褐色；前翅透明。后足胫距具缘齿 26–30 枚。雌虫第 1 载瓣片内缘基部凹陷，基端有 1 近三角形突起。雄性外生殖器：雄虫臀节拱门状，无臀刺突；尾节具腹中突和侧腹突，侧观尾节端腹角突出，其背方还有 1 个长且宽的突起；膈背缘两侧向中部斜切；阳茎管状、波曲，近端部扩展，侧缘具齿列，端部鸟喙状；阳基侧突后面观端部分叉，二叉长度几相等，近外缘中偏上方还有 1 短刺突。

分布：浙江（龙泉）、吉林、河南、江苏、安徽、湖北、江西、湖南、福建、台湾、广东、海南、广西、四川、贵州、云南；韩国，日本，越南。

197. 瓶额飞虱属 *Numata* Matsumura, 1935

Numata Matsumura, 1935a:139. Type species: *Stenocranus sacchari* Matsumura, 1910.

Unkana Matsumura, 1935b: 73. Type species: *Unkana hakonensis* Matsumura, 1935.

主要特征：头部（包括复眼）窄于前胸背板。头顶近方形，中长约等于基宽，两侧缘端向变窄；中侧脊起自侧缘近基部，不在头顶端部会聚；"Y"形脊主干不甚清晰，额基部在复眼间收狭，两侧脊自单眼下几平行延伸，额长约为最宽处宽的 2.5 倍，中脊在近基部 1/3 处分叉；后唇基基部宽于额端部；触角圆柱形，第 2 节端部伸出额唇基缝，第 1 节长大于宽，约为第 2 节长度之半；前胸背板侧脊未伸达后缘。后足基跗节稍长于另两节长度之和，后足胫距薄，后缘具齿，后足刺式 5-7-4。雄虫臀刺突 1 对或无；尾节后面观腹缘凹陷；膈背缘向中部"V"形斜切；阳茎发达，侧扁，端部似鸟喙状，端背面逆生鞭节长于阳茎；悬片"Y"形；阳基侧突发达，伸达臀节，侧面观阳基侧突明显伸出后缘，再弯向背面。

分布：古北区、东洋区、旧热带区。世界已知 4 种，中国记录 2 种，浙江分布 1 种。

（370）瓶额飞虱 *Numata muiri* (Kirkaldy, 1907)

Dicranotropis muiri Kirkaldy, 1907b: 134.

Numata muiri: Fennah, 1978: 222.

　　未获得浙江标本，该种形态特征及分布主要依据丁锦华（2006）等的记载。
　　主要特征：体淡黄褐色。前翅透明，翅脉上列生暗褐色小颗粒状突起，端区近后缘具 1 暗褐色纵纹，各端脉顶端具暗褐色斑，翅斑黑褐色；腹部背面大部黑褐色，腹面散生暗褐色斑点。雌虫色浅，产卵器和第 1 载瓣片暗褐色。中翅型体色同长翅型，前翅端脉和近后缘的纵纹变短。雄性外生殖器：雄虫臀节短、环状，2 端侧角各腹向伸出 1 根粗刺突；尾节后面观腹缘弧形深凹；膈背缘中部 "V" 形深切凹至膈孔背缘；阳茎端部逆生上下 2 根细长鞭节，上面 1 根明显长于阳茎，下面的 1 根短，未达阳茎基端；悬片基部共柄宽短，端岔臂侧向伸展，顶端稍扩展；阳基侧突很长，端部伸过臀节前缘，端向收狭，侧面观近基部内缘钝角状弯向背上方曲，端向收狭，顶端细尖。
　　分布：浙江、江西、福建、台湾、广东、海南、广西、云南；日本，越南，菲律宾，印度尼西亚，加里曼丹岛，苏丹，毛里求斯，马达加斯加。

198. 皱茎飞虱属 *Opiconsiva* Distant, 1917

Opiconsiva Distant, 1917: 301. Type species: *Opiconsiva fuscovaria* Distant, 1917.

Cobulo Fennah, 1965: 48. Type species: *Delphax dilpa* Kirkaldy, 1907.

　　主要特征：体小。头部（包括复眼）窄于前胸背板。头顶近方形，端缘截形，中侧脊起自侧缘近基部，在头顶端部相会聚，"Y" 形脊主干不甚清晰；额侧脊拱出，略波曲，中长约为最宽处宽的 2.0 倍，以近端部处最宽；后唇基基部宽于额端部；触角圆筒形，第 2 节端部或伸至近额唇基缝，第 1 节长大于端宽，约为第 2 节长度之半。前胸背板侧脊未伸达后缘。后足刺式 5-7-4；后足胫距后缘具齿。雄虫臀节小，陷于尾节背窝内，1 对臀刺突细长，基部接近；尾节背侧角常向中部翻折，侧观明显突出；膈窄，背缘中部隆起，表面具微齿，膈中间有缝隙；阳茎管状，其基背缘具皱纹；阳基侧突内基角突出，端部扩宽，端缘凹陷，具内、外端角。
　　分布：东洋区。世界已知 9 种，中国记录 4 种，浙江分布 1 种。

（371）高丽皱茎飞虱 *Opiconsiva koreacola* (Kwon, 1982)

Corbulo koreacola Kwon, 1982: 7.

Opiconsiva koreacola: Ding et al., 1990: 47.

　　未获得浙江标本，该种形态特征及分布主要依据丁锦华（2006）等的记载。
　　主要特征：体黄褐或淡褐色。前翅透明。后足胫距后缘具齿 15–18 枚。雄性外生殖器：雄虫臀节 1 对臀刺突弯曲，基部接近，端向伸向腹侧方；侧观尾节背侧角强烈端向突出，端部近平截、下弯；膈背缘中部锥状隆起，表面具微齿；阳茎平直，基半部背缘具皱纹，端向略狭，性孔位于端部；阳基侧突端缘凹陷，内端角略狭，外端角略宽。
　　分布：浙江、吉林、辽宁、河北、山东、河南、江苏、安徽、湖北、江西、湖南、福建、四川、贵州；韩国。

199. 东洋飞虱属 *Orientoya* Chen et Ding, 2001

Orientoya Chen et Ding, 2001: 326. Type species: *Orientoya orientalis* Chen et Ding, 2001.

　　主要特征：头部（包括复眼）略窄于前胸背板。头顶近方形，端缘截形，中侧脊起自侧缘近基部，在头顶端部会聚；额腰鼓形，侧脊拱出，中长约为最宽处宽的 2.0 倍，以中部处最宽，中脊在额基端分叉；触角圆筒形，第 2 节端部伸达额唇基缝，第 1 节长大于端宽，约为第 2 节长度之半。前胸背板侧脊未伸达后缘。后足刺式 5-7-4，后足胫距后缘具齿。雄虫臀节陷于尾节背窝内，1 对臀刺突短小；后面观尾节背侧角内折，侧缘弧形外凸，腹缘凹，侧面观尾节后腹角突出；膈窄，背缘中部宽片状隆起，膈孔背缘角状切入；阳茎长，管状，稍向背面拱曲；悬片环状；阳基侧突长，端向收狭，向两侧强烈岔离。

　　分布：东洋区。世界已知 1 种，中国记录 1 种，浙江分布 1 种。

（372）东洋飞虱 *Orientoya orientalis* Chen et Ding, 2001

Orientoya orientalis Chen *et* Ding, 2001: 327.

　　未获得浙江标本，该种形态特征及分布主要依据丁锦华（2006）等的记载。

　　主要特征：短翅型雄虫褐色，但前翅端部、腹背中部、尾节、阳基侧突和膈沥青黑色。长翅型雄虫黄褐色。前翅透明，腹部及尾节大体黑褐色。雄性外生殖器：雄虫臀节端腹缘伸出 1 对臀刺突，弯向腹面；尾节侧面观腹缘略长于背缘，背侧角钝圆略突出，端侧缘弧形内凹，腹后角突出，顶端钝圆，尾节腹面观前缘中部宽平凹，后缘近平直；膈背缘片状突"M"形，中央凹入；阳茎侧观向背面拱曲，端部膜质，端腹角刺状延伸，端部尖锐；悬片椭圆形；阳基侧突长，后面观向两侧强烈叉开，端向收狭，稍向侧方弯曲，顶端尖。

　　分布：浙江、江苏、贵州。

200. 披突飞虱属 *Palego* Fennah, 1978

Palego Fennah, 1978: 234. Type species: *Palego simulator* Fennah, 1978.

Parathriambus Kuoh, 1982b: 175. Type species: *Parathriambus spinosus* Kuoh, 1982.

　　主要特征：头部（包括复眼）窄于前胸背板。头顶近梯形，端缘截形，中侧脊起自侧缘中偏基部，不在头顶端缘会聚，"Y"形脊不甚清晰，侧面观头顶与额直角圆弧相接；额侧缘波曲，在复眼以下近平直，端部明显宽于基部，以端部处最宽，中脊在额近基部处分叉；唇基与额几等长；触角第 2 节端部伸达后唇基中部，第 1 节圆筒形，长明显大于端宽，第 1 节与第 2 节长度之比约 1：1.5。前胸背板侧脊未伸达后缘。中胸背板中脊伸达小盾片末端。后足胫距后缘具齿。雄虫臀节端侧角宽离，各向腹面延伸成 1 个片状刺突；具腹中突；尾节侧观腹缘宽于背缘，端侧缘拱凸；膈中等，背缘中央略凹入；阳茎细弯，端背面具 1 根鞭节；悬片"Y"形，叉臂长，共柄略宽端；阳基侧突长，岔离，自近端部强烈收狭，端部尖。

　　分布：东洋区。世界已知 1 种，中国记录 1 种，浙江分布 1 种。

（373）刺披突飞虱 *Palego simulator* Fennah, 1978（图版Ⅸ-10）

Palego simulator Fennah, 1978: 235.

Parathriambus lobatus Kuoh, 1982b: 176.

　　主要特征：体黄褐色至深褐色，额和颊区具浅色小圆斑。前、后翅透明，前翅端部具烟褐色斑纹，翅斑及腹部黑褐色。后足胫距后缘具齿约 30 枚。雄性外生殖器：雄虫臀节短，各腹向伸出 1 粗壮刺突；1 对腹中突长刺状，基部相接；阳茎细长，略弧形弯曲，端背缘逆生 1 鞭节，向端部渐加宽，顶端具 3 刺状或片状突起；阳基侧突片状，端部狭，顶端尖。

分布：浙江（泰顺）、贵州、云南；越南。

201. 派罗飞虱属 *Paradelphacodes* Wagner, 1963

Paradelphacodes Wagner, 1963: 169. Type species: *Delphax paludosa* Flor, 1861.

主要特征：头部（包括复眼）窄于前胸背板。头顶近方形，端缘钝圆，中侧脊起自侧缘中偏基部，在头顶端部相会聚，"Y"形脊主干不甚清晰；额侧脊拱出，中长大于最宽处宽的 2.0 倍；触角圆柱形，第 2 节端部伸出额端部，第 1 节长大于宽，约为第 2 节长度之半。前胸背板侧脊未伸达后缘。后足刺式 5-7-4，后足胫距后缘具密齿。雄虫臀节 1 对臀刺突粗短；膈宽，背缘中部凹陷；阳茎管状，端半部具齿列；悬片环状，具背柄，阳基侧突中等。

分布：古北区、东洋区。世界已知 4 种，中国记录 3 种，浙江分布 1 种。

（374）沼泽派罗飞虱 *Paradelphacodes paludosa* (Flor, 1861)

Delphax paludosa Flor, 1861: 82.

Paradelphacodes paludosa: Wagner, 1963: 169.

未获得浙江标本，该种形态特征及分布主要依据丁锦华（2006）等的记载。

主要特征：体褐至深褐色，具光泽。触角第 1 节端部和第 2 节基部黑褐色。前翅透明。腹部黑褐色。雌虫体色如雄虫。后足胫距后缘约具齿 35 枚。雄性外生殖器：雄虫臀节衣领状，1 对臀刺突粗短；尾节侧观端侧缘向后强烈拱凸；膈宽，背缘中部宽"V"形凹陷；阳茎向背方弧形弯曲，侧面近中部至端部有近弧形排列的微齿；悬片腹部环状，背柄短；阳基侧突基半部狭，端半部扩展，端缘近斜切，外端角尖出。

分布：浙江、黑龙江、吉林、河北、山东、河南、宁夏、甘肃、江苏、安徽、湖北、江西；俄罗斯，韩国，日本，保加利亚，芬兰，法国，英国，荷兰，奥地利，苏丹，意大利。

202. 扁角飞虱属 *Perkinsiella* Kirkaldy, 1903

Perkinsiella Kirkaldy, 1903b: 179. Type species: *Perkinsiella saccharicida* Kirkaldy, 1903.

主要特征：体大型，头部（包括复眼）略宽于或与前胸背板等宽。头顶近方形，中长略大于基宽，端部略突出于复眼前缘，侧面观头部与额圆弧相接，头顶两侧脊近平行，中侧脊不在头顶端部会聚，复眼大，"Y"形脊清晰；额中长大于最宽处宽度 [(1.5–2.0)：1]，最宽处靠近复眼下缘，中脊在单眼水平上方分叉；后唇基基部与额端部近等宽；喙伸过中足转节；触角大，第 2 节端部几伸达后唇基端部，第 1 节三角形，第 2 节略扁平，端部窄于基部，约为第 1 节长度的 1.5 倍。前胸背板稍短于头长，侧脊未达后缘。后足刺式 5(3+2)-7(5+2)-4；后足胫距大，后缘具密齿。雄虫臀节侧端角各有 1 个臀刺突；尾节具腹中突 1 对；阳茎管状、长；悬片"Y"形。

分布：东洋区、旧热带区、澳洲区。世界已知 36 种，中国记录 9 种，浙江分布 2 种。

（375）叉纹扁角飞虱 *Perkinsiella bigemina* Ding, 1980

Perkinsiella bigemina Ding, 1980: 108.

Perkinsiella taiwana Yang, 1989: 88.

未获得浙江标本，该种形态特征及分布主要依据丁锦华（2006）等的记载。

主要特征：体黄褐至黑褐色。头顶端半部、额基部及端部浅棕至棕色，额杂以黄褐色斑点，中域黄褐色，在邻近中脊两侧还各有 1 小棕色斑，近侧脊还各有 2 个棕色斑；颊端角及中部具棕色斑；触角第 1 节端背面暗褐色，第 2 节污褐色。足股节内侧具 2 条暗褐色纹，前中足胫、跗节具黑褐相间的环状纹，后足胫节基部和端部及第 3 跗节基部具黑褐色斑。前翅翅脉列生暗褐色粗颗粒状突起，自第 2 端室至后缘具基部相连接的暗褐色叉状条纹，翅斑暗褐色。腹部背面褐色，腹面黄褐色，散生少许暗褐色小斑点。短翅型体色同长翅型，但前翅无叉状条纹，仅端部有 1 暗褐色大斑。雄性外生殖器：雄虫臀节衣领状，2 端侧角各腹向伸出 1 粗壮刺突；尾节后开口长略大于宽，2 腹中突短小，后面观伸达膈孔腹缘；膈背缘中部略隆起；阳茎侧观背端部逆生 1 鞭节和 1 粗刺，鞭节端部分叉，且二叉长度不相等；悬片"Y"形，基部共柄，长度稍长于端部两侧叉；阳茎侧突长，伸达臀节，基部膨大，端向收狭，近端部外缘具 1 小刺突。

分布：浙江、江西、台湾、广东。

（376）中华扁角飞虱 *Perkinsiella sinensis* Kirkaldy, 1907

Perkinsiella sinensis Kirkaldy, 1907b: 138.

未获得浙江标本，该种形态特征及分布主要依据丁锦华（2006）等的记载。

主要特征：体黄褐至暗褐色。触角第 1 节基部及近端部黑褐色；后唇基黑色；前足基节中偏基部、中足基节基部黑褐色，各足股节具黑褐色纵条纹，基节及胫节还具黑褐或暗褐色斑点。前翅透明，沿翅脉具暗褐色粗颗粒，各端脉端部具暗褐色斑，端区第 5 端室具 1 烟褐色纵纹。腹部黑褐色。雌虫腹部背面黑褐色，具黄褐色斑，腹面黄褐具黑褐色斑，载瓣片黄褐色，产卵器暗褐色。雄性外生殖器：雄虫臀节短，二端侧角远距，各腹向伸出 1 较粗壮刺突；尾节侧观腹缘明显长于背缘，1 对腹中突明显细长，端部超过膈孔背缘；阳茎较短，背缘近中部两侧各具 1 刺突，性孔位于端背面；悬片整体"Y"形，具 1 对背叉及 1 对腹叉，背叉宽且长于腹叉；膈背缘中部角状突出；阳基侧突基部阔，自基部至端部向两侧分歧，端部明显变细，顶端向侧方扭转。

分布：浙江、安徽、江西、台湾、广东、广西；日本，密克罗尼西亚，加里曼丹岛，印度，新几内亚，帕劳（西加罗林群岛）。

203. 长鞘飞虱属 *Preterkelisia* Yang, 1989

Preterkelisia Yang, 1989: 22. Type species: *Stenocranus magnispinosus* Kuoh, 1981.

主要特征：头部（包括复眼）窄丁前胸背板，头顶端缘钝圆，中长明显大于基宽，中侧脊起自两侧近基部处，在或不在头顶相会聚，"Y"形脊不甚清晰；额狭长；触角第 2 节端部伸至近额唇基缝，第 1 节长宽近相等，不及第 2 节长度之半。前胸背板侧脊伸达后缘。后足刺式 5-7-4 或 5-7-5，后足胫距后缘具齿。雄虫臀节环状，具臀刺突；无腹中突；膈背缘宽平或中域隆起；阳茎细长，阳茎鞘端部具 2 个突起；阳基侧突基部阔，端向收狭，端部向内弯曲。

分布：古北区、东洋区。世界已知 2 种，中国记录 2 种，浙江分布 1 种。

（377）大刺长鞘飞虱 *Preterkelisia magnispinosus* (Kuoh, 1981)

Stenocranus magnispinosus Kuoh *in* Ding & Kuoh, 1981: 79.

Preterkelisia magnispinosus: Yang, 1989: 22.

未获得浙江标本，该种形态特征及分布主要依据丁锦华（2006）等的记载。

主要特征：体暗褐至黑色。体背自头顶中侧脊间至中胸背板具 1 宽的黄白色中纵带；触角第 2 节、喙、各足除基节外均为淡黄褐色。前翅浅烟黑色，端前缘及端后缘分别具 4–5 个及 2–3 个透明斑。腹部背面具淡红色斑。后足胫距后缘具齿 12–15 枚。雄性外生殖器：雄虫臀节左右不对称，左侧臀刺突长，伸达尾节腹缘，右侧臀刺突略超过左侧刺突长度之半；尾节侧观腹缘宽于背缘，背侧角不突出；阳茎细长，端部膜质，阳茎鞘端部具 2 个细长突起，其中下面的 1 个突起较长，端部下弯；悬片腹面"U"字形，背柄间膜质，侧观基部 1/3 有小突起；膈宽，中部圆形隆起；阳基侧突端半部收狭，相背延伸，内缘近端部 1/3 处还具 1 小突起。

分布：浙江、江苏、安徽、湖南、台湾。

204. 长飞虱属 *Saccharosydne* Kirkaldy, 1907

Saccharosydne Kirkaldy, 1907b: 139. Type species: *Delphax saccharivora* Westwood, 1833.

主要特征：头部（包括复眼）明显窄于前胸背板。头顶显著突出于复眼前缘，中长大于基宽，两侧缘端向收狭，端缘钝圆；中侧脊在头顶端缘前相聚，形成 1 共柄；"Y"形脊弱或消失；额狭，端向扩展，以端部处最宽，中长大于端宽的 2.0 倍；触角第 2 节端部未伸达额端部，第 1 节长略大于宽，小于第 2 节长度之半。前胸背板短于头长，侧脊伸达后缘；中胸背板略大于头顶及前胸背板长度之和。前翅窄长，远伸出腹部末端，横脉位于翅偏端部；足细长，后足基跗节长于其余 2 节之和；后足刺式 7-8-4，后足胫距后缘具齿。雄虫臀节短，端侧角不突出；腹中突小；阳茎退化，阳基侧突长。

分布：东洋区、旧热带区、新热带区。世界已知 7 种，中国记录 1 种，浙江分布 1 种。

（378）长绿飞虱 *Saccharosydne procerus* Matsumura, 1931

Saccharosydne procerus Muir et Giffard, 1924 nomen nudum of *Saccharosydne procerus* Matsumura, 1931: 120.

未获得浙江标本，该种形态特征及分布主要依据丁锦华（2006）等的记载。

主要特征：新鲜标本体绿色，陈旧标本淡黄褐至赭黄色，但触角侧纵纹、胸足爪、跗节端刺等为黑色。后足胫距约具齿 21 枚。雄性外生殖器：雄虫臀节环状，无臀刺突；尾节侧观腹缘宽于背缘，端侧缘波曲，端腹角突出，后面观腹中突小、锥状；膈背缘两侧角状斜切，膈孔横椭圆形；阳茎管状、短，端部性孔周围具微齿，另与臀节相连接有 1 卷曲成环形的长丝状附属物；阳基侧突自基部至端部向两侧强烈分歧，端部约 1/3 外缘强烈变狭，顶端尖，后面观端部向两侧延伸。

分布：浙江（龙泉）、黑龙江、吉林、辽宁、河北、山西、山东、河南、陕西、甘肃、江苏、安徽、湖北、江西、湖南、福建、台湾、广东、海南、广西、四川、贵州、云南；俄罗斯南部，韩国，日本。

205. 喙头飞虱属 *Sardia* Melichar, 1903

Sardia Melichar, 1903: 96. Type species: *Sardia rostrate* Melichar, 1903.

主要特征：头部（包括复眼）窄于前胸背板。头顶及额均明显狭长，头中长大于基宽的 2.0 倍，中侧脊隆起，起自侧缘近中部，在头顶会聚并在端部形成 1 尖出隆脊，明显突出于头顶端缘，"Y"形脊不清晰；额中长约为最宽处宽的 3.0 倍，以端部处最宽，中脊单一；触角短，圆筒形，第 2 节端部未伸达额唇基缝。前胸背板侧脊伸达后缘；中胸背板中脊伸抵小盾片末端。后足刺式 5-7-4，后足胫距后缘具齿。雄虫臀节环状，具 1 对臀刺突；阳茎管状、短；悬片倒"Y"形、背柄宽；膈窄，背缘中部具片状隆起；阳基侧突端向收狭，端部内弯。

分布：世界广布。世界已知 5 种，中国记录 1 种，浙江分布 1 种。

（379）喙头飞虱 *Sardia rostrata* Melichar, 1903

Sardia rostrata Melichar, 1903: 96.

　　未获得浙江标本，该种形态特征及分布主要依据丁锦华（2006）等的记载。
　　主要特征：雄虫体黑色。头顶及前胸背板有浅棕色斑，中胸小盾片端部、足除基节外及触角均为黄色。前翅大部暗褐色，近前缘横脉处至端缘有 1 个黄色斑及几个小的淡色斑；后翅透明。雌虫褐或锈黄色。头顶端部两侧各有 1 黑点，额基、端部及颊中部带黑色，前翅前缘端室有 3 个淡黄褐色小圆斑。腹部背面黑褐色，腹面各节近前缘黑褐色。后足胫距后缘具齿约 20 枚。雄性外生殖器：雄虫 1 对臀刺突侧观从端腹缘中部伸出，端部弯向腹面。尾节后面观腹缘波曲，侧面观腹缘宽于背缘，背侧角不突出；膈背缘片状隆起，呈倒"W"形；阳茎侧观直，端部略细，背缘具小齿；悬片腹面深刻凹，二叉状，背柄长，基部扩展，背缘宽平；阳基侧突基部阔，具内基角，端向收狭，向内弯曲，端部细尖。
　　分布：浙江、安徽、湖南、福建、台湾、广东、海南、广西、贵州、云南；印度，缅甸，斯里兰卡，菲律宾，马来西亚，印度尼西亚，加里曼丹岛，伊朗，苏丹，佛得角。

206. 世纪飞虱属 *Shijidelphax* Ding, 2006

Shijidelphax Ding, 2006: 365. Type species: *Shijidelphax albithoracalis* Ding, 2006.

　　主要特征：头部（包括复眼）略窄于前胸背板。头顶近方形，基部大于端宽，端缘钝圆，2 中侧脊起自侧缘中偏基部，在头顶端部不会聚，"Y"形脊清晰；额侧缘波曲，中长约为最宽处宽的 2.0 倍，以中部处最宽，中脊约在单眼水平线上方分叉；后唇基基部宽于额端部；触角圆筒形，第 2 节端部伸达后唇基，第 1 节长大于端宽，大于第 2 节长度之半。前胸背板侧脊未伸达后缘。后足刺式 5-7-4，后足胫距后缘具密齿。雄虫臀节环状，从背方尾节背窝内；尾节腹中突发达，端部分裂；阳茎管状，向背方拱曲，端部逆生 1 鞭节；悬片"Y"形；阳基侧突向两侧强烈岔离。
　　分布：东洋区。世界已知 1 种，中国记录 1 种，浙江分布 1 种。

（380）白胸世纪飞虱 *Shijidelphax albithoracalis* Ding, 2006

Shijidelphax albithoracalis Ding, 2006: 366.

　　未获得浙江标本，该种形态特征及分布主要依据丁锦华（2006）等的记载。
　　主要特征：短翅型雄虫体黄褐色。额及颊区具淡色小圆斑；触角第 1 节端部、第 2 节基部、前翅基、端部及腹部均黑褐色；前胸背板后缘和中胸背板黄白色；胸足股节和胫节暗褐色；前翅中部淡黄褐透明。长翅型雄虫前翅淡黄微褐，透明，基部 1/3 或 1/4、端脉及端后缘的弧形纹暗褐色，余同短翅型雄虫。雌虫黄褐色。雄性外生殖器：雄虫臀节短，侧腹缘截形，2 端侧角突出，其顶端圆，侧观端腹角上翘。后面观尾节腹中突宽大，端部 3 分叉，中间的分支端缘扩展，中央略凹入，侧方的 2 支长于中间的分支，弧形内弯，内缘近基部各具 1 小齿；膈背方两侧斜切，中部较窄；阳茎中部向背方弧状拱曲，顶端鞭节发达，端部分二叉，还具大小刺突；悬片二叉臂弧形弯曲，与共柄长度几等长；阳基侧突强烈分歧，端向收狭，侧面观上下近等宽，端缘平截。
　　分布：浙江（杭州）、湖南、福建。

207. 长唇基飞虱属 *Sogata* Distant, 1906

Sogata Distant, 1906b: 471. Type species: *Sogata dohertyi* Distant, 1906.

Unkana Matsumura, 1935b: 72. Type species: *Unkana hakonensis* Matsumura, 1935.

主要特征：体大型。体背面自头顶至中胸小盾片末端贯穿 1 条淡色中纵带。头部（包括复眼）窄于前胸背板，头顶近方形，中侧脊起自侧缘中偏基部，在头顶端部相会聚，并突出于端缘；额狭，中长大于最宽处宽的 2.5 倍，以端部处最宽；唇基几与额等长；触角圆柱形，第 2 节端部伸出额唇基缝，第 1 节长大于端宽，约为第 2 节长度之半。前胸背板侧脊抵近或伸达前胸背板后缘。中胸背板长于头顶与前胸背板之和。后足刺式 5-7-4，后足胫距薄，后缘具齿。雄虫臀节端侧角分离，臀刺突细；膈窄；阳茎管状，端半部窄，强烈弯向腹面；悬片宽，拱门形；阳基侧突伸达臀节，向两侧岔离。

分布：东洋区。世界已知 7 种，中国记录 3 种，浙江分布 2 种。

（381）白带长唇基飞虱 *Sogata hakonensis* (Matsumura, 1935)（图版 X-1）

Unkana hakonensis Matsumura, 1935a: 133.

Sogata hakonensis: Yang, 1989: 25.

主要特征：体淡黄褐色。体背面中纵带黄白色；额近侧脊两侧各有 1 条黑色纵带。腹部红黄至红色。前、后翅透明。后足胫距具 19–21 齿。雄性外生殖器：雄虫臀节侧观横长，端侧角各伸出 2 刺突，上面的 1 根细长，弯向腹面，下面的 1 根粗短，弯向后背方，侧观 2 刺突在基部形成环状；尾节侧观腹缘略宽于背缘，端腹角略突出；阳茎大，基半部近等宽，端半部略收狭，急弯向腹面，顶端钝；阳基侧突长，侧观显著突出于尾节端侧缘，后面观岔离，端部狭，内端角突出，折向两侧。

分布：浙江（德清、龙泉）、台湾；日本，博宁群岛。

·（382）黑额长唇基飞虱 *Sogata nigrifrons* (Muir, 1917)（图版 X-2）

Stenocranus nigrifrons Muir, 1917a: 322.

Sogata nigrifrons: Yang, 1989: 247.

主要特征：体黄褐至淡橘红色。体背面中纵带黄白色，其两侧色较深；头顶端半两侧中侧脊与侧脊间、额两侧脊间具黑色纵条纹。前翅透明。腹部黄褐色或腹背带橘红色，腹部或具暗褐或黑褐色斑。后足胫距后缘具齿 18–24 枚。雄性外生殖器：雄虫臀节短，深陷尾节背窝内，后面观尾节端侧角彼此接近，各腹向伸出 1 细长弯曲的臀刺突；尾节后面观后腹缘凹；阳茎端部 2/5 收狭，急弯向腹面，端部略尖；悬片宽短，腹缘深凹，背柄宽；阳基侧突岔离，伸达臀节，内端角折向侧方。

分布：浙江（龙泉）、江苏、安徽、江西、湖南、福建、台湾、四川、贵州。

208. 白背飞虱属 *Sogatella* Fennah, 1963

Chloriona (*Sogatella*) Fennah, 1956: 471.

Sogatella Fennah, 1963b: 54. Type species: *Delphax furcifera* Horváth, 1899.

Sogatodes Fennah, 1963b: 71. Type species: *Liburnia albolineosus* Fowler, 1905.

主要特征：头部（包括复眼）窄于前胸背板；头顶近方形，中长略大于基宽，端缘截形，中侧脊起自侧缘中偏基部，在头顶端部或额基部会聚；额侧脊略拱出，中长大于最宽处宽的 2.0 倍；触角圆筒形，第 2 节端部伸达额端部，第 1 节长大于端宽，约为第 2 节长度之半；前胸背板侧脊未伸达后缘。后足刺式 5-7-4，后足胫距后缘具齿。雄虫臀节衣领状，具 1 对臀刺突；腹中突小；膈背缘骨化，中部凹入，两侧各具 1 小的锥形突；阳茎侧扁，管状，波曲，近中部扭曲，具 2 排齿列，齿数不等，侧观端部收狭；悬片整体长方形，中部具孔；阳基侧突端部分叉。

　　分布：世界广布。世界已知 31 种，中国记录 3 种，浙江分布 3 种。

分种检索表

1. 后面观阳基侧突端部二叉近等长 ···白背飞虱 *S. furcifera*
- 后面观阳基侧突端部外叉长于内叉 ·· 2
2. 阳基侧突外叉中部隆起加宽 ···稗飞虱 *S. vibix*
- 阳基侧突外叉中部不隆起加宽 ···烟翅白背飞虱 *S. kolophon*

（383）白背飞虱 *Sogatella furcifera* (Horváth, 1899)（图版 X-3）

Delphax furcifera Horváth, 1899: 372.

Sogatella furcifera: Fennah, 1964:140.

　　主要特征：雄虫 2 中侧脊间、前胸背板和中胸背板中域黄白色，前胸背板复眼后方有 1 暗褐色斑，中胸背板侧区黑或淡黑色。头顶端半 2 中侧脊与侧脊间、额、颊和唇基黑色；触角淡褐色。腹部黑褐色。各胸足除基节外均为污黄色。前翅几透明，翅斑黑褐色。短翅型体色几如长翅型。雌虫色浅，灰黄褐色。雄性外生殖器：雄虫臀节 1 对刺状臀刺突中等长，从端侧角近中部两侧伸出；腹中突小；膈背缘中部宽 "U" 形；阳茎端部顶端尖，具 2 齿列，左侧齿列约具 18 枚齿，右侧约 12 枚，性孔位于端部；悬片中部孔洞长椭圆形；阳基侧突基部阔，端向骤狭，端部叉状，二叉近等长。

　　分布：浙江（龙泉）、国内除新疆外其他各省份均有分布；蒙古，韩国，日本，巴基斯坦，印度，尼泊尔，越南，泰国，斯里兰卡，菲律宾，马来西亚，印度尼西亚，沙特阿拉伯，斐济，密克罗尼西亚，瓦努阿图，澳大利亚（昆士兰和北部地区）。

（384）烟翅白背飞虱 *Sogatella kolophon* (Kirkaldy, 1907)（图版 X-4）

Delphax kolophon Kirkaldy, 1907b: 157.

Sogatella kolophon: Fennah, 1963b: 58.

Sogatella chenhea: Kuoh, 1977: 440.

　　主要特征：体污黄至暗黄褐色。腹部大部及尾节黑褐色，腹部各节后缘色浅。雌虫橘黄色。前翅透明，无翅斑。雄性外生殖器：雄虫臀节 1 对臀刺突从紧邻的端侧角腹面伸出；腹中突小；阳茎端部略钝，具 2 列齿，左齿列 15–22 枚，右齿列 5–8 枚；悬片 2 背侧角角状，基半部略扩展；阳基侧突内基角突出，端部分二叉，内叉短小，外叉长，端向渐收狭，背缘直。

　　分布：浙江（龙泉）、江苏、安徽、江西、福建、台湾、广东、海南、广西、四川、贵州、云南、西藏；韩国，日本，印度，老挝，泰国，柬埔寨，斯里兰卡，菲律宾，马来西亚，印度尼西亚，北慕大群岛（北美洲），牙买加，圭亚那，墨西哥，新喀里多尼亚，巴布亚新几内亚，密克罗尼西亚，美国（夏威夷），汤加，斐济，瑙鲁，瓦胡岛，澳大利亚，圣卢西亚，委内瑞拉，海伦岛（大西洋），亚速尔群岛，厄瓜多尔，尼日利亚，毛里求斯，象牙海岸，南非，蒙特塞拉特。

（385）稗飞虱 *Sogatella vibix* (Haupt, 1927)

Liburnia vibix Haupt, 1927: 13.

Sogatella vibix: Asche & Wilson, 1990: 22.

未获得浙江标本，该种形态特征及分布主要依据丁锦华（2006）等的记载。

主要特征：雄性虫体藁黄或黄白色。前胸背板近复眼后缘及中胸背板侧区暗褐色；颊及腹部大部黑褐色；雌虫体色浅，颊、中胸背板侧区及腹部黄褐至暗褐色。前翅几透明。短翅型雌虫体黄色。雄性外生殖器：雄虫臀节 1 对臀刺突从端侧角近中部两侧伸出；尾节侧观背缘与腹缘近等宽，端侧缘近平直，腹中突小；阳茎端部狭，略弯曲，具 2 列齿；膈窄，背缘骨化明显；悬片中部膨凸；阳基侧端部分叉，内叉细短，外叉较宽长，其背缘中部略隆起。

分布：浙江、吉林、辽宁、河北、山东、河南、陕西、甘肃、江苏、安徽、湖北、江西、湖南、福建、台湾、广东、海南、广西、四川、贵州、云南；俄罗斯滨海地区，蒙古，韩国，日本，巴基斯坦，印度，越南，老挝，泰国，柬埔寨，菲律宾，新加坡，印度尼西亚，伊朗，伊拉克，土耳其，约旦，以色列，沙特阿拉伯，黎巴嫩，塞浦路斯，阿富汗，塞尔维亚和黑山，布干维尔岛，希腊，意大利，摩洛哥，乌克兰，新喀里尼亚，汤加，所罗门群岛，澳大利亚（昆士兰和北部地区），埃及，苏丹。

209. 刺突飞虱属 *Spinaprocessus* Ding, 2006

Spinaprocessus Ding, 2006: 302. Type species: *Spinaprocessus triacanthus* Ding, 2006.

主要特征：头部（包括复眼）与前胸背板近等宽。头顶近方形，端缘略钝圆，中侧脊起自两侧缘近基部，在头顶端缘不会聚，"Y"形脊清晰；额侧脊弧形拱出，中长约为最宽处宽的 2.0 倍，以近中部处最宽，额中脊在复眼中部连线水平上分叉；触角圆筒形，第 2 节端部伸出额端部，第 1 节长大于端宽，约为第 2 节长度之半。前胸背板侧脊不达后缘。后足刺式 5-7-4，后足胫距后缘具齿。雄虫臀节衣领状，具 1 对臀刺突；尾节侧观端侧角钝角状，后面观后开口腹缘浅凹，腹中突无；膈中等，背缘中部具 1 叉状突；阳茎管状，弯曲，端部具长刺突；悬片"Y"形；阳基侧突长，端向分歧。

分布：东洋区。世界仅知 1 种，中国记录 1 种，浙江分布 1 种。

（386）三刺刺突飞虱 *Spinaprocessus triacanthus* Ding, 2006

Spinaprocessus triacanthus Ding, 2006: 302.

未获得浙江标本，该种形态特征及分布主要依据丁锦华（2006）等的记载。

主要特征：体黄褐色。前翅透明；腹部背面和尾节暗褐色，阳基侧突褐至黑褐色。雄性外生殖器：雄虫臀节陷入尾节背窝内，1 对臀刺突粗短弯曲，侧观从端侧缘中部伸出；尾节后开口长大于宽，侧观腹缘稍宽于背缘；阳茎端部逆生 3 根近等长的细刺突，伸达阳茎中部；悬片柄较宽，端部二叉臂细，与共柄长度几相等。阳基侧突端向岔离，近端部骤狭。

分布：浙江、江苏。

210. 长突飞虱属 *Stenocranus* Fieber, 1866

Stenocranus Fieber, 1866a: 519. Type species: *Fulgora minuta* Fabricius, 1787.

　　主要特征：体大。头部（包括复眼）窄于前胸背板。头顶近方形，端向渐收狭，中长大于基宽，中侧脊起自侧缘中偏基部，延伸至头顶端部形成 1 宽隆脊，略突出于头顶端缘，"Y"形脊清晰；额中长至少为最宽处宽的 2.5 倍，以近中部处最宽，中脊在额基部形成 1 狭长凹槽；触角第 2 节端部抵近额唇基缝，第 1 节长宽近相等，第 2 节约为第 1 节的 3.0 倍。前胸背板侧脊弯曲，伸达后缘。后足刺式 5-7-4 或 5-7-5。雄虫臀节拱门状或衣领状，臀刺状突有或无；无腹中突；阳茎细长，阳茎鞘发达，具悬片；阳基侧突基部阔，端向收狭，端部向内弯曲。

　　分布：世界广布。世界已知 55 种，中国记录 20 种，浙江分布 3 种。

分种检索表

1. 阳茎鞘端部无分支，阳茎平直 ··· 浅带长突飞虱 *S. qiandainus*
- 阳茎鞘端部二分支，阳茎弯曲或波曲 ··· 2
2. 阳茎鞘端部具上下二分支，上支呈直角弯向腹面，下支腹向二度弯曲成钩状 ············ 郴州长突飞虱 *S. chenzhouensis*
- 阳茎鞘端部具左右二分支，右侧的分支直，端部略下弯，左侧的分支近基部左转，后端部指向右方 ·····························
　··· 芦苇长突飞虱 *S. matsumurai*

（387）郴州长突飞虱 *Stenocranus chenzhouensis* Ding, 1981

Stenocranus chenzhouensis Ding *in* Ding & Kuoh, 1981: 76.

　　未获得浙江标本，该种形态特征及分布主要依据丁锦华（2006）的记载。

　　主要特征：体褐色。体背面自头顶中侧脊间至中胸背板端部有 1 条污黄白色中纵带；头顶端半部侧脊至中侧脊间黑色，沿中胸背板侧脊有 1 暗褐线纹；额侧脊内侧具黑色纵条斑；唇基暗褐；颊近斜脊有 1 黑色斑纹；触角第 1 节基部及内侧纹黑褐色，触角其余部分及胸足污褐色，股节及胫节具暗褐色纵条斑。前翅近透明，端区近后缘具烟污色纵斑，各端脉顶端具暗褐色斑。腹部背面黑褐色，腹面黄白色散生暗褐色小斑。雄性外生殖器：雄虫尾节大部、臀节及阳基侧突黑褐色至黑色，阳茎深褐色。雌虫色略浅，产卵器两侧黄褐色。后足胫距后缘具齿约 17 枚。雄虫臀节长，无臀刺突；尾节侧观腹缘明显宽于背缘，基侧缘弧凹，端侧缘基半大部凸出；膈背缘宽凹；阳茎细长、管状，阳茎鞘端分为上下 2 支，上支端部直角形弯向腹面，下支端部弯曲成钩状；阳基侧突基部阔，端向收狭，端部相向延伸。

　　分布：浙江、湖南。

（388）芦苇长突飞虱 *Stenocranus matsumurai* Metcalf, 1943

Stenocranus matsumurai Metcalf, 1943: 172.

Stenocranus hongtiaus Kuoh et al., 1980: 413.

　　未获得浙江标本，该种形态特征及分布主要依据丁锦华（2006）等的记载。

　　主要特征：体污黄褐色，体背或灰黄或红褐色。头顶端半中侧脊和侧脊间黑褐色，沿中胸背板侧脊两侧具黑褐色条纹，或在前、中胸背板两侧具橘红色条纹；额中脊基部两侧、颊沿斜脊和侧脊及各胸足股节和胫节上具黑褐色纵纹；触角基节腹面及第 2 节基部具黑褐色斑。前翅各纵脉顶端具暗褐色斑，翅斑黑褐色。腹部背面黑褐色，两侧污黄黄并散生黑褐色小斑。雄性尾节可见大部黑褐色。后足胫距后缘具齿 19–23 枚。雄性外生殖器：雄虫臀节拱门形，侧观后缘近基部腹向具 1 小尖突；尾节侧观腹缘明显宽于背缘，基侧缘凹入，端侧缘波曲，近中部深刻凹；阳茎细长，阳茎鞘端部具左右 2 个突起，右侧的突起直，端部略下弯，左侧的突起后端部指向右方；悬片侧观 "L" 形，以 1 杆状突与臀节基部相连；膈背缘宽平；阳基侧突基部阔，端向渐收狭，端部细尖，向中部内弯。

　　分布：浙江、吉林、北京、河北、山西、河南、甘肃、江苏、安徽、湖北、福建、台湾、四川、贵州；

俄罗斯，韩国，日本。

（389）浅带长突飞虱 *Stenocranus qiandainus* Kuoh, 1980

Stenocranus qiandainus Kuoh *in* Kuoh et al., 1980: 415.

　　未获得浙江标本，该种形态特征及分布主要依据丁锦华（2006）等的记载。
　　主要特征：体淡黄色。体背自头顶中侧脊至中胸背板侧脊内侧呈 1 条浅色中纵带，头顶端半侧脊及中侧脊间黑色；额侧脊内侧各有 1 黑色宽纵纹，中脊两侧还有不甚清晰的黄褐色小圆斑；颊沿侧脊和斜脊具暗褐条纹；唇基暗褐色。沿前胸背板侧缘有 1 黑色线纹，中胸背板侧脊外缘有暗褐色纹。各足股节内侧具 2 条暗褐色纵纹。前翅透明，端部近后缘有 1 烟污色纵条。腹部背面黑褐色，腹面鲜黄微褐。雄虫尾节可见大部暗褐至深褐色。后足胫距缘齿 14–18 枚。雄性外生殖器：雄虫臀节发达，端缘拱门状，侧缘向基部外扩；尾节腹缘宽于背缘，端侧缘近腹面有 1 小角状突；膈宽，略弧凹，阳茎鞘基半部近方形，腹端角有 1 短突，背端角细长突出，呈弧形弯向腹面，顶端尖细；阳基侧突细长，端向渐狭，弧形内弯，端部细尖。
　　分布：浙江、吉林、江苏、安徽。

211. 白条飞虱属 *Terthron* Fennah, 1965

Terthron Fennah, 1965: 55. Type species: *Delphax anemonias* Kirkaldy, 1907.

　　主要特征：头部（包括复眼）窄于前胸背板。头顶近方形，中长约等于基宽，端缘截形，中侧脊起自侧缘近基部，在头顶端部会聚，"Y"形脊不甚清晰；额侧脊略拱，中长约为最宽处的 2.0 倍，以中部处最宽，中脊在额基部分叉，后唇基基部宽于额端部；喙伸过中足转节；触角圆筒形，第 2 节端部稍伸出额唇基缝，第 1 节长大于宽，约为第 2 节长度之半。前胸背板侧脊未伸达后缘。后足刺式 5-7-4，后足胫距后缘具齿。雄虫臀节环状，具 1 对臀刺突；膈较窄，背缘中部具突起；阳茎管状，基部阔扁，端半部强烈变窄，近基部腹面具突起；悬片环状；阳基侧突直，端向略扩宽，岔离。
　　分布：世界广布。世界已知 3 种，中国记录 1 种，浙江分布 1 种。

（390）白条飞虱 *Terthron albovittatum* (Matsumura, 1900)（图版X-5）

Dicranotropis albovittata Matsumura, 1900c: 269.
Terthron denticulatum: Yang, 1989: 243.

　　主要特征：雄虫体黑褐色。头顶端半中侧脊至两侧脊间黑色，体背面（自头顶至中胸小盾片末端）贯穿 1 条黄白色中纵带。各足大部污黄褐色。前翅透明。雌虫整体色较浅。雄性外生殖器：雄虫臀节短，1 对臀刺状细长，侧面观从端背角伸出；尾节侧观两侧缘几平直；膈背缘突起端向扩展，端缘中央凹陷，表面具颗粒状突起；侧面观阳茎基半部阔，端半部细，近基部背面隆起，端部略扩展且下弯，表面具小齿，性孔位于端部，阳茎近基部腹面突起较细短；悬片环状，整体倒三角形；阳基侧突宽扁，岔离，向端部略扩展，两侧缘略波曲，端缘略平截。
　　分布：浙江（龙泉）、吉林、河北、河南、甘肃、江苏、安徽、湖北、江西、湖南、福建、台湾、广东、海南、四川、贵州、云南；韩国，日本，印度，越南，马来西亚。

212. 托亚飞虱属 *Toya* Distant, 1906

Toya Distant, 1906b: 472. Type species: *Toya attenuate* Distant, 1906.

主要特征：头部（包括复眼）窄于前胸背板。头顶近方形，端缘截形，中侧脊起自侧缘中偏基部，在头顶端不相会聚，"Y"形脊主干不甚清晰；额侧脊拱出，中长约为最宽处的 2.5 倍，以近中部处最宽；后唇基基部宽于额端部；触角圆筒形，第 2 节端部伸达额端部，第 1 节长大于端宽，约为第 2 节长度之半。前胸背板侧脊未达后缘。后足刺式 5-7-4，后足胫距后缘具齿。雄虫臀节衣领状，具 1 对臀刺突；尾节背侧角翻折；膈窄；阳茎侧扁，扭折弯曲，具齿列；阳基侧突岔离。

分布：东洋区。世界已知 39 种，中国记录 3 种，浙江分布 1 种。

（391）黑面托亚飞虱 *Toya terryi* (Muir, 1917)

Delpphacodes terryi Muir, 1917a: 334.

Toya terryi: Ding, 2006: 506.

　　未获得浙江标本，该种形态特征及分布主要依据丁锦华（2006）等的记载。

主要特征：体黄褐色；头顶端半中侧脊至两侧脊间、额、颊、唇基、胸部腹面、各足基节、腹部、雄虫尾节和阳基侧突黑褐色；触角第 1 节端部和第 2 节基部具黑褐色环斑。前翅透明。雌虫体黄褐或带橘黄色泽，额赭色，中脊两侧及侧脊内缘具黑褐色条纹，腹部背面具暗褐色斑纹。后足胫距后缘具齿约 17 枚。雄性外生殖器：雄虫臀节 1 对臀刺突从端腹缘伸出；尾节侧观背缘明显长于腹缘，背侧角显著突出；膈背缘中部骨化，中部具浅凹陷，阳茎侧观端部弯向背方，具 2 齿列，腹面观两侧缘具齿列；阳基侧突后面观强烈岔离，端向收狭，近端部内缘具 1 个突起。

分布：浙江（龙泉）、江苏、江西、福建、台湾、广东、海南、广西、贵州、云南；韩国，日本，印度尼西亚。

213. 长角飞虱属 *Toyoides* Matsumura, 1935

Toyoides Matsumura, 1935b: 78. Type species: *Toyoides albipennis* Matsumura, 1935.

主要特征：头部（包括复眼）略窄于前胸背板；头顶近方形，端缘钝圆，2 中侧脊不在头顶端缘会聚；额长略大于最宽处宽的 2.0 倍，以中部处最宽，额中脊在单眼水平连线下方或复眼中部水平线上分叉；触角长，圆柱形，第 2 节端部几伸达后唇基端部，第 1 节长大于端宽，约为第 2 节长度之半。前胸背板侧脊未伸达后缘。后足刺式 5-7-4，基跗节长于另外两节长度之和，后足胫距后缘具密齿。雄虫具 1 对臀刺突；尾节侧扁，后面观后开口小，侧面观腹缘宽于背缘；阳茎基部宽扁，端部分叉；阳基侧突基部阔，端向收狭，渐细尖，端部内弯。

分布：东洋区。世界已知 2 种，中国记录 2 种，浙江分布 1 种。

（392）绿长角飞虱 *Toyoides albipennis* Matsumura, 1935（图版 X-6）

Toyoides albipennis Matsumura, 1935b: 78.

Kakuna albipennis Yang, 1989: 62.

　　主要特征：新鲜标本淡绿色，陈旧标本淡黄或黄褐色。头顶端半部两侧脊与中侧脊间黑色。前翅透明。雄性外生殖器：雄虫臀节小，1 对臀刺突粗壮，侧面观从臀节端腹角伸出，其端部腹向弯曲；尾节侧面观腹缘远宽于背缘，后面观后开口狭长；膈背缘中部"U"形；阳茎侧扁，基部阔，端部分二叉，背叉长，端部向腹面弧形弯曲，表面具多数小齿突，腹叉短，端向渐细尖；悬片腹面椭圆形，背柄宽短；阳基侧突长，后面观端向收狭，端部相对内弯。

分布：浙江（临安）、江苏、安徽、湖南、福建、台湾、四川、贵州。

214. 匙顶飞虱属 *Tropidocephala* Stål, 1853

Tropidocephala Stål, 1853: 266. Type species: *Tropidocephala flaviceps* Stål, 1855.

Smara Distant, 1906b: 478. Type species: *Smara festiva* Distant, 1906.

主要特征：头部（包括复眼）窄于前胸背板。头顶中长多大于基宽，顶端尖圆或锥形，明显突出于复眼前方，中脊单一贯穿头顶，侧脊隆起，端向收狭；额中长为最宽处宽的 1.9–3.0 倍，在近中部处最宽，侧观额多少向端部倾斜，侧脊不完全与头顶侧脊相连接，中脊多在基端分叉；后唇基 3 条脊明显或不明显；喙常伸达中足基节；触角圆筒形，第 2 节端部不达额端部，第 1 节约为第 2 节长度之半。前胸背板具 3 或 5 条脊，侧脊伸达后缘。后足胫距厚，后缘无齿。雄虫臀节大；尾节端侧缘有或无突起，常具腹中突；阳茎结构包藏于臀节腹面，阳茎腹向弯曲，阳茎基中部凹陷以接纳阳茎，具长端突或基腹突；膜膜质；阳基侧突发达，内基角或具突起。

分布：世界广布。世界已知 47 种，中国记录 20 种，浙江分布 3 种。

分种检索表

1. 阳基侧突内基角及内缘近中部各具 1 刺状突起 ·· 二刺匙顶飞虱 *T. brunnipennis*
- 阳基侧突仅内基角具 1 个刺状突起 ·· 2
2. 阳基侧突端部骤变细，内基角突起长，至少伸达阳基侧突 1/2 处 ···················· 额斑匙顶飞虱 *T. festiva*
- 阳基侧突基部至端部近等宽，内基角突起短，未伸达阳基侧突 1/3 处 ················ 黑匙顶飞虱 *T. nigra*

（393）二刺匙顶飞虱 *Tropidocephala brunnipennis* Signoret, 1860

Tropidocephala brunnipennis Signoret, 1860: 185.

Ectopiopterygodelphax eximius Kirkaldy, 1906: 412.

未获得浙江标本，该种形态特征及分布主要依据丁锦华（2006）等的记载。

主要特征：体绿或暗黄绿色。额端部、颊及唇基黑褐色；触角污黄色，第 1 节端缘与第 2 节斜向中部的条纹黑褐色。胸各足基节淡黑褐色，各足其余部分浅污黄色或浅烟褐色。前翅基部 2/3 烟褐色，中部黄褐，端部黑褐色，各端室端部具淡色透明斑，另在横脉前有 3 个排成 1 列的黑褐色瘤突，中部的瘤最大，其余 2 个瘤略小。腹部整体黑褐色，各腹节后缘及背板侧缘藁黄色。雌虫体色同雄虫，但胸部腹面、胸足及腹部藁黄色，前翅色较浅。头顶锥形，中长约为基宽的 1.3 倍；额中长大于最宽处宽的 1.6 倍。后足刺式5-6-4。雄性外生殖器：雄虫臀节发达；尾节后面观后开口长大于宽，两侧腹缘各具 1 侧刺，腹中突小；阳茎及阳茎基均腹向弯曲；后面观阳基侧突外缘近端部骤加宽，而后端向骤狭细，内基角及内缘近中部各具1 刺突。

分布：浙江（龙泉）、甘肃、江苏、安徽、江西、湖南、福建、台湾、广东、海南、广西、四川、贵州、云南；韩国，日本，印度，斯里兰卡，菲律宾，马来西亚，印度尼西亚，南欧，新几内亚，澳大利亚，马达加斯加，北非。

（394）额斑匙顶飞虱 *Tropidocephala festiva* (Distant, 1906)（图版 X-7）

Smara festiva Distant, 1906b: 478.

Tropidocephala festiva: Matsumura, 1907: 62.

主要特征：体黄绿色。在头顶中脊两侧、前胸背板 3 条脊两侧、中胸背板中脊两侧及侧脊外侧各具 1 黑褐色纵纹，另在前胸背板前侧缘有 1 黑褐色斑，向下连接 1 黑褐色纹；额近基部和端部、唇基和颊黑褐或黑色；触角褐色，第 1 节端部和第 2 节基、端部具黑色斑；胸部腹面、各足基节、股节及后足胫节黑色，足其余部分为褐色；前翅淡黑褐色，各端室端部有大小不等的透明斑，另在 Sc+R、M 和 Cu_1 脉近端部有 3 个黑褐色瘤状突。腹部黑褐或黑色。头顶端尖圆；额中长为最宽处宽的 2.4 倍。后足刺式 5-6-4。雄性外生殖器：雄虫臀节无刺突；腹中突片状，端部中部微凹，两侧端角钝圆，尾节侧、腹缘交接处各具 1 骨化刺突；阳茎细长管状，端部尖锐，于近中部强烈弯向腹面，阳茎基宽且长于阳茎，相应弯曲，右侧观在弯曲处有 1 三角形突起；阳基侧突内基角处各具 1 长刺突，后面观至少伸达阳基侧突长度之半，侧面观阳基侧突近端部扩展，端部骤缩。

分布：浙江（龙泉）、江苏、福建、台湾、广东、海南、广西、贵州、云南；日本，斯里兰卡，菲律宾，马来西亚，印度尼西亚。

（395）黑匙顶飞虱 *Tropidocephala nigra* (Matsumura, 1900)（图版 X-8）

Conicoda nigra Matsumura, 1900c: 260.

Tropidocephala nigra: Matsumura & Ishihara, 1945: 60.

主要特征：体黄褐或淡黑褐色。头顶端部中脊两侧各有 1 黑斑。触角第 1 节端部黑色，第 2 节具黑色斜纹。前翅中区横脉基方有 3 个瘤状突起，以中间的 1 个最大，端区前缘还具 5 个透明斑，大小不等，另在 Sc_1 至 M_1 脉各脉端部还具 5 个黑斑。雄虫腹中突和侧腹缘刺突黑色。雌虫色浅，前翅端前缘透明斑淡黄白色，Sc_1 至 M_1 脉端部黑斑不甚明显。头顶端钝圆，中长约为基宽的 2.0 倍；后唇基基部宽于额端部。前胸背板具 5 条脊。后足刺式 5-6-4。雄性外生殖器：雄虫臀节后面观拱门状；腹中突和侧腹缘刺突小；阳茎细弯，阳茎基基部环状，端部 2/3 近直角弯向腹面；阳基侧突长、波曲，后面观近基部至端部近等宽，端部钝圆，内基角刺突明显。

分布：浙江（临安）、安徽、福建；韩国，日本。

215. 姬飞虱属 *Ulanar* Fennah, 1973

Ulanar Fennah, 1973-1975: 127. Type species: *Megamelus muiri* Metcalf, 1943.

主要特征：头部（包括复眼）窄于前胸背板。头顶近方形，中长大于基宽，端缘截形，中侧脊在头顶端部或稍前会聚，"Y"形脊不甚清晰，侧观头顶与额尖圆相接；额侧脊略拱，中长约为最宽处宽的 2.5 倍；触角圆筒形，第 2 节端部伸近后唇基中部，第 1 节长为端宽的 2 倍，大于第 2 节长度之半。前胸背板侧脊抵近后缘。后足刺式 5-7-4，后足胫距后缘具齿。雄虫臀节环状，具 1 对臀刺突；无腹中突；尾节背侧角突出，其下侧缘还具 1 突起；膈背缘中部隆起；阳茎管状，端部弯曲，具刺突；阳基侧突短，强烈分歧，端外缘具微齿。

分布：东洋区、澳洲区。世界已知 2 种，中国记录 1 种，浙江分布 1 种。

（396）姬飞虱 *Ulanar muiri* (Metcalf, 1943)（图版 X-9）

Megamelus muiri Metcalf, 1943: 209.

Ulanar muiri: Fennah, 1973-1975: 127.

Ulanar centesima Yang, 1989: 261.

主要特征：头顶端部中侧脊至两侧脊间、额、后唇基、颊、中胸背板、腹部腹面黑褐或黑色；头顶基隔室、触角、足除基节外褐色或暗褐色；前胸背板黄白色。前翅透明。短翅型雄虫前翅黑褐或黑色，具光泽。后足胫距后缘具齿 22–27 枚。雄性外生殖器：雄虫臀节短，陷于尾节背窝内，1 对臀刺突短小；尾节侧面观狭，背侧角突出，在其下方还具 1 片状突起，近中部向后突出；膈背缘中部突起，端缘扩展，中部微凹；阳茎小，端部 1/3 较细，稍下弯，性孔位于端部，其周围具 1 长刺及 1 短刺；阳基侧突彼此强烈分歧，端背缘具微齿。

分布：浙江（龙泉）、福建、台湾；斯里兰卡，菲律宾，印度尼西亚。

216. 白脊飞虱属 *Unkanodes* Fennah, 1956

Unkanodes Fennah, 1956: 474. Type species: *Unkana sapporona* Matsumura, 1935.

主要特征：头部（包括复眼）窄于前胸背板。头顶近方形，端缘近平截，中侧脊起自侧缘中偏基部，多在额基部相会聚，"Y" 形脊不甚清晰；额中长大于最宽处宽的 2.0 倍，以近中部或中偏端部处最宽；触角圆柱形，第 2 节端部稍伸过额唇基缝，第 1 节长为宽的 2 倍，长于第 2 节长度之半。前胸背板侧脊未伸达后缘。后足刺式 5-7-4。后足胫距后缘具齿。雄虫臀节环状，端侧角远距，各腹向伸出 1 根强壮臀刺突；无腹中突；尾节侧观背侧角突出，端侧缘中部还具 1 较大突起；膈突发达，位于膈孔背缘上方，侧观远伸出尾节端侧缘；阳茎管状，端半部具刺；悬片腹面椭圆形，腹缘不相接，背柄宽短；阳基侧突狭长，向两侧岔离。

分布：古北区、东洋区。世界已知 7 种，中国记录 1 种，浙江分布 1 种。

（397）白脊飞虱 *Unkanodes sapporona* (Matsumura, 1935)

Unkana sapporona Matsumura, 1935b: 74.

Unkanodes sapporona: Fennah, 1956: 474.

未获得浙江标本，该种形态特征及分布主要依据丁锦华（2006）等的记载。

主要特征：体黄褐或橘黄色，头顶自中侧脊间至中胸小盾片末端贯穿 1 条黄白色中纵带；前翅透明。有的个体背面淡色，背中带侧区淡红褐至暗褐色，头顶端部中侧脊至侧脊间及额和唇基脊内侧具黑褐色条纹；腹部黑褐色；前翅爪片和端区 M_3 脉至后缘暗褐色。后足胫距后缘具齿 15–22 枚。雄性外生殖器：雄虫臀节短，端侧角各腹向伸出 1 根粗壮刺突；尾节侧面观端背角向后突出，端侧缘近中部突起大，指向端背方，尾节后面观腹缘凹，侧腹缘隆起；阳茎端部渐细，性孔位于端部，中偏端部具 8 个大小不等的刺突；悬片腹缘中央不相接，背柄背面凹入；膈突后面观伸入膈孔，端部分叉，侧面观端部骤细并向背方弯曲，伸出尾节端侧缘；阳基侧突后面观端部扭曲，狭，端缘近平截。

分布：浙江、黑龙江、吉林、辽宁、河北、山东、河南、陕西、甘肃、江苏、安徽、湖北、江西、湖南、福建、台湾、广东、海南、广西、四川、贵州、云南、西藏；俄罗斯，韩国，日本。

217. 锥翅飞虱属 *Yanunka* Ishihara, 1952

Yanunka Ishihara, 1952: 39. Type species: *Yanunka miscanthi* Ishihara, 1952.

主要特征：头部（包括复眼）窄于前胸背板；头顶近方形，基宽大于端宽，端缘钝圆，中侧脊起自侧缘中偏基方，在头顶端缘并拢或不会聚，"Y" 形脊不甚清晰；额长约为最宽处宽的 2.5 倍，以近中部处最宽，2 条中纵脊近平行延伸或在基、端部相连接；触角圆筒形，第 2 节端部伸达额唇基缝，第 1 节长于端宽，约为第 2 节长度之半。前胸背板与头顶近等长，两侧脊端部内弯，伸达后缘。前翅端部收狭，端脉短。后足刺式 5-7-4，后足胫距后缘具齿。雄虫臀节环状或拱门形，臀刺突无；尾节侧面观后缘拱凸；膈很宽；悬片腹面椭圆形，背面共柄叉状；阳茎管状，端部具齿列；阳茎侧突简单，后面观强烈分歧，端向收狭。

分布：东洋区。世界已知 2 种，中国记录 2 种，浙江分布 2 种。

（398）大芒锥翅飞虱 *Yanunka miscanthi* Ishihara, 1952

Yanunka miscanthi Ishihara, 1952: 39.

未获得浙江标本，该种形态特征及分布主要依据丁锦华（2006）等的记载。

主要特征：体黄褐色至黑褐色。头顶端半中侧脊至两侧脊间、额、唇基和颊均黑色。前、中胸背板中域及侧脊黄白色，侧脊外黑褐色。前翅边缘有淡黄色饰边，翅脉与翅面同色，其上列生颗粒状突起。腹部除背中部及两侧缘橘红色外，余为黑褐色。雄性尾节黄褐色。雌虫色较雄性浅，前翅浅褐色，腹部淡黄色。头顶中侧脊在头顶端部相合并，额中脊在基部及端部连接。后足胫距后缘具齿约 17 枚。雄虫臀节短、环状；尾节后面观腹缘浅凹；膈宽大且骨化，背缘波曲，中部切凹；阳茎侧观波曲，端部下弯，端背缘性孔周围具齿列，其下方还有 2 个齿，腹面观阳茎基部阔，端部性孔左侧可见齿列；阳基侧突基部阔，端向收狭，两侧强烈岔离，端向收狭，侧面观阳基侧突波曲，端部钝圆。

分布：浙江（龙泉）、福建；韩国、日本。

（399）拟锥翅飞虱 *Yanunka incerta* Yang, 1989（图版 X-10）

Yanunka incerta Yang, 1989: 42.

主要特征：体赭黄色。在头顶端半部中侧脊至两侧脊间、颊、前中胸背板侧区及腹部暗褐至黑色。前翅黑色，不透明，边缘有白色饰边。额部 2 中脊不相连接，自基部至端部几平行延伸。雄性外生殖器：雄虫臀节拱门状，陷于尾节背窝内；尾节侧观腹缘略宽于背缘，端侧缘近基部强烈凸出，背侧角不呈角状；阳茎端部向基部弯折，端半部具齿列，侧观阳茎背面近中部凹入，并具 4 个刺突；悬片腹面环状，骨化，背面二叉臂膜质，伸向两侧；阳基侧突中等，向两侧强烈岔离，端部变狭。

分布：浙江（龙泉）、台湾。

九、象蜡蝉科 Dictyopharidae

主要特征：中小型种。头部多具长头突。顶随头突而延长，常具中脊。额具中脊和亚侧脊。前唇基端部向后超过前足基节。多数具侧单眼，无中单眼。前胸背板短阔颈状，后缘呈圆弧形或成角度凹入；具 2 侧缘脊。中胸背板具 3 纵脊，侧脊直且平行或者朝中脊弯曲会聚。多数具肩板。长翅型前翅多为膜质，翅脉显著；亚前缘脉与径脉愈合，具翅痣区；纵脉间具 1 至数条褶缝；后翅大，臀区脉纹不呈网状。后足胫节具 4–7 侧刺，端部具 6–8 端刺；后足第 2 跗节具 1 排端刺。雄虫阳茎端部具 1 至数对膜质囊状的阳茎干突。内阳茎常从阳茎干内伸出 1 对骨化的阳茎突。

分布：世界广布。世界已知 156 属 740 余种，中国记录 13 属 30 余种，浙江分布 3 属 5 种。

分属检索表

1. 中胸背板侧脊近平行；阳茎干基部或端部生有骨化长刺；阳茎突短，不伸出阳茎干 ⋯⋯⋯⋯⋯⋯⋯⋯⋯⋯ **彩象蜡蝉属** *Raivuna*

- 中胸背板侧脊弯曲朝前会聚；阳茎干无长刺；阳茎突长而伸出阳茎干 ···································· 2
2. 头突长而明显向前伸出，头顶长至少是顶宽的 3 倍 ··································· **鼻象蜡蝉属** *Saigona*
- 头突短，头顶长远小于顶宽的 3 倍 ·· **丽象蜡蝉属** *Orthopagus*

218. 丽象蜡蝉属 *Orthopagus* Uhler, 1896

Orthopagus Uhler, 1896: 278. Type species: *Orthopagus lunulifer* Uhler, 1896.

主要特征：体黄褐色或栗褐色。头短而宽，头突短，明显短于中胸背板。顶宽，中脊完整，前缘弧形外凸，侧脊近平行，后缘成角度内凹。额侧脊近平行，亚侧脊朝后方会聚，接近额唇基缝。前胸背板前缘成角度凸出，后缘强烈成角度内凹；中脊锐利，无亚侧脊。中胸背板侧脊弯曲朝前方会聚。前翅下缘具 1 牛角形褐斑，外缘具 1 新月形大褐斑；后翅外缘近顶角处有 1 褐色条纹。前足股节末端扩张侧扁，近端部有 1 明显钝刺，后足胫节有 6-8 侧刺，后足刺式 7-(17–22)-(9–15)。

分布：古北区、东洋区。世界已知 6 种，中国记录 3 种，浙江分布 1 种。

（400）月纹丽象蜡蝉 *Orthopagus lunulifer* Uhler, 1896（图 4-24）

Orthopagus lunulifer Uhler, 1896: 279.

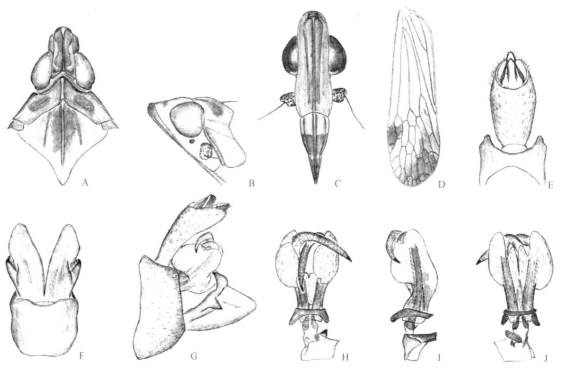

图 4-24 月纹丽象蜡蝉 *Orthopagus lunulifer* Uhler, 1896
A. 头胸部背面观；B. 头胸部侧面观；C. 头部腹面观；D. 前翅；E. 雄性尾节和肛节背面观；F. 雄性尾节和阳基侧突腹面观；G. 雄性外生殖器侧面观；H. 阳茎腹面观；I. 阳茎侧面观；J. 阳茎背面观

主要特征：体连翅长：♂ 10.9–12.9 mm，♀ 11.6–14.6 mm。体色如属征，但头顶近中部至末端中脊两侧具对称的长条形褐斑。头突相对长，端部不膨大。顶长是眼间最宽处的 2.2 倍。后足胫节有 6–7 侧刺，后足刺式 7-(16–21)-(11–15)。雄性外生殖器：尾节侧面观近长四边形，后缘无明显突起，上端部 1/3 处略向内凹陷，腹缘约是背缘长的 4 倍。肛节瘦长，背面观近长圆形，长约为宽的 1.8 倍；侧面观近长四边形，端部膨大。肛刺突短小。阳基侧突侧面观宽大，顶缘平直；顶背缘突明显突出，末端尖锐。阳茎粗大，阳茎干突 2 对，膜质囊状，背侧面阳茎干突大，呈半球形；腹面阳茎干突小，指状，伸向后方；阳茎突长，从阳茎干中央交叉伸出，指向背侧方，伸出部分密布毛刺；末端骨化尖锐。

　　分布：浙江（萧山、临安、宁海、舟山）、北京、天津、河北、山东、河南、江苏、上海、安徽、湖北、江西、湖南、福建、台湾、广东、海南、广西、四川、贵州、云南、西藏；东南亚，南亚。

219. 彩象蜡蝉属 *Raivuna* Fennah, 1978

Raivuna Fennah, 1978: 255. Type species: *Raivuna micida* Fennah, 1978.

　　主要特征：体黄褐色或黄绿色；额侧脊间多具橙色条带；前胸背板中脊为浅绿色，两侧常为橙色近三角形条带，侧脊区域为浅绿色长条，两侧为长四边形橙色斑。头突长，明显大于或接近前胸和中胸背板长度之和，向前伸成圆柱形。头顶侧缘脊近平行或略朝前会聚，末端近三角形，后缘适度内凹；中脊仅在基部两眼间明显，侧缘强烈脊状或不锐利。额亚侧脊伸至复眼之间。前胸背板横宽，中脊锐利，无侧脊或仅前部略明显。中胸背板侧脊近平行，有时模糊。前翅透明或略呈烟雾色，有的具明显褐斑。前足股节末端不扩张，近端部无刺或具 2–4 小刺；后足胫节有 4–5 侧刺，后足刺式 7-(14–22)-(12–18)。

　　分布：世界广布。世界已知 32 种，中国记录 6 种，浙江分布 3 种。

分种检索表

1. 前翅端部近一半呈淡褐色，半透明 ·· 密刺彩象蜡蝉 *R. micida*
- 前翅透明 ··· 2
2. 尾节后缘形成明显突起，末端呈三角形；阳茎干基部膨胀成球形，腹面端部伸出 1 对阳茎干突 ··············
··· 伯瑞彩象蜡蝉 *R. patruelis*
- 尾节后缘无明显突起；阳茎干基部圆柱形，腹面端部伸出 2 对阳茎干突 ·············· 中华彩象蜡蝉 *R. sinica*

（401）密刺彩象蜡蝉 *Raivuna micida* Fennah, 1978（图 4-25）

Raivuna micida Fennah, 1978: 256.

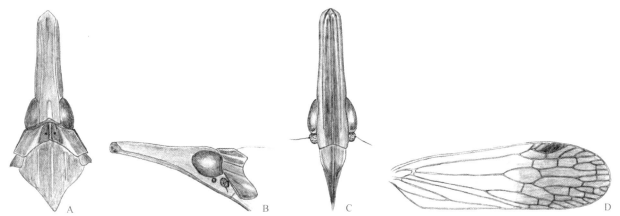

图 4-25　密刺彩象蜡蝉 *Raivuna micida* Fennah, 1978
A. 头胸部背面观；B. 头胸部侧面观；C. 头部腹面观；D. 前翅

　　主要特征：体连翅长：♂ 11.1–13.4 mm，♀ 11.4–13.6 mm。头突相对短，略上翘，头长约是前胸和中胸背板长度之和的 1.3 倍。头顶窄，侧脊脊状，略朝前会聚，端部稍加宽。额中脊明显，亚侧脊伸达复眼间，但不到额唇基线。前翅背板中脊锐利，无亚侧脊。前翅端部近一半呈淡褐色，半透明，翅痣内具 2–3 条横脉，翅痣和部分横脉褐色。后足刺式 7-(18–20)-(14–16)。雄性外生殖器：尾节侧面观近长五边形，腹缘约是背缘的 2 倍，后缘上端部 1/3 处向后伸出明显突起，末端尖锐；背面观后缘强烈内凹，侧后缘形成明显突起。肛节粗大，背面观近长圆形，长约为宽的 1.5 倍；侧面观背缘明显短于腹缘，末端阔大，朝基部趋窄。肛刺突粗长。阳基侧突短小，顶缘尖，顶背缘突短小。阳茎瘦长；阳茎干基部骨化；背阳茎干突 1 对，基部各生有 2–3 根骨化的长刺，端部呈角状伸出，两侧呈条形骨化，剩余部分膜质；腹阳茎干突 2 对，1 对位于腹面中央，朝腹方伸出，端部各生有 1–3 根长刺；另 1 对朝两侧伸出，端部各生有 2–4 根长刺。

分布：浙江（临安）、江苏、上海、重庆、云南；越南。

（402）伯瑞彩象蜡蝉 *Raivuna patruelis* (Stål, 1859)（图 4-26）

Pseudophana patruelis Stål, 1859: 271.

Raivuna patruelis: Fennah, 1978: 256.

主要特征：体连翅长：♂ 10.8–12.3 mm，♀ 12.1–13.7 mm。头长约是前胸和中胸背板长度之和的 1.4 倍。头顶窄，侧缘脊脊状，略朝前会聚，端部稍加宽；中脊基部和端部略明显，中段不可见。额中脊明显，侧脊伸达复眼间，但不到额唇基线。前翅背板中脊锐利，无侧脊。中胸背板中脊锐利，侧脊近平行。前翅透明，略呈烟雾色，翅痣内具 3–4 条横脉，翅痣和部分横脉深褐色，无褐斑或暗晕。后足刺式 7-(18–19)-(14–15)。雄性外生殖器：尾节侧面观近长五边形，腹缘略宽于背缘，后缘上端部 1/3 处向后伸出明显突起，末端尖锐；背面观后缘略内凹，侧后缘形成突起。肛节粗大，背面观近长圆形，长约为宽的 1.5 倍；侧面观背缘明显短于腹缘，末端阔大，朝基部趋窄。肛刺突细长。阳基侧突短小，顶缘平直，顶背缘突短小。阳茎干基部骨化，膨胀成球形；背阳茎干突 1 对，片状，略骨化；腹阳茎干突 1 对，圆柱状，基部四周生有 5–14 根骨化的长刺，端部背侧生有 3–7 根骨化的长刺。

分布：浙江（德清、临安、舟山、温州）、北京、江苏、安徽、江西、台湾、香港、重庆、四川；日本、马来西亚。

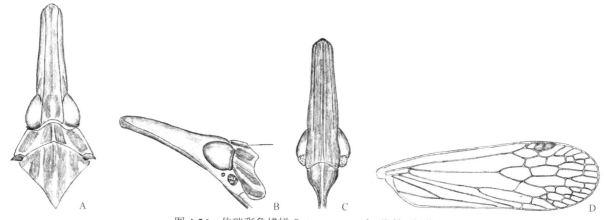

图 4-26　伯瑞彩象蜡蝉 *Raivuna patruelis* (Stål, 1859)
A. 头胸部背面观；B. 头胸部侧面观；C. 头部腹面观；D. 前翅

（403）中华彩象蜡蝉 *Raivuna sinica* (Walker, 1851)（图 4-27）

Dictyophara [sic] *sinica* Walker, 1851a: 321.

Raivuna sinica: Fennah, 1978: 256.

主要特征：体连翅长：♂ 11.8–12.3 mm，♀ 12.0–14.0 mm。头长约是前胸和中胸背板长度之和的 1.3 倍。头顶窄，侧缘脊脊状，略朝前会聚，端部稍加宽；中脊仅基部和端部略明显，剩余部分不可见。额中脊明显，侧脊伸达复眼间，但不到额唇基线。前翅背板中脊锐利，无侧脊。中胸背板中脊锐利，侧脊近平行。前翅透明，翅痣内具 2–3 条横脉，翅痣和部分横脉褐色。后足刺式 7-(17–18)-(14–15)。雄性外生殖器：尾节侧面观近长四边形，腹缘略宽于背缘（约 1.5：1），后缘上端部 1/3 处略向后隆起，不形成明显的突起；背面观后缘内凹，侧后缘形成明显突起。肛节宽大，背面观近椭圆形，长约为宽的 1.4 倍；侧面观背缘明显短于腹缘，末端阔大，朝基部趋窄。肛刺突短粗。阳基侧突小，顶缘平直，顶背缘突短小。阳茎短小，近圆柱状；阳茎干基部骨化，圆柱形，背阳茎干突 1 对，片状；腹阳茎干突 2 对，1 对朝两侧伸出，端部生有 13–14 根长刺；第 2 对朝后方伸出，端部生有 5–10 根长刺；此外在 2 对突起基部中央还生有 4 根长刺。

分布：浙江（临安）、北京、天津、河北、陕西、江苏、上海、江西、海南、香港、重庆；朝鲜，日本，老挝，泰国。

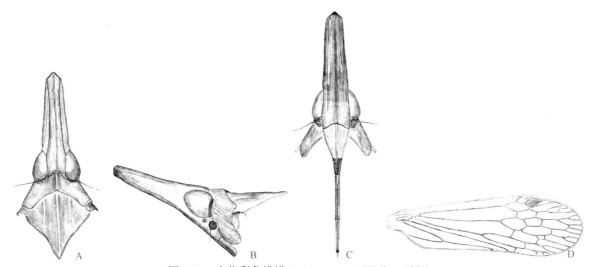

图 4-27　中华彩象蜡蝉 *Raivuna sinica* (Walker, 1851)

A. 头胸部背面观；B. 头胸部侧面观；C. 头部腹面观；D. 前翅

220. 鼻象蜡蝉属 *Saigona* Matsumura, 1910

Saigona Matsumura, 1910a: 110. Type species: *Dictyophora* [sic] *ishidae* Matsumura, 1905.

主要特征：体黄褐色或栗褐色，头顶和双颊散布浅黄色或淡褐色斑点；额均一的浅黄色或淡褐色。头长而宽，明显延伸成圆柱形。头顶侧脊在复眼前方略呈波浪形弯曲，后缘略内凹；中脊模糊，仅在基部两眼间锐利；后头部分明显高于前胸背板。额宽，侧脊近平行，后缘内凹；具中脊和侧脊。后唇基中域隆起，中脊明显。喙细长，伸达后足基节。前胸背板宽，前缘凸出成弓形，后缘强烈成角度内凹；中脊锐利，亚侧脊模糊仅前方略隆起。中胸背板中脊有时模糊，侧脊锐利并弯曲朝前方会聚。前翅翅痣宽，呈斜长方形，内有 1–3 条横脉。前足股节末端扩张侧扁，近端部有 1 钝刺；后足胫节有 5–6 侧刺，后足刺式 8-(9–12)-(9–12)。

分布：古北区、东洋区。世界已知 12 种，中国记录 12 种，浙江分布 1 种。

（404）瘤鼻象蜡蝉 *Saigona fulgoroides* (Walker, 1858)（图 4-28）

Dictyophora [sic] *fulgoroides* Walker, 1858b: 67.

Saigona fulgoroides: Nast, 1972: 84.

主要特征：体连翅长：♂ 17.4–18.3 mm，♀ 16.5–18.6 mm。体栗褐色，间或有深褐色斑。头顶深褐色，中脊线浅黄色；颊大部分栗褐色，但复眼下面区域浅黄色；额、后唇基和前唇基褐色，散布许多淡黄色斑点。前胸背板栗褐色，间或有淡黄色板块，中脊黄绿色；中胸背板沿中脊具 1 条宽黄色纵带。头突长而粗壮，头长远大于前胸和中胸背板长度之和；双颊生有 3 对瘤状突起，端部膨大，呈棒槌形；头顶中脊模糊，侧缘脊弯曲成波浪形；额侧脊伸达复眼前缘，未及额唇基线。中胸背板中脊模糊。雄性外生殖器：尾节侧面观后缘上端部 1/4 处生有 1 角状突，腹缘长约是背缘的 2.0 倍；背面观后缘强烈内凹；腹面观两侧缘略弯曲。肛节大，背面观近长圆形，长约为宽的 1.7 倍；侧面观基部窄，腹缘逐渐外凸成倒立的三角形。肛刺突粗长。阳基侧突侧面观宽大，顶缘尖圆；背、腹缘近平行。阳茎瘦长，端部具 1 对膜质囊状的阳茎干突，背阳茎干突基部半球形，端部指形伸出，指向背方，端部无细刺；腹阳茎干突球形，无细刺；阳茎突短，末端尖锐、骨化，朝前方两侧伸出。

分布：浙江（临安）、湖北、江西、湖南、福建、台湾、广东、广西、四川、贵州；印度尼西亚。

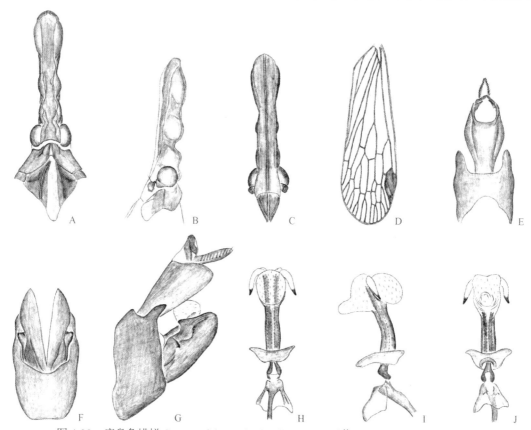

图 4-28　瘤鼻象蜡蝉 *Saigona fulgoroides* (Walker, 1858)（仿 Liang and Song，2006）

A. 头胸部背面观；B. 头胸部侧面观；C. 头部腹面观；D. 前翅；E. 雄性尾节和肛节背面观；F. 雄性尾节和阳基侧突腹面观；G. 雄性外生殖器侧面观；H. 阳茎腹面观；I. 阳茎侧面观；J. 阳茎背面观

十、瓢蜡蝉科 Issidae

主要特征：中型或小型，体近半球形，前翅隆起，外形似瓢虫或尖胸沫蝉。头包括复眼略窄于或约等于前胸背板。额宽或长，侧缘具脊线，具中脊线和亚中脊线或无。喙的末节长。前胸背板短，前缘弧形突出，后缘近平直，或微凸出或凹入，具中脊或无。中胸盾片短，近三角形。前翅一般长达腹部的端部，革质或角质，通常隆起，有的具蜡质光泽；前缘基部强度弯曲；爪脉正常到达爪片末端。足正常，少数种类叶状扩大。后足胫节常具 2 个侧刺。

分布：世界广布。世界已知 200 余属约 1250 种，中国记录 50 余属 220 种左右，浙江分布 5 属 6 种。

分属检索表

1. 前翅无爪缝 ··· 2
- 前翅具爪缝 ··· 3
2. 前胸背板近前缘具 1 排疣突，前翅在前缘基部明显凸出 ················· 蒙瓢蜡蝉属 *Mongoliana*
- 前胸背板及前翅无以上此特征 ··· 格氏瓢蜡蝉属 *Gnezdilovius*
3. 爪缝伸达前翅近端缘 ··· 4
- 爪缝达前翅近中部 ·· 福瓢蜡蝉属 *Fortunia*
4. 额光滑，具不明显的中脊，复眼之间具横脊和白色横带 ··············· 梯额瓢蜡蝉属 *Neokodaiana*
- 额粗糙，中脊伸达额中部，近基部具浅褐色横带 ························· 巨齿瓢蜡蝉属 *Dentatissus*

221. 巨齿瓢蜡蝉属 *Dentatissus* Chen, Zhang *et* Chang, 2014

Dentatissus Chen, Zhang *et* Chang, 2014: 140. Type species: *Dentatissus brachys* Chen et al., 2014.

主要特征：头顶横宽。额宽，中脊伸达额中部，表面粗糙，侧缘域具 1 排疣突，近基部具浅褐色横带。前胸背板中脊不明显，前缘角状突出。前翅前缘下板宽，翅面近端部具密集的横脉，亚端线明显；爪缝达翅近端缘。后翅 3 瓣，臀前域大，扇域和臀瓣较退化。后足刺式 10-10(11)-2。雄虫肛节背面观端缘微凹。阳茎器具 2 对以上钩突。雌虫肛节背面观长卵圆形。第 7 腹节中部明显突出。

分布：古北区、东洋区。世界已知 1 种，中国记录 1 种，浙江分布 1 种。

（405）恶性巨齿瓢蜡蝉 *Dentatissus damnosa* (Chou *et* Lu, 1985)（图 4-29）

Sivaloka damnosa Chou *et* Lu *in* Chou, Lu, Huang & Wang, 1985: 120.

Dentatissus damnosus: Chen, Zhang & Chang, 2014: 143.

主要特征：体连翅长：♂ 4.6–5.1 mm，♀ 4.7–5.3 mm。体棕色，具浅棕色疣突、脊和褐色斑纹。额棕色，近基部具浅褐色横带。头顶近四边形，两后侧角处宽为中线处长的 2.9 倍。额长为最宽处的 0.6 倍，最宽处为上端缘宽的 1.7 倍。前胸背板中线长为头顶长的 1.6 倍。后足刺式 9-10-2。雄虫肛节背面观中长为最宽处宽的 2.3 倍。阳茎近中部两侧缘有 1 对短的剑状突起，近基部有 1 对钩形的长突起，其端部指向阳茎尾部。抱器背突具 1 个粗壮且长的突起。雌虫第 7 腹节明显突出，突出的中部深凹入。

分布：浙江（杭州）、辽宁、北京、山西、陕西、江苏、安徽、湖北、贵州、云南。

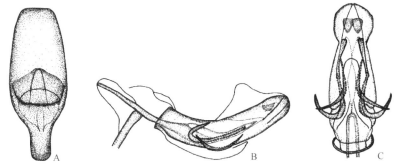

图 4-29　恶性巨齿瓢蜡蝉 *Dentatissus damnosa* (Chou *et* Lu, 1985)（仿孟瑞等，2010）

A. 雄虫肛节；B. 阳茎侧面观；C. 阳茎腹面观

222. 福瓢蜡蝉属 *Fortunia* Distant, 1909

Fortunia Distant, 1909: 83. Type species: *Issus byrrhoides* Walker, 1858.

Clipeopsilus Jacobi, 1944: 20. Type species: *Clipeopsilus belostoma* Jacobi, 1944.

主要特征：头顶近四边形，前缘和后缘平直且脊起。额近梯形。唇基光滑无脊，呈球形。喙达中足转节。前胸背板具中脊。前翅长卵圆形，翅脉明显呈网状，具宽的前缘下板；爪缝达前翅近端缘，爪脉在爪缝基部 2/3 处愈合。后翅翅脉明显网状，臀瓣小。前足和中足股节叶状扩大。后足胫节具 2–3 个侧刺。雄虫肛节背面观蘑菇状，长大于最宽处。阳茎具 1 对突起。

分布：东洋区。世界已知 4 种，中国记录 1 种，浙江分布 1 种。

（406）福瓢蜡蝉 *Fortunia byrrhoides* (Walker, 1858)（图 4-30）

Issus byrrhoides Walker, 1858b: 89.

Fortunia byrrhoides: Distant, 1909: 83.

主要特征：体连翅长：♂ 11.7 mm，♀ 12.5 mm。体污绿色具浅黄色疣突。额唇基沟上具 1 黄色横带。唇基黑色，具光泽。头顶两后侧角宽约为中线处长的 2.0 倍。额具 1 短的中脊和 1 "U" 形脊。额唇基沟明显弯曲。前胸背板具中脊；中胸盾片宽且短，具中脊和亚侧脊，最宽处为中线处长的 2.7 倍。前翅翅长为最宽处的 2.7 倍；后足胫节刺式(7–8)-(6–8)-2。雄虫阳茎基背瓣端部钝圆不裂叶，近中部处向下包住腹瓣；阳茎器具 1 对短的剑状突起物。雌虫第 7 腹节中部窄，后缘深凹。

分布：浙江（庆元）、安徽、江西、福建、海南、香港、广西。

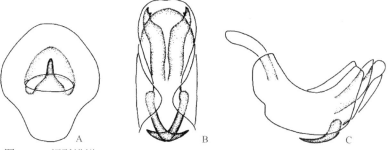

图 4-30　福瓢蜡蝉 *Fortunia byrrhoides* (Walker, 1858)（仿张雅林等，2020）
A. 雄虫肛节；B. 阳茎腹面观；C. 阳茎侧面观

223. 格氏瓢蜡蝉属 *Gnezdilovius* Meng, Webb *et* Wang, 2017

Gnezdilovius Meng, Webb *et* Wang, 2017: 15. Type species: *Gergithus lineatus* Kato, 1933.

主要特征：体半球形。头包括复眼宽于或窄于前胸背板。额无中脊或疣突，中线处长与额最宽处几乎相等。唇不隆起，与额处于同一平面。前翅半球形，无爪缝，端缘常圆滑。后翅网状，大于前翅长的 1/2。后足胫节具 2 个侧刺。后足刺式(6–7)-(8–12)-2。雄虫肛节背面观近三角形，蘑菇形或杯状。阳茎浅 "U" 形，阳茎器基部或端部具突起物。

分布：古北区、东洋区。世界已知 38 种，中国记录 34 种，浙江分布 2 种。

（407）龟纹格氏瓢蜡蝉 *Gnezdilovius tesselatus* (Matsumura, 1916)（图 4-31）

Gergithus tesselatus Matsumura, 1916: 100.

Gnezdilovius tesselatus: Meng, Webb & Wang, 2017: 19.

主要特征：体连翅长：♂ 4.8 mm，♀ 5.0 mm。体深褐色，具浅黄色斑点。额红棕色，基部近额唇基沟处具浅色横带。前翅深褐色，中域具 5 个浅黄色圆斑。头顶两后侧角处宽约为中线处长的 2.5 倍。额最宽处为基部宽的 1.1 倍，中线处长为最宽处的 1.2 倍。前胸背板最宽处为中线处长的 2.7 倍。前翅自基部至端部圆斑 2、2、1 排列，翅长为最宽处的 1.7 倍；后翅长为前翅的 0.6 倍。后足刺式 6-9-2。雄虫肛节背面观近杯形，顶缘凹入，侧顶角明显。阳茎器具 1 对长的突起物。第 7 腹节近平直。

分布：浙江（庆元）、福建、台湾；日本。

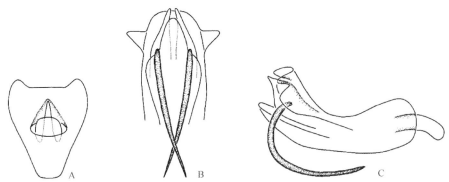

图 4-31　龟纹格氏瓢蜡蝉 *Gnezdilovius tesselatus* (Matsumura, 1916)（仿张雅林等，2020）
A. 雄虫肛节；B. 阳茎端半部腹面观；C. 阳茎侧面观

（408）十星格氏瓢蜡蝉 *Gnezdilovius iguchii* (Matsumura, 1916)（图 4-32）

Gergithus iguchii Matsumura, 1916: 98.

Gnezdilovius iguchii: Meng, Webb & Wang, 2017: 18.

主要特征：体连翅长：♂ 4.9 mm，♀ 5.1 mm。体橙黄色，具黑褐色斑点。头顶、复眼、前胸背板深褐色；唇基黑褐色，基部具浅色横带。头顶近两后侧角处宽约为中线处长的 2.1 倍。额最宽处为基部宽的 1.1 倍，中线处长为最宽处的 1.4 倍。前胸背板最宽处为中线处长的 2.7 倍。前翅具光泽，自基部至端部黑褐色圆斑 3、2 排列，翅长为最宽处的 1.7 倍；后翅为前翅长的 0.8 倍。后足刺式 6-9-2。雄虫肛节短，背面观端缘近平直。阳茎器在近基部具 1 对短突起。雌虫第 7 腹节近平直。

分布：浙江（龙泉）、福建、广东、贵州；日本，越南。

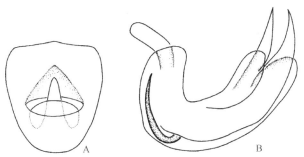

图 4-32　十星格氏瓢蜡蝉 *Gnezdilovius iguchii* (Matsumura, 1916)（仿张雅林等，2020）
A. 雄虫肛节；B. 阳茎侧面观

224. 蒙瓢蜡蝉属 *Mongoliana* Distant, 1909

Mongoliana Distant, 1909: 87. Type species: *Hemisphaerius chilochorides* Walker, 1851.

主要特征：头包括复眼宽于前胸背板。头顶宽略大于长。额近侧缘具 1 排疣突或无。无单眼。前胸背板近前缘具 1 排疣突，凹陷外侧各具 1 个疣突。前翅在前缘基部明显凸出。后翅约为前翅长的 0.7 倍。后足胫节具 2 个侧刺。后足刺式(6–7)-(7–9)-2。雄虫肛节近卵圆形，尾节后缘中部突出。阳茎呈浅"U"形，阳茎器具 1 对突起。雌虫第 7 腹节后缘略圆弧形突出。

分布：东洋区。世界已知 13 种，中国记录 13 种，浙江分布 1 种。

（409）蒙瓢蜡蝉 *Mongoliana chilocorides* (Walker, 1851)（图 4-33）

Hemisphaerius chilocorides Walker, 1851a: 379.
Mongoliana chilocorides: Distant, 1909: 87.

主要特征：体连翅长：♂ 5.3–5.5 mm，♀ 5.5–5.7 mm。体浅褐色具褐色斑纹。头顶六边形，两后侧角处宽约为中线处长的 1.9 倍。额中域粗糙，沿侧缘各具 11 个疣突，中线处长为最宽处的 1.2 倍，最宽处为基部宽的 1.5 倍。前胸背板沿前缘具 10 个疣突。中胸盾片最宽处为中线处长的 1.6 倍。前翅半透明状，肩角处明显加厚，前翅长为最宽处的 1.9 倍；后翅长为前翅长的 0.7 倍。后足刺式 7-8-2。雄虫肛节背面观端缘中部略凹入，侧顶角圆。阳茎器基半部具 1 对头向弯曲的剑状突起物，侧面观突起表面光滑。雌虫第 7 腹节近平直。

分布：浙江（临安）、香港。

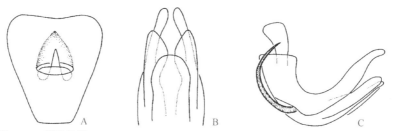

图 4-33　蒙瓢蜡蝉 *Mongoliana chilocorides* (Walker, 1851)（仿张雅林等，2020）
A. 雄虫肛节；B. 阳茎端半部腹面观；C. 阳茎侧面观

225. 梯额瓢蜡蝉属 *Neokodaiana* Yang, 1994

Neokodaiana Yang *in* Chan & Yang, 1994: 92. Type species: *Neokodaiana chihpenensis* Yang, 1994.

主要特征：头顶宽大于长。具单眼。额光滑，具不明显的中脊，复眼之间具横脊和横带，额唇基沟处具 1 浅色横带，近亚侧脊处具疣突。前翅长大于宽，近端缘具 1 列横脉形成亚端缘线；后翅呈 3 瓣，扇域和臀瓣较退化。后足胫节具 2 个侧刺。阳茎浅"U"形，端部对称无突起，阳茎基背侧瓣在近端部形成突起，侧面观端缘略扩大。雌虫第 7 腹节中部突出。

分布：古北区、东洋区。世界已知 3 种，中国记录 2 种，浙江分布 1 种。

（410）福建梯额瓢蜡蝉 *Neokodaiana minensis* Meng *et* Qin, 2016（图 4-34）

Neokodaiana minensis Meng *et* Qin *in* Meng, Wang & Qin, 2016: 18.

主要特征：体连翅长：♂ 4.8–5.5 mm，♀ 5.1–5.6 mm。体褐色，具黑褐色斑点和斑纹。额黑褐色，具白色及黑色横带，且沿侧缘具黄白色瘤突。颊黑褐色，具 2 条白色横带。头顶两后侧角处宽为中线处长的 3.0 倍。额近侧缘处各具 7 个疣突，复眼之间具 2 条横脊；额长为最宽处的 0.5 倍。前翅长为最宽处的 2.3 倍。后足刺式 12-12(15)-2。雄虫肛节背面观近火炬形。阳茎基背侧瓣细长，近端部扩大，形成戟状突起，且指向尾部的突起具锯齿状的边缘，其余突起指向头部。雌虫第 7 腹节中部宽的突出。

分布：浙江（杭州）、福建。

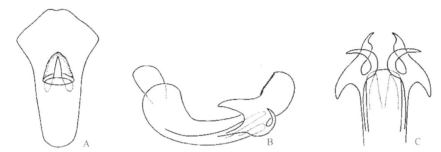

图 4-34　福建梯额瓢蜡蝉 *Neokodaiana minensis* Meng *et* Qin, 2016（仿 Meng et al.，2016）
A. 雄虫肛节；B. 阳茎侧面观；C. 阳茎端半部腹面观

十一、蛾蜡蝉科 Flatidae

主要特征：体长 5.0–40.0 mm。体白色、淡黄色、黄色、橙色、绿色至褐色。头包括复眼窄于前胸背板，头顶前缘平截或锥形突出；复眼位于头两侧；触角刚毛状，着生在复眼下方；额平坦或隆起，长宽比不等，中脊有或无。前胸背板常宽大于长，前缘波状或圆形前凸，中脊有或无，通常有眼后突，锥状或脊状。前翅基部肩板鳞状。前翅宽大，质地均匀，常覆有蜡粉，休息时垂直放于身体两侧或平放于腹部上；爪区基部常具小颗粒。

分布：世界广布。世界已知 245 属 1165 种，中国记录 26 属 66 种，浙江分布 3 属 4 种。

分属检索表

1. 体小型，体长通常小于 7 mm ·· 拟幻蛾蜡蝉属 *Mimophantia*
- 体中型，体长通常 10–25 mm ·· 2
2. 体麦秆色；前翅臀角近圆弧形 ··· 平蛾蜡蝉属 *Flata*
- 体黄绿色；前翅臀角近直角 ·· 碧蛾蜡蝉属 *Geisha*

226. 平蛾蜡蝉属 *Flata* Fabricius, 1798

Flata Fabricius, 1798: 511. Type species: *Poeciloptera stellaris* Walker, 1851.

主要特征：体中型，体长 12.0–25.0 mm。头包括复眼窄于前胸背板，头顶宽大于长，前缘略突出，与额几融为一体。额卵圆形，侧缘隆起。触角短，第 1 节管状，第 2 节比第 1 节长；有单眼。前胸背板与中胸背板轻微隆起；前胸背板前缘近圆形，中脊隆起，中胸背板具 3 条纵脊。前翅三角形，从翅基部伸出 4 条长纵脉（Sc+RA、RP、MP、CuA），前缘略突出，端缘截形。后足胫节近端部具 2 侧刺。

分布：东洋区。世界已知 20 种，中国记录 3 种，浙江分布 1 种。

（411）浙平蛾蜡蝉 *Flata orientala* **Peng, Fletcher *et* Zhang, 2012**（图版XI-1）

Flata orientala Peng, Fletcher *et* Zhang, 2012: 7.

主要特征：体麦秆色，复眼褐色，前翅有一些黑色的小圆点。体长 16.0 mm。头顶宽是长的 5.0 倍，额长宽几相等。额唇基缝轻微隆起，喙延伸至中足转节。前胸背板前缘突出，有脊状眼后突；中胸背板后缘成 85° 的角。后足胫节端部有 7 根短刺，后足跗节端部有 9 根短刺。前翅前缘基部略突出，外缘略突出，顶角近圆形，臀角约 105°，CuA 脉分叉。雄虫尾节近四边形，前缘近 S 形。雄性生殖器抱器近半球形，背端部有 1 短刺；阳茎基侧面有 2 对刺；阳茎基腹瓣长，有一些指状的刺；阳茎鞘在近端部 1/3 处有 1 对长刺，端部分为两瓣，每侧有 2 个刺，前端的刺几乎与阳茎等长并且分叉。

分布：浙江（泰顺）、广东。

227. 碧蛾蜡蝉属 *Geisha* Kirkaldy, 1900

Geisha Kirkaldy, 1900b: 296. Type species: *Poeciloptera distinctissima* Walker, 1858.

主要特征：体中型，头包括复眼窄于前胸背板，头顶宽大于长，侧缘轻微隆起；额中部有 1 纵脊，侧缘轻微隆起；触角短，第 1 节环状，第 2 节比第 1 节长，伸达颊边缘。前胸背板前缘圆形，向前突伸达复眼前沿，无中脊；中胸背板有 3 纵脊。前翅短，近三角形，前缘弧状，顶角阔圆，臀角近直角，前缘室宽于前缘膜，从翅基部伸出 3 条长纵脉（ScP+R、MP、CuA），CuA 脉分叉，CuA_1 脉通常与 MP_2 脉合并，翅面密布横脉。后足胫节具 2 侧刺。

分布：东洋区。世界已知 4 种，中国记录 4 种，浙江分布 1 种。

（412）碧蛾蜡蝉 *Geisha distinctissima* **(Walker, 1858)**（图版XI-2）

Poeciloptera distinctissima Walker, 1858b: 114.

Geisha distinctissima: Kirkaldy, 1901: 50.

主要特征：体黄绿色。体长 10.0–12.0 mm。头包括复眼窄于前胸背板，头顶前缘突出成 140°–150° 角，侧缘轻微隆起；额略隆起，侧缘隆起，有 1 中脊，长度超过额的一半。额唇基缝隆起；唇基三角形，强烈隆起。喙伸至中足转节。前胸背板前缘突出，眼后突脊状，中胸背板有 3 纵脊。后足胫节端部有 7 根短刺，后足跗节端部有 8 根短刺。前翅长 9.8–10.6 mm，前缘室远远宽于前缘膜，前翅边缘红色，无黑点，从翅基部伸出 3 条长纵脉（ScP+R、MP、CuA），MP 脉分支与 CuA_1 脉合并。

分布：浙江（鄞州）、山东、江苏、湖北、湖南、福建、台湾、广东、广西、四川。

228. 拟幻蛾蜡蝉属 *Mimophantia* Matsumura, 1900

Mimophantia Matsumura, 1900b: 212. Type species: *Mimophantia maritime* Matsumura, 1900.

主要特征：体小，通常小于 7.0 mm。头包括复眼窄于前胸背板，头顶五边形，长宽几乎相等，前缘锥状，长于前胸背板，有中脊，侧缘不隆起。额长宽几相等，两侧缘脊片状。具单眼，通常为红色。触角短，第 1 节环状，第 2 节比第 1 节长。前胸背板中域平，前缘突出，端部具 1 纵沟，有显著凸起的眼后突；中胸背板前缘突出，具 3 纵脊。前翅外缘截形，缝缘截形，顶角圆形，臀角近直角，从翅基部伸出 3 条长纵脉（ScP+R、MP、CuA），有 1 亚缘线。后足胫节具 2 侧刺。

　　分布：东洋区、澳洲区。世界已知 4 种，中国记录 3 种，浙江分布 2 种。

（413）脊额拟幻蛾蜡蝉 *Mimophantia carinata* Jacobi, 1915（图版 Ⅺ-3）

Mimophantia carinata Jacobi, 1915: 169.

　　主要特征：体浅棕色。体长 5.0–6.0 mm。头包括复眼窄于前胸背板；头顶长宽几相等，前缘锥状，侧缘稍隆起，有 1 宽纵脊；额长是宽的 1.1 倍，侧缘隆起，具 1 明显中脊。额唇基沟轻微隆起。喙延伸至后足转节。单眼小。前胸背板前缘稍凹入，中域平；中胸背板具 3 纵脊。后足胫节端部有 7–8 根刺，后足跗节端部有 2 个大刺和 15–20 个小刺。前翅近三角形，前缘略突出，外缘截形，顶角圆形，臀角近直角，前缘膜宽约为前缘室的 1.8 倍，从翅基部伸出 3 条长纵脉（ScP+R、MP、CuA）。雄虫尾节侧面观环状；雄性生殖器抱器瓣状，背侧有 1 刺；肛管侧面观稍弯曲；阳茎基侧面有 1 对细长弯曲的刺；阳茎鞘稍弯，无刺。

　　分布：浙江（普陀）、湖南、台湾、贵州。

（414）海拟幻蛾蜡蝉 *Mimophantia maritima* Matsumura, 1900（图版 Ⅻ-1）

Mimophantia maritima Matsumura, 1900b: 212.

　　主要特征：体浅灰色。体长 5.0–6.0 mm。头包括复眼窄于前胸背板；头顶宽约为长的 1.2 倍，前缘突出，侧缘稍隆起，有 1 明显的宽脊；额长宽几相等，侧缘稍隆起，有 1 短中脊。额唇基缝轻微隆起。喙伸至后足转节。单眼小且不明显。前胸背板前缘稍凹入，中胸背板有 3 纵脊。后足胫节端部有 8 根刺，后足跗节端部有 2 个大刺和 15–20 个小刺。前翅近三角形，前缘略突出，外缘截形，顶角圆形，臀角近直角，前缘膜约为前缘室的 1.8 倍，从翅基部伸出 3 条长纵脉（ScP+R、MP、CuA）。雄性生殖器：尾节侧面观环状；抱器瓣状，背侧有 1 刺；肛管短；阳茎基侧面有 1 对弯曲的刺，刺上多锯齿；阳茎鞘稍弯，无刺。

　　分布：浙江（临安）、台湾；日本，印度尼西亚。

十二、蜡蝉科 Fulgoridae

　　主要特征：体中到大型，多具色彩，翅展通常超过 20.0 mm。头包括复眼多窄于前胸背板；触角短，柄节小，多为圆柱形，梗节大，通常为球形，鞭节极细小；顶四边形，后缘浅脊状；额四边形，常具中脊，侧脊强隆起，有些类群具多变的头突；前胸背板横形，前缘突出，后缘平截或弧状凹入。中胸背板三角形，常具 3 脊。肩板大。后足第 2 跗节端部有 1 排刺，无活动的距。前翅爪片明显，端部翅脉网状。后翅短阔，臀区与轭区强度网状。雄性尾节环状；肛刺突常特化；生殖刺突大而复杂，基部愈合或分离，外侧近中部背缘常具 1 钩状突；阳茎基发达，其外壁形成膜质阳茎叶，其内部包被 1 对较骨化的阳茎基突；连索棒状或丝状；连接桥三角形、四边形或卵圆形。雌性外生殖器第 1 产卵瓣端部常具齿突；第 2 产卵瓣多三角形，在基部愈合；第 3 产卵瓣多 2 裂。

　　生物学：属于渐变态类，一生经由卵、若虫到成虫，没有蛹期。若虫和成虫都生活在植物上，取食植物汁液，若虫期多数聚集在植物的嫩枝上，到成虫期开始分散。若虫和成虫皆可分泌蜡质。多数类群一年发生 1 代，通常以卵越冬。蜡蝉科昆虫为植食性，以刺吸式口器吮吸植物汁液夺取营养，传播植物病毒，是重要的农林害虫。

　　分布：世界广布。世界已知 142 属 774 种，中国记录 10 属 40 种，浙江分布 1 属 1 种。

229. 斑衣蜡蝉属 *Lycorma* Stål, 1863

Lycorma Stål, 1863a: 234. Type species: *Aphana imperialis* White, 1846: 330.

主要特征：头包括复眼窄于前胸背板，顶基部截形，后角不突出；额与顶相连处延伸出 1 短小的、向上反折的头突，额长大于宽，具 2 纵脊。前胸背板中脊两侧各有 1 小凹陷。前翅长，基部 2/3 散布多数斑点或斑纹，端部翅脉网状。后翅基半部散布较多斑点，后缘波状，端部翅脉分叉密，臀区和轭区翅脉网状。前足股节端部不扩大，后足胫节常 4–5 个侧刺。

分布：东洋区、新北区。世界已知 4 种 1 亚种，中国记录 3 种 1 亚种，浙江分布 1 种。

（415）斑衣蜡蝉 *Lycorma delicatula* (White, 1845)（图版XII-2）

Aphaena delicatula White, 1845: 37.

Lycorma delicatula: Stål, 1863a: 234.

主要特征：体长：♂ 11.5–15.5 mm，♀ 15.1–17.5 mm。翅展 ♂ 39.4–44.5 mm，♀ 43.2–55.5 mm。头部及前胸背板褐赭色；中胸背板深褐色；复眼黑褐色；触角橙黄色；前翅基部 2/3 淡褐色或青褐色，散布多数黑斑，前缘域还具 6 个黑斑，端部 1/3 沥青色，翅脉棕褐色；后翅基半部红色，散布 6–10 个褐色斑点，中域有 1 近三角形的白色或蓝白色区域，端部 1/3 黑色。足及腹部黑褐色。腹部常覆有白色蜡粉，节间膜多橙黄色，雌虫第 9 腹板血红色。头突三角形。顶方形略平坦，侧缘略弧形凹入；额较平坦，2 条纵脊近平行，近端部以下消失，前胸背板前缘脊状，较平直，与中脊呈 T 形；中胸背板 2 侧脊略呈弧形。前翅超出腹部末端甚多。雄性外生殖器：侧观近梯形，后缘凸出，腹缘平直，端腹角略尾向突出。肛管中等，侧观近三角形，末端不超过生殖刺突末端，端缘较平直，腹缘微凹；背面观肛管两侧缘略弧拱，端缘凹陷，肛上板短阔，顶端尖锐，肛下板长卵形。生殖刺突较骨化，侧观近三角形，端缘弧形，下方有 1 膜质透明的近三角形区，腹面观 2 生殖刺突基部连接。阳茎基几全部膜质，延伸出 5 对阳茎叶，内体突骨化，端部 1/3 露出，较膨大，向后反折，布满刺状小突起，交配中易断落。连索棒状。连接桥不明显。雌性外生殖器：有 3 对产卵瓣，第 1 产卵瓣较骨化，端部有 4 个齿；第 2 产卵瓣弱骨化，基半部愈合，其余分离，端部 1/4 接触；第 3 产卵瓣覆多数长短不一的刚毛，基部与第 2 产卵瓣相连，侧观多呈卵圆形，常 3 裂，近背缘 1/5 常全裂，外缘近背向 1/3 处有 1 前裂口。肛管同雄虫。

寄主植物：臭椿、大豆、洋槐、苦楝、桃、李、海棠、女贞、葡萄、黄杨、大麻、合欢、杨、栎、杏等。

分布：浙江（开化）、中国东南部及北方部分省份；韩国，日本，印度，越南，美国东北部。

十三、粒脉蜡蝉科 Meenoplidae

主要特征：体长 2.0–6.5 mm；头通常小，顶与额的侧脊明显；触角短而简单，共有 3 节，第 1 节短粗，第 2 节长且圆柱形，第 3 节是非常细的鞭毛；下唇末节长；常有中单眼，单眼明显，复眼较大；喙较长，达后足基节处。前胸背板通常较大，短，比头阔；脊线明显或消失；肩板大；中胸背板比前胸背板阔，有中脊线；前翅通常为大翅型，休息时放置呈屋脊状，基前缘区稍扩大，无横脉；ScP+RP 与 MP 脉基部共柄，中部或端部分叉，ScP 脉和 RP 脉都有 2 分支；MP 脉简单；CuA 脉复杂，有增加的脉纹；1 条或 2 条爪脉上有颗粒。腹部狭，第 6–8 腹节有蜡孔；雄虫腹部第 9、10 节特化成尾节和肛节，肛节形状多异；阳茎简单，阳茎基突形状多异；生殖板大而复杂。雌性生殖器不完全，产卵器没有或退化。

生物学：在长江流域地区常年发生，一年发生 6 代，第 1 代成虫在 5 月中、下旬出现，第 2 代在 6 月中旬，第 3 代在 7 月下旬至 8 月上旬，第 4 代在 8 月中、下旬，第 5 代在 9 月上、中旬，第 6 代在 10 月上、中旬；成虫将卵产在禾本科及莎草科植物叶鞘外侧或叶片下表面或茎干凹陷处，卵块排列成椭圆形，外被白色絮状蜡质（周尧等，1985）。部分粒脉蜡蝉种类为穴居式生活，如澳大利亚西部的 *Phaconeura pluto* (Fennah, 1973)、太平洋地区的 *Suva oloimoa* (Hoch et Asche, 1988)、古北区加那利群岛的 *Meenoplus cancavus* (Remane et Hoch, 1988) 和旧热带区马达加斯加地区的 *Tsingya clarkei* (Hoch et Wessel, 2014)，其居住的洞穴环境大多黑暗潮湿。粒脉蜡蝉的天敌多为捕食性种类，如雪白粒脉蜡蝉的天敌种类为蜘蛛、青蛙，主要捕食其成虫和若虫（周尧等，1985）。

分布：世界广布。世界已知 23 属 160 种，中国记录 8 属 19 种，浙江分布 3 属 3 种。

分属检索表

1. 唇基无侧脊 ·· 粒脉蜡蝉属 *Nisia*
- 唇基具侧脊 ·· 2
2. 额侧缘不平行 ··· 苏瓦属 *Suva*
- 额侧缘平行 ··· 媛脉蜡蝉属 *Eponisia*

230. 媛脉蜡蝉属 *Eponisia* Matsumura, 1914

Eponisia Matsumura, 1914b: 285. Type species: *Eponisia guttula* Matsumura, 1914.

主要特征：头顶极短，呈横向的狭条，没有中脊；额侧缘突出成宽脊，其内缘有颗粒状突起，侧缘平行；唇基具侧脊和中脊。前、中胸背板有明显的中脊；前翅宽大，前翅 Pcu 脉和 A₁ 脉在爪区近端部会合，Pcu 脉上有明显颗粒；后足刺式 8-7-6。雄性生殖器：肛节结实，逐渐侧向膨大，长是宽的 2 倍；尾节背面完整，侧面细长；阳茎侧面宽大；抱器外侧超过肛管，背基部有 1 个突起，向背侧弯曲。

分布：东洋区。世界已知 3 种，中国记录 2 种，浙江分布 1 种。

（416）媛脉蜡蝉 *Eponisia guttula* Matsumura, 1914（图版XII-3）

Eponisia guttula Matsumura, 1914b: 285.

Kermesia guttula Tsaur et al., 1986: 103.

主要特征：♀体长 2.5 mm，翅展 11.0 mm。体被蜡粉；头与前胸背板褐色，额中域色略深；唇基色淡；复眼黑色；触角淡褐；中胸背板褐色，有 2 条淡色纵条纹；腹部褐赭色，背腹板后缘具淡褐色横条，前翅灰褐色，翅脉除前缘中央和中部端室的横脉灰白色外，余均淡褐色；后翅灰白色，翅脉褐色；足淡褐色。头顶横向窄条状，其长宽比例为 1∶5，边缘呈强脊状突起，中域凹陷；额中域凹陷，侧缘呈脊状突起，侧缘突起的脊顶为褐色细纵条，其内侧具颗粒状突起，侧缘平行；唇基具中脊和侧脊；喙细长，伸达近腹部末端；复眼近圆形，下缘中部凹入；触角第 2 节色较深并膨大。前胸背板短，后缘凹入成钝角，有中脊 1 条；中胸背板具纵脊 3 条。前翅前缘域较宽，ScP+RP 脉有颗粒，近中外 1/3 处具 1 灰白色的横脉；后翅较前翅短而略狭。后足刺式为 8-7-6。雄性生殖器：背面观，肛节端部膨大，侧面观，肛节细长，端部窄凸，腹边缘向下弯曲；阳茎两侧骨化，侧面观伸达肛节部位，背面观，在基部 1/6 处有 2 个耳状突起；阳茎的端部与阳茎基突腹边缘处于同一水平；抱器几乎等宽，在中部稍微弯曲，端部钝圆。

分布：浙江、台湾、西藏；日本。

231. 粒脉蜡蝉属 *Nisia* Melichar, 1903

Nisia Melichar, 1903: 53. Type species: *Meenoplus atrovenosa* Lethierry, 1888.

主要特征：体小到中型，体被厚重蜡粉；头（包括复眼）窄于前胸背板，顶中部狭窄，侧缘呈脊状，并近于平行；唇基具中脊，无侧脊；喙的端节小，达后足基节。前胸背板短，后缘凹入呈钝角状，具中脊1条；中胸背板具中脊。前翅阔大，MP$_{1+2}$脉简单，ScP+RP脉具单行颗粒，两爪脉在爪域近端部会合，Pcu脉上具有颗粒状突起。后翅较前翅短而略狭，其 RP 脉分叉。足长度适中，后足刺式为10-9(8)-5（除了 *N. grandiceps* Kirkaldy 是 14-11-6）。雄性外生殖器肛节宽大，侧边缘几乎平行，侧端突在端部钝圆；阳茎细长，向下弯曲；阳茎基突手指状。雌性生殖板小，背部和尾部边缘卷曲，腹瓣小，背侧和尾侧边缘均匀弯曲，腹侧边缘明显向内切。

分布：东洋区。世界已知 22 种，中国记录 6 种，浙江分布 1 种。

（417）雪白粒脉蜡蝉 *Nisia atrovenosa* (Lethierry, 1888)（图版 XIII-1）

Meenoplus atrovenosus Lethierry, 1888: 466.
Nisia atrovenosa: Melichar, 1903: 53.

主要特征：♀体长 2.0 mm，翅展 8.0 mm。头及前胸背板淡褐色；复眼深褐色圆形；触角浅褐色。中胸背板浅褐色；前翅淡褐色，半透明，翅脉褐色；后翅灰白色，半透明，翅脉浅褐色。腹部浅褐色；足淡褐色。头顶到颜面两侧呈脊状突起，侧脊内侧有褐色颗粒状突起，中域浅褐色并呈凹陷状；唇基较短，中域隆起；触角第 2 节长为第 1 节的 3 倍；颊狭长。前胸背板极短，后缘凹入成钝角；前翅基部窄，端部宽，外缘弧形。雄性生殖器：肛节侧面细长，背侧硬化，腹侧膜质；阳茎稍微骨化；侧面观，阳茎基突管状；侧面观，抱器棒状，近中部背边缘产生 1 突起，腹面观，近基部分开，内边缘 1/2 处有齿状板突起。

分布：浙江（开化）、陕西、江苏、江西、湖南、福建、台湾、广东、四川、贵州；朝鲜，日本，巴基斯坦，印度，斯里兰卡，菲律宾，新加坡，印度尼西亚，巴布亚新几内亚，斐济岛，欧洲，澳大利亚，埃及，马达加斯加，索马里，摩洛哥，埃塞俄比亚。

232. 苏瓦属 *Suva* Kirkaldy, 1906

Suva Kirkaldy, 1906: 428. Type species: *Suva koebelei* Kirkaldy, 1906.

主要特征：头顶梯形；头顶与额间有横脊；额端部最宽，复眼中部同一线处最狭；头顶与额均无中脊，无中单眼；唇基具有明显的中脊与侧脊；喙中等长，略超过后足基节。前胸背板狭长，前缘显著呈钝角突出，后缘呈钝角凹入，中脊明显，侧脊 4 条，2 条紧位于中脊两侧，其末端伸向外侧方，明显不达后缘，另 2 条自复眼外下角伸至翅基片，将前胸背板分出 2 个明显的侧叶；中胸背板菱形，中脊不明显，无侧脊。前翅狭长。

分布：东洋区、澳洲区。世界已知 11 种，中国记录 2 种，浙江分布 1 种。

（418）长翅苏瓦花虱 *Suva longipenna* Yang *et* Hu, 1985

Suva longipenna Yang *et* Hu, 1985: 24.

未见浙江标本，仅根据 Yang 和 Hu（1985）的描记转载如下。

主要特征：长翅型♂：体连翅长 6.0 mm，体长 3.9 mm，翅长 5.2 mm。体淡橙黄色，被有白色蜡粉；喙末端黑褐色；中胸背板橙褐色；翅基片黄白色；中、后足基节外侧方各有 1 明显的黑斑；前翅玉白色，半透明，膜区的前缘至 RP 脉及合缝处淡烟褐色，翅脉与翅面同色；腹部背面淡褐色，腹面黄白色。雄生殖节淡褐色；阳基侧突污黄色；阳茎淡褐色；臀节污黄色；臀突橙褐色。头顶梯形，基中长与宽的比例为 1：1.3，明显突出于复眼前方，端缘微突，基部呈钝角凹入，中域内陷；头顶与额间有横脊；额端部最宽，复眼中部处最狭，长与最宽处比例为 2.2：1，与最狭处比例为 3.6：1；头顶与额均无中脊；无中单眼；触角第 1 节极短小，不明显，隐藏在突出的触角窝内，第 2 节肥大，呈卵圆形，长宽比例为 1.4：1；唇基具明显的中脊与侧脊；喙中等长，伸达腹部第 2 节；前胸背板狭长，前缘显著呈钝角突出，后缘呈钝角凹入，中脊明显，侧脊 4 条，2 条紧位于中脊两侧，其末端伸向外侧方，明显不达后缘，另 2 条自复眼外下角伸至翅基片，将前胸背板分出两个明显的侧叶；中胸背板呈菱形，宽略大于长，中脊不明显，无侧脊；前翅狭长，长与最宽处的比例为 3.2：1；后足基跗节长于另 2 节之和，后足胫节末端具刺 8 枚，第 1、2 跗节末端均具刺 6 枚。雄生殖节短，侧缘上方有 1 叶状突起；阳基侧突长瓣状，基部窄，向端部渐扩张，末端收狭并向上卷曲，端缘分叉具小齿，内侧近基部 1/3 处具 2 个疣状小突起；阳茎高度骨化，结构复杂；臀节呈长舌状，臀突着生于臀节基部 1/3 处。

分布：浙江（西湖）、云南。

十四、广蜡蝉科 Ricaniidae

主要特征：头（包括复眼）与前胸背板近等宽；顶窄；额阔；唇基三角形，有或无中脊，边缘无脊线；喙长，可伸达中足转节；复眼卵圆形；触角柄节短，梗节近球形，鞭节短。前胸背板极窄，常具中脊；中胸背板长且阔，具中脊、侧脊和上侧脊。前翅宽大，爪片上无颗粒，阔三角形，具肩板，前缘室常具横脉，基室小，ScP+R 脉、MP 脉及 CuA 脉从基室发出，爪片具或不具横脉；后翅三角形，具 r-m 和 m-cu 横脉。后足胫节扁，具 2 个侧刺和多个端刺，第 1 跗节具端刺，第 2 跗节不具端刺。雄性生殖器发达，阳茎复体粗短，具复杂的端刺和凸起；围膜端部常裂开，分为背侧瓣和腹瓣。雌性外生殖器外露，第 3 产卵瓣发达。

生物学：广翅蜡蝉昆虫属不完全变态，一个世代只有卵、若虫、成虫 3 个时期，无蛹期，一年发生 1 或 2 代，以卵越冬，卵多产于嫩枝、叶脉和叶柄组织内，表面均匀地覆盖着白色絮状物，影响枝条及叶片生长；若虫和成虫善于爬行，群集于叶背及嫩枝上为害，在为害处分泌蜜露，诱发煤污病和流胶病，影响树势及产量，是重要的农林害虫。

分布：世界广布。世界已知 66 属 434 种，中国记录 5 属 39 种，浙江分布 3 属 7 种。

分属检索表

1. 前翅 RA 和 RP 脉共柄，且共柄长度较长 ··· 疏广蜡蝉属 *Euricania*
- 前翅 RA 和 RP 脉分别从基室发出，若共柄则共柄长度短 ·· 2
2. 唇基具中脊 ·· 宽广蜡蝉属 *Pochazia*
- 唇基不具中脊 ·· 广翅蜡蝉属 *Ricania*

233. 疏广蜡蝉属 *Euricania* Melichar, 1898

Euricania Melichar, 1898a: 393. Type species: *Pochazia ocellus* Walker, 1851.

主要特征：头包括复眼宽于前胸背板，顶短而阔。额宽大于长，具中脊、亚侧脊。前胸背板短阔，具中脊线。中胸背板阔且长，中脊直，侧脊向前向内弯曲且靠近前缘中部，上侧脊从侧脊中部发出，伸达或接近前缘。前翅阔三角形，ScP+R 脉、MP 脉和 CuA 脉 3 条纵脉从基室发出，RA 脉和 RP 脉共柄极长，MP_{1+2} 脉和 MP_{3+4} 脉具共柄，CuA 脉在爪片近中部分叉，Pcu 脉和 A_1 脉在爪片中部合并，翅面具亚外缘线和外横线。后翅小，具 r-m 和 m-cu 横脉。后足胫节扁平，具 2 个侧刺。雄性阳茎具 2 对刺突，背刺突和侧刺突，刺突端部不分叉；雌性生殖器有交配囊 2 个，第 1 交配囊常具骨化的装饰。

　　分布：东洋区、澳洲区。世界已知 35 种，中国记录 7 种，浙江分布 1 种。

（419）带纹疏广蜡蝉 *Euricania facialis* (Walker, 1858)

Flatoides facialis Walker, 1858b: 100.

Euricania facialis: Melichar, 1898b: 259.

　　未获得浙江标本，该种形态特征及分布主要依据徐常青等的记载（Xu et al., 2006）。

　　主要特征：体褐色。头、前胸背板和中胸背板及复眼为黑褐色，额栗褐色，唇基黄褐色，喙浅黄色。前翅透明，前翅周缘饰以褐色的条带，前缘膜近中部有 1 个三角形的斑，MP_{3+4} 脉处有 1 个不规则的褐斑。雄性肛节侧面观腹缘凸；背面观基部最宽，从基部最宽处至顶缘渐细弯曲，肛板着生在肛节近中部，肛上板半椭圆形，肛下板指状。阳茎复体粗壮，侧面观呈弓形；阳茎有 2 对刺状刺突，背刺突先端向再侧向延伸；侧刺突短，扭曲。腹面观中部略凹陷，顶端中间平；侧刺突基部深缺刻。雌性端节有 1 对交配囊，第 1 交配囊大，长桶状；第 2 交配囊椭圆形。第 1 产卵瓣刀状，背缘有锯齿状突起，近端缘有 5 个端齿。第 1 负瓣片膜质，较第 1 产卵瓣短且骨化程度低。第 2 产卵瓣楔形，后腓骨骨化，其他部分膜质。第 3 产卵瓣近四边形，腹缘基半部分膜质，后缘和背端缘有 2–3 列密集的齿状突。第 7 腹节两侧瓣阔，后缘中间微凸。

　　分布：浙江、山西、河南、江西、湖南、台湾、贵州；日本。

234. 宽广蜡蝉属 *Pochazia* Amyot *et* Serville, 1843

Pochazia Amyot *et* Audinet-Serville, 1843: 528. Type species: *Pochazia fasciata* Kirkaldy, 1903.

　　主要特征：头包括复眼与前胸背板等宽。顶短而阔。额宽大于长，具中脊、侧脊。唇基具中脊。前胸背板窄，具中脊线。中胸背板阔，具 5 条脊。前翅阔三角形，ScP+R 脉、MP 脉和 CuA 脉 3 条纵脉从基室发出，RA 脉和 RP 脉共柄极短或同时从基细胞发出，MP_{1+2} 脉和 MP_{3+4} 脉具共柄，翅面有或多或少的横脉。后翅小，具 r-m 和 m-cu 横脉。后足胫节扁平，具 2 个侧刺。雄性生殖器：阳茎具 3 对刺突，即腹刺突、背刺突和侧刺突，刺突端部不分叉。雌性生殖器：有交配囊 2 个，交配囊管长于交配支囊管，第 3 产卵瓣发达，背半强烈骨化，腹半部分膜质。

　　分布：古北区、东洋区、澳洲区。世界已知 44 种，中国记录 7 种，浙江分布 3 种。

分种检索表

1. 前翅外方 1/3 有 1 条闪电状横带 ·· 电光宽广蜡蝉 *P. zizzata*
- 前翅不具闪电状横带 ·· 2
2. 前翅翅面中央无白斑 ·· 山东宽广蜡蝉 *P. shantungensis*
- 前翅翅面中央有白斑 ··· 眼斑宽广蜡蝉 *P. discreta*

（420）电光宽广蜡蝉 *Pochazia zizzata* Chou *et* Lu, 1977（图版 XⅢ-2A–C）

Pochazia zizzata Chou *et* Lu, 1977: 316.

主要特征：体褐色。顶栗褐色，前胸背板和中胸背板黑色；额和唇基栗褐色，喙黄褐色。前翅栗褐色，前缘 3/5 处有 1 个透明三角斑，翅外缘 1/3 有 1 条闪电状横带。雄性肛节侧面观腹缘基半部凹陷后强烈凸起；背面观肛孔着生在肛节中部，肛上板半椭圆形，肛下板指状。阳茎复体侧面观，中下部弯曲。围膜侧面观中部裂开，裂口长度达围膜 1/2，背面观背侧瓣两边隆起似垄，中间凹陷入沟；腹面观腹瓣端角处扩大，端缘凸侧缘近端部 1/4 处凹，背端角位于凹陷处。阳茎具 3 对刺突，背面观背刺突和侧刺突先基向再侧向延伸，达到阳茎复体长度的 1/2，两刺突在近端部处呈"X"状；腹面观，腹刺突先内侧向再外侧基向延伸。雌性端节只有 1 个交配囊，表面有很多凹陷。肛节背面观基部 1/3 最阔，肛孔位于肛节中部，肛上板短于肛下板。第 1 产卵瓣刀状，背缘具锯齿状突，端部侧面具 5 个端齿；第 1 负瓣片卵圆形，内生殖突近剑状。第 2 产卵瓣侧面观楔形，后腓骨骨化，前连接片膜质，背面观叉状。第 3 产卵瓣近四边形，背端角弧形突出，腹半基部膜质；后缘和背端缘约有 3 列密集排列的齿状突。第 7 腹节两侧瓣阔，后缘中部凹。

分布：浙江（临安）、陕西、甘肃、福建、四川。

（421）眼斑宽广蜡蝉 *Pochazia discreta* Melichar, 1898（图版 XⅢ-2D–F）

Pochazia discreta Melichar, 1898a: 386.

主要特征：体褐色到黑褐色。顶、前胸背板和中胸背板黑褐色；额与唇基栗褐色，喙黄褐色。前翅褐色到黑褐色；翅面具 4 个明显的白斑，第 1 个位于前缘近端部 1/3 处，近四边形；第 2 个位于翅面中部，其外缘被 1 黑褐色斑半包围着；外缘处有 2 个白斑，靠近顶角的眼状白斑不与外缘相接，靠近臀角的白斑与外缘相接。雄性肛节侧面观腹缘凸；背面观三角形，基缘中部凹，侧缘直，端缘凸，肛板着生于肛节中部。阳茎复体侧面观基部 1/3 处弯曲。围膜侧面观，中部裂开，裂开长度达总长度近一半。阳茎具 3 对端刺突，背刺突先端向再基向弯曲，达阳茎复体总长度的一半，侧刺突先背向再侧向弯曲，并在背面相交，达阳茎复体的 2/3；腹面观腹刺突达阳茎复体的 1/2。雌性有 1 对交配囊，2 交配囊均圆形。肛节阔，背面观心形，肛孔位于肛节中间。第 1 产卵瓣刀状，背缘具齿状突，端部具 5 个端齿。第 1 负瓣片长椭圆形，内生殖突剑状，较第 1 产卵瓣短、光滑和骨化程度低。第 2 产卵瓣楔形，膜质，背面观叉状，端部有 10 余粒颗粒状圆突，后腓骨骨化。生殖骨片桥弓形。第 3 产卵瓣内侧面观，后缘和背端缘有 3–4 列密集的齿状突。第 7 腹节两侧瓣发达，后缘中部凸。

分布：浙江（临安）、河南、江苏、江西、湖南、福建、广西、贵州。

（422）山东宽广蜡蝉 *Pochazia shantungensis* (Chou *et* Lu, 1977)（图版 XⅢ-2G–I）

Ricania shantungensis Chou *et* Lu, 1977: 317.

Pochazia shantungensis: Rahman et al., 2012: 243.

主要特征：体褐色到黑褐色。顶、前胸背板和中胸背板黑褐色；额褐色，中脊黑褐色，唇基褐色到黑褐色，喙黄褐色。前翅褐色，前缘 2/3 处有 1 个近三角形白斑，翅面无白斑。后翅褐色，后前缘区黄白色。雄性端节：肛节侧面观，腹缘凸；背面观基半部阔，端半部窄；肛板着生于肛节中部，肛上板半椭圆形。阳茎复体侧面观基部 1/3 膨大；围膜中部裂开，裂口深达围膜中部。阳茎具 3 对刺突，背刺突先基向再背向，达阳茎复体的 1/2，侧刺突先背向再侧向，约为阳茎复体的 1/3，腹刺突先内侧向再外侧向。雌性具 2 个交配囊，连接处缢缩；第 1 交配囊有很多凹陷的小窝，第 2 交配囊小，表面皱褶。肛节背面观心形，肛孔位于中部。第 1 产卵瓣刀状，其上具锯齿状突，侧面有 4 个精细的刻纹，相应的有 4 个端突；第 1 负瓣片阔，内生殖突剑状，中部微凹，较第 1 产卵瓣短、细、光滑和骨化程度低。第 2 产卵瓣侧面观楔形，背面观叉状，其上有些许颗粒状的突起。生殖骨片桥"L"形，腹端部头向。第 3 产卵瓣双瓣，内侧面观，后缘具 2–3 列紧密排列的齿状突，腹半部分膜质。第 7 腹节侧瓣发达，后缘中部两边有三角形突起。

分布：浙江（临安）、河南、陕西、江西、湖南、四川；韩国。

235. 广翅蜡蝉属 *Ricania* Germar, 1818

Ricania Germar, 1818: 221. Type species: *Cercopis fenestrata* Fabricius, 1775.

主要特征：体中到大型。头包括眼与前胸等宽。顶极窄。额宽大于长，具中脊和侧脊。唇基三角形，不具中脊。前胸背板窄，具中脊。中胸背板阔，具 5 条脊，中脊直，侧脊向内、向前缘处靠近，上侧脊向前靠近前缘，与前缘相接或不相接。前翅阔三角形，ScP+R 脉、MP 脉/MP$_{1+2}$+MP$_{3+4}$ 脉和 CuA 脉 3–4 条纵脉从基室发出，RA 脉和 RP 脉共柄短或同时从基细胞发出，MP$_{1+2}$ 脉和 MP$_{3+4}$ 脉具共柄或分别从基细胞发出，CuA 脉在爪片近中部之前分叉，Pcu 脉与 A$_1$ 脉于爪片近中部合并，翅面有或多或少的横脉。后翅小，具 r-m 和 m-cu 横脉。后足胫节长于股节，具 2 个侧刺。

分布：世界广布。世界已知 85 种，中国记录 17 种，浙江分布 3 种。

分种检索表

1. 后翅有透明横带 ···钩纹广翅蜡蝉 *R. simulans*
- 后翅无透明横带 ··· 2
2. 前翅有 4 条褐色横带 ···褐带广翅蜡蝉 *R. taeniata*
- 前翅无褐色横带 ···八点广翅蜡蝉 *R. speculum*

（423）钩纹广翅蜡蝉 *Ricania simulans* (Walker, 1851)（图版 XIV-1A–C）

Pochazia simulans Walker, 1851a: 431.

Ricania simulans: Atkinson, 1886: 56.

主要特征：体黄褐色。顶、前胸背板和中胸背板褐色，额、唇基、喙和足浅黄色。复眼栗褐色。前翅黄褐色，前缘 2/3 处有 1 个白色三角形斑，其右下方有 1 黑色的圆斑，此圆斑的上方有 1 黑色弯曲的短条带，与黑斑如眉目般；翅面前段有 1 条白色稍透明的横带，不与前后缘相接，后段有 2 条白色稍透明的条带，分别为钩状和长椭圆状。雄性肛节侧面观腹缘凸，肛板着生于中部偏前。阳茎复体侧面观弓形，围膜侧面观中部裂开，裂口深达围膜长度的一半，背侧瓣端半部分侧缘稍凸出，腹瓣长于背侧瓣；背面观中部凹陷似沟，两边隆起如垄；腹面观腹瓣端缘凸中部凹。阳茎具 3 对刺突，背刺突长达阳茎复体基部，先基向再侧向；侧刺突耳状。腹刺突长，近达阳茎基部，近端部稍膨大形成小的圆状。雌性具 2 个交配囊，第 1 交配囊杆状，腹半部具骨化装饰，第 2 交配囊杆状，中部稍弯曲，表面光滑。肛节背面观最宽处位于基部 1/4 处，向端部渐窄；肛孔位于肛节中部。第 1 负瓣片近三角形，第 1 产卵瓣刀状，背缘微凹，其上具齿状突，端部侧面具 6 个精细的柱状刻纹，刻纹对应处有 6 个端齿；内生殖凸剑状，细且光滑。第 2 产卵瓣侧面观楔状，背面观叉状。生殖骨片桥弓形，背端部头背向，指状；腹端部头腹向，铲状。第 3 产卵瓣双瓣，猫耳状，背端角突出，腹半中部膜质，后缘和背端缘具 2–3 列齿状突。第 7 腹节后缘中部凸。

分布：浙江（临安）、江西、湖南、福建、台湾；日本，印度。

（424）八点广翅蜡蝉 *Ricania speculum* (Walker, 1851)（图版 XIV-1D–F）

Flatoides speculum Walker, 1851a: 406.

Ricania speculum: Stål, 1862b: 491.

主要特征：体黑褐色。顶、前胸背板和中胸背板黑褐色；额、唇基栗褐色，喙褐色；复眼褐色，单眼灰色。前翅黑褐色，前缘 2/3 处有 1 白色透明斑，其右下方有 1 个不规则透明斑，翅面中间有 1 个圆形透明斑，后缘有两个大的透明斑，近臀角处的透明斑在中部近外缘处有 1 黑斑。雄性肛节侧面观腹缘波折，背面观肛板着生于肛节中部，肛上板半椭圆形，肛下板指状。阳茎复体侧面观中部弯曲；围膜侧面观中部裂开，裂开长度达围膜总长度的一半。阳茎具 3 对刺突，侧面观腹刺突长达阳茎复体总长的 2/3，背刺突背面观呈倒八字，侧刺突先背向再侧向；腹面观腹刺突先侧向再基向。雌性具 2 个交配囊，连接处缢缩，第 1 交配囊椭圆形，第 2 交配囊椭圆形，表面光滑。肛节背面观，近卵圆形，基部 1/3 阔，向端部渐窄；肛孔位于肛节中部，肛上板桃形，肛下板指状。第 1 产卵瓣刀状，背缘有齿状突，具 6 个端突。第 1 负瓣片阔，近半圆形，内生殖突剑状，光滑；较第 1 产卵瓣短且骨化程度低。第 2 产卵瓣楔形，膜质，后腓骨骨化。生殖骨片桥腹端缘头腹向，延伸成针状。第 3 产卵瓣近四边形，后缘背半部有 2–3 列密集的齿状突，背端部有 1–2 列齿突，背端角圆，腹半基部膜质。第 7 腹节两侧瓣阔，端缘中间部分凸。

分布：浙江（临安）、湖北、江西、福建、四川。

（425）褐带广翅蜡蝉 *Ricania taeniata* Stål, 1870

Ricania taeniata Stål, 1870: 766.

未获得浙江标本，该种形态特征及分布主要依据周尧等（1985）的记载。

主要特征：头、前胸背板和中胸背板褐色，腹部颜色稍浅，黄褐色。额具明显的中脊和亚侧脊，唇基无中脊。前胸背板具中脊，两边具明显的刻点；中胸背板具 5 条脊，侧脊在前缘处汇合。前翅黄褐色，翅中部具 2 条深色的条带，近外缘又具 2 条横带，其中外缘的横带宽且颜色深，内侧的细，颜色稍浅。

分布：浙江、陕西、江苏、上海、湖北、江西、台湾、广东、广西、贵州；朝鲜，日本，菲律宾。

十五、扁蜡蝉科 Tropiduchidae

主要特征：体扁平；头狭于前胸背板；顶扁平、突出，常具侧脊及中脊，前缘角状、钝圆或细长柱状；后唇基具中脊；复眼近圆球形，腹面微凹入；触角短，柄节小，梗节长于柄节，鞭节至少是梗节长度的 5 倍。前胸背板短，具 3 脊；前缘明显突出，后缘角状或弧状凹入。中胸背板大，具 3 脊。小盾片顶端角状或钝圆，与中胸背板间有 1 条横沟或细线。后足胫节具 2–7 侧刺；第 1 跗节长，长于第 2 跗节。前翅膜翅或覆翅，纵脉多变化；多具 1–2 排亚端线；臀脉上无颗粒。后翅膜质，翅脉简单，纵脉在端部分叉；臀区大。腹部略扁。雄性外生殖器：肛管管状或圆形；肛刺突常特化成各种形状；生殖刺突对称，叶片状或三角状，基部愈合或分离，阳茎管状，多被阳茎具突起包被，阳茎干多具突起。雌性外生殖器第 1 产卵瓣骨化，背、腹缘常具齿突；第 2 产卵瓣退化，多三角形，位于生殖腔内；第 3 产卵瓣膜状，端部多具齿。

分布：世界广布。世界已知 127 属 427 种，中国记录 20 属 43 种，浙江分布 4 属 5 种。

分属检索表

1. 额不具中脊 ··· **舌扁蜡蝉属 Ossoides**
- 额具中脊 ·· 2
2. 生殖刺突基本愈合，阳茎细长 ··· **鳎扁蜡蝉属 Tambinia**
- 生殖刺突分离，阳茎粗短 ·· 3
3. 阳茎具 2 个分叉的尾向凸起，前翅端半部颜色不加深 ···························· **条扁蜡蝉属 Catullia**
- 阳茎具 2 个不分叉的尾向凸起，前翅端半部颜色加深 ························ **拟条扁蜡蝉属 Catullioides**

236. 条扁蜡蝉属 *Catullia* Stål, 1870

Catullia Stål, 1870: 748. Type species: *Catullia subtestacea* Stål, 1870.

主要特征：顶宽大于长，不具中脊，侧脊突出；额长大于宽，具中脊。前胸背板中脊有或无，侧脊突出，侧脊在端部交会，呈抛物线状；中胸背板侧脊汇合于中脊近端部。前翅透明，最宽处位于近端部 1/4 处，端部略尖；前缘区具许多横脉；纵脉简单，Cu₁ 脉在臀脉合并点以外分叉，结线位于前翅近端部 1/3 处，有 9 个以上端室。

分布：东洋区。世界已知 6 种，中国记录 2 种，浙江分布 2 种。

（426）绿色条扁蜡蝉 *Catullia subtestacea* Stål, 1870（图版 XIV-2）

Catullia subtestacea Stål, 1870: 748.

主要特征：体长♂ 7.5–7.9 mm，♀ 8.5–8.9 mm。体绿色，复眼黑褐色，生殖器浅黄色。侧面观，前胸背板后角端部及肩板下方各具 2 对黑色斑点；中胸背板中脊两侧具浅棕色条带；前翅透明，浅黄色，翅脉棕色，翅内缘及近外缘具褐色纵纹，在 M 脉与 R 脉之间有 1 "Y" 字形褐色纵纹直达翅端，在 M 脉与 Cu 脉之间有 1 短褐色纵纹，臀脉两侧具褐色纵纹包围。顶前缘平直，后缘弧形凹入且略呈脊状，侧缘基部脊状明显，端向渐狭，顶凹陷，顶的长宽比例为 1.0∶2.8；额基部宽于端部，具 1 宽中脊，侧缘脊起，额长宽比例为 1.6∶1.0。前胸背板前缘几乎平行于复眼，后缘钝角凹入，侧脊明显脊起，两侧脊间背板显著突出，不具中脊，前胸背板长宽比例为 1.0∶3.0。中胸背板宽略大于长，3 脊均明显突起，中胸背板长宽比例为 1.0∶1.7。顶长∶前胸背板长∶中胸背板长为 1.0∶1.0∶1.8。前翅前缘区具 15 条左右横脉，R 脉在近中部分叉，Cu 脉于近翅基 2/5 处分叉，臀区可达近翅基 3/5 处，在近端部 1/3 处具 1 条梯状排列的结线。后足胫节外侧具 4 刺，胫节末端具 7 刺，各刺末端均黑色，基跗节长。雄性外生殖器：肛管长，末端突出明显且平直，肛刺突短且颜色加深；侧面观，肛节背缘平直，腹缘弯曲，肛节整体向腹面弯曲；背面观，肛节中部渐细，两端宽。尾节环状，前缘平直，后缘弯曲，背缘不明显，整体呈三角形。生殖刺突长，超过阳茎的末端；背面观，腹缘直，背缘弯曲；背缘近基部及中部各具 1 钩状突起。阳茎基衣领状，短。阳茎粗，管状；端部膜状，右侧着生 2 尾向分叉突起且外侧突起大于内侧突起；端部左侧具 1 尾向突起，侧缘呈波状；端部腹面着生 1 头向叶状突起，骨化程度较强，突起左侧具 2–3 个刻痕。

分布：浙江、湖南、福建、广西、贵州；日本，菲律宾。

（427）条扁蜡蝉 *Catullia vittata* Matsumura, 1914（图版 XV-1）

Catullia vittata Matsumura, 1914b: 266.

主要特征：体长♂ 7.0–7.5 mm，♀ 8.0–8.5 mm。体黄褐色，复眼黑褐色，触角淡绿色，翅面具浅褐色 "Y" 字形条带，前、中胸背板具 1 条贯穿中脊的红色条带。顶长宽比例为 1.0∶2.0。前胸背板长宽比例为 1.0∶3.5。中胸背板长宽比例为 1.0∶1.5。顶长∶前胸背板长∶中胸背板长为 1.1∶1.0∶2.6。雄性外生殖器：肛管长，肛刺突短。尾节环状，背缘不明显，整体呈三角形。生殖刺突狭长，背缘近基部及中部各具 1 钩状突起。阳茎粗，管状；端部膜状，右侧着生 2 尾向分叉突起且外侧突起大于内侧突起；端部左侧具 1 尾向突起，侧缘呈波状；端部腹面着生 1 头向叶状突起，骨化程度较强，在其左侧具 2–3 个刻痕。

分布：浙江、安徽、湖南、福建、广西；日本。

237. 拟条扁蜡蝉属 *Catullioides* Berman, 1910

Catullioides Berman, 1910: 21. Type species: *Catullioides rubrolineata* Berman, 1910.

主要特征：顶宽大于长，短于前胸背板与中胸背板之和，具中脊；额长大于宽，略倾斜，中脊宽。前胸背板宽大于长，3 脊在前缘汇合。中胸背板宽大于长，侧脊近基部平行，在 1/2 处渐弯曲并与中脊在前端交汇。前翅长为宽的 2 倍以上，翅面具纵向暗带，具结线，结线端部不与前缘相接，前缘区具数量不等的横脉，具端室及亚端室。雄性生殖器肛管长，肛刺突相对较小。生殖刺突长，腹缘平直，背缘有角状突起，近中部侧面具 1 钩状突。阳茎大，略背向弯曲，端部具多个骨化程度较强的突出物。

分布：东洋区、旧热带区。世界已知 2 种，中国记录 1 种，浙江分布 1 种。

（428）白斑拟条扁蜡蝉 *Catullioides albosignatus* (Distant, 1906)（图版 XV-2）

Barunoides albosignatus Distant, 1906b: 284.
Catullioides albosignatus: Fennah, 1970: 81.

主要特征：体长♂ 5.2–5.4 mm，♀ 5.4–6.1 mm。头浅黄色，复眼棕色至黑色，额中脊及侧脊均红色，单眼处具红色条带，后唇基黑色。背面观，从顶至中胸背板后缘具 1 条红色纵带，前胸背板侧脊外侧复眼后方具 2 红色纵带。腹部深棕色，尾节黑色，生殖刺突深棕色。前翅半透明，翅面暗色，具白色斑块。雌雄异形明显，雌性颜色较浅，中胸背板在侧脊以外具 2 红色纵带。顶前缘弧形，后缘角状凹入，侧缘近平行，顶的长宽比例为 1.0：2.0；额基缘圆弧状，中脊及侧缘略突起，额最宽处位于复眼略下方，长宽比例为 1.6：1.0。前胸背板长宽比例为 1.0：4.0，前缘弧形深入复眼之间，中脊及侧缘明显突起。中胸背板长宽比例为 1.0：1.2。顶长：前胸背板长：中胸背板长为 1.0：1.1：2.7。前翅长为宽的 2.3 倍，结线位于前翅近端部 2/5 处，前缘区具 11–12 短横脉，端部具 15 端室及 6 个亚端室，Cu_1 脉在翅基部 2/5 处分叉，臀脉在近翅基 1/4 处合并。雄性外生殖器：肛管长；侧面观，向腹面弯曲；背面观，近基部 1/4 加宽，至近端部 1/4 处端向渐宽；肛管腹缘端部明显凹入，末端平直；肛刺突短，不达肛管的末端。尾节环状，背缘短于腹缘，侧缘波状弯曲。生殖刺突长，超过肛管的末端；背缘近基部及 1/3 处各具 1 角状突起，侧面着生 1 尾向的钩状突起；生殖刺突端部渐尖。阳茎基呈叶状，左右分离且对称。阳茎基半部圆柱状，略向背面弯曲；端半部膨大，膜状，近端部 1/3 处具 4 个骨化程度较强的突起；背面具 1 宽扁的耳状突起，左侧面具 1 向外侧弯曲的镰刀状突起，右侧面具 2 个尾向的剑状突起；各突起端部尖，无缺刻。

分布：浙江、陕西、安徽、湖南、福建、台湾、海南、云南；日本，印度尼西亚（苏门答腊）。

238. 舌扁蜡蝉属 *Ossoides* Berman, 1910

Ossoides Berman, 1910: 26. Type species: *Ossoides lineatus* Berman, 1910.

主要特征：体极扁平，顶前缘舌状突出，显著超过复眼，长过前胸背板与中胸背板之和，头的侧面在复眼前明显收缩；额不具中脊，在复眼上方加宽。前胸背板宽大于长，3 脊不于端部汇合。中胸背板长宽近相等，侧脊在端部向内弯曲，侧脊不于中脊前端汇合。前翅透明，结线内域较端部质地厚，结线平直，端室 9 个以上。雄性生殖器肛管长，超过生殖刺突；肛刺突长，远远超出肛节末端。生殖刺突较大，侧面观延长，端部圆，基部连接且在连接处形成角状突起，背缘外侧具 1 指状突，背缘内侧具 1 三角形突起。阳茎长，管状，近端部分开，两侧具角状突起；腹面近端部具 1 剑状突起。

分布：东洋区。世界已知 1 种，中国记录 1 种，浙江分布 1 种。

（429）红线舌扁蜡蝉 *Ossoides lineatus* Berman, 1910（图版ⅩⅥ-1）

Ossoides lineatus Berman, 1910: 27.

主要特征：体长♂7.7–8.5 mm，♀7.9–8.0 mm。体淡绿色（陈旧标本为黄色）；顶中脊两侧具红色平行纵纹并延伸至前胸背板后缘；额有时具 2 红色平行条带，有时无；复眼淡褐色；触角淡黄色；腹部乳黄色；翅透明，淡黄色，翅脉黄绿色。体极扁平；顶向前伸出成舌状，后缘平直，顶的长宽比例为 1.9∶1.0；额梭形，在近中部复眼上方加宽，无中脊，额的长宽比例为 2.0∶1.0；复眼长圆形；喙短，末端有 1 红点。前胸背板前缘平直，后缘弧形凹入，侧脊几乎与顶侧缘平行，边缘略脊起，前胸背板长宽比例为 1.0∶2.8。中胸背板平，脊略突起，侧脊后部向内弯曲，中胸背板的长宽比例为 1.0∶1.4。顶长∶前胸背板长∶中胸背板长为2.6∶1.0∶1.5。前翅狭长，前后缘近平行，外缘圆形，纵脉 4 条，近平行；R 脉于近翅端 1/3 处 2 分支，M 脉直达结线，Cu 脉 2 分支；结线平直，一直从翅顶角延伸至臀区端部；臀脉可伸达前翅 1/2 处；具 13 端室，亚端室 5–6 个。后足胫节端部具 7 个小刺；基跗节细长，约为第 2 节的 3 倍，具 5 端刺，第 2 跗节短；各端刺端部均呈黑色。雄性外生殖器：肛管长，超过生殖刺突末端，侧面观近端部 1/3 处向腹面延伸。肛刺突长，指状，超出肛节的末端。侧面观，尾节四边形，背缘短于腹缘。生殖刺突长，基部愈合，在愈合处有 1 角状突起；背面观，基部具 1 对伸向外侧的指状突起，内缘 1/2 处具 1 对伸向内侧的角状突起。阳茎长，达到生殖刺突的末端，端部分开；端部两侧各具 1 角状突起，近端部 1/5 处具 1 剑状突起，其长度约为阳茎长度的 1/4；阳茎基小，侧面观环状。

分布：浙江、安徽、湖北、湖南、福建、台湾、广东、海南、广西；日本，印度，越南，印度尼西亚（爪哇）。

239. 鳎扁蜡蝉属 *Tambinia* Stål, 1859

Tambinia Stål, 1859: 316. Type species: *Tambinia languida* Stål, 1859.

主要特征：体短。头窄于前胸背板，头顶略突出于复眼，端部圆形，具中脊；额具中脊或无，最宽处位于复眼下方；前胸背板侧脊与顶侧缘近平行，侧脊与中脊不在端部汇合；中胸背板近方形，侧脊与中脊前端汇合。前翅长出身体至少 1/3，前后缘近平行，外缘圆形，具 4 条纵脉伸达至翅端的 1/3 处，Sc 脉非常接近 C 脉，Cu 脉在中部以后分叉；近翅端 1/3 处具斜向结线，由此分出至少 7 条短纵脉并具横脉，形成翅端室，有时还具亚端室。后足胫节具侧刺 2 个。雄性生殖器：肛管长，达到生殖刺突的末端，肛刺突长，超过肛节末端。生殖刺突基部愈合，愈合处中部具角状突起，背缘近基部具 1 对指状突起，背缘近中部具 1 对角状突起。阳茎干细长，管状，常弯曲。阳茎基存在，部分嵌于肛节内。

分布：东洋区、澳洲区。世界已知 20 种，中国记录 6 种，浙江分布 1 种。

（430）中华鳎扁蜡蝉 *Tambinia sinica* (Walker, 1851)（图版ⅩⅥ-2）

Monopsis sinica Walker, 1851a: 327.

Kallitaxila sinica Yang, 1988: 84.

主要特征：体长♂6.5–7.0 mm，♀6.9–7.2 mm。体绿色（陈旧标本黄色）。顶红褐色；额黄绿色；唇基短，中脊乳黄色，两侧具褐色斜纹；喙淡褐色；复眼赭褐色；触角淡绿色。前胸背板具绿色中脊、侧脊及亚侧脊，中胸背板红褐色，脊绿色。前翅半透明，淡绿色，翅脉绿色。腹部淡褐色。顶前缘弧形，前缘及侧缘均呈脊状，两侧脊近平行，后缘波浪状并具 2 条短脊，具中脊，顶的长宽比例为 1.0∶1.3；额基缘圆弧形，中脊在近基部 1/2 处加宽成三角形脊突，额的长宽比例为 1.0∶1.1。前胸背板长宽比例为 1.0∶7.0，具亚侧脊。中胸背板平，长宽比例为 1.4∶1.0。顶长∶前胸背板长∶中胸背板长为 1.0∶1.2∶4.4。前翅前缘略呈弧形，端部圆，前缘区多小颗粒，结线可达翅长的 1/2 处，臀区达翅中部，臀脉合并部位超过臀区长度的 1/2。后足胫节 2 侧刺，5 端刺；第 1 跗节 5 端刺；各端刺均黑色。雄性外生殖器：肛管长，远远超出生殖刺突末端；背面观，肛刺突片状，超出肛管末端，中部加宽，形似汤匙，肛管侧缘近平行。侧面观，尾节背缘整体向右下方倾斜，腹缘平直，前缘长于后缘且近平行。阳茎基管状，端部平直，背缘大部分嵌于肛管内。生殖刺突基部连接，连接处中部具 1 叶状突起且与生殖刺突侧瓣近等长；背面观，近中部具 1 伸向外侧的指状突起；侧面观，生殖刺突近三角形，端部平直。阳茎细长，管状，端部斜面状如注射器针头，基部 2/5 包被于阳茎基内，阳茎端部向腹缘弯曲。连索发达，侧面观状如弯钩。

　　分布：浙江、安徽、江西、湖南、福建、台湾、广东、海南；日本，印度，斯里兰卡，马来西亚，新加坡。

第五章　木虱总科 Psylloidea

主要特征：木虱总科昆虫在科和亚科的鉴定与区分上主要依据成虫和第 5 龄若虫的特征，在属和种水平上的分类主要根据成虫的特征进行。木虱成虫全长通常在 2–4 mm，最大不超过 6 mm。木虱成虫颊锥的有无及形状、胸部骨片的结构、触角的长短及其上感觉孔的数量、前翅脉序、后足胫节端距数量及排列方式等是最重要的分类特征。木虱成虫的触角原生为 10 节；前翅的主要纵脉分为 R、M 和 Cu 三叉，三者又各分为（R_1+Rs）、（M_{1+2}+M_{3+4}）、（Cu_1a+Cu_1b）两叉；后胸背板、侧板及后足显著特化以获得跳跃能力，后足基节强烈扩张并扭曲，推动后胸侧板上下翻转，前侧片于后而后侧片于前，同时侧缝的端部和基部剧烈向内扩张，组合成发达的内骨架，内骨架的端部向后延伸，将原本应该折叠于外体壁之下的后盾片中叶挤压至与盾片和小盾片同一水平面，从外观清晰可见。

生物学：木虱全部为植食性，且在整个生命周期中对于寄主植物有着极度的依赖。一些木虱会在叶片表面制造蜜壳，而更多的木虱种类会制造虫瘿来保护自己免遭天敌的攻击并保持水分。大多数的木虱虫瘿是由低龄若虫取食诱导形成，少数是由雌虫产卵刺激形成。除此之外，木虱的若虫还会分泌蜡质来遮盖自己。木虱在不同地区发生代数不同，在温带及热带每年可发生多代，有明显世代重叠现象。一些木虱种类可作为介体传播植物病害，因而成为重要农业害虫。

分布：世界广布，主要分布于热带和亚热带。世界已知 7 科 272 属 3702 种，中国记录 102 属 1013 种，浙江分布 16 属 23 种。历史上有过数次针对浙江地区木虱总科昆虫的考察，李法圣（2001）已经对其进行了较为详尽的记载。根据最新的采集成果和分类学变更，本卷记录浙江地区木虱 7 科 17 属 24 种。科属的中文名称以李法圣（2001）为准。

分科、属检索表

1. 中胸侧板的基转片内凸位于前缘 ·· 2
- 中胸侧板的基转片内凸位于中部或中后部 ·· 7
2. 前翅 R、Rs、M+Cu 及 M 脉大段并行；各足股节下侧的 3 个感觉孔呈三角形排列（**同木虱科 Homotomidae**）··········
 ·· **同木虱属 Homotoma**
- 前翅无上述翅脉并行现象；各足股节下侧的 3 个感觉孔排成纵列 ······································· 3
3. 前翅披针形，Rs 与 M 脉的分叉处之间具 1 条横脉（r-m）（**裂木虱科 Carsidaridae**）　**裂木虱属 Carsidara**
- 前翅卵圆形或有时近似平行四边形，无翅尖，无横脉（**斑木虱科 Aphalaridae**）····························· 4
4. 前翅平覆于身体背面，体背面具位置对称的、表面有小刺的粗壮刚毛 ··················· **棘木虱属 Togepsylla**
- 前翅收拢时在身体背面呈屋脊形，体背面不具如上述的特殊刚毛 ··· 5
5. 有颊锥；触角第 4、6、8、9 节端部各具 1 枚感觉孔；后胸后盾片两侧呈乳突状隆起 ·············· **朴盾木虱属 Celtisaspis**
- 无颊锥；触角第 4–9 节端部均有 1 枚感觉孔，其中第 5 或 7 节的偶有退化；后胸后盾片中央呈脊状隆起 ··········· 6
6. 中胸前侧片沟完全愈合；雄虫载肛突后叶十分狭窄 ······························· **漆木虱属 Rhusaphalara**
- 中胸前侧片沟完全开裂；雄虫载肛突后叶细长，指状 ······························· **斑木虱属 Aphalara**
7. 通常无颊锥，如有，则不具颊锥鞭状毛；前翅臀裂紧邻 Cu_1b 脉端部；后足胫节端距排列成开放的环状（**扁木虱科 Liviidae**）
 ··· 8
- 有颊锥，有或无颊锥鞭状毛；前翅臀裂不紧邻 Cu_1b 脉端部；后足胫节端距呈分组式排列，间距不均匀 ················· 10
8. 有颊锥 ··· **呆木虱属 Diaphorina**
- 无颊锥 ··· 9

9. 头宽扁，平伸，头顶前缘向前强烈扩展；触角第 2 节强烈加粗加长；后足胫节腹面无加粗的刚毛列 ·······················
　 ·· 扁木虱属 *Livia*
 - 头无上述特殊形态；触角第 2 节不强烈加粗加长；后足胫节腹面具加粗的刚毛列 ··············· 小头木虱属 *Paurocephala*
10. 颊锥端部具颊锥鞭状毛（**木虱科 Psyllidae**）·· 11
 - 颊锥端部不具颊锥鞭状毛 ·· 13
11. 前胸侧缝发源于前胸背板前侧角；雄虫载肛突具后叶 ·· 羞木虱属 *Acizzia*
 - 前胸侧缝发源于前胸背板侧边中部或后侧角；雄虫载肛突不具后叶 ··· 12
12. 前翅 Cu_1b 脉端部强烈后弯；阳基侧突端部呈斧状，接近平截 ·································· 豆木虱属 *Cyamophila*
 - 前翅 Cu_1b 脉端部不强烈后弯；阳基侧突端部不如上述 ······································· 喀木虱属 *Cacopsylla*
13. 前翅 R、M、Cu 三脉不共柄（**柄丽木虱科 Calophyidae**）··· 丽木虱属 *Calophya*
 - 前翅 R、M、Cu 三脉共柄（**个木虱科 Triozidae**）··· 14
14. 前翅基部具 1 大块形状不一的深色区域 ··· 缨个木虱属 *Petalolyma*
 - 前翅不如上述 ·· 15
15. 颊锥短小，呈小丘状向中间聚拢 ·· 三毛个木虱属 *Trisetitrioza*
 - 颊锥发育正常 ·· 16
16. 触角鞭节明显加粗，密被较长的刚毛；雄虫载肛突后叶外缘不具长刚毛 ·················· 狭个木虱属 *Stenopsylla*
 - 触角正常，不如上述；雄虫载肛突后叶外缘具 1 列长刚毛 ··· 个木虱属 *Trioza*

十六、斑木虱科 Aphalaridae

主要特征：颊部不发育成颊锥。额完全暴露。触角窝所在平面与头顶所在平面基本垂直。触角第 4–9 节端部各具 1 感觉孔，其中第 5 和 7 节上的有时分别多少退化。中胸侧板上的基转片内凸位于前缘；前侧片沟膜质，完全开裂。后足胫节无基齿；端距较多，大小相近，间距均匀，组成一个开放的冠状。前翅有翅痣，宽窄不一；臀裂紧挨 Cu_1b 脉的端部。雄虫载肛突常具长指状或狭窄的后叶。阳茎基节内侧中段具深或浅的褶皱。

分布：世界广布，但主要分布于古北区。世界 70 属 770 种，中国 21 属 96 种，浙江 4 属 4 种。

240. 斑木虱属 *Aphalara* Förster, 1848

Aphalara Förster, 1848: 89. Type species: *Aphalara polygpni* Förster, 1848.

主要特征：颊绝不扩展为颊锥，颊侧瘤较为突出。眼前区的瘤显著突出。唇基较长，向前常伸达与头前缘平行，从背面可见，形状多样。后足股节端部外侧具数根加粗的长直刚毛，但端部较尖锐，非典型的圆钝形状。后足胫节端距数大于 7 枚，大小均匀，排列为开放的环状。前翅一般为卵圆形，常具各式云雾状斑纹；翅痣基本退化消失；翅刺为粗大或较小的颗粒状，均匀排列或排列为近似不规则的线状。载肛突后叶十分发达，具向内弯曲的侧臂。阳茎基节内表面具发达的褶皱。

分布：古北区、新北区、东洋区、澳洲区、新热带区。世界已知 46 种，中国记录 5 种，浙江分布 1 种。

（431）带斑木虱 *Aphalara fasciata* Kuwayama, 1908（图 5-1）

Aphalara fasciata Kuwayama, 1908: 153.

Craspedolepta fasciata (Kuwayama): Enderlein, 1921: 118.

Psylla tadeana Shinji, 1938a: 148. Synonymized by Sasaki, 1954: 29.

Psylla polygonifoliae Shinji, 1942: 4. Synonymized by Sasaki, 1954: 29.

Psylla polygonifoldiae Shinji, 1944: 446, misspelling.

Aphalara augusta Fang, 1990: 104. Synonymized by Burckhardt & Lauterer, 1997: 288.

主要特征：体大观褐色。头顶底色白色，具橙色的色块。各足基节黑色，其余各节底色黄褐色，股节背面不均匀地加深。前翅透明，底色无色，具深浅不均匀的褐色带状斑纹。后翅臀区浅褐色。腹部黑色。头相对于体纵轴下倾约30°。头顶前内角短圆，前外角呈扁圆瘤状隆起；表面细微结构为清晰的鳞片状，并生有均匀的微小刚毛。颊侧瘤大而圆。眼前区瘤强烈突出。触角高位端毛约为低位端毛的 3/4 长。唇基较长，背面观中部缢缩，端部较圆。后足胫节端距 8 枚。前翅卵圆形，端部 1/4 处最宽；翅刺小颗粒状，排列近似均匀，不覆满整个翅面；缘纹小短刺状，范围较大。雄性外生殖器：载肛突端筒后表面具少数几枚略加粗的短刚毛；后叶相当长，中部略微缢缩，侧臂强烈弯向内上方。阳基侧突指状突长，与主体部分显著分开，呈钳状。阳茎端节短，端部边缘骨化良好，呈短钩状；射精管骨化末端短，伸向后上方。雌性外生殖器：整体较短。肛门略微内陷。肛门后的载肛突背面具 1 道浅横沟，载肛突端部延伸域两侧不具刚毛。下生殖板整体较为短圆，端部具较为密集的长刚毛。

寄主植物：水蓼、蚕茧草、酸模叶蓼、长鬃蓼、柔茎蓼、丛枝蓼（蓼科）。

分布：浙江（杭州）、河北、河南、安徽、湖北、福建。

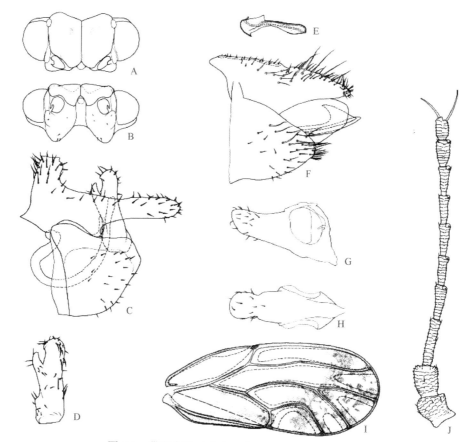

图 5-1　带斑木虱 *Aphalara fasciata* Kuwayama, 1908

A. 头正面观；B. 头腹面观；C. 雄虫生殖节侧面观；D. 阳基侧突内表面；E. 阳茎端节；F. 雌虫生殖节侧面观；G. 唇基侧面观；H. 唇基腹面观；I. 前翅；J. 触角

241. 朴盾木虱属 *Celtisaspis* Yang *et* Li, 1982

Celtisaspis Yang *et* Li, 1982: 183. Type species: *Celtisaspis sinica* Yang *et* Li, 1982.

主要特征：颊发育为颊锥，但颊锥近端部外侧不具鞭状毛。触角仅在第 4、6、8、9 节端部各具 1 枚感觉孔，感觉孔外缘不具小刺。前翅不具前缘裂，m$_1$ 室狭长，具黑色或褐色的色块或色带。后胸后盾片两侧呈乳突状隆起，中央平坦。雄虫载肛突后叶宽短且向上延伸，与端筒间具膜质的分界环，似分为 2 节。阳茎基节内侧皱纹浅。雌虫载肛突背面具密集的末端钩曲的刚毛。

分布：古北区、东洋区。世界已知 7 种，中国记录 5 种，浙江分布 1 种。

（432）浙江朴盾木虱 *Celtisaspis zhejiangana* Yang *et* Li, 1982（图 5-2）

Arytaina cornicola Frauenfeld, 1869: 936. Synonymized by Cho et al., 2022: 29.

Pachypsylla japonica Miyatake, 1968: 7, nomen protectum *in* Cho et al., 2022: 29.

Celtisaspis cornicola: Burckhardt, 1989: 416.

Celtisaspis japonica: Yang & Li, 1982: 183.

Celtisaspis guizhouana Yang *et* Li, 1982: 187. Synonymized by Cho et al., 2022: 29.

Celtisaspis sinica Yang *et* Li, 1982: 184. Synonymized by Cho et al., 2022: 29.

Celtisaspis zhejiangana Yang *et* Li, 1982: 188. Synonymized by Cho et al., 2022: 29.

主要特征：体黑褐色。头顶底色黄色，具近方形的空心黑斑。足黑褐色，后基突褐色。前翅褐色至暗褐色，臀区及主脉上方淡色半透明，翅中部至翅端部各脉间多具淡斑，一般雌虫更为明显。后翅半透明，各脉分叉处污褐色。头近似垂直于体纵轴。颊锥粗长，末端近平截。触角低位端刚毛约为高位端刚毛的 2 倍长。后基突长锥状，中部加粗。雄性外生殖器：载肛突后叶短，端角向后上方伸出；端筒向后倾斜。阳基侧突端部 2/5 处向后强烈弯折。阳茎端节末端圆，射精管骨化末端向后伸出，然后向上弯曲。雌性外生殖器：载肛突隆起之前的基部较短，端部延伸域背面的密集刚毛分为两簇，在载肛突末梢形成 1 个小簇。

寄主植物：朴树。

分布：浙江（西湖、临安）、山东、江苏、湖北。

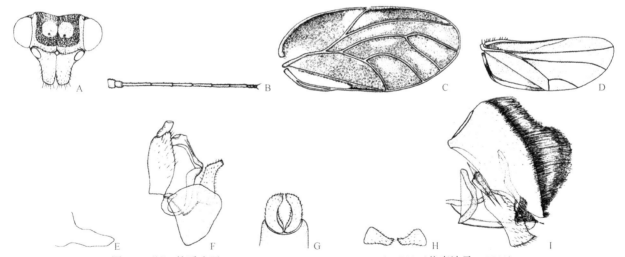

图 5-2　浙江朴盾木虱 *Celtisaspis zhejiangana* Yang *et* Li, 1982（仿李法圣，2011）
A. 头正面观；B. 触角；C. 前翅；D. 后翅；E. 后基突；F. 雄虫生殖节侧面观；G. 阳基侧突后面观；H. 阳基侧突端部背面观；I. 雌虫生殖节侧面观

242. 漆木虱属 *Rhusaphalara* Park *et* Lee, 1982

Rhusaphalara Park *et* Lee, 1982: 15. Type species: *Rhusaphalara minimia* Park *et* Lee, 1982.

主要特征：头顶较平坦，表面细微结构为模糊的波纹状。颊部后缘与唇基连接处为 1 对平行四边形的薄骨片。触角略长于头，第 5 节的感觉孔消失。前胸侧缝发源于背板侧边中部。胸部背面较平坦。后足胫节端距 7 个左右，基跗节具 1 对爪状距。前翅 C+Sc 脉内缘模糊，Rs、M+Cu 及 M 脉基部塌陷。雄虫载肛突具十分狭窄的后叶。阳基侧突前缘内侧不具指状突。阳茎基节内侧具浅而整齐的褶皱。

分布：东洋区。世界已知 2 种，中国记录 1 种，浙江分布 1 种。

（433）黄连木漆木虱 *Rhusaphalara philopistacia* (Li, 2001)（图 5-3）

Koreaphalara philopistacia Li, 2001: 224.

Rhusaphalara philopistacia: Li, 2011: 406.

主要特征：体黄色。触角黄色，第 8 节端部及第 9–10 节黑色。前翅无色透明，M_{1+2}、M_{3+4}、Cu_1a、Cu_1b 脉端部褐色或黑色；a_1 室端部褐色，向基部逐渐变浅。头部下倾于体纵轴约 45°，略窄于中胸盾片。头顶表面细微结构呈很浅的波浪纹状，生有微小刚毛。触角略长于头宽，高位端毛约为低位端毛的 3/4 长。前翅膜质，卵圆形，表面有浅的褶皱；翅刺细小而密，覆满整个翅面，包括翅脉和翅痣；缘纹小，排列较松散，范围较大。后足胫节端距 7 枚。雄性外生殖器：载肛突具窄长的后叶。阳基侧突短而较宽，端部圆钝，弯向后方，略向内侧伸；内侧近前缘有 1 条不甚突出的纵脊；后缘略向外扩展。阳茎端节短，骨化内柄位于中间，端部膨胀域不突出，向下弯曲，尖端圆钝不成钩；射精管骨化末端伸向后上方，略向前弯。下生殖板开口完全向上。雌性外生殖器：整体较短。肛门基半部塌陷；载肛突侧视较厚，背面平直，端半部背面有 1+1 纵列长刚毛；端部圆钝，两侧具排列杂乱，长短不一的刚毛。下生殖板端部呈向上挑的钩状。

寄主植物：黄连木。

分布：浙江（西湖、临安）。

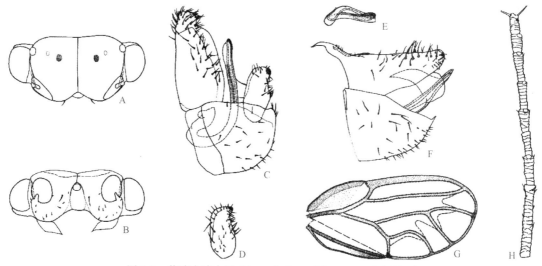

图 5-3　黄连木漆木虱 *Rhusaphalara philopistacia* (Li, 2001)

A. 头正面观；B. 头腹面观；C. 雄性生殖节；D. 阳基侧突内侧；E. 阳茎端节；F. 雌性生殖节；G. 前翅；H. 触角鞭节

243. 棘木虱属 *Togepsylla* Kuwayama, 1931

Togepsylla Kuwayama, 1931: 121. Type species: *Togepsylla takahashii* Kuwayama, 1931.

主要特征：身体扁平，体背面和前翅翅脉分布有位置对称的、表面有小刺的粗壮刚毛。头顶无中缝，中间分界两侧具 1 对瘤状突起。额完全与颊和头顶融合。触角具 6 或 7 枚感觉孔，有时第 4、6 和 8 节上具额外感觉孔。后足基节不发达，未完成彻底的向后扭转，因此后足股节向两侧伸出而非向后伸出。后足胫节端距较细长，骨化程度差；基跗节不具爪状距。前翅 A_1 与 A_2 脉在中间相接触。腹部第 4–6 节两侧各具 1 片泌蜡孔。雄虫载肛突、阳茎和阳基侧突均伸向后方而非上方，阳茎不分节。雌虫产卵器背瓣末端不具旗状叶。

分布：古北区、东洋区。世界已知 4 种，中国记录 4 种，浙江分布 1 种。

（434）山鸡椒棘木虱 *Togepsylla matsumurana* Kuwayama, 1949（图 5-4）

Togepsylla matsumurana Kuwayama, 1949: 48.

Togepsylla matsumurai Miyatake, 1981: 52, misspelling.

Hemipteripsylla matsumurana Yang & Li, 1981: 182.

Togepsylla zheana Yang, 1995: 109. Synonymized by Li, 2011: 212.

主要特征：头黄色，头顶具褐色的斑纹。背面的粗刚毛黑色。胸部背面褐色，两侧浅褐色。前翅透明无色，R_1 脉、Rs 脉和 M_{1+2} 脉的端部黑色。腹部第 1–5 节背板黑色，腹板黄色。触角窝上方具 1 对小凸起。触角第 4–9 节端部各具 1 枚感觉孔，第 4 节中部具 1 枚额外感觉孔，第 6 和 8 节中部各具 2 枚感觉孔。中胸盾片具 5 对具刺刚毛。后足胫节腹面具 1 列粗刚毛，背面具 1 列排列紧密的长刚毛。腹部的泌蜡孔区大，卵圆形，小孔排列松散。雄性外生殖器：阳基侧突宽薄片状，基部相当窄；端半部前缘内凹且薄；后缘外表面近基部具 1 道脊；内表面中部具 1 小片网状的刻纹。雌性外生殖器：载肛突端部 1/3 强烈上弯；端半部具近似均匀分布的刚毛，端部延伸域下边缘具 1 列刚毛。

寄主植物：山鸡椒、红果山胡椒、山胡椒、舟山新木姜子。

分布：浙江（庆元）、台湾、广西、云南；日本，尼泊尔。

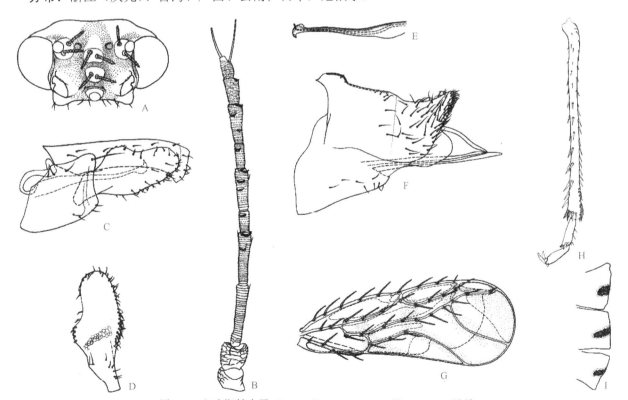

图 5-4　山鸡椒棘木虱 *Togepsylla matsumurana* Kuwayama, 1949

A. 头正面观；B. 触角；C. 雄虫生殖节侧面观；D. 阳基侧突内表面；E. 阳茎端半部；F. 雌虫生殖节侧面观；G. 前翅；H. 后足胫节和跗节；I. 腹部第 4–6 节腹板一侧，示泌蜡孔区

十七、同木虱科 Homotomidae

主要特征： 体一般大型，粗壮。颊部不发育成颊锥，而是具较平缓的内侧瘤，向中间并拢。额后缘具1 小块深色骨片。触角基向前延伸，触角窝所在平面与头顶所在平面大约垂直。中胸基转片内凸位于侧板前缘。后胸后盾片具1 对粗壮的瘤状突起。后足胫节端距排成1 短列，仅着生在内侧；各足股节腹面的感觉孔排成三角形。雄虫载肛突分两段。

分布： 世界广布。世界已知 12 属 79 种，中国记录 3 属 32 种，浙江分布 1 属 1 种。

244. 同木虱属 *Homotoma* Guérin-Méneville, 1844

Homotoma Guérin-Méneville, 1844: 376. Type species: *Chermes ficus* Linnaeus, 1767.

主要特征： 头胸部表面密布细长刚毛。头顶前缘强烈内凹。触角鞭节强烈加粗，密布长刚毛；第 4、6、8、9 节端部各具 1 感觉孔。前翅披针形，翅脉具长刚毛；R、Rs、M+Cu、M 脉大段并行，有时合并；臀裂远离 Cu_1b 脉端部；M_{1+2} 脉端部终止于翅尖之上。后足基跗节具 1 对爪状距，鲜见 1 枚。雄虫载肛突分两节，基节具后叶。

分布： 古北区、东洋区、旧热带区、澳洲区。世界已知 34 种，中国记录 21 种，浙江分布 1 种。

（435）绣线菊同木虱 *Homotoma spiraeae* (Yang *et* Li, 1981)（图 5-5）

Caenohomotoma spiraeae Yang *et* Li, 1981a: 79.

Homotoma spiraeae: Hollis & Broomfield, 1989: 164.

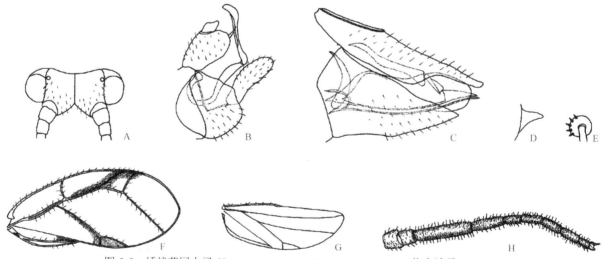

图 5-5　绣线菊同木虱 *Homotoma spiraeae* (Yang *et* Li, 1981)（仿李法圣，2011）
A. 头正面观；B、C. 雄性、雌性生殖节；D. 后基突；E. 后足胫节端距；F. 前翅；G. 后翅；H. 触角

主要特征： 体黄色。头褐色；复眼红褐色，单眼橙色；触角黑色，第 1–2 节及第 3 节基半部的腹面褐色。胸部黄色，背面不具明显的纵向条纹。足黄色。前翅透明，Cu_1 脉沿线和 cu_1 室褐色，Rs 脉沿线褐色。头向前平伸，略窄于中胸盾片。头顶前缘消失，表面平滑。颊部内侧瘤较平缓，略弯向内侧。触角高位端毛约为低位端毛的 1/3 长。前翅膜质，翅尖较圆钝；无翅痣，前缘裂不可见；cu_1 室三角形，十分矮小。后

足胫节无基齿，端距 4 或 5 个。雄性外生殖器：载肛突基节具较短的后叶；后叶可分为基、端两半部，基半部近方形，上端角内侧具 1 簇粗短、尖端圆钝的刚毛；端半部细长指状，折向内侧并伸向上方。阳基侧突指状，中部向后弯折，端部较圆钝，不形成端齿；内侧近前缘处有 1 指形突，其基部连着 1 条高且薄、斜伸向后上方的脊。阳茎端节略上翘，端部膨胀域近长方形，尖端不形成钩状；射精管骨化末端伸向后方，并弯向上方。雌性外生殖器：载肛突背面笔直，下边缘近直；端半部两侧具稀疏的短锥状刚毛；尖端具 1 簇短刚毛。下生殖板上缘近直，均匀地被有短刚毛，由基向端逐渐变短。

寄主植物：可能为某种绣线菊。

分布：浙江（西湖、临安）。

十八、扁木虱科 Liviidae

主要特征：头顶表面细微结构多样。颊部有时发育成颊锥，但端部一定无颊锥鞭状毛。触角窝所在平面基本垂直于头顶所在平面。触角 10 节，长短不一，个别种类有部分节合并的现象；第 4、6、8、9 节端部各具 1 感觉孔。中胸前侧片沟一般愈合，基转片内凸后移至侧板前中部。后足胫节基齿有或无，端距较多，大小近似，较均匀地排列成开放的冠状。前翅形状多样，膜质或近革质，Rs、M+Cu、M 脉基部常有不同程度的塌陷。雄虫载肛突后叶具窄的后叶或不具。阳茎基节内侧中段有时具浅而均匀的褶皱。

分布：世界广布。世界已知 19 属 228 种，中国记录 14 属 39 种，浙江分布 3 属 3 种。

245. 扁木虱属 *Livia* Latreille, 1802

Livia Latreille, 1802: 266. Type species: *Psylla juncorum* Latreille, 1798.

主要特征：头向前平伸；头顶中部平坦或下陷，前缘两侧向前强烈扩展，完全或部分遮住触角窝；颊部不发育成颊锥；眼前区被其他部分压缩成圆瘤状，与眼后片的其他部分隔绝；触角第 2 节强烈加长加粗。前胸侧缝发源于前胸背板前侧角，后侧片远大于前侧片。后足胫节无基齿，端距 6–7 枚；基跗节无爪状距。前翅 A_2 脉加厚并折向翅下侧。雄虫载肛突基部较细，端部较粗，肛门内陷。

分布：古北区、东洋区、新北区。世界已知 20 种，中国记录 3 种，浙江分布 1 种。

（436）印度扁木虱 *Livia khaziensis* Heslop-Harrison, 1949（图 5-6）

Livia khaziensis Heslop-Harrison, 1949: 244.

Livia pinicola Li, 1993c: 445. Syn. nov.

Livia circuliloculla Li, 2011: 246. Syn. nov.

Livia keratocola Li, 2011: 243. Syn. nov.

Livia obstipa Li, 2011: 244. Syn. nov.

Livia rhyssoptera Li, 2011: 247. Syn. nov.

主要特征：体黄褐色。头顶淡褐色，前缘、中央及盘状凹黄色；复眼黑褐色，单眼黄色；触角褐色，第 9–10 节黑色。前胸大部黄色，背板后部褐色，两侧凹陷处褐色；中后胸褐色。足黄色，基节、转节及股节背面黑褐色。前翅黄色，端缘具密集的褐色斑点，向基部逐渐变疏。腹部黄色。头平伸，稍窄于中胸盾片。头顶前缘中段扩展成三角形；头顶表面细微结构波纹状，生有微小刚毛；触角高位端毛约为低位端毛的 1/2 长。前胸侧缝发源于前胸背板前侧角，后侧片远大于前侧片。前翅略呈革质，卵圆形，表面有褶皱；前缘裂愈合；翅刺呈不规则的细小圆丘状，分布于 c_1、r_1 及 r_2 的基部；缘纹区域呈横带状，存在于 r_2、m_1、

m_2 和 cu_1 的端部。后足胫节端距 7 枚，其中居中的 1 枚着生于指状突起上。雄性外生殖器：载肛突基部细而端部粗，肛门内陷，无明显后叶，均匀地被有短刚毛。阳基侧突薄片状，后缘近直，前缘中部一定程度扩展；端部较钝，微弱骨化，弯向内侧，向内的截面上具少量短粗的刺状刚毛；内表面后半部具多数指向内后方的细长刚毛。阳茎端节略下弯，端部膨胀域卵圆形，与柄部过渡平缓，尖端不成钩；射精管伸向后方，并一定程度上弯。下生殖板上缘基半段略有扩展，下表面具稀疏的短刚毛。

寄主植物：笄石菖。

分布：浙江（西湖、临安）、广东、香港、广西、重庆、贵州、云南；印度，越南。

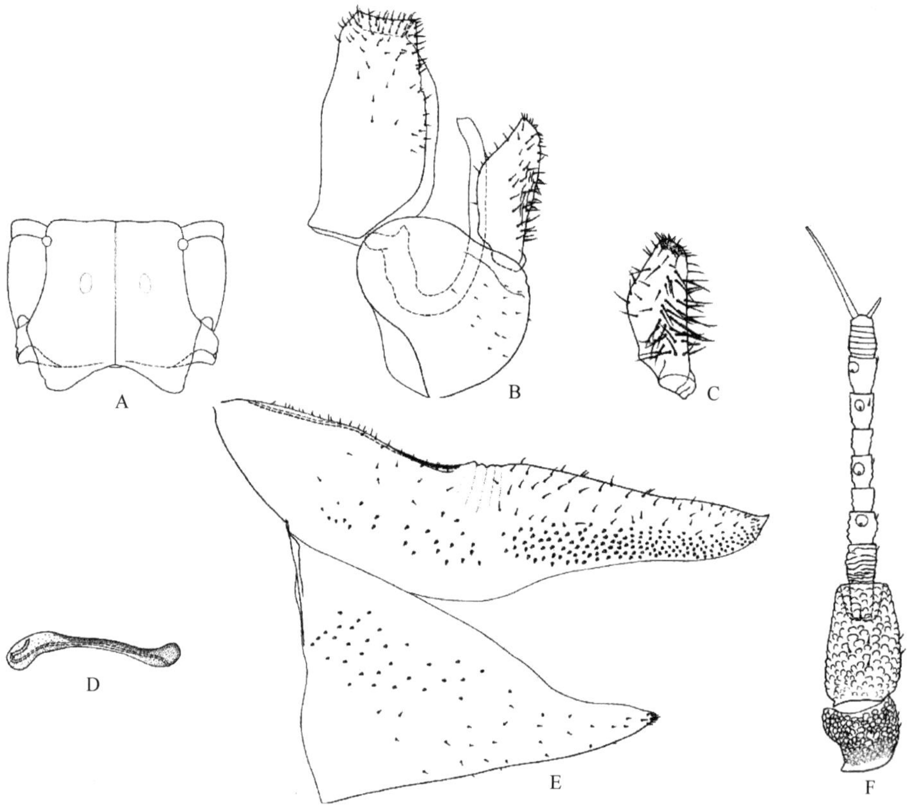

图 5-6　印度扁木虱 *Livia khaziensis* Heslop-Harrison, 1949

A. 头正面观；B. 雄虫生殖节侧面观；C. 阳基侧突内表面；D. 阳茎端节；E. 雌虫生殖节侧面观；F. 触角

246. 小头木虱属 *Paurocephala* Crawford, 1914

Paurocephala Crawford, 1913: 293. Type species: *Paurocephala psylloptera* Crawford, 1913.

主要特征：头部短或极短，颊部不发育成颊锥；头顶一般具较密的长刚毛；触角长短不一，偶有两三节合并的情况，感觉孔中心常伸出 1 根或 1 对钝头刚毛；唇基较长或极短。后胸后盾片隆起成独角状。后足常细长，具 1–3 列加粗的刚毛，基跗节无爪状距。腹部第 3 节背板近侧缘处具 1 片小刺；第 6 节背板向后突出处帽檐状。雄虫载肛突卷向内侧的膜质区域一般具 1 片形状不一的加厚区域，上着生有少量刚毛。

分布：东洋区、旧热带区、澳洲区。世界已知 57 种，中国记录 8 种，浙江分布 1 种。

（437）榕小头木虱 *Paurocephala chonchaiensis* Boselli, 1929（图 5-7）

Paurocephala chonchaiensis Boselli, 1929: 252.

Paurocephala (*Thoracocorna*) *chonchaiensis*: Klimaszewski, 1970: 426.

Paurocephala pumilae Yang *et* Li, 1986: 46. Synonymized by Mifsud & Burckhardt, 2002: 1891.

Paurocephala zhejiangensis Yang *et* Li, 1987: 48. Synonymized by Mifsud & Burckhardt, 2002: 1952.

主要特征：体黄色。头顶黄色，前缘、侧缘及盘状凹周围黑色；复眼灰褐色，单眼黄色；唇基黑色；触角黄色，第 4、6、8 节端部及第 9–10 节黑色。胸部背面具黑色纵条纹。足黄色，端跗节黑色。前翅透明，具 2 条褐色横带，1 条接近外缘并沿各纵脉延伸，1 条连接前缘裂和臀裂；各脉端部黑色。腹部各节背板黑色，腹板黄色。头顶覆有长刚毛；触角长于头宽，感觉孔中心不生有钝头刚毛，第 9 节基部具 1 根长刚毛。胸部背面覆有长刚毛。后胸后盾片角较大，端部尖锐。前翅膜质，卵圆形，由基向端逐渐加宽，端部 1/3 左右最宽；Rs 脉端部 1/3 强烈弯曲；翅脉上着生有较长的刚毛；翅刺相对较密，存在于全部翅室中，范围并不紧贴翅外缘；缘纹存在于 m₂ 室中，在 cu₁ 室中退化。后足胫节具 2 列加粗的刚毛，端距 7 枚。雄性外生殖器：载肛突近直，加厚区域接近肾形，中部具数枚分散的刚毛。阳基侧突略向后弯曲，由基向端逐渐变细，端部圆钝；端齿分成二叉，强烈弯向内侧。阳茎端节端部膨胀域向下弯折，基部有缢缩。雌性外生殖器：相对较短。侧瓣向下扩展，盖住下生殖板端部，并伸出 1 指状的小叶。

寄主植物：薜荔、极简榕。

分布：浙江（西湖、临安）、江西、海南、香港；日本。

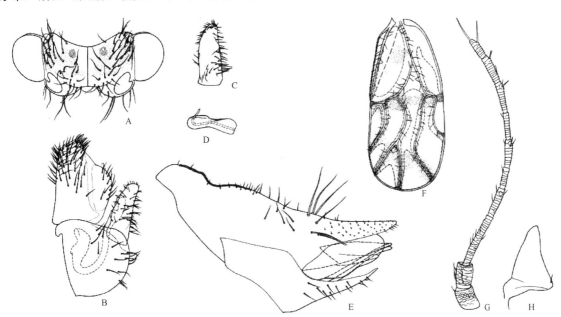

图 5-7 榕小头木虱 *Paurocephala chonchaiensis* Boselli, 1929

A. 头正面观；B. 雄虫生殖节侧面观；C. 阳基侧突内表面；D. 阳茎端节；E. 雌虫生殖节侧面观；F. 前翅；G. 触角；H. 后胸后盾片侧面观

247. 呆木虱属 *Diaphorina* Löw, 1880

Diaphorina Löw, 1880: 567. Type species: *Diaphora putonii* Löw, 1879.

主要特征：头、胸部、足和腹部腹板常具较长的刚毛，刚毛常分泌蜡粒，使得整体外观上覆着一层蜡。颊显著向前延伸成颊锥，形状多样，常略上翘，端部无颊锥鞭状毛。触角感觉孔 4 枚，第 4、6、8、9 节端部各具 1 枚，近似圆形，无特别的附属结构。前胸侧缝发源于背板侧缘前部，前后侧片近等宽。中胸基转片内凸位于侧板前缘。后胸后盾片短小，不隆起。后足基跗节端部具 2 枚爪状距。雄虫载肛突不甚发达，近三角形的后叶。

分布：古北区、东洋区、旧热带区。世界已知 76 种，中国记录 8 种，浙江分布 1 种。

（438）柑橘呆木虱 *Diaphorina citri* Kuwayama, 1908（图 5-8）

Diaphorina citri Kuwayama, 1908: 160.

Euphalerus citri: Crawford, 1912: 424.

主要特征：体黄、棕二色，头黄色，胸棕色，表面密被白色蜡粉，使得底色不甚明显。前翅不透明，污白色，翅面具深浅不一的褐色斑纹，翅端部斑纹呈块状，于 r_1、m_1 端具空白，翅中部斑纹为不规则小斑点状。头相对于体纵轴下倾约 30°角，约与中胸盾片等宽。头顶表面结构为短锥状或颗粒状的小突起，相互分离，均匀地覆有较短粗的刚毛。颊锥短于头顶长，近圆锥形，外侧边缘略有膨胀，端部圆钝。触角高位端毛约为低位端毛的 1/3 长。前翅略呈革质，近长卵圆形，端部 1/5 处最宽；翅痣窄小；翅刺呈不规则的多边形颗粒状，布满翅面。后足胫节端距 6–8 个。雄性外生殖器：载肛突具较为宽大圆钝的后叶。阳基侧突侧视指状，前缘基半部略波曲，后缘有 1 较窄的膜质凸出，端部略向尾向弯曲，后视薄片状；端齿瘤状，位于内侧端部，伸向内侧；外侧面后半部分具较短和细的刚毛，内侧面端部 3/4 均布有刚毛，从端齿向基部逐渐变长，均向下弯。阳茎端节长度中等，于端部 1/3 处稍向下弯曲，端部膨胀域约占全长的 1/4，呈圆滑水滴状，膜质部分不突出；输精管骨化末端略伸出阳茎端节端部，向上伸出，略有后弯。雌性外生殖器：肛节侧视锥状；肛门长度约为肛节的 1/3。下生殖板呈箕形，端部舒缓上翘，下表面中部向外凸出成 1 圆形鼓包，端 2/3 均匀覆有短刚毛。

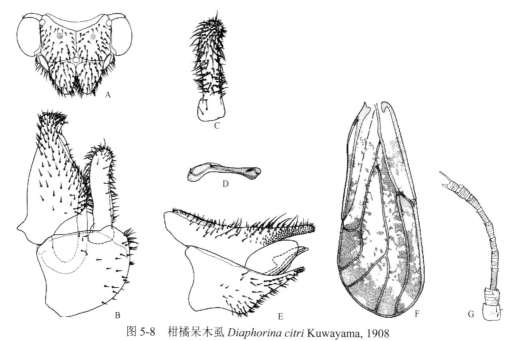

图 5-8　柑橘呆木虱 *Diaphorina citri* Kuwayama, 1908

A. 头正面观；B. 雄虫生殖节侧面观；C. 阳基侧突内表面；D. 阳茎端节；E. 雌虫生殖节侧面观；F. 前翅；G. 触角

寄主植物：野生与栽培（包括杂交）的柑橘属植物、九里香、千里香、调料九里香、黄皮、假黄皮、酒饼簕、象橘、锦橘果。

分布：浙江（西湖）、江西、湖南、福建、台湾、广东、海南、香港、澳门、广西、四川、云南、贵州；日本，印度，亚洲热带地区。入侵至：沙特阿拉伯，毛里求斯，马斯克林群岛，也门，留尼汪，瓜德罗普，法国，美国，阿根廷，巴西，委内瑞拉，乌拉圭，洪都拉斯。

十九、木虱科 Psyllidae

主要特征：颊部发育成长短不一的颊锥，其端部具 1 或 2 枚颊锥鞭状毛，鲜见 3 枚。触角窝所在平面以较小的角度下倾于头顶所在平面。触角第 4、6、8、9 节端部各具 1 枚感觉孔，感觉孔无任何刺或毛之类的附属结构。唇基一般稍长，下表面具 1 个小突起。中胸前侧片沟愈合，基转片内凸后移至侧板的中部或中后部。后足胫节端距一般最内侧和最外侧的 2 枚相对粗壮，中间的数枚多少紧密排列在一起，远离其余 2 枚。

分布：世界广布。世界已知 80 属 1387 种，中国记录 23 属 511 种，浙江分布 3 属 8 种。

248. 羞木虱属 *Acizzia* Heslop-Harrison, 1961

Acizzia Heslop-Harrison, 1961: 417. Type species: *Psylla acaciae* Maskell, 1894.

主要特征：头顶侧缘和前缘不清晰，前侧角回撤，使得头顶近似三角形而非梯形；颊锥一般短于头顶中缝，具 2 枚鞭状毛。前胸侧缝发源于前胸背板前侧角。中胸基转片内凸接近侧板后缘。前翅具不规则斑点或不具。后足胫节具基齿或不，端距一般 5 枚；基跗节具 1 或 2 枚爪状距。雄虫载肛突具后叶，后叶具或不具附属的指状突。阳茎端节多样，骨化内柄位于背侧或腹侧。

分布：古北区、东洋区、旧热带区、澳洲区。世界已知 66 种，中国记录 19 种，浙江分布 1 种。

（439）合欢羞木虱 *Acizzia jamatonica* (Kuwayama, 1908)（图 5-9）

Psylla jamatonica Kuwayama, 1908: 167.

Acizzia jamatonica: Loginova, 1977: 577.

Psylla changli Yang *et* Li, 1981b: 42. Synonymized by Li, 2011: 653.

Arytaina albizziae Yang, 1984: 34. Synonymized by Burckhardt & Mühlethaler, 2003: 99.

Acizzia albizziae: Hodkinson & Hollis, 1987: 11.

Neoacizzia jamatonica: Li, 2011: 653.

主要特征：体黄色至黄绿色。复眼褐色，单眼黄色；触角黄色，第 3–7 节端部褐色，第 8 节端部和第 9–10 节黑色。足黄色，端跗节黑褐色。前翅透明，发黄，由基向端逐渐加深。头下倾于体纵轴约 70°，宽于中胸盾片。头顶表面覆有较稀疏的鳞片状细微结构，生有微小刚毛；颊锥粗短，端部略突出成近半球状；触角高位端毛约为低位端毛的 2/3 长。前翅膜质，椭圆形，前后缘近平行；翅刺细小颗粒状，几乎覆满整个翅面。后足胫节具尖锐的基齿，端距排列为 1+3+1；后足基跗节具 1 对爪状距。雄性外生殖器：载肛突端筒极短，后叶三角形，着生于下半部，不具附属的指状突。阳基侧突薄片状，侧视中部最宽，向端部逐渐变细；端部圆钝，略向内弯，其下方内表面具 1 枚向前指的较长粗刚毛；内表面前缘基半部具 1 道不甚突出的纵脊；内表面前半部具少量粗短的、指向前方的刚毛。阳茎端节较直，骨化内柄生于背侧，端部膨胀域呈钩状；射精管骨化末端伸向后上方，略向前弯。雌性外生殖器：整体较短。肛门约占载肛突全长的 1/2；载肛突背面略向上弯，端半部较扁平，背面具 1+1 纵向长毛列，两侧具稀疏的短锥状刚毛。下生殖板较高，两侧被较稀疏的短刚毛，端部具少量短锥状刚毛。

寄主植物：合欢、山合欢。

分布：浙江（临安）、北京、山西、山东、河南、陕西、甘肃、江苏、安徽、湖北、湖南、台湾、广西、四川、贵州、云南；日本。

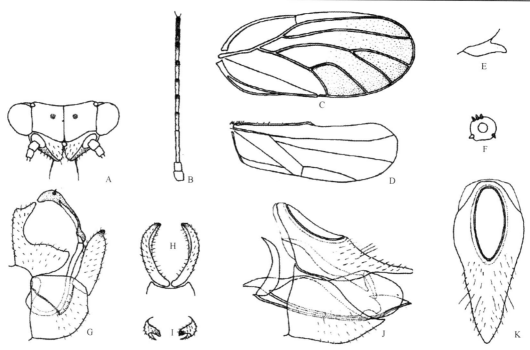

图 5-9   合欢羞木虱 *Acizzia jamatonica* (Kuwayama, 1908) （仿李法圣，2011）

A. 头正面观；B. 触角；C. 前翅；D. 后翅；E. 后基突；F. 后足胫节端距；G. 雄性生殖节；H. 雄性生殖节后面观；I. 阳基侧突端部背面观；J. 雌性生殖节；K. 雌性载肛突背面观

249. 喀木虱属 *Cacopsylla* Ossiannilsson, 1970

Psylla (*Cacopsylla*) Ossiannilsson, 1970: 140. Type species: *Chermes mali* Schmidberger, 1836.

主要特征：头顶边缘清晰，各角一般比较突出。颊锥一般较粗长，端部具 2 根鞭状毛。前胸侧缝一般发源于前胸背板后侧角。中胸基转片内凸处于侧板中部。基跗节具 2 枚爪状距。雄虫载肛突不具后叶。阳基侧突比较简单，一般具强烈骨化的端齿，端齿下方内侧面常具 3 根并排的指向后方的短刚毛。阳茎简单。

分布：古北区、东洋区、新北区。世界已知 556 种，中国记录 337 种，浙江分布 6 种。

分种检索表

1. 体几乎完全红色 ··· 木通红喀木虱 *C. coccinae*
- 不如上述 ·· 2
2. 前翅端部 2/3 呈褐色，臀裂基侧具大型深褐色斑 ············ 黄头黑缘喀木虱 *C. capitialutaeuca*
- 前翅大部无色透明，臀裂基侧至多具小型褐色斑 ··· 3
3. 雌虫载肛突整体上翘，端半部侧视均匀变尖 ·· 4
- 雌虫载肛突仅尖端略上翘，尖端下表面斜截 ·· 5
4. 体较小；阳基侧突端部略微后弯；雌虫载肛突背面中部明显隆起 ·········· 浙胡颓子喀木虱 *C. zheielaeagna*
- 体较大；阳基侧突端部强烈后弯；雌虫载肛突背面中部不明显隆起 ············ 深凹喀木虱 *C. recava*
5. 前翅臀裂基侧具褐色斑；雌虫载肛突背面观均匀变细，呈锥状 ············ 平凹喀木虱 *C. planireacava*
- 前翅臀裂基侧无褐色斑；雌虫载肛突背面观近披针状 ············ 天目山喀木虱 *C. tianmushanica*

（440）黄头黑缘喀木虱 *Cacopsylla capitialutaeuca* Li, 2001（图 5-10）

Cacopsylla capitialutaeuca Li, 2001: 226.

主要特征：体大观黑白二色。头部白色，头顶盘状凹周围呈灰褐色。复眼红褐色，单眼橙色。触角黄色，第 4–8 节端部褐色，第 9–10 节黑色。中胸背板几乎完全黑色，纵条纹不可见。后胸背板和侧板白色，大观上呈 1 宽大的腰带。各足基节、转节和股节黑色，其余部分黄色。前翅透明，端部 2/3 褐色，臀裂基侧具大型深褐色斑，cu$_2$ 室中心大部褐色。腹部黑色。头向下垂伸，与体纵轴约垂直。颊锥约与头顶中缝等长，向端部均匀变细并略分开，端部较尖锐。触角高位端毛约为低位端毛的 2/3 长。前翅长卵圆形，膜质，端部 1/3 处最宽。后足胫节基齿发达，端距呈 1+3+1 排列。雄性外生殖器：阳基侧突侧视薄片状，较宽，基部 1/3 处向前弯曲端部圆钝，向后和内侧弯曲；端齿不明显。阳茎端节约与阳基侧突等长，尖端呈 1 向下弯曲的圆钝小钩；射精管较粗，骨化末端向后上方伸出，略向前弯。雌性外生殖器：整体呈锥状。肛门端半部下陷；载肛突背面平直，中部几乎无毛。下生殖板箕形，明显短于载肛突，下表面较圆滑，两侧及下表面具稀疏的短刚毛，端部具少量短锥状刚毛。

寄主植物：未知。

分布：浙江（临安）。

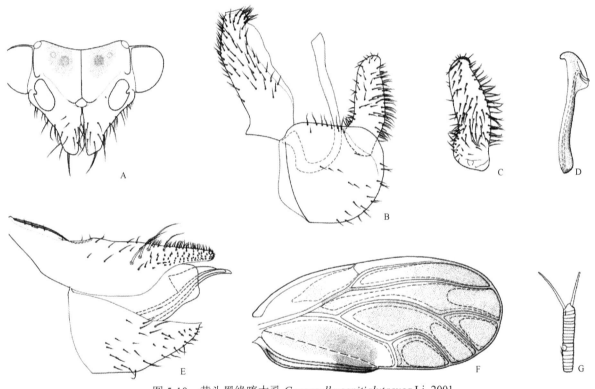

图 5-10　黄头黑缘喀木虱 *Cacopsylla capitialutaeuca* Li, 2001
A. 头正面观；B. 雄性生殖节；C. 阳基侧突；D. 阳茎端节；E. 雌性生殖节；F. 前翅；G. 触角第 9–10 节

（441）木通红喀木虱 *Cacopsylla coccinae* (Kuwayama, 1908)（图 5-11）

Psylla coccinea Kuwayama, 1908: 171.

Cacopsylla akebirubra Li, 1992: 402. Synonymized by Li, 2011: 950.

Cacopsylla coccinea: Park, Hodkinson & Kuznetsova, 1995: 158.

主要特征：体红色。复眼金黄色，单眼黄色。触角第 1–2 节橙色，鞭节黄色，第 4–8 节端部褐色，第 9–10 节黑色。胸部背面具稍深于底色的纵条纹。足黄色，前中足基节红色，各足股节不规则地发红。前翅透明，略发黄，臀裂基侧具 1 枚褐斑。头约与体纵轴垂直，略宽于中胸盾片。颊锥略短于头顶中缝，向端部均匀变细，端部较圆钝；触角长于头宽，高位端毛约为低位端毛的 2/5 长。前翅膜质，卵圆形，端部 1/3 处最宽；翅刺细小颗粒状，间距均匀，分布范围很小；m_1 室中缘纹范围几乎与翅刺完全重合。后足基齿强烈下弯，圆钝。雄性外生殖器：载肛突较为粗短，略向后弯，覆有均匀的短刚毛。阳基侧突侧视薄片状，整体略向前弯曲，向端部均匀地变细；端齿钩状，弯向内侧，尖端尖锐，指向前方。阳茎端节略向下弯曲，端部膨胀域略呈钩状，尖端圆钝，向前下方伸出。雌性外生殖器：肛门区域略有抬升，载肛突背面中部平缓地隆起；端半部较直，背面具 1+1 纵向长刚毛列，两侧具大量短锥状刚毛。

寄主植物：木通、白木通、六叶木通。

分布：浙江（西湖、临安）、陕西、甘肃、江苏、湖北、江西、湖南、福建、台湾、四川、贵州、西藏；韩国，日本。

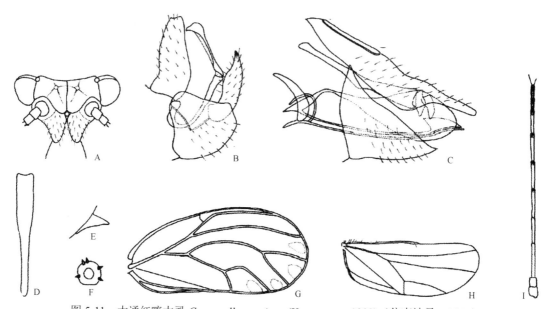

图 5-11 木通红喀木虱 *Cacopsylla coccinae* (Kuwayama, 1908)（仿李法圣，2011）
A. 头正面观；B. 雄性生殖节；C. 雌性生殖节；D. 背中突背面观；E. 后基突；F. 后足胫节端距；G. 前翅；H. 后翅；I. 触角

（442）平凹喀木虱 *Cacopsylla planireacava* Li, 2001（图 5-12）

Cacopsylla planireacava Li, 2001: 229.

主要特征：体大观深褐色。头顶黄色，盘状凹褐色，周围具褐斑；颊锥黄色；触角黄褐色，第 4-8 节端部及第 9-10 节黑色。中胸背板底色白色，大部被褐色纵条纹覆盖；胸部各节侧板大部深褐色。足基节、转节和股节褐色，其余黄褐色。前翅透明，无色，臀裂基侧具 1 块褐斑。腹部黑色，各节背板两侧及后缘黄色。雌性载肛突黑褐色，下生殖板黄色。头向下垂伸，略窄于中胸盾片。颊锥略长于头顶中缝，由基向端均匀变细，分开较大角度，端部较尖锐；触角长于头宽，高位端毛约为低位端毛的1/2 长。前翅卵圆形，端部 1/4 最宽；翅痣较宽；翅刺小颗粒状，间距均匀，分布区域相对较窄，沿各纵脉留下较宽的无翅刺带。后足胫节基齿圆钝，端距排列为 1+2+1+1。雌性外生殖器：整体长锥状。肛门不下陷；载肛突背面略有波曲，端半部背面具 1+1 长刚毛列，两侧具大量短锥状刚毛；尖端十分尖锐，上翘，其下表面斜截。下生殖板下表面中部略有隆起，下表面和上缘均具稀疏的短刚毛，其余部分覆有较稀疏的短锥状刚毛。

寄主植物：未知。

分布：浙江（西湖、临安）。

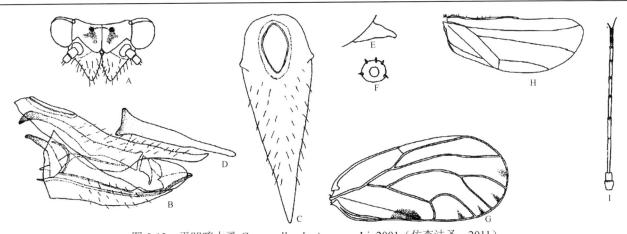

图 5-12　平凹喀木虱 *Cacopsylla planireacava* Li, 2001（仿李法圣，2011）
A. 头正面观；B. 雌性生殖节；C. 雌性载肛突背面观；D. 背中突背面观；E. 后基突；F. 后足胫节端距；G. 前翅；H. 后翅；I. 触角

（443）深凹喀木虱 *Cacopsylla recava* Li, 2001（图 5-13）

Cacopsylla recava Li, 2001: 227.

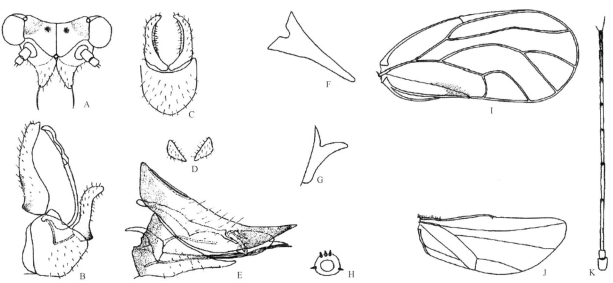

图 5-13　深凹喀木虱 *Cacopsylla recava* Li, 2001（仿李法圣，2011）
A. 头正面观；B. 雄性生殖节；C. 雄性生殖节后面观；D. 阳基侧突端部背面观；E. 雌性生殖节；F. 背中突背面观；G. 后基突；H. 后足胫节端距；
I. 前翅；J. 后翅；K. 触角

主要特征： 体大观橙黑二色。头顶底色黄色，除中缝沿线外大部橙色，盘状凹浅褐色；颊锥深黄色；触角黄褐色，第 4–8 节端部褐色，第 9–10 节黑色。胸部背面底色黄色，具大面积的橙色至褐色纵带；前胸侧板黑色，中胸侧板大部黑色，前上角和中部的纵带黄色，后胸侧板黄褐色。足黄色，各足基节、股节背面和端跗节多少发黑。前翅无色透明，臀裂基侧有 1 褐色斑纹。腹部各节背板黄色，前缘及两侧黑色；气门片和腹板黑色。雌雄生殖节深褐色。头部约与体纵轴垂直，略宽于中胸盾片。颊锥细长，略向外弧弯，端部较钝。触角长于头宽，高位端毛约为低位端毛的 3/5 长。前翅膜质，卵圆形，端部 1/3 处最宽。后足胫节基齿圆钝，端距排列为 1+3+1。雄性外生殖器：阳基侧突基部宽大圆盘形，其余部分看起来完全着生其上；端部强烈后弯，端齿小而且圆，弯向内侧，其下方有 1 枚粗长的刚毛指向前方。阳茎端节近直，端部膨胀域较长，尖端圆钝，略向下钩弯；射精管骨化末端伸向后上方，并向前弯。雌性外生殖器：载肛突基部略微隆起，背面中部几不隆起，端半部扁平且上翘；长刚毛集中在端半部的基部；端半部两侧及背面均匀地覆有短锥状刚毛。下生殖板箕形，下表面基半段平缓地隆起，端半部急尖。

寄主植物：胡颓子属某种。

分布：浙江（西湖、临安）。

（444）天目山喀木虱 *Cacopsylla tianmushanica* Li, 2001（图 5-14）

Cacopsylla tianmushanica Li, 2001: 231.

主要特征：体橙色。复眼赭色，单眼橙黄色；触角褐色，第 1–2 节黄色，第 3–7 节端部、第 8 节大部及第 9–10 节黑色。胸部背面具较浅的纵条纹。足黄色。前翅透明，无色。头向前下方斜伸，宽于中胸盾片。头顶表面为鳞片状的细微结构，生有微小的刚毛；头顶前缘与颊锥之间有 1 道下陷的深沟；颊锥略短于头顶中缝，正面观外缘略向内凹，端部圆钝，一定程度分开；触角长于头宽，高位端毛略短于低位端毛。前胸前后侧片均狭窄，下半部向前弯曲。前翅卵圆形，端部 1/3 最宽；翅痣较宽；翅刺微小颗粒状，较稀疏，分布区域相对较窄，沿各纵脉留下较宽的无翅刺带。后足胫节基齿圆钝，端距排列为 1+3+1。雌性外生殖器：整体长锥状。肛门后半部分下陷；载肛突背面略有波曲，端半部背面具 1+1 长刚毛列，两侧具大量短锥状刚毛；尖端十分尖锐，上翘，其下表面斜截。下生殖板下表面近直，具少量短刚毛，两侧具大量较为稀疏的短锥状刚毛。

寄主植物：未知。

分布：浙江（西湖、临安）。

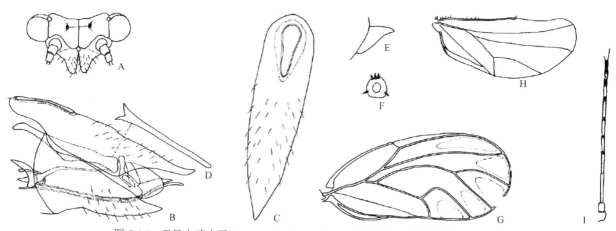

图 5-14 天目山喀木虱 *Cacopsylla tianmushanica* Li, 2001（仿李法圣，2011）
A. 头正面观；B. 雌性生殖节；C. 雌性载肛突背面观；D. 背中突背面观；E. 后基突；F. 后足胫节端距；G. 前翅；H. 后翅；I. 触角

（445）浙胡颓子喀木虱 *Cacopsylla zheielaeagna* Li, 2011（图 5-15）

Cacopsylla zheielaeagna Li, 2011: 1017.

主要特征：体大观橙色。头顶底色黄色，盘状凹浅褐色，其周围区域及侧单眼周围区域呈不均匀的橙色。颊锥黄色，略带浅褐色。复眼灰褐色，单眼橙色。触角橙色，第 4–8 节端部浅褐色，第 9–10 节黑色。胸部背面底色黄色，具宽大的橙色纵条纹；胸部侧面大部橙色。各足黄色，基节、转节和股节多少发褐色。前翅无色透明，臀裂基侧具 1 褐色斑纹。腹部各节背板橙色，前缘黑色；气门及腹板黑色，中央具 1 条黄色宽纵带。雌雄生殖节黄色。头部约与体纵轴垂直，略宽于中胸盾片。颊锥较细长，直，由基向端逐渐变细和分开，端部较尖锐。触角高位端毛约为低位端毛的 2/3 长。前翅卵形，中部最宽；翅刺分布范围较小。后足胫节端齿小而圆钝，端距排列为 1+3+1。雄性外生殖器：载肛突细长，后弯，均匀地覆有较粗长的刚毛。阳基侧突侧视指状，基部宽阔，略向前弯，近端部略向后弯；端齿圆钝，弯向内侧，其下有 1 枚粗长的刚毛指向前方。阳茎端节向下弯，端部膨胀域略呈钩状，尖端圆钝，一定程度上向下延伸；射精管骨化末端伸向后上方，略向前弯。雌性外生殖器：载肛突端半部尖锐，上翘；载肛突背面中部有 1 较平缓的隆起，长刚毛集中在端半部的基部；端半部两侧及背面均匀地覆有短锥状刚毛。下生殖板箕形，下表面近直。

寄主植物：胡颓子属某种。

分布：浙江（西湖、临安）。

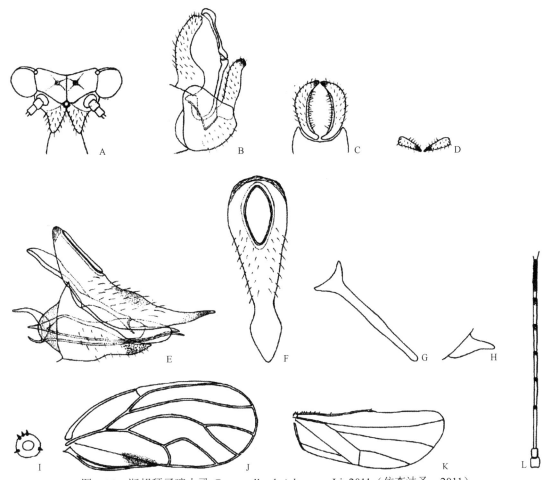

图 5-15　浙胡颓子喀木虱 Cacopsylla zheielaeagna Li, 2011（仿李法圣，2011）
A. 头正面观；B. 雄性生殖节；C. 雄性生殖节后面观；D. 阳基侧突端部背面观；E. 雌性生殖节；F. 雌性载肛突背面观；G. 背中突背面观；H. 后基突；I. 后足胫节端距；J. 前翅；K. 后翅；L. 触角

250. 豆木虱属 *Cyamophila* Loginova, 1976

Cyamophila Loginova, 1976: 596. Type species: *Psylla fabra* Loginova, 1964.

主要特征：颊锥一般较粗壮，端部具 2 根鞭状毛。前胸侧缝发源于背板侧缘中部。前翅 M_{1+2} 和 Cu_1a 脉常具直角或接近直角的大拐弯，Cu_1b 脉端部强烈后弯；翅刺范围一般不紧贴翅的边缘，缘纹范围常缩减至翅室端部中间的 1 小簇。阳基侧突端部近似斧状，平截，尖端指向前方。

分布：古北区、东洋区、旧热带区。世界已知 78 种，中国记录 40 种，浙江分布 1 种。

（446）马蹄针豆木虱 *Cyamophila viccifoliae* (Yang et Li, 1984)（图 5-16）

Psylla viccifolia Yang et Li, 1984: 258.

Cyamophila viccifolia: Li, Liu & Yang, 1993: 8.

Cyamophila willieti sensu Li, 2001: 226, misidentification.

主要特征：体绿色。复眼灰色，单眼橙色。触角黄色，从第 4 节起，端部黑色，且黑色所占比例逐节增大，第 9–10 节完全黑色。各足浅绿色。前翅透明，黄色，端部逐渐加深，m_1、m_2 和 cu_1 室端部缘纹集中处呈褐色。头部下倾于体纵轴约 80°，略宽于中胸盾片。头顶前侧角圆瘤状突出，前缘清晰。颊锥粗壮圆钝，端部略分开，表面覆有大量长刚毛。前翅膜质，接近长卵圆形，端部较方，于端部 1/4 处最宽；翅刺范围覆及各室端部；缘纹范围较大，且个体向基部逐渐变小。后足胫节基齿发达，端距排列为 1+3+1。雄性外生殖器：阳基侧突端部近平截，端齿呈锥状向前伸出；前缘近端部有 1 近半圆形的小叶；后缘内侧近基部有 1 很薄的三角形小叶；前缘具 1 列粗长的刚毛；阳茎端节约与阳基侧突等长，近直；端部膨胀域镐状，前缘一定程度骨化，强烈向后钩曲，尖端分裂为两半；射精管骨化末端向上伸出，略向前弯。下生殖板侧视近球形，下表面具大量均匀的长刚毛。雌性外生殖器：整体长锥状。载肛突背面下倾且直，端半部均匀变细，两侧短锥状刚毛的范围大，中间几乎接触，背面不具短刚毛。下生殖板上缘中部扩展成 1 宽大的半椭圆形叶，下表面突起处具 1 簇很密的刚毛。

寄主植物：马蹄针。

分布：浙江（西湖、临安）、北京、山西、陕西、甘肃、贵州、云南。

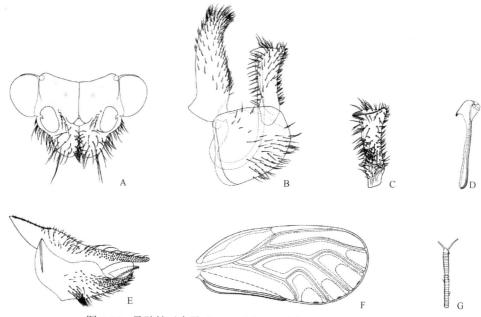

图 5-16 马蹄针豆木虱 *Cyamophila viccifoliae* (Yang *et* Li, 1984)
A. 头正面观；B. 雄性生殖节；C. 阳基侧突；D. 阳茎端节；E. 雌性生殖节；F. 前翅；G. 触角第 9–10 节

二十、丽木虱科 Calophyidae

主要特征：有颊锥但没有颊锥鞭状毛。前翅臀裂位置不紧邻 Cu_1b 末端。前翅无翅刺；缘纹范围局限在各翅室端部中央，呈尖锐的三角形。中胸基转片内凸在前侧片-基转片复合体的中间偏后位置。中胸前侧片沟完全愈合。后胸后盾片中央不隆起，两侧隆起较少或不隆起。后足基跗节无爪状距。

分布：古北区、东洋区、旧热带区。世界已知 6 属 81 种，中国记录 4 属 21 种，浙江分布 1 属 1 种。

251. 丽木虱属 *Calophya* Löw, 1879

Calophya Löw, 1879: 598. Type species: *Psylla rhois* Löw, 1877.

主要特征：触角窝所在平面与头顶所在平面近似平行，而不是垂直。触角短于头宽，端刚毛长于第9、10节长度之和，第9节端部亦具1根长毛。后足胫节端距排列为：外侧固定1枚，内侧2–3枚。雄虫载肛突具宽短的后叶。阳茎基节短，不弯曲。

分布：古北区、东洋区、新北区、新热带区。世界已知70种，中国记录17种，浙江分布1种。

（447）三角丽木虱 *Calophya triangula* Yang, 1984（图 5-17）

Calophya triangula Yang, 1984: 32.

主要特征：头顶褐色，颊黄色，唇基褐色。触角黄色，第9–10节黑褐色。前翅污黄色，透明，颜色由基部向端部逐渐变深。腹部黄色。颊锥短，圆丘状。触角端刚毛近似等长。前翅卵圆形，最宽处在端部1/3；M_{1+2}脉微向后弯。后足胫节端距外侧1枚，内侧2枚。雄性外生殖器：载肛突后叶极短，后缘具间距均匀的长刚毛。阳基侧突简单，锥状，端部尖锐且向内弯曲。阳茎端节长于基节，端部大而圆。雌性外生殖器：载肛突背面观，肛门两侧具2对小突起，端部1/3处缢缩。

寄主植物：半叶盐肤木。

分布：浙江（西湖）、湖南、福建、台湾；韩国，日本。

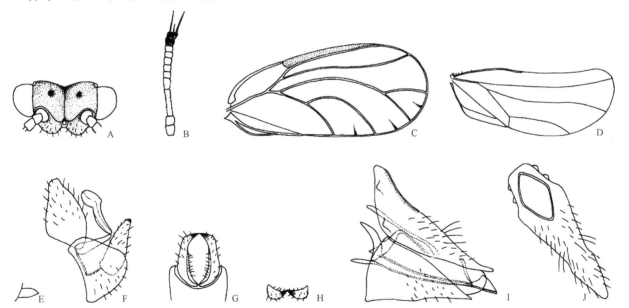

图 5-17　三角丽木虱 *Calophya triangula* Yang, 1984（仿李法圣，2011）

A. 头正面观；B. 触角；C. 前翅；D. 后翅；E. 后基突；F. 雄虫生殖节侧面观；G. 阳基侧突后面观；H. 阳基侧突端部背面观；I. 雌虫生殖节侧面观；J. 载肛突背面观

二十一、裂木虱科 Carsidaridae

主要特征：颊不发育成颊锥，触角窝所在平面与头顶所在平面垂直。触角第4和6–9节端部各具1枚感觉孔。后胸后盾片两侧呈乳突状隆起。后足胫节端距数量较少，彼此间隔较大，排列成开放的环状。后足基跗节具 1 枚爪状距。前翅披针形，Rs 与 M 脉的分叉点之间具 1 条横脉（r-m），横脉有时呈折痕状。雄性下生殖板上缘具额外的、向内伸出的叶。

　　分布：东洋区、旧热带区、新热带区。世界已知 23 属 148 种，中国记录 9 属 48 种，浙江分布 1 属 1 种。

252. 裂木虱属 *Carsidara* Walker, 1869

Carsidara Walker, 1869: 329. Type species: *Carsidara marginalis* Walker, 1869.

　　主要特征：头顶前缘中央深裂，两前侧角向外扩展，部分盖住颊。后足胫节基齿大，端距 5 枚，突出。前翅有翅痣，R_1 与 Rs 脉之间不具横脉。雄虫载肛突具短的后叶。

　　分布：古北区、东洋区、旧热带。世界已知 4 种，中国记录 2 种，浙江分布 1 种。

（448）梧桐裂木虱 *Carsidara limbata* (Enderlein, 1926)（图 5-18）

Thysanogyna limbata Enderlein, 1926: 397.

Carsidara limbata: Hodkinson, 1986: 303.

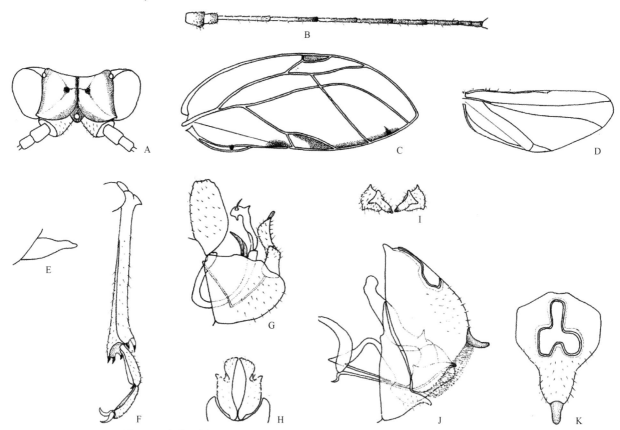

图 5-18　梧桐裂木虱 *Carsidara limbata* (Enderlein, 1926)（仿李法圣，2011）
A. 头正面观；B. 触角；C. 前翅；D. 后翅；E. 后基突；F. 雄虫生殖节侧面观；G. 雄虫生殖节侧面观；H. 阳基侧突后面观；I. 阳基侧突端部背面观；J. 雌虫生殖节侧面观；K. 载肛突背面观

　　主要特征：体黄色至黄褐色，胸部背面条纹黑褐色。前翅透明，稍稍发黄，翅痣不透明，黄褐色。由 m_1 室沿后缘至 cu_1 室，再向上沿 Cu_1a 具 1 条褐色带，臀裂处具 1 枚黑褐色斑。腹部褐色。颊内侧稍稍隆起，并向中间聚拢。头顶前侧角略向两侧伸出，部分遮盖复眼。雄性外生殖器：载肛突后叶极短，几不可见。

阳基侧突外侧具深沟，使之呈现近似分为两部分的外观；内侧部分的端部向外扭转。阳茎端节端部向下弯曲，具尖锐的骨化端钩；射精管骨化末端向上伸出。下生殖板上缘额外叶向前弯曲。雌性外生殖器：肛门前缘与侧缘均收缩。载肛突具与主体分界明显的端部延伸域，主体下缘具密排的弯曲刚毛。下生殖板侧面观，在端部 1/3 处开始急尖。

寄主植物：梧桐。

分布：浙江（西湖、丽水）、辽宁、北京、河北、山西、山东、河南、陕西、江苏、安徽、湖北、江西、湖南、福建、重庆、四川、贵州。

二十二、个木虱科 Triozidae

主要特征：颊部一般发育为颊锥，颊锥端部不具颊锥鞭状毛。前胸前侧片向前隆起成盾状。前翅常呈披针形，具明显的翅尖；R、M、Cu 三脉共柄；前缘裂愈合，无翅痣；翅刺少见；缘纹粗大，集中成窄条状出现在 m_1、m_2 和 cu_1 室的端部中央。后足胫节端距较粗壮，内侧固定 1 枚，外侧 2 或 3 枚，常着生于指状或板状的突起上；基跗节无爪状距。雄虫载肛突有时具后叶。

分布：世界广布。世界已知 70 属 1074 种，中国记录 29 属 303 种，浙江分布 4 属 6 种。

253. 缨个木虱属 *Petalolyma* Scott, 1882

Petalolyma Scott, 1882: 459. Type species: *Psylla basalis* Walker, 1858.

主要特征：体被密集的细长刚毛。颊锥粗长。触角稀被长刚毛。前胸侧缝愈合。前翅基部具大块的深色斑；Rs 脉较长，端部接近 M_{1+2} 脉的端部；cu_1 室一般较高。后足胫节无基齿，端距 4 枚。

分布：东洋区。世界已知 13 种，中国记录 8 种，浙江分布 1 种。

（449）浙江缨个木虱 *Petalolyma zhejiangana* Yang *et* Li, 1984（图 5-19）

Petalolyma zhejiangana Yang *et* Li, 1984: 134.

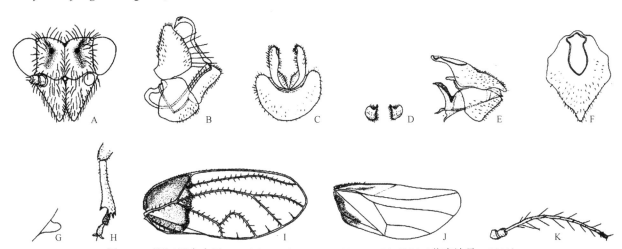

图 5-19　浙江缨个木虱 *Petalolyma zhejiangana* Yang *et* Li, 1984（仿李法圣，2011）

A. 头正面观；B. 雄性生殖节；C. 雄性生殖节后面观；D. 阳基侧突端部背面观；E. 雌性生殖节；F. 雌性载肛突背面观；G. 后基突；H. 后足胫节端距；I. 前翅；J. 后翅；K. 触角

主要特征：体黑色。颊锥端部绿色；复眼黑色，单眼橙色；触角黄色，第 9 节端半部及第 10 节黑色。

胸部背面具黄色纵条纹，中胸小盾片黄色。各足基节、转节和股节黑色，其余各节黄褐色，后基突黄色。前翅透明，基部具 1 大块褐斑。后翅 a_1 和 cu_2 室具褐斑。腹部黑色，雌雄外生殖器亦然。头部向前下方斜伸，窄于中胸盾片。头顶表面为密排的粗颗粒状细微结构。颊锥长而粗壮，内侧紧靠，端部较尖锐。触角高位端毛约为低位端毛的 1/4 长。前翅膜质，近长卵圆形，翅尖不明显，端部 2/5 处最宽；cu_1 室较矮；无翅刺。后足胫节端距着生在指状或板状的突起上，排列为 1+3。雄性外生殖器：载肛突具宽大圆钝的后叶，后叶边缘具 1 列长刚毛；载肛突本体较细，肛门较小。阳基侧突指状，整体略向后弯曲，前后缘近平行；端部无指状突，尖端呈楔形指向前方，相对较粗；前后缘均具排列较整齐的细长刚毛。阳茎端节端部膨胀域镰刀状，腹面具骨化的轴，尖端十分尖锐，上表面平整；射精管骨化末端短，伸向后上方，在中部弯向上方。下生殖板接近上缘处扩展成 1 叶，超过上缘；下表面具均匀的细长刚毛。雌性外生殖器：整体较短。载肛突横向较宽，背面中部具宽而浅的横沟，端半部背面具 2 列较长的刚毛，两侧有多数短刚毛，而无短锥状刚毛。下生殖板相对较高，整体密布细长刚毛。

寄主植物：冬青属某种。

分布：浙江（西湖、临安）。

254. 狭个木虱属 *Stenopsylla* Kuwayama, 1910

Stenopsylla Kuwayama, 1910: 53. Type species: *Stenopsylla nigricornis* Kuwayama, 1910.

主要特征：体被较长的刚毛。触角鞭节显著加粗，密被长刚毛。前翅 Rs 脉较长，端部接近 M_{1+2} 脉端部；m_1 室宽扁。后足胫节具多枚小型基齿，端距 4 枚。雄虫载肛突具后叶，后叶外缘不具特殊的长刚毛。

分布：东洋区。世界已知 10 种，中国记录 8 种，浙江分布 1 种。

（450）白蜡树狭个木虱 *Stenopsylla fraxini* Li et Yang, 1987（图 5-20）

Stenopsylla fraxini Li et Yang, 1987: 31.

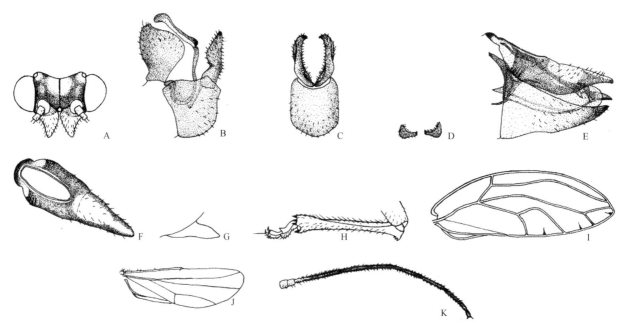

图 5-20 白蜡树狭个木虱 *Stenopsylla fraxini* Li et Yang, 1987（仿李法圣，2011）

A. 头正面观；B. 雄性生殖节；C. 雄性生殖节后面观；D. 阳基侧突端部背面观；E. 雌性生殖节；F. 雌性载肛突背面观；G. 后基突；H. 后足胫节端距；I. 前翅；J. 后翅；K. 触角

主要特征：体橙色。头顶大部黑色，中缝两侧的中后段黄色；触角基褐色；颊锥橙色。复眼黑色，侧单眼黑色，中单眼黄色。触角黑褐色，第 1、2 节，以及第 3 节基部黄色。胸部背面具不甚明晰的浅褐色纵带。足黄色，前中足的胫节和跗节黑色。前翅透明，略呈淡黄色。腹部背板墨绿色，腹板黄色。雄虫生殖节黄色；雌虫载肛突黑褐色，下生殖板绿色，端部黑褐色。头向下垂伸，约与中胸盾片等宽。头顶黄色的部分表面较光滑，黑色的部分表面为细鳞状的微小结构。颊锥约与头顶中缝等长，向端部均匀地变细并明显地分开，端部较尖锐。前翅膜质，长披针形，前缘弧度较大，后缘近直；翅刺细小颗粒状，间距均匀，分布范围较小，主要分布于翅的端半部。后足胫节具 2 枚并排的基齿。雄性外生殖器：阳基侧突薄片状，基部 2/5 处向前弯折；端部骨化形成端齿，近平截，强烈地向内弯曲；内表面向外扩张，在前缘和后缘均形成宽薄的饰边状结构，其边缘均匀地生有向内弯曲的短刚毛。阳茎端节略向上弯曲，端部膨胀域略平缓，尖端圆钝，呈钩状；射精管骨化末端向后上方伸出，略向前弯。雌性外生殖器：载肛突中部具 1 前横沟，端半部背面具数列较长的刚毛，两侧具稀疏的短刚毛。下生殖板具均匀的短刚毛，由基向端逐渐变长。

寄主植物：白蜡树。

分布：浙江（西湖、临安）。

255. 个木虱属 *Trioza* Förster, 1848

Trioza Förster, 1848: 67. Type species: *Chermes urticae* Linnaeus, 1758.

本属定义较宽泛，所有特征符合个木虱科一般性描述，无特殊结构的种类均被划分至此属。

分布：世界广布。世界已知 411 种，中国记录 117 种，浙江分布 2 种。

（451）二点个木虱 *Trioza bipunctata* Li, 2001（图 5-21）

Trioza bipunctata Li, 2001: 231.

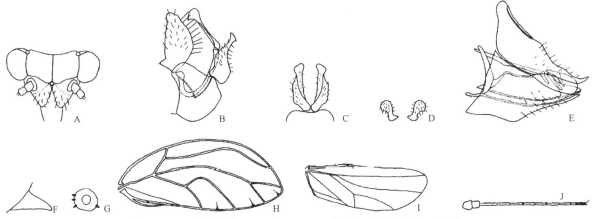

图 5-21　二点个木虱 *Trioza bipunctata* Li, 2001（仿李法圣，2011）

A. 头正面观；B. 雄性生殖节；C. 雄性生殖节后面观；D. 阳基侧突端部背面观；E. 雌性生殖节；F. 后基突；G. 后足胫节端距；H. 前翅；I. 后翅；J. 触角

主要特征：体黄色。复眼褐色，单眼黄色；触角黄色，第 9 节端部及第 10 节黑色。胸部背面无明显的纵条纹。足黄色，后足股节褐色。前翅透明，略发黄；A_1 脉中部有 1 小褐斑，臀裂处有 1 浅褐色斑块。头部略向下倾斜，窄于中胸盾片。头顶表面覆有鳞片状的细微结构，均匀地生有较长的刚毛；颊锥较粗壮，由基向端均匀变细，逐渐分开，端部较圆钝。触角高位端毛约为低位端毛的 1/4 长。前翅披针形，前缘弧度较大，翅尖明显；Rs 脉长，强烈波曲；翅刺细小颗粒状，间距均匀，分布于除 c_1 外各室的大部。后足具 1 枚较粗大的基齿，端距排列为 1+3。雄性外生殖器：载肛突具较窄的后叶，后叶外缘具 1 列长刚毛。阳基侧突侧视强烈波曲，基部较粗，向端部逐渐变细；端部扩展成斧状，向内侧和后方弯曲，尖端指向前方。阳茎端节近直，端部膨胀域突出，尖端一定程度上向后弯钩。下生殖板上缘近基部强烈扩展。雌性外生殖器：整体较短。载肛突背面略微波曲，尖端强烈上翘；端半部背面具数纵列长刚毛，两侧无短锥状刚毛。下生殖板箕形，腹面中部的突起较明显，整体均匀地覆有长刚毛。

寄主植物：不明。

分布：浙江（西湖、临安）。

（452）棕顶个木虱 *Trioza ustulativertica* (Li, 2011)（图 5-22）

Triozidus ustulativerticus Li, 2001: 232.

Trioza ustulativertica: Yang et al., 2013: 62.

主要特征：体大观黑黄二色。头顶黑色，颊锥黄色。复眼褐色，单眼黄色。触角黄色，第 8 节端部及第 9–10 节褐色。胸部背面黑色，侧面黄色。足黄色。前翅透明，略发黄。腹部背板黑色，腹板黄绿色。雌性外生殖器黄色。头向前下方斜伸，略窄于中胸盾片。头顶前缘隆起，前外角不突出；头顶表面覆有鳞片状的细微结构，并生有稍长的微小刚毛。颊锥短于头顶中缝，短锥状，向端部逐渐分开，端部较尖锐。触角长于头宽，低位端毛略短于高位端毛。前胸前侧片向前隆起成盾状结构。前翅膜质，长披针形，端部 1/3 处最宽；Rs 脉较短，向前弯曲；M_{1+2} 脉端部位于翅尖之前；无翅刺。后足胫节无基齿，端距排列为 1+2。雌性外生殖器：总体高而短。载肛突中部一定程度上弯折，使得端半部略微上翘；端半部尖端略呈鹰喙状下钩。下生殖板基部延长，看似与腹部第 8 腹板未完全愈合；下表面均匀地被有短刚毛，端部略加长。

寄主植物：不明。

分布：浙江（西湖、临安）。

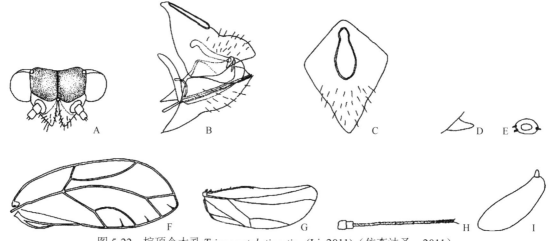

图 5-22 棕顶个木虱 *Trioza ustulativertica* (Li, 2011)（仿李法圣，2011）
A. 头正面观；B. 雌性生殖节；C. 雌性载肛突背面观；D. 后基突；E. 后足胫节端距；F. 前翅；G. 后翅；H. 触角；I. 卵

256. 三毛个木虱属 *Trisetitrioza* Li, 1995

Trisetitrioza Li, 1995: 21. Type species: *Trisetitrioza clavellata* Li, 1995.

主要特征：体中到大型。头顶前缘内凹，生有较长的刚毛。颊锥不发育或呈小丘状，向中央并拢。前翅 Rs 脉端部远离 M_{1+2} 脉端部。后足胫节具 1 簇细小的基齿，端距 4 枚。雄虫载肛突具较窄的后叶。阳茎端节的射精管末端强烈骨化并加粗。

分布：古北区、东洋区。世界已知 12 种，中国记录 11 种，浙江分布 2 种。

（453）千里光三毛个木虱 *Trisetitrioza takahashii* (Boselli, 1930)（图 5-23）

Rhinopsylla takahashii Boselli, 1930: 193.

Neorhinopsylla takahashii Drohojowska, 2006: 188.

Trisetitrioza takahashii: Yang et al., 2013: 90.

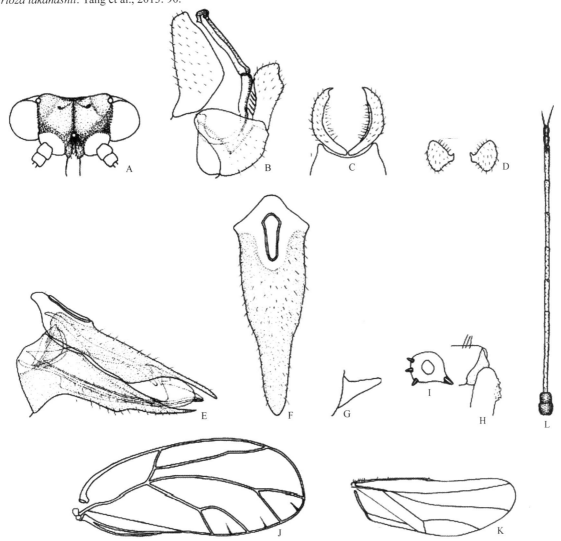

图 5-23　千里光三毛个木虱 *Trisetitrioza takahashii* (Boselli, 1930)（仿李法圣，2011）
A. 头正面观；B. 雄性生殖节；C. 雄性生殖节后面观；D. 阳基侧突端部背面观；E. 雌性生殖节；F. 雌性载肛突背面观；G. 后基突；H. 后足胫节基齿；I. 后足胫节端距；J. 前翅；K. 后翅；L. 触角

主要特征：体黑色。复眼黑色，单眼橙色；触角黄色，第 1–2、第 9–10 节黑色。各足基节、转节、股节及端跗节黑褐色。前翅透明，略发黄。头向前下方斜伸，窄于中胸盾片。头顶前缘不清晰，表面为鳞片状细微结构，生有较长的刚毛。颊锥乳突状，由两侧向中间并拢，端部较尖锐。触角长于头宽 2 倍以上，较细，第 3–9 节每节端部各具 2 根刚毛；高位端毛约为低位端毛的 2/3 长。前翅长卵圆形，翅尖较圆钝，前缘弧度较小；翅脉上的刚毛短小；无翅刺。后足胫节具小而尖锐的基齿，端距排列为 1+2+1，内侧独立的那枚着生在指状突起上。雄性外生殖器：载肛突具相对较窄的半圆形后叶，后叶外缘具较长的刚毛。阳基侧突薄片状，端部一定程度骨化，形成不甚明显的端齿，向内弯曲；整体上端半部宽于基半部，端半部外表面向前扩展成 1 窄而薄的叶；后缘近端部向内折叠；前缘生有 1 列较短、粗而直的刚毛。阳茎端节粗长，近直，端部膨胀域具轻微骨化的端钩，强烈反钩向基部；射精管末端剧烈骨化，粗长反卷，端部膨胀圆钝。雌性外生殖器：整体细长锥状。肛门区域略有抬升；载肛突端半部基部背面略有隆起，整体背面具纵向的长刚毛列，两侧具稀疏的短锥状刚毛。下生殖板基部弯折且强烈扩展，整体均匀地覆有短刚毛。

寄主植物：林荫千里光。

分布：浙江（临安）、台湾。

（454）波缘三毛个木虱 *Trisetitrioza undalata* (Li, 2011)（图 5-24）

Neorhinopsylla undalata Li, 2011: 1397

Trisetitrioza undalata: Yang et al., 2013: 90.

主要特征：体褐色。头顶褐色；颊锥黄色；复眼褐色，单眼黄色；触角黄色，第 1–2、第 9–10 节，以及第 4、6、8 节端部褐色。各足基节、转节、股节及端跗节黑褐色，其余各节黄色。前翅透明，略发黄。头向前下方斜伸，窄于中胸盾片。头顶前缘不清晰，表面为鳞片状细微结构，生有较长的刚毛。颊锥丘状，由两侧向中间并拢，端部较圆钝。触角长于头宽 2 倍以上，较细；高位端毛略短于低位端毛。前胸前侧片向前隆起，呈盾状。前翅长卵圆形，翅尖较圆钝，前缘弧度较大；翅脉上的刚毛短小；无翅刺。后足胫节端距排列为 1+2+1，内侧独立的那枚着生在指状突起上。雌性外生殖器：整体细长锥状。肛门区域不抬升，环肛孔环背面观中部缢缩；载肛突背面笔直，端半部整体背面具纵向的长刚毛列，两侧具稀疏的短锥状刚毛。下生殖板基部略弯折和扩展，整体均匀地覆有短刚毛。

寄主植物：未知。

分布：浙江（临安）。

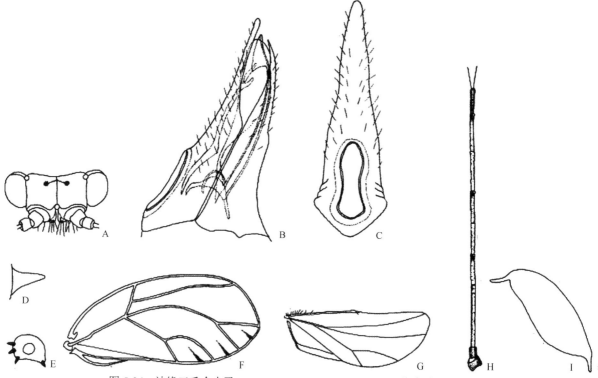

图 5-24 波缘三毛个木虱 *Trisetitrioza undalata* (Li, 2011)（仿李法圣，2011）

A. 头正面观；B. 雌性生殖节；C. 雌性载肛突背面观；D. 后基突；E. 后足胫节端距；F. 前翅；G. 后翅；H. 触角；I. 卵

第六章　粉虱总科 Aleyrodoidea

　　粉虱是一类体型微小的昆虫，最大不超过 3 mm，分布于各大动物区，主要分布在热带和亚热带。粉虱是植食性害虫，其寄主植物大多为木本植物，也包括许多农作物、果疏和观赏植物，成、若虫均寄生于寄主叶背面。在我国南方，粉虱每年发生 4–5 代。若虫共 4 龄，1 龄若虫足和触角相对较长，较活跃，第 2、3、4 龄若虫足和触角退化，固定于叶上不动。第 4 龄若虫也称为"蛹壳"，成虫通过其背面的"T"形线羽化出来。成虫寿命极短，日均温 21–24℃为 5–8 天。大部分粉虱成虫身体及翅上覆有白色蜡粉，"粉虱"由此而得。

二十三、粉虱科 Aleyrodidae

　　主要特征：粉虱科昆虫在科和亚科的鉴定与区分上主要依据成虫和第 4 龄若虫（蛹壳）的特征，在属和种水平上的分类主要根据第 4 龄若虫的特征进行。蛹壳长 0.37–1.75 mm，最大不超过 3.0 mm，一般为椭圆形，也有卵形、亚圆形和方形等，颜色为淡黄色、白色、黑色、褐色等。边缘光滑或具齿，背部有羽化孔，背面具有瘤突、乳突、蜡腺孔、刺毛、脊、孔、凹陷等结构。蛹壳通常分为头胸部和腹部。头胸部具胸气门，腹部具尾气门，分节或不分节。蛹壳末端具有皿状孔，皿状孔的形状、长宽比例、是否隆起、边缘特征等是最重要的分类特征。

　　生物学：粉虱全部为植食性，大多寄生在植物叶片背面。粉虱属于渐变态昆虫，若虫共 4 龄，通常人们将第 4 龄若虫称为伪蛹或拟蛹，分类上称为蛹壳（pupal case）。成虫从 4 龄若虫背面的"T"形线羽化出来。在不同地区发生代数不同，在温带及热带每年可发生多代，有明显世代重叠现象。可传播 200 多种植物病毒。

　　分布：世界广布，主要分布于热带和亚热带。世界已知 161 属 1556 种，中国记录 47 属 233 种，浙江分布 16 属 35 种。

分属检索表

1. 背部具长棘刺 ⋯⋯⋯⋯⋯⋯⋯⋯⋯⋯⋯⋯⋯⋯⋯⋯⋯⋯⋯⋯⋯⋯⋯⋯⋯⋯⋯⋯⋯⋯ 刺粉虱属 *Aleurocanthus*
- 背部不具长棘刺 ⋯⋯⋯⋯⋯⋯⋯⋯⋯⋯⋯⋯⋯⋯⋯⋯⋯⋯⋯⋯⋯⋯⋯⋯⋯⋯⋯⋯⋯⋯⋯⋯⋯⋯⋯⋯⋯ 2
2. 第 8 腹节形成三叶草状图案，包围皿状孔 ⋯⋯⋯⋯⋯⋯⋯⋯⋯⋯⋯⋯⋯⋯⋯⋯ 三叶粉虱属 *Aleurolobus*
- 第 8 腹节不形成三叶草状图案 ⋯⋯⋯⋯⋯⋯⋯⋯⋯⋯⋯⋯⋯⋯⋯⋯⋯⋯⋯⋯⋯⋯⋯⋯⋯⋯⋯⋯⋯⋯ 3
3. 为蜡层和蜡缘包围，亚边缘乳突具泌蜡孔，舌状突三叶状 ⋯⋯⋯⋯⋯⋯⋯⋯⋯ 蜡粉虱属 *Trialeurodes*
- 不具上述特征 ⋯⋯⋯⋯⋯⋯⋯⋯⋯⋯⋯⋯⋯⋯⋯⋯⋯⋯⋯⋯⋯⋯⋯⋯⋯⋯⋯⋯⋯⋯⋯⋯⋯⋯⋯⋯⋯⋯ 4
4. 边缘有栅栏状蜡丝或丝状蜡缘饰，真正的边缘有 1 圈蜡丝状乳突，皿状孔亚圆形，背部有 21 对刚毛⋯⋯⋯⋯
　⋯⋯⋯⋯⋯⋯⋯⋯⋯⋯⋯⋯⋯⋯⋯⋯⋯⋯⋯⋯⋯⋯⋯⋯⋯⋯⋯⋯⋯⋯⋯⋯ 缘粉虱属 *Aleuromarginatus*
- 不具上述综合特征 ⋯⋯⋯⋯⋯⋯⋯⋯⋯⋯⋯⋯⋯⋯⋯⋯⋯⋯⋯⋯⋯⋯⋯⋯⋯⋯⋯⋯⋯⋯⋯⋯⋯⋯⋯ 5
5. 边缘刚毛着生在中部缢缩的小瘤突上 ⋯⋯⋯⋯⋯⋯⋯⋯⋯⋯⋯⋯⋯⋯⋯⋯⋯⋯ 指粉虱属 *Pentaleyrodes*
- 不具上述特征 ⋯⋯⋯⋯⋯⋯⋯⋯⋯⋯⋯⋯⋯⋯⋯⋯⋯⋯⋯⋯⋯⋯⋯⋯⋯⋯⋯⋯⋯⋯⋯⋯⋯⋯⋯⋯⋯⋯ 6
6. 背面头胸部有 1 纵沟 ⋯⋯⋯⋯⋯⋯⋯⋯⋯⋯⋯⋯⋯⋯⋯⋯⋯⋯⋯⋯⋯⋯⋯⋯⋯⋯ 颈粉虱属 *Aleurotrachelus*
- 背面头胸部没有纵沟 ⋯⋯⋯⋯⋯⋯⋯⋯⋯⋯⋯⋯⋯⋯⋯⋯⋯⋯⋯⋯⋯⋯⋯⋯⋯⋯⋯⋯⋯⋯⋯⋯⋯⋯⋯ 7

7. 胸气门孔明显 ··· 8
- 胸气门孔分化不明显 ··· 14
8. 舌状突外露 ··· 9
- 舌状突不外露 ··· 12
9. 背面具许多圆形乳突状孔 ··· 突孔粉虱属 *Singhiella*
- 背面没有圆形乳突状孔 ··· 10
10. 头胸亚缘线同横蜕缝和纵蜕缝形成 1 个凹陷的门状结构 ··········· 星伯粉虱属 *Asterobemisia*
- 没有上述凹陷的门状结构 ·· 11
11. 皿状孔长三角形 ··· 小粉虱属 *Bemisia*
- 皿状孔非长三角形 ··· 皮氏粉虱属 *Pealius*
12. 蛹壳阔椭圆形，头部边缘常收缩，背盘区不与亚缘区分开 ············· 扁粉虱属 *Aleuroplatus*
- 蛹壳非阔椭圆形，头部边缘不收缩，背盘区与亚缘区分开 ··· 13
13. 皿状孔三角形至长心形；背部有 12–14 对刚毛 ······················· 类伯粉虱属 *Parabemisia*
- 皿状孔非三角形至长心形；背部没有 12–14 对刚毛 ··················· 裸粉虱属 *Dialeurodes*
14. 头胸部和腹节前缘有 1 对纵裂纹 ··································· 平背粉虱属 *Crenidorsum*
- 头胸部和腹节前缘没有纵裂纹 ·· 15
15. 蛹壳背部常有颗粒或瘤突 ·· 棒粉虱属 *Aleuroclava*
- 蛹壳背部没有颗粒或瘤突 ·· 大卫粉虱属 *Vasdavidius*

257. 刺粉虱属 *Aleurocanthus* Quaintance *et* Baker, 1914

Aleurocanthus Quaintance *et* Baker, 1914: 102. Type species: *Aleurodes spinifera* Quaintance, 1903: 63.

主要特征：蛹壳中等大小，亚椭圆形，通常棕黑色至黑色；边缘具齿，四周有短蜡缘饰。亚缘区不与背盘区分开；背盘区有硬化的刺毛，有各种排列；气门孔通常无。皿状孔小，圆形或亚心形，隆起；盖片覆盖孔，舌状突不暴露。

分布：世界广布。世界已知 78 种，中国记录 14 种，浙江分布 4 种。

分种检索表

1. 腹部背面中区有 9 对刺，背部凸起，有白色蜡丝 ······················· 乌氏刺粉虱 *A. woglumi*
- 无上述综合特征 ··· 2
2. 具 32 根刺，分两组在亚缘区交互排列成 1 圈 ····················· 柑橘刺粉虱 *A. citriperdus*
- 不具 32 根刺分两组在亚缘区交互排列成 1 圈 ··· 3
3. 亚缘区有 20–22 根刺毛，长度伸出边缘外 ··························· 黑刺粉虱 *A. spiniferus*
- 亚缘区有 20 根刺毛，长度不伸出边缘外 ·························· 有棘刺粉虱 *A. spinosus*

（455）柑橘刺粉虱 *Aleurocanthus citriperdus* Quaintance *et* Baker, 1916（图 6-1）

Aleurocanthus citriperdus Quaintance *et* Baker, 1916: 459.

主要特征：蛹壳亮黑色，背部几乎没有分泌物，具有中央腹脊。背部有大量粗刺，顶端黑色，少数黄绿色。大约 32 根刺分两组在亚缘区交互排列成 1 圈。背腹部中线附近有 3 对刺，所有刺在腹部顶端呈发散状排列。在胸部亚背区每侧有 4 对刺，另 1 对刺在中背线附近。皿状孔前端有 1 对突起的刚毛，尾沟处有另 1 对刚毛。

分布：浙江（衢州）、江苏、湖南、福建、台湾、广东、海南、香港、广西、云南；日本，印度，孟加拉国，越南，泰国，柬埔寨，斯里兰卡，菲律宾，马来西亚，新加坡，印度尼西亚（爪哇），苏拉威西岛，苏门达腊。

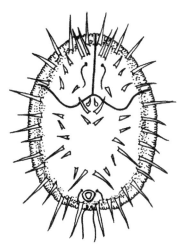

图 6-1　柑橘刺粉虱 *Aleurocanthus citriperdus* Quaintance *et* Baker, 1916（仿罗志义和周婵敏，2000）

（456）黑刺粉虱 *Aleurocanthus spiniferus* (Quaintance, 1903)（图 6-2）

Aleurodes spinifera Quaintance, 1903: 63.

Aleurocanthus spiniferus: Quaintance & Baker, 1917: 357.

主要特征：蛹壳漆黑色，中部隆起。椭圆形，前端稍窄。背盘无蜡质物，但边缘有栅栏状蜡质分泌物。亚缘区有 20–22 根刺毛，后端有 1 对长鬃毛。在中区、头部和腹部 1–3 节分别有 3 对小刺毛；在皿状孔前端有 1 对长刺毛，长度伸出边缘外。皿状孔显著隆起，亚心形至圆形，完全为盖片覆盖，舌状突不外露。

分布：浙江（西湖、嵊州、瑞安）、江苏、湖北、江西、湖南、福建、台湾、广东、海南、香港、广西、四川、贵州、云南；日本，印度，泰国，斯里兰卡，菲律宾，马来西亚，印度尼西亚（爪哇），加罗林群岛，新喀里多尼亚，美国（夏威夷），牙买加，伊朗，安达曼群岛，尼科巴群岛，希腊，肯尼亚，坦桑尼亚，毛里求斯。

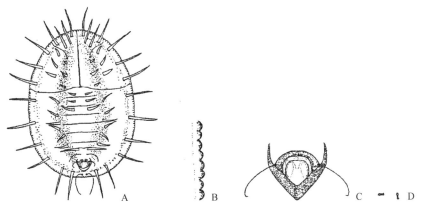

图 6-2　黑刺粉虱 *Aleurocanthus spiniferus* (Quaintance, 1903)（仿闫凤鸣和李大建，2000）
A. 蛹壳；B. 缘齿；C. 皿状孔；D. 背槌状刚毛

（457）有棘刺粉虱 *Aleurocanthus spinosus* (Kuwana, 1911)（图 6-3）

Aleyrodes spinosus Kuwana, 1911: 626.

Aleurocanthus spinosus: Quaintance & Baker, 1914: 102.

　　主要特征：蛹壳黑褐色，长 0.8 mm，宽 0.6 mm，在亚缘区有 10 对刺，头胸部两侧 5 对均匀分布，腹部 5 对，长度不伸出边缘。在头胸部背中区有 7 对小刺，腹部有 7 对小刺分列中线两侧，其中头对与尾对等长；腹部分节明显，中央区稍隆起。皿状孔半圆形，前端有 1 对刺毛，蛹壳边缘尾部有 1 对较长的鬃。

　　分布：浙江（衢州）、福建、台湾、广东；菲律宾，马来西亚。

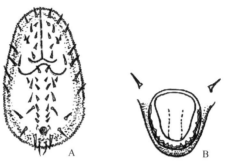

图 6-3　有棘刺粉虱 *Aleurocanthus spinosus* (Kuwana, 1911)（仿罗志义和周婵敏，2000）

A. 蛹壳；B. 皿状孔

（458）乌氏刺粉虱 *Aleurocanthus woglumi* Ashby, 1915（图 6-4）

Aleurocanthus woglumi Ashby, 1915: 321.

　　主要特征：蛹壳黑色，椭圆形，边缘有 1 圈白色蜡质分泌物，凸起的背部有蜡丝。亚缘区有 1 圈瘤状突起，有 11 对刺毛。在背面中区头胸部有刺毛 9 对；腹部背面中区有 9 对，其中有 2 对在基部中央，有 1 对位于第 7 腹节中央，另外 6 对分列两侧。皿状孔圆形，前端截切状，后端略尖圆，无缺刻。盖片心形，几乎充塞了整个皿状孔区域，舌状突隐藏。

　　分布：浙江（瑞安）、福建、台湾、广东、海南；世界各大动物区系广泛分布。

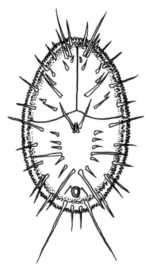

图 6-4　乌氏刺粉虱 *Aleurocanthus woglumi* Ashby, 1915（仿罗志义和周婵敏，2000）

258. 棒粉虱属 *Aleuroclava* Singh, 1931

Aleuroclava Singh, 1931: 90. Type species: *Aleuroclava complex* Singh, 1931.

　　主要特征：蛹壳小，白色至淡黄色，缘齿浅圆，有极少的蜡质分泌物。亚缘区与背盘区没有分开，背部常有颗粒或瘤突。横蜕缝不达边缘，胸气门孔可辨，尾沟明显，末端分支。皿状孔圆形或亚圆形，盖片几乎覆盖整个孔，通常在亚缘区头侧部有1对极小刚毛，尾刚毛存在。

　　分布：世界广布。世界已知 122 种，中国记录 32 种，浙江分布 10 种。

分种检索表

1. 蛹壳黑色 ……………………………………………………………………………………… 2
- 蛹壳不为黑色，为黄色、白色等其他淡色 ………………………………………………… 4
2. 背盘有成对的小孔分布 ………………………………………… 天目山棒粉虱 *A. tianmuensis*
- 背盘没有上述成对的小孔 …………………………………………………………………… 3
3. 蛹体呈六角状，头部具 "Y" 形纹，腹部第 1 节有长刚毛，腹部第 5–7 节两侧具明显的瘤突 …… 珊瑚棒粉虱 *A. aucubae*
- 蛹壳椭圆形，头胸部有 4 对短的瘤状物，前面有 1 对粗壮的毛 ……………… 归亚棒粉虱 *A. guyavae*
4. 蛹壳亚卵形，头胸部的瘤突形成 1 锚形图案 …………………………… 番石榴棒粉虱 *A. psidii*
- 蛹壳椭圆形，且没有上述形状的瘤突 ……………………………………………………… 5
5. 盖片没有覆盖整个孔 …………………………………………… 杜鹃棒粉虱 *A. rhododendri*
- 盖片覆盖整个孔 ……………………………………………………………………………… 6
6. 亚缘区有 49–51 对粗刚毛沿边缘排成环状 …………………… 流苏子棒粉虱 *A. thysanospermi*
- 亚缘区没有上述成环排列的刚毛 …………………………………………………………… 7
7. 头胸部有 5 对短钝硬化乳突 …………………………………………… 榕树棒粉虱 *A. ficicola*
- 没有上述乳突 ………………………………………………………………………………… 8
8. 胸中缝不达背盘边缘 ……………………………………………………… 相似棒粉虱 *A. similis*
- 胸中缝达背盘边缘 …………………………………………………………………………… 9
9. 腹节明显，每个腹节都有浅浅的纵斑纹 …………………………… 野牡丹棒粉虱 *A. melastomae*
- 腹部中央有颗粒或非常短小的乳突和一些细小圆孔排成 1 横排 ……… 台湾尖叶槭粉虱 *A. meliosmae*

（459）珊瑚棒粉虱 *Aleuroclava aucubae* (Kuwana, 1911)（图 6-5）

Aleyrodes aucubea Kuwana, 1911: 625.

Aleuroclava aucubae: Martin, 1999: 31.

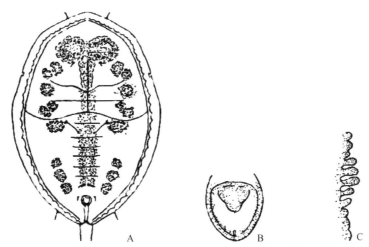

图 6-5　珊瑚棒粉虱 *Aleuroclava aucubae* (Kuwana, 1911)（仿闫凤鸣，1987）
A. 蛹壳；B. 皿状孔；C. 缘齿

　　主要特征：蛹壳黑色，微有光泽，呈六角形。亚缘区狭窄，背盘区下陷，表面粗糙，与亚缘区以明显的沟纹区分。在头胸部背面中央有"Y"形突起，腹节处有明显的隆脊。腹部第 1 节有长刚毛，腹部第 5-7 节两侧具明显的瘤突。皿状孔心形，盖片几乎盖住整个孔，舌状突不外露。

分布：浙江（西湖、临安、嵊州）、山东、河南、陕西、甘肃、江苏、上海、安徽、湖北、江西、湖南、香港、四川；日本，美国。

（460）榕树棒粉虱 *Aleuroclava ficicola* (Takahashi, 1932)（图 6-6）

Aleurotuberculatus ficicola Takahashi, 1932a: 24.

Aleuroclava ficicola: Martin, 1999: 31.

主要特征：蛹壳淡黄白色，椭圆，头胸部有 1 浅中脊，中脊上有小乳突样斑纹。头胸部有 5 对短钝硬化乳突，背部第 5 腹节中部有独特的斑纹。缘齿很小，圆，宽大于长。皿状孔长宽几乎相等，圆，盖片长宽几乎相等，后缘近垂直，几乎覆盖整个孔。

分布：浙江（义乌、开化）、台湾。

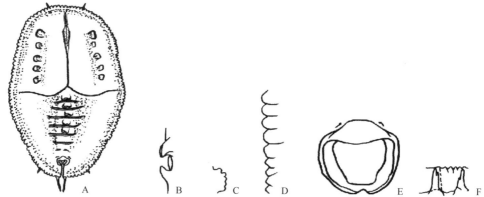

图 6-6　榕树棒粉虱 *Aleuroclava ficicola* (Takahashi, 1932)（仿 Takahashi，1932a）
A. 蛹壳；B. 胸气门裂；C. 背部瘤突；D. 缘齿；E. 皿状孔；F. 亚缘区

（461）归亚棒粉虱 *Aleuroclava guyavae* (Takahashi, 1932)（图 6-7）

Aleurotuberculatus guyavae Takahashi, 1932a: 22.

Aleuroclava guyavae: Martin, 1999: 31.

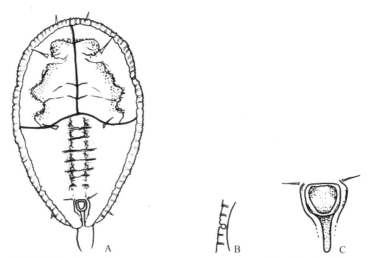

图 6-7　归亚棒粉虱 *Aleuroclava guyavae* (Takahashi, 1932)（仿罗志义和周婵敏，1997）
A. 蛹壳；B. 胸气门裂；C. 皿状孔

主要特征：蛹壳黑色，亚缘区明显，但狭窄。背盘有明显小颗粒状突起。头胸部有 4 对短的瘤状物，前面有 1 对粗壮的毛。胸气门褶不明显，没有形成孔。尾沟清晰，基部延伸，侧缘增厚。皿状孔大，近方形，后缘有阔缺刻，盖片几乎覆盖整个孔，舌状突隐蔽。

分布：浙江（西湖）、江苏、上海、福建、台湾、广东、海南、香港、广西。

（462）野牡丹棒粉虱 *Aleuroclava melastomae* (Takahashi, 1934)（图 6-8）

Aleurotuberculatus melastomae Takahashi, 1934b: 52.

Aleuroclava melastomae: Martin, 1999: 31.

主要特征：蛹壳白色，椭圆形。在胸节及腹节处分布有一排排的刻点。胸中缝和横蜕缝不达背盘边缘。头刚毛和第 1 腹节刚毛较长，延伸出体缘。腹节明显，每个腹节都有浅浅的纵斑纹。缘齿非常小，圆，宽远大于长。皿状孔近圆形，盖片覆盖整个孔。舌状突隐藏或稍裸露。

分布：浙江（临安）、湖北、台湾、广西。

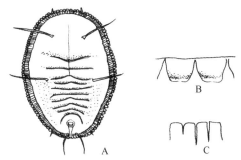

图 6-8　野牡丹棒粉虱 *Aleuroclava melastomae* (Takahashi, 1934)（仿 Takahashi，1934b）

A. 蛹壳；B. 缘齿；C. 亚缘区斑纹

（463）台湾尖叶槭粉虱 *Aleuroclava meliosmae* (Takahashi, 1932)（图 6-9）

Taiwanaleyrodes meliosmae Takahashi, 1932a: 28.

Aleuroclava meliosmae: Manzari & Quicke, 2006: 2470.

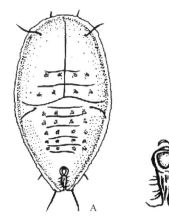

图 6-9　台湾尖叶槭粉虱 *Aleuroclava meliosmae* (Takahashi, 1932)（仿 Takahashi，1932a）

A. 蛹壳；B. 皿状孔及尾沟

主要特征：蛹壳白色，胸中缝和横蜕缝达背盘边缘。腹节明显，腹部中央有颗粒或非常短小的乳突和一些细小圆孔排成 1 横排。头胸部前方有 1 对长刚毛，胸气门褶不明显，尾沟清晰，两侧有星状纹。皿状孔近圆形，大，长宽相等，后缘有明显凹槽。盖片几乎覆盖整个孔。舌状突不或略伸出盖片。

分布：浙江（临安）、湖北、台湾、香港。

（464）番石榴棒粉虱 *Aleuroclava psidii* (Singh, 1931)（图 6-10）

Aleurotrachelus psidii Singh, 1931: 61.

Aleuroclava psidii: Martin, 1999: 31.

主要特征：蛹壳苍白色，长卵形，缘齿细。前后端侧缘刚毛长 13.0 μm。气门孔浅，但尾气门孔在 1 深裂内。腹部中区具瘤突，有缝状刻纹。头胸部亦有瘤突，形成 1 锚形图案。皿状孔呈褐色，近圆形，盖片完全覆盖孔。舌状突不露出。

分布：浙江（西湖、临安）、江苏、上海、湖北、江西、福建、台湾、广东、海南、香港、广西；印度。

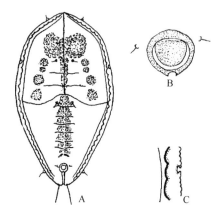

图 6-10　番石榴棒粉虱 *Aleuroclava psidii* (Singh, 1931)（仿闫凤鸣，1987）
A. 蛹壳；B. 皿状孔；C. 边缘及胸气门孔

（465）杜鹃棒粉虱 *Aleuroclava rhododendri* (Takahashi, 1935)（图 6-11）

Aleurotuberculatus rhododendri Takahashi, 1935a: 51.

Aleuroclava rhododendri: Martin, 1999: 31.

主要特征：蛹壳淡棕色，亚缘区窄，有横纹延伸到边缘。胸气门褶明显，具有胸气门裂。在背盘区除中区外有浅褶皱，在头胸部有 1 对长且弯曲的刚毛，腹节基部和末端也各有 1 对刚毛，腹节明显。皿状孔圆，盖片圆，宽略大于长，覆盖孔的 2/3，舌状突隐藏。

分布：浙江（西湖、临安）、江苏、湖北、福建、台湾、广东、海南、香港、广西。

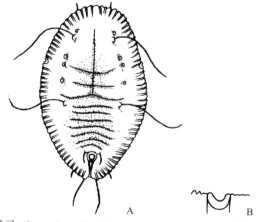

图 6-11　杜鹃棒粉虱 *Aleuroclava rhododendri* (Takahashi, 1935)（仿 Takahashi，1935a）
A. 蛹壳；B. 胸气门

（466）相似棒粉虱 *Aleuroclava similis* (Takahashi, 1938)（图 6-12）

Aleurotuberculatus similis Takahashi, 1938b: 73.

Aleuroclava similis: Martin, 1999: 31.

　　主要特征：蛹壳白色，椭圆形。边缘小齿状，亚缘区与背盘区分离不明显，较窄。胸气门褶不明显，气门孔很小，有 1 小开口，无齿。横蜕缝和纵蜕缝均不达体缘。腹部分节明显，皿状孔近圆形，盖片近圆形，几乎充塞了整个皿状孔区域。舌状突微露，尾沟明显。

　　分布：浙江（临安）、台湾；俄罗斯，日本，伊朗，芬兰，瑞典，挪威，荷兰，捷克，奥地利，波兰，美国，古巴，澳大利亚。

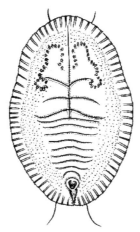

图 6-12　相似棒粉虱 *Aleuroclava similis* (Takahashi, 1938)（仿 Takahashi，1938b）

（467）流苏子棒粉虱 *Aleuroclava thysanospermi* (Takahashi, 1934)（图 6-13）

Aleurotuberculatus thysanospermi Takahashi, 1934a: 56.

Aleuroclava thysanospermi: Martin, 1999: 31.

　　主要特征：蛹壳椭圆形，淡黄绿色，腹部有 2 个橙色斑，皿状孔部位红色。腹节可见，每节间有零散乳状突排列成行，有 49–51 对粗刚毛沿边缘排成环状。在头胸部、腹部第 1 节上各有 1 对较长的刚毛，皿状孔圆形，较大，宽大于长，后缘有明显凹陷，无齿，盖片圆，长宽相近，覆盖整个孔。

　　分布：浙江（西湖、瑞安）、湖北、江西、福建、台湾、海南；日本。

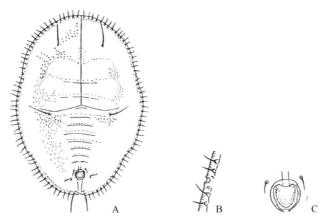

图 6-13　流苏子棒粉虱 *Aleuroclava thysanospermi* (Takahashi, 1934)（仿罗志义和周婵敏，1997）
A. 蛹壳；B. 边缘及亚缘刚毛；C. 皿状孔

（468）天目山棒粉虱 *Aleuroclava tianmuensis* Wang *et* Dubey, 2014（图 6-14）

Aleuroclava tianmuensis Wang *et* Dubey, 2014: 685.

　　主要特征：蛹壳黑色，椭圆形，边缘锯齿状。亚缘区和背盘由 1 线分离。亚缘区有 1 排瘤状小乳突。亚背区存在一些新月形瘤突。腹节 2–6 中央存在 1 小瘤突。背盘有成对的小孔分布。皿状孔亚心形至亚圆形，长稍大于宽，盖片心形，几乎覆盖了整个孔。

　　分布：浙江（临安）、湖北、广西。

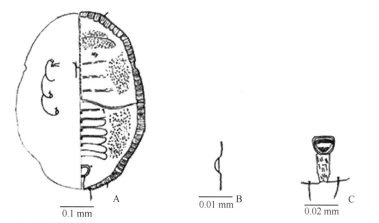

图 6-14　天目山棒粉虱 *Aleuroclava tianmuensis* Wang *et* Dubey, 2014（仿王吉锐，2015）
A. 伪蛹；B. 边缘；C. 皿状孔及尾沟

259. 三叶粉虱属 *Aleurolobus* Quaintance *et* Baker, 1914

Aleurolobus Quaintance *et* Baker, 1914: 108. Type species: *Aleurodes marlatti* Quaintance, 1903.

　　主要特征：蛹壳一般深棕色至浅黑色；亚缘区以缝状线与背盘区分开，边缘具齿；气门褶在末端边缘处具一些特化的齿，即冠。第 8 腹节形成三叶草状图案，包围皿状孔。这是本属最重要的特征。

　　分布：世界广布。世界已知 84 种，中国记录 18 种，浙江分布 4 种。

分种检索表

1. 胸气门冠不为 3 个梳状齿 ·· 葡萄三叶粉虱 *A. taonabae*
- 胸气门冠为 3 个梳状齿 ··· 2
2. 沿整个亚缘线没有小刚毛排成 1 圈 ··· 马氏三叶粉虱 *A. marlatti*
- 沿整个亚缘线有小刚毛排成 1 圈 ··· 3
3. 皿状孔三角形，盖片三角形，几乎覆盖整个孔 ······························· 杜鹃三叶粉虱 *A. rhododendri*
- 皿状孔等腰形，盖片锹状，盖及孔的 4/5 ······························· 四川三叶粉虱 *A. szechwanensis*

（469）马氏三叶粉虱 *Aleurolobus marlatti* (Quaintance, 1903)（图 6-15）

Aleurodes marlatti Quaintance, 1903: 61.

Aleurolobus marlatti: Quaintance & Baker, 1914: 109.

　　主要特征：蛹壳漆黑色，有光泽，周围有白色玻璃状透明蜡丝，一般由 3 条蜡丝组成 1 束。背部隆起，亚缘区与背盘区分界处有 1 凹沟。胸气门褶处和皿状孔末端在边缘上均有 3 个梳状齿。皿状孔近三角形，盖片半圆形，几乎覆盖整个孔。

　　分布：浙江（西湖、嵊州）、山东、江苏、上海、安徽、江西、湖南、福建、台湾、广东、海南、香港、澳门、广西、四川；日本，印度，斯里兰卡，菲律宾，马来西亚，印度尼西亚（爪哇），伊朗，约旦，以色列，沙特阿拉伯，乍得，埃及。

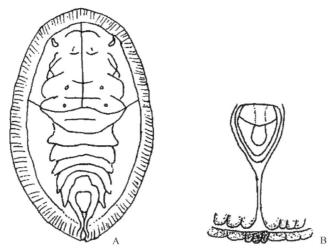

图 6-15　马氏三叶粉虱 *Aleurolobus marlatti* (Quaintance, 1903)（仿曲爱军等，1996）

A. 蛹壳；B. 皿状孔及末端

（470）杜鹃三叶粉虱 *Aleurolobus rhododendri* Takahashi, 1934（图 6-16）

Aleurolobus rhododendri Takahashi, 1934a: 62.

　　主要特征：蛹壳黑色，长椭圆形，边缘周围具白色绵状分泌物。胸气门冠 1 对，有 3 个明显的齿。亚缘区有密集的横纹将其分成若干小室。在亚缘区与背盘区间为 1 明显纵沟，在沟内有 11 对短小刚毛，排列成环。皿状孔三角形，盖片三角形，几乎覆盖整个孔，舌状突不外露。

　　分布：浙江（西湖）、上海、江西、台湾；日本，泰国，柬埔寨。

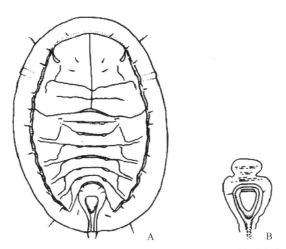

图 6-16　杜鹃三叶粉虱 *Aleurolobus rhododendri* Takahashi, 1934（仿罗志义和周婵敏，1997）

A. 蛹壳；B. 皿状孔

（471）四川三叶粉虱 *Aleurolobus szechwanensis* Young, 1942（图 6-17）

Aleurolobus szechwanensis Young, 1942: 99.

主要特征：蛹壳黑色，胸气门冠 3 齿，较硬化，不伸出边缘。沿整个亚缘线有 20 根小刚毛排成 1 圈。每一腹节的前缘都有 1 对卵形凹陷。皿状孔等腰形，末端内侧具 4 对凸出的齿，盖片锹状，长几与宽相等，盖及孔的 4/5。舌状突被覆盖。

分布：浙江（西湖）、陕西、江苏、福建、广西、重庆、四川、云南。

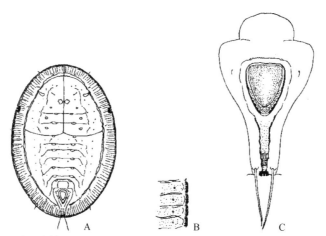

图 6-17 四川三叶粉虱 *Aleurolobus szechwanensis* Young, 1942（仿闫凤鸣，1987）

A. 蛹壳；B. 边缘；C. 皿状孔及尾沟

（472）葡萄三叶粉虱 *Aleurolobus taonabae* (Kuwana, 1911)（图 6-18）

Aleyrodes taonabae Kuwana, 1911: 623.

Aleurolobus taonabae: Quaintance & Baker, 1914: 109.

主要特征：蛹壳黑色，强烈角质化。胸气门冠约具 5 个短齿，缘齿角质化。背盘区边缘部分有清晰的网纹，20 个小圆黑斑沿整个亚缘线排成 1 圈。皿状孔心形。盖片形同皿状孔，覆盖孔的大部分。舌状突被覆盖。尾沟狭，末端一半具多角形刻纹，形如胸气门褶。

分布：浙江（西湖、黄岩）、江苏、上海、台湾、广东、香港、四川、云南；日本，印度。

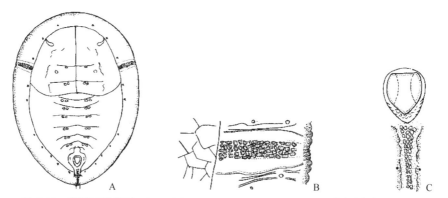

图 6-18 葡萄三叶粉虱 *Aleurolobus taonabae* (Kuwana, 1911)（仿闫凤鸣，1987）

A. 蛹壳；B. 胸气门褶和气门梳；C. 皿状孔及尾沟

260. 缘粉虱属 *Aleuromarginatus* Corbett, 1935

Aleuromarginatus Corbett, 1935: 246. Type species: *Aleuromarginatus tephrosiae* Corbett, 1935.

　　主要特征：蛹壳长卵形至阔卵形，无色或淡黄色，边缘有栅栏状蜡丝或丝状蜡缘饰。胸气门孔不可辨。背面亚背区和亚中区都有 1 圈刚毛，包括头部、第 1 腹节和第 8 腹节刚毛在内，一共 21 对。皿状孔心形，内缘锯齿状。盖片覆盖孔的一半，舌状突外露，尾沟浅。

　　分布：世界广布。世界已知 14 种，中国记录 2 种，浙江分布 1 种。

（473）崖豆藤缘粉虱 *Aleuromarginatus dielsianae* Wang *et* Xu, 2017（图 6-19）

Aleuromarginatus dielsianae Wang *et* Xu, 2017: 97.

　　主要特征：蛹壳淡黄色，边缘深褐色，从头胸到皿状孔有 1 对暗棕色纵沟。亚缘区有 3–4 排不规则乳突，每个缘齿基部有细长卵形凹陷。亚中区有 9 对微小而钝的刚毛，亚缘区有 13 对刚毛。皿状孔心形，盖片宽梯形，覆盖孔的 1/2。舌状突暴露，顶端圆，具刚毛。

　　分布：浙江（新昌、衢江）。

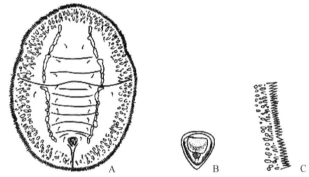

图 6-19　崖豆藤缘粉虱 *Aleuromarginatus dielsianae* Wang *et* Xu, 2017（仿王吉锐等，2017）
A. 蛹壳；B. 皿状孔；C. 边缘

261. 扁粉虱属 *Aleuroplatus* Quaintance *et* Baker, 1914

Aleuroplatus Quaintance *et* Baker, 1914: 98. Type species: *Aleurodes quercusaquaticae* Quaintance, 1900.

　　主要特征：蛹壳较阔，颜色大多数深黄色。边缘具齿；胸、腹气门褶存在，在边缘具 1 明显分化的齿冠。背盘区不与亚缘区分开，不具明显的孔和乳突，但通常有许多微孔。皿状孔小，横椭圆形，或纵长，内边缘很少有齿；盖片遮掩孔的 1/3 至全部；舌状突不暴露。

　　分布：世界广布。世界已知 77 种，中国记录 3 种，浙江分布 1 种。

（474）梳扁粉虱 *Aleuroplatus pectiniferus* Quaintance *et* Baker, 1917（图 6-20）

Aleuroplatus pectiniferus Quaintance *et* Baker, 1917: 393.

　　主要特征：蛹壳黑色，卵圆形，头部最窄。缘齿规则，顶端圆。气门冠 4–5 齿，向外极突出。胸中缝、纵蜕缝达边缘；横蜕缝达胸侧部，腹节分节仅在中区明显。在亚缘区，沿边缘有一系列微孔不规则排列。皿状孔近圆形，盖片小，盖覆孔不足 1/2。舌状突被盖覆。

　　分布：浙江（西湖）、江苏、江西、福建、台湾、广东、海南、香港；巴基斯坦，印度，斯里兰卡，马来西亚，印度尼西亚（爪哇），苏拉威西，伊朗，澳大利亚。

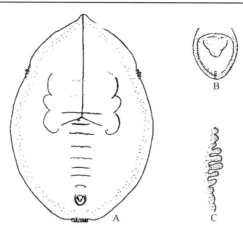

图 6-20　梳扁粉虱 *Aleuroplatus pectiniferus* Quaintance *et* Baker, 1917（仿闫凤鸣，1987）

A. 蛹壳；B. 皿状孔；C. 气门梳

262. 颈粉虱属 *Aleurotrachelus* Quaintance *et* Baker, 1914

Aleurotrachelus Quaintance *et* Baker, 1914: 103. Type species: *Aleurodes tracheifer* Quaintance, 1900.

　　主要特征：蛹壳棕黑色至黑色。边缘锯齿状，与胸气门和尾气门处缘齿不能区分。背面头胸部有 1 纵沟，有时会将背盘区分开，脊有或无。皿状孔亚圆形至亚心形，长大于宽，舌状突突出或被盖片覆盖。

　　分布：世界广布。世界已知70种，中国记录16种，浙江分布2种。

（475）山茶颈粉虱 *Aleurotrachelus camelliae* (Kuwana, 1911)（图 6-21）

Aleyrodes camelliae Kuwana, 1911: 625.

Aleurotrachelus camelliae: Quaintance & Baker, 1914: 103.

　　主要特征：蛹壳黑色，有光泽，轮廓略呈八角形，胸区最阔，头部尖。蛹壳表面覆盖一层薄透明物，背面有 1 龙骨状特征从头部直达皿状孔。在胸部两侧每边有 1 条粗长纵褶，延伸至第 1 腹节。腹节显著隆起。皿状孔半圆形，长宽相等，盖片亚半圆形，长大于宽。

　　分布：浙江（西湖、衢江）、江苏、安徽、江西、福建、海南、香港；日本。

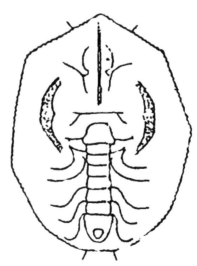

图 6-21　山茶颈粉虱 *Aleurotrachelus camelliae* (Kuwana, 1911)（仿罗志义和周婵敏，1997）

（476）多瘤颈粉虱 *Aleurotrachelus multipapillus* **Singh, 1932（图 6-22）**

Aleurotrachelus multipapillus Singh, 1932: 86.

主要特征：蛹壳椭圆形，黑色，半透明，边缘锯齿状。亚背区及头部分布有许多小乳突，胸部两侧有粗长的纵褶，亚缘区有 1 圈小孔，每侧约 39 个。皿状孔近亚心形，盖片覆盖孔的 2/3。舌状突舌形，端部膨大，顶端有 2 个刚毛，尾沟不明显。

分布：浙江（西湖）、江苏、上海；印度，缅甸，泰国，马来西亚，苏拉威西。

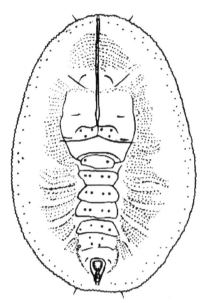

图 6-22　多瘤颈粉虱 *Aleurotrachelus multipapillus* Singh, 1932（仿 Singh，1932）

263. 星伯粉虱属 *Asterobemisia* Trehan, 1940

Asterobemisia Trehan, 1940: 591. Type species: *Aleurodes carpini* Koch, 1857.

主要特征：蛹壳椭圆形，边缘具细锯齿。胸气门孔和气门梳可见，尾气门孔和气门梳也可见。第 7 腹节比第 6 和第 8 腹节短。皿状孔长三角形，盖片半圆形，舌状突匙状，短，外露或不外露。顶端有 1 对长刚毛。头胸部亚缘线同横蜕缝和纵蜕缝形成 1 个凹陷的门状结构，这是本属区别于其他相近属的重要特征。

分布：古北区。世界已知12种，中国记录2种，浙江分布1种。

（477）高氏星伯粉虱 *Asterobemisia takahashii* **Danzig, 1966（图 6-23）**

Asterobemisia takahashii Danzig, 1966: 376.

主要特征：蛹壳黄色，椭圆形，背盘上有透明状蜡质分泌物，缘齿锯齿状。胸气门褶明显，有刻点，气门梳相当明显，由 15–20 个细齿组成。腹节明显，各腹节中央存在 1 瘤突。皿状孔三角形，盖片半圆形，覆盖孔的 1/2，舌状突露出，顶端有 1 对短刚毛。尾沟明显。

分布：浙江（临安）；俄罗斯，韩国。

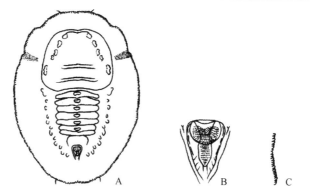

图 6-23　高氏星伯粉虱 *Asterobemisia takahashii* Danzig, 1966（仿王吉锐，2015）

A. 蛹壳；B. 皿状孔；C. 边缘

264. 小粉虱属 *Bemisia* Quaintance *et* Baker, 1914

Bemisia Quaintance *et* Baker, 1914: 99. Type species: *Aleurodes inconpicua* Quaintance, 1900.

主要特征：蛹壳卵形，苍白色，亦有棕色。气门孔区域有时分化为气门冠。前后端侧缘具刚毛。皿状孔长三角形，舌状突匙状。亚背区有一系列的刚毛。某些种类特征变异很大。

分布：世界广布。世界已知40种，中国记录15种，浙江分布2种。

（478）姬粉虱 *Bemisia giffardi* (Kotinsky, 1907)（图 6-24）

Aleyrodes giffardi Kotinsky, 1907: 94.

Bemisia giffardi: Quaintance & Baker, 1914: 100.

主要特征：蛹壳淡黄色，狭长椭圆形，长 1.1 mm，宽 0.5 mm。背盘中央有 2 条扭曲的纵线，纵线上共着生 4 对粗刺。亚缘区上有细微横刻痕，胸气门孔具 3 齿，缺刻不深。皿状孔呈等腰狭三角形，两边有倒刺状突起，盖片扁心脏形，舌状突发达，大部外露。

分布：浙江（西湖）、江西、湖南、福建、台湾、广东、海南、香港、澳门、广西、四川、云南；日本，印度，尼泊尔，越南，泰国，马来西亚，印度尼西亚，伊朗，美国（夏威夷），澳大利亚，新西兰。

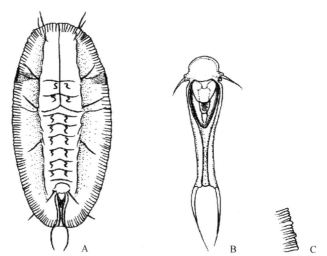

图 6-24　姬粉虱 *Bemisia giffardi* (Kotinsky, 1907)（仿 Singh，1931）

A. 蛹壳；B. 皿状孔；C. 边缘

（479）烟粉虱 *Bemisia tabaci* (Gennadius, 1889)（图 6-25）

Aleurodes tabaci Gennadius, 1889: 1.

Bemisia tabaci: Takahashi, 1936a: 110.

　　主要特征：蛹壳淡黄色，椭圆形。随着寄主不同，边缘会有陷入等变异。亚缘区不明显，缘齿呈不规则小圆锯齿状，胸气门孔呈梳状。皿状孔呈三角形，盖片圆形但不充满整个孔，舌状突长，端部外露，并有 1 对长刚毛着生其上。尾沟延伸至边缘。

　　分布：浙江广布，全国各地均有分布；世界多国和地区均有分布。

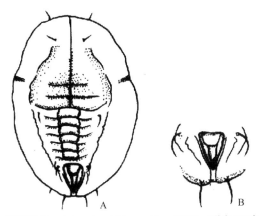

图 6-25　烟粉虱 *Bemisia tabaci* (Gennadius, 1889)（仿闫凤鸣，1987）
A. 蛹壳；B. 皿状孔

265. 平背粉虱属 *Crenidorsum* Russell, 1945

Crenidorsum Russell, 1945: 55. Type species: *Crenidorsum tuberculatum* Russell, 1945.

　　主要特征：蛹壳扁平，表面苍白色，有时棕色。边缘规则锯齿状，在头胸部和腹节前缘有1对纵裂纹，这些裂纹大约靠近足或在新月形凹陷上。第1腹节刚毛缺失，第7腹节比中部略窄。尾沟不可见。皿状孔亚心形，盖片几乎覆盖整个孔，舌状突通常完全隐藏。

　　分布：世界广布。世界已知28种，中国记录4种，浙江分布1种。

（480）含笑平背粉虱 *Crenidorsum micheliae* (Takahashi, 1932)（图 6-26）

Aleurotrachelus micheliae Takahashi, 1932a: 43.

Crenidorsum micheliae: Martin et al., 2001: 2.

　　主要特征：蛹壳暗灰棕色，亚圆形，光滑，有浅中脊。边缘轮廓不清晰，横蜕缝达纵脊，向前延伸。腹节明显，背部有 4 对不达边缘的、长而粗的刚毛和许多小圆孔。边缘有 2 排缘齿，外齿长远大于宽，顶端圆，两侧平行，基部不膨大。

　　分布：浙江（西湖）、江苏、上海、湖北、江西、台湾、香港、四川。

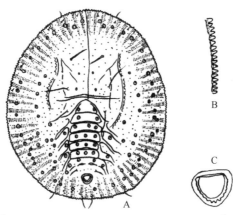

图 6-26　含笑平背粉虱 *Crenidorsum micheliae* (Takahashi, 1932)（仿 Dubey and Ko，2010）

A. 蛹壳；B. 边缘；C. 皿状孔

266. 裸粉虱属 *Dialeurodes* Cockerell, 1902

Aleyrodes (Dialeurodes) Cockerell, 1902f: 283. Type species: *Aleurodes pergandei* Quaintance, 1900.

Dialeurodes Cockerell: Quaintance & Baker, 1914: 97. Type species: *Aleyrodes citri* Ashmead, 1885.

　　主要特征：蛹壳大小有变异，通常椭圆形至亚椭圆形，一般淡黄色；背盘区与亚缘区分界线不明显，背面一般无乳突或孔。气门孔清晰可辨，具内齿，气门褶上有点状、线状或多角状纹。皿状孔横卵形或亚圆形，小，尾边缘内侧常有 1 列齿。盖片覆盖孔大部分，舌状突不外露。

　　分布：世界广布。世界已知 122 种，中国记录 19 种，浙江分布 2 种。

（481）樟裸粉虱 *Dialeurodes cinnamomicola* Takahashi, 1937（图 6-27）

Dialeurodes cinnamomicola Takahashi, 1937b: 23.

　　主要特征：蛹壳椭圆形，背中部有深色的狭窄背纵线，散布大量小、短、圆的乳突。胸中部和腹节有特殊的白色斑纹，数量多，小，突出。沿中线至边缘有许多波纹线，胸气门褶短，气门孔很小。尾沟长，窄，明显，基部膨大。皿状孔长大于宽，心形，末端略有凹槽，盖片几乎覆盖整个孔。

　　分布：浙江（西湖）。

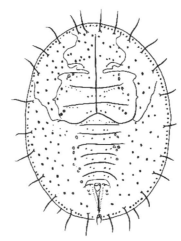

图 6-27　樟裸粉虱 *Dialeurodes cinnamomicola* Takahashi, 1937（仿 Takahashi，1937b）

（482）桔绿粉虱 *Dialeurodes citri* (Ashmead, 1885)（图 6-28）

Aleyrodes citri Ashmead, 1885: 704.

Dialeurodes citri: Quaintance & Baker, 1916: 469.

主要特征：蛹壳淡黄色，蛹体光滑。边缘分齿不明显；气门孔在边缘内，内缘具钝齿，两侧缘有 2 爪状突起，几合拢。亚缘区不与背盘区分开。胸气门褶清晰，上有刻纹或黑点；尾褶同胸部。皿状孔近圆形，边缘硬化，盖片心形，几乎盖住孔。舌状突不外露。

分布：浙江（临安、嵊州、衢江）、北京、河北、山东、河南、陕西、江苏、上海、湖北、江西、湖南、福建、台湾、广东、海南、香港、澳门、广西、四川；韩国，日本，巴基斯坦，印度，泰国，菲律宾，伊朗，土耳其，法国，希腊，意大利，葡萄牙，美国，古巴，多米尼加共和国，海地，洪都拉斯，墨西哥，巴拿马。

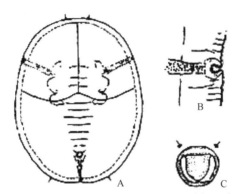

图 6-28 桔绿粉虱 *Dialeurodes citri* (Ashmead, 1885)（仿闫凤鸣和李大建，2000）
A. 蛹壳；B. 气门褶和气门孔；C. 皿状孔

267. 类伯粉虱属 *Parabemisia* Takahashi, 1952

Parabemisia Takahashi, 1952a: 21. Type species: *Parabemisia maculate* Takahashi, 1952.

主要特征：通常苍白色。边缘具规则齿，在胸气门裂处具气门梳。皿状孔三角形至长心形，盖片覆盖孔的一半，舌状突裸露。头部和第 8 腹节有刚毛，第 1 腹节没有刚毛，包括尾部刚毛在内一共有 12–14 对刚毛。

分布：世界广布。世界已知 7 种，中国记录 3 种，浙江分布 1 种。

（483）杨梅粉虱 *Parabemisia myricae* (Kuwana, 1927)（图 6-29）

Bemisia myricae Kuwana 1927: 249.

Parabemisia myricae: Takahashi, 1952a: 24.

主要特征：蛹壳卵形，灰黄绿色，边缘均匀分布 14 对刚毛。皿状孔两侧有距状刺，基部有 1 对小刺。皿状孔近三角形，侧缘具波状纹或褶。盖片半圆形，覆盖孔的一半。舌状突伸出一半，中部两侧有明显尖状突起，前端有 2 根长刚毛。

分布：浙江（临安、义乌）、河南、新疆、江苏、安徽、江西、台湾、广东、香港、四川、贵州；日本，印度，伊朗，土耳其，以色列，意大利，西班牙，美国，埃及，摩洛哥，委内瑞拉。

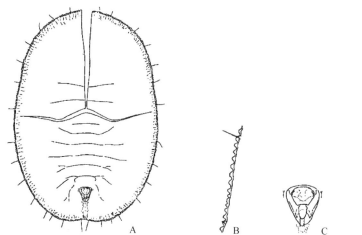

图 6-29　杨梅粉虱 *Parabemisia myricae* (Kuwana, 1927)（仿罗志义和周婵敏，1997）

A. 蛹壳；B. 边缘；C. 皿状孔

268. 皮氏粉虱属 *Pealius* Quaintance *et* Baker, 1914

Pealius Quaintance *et* Baker, 1914: 99. Type species: *Aleyrodes maskelli* Bemis, 1904.

主要特征：蛹壳苍白色，小。边缘圆齿状，胸部边缘与浅气门梳可辨。皿状孔亚三角形，后端有 1 个凹陷，凹陷上有横纹图案；盖片覆盖孔的大部，但凹陷和尾沟处阔，舌状突裸露。头部、第 8 腹节和尾部有刚毛。亚缘区刚毛伸出边缘。

分布：世界广布。世界已知 45 种，中国记录 14 种，浙江分布 2 种。

（484）润楠皮氏粉虱 *Pealius machili* Takahashi, 1935（图 6-30）

Pealius machili Takahashi, 1935b: 62.

主要特征：蛹壳白色，椭圆形。沿边缘有 1 圈窄而薄的分泌物。背部有很多极小的圆孔散布，有 32 根等长的弯曲刚毛沿整个边缘排成 1 圈。尾沟明显，有多角形刻纹。皿状孔长大于宽，基部平截，盖片覆盖孔的 1/2，舌状突裸露，具刚毛，具瘤突。

分布：浙江（嵊州、开化、庆元）、江苏、江西、台湾、广东、香港、广西、重庆、四川、贵州。

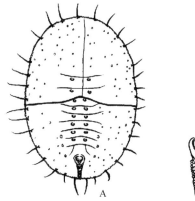

图 6-30　润楠皮氏粉虱 *Pealius machili* Takahashi, 1935（仿 Takahashi，1935b）

A. 蛹壳；B. 皿状孔及尾沟

（485）桑粉虱 *Pealius mori* (Takahashi, 1932)（图 6-31）

Trialeurodes mori Takahashi, 1932a: 38.
Pealius mori: Mound & Halsey, 1978: 182.

　　主要特征：蛹壳淡黄色，椭圆形，边缘圆，边缘区域有大约 3 排小孔分布，有 14 对短刚毛环绕边缘着生。皿状孔半椭圆形，盖片半圆形，覆盖皿状孔 1/2，舌状突棒槌状，端部膨大，延伸到皿状孔外面，布满细毛；尾沟瓦楞状，由上而下渐窄。
　　分布：浙江（西湖、泰顺）、山东、河南、宁夏、新疆、江苏、安徽、湖北、江西、湖南、福建、台湾、广东、广西、重庆、四川、贵州、云南；印度，泰国。

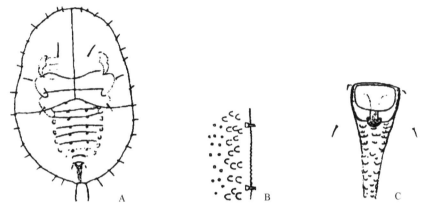

图 6-31　桑粉虱 *Pealius mori* (Takahashi, 1932)（仿 Takahashi，1932a）
A. 蛹壳；B. 边缘；C. 皿状孔及尾沟末端

269. 指粉虱属 *Pentaleyrodes* Takahashi, 1937

Pentaleyrodes Takahashi, 1937a: 310. Type species: *Aleyrodes cinnamomi* Takahashi, 1932.

　　主要特征：亚缘区不与背盘区分开，沿边缘有 1 列刚毛，每根刚毛均着生在中部缢缩的小瘤突上。胸气门褶、孔和冠不存在，尾沟不清晰。缘齿 2 行，近半球形，内列有时朝上。皿状孔亚心形，末端无刻痕，边缘缺齿，不隆起。
　　分布：东洋区。世界已知 4 种，中国记录 3 种，浙江分布 1 种。

（486）安松氏指粉虱 *Pentaleyrodes yasumatsui* Takahashi, 1939（图 6-32）

Pentaleyrodes yasumatsui Takahashi, 1939: 76.

　　主要特征：蛹壳黑色，椭圆形，沿边缘有栅栏状蜡丝。缘齿 2 排，外齿远宽于长，圆形，内齿半球形。背面边缘窄，头胸部有 2 对浅色斑纹，腹部有 1 对纵淡纹。除边缘外，背部网状，有许多半透明圆形小孔。16 对长刚毛沿边缘排列成 1 圈。每个胸节和腹节缝前有 1 对凹陷。头部和第 1 腹节刚毛缺失，第 8 腹刚毛存在。胸气门褶和孔缺失。皿状孔心形，长宽相等，边缘增厚，后端无缺刻，盖片近心形，几乎覆盖整个孔。舌状突不暴露。尾沟明显，极狭窄，基部膨大。
　　分布：浙江（嵊州）、广西；韩国，日本。

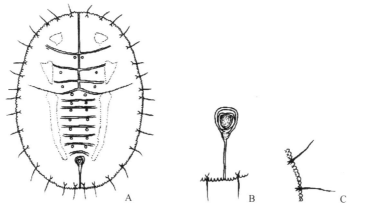

图 6-32　安松氏指粉虱 *Pentaleyrodes yasumatsui* Takahashi, 1939（仿王吉锐等，2017）
A. 蛹壳；B. 皿状孔及尾沟末端；C. 边缘

270. 突孔粉虱属 *Singhiella* Sampson, 1943

Singhiella Sampson, 1943: 211. Type species: *Trialeurodes bicolor* Singh, 1931.

主要特征：蛹壳中到大型，缘齿 1 列，亚缘区不与背盘区分开，具或不具刚毛。胸气门褶缺或稍能鉴别；尾沟显著长，明显。背面具许多圆形乳突状孔。皿状孔小，亚心形；盖片与孔同形，几乎覆盖孔的全部，舌状突通常不外露。

分布：世界广布。世界已知 29 种，中国记录 12 种，浙江分布 1 种。

（487）坚硬粉虱 *Singhiella chitinosa* (Takahashi, 1937)（图 6-33）

Dialeurodes chitinosa Takahashi, 1937b: 21.

Singhiella chitinosa: Jensen, 2001: 307.

主要特征：蛹壳黑色，阔椭圆形，背部硬化。背部有许多突起的孔沿边缘排成 1 圈。亚缘区有 24 根细长刚毛排成 1 圈，伸出边缘外。每个胸节有 2 对或 3 对圆乳突。在第 3–7 腹节有 3 对类似的乳突。尾沟明显。皿状孔小，亚心形，盖片覆盖整个孔。舌状突不外露。

分布：浙江（西湖）、台湾、广东、香港、广西。

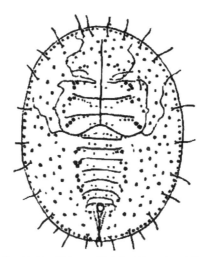

图 6-33　坚硬粉虱 *Singhiella chitinosa* (Takahashi, 1937)（仿 Takahashi，1937b）

271. 蜡粉虱属 *Trialeurodes* Cockerell, 1902

Aleyrodes (*Trialeurodes*) Cockerell, 1902f: 283. Type species: *Aleurodes pergandei* Quaintance, 1900.

Trialeurodes Cockerell: Quaintance & Baker, 1915: xi. Type species: *Trialeurodes pergandei* (Quaintance, 1900).

主要特征：蛹壳椭圆形，苍白色至棕色，边缘被蜡丝包围。缘齿浅，呈不规则小锯齿状或平滑，最显著的特征是亚缘区乳突具有泌蜡孔。皿状孔心形，通常与尾沟相连，舌状突三叶状。

分布：世界广布。世界已知 63 种，中国记录 4 种，浙江分布 1 种。

（488）温室粉虱 *Trialeurodes vaporariorum* (Westwood, 1856)（图 6-34）

Aleyrodes vaporariorum Westwood, 1856: 852.

Trialeurodes vaporariorum: Quaintance & Baker, 1915: xi.

主要特征：蛹壳椭圆形，白色或淡黄色。边缘有许多长短不一的蜡丝，亚缘区有许多乳突排成 1 圈，乳突数目超过 60 个。其中有 6 对或 5 对较大的乳突。皿状孔心形，侧面内缘具不规则齿，盖片覆盖孔的 1/2。舌状突三叶草状，具 2 根端刚毛，尾沟明显。

分布：浙江广布，我国东北、华北、华东和西北近 20 个省份普遍发生；世界多国和地区也普遍发生。

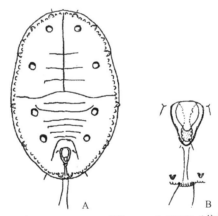

图 6-34　温室粉虱 *Trialeurodes vaporariorum* (Westwood, 1856)（仿闫凤鸣和李大建，2000）
A. 蛹壳；B. 皿状孔及尾沟末端

272. 大卫粉虱属 *Vasdavidius* Russell, 2000

Vasdavidius Russell, 2000: 379. Type species: *Aleurocybotus indicus* David *et* Subramaniam, 1976.

主要特征：蛹壳淡黄色，边缘圆齿状，胸气门孔不可见。腹部平滑或有 1 中脊，亚中区有凹陷或囊状出现，腹部有 8 个腹节。皿状孔长圆形或三角形，后端闭合，盖片通常宽大于长，舌状突外露，延伸至蛹壳末端。尾沟从皿状孔延伸至蛹壳末端边缘。

分布：世界广布。世界已知 5 种，中国记录 3 种，浙江分布 1 种。

（489）稻粉虱 *Vasdavidius indicus* (David *et* Subramaniam, 1976)（图 6-35）

Aleurocybotus indicus David *et* Subramaniam, 1976: 157.

Vasdavidius indicus: Russell, 2000: 381.

　　主要特征：蛹壳柔软扁平光滑，呈草履状，淡橙色，有 2 对或 3 对头刚毛，尾刚毛 2 对，皿状孔和舌状突颜色较深。皿状孔亚心形，外壁稍成脊。盖片梯形，宽大于长，覆盖皿状孔约一半区域。舌状突多毛，暴露，顶端有 1 对短刚毛。

　　分布：浙江（西湖）、江苏、江西、湖南、福建；印度，伊朗，乍得，尼日尔，塞内加尔，尼日利亚，赞比亚。

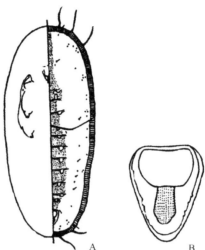

A　　　　　　　　　　B

图 6-35　稻粉虱 *Vasdavidius indicus* (David *et* Subramaniam, 1976)（仿 David and Subramaniam，1976）

A. 蛹壳；B. 皿状孔

第七章　蚜总科 Aphidoidea

二十四、蚜科 Aphididae

主要特征：无翅孤雌蚜复眼由多个或 3 个小眼面组成；触角 4–6 节，如果只有 3 节，则尾片瘤状；头部与胸部长度之和不大于腹部长度；尾片形状多样，腹管有或缺；气门位于腹部第 1–7 或第 2–5 节；前翅有 4 斜脉；产卵器缩小为被毛的隆起；孤雌蚜胎生（部分玻片标本透过体壁可见到胚胎），性蚜卵生。

分布：世界分布，主要分布在北半球温带地区；具有非常多样性的寄主植物，包括裸子植物、被子植物、苔藓植物和蕨类植物；营同寄主全周期、异寄主全周期和不全周期生活。世界已知 547 属 5257 种，中国记录 278 属 1180 种，浙江分布 11 亚科 69 属 122 种。

分亚科检索表

1. 无翅孤雌蚜复眼有 3 个小眼面；腹部有蜡腺；腹管环状或缺；如果眼为多小眼面，则有翅蚜前翅翅痣不达翅顶，径分脉也不着生于翅痣基部 ··· 2
- 无翅孤雌蚜复眼有多个小眼面；腹部无或有蜡腺；腹管环状至长管状 ··· 4
2. 性蚜喙退化，大都不取食，腹内只有 1 卵；尾片半月形，尾板末端圆；头与前胸大部分离，眼位于头的后部；有翅蚜中胸前盾片三角形，盾片被 "V" 形缝分为两片，静止时翅呈屋脊状；触角感觉圈条状环绕触角或片状 ··· **瘿绵蚜亚科 Eriosomatinae**
- 性蚜有喙，可取食，腹内有卵数个，有时 1 个；尾片瘤状或半月形，尾板末端圆或 2 裂；头与前胸相愈合，眼似乎位于头的中部；有翅蚜中胸前盾片狭窄，后端圆，盾片中部不分开，静止时翅平叠于背面；触角感觉圈圆、卵形或条形围绕触角 ··· 3
3. 喙末节不再分节；尾板末端微凹至深裂为两片；蜡腺发达，常位于体缘；有翅蚜触角感觉圈条状围绕触角；尾片瘤状或半月形；常有粉虱型或蚧型不活动世代发生 ··· **扁蚜亚科 Hormaphidinae**
- 喙末节或多或少再分为 2 节；尾板末端圆；蜡腺缺；有翅蚜触角感觉圈圆、卵至条形；尾片半月形，有时瘤状；无粉虱型或蚧型不活动世代；触角、跗节和胫节端部有小刺；腹管孔状，位于有毛的圆锥体上；性蚜无翅 ··· **群蚜亚科 Thelaxinae**
4. 腹管长管状稍膨大，密被长毛；触角 5–6 节，感觉圈圆至卵形；尾片半圆形至三角形；喙末节分为 2 节；雄蚜有翅；寄主为山毛榉科和其他多种植物 ··· **毛管蚜亚科 Greenideinae**
- 腹管环状至管状，不密被长毛；喙末节不分或分为 2 节；雄蚜有翅或无翅 ··· 5
5. 腹管环状，位于有毛的圆锥体上，如缺腹管，则后足跗节延长为前或中足跗节 2 倍以上；体与附肢多毛；尾片新月形至圆形；尾板宽大，多为半圆形 ··· **大蚜亚科 Lachninae**
- 腹管不位于有毛的圆锥体上，如缺腹管，后足跗节不延长；尾片多种形状 ··· 6
6. 腹管非截短形，通常长管形；尾片非瘤状，常为圆锥形，有时半月形；尾板不分为 2 叶，触角通常只有少数毛；爪间毛毛状；3 个纽扣状生殖突上有生殖毛 10–12 根，各毛紧密并立 ········· **蚜亚科 Aphidinae**
- 腹管截短形，如果长形，则尾片瘤状，且尾板分为 2 叶，或触角上明显多毛；爪间毛棒状或叶状；生殖毛大都为其他配置 ·· 7
7. 腹管有网纹；尾板末端圆形，有时微凹；尾片瘤状或半月形，缘瘤和背瘤常缺；触角 5 或 6 节；爪间毛大都棒状；跗节无

小刺 ………………………………………………………………………………………… 毛蚜亚科 Chaitophorinae

- 腹管无网纹；尾板末端微凹至分为 2 叶；尾片瘤状，缘瘤和背瘤常发达；触角 6 节；爪间毛大都叶状；跗节有小刺突或无 ……………………………………………………………………………………………………… 8

8. 腹管大约为体长的 0.20 倍或更长，圆柱状或稍肿胀；生殖突 3 个 ……………… 镰管蚜亚科 Drepanosiphinae

- 腹管短于体长的 0.20 倍；生殖突 2 或 4 个 …………………………………………………………………… 9

9. 足胫节端部毛与该节其他毛相近；生殖突通常 4 个，若 2 个，触角 3–5 节或复眼无瘤；寄主植物为罗汉松科、七叶树科等 ………………………………………………………………… 新叶蚜亚科 Neophyllaphidinae

- 足胫节端部毛明显不同于该节其他毛；生殖突 1 或 2 个；寄主植物大多为山毛榉科、榆科、桦木科，极少为竹类、樟科和木兰科 ………………………………………………………………………………………………… 10

10. 触角节 2 短于节 1；体蜡片通常消失，若存在，则足跗节 1 有背毛；触角末节鞭部长于该节基部的 0.5 倍；喙端节有 2–22 根次生毛；跗节 1 常有背毛和 5–7 根腹毛；爪间毛扁平；无翅孤雌蚜缺或存在 ……………… 长角斑蚜亚科 Calaphidinae

- 触角节 2 长于节 1；体蜡片存在；触角末节鞭部为该节基部的 0.1–0.5 倍；喙端节有 2–4 根次生毛；跗节 1 常无背毛和 2–5 根腹毛；爪间毛毛状或扁平；无翅孤雌蚜存在 …………………………………… 叶蚜亚科 Phyllaphidinae

（二十二）瘿绵蚜亚科 Eriosomatinae

主要特征：体表大都有蜡粉或蜡丝，一般有发达的蜡片。无翅孤雌蚜和若蚜复眼由 3 个小眼面组成。头部与前胸分离。喙节 4+5 分节不明显。触角 5 或 6 节，末节鞭部很短，次生感觉圈条形、环形或片形。翅脉正常，前翅中脉 2 分叉或不分叉。后翅有 1 或 2 条斜脉。腹管孔状、圆锥状或缺。尾片、尾板宽半圆形。性蚜无翅，体短小，与矿蚜科和短痣蚜科相近，但瘿绵蚜亚科性蚜无喙，这是该科的主要区分特征。性母蚜体内的胚胎无喙，在玻片标本中很容易观察其胚胎，由此来决定其成蚜是性母蚜还是孤雌蚜型。卵生性蚜仅产 1 粒卵，大小与性蚜本身相近。

生物学：该亚科大都为异寄主全周期生活。其原生寄主为榆科、杨柳科、漆树科等木本植物，次生寄主为草本植物或木本植物的根部。

分布：世界广布，以全北区分布为主。世界已知 96 属 303 种，中国记录 31 属 130 种，浙江分布 4 属 4 种。

分属检索表

1. 原生寄主为榆科植物 ……………………………………………………………………………………… 2
- 原生寄主为漆树科植物 …………………………………………………………………………………… 3
2. 无翅孤雌蚜触角 5 或 6 节；跗节 1 或 2 节；在原生寄主榉属叶上形成无柄虫瘿，亦可在次生寄主竹亚科、莎草科根部生活 ……………………………………………………………………………… 副四节绵蚜属 Paracolopha
- 无翅孤雌蚜触角 4 或 5 节，很少 3 或 6 节；跗节 1 节；在原生寄主榆属叶上形成有柄虫瘿，亦可在次生寄主禾本科根部生活 ……………………………………………………………………………………………… 四脉绵蚜属 Tetraneura
3. 有翅孤雌蚜触角 5 节，节 2 短于节 4；原生感觉圈小圆形，有睫；原生寄主为盐肤木属植物 ……… 倍蚜属 Schlechtendalia
- 有翅孤雌蚜触角 6 节，节 2 长于节 4；原生感觉圈大圆形，有很厚的几丁质环，无睫；原生寄主为黄连木属植物 ………………………………………………………………………………………………… 斯绵蚜属 Smynthurodes

273. 副四节绵蚜属 *Paracolopha* Hille Ris Lambers, 1966

Paracolopha Hille Ris Lambers, 1966: 600. Type species: *Dryopeia morrisoni* Baker, 1919.

主要特征：无翅孤雌蚜体椭圆形。体背分布 6 列蜡片，但腹部背片 5–7 有 4 列蜡片，背片 8 有 2 列蜡片；蜡片卵圆形或不规则形，由中心区及周围环绕的圆形或卵圆形蜡胞组成。体背毛短，稀疏。触角 5 或 6 节，全长为体长的 0.10–0.15 倍；节 4 粗，节 5 较节 4 细长。喙长，为体长的 0.30–0.40 倍；节 4+5 细长。足短；跗节 1 或 2 节，前足跗节 1 粗壮，向前突出。腹管一般位于腹部背片 5，隆起，有稀疏毛环绕，周围不骨化。生殖板末端圆形，有小刺突瓦纹，有后缘毛，中域无 1 对长毛。

分布：古北区、东洋区、新北区。世界已知 2 种，中国记录 1 种，浙江分布 1 种。

（490）莫氏副四节绵蚜 *Paracolopha morrisoni* (Baker, 1919)（图 7-1）

Dryopeia morrisoni Baker, 1919: 105.

Paracolopha morrisoni: Hille Ris Lambers, 1966: 600.

主要特征：

有翅孤雌蚜　体长卵形，体长 2.10 mm，体宽 0.85 mm。活体黄绿色，头、胸部黑色。玻片标本头、胸背部黑色，腹部淡色，无斑纹。触角、喙、足、尾片及尾板灰黑色。头、胸部有皱褶曲纹，腹部背面光滑。气门肾形半开放，气门片淡色。体背有细尖毛，淡色。头顶毛 1 根，头背部有毛 12 根；腹部背片 1–7 各有中侧毛 5 对或 6 对，缘毛 3 对或 4 对；背片 8 有毛 6–8 根。头顶毛、腹部背片 1 毛、背片 8 毛长分别为触角节 3 直径的 0.38 倍、0.31 倍、0.63 倍。额瘤不显，中额稍凹陷。触角短粗，为体长的 0.25 倍；节 3 长 0.19 mm，节 1–6 长度比例为：21：22：100：38：48：47，节 6 鞭部极短；触角各节有毛 1 或 2 根，节 3、4 有时缺，毛长为节 3 直径的 0.10 倍；节 3–6 有开口环状次生感觉圈，分别为：12–15 个、4 个、5–8 个、5–7 个，分布于各节全长；原生感觉圈小圆形，有睫；触角光滑，端部有小刺突分布。喙短粗，稍超过前足基节，节 4+5 尖细，长为基宽的 2.40 倍，为后足跗节 2 的 0.93 倍，有 3 对短刚毛，其中次生刚毛 1 对。足股节有微刺突组成的瓦纹，胫节有皱褶纹；后足股节为触角长的 0.68 倍；后足胫节为触角长的 1.10 倍，为体长的 0.36 倍，毛长为该节直径的 0.36 倍；跗节 1 有毛 3–5 根。前翅 4 条斜脉，脉灰黑色，较粗，镶窄灰色边，后翅 1 斜脉。无腹管。尾片末端圆形，有 1 对刚毛。尾板末端圆形，有毛 2 对。生殖板骨化，有短毛 60 余根。

生物学：寄主植物为榉树。在叶正面营虫瘿，扁圆形（袋状），横径 0.80 cm，纵径 0.50 cm，表面有稀疏、柔软短毛，无柄，叶反面微凹。虫瘿红绿色。每瘿内有蚜虫 30–80 头。

分布：浙江（临安）；韩国，日本。

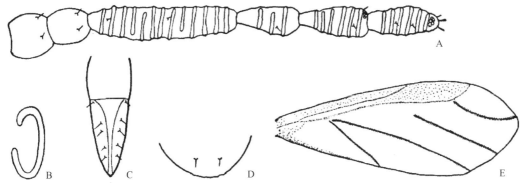

图 7-1　莫氏副四节绵蚜 *Paracolopha morrisoni* (Baker, 1919)
有翅孤雌蚜：A. 触角；B. 次生感觉圈；C. 喙节 4+5；D. 尾片；E. 前翅

274. 倍蚜属 *Schlechtendalia* Lichtenstein, 1883

Schlechtendalia Lichtenstein, 1883: 242. Type species: *Aphis chinensis* Bell, 1851.

主要特征：有翅孤雌蚜触角 5 节，次生感觉圈不规则形。额瘤和中额瘤消失。头背中央无纵缝。有蜡片。复眼大，有小眼瘤。喙短，末节尖。前翅翅痣延长，达及翅顶，镰刀形，中脉不分支，后翅有 2 条斜脉。腹管无。尾片钝圆。原生寄主为盐肤木，次生寄主为提灯藓科植物。

分布：古北区、东洋区。世界已知 2 种，中国记录 2 种，浙江分布 1 种。

（491）角倍蚜 *Schlechtendalia chinensis* (Bell, 1851)（图 7-2）

Aphis chinensis Bell, 1851: 310.

Schlechtendalia chinensis: Lichtenstein, 1883: 242.

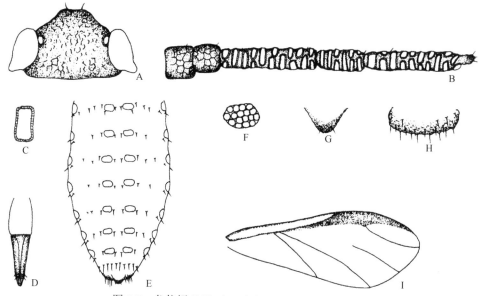

图 7-2　角倍蚜 *Schlechtendalia chinensis* (Bell, 1851)
有翅孤雌蚜：A. 头部背面观；B. 触角；C. 次生感觉圈；D. 喙节 4+5；E. 腹部背面观；F. 背蜡片；G. 尾片；H. 尾板；I. 前翅

主要特征：

有翅孤雌蚜　体长椭圆形，体长 2.10 mm，体宽 0.74 mm。活体灰黑色。玻片标本头、胸部黑褐色，腹部淡色；触角、足及喙黑褐色，尾片及尾板淡色。体表光滑，头顶有纵纹，头背部有明显横网纹。中胸盾片各有 1 蜡片；腹部背面有明显蜡片，背片 1–7 各有 1 对中蜡片，各含 15–22 个小圆形蜡胞，背片 1–7 各有小型缘蜡片，背片 1 及 6 偶有侧蜡片。气门小圆形关闭，气门片淡色。体背刚毛短小；头顶有毛 2 对，头背部有毛 12 根；腹部背片 1–7 各有缘毛 1 对或 2 对，各有中侧毛 5 对或 6 对；背片 8 有毛共 10–12 根，排列为 1 行；毛长 0.013 mm，为触角节 3 直径的 0.33 倍。中额平顶不隆。触角 5 节，为体长的 0.30 倍，短于头部和胸部长度之和，节 3 长 0.21 mm；节 1–5 长度比例分别为：24∶23∶100∶51∶92+13；触角毛短尖，节 1、2 各有毛 2 或 3 根，节 3 有毛 1 或 3 根，节 4 有毛 1 或 2 根，节 5 基部偶有毛 1 或 2 根，鞭部顶端有毛 3 或 4 根，节 3 毛长为该节直径的 0.25 倍；节 3–5 分别有不规则宽带状或开环状的次生感觉圈 18–23 个、8 或 9 个、13–15 个，分布于全节，节 5 基部顶端有 1 个小圆形原生感觉圈，有睫。喙短，端部不达中足基节，节 4+5 尖圆锥形，为后足跗节 2 的 0.72 倍，为基宽的 2.90 倍；有原生刚毛 1 对或 2 对，缺次生刚毛。足有瓦状纹，后足股节为触角节 3 的 1.70 倍；后足胫节为体长的 0.27 倍，为触角长的 0.90 倍，后足胫节毛长为该节直径的 0.42 倍；跗节 1 毛序：3，3，3。翅脉正常，前翅有斜脉 4 支，中脉不分叉；翅痣长大，呈镰刀形，伸达翅顶端；前翅中部亚缘脉与径脉之间有透明的小圆形感觉圈 6–9 个，后翅有斜脉 2 支；各脉较粗大。缺腹管。尾片半圆形，光滑，与触角节 1 约等长，长为基宽的 0.50 倍，有 1 对短硬刚毛。尾板半圆形，有毛 18–23 根。

生物学：原生寄主为盐肤木，次生寄主为蒲灯藓属、提灯藓属及疣灯藓属植物。角倍蚜的虫瘿称为五倍子，是化工原料和中药材。

　　分布：浙江（临安）、河南、陕西、江苏、安徽、湖北、江西、湖南、福建、台湾、广东、广西、四川、贵州、云南；朝鲜，日本。

275. 斯绵蚜属 *Smynthurodes* Westwood, 1849

Smynthurodes Westwood, 1849: 420. Type species: *Smynthurodes betae* Westwood, 1849.

　　主要特征：无翅孤雌蚜触角 5 节。有翅孤雌蚜 6 节，节 2 相对长，长于节 4，与节 3 近等长；原生感觉圈有很厚的几丁质环，无睫。复眼有眼瘤。体无蜡片。体密被细毛。腹管缺。尾片小，半圆形。有翅型前翅中脉不分叉，后翅有 2 条斜脉。

　　分布：世界广布。世界已知 1 种，中国记录 1 种，浙江分布 1 种。

（492）菜豆根蚜 *Smynthurodes betae* Westwood, 1849（图 7-3）

Smynthurodes betae Westwood, 1849: 420.

　　主要特征：

　　无翅孤雌蚜：体卵圆形，体长 1.80 mm，体宽 1.40 mm。活体乳白色至淡橘黄色，略被白粉。玻片标本头部骨化褐色，腹部淡色，腹部背片 8 有 1 个褐色横带；喙、触角节 4–6、足、尾片及尾板褐色至灰褐色。体表光滑。气门椭圆形半开放，气门片骨化黑色。节间斑微显淡色。中胸腹岔淡色无柄。体表被无数尖顶短毛，头部背面有毛 60 余根，腹部背片 8 有毛 26 根，体背毛长与触角节 3 直径约等长。额瘤不显。复眼由 3 个小眼面组成，无眼瘤。触角粗短，较光滑，5 节，有时 6 节，为体长的 0.26 倍，若为 5 节，则节 3 长 0.11 mm，节 1–5 长度比例为：65∶81∶100∶45∶96+17；节 3、4 两节界限不清，节 1–5 触角毛数分别为：6、21–23、22–24、10、23–25+5 根，节 3 毛长为该节直径的 2/3；触角节 4 有 1 个小圆形原生感觉圈，节 5 基部顶端有 1 大圆形原生感觉圈，无睫；若为 6 节，则节 3 长 0.08 mm，节 1–6 长度比例为：72∶105∶100∶50∶67∶134+25。喙长锥形，端部可达后足基节，节 4+5 长为基宽的 3.00 倍，为后足跗节 2 的 1.20 倍，有长刚毛 12 或 13 根。足粗短，后足股节为触角的 0.70 倍，后足胫节为体长的 0.21 倍，跗节 1 有毛 4 或 5 根。缺腹管。尾片小，半圆形，长为基宽的 0.45 倍，有短毛 40 根。尾板大，半圆形，有长毛 46 根。生殖板前端中部下凹，有短毛约 30 根；后部有长毛 40 根。

　　有翅孤雌蚜：体长卵形，体长 2.10 mm，体宽 1.10 mm。玻片标本头、胸部黑色，腹部淡色，有斑纹。触角、足、腹部各节缘片、背中毛片、尾片、尾板及生殖板均为黑褐色。腹部背片 1–4 中毛片大都各自分离，形成横行，背片 5、6 中毛片大都愈合为横带，背片 7–8 中毛片愈合为黑褐色横带，背片 8 横带甚至与缘片相合；背片 1–7 边缘毛片或多或少互相联合为缘斑。体背有尖顶毛，腹部各节背毛整齐排列 4 或 5 行，背片 1–5 各有刚毛 180–200 根，背片 6–8 各有毛 140 根、80 余根、24 根，背片 8 毛延伸至后缘。触角 6 节，为体长的 0.26 倍，节 3 长 0.12 mm，节 1–6 长度比例为：39∶70∶100∶62∶58∶96+19；节 3 有大小不等的圆形次生感觉圈 7–11 个，排成 1 行，分布于全长，节 4、5 各有次生感觉圈 2 或 3 个、0 或 1 个；节 5 端部和节 6 基部各有 1 个大圆形原生感觉圈，无睫。喙端部达中足基节，节 4+5 长约与后足跗节 2 等长。翅脉翅痣灰黑色，各脉有灰黑色窄昙，前翅径分脉可达翅顶，中脉单一，后翅有 2 肘脉。其他特征与无翅孤雌蚜相似。

　　生物学：为多食性蚜虫。原生寄主为钝黄连木、大西洋黄连木和笃香等，在叶边缘形成纺锤形虫瘿；次生寄主为棉、烟草、小麦等多种植物，在根部寄生。常集中在棉花主根部，受害后主根及须根变细、枯萎，严重时可造成棉花枯死。

　　分布：浙江（临安）、甘肃、青海、新疆，在华北、华中和华东广泛分布；日本，中亚，欧洲，北美，新西兰。

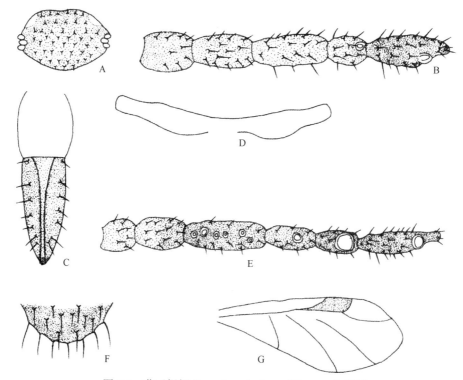

图 7-3 菜豆根蚜 *Smynthurodes betae* Westwood, 1849

无翅孤雌蚜: A. 头部背面观; B. 触角; C. 喙节 4+5; D. 中胸腹岔。有翅孤雌蚜: E. 触角; F. 尾片; G. 前翅

276. 四脉绵蚜属 *Tetraneura* Hartig, 1841

Tetraneura Hartig, 1841: 366. Type species: *Aphis ulmi* Linnaeus, 1758.

主要特征: 头部通常光滑, 少有刻纹, 额瘤不显, 头背毛形状和数量多变。无翅孤雌蚜触角 4 或 5 节, 很少 3 或 6 节, 无次生感觉圈; 有翅孤雌蚜触角通常 6 节, 很少 5 节, 节 6 鞭部很短, 次生感觉圈环形或条状, 横向排列于节 3–5, 排列有序; 原生感觉圈有密睫, 无突起。无翅孤雌蚜有 3 个单眼, 有翅孤雌蚜复眼有突出眼瘤。喙端部通常达中足基节, 节 4+5 短钝, 通常有端刺, 长度为后足跗节 2 (无翅孤雌蚜为后足跗节 1) 的 0.25–1.50 倍。腹部淡色, 常光滑, 背片 7、8 有明显褐色带。头部及腹部蜡片在各种间变异大, 有翅性母蚜蜡片在同种内较有翅瘿蚜发达、明显。腹管有或无, 若有则为圆锥体, 有几丁化的褐色边缘。尾片钝、圆锥形。尾板钝圆形, 黑褐色。生殖板宽, 有 2 个明显侧叶, 有密毛。足粗壮, 短至中等大小, 转节常不清晰, 有时与股节愈合; 股节及胫节端部常有刻纹; 跗节有脊纹或微刺, 无翅孤雌蚜跗节仅 1 节, 有翅孤雌蚜跗节 2 节, 有翅孤雌蚜跗节 1 毛序为 3, 2, 2 或 4, 2, 2。有翅孤雌蚜前翅中脉简单, 仅一支, 后翅翅脉直, 仅 1 斜脉 (肘脉)。

生物学: 该属多数种类在榆科和禾本科之间转主寄生, 营全周期型生活; 有些种类营不全周期型生活, 可在禾本科杂草 (次生寄主植物) 上终年繁殖。

分布: 古北区、东洋区。世界已知 32 种, 中国记录 21 种, 浙江分布 1 种。

(493) 黑腹四脉绵蚜 *Tetraneura nigriabdominalis* (Sasaki, 1899) (图 7-4)

Schizoneura nigriabdominalis Sasaki, 1899: 435.

Tetraneura nigriabdominalis: Eastop, 1966: 541.

主要特征：

无翅孤雌蚜（根部）　体卵圆形，体长 2.48 mm，体宽 1.90 mm。玻片标本头部淡褐色，胸部、腹部淡色，背片 6 有模糊中斑，腹部背片 7、8 褐色。触角、喙、足黑褐色，腹管、尾片及生殖突淡色，生殖板褐色。体表光滑，头部背面有皱曲纹。腹部背片 1–6 各有中、侧蜡片 1 对；背片 7 有蜡片 1 对，各由 2–10 个圆形蜡胞组成，缘周褐色；背片 8 无蜡片。气门圆形开放，呈月牙形，气门片褐色。节间斑明显，淡棕色，由单粒椭圆形的块状及条状颗粒组成。中胸腹岔淡色无柄，有时分离，横长 0.37 mm，为触角节 3 的 3.80 倍，为触角全长的 0.85 倍。体背毛长短不等，尖锐；头部有头顶毛 2 对，头背毛 8–10 对；腹部背片 1–4 毛短而少，背片 5 有毛 10 对；背片 7 有毛 4 对或 5 对，缘毛 2 对或 3 对；背片 8 有 1 对粗长毛。头顶粗毛长 0.06–0.09 mm，为触角节 3 最宽直径的 1.20 倍，腹部背片 1 背毛长 0.01 mm，长缘毛长 0.12–0.15 mm，背片 8 长毛长 0.18 mm。中额平顶状。复眼淡色，由 3 个小眼面组成。触角 5 节，光滑，为体长的 0.17 倍；节 3 长 0.08 mm，节 1–5 长度比例为：94∶80∶100∶184∶40+28；节 1、2 毛粗长，节 3–5 毛细尖锐，节 1–5 毛数分别为：2、3 或 4、0 或 1、16–19、2–5+3 或 4 根；节 1 长毛长 0.04 mm，节 3 长毛长 0.01 mm，节 4 长毛长 0.04 mm。喙端部达后足基节，节 4+5 宽楔状，为基宽的 1.30 倍，为后足跗节长的 1.70 倍；有原生毛 2 对或 3 对，次生毛 2–4 对。足光滑粗大。后足股节为该节最宽直径的 2.70 倍；后足胫节为体长的 0.13 倍，毛长为该节最宽直径的 0.46 倍；跗节 1 节，后足跗节长 0.08 mm，有毛 6 或 7 根。腹管截断圆锥状，有明显缘突，为基宽的 0.45 倍，为尾片的 0.91 倍。尾片半球形，顶端平圆，有长粗毛 2 根，短毛 1 或 2 根。尾板半球状，有长粗毛 4 根，短细毛 20–26 根。生殖突末端圆形，内凹，分裂为片状，有短毛 38–50 根。生殖板条形，有毛 22–26 根。

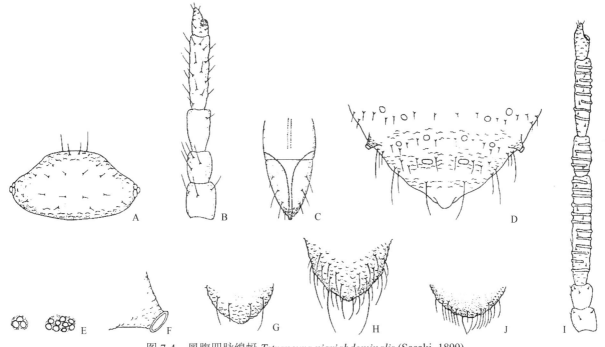

图 7-4　黑腹四脉绵蚜 *Tetraneura nigriabdominalis* (Sasaki, 1899)

无翅孤雌蚜：A. 头部背面观；B. 触角；C. 喙节 4+5；D. 腹部背片 5–8；E. 节间斑；F. 腹管；G. 尾片；H. 尾板。有翅瘿蚜：I. 触角；J. 尾板

有翅瘿蚜　体椭圆形，体长 2.15 mm，体宽 0.92 mm。玻片标本头部腹面前部两缘黑色，呈带状，胸部黑色，腹部淡色；触角深褐色，节 1、2 及 6 深色；喙淡色或淡褐色，顶端黑色；足褐色，股节端半部深褐色；尾片及尾板端部黑色；生殖突及生殖板淡色。腹部背片 1、2 各有中侧斑，带状，有时为断续斑，背片 8 有横带横贯全节。体表光滑，蜡片不显。气门圆形开放，气门片微骨化。体背毛少，短尖锐，头部有头顶毛 2 对，头背毛 6 对或 7 对；腹部背片 8 有长短毛 7–9 根。头顶毛长 0.02 mm，为触角节 3 中宽的 1/2，背片 8 长毛长 0.04 mm，为该节短毛长的 2.50 倍。中额呈圆平顶形。触角 6 节，为体长的 0.29 倍；节 3 长 0.24 mm，节 1–6 长度比例为：18∶19∶100∶33∶66∶21+9；触角毛短小，节 1、2 毛长与

该节长度约相等，节 1–6 毛数分别为：3 或 4、3–5、6–10、2 或 3、7 或 8、2+4 根，节 3 毛长为该节中宽的 1/4；次生感觉圈条形开环状，节 3–5 各有 11–15 个、3–5 个和 7–10 个，节 6 有时有条状次生感觉圈 1 个，节 5、6 原生感觉圈小圆形，与条状次生感觉圈愈合。喙短小，长 0.32 mm，端部不达中足基节；节 4+5 楔状，为基宽的 1.80 倍，为后足跗节 2 长的 0.62 倍；有原生毛 3 对，次生毛 3 对。足光滑，跗节有小刺突组成的瓦纹。后足股节为触角节 3 长的 1.80 倍；后足胫节为体长的 0.31 倍，毛长为该节最宽直径的 0.55 倍；跗节 1 毛序：3，3，3。翅脉正常。缺腹管。尾片小半球状，为基宽的 0.47 倍，有毛 2 对。尾板末端圆形，有毛 18–24 根，其中有 4 根粗长毛。生殖突末端圆形，中央内凹，有毛 28–38 根。生殖板有毛 38–51 根。

生物学：原生寄主为榆树，日本记载为春榆；次生寄主为虎尾草、马唐、稗、稻、高粱、普通小麦等，一般在次生寄主植物根部取食。该种在榆树叶正面营三角多棱形有柄、多毛虫瘿。在山东沾化区 4 月中下旬观察到初龄干母，5 月上旬至 6 月初可观察到干母在虫瘿内繁殖。6 月初有翅干雌蚜大量迁向次生寄主。5–7 月人为向高粱和稗草根部接种，生活良好，并与蚁共生，直到 9 月间产生性母。该蚜是高粱根部害虫，亦为害陆稻。分布较广，但在欧洲无记载。

分布：浙江（临安）、黑龙江、吉林、辽宁、北京、天津、河北、山西、山东、湖北、湖南、福建、台湾、四川、贵州、云南；俄罗斯，朝鲜，日本，巴基斯坦，印度，斯里兰卡，菲律宾，马来西亚，加拿大，美国，古巴，澳大利亚，几内亚。

（二十三）扁蚜亚科 Hormaphidinae

主要特征：无翅孤雌蚜背腹扁平、粉虱型或正常。无翅孤雌蚜头部与前胸愈合，或头部至腹部节 1 愈合，或头部至腹部节 7 愈合为前体，节 8 游离；有翅孤雌蚜体节正常。无翅孤雌蚜和有翅孤雌蚜蜡腺发育程度不同。无翅孤雌蚜额部常有 1 对额角，有翅孤雌蚜没有任何额角或没有发达的角。无翅孤雌蚜触角 2–5 节；有翅孤雌蚜 5 节，次生感觉圈环形。喙短，节 4+5 通常无次生毛。足转节与股节通常愈合；无翅孤雌蚜跗节缺，退化，不分节或正常，有正常或退化的爪；有翅孤雌蚜跗节正常，跗节 2 背端毛顶端头状或扁平。有翅孤雌蚜翅脉退化；前翅中脉 1 分叉，肘脉 1 和肘脉 2 基部连合。腹管孔状、环状或缺。尾片瘤状，少数种类末端圆形。尾板二裂片，少数种类末端宽圆形。性蚜少，无翅，有发达的喙。卵生雌性蚜可以产数枚卵。

生物学：该科大部分种类体被大量蜡粉，基本处于静止不动或少动的状态。有翅孤雌蚜飞行能力较差，不具备远距离主动扩散的能力；大部分种类转主寄生，其原生寄主主要为金缕梅科、安息香科植物，次生寄主主要为桦木科、壳斗科、禾本科、樟科、菊科植物；可在原生寄主植物上形成不同形状的虫瘿。部分种类失去原生寄主，在次生寄主上营不全周期生活。

分布：古北区、东洋区、新北区。世界已知 44 属 215 种，中国记录 30 属 103 种，浙江分布 8 属 11 种。

分属检索表

1. 无翅孤雌蚜额部有 1 对额角（除密角蚜属 *Glyphinaphis* 外）；有些属体侧缘有齿状蜡胞；腹管存在，通常环状；有翅型前翅中脉至少分叉 1 次；原生寄主为安息香科，次生寄主主要为禾本科、菊科和桑寄生科 ⋯⋯⋯⋯⋯⋯⋯ 2
- 额部没有额角；腹管孔状或缺；有翅型前翅中脉不分叉或分叉 1 次 ⋯⋯⋯⋯⋯⋯⋯⋯⋯⋯⋯⋯⋯⋯ 6
2. 额部没有额角；寄生在禾本科植物上 ⋯⋯⋯⋯⋯⋯⋯⋯⋯⋯⋯ **密角蚜属 *Glyphinaphis***
- 额部有明显的额角或稍隆起的突起 ⋯⋯⋯⋯⋯⋯⋯⋯⋯⋯⋯⋯⋯⋯⋯⋯⋯⋯⋯⋯⋯⋯⋯⋯ 3
3. 无翅孤雌蚜身体粉虱型，蜡腺沿体缘排列成 1 圈 ⋯⋯⋯⋯⋯⋯⋯ **粉虱蚜属 *Aleurodaphis***
- 体缘无成列蜡腺 ⋯⋯⋯⋯⋯⋯⋯⋯⋯⋯⋯⋯⋯⋯⋯⋯⋯⋯⋯⋯⋯⋯⋯⋯⋯⋯⋯⋯⋯⋯⋯ 4
4. 尾片末端圆形或半月形；尾板末端圆 ⋯⋯⋯⋯⋯⋯⋯⋯⋯⋯ **坚角蚜属 *Ceratoglyphina***
- 尾片明显瘤状，基部缢缩；尾板两列状 ⋯⋯⋯⋯⋯⋯⋯⋯⋯⋯⋯⋯⋯⋯⋯⋯⋯⋯⋯⋯⋯ 5

5. 无翅孤雌蚜前胸背板有两个侧沟，被 1 中脊分开 ·· **伪角蚜属 _Pseudoregma_**
- 无翅孤雌蚜前胸背板无明显较深的侧沟 ·· **粉角蚜属 _Ceratovacuna_**
6. 腹管存在 ·· **后扁蚜属 _Metanipponaphis_**
- 腹管缺 ··· 7
7. 跗节及爪发达或正常，跗节分为 2 节；愈合的腹部节 2–7 背片有明显钉状较粗近缘毛 ········· **副胸蚜属 _Parathoracaphis_**
- 跗节及爪退化，跗节不分节；愈合的腹部节 2–7 背片无近缘毛，中背毛缺 ················· **新胸蚜属 _Neothoracaphis_**

277. 粉虱蚜属 _Aleurodaphis_ Van der Goot, 1917

Aleurodaphis Van der Goot, 1917: 239. Type species: _Aleurodaphis blumae_ Van der Goot, 1917.

主要特征： 体卵形，扁平，粉虱型，无翅孤雌蚜头部与前胸愈合，没有任何额角；中、后胸愈合，腹部节 1–7 愈合，节 8 游离，无翅孤雌蚜身体边缘有 1 圈齿状蜡胞。无翅孤雌蚜触角 4 或 5 节；原生感觉圈小，有睫；有翅型触角 5 节，次生感觉圈近环形；没有任何睫。无翅孤雌蚜复眼有 3 个小眼面；有翅型正常。喙端部达中足基节或最多至后足基节，节 4+5 明显长于后足跗节 2，背板淡色。无翅孤雌蚜体背布满小蜡腺，背毛细，稀疏。腹管环形。尾片瘤状，尾板明显两裂片。足短；无翅孤雌蚜跗节 1 有毛 2 或 3 根；有翅型 4 根；跗节 2 背端毛顶端漏斗形。有翅型前翅中脉 1 分叉，翅痣延长，两肘脉基部愈合；后翅有 2 条斜脉。

生物学： 所有种（除 _A. antennata_ 外）均为单寄主不全生活周期型。

分布： 东洋区。世界已知 5 种，中国记录 4 种，浙江分布 2 种。

（494）艾纳香粉虱蚜 _Aleurodaphis blumeae_ Van der Goot, 1917（图 7-5）

Aleurodaphis blumeae Van der Goot, 1917: 240.

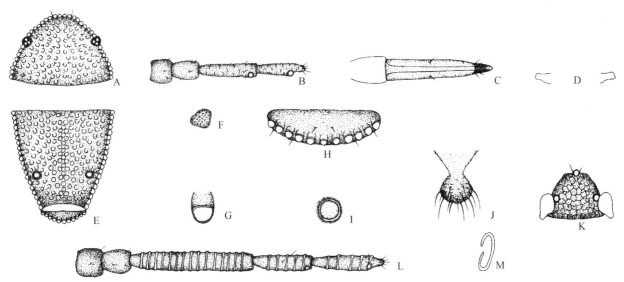

图 7-5　艾纳香粉虱蚜 _Aleurodaphis blumeae_ Van der Goot, 1917
无翅孤雌蚜：A. 头部与前胸背面观；B. 触角；C. 喙节 4+5；D. 中胸腹岔；E. 腹部背面观；F. 体背蜡孔；G. 缘蜡片；H. 腹部节 8 背面观；I. 腹管；J. 尾片。有翅孤雌蚜：K. 头部背面观；L. 触角；M. 次生感觉圈

主要特征：

无翅孤雌蚜　体椭圆形，体长 1.20 mm，体宽 0.59 mm。活体红棕色，玻片标本体背全褐色，头与前胸愈合，中后胸愈合，腹部背片 8 分节明显独立，头与前胸长为中胸的 1.8 倍，与腹部均等长。复眼黑色，

由 3 小眼组成。触角、喙、足各节褐色，尾片及尾板黑色。体表粗糙，布满环状蜡片，足各基节有蜡孔群，周绕体缘一周有指状蜡片 112–119 个，头部缘域有 18–20 个，前胸缘域 16–20 个，中、后胸有 26–28 个，腹部背片 1–7 缘域 40 或 41 个，节 8 具 11 个。腹气门 6 对，小圆形关闭，气门片褐色。中胸腹岔两臂分离，各臂横长 0.021 mm，为触角节 2 长的 1/2。体背毛尖锐，头顶有毛 2 对，背面毛 4 对；前胸背板中毛 2 对，缘毛 2 对；腹部背片 1–7 各有中毛 1 对，缘毛 1 对；背片 8 有毛 3–4 对。头顶毛长 0.036 mm，为触角节 3 最宽直径的 1.40 倍，腹部背片 1 缘毛及节 8 毛长 0.013 mm。头顶呈弧形。触角 4 节，有瓦状纹，为体长的 0.21 倍，节 3 长 0.097 mm，节 1–4 长度比例为：33：43：100：63+19；触角毛极短，节 1、2 各有 1 根长毛。各有短毛 1 或 2 根，节 3 有毛 2 或 3 根，毛长为该节端部直径的 0.20 倍，节 4 有毛 5–8 根。喙长大，伸达后足基节或超过，节 4+5 长尖矛状，分节明显，为基宽的 4.8 倍；为后足跗节 2 长的 3.4 倍，节 4 为节 5 长的 5.40 倍；原生刚毛 2 对，极短，次生长刚毛 1 对。足光滑，后足股节为触角节 3 长的 1.40 倍；后足胫节为体长的 0.16 倍。跗节 1 毛序：2，2，2，有时 3 根。腹管微隆起，圆锥体，端径 0.021 mm，为复眼直径的 0.50 倍。尾片瘤状，粗糙有皱曲纹，与基宽约等，有长毛 1 对，有短毛 6 或 7 根。尾片分裂为 2 片，各有长短毛 6 根。生殖板淡色大型，瘤状，有短毛 8–10 根。

有翅孤雌蚜　体长 1.26 mm，体宽 0.50 mm。玻片标本头部、胸部黑色，腹部淡色。背斑不甚明显。体表光滑，头部背面粗糙，微有小圆蜡孔群组成的鱼鳞状蜡片，腹部无蜡片。触角 5 节，节 3–5 由小刺突组成横纹，为体长的 0.42 倍；节 3 长 0.21 mm，节 1–5 长度比例为：22：22：100：46：50+11；次生感觉圈开口环状，节 3–5 依次有：15–17、5 或 6、5 个，原生感觉圈小圆形，有睫。喙端部达中足基节，节 4+5 顶端褐色，为后足跗节 2 长的 2.32 倍。足皱曲纹，后足股节为触角节 3 长的 1.36 倍；后足胫节为体长的 0.25 倍；后足跗节 2 长 0.076 mm。翅脉明显，前翅中脉分二叉，两肘脉基部共柄，翅痣长，几乎达翅顶；后翅 2 斜脉。腹管黑色，端径 0.042 mm，为触角节 3 最宽直径的 1.30 倍。尾片瘤状，中部不收缩，有毛 15 根。尾板分裂 2 片，有毛 19 根。其他特征与无翅孤雌蚜相似。

生物学：寄主植物为菊科天名精属烟管头草、天名精，千里光属千里光，艾纳香属假东风草等，球菊属；马鞭草科紫珠属紫珠，玄参科通泉草属，桑科榕属；车前科车前属车前；杨柳科柳属。活体红褐色，在叶片背面沿主脉寄生，身体周围有白色放射状白粉；叶背中间也有白粉。

分布：浙江（临安）、山东、陕西、江西、湖南、台湾、广西、四川、贵州、云南；韩国，日本，菲律宾，马来西亚，印度尼西亚。

（495）秤锤粉虱蚜 *Aleurodaphis sinojackiae* Qiao et Jiang, 2011 （图 7-6）

Aleurodaphis sinojackiae Qiao et Jiang, 2011: 49.

主要特征：

无翅孤雌蚜　体椭圆形，体长 1.30–1.46 mm，体宽 0.71–0.87 mm。玻片标本头部与前胸愈合，中、后胸愈合，腹部节 1–7 愈合，节 8 游离。体表粗糙，布满环状蜡片。触角、喙及足各节褐色；尾片、尾板、生殖板暗褐色。体背有许多刻纹，头胸部密而明显，腹部较疏。尾片、尾板、生殖板有小刺突瓦纹。体表粗糙，布满环状蜡片。体缘蜡片单胞型，前、后胸背板 13 个，中胸背板 8 个；腹部背片 1–7 分别为 3–6 对，背片 8 蜡片 10–13 个。气门卵圆形关闭，气门片卵圆形褐色。中胸腹岔两臂分离，各臂长 0.041 mm，为触角节 3 最宽直径的 1.21–1.41 倍。体毛短尖，较少。头顶毛 2 对，头背中毛 2 对，缘毛 3 对；前胸背板中毛 2 对，侧毛 1 对，缘毛 2 对；中胸背板中、缘毛各 2 对，侧毛 3 对；后胸背板中毛 1 对，侧毛 3 对，缘毛 2 对；腹部背片 1 中、侧缘毛各 1 对，背片 2–7 中、缘毛各 1 对；背片 8 中毛 1 对，缘毛 5 根。头顶毛长 0.031–0.041 mm，腹部背片 1 缘毛长 0.013–0.031 mm，背片 8 毛长 0.031–0.051 mm，分别为触角节 3 最宽直径的 1.37–1.67 倍、0.47–0.65 倍及 1.11–1.33 倍。头顶平直。复眼由 3 个小眼面组成。触角 5 节，节 3–5 有小刺突瓦纹；为体长的 0.33–0.38 倍；节 3 长 0.18–0.19 mm，节 1–5 长度比例为：35：29：100：53：53+18，节 5 鞭部为基部的 0.25–0.33 倍。触角毛少，节 1–5 毛数分别为：2–4、2–3、0、2、2+0

根，节 5 鞭部顶端有毛 5 或 6 根；节 3 毛长 0.018–0.026 mm，为该节最宽直径的 0.76–0.83 倍。原生感觉圈小圆形。喙端部达中足基节，节 4+5 尖楔状，为基宽的 2.13–2.20 倍，为后足跗节 2 的 0.91–0.96 倍；共有毛 3 对，其中次生毛 1 对。足正常，股节与转节愈合，后足转节与股节为触角节 3 长的 1.57–1.75 倍；后足胫节为体长的 0.19–0.21 倍；后足胫节毛长 0.0345–0.0353 mm，为该节中宽的 0.88–0.94 倍。跗节 1 毛序：4（3），4（3），3。后足跗节 2 长 0.087–0.090 mm；爪间毛 2 根，顶端膨大。腹管孔状，位于腹部节 6，端径 0.040–0.043 mm，为触角节 3 最宽直径的 1.16–1.37 倍。尾片瘤状，中间缢缩，为基宽的 0.88–0.91 倍；末端有毛 9 或 10 根。尾板 2 裂片，各有毛 6–8 根。生殖板宽带形，前部毛 3 或 4 根，中后部毛 14–23 根。生殖突 2 个，各有短毛 5 根。

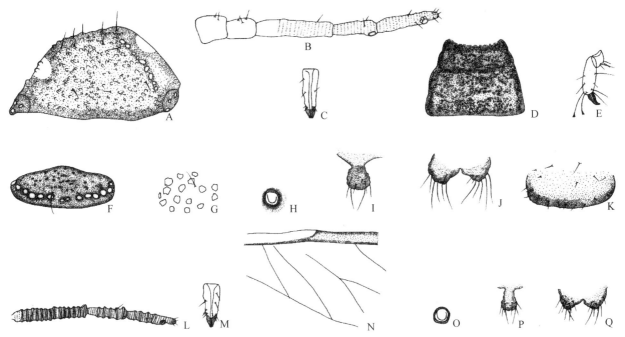

图 7-6　秤锤粉虱蚜 *Aleurodaphis sinojackiae* Qiao et Jiang, 2011
无翅孤雌蚜：A. 头部背面观；B. 触角；C. 喙节 4+5；D. 胸部背面观；E. 后足跗节；F. 腹部背片 8；G. 腹部背片 6 中毛和突起；H. 腹管；I. 尾片；
J. 尾板；K. 生殖板。有翅孤雌蚜：L. 触角；M. 喙节 4+5；N. 前翅；O. 腹管；P. 尾片；Q. 尾板

有翅孤雌蚜　体椭圆形，体长 1.29–1.43 mm，体宽 0.55–0.60 mm。玻片标本体骨化较强烈，体背暗褐色；触角、喙端、足各节褐色；尾片、尾板、生殖板褐色。体背毛较短而细尖，稍长于腹面毛，头顶毛 2 对；触角间毛 2 对，复眼间毛 2 对；腹部背片 1–7 中、缘毛各 1 对，腹部背片 8 有毛 1 对。头顶毛长 0.016–0.021 mm，腹部背片 1 缘毛长 0.015–0.017 mm，背片 8 毛长 0.020–0.026 mm，分别为触角节 3 最宽直径的 0.51–0.67 倍、0.50–0.54 倍及 0.64–0.83 倍。头顶圆弧形。触角 5 节，节 1–2 有稀疏瓦纹；节 3–5 有密集小刺突瓦纹；为体长的 0.37–0.43 倍；节 3 长 0.20–0.21 mm，节 1–5 长度比例为：30：25：100：45：40+15，节 5 鞭部长为基部的 0.29–0.38 倍；节 1–5 毛数分别为：3–5、2 或 3、0 或 1、1、1 或 2+0 根，节 5 鞭部顶端有毛 5 根。原生感觉圈不规则形；次生感觉圈环形，节 4 有 10–14 个，节 4 有 3–6 个，节 5 基部有 2–4 个。喙短，达中足基节，节 4+5 为基宽的 2.50–2.86 倍，为后足跗节 2 长的 1.15 倍；有原生毛 2–3 对，次生毛 2–4 根。足正常。后足股节为触角节 3 长的 1.50–1.62 倍；后足胫节为体长的 0.25–0.28 倍；后足胫节毛长 0.029–0.030 mm，为该节中宽的 0.91–1.20 倍。跗节 1 毛序：4，4，3。后足跗节 2 长 0.082 mm。前翅为体长的 1.17–1.34 倍，为翅宽的 2.00–2.42 倍；中脉 1 分叉，翅痣向前弯曲，较长；后翅 1 粗纵脉，2 斜脉。腹管孔状，端径 0.041–0.047 mm，为触角节 3 最宽直径的 1.33–1.51 倍。尾片瘤状，中间缢缩，为基宽的 0.68–0.86 倍；末端有毛 6–8 根。尾板分裂为 2 片，各有毛 6 或 7 根。生殖板宽带形，前部毛 3 根，后缘毛 12–15 根。生殖突 2 个，各有毛 5 或 6 根。

生物学：寄主植物为秤锤树，形成船状虫瘿，叶子标本有蜡质。

分布：浙江（杭州）、江苏（南京）。

278. 坚角蚜属 *Ceratoglyphina* Van der Goot, 1917

Ceratoglyphina Van der Goot, 1917: 237. Type species: *Ceratoglyphina bambusae* Van der Goot, 1917.

主要特征：身体卵圆形，无翅孤雌蚜头部与前胸愈合，有 1 对相当长而尖的额角，有翅型很退化。无翅孤雌蚜触角 4 或 5 节，有翅型 5 节，短，几乎不达身体的 0.25 倍；鞭部有小刺突；有翅型次生感觉圈近环形，无睫，存在于所有鞭节；无翅孤雌蚜原生感觉圈圆形，有睫，有翅型不规则；末节鞭部短于触角末节基部之半。无翅孤雌蚜复眼有 3 个小眼面，有翅型正常，有小眼瘤。喙短，几乎不超前足基节；节 4 无次生毛。无翅孤雌蚜背板暗色，除胸部和腹部背片 1–7 缘域有蜡腺外，腹部也有蜡孔。背毛长，细。腹管孔状，由被毛的骨化缘环绕。尾片半月形，宽阔，有许多毛。尾板圆形。跗节 1 毛序：4，3，2；跗节 2 背端毛顶端漏斗形。前翅中脉 1 分叉；后翅有 2 斜脉。采自原生寄主植物上的无翅孤雌蚜头顶没有额角，有数对钉状毛或短尖毛（非钉状）。体缘蜡片不显。有翅孤雌蚜触角节 3–5 全节有半月形次生感觉圈分布；前翅中脉 1 分叉，2 肘脉基部联合。

生物学：在印度和我国台湾，该属 3–5 月在寄主植物叶基形成稠密种群；并在竹子上导致单寄主不全生活周期型。偶尔有黑蚂蚁造访的记录，没有代数及生活史的详细报道。

分布：东洋区。世界已知 7 种，中国记录 5 种，浙江分布 1 种。

（496）竹坚角蚜 *Ceratoglyphina bambusae* Van der Goot, 1917（图 7-7）

Ceratoglyphina bambusae Van der Goot, 1917: 237.

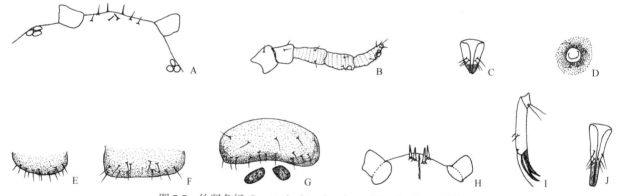

图 7-7　竹坚角蚜 *Ceratoglyphina bambusae* Van der Goot, 1917

无翅孤雌蚜（取食原生寄主植物）：A. 头顶背面观；B. 触角；C. 喙节 4+5；D. 腹管；E. 尾片；F. 尾板；G. 生殖板与生殖突。兵蚜（虫瘿内）：H. 头顶腹面观，示钉状毛；I. 喙节 4+5；J. 后足跗节，示爪

主要特征：

无翅孤雌蚜（来自原生寄主植物）　体椭圆形，体长 1.11 mm，体宽 0.67 mm。玻片标本头部、复眼、触角、足、喙褐色，其余淡色。体背毛细尖，长于腹面毛；腹面毛较多。头顶背面及腹面有 2 对正常毛，2 对短毛；头部背面触角间有毛 2 对，复眼间有 2 对；胸部 3 节背板各有中毛 2 对、侧毛 1 对、缘毛 2 对；腹部背片 1–6 中、侧、缘毛各 1 对；背片 7 中、侧毛各 1 对，背片 8 中毛 1 对。体背蜡片不显。头顶正常毛长 0.021 mm，钉状毛长 0.011 mm，腹部背片 1 缘毛长 0.025 mm，背片 8 背毛长 0.046 mm，分别为触角节 3 最宽直径的 0.89 倍、0.45 倍、1.11 倍及 2.00 倍。头顶圆弧形。复眼有 3 个小眼面。触角 5 节，为体长的 0.20 倍；节 3 端半部、节 4–5 有稀疏小刺突瓦纹；节 3 长 0.052 mm，节 1–5 长度比例为：80∶60∶100∶90∶80+30；触角毛短尖少，节 1–5 毛数分别为：1、2、2、2、1+5 根；触角节 3 毛长 0.011 mm，为该节最

宽直径的 0.45 倍。原生感觉圈小圆形，无睫。喙较短，端达中足基节；喙节 4+5 楔状，为基宽的 1.43 倍，为后足跗节 2 长的 0.67 倍；有毛 3 对，无次生毛。足各节正常。后足转节和股节为触角节 3 长的 4.00 倍；后足胫节为体长的 0.21 倍。足毛稀少，后足胫节毛长 0.036 mm，为该节中宽的 1.75 倍。跗节 1 毛序：3，3，2。跗节 2 端部的爪正常，长度为各跗节 2 长度的 0.33 倍。腹管稍隆起，有 3 根较长毛环绕。尾片、尾板和生殖板有稀疏小刺突，尾片和尾板末端圆形，各有毛 12 根。生殖板横卵形，有毛 16 根，其中前部毛 5 根。生殖突 2 丛，各有短尖毛 7 根。

有翅孤雌蚜（来自原生寄主植物）　触角节 3–5 有半月形次生感觉圈，节 3–5 分别有 19 或 20、7–9 及 4 或 5 个，分布于各节全长。前翅中脉 1 分叉，2 肘脉基部联合。其他同无翅孤雌蚜。

生物学：寄主植物为禾本科竹亚科的麻竹，慈竹属各种。

分布：浙江、福建、台湾、广东、四川、贵州；印度，马来西亚，印度尼西亚。

279. 粉角蚜属 *Ceratovacuna* Zehntner, 1897

Ceratovacuna Zehntner, 1897: 29. Type species: *Ceratovacuna lanigera* Zehntner, 1897.

主要特征：身体卵圆形或阔卵圆形。无翅孤雌蚜头部与前胸愈合；头部有 1 对额角，无翅孤雌蚜额角明显，有翅型额角退化。无翅孤雌蚜触角 4 或 5 节；有翅型 5 节；鞭节常有小刺突瓦纹；触角末节鞭部短于基部的 0.50 倍；原生感觉圈圆形，突出，有翅型次生感觉圈近环形，位于节 3–5。无翅孤雌蚜复眼有 3 个小眼面，喙短，节 4+5 钝，至少在无翅孤雌蚜短于后足跗节 2，无次生毛。无翅孤雌蚜体背淡色，但通常蜡片所在区域骨化；头部和胸部有明显的蜡片；腹部蜡片按节排列在中域、侧域和缘域，有时缺；腹部背片 8 有 1 个大型蜡腺群。体背毛稀疏，细，顶端尖锐或稍膨大。腹管孔状，位于隆起上，常有骨化边缘，并有数根毛环绕。足光滑，或有小刺突；跗节 1 毛序：4，3，2 或 3，3，2 或 3，2，2（*styraci* 种来自虫瘿的有翅型为 4，4，3），跗节 2 背端毛顶端扩大。前翅中脉仅 1 分叉，翅痣短；后翅有 2 斜脉。尾片瘤状，基部缢缩，有细毛。尾板 2 裂片。若蚜有细长而尖的额角，部分物种有兵蚜。

生物学：原生寄主为安息香属植物，次生寄主为禾本科植物。

分布：东洋区。世界已知 25 种，中国记录 18 种，浙江分布 1 种。

（497）多腺粉角蚜 *Ceratovacuna multiglandula* Qiao, 2015（图 7-8）

Ceratovacuna multiglandula Qiao, 2015 *in* Jiang et al., 2015: 47.

主要特征：

无翅孤雌蚜　体卵圆形，体长 1.88–2.16 mm，体宽 1.04–1.21 mm。玻片标本头与前胸愈合。额角、触角、复眼、喙、各足基节与股节褐色，其余部分淡褐色。体背有蜡片，由圆形蜡胞组成，分别位于相应的缘斑上。头部有复眼间蜡片 1 对，分别由 18–26 个蜡胞组成；前胸背板至腹部背片 7 分别有缘蜡片 1 对，背片 1 缘蜡片由 12 或 13 个蜡胞组成，其余各节缘蜡片由 14–24 个蜡胞组成；背片 8 全节被蜡胞覆盖，共有 31–38 个。体背布满不规则刻纹；触角节 4 有稀疏横纹分布；尾片、尾板及生殖板有小刺突分布。气门圆形，开放，气门片淡褐色。中胸腹岔淡褐色，两臂分离，各横长 0.050–0.070 mm，为触角节 3 基宽的 1.67–2.33 倍。体背毛短小；头部有头顶毛 1 对，头背毛 4 对；前胸背板有中毛 2 对，侧毛 2 对，缘毛 1 对；中、后胸背板各有中毛 1 对，侧毛 1 对，缘毛 2 对；腹部背片 1–5 各有中、侧、缘毛各 1 对；背片 6、7 各有中、缘毛各 1 对。背片 8 有背中毛 2 根，相互靠近，缘毛 5–10 根。头顶毛长 0.02–0.05 mm，腹部背片 1 缘毛长 0.02–0.04 mm，背片 8 毛长 0.040–0.060 mm，分别为触角节 3 基宽的 0.67–1.67 倍、0.67–1.33 倍及 1.33–2.00 倍。头顶有 1 对额角，长 0.03–0.04 mm，为基宽的 1.00–1.33 倍，为触角节 2 长的 0.67–0.91 倍。复眼由 3 个小眼面组成。触角 4 节，为体长的 0.12–0.15 倍；节 3 长 0.090–0.11 mm，节 1–4 长度比例为：47：41：

100∶45+20；末节鞭部长为基部的 0.33–0.72 倍，触角毛少，节 1–4 毛数分别为：1 或 2、1 或 2、1 或 2、1 或 2+0 根，末节鞭部顶端有毛 4 或 5 根；节 3 毛长 0.01–0.02 mm，为该节基宽的 0.33–0.67 倍；节 3、4 各有 1 个原生感觉圈，无睫。喙短，端部不达中足基节，节 4+5 盾状，为基宽的 0.76–1.25 倍，为后足跗节 2 长的 0.52–0.68 倍；有 3 对原生毛，无次生毛。足光滑，少毛，转节与股节愈合，后足转节与股节为触角节 3 长的 3.09–3.48 倍；后足胫节为体长的 0.22–0.27 倍；后足胫节毛长 0.040–0.050 mm，为该节中宽的 0.96–1.27 倍；后足跗节 2 长 0.10–0.11 mm。跗节 1 毛序：2，2，2。腹管位于腹部背片 4 和 5，环状，端径 0.05–0.06 mm，为触角节 3 基宽的 1.67–2.00 倍。尾片瘤状，近基部缢缩，有毛 7–12 根，长短不等。尾板深裂为 2 叶，各叶呈瘤状，共有长短毛 11–15 根。生殖板宽圆形，有短尖前部毛 4 根，后缘毛 8–10 根。

生物学：寄主植物为石竹科石竹，禾本科黄古竹。叶下盖满黑霉。

分布：浙江（德清）。

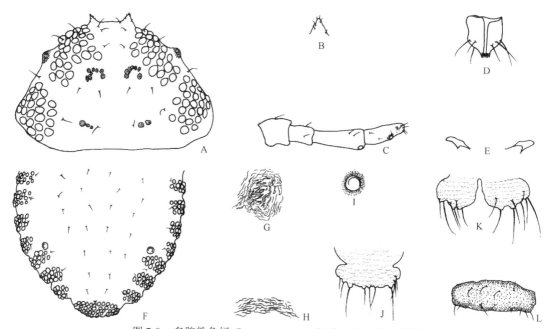

图 7-8　多腺粉角蚜 *Ceratovacuna multiglandula* Qiao, 2015

无翅孤雌蚜：A. 头部与前胸背面观；B. 额角；C. 触角；D. 喙节 4+5；E. 中胸腹岔；F. 腹部背面观；G. 腹部背片中域刻纹；H. 腹部背片缘域刻纹；I. 腹管；J. 尾片；K. 尾板；L. 生殖板

280. 密角蚜属 *Glyphinaphis* Van der Goot, 1917

Glyphinaphis Van der Goot, 1917: 232. Type species: *Glyphinaphis bambusae* Van der Goot, 1917.

主要特征：身体卵形至阔卵形。无翅孤雌蚜头部与前胸愈合。无翅孤雌蚜触角 4 节，有翅型 4 或 5 节，一般短于体长之半；有翅型次生感觉圈分布在节 3–4，环形。无翅孤雌蚜复眼有 3 个小眼面，有翅型正常。喙短，不到中足基节，节 4+5 钝，较后足跗节 2 短；没有次生毛；背毛长，粗。腹部背片骨化，直到背片 7 没有明显分节。蜡板筛形。腹部背片 7 和 8 有毛 6 根，腹管环状，微隆起。尾片有毛 9–13 根长毛。尾板 2 裂片，有毛 11–14 根，生殖板有毛 9–15 根。转节与股节愈合；跗节 1 毛序：3 或 4，3 或 4，2，前翅中脉 1 分叉；后翅有 2 斜脉。

生物学：一般寄生在禾本科竹子和芦苇上，详细的生活史和若蚜形态学从未报道过。该属的唯一种为不全周期型，在竹子和芦苇上单主寄生。迄今没有详细生物学、天敌和蚁访等方面的记录。

分布：东洋区。世界已知 1 种，中国记录 1 种，浙江分布 1 种。

（498）竹密角蚜 *Glyphinaphis bambusae* Van der Goot, 1917（图 7-9）

Glyphinaphis bambusae Van der Goot, 1917: 232.

主要特征：

无翅孤雌蚜 体椭圆形，体长 1.85 mm，体宽 1.080 mm。玻片标本体褐色至深褐色，触角、喙、足各节、尾片、尾板及生殖板淡褐色。身体被横沟分成：头与前胸、中后胸、腹部节 1、节 2–7 和节 8 五部分。体背布满或至少体缘域有圆形或椭圆形蜡片，触角节 4 有稀疏短纹分布，尾片、尾板、生殖板及生殖突有密的小刺突横纹分布。气门椭圆形开放，有时关闭，气门片褐色。中胸腹岔黑褐色，两臂分离，各横长 0.030 mm，为触角节 3 最宽直径的 1.07 倍。身体背面毛粗大，尖锐，毛基明显隆起，腹面毛稀疏，短小；头部有头顶毛 3 对，头部背面毛 2 对；前、中胸背片各有中毛 1 对，缘毛 2 对；后胸背板有中毛 1 对，侧毛 1 对，缘毛 2 对；腹部背片 1、3 分别有中、侧、缘毛各 1 对；背片 2、4 及 6–7 各有中毛 1 对，缘毛 1 对；背片 5 有缘毛 1 对；背片 8 有毛 2 根。头顶毛长 0.13 mm，腹部背片 1 缘毛长 0.17 mm，背片 8 毛长 0.13 mm，分别为触角节 3 最宽直径的 4.79 倍、6.11 倍及 5.80 倍；中额不隆，呈平顶弧形。复眼由 3 个小眼面组成。触角 4 节，为体长的 0.19 倍；节 3 长 0.090 mm，节 1–4 长度比例为：43：36：100：72+20；节 4 鞭部长为基部的 0.28 倍，触角毛少，节 1–4 毛数：1、1 或 2、0–2、1+0 根，末节鞭部顶端有毛 4 或 5 根；节 3 毛长 0.02 mm，为该节最宽直径的 0.75 倍；节 3、4 各有 1 个原生感觉圈，有睫；节 4 原生感觉圈有附感觉圈。喙粗短，端部不达中足基节，节 4+5 盾状，稍长于基宽，为后足跗节 2 的 0.57 倍；有 2–3 对原生毛，无次生毛。足光滑，少毛，股节与转节愈合，后足股与转节为触角节 3 最宽直径的 11.67 倍；后足胫节为体长的 0.21 倍；后足胫节毛长 0.040 mm，为该节中宽的 0.95 倍；后足跗节 2 长 0.090 mm。跗节 1 毛序：3 或 4，3 或 4，2。跗节 2 背端毛顶端漏斗形；爪间毛相似于背端毛，比爪长。腹管位于腹部背片 5，环状，稍隆起，直径 0.040 mm，为触角节 3 最宽直径的 1.25 倍。尾片瘤状，近基部收缩，有毛 10–13 根，长短不等。尾板深裂为 2 片，各片呈瘤状，共有粗毛 11–14 根，长短不等。生殖宽圆形，有 2 根短尖的前部毛，后缘毛 10–15 根。生殖突 2 个，各有短毛 3 或 4 根。

生物学：寄主植物为箣竹、箬竹、苦竹、苏麻竹属、台湾矢竹、金竹等竹类植物。该种通常寄生在竹子枝条上和粽叶芦枝条上，形成很大的种群。分泌白蜡粉，常有蚂蚁造访。

分布：浙江（临安）、湖南、福建、台湾、海南、广西、四川、贵州；印度，印度尼西亚。

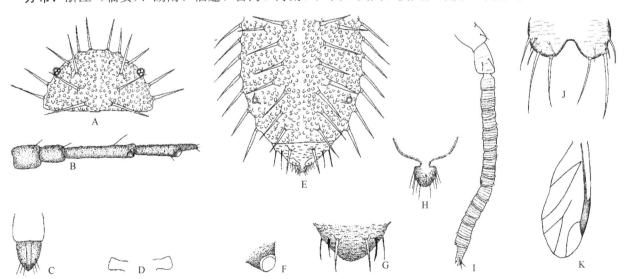

图 7-9 竹密角蚜 *Glyphinaphis bambusae* Van der Goot, 1917

无翅孤雌蚜：A. 头部背面观；B. 触角；C. 喙节 4+5；D. 中胸腹岔；E. 腹部背面观；F. 腹管；G. 尾板；H. 尾片。有翅孤雌蚜：I. 触角；J. 尾片；K. 前翅

281. 伪角蚜属 *Pseudoregma* Doncaster, 1966

Pseudoregma Doncaster, 1966: 159. Type species: *Pseudoregma buchtoni* Doncaster, 1966.

主要特征： 身体淡褐色至褐色。头部与前胸愈合，分布有大量蜡孔，无翅孤雌蚜有 1 对短或长，钝至圆柱形额角；前胸背板有 2 个侧沟；头背毛细长。无翅孤雌蚜触角 4 或 5 节，有翅型 5 节，几乎不到体长；原生感觉圈圆形，有睫；有翅蚜次生感觉圈环形，通常分布在触角节 3–5；触角末节鞭部一般比基部短得多。无翅孤雌蚜复眼有 3 个小眼面，有翅型正常。喙端部最多达中足基节，节 4+5 短，钝，通常没有次生毛。中、后胸背板通常有被蜡孔的成对缘斑和成对中斑。腹部背片有发育程度不同的成对中、缘斑，或有缘蜡孔；腹部背片也有发育良好的中、侧、缘蜡腺；或中、缘域蜡腺发育不等；无翅孤雌蚜腹部背片 8 背板有蜡孔或中侧蜡腺胞，成群排列；有翅型在后胸背板通常有骨化横带。腹管孔状，位于骨化隆起上，通常缺毛。尾片基部缢缩，有许多毛。尾板 2 裂片。足长，暗褐色，转节与股节愈合；跗节 1 毛序：3，3，2 或 4，4，2；爪间毛钝或顶端漏斗状，比爪短很多至稍长；跗节 2 背端毛顶端漏斗状（如 *P. buchtoni*、*P. panicola*）或 1 根棍棒形，另 1 根短而钝（如 *P. alexandri*）。前翅中脉仅 1 分叉；肘脉 1 和肘脉 2 基部连合，有时亚前缘脉内侧淡色。性蚜未知。若虫伪蝎型，有强大的前足和坚固的前足，可动的前足跗节，很大的额角和正常的爪，并有蜡腺或蜡孔。

生物学： 该属所有种类属于单主寄生，不全生活周期型。寄主植物在东南亚包括簕竹属小簕竹、穇属、黍属、狗尾草属等。许多种类在近基部的叶下表面形成稠密种群，有时在幼枝和茎上。

分布： 东洋区、澳洲区、旧热带区。世界已知 12 种，中国记录 6 种，浙江分布 1 种。

（499）居竹伪角蚜 *Pseudoregma bambusicola* (Takahashi, 1921)（图 7-10）

Oregma bambusicola Takahashi, 1921: 89.

Pseudoregma bambusicola: Doncaster, 1966: 158.

主要特征：

无翅孤雌蚜　体圆卵形，体长 2.64 mm，体宽 1.48 mm。活体褐色，有白粉。玻片标本头与前胸愈合，触角、喙、足各节黑褐色；腹管淡褐色，尾片、尾板灰色，其余褐色。中、后胸各有独立背中斑及缘斑，腹部淡色，有淡褐色斑，背片 1–7 各有独立缘斑，背片 1–6 各有 2 对中斑；背片 7、8 有横带。体表粗糙，头胸背面有粗刻点，腹部背片中、缘斑上有细刻纹，无斑处光滑。气门圆形关闭，气门片褐色。节间斑褐色。中胸腹岔淡色，两臂分离，各横长 0.11 mm，为触角节 3 最宽直径的 2.63 倍。体背毛尖锐，腹部腹面毛与背毛约等长，头部与前胸有背毛 20–25 对；腹部背片 1–7 各有缘毛 3–4 对，背片 1 有中侧毛 12–14 对，背片 2–5 各有中侧毛约 25 对，背片 6 有毛 20 对，背片 7 有毛 10 对，背片 8 有毛 6–7 对。头顶毛长 0.070 mm，为触角节 3 最宽直径的 1.70 倍；腹部背片 1 毛长 0.067 mm，背片 8 毛长 0.089 mm，为触角节 3 最直径的 1.51 倍及 2.14 倍。头顶有额角 1 对，呈圆锥状，长 0.090 mm，各有短毛 10 或 11 根。触角 4 节，有皱纹，为体长的 0.16 倍；节 3 长 0.18 mm，节 1–4 长度比例为：33：31：100：51+23；节 1–4 毛数分别为：2 或 3、2、6–8、2 或 3+0 根，末节鞭部顶端毛 3 或 4 根，节 3 毛长为该节最宽处的 1.10 倍。喙粗短，端部不达中足基节，节 4+5 盾状，为基宽的 1.10 倍，为后足跗节 2 的 0.63 倍，有长毛 2 对，缺次生毛。足光滑，后足股节为触角节 3 的 3.11 倍；后足胫节为体长的 0.35 倍，毛长 0.070 mm，与该节最宽处约等或稍短。跗节 1 毛序：3，3，3。腹管位于黑色有毛圆锥体上，有皱曲纹，基宽 0.17 mm，为该端径的 3.30 倍，为尾片长的 2.30 倍，有毛 8–10 根，毛短于端径。尾片宽瘤状，由微刺突组成横纹，为基宽的 0.53 倍，有长短毛 13–18 根。尾板分裂为 2 片，有毛 24–30 根。生殖板椭圆形，有长毛 24 根。

有翅孤雌蚜　体长椭圆形，体长 2.97 mm，体宽 1.52 mm。玻片标本头部、胸部、触角及喙暗褐色；足各节、翅及腹部背片 7、8 褐色；复眼、腹部背片 1–6 及腹管淡褐色。触角节 1、2 粗糙，节 3–5 次生感觉圈间有密集的小刺突瓦纹分布；唇基有非常明显的刻纹；尾片、尾板、生殖板及生殖突有密集的小刺突瓦纹分布。气门椭圆形，关闭，气门片褐色。身体背面毛短小；头部有头顶毛 2 对，头背毛 4 对；腹部背片 8 有毛 15–19 根。头顶毛长 0.023 mm，背片 8 毛长 0.053 mm，分别为触角节 3 最宽直径的 0.39 倍及 0.91 倍；头顶有 1 对额角，较短，顶略尖；长 0.046 mm，为触角节 2 长的 0.73 倍；有细尖极短毛 9–11 根。触角 5 节，为体长的 0.41 倍；节 3 长 0.59 mm，节 1–5 长度比例为：13：11：100：45：31+8；节 5 鞭部长为基部的 0.26 倍，触角毛极短，节 1–5 毛数分别为：4 或 5、3 或 4、5–8、3–6、1+0 根，末节鞭部顶端有毛 5 根；节 3 毛长 0.013 mm，为该节最宽直径的 0.22 倍；节 3–4 各 1 个原生感觉圈，无睫；次生感觉圈半环形，分布在节 3–5，分别为 35–43、15–18 及 13–14 个。前翅中脉 1 分叉，2 肘脉基部相连；后翅 2 斜脉。喙较短，达中足基节，节 4+5 楔状，为基宽的 2.13 倍，为后足跗节 2 长的 0.54 倍；有 3 对原生刚毛，无次生刚毛。后足股节与转节为触角节 3 最宽直径的 11.61 倍；后足胫节为体长的 0.39 倍；后足胫节为该节中宽的 0.75 倍；后足跗节 2 长 0.19 mm。跗节 1 毛序：3, 3, 2。腹管孔状，直径 0.039 mm，为触角节 3 最宽直径的 0.67 倍。尾片瘤状，近基部收缩，有毛 14–17 根，长短不等。尾板深裂为 2 片，各片呈瘤状，共有 22–28 根，长短不等。生殖板宽圆形，有前部毛 18–23 根，后缘毛 19–24 根。生殖突 2 个，各有短毛 12 或 13 根。

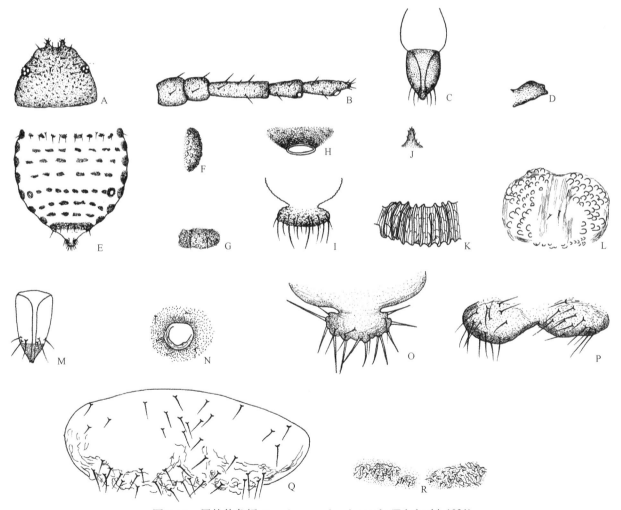

图 7-10　居竹伪角蚜 *Pseudoregma bambusicola* (Takahashi, 1921)

无翅孤雌蚜：A. 头部及前胸背面观；B. 触角；C. 喙节 4+5；D. 中胸腹岔；E. 腹部背面观；F. 缘斑；G. 体背毛；H. 腹管；I. 尾片。有翅孤雌蚜：J. 额角；K. 触角节 3；L. 唇基；M. 喙节 4+5；N. 腹管；O. 尾片；P. 尾板；Q. 生殖板；R. 生殖突

生物学：中国记载寄生在毛竹、甜竹、圆竹、黄竹、窃夜、金丝竹上。

分布：浙江（富阳）、江西、福建、台湾、广东、香港、广西、四川、云南、西藏；日本，印度尼西亚（爪哇）。

282. 后扁蚜属 *Metanipponaphis* Takahashi, 1959

Metanipponaphis Takahashi, 1959: 5. Type species: *Metanipponaphis rotunda* Takahashi, 1959.

主要特征：无翅孤雌蚜身体骨化，近圆形。前体与愈合部前部不明显分离。背板有大量散布的疱状突起，若清晰，出现两个边缘；前体疱状突起在侧域变成刺状，似额角。无翅孤雌蚜触角 3 或 4 节，有翅型 5 节；原生感觉圈小，圆形，无翅孤雌蚜有睫，有翅型没有分化；有翅型次生感觉圈近环形，存在于鞭部各节。无翅孤雌蚜复眼有 3 个小眼面，有翅型正常。喙节 4、5 分节明显，喙节 4+5 几乎等于或较长于（1.8倍）后足跗节 2，通常没有次生毛。腹部节 2-7 愈合，有各种波纹，或散布的疱状突起，有 6 对近缘毛；节 7 背板后中毛缺；节 8 背板有毛 2 根。腹管小，孔状。尾片暗色，骨化，基部缢缩，有几根细毛。尾板 2 裂片，每片有毛 4-6 根。气门明显，有小疱环绕。足短，跗节 1 毛序：3，3，2；跗节 2 背中毛顶端扩大。前翅中脉 1 分叉；2 肘脉边缘有晕，基部几乎愈合；后翅 2 斜脉。

生物学：该属种类大部分寄宿在安息香科和壳斗科植物上，如蚊母树属、锥属、柯属，其中仅蚊母树属已知作为大颗瘤后扁蚜 *M. cuspidatae* 的原生寄主，并在其上形成虫瘿，可以推测这个类群是通过在安息香科和壳斗科寄主植物间转主寄生演化而来，但是现在大部分种类在壳斗科植物上行不全生活周期。

分布：东洋区。世界已知 10 种，中国记录 3 种，浙江分布 2 种。

（500）石柯后扁蚜 *Metanipponaphis lithocarpicola* (Takahashi, 1933)（图 7-11）

Thoracaphis lithocarpicola Takahashi, 1933b: 315.

Metanipponaphis lithocarpicola: Tao, 1966: 176.

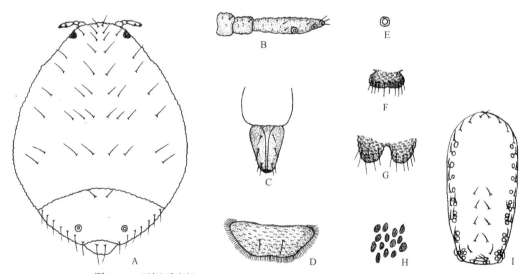

图 7-11　石柯后扁蚜 *Metanipponaphis lithocarpicola* (Takahashi, 1933)
无翅孤雌蚜：A. 整体背面观；B. 触角节 1-3；C. 喙节 4+5；D. 腹部背片 8；E. 腹管；F. 尾片；G. 尾板；H. 体背颗粒。胚胎：I. 胚胎

主要特征：

无翅孤雌蚜　体卵形，扁平，体长 1.50 mm，体宽 1.20 mm。活体黑褐色。玻片标本体背褐色；头部、胸部及腹部节 1-7 愈合，节 8 游离。体缘加厚，暗褐色；各附肢淡褐色；复眼褐色，由 3 个小眼面组成；尾片、尾板暗褐色，近黑色。体表粗糙，体背有圆形或卵圆形颗粒；各足附着处有 1 个大型馒头突起，表

面粗糙，有短毛数根；背中有 3 对节间斑，与背纹连成菊花状；各侧域亦有；腹部节 8 呈半球形，边缘透明，皱纹呈扇形；附肢短小。腹面光滑。体背毛尖锐；头部有头顶毛 1 对，头背中毛 2 对，侧毛 1 对；前胸背板有中毛 1–2 对，缘毛 2 对；中胸背板有中毛 5–9 根，缘毛 2 对；后胸背板有中毛 3 或 4 根，缘毛 2 对；腹部背片 1–7 各有缘毛 1 对，背片 1 有中毛 1 对；背片 8 有中毛 1 对。头顶毛长 0.040 mm，腹部背片 1 缘毛长 0.040 mm，背片 8 毛长 0.070 mm，分别为触角节 3 最宽直径的 2.00 倍、2.00 倍及 3.50 倍。触角短锥状，可见 3 节，节 3、4 分节不显；节 3、4 有皱褶；为体长的 0.10 倍；节 3 长 0.090 mm，节 1–3 长度比例为：22：23：100+11，节 4 鞭部长为基部的 0.11 倍；触角毛极短而少，节 1–3 毛数分别为：1、1、3+0 根，节 3 鞭部顶端有毛 3 根。原生感觉圈小圆形。喙端部短小，仅达前胸腹板前缘，节 4+5 短锥状，为基宽的 1.50 倍，与后足跗节 2 等长；有原生毛 2 对，次生毛 2 对。足光滑。后足股节为触角节 3 的 1.33 倍；后足胫节为体长的 0.13 倍；足毛少而细；后足胫节毛长 0.020 mm，为该节中宽的 0.60 倍。跗节 1 毛序：2，2，2。后足跗节 2 长 0.060 mm。腹管孔状，位于腹部节 6；端径 0.020 mm，与触角节 3 最宽直径等宽。尾片、尾板有小刺突微纹；尾片瘤状，为基宽的 0.54 倍，末端有毛 10 根。尾板分裂为 2 片，有毛 12 根。

生物学：寄主植物为枥和苦槠。寄生在叶反面，呈干壳状静止不动。

分布：浙江（安吉）、湖南、福建、台湾。

（501）枥叶后扁蚜 *Metanipponaphis silverstrii* (Takahashi, 1935)（图 7-12）

Thoracaphis silverstrii Takahashi, 1935c: 137.

Metanipponaphis silverstrii: Tao, 1966: 176.

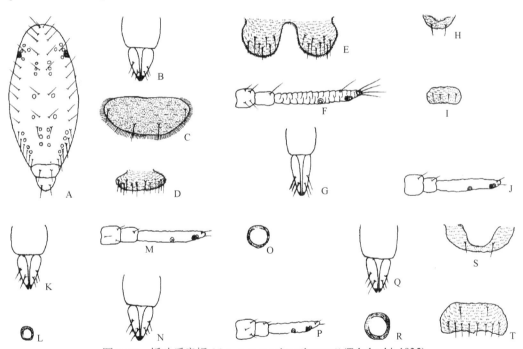

图 7-12　枥叶后扁蚜 *Metanipponaphis silverstrii* (Takahashi, 1935)

无翅孤雌蚜：A. 整体背面观；B. 喙节 4+5；C. 腹部背片 8；D. 尾片；E. 尾板。1 龄若蚜：F. 触角节 1–3；G. 喙节 4+5；H. 尾片；I. 尾板。2 龄若蚜：J. 触角节 1–3；K. 喙节 4+5；L. 腹管。3 龄若蚜：M. 触角节 1–3；N. 喙节 4+5；O. 腹管。4 龄若蚜：P. 触角节 1–3；Q. 喙节 4+5；R. 腹管；S. 尾片；T. 尾板

主要特征：

无翅孤雌蚜　体近圆形，体长 1.29 mm，体宽 1.030 mm。活体深褐色，分泌粗蜡丝，寄生于叶背中脉附近。玻片标本体背骨化强烈，体背中央褐色；体缘加厚，黑褐色；腹部节 8 半球形，游离，其余体节愈合；节 8 边缘皱纹呈扇形，整个节 8 背板黑色。尾片褐色，触角、喙、足各节及尾板淡色。体背有卵圆形或圆形粗糙颗粒；头背中域及胸部中央有 3 对节间斑，与背纹相连成菊花状。体背毛短而尖锐；头部有头

顶毛 1 对，头背中毛 2 对，缘毛 1 对；前胸、后胸背板分别有中毛 3 根，缘毛 2 对；中胸背板有中毛 9 根，缘毛 2 对；腹部背片 1–8 各有缘毛 1 对，背片 8 有中毛 1 对。头顶毛长 0.050 mm，腹部背片 1 缘毛长 0.040 mm，背片 8 毛长 0.070 mm，分别为触角节 3 最宽直径的 2.50 倍、2.00 倍及 3.25 倍。触角圆锥状，短小，3 节，为体长的 0.10 倍；节 3 长 0.060 mm，节 1–3 长度比例为：50：50：100+17，节 1–3 毛数分别为：1、2、0+0 根，节 3 鞭部顶端有毛 2 根；基部无毛。原生感觉圈小圆形。喙端部达前足基节，节 4+5 短楔状，为基宽的 1.11 倍，与后足跗节 2 等长；共有毛 3 对。足短小。后足股节为触角节 3 的 1.66 倍；后足胫节为体长的 0.10 倍；后足胫节毛长 0.020 mm，为该节中宽的 0.80 倍。跗节 1 毛序：3，3，3。后足跗节 2 长 0.050 mm。腹管孔状，端径 0.020 mm，与触角节 3 最宽直径等宽。尾片、尾板有小刺突瓦纹。尾片瘤状，基部缢缩为中宽的 0.43 倍；末端有毛 12 根；尾板分裂为 2 片，有毛 14 根。

生物学：寄主植物为栓皮栎和麻栎。

分布：浙江（杭州）、湖南。

283. 新胸蚜属 *Neothoracaphis* Takahashi, 1958

Neothoracaphis Takahashi, 1958a: 1. Type species: *Nipponaphis yanonis* Matsumura, 1917.

主要特征：身体扁平，卵圆形，翅型骨化，翅型正常。前体与非常退化的愈合腹部节 2–7 分离，前体背板没有蜡孔，有拼图形花纹或波纹。触角不分节，无翅孤雌蚜在腹面；有翅型 5 节，原生感觉圈几乎无法辨别；有翅型次生感觉圈近环形。无翅孤雌蚜复眼 2 或 3 个眼面，有翅型正常；喙节 4+5 比基宽长，没有次生毛。腹部背片 2–7 完全愈合，没有近缘毛，有时有微小的圆形颗粒；中背毛缺；腹部背片 8 背板有毛 4 根。无翅孤雌蚜腹管缺，有翅型孔状。尾片较长宽阔，通常基部缢缩。尾板锯齿形。无翅孤雌蚜足隐于身体下，前、中足很短，没有跗节，后足较长而外露，跗节退化，跗节有短、粗钉状毛和 1 对顶端扩大的背端毛；爪小或缺；有翅型胫节有明显瓦纹和硬直毛；跗节 2 背端毛顶端扩大，比爪长；跗节 1 毛序：3，3，2。前翅宽阔，翅痣短，中脉 1 分叉；后翅有 2 斜脉。

分布：东洋区。世界已知 10 种，中国记录 6 种，浙江分布 2 种。

（502）杭州新胸蚜 *Neothoracaphis hangzhouensis* Zhang, 1982（图 7-13）

Neothoracaphis hangzhouensis Zhang, 1982: 20.

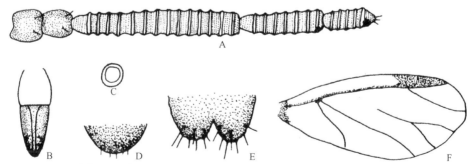

图 7-13　杭州新胸蚜 *Neothoracaphis hangzhouensis* Zhang, 1982
有翅孤雌蚜：A. 触角；B. 喙节 4+5；C. 腹管；D. 尾片；E. 尾板；F. 前翅

主要特征：

有翅孤雌蚜　体长卵形，体长 1.60 mm，体宽 0.65 mm。活体头、胸黑色，体黑灰色。玻片标本头、胸黑色，腹部淡色，无斑纹，前胸与头后缘凹下，被中胸所覆盖。触角、喙与足黑色，尾片骨化淡色。头部有皱曲纹，胸背有微细纵纹，腹部光滑。气门圆形半开放或关闭，腹部节 1 气门片淡色，节 2–5 骨化黑色，节 6、7 淡色不明显。体背毛淡色，短小尖锐；头部有背毛 8 根，中胸有中侧毛 20–22 根，后胸与腹部毛不显，腹部背片 8 的中侧毛 5 或 6 根稍长，缘毛 4 根较短，横列 1 排，头顶毛、腹部背片 8 长毛长分别为触角节 3 直径的 0.16 倍、0.27 倍。额瘤不显，中额呈弧形。触角粗短，5 节，有横网纹；为体长的 0.25 倍；节 3 长 0.19 mm，节 1–5 长度比例为：15∶15∶100∶48∶30+7；节 3 有开口环形次生感觉圈 12 或 13 个，节 4 有 6 或 7 个，缺原生感觉圈，节 5 基部有环形次后感觉圈 5 个，有原生圆形感觉圈 1 个，直径长于鞭部；触角毛少，节 1、2 各有 1 或 2 根，节 3、4 缺，节 5 顶端有 3 或 4 根稍长刚毛。喙短小，端部可伸达前足基节，节 4+5 粗短，顶尖锐，呈三角形，长于基宽或等长，为后足跗节 2 长的 0.83 倍，有原生刚毛 2 对，缺次生刚毛。后足股为触角节 3 的 1.20 倍；后足胫节为体长的 0.24 倍，毛长为该节直径的 0.60 倍；跗节 1 毛序：3，3，2。跗节顶端有长毛 4 或 5 根，毛长等于跗节全长。前翅中脉较淡，分为二叉，后翅有肘脉 2 根。腹管环状，端径为触角节 3 直径的 0.45 倍。尾片末端圆形，长为基宽的 0.39 倍，有横行微刺，有短毛 6–9 根。尾板分为 2 片，短毛 11–14 根。生殖板骨化，有毛 25–27 根。腹内已形成胚胎的若蚜多达 35 头。

生物学：寄主植物为蚊母树。在叶正面营豌豆大小的虫瘿，在叶反面有突起的天然开口。

分布：浙江（杭州）、江苏。

（503）蚊母新胸蚜 *Neothoracaphis yanonis* (Matsumura, 1917)（图 7-14）

Nipponaphis yanonis Matsumura, 1917c: 56.

Neothoracaphis yanonis: Takahashi, 1958a: 2.

主要特征：

无翅孤雌蚜　体近圆形，体长 1.12 mm，体宽 0.93 mm。玻片标本身体骨化轻，淡褐色；触角、喙端部、足各节及尾片、尾板、生殖板褐色。身体腹部背片有横刻纹；触角节 4–5 有稀疏小刺突网纹；胫节有稀疏小刺突瓦纹；尾片、尾板及生殖板有小刺突瓦纹。中胸腹岔两臂分离，臂长 0.03 mm，为中宽的 1.50 倍。头部有头顶毛 1 对，头背中、侧、缘毛各 1 对；前胸背板有中毛 3 根，缘毛 2 对；中胸背板有中、缘毛各 2 对，侧毛 1 对；后胸背板有中毛 2 对，缘毛 3 或 4 根。腹部背片 1 有中毛 0–2 根，侧毛 1 或 2 根，缘毛 1 对；背片 2–7 各有缘毛 1 对；背片 2、5 各有中毛 1 根，背片 7 有中毛 1 根；背片 8 有毛 2 根。头顶毛长 0.060 mm，腹部背片 1 缘毛长 0.080 mm，背片 8 毛长 0.060 mm，分别为触角节 3 最宽直径的 2.40 倍、3.20 倍及 2.40 倍。头顶平直。触角 5 节，节 4 与 5 分节不显；为体长的 0.17 倍；节 3 长 0.040 mm，节 1–5 长度比例为：100∶75∶100∶100∶50+38，节 5 鞭部长为基部的 0.76 倍；触角 1–5 毛数分别为：2、1、0、0、0+0 根，节 5 鞭部顶端有毛 4 根。原生感觉圈小圆形。喙端部达前足基节，节 4+5 长 0.04 mm，与基宽等长；共有毛 3 对。足短小。后足股节为触角节 3 长的 4.00 倍；后足胫节为体长的 0.15 倍；后足胫节毛长 0.02 mm，为该节中宽的 0.75 倍。跗节 1 毛序：2，2，2。腹管未见。尾片末端圆形，为基宽的 0.40 倍；末端有毛 2–4 根；尾板裂为 2 片，有毛 9 根。生殖板宽带形，有毛 18 或 19 根。

有翅孤雌蚜　体椭圆形，体长 1.39 mm，体宽 0.63 mm。活体黑灰色，头胸部黑色，附肢黑色。玻片标本头部与前胸分离，头部背面、复眼、胸部黑褐色；头腹面有倒 Y 形黑褐色，其余部分暗褐色；触角、喙端部、足各节灰褐色；腹管孔状，有暗褐色骨化环；前翅翅痣灰色，2 肘脉灰色，中脉及径脉淡色；沿亚前缘脉下方 1 条灰色细线；尾片、尾板及生殖板褐色；前胸背板有 1 对褐色节间斑。气门圆形开放，气门片暗褐色。头背有刻纹；触角节 3–5，股节、胫节及跗节 2 有小刺突横瓦纹，尾片、尾板、生殖板有小刺突瓦纹；腹部背片 8 有横小刺突纹。体背毛短尖而少；头部有头顶毛 1 对，头背中毛 2 对，侧缘毛各 1 对；前胸背板有缘毛 2 对；腹部背片 1–5 分别有中、侧缘毛各 1 对；腹管间毛 2 根，背片 6 有缘毛 1 对；背片 7 有中、缘毛各 1 对；背片 8 有毛 7 或 8 根。头顶毛长 0.014 mm，腹部节 1 缘毛长 0.02 mm，背片 8 毛长 0.02 mm，分别为触角节 3 最宽直径的 0.40 倍、0.46 倍及 0.68 倍。头顶较平。触角 5 节，为体长的 0.29

倍；节 3 长 0.17 mm，节 1–5 长度比例为：25：18：100：49：41+9，节 5 鞭部长为基部的 0.22 倍；节 1–5 毛数分别为：1–2、1–2、0、0、0+0 根。节 5 鞭部顶端有毛 5 根；节 3 无毛。原生感觉圈小圆形；次生感觉圈开口环形，节 3–5 分别有 9–13 个、4–8 个及 2–7 个。喙端部达前足基节，粗短；节 4+5 尖楔状，为基宽的 1.35 倍；为后足跗节 2 长的 0.95 倍；共有毛 3 对。足胫节顶端稍膨大，其余部分正常；后足股节为触角节 3 长的 1.48 倍；后足胫节为体长的 0.24 倍；胫节毛较粗而短尖，后足胫节毛长 0.02 mm，为该节中宽的 0.81 倍。跗节 1 毛序：3，3，3。后足跗节 2 长 0.23 mm。前翅为体长的 1.21 倍，为基宽的 2.22 倍；中脉分叉一次，分叉点近基部。腹管位于腹部节 6，端径 0.02 mm，为触角节 3 最宽直径的 0.64 倍。尾片末端宽圆形，为基宽的 0.45 倍，末端有毛 6–9 根。尾板裂为 2 片，有毛 10–12 根。生殖板宽带形，有毛 16–20 根；生殖突 2 个，各有短毛 3 或 5 根。

生物学：寄主植物为蚊母树等。5 月 14 日有翅蚜开始迁飞（在杭州）。寄生在叶正面，每片叶子上形成 1–16 个小圆形虫瘿，直径 0.40–1.00 cm，红色，皮厚，有 1 个小尖突在叶背凸出为开口处。

分布：浙江（杭州）、上海。

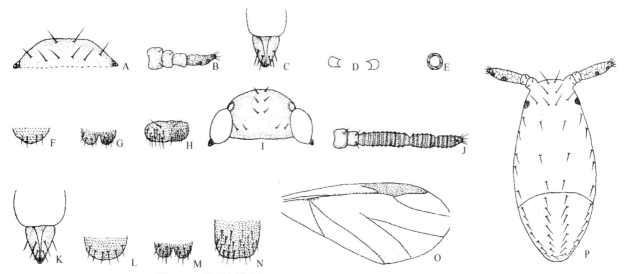

图 7-14 蚊母新胸蚜 Neothoracaphis yanonis (Matsumura, 1917)

无翅孤雌蚜：A. 头部背面观；B. 触角；C. 喙节 4+5；D. 中胸腹岔；E. 腹管；F. 尾片；G. 尾板；H. 生殖板。有翅孤雌蚜：I. 头部背面观；J. 触角；K. 喙节 4+5；L. 尾片；M. 尾板；N. 生殖板；O. 前翅。1 龄若蚜：P. 整体背面观

284. 副胸蚜属 *Parathoracaphis* Takahashi, 1958

Parathoracaphis Takahashi, 1958b: 13. Type species: *Thoracaphis setigera* Takahashi, 1932.

主要特征：身体扁平，长 0.50–1.00 mm，中间低凹，狭长或宽近卵形，骨化。前体完全与腹部背片 2–7 连合，可能完全愈合或部分愈合。无翅孤雌蚜背板有网纹、波纹、卷折或蜡孔。触角位于腹面，几乎无法辨别或发育良好，有 2–4 节。无翅孤雌蚜复眼有 3 个小眼面。近缘毛明显钉状，粗，包括额部的共有 28–32 根，有时从瘤状基部伸出；近中毛小或细，短或长于缘毛。腹部背片 8 有 2–4 根钉毛，相似于近缘毛。腹管缺，或不能辨别。尾片小，比长度宽，基部缢缩，有许多细毛。尾板深 2 裂片，有许多细毛，生殖板大，后缘圆形。足黑色，隐藏于身体之下，后足胫节等于或长于股节；跗节小。通常 2 节；爪小，正常或缺；跗节 1 通常有 2 或 3 根毛。有翅型未知。

生物学：主要在栎属、柯属、杨梅、胶木属、栓叶安息香等植物叶片上取食。

分布：东洋区。世界已知 6 种，中国记录 2 种，浙江分布 1 种。

（504）陈副胸蚜 *Parathoracaphis cheni* (Takahashi, 1936)（图 7-15）

Thoracaphis cheni Takahashi, 1936a: 29.

Parathoracaphis cheni: Ghosh & Raychaudhuri, 1973: 486.

主要特征：

无翅孤雌蚜　身体卵圆形，无翅成虫粉虱型，体长 0.80–0.92 mm，体宽 0.55–0.66 mm。体背隆起，表皮有网状纹。头部、胸部与腹部节 1–7 完全愈合组成前体，腹部节 8 游离，半月形，长 0.14 mm，基宽 0.15 mm。整个身体黑褐色，体背有 3 对大型淡色节间斑，腹部背片 1 与后胸背板在中侧部有 1 条明显的淡色弧线，腹部其他各背片之间也有相似的淡色弧线。体背中毛短小，前胸背板到腹部背片 2 各有 1 对。身体缘域边缘有短钝毛 15 对，其中头部有 3 对，胸部 3 节背板各 2 对，腹部背片 1–7 共有 6 对；缘毛长 0.025–0.031 mm。腹部背片 8 中部有较长的钝毛 4 根，毛长 0.041 mm。复眼退化，仅有 3 个小眼面，突出于身体边缘。触角短小，2 节，隐于体下，不外露。足各节短缩，隐于体下；跗节 2 节，爪短小。无腹管。尾片短瘤状，基部明显缢缩，有小刺突分布，有长毛 7 或 8 根。尾板分裂为 2 片，有小刺突分布，各有粗长毛 5 或 6 根。生殖板横卵形，有前部毛 4 根，后缘毛 10 根。

生物学：寄主植物为杨梅。

分布：浙江（黄岩）。

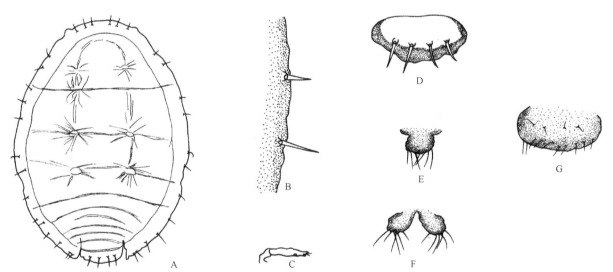

图 7-15　陈副胸蚜 *Parathoracaphis cheni* (Takahashi, 1936)
无翅孤雌蚜：A. 整体背面观；B. 体缘毛；C. 触角；D. 腹部背片 8；E. 尾片；F. 尾板；G. 生殖板

（二十四）群蚜亚科 Thelaxinae

主要特征：无翅孤雌蚜和若蚜头部与前胸愈合。无翅孤雌蚜中额半圆形。复眼由 3 个小眼面组成。无翅孤雌蚜触角 5 节，有明显的小刺突横纹，节 5 鞭部明显短于基部。喙节 4+5 分节明显，节 5 细长或针状。体被粗短刚毛。腹管孔状或圆筒状，周围有毛数根。尾片瘤状或半月形。尾板末端圆形。有翅孤雌蚜触角节 3、6 次生感觉圈圆形或条形。前翅中脉 1 分叉，后翅仅有 1 条斜脉；静止时翅平叠于体背。

生物学：营同寄主全周期生活。寄主以壳斗科、桦木科及胡桃科植物为主。

分布：古北区、东洋区、新北区。世界已知 4 属 18 种，中国记录 2 属 6 种，浙江分布 1 属 3 种。

285. 刻蚜属 *Kurisakia* Takahashi, 1924

Kurisakia Takahashi, 1924: 715. Type species: *Anoecia onigurumii* Shinji, 1923.

主要特征：无翅孤雌蚜头部与前胸愈合；体背稍骨化，无斑纹。体背毛细长，尖锐。中额圆。触角 5 节，有小刺突横纹，触角末节鞭部短于基部。复眼有 3 个小眼面。足转节与股节愈合，股节、胫节有微刺横纹；前足胫节或中足胫节有数个小而突出的感觉圈；各足跗节 1 有毛 5–8 根；跗节 2 有密集的小刺突，呈明显的横列排布。腹管位于有毛圆锥体上。尾片小圆形，尾板大圆形。有翅孤雌蚜次生感觉圈横椭圆形或卵形；腹部背片有小或退化的缘斑，没有节间斑；前翅翅痣狭长，径分脉稍弯，中脉 1 分叉，基部断缺；肘脉和臀脉基部接近，但不相连；后翅 1 条斜脉。

分布：东洋区。世界已知 7 种，中国记录 5 种，浙江分布 3 种。

分种检索表

无翅孤雌蚜

1. 触角节 5 基部长约为节 3 的 1/3，鞭部短于节 3 的 1/10，节 3 有毛 30–33 根，节 5 基部有毛 2 根；腹部背片 8 有毛 24–28 根 ·· 山核桃刻蚜 *K. sinocaryae*

- 触角节 5 基部长至少为节 3 的 1/3，鞭部至少为节 3 的 1/10，节 3 有毛 17–29 根，节 5 基部有毛 4–8 根；腹部背片 8 有毛 11 或 12 根 ··· 2

2. 触角节 4 淡色，节 5 稍深色，其基部长为节 3 的 2/5 以上；各足跗节淡色；在枫杨嫩梢及幼叶中脉上取食，叶片不卷曲 · ··· 枫杨刻蚜 *K. onigurumii*

- 触角节 4 端部及节 5 端部稍深色，节 5 基部长约为节 3 的 1/3；各足跗节稍深色；在麻栎嫩梢和幼叶反面取食，叶片向反面纵向弯曲成船形 ··· 麻栎刻蚜 *K. querciphila*

有翅孤雌蚜

1. 触角节 3–5 分别有次生感觉圈 39–51、9–13 及 3–7 个；腹部背片 8 有毛 4 根；尾板有毛至多 19 根 ································ ··· 山核桃刻蚜 *K. sinocaryae*

- 触角节 3–5 分别有次生感觉圈 8–17、0–2 及 0 个；腹部背片 8 有毛至少 8 根；尾板至少有毛 21 根 ···························· 2

2. 喙节 4+5 长于后足跗节 2；触角节 3 有毛 26–39 根，有次生感觉圈 14–17 个；前翅亚前缘脉有毛 30–42 根；腹管周围有毛 10 或 11 根；尾片有毛 11–15 根；在枫杨嫩梢及幼叶中脉取食，叶片不卷曲 ························· 枫杨刻蚜 *K. onigurumii*

- 喙节 4+5 与后足跗节 2 约等长；触角节 3 有毛 21–27 根，有次生感觉圈 10–13 个；前翅亚前缘脉有毛 41–43 根；腹管周围有粗长毛 7–9 根；尾片有毛 10–12 根；在麻栎嫩梢和幼叶反面取食，叶片向反面纵向弯曲成船形 ························ ··· 麻栎刻蚜 *K. querciphila*

（505）枫杨刻蚜 *Kurisakia onigurumii* (Shinji, 1923)（图 7-16）

Anoecia onigurumii Shinji, 1923: 301.

Kurisakia onigurumii: Takahashi, 1960: 2.

主要特征：

无翅孤雌蚜 体长卵形，体长 2.10 mm，体宽 1.00 mm。活体浅绿色，胸部、腹部背片有 2 条淡色纵带向外分散的深绿横带。玻片标本淡色，无斑纹，除触角末节灰色外，其他附肢淡色。体表光滑，头部、胸部微显褶纹。气门圆形或三角形关闭，气门片淡色。节间斑不显。中胸腹岔淡色有短柄。体背有长毛，头部有头顶毛 6 根，头背毛 12 根；前胸背板有中侧毛 9 根，中胸背板有中侧毛 15 根，后胸背板有中侧毛 20 根；前胸背板有缘毛 2 根，中胸背板有缘毛 12 根，后胸背板有缘毛 18 根；腹部背片 1–5 各有中、侧毛 15–17 根，背片 6、7 各有中、侧毛 6–8 根，背片 1–7 分别有缘毛各 6–9 对，背片 8 有长毛 12 根，毛长 0.12 mm；头顶毛、腹部背片 1 缘毛、背片 8 长毛长分别为触角节 3 直径的 2.20 倍、2.50 倍、2.80 倍。头顶呈弧形。触角 5 节，有小刺突横纹，为体长的 0.38 倍；节 3 长 0.36 mm，节 1–5 长度比例为：18：19：100：40：42+10；节 1–5 毛数分别为：3 或 4、9–14、12–29、5–12、4–6+0 根，末节鞭部顶端有毛 6 或 7 根，节 3 毛长为该节直径的 1.70 倍。喙端部稍超过中足基节，节 4+5 尖锥形，长为基宽的 2.40 倍，为后足跗节 2 的 1.10 倍，有原生短刚毛 1 对，次生长刚毛 2 对。足有刺突横瓦纹；后足股节为触角节 3 长的 1.20 倍；后足胫节为体长的 0.31 倍，后足胫节毛长约为该节直径的 1.50 倍；跗节 1 毛数 5–7 根。腹管截断状，端口直径稍小于触角节 1 长度，围绕腹管有刚毛 6 或 7 根，毛长为端口直径的 1.50–2.00 倍。尾片末端圆形，有小刺突横纹，有毛 10 或 11 根。尾板末端平圆形，有长短刚毛 20–23 根。

有翅孤雌蚜　体长椭圆形，体长 2.30 mm，体宽 0.82 mm。活体头部、胸部黑色，前胸稍淡，有 1 对黑斑，腹部绿色，有黑斑，缘斑外突，腹部前部及后部绿褐色。玻片标本头部、胸部、触角、缘瘤、腹管黑色；足及尾片灰黑色；腹部淡色。前胸背板前部中带完整，后部中央淡色，侧斑近方形；腹部背片 1–4 各有中斑 1 对，背片 5、6 各中斑呈宽横带，背片 5 有小侧斑，背片 7 有 1 个窄横带，背片 8 有 1 个窄横带横贯全节，背片 1–7 各有小缘斑。气门三角形关闭，气门片骨化黑色。节间斑小型，黑褐色，腹部背片 1 节间斑淡色。体背毛长；头部有头顶毛 2 对，头背毛 5 对；前胸背板有中毛 8 根、侧毛 4 根、缘毛 4 根；腹部背片 1–6 各有中侧毛 8–12 根，背片 7 有中侧毛 1 对，背片 1、7 各有缘毛 3 或 4 对，背片 2–6 各有缘毛 6–9 对，背片 8 有长毛 12 根；背片 8 毛长 0.10 mm；头顶毛、腹部背片 1 缘毛、背片 8 毛长分别为触角节 3 直径的 1.90–2.10 倍、1.90–2.10 倍、2.00 倍。触角 5 节，为体长的 0.40 倍；节 3 长 0.42 mm，节 1–5 长度比例为：13：15：100：44：37+11；节 3 有毛 26–39 根，毛长为该节直径的 2.10 倍；节 3、4 分别有椭圆形次生感觉圈 14–17 个、0–2 个，节 3 次生感觉圈分布全长。喙端部不达中足基节，节 4+5 长尖锥形，长为基宽的 2.50 倍，为后足跗节 2 长的 1.30 倍，有次生刚毛 1 对或 2 对。后足股节与触角节 3 约等长；后足胫节为体长的 0.37 倍。活体翅平放背部，前翅中脉 1 分叉，翅脉镶窄灰黑色边，亚前缘脉有短毛 30–42 根。腹管截断状，长为基宽的 0.50 倍，围绕腹管有长毛 10 或 11 根。尾片馒形，有微刺突横纹，有毛 14 或 15 根。尾板末端圆形，有毛 21–27 根。生殖板骨化，有毛 22–26 根。其他特征与无翅孤雌蚜相似。

生物学：寄主植物为枫杨。在北方喜在根生蘖枝和幼树上为害，在南方也为害成树。严重时可盖满 17.00–20.00 cm 嫩梢和叶反面。

分布：浙江（临安）、辽宁、北京、山东、江苏、湖北、广西、贵州、云南；朝鲜，日本。

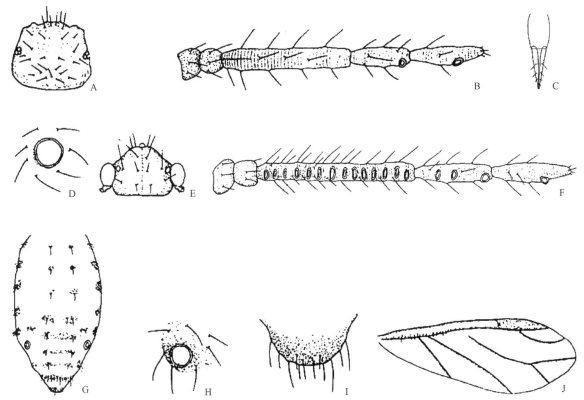

图 7-16　枫杨刻蚜 *Kurisakia onigurumii* (Shinji, 1923)

无翅孤雌蚜：A. 头部与前胸背面观；B. 触角；C. 喙节 4+5；D. 腹管。有翅孤雌蚜：E. 头部背面观；F. 触角；G. 腹部背面观；H. 腹管；I. 尾片；J. 前翅

（506）麻栎刻蚜 *Kurisakia querciphila* Takahashi, 1960（图 7-17）

Kurisakia querciphila Takahashi, 1960: 2.

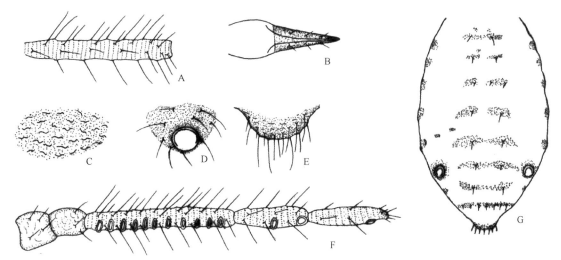

图 7-17　麻栎刻蚜 *Kurisakia querciphila* Takahashi, 1960
无翅孤雌蚜：A. 触角节 3；B. 喙节 4+5；C. 腹部背片斑纹；D. 腹管；E. 尾片。有翅孤雌蚜：F. 触角；G. 腹部背面观

主要特征：

无翅孤雌蚜　体椭圆形，体长 1.90 mm，体宽 1.00 mm。活体浅绿色，腹部背面有纵横翠绿色带纹。玻片标本淡色，无斑纹。触角节 4、5 端部及跗节微显骨化灰色，其他部分淡色。头部前部背面微显刻纹，头部、胸部背面稍有刻点，腹部背面光滑。气门圆形关闭，气门片淡色。节间斑不显。中胸腹岔淡色，不明显。体背有长柔软毛，头部有头顶毛 4 根，额瘤毛 4 根，头背毛 14 根；胸部各节有中侧毛 6、26、16 根，缘毛 4、26、22 根；腹部背片 1–3 各有中侧毛 22 根，背片 4–6 各有中侧毛 16–18 根，背片 7 有中侧毛 12 根，背片 1、7 各有缘毛 12 根，背片 2–6 各有缘毛 20–22 根，背片 8 有长毛 15 根，毛长 0.12 mm；头顶毛、腹部背片 1 缘毛、背片 8 毛长分别为触角节 3 直径的 2.50 倍、2.00 倍、3.00 倍。中额微隆，呈弧形。触角 5 节，短粗，有小颗粒构成横纹，为体长的 0.43 倍；节 3 长 0.39 mm，节 1–5 长度比例为：15：18：100：35：34+9；触角毛长，节 1–5 毛数分别为：3、2 或 3、25、9–12、6–8+0 根，末节鞭部顶端有毛 4–6 根，节 3 毛长为该节直径的 1.60 倍。喙端部达后足基节，节 4+5 尖锥形，长为基宽的 2.80 倍，为后足跗节 2 长的 1.10 倍，有原生短刚毛 1 对，次生长刚毛 2 对。足粗大，有微刺构成横纹；后足股节为触角节 3 的 1.20 倍；后足胫节为体长的 0.31 倍，后足胫节毛长约为该节直径的 1.40 倍；跗节 1 毛序：7，7，7。腹管截断形，微显褶纹，端口直径约等长于触角节 1，有 8 根长刚毛围绕腹管，毛长为端部直径的 1.50–2.00 倍。尾片末端圆形，有小刺突瓦纹，有短刚毛 11–13 根。尾板末端平圆形，有长短刚毛 19–26 根。生殖板骨化，有毛 26–34 根。

有翅孤雌蚜　体长椭圆形，体长 2.50 mm，体宽 0.85 mm。活体头部、胸部黑色，前胸稍淡，有 1 对明显黑斑，腹部淡色，有黑斑及翠绿色带纹。玻片标本头部、胸部黑色，腹部淡色。触角、腹管及尾片黑色，股节、胫节端部、跗节灰黑色；喙淡色。前胸背板前部有中断横带横贯全节，后部中央淡色，侧斑长方形，缘瘤黑色；腹部背片 1–5 各中斑分离或愈合为 1 个背斑，背片 6、7 各中斑呈横带，背片 1–7 各有小缘斑，背片 5 有小圆形侧斑，其他各节偶有侧斑，背片 8 有窄带横贯全节。体表光滑，腹管后几节微有瓦纹。气门三角形关闭，气门片骨化黑色。节间斑灰色，腹部背片 1 节间斑明显。体背有长毛，腹部背片 1–6 各有中侧毛 4–7 对，背片 7 有中毛 3 根，背片 1、7 各有缘毛 3–5 对，背片 2–6 各有缘毛 5–8 对，背片 8 有长毛 12–18 根，毛长 0.12 mm；头顶毛、腹部背片 1 缘毛、背片 8 毛长分别为触角节 3 直径的 2.50 倍、2.00 倍、3.90 倍。中额稍隆，呈弧形。触角 5 节，有密刻点组成横纹，为体长的 0.34 倍；节 3 长 0.39 mm，节 1–5 长度比例为：13：17：100：46：38+9；节 1–5 毛数分别为：4、2 或 3、21–27、7–9、4 或 5+5–7 根，节 3

毛长为该节直径的 1.50 倍；节 3、4 各有大长圆形次生感觉圈 10–13 个、0–2 个，节 3 次生感觉圈分布全长，节 4 有原生感觉圈 1 个。喙端部不达中足基节。后足股节为触角节 3 长的 1.30 倍；后足胫节为体长的 0.34 倍，后足胫节毛长为该节直径的 2.00 倍。活体翅平放于背部，翅脉有镶边，前翅中脉 2 分叉，亚前缘脉有短毛 41–43 根。腹管截断状，长约等于触角节 2，有 7–9 根长毛围绕腹管。尾片半圆形，有毛 10–12 根。尾板有毛 23–26 根。

生物学：寄主植物为麻栎和白栎。在幼叶背面取食，受害叶片向反面弯曲成船形，也可为害嫩梢。

分布：浙江（临安）、辽宁、山东、江苏、贵州、云南；朝鲜、日本。

（507）山核桃刻蚜 *Kurisakia sinocaryae* Zhang, 1979（图 7-18）

Kurisakia sinocaryae Zhang *in* Zhang & Zhong, 1979: 52.

主要特征：

干母 体大型，宽卵形，体长 2.02–2.71 mm，体宽 1.38–2.07 mm。玻片标本头部与前胸愈合，头部背面有额中缝。整个身体骨化，深褐色，触角、喙、足各节黑褐色，胸部各节背板及腹部各节背片的圆斑黑褐色。中、后胸背板各有 1 对大圆形中斑及侧斑，腹部背片 1–8 各有 1 对中斑，胸部各节及腹部背片 1–7 有 2 对或 3 对小圆形节间斑。体表密布皱褶，触角节 3、4 有短横瓦纹，胫节、股节内侧及跗节 2 有稀疏小刺突短纹；头部腹后面、胸部腹面及腹部腹面各有小刺突短纹；尾片、尾板有小刺突；生殖板有小刺突横纹。气门近圆形开放，气门片卵圆形暗褐色。体背毛粗硬，短而稀疏，顶端尖。头部有头顶毛 3 对或 4 对，复眼间毛 1 对；中胸、后胸背板及腹部背片 1–4 各有中毛 1 对，侧毛 1 对，缘毛 2 对或 3 对，腹部背片 5–7 各有中毛 1 对，缘毛 2 对或 3 对；背片 8 有中毛 2 根，长缘毛 2 对。头顶毛长 0.04–0.06 mm，背片 8 毛长 0.02–0.04 mm，分别为触角节 3 最宽直径的 0.83–1.92 倍及 0.71–1.00 倍。额平直。复眼由 3 个小眼面组成。触角 4 节，为体长的 0.11–0.14 倍；节 3 长 0.10–0.12 mm，节 1–4 长度比例为：48∶48∶100∶64+19，末节鞭部为基部的 0.25–0.33 倍；节 1–4 毛数分别为：2、2、1、0+0 根，末节鞭部顶端有短钝毛 4–6 根；节 3 毛长 0.03–0.05 mm，为该节最宽直径的 0.87–1.25 倍。喙端部达中胸中部，节 4、5 分节明显；节 4+5 短楔状，为基宽的 1.07–2.00 倍，为后足跗节 2 长的 0.78–1.00 倍；有次生毛 2 对。足短，后足股节为触角节 3 长的 2.00–2.50 倍；后足胫节为体长的 0.09–0.12 倍；后足跗节 2 长 0.09–0.11 mm。足毛短而少，顶端尖；后足胫节毛长 0.04–0.05 mm，为该节中宽的 0.73–0.83 倍。后足胫节有次生小圆形感觉圈 6–8 个。跗节 1 毛序：3，3，3。腹管不显。尾片末端宽圆形，为基宽的 0.30–0.43 倍，有毛 10–12 根。尾板有长毛 11–13 根。生殖板横卵形，有毛 19–23 根。

无翅孤雌蚜 体椭圆形，体长 2.90–3.16 mm，体宽 1.30–1.44 mm。活体黄绿色，腹部各节背片侧域有明显翠绿色三角形斑纹，腹部末端宽大。玻片标本淡色，无斑纹，触角节 5 及各足跗节灰色，其他部分同体色。体背表皮稍粗糙，头部、胸部各节背板及腹部各节背片缘域有刻纹，腹部各节无明显刻点。气门圆形关闭，气门片淡色，略突起。中胸腹岔淡色。体被长毛；头部有头顶毛 2 对，头背毛 6 对；胸部各节背板分别有中侧毛 4、25、16 对，缘毛 2、14、14 对；腹部背片 1–7 各有中侧毛 30、35、48、45、30、20、15 根，缘毛 9、15、20、18、12、12、12 对；背片 8 有长刚毛 24–28 根，毛长 0.11–0.13 mm，为触角节 3 直径的 2.11–2.85 倍；头顶毛、腹部背片 1 缘毛长分别为触角节 3 直径的 1.70–2.21 倍及 1.70–2.30 倍。中额隆起，额瘤微隆。触角 5 节，有明显小刺突瓦纹；为体长的 0.34–0.41 倍，节 3 长 0.51–0.57 mm，节 1–5 长度比例为：18∶16∶100∶37∶33+8；节 1–5 毛数分别为：4 或 5、3 或 4、30–33、11 或 12、2+0 根，末节鞭部顶端有毛 6 根；节 3 毛长为该节直径的 1.20–1.67 倍。喙短，端部达中足基节，节 4+5 长锥状，长为基宽的 2.12–2.63 倍，为后足跗节 2 长的 0.86–1.30 倍，有原生毛 1 对，次生毛 3 对或 4 对。足各节有小刺突横纹；后足股节为触角节 3 的 1.10–1.19 倍；后足胫节为体长的 0.24–0.28 倍；各足跗节 1 有毛 7–9 根。腹管淡色，截断状，端径与触角节 1 相等，基部有长毛 14–17 根。尾片半圆形，有长短毛 14–18 根。尾板半圆形，有长毛 18–25 根。生殖板有长毛 22–27 根。

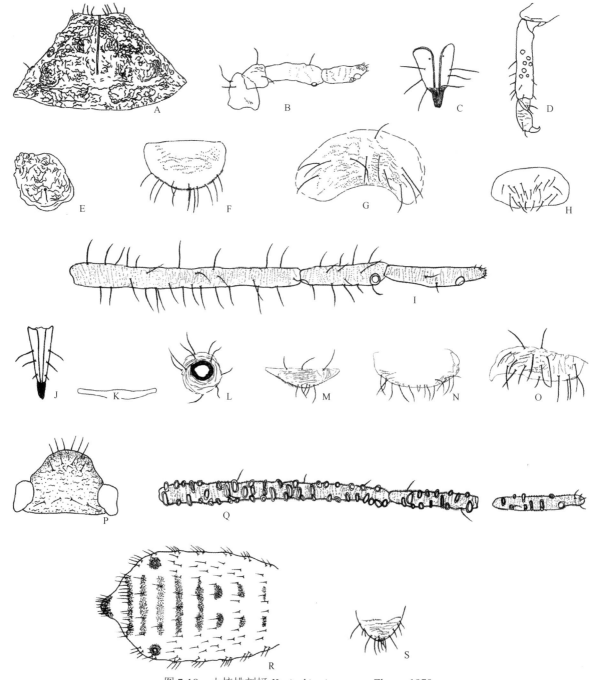

图 7-18　山核桃刻蚜 *Kurisakia sinocaryae* Zhang, 1979

干母：A. 头部背面观；B. 触角；C. 喙节 4+5；D. 后足胫节；E. 腹部背片 1 中斑；F. 尾片；G. 尾板；H. 生殖板。无翅孤雌蚜：I. 触角 3–5；J. 喙节 4+5；K. 中胸腹岔；L. 腹管；M. 尾片；N. 尾板；O. 生殖板。有翅孤雌蚜：P. 头部背面观；Q. 触角节 3–5；R. 腹部背面观；S. 尾片

有翅孤雌蚜　体椭圆形，体长 1.76–2.51 mm，体宽 0.65–1.08 mm。活体头部及中胸背板黑色；前胸背板灰褐色，有 1 对黑色圆形斑；腹部背片有三角状翠绿色斑及黑褐色横斑。玻片标本头部、胸部黑褐色，前胸背板前部有中断横带横贯全节，后部中央淡色。触角、足黑褐色，气门片、尾片及尾板骨化黑色。体表光滑，斑纹处有小刺突横瓦纹。腹部背片 1–4 各有中斑 1 对，背片 5–8 有中横带，缘斑小或不显。体背毛长，头部有头顶毛 2 对，头背毛 4 对；前胸背板有中、侧、缘毛各 1 对，腹部背片 1–7 各有缘毛 5–8 对，背片 1–6 各有中侧毛 3–5 对，背片 7 有毛 3 对，背片 8 有长毛 2 对。触角 5 节，为体长的 0.48–0.53 倍，节 3 长 0.42–0.57 mm，节 1–5 长度比例为：17：14：100：41：34+8；节 3 有长毛 13–21 根，毛长为该节直径的 1.14–1.80 倍；触角节 3–5 各有次生感觉圈 39–51、9–13、3–7 个。翅灰褐色，翅脉有黑色镶边，前翅中

脉 2 分叉，亚前缘脉有刚毛 24–29 根；后翅 1 斜脉。腹管截断状，有长毛 8 或 9 根。尾片瘤状，中部收缩，有长毛 11–14 根。尾板末端圆形，有毛 18 或 19 根。其他特征与无翅孤雌蚜相同。

生物学：寄主植物为胡桃科山核桃。

分布：浙江（临安）。

（二十五）毛管蚜亚科 Greenideinae

主要特征：腹管长管状，稍膨大，至少为体长的 0.50 倍，有时与身体等长，密被长毛。尾片宽半月形、圆形至三角形。触角 5 或 6 节，次生感觉圈卵圆形或圆形。喙节 4、5 分节明显。雄性蚜有翅。在寄主植物的枝和叶片取食。

分布：东洋区。世界已知 18 属 173 种，中国记录 10 属 64 种，浙江分布 6 属 9 种。

分属检索表

1. 无翅孤雌蚜体背至少侧域及缘域有指状或锥状突，有翅孤雌蚜体背突较无翅孤雌蚜明显退化，甚至缺失；腹管仅有数根短毛；部分种类的有翅孤雌蚜触角节 4 及节 5 有次生感觉圈 ·· 2
- 无翅孤雌蚜体背无突；腹管密被长毛；有翅孤雌蚜触角节 4 及节 5 无次生感觉圈 ································ 4
2. 无翅孤雌蚜复眼 3 个小眼面；触角 5 节；喙宽短；跗节 1 毛序为 3，3，3；腹管呈截锥形隆起；次生感觉圈分布在有翅孤雌蚜触角节 3–4；翅脉明显增粗，有暗晕；前翅中脉 1 分叉；后翅无斜脉；雄性蚜无翅，后足股节有伪感觉圈 ·············· ·· **刚毛蚜属 Schoutedenia**
- 无翅孤雌蚜复眼 3 个或多个小眼面；触角 4–6 节；喙多为细尖；跗节 1 毛序多为 5，5，5；腹管短管状或长管状；次生感觉圈分布在有翅孤雌蚜触角节 3 或节 3–4 或节 3–5 上；翅脉正常，无暗晕；前翅中脉 1 或 2 分叉；后翅无斜脉或仅 1 条斜脉；雄性蚜有翅，后足股节无感觉圈 ·· 3
3. 腹部背片 7 和 8 各有 1 对端部有毛的指状背突 ································ **长管刺蚜属 Anomalosiphum**
- 腹部各背片均有成对的背突 ·· **刺蚜属 Cervaphis**
4. 尾片中央有 1 个针状突起；无翅孤雌蚜腹管有网纹，位于基部或整个腹管（除顶端外），有翅孤雌蚜网纹分布于腹管全长；触角长于体长 ·· **毛管蚜属 Greenidea**
- 尾片无针状突起；无翅孤雌蚜腹管无网纹；触角短于体长 ·· 5
5. 后足胫节有摩擦发音的横脊 ································· **声毛管蚜属 Mollitrichosiphum**
- 后足胫节无摩擦发音的横脊 ····························· **真毛管蚜属 Eutrichosiphum**

286. 长管刺蚜属 *Anomalosiphum* Takahashi, 1934

Anomalosiphum Takahashi, 1934d: 54. Type species: *Anomalosiphum pithecolobii* Takahashi, 1934.

主要特征：无翅孤雌蚜头部与前胸愈合。体背有皱褶。腹部背片 7、8 各有 1 对端部有扇形毛的指状突起。体背毛尖、头状或扇状；胸部各节背板分别有 2 对缘毛，前胸背板有 1 对中毛；后胸背板至腹部背片 6 各有 1 对中毛及 1 对侧毛；腹部背片 1–7 各有 1 对缘毛；背片 7、8 各有 1 对中毛。中额稍突出。触角 4 或 5 节。有翅孤雌蚜次生感觉圈半圆形。尾片三角形，有 1 个针状中突；尾板圆大。有翅孤雌蚜触角 5 节。腹部背片 7 突起退化，仅在背片 8 呈明显的毛基瘤状。前翅中脉 1 分叉，后翅有 1 斜脉。胚胎体背毛端部呈扇状。

生物学：寄主植物为豆科的亮叶猴耳环、木蓝属、油楠属、黄檀属、弯枝黄檀，大戟科的叶下珠属，牛栓藤科的红叶藤属，远志科的黄叶树属植物。

分布：东洋区。世界已知 9 种，中国记录 3 种，浙江分布 1 种。

（508）黄杉长管刺蚜 *Anomalosiphum takahashii* Tao, 1947（图 7-19）

Anomalosiphum takahashii Tao, 1947: 149.

主要特征：

无翅孤雌蚜　体卵圆形。体长 1.31–1.46 mm，体宽 0.67–0.82 mm。玻片标本触角、喙、足淡褐色，腹管褐色，端部 1/4 黑褐色，背突、尾片及尾板黑褐色。体表粗糙有龟纹，缘域有明显"O"形纹，腹部背片 8 布满粗刺突，腹部腹面光滑，背片 7、8 各有 1 对锥状背突，背突长 0.07–0.08 mm，与跗节 2 约等长。气门小圆形，气门片淡色。节间斑不显。中胸腹岔淡褐色，两臂分离，无柄，各臂横长 0.08 mm，长为触角节 3 的 0.35–0.37 倍。体背毛棒状或羽扇状，腹部腹面毛尖锐，稍长于背毛。头部有棒状头顶毛 2 或 3 对，头背毛 4–6 对，前方头背毛棒状，后方头背毛尖锐；腹部背片 1–7 各有中、侧短毛 5–8 对，缘毛 2 对或 3 对，背片 7 的背突各有 1 长毛，缘毛长，仅 1 对，背片 8 仅 1 对背突，其端部有长毛 1 根，其他各背片的背毛短小，扇状。头顶长毛长 0.02–0.03 mm，为触角节 3 基部直径的 0.89–1.23 倍，腹部背片 1–6 背毛长 0.01 mm，背片 7 缘毛长 0.03 mm，背片 7 中毛长 0.04 mm，背片 8 毛长 0.04–0.06 mm。中额不隆，呈平圆顶状。复眼由多个小眼面组成，眼瘤大型，稍小于复眼直径。触角 4 节，微有瓦纹，为体长的 0.29–0.34 倍，节 3 长 0.22–0.24 mm，节 1–4 长度比例为：19–21：14–15：100：43+15；触角毛短，钝顶或钉状，节 1–4 毛数分别为：2–5、2–4、7–9、1 或 2+0 根，节 3 毛长 0.01 mm，为该节基部直径的 0.31–0.40 倍。喙端部达后足基节。节 4+5 楔状，长 0.09–0.10 mm，为基宽的 2.50–3.43 倍，为后足跗节 2 的 1.10–1.53 倍，有短毛 3 或 4 对，其中次生毛 1 对或 2 对。足粗短，光滑，后足股节为该节中宽的 2.80–3.80 倍；与触角节 3 约等长；后足胫节为体长的 0.17–0.21 倍，位于胫节外缘的毛扇状，内缘的毛细长尖锐，毛长为该节最宽直径的 0.86–1.00 倍；跗节 1 毛细长尖锐，毛序：3，3，3。腹管短管状，中部稍膨大，端部 1/4 收缩，有 6 或 7 排明显的粗瓦纹，有毛 4 根，顶端扫帚状，基部 3/4 微显瓦纹，有缘突和切迹；为基宽的 2.29–3.75 倍，为尾片的 1.00–1.25 倍。尾片半圆形，端部中突尖形，密布小刺突横纹，有长毛 4–6 根，为基宽的 0.81–0.89 倍。尾板末端圆形，有尖长毛 6–9 根。

生物学：寄主植物为豆科的黄檀、香港黄檀，松科的黄杉。

分布：浙江（龙泉）、台湾、广西、四川。

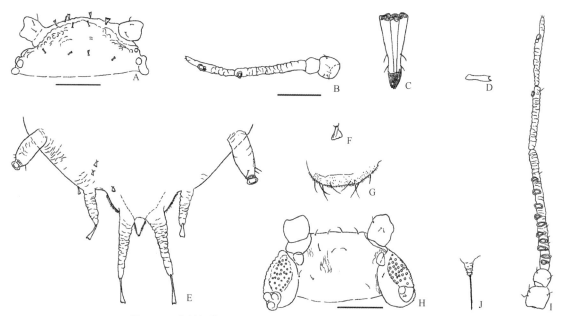

图 7-19　黄杉长管刺蚜 *Anomalosiphum takahashii* Tao, 1947

无翅孤雌蚜：A. 头部背面观；B. 触角；C. 喙节 4+5；D. 中胸腹岔（一侧）；E. 腹部背片 6–8；F. 腹部背片 1 缘毛；G. 尾片。有翅孤雌蚜：H. 头部背面观；I. 触角；J. 腹部背片 8 背中突

287. 刺蚜属 *Cervaphis* Van der Goot, 1917

Cervaphis Van der Goot, 1917: 148. Type species: *Cervaphis schouteniae* Van der Goot, 1917.

主要特征：无翅孤雌蚜体表有许多突起，缘突分叉；分叉突起在分支上有刀状毛，其他突起有刀状毛或端部膨大毛。有翅孤雌蚜突起退化，头部突起正常，胸部、腹部突起为低而扁平的瘤；瘤上有短钝毛。无翅孤雌蚜头部与前胸愈合；头部背面平滑；触角 4 节，节 4 鞭部有发达的毛基瘤。有翅孤雌蚜触角节 3 有 5–7 个突出的圆形次生感觉圈。喙长，顶端尖锐，节 4、5 分节明显。腹管长，圆柱形，向外弯曲，近基部稍膨大。尾片卵圆形。跗节 1 毛序：5，5，5。翅发达，前翅中脉 1 分叉。

生物学：寄主植物为壳斗科、楝科、椴树科、梧桐科和豆科植物。

分布：东洋区。世界已知 5 种，中国记录 3 种，浙江分布 1 种。

（509）栎刺蚜 *Cervaphis quercus* Takahashi, 1918（图 7-20）

Cervaphis quercus Takahashi, 1918: 458.

主要特征：

无翅孤雌蚜　体长卵形，体长 2.80 mm，体宽 1.50 mm。活体黄色。玻片标本淡色，无斑纹。触角节 3、4 端部及喙顶端黑色，跗节稍显骨化。体背面与腹面光滑。体表侧外方有长树枝状刺 10 对，其上各有双节刺 8–14 根；侧内方有短树枝状刺 4 对，其上各有双节刺 4 根；头顶有树枝状刺 1 对，头部与前胸背板愈合，背面有长短枝刺各 1 对；中、后胸背板各有长短枝刺各 1 对；腹部背片 1 有长枝刺 1 对，背片 2 有短枝刺 1 对，背片 3–7 各有长枝刺 1 对；背片 8 有 1 对尾铗状突起，与后足跗节约等长，其上有短毛 1 根。气门圆形开放，气门片隆起淡色。中胸腹岔短小，两臂分离或一丝相连，臂长稍短于触角节 2。体背有许多长短不等的双节刺，腹面有细长柔软尖毛；体背中域有 1 行 "+" 形刚毛群，围绕 1 个小孔有 4 根双节刺呈放射状排列，位于头部与前胸背板共 2 组；中胸背板至腹部背片 6 各有 1 组；头顶树枝状刺长约为后足胫节的 0.81 倍，腹部背片 7 枝状刺长与后足胫节约等长；腹部各节背片有缘毛 2 或 3 根；头顶双节刺、腹部背片 1 毛、背片 8 毛长分别为触角节 3 直径的 4.20 倍、2.30 倍、1.40 倍。复眼小，直径约与触角节 1 相等，淡色，眼瘤不显。额瘤不显，呈弧形。触角 4 节，有瓦纹；为体长的 0.27 倍；节 3 长 0.35 mm，节 1–4 长度比例为：14：16：100：38+45；触角毛长，尖锐，节 1–4 毛数分别为：3 或 4、3 或 4、6、1 或 2 根；节 3 毛长为该节直径的 1.60 倍。喙端部达中后足之间，节 3 膨大；节 4+5 细长，长为基宽的 5.60 倍，为后足跗节 2 的 2.10 倍；无原生毛，有次生短毛 2 对。后足股节与触角节 3 约等长；后足胫节为体长的 0.22 倍，毛长为该节中宽的 1.40 倍；跗节 1 毛序：5，5，5。腹管长筒状，顶端有 1 个环状收缩，有瓦纹，有缘突和切迹；为体长的 0.32 倍，稍短于触角全长；有短毛 7–14 根，端部一般有毛 5 或 6 根，毛长约为腹管中宽的 1/2。尾片半圆形，末端中部有圆锥状突起，有横行微刺突，有长毛 6 根。尾板末端圆形，稍内凹，有长短毛 8–12 根。生殖板有毛 16–19 根，前部毛长为后部毛的 2.00 倍。

生物学：寄主植物为麻栎、栓皮栎和板栗。本种蚜虫在麻栎幼叶背面和嫩梢为害，较少活动，受干扰后也无弹动后足或坠落等现象。在 5–8 月有无翅孤雌蚜和有翅孤雌蚜发生，8 月中下旬发生有翅雌性蚜，未发现雄性蚜。有翅卵生雌性蚜在枝上产卵；初产卵黄色，后变为黑色，越冬后，次年春季孵化。

分布：浙江（临安、泰顺）、辽宁、北京、河北、山东、安徽、湖南、台湾、海南、广西、四川；朝鲜，日本，印度，泰国，印度尼西亚。

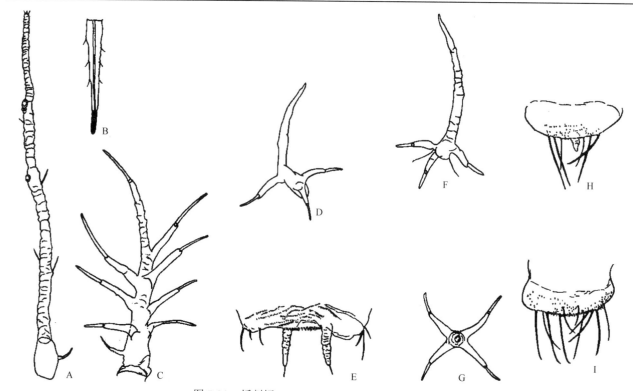

图 7-20　栎刺蚜 *Cervaphis quercus* Takahashi, 1918

无翅孤雌蚜：A. 触角节 2–4；B. 喙节 4+5；C. 头顶突；D. 后胸侧突；E. 腹部背片 8；F. 腹部背片 2 侧突；G. 腹部背片 3 中突；H. 尾片；I. 尾板

288. 真毛管蚜属 *Eutrichosiphum* Essig *et* Kuwana, 1918

Eutrichosiphum Essig *et* Kuwana, 1918: 97. Type species: *Trichosiphum pasaniae* Okajima, 1908.

　　主要特征：无翅孤雌蚜体长卵形，头部与前胸愈合。额稍凸出、圆或平，额瘤不显。触角 5 或 6 节，短于体长，末节鞭部等于或长于基部。喙长，节 4、5 分节明显，节 4 有 8–16 根长尖毛。足淡色，股节腹面有小刺突横纹。跗节 1 毛序：7，7，7。腹部腹面有小刺突横纹。腹管管状，向外弯曲，中部膨大，基部及端部收缩，全长有明显的小刺突，基部及端部有小刺突横纹，腹管毛大部分顶尖锐。尾片宽卵形，尾板末端圆形。有翅孤雌蚜翅脉正常；前翅中脉 2 分叉；后翅 2 斜脉。

　　分布：东洋区。世界已知 47 种，中国记录 11 种，浙江分布 4 种。

分种检索表

无翅孤雌蚜

1. 体背毛极长，体背毛长为触角节 3 基宽的 5.80–6.70 倍 ···络石真毛管蚜 *E. parvulum*
- 体背毛至多为触角节 3 基宽的 4.00 倍 ·· 2
2. 仅胸部背板及腹部背片 1–4 前缘有小刺突横纹；共有毛 64–77 根 ····························拟柯真毛管蚜 *E. pseudopasaniae*
- 胸部各节背板及腹部背片 1–6 密布小刺突横纹 ··· 3
3. 体细长卵形；体背骨化弱，淡色；触角长为体长的 0.53–0.65 倍；腹管长为体长的 0.44–0.55 倍，有粗长毛 118–141 根 ···
　···绿真毛管蚜 *E. sinense*
- 体小，近鸭梨形；体表骨化，暗褐色；触角长为体长的 0.49–0.52 倍；腹管长为体长的 0.24–0.30 倍，共有毛 32–35 根 ···
　··柯真毛管蚜 *E. pasaniae*

（510）络石真毛管蚜 *Eutrichosiphum parvulum* Eastop *et* Hille Ris Lambers, 1976（图 7-21）

Eutrichosiphum parvulum Eastop *et* Hille Ris Lambers, 1976: 197.

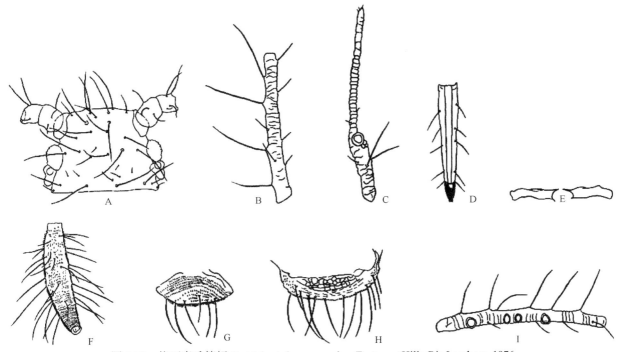

图 7-21　络石真毛管蚜 *Eutrichosiphum parvulum* Eastop *et* Hille Ris Lambers, 1976

无翅孤雌蚜：A. 头部背面观；B. 触角节 3；C. 触角节 5；D. 喙节 4+5；E. 中胸腹岔；F. 腹管；G. 尾片；H. 尾板。有翅孤雌蚜：I. 触角节 3

主要特征：

无翅孤雌蚜　体梨形，体长 1.24–1.48 mm，体宽 0.64–0.83 mm。活体褐色有光泽，头部颜色稍淡。玻片标本体表骨化明显；头部、胸部各节背板淡色，腹部各节背片黑褐色，光滑。腹部背片 1–4 缘斑与中侧大斑断离。腹管黑色，其他附肢淡色。腹部腹面中央光滑，周围有小刺突横纹。气门环形骨化关闭，气门片褐色。中胸腹岔两臂相连，有短柄。体背毛粗长，顶端分多叉；长毛长 0.16 mm，为短毛的 4.00 倍以上，为触角节 3 基宽的 5.80–6.70 倍；腹部背片 1–5 各有中、侧毛 4–10 对，缘毛 5 对或 6 对，背片 8 有 1 对粗长毛，毛长 0.10–0.11 mm，约与头顶毛及腹部背片 1 缘毛等长，为触角节 3 基宽的 3.10–3.40 倍。中额稍隆，额瘤微隆外倾。触角 5 节，微有瓦纹，为体长的 0.50–0.75 倍，节 3 长 0.27 mm，节 1–5 长度比例为：21：19：100：59：45+91；节 3 有长短毛 11–13 根，毛长 0.15–0.20 mm，为该节直径的 3.90–4.70 倍，长毛长约为短毛的 6.00 倍。喙细长，端部达腹部节 2；节 4+5 为后足跗节 2 的 1.80–2.10 倍，节 4 长为节 5 的 4.70 倍，有原生刚毛 1 对或 2 对，次生刚毛短，4 对或 5 对。足粗短，后足股节光滑，为触角节 3 的 1.30 倍；后足胫节光滑，为体长的 0.35 倍，毛长为该节中宽的 2.10 倍；跗节 1 毛序：5，5，5。腹管长管状，为中宽的 4.40 倍，为体长的 0.28 倍，中部膨大，有微刺突横纹，缘突较明显，有长毛 46–50 根，毛长约为腹管基宽的 3.00 倍。尾片半圆形，有长毛 6 根。尾板半圆形，有长毛 15–19 根。

有翅孤雌蚜　体椭圆形，体长 1.50 mm，体宽 0.54 mm。玻片标本头部、胸部骨化深褐色，腹部背片 2–7 有 1 个大型中侧斑，背片 1–4 各有 1 对淡褐色缘斑。触角、腹管黑色，喙节 4+5、足各节、尾片、尾板及生殖板黑褐色。气门圆形开放，气门片黑色。节间斑黑褐色。体背有粗长尖锐毛；头部有中额毛 2 对或 3 对，额瘤各有侧毛 1 对，头部背面有毛 6 对；前胸背板有中、侧毛 5 对或 6 对，缘毛 4 对或 5 对；腹部背片 1–6 各有中、侧毛 4–8 对，背片 7 各有中、侧毛 3 根，背片 1–7 各有缘毛 4–6 对，背片 8 有缘毛 1 对。头顶毛、腹部背片 1 缘毛及背片 8 毛长分别为触角节 3 直径的 2.30 倍、1.10 倍、1.60 倍。中额略凹，额瘤微隆。触角 5 节，为体长的 0.67 倍，节 3 长 0.35 mm，节 1–5 长度比例为：15：15：100：45：35+73；节

3 有毛 9–15 根，毛长为该节直径的 3.70 倍；节 3 有圆形次生感觉圈 3 或 4 个，分散全长。喙细长，端部达后足基节，节 4+5 细长，呈长锥形，长为基宽的 4.00 倍以上，为后足跗节 2 的 2.50 倍。足股节有小刺突组成微瓦纹，胫节端部 1/2 有分散短刺。跗节 1 毛序：7，7，7。翅脉正常，中脉基部与亚前缘脉分离。腹管长 0.55 mm，为体长的 0.37 倍，有长毛 44–55 根。尾片顶端半圆形，长为基宽的 0.43 倍，有长毛 7–9 根。尾板半圆形，有毛 14–18 根。其他特征与无翅孤雌蚜相同。

　　生物学：寄主植物为夹竹桃科络石。

　　分布：浙江（临安）、福建、台湾。

（511）柯真毛管蚜 *Eutrichosiphum pasaniae* (Okajima, 1908)（图 7-22）

Trichosiphum pasaniae Okajima, 1908: 5.

Eutrichosiphum pasaniae: Essig & Kuwana, 1918: 97.

　　主要特征：

　　无翅孤雌蚜　体小，近鸭梨形，体长 1.19–1.79 mm，体宽 0.55–1.05 mm。玻片标本头部与前胸愈合；中、后胸背板及腹部节 1、7、8 游离，其他体节愈合。整个身体骨化，喙节 5、腹管黑褐色；触角节 1、2、5、眼瘤、喙端部、股节端部、胫节基部、跗节深褐色；触角节 3、4、其他足节褐色，头部、胸部、尾片、尾板、生殖板深褐色。腹部背片 1、2 有较窄的中侧横斑；背片 1–6 各有 1 对缘斑，彼此愈合；背片 3–6 中、侧横斑愈合形成深褐色大背斑，大背斑在背片 6 与缘斑愈合；背片 7、8 全节有横带纹，背片 8 者较窄。气门卵圆形开放，气门片卵形，暗褐色。触角节 3–5 有短横瓦纹；股节内侧端部、跗节 2 有短横纹；体背密布小刺突；胸部各足基节有小刺突短纹，腹部腹面侧缘域有明显小刺突分布，中域有稀疏小刺突横纹；腹管端部 1/5 有小刺突横纹，其他分布有稀疏小刺突；腹部背片 8、生殖板有小刺突横纹；尾片、尾板有小刺突。中胸腹岔两臂相连，有短柄。体背毛粗长，顶端渐尖或尖锐。头部有背毛 16 根，额瘤毛 3 对；前胸背板有中毛 11 根，前、后侧毛各 1 对，前侧毛短细，缘毛 4 对；腹部背片 1 有毛 19 根，腹管间有毛 18 根，背片 7 有毛 3 对；背片 8 有毛 2 根。头顶毛长 0.07–0.12 mm，腹部背片 1 缘毛长 0.06–0.10 mm，背片 8 毛长 0.07–0.10 mm，分别为触角节 3 最宽直径的 2.74–4.25 倍、1.83–3.50 倍及 2.17–3.25 倍。中额微隆，额瘤隆起不显。复眼由多个小眼面组成。触角 5 节，较细；为体长的 0.49–0.52 倍；节 3 长 0.23–0.37 mm，节 1–5 长度比例为：20：15：100：38：31+46，末节鞭部长为基部的 1.26–1.65 倍；触角毛顶端尖锐，内侧毛少而较短细，外侧毛多而粗长；节 1–5 毛数分别为：5、4、13、4、3+2 根，末节鞭部顶端有短钝毛 3 根；节 3 毛长 0.08–0.12 mm，为该节最宽直径的 3.06–4.25 倍。喙端部达腹部节 2；节 4+5 长楔状，为基宽的 4.29–5.94 倍，为后足跗节 2 的 1.50–2.38 倍，节 4、5 分节明显，节 4 长为节 5 的 3.75–5.00 倍；节 4 有短次生毛 5 对。足细长，后足股节为触角节 3 的 0.97–1.17 倍；后足胫节为体长的 0.29–0.33 倍。足毛较少，粗长或较短，顶端渐尖或尖锐；胫节顶端毛分化不明显；后足胫节毛长 0.06–0.09 mm，为该节中宽的 1.70–3.00 倍。跗节 1 毛序：7，7，7。后足跗节 2 长 0.07–0.11 mm。腹管管状，形似香蕉，中部明显膨大；向外弯曲，端部有缘突；为体长的 0.24–0.30 倍，为触角节 3 长的 1.18–1.59 倍，为基宽的 6.67–9.20 倍；端径 0.04–0.05 mm，为触角节 3 最宽直径的 1.33–1.55 倍；腹管毛似体背毛，长而尖锐，共有毛 32–35 根；毛长 0.18 mm，为膨大部宽的 2.08 倍，为基宽的 3.57 倍。尾片末端宽圆形，为基宽的 0.22–0.36 倍，有毛 6 根。尾板末端宽圆形，有毛 12 根。生殖板长横卵形，有毛 10 根。

　　有翅孤雌蚜　体小型，长椭圆形，体长 1.64–1.84 mm，体宽 0.63–0.74 mm。玻片标本整体骨化，暗褐色，仅喙节 5、股节端部及腹管黑褐色。腹部背片 1、2 斑纹不显；背片 3–8 中、侧、缘斑愈合为 1 个大背斑。气门圆形开放，气门片卵形，深褐色。腹管基部 1/3 有横纹，端部 1/4 有小刺突横纹，其他部分有稀疏小刺突分布；腹部背片 8、生殖板有小刺突横纹；尾片、尾板有小刺突。头部有背毛 18 根，额瘤腹面毛 3 对；前胸背板有中侧毛 5 对，缘毛 4 对；腹部背片 1 有毛 12 根，背片 7 有毛 4 根；背片 8 有毛 2 根。中额隆起，额瘤微隆。触角 5 节，为体长的 0.80–0.85 倍；节 3 长 0.73 mm，末节鞭部长为基部的

1.60 倍；触角毛粗长，顶端尖锐或渐尖，节 3 有毛 11 根，为该节基宽的 4.00–4.60 倍；节 3 有 17 个卵圆形次生感觉圈，分布于全长。喙节 4+5 长楔状，为后足跗节 2 长的 1.93–2.30 倍。前翅中脉 2 分叉，肘脉 1 向前弯曲；后翅 2 斜脉。腹管长管状，端半部膨大，端部有缘突；为体长的 0.46 倍，为膨大部宽的 11.10–12.40 倍；有粗长毛 50 余根。尾片有毛 7 根。尾板有毛 12 根。生殖板有毛 13 根。其他特征与无翅孤雌蚜相同。

生物学：寄主植物为壳斗科的托盘青冈、印度锥、罗浮锥、米槠、苦槠、柯、万宁柯、栗树；冬青科的榕叶冬青；樟科的樟树；禾本科的芦苇；木犀科的女贞属；桦木科的桤木。

分布：浙江（泰顺）、福建、广东、海南、香港、澳门、广西、贵州、云南、西藏；日本，马来西亚。

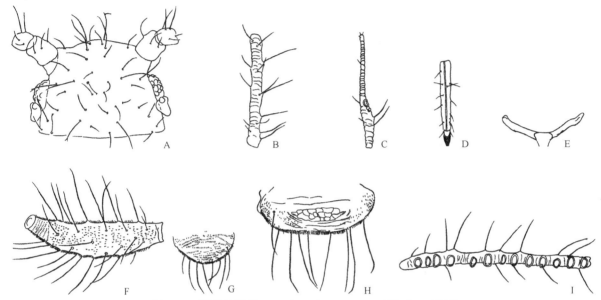

图 7-22　柯真毛管蚜 *Eutrichosiphum pasaniae* (Okajima, 1908)

无翅孤雌蚜：A. 头部背面观；B. 触角节 3；C. 触角节 5；D. 喙节 4+5；E. 中胸腹岔；F. 腹管；G. 尾片；H. 尾板。有翅孤雌蚜：I. 触角节 3

（512）拟柯真毛管蚜 *Eutrichosiphum pseudopasaniae* Szelegiewicz, 1968（图 7-23）

Eutrichosiphum pseudopasaniae Szelegiewicz, 1968: 466.

Eutrichosiphum menglunense Zhang, 1980: 303.

Eutrichosiphum sclerophyllum Zhang, 1980: 304.

主要特征：

无翅孤雌蚜　体中等，近鸭梨形，体长 1.43–2.64 mm，体宽 0.75–1.46 mm。玻片标本头部与前胸愈合，中、后胸背板及腹部节 1、7、8 游离，其他体节愈合。整个身体骨化，腹管顶端黑褐色，腹管其他部分、触角节 5 鞭部与基部原生感觉圈附近暗褐色，触角节 1–4、喙端部、足各节深褐色，头部与胸部、尾片、尾板及生殖板深褐色。腹部背片 1、2 有较窄中侧横斑；背片 1–6 各有 1 对缘斑，彼此愈合；背片 3–5 中域淡色，背片 6 有中横带，并与缘斑愈合；背片 7、8 全节有横带纹，背片 8 者较窄。气门近圆形开放，气门片卵圆形，暗褐色。触角节 3–5 有短横瓦纹；股节内侧端部、跗节 2 有短横纹；胫节端部有稀疏短横瓦纹；胸部各节背板及腹部背片 1–4 前缘密布小刺突；胸部各足基节有小刺突短纹；腹部腹面侧缘域有明显的小刺突分布，中域为稀疏小刺突横纹；腹管端部 1/5 有小刺突横纹，其他分布稀疏小刺突；腹部背片 8、生殖板有小刺突横纹；尾片、尾板有小刺突。中胸腹岔两臂相连。体背毛粗，长短不等，顶端渐尖或分叉。头部有背毛 20 根，额瘤毛 3 对；前胸背板有中、侧毛 9 对，缘毛 6 对；腹部背片 1 有毛 19 根，腹管间有毛 10 根，背片 7 有毛 6 根，背片 8 有毛 2 根。头顶毛长 0.08–0.11 mm，腹部背片 1 缘毛长 0.05–0.09 mm，背片 8 毛长 0.07–0.13 mm，分别为触角节 3 最宽直径的 2.20–3.67 倍、1.67–2.67 倍及 2.00–4.00 倍。中额微隆，额瘤隆起不显。复眼由多个小眼面组成。触角 5 节，较细，为体长的 0.50–0.69 倍；节 3 长 0.36–0.57 mm，节 1–5 长度比例为：18：11：100：40：32+46，末节鞭部长为基部的 1.25–1.63 倍；触角毛顶端尖锐，内侧毛少而较短细，外侧毛多而粗长；节 1–5 毛数分别为：5 或 6、5、24–30、7、2 或 3+3 或 4 根，末节鞭部顶端有短钝毛 4 根；节 3 毛长 0.08–0.12 mm，为该节最宽直径的 2.50–3.83 倍。喙端部达腹部节 2；节 4+5 长楔状，为基宽的 5.00–7.33 倍，为后足跗节 2 的 1.90–2.67 倍，节 4、5 分节明显，节 4 长为节 5 的 3.88–5.00 倍；节 4 有次生毛 5 对。足细长，后足股节为触角节 3 的 0.82–1.37 倍；后足胫节为体长的 0.27–0.34 倍；后足跗节 2 长 0.08–0.13 mm。足毛较少，粗长或较短，顶端渐尖或尖锐；胫节毛顶端分化不明显；后足胫节毛长 0.05–0.08 mm，为该节中宽的 1.50–2.67 倍。跗节 1 毛序：7，7，7。腹管管状，形似香蕉，中部明显膨大；向外弯曲，端部有缘突；为体长的 0.28–0.37 倍，为触角节 3 的 1.25–1.94 倍，为基宽的 8.00–10.00 倍；端径 0.04–0.08 mm，为触角节 3 最宽直径的 1.33–2.17 倍；腹管毛似体背毛，长而尖锐，共有毛 64–77 根；毛长 0.22 mm，为膨大部宽的 1.56 倍，为基宽的 2.33 倍。尾片末端宽圆形，为基宽的 0.23–0.32 倍；有毛 6 根。尾板末端宽圆形，有毛 12 根。生殖板长横卵形，有毛 10 根。

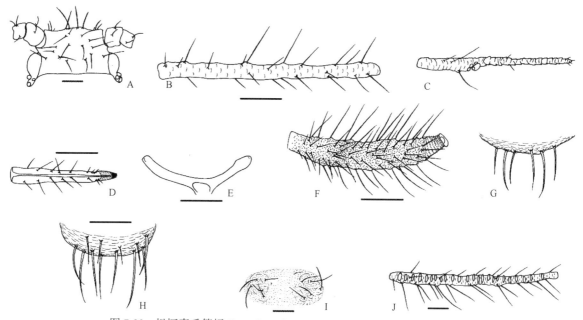

图 7-23　拟柯真毛管蚜 Eutrichosiphum pseudopasaniae Szelegiewicz, 1968

无翅孤雌蚜：A. 头部背面观；B. 触角节 3；C. 触角节 5；D. 喙节 4+5；E. 中胸腹岔；F. 腹管；G. 尾片；H. 尾板；I. 生殖板。有翅孤雌蚜：J. 触角节 3

有翅孤雌蚜　体型中等，长椭圆形，体长 2.71 mm，体宽 0.99 mm。玻片标本腹管黑褐色，头部、胸部、触角节 1–3、节 4 端半部、节 5 原生感觉圈附近、喙节 5、股节端半部、胫节基部及端部、跗节深褐色，触角其他节、喙节 4、其他足节、尾片、尾板、生殖板褐色。腹部背片 1、2 各有 1 对较窄的中侧横斑，1 对缘斑；背片 3–5 全节暗褐色横带纹愈合为大背斑；背片 6 有横带纹；背片 7、8 横带纹不显。气门圆形开放，气门片卵形，深褐色。腹部腹板缘域有稀疏小刺突短纹分布；腹管端部有小刺突横纹，其他部分有稀疏小刺突分布；腹部背片 8、生殖板有小刺突横纹；尾片、尾板有小刺突。体背毛较短，顶端渐尖或钝。头部有背毛 18 根，额瘤腹面毛 3 对；前胸背板有中侧毛 5 对，缘毛 5 对；腹部背片 1 有毛 10 根，背片 7 有毛 4 根；背片 8 有毛 2 根。头顶毛长 0.11 mm，腹部背片 1 缘毛长 0.06 mm，背片 8 毛长 0.12 mm，分别为触角节 3 最宽直径的 2.50 倍、1.33 倍及 2.67 倍。中额隆起，额瘤微隆。触角 5 节，为体长的 0.69 倍；节 3 长 0.88 mm，节 1–5 长度比例为：8：6：100：35：26+38，末节鞭部长为基部的 1.75 倍；触角毛粗长，顶端尖锐或渐尖，节 3 有毛 27 根，毛长 0.16 mm，为该节最宽直径的 3.67 倍；节 3 有 14–24 个卵圆形次生感觉圈，分布于全长。喙节 4+5 长楔状，为基宽的 7.20 倍，为后足跗节 2 的 2.00 倍，有次生毛 3 对。前翅中脉 2 分叉，肘脉 1 向前弯曲；后翅 2 斜脉。腹管长管状，端部有缘突；为体长的 0.45 倍，为基宽的 12.00 倍，端宽 0.08 mm；有粗长毛 62–77 根，毛长 0.25 mm，为基宽的 2.46 倍。尾片有毛 6 根。尾板有毛 12 根。生殖板有毛 15 根。生殖突 3 丛，各有短尖毛 4 或 5 根。其他特征与无翅孤雌蚜相同。

生物学：寄主植物为壳斗科的麻栎、苦槠、印度锥、栎属、鳌蕕锥。

分布：浙江（临安、黄岩）、广东、海南、广西、云南；印度。

（513）绿真毛管蚜 *Eutrichosiphum sinense* Raychaudhuri, 1956（图 7-24）

Eutrichosiphum sinense Raychaudhuri, 1956: 18.

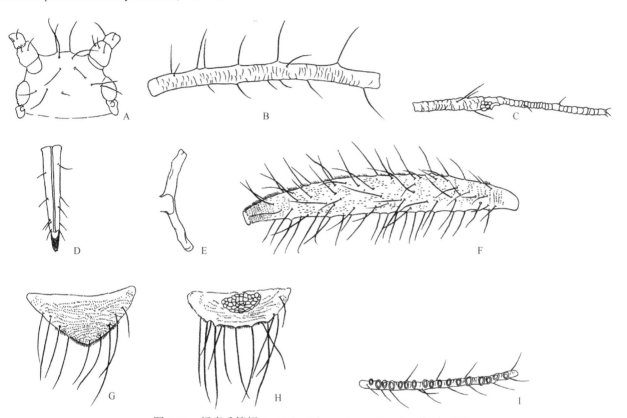

图 7-24　绿真毛管蚜 *Eutrichosiphum sinense* Raychaudhuri, 1956
无翅孤雌蚜：A. 头部背面观；B. 触角节 3；C. 触角节 5；D. 喙节 4+5；E. 中胸腹岔；F. 腹管；G. 尾片；H. 尾板。有翅孤雌蚜：I. 触角节 3

主要特征：

无翅孤雌蚜　体细长卵形，体长 1.71–2.14 mm，体宽 0.70–0.87 mm。玻片标本淡色，头部与前胸愈合，腹部背片 2–6 愈合。体背骨化弱，淡色，缘斑颜色稍深；触角节 3 端部、节 4 端部 1/2 及节 5、腹管黑色；喙末端及各足跗节黑褐色，其他附肢淡色。胸部各节背板及腹部各节背片有微刺突横瓦纹。气门圆形开放，气门片淡色。中胸腹岔淡色无柄。体背毛粗长，顶端分叉，长毛长为短毛的 2.00–3.00 倍；头部有额毛 3 对，1 对长毛，2 对短毛；头部背面与前胸背板共有毛 30 余根；中、后胸背板及腹部背片 1 毛数分别为：24、11、10 根；腹部背片 2 有缘毛 6 根，背片 3–6 各有毛 10 根，背片 7、8 各有毛 2 根，背片 8 毛尖锐。中额及额瘤稍隆起。触角 5 节，为体长的 0.53–0.65 倍，节 3 长 0.39–0.54 mm，节 1–5 长度比例为：18：12：100：43：34+45；触角有瓦纹，毛粗大且尖锐，节 1–5 毛数分别为：6、3–5、16–18、3 或 4、3+2–4 根；节 3 毛长为该节直径的 2.50–3.04 倍，长毛长为短毛的 4.00–5.00 倍。喙细长，端部伸过后足基节，节 4+5 尖细，长锥形，为基宽的 4.19–6.49 倍，为后足跗节 2 的 1.82–2.15 倍，有原生刚毛 2 对，次生刚毛 2–4 对。各足股节及胫节有微刺突横瓦纹；后足股节为触角节 3 的 0.85–1.30 倍；后足胫节为体长的 0.30–0.35 倍。跗节 1 毛序：7，7，7。腹管中部膨大，两端缩小成香蕉形状，基部及端部有小刺突横纹，中部有分散的小刺突，缘突不显；为体长的 0.44–0.55 倍，稍短于触角全长；有粗长毛 118–141 根。尾片半圆形，顶端稍尖，长为基宽的 0.39–0.45 倍，有粗长毛 8–10 根。尾板半圆形，有粗长毛 12–14 根。生殖板淡色，有短毛 10 余根。

有翅孤雌蚜　体长椭圆形，体长 1.90–2.25 mm，体宽 0.56–0.81 mm。玻片标本头部背面及中胸背板骨化褐色，前、后胸背板及腹部背片淡色；触角、喙末端及各足胫节端部、腹管黑色，其他足节、尾片及尾板黑褐色。体表光滑，体缘域及腹部背片 7、8 微显瓦纹。节间斑不显。头部背面及胸部各节背板有粗长毛，腹面有短尖毛；腹部背面有粗短毛，腹面毛稍长于背毛；头顶毛长 0.08–0.09 mm，腹部背片 1 缘毛长 0.02–0.07 mm，背片 8 毛长 0.12 mm，分别为触角节 3 直径的 2.50–4.12 倍、0.87–3.21 倍及 2.5–5.17 倍。触角 5 节，为体长的 0.64–0.71 倍；节 3 长 0.55–0.61 mm，节 1–5 长度比例为：15∶9∶100∶38∶32+43；节 3 有长毛 13–15 根，毛长为该节直径的 2.20–4.05 倍；节 3 有大圆形次生感觉圈 15–19 个，分布于全长。喙端部达中足基节，节 4+5 长为后足跗节 2 的 1.43–1.90 倍。后足股节长 0.39–0.50 mm；后足胫节为体长的 0.36–0.38 倍；后足胫节毛长为该节中宽的 1.20–2.53 倍。翅脉正常。腹管长为体长的 0.49–0.53 倍，有粗长毛 101–110 根。尾片有长毛 9 根。尾板末端圆形，有长毛 14–17 根。其他特征与无翅孤雌蚜相同。

生物学：寄主植物为壳斗科的米槠、印度锥、思茅栲。

分布：浙江（临安）、海南、云南；印度尼西亚。

289. 毛管蚜属 *Greenidea* Schouteden, 1905

Greenidea Schouteden, 1905: 181. Type species: *Siphonophora artocarpi* Westwood, 1890.

主要特征：身体梨形。额通常平直，有时稍隆起。头背毛长，顶端分叉、渐尖或细尖锐。触角 6 节，无翅孤雌蚜无次生感觉圈，有翅孤雌蚜有圆形到横卵形次生感觉圈；原生感觉圈有睫。喙长，节 4、5 分节明显；节 4 有次生毛 8–16 根。体背毛硬直，长度和顶端多变，有翅孤雌蚜多数背毛尖锐，有时渐尖。跗节 1 有 7 根腹毛。翅脉正常。腹管长，向外弯曲；多毛，毛尖锐、渐尖或分叉，有翅孤雌蚜腹管一般全部有网纹。尾片圆形或横卵形。尾板宽卵圆形或半圆形。

分布：东洋区。世界已知 60 种，中国记录 19 种，浙江分布 1 种。

（514）库毛管蚜 *Greenidea kuwanai* (Pergande, 1906)（图 7-25）

Trichosiphum kuwanai Pergande, 1906: 209.

Greenidea kuwanai: Takahashi, 1919: 174.

主要特征：

无翅孤雌蚜　体卵圆形，体长 2.69 mm，体宽 1.70 mm。活体黑褐色，有光泽。玻片标本头部、胸部黑色，腹部黑褐色，缘域骨化加厚。触角褐色，节 1–4 各顶端及节 5、6 黑色；喙节 5 端半部及节 3–5、足、腹管、尾片及尾板黑色。头部与前胸愈合，腹部背片 8 背斑色淡，呈横带分布于全节；腹部腹面有褐色 "U" 形斑。体表光滑，腹部背片 8 背面有瓦纹，腹部腹面密被明显小粗刺突。气门圆，关闭，气门片与体背同色。节间斑淡色，不甚明显。中胸腹岔黑色，有长柄，横长 0.26 mm，为触角节 3 的 0.44 倍，柄长为臂长的 0.73 倍，有时两臂分离。体背密被粗尖锐毛，长短不等，长毛长为短毛的 6.00–7.00 倍；头部有毛 38–40 根；前胸背板有中侧毛 14 对，缘毛 8 对或 9 对；中胸背板有毛 50 余根，后胸背板有毛约 30 根；腹部背片 1 有毛 50 余根，背片 7 有毛 16–18 根，背片 8 有毛 2 根；头顶长毛长 0.13 mm，为触角节 3 最宽直径的 2.50 倍，腹部背片 1 长毛长 0.14 mm，短毛长 0.02 mm，背片 8 长毛长 0.14 mm。中额微隆，额瘤不显，头背中缝微显。触角 6 节，有微瓦纹，为体长的 0.61 倍，节 3 长 0.60 mm，节 1–6 长度比例为：15∶11∶100∶32∶34∶29+55；触角毛长短不等，长毛长为短毛的 6.80 倍，节 1–6 毛数分别为：

8、6 或 7、33–37、5–7、4–7、5+5–7 根，末节鞭部顶端有短毛 3 根，节 3 长毛长为该节最宽直径的 2.60 倍。喙长大，端部达腹部节 3，节 4+5 分节明显，长尖矛状，为基宽的 5.40 倍，为后足跗节 2 长的 1.90 倍，节 4 长为节 5 的 3.90 倍，有原生长毛 2 对，次生长毛 7 对或 8 对。足光滑，各足胫节顶端有 3 个明显的粗距；后足股节为触角节 3 的 1.20 倍，后足胫节为体长的 0.39 倍，长毛长为短毛的 4.70 倍，为该节最宽直径的 1.70 倍；跗节 1 毛序：7，7，7，有时 7，7，5。腹管粗管状，呈香蕉形，密被小刺突，基部有瓦纹，全长 0.71 mm，为中宽的 4.60 倍，为体长的 0.27 倍，有长毛 130 余根，长毛长为中宽的 1.20 倍。尾片半圆形，末端尖突起，粗糙，密被刺突，为基宽的 0.33 倍，有长短毛 7–10 根。尾板末端圆形，有小刺突横纹，中心有圆形网状纹，有长毛 29–34 根。

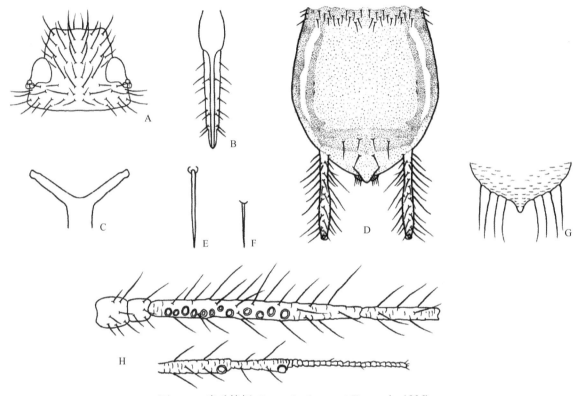

图 7-25　库毛管蚜 *Greenidea kuwanai* (Pergande, 1906)

无翅孤雌蚜：A. 头部背面观；B. 喙节 4+5；C. 中胸腹岔；D. 腹部背面观（背片 2–6 背毛省略）；E. 体背毛；F. 腹部腹面毛；G. 尾片。有翅孤雌蚜：
H. 触角

有翅孤雌蚜　体长 2.29 mm，体宽 1.18 mm。玻片标本头部、胸部黑色，腹部有大黑斑，各附肢黑色。腹部背片 1、2 有横带，背片 3–6 背斑愈合为 1 个大斑，各节有大型独立缘斑，背片 7、8 有横带横贯全节。体表及腹面光滑。气门大，圆形开放，气门片黑色。节间斑明显，黑褐色。体背毛粗长，尖锐，集中分布于体背中域及缘域。触角 6 节，有粗瓦纹，为体长的 0.75 倍，节 3 长 0.38 mm，节 1–6 长度比例为：15：12：100：36：33：27+54；节 3 有长毛 27–31 根，有圆形次生感觉圈 12–16 个，分布于基部 3/4。喙端部达腹部节 3，节 4+5 为后足跗节 2 长的 2.00 倍，有原生毛 2 对，次生毛 8 对或 9 对。足光滑。翅脉正常，中脉分 3 支，基半部缺。腹管长管状，有瓦纹，端部有小刺突组成的横纹，长 1.31 mm，为触角节 3 长的 3.50 倍，为体长的 0.60 倍，长为中宽的 11.00 倍，有长粗毛 130–140 根，毛长为其中宽的 1.40 倍。尾片有毛 8 或 9 根。尾板有毛 23–29 根。其他特征与无翅孤雌蚜相似。

生物学：寄主植物为枹栎、蒙古栎、槲树、栓皮栎、台湾窄叶青冈和栗属 1 种。

分布：浙江（临安）、黑龙江、辽宁、北京、山东、陕西、安徽、台湾、广西、四川、贵州、云南、西藏；日本。

290. 声毛管蚜属 *Mollitrichosiphum* Suenaga, 1934

Mollitrichosiphum Suenaga, 1934: 798. Type species: *Trichosiphum tenuicorpus* Okajima, 1908.

主要特征： 无翅孤雌蚜中额平直，额瘤略显。触角6节，节6鞭部长于基部。复眼眼瘤大。喙尖长。后足胫节有横脊。跗节1毛序：7，7，7。腹管膨大，长管状，密布小刺突，端部略有缘突。尾片、尾板末端圆形，有长毛数根。有翅孤雌蚜触角节3有圆形或椭圆形次生感觉圈；前翅中脉2分叉，端部直或略弯曲，后翅2斜脉。

生物学： 寄主为壳斗科、清风藤科、桦木科、樟科、胡桃科、无患子科、山龙眼科及苦木科等植物。

分布： 东洋区。世界已知18种1化石种；中国记录11种，浙江分布1种。

（515）黑带声毛管蚜 *Mollitrichosiphum nigrofasciatum* (Maki, 1917)（图 7-26）

Trichosiphum nigrofasciatum Maki, 1917: 16.

Mollitrichosiphum nigrofasciatum: Ghosh, 1974: 170.

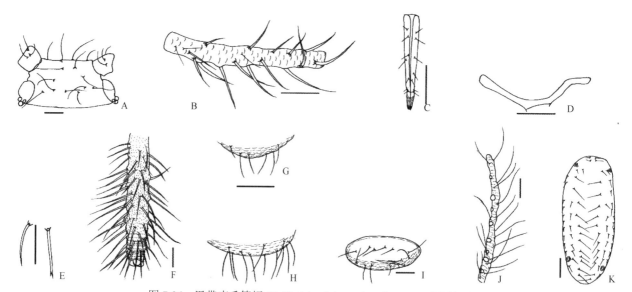

图 7-26　黑带声毛管蚜 *Mollitrichosiphum nigrofasciatum* (Maki, 1917)

无翅孤雌蚜：A. 头部背面观；B. 触角节3；C. 喙节4+5；D. 中胸腹岔；E. 腹部背片3毛；F. 腹管；G. 尾片；H. 尾板；I. 生殖板。有翅孤雌蚜：
J. 触角节3。胚胎：K. 整体背面观

主要特征：

无翅孤雌蚜　体型较小，椭圆形，体长 1.38–2.17 mm，体宽 0.69–1.18 mm。玻片标本头部与前胸愈合。触角、足褐色，喙端部深褐色，腹管黑褐色，头部、胸部、尾片、尾板、生殖板淡褐色。气门圆形，开放，气门片卵形，褐色。前胸背板至腹部节6各有1对侧缘斑，前后彼此愈合，在体侧缘域形成2条深褐色纵带；腹部背片4、5有中斑，彼此相互愈合，且与纵带相愈合；背片7、8带纹不显。触角节3–6有横纹，股节内侧有小刺突横短纹，跗节2横瓦纹；后足胫节有短横脊27–38个，分布于基部2/3；头部腹面与胸部腹面各足基节有小刺突短纹分布，腹部节1–6腹板侧缘域有均匀分布的明显颗粒状突起。腹管端部有小刺突横纹，其他部分有稀疏小刺突分布；腹部背片8、生殖板有小刺突横纹；尾片、尾板有小刺突。中胸腹岔两臂相连，有短柄。体背毛粗长，顶端渐尖或分叉。头部有背毛12根，额瘤腹面毛1对；前胸背板有中侧毛4–6对，缘毛4对；腹部背片1有毛10–16根；腹管间有毛5根，背片7有毛2根，背片8有毛2根。头顶毛长 0.09–0.12 mm，腹部背片1缘毛长 0.06–0.11 mm，背片8毛长 0.06–0.11 mm，分别为触角节3最宽直径的 2.37–3.46 倍、1.32–3.07 倍及 1.56–2.57 倍。中额平直。复眼由多个小眼面组成。触角 6 节，较细，有时节 3、4 分节不显；为体长的 0.60–0.71 倍；节 3 长 0.26–0.45 mm，节 1–6 长度比例为：25∶17∶100∶43∶48∶36+55，末节鞭部长为基部的 1.30–1.73 倍；触角毛顶端尖锐，内侧毛少且较短细，外侧毛多而粗长；节 1–6 毛数分别为：5–7、3–5、14–29、4–9、5–10、3–5+2–4 根，末节鞭部顶端有短钝毛 3 或 4 根；节 3 毛长 0.10–0.15 mm，为该节最宽直径的 2.11–3.85 倍。喙端部达后足基节；节 4+5 长楔状，为基宽的 3.67–5.83 倍，为后足跗节 2 长的 1.31–1.94 倍，节 4、5 分节明显，节 4 长为节 5 的 3.23–6.00 倍；有较长次生毛 4 对或 5 对。足细长，后足股节为触角节 3 长的 1.07–1.26 倍；后足胫节为体长的 0.32–0.39 倍，后足跗节 2 长 0.10–0.13 mm；足毛稍短，顶端渐尖或尖锐；胫节毛顶端分化不明显；后足胫节毛长 0.07–0.09 mm，为该节中宽的 1.76–2.50 倍。跗节 1 毛序：7，7，7。腹管短管状，中部略膨大，较直，端部有缘突；为体长的 0.26–0.36 倍，为触角节 3 长的 1.33–1.87 倍，为基宽的 5.00–7.81 倍；端径 0.05–0.08 mm，为触角节 3 最宽直径的 1.48–2.02 倍；毛长而尖锐，共有褐色毛 53–82 根，毛长 0.23 mm，为基宽的 2.14 倍，为膨大部宽的 1.67 倍。尾片末端圆形，为基宽的 0.29–0.40 倍；有毛 6 根。尾板末端宽圆形，有毛 12 根。生殖板长横卵形，有毛 14 根。

有翅孤雌蚜　体小型，椭圆形，体长 1.18–2.37 mm，体宽 0.56–0.96 mm。玻片标本头部、胸部、触角节 1–3、喙节 5、股节端部、胫节端部、跗节、腹管暗褐色，触角节 4–6、喙节 4、其他足节深褐色，尾片、尾板、生殖板淡褐色。腹部背片 1、2 各有 1 对缘斑，1 对较窄的中侧横斑；背片 3–6 全节暗褐色横带纹愈合为大背斑，背片 7、8 横带纹不显。气门圆形开放，气门片卵形，深褐色。后足胫节有短横脊 25–43 个，分布于基部 3/5；腹部节 3–5 腹板侧缘域有均匀分布的明显颗粒状突起。腹管端部有小刺突横纹，其他部分有短皱褶；腹部背片 8、生殖板有小刺突横纹；尾片、尾板有小刺突。体背毛粗长，尖锐或钝；头部有背毛 14 根，额瘤腹面毛 1 对；前胸背板有中侧毛 4 对，缘毛 4 对；腹部背片 1 有毛 10 根，腹管间有毛 5 根，背片 7 有毛 2 根；背片 8 有毛 2 根。头顶毛长 0.09–0.16 mm，腹部背片 1 缘毛长 0.04–0.06 mm，背片 8 毛长 0.07–0.15 mm，分别为触角节 3 最宽直径的 2.67–4.29 倍、1.00–1.67 倍及 2.00–3.33 倍。中额平，额瘤不隆。复眼由多个小眼面组成。触角 6 节，较细，为体长的 0.75–1.12 倍；节 3 长 0.48–0.73 mm，节 1–6 长度比例为：15∶11∶100∶41∶40∶25+42，末节鞭部长为基部的 1.54–1.85 倍；触角毛粗长，顶端尖锐或渐尖，节 1–6 毛数分别为：8、4、20、7、7、5+3 根，末节鞭部顶端有毛 4 根；节 3 毛长 0.12–0.21 mm，为该节最宽直径的 3.67–5.00 倍；节 3 有 5–10 个近圆形次生感觉圈，分布于全长。喙端部达后足基节，节 4+5 楔状，为基宽的 3.87–4.50 倍，为后足跗节 2 长的 1.31–1.69 倍；有次生毛 3 对。足细长，后足股节为触角节 3 长的 0.70–0.90 倍；后足胫节为体长的 0.43–0.58 倍；后足跗节 2 长 0.09–0.12 mm。足毛稍短，顶端渐尖或尖锐；胫节毛顶端分化不明显；后足胫节毛长 0.06–0.11 mm，为该节中宽的 2.00–3.00 倍。跗节 1 毛序：7，7，7。前翅中脉 2 分叉，肘脉 1 向前弯曲；后翅 2 斜脉。腹管长管状，为体长的 0.52–0.75 倍，为触角节 3 长的 1.63–1.99 倍，为基宽的 10.94–16.39 倍；端宽 0.05–0.07 mm，为触角节 3 最宽直径的 1.35–2.02 倍；有粗长暗褐色毛 65–96 根，毛长 0.28 mm，为基宽的 2.57 倍；端部有缘突。尾片末端圆形，为基宽的 0.29–0.52 倍；有毛 8 根。尾板有毛 12 根。生殖板有毛 16 根。

生物学：寄主植物为壳斗科的柯、万宁柯、槲栎、罗浮锥。

分布：浙江（泰顺）、福建、台湾、海南；日本。

291. 刚毛蚜属 *Schoutedenia* Rübsaamen, 1905

Schoutedenia Rübsaamen, 1905: 19. Type species: *Schoutedenia ralumensis* Rübsaamen, 1905.

主要特征：体背仅腹部背片 7 有 1 对中突。触角 5 节，为体长的 0.40–0.75 倍。喙端部至多与后足跗节 2 等长。跗节 1 毛序：3，3，3。尾片退化。

生物学：寄主植物多为大戟科。该类群的寄主植物中大戟科植物是其自然寄主，其他寄主仅为暂时性或是偶然获得的。

　　分布：东洋区、澳洲区、旧热带区。世界已知 2 种，中国记录 2 种，浙江分布 1 种。

（516）拉鲁刚毛蚜 *Schoutedenia ralumensis* Rübsaamen, 1905（图 7-27）

Schoutedenia ralumensis Rübsaamen, 1905: 19.

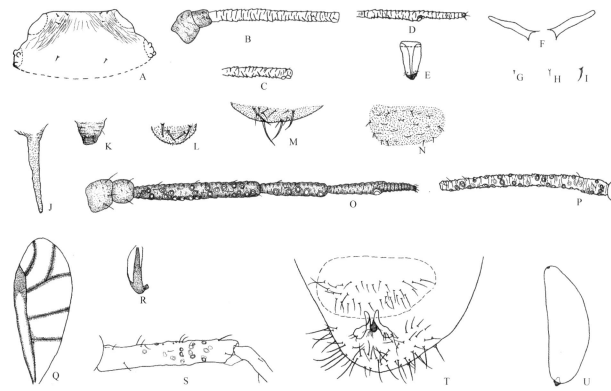

图 7-27　拉鲁刚毛蚜 *Schoutedenia ralumensis* Rübsaamen, 1905

无翅孤雌蚜：A. 头部背面观；B. 触角节 1–3；C. 触角节 4；D. 触角节 5；E. 喙节 4+5；F. 中胸腹岔；G. 背毛；H. 腹毛；I. 腹部背片 8 背毛；J. 腹部背片 7 背突；K. 腹管；L. 尾片；M. 尾板；N. 生殖板。有翅孤雌蚜：O. 触角；P. 触角节 3；Q. 前翅；R. 后翅。雌性蚜：S. 后足股节；T. 后腹部；U. 卵

主要特征：

　　无翅孤雌蚜　身体椭圆形，体长 1.25–2.40 mm，体宽 0.85–1.30 mm。玻片标本触角节 3 端半部、节 4–5、胫节及跗节褐色；头背前半部、复眼、气门片、触角节 1–2、节 3 基半部、基节、转节、股节、喙端部、腹管、尾片、尾板及腹部背片 7 背突淡褐色，其余淡色。头部背面前半部及胸部背板有瓦纹，且缘域比较明显；触角节 1–2 有皱褶，节 3–5 有横瓦纹，足各节有不明显的小刺突横纹；尾片、尾板及生殖板有小刺突横纹或网纹；背片 7、8 背突有小刺突横纹；腹管有横纹；身体腹面有小刺突细横纹。中胸腹岔两臂分离，单臂细长，横长 0.12–0.14 mm。体背毛短钝，长 0.01–0.02 mm，约为细尖的腹面毛之半。头顶毛 1 对或 2 对，头部背面触角间毛 1 对，复眼间毛 1 对或 2 对；腹部背片 1–7 中、侧毛各 1–3 对，缘毛 0 或 1 对；背片 8 有毛 2 对或 3 对，其中粗长尖中毛 1 对。头顶毛和腹部背片 1 毛长 0.01–0.02 mm，背片 8 毛长 0.03–0.05 mm。腹部背片 7 背突细长圆锥状，长 0.26–0.28 mm。气门卵圆形，开放；气门片近圆形。额瘤不显，中额平直。复眼有 3 个小眼面。触角 5 节，细长；全长 1.00–1.30 mm；节 3 长 0.40–0.54 mm，节 1–5 长度比例为：15–21：12–16：100：51–60：45–49+27–28；触角末节鞭部为基部长的 0.60–0.63 倍；触角毛极短，节 1–5 毛数分别为：3–5、2–5、2–6、1–3、0–2+0 根，末节鞭部顶端有毛 2–4 根；节 3 毛长 0.01–0.02 mm，为该节最宽直径的 0.21–0.29 倍；原生感觉圈小圆形，无睫。喙端达中足基节，节 4+5 楔状，为基宽的 1.07–1.70 倍，为后足跗节 2 长的 0.65–1.00 倍；原生刚毛 2 对或 3 对，次生刚毛 1 对或 2 对。足各节正常；后足股节为

触角节 3 长的 1.00–1.05 倍；后足胫节为体长的 0.25–0.31 倍；足毛短钝而少，后足胫节毛长 0.018–0.023 mm，为该节中宽的 0.25–0.51 倍。跗节 1 毛序：3，3，3。腹管截断状，基部 1/3 有毛 3 或 4 根；为基宽的 0.80–0.85 倍。尾片末端圆形，粗糙有皱曲纹，长 0.07–0.08 mm，有粗长毛 4–6 根，短毛 6–8 根。尾板末端宽圆，有 4–6 根粗长毛和 6–8 根细短尖毛。生殖板横椭圆形，有毛 9–18 根。

有翅孤雌蚜　身体长卵形，体长 1.50–1.73 mm，体宽 0.65–0.68 mm。玻片标本头部、触角、喙、胸部、足及腹管褐色；其余部分淡色。复眼多小眼面。次生感觉圈小圆形，无睫；触角节 3 有次生感觉圈 27–46 个，节 4 有 4–6 个。前翅中脉 1 分叉；后翅翅脉退化，仅有 1 纵脉，所有翅脉有翅昙。其余特征同无翅孤雌蚜。

生物学：寄主植物主要为大戟科的黑面神属、算盘子属、白饭树属及叶下珠属，紫茉莉科的叶子花，番荔枝科的依兰属植物，菊科的飞机草，千屈菜科的紫薇属及樟科等植物。

分布：浙江（临安）、江西、福建、广东、海南、香港、广西、四川、贵州、云南；巴基斯坦，印度，越南，泰国，斯里兰卡，菲律宾，马来西亚，印度尼西亚，巴布亚新几内亚，澳大利亚，塞拉利昂，尼日利亚，加纳，利比里亚，刚果，乌干达，肯尼亚，坦桑尼亚，安哥拉，马拉维，津巴布韦等。

（二十六）大蚜亚科 Lachninae

主要特征：体中到大型，体长 1.50–8.00 mm。头部背面有中缝，头部与前胸分离。触角 6 节，末节鞭部短；次生感觉圈圆形至卵圆形。无翅孤雌蚜和有翅孤雌蚜复眼有多个小眼面，眼瘤有或无。喙长，有些种类喙端部超过体长，喙节 4+5 分节明显。足跗节 1 发达，腹毛多于 9 根，背毛有或无；跗节 2 正常或延长；爪间毛短且不明显。翅脉正常，翅痣长为宽的 4.00–20.00 倍，前翅中脉 2 或 3 分支，径分脉弯曲或平直；后翅 2 条斜脉。身体淡色或有斑，腹部背片 8 通常有 1 个深色骨化横带。背毛稀或密，毛端部形状各异。腹部各背片无缘瘤。腹管位于多毛隆起的圆锥体上，有时缺。尾片新月形至圆形。尾板宽大，多为半圆形。雄性蚜有翅或无翅。

生物学：该亚科由 3 个族组成。长足大蚜族 Cinarini 仅寄生在松柏科植物（裸子植物）上，大蚜族 Lachnini 寄生在木本的落叶阔叶植物（被子植物）上，两族均营同寄主全周期生活。长跗大蚜族 Tramini 主要寄生在菊科、毛茛科等草本植物（被子植物）根部，营同寄主全周期或不全周期生活。

分布：世界广布。世界已知 18 属 339 种，中国记录 13 属 85 种，浙江分布 4 属 4 种。

分属检索表

1. 寄生于针叶植物 ··· 长足大蚜属 *Cinara*
- 寄生于阔叶植物 ·· 2
2. 前翅翅痣宽且短；径分脉常弯曲；翅面常有深色斑纹 ·· 大蚜属 *Lachnus*
- 前翅翅痣延长为其最大宽度的数倍，直，有时达翅顶；径分脉不甚弯曲或直；翅面无斑纹 ················· 3
3. 复眼无眼瘤；前翅中脉比其他脉细且淡 ·· 日本大蚜属 *Nippolachnus*
- 复眼有眼瘤；前翅中脉颜色同其他脉或稍淡 ·· 瘤大蚜属 *Tuberolachnus*

292. 长足大蚜属 *Cinara* Curtis, 1835

Cinara Curtis, 1835: 576. Type species: *Aphis pini* Linnaeus, 1758.

主要特征：体中到大型，体长 2.00–8.00 mm。额瘤不显。触角 6 节，全长为体长的 0.20–0.60 倍，节 6 鞭端部短，为该节基部长的 0.08–0.33 倍，顶端有 2–11 根亚端毛。无翅孤雌蚜触角节 4 端部常有 1 个次生感觉圈，有翅孤雌蚜节 3–6 分别有次生感觉圈 1–18、0–6、0–4、0 个。喙节 4 和节 5 分节明显，节 4 有次生毛 2–60 根，但大多 4–30 根。前翅径分脉着生在翅痣的端半部，呈直线或直达翅顶，中脉 2 或 3

支；后翅 2 条斜脉。足跗节 2 节，爪间毛短，仅为爪长的 0.10 倍。腹管位于多毛的圆锥体上。尾片和尾板近半圆形。

生物学： 寄主为松科和柏科植物。一般在树枝和大枝上取食，常有蚁访。

分布： 古北区、新北区、新热带区。世界已知 219 种，中国记录 42 种，浙江分布 1 种。

（517）柏长足大蚜 *Cinara tujafilina* (del Guercio, 1909) （图 7-28）

Lachniella tujafilina del Guercio, 1909: 288, 311.

Cinara tujafilina: Börner & Schilder, 1931[1932]: 570.

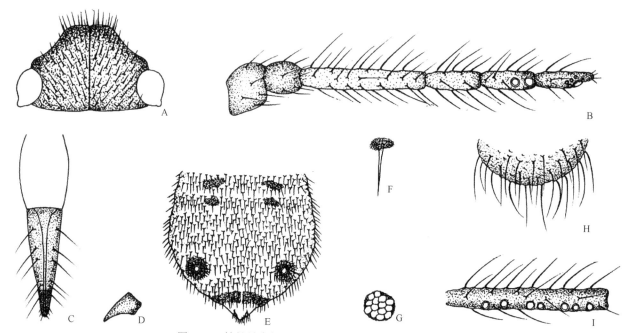

图 7-28 柏长足大蚜 *Cinara tujafilina* (del Guercio, 1909)
无翅孤雌蚜：A. 头部背面观；B. 触角；C. 喙节 4+5；D. 后足跗节 1；E. 腹部背面观；F. 体背毛；G. 节间斑；H. 尾片。有翅孤雌蚜：I. 触角节 3

主要特征：

无翅孤雌蚜 体卵圆形，体长 2.80 mm，体宽 1.80 mm。活体赭褐色，有时被薄粉。玻片标本淡色。头部、各节间斑、腹部背片 8 中断的横带及气门片黑色；触角灰黑色，仅节 3 基部 4/5 淡色；喙节 3–5、足基节、转节、股节端部 1/4、胫节端部 1/10 及跗节灰褐色至灰黑色；腹管、尾片、尾板及生殖板灰黑色。体表光滑，有时有不清楚的横纹构造。气门圆形关闭或月牙形开放，气门片高隆。中胸腹岔无柄。体背多细长尖毛，毛基斑不显，至多比毛瘤稍大；腹部背片 8 有毛约 32 根。头顶毛、腹部背片 1 毛、背片 8 毛长分别为触角节 3 直径的 3.80 倍、4.00 倍、4.40 倍。额瘤不显。触角 6 节，细短，为体长的 0.30 倍；节 3 长 0.30 mm，节 1–6 长度比例为：27：31：100：43：40：33+9；触角毛长，节 1–6 毛数分别为：6–9、8–12、26–41、9–12、7–14、6–8+0 根，节 3 毛长为该节直径的 3.30 倍；触角节 5 原生感觉圈后方有 1 个小圆形次生感觉圈。喙端部可达后足基节，节 4、5 分节明显，节 4+5 长为宽的 3.40 倍，为后足跗节 2 长的 0.92 倍；节 5 顶端有毛 6 根，节 4 顶端有长毛 6 根，基半部有长毛 6 根。后足股节稍长于触角；后足胫节为体长的 0.44 倍，毛长为该节直径的 1.40 倍；跗节 1 毛序：8，9，9；后足跗节 2 长为节 1 的 2.60 倍。腹管位于有毛的圆锥体上，有缘突，腹管基部的黑色圆锥体直径约与尾片基宽相等，有长毛 6–8 圈。尾片半圆形，有微刺突瓦纹，有长毛约 38 根。尾板末端圆形或平截，有毛 82–89 根。生殖板有毛 22–35 根。

有翅孤雌蚜 体卵形，体长 3.10 mm，体宽 1.60 mm。活体头部和胸部黑褐色，腹部赭褐色，有时带绿色。玻片标本头部和胸部黑色；触角、喙及足灰褐色至灰黑色；仅触角节 3 基部 1/4、喙节 1 及节 2 基部 3/4、股节基部 1/4–1/2 及胫节基部 3/4–4/5 色稍淡。触角 6 节，光滑无瓦纹；为体长的 0.36 倍；节 3 长

0.40 mm，节 1–6 长度比例为：16：23：100：47：50：37+6；节 3 有小圆形次生感觉圈 5–7 个，在端部 2/3 排成 1 行；节 4 有次生感觉圈 1–3 个，位于端半部；节 5 原生感觉圈后方有 1 个较小的次生感觉圈。体毛较无翅孤雌蚜长，头顶毛和腹部背片 8 毛长分别为触角节 3 直径的 3.40 倍和 4.50 倍。后足股节短于触角长；后足胫节为体长的 0.49 倍，毛长为该节直径的 2.20 倍。喙节 4+5 长为后足跗节 2 长的 0.87 倍。翅脉正常，中脉淡色，其他脉深色。尾片有毛 38 或 39 根。尾板有毛 74–89 根。其他特征与无翅孤雌蚜相似。

生物学：寄主植物为侧柏、金钟柏、恩得利美丽柏、布勒斯美丽柏、澳洲柏、美国扁柏（美洲花柏）、北美圆柏、喀什方枝柏、千头柏、柏木属 1 种、下延香松、杉、松。该种是侧柏的重要害虫，在幼茎表面为害，常盖满一层，引起霉病，影响侧柏生长。大都在 4–7 月为害。在北京 10 月下旬雌蚜和雄蚜交配后产卵越冬。

分布：浙江（临安）、辽宁、内蒙古、北京、河北、山东、河南、陕西、宁夏、甘肃、新疆、江苏、上海、江西、湖南、福建、台湾、广东、广西、四川、贵州、云南、西藏；朝鲜，日本，巴基斯坦，尼泊尔，土耳其，英国，荷兰，美国，澳大利亚，埃及，南非。

293. 大蚜属 *Lachnus* Burmeister, 1835

Lachnus Burmeister, 1835: 91. Type species: *Aphis roboris* Linnaeus, 1758.

主要特征：无翅孤雌蚜头部背面有中缝，中额平直。复眼大，有眼瘤。触角 6 节。喙长短于体长；末节短，不尖，节 4、5 间界线分明。中胸腹瘤发达，成对，有毛。有翅孤雌蚜前翅径分脉弯曲而长，翅痣宽且短，中脉与其他脉相近，2 分叉，翅面常有深色斑纹；后翅有 2 条斜脉。足跗节 2 节，后足跗节甚延长。体背无斑纹。腹管位于多毛圆锥体上。尾片小圆形。尾板大圆形。

分布：古北区、东洋区。世界已知 22 种，中国记录 7 种，浙江分布 1 种。

（518）板栗大蚜 *Lachnus tropicalis* (Van der Goot, 1916)（图 7-29）

Pterochlorus tropicalis Van der Goot, 1916: 3.

Lachnus tropicalis: Takahashi, 1950: 592.

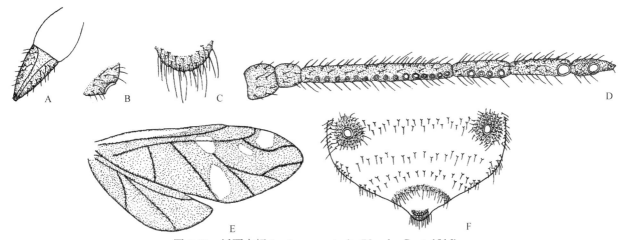

图 7-29　板栗大蚜 *Lachnus tropicalis* (Van der Goot, 1916)
无翅孤雌蚜：A. 喙节 4+5；B. 腹管；C. 尾片。有翅孤雌蚜：D. 触角；E. 前、后翅；F. 腹部背片 5–8

主要特征：

无翅孤雌蚜　体长卵形，体长 3.10 mm，体宽 1.80 mm。活体灰黑色至赭黑色，若蚜灰褐色至黄褐色。玻片标本头部、胸部骨化黑色；腹部淡色，有黑斑，腹部背片 8 有 1 个横带；各附肢黑色；腹管基部骨化为大黑斑。头部背面及胸部背板光滑有横纹，腹部背片 1–6 有微细网状纹，背片 7、8 有横瓦纹。气门圆形半开放，气门片黑色。节间斑明显，黑色。中胸腹岔有长柄。体背毛长，多尖锐毛；腹面毛与背毛约等长。头部背面有长毛 110–120 余根，腹部背片 8 有长毛约 25 根。头顶毛、腹部背片 1 缘毛、背片 8 背毛长分别为触角节 3 直径的 1.20 倍、1.00 倍、1.90 倍。额瘤不显，中额呈圆顶形，有明显背中缝。触角 6 节，有瓦状纹，为体长的 0.52 倍；节 3 长 0.70 mm，节 1–6 长度比例为：14：14：100：35：36：21+8；节 1–6 长短毛数分别为：12–14、18–21、92–94、40–45、33–37、15–18+1 根；节 3 长毛为该节直径的 1.10 倍；节 3 有小圆形次生感觉圈 2–5 个，分布于端部 1/4；节 4 有 2–5 个，分布于中部及端部。喙端部超过后足基节，节 4+5 长为基宽的 2.00 倍，为后足跗节 2 长的 0.96 倍，有长毛 20–24 根；节 4 与节 5 分节明显，节 5 基部收缩内凹，骨化深色，节 4 长为节 5 的 4.30 倍。后足股节为触角节 3 长的 2.30 倍，与触角等长；后足胫节为体长的 0.97 倍，长毛为该节直径的 1.20 倍，为基宽的 0.87 倍，为端宽的 1.50 倍。跗节 1 基宽、上长与下长比例为：100：105：304；跗节 1 毛序：10，11，10。腹管截断状，基部周围隆起骨化黑色，有褶曲纹，有 14–16 根毛围绕，有明显缘突和切迹；长为体长的 0.02 倍，为基宽的 0.38 倍。尾片末端圆形，微显刺突横瓦纹，有长毛 24–35 根。尾板半圆形，有长毛 56–62 根。生殖板长卵形骨化，有长毛 80 余根。

有翅孤雌蚜　体长卵形，腹部卵圆形，体长 3.90 mm，体宽 2.10 mm。活体灰黑色。玻片标本头部、胸部骨化黑色；腹部淡色，腹部背片 1 有断续灰黑色斑，背片 8 有 1 个黑色横带；气门及气门片骨化，呈大圆黑斑；腹管基部有 1 个大圆斑。体背毛比腹面毛长 1/3；头部有背毛 140–150 余根；腹部背片 8 有毛 60 余根。触角 6 节，微显瓦纹，为体长的 0.54 倍；节 3 长 0.89 mm，节 1–6 长度比例为：14：14：100：39：38：18+9；节 3 有大小圆形次生感觉圈 9–17 个，分布于全节，排列 1 行；节 4 有 4 或 5 个，分布于中部及端部；节 3 长毛为该节直径的 1.10 倍，节 1–6 毛数分别为：15、24–27、132–139、40 或 41、32–39、14 或 15+4–6 根，节 6 鞭部顶端缺毛。翅黑色不透明，仅径分脉域及翅中部有透明带，翅脉正常，有昙。尾片有毛 44–72 根。尾板有毛 91–130 根。生殖板有长毛 95–110 根。其他特征与无翅孤雌蚜相似。

生物学：寄主植物为板栗、蒙古栎、青冈、栎属 1 种等。群集当年小枝表皮，有时盖满小枝，8 月间尚可为害幼果。在北京 5 月至 6 月中旬发生有翅孤雌蚜，10 月中旬发生有翅性母，10 月下旬至 11 月雌雄交配后在枝干裂隙及芽腋产卵越冬。

分布：浙江（临安）、吉林、辽宁、内蒙古、北京、河北、山东、河南、陕西、江苏、湖北、江西、福建、台湾、广东、海南、广西、四川、贵州、云南；俄罗斯，朝鲜，日本，马来西亚。

294. 日本大蚜属 *Nippolachnus* Matsumura, 1917

Nippolachnus Matsumura, 1917b: 382. Type species: *Nippolachnus pyri* Matsumura, 1917.

主要特征：身体长卵形。头背中缝明显。触角 6 节，为体长的 0.25–0.50 倍，无翅孤雌蚜触角节 3–4 有少数次生感觉圈或无，有翅型节 3–6 有大卵圆形次生感觉圈，原生感觉圈无几丁质环；触角毛长，为节 3 直径的 2.50–6.50 倍。复眼无眼瘤。中胸腹岔两臂分离。喙 5 节，至少可达中足基节，节 4 有 10–30 根次生长毛。足细长，多毛。前翅翅面无色斑，翅痣狭，不延伸到径分脉顶端，径分脉着生在翅痣末缘，呈直线式达翅顶，中脉 2 分叉；后翅有 2 斜脉。无翅孤雌蚜腹部淡色，一般无斑；有翅型腹部淡色，或腹部背片 4、5 有中斑，背片 3–5 有不规则缘斑。腹管位于多毛圆锥体上。尾片半圆形。尾板圆形，多毛。

生物学：该属蚜虫均寄生在蔷薇科植物上，如枇杷、梨、石楠、花楸，发生在 3–7 月，也有发现于 11 月至次年 1 月。该类蚜虫寄生在叶片背面，常沿中脉成排分布。国外记录 *Nippolachnus bengalensis* 有蚂蚁伴生现象（Ghosh，1982）。

分布：东洋区。世界已知 3 种，中国记录 1 种，浙江分布 1 种。

（519）梨日本大蚜 *Nippolachnus piri* Matsumura, 1917（图 7-30）

Nippolachnus piri Matsumura, 1917b: 382.

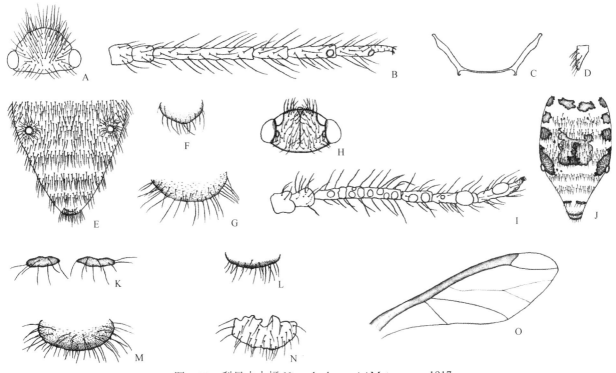

图 7-30　梨日本大蚜 *Nippolachnus piri* Matsumura, 1917

无翅孤雌蚜：A. 头部背面观；B. 触角；C. 中胸腹岔；D. 后足跗节 1；E. 腹部背片 4–8；F. 尾片；G. 尾板。有翅孤雌蚜：H. 头部背面观；I. 触角；J. 腹部背面观；K. 腹部背片 8 背斑；L. 尾片；M. 尾板；N. 生殖板；O. 前翅

主要特征：

无翅孤雌蚜　体长卵形，体长 2.73–3.75 mm，体宽 1.40–1.96 mm。活体体表黄绿色，体背有翠绿色斑。玻片标本淡色，腹部背片 8 有 1 对暗色斑，触角末节、喙顶端、后足胫节端部及跗节深褐色，其他各附肢淡色。体表光滑，头顶至头部后缘有 1 个淡色头盖缝；复眼由多小眼面组成，无眼瘤。气门圆形开放，气门片淡色。中胸腹岔淡色无柄，有一丝相连，单臂横长 0.20–0.26 mm，为触角节 3 的 0.63–0.76 倍。体背密被长尖锐毛，腹部腹面毛短于背面毛，头部背面有毛 120 余根；腹部各节背片密被长尖锐毛，腹部背片 8 有毛 30–42 根。头背毛长 0.18 mm，腹部背片 8 毛长 0.15–0.17 mm，分别为触角节 3 最宽直径的 4.50 倍和 3.75–4.25 倍。头顶呈弧形。触角光滑，无次生感觉圈，全长 0.83–0.99 mm；节 3 长 0.29–0.34 mm，节 1–6 长度比例为：22：23：100：34：52：38+20；触角毛长尖锐，节 1–6 毛数分别为：2–4、8–11、28–36、9–14、16–26、16–23+1–4 根，顶端有刀状毛 2 对；节 3 毛长 0.13–0.16 mm，为该节直径的 3.25–4.00 倍；原生感觉圈大，无睫。喙端超过中足基节，节 4+5 楔状，长 0.16–0.21 mm，为基宽的 2.00–2.27 倍，为后足跗节 2 长的 0.67–0.91 倍；有次生毛 13–18 根。足长，光滑。后足股节为触角全长的 1.50 倍；后足胫节为体长的 0.78 倍，毛长 0.18–0.24 mm，为该节中宽的 2.00–3.00 倍；各足跗节 1 有毛 9–11 根。腹管位于淡色的多毛圆锥体上，有毛 70–90 根，排列成 3 或 4 圈；端宽为触角节 3 最宽直径的 3.25–4.50 倍。尾片粗糙，有刺突，半圆形，长为基宽的 0.50–0.55 倍，有毛 23–27 根。尾板末端圆形，有长短毛 65–98 根。

有翅孤雌蚜　体长椭圆形，体长 2.62–4.62 mm，体宽 1.08–1.69 mm。活体头部、胸部、腹部腹面绿色，腹部背面有黑色横带，背片 2–3、5–6 各有 1 个方形乳白色中侧斑。腹管位于黑色圆锥体上。玻片标本头部、胸部褐色，头背有 1 个明显黑色头盖缝延伸至后缘，腹部淡色，触角、腹管、喙、尾片、尾板及生殖板骨化褐色至黑褐色；后足胫节端部至跗节黑色。腹部背片 1 有 1 对大型中侧斑和 1 对缘斑；背片 2–4 各有 1

对缘斑；背片 3–5 中侧斑愈合成一大型浅褐色方斑，方斑中部部分不规则加深；背片 5–6 缘斑与腹管基斑愈合；背片 7 缘斑小或无；背片 8 有 1 个中断斑横贯全节。气门圆形开放，气门片黑褐色。体表有微细网纹，背斑上比较明显。体背多毛，腹部背片 8 有长毛 14–29 根，毛长 0.12–0.15 mm，为触角节 3 最宽直径的 2.40–3.00 倍。触角为体长的 0.25–0.35 倍；节 3 长 0.28–0.39 mm，节 1–6 长度比例为：23：24：100：40：56：39+19；触角毛长尖锐，节 1–6 毛数分别为：1–7、7–15、25–47、5–18、13–27、13–25+4–8 根，顶端有 2 对刀状感觉毛；节 3–5 分别有大圆形次生感觉圈 6–9、2–4 及 1 个；原生感觉圈大，无睫。喙短粗，仅达中足基节，节 4+5 楔状，为基宽的 2.00–2.63 倍，为后足跗节 2 长的 0.67–0.96 倍；有次生毛 14–23 根。足细长，后足股节为触角长的 1.06–1.51 倍；后足胫节为体长的 0.67–0.99 倍，毛长 0.17–0.25 mm，为该节中宽的 2.43–3.13 倍；各足跗节 1 有毛 9–11 根。前翅中脉色淡，2 分叉；后翅 2 斜脉。腹管位于淡色多毛圆锥体上，有毛 110–180 根，端宽 0.13–0.17 mm。尾片半扁圆形，长为基宽的 0.23–0.37 倍，有毛 21–27 根。尾板末端圆形，有长短毛 47–98 根。生殖板有长毛 54–79 根。

生物学：寄生于枇杷、梨、白杏花等蔷薇科植物上。

分布：浙江（临安）、湖北、江西、福建、台湾、广东、四川、云南；韩国，日本，印度，马来群岛。

295. 瘤大蚜属 *Tuberolachnus* Mordvilko, 1909

Tuberolachnus Mordvilko, 1909: 374. Type species: *Aphis salignus* Gmelin, 1790.

主要特征：体大型，体长 4.00–6.00 mm。中额平，头部背面中缝明显；头背毛细长，可达触角节 3 基宽的 2.40 倍。眼瘤明显。触角 6 节，短于体长的 1/2；节 6 鞭部长为基部的 0.30–0.67 倍；无翅孤雌蚜触角节 4 和有翅孤雌蚜触角节 3–4 有次生感觉圈；触角毛硬，触角节 3 毛长为该节最宽直径的 0.66–1.60 倍。喙端部达后足基节，节 4、5 分节明显或不明显，有 8–16 根次生毛。腹部背面有节间斑。体背毛密，稍长于腹面毛。腹部背片 3–4 间有 1 个大型背瘤（有翅孤雌蚜中某些个体背瘤稍小）。腹管平截状，位于多毛的圆锥体上，基宽为端宽的 1.45–5.00 倍。足光滑，足毛硬，后足胫节毛长为该节中宽的 0.23–0.88 倍。尾片及尾板几乎半月形，有长短毛。

生物学：该属种类寄生在柳属植物、枇杷属植物、木梨等的叶面、叶柄、嫩枝、枝干等部位。

分布：世界广布。世界已知 3 种，中国记录 2 种，浙江分布 1 种。

（520）柳瘤大蚜 *Tuberolachnus salignus* (Gmelin, 1790)（图 7-31）

Aphis salignus Gmelin, 1790: 2209.

Tuberolachnus salignus: Mordvilko, 1935: 267.

主要特征：

无翅孤雌蚜　体卵圆形，体长 4.10–5.58 mm，体宽 2.63–3.68 mm。活体深褐色，与柳枝或干树皮的颜色相仿。玻片标本头部灰黑色，胸部、腹部淡色。触角节 1、2 黑色，节 3–6 黑褐色；喙节 2 端部及节 4+5 有灰黑色斑；胸部各节、腹部背片 1、2 有缘斑，背片 1–6 各有小型中侧斑，背片 8 有 1 个横带；背片 5–6 有 1 个骨化背中瘤，顶端尖黑色。前足股节端部 2/3、中后足股节端部 1/4、胫节基部及端部 1/2、跗节黑色，其他部分深褐色；腹管、尾片、尾板及生殖板深褐色至灰黑色。体表较光滑，微显不规则瓦纹及网纹。节间斑明显深褐色。气门圆形，关闭或稍开放成月牙形；气门片大型隆起，骨化黑色。中胸腹岔有长柄。体背密被长毛，尖锐，排列整齐，头部有背毛 200 余根，腹部背片 8 有毛 40 余根，毛基片骨化，毛长为触角节 3 直径的 1.00–1.40 倍。额瘤不显，额圆顶形，额中部稍下凹，头部背面有明显头盖缝至后头缘部。触角 6 节，光滑，为体长的 0.38 倍；节 3 长 0.71–0.90 mm，节 1–6 长度比例为：13：17：100：36：39：24+10；节 1–6 毛数分别为：15–21、27–36、39–67、13–21、19–30、10–14+1 或 2 根，节

6 鞭部顶端有 2–4 根短毛，节 3 毛长为该节直径的 0.93 倍；节 3 有圆形次生感觉圈 2–4 个，分布于端部；节 4 有 2–4 个，分布于中部。喙长大，端部超过后足基节，顶端钝粗；节 4+5 长为基宽的 1.80–2.33 倍，为后足跗节 2 长的 0.45–0.53 倍；有次生长毛 4–7 对。足粗长，后足股节为触角全长的 1.10 倍；后足胫节为体长的 0.59 倍，毛长为该节直径的 0.41–0.60 倍；各足跗节 1 有毛 17–21 根。腹管截断状，位于多毛灰褐色的圆锥体上，端径 0.15–0.17 mm，为基宽的 2.00 倍，有明显缘突。尾片月牙形，有小刺突构成瓦纹，长为基宽的 0.26–0.35 倍，有粗长毛 24–31 根，细短毛 20 余根。尾板半圆形，粗糙有小刺突，有长毛 80–110 根。生殖板骨化半圆形，有短毛 90–110 根。

有翅孤雌蚜　体长卵形，体长 4.00–4.81 mm，体宽 2.00–2.31 mm。玻片标本头部、胸部黑色，腹部淡色，有黑纹，腹部背片 1–6 有大缘斑，背片 1–6 有中、侧小黑斑，背片 8 有 1 个横带。体表明显有微细网纹。节间斑明显黑色，常与背斑愈合。触角 6 节，全黑色，为体长的 0.43 倍；节 3 长 0.71 mm；节 1–6 长度比例为：15：17：100：36：36：27+8，节 3 有大小圆形次生感觉圈 11–17 个，分布于全节，节 4 有 3 或 4 个次生感觉圈，分布于中部及端部。翅脉正常，中脉 2 分叉。其他特征与无翅孤雌蚜相似。

生物学：寄主为白柳、毛柳、垂柳、爆竹柳、朝鲜柳、光滑柳和青冈柳等多种柳树。柳瘤大蚜是柳树重要害虫。在枝条或树干皮为害，常密布枝条表皮，严重时使枝叶枯黄，影响柳树生长。沿河、湖、海栽植的柳树受害尤重。成虫在树干下部树皮缝隙中或其隐蔽处过冬，在宁夏早春由柳树基部向树枝移动，4、5 月间大量繁殖，盛夏较少，到秋季再度大量发生，直到 11 月上旬还有发现。在内蒙古和吉林 6、7 月间发生较多。应在发生初期用接触剂防治。

分布：浙江（杭州）、黑龙江、吉林、辽宁、内蒙古、北京、河北、山东、河南、陕西、宁夏、甘肃、青海、新疆、江苏、上海、福建、台湾、四川、云南、西藏；俄罗斯，蒙古，朝鲜，日本，印度，伊拉克，土耳其，以色列，黎巴嫩，欧洲，美洲，埃及。

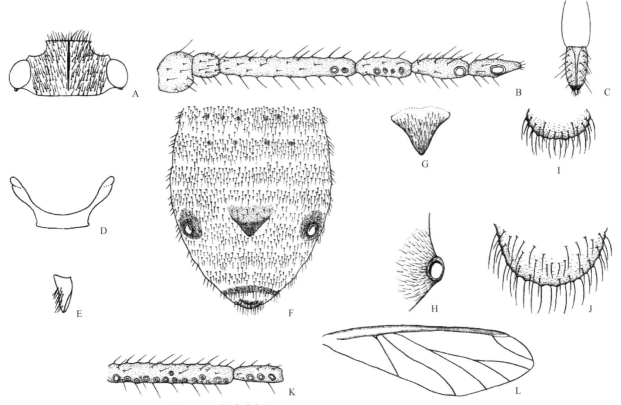

图 7-31　柳瘤大蚜 *Tuberolachnus salignus* (Gmelin, 1790)

无翅孤雌蚜：A. 头部背面观；B. 触角；C. 喙节 4+5；D. 中胸腹岔；E. 后足跗节 1；F. 腹部背面观；G. 腹部背瘤；H. 腹管；I. 尾片；J. 尾板。有翅孤雌蚜：K. 触角节 3–4；L. 前翅

（二十七）长角斑蚜亚科 Calaphidinae

主要特征：头部与前胸分离。复眼大，有或无眼瘤。喙节 4、5 分节不明显。触角大多 6 节，细长，末节鞭部通常长于该节基部的 0.50 倍，有时很长（如单斑蚜属 *Monaphis*），次生感觉圈圆形或卵圆形，有时长椭圆形，在有翅孤雌蚜中仅位于触角节 3，无翅孤雌蚜常无；节 6 原生感觉圈常有睫。爪间毛大都叶状，跗节有或无小刺。翅脉大都正常，有时前翅径分脉不显或全缺，中脉常 2 分叉，后翅常有 2 斜脉，翅脉时常镶黑边。体背瘤和缘瘤时常发达。腹管短截状，有时杯状或环状；无网纹。尾片瘤状，有时半月形。尾板分裂为两叶，有时宽半月形。该科部分种类有蜡片，可分泌蜡丝或蜡粉。性蚜与孤雌蚜相似，雌、雄性蚜大多有翅，少数无翅或为中间型，有喙，可取食。卵生性蚜可产卵数个。同寄主全周期。大多为单食性或狭寡食性，寄主为阔叶乔木、灌木或草本单子叶植物。

生物学：该科大多数种类的常见型为有翅孤雌蚜，而无翅孤雌蚜罕见，甚至不见。大都生活在植物叶上。很多种类单个生活，部分种类营群体生活。大都活泼喜动，部分种类前足基节或连同股节膨大发达，有跳跃能力。

分布：古北区、东洋区、新北区。世界已知 96 属 556 种，中国记录 47 属 137 种，浙江分布 12 属 26 种。

分属检索表

有翅孤雌蚜为主

1. 胚胎胸部缘毛成对；头背有 "V" 形缝；跗节 1 无背毛；寄主大多为桦木科榿木属、桦木属植物 ································· 桦斑蚜属 *Betacallis*
- 胚胎胸部缘毛单一；头背无 "V" 形缝；跗节 1 有 1 对背毛；寄主大多为壳斗科、榆科、桦木科、千屈菜科及竹类植物 2
2. 跗节 1 有腹毛 2 或 3 根；足胫节端部毛与该节其他毛相近；无翅孤雌蚜体背有肉质长刺 ································· 肉刺斑蚜属 *Dasyaphis*
- 跗节 1 有腹毛 5–7 根；足胫节端部毛不同于该节其他毛；无翅孤雌蚜缺或体背有肉质长刺 ································· 3
3. 前足基节正常或多少扩展；头部无背中缝；体背毛至少在腹部缘域成丛分布，腹部背片中侧域毛多于 2 对；胚胎和第 1 龄若蚜背中毛没有侧向移动；寄主为栎属或栗属植物 ································· 侧棘斑蚜属 *Tuberculatus*
- 前足基节明显扩展；头部有背中缝；体背毛成丛分布或腹部每节单对分布；胚胎背中毛通常侧向移动；寄主为榆科、桦木科、无患子科、千屈菜科及竹类植物 ································· 4
4. 前足基节非常扩展，其宽度为中足基节宽度的 1.75–3.00 倍，多数在 2.00 倍以上；在豆科的苜蓿、三叶草上取食 ································· 彩斑蚜属 *Therioaphis*
- 前足基节扩展，其宽度为中足基节宽度的 1.00–2.00 倍，多数在 2.00 倍以上；不取食豆科的苜蓿、三叶草 ································· 5
5. 腹部背片至少前几节缘毛成对 ································· 伪黑斑蚜属 *Pseudochromaphis*
- 腹部背片各节缘毛单一 ································· 6
6. 唇基有指状突起 ································· 凸唇斑蚜属 *Takecallis*
- 唇基正常，无指状突起 ································· 7
7. 腹部背片有指状瘤 ································· 8
- 腹部背片无指状瘤 ································· 10
8. 腹部缘瘤发达，长于腹管；寄主为竹类 ································· 竹斑蚜属 *Chucallis*
- 腹部缘瘤不及上述发达，远远小于腹管；寄主为各类植物，但大多为榆科植物 ································· 9
9. 体宽；腹部背片 2 中瘤黑色，位于中侧域黑色条带上；有翅若蚜体背毛顶端漏斗形，腹部背片 5–7 缘毛短小 ································· 蜥蜴斑蚜属 *Sarucallis*
- 体型正常；腹部背片 2 中侧域通常无黑色条带，中瘤色淡；有翅若蚜体背毛头状，腹部背片 5–7 缘毛长度不等 ································· 长斑蚜属 *Tinocallis*
10. 腹管环状；触角末节鞭部极短，为该节基部 0.30 倍以下 ································· 绵叶蚜属 *Shivaphis*
- 腹管短截断状；触角末节鞭部为该节基部的 0.50 倍 ································· 11

11. 眼瘤不明显；中、后足较前足发达；寄主为竹类···拟叶蚜属 *Phyllaphoides*
- 眼瘤明显；中、后足正常；寄主为豆科（黄檀）和漆树科（盐肤木）植物···················川西斑蚜属 *Chuansicallis*

296. 桦斑蚜属 *Betacallis* Matsumura, 1919

Betacallis Matsumura, 1919: 110. Type species: *Betacallis alnicolens* Matsumura, 1919.

主要特征：头部有不明显的额瘤，背中缝消失，腹面有黑色横带。有翅孤雌蚜触角 6 节，原生感觉圈有睫，次生感觉圈仅限于第 3 节，其他各节缺。触角毛尖或钝顶，短于触角节 3 的直径。胸部无背瘤。腹部缘瘤褐色，其上着生 1 根毛。腹管黑色，通常在靠其基部着生 1 根毛。尾片头状，基部缢缩，长大于宽，多毛。尾板凹入。各足胫节端毛不同于该节其余毛；跗节多刺，跗节 1 有 5–7 根腹毛，无背毛。翅脉色稍深或仅端部着色，前翅中脉 2 分叉，径脉明显弯曲，后翅 2 斜脉。

分布：古北区、东洋区。世界已知 6 种，中国记录 4 种，浙江分布 1 种。

（521）光皮桦斑蚜 *Betacallis luminiferus* Zhang, 1982（图 7-32）

Betacallis luminiferus Zhang, 1982: 73.

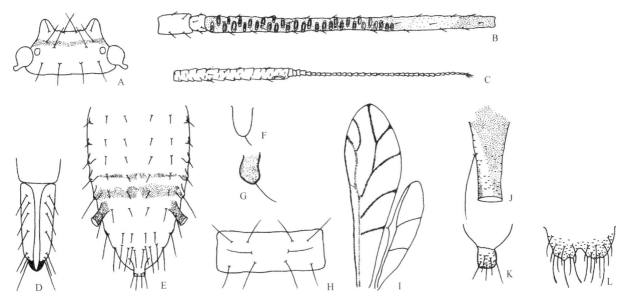

图 7-32　光皮桦斑蚜 *Betacallis luminiferus* Zhang, 1982

有翅孤雌蚜：A. 头部背面观；B. 触角节 1–3；C. 触角节 6；D. 喙节 4、5；E. 腹部背面观；F. 腹部背片 4 缘瘤；G. 腹部背片 5 缘瘤；H. 前胸背板；I. 前、后翅；J. 腹管；K. 尾片；L. 尾板

主要特征：

有翅孤雌蚜　体长卵形，体长 2.60 mm，体宽 0.79 mm。活体浅黄绿色，中胸蛋黄色，前胸两缘黑色，腹部背片有 1 个明显横带。玻片标本体淡色，中额腹面有淡色"Y"形缝，两眼间腹面有黑色横带；中胸稍深，前胸两缘各 1 黑色纵带；腹部缘瘤除背片 5 者黑色外，其余淡色，腹部背片 5 有 1 个窄横带，触角节 1–2 两缘漆黑，节 3–6 除节 3 端部以前及节 4 基半部淡色外，其余均漆黑色；喙顶端、足股节两缘、胫节及跗节漆黑色，腹管黑色，基部稍淡，尾片、尾板淡色。体表无纹，腹部背片 1–6 各有 1 对缘瘤，背片 4–5 者较大，稍长于触角节 2，位于气门内向，各有 1 根刚毛。气门圆形至不规则状，气门片淡色。无节间斑。体背毛尖顶，腹面多毛，长于背毛 2 或 3 倍，头部、胸部背毛为腹部背毛 3–7 倍。中额长毛 2 对，额瘤每侧 1 对，头背部 8 根；前胸背板中、侧、缘毛依次为 6、2、2 根；中胸背板 20 根，缺缘毛；后胸背板

1 对短中毛，1 对长缘毛；腹部背片 1–7 毛位于缘瘤上，各 1 对，背片 5–7 毛长 0.13 mm，为其他缘毛长的 4 或 5 倍；背片 1–7 各有中毛 1 对，短侧毛 1 对，背片 8 有 11 或 12 根长刚毛。头顶毛长 0.09 mm，为触角节 3 最宽直径的 1.70 倍；腹部背片 1 缘毛长 0.02 mm，为触角节 3 最宽直径的 0.38 倍；背片 5 缘毛长 0.13 mm，为触角节 3 最宽直径的 2.50 倍；腹部背片 8 毛长 0.13 mm，为触角节 3 最宽直径的 2.50 倍。中额平，毛基稍隆，额瘤显著外倾，顶端及额瘤内缘骨化黑色。触角细长，为体长的 1.40 倍；节 3 长 1.20 mm，节 1–6 长度比例为：10：6：100：58：51：19+53，节 1–3 光滑，节 4–6 有瓦纹。触角毛短，节 1–6 毛数分别为：4、5、29–33、10–13、8 或 9、0–2+0 根，节 3 毛长为该节最宽直径的 0.36 倍；原生感觉圈纵长卵形，有睫，节 3 有长圆形次生感觉圈 37–45 个，分布于基部 2/3，整齐排列成 1 行。喙达中足基节，节 4+5 长锥形，长为基宽的 2.30 倍，为后足跗节 2 长的 1.30 倍。足细长，股节光滑微显曲纹，胫节除被长毛外，有短刺。后足股节为触角节 3 的 0.74 倍；后足胫节为体长的 0.75 倍，毛长为该节中宽的 2.80 倍；跗节 1 毛序：7，7，7。翅脉正常粗黑，脉镶黑边。腹管短筒形，向端部渐细，长 0.20 mm，稍长于触角节 1，光滑，无缘突，切迹明显。尾片小瘤状，中部收缩，端部较粗，有长毛 5 根；为腹管的 0.75 倍。尾板凹入，有长短毛 15–21 根。生殖板淡色，有 10 余根短毛。

生物学：本种蚜虫取食桦木属的光皮桦，在叶反面和嫩梢分散为害，稍受惊扰就迅速飞走。

分布：浙江（临安）。

297. 川西斑蚜属 *Chuansicallis* Tao, 1963

Chuansicallis Tao, 1963a: 36, 54. Type species: *Chuansicallis chengtuensis* Tao, 1963.

主要特征：有翅孤雌蚜头部背面有 1 个纵缝。前额突起不发达，复眼有眼瘤。触角 6 节，节 3 次生感觉圈长条形，节 6 鞭部与基部等长。前、后翅脉正常，各翅脉有翅昙。腹管截断状，长度略大于其宽。尾片中间缢缩。尾板内陷，为倒"U"形。活体分泌白蜡粉，休息时翅平放于背上。

生物学：该属寄主为豆科和漆树科植物。

分布：东洋区。世界已知 1 种，仅分布在中国，浙江有分布。

（522）成都川西斑蚜 *Chuansicallis chengtuensis* Tao, 1963（图 7-33）

Chuansicallis chengtuensis Tao, 1963a: 54.

主要特征：

有翅孤雌蚜 体纺锤形，体长 1.95 mm，体宽 0.81 mm。活体绿色，体背有翠绿色斑纹，腹部被有长蜡丝，翅平放。玻片标本头部、胸部灰黑色有淡色纹，腹部淡色，背片 1、2、8 有淡色中瘤，其他中瘤不隆起，背片 1–6 各有灰色缘瘤，有鱼鳞状纹；触角节 1–3 及 4–6 端部 1/2–2/5 黑色，喙节 3–5 灰褐色，顶端黑色；足灰黑色，腹管黑色，尾片、尾板灰黑色。体表光滑，头部有稍隆起头瘤 4 对；前胸背板 2 对；腹部背片 1–7 各有 1 对中瘤，背片 1、2 者大，背片 1–6 各有扁馒形瘤 1 对，各瘤顶端有 1 根短毛，节 8 有 1 个扁锥形背瘤，基宽与触角节 2 约等，在瘤的前方有中毛 1 对。体背毛短尖；头部有头顶毛 2 对，头背毛 4 对；前胸背板有中毛 2 对，侧、缘毛各 1 对；腹部背片 1–7 有中毛 1 对，缘毛 1 对，缘毛位于缘瘤顶端；背片 8 有 1 对长刚毛，位于背突上方。头顶毛长 0.02 mm，为触角节 3 最宽直径的 0.65 倍；腹部背片 1 缘毛长 0.01 mm，背片 8 中毛长 0.02 mm。气门圆形开放，气门片灰黑色。节间斑淡色。中瘤及额瘤微隆，头顶至头部背后缘有 1 个骨化头盖缝。触角 6 节，有小刺突横纹，为体长的 0.60 倍；节 3 长 0.49 mm，节 1–6 长度比例为：12：13：100：35：35：23+15；触角毛短尖锐，节 1–6 毛数分别为：5、4 或 5、9–13、2、2、1 或 2+0 根；末节鞭部顶端有毛 5 或 6 根，节 3 毛长为该节最宽直径的 1/3；节 3 有宽带形次生感觉圈 18–23 个，分布于全节。原生感觉圈有长睫。喙短粗，端部达前、中足基节之间，节 4+5 短锥形，为基宽的 1.60

倍，为后足跗节2长的0.83倍，有次生刚毛2-3对。前足基节不膨大，胫节有淡色微瓦纹。后足股节为触角3长的0.89倍；后足胫节为体长的0.34倍，毛长为该节中宽的0.64倍；跗节1毛序：7，7，7。翅脉粗且黑，各脉基部、端部有晕，径分脉明显。腹管截断形，有皱纹，无缘突，有切迹，为端径的0.87倍。尾片瘤状，有小刺突微瓦纹，为腹管的3.90倍，有长短毛7-9根。尾板分裂为2叶，有毛12-16根。生殖板淡色，有毛6-10根。

生物学：该种蚜虫在寄主植物黄檀的叶背及嫩梢为害，严重时造成寄主干黄或枯死。

分布：浙江（杭州）、江苏、湖南、广东、广西、四川。

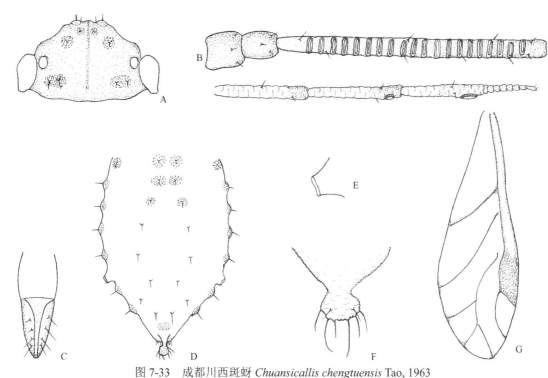

图7-33　成都川西斑蚜 *Chuansicallis chengtuensis* Tao, 1963
有翅孤雌蚜：A. 头部背面观；B. 触角；C. 喙节4+5；D. 腹部背面观；E. 腹管；F. 尾片；G. 前翅

298. 竹斑蚜属 *Chucallis* Tao, 1964

Chucallis Tao, 1964: 221. Type species: *Myzocallis bambusicola* Takahashi, 1921.

主要特征：有翅孤雌蚜前额突起不甚发达。头部无背中缝，上唇基片上方无突起。触角6节，触角末节鞭部稍长于基部。头部及胸部无背瘤。腹部有背中瘤，大于腹管。体毛简单，尖锐。休息时翅平放于体背上，各翅脉不镶黑边。腹管截断状，略长于基宽。尾片瘤状。尾板分裂为两片。胚胎体背毛长头状。头部背前方毛2对，背后中毛2对，后侧毛1对，胸部背板缘毛单一，中毛1对，后胸背毛短于前、中胸背毛；腹部背片1-8缘毛单一，背片4、5、7中毛远离，背片8毛2根。腹管可见。

生物学：寄主在禾本科竹类植物叶片上。

分布：东洋区。世界已知2种，均分布在我国，浙江分布1种。

（523）水竹斑蚜 *Chucallis bambusicola* (Takahashi, 1921)（图7-34）

Myzocallis bambusicola Takahashi, 1921: 70.

Chucallis bambusicola: Tao, 1963a: 62.

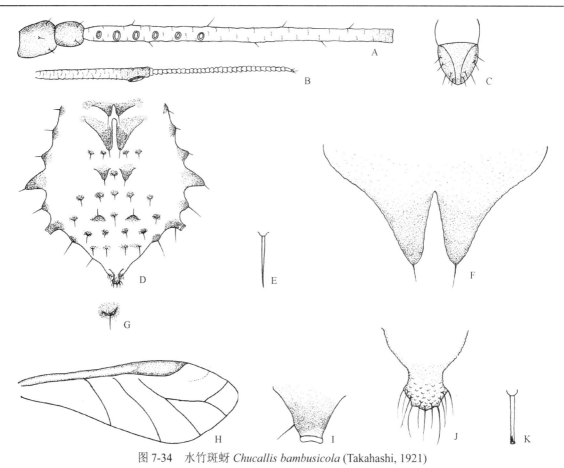

图 7-34　水竹斑蚜 *Chucallis bambusicola* (Takahashi, 1921)

有翅孤雌蚜：A. 触角节 1–3；B. 触角节 5–6；C. 喙节 4+5；D. 腹部背面观；E. 体背刚毛；F. 腹部背片 2 中瘤；G. 腹部背片 3 中瘤；H. 前翅；I. 腹管；J. 尾片。胚胎：K. 体背刚毛

主要特征：

有翅孤雌蚜　体卵圆形，体长 2.14 mm，体宽 1.02 mm。活体黑褐色，有黑斑，背瘤黑色。玻片标本头部及前胸褐色，中胸黑色，腹部淡色；体背中瘤，缘瘤全黑色；触角除节 1、2 黑色外，其他各节淡褐色；喙顶端黑褐色；前足全淡色，中足股节基部 3/4 及基节黑色，后足胫节基部 1/6 和基节黑色，其他部分及各足跗节淡色；腹管黑色，端胫及基部上缘淡色，尾片、尾板淡色。体背有明显背缘瘤，各节背瘤基部与中侧斑融合，头部及胸部无背瘤。体表光滑，背中缘瘤，均有小刺突组成的横纹，腹部背片 1、2、4 各有 1 对宽锥形背中瘤，长度依次为 0.06–0.08 mm、0.13–0.19 mm、0.06–0.08 mm，背片 3、5–7 各有中侧毛基瘤 5 个，扁形突起外，高度均不长于 0.04 mm，各节缘瘤黑色独立，延伸于体外，呈牛角形状，延伸体外，背片 2–5 缘瘤长度依次为 0.03 mm、0.09 mm、0.19 mm、0.05 mm；背片 6 缘瘤与腹管融合，各背瘤、缘瘤顶端有 1 刚毛。体背毛尖锐。头部有头顶毛 2 对，长毛 0.05 mm，为触角 3 最宽直径的 2.10 倍；头部背面有 4 对短毛，毛长 0.01 mm，前胸背板有前中毛 1 对，后中毛 1 对，后缘毛 1 对，前侧角无毛，中胸背板前、中侧毛各 3 对，后中毛 3 对；腹部背片 1 及 5 除背中毛外，有毛 2 或 3 根，腹部背片 1 长毛长 0.06 mm，缘毛 1 对，毛长 0.03 mm，背片 7 有毛 6 根，背片 8 有毛 2 对，各毛基斑黑色，毛长 0.05 mm。气门圆形开放，气门片黑色。中额及额瘤隆起，呈"W"形。触角细长，节 3 基部 1/3 膨大，有微瓦纹，为体长的 0.85 倍；节 3 长 0.56 mm，节 1–6 长度比例为：12：9：100：60：60：36+47；触角毛少，短尖锐，节 1–6 毛数分别为：3 或 4、2、7 或 8、2 或 3、1、1+0 根，末节鞭部顶端有粗尖毛 4 或 5 根；节 3 毛长 0.01 mm，为该节最宽直径的 1/4；节 3 有大圆形次生感觉圈 4–6 个，位于基部膨大处。喙短粗，端部达前胸后缘，节 4+5 盾状，长 0.07 mm，为基宽的 0.90 倍，为后足跗节 2 长的 0.65 倍，有原生毛 2 对，次生毛 2–3 对。足长大，前足基节宽大，大于中后足基节；各足胫节端部 1/3 有淡色小刺突分布；后足股节为触角节 3 的 0.86 倍；后足胫节为体长的 0.41 倍，后足胫节长毛 0.05 mm，为该节中宽的 1.20 倍；跗节 1 毛序：5，5，5。

前后翅脉淡色，无昙；径分脉基半部不明显或缺。腹管截断状，光滑，无缘突，有切迹，为基宽的 1.43 倍，为尾片的 0.69 倍，基部有 1 根长刚毛，毛长于端径。尾片瘤状，有小刺突横纹，为基宽的 0.84 倍，有长短毛 10 或 11 根。尾板分裂为 2 叶，呈 "W" 形，有长短毛 14–16 根。生殖板帽状，有 1 个宽横带，有长短毛 16–18 根。

生物学：在禾本科竹类植物叶片上取食。

分布：浙江（杭州）、甘肃、台湾、香港、四川。

299. 肉刺斑蚜属 *Dasyaphis* Takahashi, 1938

Dasyaphis Takahashi, 1938c: 13. Type species: *Glyphina rhusae* Shinji, 1922.

主要特征：无翅孤雌蚜身体有很长的突起物，头部与前胸愈合。有翅孤雌蚜触角节 3–4 有长椭圆形次生感觉圈。无翅孤雌蚜触角 3 或 4 节，有翅孤雌蚜 5 节；触角末节鞭部短于基部。前翅径分脉消失，其他脉不镶边。跗节 1 有毛 2 或 3 根，无背毛。腹管小，环形，略隆起。尾板分裂为两片，每片均为三角形。尾片中部缢缩，端部球形。

生物学：寄主植物为胡桃科植物。

分布：东洋区。世界已知 2 种，中国均有分布，浙江分布 1 种。

（524）奇肉刺斑蚜 *Dasyaphis mirabilis* (Tseng *et* Tao, 1938)（图 7-35）

Sinocallis mirabilis Tseng *et* Tao, 1938: 213.

Dasyaphis mirabilis: Quednau, 2003: 15.

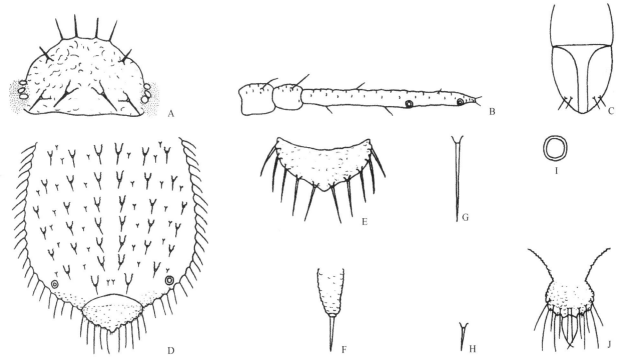

图 7-35　奇肉刺斑蚜 *Dasyaphis mirabilis* (Tseng *et* Tao, 1938)

无翅孤雌蚜：A. 头部背面观；B. 触角；C. 喙节 4+5；D. 腹部背面观；E. 腹部背片 8；F. 体背瘤；G. 腹部缘毛；H. 腹部腹面毛；I. 腹管；J. 尾片

主要特征：

无翅孤雌蚜　体卵圆形，体长 1.59 mm，体宽 1.13 mm。玻片标本体背膜质，无斑纹，触角节 1、2 及端部黑褐色；喙淡色，顶端黑色；股节端部及胫节基部、跗节褐色；背瘤淡褐色；腹管、尾片、尾板黑褐色。体表有不规则皱曲纹，有明显背突瘤，各瘤顶端有 1 根粗尖锐毛。头顶及头部前缘共有 3 对毛基瘤，头背有 2 对隆起背中瘤，各瘤有 1 根端毛；前胸有背瘤 2 对，中胸有背瘤 2–3 对，各瘤顶端有 1 根毛；后胸有隆起背瘤 2–4 对。腹部背片 1–5 各有隆起背瘤 3–4 对，各瘤顶端有粗毛 1 根，粗短毛 2–3 对；节 6 有背瘤 2 对，节 7 有背瘤 1 对，各有粗毛 1 根；节 1–7 各缘域共有粗长刺毛 20 对或 21 对，节 8 背片独立，沿周缘有长刺 5 对。头部至腹部背片 7 最大背瘤长 0.05–0.06 mm，前胸者小，长为其他瘤的 1/2。体背毛粗，尖锐，腹部腹面毛短；头顶毛长 0.06 mm，腹部背片 1 长毛长 0.03 mm，短毛长 0.02 mm，背片 8 毛长 0.10 mm，体缘长毛长 0.07–0.10 mm。气门不显。头顶呈弧形。复眼黑色，由多个小眼面组成。触角 3 节，为体长的 0.19 倍；节 3 长 0.24 mm，节 1–3 长度比例为：18：15：100；节 1、2 各有毛 1 根，节 3 有毛 4 根，末节鞭部顶端有毛 2 或 3 根，节 3 毛长为该节最宽直径的 0.35 倍。喙粗，端部不达中足基节；节 4+5 短盾状，为基宽的 1.20 倍，为后足跗节 2 长的 1.20 倍，有原生短毛 2 对，缺次生毛。足光滑；后足股节为触角节 3 的 1.10 倍；后足胫节为体长的 0.21 倍。跗节 1 毛序：2，2，2。腹管环状，直径 0.03 mm，为复眼的 1/2。尾片瘤状，布满粗刺突，有长毛 15 根。尾板分裂为两片，有长毛 14–20 根。

生物学：寄主植物为枫杨。

分布：浙江（杭州）、湖南、台湾、广西。

300. 拟叶蚜属 *Phyllaphoides* Takahashi, 1921

Phyllaphoides Takahashi, 1921: 75. Type species: *Phyllaphoides bambusicola* Takahashi, 1921.

主要特征：有翅孤雌蚜额瘤不发达，中额瘤圆。体表光滑，毛少。触角 6 节，节 3 基部有小圆形次生感觉圈。复眼无眼瘤。喙粗短，达前足基节。中、后足股节特别发达。前翅翅痣狭长，径分脉不显。腹管环状。尾片中间缢缩。尾板"∩"形。寄主植物为禾本科竹类。

分布：东洋区。世界已知 1 种，中国记录 1 种，浙江分布 1 种。

（525）居竹拟叶蚜 *Phyllaphoides bambusicola* Takahashi, 1921 （图 7-36）

Phyllaphoides bambusicola Takahashi, 1921: 75.

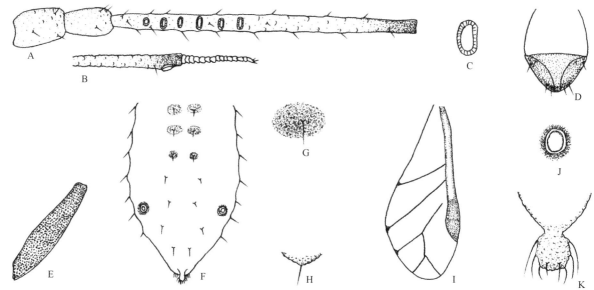

图 7-36　居竹拟叶蚜 *Phyllaphoides bambusicola* Takahashi, 1921

有翅孤雌蚜：A. 触角节 1–3；B. 触角节 6；C. 次生感觉圈；D. 喙节 4+5；E. 股节及蜡孔；F. 腹部背面观；G. 腹部背片 1 中瘤；H. 腹部缘瘤；I. 前翅；J. 腹管；K. 尾片

主要特征：

有翅孤雌蚜　体椭卵形，体长 2.19 mm，体宽 0.84 mm。活体全乳白色，中胸淡黄色，被白粉。玻片标本身体全透明白色，触角淡色，节 3–6 各顶端灰黑色，喙及足跗节淡褐色，足、腹管、尾片、尾板及生殖板淡色。体表光滑，无斑纹。头部背面上方有 1 对淡色斑瘤，腹部背片 1–7 各有不甚明显的淡色缘瘤，腹部背片 1–3 有淡色中瘤，不隆起，各瘤有皱曲纹。气门小，圆形开放，气门片淡色。无节间斑。体背毛短尖锐，腹部腹面多毛，短于体背毛。头顶有中毛 1 对，头部背毛 4 对；前胸背板有中毛 2 对，缘毛 1 对；腹部背片 1–7 各有中毛 1 对，缘毛 1 对；背片 8 有 1 对中毛。头顶毛长 0.03 mm，为触角节 3 最宽直径的 0.87 倍；腹部背片 1 缘毛长 0.02 mm，背片 8 中毛长 0.04 mm。中额及额瘤微隆，呈浅"W"形。触角细长，节 1–3 基半部光滑，节 3 端半部至节 6 有微刺突组成的横瓦纹，为体长的 0.74 倍；节 3 长 0.51 mm，节 1–6 长度比例为：16：14：100：68：61：35+23；触角毛短尖，节 1–6 毛数分别为：4 或 5、2–4、19–25、7 或 8、3–5、1 或 2+0 根，节 3 毛长 0.02 mm，为该节最宽直径的 0.47 倍；节 3 有 4–6 个椭圆形次生感觉圈，原生感觉圈有睫。喙粗短，端部仅达前足基节，节 4+5 短盾状，为基宽的 0.56 倍，为后足跗节 2 长的 0.39 倍，有 3 对或 4 对短毛，其中次生毛 1 对或 2 对。股节布满上千个小圆蜡孔，其他节较少。后足股节为触角节 3 长的 1.10 倍；后足胫节为体长的 0.31 倍；毛长 0.03 mm，为该节中宽的 0.59 倍；跗节 1 毛序：5，5，5。前翅径分脉不显，无昙。腹管环状或孔状，端径 0.04 mm，稍宽于触角节 3 最宽直径，无缘突。尾片瘤状，与基宽约等，有短毛 8 根。尾板分裂为两片，呈"W"形，有毛 13 根。生殖板有毛 11 或 12 根。

生物学： 在寄主叶反面群居，有白色蜡粉。寄主植物有斑竹、楠竹、刚竹、苕竹、桂竹等。

分布： 浙江（临安）、江苏、湖北、湖南、台湾、广东、四川。

301. 伪黑斑蚜属 *Pseudochromaphis* Zhang, 1982

Pseudochromaphis Zhang, 1982: 70. Type species: *Chromaphis coreanus* Paik, 1965.

主要特征： 有翅孤雌蚜额瘤不显，中额瘤突出。复眼有眼瘤。触角 6 节。头部和胸部背面有纵带和斑纹；腹部背片有小中斑、大型侧斑和缘斑；节间斑明显，中、侧缘毛单一，位于毛瘤上，长度短于触角节 3 最宽直径。前足基节不膨；跗节 1 有 5 根腹毛和 2 根背毛。前翅大部分黑色，径分脉缺；后翅翅脉镶黑色边。爪间毛抹刀状。喙端部不达中足基节。腹管截断状。尾片瘤状。尾板分裂为两片。

生物学： 在榆科植物叶反面寄生。

分布： 东洋区。世界已知 1 种，分布在中国和韩国，浙江也有分布。

（526）刺榆伪黑斑蚜 *Pseudochromaphis coreanus* (Paik, 1965)（图 7-37）

Chromaphis coreanus Paik, 1965: 45.

Pseudochromaphis coreanus: Zhang & Zhong, 1982a: 70.

主要特征：

有翅孤雌蚜　体卵圆形，体长 1.60 mm，体宽 0.74 mm。活体淡绿色或淡黄色，有黑斑，翅有黑斑。玻片标本头部、胸部黑色，有淡色圆斑和纵斑；头背有 4 对透明斑纹，额瘤附近 1 对圆形，其直径大于单眼，单眼内方 1 对长形，其长约等于触角节 2，后头部有 2 对不规则形，其长度小于触角节 2，中央有 1 个纵带呈瓶状，从顶端延伸后部；前胸背板中央和两侧各有 1 个透明纵带，在侧片区各有 1 对愈合或分开的小圆斑，中胸围绕盾片呈"V"形斑，盾片下方有 3 条纵带，两侧各有 1 个圆斑，后胸有 1 个大圆斑。腹部各背片有小型黑色分散中斑及大型侧斑；背片 1–7 各有大缘斑，背片 6 与腹管愈合成基斑，背片 8 有 1 对中斑。触角节 1、2、5、6 及节 3、4 端部黑色，喙顶端、股节外缘、胫节端部及跗节黑色，腹管灰黑色，尾片及尾板淡色。体表光滑，腹部有小刺突横纹。气门圆形开放，气门片黑色。节间斑明显黑色；以腹部中、缘域者小，侧域节间斑大，横长等于或大于触角节 1。体背毛短尖，骨化，头部有背毛 12 根，其中有中额毛 2 对，各透明斑均有 1 根短毛；前胸背板有侧毛 2 对，缘毛 1 对，中胸背板有中侧毛 8 根，腹部背片 1–7 中、侧缘斑各有 1 根短刚毛，除背片 3、4，有时背片 5 有毛 7 根外，其余各节背片有毛 6 根，有时背片 7 仅有毛 5 根，背片 8 有毛 2 根，有时 3 根，背片 1–5 中斑毛瘤明显隆起，其他不显。头顶毛、腹部背毛长分别为触角节 3 最宽直径的 0.80 倍、0.40 倍，腹部腹面毛与背毛约等长。中额显著隆起，延长成锥形，中额高度大于触角节 1 长度，额瘤稍显。触角细，有瓦纹，为体长的 0.69 倍，节 3 长 0.41 mm，节 1–6 长度比例为：13：13：100：51：44：29+10；节 1–6 毛数分别为：4、2 或 3、9–11、2、1、1+0 根，节 3 毛长为该节最宽直径的 0.37 倍；节 3 有大型橘瓣形次生感觉圈 3–6 个，分布在基半部。喙端部达前、中足基节之间，节 4+5 长为基宽的 1.60 倍，为后足跗节 2 长的 0.90 倍，有原生毛 2 对，次生毛 3 对。足短粗光滑，后足股节为触角节 3 长的 0.82 倍，后足胫节为体长的 0.41 倍，端部淡色，有粗距 1 对，毛长与该节中宽约等长，为基宽的 0.75 倍；跗节 1 毛序：5，5，5。前翅大部分黑色，仅径脉区、肘脉端及基部透明，但黑色部分也杂有很多透明斑点，缺径分脉；后翅脉镶黑色宽带，黑带中杂有透明部分。腹管短筒形，光滑，无缘突，切迹明显骨化，为基宽的 0.68 倍，为尾片的 0.70 倍，稍长于触角节 1。尾片瘤状，有微刺突横纹，有长短毛 8 或 9 根。尾板分裂为两片，有毛 11 或 12 根。生殖板淡色，有 10–12 根稍长刚毛。

生物学：本种在叶反面分散为害，在背风处发生较多。遇惊扰飞走。在北京，10 月中旬发生雌性蚜，在刺榆枝条上产卵越冬。本种为常见种。

分布：浙江（杭州）、辽宁、北京；韩国。

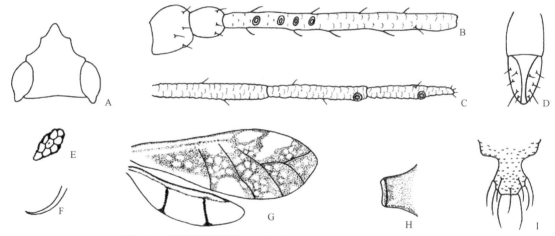

图 7-37　刺榆伪黑斑蚜 *Pseudochromaphis coreanus* (Paik, 1965)

有翅孤雌蚜：A. 头部背面观；B. 触角节 1–3；C. 触角节 4–6；D. 喙节 4+5；E. 节间斑；F. 爪间毛；G. 前、后翅；H. 腹管；I. 尾片

302. 蛴螬斑蚜属 *Sarucallis* Shinji, 1922

Sarucallis Shinji, 1922: 730. Type species: *Sarucallis lythrae* Shinji, 1922 = *Sarucallis kahawaluokalani* (Kirkaldy, 1907).

主要特征：有翅型活体头胸部被白色蜡簇。头顶缘域有黑色纵带，中域 1 黑色长纵带。胸部有斑纹及黑色纵带，无瘤或隆起。触角节 3、足端部及腹部背片 8 有小刺突。头盖缝不显。头顶前中毛毛基稍隆起，呈瘤状，后中毛 2 对，毛基不隆起。腹部宽。腹部背片 1 有 1 对圆锥形黑色中瘤；背片 2 中侧域有 1 个黑色条带几乎延伸至体缘，上有 1 对黑色中瘤，基部相连；背片 3–8 各有 1 对黑色中瘤，很小，稍隆起，背片 3、5、7 者相距远；背片 1–5 各有 1 对缘瘤和缘斑，背片 1、5 者很小，背片 2–4 缘瘤大，圆锥形。触角次生感觉圈窄椭圆形。前足基节显著膨大。静止时翅平叠于体背；前翅翅痣几乎黑色，下方有新月形黑色斑点，前翅径分脉半显，脉镶黑边。腹管黑色或部分骨化，圆筒形，无毛。尾片瘤状。尾板分裂为两片。

分布：古北区、东洋区、新北区。世界已知 1 种，中国记录 1 种，浙江分布 1 种。

（527）紫薇长斑蚜 *Sarucallis kahawaluokalani* (Kirkaldy, 1907)（图 7-38）

Myzocallis kahawaluokalani Kirkaldy, 1907b: 10.

Sarucallis kahawaluokalani: Tao, 1963a: 68.

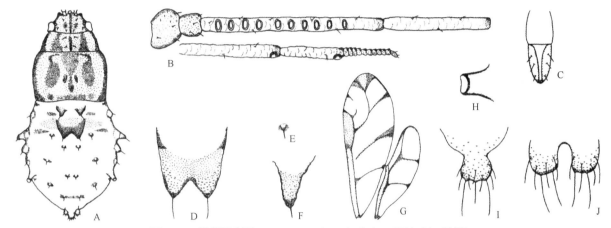

图 7-38　紫薇长斑蚜 *Sarucallis kahawaluokalani* (Kirkaldy, 1907)

有翅孤雌蚜：A. 身体背面观，示斑纹；B. 触角；C. 喙节 4+5；D. 腹部背片 2 中瘤；E. 腹部背片 3 中瘤；F. 腹部背片 3 缘瘤；G. 前、后翅；H. 腹管；I. 尾片；J. 尾板

主要特征：

有翅孤雌蚜　体宽三角形，体长 2.10 mm，体宽 1.10 mm。活体黄色，斑纹黑色。玻片标本头背周围有窄斑，正中 1 长纵带，带两侧各 1 不规则形斑。前胸背板有中、侧、缘纵带，中胸前盾片黑色，形成 1 三角形斑，两盾片各 1 肾形纵带，黑色"V"形缝两侧各 1 纵长圆形斑，小盾片、后盾片及后胸黑色，前胸侧片各有 1 个黑色网纹组成弯曲长圆形蜡腺，缘片及前缘黑色；腹部淡色，背片 1 有 1 对稍长于触角节 1 隆起的黑中瘤，背片 2 具 1 对隆起黑中瘤，基部相连，为触角节 6 基部的 1.30 倍，背片 3–8 各有 1 对黑色中瘤稍隆起，背片 3、5、7 者距离远，背片 6、8 者相连，背片 1 每侧有 1 侧斑，背片 2 侧斑与中斑相连成横带，背片 3 侧斑断续，其他节无中侧斑，腹部背片 1–5 各有缘瘤和缘斑，背片 1、5 者很小，背片 3 缘瘤与触角节 6 基部长约相等。触角节 1–2 及节 3–5 的基部、顶端及鞭节均黑色，喙顶端黑色，前足淡色，中后足基节、中足股节 2/3、后足股节端部 2/5 及后足胫节基部 1/4 为黑色，其他淡色。腹管黑色，尾片、尾板及生殖板淡色。体表除斑、瘤外光滑，腹部每一中瘤及缘瘤各有 1 根粗短刚毛，有小刺突横纹。气门小，圆形关闭，气门片淡色稍隆起。触角节 1 基部各有 4 或 5 个小蜡孔组成蜡片，头中央及两侧各有 5 或 6 个蜡孔组成蜡片。前胸背板侧斑有断续长条形 15–17 个蜡孔组成蜡片，腹部背片节间斑不显。体背毛粗短尖顶。头部毛基隆起，头部背毛 10 根；前胸背板中毛 2 对，缘毛 1 对，中胸背板有毛 20 根，后胸背板中毛 1 对；腹部背片除中瘤及缘瘤上各有毛 1 根外，无其他刚毛。头顶毛、腹部背片 1 缘毛、背片 8 毛长分别为触角节 3 最宽直径的 0.56 倍、0.23 倍、0.53 倍。有翅若蚜体背毛粗钉状。胚胎体背毛钉状，腹面毛尖。中额隆起，有 2 根刚毛，毛瘤稍隆起，额瘤稍隆外倾，各 1 根刚毛，位于甚隆起的毛瘤上。触角细长，有微刺横纹，为体长的 0.64 倍；节 6 鞭部膨大，节 3 长 0.44 mm，节 1–6 长度比例为：13∶12∶100∶61∶56∶33+27；节 1–5 毛数分别为：3 或 4、2–4、6–10、0–2、0–2 根，节 6 缺毛；节 3 毛长为该节最宽直径的 0.23 倍；节 3 基部 2/3 粗大，有横长圆橘瓣状次生感觉圈 9 或 10 个。喙短粗，超过前足基节，节 4+5 长为基宽的 1.60 倍，与后足跗节 2 约等长，有刚毛 6 根。前足基节膨大，约为中、后足基节的 2 倍，股节毛稀，有淡色长卵形体，中足股节短于前、后足股节，与触角节 3 约等长或稍短；后足胫节为体长的 0.35 倍，后足

胫节毛长为该节直径的 0.83 倍；跗节 1 毛序：7，7，7。前翅径分脉半显，脉镶黑边。腹管截断筒状，为尾片的 0.58 倍，有微刺突横纹，无缘突及切迹。尾片瘤状，有 1 对粗长刚毛及短毛 7–10 根。尾板分裂为两片，每片有粗长毛 1 对，短毛 5 或 6 根。生殖板有短毛 15–17 根。

生物学：寄主植物为紫薇。盖满幼叶反面，使幼叶卷缩，凹凸不平。常造成严重为害。但在北京虽有其寄主植物分布，通常无此蚜发生，仅在秋季偶见。

分布：浙江（临安）、河北、山东、江苏、上海、福建、海南、广西、贵州；朝鲜，韩国，日本，菲律宾，欧洲南部、北美。

303. 绵叶蚜属 *Shivaphis* Das, 1918

Shivaphis Das, 1918: 245. Type species: *Shivaphis celti* Das, 1918.

主要特征：成蚜蜡片发达。复眼有眼瘤。触角 6 节，节 2 短于节 1，节 6 鞭部长为基部的 0.20 倍。喙节 4+5 有次生毛 2–16 根。腹部背片缺指状瘤，腹部背毛平行排列。足胫节端部毛与该节其他毛明显不同；跗节 1 有背毛 2 根，腹毛 5–7 根；爪间毛扁平。腹管低，环状。尾片瘤状。尾板分裂为两叶。生殖突 1 或 2 个。

生物学：本属蚜虫主要取食榆科朴属植物，个别在榆属植物和木犀科的木犀上取食。

分布：东洋区。世界已知 6 种，中国记录 5 种，浙江分布 3 种。

分种检索表

有翅孤雌蚜

1. 前翅径分脉明显；腹管环状；触角末节鞭部为基部的 0.20 倍 ··· 朴绵叶蚜 *S. celti*
- 前翅径分脉缺；腹管截断状；触角末节鞭部为基部的 0.60 倍 ·· 2
2. 喙端节长为基宽的 1.40 倍，短于后足跗节 2 ······························· 斯氏绵叶蚜 *S. szelegiewiczi*
- 喙端节长为基宽的 2.2 倍，等于或稍长于后足跗节 2 ·················· 杭州华绵叶蚜 *S. hangzhouensis*

（528）朴绵叶蚜 *Shivaphis celti* Das, 1918（图 7-39）

Shivaphis celti Das, 1918: 245.

主要特征：

无翅孤雌蚜 体长卵形，体长 2.30 mm，体宽 1.10 mm。活体灰绿色，秋季部分个体显粉红色，体表有蜡粉和蜡丝。玻片标本头部和前胸灰黑色，腹部淡色，蜡片灰色至灰黑色。体表光滑。触角灰色至灰黑色，节 3 基部 1/2 淡色，节 3 端部 1/5、节 4 端部 1/3、节 5 端部 1/2 及节 6 黑色；喙及足灰褐色至淡灰黑色，股节基部 1/3–1/2 及胫节中部 2/3 淡色；腹管灰色，尾片、尾板及生殖板与体同色。头部背面及前胸密布蜡腺，前头部有中缝，复眼内侧不见蜡腺；前胸背板有大型前中蜡片 1 对及后中蜡片 1 对，彼此相接，占据全节背中部，前中蜡片前缘黑色，有黑色小侧蜡片 1 对，与中蜡片相接，有大缘蜡片 1 对；中胸背板有中、缘蜡片各 1 对，有小型中、侧毛基蜡片；后胸背板、腹部背片 1–7 各有中蜡片 1 对，向后部蜡片逐渐增大，各有大型缘蜡片 1 对，缺侧蜡片；腹部背片 8 背蜡片相愈合为横带。中胸腹面 2 中足基节间有蜡片 1 对，各有蜡孔 45–50 个。中胸中蜡片有蜡孔 30–45 个，后胸中蜡片有蜡孔 17–25 个；腹部背片中蜡片蜡孔数：背片 1 为 30–35 个，背片 3 为 23–28 个，背片 7 为 70–80 个。腹部背片 3 缘蜡片有蜡孔约 110 个。每蜡孔包含 2–10 个多角形至圆形微蜡孔。气门圆形关闭，气门片黑色隆起。节间斑不显。中胸腹岔淡色无柄。体背毛短尖，头部背面有毛 12 根；前胸背板有中、缘毛各 1 对，中胸背板有中、侧、缘毛各 6、4、2 根，后胸背板及腹部背片 1–7 各有中毛、缘毛各 1 对，背片 8 有毛 1 对。头顶毛、腹部背片 1 缘毛、背片 8 毛长分别为触角节 3 直径的 0.89 倍、1.10 倍、1.30 倍。额中缝及额瘤基部稍下凹，额前缘呈双弧形，额瘤不明显。触角 6 节，为体长的 0.49 倍，节 1、2 及节 3 基部 1/3–2/3 光滑，节 3 端部 1/3、节 4 及节 5 端部 1/3 正面有蜡孔分布，其他部分有瓦纹；节 3 长 0.45 mm，节 1–6 长度比例为：17：14：100：46：46：36+8；节 1–6 毛数分别为：5 或 6、3、9 或 10、2–4、2 或 3 根、1+0 根，节 3 毛长为该节直径的 0.25 倍；节 3 中部有小圆形次生感觉圈 2 个，节 6 有大型原生感觉圈，外侧有短粗小刺 1 行。喙粗短，端部超过前足基节，节 4+5 长为基宽的 1.30 倍，为后足跗节 2 长的 0.69 倍，两缘稍隆，顶端钝，有原生刚毛 4 根，次生短刚毛 6 根。各足股节背侧有蜡孔，端半部有伪感觉圈，各足胫节表面密布蜡孔。后足股节与触角节 3 约等长；后足胫节长为体长的 0.38 倍，毛长为该节直径的 0.46 倍。跗节 1 毛序：8，8，8，其中各有背刚毛 2 根，端刚毛 3 根（包括 1 根短刚毛，2 根长刚毛）及腹刚毛 3 根，此外每跗节腹面尚有短小刚毛 5 根。爪间毛扁。腹管甚短，长约为端宽的 1/4，有时仅为环状隆起。尾片瘤状，有瓦纹，有曲毛 8 根及多数短毛。尾板末端深凹成两叶，有曲毛 19 根。生殖板有短毛 25 根。

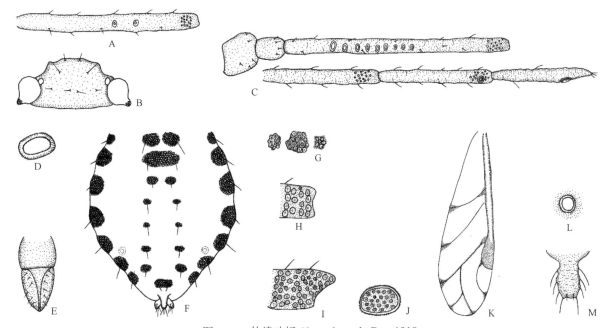

图 7-39　朴绵叶蚜 Shivaphis celti Das, 1918

无翅孤雌蚜：A. 触角节 3. 有翅孤雌蚜：B. 头部背面观；C. 触角；D. 次生感觉圈；E. 喙节 4+5；F. 腹部背面观；G. 蜡孔；H. 触角节 3 蜡片；I. 后足股节端部蜡片；J. 腹部背蜡片；K. 前翅；L. 腹管；M. 尾片

有翅孤雌蚜　体长卵形，体长 2.20 mm，体宽 0.90 mm。活体黄绿色至淡绿色。头部及胸部褐色，腹部有斑纹，体被蜡粉蜡丝。玻片标本头部灰色，头部后下角、后缘及两侧单眼基部黑色；胸部黑色；腹部淡色，有灰褐色明显蜡腺片。触角节 1、2 灰褐色，节 3–5 端部及节 6 黑褐色，喙、足股节端部及胫节基部、跗节黑褐色。腹部背片 1–7 各有中蜡片 1 对，背片 1、2、7 中蜡片大型，背片 3 中蜡片中等，背片 4、6 中蜡片小型，各中蜡片圆形至半椭圆形，侧蜡片不显；背片 8 的 2 个中蜡腺斑相连为背中横带，背片 1、3、5、7 中蜡腺蜡孔数分别为：115–125、38–42、19–21、110–120 个；背片 2–7 均有大型缘蜡片，背片 1 缘蜡片小或不明显，背片 2–5 缘蜡片大方形，背片 6、7 缘蜡片三角形；背片 2–4 缘蜡腺有蜡孔 150–180 个。气门三角形关闭，气门片骨化黑褐色。节间斑不明显。额中缝及额瘤基部下凹，额瘤隆起。触角 6 节，有瓦纹，节 3–5 骨化部分有蜡孔分布，节 1、2 及 3 基部光滑，为体长的 0.72 倍，节 3 长 0.54 mm，节 1–6 长度比例为：15：13：100：54：51：38+6；节 1–6 毛数分别为：2–5、3 或 4、11–18、3 或 4、2 或 3、2+0 根，节 3 毛长为该节直径的 0.34 倍；节 3 中部有横长圆形次生感觉圈 8–13 个，排成 1 行。喙短粗，端部超过前足基节，节 4+5 长为基宽的 1.20 倍，为后足跗节 2 长的 0.69 倍，有原生长刚毛 2 对，次生刚毛 5 对。后足股节为触角节 3 长的 1.10 倍；后足胫节为体长的 0.45 倍，毛长为该节中宽的 0.75 倍；各胫节端部有 3 根毛特化为粗短的刺，爪间毛扁。翅脉正常，各脉褐色有宽昙。腹管环状，稍显隆起，骨化，无缘突及切迹。尾片长瘤形，稍长于触角节 1，为体长的 0.05 倍，有长短刚毛 8–11 根。尾板末端内凹为两叶，有长短毛 19–24 根。生殖板末端稍平直，有短毛 17–21 根。

生物学：寄主植物为黑弹树（小叶朴）、大叶朴、青朴、沙朴、云南朴、美国朴、澳洲朴等朴属植物和扁担木；国外记载为害朴树和四蕊朴。该种在浙江一带是常见种，常在叶反面叶脉附近分散为害，但大量发生时可盖满叶面和嫩梢，有时钻入一种木虱形成的塔形虫瘿中与之共栖，严重时可使幼枝枯黄，影响朴树生长。蚜体、触角和足为蜡粉蜡丝厚厚覆盖，很像小棉球。遇震动容易落地或飞走。4–6 月为害较重。在北京以卵在朴属植物枝上越冬，10 月间出现有翅雄蚜和无翅雌性蚜。雌性蚜交配后，在枝条的绒毛上及粗糙表面产卵越冬。次春 3 月间朴树发芽，越冬卵孵化。双带盘瓢虫等天敌捕食其成虫和若虫。

分布：浙江（临安）、辽宁、北京、河北、山东、江苏、上海、湖南、福建、台湾、广东、广西、四川、贵州、云南；韩国，日本。

（529）杭州华绵叶蚜 *Shivaphis hangzhouensis* Zhang *et* Zhong, 1982（图 7-40）

Sinishivaphis hangzhouensis Zhang *et* Zhong, 1982a: 68.

Shivaphis hangzhouensis: Remaudière *et* Remaudière, 1997: 223.

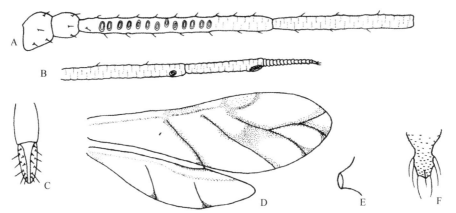

图 7-40　杭州华绵叶蚜 *Shivaphis hangzhouensis* Zhang *et* Zhong, 1982
有翅孤雌蚜：A. 触角节 1–4；B. 触角节 5–6；C. 喙节 4+5；D. 前、后翅；E. 腹管；F. 尾片

主要特征：

有翅孤雌蚜　体椭圆形，体长 2.30 mm，体宽 0.90 mm。活体水绿色，被白蜡丝，头背两缘、中胸中叶盾片及各节缘斑黑褐色，前、后胸绿色，各附肢灰白色，足胫节端部及跗节灰黑色，翅脉有昙、扩大成黑带，若虫无被白粉。玻片标本头部、胸部灰黑色；腹部淡色，有灰色蜡腺片，背片 1–3 蜡片色较深，其他节渐淡。触角淡色，节 3–6 端部灰黑色，喙顶端漆黑色，足股节端部 1/2 及跗节灰黑色，腹管、尾片、尾板及生殖板淡色。体表光滑，在头部、胸部、腹部各节背片均有蜡片，由圆形蜡孔组成，附有长刚毛；头部背面各毛基部有圆形蜡片，以额背前毛蜡片最显著；前胸背板有中、侧、缘蜡片各 1 对，位于各毛基部，均小于触角节 2；中胸背板各毛基部有不明显蜡片；腹部背片 1–8 中蜡片相连为横长圆形斑或横带，各有大型缘蜡片 1 对，背片 7 各蜡片不明显；中胸腹面两中足基节间缺蜡片。腹部背片中蜡片蜡孔数：节 1 约 300 以上，节 3 约 200 以上；每蜡孔包含 3–7 个微蜡孔。足股节及胫节布满小圆形蜡孔。气门圆形开放，气门片稍骨化。体背刚毛长尖；头部有头顶毛 1 对，头背毛 4 对；前胸背板有中、侧、缘毛各 1 对，腹部背片 1–7 各有缘毛 1 对，中毛 1 对，背片 8 有中毛 3 根，两侧缘毛各 3 根，毛长 0.06 mm，为触角节 3 直径的 1.80 倍。头顶及腹部背片 1 缘毛稍短于背片 8 毛。中额稍隆，额瘤微隆外倾。触角细长，微显横纹，为体长的 1.20 倍，节 3 长 0.84 mm，节 1–6 长度比例为：11：8：100：71：66：39+25；节 3 有短毛 17 或 18 根，节 6 基部有时有 1 根毛，节 3 毛长为该节直径的 0.35 倍；节 3 有横长卵形次生感觉圈 13–16 个，分布于中部约 1/2。喙端部不达中足基节，节 4+5 端部钝，为基宽的 2.20 倍，比后足跗节 2 稍长或相等，有刚毛

约 8 对。足细长，后足股节与触角节 3 约等长；后足胫节基部粗大，向端部渐细，为体长的 0.70 倍，毛长与该节基部直径约等长；跗节 1 毛序：7，7，7。翅脉正常，但径分脉不显，前翅各脉镶宽黑带，后翅脉镶窄边。腹管截断状，为尾片的 0.40 倍，长与端径约相等。尾片瘤状，中部收缩，有长短坚硬毛 7 根。尾板分裂为两片，有长短刚毛 18 或 19 根。生殖板淡色，有刚毛 14–16 根，包括前部毛 2–3 对。

生物学：寄主植物为桂花、朴树。分散在背风处叶反面，数量很少。为稀有种。

分布：浙江（杭州）、湖南。

（530）斯氏绵叶蚜 *Shivaphis szelegiewiczi* Quednau, 1979（图 7-41）

Shivaphis szelegiewiczi Quednau, 1979: 514.

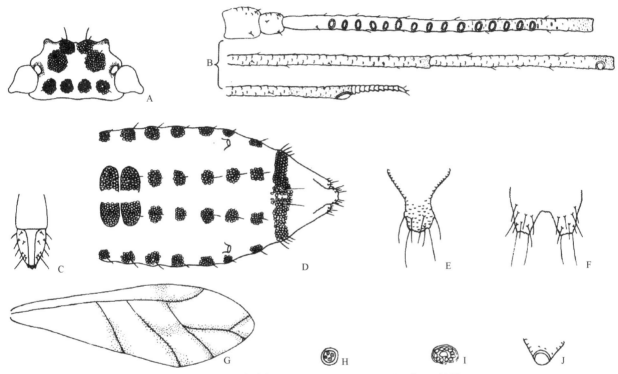

图 7-41 斯氏绵叶蚜 *Shivaphis szelegiewiczi* Quednau, 1979

有翅孤雌蚜：A. 头部背面观；B. 触角；C. 喙节 4+5；D. 腹部背面观；E. 尾片；F. 尾板；G. 前翅；H. 腹部背蜡孔；I. 足蜡孔；J. 腹管

主要特征：

有翅孤雌蚜　体椭圆形，体长 2.33 mm，体宽 0.84 mm。活体浅绿色，被白粉及蜡丝。玻片标本头部、胸部深色，腹部淡色，无斑纹，背中蜡片淡色，腹部背片 1、2 蜡片边缘深色明显，各蜡片由多环形蜡孔组成，头顶与头背前方有 2 对大型蜡片，有时愈合，头背后方有 2 对小蜡片，前胸 2 对背中蜡片愈合，缘蜡片明显，中胸背板有蜡片 3 对，位于两侧盾片处，后胸背板缺缘蜡片；腹部背片 1、2 各有 1 对马蹄形蜡片，各愈合成一个椭圆形，背片 3–7 各背中蜡片 1 对，各由淡色蜡孔组成，背片 1–7 各有 1 对缘蜡片，背片 2–4 者大，背片 8 蜡片呈带状，中央隆起。触角节 1、2 深色，节 2–6 各端部黑色，其他部分淡色。喙淡色，顶端黑褐色；前中足股节、胫节淡色，中足股节端部外缘有黑色斑，后足股节端部 4/5 及胫节基部 4/5 黑褐色，跗节黑褐色；腹管、尾片、尾板及生殖板淡色。气门圆形关闭，气门片淡色。体背毛长尖锐，腹部腹面多毛，长为背毛的 1/2；头部有头顶毛 1 对，头背毛 4 对；前胸背板有中毛 2 对，缘毛 1 对；腹部背片 1–8 各有中毛 1 对，背片 1–7 各有缘毛 1 对，背片 8 有缘毛 4 对。头顶毛长 0.05 mm，为触角节 3 最宽直径的 1.60 倍，腹部背片 1 缘毛长 0.06 mm，背片 8 中毛长 0.06 mm。中额瘤不隆，额瘤微隆外倾。触角节 1、2、3 基部 2/3 光滑，其余小刺突组成横瓦纹，与体长约等或稍长；节 3 长 0.52 mm，节 1–6 长度比例为：10∶7∶100∶65∶61∶41+13；触角毛短尖锐，节 1–6 毛数分别为：2–4、2 或 3、16 或 17、6–9、5–7、2+0 根，末节顶端有毛 3 或 4 根；节 3 有橘瓣形的短睫次生感觉圈 13–16 个，分布于中部 3/5。喙短小，端部不达中足基节，节 4+5 短楔状，为该节基宽的 1.40 倍，为后足跗节 2 的 0.78 倍；有原生毛 3 对，其中长毛 1 对，次生毛 5 对。前、中足股节、胫节有微刺突横瓦纹，各分散有蜡孔，后足股节、胫节蜡孔密布全节，跗节有刺突横纹。后足股节与触角节 3 约等或稍长；后足胫节为体长的 0.62 倍，长毛为该节最宽直径的 0.85 倍；跗节 1 毛序：7，7，7。前翅脉粗且黑，有晕，翅痣呈 "U" 形黑晕，缺径分脉，中脉分 3 支，镶黑边，2 肘脉镶边及宽晕，后翅 2 斜脉，淡色，各脉顶端微有晕。腹管截断状，光滑，无缘突，为基宽的 0.48 倍，与端径约等长。尾片瘤状，有小刺突，为尾片的 3.80 倍，有粗长毛 2 根，短毛 4 或 5 根。尾板分裂呈两片，有长短毛 18–20 根。生殖板有长毛 18–23 根。

生物学：寄主植物为朴树；国外记载有橙黄朴。

分布：浙江（杭州）、江苏；韩国。

304. 凸唇斑蚜属 *Takecallis* Matsumura, 1917

Takecallis Matsumura, 1917b: 373. Type species: *Callipterus arundicolens* Clarke, 1903.

主要特征：孤雌蚜均为有翅型，额瘤及中额瘤不发达。上唇基上方有 1 个指状突起。触角 6 节，节 6 鞭部与该节基部近等长。喙节 4+5 粗短，不超过前足基节，短于后足跗节 2，有或无次生毛。前翅翅脉正常，中脉 2 分叉；后翅 2 斜脉。腹部背片淡色，有小圆锥形成对突起，有时位于骨化斑上，与腹管前几节缘突相似；腹部背片中、缘毛单一，背片 7 中毛远离，背片 8 有毛 2–5 根；腹管短，截断状，无明显缘突，基部有 1 根毛或无。胫节端部毛与其他毛明显不同。跗节 1 有背毛 2 根，腹毛 5 根。尾片中间缢缩。尾板内陷为 "∩" 形。蜡片消失。生殖突 2 个。主要取食禾本科竹亚科植物。

分布：世界广布。世界已知 6 种，中国记录 4 种，浙江分布 3 种。

分种检索表

有翅孤雌蚜

1. 触角短于体长；腹管无毛；触角节 3 的次生感觉圈位于该节淡色区域；腹部背片 1–7 无斑 …… **竹梢凸唇斑蚜** *T. taiwana*
- 触角长于体长；腹管有毛；触角节 3 的次生感觉圈位于该节黑色区域；活体白色或黄色 …………………………………… 2
2. 腹部背片每节有 1 对 "8" 形黑色斑；尾片黑褐色 …………………………………… **竹纵斑蚜** *T. arundinariae*
- 腹部背片每节没有上述黑色斑；尾片黑色 …………………………………… **黑尾凸唇斑蚜** *T. arundicolens*

（531）黑尾凸唇斑蚜 *Takecallis arundicolens* (Clarke, 1903)（图 7-42）

Callipterus arundicolens Clarke, 1903: 249.

Takecallis arundicolens: Hille Ris Lambers, 1947: 658.

主要特征：

有翅孤雌蚜　体椭圆形，体长 2.43 mm，体宽 0.90 mm。活体浅黄色。玻片标本身体淡色，各附肢淡色；尾片黑色。体表光滑，头部毛基瘤隆起，腹部有淡色背中、缘瘤，腹部节 1–8 各有 1 对背中瘤，节 7 者远离，节 8 者相近，呈乳头状瘤，节 1–4 者大；节 1–7 各有 1 对缘瘤，节 1–4 者大。体背毛尖锐，各瘤顶端均有毛 1 根；头部有头顶毛 2 对，头背短毛 3 对；前胸背板有中毛 2 对，缘毛 1 对；中胸背板有毛 6 对，后胸背板有毛 1 对。头顶长毛长 0.04 mm，与触角节 3 最宽直径约等长，头背毛长 0.01 mm，腹部背片 1 中瘤毛长 0.03 mm，背片 8 中瘤毛长 0.034 mm；腹部腹面多毛，短而尖锐。气门圆形开放，气门片淡色。无节间斑。中额及额瘤稍隆，腹面有 "V" 形缝。触角细长，微显淡色瓦纹，为体长的 1.30 倍；节 3 长 0.94 mm，节 1–6 长度比例为：13：7：100：84：66：37+44；触角毛短尖，节 1–6 毛数分别为：4 或 5、3、

24–27、10 或 11、3、1+0 根，节 3 毛长 0.01 mm，为该节最宽直径的 1/5；节 3 有椭圆形次生感觉圈 6–9 个，分布于基部的 1/3；节 4、5 原生感觉圈及次生感觉圈均有睫。喙粗短，端部达前足基节，唇基前部有 1 个圆形突起，与腹部背片 1 背瘤约等长，有 1 对长刚毛；节 4+5 短盾状，为基宽的 0.63 倍，为后足跗节 2 长的 0.47 倍，有原生毛 2 对，次生毛 2 对。足光滑，胫节端部有小刺突分布。后足股节为该节直径的 8.80 倍，为触角节 4 的 0.90 倍；后足胫节为体长的 0.43 倍，胫节长毛长 0.05 mm，与该节最宽处约等长；胫节端部毛不同于该节其他毛。跗节 1 毛序：7，7，7。翅脉正常，无晕，翅脉淡色。腹管截断状，光滑，无缘突，为基宽的 0.85 倍，为尾片的 0.53 倍。尾片瘤状，瘤状部有微刺突瓦纹，有长短毛 13 根。尾板分裂为两片，呈浅 "W" 形，有长短毛 16 根。生殖板淡色，有长毛 16 根。

生物学：在竹类植物的叶背面取食。

分布：浙江（杭州）、台湾；韩国，日本，欧洲，北美洲。

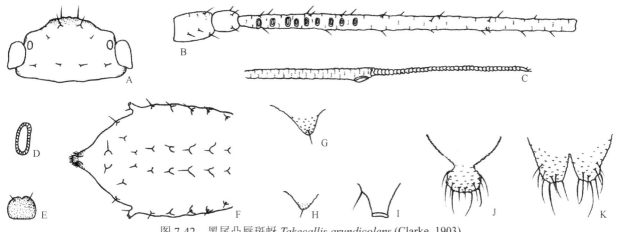

图 7-42　黑尾凸唇斑蚜 *Takecallis arundicolens* (Clarke, 1903)

有翅孤雌蚜：A. 头部背面观；B. 触角节 1–3；C. 触角节 6；D. 次生感觉圈；E. 唇基突；F. 腹部背面观；G. 腹部背片 2 中瘤；H. 腹部背片 4 缘瘤；I. 腹管；J. 尾片；K. 尾板

（532）竹纵斑蚜 *Takecallis arundinariae* (Essig, 1917)（图 7-43）

Myzocallis arundinariae Essig, 1917: 302.

Takecallis arundinariae: Börner, 1952: 60.

主要特征：

有翅孤雌蚜　体长卵形，体长 2.30 mm，体宽 0.92 mm。活体淡黄色，体背被薄粉，触角全节分泌短蜡丝，头部、胸部被有纵褐色斑，腹部有纵斑。玻片标本淡色，有黑褐色纵斑，前胸、中胸小盾片有背中带，前胸侧缘有窄带围成的三角形斑，中胸侧域各 1 纵带，前缘域有 2 小斑；腹部背片 1–7 各有 1 对纵斑，每对呈 "8" 形，节 6 者靠近，节 7 者远离，节 8 者聚为 1 小圆突斑，每斑与突起的毛瘤相接，各有 1 短刚毛；背片 1–7 各有淡色缘瘤，位于气门背向，每缘瘤顶端各 1 根长刚毛，节 6 者位于腹管基部后方；背片 8 有 1 对短中刚毛。触角节 1–3 黑色，节 3 中部稍淡，节 4–5 端部 1/4–1/3 黑色，节 6 骨化淡色。喙骨化灰褐色，足胫节及跗节灰褐色，其余淡色。腹管、尾板淡色，尾片黑褐色。体背光滑。气门圆形开放，气门片淡色。无节间斑。体背少数短毛，腹面多长毛，中额 1 对长毛，头背 4 对短毛；前胸背板宽大，有短中毛 2 对，1 对缘毛；背片 8 毛长为触角节 3 最宽直径的 0.31 倍，腹部背片缘毛为其 0.33 倍，头顶中额毛长为其 0.98 倍或等长。中额隆起，额瘤外倾，额有明显 "V" 形加厚部分，其两臂起自额瘤内侧，在中单眼后腹面相交。触角细长，节 3–6 有淡色小刺突构成的横纹，为体长的 1.30 倍；节 3 长 0.92 mm，节 1–6 长度比例为：11：9：100：71：65：30+41；节 1–6 毛数分别为：4、3 或 4、21–27、8 或 9、4 或 5、1 或 2+0 根，鞭部顶端 4 根短刚毛，节 3 毛长为该节最宽直径的 0.36 倍；节 3 膨大部分有长卵形次生感觉圈 4–6 个，分布基部 1/3 黑色部分。喙极短粗，光滑，不超过前足基节，节 4+5 呈心脏形，末节有毛 4 对。足光滑，胫节多毛，股节少毛；后足股节为触角节 3 长的 0.60 倍；后足胫节与触角节 3 约等长，为体长的 0.41 倍，毛长为该节中宽的 0.87 倍；跗节 1 毛序：5，5，5。翅脉正常。腹管短筒形，基部后面有 1 根长毛，光滑，无缘突，有淡色切迹，稍短于基宽，为尾片的 0.57 倍，与触角节 2 约等长。尾片瘤状，中央明显凹入，有长短刚毛 11–14 根。尾板分裂为两片，有长短刚毛 15–19 根。生殖板淡色，有刚毛 11–14 根，包括前毛 1 对。

生物学：在竹类植物的叶背散居。寄主植物有桂竹、空心苦竹、布袋竹、刚竹、石竹、苔竹、小竹、毛竹、水竹等，国外记载有青篱竹属一种、日本青篱竹及毛竹属数种。

分布：浙江（临安）、河北、山东、甘肃、湖北、江西、湖南、福建、台湾、四川、云南；朝鲜，韩国，日本，欧洲，北美。

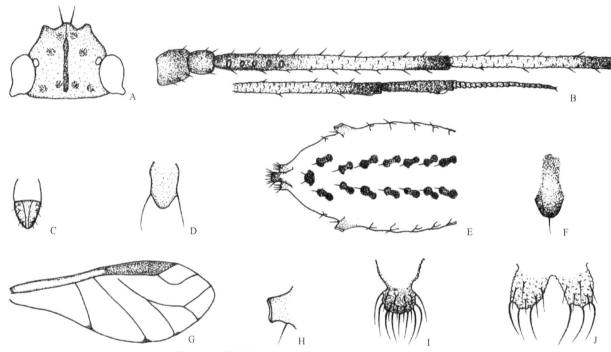

图 7-43 竹纵斑蚜 *Takecallis arundinariae* (Essig, 1917)

有翅孤雌蚜：A. 头部背面观；B. 触角；C. 喙节 4+5；D. 唇基凸起；E. 腹部背面观；F. 体背刚毛及腹部背斑；G. 前翅；H. 腹管；I. 尾片；J. 尾板

（533）竹梢凸唇斑蚜 *Takecallis taiwana* (Takahashi, 1926)（图 7-44）

Myzocallis taiwana Takahashi, 1926: 160.

Takecallis taiwana: Eastop & Hille Ris Lambers, 1976: 292.

主要特征：

有翅孤雌蚜 体长卵形，体长 2.50 mm，体宽 0.92 mm。活体有两种体色，全绿色或头、胸部淡褐色，腹部绿褐色。玻片标本头部、胸部骨化深色，腹部淡色，无斑纹。触角黑色，喙稍骨化，足灰黑色，腹管端部 2/3、尾片、尾板及生殖板灰色。体表无网纹，头部 4 对毛瘤，每瘤 1 根刚毛，前部 1 对最大；前胸背板中毛瘤 1 对稍突起，各 1 根短毛；腹部背片 1–5 中瘤各 1 对，背片 1–2 中瘤尤大，呈馒状，宽度大于触角节 1，背片 6–8 中毛瘤甚小，背片 1–7 每节 1 对明显缘瘤，各顶端有尖锐刚毛，背片 8 有 1 对中毛瘤，稍显突起。气门圆形开放，气门片淡色稍突起。无节间斑。体背除中、缘瘤有尖刚毛外，头部中额瘤 1 对刚毛，腹部背片 8 有 1 对侧刚毛，腹面多长尖刚毛，背片 8 毛长为触角节 3 最宽直径的 0.90 倍，头顶毛及腹部背片 1 缘毛为其 0.72–0.95 倍。有翅若蚜体背毛长而粗，端顶扇状。胚胎腹管环状，缘毛 1

根，中毛从前胸背板至腹部背片 5 呈平行纵行，背片 7 毛远离，背片 6 和 8 中毛靠近。中额及额瘤稍隆起。触角细长，为体长的 0.80 倍；有微刺横瓦纹，节 3 基部膨大；节 3 长 0.66 mm，节 1–6 长度比例为：12：10：100：61：56：30+28；节 1–6 毛数分别为：4、3、15–19、3、1 或 2、0+0 根，节 3 毛长为该节最宽直径的 0.41 倍。唇基前部有 1 个指状凸起，其上有 1 对长刚毛。喙极短粗，不达前足基节，节 4+5 长等于或短于基宽，为后足跗节 2 长的 0.53 倍，其长刚毛 4–6 对。足较短，有小刺突横纹，后足股节稍长于触角节 4；后足胫节为体长的 0.34 倍，毛长与该节直径约等；跗节 1 毛序：7，7，7。翅脉正常，脉粗且黑，两端黑色扩大。腹管短筒形，光滑，为基宽的 0.62 倍，约与端宽相等。无缘突，有切迹。尾片瘤状，端半部有小刺突，粗刚毛 10–17 根，包括 1 对粗长毛。尾板分裂为两片，各片呈指状，每片有粗长短刚毛 10–12 根。

生物学：寄主植物为竹类，如赤竹、青篱竹、刚竹、紫竹、雷竹、石绿竹等。本种发生数量较多，在未伸展幼叶上为害。对幼竹威胁较大，是竹类常见的重要害虫。

分布：浙江（临安）、山东、陕西、江苏、上海、台湾、四川、云南；日本，欧洲，北美，新西兰。

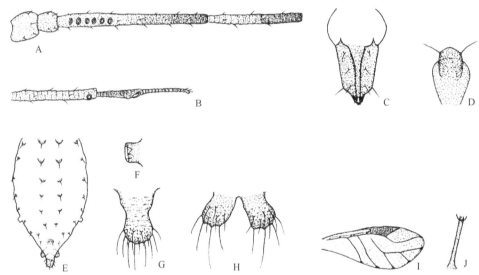

图 7-44　竹梢凸唇斑蚜 *Takecallis taiwana* (Takahashi, 1926)

有翅孤雌蚜：A. 触角节 1–4；B. 触角节 5–6；C. 喙节 4+5；D. 唇基凸起；E. 腹部背面观；F. 腹管；G. 尾片；H. 尾板；I. 前翅；J. 体背毛

305. 彩斑蚜属 *Therioaphis* Walker, 1870

Therioaphis Walker, 1870b: 1999. Type species: *Aphis ononidis* Kaltenbach, 1846.

主要特征：无翅孤雌蚜和有翅孤雌蚜体背毛头状。额瘤不发达。复眼有眼瘤。触角 6 节，节 6 鞭部稍短于或稍长于该节基部；次生感觉圈卵圆形，仅位于节 3，排成一行；触角毛短于节 3 最宽直径。喙短，不达中足基节。前足基节特别膨大，为中足基节宽的 2 倍。跗节 1 有 6 根腹毛和 2 根背毛。前翅径分脉不明显，其他翅脉色淡或镶黑色边，各翅脉顶端有褐色斑纹。腹管截断状，无缘突。尾片中间缢缩。尾板内陷为“∩”形。

生物学：本属蚜虫为害豆科植物。

分布：世界广布。世界已知 32 种（亚种），中国记录 5 种，浙江分布 1 种。

（534）北京彩斑蚜 *Therioaphis beijingensis* Zhang, 1982（图 7-45）

Therioaphis beijingensis Zhang, 1982: 68.

主要特征：

有翅孤雌蚜　体长卵形，体长 2.30 mm，体宽 0.87 mm。活体黄色，有黑斑。玻片标本头部、胸部背骨化灰黑色，缘片黑色，腹部淡色，有黑色斑瘤。触角节 1–2、节 3 基部 2/3 灰黑色，节 3 端部 1/3 至节 6 黑色，喙端节顶部、足胫节、跗节、腹管黑色，尾片、尾板及生殖板灰黑色。体表有明显毛瘤，头部背面有 3 对，前胸背板有 2 对，中胸背板有 1 对，都不隆起，每瘤有 1 根粗钉毛状刚毛；腹部背片 1–7 各节有隆起宽圆锥状缘瘤，节 1、6、7 的缘瘤小于其他瘤，腹部背片 1–8 各有 1 对隆起中瘤，背片 1、2、4、6 中瘤距离近，背片 6–8 中瘤小于其他节，背片 8 有 1 对相连中瘤，各瘤位于斑上，体表及斑瘤显瓦状纹。气门圆形开放，气门片黑色。腹部节 2–4 有节间斑。体背毛粗钉毛状，头部有背毛 10 根，前胸背板有中毛 4 根，缘毛 2 根，中胸背板有毛 10 根，后胸背板有毛 2 根；腹部各节中瘤及缘瘤均有 1 根粗大钉毛状刚毛，腹面多长尖锐毛。头顶毛、腹部背片 1 中毛和缘毛、背片 8 毛长分别为触角节 3 最宽直径的 0.69 倍、1.60 倍、0.87 倍、1.20 倍。中额及额瘤稍隆起。触角细长，有小刺突横纹，为体长的 0.87 倍；节 3 基部粗，向端部渐细，长 0.65 mm，节 1–6 长度比例为：11∶10∶100∶55∶55∶31+35；触角毛短尖，节 1–6 毛数分别为：3、3 或 4、19–21、4、2 或 3、0–2+0 根，节 3 毛长为该节最宽直径的 0.31 倍；节 3 有长圆橘瓣形次生感觉圈 13–15 个，分布于基部 2/3。喙粗短，端部超过前足基节，节 4+5，为基宽的 1.30 倍，为后足跗节 2 长的 0.71 倍；有原生刚毛 4 根，次生刚毛 2–4 根。前足基节膨大，约为中后足基节长的 2.00 倍；足股节毛稀少，有微刺横纹，中足股节短于前、后足股节，前足股节长为中足股节的 1.30 倍，后足股节长为中足股节的 1.40 倍；后足股节为触角节 3 长的 0.76 倍；后足胫节为体长的 0.43 倍，端部有长刺突横纹，毛长为该节中宽的 0.80 倍；跗节 1 毛序：7，7，7。前翅径分脉基半部不显，各脉镶黑边，脉基及端部黑边扩大。腹管短筒形，光滑，为尾片的 0.39 倍，与触角节 2 相等，长为基宽的 2/3，无缘突，有切迹。尾片瘤状，有微刺突横瓦纹，除 1 对粗长尖毛外有短毛 9 或 10 根。尾板分裂为两片，各片有 7 根粗长短尖毛。生殖板有 1 排细短尖毛 8–10 根。

生物学： 寄主植物为豆科锦鸡儿属的黄刺条和锦鸡儿，常在叶背群居为害。

分布： 浙江（杭州）、北京、山东（青岛）。

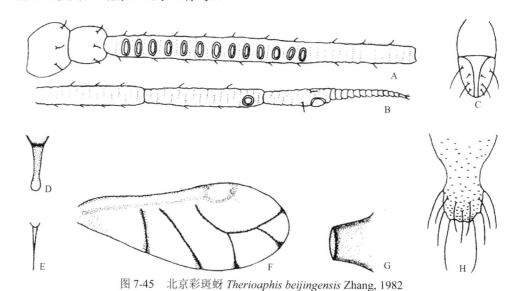

图 7-45　北京彩斑蚜 *Therioaphis beijingensis* Zhang, 1982

有翅孤雌蚜：A. 触角节 1–3；B. 触角节 4–6；C. 喙节 4+5；D. 腹部背刚毛；E. 腹部腹面毛；F. 前翅；G. 腹管；H. 尾片

306. 长斑蚜属 *Tinocallis* Matsumura, 1919

Tinocallis Matsumura, 1919: 100. Type species: *Tinocallis ulmiparvifoliae* Matsumura, 1919.

　　主要特征：有翅孤雌蚜腹部背片 1–8 各有中瘤 1 对，其中背片 3、5、7 两中瘤相距较远，背片 8 两中瘤相近，背片 1 及 2 的背瘤较大，背片 1–4 各有缘瘤 1 对，有时背片 5–7 也各有 1 对缘瘤，各瘤顶端或附近着生 1 根毛。触角 6 节，节 6 鞭部短于该节基部，节 3 有卵圆形或窄条形次生感觉圈。前足基节明显较中、后足基节宽大，腹部节 1 有 7 或 8 根腹毛，2 根背毛，爪间毛扁平。前翅径脉有时消失。腹管截断状，基部宽。尾片中间缢缩。尾板内陷为"∩"形。

　　生物学：寄主植物为榆科、桦木科、无患子科、千屈菜科。

　　分布：古北区、东洋区、新北区。世界已知 23 种，中国记录 15 种，浙江分布 4 种。

分种检索表

有翅孤雌蚜

1. 成蚜腹部背片 7、有时也在背片 5 的中毛通常位置近侧域；胚胎仅背片 7 的中毛位置近侧域 ··· 黄檀长斑蚜 *T. nigropunctatus*

- 成蚜腹部背片 3、5 和 7 的中毛位置均靠近侧域 ······································· 2

2. 中胸背瘤短于触角节 2 ··· 无患子长斑蚜 *T. insularis*

- 中胸背瘤等于或长于触角节 2 ·· 3

3. 前胸有 2 对背中瘤 ··· 榆长斑蚜 *T. saltans*

- 前胸有 1 对背中瘤 ··· 刺榆长斑蚜 *T. takachihoensis*

（535）无患子长斑蚜 *Tinocallis insularis* (Takahashi, 1927)（图 7-46）

Myzocallis insularis Takahashi, 1927: 9.

Tinocallis insularis: Higuchi, 1972: 40.

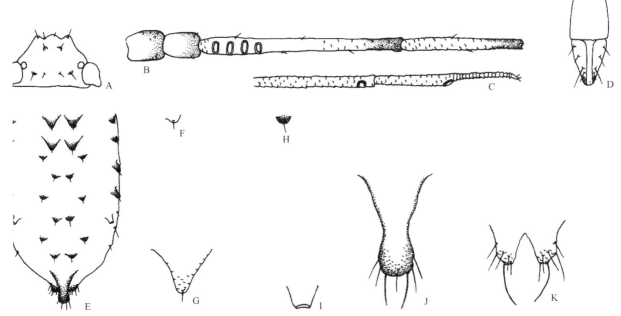

图 7-46　无患子长斑蚜 *Tinocallis insularis* (Takahashi, 1927)

有翅孤雌蚜：A. 头部背面观；B. 触角节 1–4；C. 触角节 5–6；D. 喙节 4+5；E. 腹部背面观；F. 头部及胸部背中瘤；G. 腹部背片 1–2 背中瘤；H. 腹部背片 3–7 背中瘤；I. 腹管；J. 尾片；K. 尾板

　　主要特征：

　　有翅孤雌蚜　体长卵形，体长 2.00 mm，体宽 0.71 mm。活体浅绿色，中胸土黄色，腹部背片 1、2 有淡色瘤，复眼红色，被有薄粉。玻片标本体淡色，背片有瘤。头部中额瘤 1 对，前胸背板中瘤 2 对，中胸背板中瘤 1 对，均淡色较小；腹部背片 1–2 中瘤淡色，很大，背片 3–8 各有 1 对黑色小中瘤，背片 1、2、4、6 及 8 中瘤比较靠近，直径约等于单眼，中瘤顶端各有短刚毛 1 根；背片 1–2 中瘤长 0.06–0.07 mm，与触角节 1 约等长，为其他中瘤的 7.00–9.00 倍；背片 1–5 有灰黑小缘斑和小缘瘤。触角节 3–5 端部和节 6 中部黑色；喙顶端稍骨化；足除胫节端部稍骨化外，其余全淡色；腹管、尾片及尾板淡色。体表光滑，中胸盾片及侧片显圆形纹。气门三角形开放，气门片淡色。无节间斑。体背有少数短毛，中额 1 对，头部、背面毛 8 根，其中前方 4 根位于淡色瘤上；中胸背板除 1 对淡色中瘤各有 1 根刚毛外，尚有短毛 6 根；背片 8 毛长 0.02 mm，为触角节 3 最宽直径的 0.60 倍，中额毛与背片 8 毛等长，背片 1 缘毛为其 0.30 倍。中额隆起超过额瘤，额有明显"V"形加厚部分，两臂从额瘤内侧向单眼后方腹面延伸但不相交，约呈 1 钝角。触角有微刺突横纹，为体长的 0.65 倍；节 3 基部膨大，长 0.40 mm，节 1–6 长度比例为：15∶12∶100∶65∶58∶37+27；触角有少数短毛，节 1–5 毛数分别为：2、2、4–7、1 或 2、0 或 1 根，节 6 缺毛，节 3 毛长为该节最宽直径的 0.30 倍；节 3 有月牙形及长方形次生感觉圈 9–12 个，分布于基部 1/2。喙短粗，稍超前足基节；节 4+5 短粗，长为基宽的 1.40 倍，为后足跗节 2 长的 0.92 倍，有 8–10 根刚毛，其中次生毛 1 对或 2 对。股节光滑，后足股节为触角节 3 长的 0.90 倍；后足胫节为体长的 0.32 倍，毛长为该节中宽的 0.60 倍；跗节 1 毛序：7，7，7（其中背毛 2 根）。翅脉正常，淡色，径分脉基半部不显。腹管短筒形，光滑无缘突，有切迹，短于触角节 2。尾片瘤状，有长粗刚毛 8–11 根。尾片分裂为两片，共 14 根毛。生殖板淡色，有毛 9 或 10 根。

生物学：中国记载寄主植物为无患子和七叶树；日本记载为无患子；印度记载寄主植物为木兰属种类。在杭州 5 月初可使嫩叶向反面纵向弯曲，中旬仍然形成部分幼叶向反面弯曲，发生数量很多，为害甚重。下旬叶片已老化，受害叶不再弯曲，蚜虫亦渐分散。

分布：浙江（临安）、江苏、台湾；日本，印度。

（536）黄檀长斑蚜 *Tinocallis nigropunctatus* (Tao, 1964)（图 7-47）

Sarucallis nigropunctatus Tao, 1964: 224.

Tinocallis nigropunctatus: Chakrabarti, 1988: 52.

主要特征：

有翅孤雌蚜　体纺锤状，体长 2.60 mm，体宽 1.04 mm。活体淡黄色，中胸黄褐色，背瘤淡色。玻片标本身体淡色，有淡色背瘤，触角节 1、2 两缘、节 3 端部及基部 3/4、节 4–6 端部黑色，喙顶端黑色，足各节灰色，后足股节端部外缘黑色，腹管、尾片、尾板及生殖板淡色。体表光滑，头部背面前有 1 对背瘤，大于单眼；前胸背板有背瘤 2 对，不甚明显；腹部背片 1–2 各有 1 对宽圆锥形中瘤，长 0.06 mm，与触角节 2 约等长，背片 3–6 各有 1 对小中瘤，背片 7、8 各有 1 对大型背瘤，长为触角节 2 的 0.60 倍，节 1–7 各有 1 对缘瘤，节 3–4 者长圆锥形。体背毛短尖，除背、缘瘤各有刚毛 1 根外，头顶有毛 1 对，头背毛 3 对，毛长 0.03 mm，为触角节 3 最宽直径的 0.70 倍；前胸背板有缘毛 1 对，中胸背板有中侧毛 20 余根，后胸背板有毛 1 对；腹部背片 1 缘毛、背片 8 毛均长 0.02 mm。气门圆形开放，气门片淡色。无节间斑。中额隆起，额瘤稍隆。触角节 3–6 有小刺突横纹，围绕次生感觉圈有小刺突。触角为体长的 0.75 倍，节 3 长 0.70 mm，节 1–6 长度比例为：10∶8∶100∶55∶51∶30+25；触角毛尖锐，节 1–6 毛数分别为：3 或 4、3 或 4、20–22、3、1、1+0 根，节 6 顶端有长毛 5 根，节 3 毛长为该节最宽直径的 0.28 倍；节 3 有椭圆形次生感觉圈 21–26 个，分布于基部 3/4。喙短粗，达前、中足基节之间，节 4+5 短锥状，长 0.08 mm，为基宽的 1.25 倍，为后足跗节 2 长的 0.78 倍，有原生毛 3 对，次生毛 2 对。足光滑，胫节端部 1/4 有小刺突分布，后足股节为触角节 3 长的 0.83 倍；后足胫节为体长的 0.35 倍，后足胫节毛长为该节中宽的 0.61 倍；跗节 1 毛序：7，7，7。前翅脉端部稍显昙，径分脉基部 1/2–2/3 不显，翅痣中心淡色，近基部有 1 块明显黑斑。腹管截断状，光滑，为端径的 1.30 倍，无缘突，有切迹。尾片瘤状，有微刺突瓦纹，为腹管的 2.90 倍，有长短毛 15 或 16 根。尾板分裂为两片，呈"W"形，有长短毛 17–21 根。生殖板有长毛 8–12 根。

生物学：在黄檀叶背散居。

分布：浙江（杭州）、台湾；不丹。

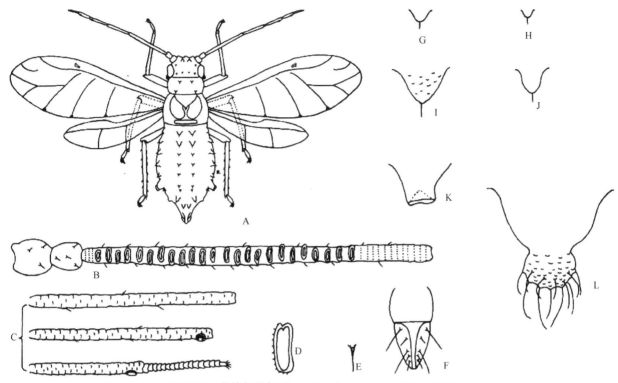

图 7-47　黄檀长斑蚜 Tinocallis nigropunctatus (Tao, 1964)

有翅孤雌蚜：A. 体背面观；B. 触角节 1-3；C. 触角节 4-6；D. 触角节 3 次生感觉圈；E. 触角毛；F. 喙节 4+5；G. 头部背瘤；H. 前胸背瘤；I. 腹部背片 1 背瘤；J. 腹部背片 8 中瘤；K. 腹管；L. 尾片

（537）榆长斑蚜 *Tinocallis saltans* (Nevsky, 1929)（图 7-48）

Tuberocallis saltans Nevsky, 1929: 221.

Tinocallis saltans: Nevsky, 1951: 44.

主要特征：

有翅孤雌蚜　体长卵形，体长 2.00 mm，体宽 0.72–0.84 mm。活体头部、胸部褐色，腹部金黄色，有明显黑斑。玻片标本头部及前胸黑色，中、后胸黑褐色，腹部淡色，体背部有明显黑色或淡色瘤，其上有小刺突横纹。触角节 1、2、节 3 4 端部及节 5–6 黑色，喙顶端、后足股节端部 1/2、胫节端部及跗节黑色，其他足节淡色，腹管、尾片瘤状部分及尾板灰黑至黑色。体表光滑，有背瘤；头部背面有淡色毛基瘤 4 对，各有 1 根短尖毛；前胸背板有 2 对黑色背瘤，后背瘤稍长于前背瘤，为触角节 2 长的 0.67 倍，各有 1 根短尖毛；中胸背板有 1 对宽圆形黑色中瘤，长为触角节 1 的 1.20 倍，在顶端及基部各有毛 1 根，此外有中侧毛 5–6 对；腹部背片 1–2 各有 1 对长锥形淡色中瘤，与触角节 1 约等长，背片 3–8 各有 1 对宽短锥形黑色中瘤，节 1–3 各有 1 对淡色缘瘤，节 4、5 各有 1 对黑色缘瘤，各瘤顶端有 1 根尖毛。体背毛尖锐，头顶有毛 2 对，前胸背板有缘毛 1 对，腹部背片 6、7 各有 1 对缘毛。头顶毛长 0.03 mm，为触角节 3 最宽直径的 0.87 倍，腹部背片 1 缘毛为触角节 3 最宽直径的 0.47 倍，背片 8 毛长与触角节 3 最宽直径的约等。腹面多毛，长于背毛。气门圆形，气门片淡色。中额隆起，额瘤微隆。触角节 1、2 光滑，有卵形纹，节 3 有小刺突横纹，其他节有瓦纹，为体长的 0.73 倍，节 3 长 0.52 mm，节 1–6 长度比例：12∶10∶100∶59∶50∶25+23；触角毛短尖，节 1–6 毛数分别为：3 或 4、3 或 4、11–14、3–5、1、0 或 1+0 根，节 6 鞭部顶端有尖毛 4 或 5 根，节 3 毛长为该节最宽直径的 0.25 倍；节 3 有橘瓣形次生感觉圈

12–17 个，分布于基部 3/4。喙端部不达中足基节，节 4+5 锥形，为基宽的 2.00 倍，为后足跗节 2 长的 0.91–1.00 倍，有原生刚毛 2 对，有次生刚毛 2–3 对。足粗糙，股节有小刺突横纹，胫节端半部有小刺突分布。后足股节为触角节 3 长的 0.85 倍；后足胫节为体长的 0.41 倍，后足胫节毛长为该节中宽的 0.95 倍；跗节 1 毛序：7，7，7。前翅翅脉镶淡色昙，径分脉中部不显，基部粗且黑，翅痣两端有黑斑，后翅 2 斜脉粗且黑。腹管截断状，无缘突，有切迹，有微刺突分布，长 0.06 mm。尾片瘤状，为腹管的 2.10 倍，有长毛 10–14 根。尾板分裂为两片，有长毛 12–18 根。生殖板有毛 12–14 根。

生物学：榆树常见害虫。常分散在叶片背面为害，但大量发生时，常布满叶反面。在背风处幼树上发生尤多。有翅蚜及有翅若蚜经常看到，未见无翅孤雌蚜。

分布：浙江（杭州）、黑龙江、辽宁、内蒙古、北京、河北、山东、宁夏、甘肃、青海、新疆、江苏、上海、湖南、贵州；俄罗斯，蒙古，韩国，瑞典。

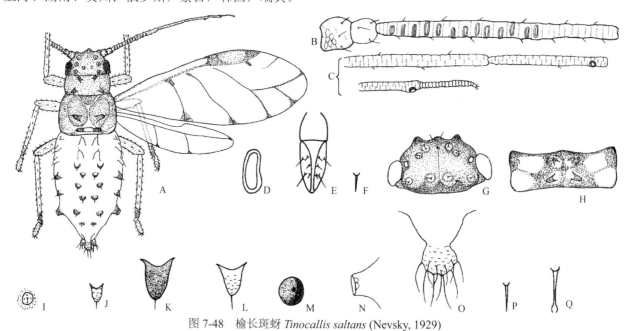

图 7-48　榆长斑蚜 *Tinocallis saltans* (Nevsky, 1929)

有翅孤雌蚜：A. 身体背面观；B. 触角节 1–3；C. 触角节 4–6；D. 触角节 3 次生感觉圈；E. 喙节 4+5；F. 触角毛；G. 头部背面观；H. 前胸背斑及背瘤；I. 头部背瘤；J. 前胸背瘤；K. 中胸背中瘤；L. 腹部背片 1–2 中瘤；M. 腹部背片 3 背瘤；N. 腹管；O. 尾片；P. 胫节毛。胚胎：Q. 体背毛

（538）刺榆长斑蚜 *Tinocallis takachihoensis* Higuchi, 1972（图 7-49）

Tinocallis takachihoensis Higuchi, 1972: 44.

主要特征：

有翅孤雌蚜　体纺锤状，体长 1.80 mm，体宽 0.71 mm。活体蜡白色。玻片标本头部、胸部黑色，腹部淡色，体背有明显黑色或淡色瘤；触角节 1、2 及节 3–6 各节端部 1/3 黑色；喙淡色，顶端黑色；足除跗节、后足股节端部及胫节基部黑色外，其余部分淡色；腹管、尾片、尾板及生殖板淡色。体表光滑。前胸背板后缘有 1 对灰黑色短锥形中瘤，大于单眼；中胸背板有 1 对黑色大型中瘤，长 0.92 mm，为触角节 2 的 2.30 倍；腹部背片 1、2 各有 1 对淡色大型中瘤，长为触角节 2 的 2.00 倍，节 3–7 各有 1 对淡色馒状小中瘤，节 1–4 各有 1 对淡色大型缘瘤，背片 5 缘瘤仅稍隆，各瘤顶端有 1 尖刚毛，头部及腹部背片 8 缺瘤。气门圆形或肾形开放，气门片淡色。体背毛短尖；头部有头顶毛 2 对，头部背面毛 4 对；前胸背板有中毛 1 对，缘毛 1 对；中胸背板有中侧毛 6 对；后胸背板有中毛 1 对；腹部背片 6、7 各有 1 对缘毛，背片 8 有 1 对中毛。头顶毛长 0.02 mm，为触角节 3 最宽直径的 0.57 倍，腹部背片 1 缘毛、背片 8 毛长 0.01 mm。中额隆起，额瘤稍隆。触角为体长的 0.75 倍，节 3 长 0.51 mm，节 1–6 长度比例为：12：10：100：54：51：28+31；触角节 1、2 有粗头状毛，节 3–6 有尖短毛，节 1–6 毛数分别为：3、2、

14–17、2 或 3、2、0 根，节 6 鞭部顶端有 4 或 5 根粗长毛；节 3 毛长为该节最宽直径的 1/3；节 3 有长带状次生感觉圈 17–22 个，各节有小刺突横纹。喙粗短，端部不达中足基节，节 4+5 锥状，为基宽的 2.00 倍，与后足跗节 2 约等长，有原生刚毛 3 对，次生刚毛 3–4 对。足光滑，胫节端部 1/4 有尖刺突排列；后足股节长为触角节 3 的 0.79 倍；后足胫节为体长的 0.43 倍，后足胫节毛长为该节中宽的 0.86 倍。跗节 1 毛序：7，7，7。翅脉有昙，前翅翅痣基部与端部黑色，径分脉基部 1/5 粗且黑，其他不明显；中脉镶黑边，2 肘脉端部有黑昙，后翅 2 斜脉，镶黑边。腹管截断状，短筒形，光滑，缺缘突，有切迹，为基宽的 0.54 倍。尾片瘤状，为腹管的 2.20 倍，有长短毛 8–10 根。尾板分裂为两片，呈 "W" 形，有长短毛 12 根。生殖板有短毛 12–14 根。

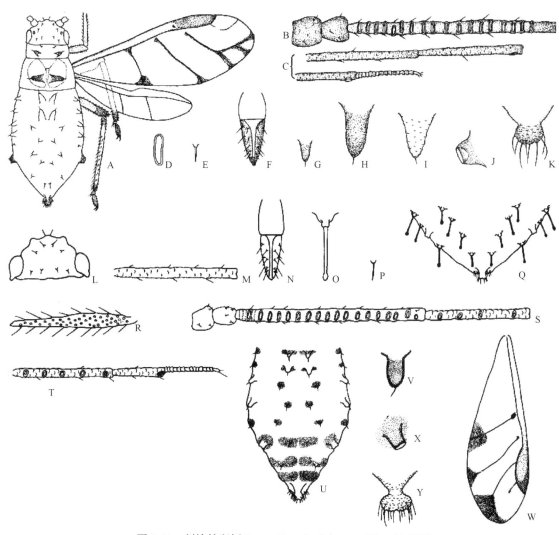

图 7-49　刺榆长斑蚜 Tinocallis takachihoensis Higuchi, 1972

有翅孤雌蚜：A. 身体背面观；B. 触角节 1–3；C. 触角节 4–6；D. 次生感觉圈；E. 触角节 3 刚毛；F. 喙节 4+5；G. 前胸背瘤；H. 中胸背瘤；I. 腹部背片 1 背瘤；J. 腹管；K. 尾片。雌性蚜：L. 头部背面观；M. 触角节 3；N. 喙节 4+5；O. 体背刚毛；P. 腹部背片 8 刚毛；Q. 腹部背片 5–8 背面观；R. 后足胫节伪感觉圈。雄性蚜：S. 触角节 1–4；T. 触角节 5–6；U. 腹部背面观；V. 腹部背片 1–2 中瘤；W. 前翅；X. 腹管；Y. 尾片

雌性蚜　体椭圆形，体长 1.64 mm，体宽 0.75 mm。活体黄色。玻片标本淡色，无斑纹。触角淡色，节 3–6 各端部深褐色；喙淡色，顶端褐色；足淡色，跗节深褐色；腹管、尾片及尾板淡色。体表光滑，腹部背片 8 微有瓦纹。气门小圆形开放，气门片淡色。体背毛粗长，钉毛状；头部有头顶毛 1 对，头背毛 4 对；前胸背板至腹部背片 7 各有中毛 1 对，缘毛 1 对；各毛基隆起，为该毛长的 1/6–1/4；背片 8 有粗长钉毛状中毛 1 对，两侧有尖锐毛 6–7 对。头顶毛长 0.08 mm，为触角节 3 最宽直径的 3.70 倍；腹部背片 1–8 背毛

长 0.11–0.13 mm。中额微隆，额瘤不隆，毛基隆起，有 1 个微细头盖缝。触角 6 节，节 3–6 有微瓦纹，为体长的 0.55 倍；节 3 长 0.30 mm，节 1–6 长度比例为：18：17：100：48：51：38+32；触角节 1、2 各有粗长钉状毛 1 根，短尖锐毛 1 或 2 根，节 3–6 毛数分别为：4–7、1–3、1 或 2、1 或 2+0 根，末节鞭部顶端有较长毛 4 根；节 3 毛长 0.01 mm，长为该节中宽的 0.33 倍。喙端部达中足基节，节 4+5 楔状，为基宽的 2.00 倍，为后足跗节 2 长的 1.30 倍，有原生毛 3 对，次生毛 4–5 对。足股节光滑，前、中足胫节及各足跗节有小刺突横纹，后足胫节布满伪感觉圈。后足股节为触角节 3 的 0.93 倍；后足胫节为体长的 0.32 倍；后足胫节毛长 0.04 mm，为该节基宽的 0.69 倍，为端宽的 1.60 倍。跗节 1 毛序：5，5，5。腹后部延长，内有卵粒 3 或 4 枚。腹管短筒状，光滑，无缘突，长 0.05 mm，为基宽的 0.83 倍，为尾片的 0.51 倍。尾片瘤状，有长短毛 15–18 根。尾板有毛 37 或 38 根。

雄性蚜　体椭圆形，体长 1.38 mm，体宽 0.41 mm。玻片标本头部、胸部黑色，头部腹面前缘有 1 个深黑色斑，呈带状；腹部淡色，有黑色斑纹。触角节 1、2 黑色，其他节端部 1/3 深褐色；喙淡色，后足股节端半部及胫节基部明显黑色，其他附肢淡色或淡褐色；腹管、尾片、尾板及外生殖器黑色。腹部背片 1–5 各有 1 对背中斑，背片 6–8 各有 1 个横带，背片 7、8 横带纹横贯全节。前胸背板有背瘤 1 对，中胸背板有大型背中瘤 1 对，腹部背片 1–8 各有背中瘤 1 对，背片 1、2、5 及 6 各缘域有黑色缘瘤 1 对，背片 3、4 缘瘤淡色，背片 4、5 缘瘤大。体背少毛，腹面多毛，腹面毛长于背面毛。头部有头顶毛 1 对，头背毛 4 对，各毛长 0.01–0.02 mm，约为触角节 3 最宽直径的 1/2。触角 6 节，为体长的 0.93 倍，节 3 长 0.46 mm，节 1–6 长度比例为：11：11：100：55：50：28+28；节 3 有短毛 17 根，节 3–5 椭圆形次生感觉圈数：16–21、4 或 5、4–6 个，节 3 分布于全长。前翅有昙，径分脉端部 1/3 不显，中脉 2 分叉，分支部均有昙，2 肘脉端部有黑昙；后翅 2 斜脉。腹管光滑，与缘斑愈合，长为尾片的 1/3。尾片瘤状，有毛 14 根。

生物学：在寄主植物叶反面散居。中国记载寄主植物为青榆、山榆、大叶榆、刺榆及榆树；日本记载为 1 种榆树。

分布：浙江（杭州）、辽宁、河北、江苏；日本。

307. 侧棘斑蚜属 *Tuberculatus* Mordvilko, 1894

Tuberculatus Mordvilko, 1894: 136. Type species: *Aphis quercus* Kaltenbach, 1843.

主要特征：额瘤明显，头顶额毛、前背毛明显，后背毛短。前胸背板两侧有 1 至数根毛，后侧毛常 1 对，前侧毛罕见。前胸背板有中瘤 1 对或 2 对，或缺；中、后胸背板常有成对中瘤或无。腹部背片有成对的中瘤及缘瘤，各瘤顶端有毛 1–4 根。胫节末端毛尖，基部有时有钝或头状毛；爪间突刚毛状或锤状；跗节 1 有腹毛 5 或 6 根，背毛 2 根。前翅正常，翅痣常镶褐色边，肘脉常镶边，有时所有翅脉均着色，有时则色淡，翅痣下缘有毛。腹管光滑或有微刺。尾片典型瘤状，有长毛。尾板中间凹陷而分裂为两叶，基部相连，有长毛。胚胎背中毛或缘毛头状、钝或尖；各节中毛位置侧移，或除腹部背片 1–6 之外各节中毛位置侧移或在腹部背片 1–6 稍收窄。

分布：古北区、东洋区。世界已知 56 种，中国记录 26 种，浙江分布 8 种。

分种检索表

1. 有翅孤雌蚜额沟深，头顶毛着生处明显低于两侧额瘤间连线；胸部背板无背瘤；后足股节和胫节均黑色；腹部背片 1–3 有成对的黑色指状背瘤，背片 3 者最大，每对背瘤基部联合，位于黑色骨化斑上；腹管骨化，暗色，基部与背片 6 的缘毛相接；有翅若蚜体背毛长而尖锐，腹后部背片毛有较弱的毛基斑；活体不被蜡粉 ·················· **痣侧棘斑蚜** *T. stigmatus*

- 有翅孤雌蚜额沟浅，头顶毛着生处到达或超出两侧额瘤间连线；胸部背板有或无背瘤；胫节很少黑色，若为黑色，则股节淡色；腹部背片 1–3、1–4，罕见 2–3，或仅在背片 3 有成对的淡色或暗色指状背瘤，有时仅稍稍隆起；腹管淡色或骨化、暗色，基部与背片 6 的缘毛相接或不相接 ··· 2

2. 活体分泌棉絮状蜡粉；有翅孤雌蚜次生感觉圈有睫；胸部背板无指状瘤；前胸背板有 1 对后缘毛，若有 2 对，则缘域有圆形透明小瘤；径分脉通常不完整或消失；腹部背片有中瘤或较低的隆起，均位于骨化斑上，有时背片也有暗色缘斑存在 ················3

- 活体闪亮，或无蜡粉；有翅孤雌蚜次生感觉圈无睫；胸部背板大多数有指状瘤，至少存在于前胸背板；若缺，翅痣全部淡色；前胸背板通常有 2 至几对后缘毛；径分脉发达；腹部背片有中瘤，缘域与腹管淡色或骨化 ················5

3. 胚胎毛尖锐或钝；前胸背板有中缘毛 7~8 对，缘毛 2 对；前胸背板前缘域光滑 ············ 红粉栗斑蚜 *T. ceroerythros*

- 胚胎毛头状；前胸背板有毛 3 对；前胸背板前缘域有细刺 ················4

4. 后足股节端半部黑色；前翅 Cu_1+M 和 Cu_2 的翅昙与亚前缘脉相接；翅痣褐色，中部淡色；腹部背片 8 毛 3 根；跗节 1 毛序：6，6，6；触角节 3 最长毛大约为该节最宽直径的 2 倍 ············ 栗斑蚜 *T. castanocallis*

- 后足股节淡色；前翅 Cu_1+M 和 Cu_2 的翅昙不与亚前缘脉相连；翅痣淡色，顶端有褐色边缘；腹部背片 8 毛 10 或 11 根；跗节 1 毛序：7，7，7；触角节 3 最长毛短于该节最宽直径 ············ 缘瘤栗斑蚜 *T. margituberculatus*

5. 有翅孤雌蚜中胸腹板常淡色；中胸背板常无背瘤；除头顶及头背前方各有 1 对隆起毛基瘤外，其余 3 对毛基瘤几乎不隆起；触角节 1 有毛 3 根；翅痣淡色；后足股节淡色或骨化；腹部背片 1~3 中瘤基部很少联合；腹部背片缘域常淡色 ············ 横侧棘斑蚜 *T. yokoyamai*

- 有翅孤雌蚜中胸腹板常骨化；中胸背板常有背瘤；头部背面毛基明显隆起或稍隆起；触角节 1 有毛 3~10 根；翅痣内侧缘常有月牙形暗色镶边；后足股节骨化；腹部背片 1~3 中瘤基部常联合；腹部背片（1）2~5 各缘域不同程度骨化 ········6

6. 前翅所有翅脉均有明显翅昙；胫节外侧毛尖锐，细长，长于该节中宽；后胸背板有 1 对短锥形背中瘤；跗节 1 有 5 根腹毛；寄主植物：白桦 ············ 径脉侧棘斑蚜 *T. radisectuae*

- 前翅在翅脉基部有弥散的翅昙，有时在翅脉端部有小三角形斑点；跗节 1 有 6 根腹毛，罕见 5 根 ················7

7. 胫节外侧毛钉状，股节上也有几根头状毛；后胸背板通常有 1 对小型指状突起；有翅若蚜和卵生蚜体背毛头状；寄主植物：橡树 ············ 日本侧棘斑蚜 *T. japonicus*

- 胫节外侧毛尖锐，股节毛均尖锐；后胸背板指状突起不发达或缺，大多数毛位于较低的隆起或瘤上；有翅若蚜与卵生蚜背毛钝 ············ 印度侧棘斑蚜 *T. indicus*

（539）印度侧棘斑蚜 *Tuberculatus indicus* Ghosh, 1972（图 7-50）

Tuberculatus indicus Ghosh, 1972: 299.

主要特征：

有翅孤雌蚜 体卵圆形，体长 2.60 mm，体宽 1.10 mm。活体绿色。玻片标本头部及前后胸淡色，中胸淡褐色，腹部淡色，前胸背斑 1 对与节间斑愈合，腹部背片 2、3 有中斑 1 对，胸部背板及腹部背片 1~5 各有缘斑 1 对，缘斑与缘瘤愈合。触角节 1 两缘及节 3~6 各端部黑色，喙顶端黑褐色，后足股节端部 4/5 及胫节基部 1/3，跗节黑褐色，其他淡色，腹管、尾片、尾板淡色。体背有明显背瘤，各瘤小刺突布满，腹部背片 2、3 各有 1 对黑色大型背中瘤，其他瘤淡色，头顶及头部背面前方各有 1 对背瘤，长 0.03 mm，头部后方有 3 对毛基瘤微隆；前胸背板有 2 对中瘤，长锥形，后方背瘤长 0.14 mm，约为触角 2 的 3.00 倍，中胸背板有 1 对长中瘤，长 0.12 mm，后胸背板无瘤；腹部背片 1~3 各有 1 对背中瘤，长度分别为 0.13 mm、0.22 mm、0.24 mm；背片 2、3 背中瘤基部愈合，与中斑愈合为一体，背片 4~8 各有 1 对宽圆形背中瘤，节 1~5 各 1 对指状缘瘤，节 4 缘瘤者大，稍长于触角节 1，节 6~7 各有 1 对小缘瘤，各有透明小圆瘤 2 或 3 个。体背毛长短不齐，除头背前部长毛钝顶外，均为尖锐毛，头部毛 5 对，头顶毛长 0.14 mm，为触角节 3 最宽直径的 3.7 倍；前胸背板中毛 5 对，侧毛 2 对，缘毛 2 对；中胸背板中侧毛 7~8 对，后胸背板 1~2 对中侧毛；腹部背片 1~7 各中侧毛 3~4 对，缘毛 3~5 对，背片 8 有毛 9~11 根，腹部背片 1 毛长 0.03 mm，背片 8 缘毛长 0.09 mm，中毛长 0.04 mm。气门圆形关闭，气门片淡色。中额瘤微隆，额瘤隆起。触角节 1 内缘突起，节 1~3 光滑，节 4~6 有微瓦纹，为体长的 0.61 倍，节 3 长 0.50 mm，节 1~6 长度比例为：15：11：100：62：60：30+43；触角节 1、2 毛钝，其他毛尖锐，节 1~6 毛数分别为：3，2 或 3、8 或 9，2 或 3，2、

1+0 根，末节鞭部顶端有 5 根短毛，节 3 长毛长为该节最宽直径的 1.10 倍，节 3 有圆形次生感觉圈 5–7 个，分布于基部 2/3。喙端部不达中足基节，节 4+5 楔状，长为基宽的 1.40 倍，与后足跗节 2 约等长，有原生毛 3 对，次生毛 3–4 对。足光滑，胫节端部 1/2 有小刺突密布；后足股节与触角节 3 约等长；后足胫节为体长的 0.42 倍，长毛长为该节最宽直径的 1.90 倍；跗节 1 有 5 或 6 根腹毛。前翅狭长，翅痣呈 "U" 形，有黑晕，有 1 排毛，径分脉两端粗且黑，中部不显，翅脉基部镶黑边，基部翅脉淡色。腹管短筒状，光滑，有缘突，与尾片约等长。尾片瘤状，有长曲毛 14–16 根。尾板分裂为两片，有长短毛 25–32 根。生殖突 1 个，黑色。生殖板淡色，有尖毛 12 根。

生物学： 寄主植物为白栎（中国）；槲栎、栎属 1 种（朝鲜）；大叶栎（印度）。

分布： 浙江（杭州）、山东；朝鲜，日本，印度。

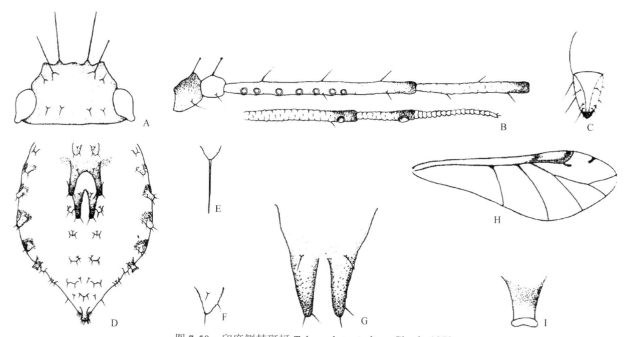

图 7-50 印度侧棘斑蚜 *Tuberculatus indicus* Ghosh, 1972

有翅孤雌蚜：A. 头部背面观；B. 触角；C. 喙节 4+5；D. 腹部背面观；E. 头部前方背中瘤；F. 腹部背片 1 中瘤；G. 腹部背片 3 中瘤；H. 前翅；I. 腹管

（540）日本侧棘斑蚜 *Tuberculatus japonicus* Higuchi, 1969（图 7-51）

Tuberculatus japonicus Higuchi, 1969: 114.

主要特征：

有翅孤雌蚜 体椭圆形，体长 3.07 mm，体宽 1.31 mm。活体淡黄色，棘斑白色。玻片标本体淡色，触角节 3–6 各节端部、喙顶端及足跗节黑色，其他附肢淡色。体表光滑，背瘤明显淡色，头顶有 1 对大型毛基瘤，头部背面有 4 对，前方 1 对大型毛基瘤，大于眼瘤，后方 3 对与眼瘤约等；前胸背板有 2 对长锥形中瘤，中胸背板有 1 对，后胸背板有 1 对小瘤状中瘤；腹部背片 1–3 各有 1 对长锥形中瘤，长 0.21–0.24 mm，长于触角节 1、2 之和，背片 4–7 各有 1 对馒状中瘤，分别长 0.07 mm、0.03 mm、0.03 mm、0.02 mm，背片 8 有毛基瘤；背片 1–7 各有 1 对宽锥形缘瘤，背片 4 者长于各缘瘤，背片 5–7 者小。体背毛钉状，腹面毛长尖锐，长于背毛；头部有头顶长毛 1 对，头部背毛 4 对，前方毛长，后方 3 对毛短，位于各毛基斑顶端；前胸背板各中瘤有毛 3 或 4 根，侧毛 2–3 对，缘毛 3–4 对，中胸背板有毛 24–28 根，后胸背板有毛 11 或 12 根；腹部背片 1–7 各有中毛 5–6 对，位于背瘤之上，缺侧毛，缘毛各有 5–6 对，背片 8 有中毛 6 或 7 根，缘毛 2–3 对。头顶毛长 0.12 mm，为触角节 3 最宽直径的 2.60 倍；头背后方短毛长 0.03 mm，中胸背板长短毛相差 2–3 倍，腹部背片 1 毛长 0.03 mm，背片 8 毛长 0.08 mm。气门圆形关闭，气门片淡色。中额不隆，额瘤隆起。头顶毛基瘤超过额瘤。触角节 1 内缘突起，有瓦纹，为体长的 0.68 倍，节 3 长 0.67 mm，节 1–6 长度比例为：12：10：100：63：60：33+34；触角毛短，内缘钉毛，外缘毛钝顶，节 1–6 毛数分别为：3–5、2 或 3、6、2 或 3、1 或 2、0 或 1+0 根，节 3 长毛长为该节最宽直径的 0.72 倍；节 3 有圆形次生感觉圈 6–12 个，分布于全长。喙粗大，端部不及中足基节，节 4+5 长楔状，为基宽的 2.20 倍，为后足跗节 2 长的 1.10 倍，有原生毛 3 对，次生毛 4–5 对。足股节光滑，胫节端部 1/3 有小刺突，各节外缘毛钉状，内缘毛尖锐。后足股节为触角节 3 的 1.10 倍，后足胫节为体长的 0.47 倍，毛长为该节中宽的 0.82 倍；跗节 1 有腹毛 6 或 7 根。前翅脉粗且黑，基部及端部有较宽翅昙，径分脉两端有粗昙，中部有时不显，翅痣有淡昙；后翅翅脉淡色。腹管短筒形，有缘突，与尾片约等长。尾片瘤状，有长短毛 16–19 根。尾板分裂为两片，有长短毛 28–35 根。生殖板有短尖毛 10–12 根。

生物学：寄主植物为麻栎、白栎、橡树。在叶片下表面取食。

分布：浙江（杭州）、辽宁、河北、山东、江苏、福建；朝鲜，日本。

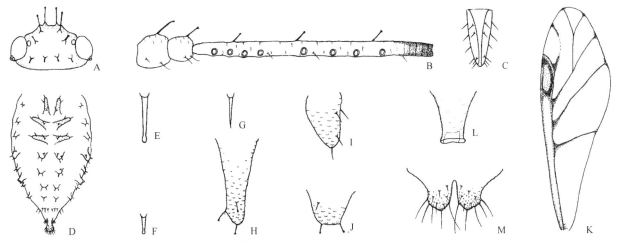

图 7-51　日本侧棘斑蚜 *Tuberculatus japonicus* Higuchi, 1969

有翅孤雌蚜：A. 头部背面观；B. 触角节 1–3；C. 喙节 4+5；D. 腹部背面观；E. 头部背刚毛；F. 腹部背毛；G. 腹部缘毛及腹部背片 8 毛；H. 腹部背片 1–3 背瘤；I. 腹部背片 4 缘瘤；J. 腹部背片 4 中瘤；K. 前翅；L. 腹管；M. 尾板

（541）径脉侧棘斑蚜 *Tuberculatus radisectuae* Zhang, Zhang *et* Zhong, 1990（图 7-52）

Tuberculatus japonicus radisectuae Zhang, Zhang *et* Zhong, 1990: 106.

主要特征：

有翅孤雌蚜　体卵圆形，体长 2.56 mm，体宽 1.24 mm。活体褐色。玻片标本头部与胸部褐色，腹部淡色，触角节 1 淡褐色，内缘及节 3–6 各端部黑色，喙顶端黑色，后足股节端部 4/5、胫节基部及跗节黑色，腹管基半部黑色，尾片及尾板淡色。体表光滑，腹部背片 2、3 有中斑，背片 4、5 有缘斑，体背有明显背瘤；腹部背片 2、3 中瘤黑色，其他淡色。头部背面有 5 对毛基瘤，前胸背板有 2 对长锥形中瘤，中胸背板有 1 对，后胸背板 1 对短锥形背中瘤，腹部背片 1–3 各有 1 对长锥形中瘤，背片 3 中瘤长为触角节 4 的 1/2，背片 4–7 各有 1 对短锥形中瘤，背片 1–7 各有 1 对短锥形缘瘤。体背毛粗长，头部背毛顶端球状，胸部背板有头状毛，腹部背片 1–3 背毛头状或粗钝，腹部背片 4–8 刚毛及缘毛钝顶或尖锐毛，腹部腹面多毛，长尖锐。中额不隆，额瘤稍突出。头顶毛钝，长 0.14 mm，为触角节 3 基宽的 4.20 倍；前背毛与头顶毛形状与长度相近；中、后背毛短，长 0.03 mm。前胸背板中瘤各有毛 2 或 3 根，侧毛 2 对，缘毛 2 对；腹部背片 1–6 背中瘤各有毛 3 或 4 根，缘毛有 3–5 根，背片 7 各中瘤上有毛 4–6 根，背片 8 有中毛 2 对，缘毛 3–4 对。腹部背片 1 缘毛长 0.04 mm，腹部背片 8 长毛长 0.09 mm。气门圆形开放，气门片淡色。触角节 1 内缘顶端隆起，节 3–6 有瓦纹，为体长的 0.60 倍，节 3 长 0.51 mm，节 1–6 长度比例为：13：12：100：54：55：

32+44；触角内缘有 4 或 5 根头状毛，外缘毛尖锐，节 1–6 毛数分别为：3、2、6–9、1–3、2、1+0 根，末节鞭部顶端有粗尖毛 4 根；节 3 内缘长毛为该节基宽的 1.80 倍，外缘毛为该节基宽的 0.75 倍；节 3 有圆形次生感觉圈 6–9 个，分布于全节。喙粗大，端部不及中足基节，节 4+5 楔状，为基宽的 1.60 倍，为后足跗节 2 长的 1.10 倍，有原生毛 3 对，次生毛 3–4 对。足胫节端部 1/3 有小刺突，股节光滑。后足股节与触角节 3 约等或稍长，股节毛均尖锐；后足胫节为体长的 0.31–0.44 倍；胫节毛尖锐，长毛为该节中宽的 1.80 倍；跗节 1 有腹毛 5 根，背毛 2 根。翅脉粗且黑，翅痣内缘有新月形带，径分脉基部宽带状，各脉有明显翅昙。腹管筒状，有明显缘突，内缘有锯齿及小刺突横纹，长 0.13 mm。尾片瘤状，为腹管的 1.15 倍，有长短毛 15 或 16 根。尾板分裂成两片，有毛 31–37 根。生殖板淡色，有毛 12–18 根。

生物学：寄主植物为麻栎和白栎。

分布：浙江（杭州）、江苏、湖北、湖南。

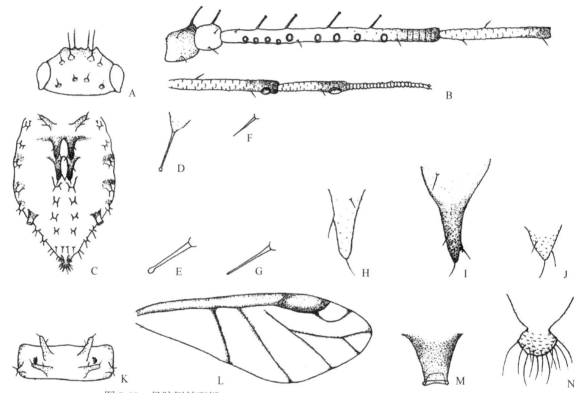

图 7-52 径脉侧棘斑蚜 *Tuberculatus radisectuae* Zhang, Zhang *et* Zhong, 1990

有翅孤雌蚜：A. 头部背面观；B. 触角；C. 腹部背面观；D. 头顶毛及毛基瘤；E. 头部和胸部背刚毛；F. 腹部背片 8 刚毛；G. 头顶毛；H. 中胸和腹部背片 1 背瘤；I. 腹部背片 3 背瘤；J. 腹部背片 4 背瘤；K. 前胸背板；L. 前翅；M. 腹管；N. 尾片

（542）痣侧棘斑蚜 *Tuberculatus stigmatus* (Matsumura, 1917)（图 7-53）

Arakawana stigmata Matsumura, 1917b: 375.

Tuberculatus stigmatus: Richards, 1968: 589.

主要特征：

有翅孤雌蚜 体长卵形，体长 2.20 mm，体宽 0.88 mm。活体头部、胸部、棘斑及腹管漆黑色，腹部褐绿色。玻片标本头部、胸部黑色，腹部淡色，有黑色斑。触角节 1、2、节 3–6 端部及喙骨化黑色；足全骨化，后足全黑色，前、中足灰褐色；腹管黑色，尾片及尾板灰黑色。前胸有馒状小缘瘤 6–8 个，腹部背片各缘斑各有 1 对或 2 对馒形小缘瘤。腹部背片 1、2 各有小中瘤 1 对，钝顶；背片 3 有锥状大中瘤 1 对，基部愈合，有刺突，长为基宽的 1.20 倍，为腹管的 2.50 倍；背片 4 缘斑有大型钝顶缘瘤。腹部背片 1–3 中瘤上各有长短刚毛 2–4 根；背片 4–7 无中瘤，形成毛基斑，各节有刚毛 6–9 根，稍显隆起。腹部背片 1–7 各有近方形缘斑；背片 7 缘斑小于前几节；缘斑有尖锐刚毛，背片 1、2、5–7 缘斑上各有 4–6 根刚毛，背片 3、4 缘斑上各有 10 根刚毛。腹管前、后缘斑愈合。体表光滑，头部及缘斑有褶曲纹，中瘤上有刺突构成瓦纹。气门圆形，半开放或全开放，气门片骨化黑色。节间斑不显。体背毛长，尖锐；头部有头顶毛 2 根，头背长毛 14 根，包括中额毛 4 根，额瘤毛各 1 根，中域毛 2 根，后部毛 6 根，毛基隆起；前胸背板有前部中、侧毛 6 根，后部中、侧毛 9 或 10 根，缘毛 4 根；中胸背板有中侧毛 20–22 根，缘毛 14–16 根；后胸背板有中毛 6–8 根，侧毛 2 根，缘毛 2 根；腹部背片 8 有长毛 12 根。头顶毛、腹部背片 1 中毛、背片 1 缘毛、背片 8 毛长分别为触角节 3 最宽直径的 5.00 倍、2.90 倍、1.80 倍、3.20 倍。中额瘤稍隆起，两侧毛基隆起，稍高于中额瘤；额瘤隆起外倾。触角 6 节，细长，节 1、2 骨化，光滑，节 3–6 有微刺突构成瓦纹；为体长的 0.78 倍；节 3 长 0.52 mm，节 1–6 长度比例为：19：11：100：55：52：26+54；节 3 有小圆形次生感觉圈 5–7 个，分布于基部 1/2；触角毛长，尖锐，节 1–6 毛数分别为：5、2、9–12、4、3 或 4、1+0 根；触角节 3 毛长为该节最宽直径的 2.00 倍。喙端部达前、中足基节之间，节 4+5 粗短，为基宽的 1.30 倍，为后足跗节 2 长的 0.93 倍，有原生刚毛 2 对，次生刚毛 4 对。后足股节长 0.55 mm，为触角节 3 的 1.10 倍；后足胫节长为体长的 0.55 倍，后足胫节毛长为该节中宽的 2.00 倍，为基宽的 1.70 倍，为端宽的 2.40 倍；跗节 1 毛序：7，7，7。翅脉正常，径分脉淡色，基部不显，翅痣黑色，后部镶月牙形黑纹。腹管短筒形，有微刺突瓦纹，无缘突及切迹；为体长的 0.06 倍，与基宽约等长，与尾片约等长。尾片瘤状，有小刺突构成的横纹，有长粗毛 4 根，细毛 8–14 根。尾板分裂成两叶，有长短粗细毛 24–33 根。生殖板不骨化，有短毛 10 根，长毛 20–24 根。

生物学： 寄主植物为槲树、蒙古栎、槲栎、麻栎、栓皮栎及白栎；朝鲜记载为槲栎，日本记载为枹栎。在栎属植物幼叶背面分散为害，受害叶不变形。仅发现有翅孤雌蚜。大多在 4–6 月发生。

分布： 浙江（杭州）、吉林、山东、江苏、江西、台湾；俄罗斯，朝鲜，日本。

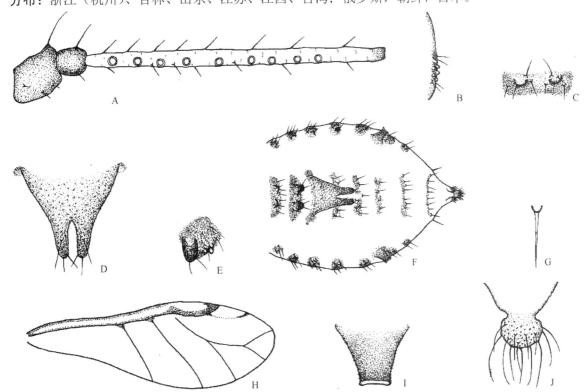

图 7-53　痣侧棘斑蚜 *Tuberculatus stigmatus* (Matsumura, 1917)

有翅孤雌蚜：A. 触角节 1–3；B. 前胸背板缘域；C. 腹部背片 1 背瘤；D. 腹部背片 3 背瘤；E. 腹部背片 4 缘瘤；F. 腹部背面观；G. 体背刚毛；H. 前翅；I. 腹管；J. 尾片

（543）栗斑蚜 *Tuberculatus castanocallis* (Zhang *et* Zhong, 1981)（图 7-54）

Castanocallis castanocallis Zhang *et* Zhong, 1981: 344.

Tuberculatus castanocallis: Remaudière & Remaudière, 1997: 228.

主要特征：

有翅孤雌蚜　体纺锤形，体长 2.23 mm，体宽 1.28 mm。活体浅绿至黄绿色，被白粉，翅竖起与叶面呈 30°角。玻片标本头部、胸部灰褐色，腹部淡色，瘤及斑黑色，腹面有黑色中斑，触角节 1 内缘、节 3–5 各端部及节 6 黑色，喙顶端、后足股节端半部、中后足基节及跗节黑色，腹管黑色，尾片、尾板淡色。背瘤明显，头部有 3 对毛基瘤，高于额瘤，腹部背片 2、3 各有 1 对长指状中瘤，长 0.08 mm，为触角节 2 的 1.30 倍，背片 8 中瘤淡色，椭圆形，背片 1–4 各有 1 对指状缘瘤，分别长 0.04 mm、0.05 mm、0.08 mm、0.27 mm，背片 4 缘瘤与触角节 5 约等长，有时在缘瘤附有 1 或 2 个透明珠形小瘤，其他各有毛基瘤。体背毛粗长，尖锐；头部有背毛 10 根；前胸背板有中毛 4 根，缘毛 1 对，有透明珠形小瘤 4–5 对；腹部背片 1–6 各有中毛 4 根，背片 1 有侧毛 2 根、背片 2–6 各有侧毛 4–6 根，背片 1–7 各有缘毛 4、6、8、12、6、6、2 根，背片 7 有中毛 6 根，背片 8 有毛 3 根；头顶毛长 0.13 mm，为触角节 3 最宽直径的 3.60 倍，腹部背片中毛长 0.08 mm，缘毛长 0.04 mm，背片 8 毛长 0.13 mm。气门圆形开放，气门片黑色。中额不隆，额瘤隆起外倾。触角节 1、2 光滑，节 3 端部及其他部分有瓦纹，为体长的 0.77 倍，节 3 长 0.58 mm，节 1–6 长度比例为：11：10：100：55：49：30+50；节 1–6 毛数分别为：3 或 4、3 或 4、11 或 12、3–6、2–4、1+0 根，末节鞭部顶端有短毛 4 或 5 根，节 3 毛长 0.08 mm，为该节最宽直径的 2.20 倍；节 3 有大型次生感觉圈 9 或 10 个，分布于基部 5/6。喙端部达前、中足间基节，节 4+5 长锥形，为基宽的 2.00 倍，为后足跗节 2 长的 1.20 倍，有原生毛 3 对，次生毛 7 对。胫节端部 1/3 有微刺。后足股节长为触角节 3 的 0.81 倍；后足胫节为体长的 0.44 倍，后足胫节毛长为该节中宽的 2.00 倍。跗节 1 毛序：6，6，6。前翅各脉镶宽边，径分脉不显，翅痣黑色，后翅 2 斜脉，镶黑边。腹管截断圆筒状，与尾片约等长。尾片瘤状，有粗长毛 4 根，细长短毛 14 或 15 根。尾板分裂为两片，有长短毛 26–32 根。生殖板淡色，有毛 12 根。

生物学：寄主植物为板栗、茅栗、苦椎等植物。在叶反面分散取食。

分布：浙江（临安）、辽宁、河北、山东、湖南、广西、云南。

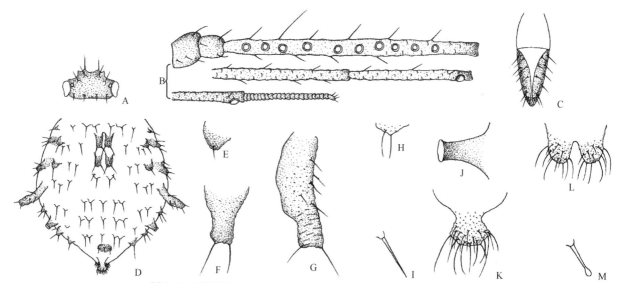

图 7-54　栗斑蚜 *Tuberculatus castanocallis* (Zhang *et* Zhong, 1981)

有翅孤雌蚜：A. 头部背面观；B. 触角；C. 喙节 4+5；D. 腹部背面观；E. 腹部背片 2 侧瘤；F. 腹部背片 2 背中瘤；G. 腹部背片 4 缘瘤；H. 腹部背片 4 背中瘤；I. 体背毛；J. 腹管；K. 尾片；L. 尾板。胚胎：M. 体背毛

（544）红粉栗斑蚜 *Tuberculatus ceroerythros* Qiao et Zhang, 2002（图 7-55）

Tuberculatus ceroerythros Qiao et Zhang, 2002: 82.

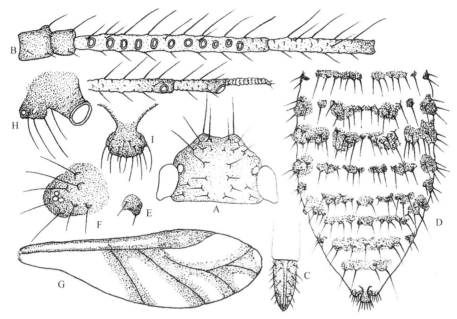

图 7-55　红粉栗斑蚜 *Tuberculatus ceroerythros* Qiao et Zhang, 2002

有翅孤雌蚜：A. 头部背面观；B. 触角；C. 喙节 4+5；D. 腹部背面观；E. 腹部背片 1 缘瘤；F. 腹部背片 4 缘瘤；G. 前翅；H. 腹管及腹部背片 6 缘瘤；I. 尾片

主要特征：

有翅孤雌蚜　体椭圆形，体长 2.31 mm，体宽 1.08 mm。活体淡红色，被白粉。玻片标本头部、胸部黑色，腹部淡色，背突及腹部腹面有黑斑，触角 1、2、节 3–5 各端部及节 6 黑褐色；喙节 3–5 褐色；股节端半部及跗节黑色，胫节淡色，腹管、尾片、尾板及生殖板黑色。体表光滑，头部背面及背突有皱纹，头部背面及胸部背板各长毛毛基微隆，腹部背片 1–3 各有大型背中瘤 1 对，基部愈合，节 4–6 各背中侧小型背瘤独立，各节有 8–10 个，背片 7、8 各背中瘤愈合成横斑状，背片 2–7 各有 1 对缘瘤，背片 3 者为双瘤，背片 1 有小馒状瘤 1 对，背片 2–7 各为大型瘤。节 6 瘤与腹管相愈合，各瘤均有粗长毛，各缘瘤顶端附有 1–4 个小馒状透明圆瘤。与复眼小眼面约等大小，腹部腹面斑呈宽横带，有横瓦纹。气门圆形开放，气门片大型黑色。体背毛粗长尖锐，腹部腹面多毛，尖锐，稍短于背毛，头部有头顶毛 3 对，头背毛 8 对；前胸背板有中侧毛 7–8 对，缘毛 2 对；腹部背片 1、6 各有中侧毛 6–7 对，背片 2–5 各有中侧毛 10–12 对，背片 7 有毛 7 或 8 根。背片 8 有毛 4 根，背片 1–7 各有缘毛 7–10 对，有时可达 13 对，背片 8 有缘毛 2–3 对。头顶长毛长 0.14 mm，为触角节 3 最宽直径的 3.90 倍，腹部背片 1 缘毛长 0.07 mm，中毛长 0.10 mm，背片 8 长毛长 0.13 mm。中额不隆，额瘤微隆。触角节 1 端部外缘隆起，粗糙皱纹，节 3 端部至节 6 有小刺突组成的横瓦纹，为体长的 0.59 倍，节 3 长 0.50 mm，节 1–6 长度比例为：14∶13∶100∶54∶44∶24+23；各节长短毛粗尖锐，节 1–6 毛数分别为：3 或 4、2 或 3、16–21、9–11、9–11、6–8+0 根，末节鞭部顶端有毛 3 或 4 根；节 3 长毛长 0.11 mm，为该节最宽直径的 5.70 倍；节 3 有大圆形次生感觉圈 10–12 个，分布于全长。喙端部不达中足基节，节 4+5 楔状，为该节基宽的 2.00 倍，为后足跗节 2 长的 1.20 倍；有原生毛 3 对，次生毛 5–7 对。股节光滑，胫节端部及跗节有长刺突组成横纹，后足股节与触角节 3 约等长或稍长；后足胫节为体长的 0.42 倍，长毛为该节最宽直径的 1.40 倍；跗节 1 毛序：7，7，7。前翅脉有昙，径分脉不显，中脉分三叉，各脉有宽昙，后翅 2 斜脉有宽边昙。腹管短管状，有缘突，基部斑与缘斑愈合，为基宽的 0.72 倍，端径 0.07 mm。尾片瘤状，中部收缩，布满粗刺突，为基宽的 0.79 倍，有长短毛 14–16 根。尾板分裂为两片，有长短毛 28–38 根。生殖板大型椭圆形，有长短毛 24 或 25 根。生殖突 2 丛，各有短毛

9或10根。

生物学：寄主植物为板栗、茅栗、栎等植物；在叶背面，有时也在叶正面取食，多群集在叶柄、叶脉、枝梢处。全身被白粉。

分布：浙江（长兴）、江西、湖南、广西。

（545）缘瘤栗斑蚜 *Tuberculatus margituberculatus* (Zhang *et* Zhong, 1981)（图 7-56）

Castanocallis margituberculatus Zhang *et* Zhong, 1981: 345.

Tuberculatus margituberculatus: Remaudière & Remaudière, 1997: 228.

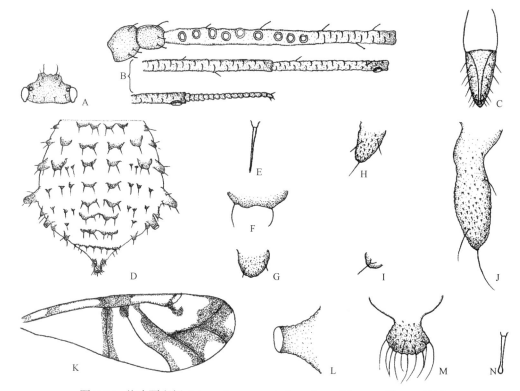

图 7-56　缘瘤栗斑蚜 *Tuberculatus margituberculatus* (Zhang *et* Zhong, 1981)

有翅孤雌蚜：A. 头部背面观；B. 触角；C. 喙节 4+5；D. 腹部背面观；E. 体背毛；F. 腹部背片 2 中瘤；G. 腹部背片 2 侧瘤；H. 腹部背片 2 缘瘤；I. 腹部背片 4 侧毛基瘤；J. 腹部背片 4 缘瘤；K. 前翅；L. 腹管；M. 尾片。胚胎：N. 体背毛

主要特征：

有翅孤雌蚜　体纺锤形，体长 1.87 mm，体宽 0.99 mm。活体黄色或黄绿色，稍被白粉，背瘤全黑色，翅竖起与叶面呈 60°角。玻片标本头部、胸部黑色，腹部淡色，背板及腹面斑明显黑色，触角节 1、2 及各节端部黑色，喙淡色，顶端黑褐色，足淡色，中、后足基节黑色，跗节稍有骨化，腹管、尾片、尾板全黑色。体背斑瘤明显，头部背面缘域深黑色，前方 2 对毛基瘤隆起，高于中额瘤，中域 1 对稍隆，后方 2 对不隆；腹部背片 1 有 2 对微隆起毛基斑瘤，背片 2–7 各有 1 对宽圆锥形背中瘤，基部有时愈合，长 0.025–0.050 mm，背片 8 背瘤横带状，横贯全节，背片 2–3 各有 1 对圆锥形侧瘤，其他侧瘤为零星毛基斑瘤，背片 1–7 各有 1 对缘瘤，背片 4 者大呈长指状，长度分别为 0.034–0.042 mm、0.067–0.084 mm、0.11–0.13 mm、0.18–0.27 mm、0.10 mm、0.050–0.067 mm、0.034–0.042 mm；背片 1–4 缘瘤及背片 2–3 侧瘤有小刺突，其他背瘤光滑。体背毛顶端钝，有时圆顶，腹面毛细尖锐；头部有背毛 10 根；前胸背板有中侧毛 6 根，缘毛 2 根；腹部背片 1–6 各有中毛 4 或 5 根，侧毛 4–6 根，背片 7 有中毛 6 根，背片 1–7 各有缘毛 4–6 根，背片 4 缘毛 7 或 8 根，背片 8 有毛 10 或 11 根。头顶毛长 0.11 mm，为触角节 3 最宽直径的 4.10 倍，腹部背片 1 中毛长 0.05 mm，缘毛长 0.027 mm，背片 8 中毛长 0.076 mm。气门圆形开放，气门片黑色。中额及额

瘤不高于毛基瘤。触角节 1、2 光滑，节 3 端部以后各节有小刺突横纹，为体长的 0.71 倍，节 3 长 0.44 mm，节 1–6 长度比例为：13∶12∶100∶57∶49∶24+34；触角毛短，节 1–6 毛数分别为：3、3 或 4、4–6、2、1 或 2、0 或 1+0 根，节 3 毛长 0.020 mm，为该节最宽直径的 0.77 倍；节 3 有大圆形次生感觉圈 6–9 个，分布于基部 3/5。喙短，端部超过前足基节，节 4+5 锥状，为基宽的 1.70 倍，与后足跗节 2 约等长，有毛 6–8 对，其中次生毛 3–4 对。胫节有小刺突分布。后足股节为触角节 3 的 0.90 倍；后足胫节为体长的 0.43 倍，后足胫节毛长 0.040 mm，为该节中宽的 1.20 倍；跗节 1 毛序：7，7，7。翅脉有深昙，翅痣端部与径分脉基部呈 "C" 形昙，径分脉端部 2/3 不显，臀脉镶宽边，肘脉基部有昙，端半部及中脉分叉以后有宽昙；后翅 2 斜脉，臀脉镶窄边。腹管截断筒状，光滑，长 0.084 mm。尾片瘤状，为腹管的 1.30 倍，有长尖毛 10–12 根。尾板分裂为两片，有毛 20–32 根。生殖板有毛 10 根，淡色。

生物学：寄主植物为板栗、蒙古栎、大叶柞等。在叶反面取食。

分布：浙江（临安）、辽宁、北京、河北、山东、陕西、江西、湖南、福建、广西、云南。

（546）横侧棘斑蚜 *Tuberculatus yokoyamai* (Takahashi, 1923)（图 7-57）

Myzocallis yokoyamai Takahashi, 1923: 63.

Tuberculatus yokoyamai: Richards, 1968: 593.

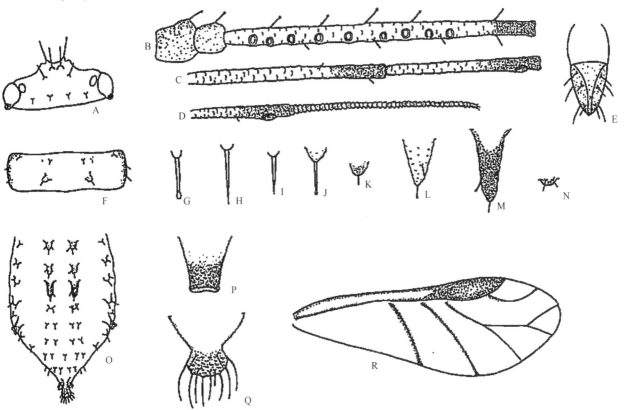

图 7-57　横侧棘斑蚜 *Tuberculatus yokoyamai* (Takahashi, 1923)

有翅孤雌蚜：A. 头部背面观；B. 触角节 1–3；C. 触角节 4–5；D. 触角节 6；E. 喙节 4+5；F. 前胸背板；G. 体背刚毛；H. 腹部腹面毛；I. 腹部背片 8 毛；J. 头部背瘤；K. 前胸背板后中瘤；L. 腹部背片 1 背中瘤；M. 腹部背片 3 背中瘤；N. 腹部背片 4 背中瘤；O. 腹部背面观；P. 腹管；Q. 尾片；R. 前翅

主要特征：

有翅孤雌蚜　体卵圆形，体长 2.70 mm，体宽 1.10 mm。活体头部、胸部深黄色，腹部浅黄色，腹部背片 3 中瘤灰黑色。玻片标本体淡色，触角节 3–6 端部、喙顶端、前足胫节及中、后足胫节内缘、腹管端半部黑色，其余均淡色。体表光滑，腹部背片 3 有 1 对背中瘤，端半部黑色，其余瘤淡色；头顶及头背前方各有 1 对毛基瘤隆起，其余 3 对毛基瘤几乎不隆起，前胸背板有 1 对短中瘤，中、后胸背板无瘤，腹部背片 1–4 各有 1 对背中瘤，背片 3 者长锥形，长与尾片约等，背片 1–4 各节中瘤分别长 0.071 mm、0.092 mm、0.14 mm、0.025 mm，背片 5–8 中瘤微隆，不明显，节 1–4 各有 1 对缘瘤，节 4 者稍小，长 0.04 mm，为触角 2 的 0.71 倍。体背毛头状；头部背面有毛 5 对；前胸背板有中毛 2 对，侧毛 1 对，缘毛 2 对，中胸背板有毛 8 对，后胸背板有毛 1 对；腹部背片 1–7 各有中毛 4 或 5 根，背片 1–5 各有缘毛 2–3 对，背片 6–7 各有缘毛 2–4 根，背片 8 有毛 10 或 11 根。头顶毛长 0.12 mm，为触角节 3 最宽直径的 2.90 倍，与后足跗节 2 约等长，头背短毛长 0.02 mm；中胸背板长毛为短毛的 1.00–2.00 倍；腹部背片 1 毛长 0.018 mm，背片 8 毛长 0.067 mm。气门圆形开放，气门片淡色。中额微隆，额瘤隆起。触角节 1 内缘隆起，光滑，节 3–4 有微刺突瓦纹，为体长的 0.83 倍，节 3 长 0.68 mm，节 1–6 长度比例为：13∶10∶100∶62∶57∶31+59；触角有短头状毛，节 1–6 毛数分别为：3、2 或 3、5–8、2 或 3、2、1+0 根，鞭部顶端有短尖毛 3 或 4 根，节 3 长毛长 0.05 mm，为该节最宽直径的 1.30 倍，节 3 有圆形次生感觉圈 6–10 个，分布于基部 1/3–3/5。喙短粗，端部超过前足基节，节 4+5 短楔状，长 0.10 mm，为基宽的 1.40 倍，为后足跗节 2 长的 0.85 倍，有次生毛 2–3 对。足光滑，胫节端部 1/3 有小刺突分布，足各节外缘毛头状，内缘大部分为粗尖毛。后足股节为触角节 3 的 0.89 倍；后足胫节为体长的 0.46 倍，后足胫节毛长为该节中宽的 1.30 倍；跗节 1 毛序：7，7，7。翅痣淡色，有尖锐毛 5–7 根，径分脉两端镶边，2 肘脉镶黑边，后翅脉淡色。腹管筒状，端部 1/3 有小刺突横纹，全长 0.10 mm。尾片瘤状，为腹管的 1.20 倍，有长短毛 13 或 14 根。尾板分裂为两片，有毛 27–31 根。

生物学：寄主植物为栎、蒙古栎；在叶背散居。

分布：浙江（杭州）、吉林、甘肃、福建；朝鲜，日本。

（二十八）镰管蚜亚科 Drepanosiphinae

主要特征：触角节 2 长于节 1。有翅型前足股节膨大。腹管圆柱状，有时膨大，有缘突。尾片瘤状。尾板完整或稍浅裂。生殖突 3 个。取食槭树科植物。

分布：古北区、东洋区、新北区。世界已知 5 属，中国记录 1 属 4 种，浙江分布 1 属 1 种。

308. 桠镰管蚜属 *Yamatocallis* Matsumura, 1917

Yamatocallis Matsumura, 1917b: 366. Type species: *Yamatocallis hirayamae* Matsumura, 1917.

主要特征：有翅孤雌蚜身体中至大型，头部有较发达的额瘤。触角 6 节，明显长于身体；次生感觉圈横椭圆形，有睫，仅分布在节 3；原生感觉圈有睫。喙较短，节 4+5 短于或长于后足跗节 2，有次生毛 4–20 根。腹部背片淡色，无任何中突或缘突；体背毛长，细尖或钝，有毛基瘤；中毛排成 2 纵列；侧毛少；缘毛多，包括 1 根长毛和其他短毛；背片 8 有毛 4 根。腹管光滑或粗糙，圆柱形或明显肿胀，长于基宽，并有明显的端部网纹。尾片瘤状。尾板稍内凹。生殖突退化，3 个。前足股节扩大或明显较其他股节粗壮；胫节近端部有小刺突；胫节端部毛分化为短刺。跗节 1 各有 6–7 根腹毛和 2 根背毛。爪间毛扁平。翅脉正常，有时有翅昙；前翅中脉 2 分叉。后翅 2 斜脉。

生物学：该属蚜虫取食槭树科的植物。由于性蚜缺，无法肯定其生活周期类型。在日本，大多数种类采自山区的 5–6 月；在印度，采自东喜马拉雅的 4–5 月；在中国，采自 6 月。

分布：东洋区。世界已知 9 种，中国记录有 4 种，浙江分布 1 种。

（547）浑桠镰管蚜 *Yamatocallis obscura* (Ghosh, Ghosh *et* Raychaudhuri, 1971)（图 7-58）

Megalophyllaphis obscura Ghosh, Ghosh *et* Raychaudhuri, 1971: 383.

Yamatocallis obscura: Eastop & Hille Ris Lambers, 1976: 271, 460.

主要特征：

有翅孤雌蚜　体长椭圆形，体长 3.83 mm，体宽 1.21 mm。玻片标本头部与胸部淡褐色，腹部淡色；触角节 3 近端部 4/5 区域及端部、股节端半部、胫节基部暗褐色，触角节 4 端半部、节 5 端部、节 6 基部、胫节端部及跗节深褐色，其余触角节、足节淡褐色；腹管端部 1/3 深褐色，其余部分淡色，尾片瘤状部淡褐色，其余淡色，尾板及生殖板淡色。体表光滑。气门近圆形关闭，气门片长卵形，淡褐色。体背毛粗长尖锐，腹面毛较短细；头部有额瘤毛 1 对，头背毛 3；腹部背片 1–3 各有 1 对中毛，粗长尖锐，毛基瘤发达，背片 4–7 各有 1 对中毛，较细短；背片 1–7 各有 1 对较细尖的侧毛；背片 1 有缘毛 2 对，背片 2–7 各有 5–7 对缘毛，各背片有 1 对缘毛较其他缘毛长，且毛基瘤发达；背片 8 有毛 4–6 根；背片 1 缘毛长 0.09 mm，背片 3 中毛长 0.37 mm，背片 8 毛长 0.11 mm，分别为触角节 3 最宽直径的 1.20 倍、4.60 倍和 1.40 倍。中额不隆，额瘤发达。触角细长，节 3 端部 1/6（没有次生感觉圈分布）至节 6 明显密生微横瓦纹；为体长的 1.79 倍；节 3 长 1.95 mm，节 1–6 长度比例为：10∶6∶100∶53∶55∶13+115；触角毛细，尖锐，节 1–6 毛数分别为：9 或 10、3、24–32、11 或 12、4 或 5、1+3 根。节 3 毛长 0.06 mm，为该节最宽直径的 0.80 倍；节 3 有 33–36 个长椭圆形次生感觉圈，有睫，分布于该节基部 5/6。喙端部达中足基节，节 4+5 楔状，为基宽的 1.18 倍，为后足跗节 2 长的 0.76–0.80 倍，有原生毛 3 对，次生毛 4–5 对。足股节光滑，前足股节粗大，长于中、后足股节，端部内侧有圆锥形隆起；胫节基部 1/3–1/2 有微横纹，端部 1/2–2/3 密被细长刺突，越向端部越密；跗节 2 有小刺突横纹。后足股节为触角节 3 的 0.67 倍；后足胫节体长的 0.71 倍，毛长为该节中宽的 2.50 倍；跗节 1 毛序：7，7，7；有 2 根背毛。前翅翅痣狭长，沿翅痣基部、内侧缘和顶端有 1 条深褐色斑，径分脉基部有褐色翅昙，各脉顶端有弱的灰褐色翅昙；后翅翅钩基部有翅昙；径脉直，中脉 2 分叉，后翅 2 斜脉。腹管光滑，筒形，基半部略膨大，端半部略细，顶端有 3 或 4 行网纹；缘突发达，有切迹，为基宽的 4.58 倍，为尾片的 1.78–1.90 倍。尾片瘤状，中部收缩，为基宽的 1.38 倍，有长刚毛 5 或 6 根。尾板浅裂，有长短刚毛 20–22 根。生殖板宽椭圆形，有毛 17 根，包括前部长毛 2 根。

生物学：本种取食槭属植物。

分布：浙江（杭州）；印度，尼泊尔。

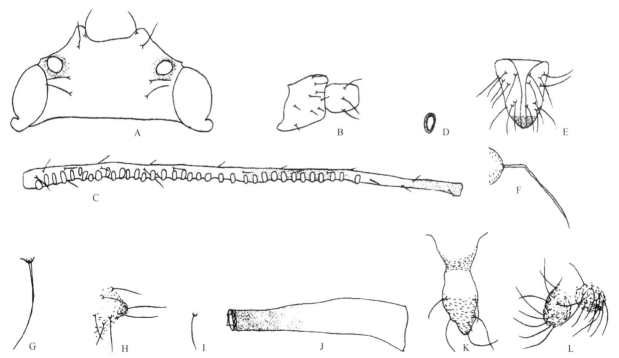

图 7-58　浑桠镰管蚜 *Yamatocallis obscura* (Ghosh, Ghosh *et* Raychaudhuri, 1971)

有翅孤雌蚜：A. 头部背面观；B. 触角节 1–2；C. 触角节 3；D. 次生感觉圈；E. 喙节 4+5；F. 腹部背片 1 中毛；G. 腹部背片 3 中毛；H. 腹部背片 4 缘毛；I. 腹部背片 5 中毛；J. 腹管；K. 尾片；L. 尾板

（二十九）新叶蚜亚科 Neophyllaphidinae

主要特征：无翅孤雌蚜体表无突起，复眼有 3 个或多个小眼面；足胫节端毛与该节其他毛相近；跗节 1 通常无背毛；生殖突通常 4 个；无翅孤雌蚜头部与前胸愈合；触角末节鞭部仅为基部的 1/5–1/3；喙端节无次生毛；尾片典型的瘤状，尾板双裂。

分布：世界广布。世界已知 1 属 2 亚属，中国记录 1 属 3 种，浙江分布 1 属 1 种。

309. 新叶蚜属 *Neophyllaphis* Takahashi, 1920

Neophyllaphis Takahashi, 1920: 20. Type species: *Neophyllaphis podocarpi* Takahashi, 1920.

主要特征：无翅孤雌蚜头部与前胸愈合。无翅孤雌蚜复眼有 3 个小眼面（指名亚属）或多眼面（*Chileaphis* 亚属）。触角节 6 鞭部非常短，至多为该节基部的 1/3。有翅型节 3 有环形次生感觉圈，无睫。原生感觉圈有睫。喙端节无次生毛。胫节端部毛与其他胫节毛相同，跗节 1 通常无背毛。腹部背片 8 有毛 4 根。腹管短，环状，有或无毛环绕。尾片典型瘤状。生殖突 4 个。

生物学：寄主植物为罗汉松科、桃金娘科和南洋杉科植物。

分布：世界广布。世界已知 2 亚属 13 种，中国记录 3 种，浙江分布 1 种。

（548）罗汉松新叶蚜 *Neophyllaphis podocarpi* Takahashi, 1920（图 7-59）

Neophyllaphis podocarpi Takahashi, 1920: 20.

主要特征：

无翅孤雌蚜 体卵圆形，体长 1.94 mm，体宽 1.04 mm。活体红褐色，被厚白粉。玻片标本头顶及头背前方黑色，胸部、腹部淡色，腹部背片 8 中斑呈宽带；触角节 1、2 及 3–6 各端半部淡褐色；复眼、喙、足、腹管、尾板及生殖板黑色，尾片淡褐色。头部背前方明显网纹，胸部背板、腹部背片及腹部腹面光滑。气门圆形开放，气门片黑色。节间斑不显。中胸腹岔淡色，两臂分离，各臂长 0.09 mm，为触角节 4 的 0.64 倍。体背毛尖锐，腹面多毛而短，为背毛的 1/2；头部有中额毛 1 对，额瘤毛 1 对，头背毛 6 对；前胸背板有中侧毛 4 对，缘毛 1 对；腹部背片 1–4 各有中侧毛 3–4 对，背片 5–6 各有中侧毛 4–6 对，缘毛 2–3 对，背片 7 有中毛 2 对，缘毛 1 对，背片 8 有毛 2 对；头顶毛长 0.03 mm，为触角节 3 端部最宽处的 0.74 倍，腹部背片 1、8 毛均长 0.02 mm。中额及额瘤不隆，呈平顶，中央稍凹，中缝微显。触角光滑，节 3 端部至节 6 有微刺组成的瓦纹，为体长的 0.48 倍，节 3 长 0.33 mm，节 1–6 长度比例为：22：17：100：44：51：42+11；节 1–6 毛数分别为：3 或 4、2 或 3、16–18、2–4、2、2+0 根，末节鞭部顶端有毛 4 根，节 3 毛长 0.01 mm，为该节最宽直径的 0.35 倍。喙端部不达后足基节，节 4+5 盾状，长 0.07 mm，为基宽的 0.73 倍，有原生毛 3 对，次生毛 0–1 对。足有粗皱纹，后足股节为触角节 3 的 1.10 倍；后足胫节为体长的 0.30 倍，长毛长为该节中宽的 0.50 倍；后足胫节有伪感觉圈数个，位于基部 1/2；跗节 1 毛序：3，3，3。腹管位于光滑小圆锥体上，基宽 0.08 mm，为端径的 2.10 倍。尾片宽锥形，中部收缩，有小刺突组成的瓦纹，有细长毛 6 根，有时 3 根。尾板分裂为两片，有毛 12–14 根。生殖板末端圆形，有长毛 14 根。

有翅雌性蚜 体长 1.88 mm，体宽 0.91 mm。玻片标本头部、胸部黑褐色，腹部淡色，无斑纹，腹部腹面末节有明显横斑；触角节 1、2 黑色，节 3 淡褐色，节 4–6 淡色；喙淡色，顶端黑色；足各节、腹管淡褐色，尾片及尾板深褐色，生殖板黑色。体表光滑，腹部腹面有瓦纹。体背毛尖锐，腹部腹面毛不长于背毛，整齐排列 6 行，末节毛为钉毛，位于横带斑上；头部有中额毛 1–2 对，额瘤毛 1 对，头背毛 4 对；前胸背板有中毛 2 对，位于前缘，侧毛 2 对，缘毛 1 对；腹部背片 1–7 各有中侧毛 4、4、5、7、5、3、2 对，缘毛 1、2、2、3、3、2–3、1–2 对，背片 8 有毛 2 对，头顶毛长及腹部背片 1 缘毛长 0.02 mm，为触角节 3

的 0.41 倍,背片 8 毛长 0.03 mm。喙端部达后足基节,节 4+5 无次生毛。足光滑,后足胫节密布透明伪感觉圈,后足股节与触角节 3 约等长或稍长;后足胫节基部 1/2 膨大,为体长的 0.33 倍,毛长 0.03 mm,为该节膨大部分的 0.53 倍;跗节 1 毛序:5,5,5。翅脉正常,脉粗且黑。尾片盔状,有细密纵纹,为基宽的 0.73 倍,有短尖毛 5–8 根。尾板分裂为两片,有尖毛 24–27 根,生殖突分裂为 4 片,各有短毛 2 或 3 根。生殖板末端大圆形,有粗钝毛 48–55 根,两缘毛为尖锐毛。

生物学:寄主植物为罗汉松,国外记载有长叶罗汉松和百日青。在幼叶、嫩枝及果枝上群居,分泌白蜡粉,常引起植物生长迟缓或嫩叶卷叶。

分布:浙江(杭州)、吉林、江苏、上海、湖南、福建、台湾;日本,马来西亚,印度尼西亚,澳大利亚,美洲。

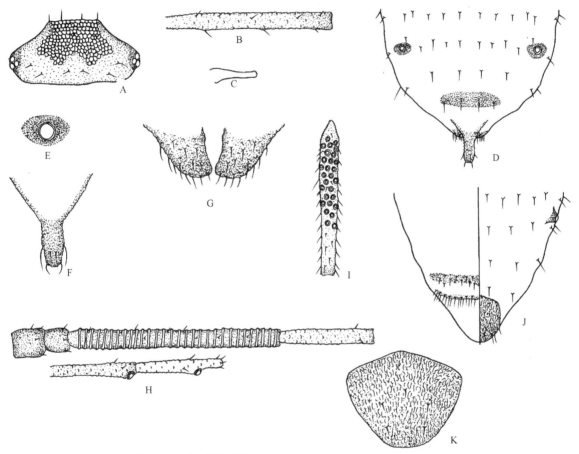

图 7-59　罗汉松新叶蚜 *Neophyllaphis podocarpi* Takahashi, 1920

无翅孤雌蚜:A. 头部背面观;B. 触角节 3;C. 中胸腹岔;D. 腹部背片 5–8 背面观;E. 腹管;F. 尾片;G. 尾板。有翅孤雌蚜:H. 触角节 1–6;I. 后足胫节伪感觉圈;J. 腹部背片 5–8 背、腹面观;K. 尾片

(三十)叶蚜亚科 Phyllaphidinae

主要特征:胚胎体背毛短,侧毛存在,缘毛单一。复眼无眼瘤或眼瘤不明显。体背蜡片存在。触角节 2 长于节 1。触角末节鞭部为基部的 0.1–0.5 倍。跗节 1 无背毛。爪间毛尖锐或扁平。无翅孤雌蚜存在。

分布:古北区、东洋区、新北区。世界已知 5 属 14 种,中国记录 4 属 4 种,浙江分布 1 属 1 种。

310. 楠叶蚜属 *Machilaphis* Takahashi, 1960

Machilaphis Takahashi, 1960: 11. Type species: *Phyllaphis machili* Takahashi, 1928.

　　主要特征:触角节 2 长于节 1,节 6 鞭部为基部的 1/5。喙节 4+5 有次生毛 4–8 根。无翅孤雌蚜存在。体蜡片存在。背片 8 有毛 4 根。跗节 1 有腹毛 5 根,无背毛,爪间毛尖锐。尾片有毛 6–13 根。

　　生物学:寄主为樟科植物。

　　分布:东洋区。世界已知 1 种,中国记录 1 种,浙江有分布。

(549)楠叶蚜 *Machilaphis machili* (Takahashi, 1928)(图 7-60)

Phyllaphis machili Takahashi, 1928a: 146.

Machilaphis machili: Takahashi, 1960: 11.

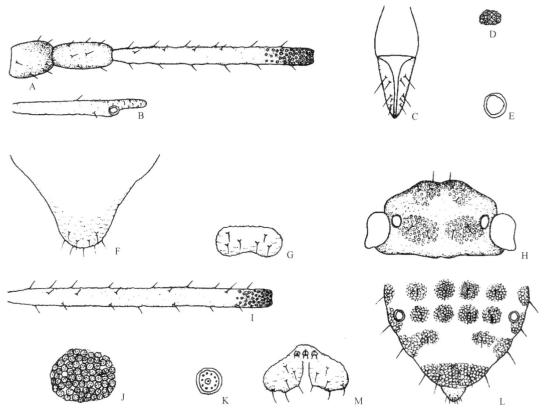

图 7-60　楠叶蚜 *Machilaphis machili* (Takahashi, 1928)

无翅孤雌蚜:A. 触角节 1–3;B. 触角节 6;C. 喙节 4+5;D. 体背蜡孔;E. 腹管;F. 尾片;G. 尾板。有翅孤雌蚜:H. 头部背面观;I. 触角节 3;
J. 体背蜡片;K. 体背蜡孔;L. 腹部背片 5–8 背面观;M. 尾板及生殖突

　　主要特征:

　　无翅孤雌蚜　体椭圆形,体长 2.53 mm,体宽 1.02 mm。活体黄白色,全身被蜡粉,腹部末端二节分泌长蜡丝,蜡丝超过身体。玻片标本头顶及头部两缘骨化黑色,胸部、腹部淡色,无斑纹,触角节 1、2 及 3–6 各顶端黑色。喙顶端、足股节端及跗节骨化深色,其他节淡色,腹管、尾片、尾板及生殖板淡色。体表光滑,有明显淡色蜡片,蜡孔由 6–13 个圆形小孔组成,位于头顶。头部背面由 5 对蜡片融合成 1 个圆形大蜡片域,中域不明显。前胸背板有 4 对独立中蜡片,各有 1 对侧蜡片及缘蜡片;中胸背板至腹部背片 1–6 分别有中、侧、缘蜡片各 1 对。腹部背片 2–5 缘蜡片较明显,背片 6–7 各有 1 对蜡片延伸至缘域,背片 8 全节被满蜡孔,各蜡片均由上百个蜡孔组成。触角 1–5、足各节端部均有蜡孔分布。气门不规则状关闭,气门片淡色,腹部无节间斑。中胸腹岔淡色无柄,横长 0.30 mm,与触角节 4 约等长。体背毛尖锐,头部有头顶毛 1 对,头背毛 6 对;前胸背板有中、侧毛各 2 对;腹部背片 1–7 各有中侧毛 2 对,背片 1–5 各有缘毛 1 对,节 6 有缘毛 2 对,背片 7 有缘毛 3 对,背片 8 共有毛 8 根。头顶毛长 0.03 mm,为触角节 3 最宽直径的 0.71 倍,腹部背片 1 缘毛长 0.02 mm,背片 8 毛长 0.03 mm。中额不隆,额瘤微隆。触角粗大,节 3–5

有微瓦纹，为体长的 0.65 倍，节 3 长 0.45 mm，节 1–6 长度比例为：25：30：100：67：69：58+11。触角毛短尖，节 1–6 毛数分别为：6–8、12–15、19–22、9–14、10 或 11、2–5+0 根；节 3 毛长 0.01 mm，为该节最宽直径的 0.31 倍。喙粗，端部达中足基节，节 4+5 锥状，为基宽的 2.00 倍，为后足跗节 2 长的 0.88 倍，有短毛 6–7 对。足光滑，后足股节长为触角节 3 的 1.40 倍；后足胫节为体长的 0.38 倍；后足胫节毛长 0.02 mm，为该节中宽的 0.40 倍；跗节 1 毛序：5，5，5。腹管环状，端径 0.04 mm，与触角节 3 最宽直径约等长。尾片伸长，末端馒圆形，长 0.20 mm，基宽 0.34 mm，有短尖毛 7–11 根。尾板椭圆形，末端稍有内凹，有短毛 6–8 根。生殖板有短毛 8 根。

有翅孤雌蚜　体长 2.94 mm，体宽 0.97 mm。活体黄绿色，被白粉。玻片标本头部、中胸骨化深色，前胸及腹部淡色，无斑纹，附肢与无翅孤雌蚜相同。体表光滑，有蜡片分布，头部背面有 2 对椭圆形蜡片；前胸背板有圆形蜡片 4 对，中胸小盾片及盾片域有蜡孔，后胸蜡片不显。腹部背片 1–6 分别有大圆形中、侧、缘蜡片各 1 对，背片 6 侧、缘蜡片愈合成 1 片，背片 8 布满蜡孔，鲜有中断，其他蜡片分布与无翅孤雌蚜相似。中额不隆，额瘤微隆外倾。触角为体长的 0.71 倍，节 3 长 0.61 mm，节 1–6 长度比例为：18：25：100：68：68：52+8；节 3 毛数 25–28 根，节 3 最宽直径 0.04 mm；节 3、4 偶有 1 个小圆形次生感觉圈。喙端部不达中足基节，节 4+5 长 0.16 mm，为后足跗节 2 的 0.88 倍，有毛 7–8 对。翅淡色，翅脉正常，前翅径分脉基半部不显，翅脉顶端有晕。腹管环状，端宽 0.04 mm。尾片有短毛 13 根。尾板分两叶，有时相接成 1 片，有长短毛 9–15 根。生殖板有短毛 10–12 根。其他特征与无翅孤雌蚜相似。

生物学：该种群聚在叶背主脉中部，活体分泌蜡丝，被满全身及各附肢，腹末两节有长蜡丝 5 或 6 根，长与体长近等。寄主为樟属、紫楠，台湾记载有毛丝桢楠；日本记载有红楠、润楠属一种、舟山新木姜子。

分布：浙江（杭州）、台湾、四川、云南；日本。

（三十一）毛蚜亚科 Chaitophorinae

主要特征：头部无额瘤，中额凸出或平直。触角 6 或 5 节，罕见 4 节，触角末节鞭部长于基部，次生感觉小圆形。体背缘瘤和背瘤常缺。爪间毛多为棒状。有翅型翅脉正常。腹管短截状，有时杯状或环状，大部分有网纹或小刺。尾片瘤状或半月形。尾板末端圆形，有时下缘微凹。

生物学：寄主为杨柳科、槭树科或禾本科及其他单子叶植物；大多群居于叶片或嫩梢上。同寄主全周期生活型，不形成虫瘿，很少传播病毒；食性较单一，多为寡食性。该科物种常有蚂蚁伴生。有翅孤雌蚜大部分在早夏出现，可能属于第 2 或 3 代。

分布：古北区、东洋区、全北区。世界已知 11 属 172 种，中国记录 10 属 32 种，浙江分布 2 属 3 种。

311. 毛蚜属 *Chaitophorus* Koch, 1854

Chaitophorus Koch, 1854: 1. Type species: *Chaitophorus leucomelas* Koch, 1854.

主要特征：额瘤缺，中额稍隆。触角通常 6 节，罕见 5 节，一般短于或等于体长；无翅孤雌蚜触角无次生感觉圈，有翅孤雌蚜次生感觉圈主要分布在触角节 3；触角末节鞭部总长于基部；鞭部毛长而细，通常长于触角节 3 最宽直径。头部与前胸分离。喙节 4+5 粗或细长，通常短于或等于后足跗节 2 的 2.00 倍。体背板光滑或有小刺突、网纹或小突起；有翅孤雌蚜腹部背片有成对缘斑和中侧斑，有时中侧斑愈合为 1 个大背斑。腹部背片相互分离，或分布不显，背片 1–6 常愈合并暗色骨化，背片 6、7 有时愈合，背片 8 游离。无翅孤雌蚜体背毛长，细或粗，顶端渐尖、钝或分叉；有翅孤雌蚜体背毛通常细，腹部背片 8 毛数变化较大，有时可达 20 根。腹管短，平截状，淡色或暗色，为体长的 0.04–0.06 倍，有网纹。尾片通常瘤状或弧形、舌形。尾板完整。生殖突 4 个。胫节端部光滑，有时在毛间有细小刺突；后足胫节有时有少数伪感觉圈。跗节 1 常有毛 5 根，有时 6 或 7 根；爪间毛细。前翅中脉 2 分叉，后翅 1 条斜脉。多种性蚜未知。

雌性蚜通常无翅，体型较宽，背部骨化斑与孤雌蚜不同；后足胫节通常肿胀，有伪感觉圈。雄性蚜体型也较宽，无翅雄蚜和有翅雄蚜触角次生感觉圈多于有翅孤雌蚜。

生物学：取食杨柳科杨属植物和柳属植物；主要位于嫩叶和端梢，有些北美分布的种类寄生在根部或树干。

分布：古北区、东洋区、新北区。世界已知 81 种，中国记录 18 种，浙江分布 1 种。

（550）柳黑毛蚜 *Chaitophorus saliniger* Shinji, 1924 （图 7-61）

Chaitophorus saliniger Shinji, 1924: 350.

主要特征：

无翅孤雌蚜　体卵圆形，体长 1.40 mm，体宽 0.78 mm。活体黑色，附肢淡色。玻片标本体背黑色，头部及胸部各节分界明显；腹部背片 1–7 愈合成 1 个大背斑，腹部背片缘斑黑色加厚。气门片、触角节 1、2两缘、节 5 端部 1/3、节 6、足基节、转节、股节、跗节及胫节外缘、腹管、腹部节间斑黑色，尾片灰黑色，尾板淡色。体表粗糙，头部背面有突起，缺环曲纹；胸部背面有圆形粗刻点瓦纹；腹部背片 1–6 微显刻点横纹，背片 7、8 有明显小刺突瓦纹；腹部腹面有瓦纹微细。气门圆形关闭，隆起。节间斑明显，排列为10 纵行，每个节间斑周围有褶皱纹。中胸腹岔两臂分离。体背毛长，顶端分叉或尖锐。头部有头顶 14 根，头背中域有长短毛 14 根（两侧边缘各 1 根分叉长毛），后部有短毛 12 根；前胸背板有中毛 6 根（4 根分叉长毛，2 根短毛），侧毛 6 根（4 根分叉长毛，2 根短毛），缘毛 8 根（分叉长毛）；中胸背板有中、侧毛 28根（长毛分叉，短毛尖锐），有缘毛 12 根；后胸背板有中、侧长短毛 12 根，缘毛 20–24 根。腹部节 1–7 侧缘域各有 2 根不分叉长毛及 6–8 根不分叉短毛，腹部背片各有中、侧毛 8–16 根，长毛顶端分叉，短毛尖锐；背片 8 有长毛 10–12 根。腹面毛短，尖锐。头顶毛长 0.14 mm；头顶毛、腹部背片 1、8 毛长分别为触角节3 直径的 6.30 倍、3.50 倍、5.70 倍。中额稍隆，额呈平圆顶形。触角 6 节，节 1、2 有皱纹，节 3–6 有明显瓦纹；为体长的 0.47 倍；节 3 长 0.16 mm，节 1–6 长度比例为：38：29：100：55：52：51+94；触角毛长，尖锐，节 1–6 毛数分别为：7 或 8、4 或 5、5、2 或 3、1、2+0 根；节 3 毛长为该节直径的 3.10 倍。喙短粗，端部伸达中、后足基节之间，末节稍细长，长为基宽的 2.30 倍，为后足跗节 2 长的 1.20 倍，有原生毛 2 对或 3 对，次生长毛 2 对。足短粗，后足股节有明显瓦纹，为触角节 3 的 1.80 倍。后足胫节基部 1/4 稍膨大，内侧有小伪感觉圈 2–5 个，为体长的 0.28 倍，毛长为该节直径的 2.80 倍；跗节 1 毛序：5，5，5。腹管截断形，有网纹，为体长的 0.03 倍，为尾片的 0.56 倍，无缘突及切迹。尾片瘤状，有小刺突横纹，有长毛 6或 7 根。尾板半圆形，有长毛 10–13 根。生殖板骨化深色，呈馒头形，有长毛约 30 根。生殖突 4 个，各有极短毛 4 根。

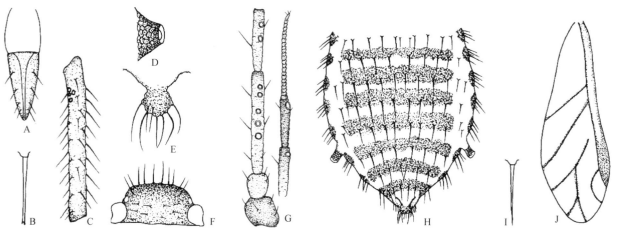

图 7-61　柳黑毛蚜 *Chaitophorus saliniger* Shinji, 1924

无翅孤雌蚜：A. 喙节 4+5；B. 体背毛；C. 后足胫节；D. 腹管；E. 尾片。有翅孤雌蚜：F. 头部背面观；G. 触角；H. 腹部背面观；I. 体背毛；J. 前翅

有翅孤雌蚜　体长卵形，体长 1.50 mm，体宽 0.63 mm。活体黑色，腹部有大斑，附肢淡色。玻片标本头部、胸部黑色，腹部淡色，有明显黑色斑。腹部背片 1–6 中、侧斑各形成横带，有时相连，背片 7、8 各有 1 个横带横贯全节；背片 1–7 有近方形缘斑，背片 1、7 缘斑稍小。触角节 1 黑色，节 2 边缘骨化深色，触角节 4、5 端部及节 6、气门片、节间斑黑色。头部表皮有粗糙刻纹；胸部有突起及褶皱纹；腹部微显微刺突瓦纹，背片 7、8 有明显瓦纹。气门圆形，半开放。体毛长，尖锐，顶端不分叉。喙端部不达中足基节，节 4+5 长为基宽的 2.00 倍。触角为体长的 0.54 倍；节 3 长 0.20 mm，节 1–6 长度比例为：31∶27∶100∶60∶50∶47+85；触角毛长尖锐，节 1–6 毛数分别为：8、8、7、2、1、2+0 根；节 3 毛长为该节直径的 2.10 倍，节 3 有圆形次生感觉圈 5–7 个，分布于端部 2/5，节 4 有圆形次生感觉圈 1 或 2 个。后足股节为触角节 3 的 1.60 倍，长为宽的 5.50 倍；后足胫节为体长的 0.37 倍。翅脉正常，有昙。腹管短筒形，为体长的 0.04 倍，与触角节 1 约等长，端部约 1/2 有粗网纹，有缘突和切迹。尾片瘤状，有长毛 7 或 8 根，尾板有长毛 15–17 根。生殖板骨化黑色，宽带形，有毛约 43 根。其他特征与无翅孤雌蚜相似。

生物学：寄主植物为垂柳、水柳、河柳、龙爪柳、馒头柳、旱柳、杞柳、蒿柳等柳属植物。本种是柳属植物常见害虫，常盖满叶片反面，蜜露落在叶面常引起黑霉病。大量发生时蚜虫在枝干和地面爬行，导致柳叶大量脱落。在北京 3 月间柳树发芽时越冬卵孵化，5–6 月大量发生，多数世代为无翅孤雌蚜，仅在 5 月下旬至 6 月上旬发生有翅孤雌蚜。全年在柳属植物上生活。10 月下旬发生雌、雄性蚜，交配后在柳枝上产卵越冬。

分布：浙江（宁波）、黑龙江、吉林、辽宁、北京、山西、山东、河南、陕西、宁夏、江苏、上海、湖北、江西、湖南、福建、台湾、广西、四川、贵州、云南；俄罗斯，日本。

312. 多态毛蚜属 *Periphyllus* Van der Hoeven, 1863

Periphyllus Van der Hoeven, 1863: 5. Type species: *Periphyllus testudo* Van der Hoeven, 1863 (= *Periphyllus testudinaceus* Theobald, 1929).

主要特征：头部与前胸分离。无翅孤雌蚜体背有或无背斑，有翅孤雌蚜体背通常有黑色横带。额瘤缺。触角 6 节，短于身体，无翅孤雌蚜无次生感觉圈，有翅孤雌蚜次生感觉圈仅分布于触角节 3；触角末节鞭部长为基部的 1.50–6.00 倍。喙节 4+5 通常短于后足跗节 2，有 1–7 根次生毛。足有各种色斑；胫节端部有小刺，有翅孤雌蚜小刺突较无翅孤雌蚜密；胫节端部毛与其他胫节毛没有分化。跗节 1 有 5–7 根腹毛，无背毛。爪间毛扁平。腹管全长有网纹。有翅孤雌蚜翅脉正常。尾片近圆形或微瘤状。尾板完整。生殖突 4 个。多数种类性蚜未知。卵生蚜无翅，身体粗壮，有各种色斑；后足胫节膨大，有伪感觉圈。雄性蚜无翅或有翅，有翅雄蚜触角次生感觉圈多于有翅孤雌蚜。

生物学：该属大多寄生在槭属植物上。有些种类寄主特化，仅取食某种槭树，而其他种类则取食数种不同寄主植物，且有几种寄生在无患子科和七叶树科植物上。

分布：世界广布。世界已知 58 种，中国记录 8 种，浙江分布 2 种。

（551）三角枫多态毛蚜 *Periphyllus acerihabitans* Zhang, 1982（图 7-62）

Periphyllus acerihabitans Zhang, 1982: 73.

主要特征：

无翅孤雌蚜　体长椭圆形，体长 2.50 mm，体宽 1.10 mm。活体浅绿至叶绿色，胸、腹背中带翠绿色。玻片标本体淡色，触角节 5、节 6 基部及鞭部端 1/4–1/2 黑色，足跗节、尾片灰黑色，其他全淡色。体表光滑，腹管后几节微显网纹。气门不规则圆形关闭，气门片淡色。节间斑不显。中胸腹岔淡色，两臂分离。体背毛长硬且多，头顶 8–12 根，头背 40 余根；前胸背板 50 余根；腹部背片 8 具 18–22 根，毛长 0.30 mm，为触角节 3 直径的 8.00 倍；头顶毛为其 6.00 倍，腹部背片 1 毛为其 4.00–8.00 倍，体背长短毛相差 5 或 6 倍。额瘤不显，额平直。触角微有瓦纹，为体长的 0.58 倍，节 3 长 0.44 mm；节 1–6 长度比例为：17：14：100：51：54：32+59；节 1–6 毛数分别为：5–8、4 或 5、11–15、3–5、3–5、2+0 根；节 3 毛长 0.18 mm，为该节直径的 5.00 倍，长短毛相差 7 或 8 倍。喙短粗，端部达前、中足基节，节 4+5 长为基宽的 1.40 倍，为后足跗节 2 长的 0.63 倍，有 4 对刚毛。足光滑，后足股节为触角节 3 的 1.20 倍；后足胫节长为体长的 0.35 倍，基部宽，向端部渐细，毛长 0.24 mm，为该节基宽的 3.70 倍；跗节 1 毛序：5，5，5。腹管截断短筒形，微有褶纹，为基宽的 0.68 倍，稍长于尾片，有缘突和切迹。尾片半月形，长为基宽的 0.38 倍，微刺组成瓦纹，有长短毛 12–14 根。尾板毛 27–34 根。

有翅孤雌蚜　体长 2.50 mm，体宽 1.00 mm。活体头、中胸前盾片、盾片的 2 对斑纹、小盾片及缘片黑色，其余淡绿，背中有翠绿带，附肢淡绿间黑。玻片标本头部黑色，前胸淡色，中胸斑黑色，后胸及腹部淡色无斑；触角、腹管黑色，前、中足股节、胫节端部及跗节灰黑色，后足股节端半部及胫节、跗节黑色，尾片及尾板灰色。体背毛长硬且多，各节整齐排列。腹部背片 1–7 各缘毛 8–10 对，腹部背片 1 中侧毛 22–24 根，腹部背片 8 有毛 14–18 根。触角瓦纹明显，为体长的 0.70 倍，节 3 长 0.59 mm；节 1–6 长度比例为：12：10：100：49：47：26+47；节 3 有毛 11–16 根，毛长为该节直径的 4.80 倍；节 3 有圆形次生感觉圈 17–21 个，分布于全长，节 4 有 0–2 个，节 5 除 1 个原生感觉圈外有次生感觉圈 0–2 个。喙短粗。足股节及胫节基部 3/4 光滑，胫节端部有短刺数纵行。后足股节与触角节 3 约等或稍长；后足胫节为体长的 0.43 倍。腹管截断状，有明显网纹，无缘突和切迹，长 0.15 mm。翅脉正常。尾片有毛 12–15 根。尾板宽方形，有毛 23–29 根。其他特征与无翅孤雌蚜相似。

生物学：寄主植物为三角槭。常与蚂蚁共生。在嫩叶反面，严重时叶向反面稍卷曲，有时引起叶面发生黑霉。5 月上旬发生越夏型。

分布：浙江（临安）。

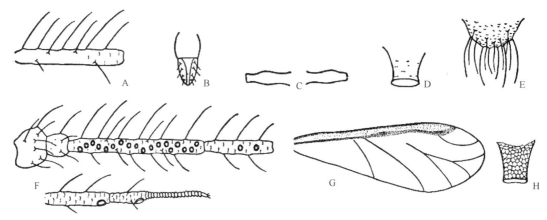

图 7-62　三角枫多态毛蚜 *Periphyllus acerihabitans* Zhang, 1982
无翅孤雌蚜：A. 触角节 3；B. 喙节 4+5；C. 中胸腹岔；D. 腹管；E. 尾片。有翅孤雌蚜：F. 触角；G. 前翅；H. 腹管

（552）栾多态毛蚜 *Periphyllus koelreuteriae* (Takahashi, 1919)（图 7-63）

Chaitophorinella koelreuteriae Takahashi, 1919: 175.

Periphyllus koelreuteriae: Shinji, 1941: 426.

主要特征：

无翅孤雌蚜　体长卵形，体长 3.00 mm，体宽 1.60 mm。活体黄绿色，背面有深褐色"品"形大斑纹。玻片标本淡色，有深色斑纹。头前部有黑斑，胸部、腹部各中、缘斑明显、较大，侧斑分裂为许多基片，中胸背板各斑常融合为一片，腹部背片 8 各斑常融合为横带。触角、喙、足、腹管、尾片、尾板、生殖板黑色；触角节 3 基部 1/2–2/3，喙节 1 及节 2 基半部、前足基节、转节及股节基部 1/4–1/3，中足、后足转节及股节基部 1/8 淡色。表皮光滑。气门圆形至椭圆形开放，气门片黑色。中胸腹岔两臂分离。体被多数尖顶长毛，头部有毛 18 根，前胸背板有毛 26 根，腹部背片 1 有毛 27 根，腹管间有背毛 27–32 根，腹部背片 8 有毛 10–14 根。头顶毛、腹部背片 1 毛、背片 8 毛长可达触角节 3 直径的 4.00–5.00 倍、2.00 倍以上、5.00 倍以上。节间斑黑色。中额平，无额瘤。触角 6 节，约为体长的 0.65 倍；节 3 长 0.63 mm，节 1–6 长度比例为：13：11：100：51：47：22+42；节 1–6 毛数分别为：9、5、26、10、9、2+0 根；触角节 3 长毛长于该节直径的 3.00 倍。喙端部超过中足基节，节 4+5 长 0.14 mm，长为基宽的 1.80 倍，为后足跗节 2 长的 0.83 倍，有原生毛 3 对，次生毛 2 对。后足股节为触角节 3 的 1.40 倍；后足胫节为体长的 0.47 倍；后足胫节毛长为该节直径的 2.00 倍。跗节 1 毛序：5，5，5。腹管截断形，有缘突，端部有网纹，基部微显网纹，有毛 23 根，稍短于后足跗节 2。尾片短，末端圆形，短于腹管的 1/2，有毛 13–17 根。尾板末端圆形，有毛 19–28 根。生殖板横带形，有毛 32 根。

有翅孤雌蚜　体长 3.30 mm，体宽 1.30 mm。玻片标本头部、胸部黑色。腹部背片 1–6 各节中斑与侧斑相融合为黑色横带，背片 7、8 各中、侧、缘斑融合为黑色横带。头部有毛 12 根，前胸背板有毛 26 根，腹部背片 1 有毛 36 根，背片 8 有毛 10–14 根。触角长 2.00 mm，节 3 长 0.70 mm，节 1–6 长度比例为：14：9：100：50：46：20+41；节 3、4 各有次生感觉圈数 33–46 个、0–2 个。腹管全长有清晰网纹。翅脉正常，后翅有翅钩 5–8 个。尾片有毛 17–19 根。尾板有毛 23–39 根。生殖板有毛 30 根，其中前部有较长毛 5 根。其他特征与无翅孤雌蚜相似。

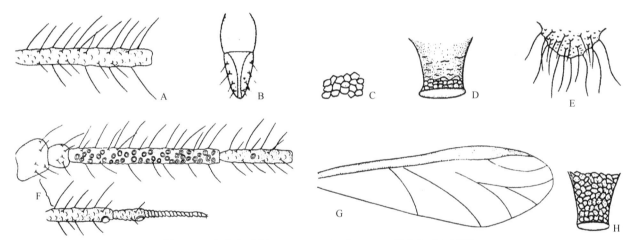

图 7-63　栾多态毛蚜 *Periphyllus koelreuteriae* (Takahashi, 1919)
无翅孤雌蚜：A. 触角节 3；B. 喙节 4+5；C. 节间斑；D. 腹管；E. 尾片。有翅孤雌蚜：F. 触角；G. 前翅；H. 腹管

生物学：寄主植物为栾树、全缘叶栾树和日本七叶树。该种以卵在幼枝芽苞附近和树皮伤疤缝隙处越冬，主要在春季。在早春芽苞膨大开裂时，干母孵化，随后在幼叶背面为害，尤喜为害幼芽、幼树、蘖枝和修剪后生出的幼枝叶，受害叶常向反面微微卷缩，严重时使幼叶严重卷曲，节间缩短；常大量发生，排出蜜露诱发霉病，影响栾树生长。干母无翅，干母代多为无翅干雌，少数有翅，干雌后代大多有翅。有翅孤雌蚜在 4 月下旬大量发生，直到 6 月中旬仍有有翅孤雌蚜发生。5 月中旬左右大量发生滞育型若蚜，白色、体微小、扁平，分散于叶反面叶缘部分，5–6 月仍然可在叶反面主脉附近见到少量黄色非滞育若蚜和褐色成蚜为害，并继续产生滞育型若蚜。9–10 月，滞育幼蚜开始发育，在 10 月间发生腹部末端延长的无翅雌性蚜和有翅雄性蚜，雌雄性蚜交配后，雌性蚜产卵，并以卵越冬。防治有利时机应在 4 月下旬有翅孤雌蚜发生前和栾树严重受害以前。已知的天敌有瓢虫、食蚜蝇、褐姬蛉、安平草蛉。

分布：浙江（临安）、辽宁、北京、山东、河南、江苏、湖北、台湾、重庆、四川；韩国，日本。

（三十二）蚜亚科 Aphidinae

主要特征：有时体被蜡粉，但缺蜡片。触角 6 节，有时 5 节甚至 4 节，感觉圈圆形，罕见椭圆形。复眼由多个小眼面组成。翅脉正常，前翅中脉 1 或 2 分叉。爪间毛毛状。前胸及腹部常有缘瘤。腹管通常长管形，有时膨大，少见环状或缺。尾片圆锥形、指形、剑形、三角形、盔形或半月形，少数宽半月形。尾板末端圆形。

生物学：营同寄主全周期和异寄主全周期生活，有时不全周期生活。一年 10–30 代。寄主包括乔木、灌木和草本显花植物，少数为蕨类和苔藓植物。该科多数物种在寄主植物叶片取食，也有物种在嫩梢、花序、幼枝取食，少数物种在根部取食。

分布：世界广布。世界已知 242 属 2700 余种，中国记录 119 属 471 种，浙江分布 29 属 59 种。

蚜族 Aphidini Latreille, 1802

主要特征：多数属腹部节 1 和 7 有缘瘤，节 2–6 有小缘瘤或缺。腹部节 1、2 气门间距离约等于或大于气门直径的 3.00 倍，且不短于腹部节 2、3 气门间距离的 0.40 倍。体缺中瘤。中额小且低，或缺。触角短于体长。多数种类无翅孤雌蚜触角无次生感觉圈。跗节 1 毛序通常为 3，3，2，有时为 3，3，3 或 2，2，2。腹管无网纹。尾片形状多样，有指状、舌状、三角形、末端圆的多边形及半圆形。若尾片形状似粉毛蚜亚科且有毛 20 余根，则跗节 1 毛数不多于 4 根，或触角末节鞭部长于基部的 3.00 倍。该亚科分 2 个族，即蚜族和缢管蚜族。

分布：世界广布。世界已知 29 属近 700 种，中国记录 11 属 87 种，浙江分布 7 属 22 种。

蚜亚族 Aphidina

主要特征：腹部缘瘤有或缺；如有缘瘤，则腹部背片 1 缘瘤位于节 1、2 气门连线的中央，背片 7 缘瘤位于气门的腹面；如无缘瘤，则触角末节鞭部短于基部的 2.00 倍。

分布：世界广布。世界已知 20 属，中国记录 6 属 61 种，浙江分布 3 属 15 种。

分属检索表

1. 腹管环状或孔状；触角节 6 鞭部长为基部的 0.70–1.10 倍 ·· 隐管蚜属 *Cryptosiphum*
- 腹管至少长等于宽；触角节 6 鞭部长为基部的 0.50–5.50 倍 ··· 2
2. 跗节 2 端部原生刚毛上部的 1 对长于其他 2 对；喙末节约有 7 根次生毛 ························· 菝葜蚜属 *Aleurosiphon*
- 跗节 2 端部原生刚毛相似；喙末节常有 2 根次生毛，有时 3–9 根 ····································· 蚜属 *Aphis*

313. 菝葜蚜属 *Aleurosiphon* Takahashi, 1966

Aleurosiphon Takahashi, 1966: 527. Type species: *Aphis smilacifoliae* Takahashi, 1921.

主要特征：腹部背片 1–6 有中毛和侧毛 4 根。跗节 2 端部原生刚毛最端部 1 对长于其他 2 对。腹部节 7 缘瘤位于气门连线的下方，但干母腹部节 7 缘瘤几乎在气门线上（稍偏向腹侧）。体被蜡粉。

分布：古北区、东洋区。世界已知 1 种，中国记录 1 种，浙江分布 1 种。

（553）菝葜蚜 *Aleurosiphon smilacifoliae* (Takahashi, 1921)（图 7-64）

Aphis smilacifoliae Takahashi, 1921: 44, 49.

Aleurosiphon smilacifoliae: Eastop & Hille Ris Lambers, 1976: 20, 81, 89.

主要特征：

无翅孤雌蚜　体卵圆形，体长 2.20 mm，体宽 1.05 mm。玻片标本头部、喙、足基节、转节及股节、腹管、尾片及尾板黑褐色；触角节 1、2、6、胫节末端 1/6 及跗节、生殖板褐色；其他部分淡色。触角节 4、5 有微弱横纹；节 6 基部及跗节 2 有横瓦纹；腹部背片 7、8 有小刺突瓦纹；有些个体腹管基部至 2/3 处有小刺突横纹。前胸、腹部节 1–7 各有淡色缘瘤 1 对，馒状，腹部背片 1 缘瘤最大。气门圆形开放，气门片黑褐色。节间斑明显，黑褐色。中胸腹岔两臂分离，为触角节 3 的 1.44 倍，单臂长 0.07 mm，为触角节 3 基宽的 2.43 倍。体背毛粗长，腹部腹面毛比背面毛多，细短。头部有头顶毛 4 根，额瘤毛 2 根，头背毛 7 根；前胸背板有毛 11 根，腹部背片 1–8 毛数分别为：10、10、9、9、16、10、6、7 根。头顶毛长 0.04 mm，腹部背片 1 缘毛长 0.04 mm，背片 8 中毛长 0.06 mm，分别为触角节 3 基宽的 1.67 倍、1.63 倍、2.11 倍。头顶圆平，额瘤微隆。触角 6 节，为体长的 0.72 倍；节 3 长 0.42 mm，节 1–6 长度比例为：18：15：100：60：62：28+83；节 6 鞭部长为基部的 2.96 倍；节 3 最长毛长 0.02 mm，为该节基宽的 0.89 倍；原生感觉圈圆形，有睫。喙端部超过中足基节，节 4+5 为基宽的 1.18 倍，有原生毛 3 对，次生毛 1 对或 2 对。足各节正常，后足股节为触角节 3 的 1.37 倍；后足胫节为体长的 0.45 倍；后足胫节最长毛长 0.06 mm，为该节中宽的 1.56 倍。跗节 1 毛序：3，3，2；后足跗节 2 长 0.16 mm。腹管为端宽的 2.30 倍，为触角节 3 的 0.18 倍，为后足跗节 2 的 0.49 倍，为尾片的 0.34 倍。尾片为基宽的 1.58 倍，有毛 5 根，位于端部。

有翅孤雌蚜　体长卵圆形，体长 1.59 mm，体宽 0.59 mm。玻片标本头部、胸部深褐色。触角 6 节，为体长的 0.72 倍；节 3 长 0.25 mm，节 1–6 长度比例为：23：22：100：72：68：36+129；节 6 鞭部长为基部的 3.28 倍，为节 3 的 1.29 倍。触角毛短细，节 3 最长毛长 0.01 mm，为该节基宽的 0.57 倍。节 3 有次生感觉圈 8–10 个。喙端部达中足基节，节 4+5 为基宽的 0.91 倍，有原生毛 2 对，次生毛 1 对。后足股节为触角节 3 的 1.60 倍，后足胫节为体长的 0.44 倍。腹管为端宽的 2.61 倍，为触角节 3 的 0.29 倍，为后足跗节 2 的 0.57 倍，为尾片的 0.43 倍；部分个体腹管基部至 2/3 处有小刺突横纹。尾片为基宽的 1.39 倍，有毛 5 根，位于端部。其他特征与无翅孤雌蚜相似。

生物学：寄主植物为菝葜。群集于叶背取食。

分布：浙江（泰顺）、辽宁、台湾、广东；韩国，日本。

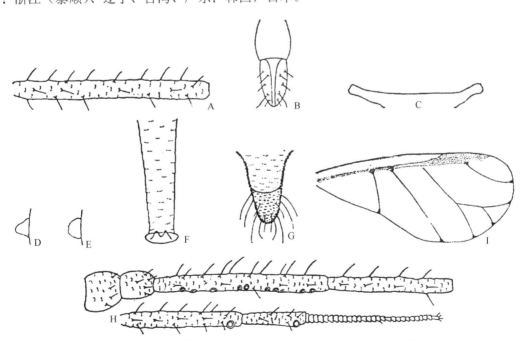

图 7-64　菝葜蚜 *Aleurosiphon smilacifoliae* (Takahashi, 1921)

无翅孤雌蚜：A. 触角节 3；B. 喙节 4+5；C. 中胸腹岔；D. 前胸缘瘤；E. 腹部背片 7 缘瘤；F. 腹管；G. 尾片。有翅孤雌蚜：H. 触角；I. 前翅

314. 蚜属 *Aphis* Linnaeus, 1758

Aphis Linnaeus, 1758: 451. Type species: *Aphis sambuci* Linnaeus, 1758.

主要特征：额瘤较低或不明显。缘瘤着生在前胸、腹部节 1 和 7，节 2–6 也常有。触角 5 或 6 节，短于体长，大多数种类末节鞭部短于基部的 4.00 倍，个别种类长于基部的 4.50 倍；无翅孤雌蚜触角通常无次生感觉圈，个别种类有，有翅孤雌蚜触角节 3 有次生感觉圈，节 4 也常有，节 5 较少有。跗节 1 毛序通常为 3，3，2，个别为 3，3，3 或 3，2，2。前翅中脉分叉。腹管圆筒形，或基部宽于端部，常有 1 个不明显的缘突。尾片三角形或舌形，长大于宽，中部常有微缢缩。

生物学：该属为蚜总科中最大的一个属，种间形态差异较小，但属内种间的生态学差异较大。寄主植物为被子植物中的许多科，大部分种为寡食性。

分布：世界广布。世界已知近 600 种，中国记录 48 种，浙江分布 13 种。

分种检索表

无翅孤雌蚜

1. 有发声结构，腹部节 5–6 腹片两侧有发音嵴；后足胫节有发音刺 ·· 2
- 无发声结构，腹部节 5–6 腹片两侧的横长网纹与其余部分一样，表皮无齿；后足胫节单型，无短刺 ·············· 4
2. 腹管短于等于尾片长度，腹部背片 8 有毛 5 根以上，触角节 3 有毛 17 根以上 ··············· 芒果蚜 *A. odinae*
- 腹管长于尾片，腹部背片 8 有毛 2 根，偶尔 3 根，触角节 3 有毛最多 11 根 ································· 3
3. 触角节 3–4 淡色；跗节 1 毛序：1，1，1；触角节 3 毛长为该节最宽直径的 1.40 倍 ········ 桔蚜 *A. citricidus*
- 触角节 3 端部和节 4 端部褐色；跗节 1 毛序：3，3，2；触角节 3 毛短于该节最宽直径 ··· 桔二叉蚜 *A. aurantii*
4. 腹部背片 1–5 至少中毛有骨化的毛基斑，体背毛粗且长，毛基瘤发达 ·················· 草莓蚜 *A. ichigocola*
- 腹部背片 1–5 无骨化的毛基斑，或偶有；体背毛有时长但细 ··· 5
5. 腹管短于尾片；尾片有毛 6–8 根，腹部背片 8 中毛为触角节 3 基宽的 1.20 倍；寄主为菝葜········ 浙菝葜蚜 *A. smilacisina*
- 腹管等于或长于尾片 ··· 6
6. 触角 5 节，末节鞭部为基部的 1.70 倍，寄主为葎草 ·· 葎草蚜 *A. humuli*
- 无上述综合特征 ··· 7
7. 中胸腹岔有柄；腹节 2–4 偶有缘瘤，节 5–6 无缘瘤，触角末节鞭部为基部的 3.29 倍；寄主为海州常山属··········
　　··· 常山蚜 *A. clerodendri*
- 中胸腹岔两臂一丝相连或分离 ··· 8
8. 体黑色或暗褐色，尾片舌状，无缢缩，有毛（7）11–27 根 ····································· 甜菜蚜 *A. fabae*
- 无上述综合特征 ··· 9
9. 胸部或（和）腹部背片（除 7–8 外）有斑纹 ·· 10
- 体除腹部背片 7–8 外无斑纹 ··· 12
10. 腹管等于或长于尾片的 2 倍；尾片圆锥形，近中部收缩，有毛 4–7 根，腹管为尾片的 2.40 倍 ············· 棉蚜 *A. gossypii*
- 腹管短于尾片的 2 倍 ··· 11
11. 腹部背片 1–5 上斑纹愈合为一大黑斑 ··· 豆蚜 *A. craccivora*
- 腹部背片 1–5 上斑纹不愈合，或无斑纹；尾片有毛 11–13 根，腹部背片 8 有毛 4 根 ········· 酸模蚜 *A. rumicis*
12. 后足跗节 1 有毛 3 根；尾片有毛 11–14 根；寄主为夹竹桃 ···························· 夹竹桃蚜 *A. nerii*
- 后足跗节 1 有毛 2 根；触角末节鞭部为基部的 3.08 倍；寄主为大豆、鼠李 ············ 大豆蚜 *A. glycines*

（554）桔二叉蚜 *Aphis aurantii* Boyer de Fonscolombe, 1841（图 7-65）

Aphis aurantii Boyer de Fonscolombe, 1841: 178.

主要特征：

无翅孤雌蚜　活体黑色、黑褐色，有时红褐色。体长 2.00 mm，体宽 1.00 mm。玻片标本头部骨化黑色，胸、腹部淡色，腹部无斑纹；腹管、尾片、尾板及生殖板黑色；胸背有网纹，腹部背面微显网纹，腹面有明显网纹。中胸腹岔短柄，或两臂分离。中额瘤稍隆，额瘤隆起外倾。触角为体长的 0.78 倍，节 1–6 长度比例为：21∶19∶100∶85∶75∶31+128；节 3 毛长为该节直径的 0.50 倍。喙端部超过中足基节，节 4+5 长锥形，长为基宽的 2.30 倍，有原生毛 2 对，次生毛 1 对。后足胫节基部有发音短刺 1 行。跗节 1 毛序：3，3，2。腹管长筒形，基部粗大向端部渐细，有缘突和切迹；腹管长为基宽的 2.80 倍，为中宽的 4.70 倍，为体长的 0.15 倍，为尾片的 1.20 倍。尾片粗锥形，中部收缩，有长毛 19–25 根。尾板长方形，有毛 19–25 根。生殖板有毛 14–16 根。

有翅孤雌蚜　活体黑褐色。体长 1.80 mm，体宽 0.83 mm。玻片标本触角长为体长的 0.83 倍，节 1–6 长度比例为：23∶21∶100∶81∶73∶27+124；节 3 有圆形次生感觉圈 5 或 6 个，分布于端部 2/3。前翅中脉 1 分叉。其他特征与无翅孤雌蚜相似。

生物学：寄主为柑、桔、柚、茶、咖啡、可可、花椒、柳、冬青、榉等多种植物。常自幼叶下面为害，受害叶常卷缩，有时为害花。在广东、广西、云南等热带地区是优势种，食性十分广，全年孤雌胎生繁殖，是柑橘类、茶、咖啡等热带经济植物的重要害虫。应在冬、春季大量发生前或初期使用接触剂或内吸剂防治。重要天敌有普通草蛉、横斑瓢虫、七星瓢虫、大绿食蚜蝇和蚜茧蜂等。

分布：浙江（泰顺）、山东、甘肃、江苏、台湾、广东、广西、云南；欧洲南部，大洋洲，北美及中非，拉丁美洲等热带和亚热带地区。

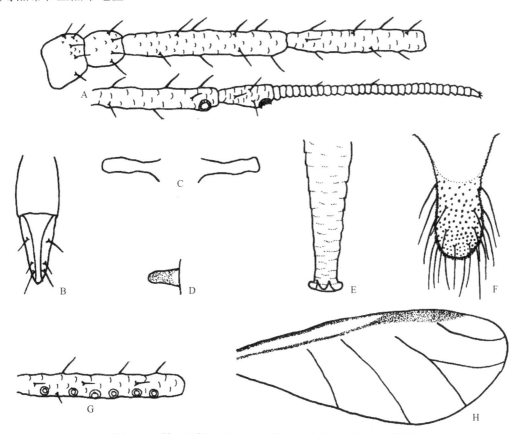

图 7-65　桔二叉蚜 *Aphis aurantii* Boyer de Fonscolombe, 1841

无翅孤雌蚜：A. 触角；B. 喙节 4+5；C. 中胸腹岔；D. 缘瘤；E. 腹管；F. 尾片。有翅孤雌蚜：G. 触角节 3；H. 前翅

（555）桔蚜 *Aphis citricidus* (Kirkaldy, 1907)（图 7-66）

Myzus citricidus Kirkaldy, 1907b: 100.

Aphis citricidus: Mason, 1927: 87.

主要特征：

无翅孤雌蚜 活体黑色，有光泽，有时带褐色。体长 2.00 mm，体宽 1.30 mm。玻片标本头部，前、中胸黑色，后胸及腹部淡色，有黑色斑纹；腹管前斑狭小，腹管后斑大，腹部背片 7、8 背面有横带；腹管、尾片、尾板及生殖板黑色。体表有清晰网纹。前胸、腹部节 1、节 7 有缘瘤。中胸腹岔有短柄。中额稍隆，额瘤隆起外倾。触角长为体长的 0.85 倍，节 1–6 长度比例为：22：21：100：80：59：28+131；节 3 毛长为该节直径的 1.40 倍。喙粗大，端部可达后足基节或超过中足基节，节 4+5 长锥形，长为基宽的 1.70 倍，有原生毛 2 对，次生毛 1 对。后足胫节内侧有发音刺 11–13 个，排成一行，分布于基部 2/3。足股节及胫端节有六角形腺状体。跗节 1 毛序：1，1，1。腹管长筒形，长为尾片的 1.40 倍，有缘突和切迹。尾片长圆锥形，长为基宽的 1.40 倍，基部 1/3 处几乎不收缩，有毛 29–32 根。尾板末端圆形，有长毛 28 或 29 根。生殖板有长毛 40 余根。

有翅孤雌蚜 体长 2.10 mm，体宽 1.00 mm。玻片标本头、胸部黑色，腹部背片有细横带，背片 3–6 各有 1 对大缘斑，腹管后斑甚大，前斑小或不见，背片 7、8 各有 1 个横带。触角长为体长的 0.85 倍，节 1–6 长度比例为：36：22：100：97：75：31+153；节 3 有小圆形次生感觉圈 11–17 个，分布于全长，节 4 偶有 1 个次生感觉圈。前翅中脉分为 3 支。尾片长锥形，中部收缩。其他特征同无翅孤雌蚜。

生物学：寄主为桔、柚、茶、花椒、梨、黄杨等。桃、柿也常受害。桔蚜是柑橘产区桔、柑、柚、枳等柑橘类的重要害虫。被害幼叶常卷缩，严重时可使被害叶脱落，被害嫩梢萎蔫，引起落果，并引起霉病发生，影响当年产量，秋蚜为害后，则影响次年产量。在浙江黄岩以卵在柑橘类的枝上越冬。桔蚜常与蚂蚁共生。天敌昆虫有异色瓢虫、六斑月瓢虫、十眼盘瓢虫等多种瓢虫及几种食蚜蝇和几种草蛉。

分布：浙江（临安）、陕西、台湾、广东；北美，中东等许多暖温带及热带地区。

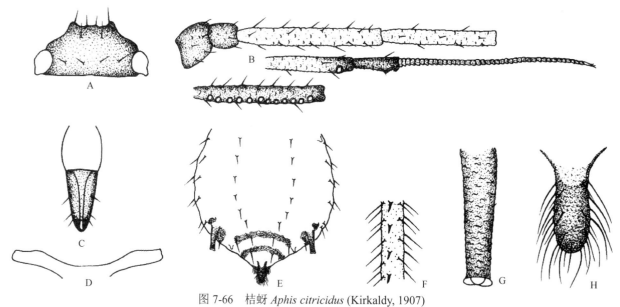

图 7-66 桔蚜 *Aphis citricidus* (Kirkaldy, 1907)

无翅孤雌蚜：A. 头部背面观；B. 触角；C. 喙节 4+5；D. 中胸腹岔；E. 腹部背面观；F. 后足胫节内侧发音刺；G. 腹管；H. 尾片

（556）常山蚜 *Aphis clerodendri* Matsumura, 1917（图 7-67）

Aphis clerodendri Matsumura, 1917b: 385.

主要特征：

无翅孤雌蚜 体卵圆形，体长1.80 mm，体宽0.940 mm。活体绿、黄绿至黄色。玻片标本体背稍骨化，头背部骨化黑色，各胸节各有大圆形缘斑，中、侧斑稍淡色，呈横带；腹部背片2–4有小圆形缘斑，灰黑色，腹部背片7、8有窄横带。触角节1、2、6及节4–5端部黑色，喙节4+5骨化，足胫节1/5及跗节黑色，腹管漆黑色，尾片、尾板及生殖板灰黑色，其余淡色。头部、胸部、腹部背斑有明显网纹，其余部分也有网纹，腹部背片7、8有横瓦纹。气门肾形开放，气门片骨化深黑色。节间斑明显，有时淡色，分布于各节侧域。缘瘤骨化，位于前胸及腹部背斑1、7，高大于宽，馒头形，腹部背片2–4一侧或两侧偶有小缘瘤。中胸腹岔有短柄，有时两臂分离。体背毛短、尖锐；头部有背毛10根；前胸背板有中、侧、缘毛各1对，中、后胸背板各有中毛1对、缘毛2对；腹部背片2–6各有缘毛2对，背片1、7各有缘毛1对，背片1–7各有中毛1对；背片8有毛1对。头顶及体背毛长为触角节3直径的0.73倍。中额稍隆起，额瘤稍隆外倾。触角6节，为体长的0.66倍；节3长0.28 mm，节1–6长度比例为：19∶18∶100∶66∶60∶34+112；节1–6毛数分别为：15–7、4–5、4–8、3–5、4–5、3+0根，末节鞭部顶端有毛4根；节3毛长为该节直径的0.52倍；触角有瓦纹，两缘锯齿状。喙端部超过中足基节，节4+5为基宽的2.30倍，为后足跗节2长的1.30倍。后足股节长为触角节3、4之和的0.92倍，后足胫节长为体长的0.44倍，端部稍宽于中宽，后足胫节毛长为该节中宽的0.90倍。跗节1毛序：3，3，2。腹管长管形，基部粗，有瓦纹、缘突及切迹。尾片长舌状，有微刺突构成横纹，有长曲毛7–9根。尾板半圆形，有长毛14–19根。生殖板淡色，有长毛14根，包括前部毛4根。

有翅孤雌蚜　体长卵形，体长2.00 mm，体宽0.81 mm。活体腹部绿、黄绿至黄色。玻片标本头部、胸部黑色，腹部淡色，斑纹黑色，腹部背片2–7有缘斑，腹管前斑及腹部背片7缘斑微小，背片1–3及7有中横带，背片4–6偶有中斑，背片8有横带，延伸体缘。头部、胸部光滑，显有皱纹，腹部缘斑有微刺瓦纹，背中斑光滑无纹，腹部背片7、8有瓦纹。触角6节，骨化黑色，为体长的0.60倍；节1–6长度比例为：23∶22∶100∶84∶72∶42+125；节3有次生感觉圈4–7个，排成一列。喙端部不达中足基节。中胸背板有毛16根。翅脉正常。尾片有长曲毛7或8根。尾板有长毛15–17根。生殖板骨化黑色，有长毛14–16根，包括前部毛4–6根。其他特征与无翅孤雌蚜相似。

生物学：寄主植物为海州常山属，包括臭牡丹、臭茉莉、海州常山、大青等。

分布：浙江、北京、山东；日本。

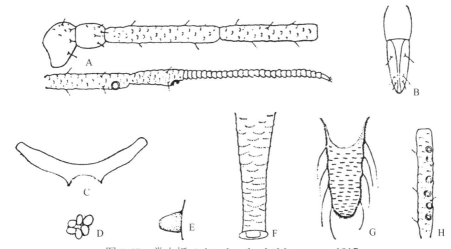

图 7-67　常山蚜 *Aphis clerodendri* Matsumura, 1917
无翅孤雌蚜：A. 触角；B. 喙节4+5；C. 中胸腹岔；D. 节间斑；E. 缘瘤；F. 腹管；G. 尾片。有翅孤雌蚜：H. 触角节3

（557）豆蚜 *Aphis craccivora* Koch, 1854（图 7-68）

Aphis craccivora Koch, 1854: 124.

主要特征：

无翅孤雌蚜　体宽卵形，体长 2.04–2.28 mm，体宽 1.24–1.44 mm。活体黑色有光泽。玻片标本头部与前胸、中胸黑色，后胸侧斑呈黑带，缘斑小，腹部背片 1–6 各斑融合为 1 个大黑斑，背片 1 侧斑分离，背片 2 侧斑与缘斑相合为带与大斑相接，有时背片 3–6 也有相似情况；背片 7、8 各有独立横带横贯全节。触角、喙、足大致淡色，触角节 1、2、6 及节 5 端部 1/4、喙节 2 端部 2/5、节 3 及节 4+5、股节端部 1/5–2/5、胫节端部 1/6、跗节、腹管、尾片、尾板及生殖板黑色。体表明显有六边形网纹。前胸、腹节 1、节 7 有馒状缘瘤，宽大于高。气门圆形至长圆形开放，气门片黑色。节间斑黑色。中胸腹岔短柄或无柄。体毛短尖；头部背面有毛 10 根，后胸背板、腹部背片 1–8 各有背中毛 1 对，背片 2–6 各有缘毛 2 对，背片 1、7 各有缘毛 1 对，背片 8 缺缘毛；头顶毛、腹部背片 1 毛、背片 8 毛长分别为触角节 3 基宽的 0.65 倍、0.42 倍、0.54 倍。中额稍隆，额瘤也稍隆，但不超过中额。触角 6 节，有瓦纹，为体长的 0.68 倍；节 3 长 0.33 mm，节 1–6 长度比例为：20：19：100：71：76：36+94；节 1–6 毛数分别为：4 或 5、4 或 5、4 或 5、4 或 5、4 或 5、2+1 根，末节鞭部顶端有毛 4 根；节 3 毛长约为该节基宽的 0.20 倍。喙端部达中足基节，节 4+5 约为基宽的 2.00 倍，为后足跗节 2 长的 0.81 倍。后足股节稍长于触角节 3、4 之和，后足胫节长约为体长的 0.51 倍，后足胫节毛长约为该节直径的 0.88 倍；跗节 1 毛序：3，3，2。腹管圆筒形，有瓦纹，有不明显缘突，有切迹；长于触角节 3，短于节 4、5 之和，为体长的 0.21 倍，为尾片的 1.60 倍。尾片长圆锥形，稍长于触角节 4，有微刺组成瓦纹，有毛 6 根。尾板末端圆形，有毛 9–12 根。

有翅孤雌蚜　体长卵形。活体黑色。玻片标本头部、胸部黑色，腹部淡色，有灰黑色斑纹。腹部各节背中有不规则形横带，各横带从腹部背片 1–6 逐渐加粗、加长，腹部背片 2–8 有缘斑，腹部背片 6 缘斑（即腹管后斑）、腹部背片 7、8 缘斑各与该节背中横带相融合。节间斑黑色。触角 6 节，灰褐色，节 1、2 黑色，节 5 端部、节 6 基部顶端色稍深；为体长的 0.74 倍；节 3 长 0.33 mm，节 1–6 长度比例为：18：16：100：87：77：36+101；节 3 有小圆形次生感觉圈 5–7 个，排成一行，分布于全长外侧。其他特征与无翅孤雌蚜相似。

生物学：寄主植物为落花生、锦鸡儿、大豆、野苜蓿（黄花苜蓿）、紫苜蓿、草木犀（野木犀）、刺槐、槐树、蚕豆、野豌豆属、绿豆等多种豆科植物。豆蚜又叫苜蓿蚜，是蚕豆、紫苜蓿、豇豆、菜豆的重要害虫。冬季在宿根性草本植物上以卵越冬。严重为害蚕豆、豆科等绿肥作物及菜豆等，常在 5、6 月间大量发生致使生长点枯萎，幼叶变小，幼枝弯曲，停止生长，常造成减产损失。春夏干旱年份发生更为严重。天敌种类和棉蚜相近。

分布：浙江（临安）、黑龙江、吉林、辽宁、内蒙古、北京、天津、河北；俄罗斯，蒙古，朝鲜，加拿大，美国。

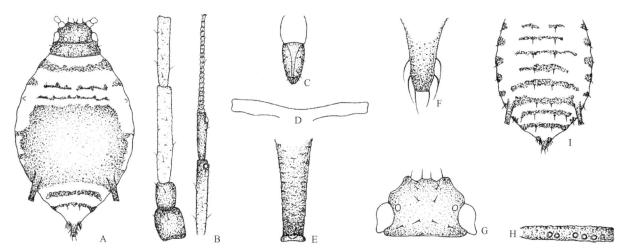

图 7-68　豆蚜 *Aphis craccivora* Koch, 1854

无翅孤雌蚜：A. 整体背面观；B. 触角；C. 喙节 4+5；D. 中胸腹岔；E. 腹管；F. 尾片。有翅孤雌蚜：G. 头部背面观；H. 触角节 3；I. 腹部背面观

（558）甜菜蚜 *Aphis fabae* Scopoli, 1763（图 7-69）

Aphis fabae Scopoli, 1763: 139.

主要特征：

无翅孤雌蚜　体卵圆形，体长 2.28 mm，体宽 1.28 mm。活体褐色。玻片标本头部黑色；前、中胸背板有断续带状黑斑；后胸中侧斑不明显，缘斑小型；腹部背片 1–7 各缘斑小型，背片 6 缘斑大型，与腹管基部相愈合，背片 7、8 各有窄横带 1 个，背片 8 横带横贯全节；各足基有大黑斑。触角节 1、2 及节 6 基部黑色，其他各节淡色；喙褐色，节 4+5 两缘黑色；前、中足股节缘域、后足股节大部、胫节端部 1/5、跗节、腹管、尾片、尾板及生殖板黑色。体表光滑，微显网纹，腹部背片 7、8 及腹部腹面有瓦纹。前胸、腹部节 1、节 7 各有馒状缘瘤 1 对，长度小于基宽，大于眼瘤。气门小圆形开放，气门片黑色。节间斑明显，黑褐色。中胸腹岔黑色，有短柄，横长 0.34 mm，为触角节 3 的 0.85 倍。体背毛尖锐，腹部腹面多毛，不长于背毛；头部有中额毛 1 对，额瘤毛 2 对，头背毛 3 对；前胸背板有中毛 2 对，缘毛 1 对；腹部背片 1–7 各有中毛 1 对，背片 1、7 各有缘毛 1 对，背片 2–6 各有缘毛 3 对或 4 对，背片 8 有毛 2 对；头顶毛长 0.05 mm，为触角节 3 中宽的 1.50 倍；腹部背毛长 0.06–0.08 mm。中额微隆，呈圆顶状，额瘤隆起，外倾。触角 6 节，淡色，有微刺突瓦纹，内缘锯齿状；为体长的 0.59 倍，节 3 长 0.40 mm；节 1–6 长度比例为：16∶16∶100∶57∶51∶32+68；节 1–6 毛数分别为：5、5、11、7、7、2+1 根，末节鞭部顶端有毛 3 或 4 根，节 3 毛长为该节中宽的 1.70 倍。喙粗大，端部达后足基节，节 4+5 长楔状，为基宽的 2.40 倍，为后足跗节 2 长的 1.40 倍；有原生毛 2 对，次生毛 1 对。足光滑，股节、胫节端部有微皱纹；后足股节为触角节 3 的 1.50 倍；后足胫节为体长的 0.46 倍，胫节毛细长，长约为该节最宽直径的 1.30 倍；跗节 1 毛序：3，3，2。腹管长管形，有刺突组成的瓦纹，缘突不明显；为尾片的 1.10 倍。尾片长圆锥状，中部收缩，背面有小刺突瓦纹，腹面布满粗刺突；长 0.25 mm，有长毛 15 根。尾板半球形，有毛 22 根。生殖板椭圆形，有毛 26 根。

有翅孤雌蚜　体椭圆形，体长 2.27 mm，体宽 0.93 mm。玻片标本头部、胸部黑色，腹部淡色，斑纹黑色。触角黑色，喙节 2–5 深褐色；前足股节淡色，中、后足股节、胫节端部 1/4 及基部、跗节、腹管、尾片、尾板及生殖板黑色。腹部背片 1–3 各有窄横带，背片 4–6 各有块状背中斑，背片 7、8 各有横带横贯全节。体表光滑，头部背面有皱纹，腹部背斑有微刺突瓦纹。体背毛细长，尖锐；头部有头顶毛 2 对，头背毛 3 对；前胸背板有中毛 2 对，缘毛 2 对；腹部背片 8 有毛 5 根。触角 6 节，有明显瓦纹，节 3 长 0.33 mm；节 1–6 长度比例为：18∶18∶100∶67∶67∶41+91；节 3 有毛 13 或 14 根；节 3、4 分别有圆形次生感觉圈 15–22、2–5 个，分布于全长。喙端部达中足基节。足股节端部有瓦纹。翅脉正常。腹管长管状。尾片有毛 12–14 根。尾板有毛 22–28 根。其他特征与无翅孤雌蚜相似。

生物学：寄主植物为酸模和大丽花；国外记载有欧洲卫矛。

分布：浙江（临安）、吉林、辽宁、新疆、福建；俄罗斯，丹麦，英国，波兰，德国，瑞士，加拿大，美国，南非，南美。

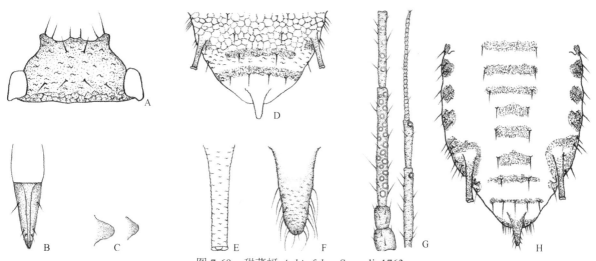

图 7-69　甜菜蚜 *Aphis fabae* Scopoli, 1763

无翅孤雌蚜：A. 头部背面观；B. 喙节 4+5；C. 体缘瘤；D. 腹部背片 5–8；E. 腹管；F. 尾片。有翅孤雌蚜：G. 触角；H. 腹部背面观

（559）大豆蚜 *Aphis glycines* Matsumura, 1917（图 7-70）

Aphis glycines Matsumura, 1917b: 357, 387.

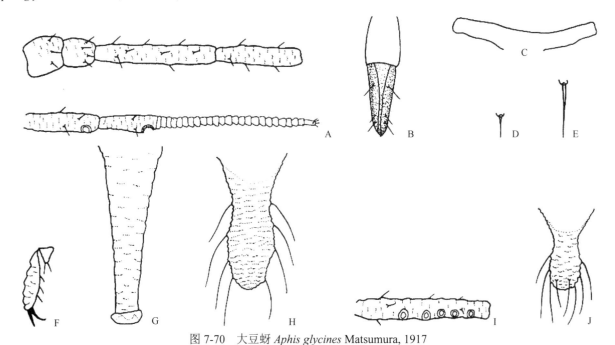

图 7-70　大豆蚜 *Aphis glycines* Matsumura, 1917

无翅孤雌蚜：A. 触角；B. 喙节 4+5；C. 中胸腹岔；D. 触角毛；E. 体背毛；F. 后足跗节及爪；G. 腹管；H. 尾片。有翅孤雌蚜：I. 触角节 3；J. 尾片

主要特征：

无翅孤雌蚜　体卵圆形，体长 1.60 mm，体宽 0.86 mm。活体淡黄色至淡黄绿色。玻片标本淡色，无斑纹。触角节 5 端半部与节 6，有时节 4 端半部，各足胫节端部 1/5–1/4 及腹管端半部黑色；喙节 3、节 4+5、腹管基部 1/2、尾片及尾板灰色。体表光滑，腹部背片 7、8 有模糊横网纹。前胸、腹部背片 1、7 有钝圆锥状缘瘤，高大于宽。气门长圆形开放，气门片淡色。中胸腹岔无柄，基宽约等于或稍长于臂长。体背刚毛尖顶；头部有毛 10 根；前胸背板有中、侧、缘毛各 1 对，中后胸各有中毛 1 对，缘毛 2 对；腹部背片 1–7 各有中毛 1 对，无侧毛，背片 1、2、7 各有缘毛 1 对，背片 4、5 各有缘毛 2 对，背片 3 有缘毛 1–2 对，背片 8 仅有中毛 1 对；头顶毛、腹部背片 1 毛、背片 8 中毛长分别为触角节 3 基宽的 1.10 倍、0.90 倍及 1.33 倍。中额稍隆起，额瘤不显。触角 6 节，为体长的 0.70 倍；节 1–6 长度比例为：23：22：100：72：60：39+120；节 1–6 毛数分别为：4 或 5、3 或 4、5 或 6、3 或 4、2 或 3、3+0 或 1 根，节 3 毛长约为该节直径的 0.45 倍。喙端部超过中足基节，节 4+5 细长，长为基宽的 2.80 倍，为后足跗节 2 长的 1.40 倍。后足股节稍短于触角节 3、4 之和；后足胫节长为体长的 0.46 倍，后足胫节毛长为该节直径的 0.75 倍；跗节 1 毛序：3，3，2。腹管长圆筒形，有瓦纹、缘突和切迹；长为触角节 3 的 1.30 倍，为体长的 0.20 倍。尾片圆锥形，近中部收缩，有微刺形成的瓦纹，长约为腹管的 0.70 倍，有长毛 7–10 根。尾板末端圆形，有长毛 10–15 根。生殖板有毛 12 根。

有翅孤雌蚜　体长卵形，体长 1.60 mm，体宽 0.64 mm。活体头部、胸部黑色，腹部黄色。玻片标本腹管后斑大，方形，黑色，有时腹部背片 2–4 有灰色小缘斑，腹部背片 4–7 有小灰色横斑或横带。触角 6 节，全长 1.10 mm；节 1–6 长度比例为：24：20：100：65：62：42+108；节 3 有小圆形次生感觉圈 3–8 个，一般 5 或 6 个，分布于全长，排成一行。秋季有翅性母蚜腹部草绿色，触角节 3 次生感觉圈可增至 6–9 个。其他特征与无翅孤雌蚜相似。

生物学：原生寄主为乌苏里鼠李（老鸹眼）和鼠李等鼠李属植物；次生寄主为大豆。大豆蚜是大豆的重要害虫，在东北和内蒙古为害尤重。大都聚集在嫩梢幼叶下面为害，严重时可造成大豆嫩叶卷缩，根系发育不良，植株发育停滞，茎叶短小，果枝和荚数明显减少，造成产量损失。

分布：浙江（泰顺）、黑龙江、吉林、辽宁、北京、天津、河北、山西、山东、河南、陕西、宁夏、湖北、台湾、广东；俄罗斯，朝鲜，日本，泰国，马来西亚，美国。

（560）棉蚜 *Aphis gossypii* Glover, 1877（图 7-71）

Aphis gossypii Glover, 1877: 36.

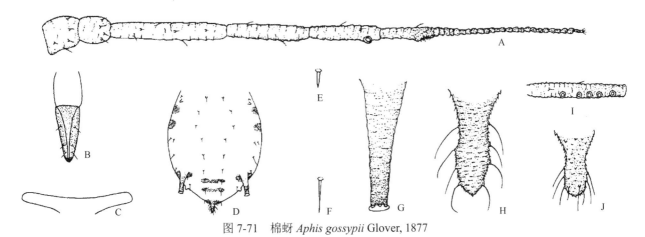

图 7-71　棉蚜 *Aphis gossypii* Glover, 1877

无翅孤雌蚜：A. 触角；B. 喙节 4+5；C. 中胸腹岔；D. 腹部背面观；E. 触角毛；F. 体背毛；G. 腹管；H. 尾片。有翅孤雌蚜：I. 触角节 3；J. 尾片

主要特征：

无翅孤雌蚜　体长 1.90 mm，体宽 1.00 mm，卵圆形。活体深绿、草绿至黄色，以黄色最常见。玻片标本体淡色，有灰黑色斑纹，头部灰黑，前胸与中胸背面有断续灰黑色斑，后胸有时有小斑；腹部各节节间斑黑色，背片 7、8 背中有狭短灰黑横带，胸部各节及腹部背片 2–4 各有缘斑 1 对，以胸部各缘斑为大，腹管后斑大。触角节 1、2、6 及节 5 端部 1/3，喙节 3 及节 4+5，胫节端部 1/7–1/5 及跗节，腹管、尾片及尾板灰黑至黑色。表皮光滑，有清晰网纹。气门圆至长圆形开放，气门片黑色。节间斑明显。缘瘤位于前胸、腹部节 1 及 7，小型缘瘤有时位于其他腹节，缘瘤指状，高、宽约相等或高稍大于宽，并长于缘毛。中胸腹岔无柄。体背刚毛尖顶，头部 10 根；前胸有中、侧、缘毛各 1 对，其他体节缺侧毛，各有中毛 1 对，中胸、后胸及腹部背片 2–5 各有缘毛 2 对，背片 1、6、7 各有缘毛 1 对，背片 8 缺缘毛。头顶毛、背片 1 毛、背片 8 毛分别为触角节 3 直径的 0.46 倍、0.54 倍、0.69 倍。中额隆起，额瘤不显。触角 6 节，为体长的 0.63 倍；节 3 长 0.28 mm，节 1–6 长度比例为：19：18：100：75：75：43+89。触角有短毛，节 1–6 毛数分别为：4–5、4–5、5、3–5、3–5、2–4+0–1 根。节 3 毛长为该节直径的 0.31 倍。喙端部超过中足基节，节 4+5 长为基宽的 2.00 倍，与后足跗节 2 等长；有原生刚毛 2 对，次生刚毛 1 对。后足股节稍短于触角节 3、4 之和；后足胫节为体长的 0.46 倍，后足胫节毛长为该节直径的 0.71 倍；跗节 1 毛序：3，3，2。腹管长圆筒形，有瓦纹、缘突和切迹，为体长的 0.21 倍，为尾片的 2.40 倍。尾片圆锥形，近中部收缩，有微刺突组成的瓦纹，有曲毛 4–7 根，一般 5 根。尾板末端圆形，有长毛 16 或 17 根。生殖板有毛 9–13 根。7、8 月间的小型个体体长仅有一般个体体长的 0.41–0.49 倍，且触角节 3、4 分节不清，触角常只见 5 节，喙端部可达后足基节，尾片仅有毛 4 或 5 根，体背斑纹常不显。

有翅孤雌蚜　体长 2.00 mm，体宽 0.68 mm，长卵圆形。活体头部、胸部黑色，腹部深绿、草绿乃至黄色，早春和深秋多深绿，夏季多黄色。玻片标本头、胸部黑色，腹部淡色，有斑纹，背片 6 背中常有短带，背片 2–4 缘斑明显且大，腹管后斑亦较无翅孤雌蚜大，且绕过腹管前伸，但不合拢。触角、足基节、股节端 1/3–1/2，胫节端部 1/6–1/5 及跗节黑色。触角 6 节，为体长的 0.65 倍；节 3 长 0.300 mm，节 1–6 长度比例为：22：21：100：77：73：43+100；节 3 有小圆形次生感觉圈 4–10 个，一般 6 或 7 个，分布于全长，排成一列，节 4 有 0–2 个。但秋季有翅性母蚜触角节 3 次生感觉圈增至 7–14 个，一般 9 个；排成一列，有时有 1 或 2 个位于列外，节 4 有 0–4 个；且腹部斑纹更明显而增多。腹管短，仅为体长的 0.11 倍，为尾片的 1.80 倍。各毛比无翅孤雌蚜稍长。喙节 4+5 长为后足跗节 2 的 1.20 倍。其他特征同无翅孤雌蚜。

生物学：原生寄主植物为石榴、花椒、木槿和鼠李属植物多种；次生寄主植物为棉和瓜类等多种植物。棉蚜是棉和瓜类的重要害虫。常造成棉叶卷缩成团，棉苗发育延迟，根系发育不良，甚至引起蕾铃脱落。棉蚜排泄的蜜露滴在棉絮上影响皮棉品质，并造成纺织上的困难。棉蚜以卵在石榴、花椒、木槿和鼠李属几种植物等树枝芽苞下和缝隙间越冬。

分布：浙江（丽水）、全国各地；广泛分布于各国。

（561）葎草蚜 *Aphis humuli* (Tseng *et* Tao, 1938)（图 7-72）

Cerosipha humuli Tseng *et* Tao, 1938: 199.

Aphis humuli: Eastop & Hille Ris Lambers, 1976: 52, 132.

主要特征：

无翅孤雌蚜　体卵圆形，体长 1.19 mm，体宽 0.78 mm。活体黄绿色，复眼黑色。触角节 5、喙端部、腹管后半部及跗节黑褐色。气门圆形开放，气门片椭圆形，黑褐色。节间斑明显，黑褐色。触角节 3–5、跗节 2 及腹管有横瓦纹，头部有头顶毛 2 根，额瘤毛 2 根，头背毛 4 根。头顶圆凸，额瘤微隆。触角 5 节，全长 0.69 mm，为体长的 0.58 倍；节 3 长 0.20 mm，节 1–5 长度比例为：24：17：100：64：42+102；节 6 鞭部长为基部的 2.17 倍。足各节正常，后足胫节为体长的 0.42 倍。腹管为尾片的 1.71 倍。尾片为基宽的 1.33 倍，有毛 4 根。

有翅孤雌蚜　体长卵圆形，体长 1.25 mm，体宽 0.63 mm。触角 5 节，全长 0.74 mm，为体长的 0.60 倍；节 1–5 长度比例为：16：16：100：49：33+86；节 5 鞭部长为基部的 2.61 倍，为节 3 的 0.86 倍；节 3 有次生感觉圈 8–14 个。喙端部伸达中足基节。足各节正常，后足胫节为体长的 0.38 倍。腹管为端宽的 3.88 倍，为基宽的 2.51 倍，为尾片的 2.06 倍。尾片为基宽的 0.89 倍，有毛 4 根。

生物学：寄主植物为葎草。群集于叶背。

分布：浙江、台湾、四川。

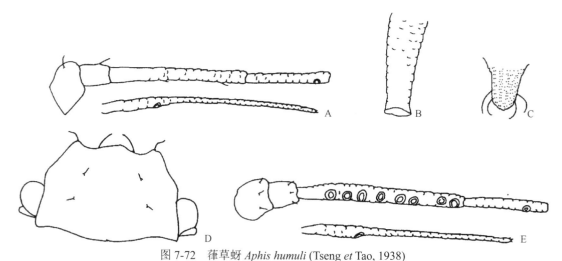

图 7-72　葎草蚜 *Aphis humuli* (Tseng *et* Tao, 1938)

无翅孤雌蚜：A. 触角；B. 腹管；C. 尾片；D. 头部背面观。有翅孤雌蚜：E. 触角

（562）草莓蚜 *Aphis ichigocola* Shinji, 1924（图 7-73）

Aphis ichigocola Shinji, 1924: 354.

主要特征:

无翅孤雌蚜　体卵圆形,体长 2.01 mm,体宽 1.23 mm。活体淡绿色,头顶及腹管基部深绿色。体被网纹。玻片标本头部、触角、喙、足(除胫节基部 5/6)、腹管、尾片、尾板黑褐色;生殖板褐色;其余部分淡色。气门片椭圆形,黑褐色,气门骨化关闭。体背毛少,长且粗;毛基瘤发达,毛基斑黑褐色,骨化明显(特别是腹部背片 1–5),微隆起,圆形或近似圆形,有时相互愈合。触角节 3 有弱的横瓦纹,节 4–6、跗节 2 及腹管有横瓦纹。头部有头顶毛 4 根,额瘤毛 2 根,头背毛 8 根,背片 8 有毛 4 根。头顶毛长 0.07 mm,腹部背片 1 缘毛长 0.07 mm,背片 8 中毛长 0.073 mm,分别为触角节 3 基宽的 2.26 倍、2.29 倍、2.35 倍。缘瘤指状,前胸、腹部节 1 和 7 各有 1 对,前胸缘瘤最大。中胸腹岔有短柄,全长 0.35 mm,为触角节 3 的 0.81 倍。头顶圆凸,额瘤明显。触角 5 节,为体长的 0.62 倍;节 3 长 0.43 mm,节 1–5 长度比例为:16:14:100:45:23+95;节 5 鞭部长为基部的 4.13 倍。节 3 最长毛长 0.03 mm,为该节基宽的 0.94 倍;原生感觉圈圆形,有睫。喙端部达后足基节,节 4+5 长 0.14 mm,为基宽的 2.47 倍,有原生毛 3 对,次生毛 1 对。足各节正常,后足股节为触角节 3 的 1.18 倍;后足胫节为体长的 0.48 倍。后足胫节最长毛长 0.06 mm,为该节中宽的 1.60 倍。跗节 1 毛序:3,3,2。后足跗节 2 长 0.10 mm。腹管为端宽的 6.30 倍,为触角节 3 长的 0.74 倍,为后足跗节 2 长的 3.03 倍,为尾片长的 2.09 倍。尾片为基宽的 1.19 倍,有毛 8–11 根。

有翅孤雌蚜　体长卵圆形,体长 1.63 mm,体宽 0.83 mm。玻片标本头部、触角、胸部、足(除胫节基部 5/6)、腹管、尾片、尾板、生殖板深褐色;其余同无翅孤雌蚜。触角 5 节,为体长的 0.81 倍;节 3 长 0.43 mm,节 1–5 长度比例为:16:13:100:46:23+108;节 5 鞭部长为基部的 4.70 倍,为节 3 的 1.08 倍。触角毛长,节 3 最长毛长 0.03 mm,为该节基宽的 1.04 倍;节 3 有次生感觉圈 5 或 6 个。喙端部达后足基节,节 4+5 长 0.13 mm,为基宽的 2.03 倍,有原生毛 3 对,次生毛 1 对。足各节正常,后足股节为触角节 3 长的 0.94 倍,后足胫节为体长的 0.56 倍。腹管为端宽的 5.20 倍,为触角节 3 长的 0.52 倍,为后足跗节 2 长的 2.21 倍,为尾片长的 1.86 倍。尾片为基宽的 1.06 倍,有毛 9 或 10 根。

生物学:寄主植物为蔷薇科的草莓和茅莓。群集于叶背及茎上。

分布:浙江(杭州)、甘肃、福建、台湾;日本。

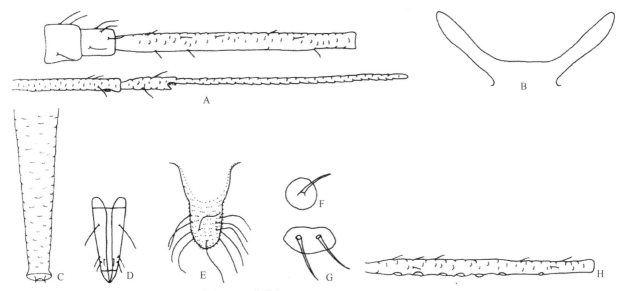

图 7-73　草莓蚜 *Aphis ichigocola* Shinji, 1924

无翅孤雌蚜:A. 触角;B. 中胸腹岔;C. 腹管;D. 喙节 4+5;E. 尾片;F–G. 腹部背毛及毛基斑。有翅孤雌蚜:H. 触角

(563) 夹竹桃蚜 *Aphis nerii* Boyer de Fonscolombe, 1841 (图 7-74)

Aphis nerii Boyer de Fonscolombe, 1841: 179.

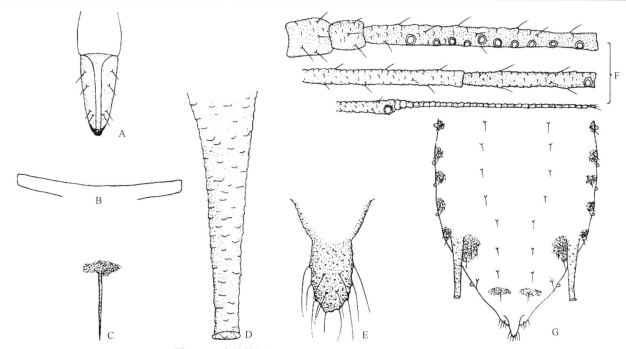

图 7-74　夹竹桃蚜 *Aphis nerii* Boyer de Fonscolombe, 1841

无翅孤雌蚜：A. 喙节 4+5；B. 中胸腹岔；C. 腹部背片 8 毛及毛基斑；D. 腹管；E. 尾片。有翅孤雌蚜：F. 触角；G. 腹部背面观

主要特征：

无翅孤雌蚜　体卵圆形，体长 2.30 mm，体宽 1.20 mm。活体淡黄色。玻片标本体表稍骨化，腹部背片 8 有明显斑纹。触角节 1、2、3 端部及节 4–6、喙节 3–5 黑色，足股节端部 2/3–3/4、胫节、跗节黑褐色至黑色，腹管、尾片、尾板及生殖板黑色。体表有明显网纹，腹管后几节有横瓦纹。前胸及腹部节 1、7 有缘瘤，不骨化；有时腹部节 2–4 有小型馒状缘瘤，前胸缘瘤高大于宽，呈高馒头状。气门圆形关闭，气门片稍骨化，节间斑不显。中胸腹岔无柄，横长 0.34 mm，与触角节 3 约等长。体背毛顶端稍钝，头部有头顶毛 2 对，头背毛 3 对，前胸背板有中、侧、缘毛各 1 对；中、后胸背板各有中毛 1 对，缘毛 2 对；腹部背片 1–7 各有中毛 1 对；背片 1、5–7 各有缘毛 1 对，背片 2–4 各有缘毛 2 对，有时 3 对。头顶毛长 0.05 mm，腹部背片 1 缘毛长 0.04 mm，腹部背片 8 毛长 0.06 mm，分别为触角节 3 基宽的 1.60 倍、1.10 倍、1.80 倍。中额隆起，顶端平，额瘤隆起高于中额。触角 6 节，有粗瓦纹，为体长的 0.67 倍；节 3 长 0.34 mm，节 1–6 长度比例为：21∶17∶100∶68∶61∶28+100；节 4、5 有时约等长；触角毛长，节 1–6 毛数分别为：4 或 5、3 或 4、6–9、4–7、4–6、2 或 3+0–2 根，节 3 毛长为该节直径的 0.89 倍。喙端部达中足基节，节 4+5 长锥形，为基宽的 2.20 倍，为后足跗节 2 长的 1.40 倍，有原生刚毛 2 对，次生刚毛 1 对或 2 对。足光滑，有皱褶纹，后足股节为触角节 3、4 之和的 0.94 倍；后足胫节为体长的 0.43 倍，毛长为该节直径的 1.20 倍；跗节 1 毛序：3，3，3。腹管长筒形，有瓦纹、缘突和切迹，为体长的 0.20 倍，为尾片的 2.10 倍。尾片舌状，中部收缩，端部 2/3 骨化黑色，布满粗刺突，有长曲毛 11–14 根。尾板半球形，有长毛 19–21 根，生殖板有长毛 13 或 14 根。

有翅孤雌蚜　体长卵形，体长 2.10 mm，体宽 1.00 mm。玻片标本头部、胸部黑色，腹部淡色，斑纹黑色；触角、喙、足股节端部 2/3、后足胫节及前、中足基端部、跗节黑色。体表光滑，腹管后几节有横瓦纹，背斑有小刺突。腹部背片 6 有小型中斑 1 个，背片 1–7 有缘斑，背片 1、5、7 缘斑小型，背片 6 缘斑大型；背片 7、8 各有不明显横带 1 个。前胸及腹部节 1–4、7 有缘瘤，节 2–4 缘瘤较小。体背毛长，尖锐，头部有头顶毛 2 对，头背毛 3 对；腹部背片 1–8 各有中毛 1 对，背片 4、5 有时有侧毛 1 对；背片 1、5、7 各有缘毛 1 对，背片 2–4、6 各有缘毛 2 对或 3 对。中额隆起，额瘤明显。触角 6 节，节 3 长 0.41 mm，节 1–6 长度比例为：19∶14∶100∶72∶59∶27+98；触角节 3 有毛 9 或 10 根，毛长为该节直径的 0.83 倍；节 3 有大圆形次生感觉圈 5–11 个，分布于端部 3/4 或全节。喙端部达后足基节，节 4+5 长锥形，长 0.15 mm，为基宽的 2.50 倍，为后足跗节 2 长的 1.30 倍，有原生刚毛 2 对，次生刚毛 2 对或 3 对。翅脉正常，粗且黑。腹管长筒形，为体长的 0.18 倍。尾片舌状，长 0.21 mm，有长曲毛 13–19 根。生殖板有毛 12 或 13 根，前部上方 1 对较长。其他特征与无翅孤雌蚜相似。

生物学：寄主植物为欧洲夹竹桃。

分布：浙江（临安）、吉林、北京、天津、河北、江苏、上海、台湾、广东、广西；俄罗斯，朝鲜，印度，印度尼西亚，欧洲，加拿大，美国，非洲，南美洲。

（564）芒果蚜 *Aphis odinae* (Van der Goot, 1917)（图 7-75）

Longiunguis odinae Van der Goot, 1917: 113.

Aphis odinae: Takahashi, 1924: 712.

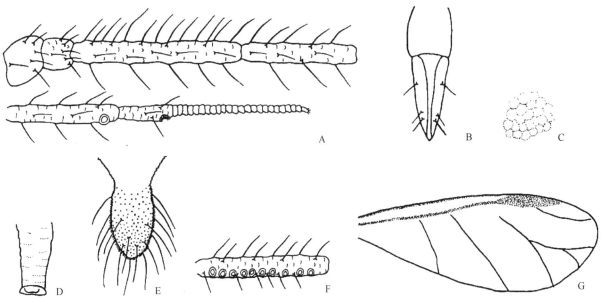

图 7-75　芒果蚜 *Aphis odinae* (Van der Goot, 1917)

无翅孤雌蚜：A. 触角；B. 喙节 4+5；C. 体背网纹；D. 腹管；E. 尾片。有翅孤雌蚜：F. 触角节 3；G. 前翅

主要特征：

无翅孤雌蚜　体宽卵形，体长 2.50 mm，体宽 1.50 mm。活体褐色、红褐色至黑褐色或灰绿色至黑绿色，被薄粉。玻片标本淡色，有深色斑纹。头部黑色，触角、喙、足大体黑色；触角节 3 基部约 1/2、喙节 1 及节 2 基部约 1/2、足股节基部淡色；腹管、尾片、尾板及生殖板黑色。前胸背中斑宽大、相合成断续横带，缘斑小；中、后胸缘斑大，背中毛基斑个别黑色；腹部各节缘斑明显，腹部背片 1 个别毛基斑黑色，背片6、7 毛基斑全黑色，背片 8 各斑融合为横贯全节的横带。腹部背片有清晰五边形网纹，腹面有长菱形网纹，腹部背片 5、6 缘域上有微锯齿。前胸、腹部节 1–4 及 7 有乳头状缘瘤，宽与高相似，前胸缘瘤最大，腹部节 4 缘瘤最小。气门小圆形，狭长，半开放；气门片黑色、隆起。节间斑黑色。中胸腹岔无柄，有时二臂分离。体毛尖顶细长，头部有头顶毛 8 根，头背毛 10 根；前胸背板有中毛 4 根、缘毛每侧 1 根；腹部背片1–8 各中毛数分别为：6、4、4、4、3、2、5、8 根；腹部背片 1–7 各缘毛数分别为：1、4、4、4、3、7、4根；头顶毛、腹部背片 1 毛、背片 8 毛长分别为触角节 3 直径的 1.70 倍、1.70 倍、1.50 倍。中额稍凸起，额瘤隆起。触角 6 节，有瓦纹，为体长的 0.57 倍，节 3 长 0.37 mm，节 1–6 长度比例为：17：17：100：73：63：30+81；节 1–6 毛数分别为：6、5、28、14、8、3+2 根，节 3 毛长为该节直径的 2.50 倍。喙端部超过中足基节，有时达后足基节，节 4+5 长为基宽的 1.80 倍，为后足跗节 2 的 1.50 倍。后足股节与触角节 4、5 之和约等长；后足胫节为体长的 0.46 倍，毛长为该节直径的 1.90 倍；后足胫节内侧有 1 列发音刺，分布于全长，8–15 根；跗节 1 毛序：3，3，2。腹管短圆筒形，有瓦纹、缘突和切迹，长约为基宽的 2.00 倍，

为尾片长的 0.62 倍，中部有毛 1 根。尾片长圆锥形，中部收缩，有微刺组成的瓦纹，有毛 16–20 根。尾板末端圆形，有毛 24–28 根。

有翅孤雌蚜　体长卵形，体长 2.10 mm，体宽 0.96 mm。活体头部、胸部黑色，腹部褐色至黑绿色，有黑斑。腹部背片 1–2 有小横中斑，背片 2–4 及 7 有缘斑，腹管前斑甚小，腹管后斑大，围绕腹管向前延伸；腹部背片 6、7 有横带，背片 8 横带横贯全节。触角 6 节，为体长的 0.62 倍；节 3 长 0.29 mm，节 1–6 长度比例为：23：20：100：76：79：38+128；节 3 有小圆形次生感觉圈 8–12 个，在外侧排成一行，分布于全长，节 4 有 0–4 个。腹管圆筒形，长约为基宽的 0.50 倍，为尾片长的 0.62 倍。翅脉正常。尾片长圆锥形，有毛 9–18 根。尾板末端圆形，有毛 14–24 根。其他特征与无翅孤雌蚜相似。

生物学：寄主植物为刺五加、芒果、乌桕、盐肤木、漆、梧桐、海桐、重阳木、腰果、栗、栾树、东京樱花、蝴蝶树和玉叶金花等多种经济植物。

分布：浙江（泰顺）、黑龙江、辽宁、北京、河北、山东、河南、江苏、江西、湖南、福建、台湾、广东、云南；俄罗斯，朝鲜，韩国，日本，印度，印度尼西亚。

（565）酸模蚜 *Aphis rumicis* Linnaeus, 1758（图 7-76）

Aphis rumicis Linnaeus, 1758: 451.

主要特征：

无翅孤雌蚜　体宽卵圆形，体长 2.40 mm，体宽 1.40 mm。活体黑色。玻片标本体背骨化，头部和斑纹黑色。触角、喙节 2 端部至节 5 及足灰色至黑色。腹管、尾片、尾板及生殖板黑色。前、中胸背板有横带横贯全节，后胸缘斑与中带分离，腹部背片 1–7 有断续中带及缘斑，腹管前斑及腹部背片 1、5 缘斑小于其他节缘斑；腹部背片 7、8 有横带横贯全节。体表网纹明显，腹部背片 7、8 及腹面有瓦纹。前胸及腹部节 1、7 有馒形缘瘤，高与宽约相等。气门圆形关闭，气门片黑色。节间斑明显，黑褐色。中胸腹岔无柄，有时短柄。体毛稍长，尖锐，头部有背毛 10 根；胸部各有中毛 2 根、缘毛 4 根；腹部背片 1–8 各有中毛 2、4、4、4、4、6、2、2 根，背片 1、8 各有缘毛 2 根，背片 2–7 各有缘毛 4 根；头顶毛、腹部背片 1 缘毛、背片 8 毛长分别为触角节 3 基宽的 1.70 倍、1.60 倍、1.50 倍；腹面毛与背毛约等长。中额及额瘤稍隆。触角 6 节，有瓦纹，边缘有小刺突；全长 1.50 mm，为体长的 0.62 倍；节 3 长 0.38 mm；节 1–6 长度比例为：20：22：100：70：58：40+42；节 3 毛长为该节直径的 1.10 倍；节 1–6 毛数分别为：4–6、4 或 5、5–12、4–8、4–6、3+1–3 根。喙端部达中足基节，节 4+5 为基宽的 1.90 倍，为后足跗节 2 长的 1.10 倍，有刚毛 6 根。后足股节与触角节 3、4 之和约等长；后足胫节长约为体长的 0.43 倍，后足胫节毛长为该节中宽的 1.40 倍；跗节 1 毛序：3，3，2。腹管短圆筒状，有瓦纹、缘突及切迹，为体长的 0.09 倍，与触角节 5 约等长，为尾片的 1.40 倍。尾片短锥状，末端钝，端部 1/2 有小刺突组成的横纹，有长曲毛 11–13 根。尾板半圆形，有长短毛 27–36 根。生殖板椭圆形，有毛 24–34 根，其中有前部毛 8 根。

有翅孤雌蚜　体卵圆形，体长 2.00 mm，体宽 1.20 mm。玻片标本头部、胸部黑褐色，腹部淡色，有黑褐色斑。触角、喙黑褐色；前足胫节端部、中、后足股节端部 3/4 及胫节端部、跗节黑褐色，其他节淡色；腹管、尾片、尾板及生殖板黑褐色。腹部背片 1–8 各有横带状中侧斑，腹部背片 1–7 各有大缘斑 1 对，腹管前斑小于后斑。体表光滑。前胸及腹部节 1、7 有淡色大型缘瘤，长与基宽约等，腹部节 2 有时有小型缘瘤。气门圆形开放，气门片骨化深色，节间斑淡褐色。体背毛长，腹部背片 1–7 各有中侧毛 2–4 根，各有缘毛 4 或 5 对；背片 8 有毛 2 对，毛长 0.06 mm，为触角节 3 基宽的 1.80 倍；头顶及腹部背片 1 缘毛长与腹部背片 8 毛长约相等。触角 6 节，节 3 长 0.35 mm，节 1–6 长度比例为：20：19：100：65：60：44+92；节 3 有毛 11–13 根，毛长为该节基宽的 1.10–1.50 倍，喙端部不达中足基节，节 4+5 稍长于后足跗节 2。后足股节与触角节 3、4 之和约等长；后足胫节为体长的 0.50 倍。翅脉正常。腹管圆筒形，有瓦纹，无缘突，有切迹，长 0.18 mm，为基宽的 4.00 倍，与尾片等长。尾片长瘤形，中部收缩，有刺突构成的横纹，有长毛 14 根。尾板端部半圆形，有毛 20 或 21 根。生殖板有长毛 18–20 根。

生物学：寄主植物为酸模和羊蹄。

分布：浙江（临安）、吉林、辽宁、河北、山东、江苏、台湾；俄罗斯，朝鲜，韩国，亚洲，欧洲，加拿大，美国，非洲，南美洲。

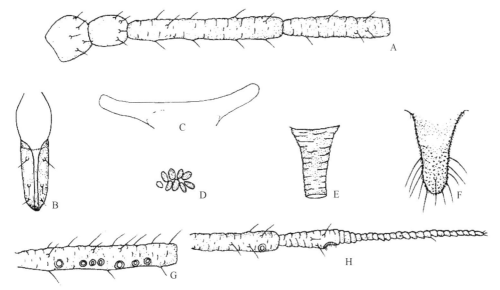

图 7-76　酸模蚜 *Aphis rumicis* Linnaeus, 1758

无翅孤雌蚜：A. 触角；B. 喙节 4+5；C. 中胸腹岔；D. 节间斑；E. 腹管；F. 尾片。有翅孤雌蚜：G. 触角节 3；H. 触角节 5–6

（566）浙菝葜蚜 *Aphis smilacisina* Zhang, 1983（图 7-77）

Aphis smilacisina Zhang, 1983a: 38.

主要特征：

无翅孤雌蚜　体卵圆形，体长 1.50 mm，体宽 0.69 mm。活体绿色，被白粉。玻片标本头、胸背板显骨化，腹部淡色，无斑纹。触角骨化灰黑色，节 3 淡色，喙、足、腹管、尾片、尾板、生殖板黑色，足胫节基部 3/4 淡色。体背微显网纹，腹部背片 7、8 微瓦纹。气门肾形开放，气门片骨化黑色。节间斑明显，在腹部背面侧缘之间呈纵行。缘瘤位于前胸、腹部节 1 和节 7。中胸腹岔稍骨化，分离或一丝相连。体背毛短尖，头部 10 根（头顶 4 根）；胸部各节有中、侧、缘毛各 1 对；腹部背片 1–7 各有中毛 1 对，缘毛除背片 1、7 各 1 对外，其余各节 2 对；背片 8 只 1 对稍长刚毛，毛长 0.031 mm，为触角节 3 直径的 1.20 倍；腹部背片 1 缘毛为其 0.60 倍，头顶毛为其 0.83 倍。中额及额瘤稍隆起。触角瓦纹明显，为体长的 0.76 倍，节 3 长 0.26 mm，节 1–6 长度比例为：24：22：100：76：68：38+117，节 1–6 毛数分别为：5、4、5 或 6、3、2 或 3、2 或 3+0 或 1 根；节 3 毛长为该节直径的 0.47 倍。喙伸达后足基节，节 4+5 长度为基宽的 2.10 倍，为后足跗节 2 长的 1.20 倍，有原生刚毛 2 对，次生刚毛 1 对。足光滑，后足股节为触角节 3 长的 1.40 倍；后足胫节为体长的 0.46 倍，毛长为该节直径的 0.75 倍，跗节 1 毛序：3，3，2。腹管为体长的 0.12 倍，为尾片的 0.93 倍，圆筒形，有小刺突瓦纹，缘突稍显有切迹。尾片长舌形，有明显小刺突横纹，有长曲毛 6–8 根。尾板半圆形，有长毛 23 或 24 根。生殖板骨化，有较长毛 6–8 根。

有翅孤雌蚜　体椭圆形，体长 1.50 mm，体宽 0.59 mm。活体成、若蚜绿色，均被白粉。玻片标本头、胸黑色；腹部淡色，各节有缘斑，腹管后斑大于前斑，腹部背片 1–5 有时各 1 对侧斑，背片 6 一大方块斑；背片 7、8 各 1 横带。触角、喙、足（除股节 1/3 及胫节 3/4 淡色）均骨化灰黑色；腹管、尾片、尾板、生殖板黑色。触角全长 1.10 mm，为体长的 0.74 倍，节 3 长 0.27 mm，节 1–6 长度比例为：17：18：100：74：65：39+113；节 3 有圆形次生感觉圈 6–9 个，节 4 有 0 或 1 个。体毛尖，腹部背片 8 毛长为触角节 3 直径的 1.50 倍。喙不达中足基节，节 4+5 长 0.10 mm，为基宽的 2.60 倍，为后足跗节 2 长的 1.10 倍。后足股节为触角节 3 长的 1.10 倍，后足胫节为体长的 0.40 倍，毛长为该节直径的 0.69 倍。翅脉正常，镶弱黑边。腹管长 0.14 mm，为体长的 0.10 倍，有缘突和切迹。尾片有长曲毛 6 根。尾板有长毛 17–19 根。生殖板骨化，有长毛 6–10 根。其他特征与无翅孤雌蚜相同。

生物学：寄主植物为菝葜。寄生于叶反面，群体甚大。

分布：浙江（临安）。

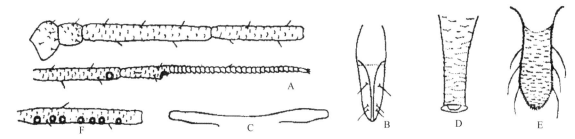

图 7-77 浙菝葜蚜 *Aphis smilacisina* Zhang, 1983
无翅孤雌蚜：A. 触角；B. 喙节 4+5；C. 中胸腹岔；D. 腹管；E 尾片。有翅孤雌蚜：F. 触角节 3

315. 隐管蚜属 *Cryptosiphum* Buckton, 1879

Cryptosiphum Buckton, 1879: 144. Type species: *Cryptosiphum artemisiae* Buckton, 1879.

主要特征：额瘤及中额不明显突出。触角 6 节，短于体长，节 1、2 稍粗糙，节 6 鞭部稍长于或短于基部，触角毛短于节 3 直径，原生感觉圈有睫。有翅孤雌蚜触角节 3 有圆形不突出的次生感觉圈，有时节 4 也有。喙节 4+5 尖长，长于后足跗节 2。腹管极短，环状或孔状，不明显，长度短于基宽的 0.50 倍。尾片短，宽弧形。尾板弧形，有毛数根至 10 余根。足股节及胫节略粗糙，转节不很明显，跗节 1 有微小刺突，跗节 1 毛序：3，3，2 或 3，2，2。有翅孤雌蚜翅脉正常，暗色，中脉偶尔 1 分叉，径分脉直。

分布：古北区、东洋区。世界已知 11 种和亚种，中国记录 4 种和亚种，浙江分布 1 种。

（567）艾蒿隐管蚜 *Cryptosiphum artemisiae* Buckton, 1879（图 7-78）

Cryptosiphum artemisiae Buckton, 1879: 145.

主要特征：

有翅孤雌蚜 体长 1.25 mm，体宽 0.49 mm。活体褐色，被少量白粉。玻片标本头部、胸部黑色，腹部淡色。触角节 1、2 黑色，节 3–6 褐色；喙节 3–5 深褐色；足深褐色，胫节中部淡色；尾片、尾板及生殖板黑色。腹部背片 1–4 各有 1 对背中小斑及独立缘斑，腹部背片 5–8 无斑纹。气门圆形开放，气门片深褐色。中额及额瘤微隆，呈浅 "W" 形。体背毛尖锐，头部有头顶毛 1 对，头背毛 4 对，前胸背板有中、侧、缘毛各 1 对，腹部背片 1–7 各有中、缘毛 1 对，背片 8 有毛 4 或 5 根。头背毛长 0.02 mm，腹部背片 1 缘毛长 0.01 mm，背片 8 毛长 0.04 mm，分别为触角节 3 直径的 0.50 倍、0.33 倍、1.23 倍。触角 6 节，为体长的 0.60 倍，节 3 长 0.26 mm，节 1–6 长度比例为：16：20：100：37：30：32+48；节 3 毛长 0.01 mm，为触角节 3 直径的 0.47 倍；节 3、4 有大圆形次生感觉圈，节 3 有 16–18 个，分布全长，节 4 有 1 或 2 个，分布于顶端。喙端部不达中足基节，节 4+5 长楔状，为基宽的 3.00 倍，为后足跗节 2 的 1.40 倍。足粗糙，有皱曲纹，后足股节为触角节 3 的 0.95 倍，后足胫节为体长的 0.35 倍，胫节毛长 0.02 mm，为该节中宽的 0.60 倍；跗节 1 毛序：3，3，2。翅脉正常，前翅脉粗且黑，微镶黑边。腹管微隆，呈短截断状，无缘突，基宽稍长于其长，端径半环状，小于触角感觉圈直径。尾片半圆，长 0.05 mm，为基宽的 0.44 倍，有毛 5

根。尾板端部平圆形，有毛 13 或 14 根。

生物学：寄主植物为艾蒿、水蒿、香蒿。在生长点及叶片上取食，使叶横纵卷曲、变红。

分布：浙江（临安）、辽宁、甘肃、湖南、台湾、四川；俄罗斯，朝鲜，韩国，日本，欧洲。

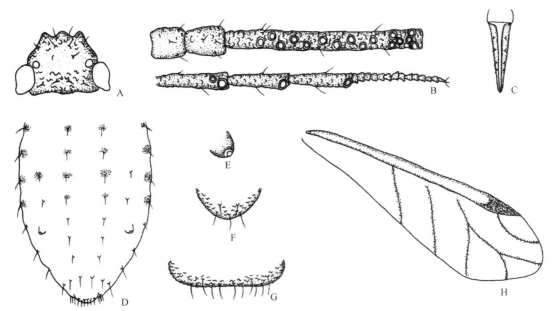

图 7-78　艾蒿隐管蚜 *Cryptosiphum artemisiae* Buckton, 1879
有翅孤雌蚜：A. 头部背面观；B. 触角；C. 喙节 4+5；D. 腹部背面观；E. 腹管；F. 尾片；G. 尾板；H. 前翅

缢管蚜亚族 Rhopalosiphina

主要特征：腹部缘瘤有或缺，如有，则腹部背片 7 缘瘤位于气门的背面；如缺，则触角末节鞭部长于基部的 2.00 倍。

分布：世界广布。世界已知 9 属 92 种，中国记录 5 属 26 种，浙江分布 4 属 7 种。

分属检索表

无翅孤雌蚜为主

1. 腹管基部和端部均有缢缩，端部圆形无缘突 ·· **大尾蚜属 *Hyalopterus***
- 腹管基部无缢缩，端部有缘突 ··· 2
2. 喙节 4+5 顶端感觉器粗长而弯曲；胸部和腹部背片表面或多或少光滑；有翅孤雌蚜前翅中脉 2 分叉，分叉深：从第 2 支到翅缘段至少为从第 1 支到第 2 支段的 7/10–9/10 ·· **色蚜属 *Melanaphis***
- 喙节 4+5 顶端感觉器正常，细短而直；胸部和腹部背片表面有多孔状网纹；有翅孤雌蚜前翅中脉 1 分叉，如为 2 分叉，则分叉不深：从第 2 支到翅缘段至多为从第 1 支到第 2 支段的 1/2 ··· 3
3. 胸部和腹部背片表面网纹由粗而或多或少均匀的线条或圆形小刺组成；腹管端半部稍膨大，在端部之前缩小；有翅孤雌蚜前翅中脉 2 分叉 ·· **缢管蚜属 *Rhopalosiphum***
- 胸部和腹部背片体表网纹由细而不均匀似乎有齿的线条组成；腹管圆筒状，端半部不膨大，端部之前不缩小；有翅孤雌蚜前翅中脉 1 分叉 ·· **二叉蚜属 *Schizaphis***

316. 大尾蚜属 *Hyalopterus* Koch, 1854

Hyalopterus Koch, 1854: 16. Type species: *Aphis pruni* Geoffroy, 1762.

主要特征：触角 6 节，短于体长。无翅孤雌蚜无次生感觉圈。前胸、腹部节 1 和节 7 有缘瘤，有时其他腹节也有。腹部背片 7 缘瘤位于气门的后背面。腹管明显短于尾片，基部有缢缩，无缘突，末端圆形，开口小。前翅中脉 2 分叉。

生物学：寄主为李属和芦苇属植物。

分布：世界广布。世界已知 3 种，中国记录 2 种，浙江分布 1 种。

（568）桃粉大尾蚜 *Hyalopterus arundiniformis* Ghulamullah, 1942（图 7-79）

Hyalopterus arundiniformis Ghulamullah, 1942: 226.

主要特征：

无翅孤雌蚜　体狭长卵形，体长 2.30 mm，体宽 1.10 mm。活体草绿色，被白粉。玻片标本体淡色，触角节 5、节 6、喙顶端、胫节端部、跗节灰黑色，其他部分淡色；腹管端部 1/2 灰黑色，尾片端部 2/3 及尾板末端灰黑色，其他部分淡色。体表光滑，无网纹，腹面有微瓦纹。前胸、腹部节 1–7 有小半圆形缘瘤，高宽约相等。气门圆形开放，气门片淡色。节间斑不显。中胸腹岔有短柄。体背有长尖毛，头部有头顶毛 2 对，头背毛 6–8 根；前胸背板有中、侧、缘毛各 1 对；腹部背片 1–5 有中侧毛 6 或 7 根，腹部背片 6 有中侧毛 3 或 4 根，背片 1–7 各有缘毛 1 对，背片 7、8 各有中毛 1 对；头顶毛、腹部背片 1 毛、背片 8 毛长分别为触角节 3 直径的 1.50–1.70 倍、1.50–1.70 倍、1.60 倍。中额及额瘤稍隆。触角 6 节，较光滑，微显瓦纹，为体长的 0.74 倍；节 3 长 0.45 mm，节 1–6 长度比例为：19：17：100：70：57：25+79；触角各节有硬尖毛，节 1–6 毛数分别为：5、5、14–16、9–11、9 或 10、3+4 根；节 3 毛长为该节直径的 0.74 倍。喙粗短，端部不达中足基节，节 4+5 粗大，顶圆，呈短圆锥形，长为基宽的 1.00–1.10 倍，为后足跗节 2 长的 0.50 倍；端部有 4 对长刚毛。足长大，光滑，股节微显瓦纹；后足股节为触角节 3 长的 1.40 倍；后足胫节为体长的 0.48 倍，毛长为该节直径的 1.10 倍；跗节 1 毛序：3，3，2。腹管细圆筒形，光滑，基部稍狭小，长大于宽 4.00 倍以上，无缘突，顶端常有切迹。尾片长圆锥形，为腹管的 1.20 倍，有长曲毛 5 或 6 根。尾板末端圆形，有长毛 11–13 根。生殖板淡色，有毛 13–15 根。

有翅孤雌蚜　体长卵形，体长 2.20 mm，体宽 0.89 mm。玻片标本头部、胸部黑色，腹部淡色，有斑纹。触角大部分黑色，节 3–5 基部淡色；喙节 3–5、足股节端部 1/2–2/3、胫节、跗节、腹管端部 2/3、尾片端部 1/2、尾板及生殖板灰褐色至灰黑色。体表有不明显横纹。腹部背片 6–8 各有 1 个不甚明显圆形或宽带斑。气门圆形关闭。触角 6 节，为体长的 0.68 倍；节 3 长 0.42 mm，节 1–6 长度比例为：17：16：100：71：57：26+74；节 3 有毛 9–13 根，毛长为该节直径的 2/3；节 3 有圆形次生感觉圈 18–26 个，分散于全节，节 4 有 0–7 个。喙粗大，端部不达中足基节，长为基宽的 1.40 倍，约为后足跗节 2 长的 0.50 倍。后足股节为触角节 3 长的 1.40 倍；后足胫节长为体长的 0.50 倍，毛长为该节直径的 0.84 倍；跗节 1 毛序：3，3，3。腹管短筒形，基部收缩，收缩部有槽曲纹，长为基宽的 5.00 倍，缘突不显，有明显切迹。尾片长圆锥形，端部 1/2 有小圆突起，腹面有小刺突横纹；为腹管的 1.20 倍，有曲毛 4 或 5 根。尾板半球形，有毛 14–16 根。其他特征与无翅孤雌蚜相似。

有翅雄性蚜　体长卵圆形，体长 1.90 mm，体宽 0.70 mm。玻片标本头部、胸部、触角、喙、足、腹管、腹部背片 8 及尾片深褐色，其他部分淡色。腹部背片 1–5 各有 1 个褐色近长方形的中背斑，背片 7、8 各有 1 个褐色横带，背片 1–3 各有 1 对褐色侧斑。腹部背片 6–7 有小刺突瓦纹，跗节 2 有横瓦纹。头顶毛长 0.03 mm，腹部背片 1 缘毛长 0.03 mm，背片 8 中毛长 0.04 mm，分别为触角节 3 基宽的 0.78 倍、0.88 倍、1.09 倍。触角 6 节，节 3 有微弱横纹，节 4–6 有横瓦纹，为体长的 0.75 倍；节 3 长 0.37 mm，节 1–6 长度比例为：21：20：100：71：64：27+87；节 6 鞭部长为基部的 3.22 倍；触角毛短细，节 3 最长毛长 0.02 mm，为该节基宽的 0.56 倍；节 3–5 次生感觉圈数分别为：32–37、17–22、10–12 个。喙端部超过前足基节，节 4+5 长 0.07 mm，为基宽的 1.07 倍；有原生毛 2 对，次生毛 1 对。后足股节为触角节 3 长的 1.34 倍，后足胫节为体长的 0.45 倍；后足胫节最长毛长 0.03 mm，为该节中宽的 1.15 倍；后足跗节 2 长 0.13 mm。腹管为端宽的 3.28 倍，为触角节 3 的 0.26 倍，为尾片的 0.76 倍。尾片为基宽的 1.12 倍，有毛 4 或 5 根，位于端部。

  生物学： 原生寄主为杏、梅、桃、李和榆叶梅等蔷薇科植物；次生寄主植物为禾本科的芦苇。

  分布： 浙江（临安）、黑龙江、吉林、辽宁；世界广布。

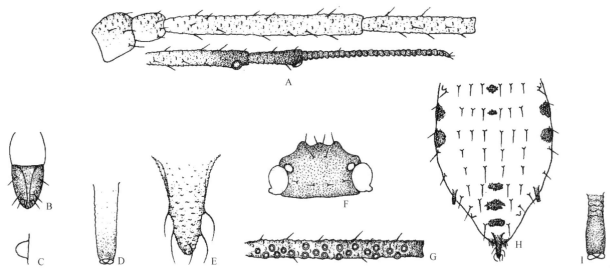

图 7-79 桃粉大尾蚜 *Hyalopterus arundiniformis* Ghulamullah, 1942

无翅孤雌蚜：A. 触角；B. 喙节 4+5；C. 体缘瘤；D. 腹管；E. 尾片。有翅孤雌蚜：F. 头部背面观；G. 触角节 3；H. 腹部背面观；I. 腹管

317. 色蚜属 *Melanaphis* Van der Goot, 1917

Melanaphis Van der Goot, 1917: 9, 60. Type species: *Aphis bambusae* Fullaway, 1910.

  主要特征： 前胸、腹部节 1 和 7 有缘瘤，腹部节 7 缘瘤位于气门的背面。腹管短，多数短于尾片。有翅孤雌蚜前翅中脉 2 分叉，腹管前面的腹部背片常有骨化斑或横带。

  分布： 世界广布。世界已知 24 种，中国记录 11 种，浙江分布 2 种。

（569）竹色蚜 *Melanaphis bambusae* (Fullaway, 1910)（图 7-80）

Aphis bambusae Fullaway, 1910: 34, 35.

Melanaphis bambusae: Van der Goot, 1917: 61.

  主要特征：

  无翅孤雌蚜 体卵圆形，体长 1.20 mm，体宽 0.75 mm。活体土黄色、红色、红褐色到黑色，被白粉。玻片标本头部骨化黑色，胸腹淡色，仅胸部有灰黑色缘斑。触角节 1、2、5 端部及节 6、喙、足黑色，足胫节端部淡色；腹管、尾片、尾板及生殖板黑色。体表光滑，头背部显皱褶纹，腹部节 7、8 背面微显瓦纹。气门肾形开放，气门片黑色。节间斑胸部稍明显，腹部不甚明显，深黑褐色。头部有二片深色蜡腺。缘瘤骨化，位于前胸及腹部节 1、7，圆锥状，高为基宽的 2.00 倍。中胸腹岔两臂分离，无柄。体毛稍长尖锐，背面毛长于腹面毛；头背部 10 根；前胸有中、侧、缘毛各 1 对，中胸有中侧毛 2 对、缘毛 2 对，后胸中侧毛共 2 对、缘毛 1 对；腹部背片 1–6 各有中毛 1 对、缘毛 1 对，背片 7、8 各有 2 对长刚毛；背片 8 毛长为触角节 3 直径的 2.00 倍，头顶毛长为其 1.20 倍，腹部背片 1 毛长为其 0.74 倍。中额瘤几乎不隆起，额瘤隆起外倾，甚高于中额，额瘤上有微突起。触角与体同长，节 3、4、5 几乎等长；节 3 长 0.20 mm，节 1–6 长度比例为：29：24：100：100：105：52+220；节 3、4 分节常不明显，有瓦纹；触角刚毛短而少，节 3

一般 3–5 根，毛长为该节直径的 0.26 倍。喙短粗，达中足基节，节 4+5 短，呈三角形，为基宽的 1.40 倍，为后足跗节 2 长的 1.30 倍；有原生刚毛 2 对，次生刚毛 1 对。后足股节为触角节 3、4 之和的 0.90 倍；后足胫节为体长的 0.52 倍，毛长为该节直径的 0.87 倍；跗节 1 毛序：2，2，2。腹管筒形，为体长的 0.11 倍，为尾片的 1.10 倍，有微瓦纹、缘突和切迹。尾片圆锥形，基部收缩，中部稍有收缩，端部 1/2 有微刺突构成的横纹，基半部淡色，有长曲毛 4 或 5 根。尾板半圆形，有长毛 11–16 根。生殖板灰黑色，有毛 12–14 根。

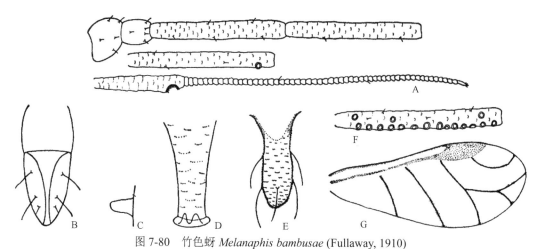

图 7-80　竹色蚜 *Melanaphis bambusae* (Fullaway, 1910)
无翅孤雌蚜：A. 触角；B. 喙节 4+5；C. 前胸缘瘤；D. 腹管；E. 尾片。有翅孤雌蚜：F. 触角节 3；G. 前翅

有翅孤雌蚜　体卵圆形，体长 1.30 mm，体宽 1.00 mm。活体褐绿色，被白粉。玻片标本头、胸黑色，腹部及部分前胸淡色，无斑纹。触角黑色，节 3、4 及 5 稍淡；喙节 3–5 黑色，足各节除胫节中部 3/5 淡色外均黑色；气门片稍骨化。节斑不显。体毛长而尖；腹部背片 8 只 1 对毛，毛长为触角节 3 直径的 1.10 倍；头顶及腹部背片 1 毛均为触角节 3 直径的 1.10–1.20 倍。中额平顶，额瘤微显。触角与体长约相等，节 3 长 0.27 mm，节 1–6 长度比例为：22：18：100：69：75：37+164；节 1、2 光滑，其他节有微瓦纹或明显瓦纹；触角节 1–6 毛数分别为：5 或 6、4、5、2–5、2 或 3、2 或 3+2 或 3 根，节 3 毛长为该节直径的 0.62 倍。喙粗短，稍超过前足基节，节 4+5 三角形，长与基宽约相等，为后足跗节 2 长的 0.88 倍。足光滑，后足股节为触角节 3 长的 1.10 倍；后足胫节为体长的 0.50 倍；跗节 1 毛序：3，3，2。前后翅脉正常有昙。腹管短筒形，为体长的 0.10 倍，稍长于尾片，有小刺突瓦纹，缘突不甚明显，切迹明显。尾片圆锥形，基部宽大，中部渐细，顶钝圆，长与基宽相等，有长曲毛 5 根。尾板末端平直，呈方块状，有毛 10–13 根。生殖板骨化，呈肾形，有长毛 14–16 根。其他特征与无翅孤雌蚜相似。

生物学：寄主植物为竹类，在叶反面为害。

分布：浙江（临安、泰顺）、湖南、台湾、广东、云南；朝鲜，日本，马来西亚，印度尼西亚，埃及，高加索，美国（夏威夷）。

（570）高粱蚜 *Melanaphis sacchari* (Zehntner, 1897)（图 7-81）

Aphis sacchari Zehntner, 1897: 551.

Melanaphis sacchari: Robinson, 1972: 605.

主要特征：

无翅孤雌蚜　体宽卵圆形，体长 1.80 mm，体宽 1.00 mm。活体黄色。玻片标本淡色，触角、喙、足大体淡色；触角节 5 端部 1/2 及节 6、喙节 4+5 顶端、跗节黑色；胫节端部 1/5–1/3 灰黑色；腹管、尾片及尾板黑色，生殖板灰色。腹部背片 8 有中横带，有时后胸或腹部背片 7 亦有横带，其他节偶有斑，各带、斑灰黑色。体表光滑，腹管后几节有瓦纹。前胸、腹部节 1、节 7 有馒状缘瘤，宽大于高。气门圆形开放，气门片稍骨化灰色。节间斑明显灰黑色。中胸腹岔无柄或两臂分离，基宽为臂长的 1.80 倍。体背毛短尖，腹面多毛，横排为 2 列；头部有头顶毛 2 对，头背毛 6 根；腹部背片 1–7 各有中、侧毛 1 对、缘毛 1 对，偶有 2 对；背片 8 仅有毛 1 对；腹部背片 1 毛长、背片 8 毛长分别为触角节 3 直径的 0.57 倍、0.86 倍。中额稍隆，额瘤不显。触角 6 节，为体长的 0.60 倍；节 3 长 0.23 mm，节 1–6 长度比例为：29：23：100：87：70：31+139；触角毛短，节 1–6 毛数分别为：5、5、3 或 4、3 或 4、3、3+1 根，节 3 毛长为该节直径的 0.33 倍。喙粗短，端部超过前足基节，节 4+5 长为基宽的 1.10 倍或相等，为后足跗节 2 长的 0.85 倍；后足股节约等于触角节 3、4 之和；后足胫节为体长的 0.35 倍，毛长为该节直径的 0.82 倍；跗节 1 毛序：3，3，2。腹管圆筒形，有瓦纹、缘突和切迹；长 0.12 mm，为基宽的 2.10 倍，为尾片的 0.82 倍。尾片圆锥形，中部明显收缩，有微刺构成的瓦纹，有长曲毛 8–16 根。尾板末端圆形，有毛 14–28 根。生殖板有长毛 16–23 根。

有翅孤雌蚜　体长卵形，体长 2.00 mm，体宽 0.89 mm。活体腹部黄色。玻片标本头部、胸部黑色，腹部淡色，有黑色斑纹。触角、喙、足大体黑色；触角节 3 基部 1/5、喙节 1–2、胫节基部 1/4 淡色。腹部背片 1–4、7 有大缘斑，腹部背片 2、3 缘斑最大，各节有背中横带，以腹部背片 4、5 横带最宽大，向两端逐渐缩短，各带有时中断，有时个别几节背中斑相连，腹部背片 7 横带与缘斑断续相连。缘瘤骨化深色，有时腹部节 3、4 亦有分布。气门片、节间斑黑色。中额稍隆，额瘤显著外倾。触角 6 节，为体长的 0.65 倍；节 3 长 0.28 mm，节 1–6 长度比例为：26：22：100：75：68：35+125；节 3 有圆形次生感觉圈 8–13 个，分布全节，排成不整齐一行，有 1 或 2 个位于行外。后足股节与触角节 4、5 之和等长；后足胫节为体长的 0.39 倍，毛长为该节直径的 0.56 倍。翅脉黑色，各脉稍显镶边。腹管圆筒形，为基宽的 2.40 倍，端部稍有收缩。尾片有毛 5–9 根。尾板有毛 8–14 根。其他特征与无翅孤雌蚜相似。

生物学：原生寄主植物为荻（荻草），次生寄主植物为高粱和甘蔗。

分布：浙江（临安、泰顺）、黑龙江、吉林、辽宁、内蒙古、北京、河北、山东、河南、陕西、江苏、安徽、湖北、湖南、台湾、广东、四川、云南；朝鲜，韩国，日本，印度，泰国，菲律宾，马来西亚，印度尼西亚，美国，大洋洲，非洲。

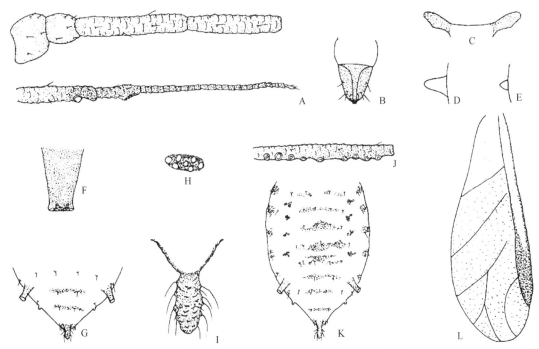

图 7-81　高粱蚜 *Melanaphis sacchari* (Zehntner, 1897)

无翅孤雌蚜：A. 触角；B. 喙节 4+5；C. 中胸腹岔；D. 前胸缘瘤；E. 腹部缘瘤；F. 腹管；G. 腹部背片 6–8；H. 节间斑；I. 尾片。有翅孤雌蚜：J. 触角节 3；K. 腹部背面观；L. 前翅

318. 缢管蚜属 *Rhopalosiphum* Koch, 1854

Rhopalosiphum Koch, 1854: 23. Type species: *Aphis nymphaeae* Linnaeus, 1761.

主要特征：额瘤微隆；触角5或6节，短于体长，末节鞭部长为基部的2.00–5.50倍，有翅孤雌蚜触角节3有次生感觉圈，节4和5也常有。缘瘤位于前胸及腹部节1和7，有时节2–6也有。无翅孤雌蚜腹部仅背片8有骨化带。体被由成排的小突起构成网纹，每个网纹中央有数个小突起，偶尔只有1个小突起。腹管长于尾片，常略弯曲，有明显缘突。尾片指状或舌状，有毛4–11根。有翅孤雌蚜前翅中脉2分叉，偶尔1分叉。

分布：世界广布。世界已知17种，中国记录7种，浙江分布3种。

分种检索表

无翅孤雌蚜

1. 腹部背片8有毛至少4根 ··红腹缢管蚜 *R. rufiabdominale*
- 腹部背片8有毛2或3根 ··· 2
2. 腹管长为尾片的2.40倍；跗节1毛序：3, 3, 3 ·······································莲缢管蚜 *R. nymphaeae*
- 腹管长度不超过尾片的2.00倍；跗节1毛序：3, 3, 2 ·······························禾谷缢管蚜 *R. padi*

（571）莲缢管蚜 *Rhopalosiphum nymphaeae* (Linnaeus, 1761)（图7-82）

Aphis nymphaeae Linnaeus, 1761: 260.

Rhopalosiphum nymphaeae: Koch, 1854: 26.

主要特征：

无翅孤雌蚜　体卵圆形，体长2.50 mm，体宽1.60 mm。活体褐色、褐绿色至黑褐色，被薄粉。玻片标本体全骨化，头部、胸部、腹部灰黑色，各节节间淡色。体背粗糙，头部顶端有小圆形突起，其他部分有褶曲纹；胸部、腹部背面有小圆珠纹连成的网状，腹部背片7、8及腹部腹面有小刺突横纹，足股节有成排卵形纹。前胸、腹部节1、节7各有馒状缘瘤1对，节1缘瘤最大，节7缘瘤最小。气门圆形关闭，气门片稍骨化。节间斑显著。中胸腹岔无柄。体毛短，稍尖；头部有背毛10根；前胸背板有中、侧、缘毛各2根；中胸背板有中毛4根，侧、缘毛各2根；后胸背板有中、侧、缘毛各2根；腹部背片1–7各有中毛2根，缘毛2根；背片8仅有长毛2根；背片1–5毛短，长为背片6、7中毛的0.50倍；腹部腹面毛长为背毛的2.00–3.00倍；头顶毛、腹部背片1毛、背片8毛长分别为触角节3直径的0.81倍、0.76倍、0.92倍。中额隆起，额瘤隆起，外倾，头顶呈"W"形。触角6节，有瓦纹，为体长的0.63倍；节3长0.35 mm，节1–6长度比例为：22：18：100：79：63：34+116；触角毛短，尖锐，节1–6毛数分别为：3–5、3–5、4或5、3–5、3或4、2或3+3–5根；节3毛长为该节直径的0.41倍。喙粗，端部达后足基节，节4+5为基宽的2.40倍，为后足跗节2的1.20倍，有原生长刚毛4根，次生短刚毛2根。后足股节长为触角节3、4之和的1.10倍；后足胫节长为体长的0.43倍，后足胫节中部稍显粗大，端部渐细，毛长为该节中宽的0.82倍，为端宽的1.10倍；跗节1毛序：3, 3, 3。腹管缢管状，中部收缩，端部膨大，顶端收缩；光滑、无瓦纹，有缘突和切迹；为体长的0.19倍，为中宽的9.00倍，为端宽的7.10倍，为尾片的2.40倍。尾片长锥形，中部收缩，顶端钝，有小圆刺突构成横纹，有长毛4或5根。尾板末端半圆形，有长曲毛10–14根。生殖板骨化，有长短毛16–18根。

有翅孤雌蚜　体长卵形，体长2.30 mm，体宽1.00 mm。活体头部、胸部黑色，腹部褐色、褐绿色至黑褐色。玻片标本头部、胸部全黑色，腹部稍显骨化淡色，有斑纹。触角、喙、足大部分（股节基部骨化淡色)、尾片、尾板及生殖板黑色；腹管膨大部黑色，基部 1/2 骨化淡色。腹部背片 1–7 各有圆形缘斑，背片 1、7 缘斑小，腹管前、后斑愈合；背片 8 有长圆形横带 1 个。头部光滑稍显褶曲纹，胸部侧域有网斑蜡腺状纹，腹部有缘斑，腹部背片 7、8 有瓦纹。气门圆形关闭，气门片骨化。节间斑明显，灰褐色。体毛稍短，尖锐；头部有背毛 14 根，包括头顶毛 6 根，中域毛 2 根，后部毛 6 根；中胸背板有毛 14 根，后胸背板有毛 4 根；腹部背片 1–6 各有中侧毛 4 根，腹部背片 7、8 各有毛 2 根，背片 1–7 缘毛数分别为：1、4、4、2、2、2、1 对；头顶毛、腹部背片 1 毛、背片 8 毛长分别为触角节 3 直径的 0.94 倍、1.10 倍、1.20 倍。触角长 1.60 mm，节 1–6 长度比例为：18∶16∶100∶66∶61∶32+125；节 3 有大小圆形次生感觉圈 21–23 个，分布于全节，节 4 有 0–4 个，分布于中部，两缘刺突呈锯齿状。喙长，端部超过后足基节。翅脉正常。腹管缢管形，端部 1/2 膨大，基部向中部渐细，顶端收缩，膨大部分较光滑，基部有瓦纹，两缘有微刺突，有缘突和切迹。其他特征与无翅孤雌蚜相似。

生物学：原生寄主为桃、扁桃、榆叶梅、樱桃、李、红叶李、杏、梅和东京樱花等；次生寄主为莲、睡莲、慈姑、香蒲、川泽泻和眼子菜及各种水生植物。

分布：浙江（临安）、吉林、辽宁、北京、河北、山东、宁夏、江苏、上海、江西、福建、台湾、广东；俄罗斯，朝鲜，韩国，日本，印度，印度尼西亚，欧洲，加拿大，美国，新西兰，非洲，南美。

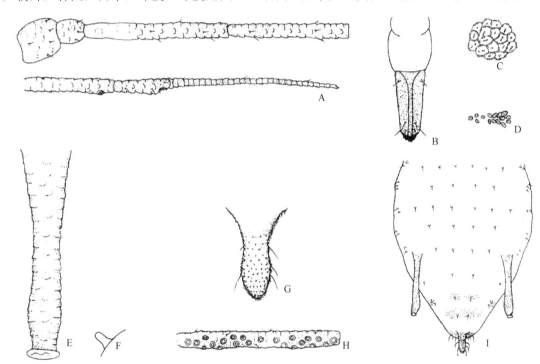

图 7-82　莲缢管蚜 *Rhopalosiphum nymphaeae* (Linnaeus, 1761)

无翅孤雌蚜：A. 触角；B. 喙节 4+5；C. 体背网纹；D. 节间斑；E. 腹管；F. 缘瘤；G. 尾片．有翅孤雌蚜：H. 触角节 3；I. 腹部背面观

（572）禾谷缢管蚜 *Rhopalosiphum padi* (Linnaeus, 1758)（图 7-83）

Aphis padi Linnaeus, 1758: 451.

Rhopalosiphum padi: Bozhko, 1950: 176.

主要特征：

无翅孤雌蚜　体宽卵形，体长 1.90 mm，体宽 1.10 mm。活体橄榄绿色至黑绿色，杂以黄绿色纹，常被薄粉。腹管基部周围常有淡褐色或锈色斑，透过腹部后部体表可见到小脂肪球样结构。玻片标本淡色；触角黑色，节 1、2 及节 3 基部 1/4 淡色；喙节 4+5 端部、胫节端部 1/4 及跗节灰黑色；腹管灰黑色，顶端黑色；尾片及尾板灰黑色；喙及足大部淡色。体表网纹明显；头部光滑，前头部有曲纹。前胸、腹部节 1、节 7 有小型指状缘瘤，高大于宽，其他节偶有。气门圆形开放，气门片黄褐色。中胸腹岔无柄。体背毛钝顶，头部背面有毛 10 根；前、中、后胸背板各有中毛 2、8、6 根，缘毛 2 根；腹部背片 1–7 各有中毛 4–6 根，背片 8 有中毛 2 或 3 根；背片 1 有缘毛 2 根，背片 2–7 各有缘毛 4 根，背片 8 无缘毛；头顶毛、腹部背片 1 毛、背片 8 毛长分别为触角节 3 直径的 0.73 倍、0.65 倍、1.40 倍。中额隆起，额瘤隆起高于中额。触角 6 节，有瓦纹，为体长的 0.70 倍；节 3 长 0.35 mm，节 1–6 长度比例为：17：15：100：57：48：27+110；触角毛短，尖锐，节 1–6 毛数分别为：4 或 5、4、9–11、4–6、4–6、4+3 根，节 3 毛长约为该节直径的 0.54 倍。喙粗壮，端部超过中足基节，节 4+5 约为基宽的 2.00 倍，与后足跗节 2 约等长。后足股节长约为触角节 3 的 1.40 倍，后足胫节长约为体长的 0.42 倍，后足胫节毛长约为该节直径的 0.80 倍；跗节 1 毛序为 3，3，2。腹管长圆筒形，顶部收缩，有瓦纹，缘突明显，无切迹；为体长的 0.14 倍，为尾片的 1.70 倍，为触角节 3 的 0.74 倍。尾片长圆锥形，中部收缩，有微刺构成的瓦纹，有曲毛 4 根。尾板末端圆形，有长毛 9–12 根。生殖板有短毛 13–17 根。

有翅孤雌蚜　体长卵形，体长 2.10 mm，体宽 1.10 mm。活体头部、胸部黑色，腹部绿色至深绿色。玻片标本头部、胸部黑色，腹部淡色，有灰黑色至黑色斑纹。喙节 3 及节 4+5、腹管黑色。腹部背片 2–4 有大型缘斑，腹管后斑大，围绕腹管向前延伸，与小型腹管前斑相合；背片 7 缘斑小，背片 7、8 背中各有 1 个横带。节间斑灰黑色。触角 6 节，节 1–6 长度比例为：19：14：100：57：48：27+117；节 3 有小圆形至长圆形次生感觉圈 19–28 个，分散于全长；节 4 有次生感觉圈 2–7 个。其他特征与无翅孤雌蚜相似。

生物学：原生寄主为杏、桃、榆叶梅、稠李（臭李子）、李、山荆子（山定子）、山楂和梨树等；次生寄主为玉蜀黍（玉米）、高粱、普通小麦、大麦、燕麦、黑麦、雀麦、稻、狗牙根、马唐（止血马唐）、羊茅、黑麦草、芦竹、三毛草、香蒲和高莎草等禾本科、莎草科和香蒲科植物，此外还有藿香蓟、灯台树、大丽花、胡桃、萝藦、芦苇、玫瑰、白芥（白芥子）、榆等。

分布：浙江（泰顺）、吉林、辽宁、内蒙古、中国广布；俄罗斯，蒙古，朝鲜，韩国，日本，约旦，欧洲，加拿大，美国，新西兰，埃及。

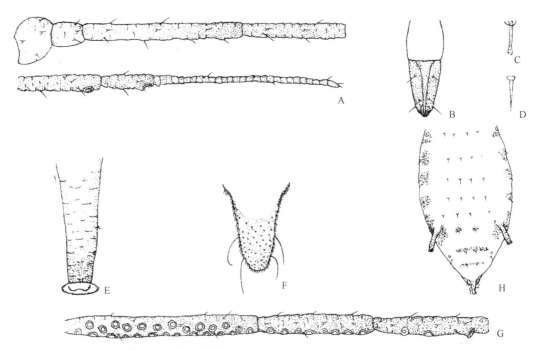

图 7-83　禾谷缢管蚜 *Rhopalosiphum padi* (Linnaeus, 1758)

无翅孤雌蚜：A. 触角；B. 喙节 4+5；C. 体背毛；D. 足毛；E. 腹管；F. 尾片。有翅孤雌蚜：G. 触角节 3–5；H. 腹部背面观

（573）红腹缢管蚜 *Rhopalosiphum rufiabdominale* (Sasaki, 1899)（图 7-84）

Toxoptera rufiabdominalis Sasaki, 1899: 202.

Rhopalosiphum rufiabdominale: Doncaster, 1956: 742.

主要特征：

无翅孤雌蚜　体宽卵形，体长 1.80 mm，体宽 1.10 mm；橄榄绿色或橘黄绿色，腹管基部附近及腹管间红色或橘红色。玻片标本头部黑色，胸部及腹部稍骨化，无斑纹。触角、喙节 3 至端部、足、腹管、尾片、尾板及生殖板黑色。体表粗糙，头部有瓦纹，胸部、腹部有明显不规则五边形网纹；头顶有圆形小突起，体缘有整齐小钝刺突起；腹部腹面有小刺突横纹。前胸、腹部节 1、节 7 有骨化缘瘤，长宽约相等；前胸缘瘤三角形，顶端指状；腹部缘瘤馒状。气门圆形开放，气门片骨化灰黑色。节间斑不显。中胸腹岔有短柄。体背毛粗长尖锐，背毛长为腹面毛的 1.20 倍；头部背面有毛 12 根，包括头顶中额毛 4 根，两侧毛各 1 根，中域毛 2 根，后部毛 4 根；前胸背板有中、侧、缘毛各 2 根，中胸背板有中侧毛 15 根，缘毛 4 根，后胸背板有中侧毛 8 根，缘毛 4 根；腹部背片 1–4 各有中侧毛 10 或 11 根，背片 5–8 各有中侧毛 4 或 5 根，背片 1–8 缘毛数分别为：2、6、4、6、6、6、4、4 根；头部毛、腹部背片 1 毛、背片 8 毛长分别为触角节 3 直径的 2.50 倍、2.80 倍、3.00 倍。中额显著隆起，稍高于微隆起的额瘤。触角 5 节，各节有明显隆起瓦纹，全长为体长的 0.54 倍；节 3 长 0.25 mm，节 1–5 长度比例为：27：22：100：40：30+168；触角毛粗长，节 1–5 毛数分别为：7、4、11、3、2+2 根，节 4、5 基部毛长于节 3 毛，鞭部毛甚短，节 3 毛长为该节直径的 3.00 倍。喙粗长，端部达后足基节，节 4+5 长为基宽的 2.00 倍，为后足跗节 2 长的 1.40 倍。足股节有明显卵圆形纹，后足股节与触角节 1–4 之和等长；后足胫节长为体长的 0.45 倍，毛长为该节中宽的 2.20 倍；跗节 1 毛序：3，3，2。腹管长圆筒形，端部收缩，有瓦纹、明显缘突和切迹，长为体长的 0.17 倍，为尾片的 2.50 倍。尾片圆锥形，基部 1/2 淡色，中部向端部逐渐细尖骨化，有小刺突横纹，有长毛 4 根。尾板圆形，有长毛 16 根。生殖板馒形，有小刺突横纹，有长毛 18 根，包括前部毛 2 根。

有翅孤雌蚜　体宽卵圆形，体长 1.80 mm，体宽 0.91 mm。活体头部、胸部黑色，腹部黄绿色或橄榄绿色，有黑斑。玻片标本头部、胸部漆黑色，腹部淡色，有黑色斑纹。触角、喙、足（股节基部及胫节中部淡色）漆黑色，腹管、尾片、尾板、生殖板黑色。腹部背片 1、4、5 有断续分散中斑，腹部背片 6 中斑与腹管后斑偶有相接；腹管后斑大于前斑，互相融合；背片 1 有小缘斑，背片 2–4 各有大型缘斑；背片 7、8 各有横带横贯全节。体表光滑，缘斑及中斑有明显瓦状纹。前胸和腹部节 1、7 有平顶馒状缘瘤。气门圆形开放，气门片隆起黑色。头部、胸部、腹部各节间有黑褐色节间斑 1 对或 2 对。体毛较长，尖锐，腹部背面毛长为腹面毛的 1.00–1.40 倍；头部有毛 12 根，包括中额毛 4 根，两侧毛各 1 根，中域毛 2 根，后部毛 4 根；前胸背板有中、侧、缘毛各 2 根；中胸背板有中、侧毛 24 根，缘毛 8 根；后胸背板有中、侧毛 8 根；腹部背片 1–3、5–7 各有中侧毛 8–10 根，背片 4 有中侧毛 12 或 13 根，背片 1 有缘毛 4 根，背片 2–7 各有缘毛 8–12 根；背片 8 有长毛 5 或 6 根；头顶毛、腹部背片 1 毛、背片 8 毛长分别为触角节 3 直径的 0.98 倍、0.82 倍、1.60 倍。中额隆起，额瘤隆起外倾。触角 5 或 6 节，有瓦纹，全长为体长的 0.77 倍；节 3 长 0.30 mm，节 1–6 长度比例为：20：19：100：56：51：28+141；节 1–6 毛数分别为：5、5、8–10、3 或 4、3–5、2 或 3+4 根，节 5、6 基部各有 1 根长毛，节 3 毛长为该节直径的 0.80 倍；节 3–5 各有大小圆形次生感觉圈 15–26、6–12、2–6 个，分布于各节全长。喙端部达后足基节（触角 5 节的个体喙端部达中足基节），节 4+5 长为基宽的 2.40 倍，为后足跗节 2 长的 1.30 倍，有刚毛 3 对。中足股节短，长为前足股节的 0.78 倍，后足股节较触角节 3、4 之和稍长或等长；后足胫节长为体长的 0.56 倍，后足胫节毛长为该节中宽的 0.91 倍；跗节 1 毛序：3，3，2。翅脉正常。腹管长圆筒形，基部及端顶收缩，端部稍有膨大，收缩部为膨大部的 0.77 倍，有瓦纹及明显缘突和切迹；长为体长的 0.31 倍，为尾片的 2.40 倍。尾片短锥状，有小刺突组成横纹，有长曲毛 4 或 5 根。尾板末端圆形，有长毛 9–16 根。生殖板骨化、圆形，有毛 19 或 20 根，包括前部毛 1 对。

生物学：原生寄主为桃、杏、梅、榆叶梅、李和欧李等；次生寄主为普通小麦、大麦、芦苇、芦竹、狗牙根和莎草等。春季在原生寄主植物嫩梢及幼叶背面为害，夏季迁移到次生寄主植物根部为害。

分布：浙江（临安）、吉林、辽宁、北京、河北、陕西、新疆、湖南、福建、台湾；朝鲜，韩国，日本，中东，加拿大，美国，北非，东非，南美。

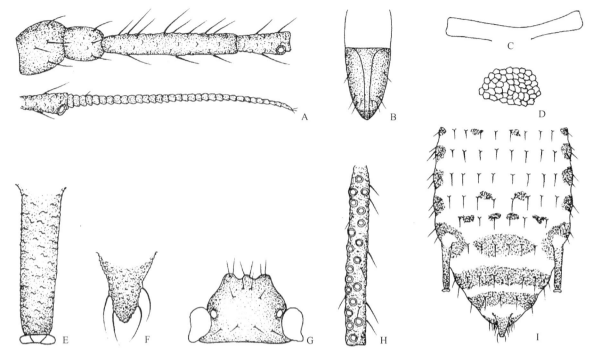

图 7-84　红腹缢管蚜 *Rhopalosiphum rufiabdominale* (Sasaki, 1899)

无翅孤雌蚜：A. 触角；B. 喙节 4+5；C. 中胸腹岔；D. 体背网纹；E. 腹管；F. 尾片。有翅孤雌蚜：G. 头部背面观；H. 触角节 3；I. 腹部背面观

319. 二叉蚜属 *Schizaphis* Börner, 1931

Schizaphis Börner, 1931: 10. Type species: *Aphis graminum* Rondani, 1852 = *Schizaphis graminum* (Rondani, 1852).

主要特征：头部有明显但较浅的中额，额瘤明显。触角 5 或 6 节，短于体长。喙节 4+5 通常有次生毛 2 根。缘瘤有或缺。腹管圆筒形，基半部不膨大，端部之前不缢缩，缘突有或缺。尾片指状或舌状。体表网纹由细而不均匀似乎有齿的线条组成。前翅中脉仅 1 分叉。

分布：世界广布。世界已知 43 种，中国记录 6 种，浙江分布 1 种。

（574）麦二叉蚜 *Schizaphis graminum* (Rondani, 1852)（图 7-85）

Aphis graminum Rondani, 1852: 10.

Schizaphis graminum: Börner, 1931: 10.

主要特征：

无翅孤雌蚜　体卵圆形，体长 2.00 mm，体宽 1.00 mm。活体淡绿色，背中线深绿色。玻片标本淡色，无斑纹。触角黑色，节 1、2 及节 3 基半部淡色；喙淡色，节 3 及节 4+5 灰黑色；足淡色至灰色，胫节端部 1/5 灰黑色，跗节黑色；腹管淡色，顶端黑色；尾片及尾板灰褐色。头部、胸部、腹部背面光滑，头部前方有瓦纹，腹部背片 6–8 有模糊瓦纹。前胸和腹部节 1、7 有乳头状缘瘤，高与宽约相等，高度大于缘毛长度。气门长圆形开放，气门片淡色。节间斑不显。中胸腹岔有短柄。体背有细短尖毛，头部有背毛 10 根；前胸背板有中侧毛 2 根，中胸背板有中侧毛 4 根，后胸背板有中侧毛 6 根，各节有缘毛 2 对；腹部背片 1–8 各有背中侧毛：10、4、2、2、4、4、4、2 根；背片 1–7 各有缘毛 1 对或 2 对，背片 6–8 有时缺缘毛；头顶毛、腹部背片 1 缘毛、背片 8 毛长分别为触角节 3 直径的 0.40 倍、0.28 倍、0.84 倍。中额稍隆起，额瘤稍高于中额。触角 6 节，有瓦纹，为体长的 0.66 倍；节 3 长 0.26 mm，节 1–6 长度比例为：22：21：100：70：

73：43+137；节 1–6 毛数分别为：4 或 5、4–6、7、3 或 4、2 或 3、2 或 3+2 根。喙端部超过中足基节，节 4+5 粗短，长为基宽的 1.60 倍，为后足跗节 2 长的 0.79 倍，有原生刚毛 2 对，次生刚毛 2 对。后足股节约与触角节 1–3 之和等长；后足胫节为体长的 0.37 倍，后足胫节毛长为该节直径的 0.67 倍；跗节 1 毛序：3，3，2。腹管长圆筒形，表面光滑，稍有缘突和切迹，为体长的 0.16 倍，为尾片的 1.80 倍，为触角节 3 长的 1.20 倍。尾片长圆锥形，中部稍收缩，有微弱小刺瓦纹，长为基宽的 1.50 倍，有长毛 5 或 6 根。尾板末端圆形，有毛 8–19 根。

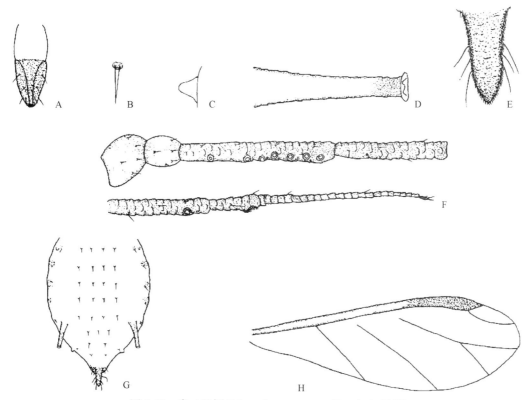

图 7-85　麦二叉蚜 Schizaphis graminum (Rondani, 1852)

无翅孤雌蚜：A. 喙节 4+5；B. 体背毛；C. 腹部缘瘤；D. 腹管；E. 尾片。有翅孤雌蚜：F. 触角；G. 腹部背面观；H. 前翅

有翅孤雌蚜　体长卵形，体长 1.80 mm，体宽 0.73 mm。玻片标本头部、胸部黑色，腹部淡色，有灰褐色微弱斑纹。触角节 1、2 及节 3 基部 1/6、足、缘斑、气门片及缘瘤灰黑色，触角其他部分、胫节端部 1/6–1/5 及跗节黑色。腹部背片 2–4 缘斑甚小。触角 6 节，为体长的 0.77 倍；节 3 长 0.32 mm，节 1–6 长度比例为：25：20：100：68：65：38+110；节 3 有小圆形次生感觉圈 4–10 个，一般有 5–7 个，分布于全长，在外缘排成一行。腹管稍有瓦纹。前翅中脉 1 分叉。其他特征与无翅孤雌蚜相似。

生物学：寄主植物为大麦、普通小麦、燕麦、黑麦、雀麦、高粱、稻、粟、狗牙根、狗尾草、画眉草和莎草等禾本科和莎草科植物。

分布：浙江（临安）、黑龙江、辽宁、内蒙古、北京、河北、山西、山东、河南、陕西、宁夏、甘肃、新疆、江苏、福建、台湾、云南；俄罗斯，蒙古，朝鲜，日本，中亚，印度，地中海地区，加拿大，美国，北非，东非，南美。

长管蚜族 Macrosiphini

主要特征：气门肾形或圆形，腹部节 1、2 气门间距通常短于气门直径的 3.00 倍，短于腹部节 2、3 气门间距的 0.50 倍。腹部节 2–5 通常有缘瘤，但很少位于节 1、7，即使有也小于节 2–5 缘瘤（与蚜亚科相反）。额瘤通常存在，大多显著。触角短于或长于体长，在有些属中非常长；触角鞭部在有些属中长于末节基部数倍。跗节 1 毛序：2，3，4（5 或 6）。腹管中等长度或较长，长筒形或膨大，常有网纹；在有些属中腹管退化为截断形甚至孔环形。无翅孤雌蚜触角有或无次生感觉圈。该亚科是蚜虫类中属数最多的 1 个亚科。

生物学：寄主植物多样性非常高，涉及许多亲缘关系很远的植物类群，如苔藓类、松柏类等，但大部分寄主为被子植物。营异寄主全周期生活的类群通常以木本植物为原生寄主，草本植物为次生寄主。大多数原生寄主为蔷薇科植物，个别类群的原生寄主为杨柳科（如二尾蚜属 *Cavariella*）、胡颓子科（如钉毛蚜属 *Capitophorus*）等。营同寄主全周期生活的类群可分别寄生于木本植物和草本植物，即相当于异寄主全周期型的原生寄主或次生寄主。

分布：大部分物种分布在全北区。世界已知 208 属近 2000 种，中国记录 105 属 365 种，浙江分布 22 属 37 种。

分属检索表

1. 腹管端部有明显网纹 ······ 2
- 腹管端部无网纹或有微弱网纹（网纹不明显或不完全）······ 4
2. 腹管端部网纹至少覆盖腹管全长的 1/3，腹管常比尾片短或与尾片等长 ······ 小长管蚜属 *Macrosiphoniella*
- 腹管端部网纹至多覆盖腹管全长的 1/3，腹管常明显长于尾片 ······ 3
3. 腹部背毛无毛基斑 ······ 谷网蚜属 *Sitobion*
- 腹部背毛有毛基斑 ······ 指网管蚜属 *Uroleucon*
4. 尾片指状、舌状、三角形、宽圆形、五边形等，一般不长于基宽的 1.50 倍 ······ 5
- 尾长长锥形、长舌形等，一般长于基宽的 1.50 倍 ······ 9
5. 无翅孤雌蚜触角节 3 无次生感觉圈 ······ 6
- 无翅孤雌蚜触角节 3 有次生感觉圈 ······ 8
6. 额瘤不显，腹管光滑，端部有明显缺刻 ······ 短尾蚜属 *Brachycaudus*
- 额瘤指状，腹管有瓦纹或皱曲纹，端部无缺刻 ······ 7
7. 腹管具毛，跗节正常 ······ 皱背蚜属 *Trichosiphonaphis*
- 腹管无毛，跗节退化，无爪 ······ 无爪长管蚜属 *Shinjia*
8. 体背无骨化，体背毛头状斑 ······ 隐瘤蚜属 *Cryptomyzus*
- 体背部分骨化，体背毛短而端部稍钝 ······ 台湾瘤蚜属 *Taiwanomyzus*
9. 无翅孤雌蚜触角节 3 无次生感觉圈或有无难以断定 ······ 10
- 无翅孤雌蚜触角节 3 有次生感觉圈 ······ 18
10. 每侧额瘤上有 1 个显著长指状突起或额瘤呈指状 ······ 疣蚜属 *Phorodon*
- 每侧额瘤上无长指状突起，额瘤也不呈指状 ······ 11
11. 额瘤不发达；中额显著隆起，高于额瘤 ······ 二尾蚜属 *Cavariella*
- 额瘤发达或微隆；中额即使隆起，也不高于额瘤 ······ 12
12. 体背有头状毛或钉状毛 ······ 钉毛蚜属 *Capitophorus*
- 体毛即使钝，也非头状或钉状 ······ 13
13. 腹管明显膨大 ······ 囊管蚜属 *Rhopalosiphoninus*
- 腹管不膨大或稍膨大 ······ 14
14. 腹管短筒形，腹管长度常小于基宽的 2.00 倍 ······ 半蚜属 *Semiaphis*
- 腹管长管状，腹管长度常大于基宽的 2.00 倍 ······ 15
15. 头部平滑或不粗糙 ······ 16
- 头部粗糙 ······ 17
16. 无翅孤雌蚜尾片三角形，端部钝 ······ 十蚜属 *Lipaphis*

- 无翅孤雌蚜尾片圆锥形，非三角形··圆瘤蚜属 *Ovatus*
17. 腹管上无刚毛···瘤蚜属 *Myzus*
- 腹管上常有刚毛···瘤头蚜属 *Tuberocephalus*
18. 头部背面或中额及额瘤粗糙··19
- 头部背面及中额、额瘤光滑或有微刺···20
19. 无翅孤雌蚜触角节 3 基部有 0–6 个次生感觉圈；有翅孤雌蚜触角节 4 无次生感觉圈；若蚜后足胫节通常无刺突··········
　···粗额蚜属 *Aulacorthum*
- 无翅孤雌蚜触角节 3 基部有 0–3 个次生感觉圈；有翅孤雌蚜触角节 4 有时有次生感觉圈；若蚜后足胫节有刺突··········
　··新瘤蚜属 *Neomyzus*
20. 腹管稍膨大；无翅孤雌蚜触角节 4 有次生感觉圈·································超瘤蚜属 *Hyperomyzus*
- 腹管不膨大或偶尔膨大；无翅孤雌蚜触角节 4 无次生感觉圈······································21
21. 腹管一般向端部不变细···无网长管蚜属 *Acyrthosiphon*
- 腹管向端部（在近缘突处）变细···小微网蚜属 *Microlophium*

320. 无网长管蚜属 *Acyrthosiphon* Mordvilko, 1914

Acyrthosiphon Mordvilko, 1914: 62, 75. Type species: *Aphis pisi* Kaltenbach, 1843 = *Acyrthosiphon pisum pisum* (Harris, 1776).

主要特征：头顶光滑，额瘤显著，若较低，也高于中额。无翅孤雌蚜触角节 3 有次生感觉圈，有翅孤雌蚜仅触角节 3 有次生感觉圈。喙节 4+5 钝。体背毛稀疏，顶端非漏斗形，长度短于触角节 3 直径。前胸背板有 2 根或多根不规则排列的中毛。腹部背面膜质，无网纹。腹管筒形，有时稍膨大，无网纹。腹管前斑不显。尾片一般圆锥形或舌形。触角、足、腹管、尾片均较长。

分布：世界广布。世界已知 70 种，中国记录 19 种，浙江分布 2 种。

（575）苜蓿无网蚜 *Acyrthosiphon kondoi* Shinji, 1938（图 7-86）

Acyrthosiphon kondoi Shinji, 1938b: 65.

主要特征：

无翅孤雌蚜　体椭圆形，体长 3.68 mm，体宽 1.65 mm。活体绿色。玻片标本淡色，无斑纹。触角节 1、节 3–4 端部、节 5–6 黑褐色；喙淡色，节 4+5 褐色，顶端黑色；足淡色，跗节黑色；腹管淡褐色，顶端黑褐色；尾片、尾板及生殖板淡色。头部、前、中胸背板及腹部背片 7、8 有横瓦纹，后胸背板及腹部背片 1–6 有不规则形网纹。气门关闭，气门片淡色。无节间斑。中胸腹岔有短柄，淡色，两缘褐色，横长 0.34 mm，为触角节 4 的 0.37 倍。体背毛粗短，钝顶，呈短棒状。头部有中额毛 1 对，额瘤毛 2 对或 3 对，有时 4 对，头背毛 4 对；前胸背板有中、侧、缘毛各 1 对，中毛有时 2 对；腹部背片 1–7 各有中毛 2 对，背片 1–5 各有缘毛 2 对或 3 对，背片 8 有毛 3–5 根。头顶毛长 0.03 mm，为触角节 3 最宽直径的 0.64 倍，腹部背片 1–6 毛长 0.008–0.012 mm，背片 7、8 毛长 0.03 mm。中额平，额瘤隆起外倾。触角 6 节，细长，有瓦纹，为体长的 0.96 倍；节 3 长 0.92 mm，节 1–6 长度比例为：15∶10∶100∶81∶65∶19+94；节 1–6 毛数分别为：6–8、4、22–26、15–18、11–15、3 或 4+5–7 根；节 3 长毛长 0.09 mm，为该节最宽直径的 0.20 倍；节 3 有小圆形次生感觉圈 3–12 个，有时 1 个，分布于基部。喙端部达中足基节，节 4+5 尖楔形，为基宽的 1.60 倍，为后足跗节 2 长的 0.89 倍，有原生毛 3 对，次生毛 3 对或 4 对。足股节有瓦纹，基部有小圆纹 4 或 5 个；胫节光滑，毛钝顶；后足胫节为体长的 0.62 倍。腹管为体长的 0.26 倍，为尾片的 2.10 倍，中宽远大于触角节 3 中宽，有缘突和切迹。尾片长锥形，有粗刻点组成横纹，缘域和腹面有粗刺突，有毛 6–9 根。尾板半圆形，有毛 13–21 根。生殖板有短毛 12 根，有前部长毛 1 对。

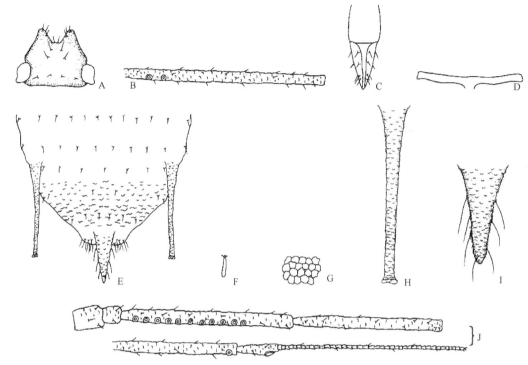

图 7-86　苜蓿无网蚜 *Acyrthosiphon kondoi* Shinji, 1938

无翅孤雌蚜：A. 头部背面观；B. 触角节 3；C. 喙节 4+5；D. 中胸腹岔；E. 腹部背片 4–8；F. 体背毛；G. 体背网纹；H. 腹管；I. 尾片。有翅孤雌蚜：J. 触角

有翅孤雌蚜　体长 3.05 mm，体宽 1.13 mm。活体头部、胸部褐色，前胸背板有 1 对黑褐色斑，腹部绿色。玻片标本头部、胸部黑褐色，腹部淡色，无斑纹。触角节 3 基部淡色，其他部分黑色；喙节 4+5 褐色，顶端黑色；足股节外缘、胫节端部及跗节黑色。体表微有瓦纹。体背毛短，在腹部各节整齐排列 1 行，背片 1–8 毛数分别为：12、22、18、18、12、10、7、8 根，腹部腹面毛粗长，长为背毛的 2.50–3.00 倍。前胸背板有淡色节间斑 1 对。触角 6 节，为体长的 1.10 倍；节 3 长 0.81 mm，节 1–6 长度比例为：15：9：100：85：72：22+107；节 3 有毛 19–25 根；节 3 有小圆形次生感觉圈 6–11 个，分布于基部 2/3。喙端部不达中足基节，节 4+5 有毛 5 对或 6 对。后足股节长 0.97 mm，基部有明显圆纹 5–7 个；后足胫节长 2.05 mm；后足跗节 2 长 0.15 mm。翅脉正常。腹管长管状；尾片长锥状。其他特征与无翅孤雌蚜相似。

生物学：寄主植物为紫苜蓿、野苜蓿（黄花苜蓿）、苜蓿、草木犀、野豌豆，在嫩梢上为害。

分布：浙江（临安）、吉林、辽宁、内蒙古、北京、河北、山西、河南、甘肃、西藏；朝鲜，日本，巴基斯坦，印度，以色列，澳大利亚，美国，非洲。

（576）豌豆蚜 *Acyrthosiphon pisum* (Harris, 1776)（图 7-87）

Aphis pisum Harris, 1776: 66.

Acyrthosiphon pisum: Eastop, 1971: 58.

主要特征：

无翅孤雌蚜　体纺锤形，体长 4.90 mm，体宽 1.80 mm。活体草绿色。玻片标本淡色，触角节 2–4 节间及端部、节 5 端部 1/2 至节 6 黑褐色；喙顶端、足胫节端部及跗节、腹管顶端黑褐色，其他部分与体同色。体表光滑，稍有曲纹，腹管后几节微有瓦纹。气门圆形关闭，气门片稍骨化隆起。节间斑淡色。中胸腹岔一丝相连或有短柄。体背毛粗短，钝顶，淡色；腹面毛长，尖顶，长为背毛的 3.00–5.00 倍；头部有中额毛 1 对，额瘤毛 2 对，头背毛 8–10 根；前胸背板有中、侧毛各 1 对，缺缘毛；中胸背板有毛 20–22 根；后胸背板有毛 8–10 根；腹部毛整齐排列，背片 1–8 毛数分别为：10、14、14、16、12、10、8、8

根；头顶毛、腹部背片 1 缘毛、背片 8 毛长分别为触角节 3 直径的 0.54 倍、0.27 倍、0.39 倍。中额平，额瘤显著外倾，额槽呈窄"U"形，额瘤与中额成钝角。触角 6 节，细长，有瓦纹；约等于或稍短于体长；节 3 长 1.20 mm，节 1–6 长度比例为：19∶10∶100∶71∶68∶24+94；触角毛短，节 1–6 毛数分别为：13–15、5 或 6、38–40、24–27、15–23、5 或 6+12 或 13 根，节 3 毛长为该节直径的 0.29 倍；节 3 基部有小圆形次生感觉圈 3–5 个。喙粗短，端部达中足基节，节 4+5 短锥状，长为基宽的 1.60 倍，为后足跗节 2 长的 0.70 倍；有原生刚毛 3 对，次生刚毛 3 对。足股节及胫端部有微瓦纹；后足股节为触角节 3 的 1.40 倍；后足胫节为体长的 0.65 倍，毛长为该节直径的 0.72 倍；跗节 1 毛序：3，3，3。腹管细长筒形，中宽不大于触角节 3 直径，基部大，有瓦纹，有缘突和切迹；为体长的 0.23 倍，为尾片的 1.60 倍，稍短于触角节 3。尾片长锥形，端尖，有小刺突横纹，有毛 7–13 根。尾板半圆形，有短毛 19 或 20 根。生殖板有粗短毛 20–22 根。

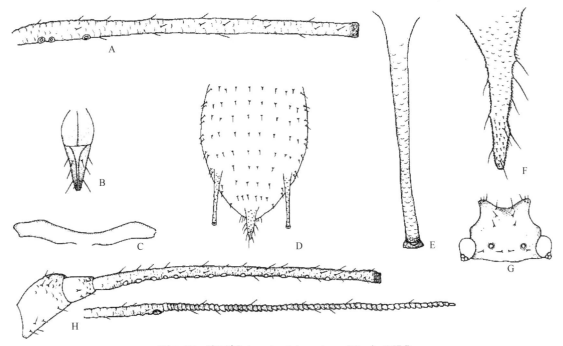

图 7-87　豌豆蚜 *Acyrthosiphon pisum* (Harris, 1776)

无翅孤雌蚜：A. 触角节 3；B. 喙节 4+5；C. 中胸腹岔；D. 腹部背面观；E. 腹管；F. 尾片. 有翅孤雌蚜：G. 头部背面观；H. 触角节 1–3 及 6

有翅孤雌蚜　体长纺锤形，体长 4.10 mm，体宽 1.30 mm。玻片标本头部、胸部稍骨化，腹部淡色。触角 6 节，为体长的 1.10 倍；节 3 长 1.10 mm，节 1–6 长度比例为：18∶10∶100∶80∶65∶22+102；节 3 有小圆形次生感觉圈 14–22 个，分布于基部 2/3，排成一行，有时有数个位于列外。喙端部达前、中足基节之间。翅脉正常。腹管为体长的 0.24 倍。尾片有短毛 8 或 9 根。尾板有毛 16–18 根。其他特征与无翅孤雌蚜相似。

生物学：寄主植物主要是豆科草本植物，如豌豆、蚕豆、野豌豆、苜蓿、斜茎黄耆（沙打旺）、草木犀等，但亦包括少数豆科木本植物。夏季也在荠菜上取食。在北方以卵在豆科草本多年生（或越冬）植物上越冬。第 2 年春季孵化为干母，干母及干雌世代均无翅，第 3 代为迁移蚜，向多种一年生豆科植物转移为害。常寄生于嫩顶部分，无论花、豆荚、幼茎、叶背、叶正面都可为害。遇震动常坠落地面。在温暖的南方，全年可营孤雌生殖，不发生两性世代。天敌有草蛉、食虫蝽、姬猎蝽、二星瓢虫、七星瓢虫、十一星瓢虫、横斑瓢虫、十三星瓢虫、小毛瓢虫、食蚜蝇、蚜茧蜂、蚜小蜂和蚜霉菌等。本种蚜虫是豌豆、蚕豆、苜蓿和苕草的重要害虫。

分布：浙江（临安）、辽宁、北京、河北；俄罗斯，蒙古，加拿大，美国。起源于欧洲和中亚，被传入世界各地。

321. 粗额蚜属 *Aulacorthum* Mordvilko, 1914

Aulacorthum Mordvilko, 1914: 68. Type species: *Aphis solani* Kaltenbach, 1843.

　　主要特征：头顶粗糙，有额瘤，额瘤上无突起。无翅孤雌蚜触角节 3 基部有 0–6 个小圆形次生感觉圈，有翅孤雌蚜触角节 3 次生感觉圈多于 10 个，分布于全长。腹管管状，有缘突，有几行刻纹，无网纹。尾片圆锥形，有毛 6 或 7 根。

　　分布：世界广布。世界已知 49 种，中国记录 15 种，浙江分布 2 种。

（577）蓟粗额蚜 *Aulacorthum cirsicola* (Takahashi, 1923)（图 7-88）

Macrosiphum cirsicola Takahashi, 1923: 10, 71.

Aulacorthum cirsicola: Shiraki, 1952: 73.

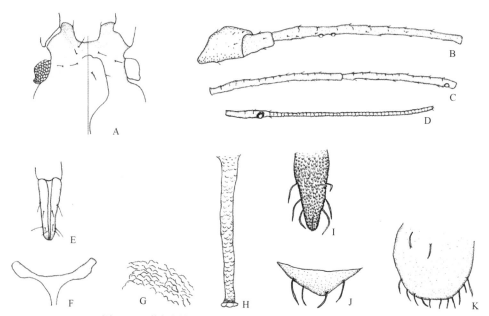

图 7-88　蓟粗额蚜 *Aulacorthum cirsicola* (Takahashi, 1923)

无翅孤雌蚜：A. 头部背面观（左）和腹面观（右）；B. 触角节 1–3；C. 触角节 4–5；D. 触角节 6；E. 喙节 4+5；F. 中胸腹岔；G. 体背皱纹；H. 腹管；I. 尾片；J. 尾板；K. 生殖板

　　主要特征：

　　无翅孤雌蚜　体长卵圆形，体长 2.77 mm，体宽 1.43 mm。活体时柠檬黄色、粉色或绿色。玻片标本淡色，触角节 3–5 端部、节 4 基部及鞭部基半部、股节端部 1/3、胫节端部、跗节、腹管端部褐色。头部背面除额瘤及眼周有密集的刺突外，其他部分光滑，腹面额瘤处有刺突，其他部分光滑，胸部及腹部背面有皱纹，体缘更明显，腹部背片 7、8 有刺突构成的瓦纹，腹面有刺突构成的横纹。体背毛短小，尖锐，腹面毛细长尖锐，为体背毛长的 4.00 倍。头顶有毛 3 对，2 对位于额瘤，1 对位于中额，头背有毛 4 对，2 对位于触角间，纵向排列，2 对位于复眼间，横向排列；头背毛长 0.049 mm，为触角节 3 基部直径的 1.43 倍；腹部背片 8 有毛 6–8 根，背片 1 缘毛长 0.017 mm，背片 8 中毛长 0.054 mm，分别为触角节 3 基部直径的 0.50 倍、1.57 倍。中额微隆，额瘤发达，内缘圆稍内倾。触角 6 节，节 1 有密集的刺突，节 2 内缘有刺突，其他部分较光滑，节 3 光滑，端部稍有瓦纹，节 4–6 有瓦纹；触角为体长的 1.15 倍；节 3 长 0.84 mm，节 1–6 长度比例为：27：13：100：69：62：20+91，节 6 鞭部为基部的 5.97 倍；触角毛极短小，尖锐，节 1–6 毛数分别为：4、2、21、13、8、7+2 或 3 根，鞭部末端有短毛 2 或 3 根；节 3 毛长为 0.005 mm，为该节基部直径的 0.14 倍；节 3 有次生感觉圈 3–5 个，原生感觉圈有睫。喙细长，末端楔形，端部超过后足基节；节 4+5 为基宽的 2.50 倍，为后足跗节 2 长的 1.52 倍；有原生毛 6 根，次生毛 6 根。各足基节光滑，股节骨化部分有瓦纹，胫节光滑；后足股节为触角节 3 长的 1.79 倍；后足胫节为体长的 0.77 倍；后足胫节毛粗长尖锐，为该节中宽的 0.70 倍。跗节 1 毛序：3，3，3。后足跗节 2 长 0.11 mm。腹管长管形，有密集瓦纹，缘突明显，管口大，其下有 1 或 2 行刻纹；为体长的 0.23 倍，为基宽的 6.60 倍，为尾片长的 1.93 倍；有 3 对侧毛和 1 根近尾端背毛。尾板半圆形，端部稍尖，有毛 6 根。生殖板宽圆形，有后缘毛 10 根，前缘毛 2 根。

生物学：寄主植物为蓟属和菊科的某些植物，如牛蒡、林蓟、大蓟、大蓟变种、野蓟、烟管蓟、虎蓟、毛裂蜂斗菜、山牛蒡和款冬属植物。在植物的叶背和嫩茎上取食。营同寄主全周期生活。

分布：浙江（临安）、台湾；俄罗斯（东西伯利亚），韩国，日本。

（578）茄粗额蚜 *Aulacorthum solani* (Kaltenbach, 1843)（图 7-89）

Aphis solani Kaltenbach, 1843: 15.

Aulacorthum solani: Hille Ris Lambers, 1949: 183.

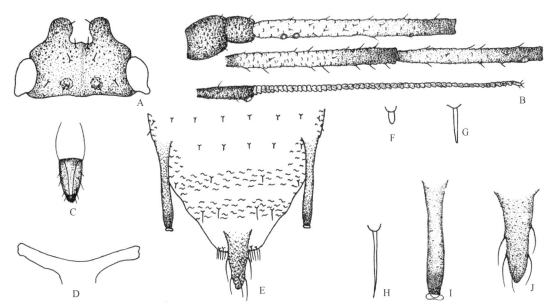

图 7-89　茄粗额蚜 *Aulacorthum solani* (Kaltenbach, 1843)

无翅孤雌蚜：A. 头部背面观；B. 触角；C. 喙节 4+5；D. 中胸腹岔；E. 腹部背片 5–8；F. 体背毛；G. 腹部背片 8 毛；H. 体腹面毛；I. 腹管；J. 尾片

主要特征：

无翅孤雌蚜　体长卵形，体长 2.80 mm，体宽 1.10 mm。活体头部及前胸红橙色，中、后胸和腹部绿色。玻片标本头部褐色，胸部和腹部淡色，缘域稍深色。触角节 1、2、6 及节 3–5 端部黑色；喙节 3 及节 4+5 骨化黑色；足股节端部 3/4、胫节端部及跗节深黑色；腹管淡色，顶端黑色；尾片、尾板及生殖板淡色。头部表面粗糙，有深色小刺突；胸部背板及腹部背片 1–6 有微网纹，背片 7、8 有明显瓦纹；体缘网纹明显。气门三角形关闭，气门片黑色。腹部缘域有淡褐色节间斑。中胸腹岔有短柄，淡色。体背毛粗短，钝顶，腹面毛长为背毛的 2.00–3.00 倍；头部有头顶毛 3 对，头背毛 8 根；前胸背板有中、侧、缘毛各 2 根；腹部背片 1–6 各有中、侧、缘毛 4、6、6 根，背片 7 有中毛 2 根，缘毛 4 根；背片 8 有毛 4 根；头顶毛、腹部背片 1 缘毛、背片 8 毛长分别为触角节 3 直径的 0.21 倍、0.17 倍、0.51 倍。中额不显，额瘤显著外倾，呈深 “U” 形，高度大于中额宽度，与触角节 1 等长。触角 6 节，细长，为体长的 1.40 倍；节 3 长 0.96 mm，节 1–6 长度比例为：16∶11∶100∶74∶65∶23+112；触角毛短，节 1–6 毛数分别为：9–11、4 或 5、26–28、15–18、10–15、4 或 5+5–8 根，节 3 毛长为该节直径的 0.24 倍；节 3 基部有小圆形感觉圈 2 或 3 个。喙端部达后足基节，节 4+5 呈剑形，为基宽的 2.40 倍，为后足跗节 2 长的 1.20 倍；有原生毛 2 对或 3 对，次生毛 2 对或 3 对。足细长，后足胫节为触角节 3 长的 1.20 倍；后足胫节为体长的 0.76 倍，毛长为该节直径的 0.51 倍；跗节 1 毛序：3，3，3。腹管端部及基部收缩，呈花瓶状，光滑，有微瓦纹，端部有明显缘突和切迹；为体长的 0.23 倍，为尾片长的 1.60 倍。尾片长圆锥形，中部收缩，有小刺突构成的瓦纹，有长毛 5 或 6 根。尾板半圆形，顶端尖，有毛 14 或 15 根。生殖板有短毛 16 根。

生物学：多食性，寄主植物范围很广，包括刺菜、苦荬菜、栾树、巴天酸模等。在多种植物叶片背面取食，受害叶面常出现白点，发生量不大，直接为害虽不大，但可传播马铃薯、甜菜和烟草的植物病毒。

分布：浙江（临安）、辽宁；俄罗斯，日本，欧洲，加拿大，美国，澳大利亚，新西兰。

322. 短尾蚜属 *Brachycaudus* Van der Goot, 1913

Brachycaudus Van der Goot, 1913: 97, 146, 149. Type species: *Aphis myositidis* Koch, 1854 = *Brachycaudus helichrysi* (Kaltenbach, 1843).

主要特征：中额及额瘤平或微隆。触角 6 节，短于体长，触角末节鞭部长于基部，无翅孤雌蚜触角节 3 无次生感觉圈。喙节 4+5 不尖，两缘内凹或直。腹部背片骨化均匀，有稀疏硬刚毛。腹气门大而圆。有翅孤雌蚜触角节 3、4 有扁平次生感觉圈，腹部背片有黑斑。腹管很短，亚圆柱形或截断形，光滑，端部无网纹，缘突前有 1 个清晰的环形缺刻。尾片短，宽圆形、半圆形到宽舌形、五边形。

生物学：一些种类以蔷薇科植物为原生寄主，以菊科和紫草科等杂草为次生寄主；另一类则不发生寄主转换，常年生活在蔷薇科、菊科等植物上。有蚂蚁伴生。

分布：世界广布。世界已知 50 种，中国记录 16 种，浙江分布 1 种。

（579）李短尾蚜 *Brachycaudus helichrysi* (Kaltenbach, 1843)（图 7-90）

Aphis helichrysi Kaltenbach, 1843: 102.

Brachycaudus helichrysi: Van der Goot, 1915: 256.

主要特征：

无翅孤雌蚜　体长卵形，体长 1.60 mm，体宽 0.83 mm。活体柠檬黄色，无明显斑纹。玻片标本淡色，触角节 4、5、喙节 4+5、胫节端部、跗节、尾片及尾板灰褐色至灰黑色，腹管淡色或灰褐色，顶端淡色。体表光滑，弓形结构不明显。前胸有缘瘤。气门圆形开放，气门片大型淡色。中胸腹岔无柄，基宽大于臂长。体背毛粗长，钝顶，腹面毛长，尖锐；头部有中额毛 1 对，头背毛 8 根；前胸背板有中、侧、缘毛各 1 对；腹部背片 1–7 有中侧毛各 4–6 根，缘毛各侧 2 或 3 根；背片 8 仅有长毛 6 根，毛长 0.08 mm；头顶毛、腹部背片 1 缘毛、背片 8 毛长分别为触角节 3 直径的 1.70 倍、1.70 倍、3.00 倍。额瘤不显。触角 6 节，有瓦纹，为体长的 0.54 倍；节 3 长 0.22 mm，节 1–6 长度比例为：27：22：100：58：36：34+93；节 3 有毛 7 或 8 根，毛长为该节直径的 0.75 倍。喙粗大，端部达中足基节，节 4+5 圆锥状，长为基宽的 2.60 倍，为后足跗节 2 长的 1.50 倍，有原生刚毛 2 对，有次生刚毛 3 对或 4 对。足粗短，光滑，后足股为触角节 3、4 长之和的 1.20 倍；后足胫节为体长的 0.41 倍；后足胫节毛长为该节直径的 0.73 倍。跗节 1 毛序：3，3，3。腹管圆筒形，基部宽大，渐向端部细小，光滑，有淡色缘突和切迹；为基宽的 1.30 倍，为尾片长的 1.90 倍。尾片宽圆锥形，仅为基宽的 0.67 倍，有粗长曲毛 6 或 7 根。尾板末端圆形，有毛 14–19 根。生殖板淡色，有长短毛 17–19 根。

有翅孤雌蚜　体长 1.70 mm，体宽 0.78 mm。玻片标本头部、胸部黑色；腹部淡色，有黑色斑纹。触角、足基节、股节端部 4/5、胫节端部 1/6–1/5、腹管、尾片、尾板及生殖板均黑色。腹部背片 3–6 背斑连合为大斑，背片 2–5 有缘斑；背片 1 缺缘斑，腹面有 1 个横带；背片 7、8 各有 1 个横带。气门基部黑色。节间斑淡褐色。触角6节，为体长的0.65倍；节3长0.29 mm，节1–6长度比例为：22∶17∶100∶65∶40∶26+121；触角次生感觉圈圆形稍凸起，节3有11–19个，分布全长，节4有0–3个。其他特征与无翅孤雌蚜相似。

生物学：原生寄主植物为杏、山杏、榆叶梅、李、桃、樱桃、高粱和菊科的兔儿伞等。国外记载也为害芹菜和其他菊科植物。

分布：浙江（临安）、黑龙江、吉林、辽宁、内蒙古、北京、天津、河北、山东、河南、陕西、甘肃、新疆、台湾；朝鲜，日本，加拿大，美国等世界各国广泛分布。

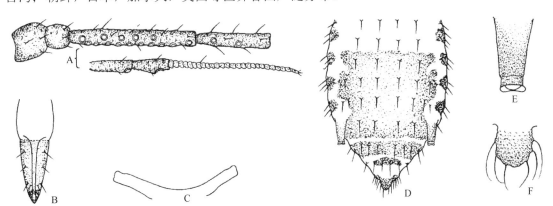

图 7-90　李短尾蚜 *Brachycaudus helichrysi* (Kaltenbach, 1843)
无翅孤雌蚜：A. 触角；B. 喙节 4+5；C. 中胸腹岔；D. 腹部背面观；E. 腹管；F. 尾片

323. 钉毛蚜属 *Capitophorus* Van der Goot, 1913

Capitophorus Van der Goot, 1913: 84, 145, 148. Type species: *Aphis carduina* Walker, 1850.

主要特征：无翅孤雌蚜头部平滑，中额低，额瘤发达，内缘外倾。体背毛钉状。喙节 4+5 尖长或稍长。腹管管状，较长，有时稍膨大；有刻纹或近平滑，管口大。尾片圆锥形，长或稍短，有刚毛 4–6 根。有翅孤雌蚜触角节 3、4 或 5 有多个圆形次生感觉圈，排列无序，分布全节。腹部背片有褐色大背斑。

分布：世界广布。世界已知 33 种，中国记录 12 种，浙江分布 1 种。

（580）胡颓子钉毛蚜 *Capitophorus elaeagni* (del Guercio, 1894)（图 7-91）

Myzus elaeagni del Guercio, 1894: 197.

Capitophorus elaeagni: Remaudière, 1951: 138.

主要特征：

无翅孤雌蚜　体纺锤形，体长 2.51 mm，体宽 1.12 mm。活体浅绿色，有翠绿色斑纹。玻片标本淡色，无斑纹。触角、足跗节深色；喙淡色，顶端深褐色；腹管淡色，顶端褐色；尾片、尾板及生殖板淡色。体背有不规则横纵纹，在体两侧缘更为明显，腹部背片 7、8 两缘及腹面有微瓦纹。气门小圆形开放，气门片淡色。节间斑褐色。中胸腹岔无柄，淡色，两臂分离，各臂横长 0.12 mm，与触角节 1 约等长。体背毛粗，钉毛状；头部有中额毛 1 对；额瘤毛 2 对，头背毛 4 对；腹面有毛 3 对，其他腹面毛尖锐；前胸背板有中毛 2 对，侧毛及缘毛各 1 对；中胸背板体中侧毛 3 对，缘毛 2 对，腹面上缘域突凸，有粗大钉毛 3–5 对；后胸背板有中侧毛 2 对，缘毛 2 对；腹部背片 1–3 各有中毛 1 对，侧毛 1 对，背片 4–7 各有中侧毛 2 对或 3 对，背片 1、5–7 各有缘毛 1 对，背片 2–6 各有缘毛 2 对，背片 8 有长毛 4 或 5 根，有时多 1 对短毛；头顶及腹部背片 1 缘毛长 0.06 mm，为触角节 3 中宽的 1.60 倍，背片 1 中毛长 0.05 mm，侧毛长 0.03 mm；背片 8 中毛长 0.08 mm，短毛长 0.01 mm。额瘤隆起外倾，甚高于中额。触角 6 节，细长，有瓦纹，节 1

内缘突起；为体长的 0.88 倍；节 3 长 0.43 mm，节 1–6 长度比例为：22∶16∶100∶73∶70∶24+199，节 5 有时长于节 4；触角节 1–3 毛粗短，头状，节 4–6 毛尖锐，节 1–6 毛数分别为：5 或 6、4、11–14、7–12、5–8、2+2 或 3 根，节 3 毛长为该节中宽的 1/4。喙粗大，端部超过中足基节，节 4+5 尖楔形，分节明显，节 4 长为节 5 的 1.40 倍；有原生毛 2 对，中部有次生长毛 1 对，基部有次生短毛 1 对。足有微瓦纹，股节毛及股节外缘毛头状，股节内缘毛粗，尖锐；后足股节为触角节 3 长的 1.30 倍；后足胫节为体长的 0.43 倍，长毛长 0.03 mm，为该节最宽直径的 0.63 倍；跗节 1 毛序：3，3，3。腹管细长管状，有瓦纹，有缘突和切迹，为中宽的 18.00 倍，为尾片长的 2.80 倍。尾片尖锥状，有小刺突组成的瓦纹，有长短毛 8 或 9 根。尾板末端圆形，顶端突出，有长毛 15–17 根。生殖板有毛 12–14 根。

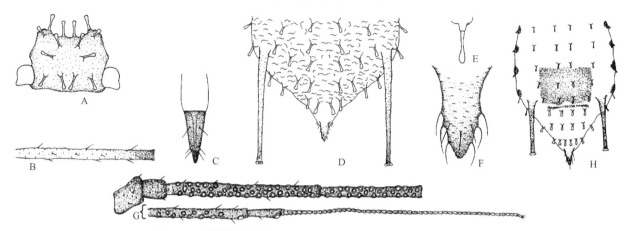

图 7-91 胡颓子钉毛蚜 *Capitophorus elaeagni* (del Guercio, 1894)

无翅孤雌蚜：A. 头部背面观；B. 触角节 3；C. 喙节 4+5；D. 腹部背片 4–8；E. 体背毛；F. 尾片。有翅孤雌蚜：G. 触角；H. 腹部背面观

有翅孤雌蚜 体长 2.40 mm，体宽 0.92 mm。玻片标本头部、胸部黑色，腹部淡色，腹部背片 3–5 背斑愈合为 1 个大型黑斑，背片 3、4 有缘斑。触角、足股节端半部、胫节端部及跗节黑色。前胸、腹部节 2–4 有小乳头状缘瘤，有时缺。体背毛粗短，头状，腹面毛尖锐；头部有中额毛 1 对，额瘤毛 2 对或 3 对，头背毛 4 对；腹部背片 1–7 各有中侧毛 4 根，有时 6 根，缘毛 1 对或 2 对；背片 8 有毛 4–6 根；头顶长毛长 0.01 mm，为触角节 3 最宽直径的 0.29 倍，腹部背片 1 长毛长 0.01 mm，背片 8 长毛长 0.03 mm。中额隆起，额瘤隆起高于中额，呈"W"形。触角 6 节，为体长的 0.94 倍，节 3 长 0.47 mm，节 1–6 长度比例为：21∶15∶100∶76∶67∶23+176；节 3 有短毛 10–16 根，毛长 0.01 mm，为该节最宽直径的 0.18 倍；节 3–5 分别有圆形次生感觉圈：48–56、31–34、11–14 个，围绕全节分布。喙端部达中足基节，节 4+5 长尖锥状，长 0.14 mm，为后足跗节 2 长的 1.40 倍，有毛 3 对或 4 对。翅脉正常，脉粗且黑。腹管有瓦纹，端部黑色部分光滑，长 0.48 mm，为尾片长的 3.60 倍。尾片尖锥状，长 0.13 mm，有毛 4 或 5 根。尾板有毛 14 或 15 根。其他特征与无翅孤雌蚜相似。

生物学：寄主植物为沙枣、蓼属 1 种、刺菜和沙棘。在叶片背面取食。

分布：浙江（临安）、辽宁、北京、天津、山东、陕西、青海、新疆、台湾、四川；俄罗斯，朝鲜，韩国，日本，欧洲，加拿大，美国，大洋洲，埃及。

324. 二尾蚜属 *Cavariella* del Guercio, 1911

Cavariella del Guercio, 1911: 323. Type species: *Aphis pastinacae* Linnaeus, 1758.

主要特征：活体黄绿色、绿色或红色。有翅孤雌蚜腹部背片 3–6 常有深色横带，且常愈合为大背斑，背斑边缘一般较粗糙。中额凸起，额瘤很低。有时有缘瘤。触角 6 节，偶有 5 节，短于体长；触角毛较短；触角末节鞭部短于或长于基部。无翅孤雌蚜触角无次生感觉圈，有翅孤雌蚜触角节 3 有多个大型稍突起的圆形次生感觉圈，节 4 有时有次生感觉圈。喙节 4+5 细长，有次生毛 0–2 对。跗节 1 毛序：3，3，3。腹管圆筒形，有时膨大。尾片舌状，有毛 4–8 根。腹部背片 8 有 1 个似尾片的上尾片，有翅孤雌蚜上尾片缩小。

生物学：大部分种类的原生寄主为柳属植物，次生寄主为伞形科植物。

分布：主要分布在北半球。世界已知 37 种，中国记录 15 种，浙江分布 2 种。

（581）楤木二尾蚜 *Cavariella araliae* Takahashi, 1921 （图 7-92）

Cavariella araliae Takahashi, 1921: 36, 37.

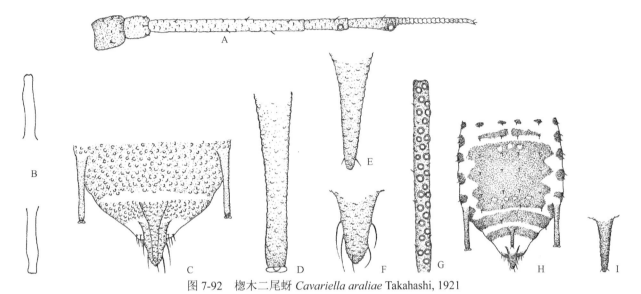

图 7-92　楤木二尾蚜 *Cavariella araliae* Takahashi, 1921

无翅孤雌蚜：A. 触角；B. 中胸腹岔；C. 腹部背片 6–8；D. 腹管；E. 上尾片；F. 尾片。有翅孤雌蚜：G. 触角节 3；H. 腹部背面观；I. 上尾片

主要特征：

无翅孤雌蚜　体长卵形，体长 2.00 mm，体宽 1.00 mm。活体白色至淡黄色。玻片标本淡色，无斑纹。触角节 4–5、喙、跗节灰黑色，其他部分淡色。体表背面有明显"O"或"C"形纹，腹面光滑。气门不规则形，不甚明显，气门片淡色。节间斑不明显。无缘瘤。中胸腹岔两臂分离或一丝相连。体背毛短，不显著，腹面多毛，稍长于背毛；头部有背毛 10 根；前、中、后胸背板各有中侧毛 2、4、3 对，后胸背板有缘毛 1 对；腹部背片 1–7 各有中、侧毛 2 对，缘毛 1 对，背片 8 有稍长毛 1 对，位于上尾片顶端；头顶毛及腹部背片 1 缘毛长为触角节 3 直径的 0.40–0.44 倍。中额及额瘤隆起，顶部有皱纹突起。触角 5 节，有瓦纹，为体长的 0.41 倍，节 3 长 0.33 mm，节 1–5 长度比例为：14∶16∶100∶27∶29+46；触角毛甚短，节 1–5 毛数分别为：4、2–4、5、0 或 1、1 或 2+0 根，末节鞭部顶端有毛 3 或 4 根，节 3 毛长为该节直径的 0.17 倍。喙粗大，端部超过中足基节，节 4+5 为基宽的 2.40 倍，为后足跗节 2 长的 1.40 倍，有原生毛 2 对，次生毛 1 对。后足股节为触角节 3 长的 1.40 倍；后足胫节端部粗大，为体长的 0.43 倍，毛长为该节中宽的 0.44 倍；跗节 1 毛序：3，3，2。腹管长筒形，中部稍内弯收缩，端部稍膨大，顶端收缩，有瓦纹、缘突和切迹；为体长的 0.19 倍，为上尾片长的 1.60 倍，为尾片长的 2.40 倍。上尾片是腹部节 8 背片中部的伸长，有"C"形纹，长圆锥形，顶端稍钝，长于尾片，有毛 1 对。尾片粗圆锥形，有小圆形刺突瓦纹，有毛 4 或 5 根。尾板半圆形，有毛 7–12 根。生殖板淡色，有前部长毛 2 根，后部短毛 4 根。

有翅孤雌蚜　体纺锤形，体长 2.00 mm，体宽 0.82 mm。活体头部、胸部黑色，腹部黄绿色，有黑斑。玻片标本头部、胸部黑色，腹部淡色，有黑色斑纹。触角、股节端部 1/2、胫节端部 1/5、跗节黑色，喙节 3–5、足其他部分、腹管、尾片及生殖板灰黑色。腹部背片 1 有中侧断续细带，背片 2 中侧带中断，背片 3–6 中、侧斑愈合为 1 个大方斑，背片 7 有横带，背片 2–7 各有大型缘斑，背片 8 有 1 个方斑，中央突起为指状光滑上尾片。头部、胸部有皱曲纹，腹部缘斑有小刺突网纹，背片 7、8 有瓦纹，其他斑纹光滑。气门圆形开放，气门片黑色。节间斑明显，黑褐色。体背毛短尖，腹部背片 7 有中毛 1 对，背片 1、7 各有缘毛 1 对，背片 2–6 各有缘毛 2 或 3 对，背片 8 有短毛 1 对，位于上尾片顶端。触角 5 节，为体长的 0.44 倍；节 3 长 0.41 mm，节 1–5 长度比例为：11：13：100：20：29+45；节 3 有毛 7–11 根，节 4 有毛 2 或 3 根；节 3 有大小圆形或肾形次生感觉圈 26–34 个，分布全长。翅脉正常。腹管长棒状，端部膨大，长 0.27 mm。尾片有毛 4 或 5 根。尾板有毛 11–16 根。其他特征与无翅孤雌蚜相似。

　　生物学：原生寄主为柳，次生寄主为两面针、楤木、土当归、辽东楤木（刺老牙）、通脱木、鹅掌柴（鸭母树）及海桐。常盖满嫩梢、嫩叶。

　　分布：浙江（临安）、吉林、辽宁、河南、江苏、台湾、广东；俄罗斯，韩国，日本。

（582）柳二尾蚜 *Cavariella salicicola* (Matsumura, 1917)（图 7-93）

Nipposiphum salicicola Matsumura, 1917b: 359, 410.

Cavariella salicicola: Shinji & Kondo, 1938: 62.

　　主要特征：

　　无翅孤雌蚜　体长卵形，体长 2.20 mm，体宽 1.10 mm。活体草绿色或红褐色。玻片标本淡色，无斑纹。触角、喙、足、腹管、上尾片淡色；触角节 5 端半部及节 6、喙节 3 及节 4+5、胫节端部 1/10 及跗节灰褐色至灰黑色；尾片及尾板灰褐色至灰黑色。体表骨化，有小环形纹、曲形纹；头部背中域光滑，周缘有曲纹；腹面光滑。缘瘤不显。气门肾形，气门片不显。中胸腹岔无柄。体背刚毛粗短，钝顶，腹面刚毛细长尖顶，长约为背毛长的 1.30 倍；腹部背片 2–4 有中、侧、缘毛各 1 对；头顶毛、腹部背片 1 毛、背片 8 毛长分别为触角节 3 直径的 0.38–0.41 倍、0.16 倍、0.38–0.41 倍。中额平，额瘤微隆。触角 6 节，节 3–6 有瓦纹；全长为体长的 0.39 倍；节 3 长 0.28 mm，节 1–6 长度比例为：22：20：100：50：40：40+40；节 1–6 毛数分别为：4 或 5、4 或 5、4 或 5、4 或 5、2、3+1 根，节 3 毛长为该节直径的 0.28 倍。喙端部超过中足基节，节 4+5 两缘直，顶端钝，为基宽的 2.20 倍，为后足跗节 2 长的 1.10 倍；有原生毛 4 根，次生毛 4 根。后足股节约与触角节 3、4 之和等长；后足胫节为体长的 0.38 倍，毛长为该节基宽的 0.52 倍；跗节 1 毛序：3，3，3。腹管圆筒形，中部微膨大，顶端收缩并向外微弯；有瓦纹，有缘突，切迹不显；约为膨大部直径的 4.30 倍，为体长的 0.13 倍，为尾片长的 1.70 倍。上尾片宽圆锥形，中部收缩，有瓦纹，顶端有钝毛 1 对，长 0.28 mm，为尾片长的 1.60 倍，稍短于腹管。尾片圆锥形，钝顶，两侧缘直，有曲纹，有毛 6 根。尾板末端圆形，有毛 6 或 7 根。生殖板有毛 12 根。

　　有翅孤雌蚜　体长 2.20 mm，体宽 0.87 mm。玻片标本头部、胸部黑色，腹部淡色，有黑色斑纹。触角、后足股节端部 4/5、胫节端部 1/5–1/4 及跗节黑色，足其他各部黑褐色；腹管、尾片、上尾片、尾板及生殖板灰黑色。腹部背片 1 有小型毛基斑，背片 2–4 有中断横带，背片 5–7 有横带；背片 8 有横带横贯全节，有时背片 2 横带分裂为稍大的毛基斑，有时背片 5、6 横带中断；各节均有缘斑，背片 1 及 7 缘斑较小，背片 5、6 缘斑（即腹管前后斑）外缘相合。腹部节 1–5、7 有小圆形缘瘤，淡色或深色，位于气门内方缘斑后部。气门肾形，凹面向外上方，气门片黑色稍隆起。节间斑极明显。触角 6 节，为体长的 0.45 倍；节 3 长 0.35 mm，节 1–6 长度比例为：19：17：100：43：31：31+37；节 3–5 分别有圆形次生感觉圈 24–30 个、3–7 个、0–3 个，散于各节全长。翅脉正常。腹管为尾片长的 1.40 倍。上尾片短，末端稍平，长与基宽约相等，为尾片的 1/4。尾片长圆锥形，有毛 4 或 5 根。其他特征与无翅孤雌蚜相似。

　　生物学：原生寄主为垂柳等柳属植物，次生寄主为芹菜和水芹等。柳二尾蚜是芹菜的害虫，常为害幼叶、花和幼果，亦常为害柳树的嫩梢和幼叶背面，有时盖满 10 cm 长的内嫩梢。以卵在柳属植物枝条上越冬。在华北地区于 3 月间越冬卵孵化，4 月下旬至 5 月间发生有翅孤雌蚜由柳树向芹菜迁飞，部分蚜虫留居柳树上为害。10 月下旬发生雌性蚜和雄性蚜，在柳树枝条上交配后产卵越冬。

　　分布：浙江（临安）、吉林、辽宁、内蒙古、北京、天津、河北、山东、河南、陕西、宁夏、甘肃、青海、江苏、江西、台湾、广东、云南；俄罗斯，朝鲜，日本。

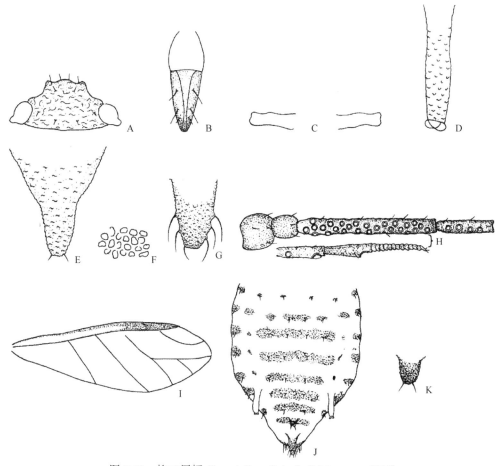

图 7-93　柳二尾蚜 *Cavariella salicicola* (Matsumura, 1917)

无翅孤雌蚜：A. 头部背面观；B. 喙节 4+5；C. 中胸腹岔；D. 腹管；E. 上尾片；F. 体背纹；G. 尾片。有翅孤雌蚜：H. 触角；I. 前翅；J. 腹部背
面观；K. 上尾片

325. 隐瘤蚜属 *Cryptomyzus* Oestlund, 1923

Cryptomyzus Oestlund, 1923[1922]: 138, 139. Type species: *Aphis ribis* Linnaeus, 1758.

　　主要特征：无翅孤雌蚜休背有钉状毛。中额微隆；额瘤低，外倾。触角远长于体长，触角末节鞭部长为基部的 7.00–11.00 倍，长于触角节 3。无翅孤雌蚜触角常有次生感觉圈，有翅孤雌蚜次生感觉圈分布于节 3–5。跗节 1 毛序：3，3，3 或 3，3，2。翅脉镶黑边。腹管圆柱状或膨大。尾片指状、舌状或三角形，有毛 5–8 根。

　　分布：古北区、东洋区、新北区。世界已知 19 种，中国记录 2 种，浙江分布 1 种。

（583）夏至草隐瘤蚜 *Cryptomyzus taoi* Hille Ris Lambers, 1963（图 7-94）

Cryptomyzus taoi Hille Ris Lambers, 1963: 165.

　　主要特征：

　　无翅孤雌蚜　体卵圆形，体长 1.90 mm，体宽 1.00 mm。活体蜡白至淡绿色。玻片标本无斑纹。触角、喙、足、腹管淡色，喙顶端、胫节端部及跗节黑褐色，尾片及尾板淡褐色。体表光滑，仅腹管后几节有微刺突瓦纹，腹部背片 7、8 有横纹。缘瘤不显。中胸腹岔两臂分离或一丝相连。胸气门大，直径约与触角节 3 端宽相等，肾形半开放，气门片甚隆起；腹气门小圆形，直径为胸气门的 3/5–4/5，关闭或半开放，气门片淡色。体背刚毛粗长，顶端球状，腹面毛尖长；头部有背毛 12 或 13 根；前胸背板有中毛 3 对，侧、缘毛各 1 对；中胸背板有中毛 6 对，侧毛 2 或 3 对，缘毛 6 对；后胸背板有中毛 3 对，侧毛 2 对，缘毛 3 对；腹部背片 1–5 各有中毛 4 对，侧毛 3 或 4 对，缘毛 3–5 对；背片 6 有中毛 3 对，侧毛 2 对，缘毛 3 对；背片 7、8 分别有中、侧毛各 2 对，缘毛 3 对；有时还有其他较短的钉毛分布。头顶毛、腹部背片 1 缘毛、背片 8 毛长分别为触角节 3 直径的 1.90 倍、3.30 倍、2.10 倍。中额平隆，额瘤显著外倾。触角 6 节，节 4–6 有瓦纹，节 3 基部膨大，直径为端部的 1.60 倍；全长为体长的 1.40 倍；节 3 长 0.55 mm，节 1–6 长度比例为：15：12：100：78：64：20+200；节 3 基半部有稍突起小圆形次生感觉圈 16 或 17 个，在外侧排成一行，仅 2 或 3 个位于列外；触角毛为钉状毛，仅节 6 鞭部及顶端毛尖锐，节 1–6 毛数分别为：4、4、10–12、9 或 10、4–6、2+1 或 2 根，节 3 毛长为该节直径的 0.74 倍。喙端部超过中足基部，节 4+5 长圆锥形，两缘稍隆起，长 0.13 mm，长为基宽的 2.50 倍，为后足跗节 2 长的 1.30 倍；有原生毛 2 对，次生毛 7 对。后足股节为触角节 3 长的 1.30 倍，稍短于触角节 4、5 长之和；后足胫节为体长的 0.69 倍；后足胫节外侧毛钝顶，内侧和端部毛尖顶，毛长为该节直径的 1.10 倍。跗节 1 毛序：3，3，3。腹管长筒形，表面光滑，基部粗，中部收缩，端部膨大，顶端收缩，有缘突和切迹；为体长的 0.24 倍，为尾片长的 3.60 倍。尾片短圆锥形，两缘直或稍隆，有微刺突瓦纹，长为基宽的 0.87 倍，有曲毛 6–8 根。生殖板有长毛 14 根。

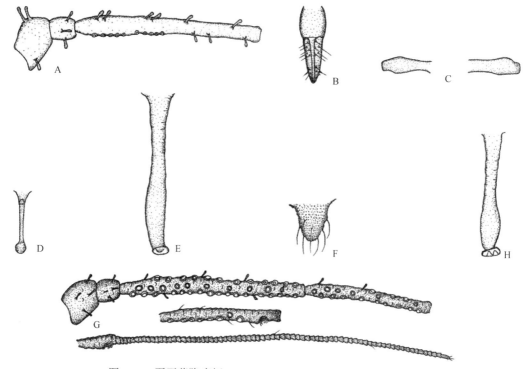

图 7-94 夏至草隐瘤蚜 *Cryptomyzus taoi* Hille Ris Lambers, 1963
无翅孤雌蚜：A. 触角节 1–3；B. 喙节 4+5；C. 中胸腹岔；D. 体背毛；E. 腹管；F. 尾片。有翅孤雌蚜：G. 触角；H. 腹管

有翅孤雌蚜 体长卵形，体长 2.20 mm，体宽 0.90 mm。活体头部、胸部黑色，腹部蜡白色至淡绿色，有黑斑。玻片标本头部、胸部黑色，腹部淡色。触角、喙、足灰黑色至黑色；足基节、转节、股节基部 1/5–1/3 及胫节基部 2/3–4/5 灰褐色至灰黑色；腹管、尾片及尾板灰褐色。腹部背片 1、2、7 有时有中、侧毛基斑，背片 4、5 中、侧斑愈合为 1 个大背中斑，并与背片 3 毛基斑和背片 6 横带相接；背片 2–4 有大型缘斑，近圆形；腹管前斑不显或极小，腹管后斑大于其他缘斑，近方形；背片 7 缘域骨化淡色。气门片灰黑色。节间斑极明显，黑色。体背毛钝顶，腹面毛尖顶；头顶毛、腹部背片 1 缘毛、背片 8 毛长分别为触角节 3 直

径的 0.76 倍、0.50 倍、1.20 倍。触角 6 节，为体长的 1.20 倍，节 3 长 0.54 mm，节 1–6 长度比例为：16：14：100：70：63：19+190；节 3–5 分别有小圆形突起次生感觉圈：49–56、20–27、10 或 11 个，分散于各节全长。喙端部不达中足基节。后足股节为触角节 3 长的 1.10 倍；后足胫节长为体长的 0.59 倍，毛长为该节直径的 1.10 倍。翅脉正常，黑色。腹管与触角节 4 约等长。尾片有毛 6–8 根。尾板有毛 11–13 根。其他特征与无翅孤雌蚜相似。

生物学： 寄主植物为夏至草和益母草等，是中草药益母草的害虫。5–6 月常大量发生，盖满叶下面，但叶不卷缩。在北京 11 月下旬尚可继续孤雌胎生。

分布： 浙江（临安）、辽宁、北京、河北、山东、河南、四川；俄罗斯，蒙古，朝鲜，韩国，日本。

326. 超瘤蚜属 *Hyperomyzus* Börner, 1933

Hyperomyzus Börner, 1933: 2. Type species: *Aphis lactucae* Linnaeus, 1758.

主要特征： 头部平滑，中额微隆，额瘤显著。无翅孤雌蚜触角节 3、4 有圆形次生感觉圈，排成 1 列，分布于全长；有翅孤雌蚜触角节 3–5 均有次生感觉圈。腹管稍膨大，近端部有横纹。尾片长圆锥形。

分布： 世界广布。世界已知 19 种，中国记录 4 种，浙江分布 2 种。

（584）苦菜超瘤蚜 *Hyperomyzus lactucae* (Linnaeus, 1758)（图 7-95）

Aphis lactucae Linnaeus, 1758: 452.

Hyperomyzus lactucae: Hille Ris Lambers, 1949: 286.

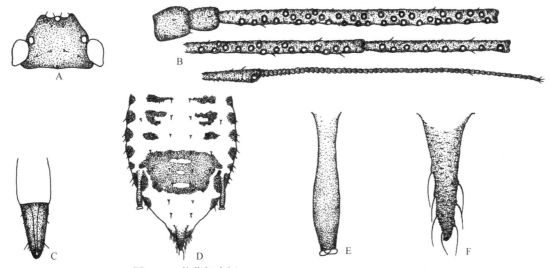

图 7-95　苦菜超瘤蚜 *Hyperomyzus lactucae* (Linnaeus, 1758)
无翅孤雌蚜：A. 头部背面观；B. 触角；C. 喙节 4+5；D. 腹部背面观；E. 腹管；F. 尾片

主要特征：

　　有翅孤雌蚜　体椭圆形，体长 2.30 mm，体宽 0.77 mm。活体黄绿色。玻片标本头部、胸部黑色，腹部淡色，有黑斑。触角、喙节 3–5、足股节端部 2/5、胫节基部及端部 1/8–1/5 及跗节黑色；腹管淡色，端部 1/3 深褐色；尾片褐色，尾板淡色，生殖板淡褐色。腹部背片 1、7 缘斑小，背片 4–5 背斑愈合为背中大斑，背片 1、2 有小侧斑，背片 1–7 各有大型缘斑，背片 7、8 缺斑。体表光滑，腹部缘斑及背片 7、8 有粗刺突组成的横瓦纹。气门圆形关闭，有时开放，气门片黑色。体背毛极短小，腹部腹面毛长，尖锐，长为背毛的 3.00–4.00 倍；头部有头顶毛 2 对，头背毛 3 对；腹部背片 1–5 各有中侧毛 2 或 3 对，背片 6、7 各有中侧毛 1 对，背片 1 有缘毛 1 对，背片 2-7 各有缘毛 2 或 3 对，背片 8 有毛 1 对；头部及腹部背片 1-7 毛长 0.005 mm，为触角节 3 中宽的 1/8，背片 8 毛长 0.010 mm。中额及额瘤隆起，呈 "W" 形。触角 6 节，有瓦纹，与体长约相等；节 3 长 0.62 mm，节 1-6 长度比例为：14：10：100：65：53：22+107；触角毛极短，节 1-6 毛数分别为：5-7、4、11 或 12、8、6 或 7、3+3 根，节 6 鞭部顶端有毛 4 根，节 3 毛长为该节最宽直径的 1/5；节 3-5 各有大小圆形次生感觉圈：38 或 39、16-18、7-9 个，分布于各节全长。喙长大，端部达后足基节；节 4+5 楔形，为基宽的 1.90 倍，与后足跗节 2 约等长或稍长；有原生毛 3 对，次生毛 3 对。足有皱横纹，后足股节为触角节 3 长的 1.20 倍；后足胫节为体长的 0.61 倍，胫节长毛长与该节最宽直径约相等；跗节 1 毛序：3，3，3。翅脉正常。腹管光滑，端部 1/2 膨大，缘突稍显，为尾片的 1.10 倍。尾片尖锥状，有粗刺突组成的横瓦纹，有毛 7 根。尾板末端圆形，有长毛 16 根。生殖板长馒头状，有短钝毛共 6 根，其中有前部毛 1 对。

生物学：寄主植物为苣荬菜和苦苣菜。国外记载原生寄主植物为日本茶藨子，次生寄主植物为苦苣菜和苣荬菜。

分布：浙江（临安）、黑龙江；俄罗斯，日本，欧洲，加拿大，美国，澳大利亚。

（585）刺菜超瘤蚜 *Hyperomyzus sinilactucae* Zhang, 1980（图 7-96）

Hyperomyzus sinilactucae Zhang, 1980: 215.

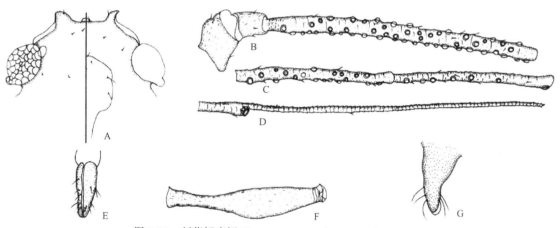

图 7-96　刺菜超瘤蚜 *Hyperomyzus sinilactucae* Zhang, 1980
有翅孤雌蚜：A. 头部背面观（左）和腹面观（右）；B. 触角节 1-3；C. 触角节 4-5；D. 触角节 6；E. 喙节 4+5；F. 腹管；G. 尾片

主要特征：

有翅孤雌蚜　体长卵形，体长 2.20-2.42 mm，体宽 0.98-1.00 mm。玻片标本头部、胸部、喙端部、各足股节端部 1/3、胫节端部和跗节、腹管端部褐色。腹部背片 2 有 1 对明显侧斑，背片 3-6 中侧斑愈合为 1 大背斑，背片 7 的中、侧斑愈合为 1 横带，但中域断开，局部与其前的背斑愈合，背斑边缘形状不规则，其间有不规则的膜质区域，背片 2-7 各有 1 对缘斑及 1 或 2 对缘瘤。头部背腹面光滑，胸部背板及腹部背片 1-6 光滑，有稀疏皱纹，背片 7-8 有刺突构成的横纹，腹面有刺突构成的横纹。体背毛粗短，端部稍钝，额瘤毛 1 对，中额毛 1 对，头背毛 4 对，2 对位于触角间，纵向排列，2 对位于复眼间，横向排列。头顶毛长 0.010-0.015 mm，头背毛长 0.007-0.012 mm，分别为触角节 3 基部直径的 0.31-0.43 倍和 0.22-0.40 倍；腹部背片 1 缘毛长 0.007-0.012 mm，背片 8 有毛 4 根，中毛长 0.037-0.047 mm，分别为触角节 3 基部直径的 0.20-0.36 倍和 1.07-1.27 倍。额瘤发达，内侧圆，外倾，中额隆起。触角 6 节，节 1 和 2 背面光滑，有稀疏皱纹，节 1 腹面内侧有稀疏的瓦纹，节 2 外侧有稀疏的瓦纹，节 3-6 有瓦纹，为体长的 1.11 倍；节 3 长 0.69 mm，节 1-6 长度比例为：13：8-11：100：58-62：58：19+98，节 6 鞭部为基部的 5.16 倍；触角毛短钝，节 1-6 毛数分别为：3、4、9 或 10、8、8、6+3 根，节 6 鞭部末端有短毛 3 根，节 3 毛长 0.007-0.012 mm，为该节基部直径的 0.23-0.36 倍；原生感觉圈有睫，节 3-5 分别有次生感觉圈：55-67、20-34、

9 个，无规则地分布于触角全节。喙伸达前足与中足基节之间，末端楔形，节 4+5 为基宽的 1.34–1.52 倍，为后足跗节 2 长的 1.07–1.17 倍，有原生毛 6 根，次生毛 6 根。足长，各足基节、股节及胫节光滑，后足股节为触角节 3 长的 1.23–1.25 倍，后足胫节为体长的 0.79–0.83 倍；后足胫节毛粗短尖锐，毛长 0.015–0.025 mm，为该节中宽的 0.32–0.67 倍。跗节 1 毛序：3，3，3。后足跗节 2 长 0.13–0.15 mm。腹管基半部管形，端半部膨胀，缘突明显，其下有 2 或 3 行刻纹，基半部有密集皱纹，膨胀部光滑，腹管为基宽的 5.97–6.66 倍，为体长的 0.20–0.22 倍，为尾片的 2.11–2.73 倍，膨胀部为基宽的 1.25–1.67 倍。尾片圆锥形，端部稍钝，为基宽的 1.18–1.29 倍，有毛 7 根。尾板末端半圆，有毛 9 或 10 根。生殖板宽圆形，有后缘毛 12 根，前缘毛 2 根。

生物学：寄主植物为刺菜。群居于寄主植物叶背。

分布：浙江（临安）、河北。

327. 十蚜属 *Lipaphis* Mordvilko, 1928

Lipaphis Mordvilko, 1928: 570. Type species: *Aphis erysimi* Kaltenbach, 1843.

主要特征：额瘤及中额明显。触角 6 节，节 1、2 粗糙；短于体长，节 4 鞭部长于基部，一般为基部的 2.00–3.00 倍；有翅孤雌蚜触角节 3、4，有时节 5 有圆形次生感觉圈，排列无序，分布于各节全长。喙节 4+5 长度稍短于后足跗节 2。腹管管状，端部稍膨大，缘突下有缢缩。尾片三角形，顶端钝，有毛 4–6 根。气门肾形，有褐色骨片。

分布：主要分布在北半球。世界已知 11 种，中国记录 3 种，浙江分布 1 种。

（586）萝卜蚜 *Lipaphis erysimi* (Kaltenbach, 1843)（图 7-97）

Aphis erysimi Kaltenbach, 1843: 99.

Lipaphis erysimi: Rusanova, 1942: 35.

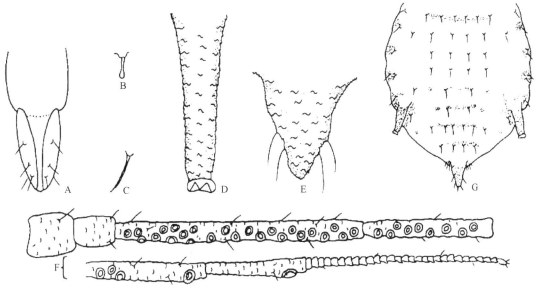

图 7-97　萝卜蚜 *Lipaphis erysimi* (Kaltenbach, 1843)

无翅孤雌蚜：A. 喙节 4+5；B. 体背毛；C. 体腹面毛；D. 腹管；E. 尾片。有翅孤雌蚜：F. 触角；G. 腹部背面观

主要特征：

无翅孤雌蚜　体卵圆形，体长 2.30 mm，体宽 1.30 mm。活体灰绿色至黑绿色，被薄粉。玻片标本淡色，

头部稍骨化，胸部、腹部淡色，无斑纹。触角节3端部1/3、节6、足胫节端部1/5及跗节黑色，其他部分灰色；喙节4+5、尾片、尾板及腹管端部黑色。头部顶端粗糙，有圆形微刺突起，后部及头侧两缘有褶曲纹；胸部背板中域及侧缘域有菱形网纹；腹部背片缘域有网纹，背片7有网纹，背片8有微瓦纹。前胸、腹部节3-6有淡色小缘瘤。气门形状不规则，气门片骨化深色。节间斑明显黑褐色。中胸腹岔无柄。体背毛短，尖锐；头部有背毛16根，包括头顶毛8根，中部及后部毛各4根；前胸背板有中毛2根，中、后胸背板有中、侧毛各4根；腹部各节背片有中、侧、缘毛各2-4根；背片8有短毛4根；头顶毛、腹部背片1毛、背片8毛长分别为触角节3直径的0.41倍、0.19倍、0.38倍。中额明显隆起，额瘤微隆外倾，呈浅"W"形。触角6节，节1有圆形微突起，节3-6有瓦纹，两缘有微刺突锯齿；全长1.30 mm，为体长的0.57倍；节1-6长度比例为：17：16：100：53：42：30+67；节1-6毛数分别为：6、5-7、7或8、4或5、3、2或3+2根，节3毛长为该节直径的0.21倍。喙端部达中足基节，节4+5长为基宽的1.60倍，为后足跗节2长的0.81倍；有原生刚毛4根，次生刚毛4-6根。后足股节长为触角节3的1.30倍；后足胫节长为体长的0.42倍，毛长为该节中宽的0.58倍；跗节1毛序：3，3，2。腹管长筒形，有瓦纹，顶端收缩，有缘突及切迹；长为体长的0.12倍，为尾片的1.70倍。尾片圆锥形，有微刺突构成横纹，有长毛4-6根。尾板半圆形，有长毛12-14根。生殖板淡色，有长毛2根，短毛18-20根。

有翅孤雌蚜　体长卵形，体长2.10 mm，体宽1.00 mm。活体头部、胸部黑色，腹部绿色至深绿色。玻片标本头部、胸部黑色，腹部淡色有黑色斑纹；触角、喙节3及节4+5、腹管、尾片、生殖板黑色；足股节基部及胫节中部骨化灰色，其他部分黑色。腹部背片1背中有1个窄横带，背片5有小中斑，背片6有断续不规则横带，背片7、8各有1个横带；背片1-6有圆形缘斑，背片1、2缘斑小，腹管前斑断续与后斑相连。头部背面及胸部背板光滑；腹部背斑有瓦纹，背片7、8有微瓦纹。前胸背板及腹部节3-6缘域各有1个圆形缘瘤。气门圆形关闭，气门片骨化黑色。体背毛短，钝顶；头部有背毛16根；前胸背板有中、侧毛各2根，后胸背板有中、侧毛各2根；腹部背片1-4各有中侧毛6根，背片5有中侧毛4根，背片6有中侧毛2根；背片1、2、5、6各有缘毛2根，背片8有毛6根。触角6节，节1-6长度比例为：18：16：100：56：47：35+85；节3-5分别有次生感觉圈：21-29、7-14、0-4个。足股节、胫节有卵圆形构造。其他特征与无翅孤雌蚜相似。

生物学：寄主植物有油菜、白菜、芥菜、甘蓝、花椰菜、青菜、芜青、萝卜、荠菜、水田芥菜和独行菜等十字花科油料作物、蔬菜和中草药。其中偏爱芥菜型油菜和白菜。萝卜蚜是十字花科油料作物、蔬菜和中草药的大害虫。常在叶片背面及种用株嫩梢、嫩叶背面为害，受害老叶不变形，受害嫩梢节间变短、弯曲，幼叶向反面畸形卷缩；使植株矮小，叶面出现退色斑点、变黄，常使白菜、甘蓝不能包心或结球，种用油料、蔬菜和中草药不能正常抽薹、开花和结籽。同时还能传带病毒病，严重影响油料、蔬菜和中草药生长，及早防治蚜虫也是预防病毒病的重要措施。在华北、华中、华东等地大都在春末至仲夏和秋季大量发生为害；在北京大都在5、6月和9、10月间天气闷热时期发生较重。在北京11月上旬发生无翅雌、雄性蚜，交配后在菜叶背面产卵越冬，部分成虫、若虫在菜窖内越冬或在温室中继续繁殖。常与桃蚜、甘蓝蚜混生。防治有利时机应在每年春季。通常在蚜群中出现有翅若蚜前，繁殖力有下降趋势，因而若蚜与成蚜数量的比值也逐渐下降；降到一定的比值，蚜群中即将出现有翅若蚜。捕食性天敌有六斑月瓢虫、七星瓢虫、横斑瓢虫、双带盘瓢虫、十三星瓢虫、龟纹瓢虫、多异瓢虫、异色瓢虫、十九星瓢虫、大绿食蚜蝇、食蚜瘿蚊、几种草蛉、姬猎蝽、小花蝽等，并有蚜茧蜂寄生。微生物天敌有蚜霉菌。施药防治时要注意保护天敌，为天敌留下饲料，利用天敌消灭蚜虫。

分布：浙江（临安）、黑龙江、吉林、辽宁、内蒙古、北京、天津、河北、山东、河南、陕西、宁夏、甘肃、江苏、上海、湖南、福建、台湾、广东、四川、云南；俄罗斯，朝鲜，日本，印度，印度尼西亚，伊拉克，以色列，加拿大，美国，埃及，东非。

328. 小长管蚜属 *Macrosiphoniella* del Guercio, 1911

Macrosiphoniella del Guercio, 1911: 331. Type species: *Siphonophora atra* Ferrari, 1872.

　　主要特征：中额平，额瘤显著外倾。触角节 3 或节 3 和 4 有圆形次生感觉圈。喙节 4+5 尖长。腹管管状，至少端部 1/3 有网纹，常短于或等于尾片；几乎总有腹管前斑，后斑常缺，如果有则小于前斑。

　　生物学：寄主为菊科植物。

　　分布：北半球广泛分布。世界已知 122 种，中国记录 35 种，浙江分布 2 种。

（587）北海道小长管蚜 *Macrosiphoniella hokkaidensis* Miyazaki, 1971（图 7-98）

Macrosiphoniella hokkaidensis Miyazaki, 1971: 21, 22.

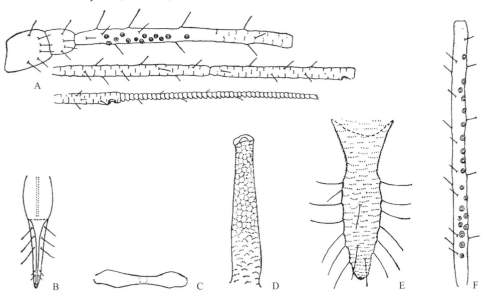

图7-98　北海道小长管蚜 *Macrosiphoniella hokkaidensis* Miyazaki, 1971

无翅孤雌蚜：A. 触角节 1–6；B. 喙节 4+5；C. 中胸腹岔；D. 腹管；E. 尾片。有翅孤雌蚜：F. 触角节 3

　　主要特征：

　　无翅孤雌蚜　体卵圆形，体长 2.90 mm，体宽 1.30 mm。活体黄绿色。玻片标本淡色，无斑纹。触角、喙、足及腹管黑色，尾片及尾板黑褐色。体表光滑，腹部背片 7、8 横瓦纹几乎不可见。气门小圆形关闭，气门片稍突起，骨化。节间斑不显。中胸腹岔有柄。体背毛长，尖锐；头部有中额毛 2 对，额瘤毛 3 或 4 对，头背毛 6 根；前胸背板有中、侧、缘毛各 1 对；腹部背片 1 有中毛 3 根，侧毛 4 根，缘毛 2 根；背片 8 有毛 4 根；头顶毛、腹部背片 1 毛、背片 8 毛长分别为触角节 3 直径的 2.50 倍、2.10 倍、2.50 倍。中额不显，额瘤显著隆起，外倾，额沟下凹成弧形。触角 6 节，节 1、2 及节 3 基半部光滑，其他节有瓦纹，为体长的 0.85 倍；节 3 长 0.62 mm；节 1–6 长度比例为：16∶13∶100∶79∶64∶29+95；触角毛粗长，顶钝，节 1–6 毛数分别为：6–8、3–5、10–14、8 或 9、6–8、3+6 或 7 根，节 3 长毛长为该节直径的 1.60 倍；节 3 有大小圆形次生感觉圈 11–16 个，分散于基半部。喙端部超过后足基节，节 4+5 尖细，为基宽的 5.00 倍，为后足跗节 2 长的 1.30 倍，有原生短刚毛 2 对，次生长刚毛 3 对。后足股节为触角节 3 长的 1.30 倍；后足胫节为体长的 0.85 倍，毛长为该节中宽的 1.60 倍；跗节 1 毛序：3，3，3。腹管长圆筒状，基部粗大，向端部渐细，端部 1/2 有网纹，缘突不甚显，切迹明显；为体长的 0.14 倍，为尾片长的 0.90 倍。尾片长圆锥形，基部 1/3 处收缩，端部尖细，有微刺突构成细瓦纹，有长毛 16–24 根。尾板梯形，有长毛 11–15 根。生殖板淡色，有毛 11 根。

　　有翅孤雌蚜　体长卵形，体长 3.00 mm，体宽 1.00 mm。玻片标本头部、胸部深褐色，腹部淡色，无斑纹。触角 6 节，为体长的 0.90 倍，节 3 长 0.66 mm；节 1–6 长度比例为：15∶12∶100∶83∶72∶29+92；节 3 有毛 22 根，毛长为该节直径的 1.60 倍；节 3 有圆形次生感觉圈 22 个，分散于全长。喙端部达后足基节。后足股节为触角节 3 长的 1.30 倍；后足胫节为体长的 0.57 倍。翅脉正常。腹管长筒形，为体长的 0.31 倍。尾片长圆锥形，基部 1/3 收缩，有长毛 17 根。尾板有毛 10 根。生殖板淡色，有长毛 20 根，排列为 2

行。其他特征与无翅孤雌蚜相似。

生物学：寄主为蒙古蒿、艾、茵陈蒿（臭蒿）等蒿属植物。

分布：浙江（临安）、黑龙江、吉林、辽宁、河南；俄罗斯，日本。

（588）菊小长管蚜 *Macrosiphoniella sanborni* (Gillette, 1908)（图 7-99）

Macrosiphum sanborni Gillette, 1908: 65.

Macrosiphoniella sanborni: Van der Goot, 1917: 36.

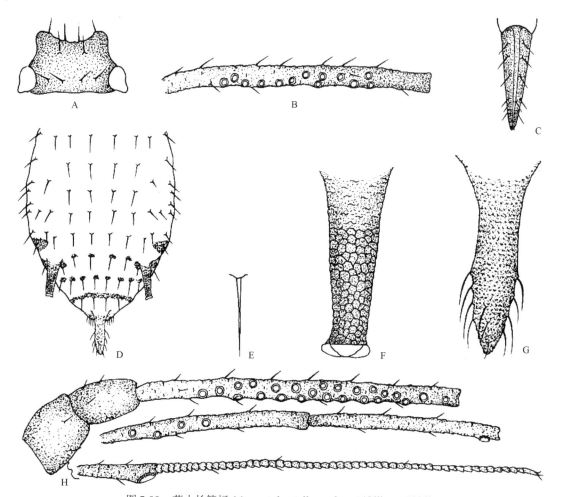

图 7-99　菊小长管蚜 *Macrosiphoniella sanborni* (Gillette, 1908)

无翅孤雌蚜：A. 头部背面观；B. 触角节 3；C. 喙节 4+5；D. 腹部背面观；E. 体背毛；F. 腹管；G. 尾片。有翅孤雌蚜：H. 触角

主要特征：

无翅孤雌蚜　体纺锤形，体长1.50 mm，体宽0.70 mm。活体赭褐色，有光泽。玻片标本淡色，头部黑色，前、中胸背板及斑纹灰色；后胸背板缘斑明显，后胸背板及腹部各节少数毛基斑黑色。触角、喙、足基节、股节端部1/3、胫节基部1/6及端部1/3、跗节、腹管、尾片和尾板黑色，生殖板灰色，喙节2中部1/6、触角节3基部1/2淡色。腹部背片6–8毛基斑较明显，有时背片8各毛基斑相连为横带；腹管前斑大，近长方形。体表光滑，胸部背板有微横纹，腹管后各节背片有微刺突横纹。前胸有小缘瘤，直径仅稍大于毛基瘤。气门长圆形或月牙形，开放，气门片隆起灰色。节间斑不显。中胸腹岔有长柄。体背毛尖长；头部背面有毛10根；前胸背板有中、侧、缘毛各2根，中胸背板有中、侧、缘毛各4根，后胸背板有中、侧、缘毛各4、2、4根；腹部背片1–6分别有中、侧、缘毛各2–4根，背片7有毛6根，背片8有毛4或5根；头顶毛、腹部背片1毛、背片8毛长分别为触角节3直径的2.40倍、2.20倍、3.20倍。额沟弧形，额瘤显著隆

起。触角6节，细长，为体长的1.10倍；节1、2光滑，其他各节微有瓦纹；节3长0.42 mm，节1–6长度比例为：18∶14∶100∶62∶56∶26+123；节1–6毛数分别为：5–7、4或5、10–13、6或7、5、3或4+4–6根；节3毛长为该节直径的1.40倍；节3有小圆形突起的次生感觉圈15–20个，分散于外侧全长。喙端部达后足基节，节4+5细长剑形，为基宽的2.70倍，为后足跗节2长的1.20倍；有原生刚毛4根，次生刚毛6根。股节与胫节光滑；后足股节与触角节4、5之和约等长，后足胫节长为体长的0.60倍，后足胫节长毛为该节中宽的1.50倍；跗节1毛序：3，3，3。腹管圆筒形，基部宽，向端部渐细，端部3/5有网纹12–14横行，基部有瓦纹，两缘有微齿，有缘突和切迹；为体长的0.17倍，与触角节4或尾片约等长。尾片圆锥形，基部1/3处收缩，末端尖，有横行微刺，两缘有尖刺；有曲毛11–15根。尾板半圆形，有微刺状横纹和瓦纹，有毛10–12根。生殖板有毛9–12根。

有翅孤雌蚜　体长卵形，体长1.70 mm，体宽0.67 mm。玻片标本头部、胸部黑色，腹部淡色，有灰色斑纹。体背斑纹较无翅孤雌蚜显著，有时腹部背片1–3各中毛基斑相连为中横带；背片2–4有缘斑，腹管前斑大于后斑。触角6节，为体长的1.10倍；节3长0.50 mm，节1–6长度比例为：17∶13∶100∶62∶54∶22+112；节3有小圆形突起次生感觉圈16–26个，分散于外侧端部4/5，节4有2–5个。腹管为体长的0.13倍，为尾片长的0.84倍。尾片有毛9–11根。尾板有毛8–14根。其他特征与无翅孤雌蚜相似。

生物学：寄主植物有菊、野菊等菊属植物和艾、蒙古蒿等。本种是菊属植物的重要害虫，为害幼茎幼叶，影响开花，影响中草药产量。在温暖地区，全年为害菊属植物，不发生性蚜。在北方寒冷地区，冬季在温室或暖房中越冬。常在4–6月和8月大量发生。捕食天敌有六斑月瓢虫和食蚜蝇等。

分布：浙江（临安）、辽宁、北京、河北、山东、河南、甘肃、江苏、台湾、广东；俄罗斯，朝鲜，韩国，加拿大，美国。东亚起源，世界广布。

329. 小微网蚜属 *Microlophium* Mordvilko, 1914

Acyrthosiphon (*Microlophium*) Mordvilko, 1914: 198. Type species: *Aphis urticae* Schrank, 1801 = *Microlophium carnosum* (Buckton, 1876).

Microlophium: Hille Ris Lambers, 1949: 201.

主要特征：无翅孤雌蚜额瘤发达，外倾，中额隆起。无翅孤雌蚜触角节3基部有1至数个圆形次生感觉圈；有翅孤雌蚜次生感觉圈数量较多，排成1列或近似1列，分布全节。腹管长管状。尾片长为腹管的1/3–2/5，有毛7–15根。

生物学：寄主植物为荨麻、悬钩子等。

分布：世界广布。世界已知4种，中国记录2种，浙江分布1种。

（589）悬钩子无网蚜 *Microlophium rubiformosanum* (Takahashi, 1927)（图7-100）

Macrosiphum rubiformosanum Takahashi, 1927: 3.

Microlophium rubiformosanum: Eastop & Hille Ris Lambers, 1976: 264, 280.

主要特征：

无翅孤雌蚜　体纺锤形，体长3.70 mm，体宽1.50 mm。活体翠绿色。玻片标本淡色，腹部无斑纹。触角骨化，节3、4端部及节5、6黑色；喙节3及端节黑色；足淡色，股节端部1/4、胫节端部及跗节黑色；腹管深黑色，基部稍淡；尾片、尾板及生殖板淡色。体表光滑，头及胸背部微显皱纹，额瘤腹面及头后部腹面有刻点，腹部背片7、8显瓦纹。气门圆形突起关闭，气门片淡色。无节间斑。中胸腹岔淡色短柄。体背毛粗钝顶。头顶毛中额1对，额瘤3或4对，头部8根；胸部各节中、侧、缘毛数分别为：前胸2、2、2根，中胸11、4、4根，后胸5、4、2根；腹部背片1–6各有中侧毛3对，背片1–7各有缘毛2对，背片

7 有 2 根中毛；背片 8 只有毛 8 根，排列 1 行；头顶毛长为触角节 3 直径的 0.85 倍，腹部背片 1 缘毛为触角节 3 直径的 0.51 倍，背片 8 毛为触角节 3 直径的 0.75 倍。中额瘤不显，额瘤显著外倾。触角细长，有微瓦纹，为体长的 1.20 倍；节 3 长 1.00 mm，节 1–6 长度比例为：16：11：100：90：81：23+110；节 1–6 毛数分别为：10–15、4、28–33、19–23、13–16、4+6 根，节 3 毛长为该节直径的 0.56 倍；节 3 基部外缘有小圆形感觉圈 5–9 个。喙粗大，呈剑形，超过中足基节；节 4+5 为基宽的 1.80 倍，为后足跗节 2 长的 1.30 倍；有原生刚毛 3 对，次生刚毛 4 对。足细长光滑，有瓦纹和卵形纹；后足股节为触角节 3 长的 1.40 倍；后足胫节为体长的 0.69 倍，毛长为该节直径的 0.60 倍；跗节 1 毛序：5，5，5。腹管长管状，基部宽大，向端部渐细，有微刺突瓦纹；稍短于触角节 3，为体长的 0.25 倍，为尾片的 2.00 倍；两缘有小齿，有明显缘突和切迹。尾片长圆锥形，端部 1/3 稍收缩，有小圆突起横列，两缘有尖刺突，有长尖毛 8 根。尾板馒圆形，有长短毛 18–23 根。生殖板有短毛 12 或 13 根。

生物学：寄主植物为悬钩子，在叶反面及嫩茎上取食。

分布：浙江（临安）、台湾、西藏；日本。

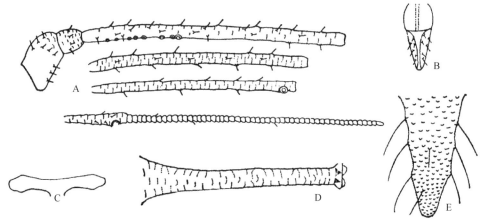

图 7-100　悬钩子无网蚜 *Microlophium rubiformosanum* (Takahashi, 1927)
无翅孤雌蚜：A. 触角；B. 喙节 4+5；C. 中胸腹岔；D. 腹管；E. 尾片

330. 瘤蚜属 *Myzus* Passerini, 1860

Myzus Passerini, 1860: 27. Type species: *Aphis cerasi* Fabricius, 1775.

主要特征：头部粗糙，额瘤显著，高于中额。无翅孤雌蚜触角无次生感觉圈，有翅孤雌蚜触角节3或节4、5有圆形次生感觉圈。有翅孤雌蚜腹部背片3–5各有1个大黑斑。腹管管状或稍膨大。尾片圆锥形，有毛4–8根。

生物学：寄主植物广泛。

分布：世界广布。世界已知 64 种，中国记录 18 种，浙江分布 3 种。

分种检索表

无翅孤雌蚜

1. 触角长为体长的 0.54 倍，节 3 有毛 6–8 根；喙节 4+5 长为基宽的 2.60 倍·················· 山樱桃黑瘤蚜 *M. prunisuctus*
- 触角等于或长于体长的 0.80 倍，节 3 有毛 13–16 根；喙节 4+5 长度短于基宽的 2.00 倍·························· 2
2. 腹部背片 7、8 有小中瘤；触角原生感觉圈附近及节 6 端半部黑色，末节鞭部长为节 3 的 1.08 倍；喙节 4+5 与后足跗节 2 约等长；腹管长为体长的 0.20 倍，为尾片的 2.30 倍·························· 桃蚜 *M. persicae*
- 腹部背片 7、8 无中瘤；触角各关节处黑色，末节鞭部长于节 3 的 1.20 倍；喙节 4+5 长为后足跗节 2 的 1.20 倍；腹管长为体长的 0.24 倍，为尾片的 2.50 倍·· 黄药子瘤蚜 *M. varians*

（590）桃蚜 *Myzus persicae* (Sulzer, 1776)（图 7-101）

Aphis persicae Sulzer, 1776: 105.

Myzus (*Nectarosiphon*) *persicae*: Eastop & Hille Ris Lambers, 1976: 299, 302.

主要特征：

无翅孤雌蚜　体卵圆形，体长 2.20 mm，体宽 0.94 mm。活体淡黄绿色、乳白色，有时赭赤色。玻片标本淡色，头部、喙节 4+5、触角节 5、6 原生感觉圈前后、节 6 鞭部端半部、胫节端部 1/4、跗节、腹管顶端、尾片及尾板稍深色。头部表面粗糙、有粒状结构，背中区光滑，侧域粗糙；胸部背板有稀疏弓形纹；腹部背片有横皱纹，有时可见稀疏弓形纹，背片 7、8 有粒状微刺组成的网纹。气门肾形关闭，气门片淡色。中胸腹岔无柄。体背毛粗短，尖锐，长为触角节 3 直径的 1/3–2/3；头部有额瘤毛每侧 4 根，头背毛 8–10 根；前胸背板有毛 8 根，中胸背板有毛 14 根，后胸背板有毛 10 根；腹部背片 1–8 毛数分别为：8、10、8、12、8、6、8、4 根。中额微隆起，额瘤显著，内缘圆形，内倾。触角 6 节，节 3–6 有瓦纹，为体长的 0.80 倍；节 3 长 0.50 mm，节 1–6 长度比例为：24∶16∶100∶80∶64∶30+108；节 1–6 毛数分别为：5、3、16、11、5、3+0 根，节 3 毛长为该节直径的 1/4–1/3。喙端部达中足基节，节 4+5 长为基宽的 1.60–1.80 倍，为后足跗节 2 长的 0.92–1.00 倍。后足股节为触角节 3 的 1.50 倍。后足胫节为体长的 0.59 倍，毛长为该节直径的 0.70 倍；股节端半部及跗节有瓦纹；跗节 1 毛序：3，3，2。腹管圆筒形，向端部渐细，有瓦纹，端部有缘突；为体长的 0.20 倍，为尾片的 2.30 倍，稍长于触角节 3，与节 6 鞭部等长。尾片圆锥形，近端部 2/3 收缩，有曲毛 6 或 7 根。尾板末端圆形，有毛 8–10 根。生殖板有短毛 16 根。

以上记述的是在夏寄主上的无翅孤雌蚜，而春季在桃树上的个体体毛稍长；腹管稍短，亚端部无膨大，腹部节 1–5 常有小缘瘤各 1 对，背片 7、8 小中瘤更明显。体黄绿色，有翠绿色背中线和侧横带。

有翅孤雌蚜　体长 2.20 mm，体宽 0.94 mm。活体头部、胸部黑色，腹部淡绿色。玻片标本头部、胸部、触角、喙、股节端部 1/2、胫节端部 1/5、跗节、翅脉、腹部横带和斑纹、气门片、腹管、尾片、尾板和生殖板灰黑色至黑色，其他部分淡色。腹部背片 1 有 1 行零星狭小横斑，背片 2 有 1 个背中窄横带，背片 3–6 各横带融合为 1 个背中大斑，背片 7、8 各有 1 个背中横带；背片 2、4 各有大缘斑 1 对；腹管前斑窄小，腹管后斑大并与背片 8 横带相接。背片 8 背中有 1 对小中瘤。节间斑明显。触角 6 节，为体长的 0.78–0.96 倍；节 3 长 0.46 mm，节 1–6 长度比例为：20∶16∶100∶83∶67∶31+110；节 3 有小圆形次生感觉圈 9–11 个，在全长外缘排成 1 行。后足股节为触角节 3 长的 1.40 倍；后足胫节为体长的 0.59 倍，毛长为该节直径的 0.69 倍。腹管为体长的 0.20 倍，约等于或稍短于触角节 3。尾片长为腹管的 0.47 倍，有曲毛 6 根。尾板有毛 7–16 根。其他特征与无翅孤雌蚜相似。

生物学：寄主植物为桃、李、杏、萝卜、白菜、辣椒、茄、苋菜、落花生、燕麦、菘蓝（板蓝根）、岩白菜（温室）、鸡冠花、毛叶木瓜（木本藤）、茼蒿、刺菜、蜡梅、山楂、曼陀罗、大豆、凤仙花、牵牛（喇叭花）、苦荬菜、莴苣、独行菜、番茄（西红柿）、天女木兰、山荆子（山定子）、白兰、列当（温室）、人参、红蓼（东方蓼）、月季花、瓜叶菊（温室）、芝麻、白芥子、龙葵、马铃薯、高粱、丁香、夜来香、大果榆（黄榆）、鸡树条（鸡树条荚蒾）。其他地区记载的寄主植物有甘蓝、油菜、芥菜、芜青、花椰菜、烟草、枸杞、棉、蜀葵、甘薯、蚕豆、南瓜、甜菜、厚皮菜、芹菜、茴香、菠菜、三七和大黄等多种经济植物和杂草。

桃蚜是多食性蚜虫，是桃、李、杏等的重要害虫，幼叶背面受害后向反面横卷或不规则卷缩，使桃叶营养恶化，甚至变黄脱落。蚜虫排泄的蜜露滴在叶片上，诱致霉病，影响桃的产量和品质。桃蚜也是烟草的重要害虫，又名烟蚜，烟株幼嫩部分受害后生长缓慢，甚至停滞，影响烟叶的产量和品质。十字花科蔬菜、油料作物芝麻、油菜及某些中草药常遭受桃蚜的严重为害。温室中多种栽培植物也常严重受害，所以又叫温室蚜虫。桃蚜还能传播农作物多种病毒病。本种是常见多发害虫。桃蚜的重要天敌有异色瓢虫、七星瓢虫、龟纹瓢虫、双带盘瓢虫、六斑月瓢虫、四斑月瓢虫、十三星瓢虫、多异瓢虫、二星瓢虫、狭臀瓢虫、十一星瓢虫、素鞘瓢虫、食蚜斑腹蝇、黑带食蚜蝇、大绿食蚜蝇、普通草蛉、大草蛉、小花蝽、蚜茧蜂和蚜霉菌等，其中以寄生蜂最为重要。

分布：浙江（临安）、黑龙江、吉林、辽宁、内蒙古，中国广布；世界广布。

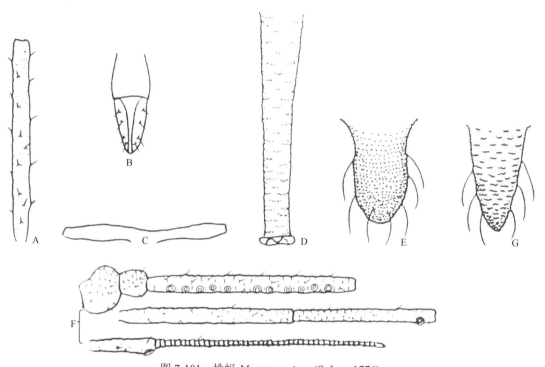

图 7-101　桃蚜 *Myzus persicae* (Sulzer, 1776)

无翅孤雌蚜：A. 触角节 3；B. 喙节 4+5；C. 中胸腹岔；D. 腹管；E. 尾片。有翅孤雌蚜：F. 触角；G. 尾片

（591）山樱桃黑瘤蚜 *Myzus prunisuctus* Zhang, 1980（图 7-102）

Myzus prunisuctus Zhang, 1980: 60.

主要特征：

无翅孤雌蚜　体卵圆形，体长 1.60 mm，体宽 0.84 mm。活体体黑绿至黑褐色。玻片标本体骨化淡灰黑色，头背灰黑色，无斑纹。触角节 1、5、6 和喙节 3–5、股节端部 1/2、胫节端部 1/4、跗节、腹管、尾片及尾板黑色。体表较粗糙，头背面有黑色半环形至环形圆突密布，但中域和中后域光滑，腹面有微刺组成的横纹；胸、腹部有明显曲纹，腹部背片 8 有小刺突瓦纹。气门肾形半开放或关闭，气门片隆起黑色。节间斑灰褐色。中胸腹岔无柄。体背毛粗短顶钝，头部毛中额 2 根，额瘤各侧 3 根，背部 8 根；前胸中、侧、缘毛各 1 对，侧毛基斑隆起，中胸 3、2、4 根，后胸 4、2、2 根；腹部毛整齐排列，腹部背片 1–5 各 8–10 根，背片 6、7 各 6 根，背片 8 有 4 根；腹部背片 1、8 及头顶毛长 0.01 mm，为触角节 3 直径的 0.33–0.42 倍，腹面毛长尖，为背毛的 2.00–3.00 倍。中额平直，额瘤显著，内缘圆形内倾，有粗糙小突起。触角 6 节，有时 5 节（节 3、4 界限不清），为体长的 0.54 倍；节 3 长 0.19 mm，节 1–6 长度比例为：30：25：100：70：52：38+130，有明显瓦纹，各节内缘呈尖圆形突起；触角毛短粗顶钝，节 1–6 毛数分别为：7 或 8、4–6、6–8、4 或 5、3、2 或 3+3 或 4 根，节 3 毛长为该节直径的 0.26 倍。喙达中足基节，节 4+5 细长，长为基宽的 2.60 倍，为后足跗节 2 长的 1.50 倍；有原生刚毛 2 对，次生刚毛 2 对。足较光滑，骨化部有皱曲纹，后足股节与触角节 3–5 约等长；后足胫节为体长的 0.44 倍，后足胫节毛长为该节直径的 0.67 倍；跗节 1 毛序：3，3，2。腹管长筒形，有瓦纹，两缘锯齿形，显缘突和切迹；为体长的 0.21 倍，约与触角节 3、4 之和等长，为眼处头宽的 1.10 倍。尾片短圆锥状，长为腹管的 0.27 倍，基部宽大，渐向端部尖细，中部收缩，有小刺突横纹及曲毛 5 根。尾板末端大圆形，有毛 9 或 10 根。生殖板淡色，方块形，有短毛约 12 根。

生物学：寄主植物为山樱桃。在叶反面为害，受害嫩叶向反面纵卷成双筒形。

分布：浙江（临安）。

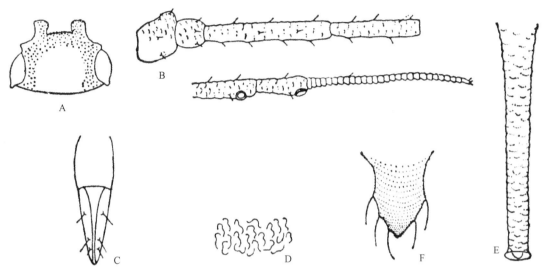

图 7-102　山樱桃黑瘤蚜 *Myzus prunisuctus* Zhang, 1980
无翅孤雌蚜：A. 头部背面观；B. 触角；C. 喙节 4+5；D. 腹部刻纹；E. 腹管；F. 尾片

（592）黄药子瘤蚜 *Myzus varians* Davidson, 1912（图 7-103）

Myzus varians Davidson, 1912: 409.

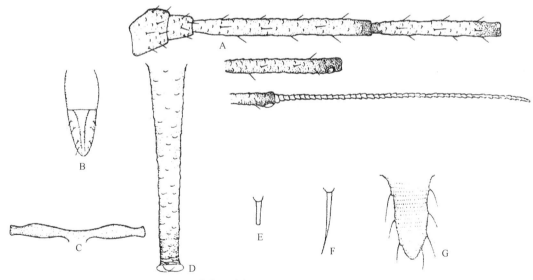

图 7-103　黄药子瘤蚜 *Myzus varians* Davidson, 1912
无翅孤雌蚜：A. 触角；B. 喙节 4+5；C. 中胸腹岔；D. 腹管；E. 体背毛；F. 体腹面毛；G. 尾片

主要特征：

无翅孤雌蚜　体卵圆形，体长2.10 mm，体宽1.10 mm。活体蜡白色，触角节间黑色。玻片标本身体淡色，触角节3-6端部及节6感觉圈附近、喙顶端、足跗节及腹管端部1/6-1/4黑色。体表光滑，头背有小圆形突起，中域光滑，腹面有微刺组成的横纹；头部、胸部背面微显皱纹，腹管后几节背片有瓦纹。气门不规则形，气门片淡色。节间斑淡色微显。中胸腹岔有短柄，淡色。体背毛粗短，棒状，腹面毛长约为背毛的

3.00倍；头部有中额毛1对，额瘤毛3或4对，头背毛4对；前胸背板有中、侧、缘毛各1对，中胸背板有中侧毛3或4对，缘毛1或2对，后胸背板有中侧毛6根，缘毛2–4根；腹部背片1–6各有中毛4根，缘毛2根，背片7–8各有刚毛4根；背片8毛长0.03 mm；头顶毛、腹部背片1缘毛、背片8毛长分别为触角节3直径的0.52倍、0.20倍、0.73倍。中额不显，额瘤隆起，顶端圆形，内倾。触角6节，细长，节1、2有小圆形突起，其他节有瓦状纹，约等于体长；节3长0.47 mm，节1–6长度比例为：21∶15∶100∶73∶66∶24+146；触角毛短，节1–6毛数分别为：6或7、4或5、13–16、8–10、4–7、2–4+1或2根；节3毛长为该节直径的0.25倍。喙短粗，端部达中足基节，节4+5短锥形，顶钝，长为基宽的1.90倍，为后足跗节2长的1.20倍；有原生刚毛3对，次生刚毛1或2对。足光滑；后足股节为触角节3长的1.20倍；后足胫节为体长的0.49倍，毛长为该节中宽的0.70倍；跗节1毛序：3，3，2。腹管长筒形，有微刺突瓦纹，有缘突和切迹；为体长的0.24倍，为尾片长的2.60倍，与触角节3约等长。尾片舌状，有小圆突横纹，有长曲毛6或7根。尾板末端圆形，有毛11–15根。生殖板淡色，短毛8–10根。

生物学： 寄主植物为黄独（黄药子）、桃、山桃和铁线莲属等，国外记载为害女萎等铁线莲属植物。在老叶背面及嫩梢为害，被害叶向反面纵卷成双筒形。

分布： 浙江（安吉、临安）、辽宁、北京、河北、山东、台湾；朝鲜，日本，欧洲，美国。

331. 新瘤蚜属 *Neomyzus* Van der Goot, 1915

Neomyzus Van der Goot, 1915: 1. Type species: *Siphonophora circumflexa* Buckton, 1876.

主要特征： 头部有密集小刺突，额瘤发达，内缘稍内倾，中额不显。无翅孤雌蚜腹部背面光滑或有皱纹，色淡或有连续或马蹄形背斑；有翅型腹部背片1通常有侧斑，背片3–6有1大块黑斑，背片2、7、8有横带。体背毛短，至多与触角节3基部直径等长。触角6节，节3光滑或外缘光滑、内侧有瓦纹，节4–6有明显瓦纹；末节鞭部为基部的3.20–5.00倍；节3毛短钝，毛长小于该节基宽的0.50倍；无翅孤雌蚜节3无次生感觉圈或近基部有至多3个次生感觉圈；有翅型节3有次生感觉圈，节4有时也有。喙节4+5有次生毛2–6根。足淡黄色至褐色，基节、转节及股节基部色淡。股节光滑，有时有小刺突瓦纹，胫节光滑。跗节1毛序：3，3，3或4，4，4。翅脉正常。腹管圆筒形，长于尾片，为体长的0.15–0.25倍。尾片有毛4–7根。生殖板宽圆形。若蚜后足胫节有刺突。

分布： 世界广布。世界已知10种，中国记录4种，浙江分布1种。

（593）环球新瘤蚜 *Neomyzus circumflexum* (Buckton, 1876)（图7-104）

Siphonophora circumflexa Buckton, 1876: 130.

Neomyzus circumflexum: Van der Goot, 1917: 50.

主要特征：

无翅孤雌蚜 活体白色或淡黄色到浅绿色。体长卵形，体长1.79–2.59 mm，体宽0.46–1.38 mm。触角节3、4基部褐色，节5端部及基部、节6及腹管端部褐色；头部粗糙，有密集的小刺突，胸部及腹部背片有皱纹，体缘皱纹明显，背片6–8腹面有刺突构成的横纹；前胸、中胸及后胸各有1对大侧斑；腹部背片1–5有1个大马蹄形背斑，边缘不规则；背片5和6各有1对小侧斑。气门肾形，关闭。中胸腹岔有短柄。体背毛短小、尖锐，腹面毛细长尖锐，为背面毛长的3.33–5.00倍；头部有顶毛3对，头背毛4对，头背毛长0.015–0.025 mm，为触角节3基部直径的1.00–1.50倍；前胸背板有中、侧、缘毛各2根，中胸背板有中毛4根、侧毛6根、缘毛4根，后胸背板有中、侧毛各4根，缘毛2根；腹部背片1–6有中、缘毛各2根；背片7有中毛2根，背片8有毛4根。腹部背片1缘毛长0.007–0.010 mm，背片8中毛长0.020–0.025 mm，分别为触角节3基部直径的0.50–0.60倍、1.29–1.67倍。额瘤发达，中额不显，内侧边平行，额瘤内倾，呈宽"U"形。复眼大，眼瘤明显。触角6节，节1、2有粗刺突，节3–6有明显瓦纹，为体长的1.05–1.20倍；节3长0.44–0.69 mm，节1–6长度比例为：18–25：11–15：100：80–86：64–72：25–34+128–152，触角节6鞭部长为基部的3.97–4.46倍；触角毛短钝，节1–6毛数分别为：1或2、4或5、8–10、10–12、10、1+3根，节6鞭部末端有短毛3根，节3毛长0.007–0.010 mm，为该节基部直径的0.21–0.33倍；节3有小圆形次生感觉圈1或2个，原生感觉圈圆形，节5原生感觉圈无睫，节6原生感觉圈有睫。喙楔形，端部超中足基节，伸达中足及后足基节之间；节4+5长0.11–0.13 mm，为基宽的1.55–1.88倍，为后足跗节2长的1.22–1.53倍。股节粗糙，有稀疏皱纹，胫节光滑；后足股节为触角节3长的1.09–1.63倍；后足胫节为体长的0.44–0.66倍；后足胫节毛粗短、尖锐，长0.022–0.029 mm，为触角节3基部直径的1.29–1.67倍。跗节1毛序：3，3，3。腹管长管形，有明显瓦纹，基部稍粗，缘突明显，缘突下无缢缩；为基宽的3.90–5.29倍，为尾片的1.85–2.14倍。尾片长圆锥形，端部钝，为基宽的1.47–1.86倍，有毛4根。尾板末端半圆形，端部稍尖，有毛8–10根。生殖板宽圆形，有后缘毛11或12根，前缘毛2根。

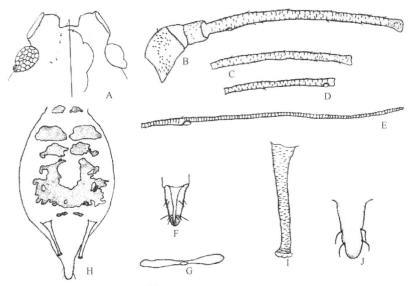

图 7-104　环球新瘤蚜 Neomyzus circumflexum (Buckton, 1876)

无翅孤雌蚜：A. 头部背面观（左）和腹面观（右）；B. 触角节 1–3；C. 触角节 4；D. 触角节 5；E. 触角节 6；F. 喙节 4+5；G. 中胸腹岔；H. 腹部背面观，示斑纹；I. 腹管；J. 尾片

生物学：多食性，取食爵床科、铁线蕨科、苋科、藜科、鸭跖草科、菊科、旋花科、葫芦科、大戟科、锦葵科、桑科、紫茉莉科、兰科、酢浆草科、蝶形花科、西番莲科、蓼科、蔷薇科、茜草科、芸香科、虎耳草科、玄参科、毛茛科、茄科、安息香科、夹竹桃科、天南星科、木兰科、百合科、秋海棠科、红木科、紫草科、景天科、杜鹃花科、龙胆科、七叶树科、荨麻科等及裸子植物。营不全周期生活，有性形态还未发现。多出现在温室中，是一种常见的温室植物害虫。能传播30多种植物病毒。

分布：浙江（临安）、辽宁、湖南、云南、西藏；日本，印度等，世界性分布。

332. 圆瘤蚜属 *Ovatus* Van der Goot, 1913

Ovatus Van der Goot, 1913: 84, 145, 148. Type species: *Myzus mespili* Van der Goot, 1912 = *Ovatus insitus* (Walker, 1849).

主要特征：额瘤圆，内倾，高于中额。触角长于身体，节3无次生感觉圈，节3毛长为该节直径的0.40–0.90倍。腹管圆筒形，向端部渐细或渐膨大，有瓦纹。有翅孤雌蚜腹部背片中域无骨化斑。取食梨亚科、唇形科及菊科植物。

分布：世界广布。世界已知14种，中国记录3种，浙江分布2种。

（594）山楂圆瘤蚜 *Ovatus crataegarius* (Walker, 1850)（图 7-105）

Aphis crataegina Walke, 1850: 46.

Ovatus crataegarius: Börner & Schilder, 1931[1932]: 622.

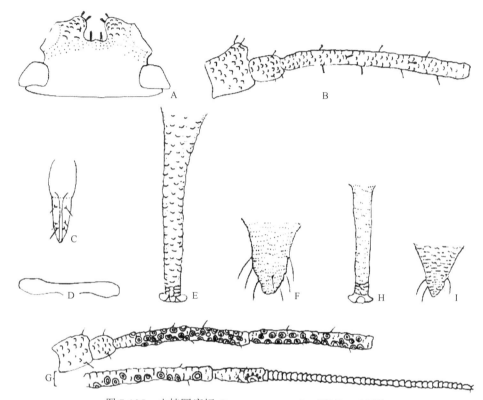

图 7-105　山楂圆瘤蚜 *Ovatus crataegarius* (Walker, 1850)

无翅孤雌蚜：A. 头部背面观；B. 触角节 1–3；C. 喙节 4+5；D. 中胸腹岔；E. 腹管；F. 尾片。有翅孤雌蚜：G. 触角；H. 腹管；I. 尾片

主要特征：

无翅孤雌蚜　体长卵形，体长2.00 mm，体宽0.96 mm。活体淡绿色至深绿色。玻片标本淡色，无斑纹。触角淡色，各节间处及节6褐色；喙顶端、胫节端部及跗节黑色，尾片、尾板及腹管端部灰黑色，其他部分淡色。头部前缘有小刺突及横纹，腹面前部有小刺突，背中域光滑，其他部分有横纹；胸部背面有横曲纹或纵曲纹，腹面有横网纹；腹部背片1–6光滑或有模糊三角横纹，背片7、8有瓦纹，各节缘域有明显鳞状瓦纹。气门大肾形至圆形，关闭，气门片表面粗糙。节间斑淡色不明显。中胸腹岔有短柄。体背毛短小，钝顶，不明显；头部有中额毛1对，额瘤毛3对，头部背面毛4对；后胸背板及腹部背片1–4各有毛8–10根，背片5–8各有毛3或4根；头顶毛、腹部背片1缘毛、背片8毛长分别为触角节3直径的0.36倍、0.18倍、0.28倍。中额稍隆，额瘤甚明显突起，内倾，呈高馒状，有粗糙圆形微突起，额中缝可见。触角6节，有瓦纹，内缘突起成锯齿状，为体长的0.98–1.00倍；节3长0.47 mm，节1–6长度比例为：18：16：100：70：70：26+113；节1–6毛数分别为：5或6、4或5、14–16、6–8、5或6、3+2根，节3毛长为该节直径的1/5。喙粗大，端部超过中足基节，节4+5长圆锥形，两缘平直，长为基宽的3.10倍，为后足跗节2长的1.40倍；有原生刚毛3对，次生刚毛2对，偶有4对。足有微瓦纹，后足股节为触角节3长的1.10倍；后足胫节为体长的0.49倍，毛长为该节直径的0.59倍；跗节1毛序：3，3，3。腹管长筒形，逐渐向端部细，有瓦纹，顶端有2或3行网纹，有明显缘突和切迹；为体长的0.23倍，为尾片的3.00倍，与触角节3约等长。尾片圆锥形，中部及端部稍有收缩，有微刺横纹；长0.15 mm，有长毛4–6根。尾板半圆形，有长毛9–12根。生殖板半圆形，有短刚毛10–12根。

有翅孤雌蚜　体长卵形。活体头部与前胸绿色，后胸黑色，腹部绿色。玻片标本头部、胸部褐色，腹部淡色，无斑纹。触角灰黑色，喙、足及腹管淡色，喙端部、股节顶端及胫节端部1/6深褐色；尾片、尾板灰色。体表光滑，微有横纹，体缘稍显瓦纹。气门肾形，半开放至关闭，气门片稍骨化。体背毛短小、钝顶，不明显，背片8有毛3或4根。触角6节，为体长的0.95倍；节3长0.38 mm，节1-6长度比例为：21：17：100：82：82：29+177；节3-5分别有微突起的圆形次生感觉圈：46-52、29-33、10-15个。喙端部达中足基节。后足股节为触角节3长的1.30倍；后足胫节为体长的0.58倍。翅脉正常。腹管长筒形，为尾片长的2.30倍，为触角节3长的0.85倍。尾片有长毛6或7根。尾板有毛9-13根。其他特征与无翅孤雌蚜相似。

生物学：原生寄主为山楂、苹果、海棠花、榲桲和木瓜等；次生寄主为薄荷和地笋等。山楂圆瘤蚜是山楂等果树和中草药薄荷的害虫。以卵在山楂、苹果等果树枝条上越冬，3月间果树发芽时孵化，4月下旬至6月上旬发生有翅迁移蚜迁向薄荷和地笋等植物叶背面，同时继续在山楂等果树上为害，4-7月分散在山楂、苹果、海棠和木瓜等幼叶背面为害。被害叶不卷缩。5-10月为害薄荷和地笋。10-11月发生雌蚜和有翅雄蚜，交配后，在山楂等枝条上产卵越冬。

分布：浙江（临安）、黑龙江、辽宁、北京、河北、甘肃、新疆、江苏、台湾；俄罗斯，朝鲜，日本，印度，欧洲，加拿大，美国。

（595）薄荷圆瘤蚜 *Ovatus mentharius* (Van der Goot, 1913)（图 7-106）

Phorodon mentharius Van der Goot, 1913: 82.

Ovatus mentharius: Eastop & Hille Ris Lambers, 1976: 329, 351.

主要特征：

无翅孤雌蚜　活体淡绿色。玻片标本淡色。体长卵形，体长 1.33-1.50 mm，体宽 0.61-0.64 mm。体背稍骨化，体表凹凸不平，胸部背面有"C"形纹，体缘更明显，腹部背面有"C"或"O"形皱纹。头部背面除宽的后中部光滑外，剩余的区域有颗粒状刺突，腹面有刺突和皱纹，头部毛稍长，钝顶，额瘤毛 3 对，头顶腹毛 1 对，头背毛 4 对，2 对位于触角间，2 对位于复眼间，头顶毛长 0.019-0.022 mm，头背毛长 0.015-0.017 mm，分别为触角节 3 基部直径的 0.75-0.90 倍和 0.50-0.70 倍。腹部背片 1 缘毛长 0.005-0.007 mm，腹部背片 3 有长毛 4 根，端部稍尖，中毛长 0.02-0.03 mm，分别为触角节 3 基部直径的 0.17-0.20 倍和 0.80-1.20 倍。气门小，肾形，关闭。中胸腹岔有极短的柄。中额不显，额瘤低，内侧边各有 1 显著圆形突起，内倾。其上有钝毛各 3 根。触角 6 节，粗糙，节 1 内侧顶端各有 1 个短钝突起，节 1 及 2 有明显的小疣，节 3-6 有瓦纹；触角为体长的 0.60-0.78 倍，节 3 长 0.21-0.25 mm，节 1-6 的长度比例为：24-29：20-24：100：67-72：62-68：45-53+91-103，节 6 鞭部为基部长的 1.89-2.25 倍；触角毛短钝，节 1-6 毛数分别为：5 或 6、4、6-8、3 或 4、4、1+3 根，节 3 毛长 0.007-0.010 mm，为触角节 3 基部直径的 0.25-0.40 倍。喙位于中足与后足基节之间，末端楔形，节 4+5 为基宽的 2.05-2.67 倍，为后足跗节 2 长的 1.43-1.69 倍，有原生毛 3 对，次生毛 2 根。足短，各足基节光滑，股节端部 1/2 有粗糙瓦纹，胫节基部有极稀疏的瓦纹，后足股节为触角节 3 长的 1.35-1.41 倍。后足胫节为体长的 0.34-0.44 倍；后足胫节毛粗短，钝顶，毛长 0.015-0.025 mm，为触角节 3 基部直径的 0.50-0.70 倍。跗节 1 毛序为：3，3，3。腹管圆柱形，基部宽，腹管端部向内弯曲，很少有直的情况，腹管长圆筒形，粗糙，有刺突构成的瓦纹，缘突明显，其下稍有缢缩，有 1 或 2 行皱纹，为体长的 0.19-0.21 倍，为基宽的 3.83-4.48 倍，为尾片长的 2.20-2.56 倍。尾片圆锥形，端部较钝，为基宽的 1.30-1.59 倍，有毛 6 根。尾板末端半圆，端部稍尖，有毛 6 根。生殖板宽圆形，有后缘毛 10 根，前缘毛 2 根。

有翅孤雌蚜　活体绿色，有黑色的触角。玻片标本褐色，体长卵圆形，长 1.78 mm。头部、胸部骨化棕黑色，腹部只有小的棕色缘斑。额瘤显著，稍小于无翅孤雌蚜。触角 6 节，黑褐色到黑色，长 1.86 mm，约与体长相等，节 3-5 分别有次生感觉圈：12-21、7-11、0-5 个，节 3 感觉圈分布于全长，排为 1 列，节 4 感觉圈排为 1 列。腹管圆柱状，稍黑，有淡色的基部，相当细，明显短于无翅孤雌蚜的腹管，较光滑，长 0.34 mm，约为体长的 0.2 倍。尾片长圆锥形，有曲毛 4 根，为腹管的 1/2–3/2 倍。翅有稍宽的黑棕色脉，其他特征与无翅孤雌蚜相似。

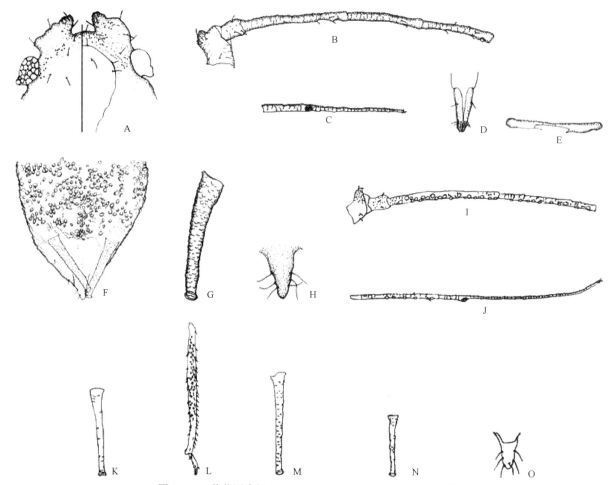

图 7-106　薄荷圆瘤蚜 *Ovatus mentharius* (Van der Goot, 1913)

无翅孤雌蚜：A. 头部背面观（左）和腹面观（右）；B. 触角节 1–5；C. 触角节 6；D. 喙节 4+5；E. 中胸腹岔；F. 腹部背片 4–8（示体背 "C" 或 "O" 形皱纹）；G. 腹管；H. 尾片。有翅孤雌蚜：I. 触角节 1–4；J. 触角节 6；K. 腹管。雌性蚜：L. 后足胫节；M. 腹管。雄性蚜：N. 腹管；O. 尾片

干母　更相似于无翅孤雌蚜。额瘤和触角节 1 的突起不发达，触角节 6 鞭部为基部长的 3–4 倍。

雌性蚜　活体时淡黄绿色。体长 1.55 mm。触角 6 节，长 1.69 mm，稍长于体长。腹管长 0.34 mm。尾片长 0.16 mm。腹部背片膜质，但通常有和无翅孤雌蚜相似的皱纹。体小型，有明显的褐色节间斑，气门片褐色明显。腹管更细长，尾片较粗于无翅孤雌蚜。后足胫节膨胀，有大量的性信息腺。其他特征同无翅孤雌蚜。

有翅雄性蚜　相似于无翅孤雌蚜，腹部的缘斑明显。体长 1.44 mm。触角长于体，长 1.97 mm，节 3–5 的感觉圈数分别为：27–32、11–13 和 7 个。腹管黑色，无缘突，长 0.24 mm。尾片长 0.11 mm。生殖板发达。

生物学：寄主为薄荷属植物。群居于叶背或嫩茎，营同寄主全周期生活。

分布：浙江、云南；欧洲，中东。

333. 疣蚜属 *Phorodon* Passerini, 1860

Phorodon Passerini, 1860: 27. Type species: *Aphis humuli* Schrank, 1801.

主要特征：额瘤显著，高于中额，上有指状突起，长大于宽。触角节 1 内端甚突出。复眼有眼瘤。无翅孤雌蚜触角节 3 无次生感觉圈；有翅孤雌蚜触角节 3、4 有次生感觉圈。有翅孤雌蚜腹部背片中域有 1 个大斑。腹管管状或膨大。尾片圆锥形。

生物学：原生寄主为蔷薇科植物，次生寄主为桑科的葎草等。

分布：世界广布。世界已知 5 种，中国记录 5 种，浙江分布 1 种。

（596）葎草疣蚜 *Phorodon japonensis* Takahashi, 1965（图 7-107）

Phorodon humuli japonensis Takahashi, 1965: 39.

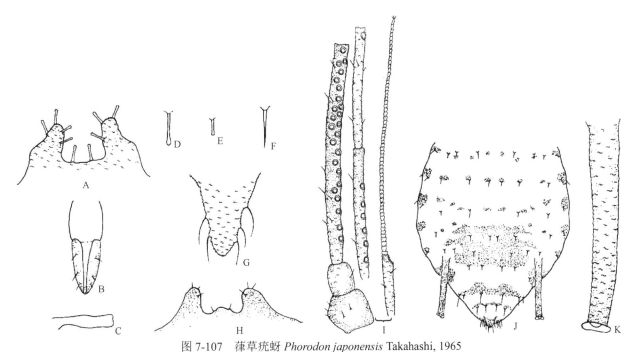

图 7-107　葎草疣蚜 *Phorodon japonensis* Takahashi, 1965

无翅孤雌蚜：A. 头顶及头顶毛；B. 喙节 4+5；C. 中胸腹岔；D. 头顶毛；E. 体背毛；F. 体腹面毛；G. 尾片。有翅孤雌蚜：H. 头顶及头顶毛；I. 触角；J. 腹部背面观；K. 腹管

主要特征：

无翅孤雌蚜　体卵圆形，体长 1.90 mm，体宽 0.92 mm。活体蜡白色至淡绿色。玻片标本淡色，无斑纹；各附肢淡色，触角节 5 端部及节 6、胫节端部、跗节、喙顶端、尾片及尾板灰褐色至灰黑色。体表较光滑，稍有纵、横曲纹，头背前部有小圆形刺突，腹部体缘有曲纹，背片 6、7 缘域有瓦纹，背片 8 有微刺组成的瓦纹。气门圆形关闭至半月形开放，气门片稍骨化隆起，节间斑不显。中胸腹岔两臂分离。体背毛短粗，钝顶，腹面毛长尖；头部有中额毛 1 对，额瘤毛 4 对，头背毛 4 对；前胸背板有中、侧、缘毛各 1 对，中胸、后胸背板各有中毛 2 对、侧毛 3 对、缘毛 3 对；腹部背片 1–4 各有中毛 2 对，侧毛、缘毛各 1 对，背片 5、6 各有中、侧、缘毛各 1 对；背片 7 有毛 6 根，背片 8 有毛 4 根；头顶毛、腹部背片 1 毛、背片 8 毛长分别为触角节 3 直径的 0.71 倍、0.25 倍、0.77 倍。中额平直，额瘤隆起成指状，与触角节 2 约等长。触角 6 节，节 1 端部内缘隆起，各节有瓦纹，为体长的 0.66 倍；节 3 长 0.31 mm，节 1–6 长度比例为：23：19：100：64：60：31+106；触角毛短，钝顶，节 1–6 毛数分别为：9 或 10、4 或 5、13、5–8、5、2 或 3+0–2 根，节 3 毛长为该节直径的 1/4。喙端部达中足基节，节 4+5 长 0.11 mm，为基宽的 2.20 倍，为后足跗节 2 的 1.60 倍；有原生刚毛 3 对，次生刚毛 1 对。后足股节为触角节 3 长的 1.60 倍，稍短于节 3、4 之和；后足胫节为体长的 0.47 倍，毛长为该节端部直径的 0.76 倍；跗节 1 毛序：3，3，2。腹管长圆筒形，基部稍宽，微有瓦纹，有缘突、切迹，缘突前方有 1 个环形缺刻，其上有网纹 3 行；为体长的 0.25 倍，为尾片的 0.48 倍，稍短于触角节 3、4 之和。尾片圆锥形，有横行微刺突，有长曲毛 5 或 6 根。尾板末端圆形，有毛

6–9 根。生殖板有毛 9 或 10 根。

有翅孤雌蚜 体椭圆形，体长2.30 mm，体宽0.85 mm。活体头部、胸部黑色，腹部叶绿色。玻片标本头部、胸部黑色，腹部淡色，有斑纹。触角、喙节4+5、股节端部2/3–3/4、胫节端部、跗节、腹管、尾片、尾板及生殖板黑色。腹部背片1–3中、侧斑零星分布，背片4–6中、侧斑愈合为1个大背斑，背片2–5各有大缘斑，背片1、6缘斑甚小，背片7有1个宽横带，背片8有1个窄横带。节间斑明显黑褐色。体背毛尖锐，腹部背面毛与腹面毛等长。中额稍隆，额瘤显著隆起成短指状。触角6节，为体长的0.85倍；节3长0.51 mm，节1–6长度比例为：17：12：100：62：56：24+108；节3有毛14–20根，毛长为该节直径的0.45倍；节3、4分别有大小圆形次生感觉圈14–26、0–7个，节3次生感觉圈分散于全节。喙端部达前、中足基节之间，节4+5长0.14 mm，为后足跗节2长的2.10倍。足细长，胫节光滑，股节有瓦纹及卵状体；后足股节为触角节3长的1.30倍；后足胫节为体长的0.57倍；跗节1毛序：3，3，2。翅脉正常。腹管为体长的0.17倍。尾片有长曲毛7根。尾板有毛11–13根。其他特征与无翅孤雌蚜相似。

生物学： 原生寄主为梅和李；次生寄主为葎草和啤酒花等。在叶片背面和嫩梢为害，8、9月发生较多。

分布： 浙江（临安）、黑龙江、吉林、辽宁、北京、河北、山东、甘肃；俄罗斯，朝鲜，韩国，日本。

334. 囊管蚜属 *Rhopalosiphoninus* Baker, 1920

Rhopalosiphoninus Baker, 1920: 54, 58. Type species: *Amphorophora latysiphon* Davidson, 1912.

主要特征： 头部至少背面光滑，中额瘤常甚显著。无翅孤雌蚜触角节 3 有或无次生感觉圈，有翅孤雌蚜触角节 3–5 常有次生感觉圈。气门肾形。腹管大都长于尾片，粗，中后部突然膨大，为基半部直径的 2.00 倍以上；腹管前斑不显。

生物学： 寄主常为溲疏属、绣球花属、锦带花属、椴属及和尚菜属植物。

分布： 古北区、东洋区。世界已知 20 种，中国记录 5 种，浙江分布 1 种。

（597）溲疏囊管蚜 *Rhopalosiphoninus deutzifoliae* Shinji, 1924（图 7-108）

Rhopalosiphonicus deutzifoliae Shinji, 1924: 366.

主要特征：

无翅孤雌蚜 活体浅绿色，稍被白粉。体长 2.70 mm，体宽 1.50 mm。玻片标本淡色，无斑纹。触角、喙、足稍骨化，触角节 5 和 6、尾片、尾板及腹管灰黑色。气门肾形开放，气门片骨化灰褐色。中胸腹岔无柄，骨化黑褐色。体背毛粗大，顶端钝。中额瘤稍隆，额瘤内缘圆、外倾。头顶光滑。触角全长为体长的 1.05 倍，节 1–6 长度比例为：19：12：100：71：62：20+94；节 3 毛长为该节直径的 0.64 倍。喙短粗，端部达中足基节，节 4+5 短圆锥状，长为基宽的 1.40 倍，有毛 3 对。跗节 1 毛序：3，3，2。腹管囊状，中部膨大，端部有网纹，基部有黑斑纹，膨大部光滑；全长为体长的 0.23 倍，膨大部为基宽的 1.40 倍，为端宽的 2.90 倍，有缘突和切迹。尾片短锥状，有毛 5 根。尾板半圆形，有毛 8 或 9 根。生殖板淡色，有毛 12 根。

有翅孤雌蚜 活体头、胸部黑色，腹部淡色，有黑斑。玻片标本腹部背片 2–6 各有大圆形缘斑，背片 6、7 缘斑与中侧大斑愈合，背片 3–6 横带愈合为 1 大黑斑。触角节 1–6 长度比例为：15：11：100：70：59：19+85；节 3 毛长与该节直径约等长或稍短；节 3 有圆形次生感觉圈 12–16 个，分布外缘排列 1 行。翅脉正常。腹管膨大部直径为端宽的 2.50 倍，为基宽的 1.60 倍。

生物学： 寄主为溲疏、丁香。在幼叶反面取食，被害叶稍向反面纵卷弯曲。

分布： 浙江（临安）、甘肃；日本。

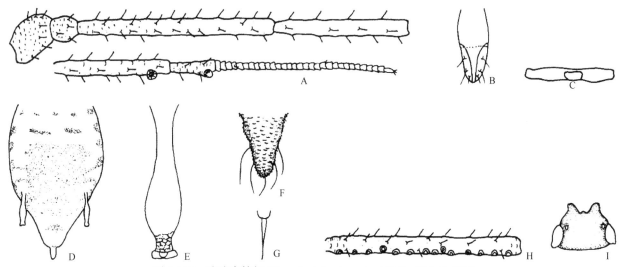

图 7-108　溲疏囊管蚜 *Rhopalosiphoninus deutzifoliae* Shinji, 1924

无翅孤雌蚜：A. 触角；B. 喙节 4+5；C. 中胸腹岔；D. 腹部背面观，示斑纹；E. 腹管；F. 尾片；G. 体背刚毛。有翅孤雌蚜：H. 触角节 3；I. 头部背面观

335. 半蚜属 *Semiaphis* Van der Goot, 1913

Semiaphis Van der Goot, 1913: 105, 150. Type species: *Aphis carotae* Koch, 1854 = *Semiaphis dauci* (Fabricius, 1775).

主要特征： 中额及额瘤存在，不发达。触角 5 或 6 节，一般为体长的 0.50 倍。无翅孤雌蚜触角节 3 一般无次生感觉圈，有翅孤雌蚜触角节 3、4，偶在节 5 有次生感觉圈。腹管短，约为体长的 0.05 倍，短于尾片，无缘突。尾片舌状、锥状或三角状，有毛 5–7 根。

生物学： 取食凤仙花属、李氏禾属及伞形科植物。

分布： 主要分布在北半球温带地区。世界已知 18 种，中国记录 4 种，浙江分布 1 种。

（598）胡萝卜微管蚜 *Semiaphis heraclei* (Takahashi, 1921)（图 7-109）

Brachycolus heraclei Takahashi, 1921: 60.

Semiaphis heraclei: Börner & Heinze, 1957: 171.

主要特征：

无翅孤雌蚜　体卵形，体长2.10 mm，体宽1.10 mm。活体黄绿色至土黄色，被薄粉。玻片标本淡色，有灰黑色斑纹。头部灰黑色，有淡色断续背中缝；前胸背板中斑与侧斑愈合为中断横带，有时与缘斑相接；腹部背片7、8有背中横带。触角、喙及足大致灰黑色，触角节3、4及喙节2淡色，触角节5–6、胫节端部1/6–1/5、跗节、腹管黑色，尾片、尾板、生殖板灰褐色。体表光滑，头背前部有曲纹，后部微有皱纹，前胸背板有皱纹，腹部背片7、8有横网纹。缘瘤不显。中胸腹岔两臂分离。体背毛短尖；头部背面毛有12根，额瘤腹面有毛1或2根；前胸背板有中毛2或3根，中胸背板有中毛9–12根，后胸背板有中毛6根，胸部各节有缘毛2对；腹部背片1、2各有中、侧毛6根，背片3–5及8各有中、侧毛4根，背片6、7各有中、侧毛2根；背片1–7各有缘毛1对；头顶毛、腹部背片1毛、背片8毛长分别为触角节3直径的0.73倍、0.67倍、0.73倍。中额及额瘤平，微隆。触角6节，有瓦纹，为体长的0.41倍；节3长0.81 mm，节1–6长度比例为：18：17：100：30：28：23+58；各节有短尖毛，节1–6毛数分别为：5或6、4、5–7、3或4、2、2+0根，节3毛长为该节直径的0.53倍。喙端部超过中足基节，节4+5两缘稍隆起，长0.11 mm，为基宽的1.90倍，为后足跗节2长的0.89倍；有原生刚毛2对，次生刚毛3对。后足股节等于触角节3、4之和；后足胫节为体长的0.31倍，毛长约为该节直径的0.81倍；跗节1毛序：3，3，3。腹管短弯曲，无瓦纹、无缘突和切迹；至少为中宽的0.50倍，为尾片的0.48倍。尾片圆锥形，中部不收缩，有微刺状瓦纹，有细长曲毛6或7根。尾板末端圆形，有长毛11或12根。

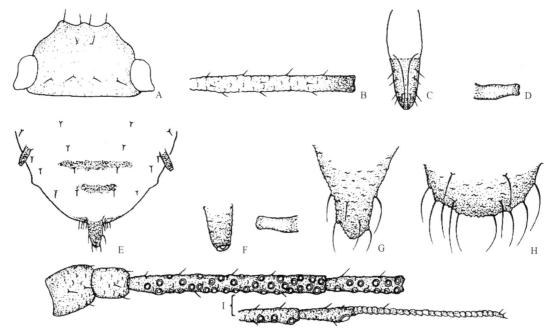

图7-109 胡萝卜微管蚜 *Semiaphis heraclei* (Takahashi, 1921)

无翅孤雌蚜：A. 头部背面观；B. 触角节3；C. 喙节4+5；D. 中胸腹岔；E. 腹部背片5–8；F. 腹管；G. 尾片；H. 尾板。有翅孤雌蚜：I. 触角

有翅孤雌蚜 体长1.60 mm，体宽0.72 mm。活体黄绿色，被薄粉。玻片标本头部、胸部黑色，腹部淡色，稍有灰黑色斑纹，背片8基部1/6淡色。触角、股节端部4/5黑色。腹部背片2–4缘斑大，背片5–6缘斑甚小，背片7、8有横带横贯全节。中额突起，额瘤突起但不高于中额。触角6节，为体长的0.68倍；节3长0.38 mm，节1–6长度比例为：16：13：100：37：29：23+73；节3–5分别有稍隆起的小圆形至卵形次生感觉圈：26–40、6–10、0–3个；节3次生感觉圈分散于全长。喙端部不达中足基节。后足股节稍长于触角节3；后足胫节为体长的0.46倍。翅脉正常。腹管为尾片的0.42倍。尾片有毛6–8根。尾板有毛10–16根。其他特征与无翅孤雌蚜相似。

生物学：原生寄主为金花忍冬、新疆忍冬（桃色忍冬）、金银花和红花金银忍冬（红花金银木、金银木）等多种忍冬属植物；次生寄主为芹菜、茴香、芫荽、胡萝卜、野胡萝卜、白芷、当归、防风、香根芹、水芹和窃衣等多种伞形科植物。胡萝卜微管蚜是芹菜、胡萝卜、茴香、芫荽等伞形花科蔬菜和白芷、当归、防风等伞形花科中草药，以及中草药金银花的重要害虫。主要为害伞形花科植物嫩梢，使幼叶卷缩，降低蔬菜和中草药的产量和品质。茴香苗被害后常卷缩成乱发状。胡萝卜苗受害常成片枯黄。金银花等忍冬属幼叶背面常被蚜虫盖满，畸形卷缩。本种以卵在忍冬属多种植物枝条上越冬，早春越冬卵孵化，4、5月间严重为害忍冬属植物，5–7月严重为害伞形花科蔬菜和中草药植物，10月间发生有翅性母和雄蚜由伞形花科植物向忍冬属植物上迁飞。10–11月雌、雄蚜交配，并产卵越冬。在金银花等忍冬属植物上防治应掌握在越冬卵完全孵化、幼叶尚未卷缩的有利时机。在伞形花科植物上防治要在受害卷叶前施药防治。

分布：浙江（临安）、黑龙江、吉林、辽宁、内蒙古、北京、天津、河北、山东、河南、甘肃、青海、新疆、福建、台湾、云南；俄罗斯，朝鲜，韩国，日本，印度，印度尼西亚，美国（夏威夷）。

336. 无爪长管蚜属 *Shinjia* Takahashi, 1938

Microtarsus Shinji, 1929: 43. Type species: *Microtarsus pteridifoliae* Shinji, 1929 = *Shinjia orientalis* (Mordvilko, 1929).

Shinjia Takahashi, 1938c: 6. Type species: Atarsos orientalis Mordvilko, 1929.

主要特征：头部光滑，额瘤低而明显，中额不显；触角 6 节，长于体，无翅孤雌蚜次生感觉圈缺失，有翅蚜次生感觉圈无规则地分布于触角节 3–5，原生感觉圈无睫；喙长，超过后足基节，有 6 根原生毛和 4 根次生毛；无翅孤雌蚜腹部背面稍有皱纹，有翅孤雌蚜腹部背面有 1 个中央背斑；腹管长管形，缘突下稍有缢缩；尾片有毛 4 根；跗节退化为小指状，无爪，跗节 1 毛序为：1，0，0；翅脉正常，脉缘宽褐色。若蚜后足胫节光滑。

分布：古北区、东洋区、澳洲区。世界记录 1 种，中国记录 1 种，浙江分布 1 种。

（599）小跗足蕨蚜 *Shinjia orientalis* (Mordvilko, 1929)（图 7-110）

Atarsos orientalis Mordvilko, 1929: 23.

Shinjia orientalis: Eastop & Hille Ris Lambers, 1976: 98.

主要特征：

无翅孤雌蚜　体长卵圆形，体长 1.01–1.36 mm，体宽 0.50–0.74 mm，活体明黄色，足及腹管端部黑色。玻片标本淡色，触角节 1 和 2 淡色，鞭节深褐色，其他部分皆淡色；头部光滑，胸部及腹部有微皱纹，体缘皱纹明显；气门肾形关闭，气门片淡色；中胸腹岔两臂分离，单臂横长 0.074 mm，为触角节 3 的 0.23 倍。体背毛短尖，腹毛稍长于背毛，额瘤各有 2 根短毛，钝顶；头顶毛约等长于头背毛，长 0.005–0.007 mm，为触角节 3 基部直径的 0.17–0.20 倍。额瘤发达，内缘显著内倾；眼小，眼瘤不显。触角 6 节，较光滑，触角节 1 内面稍突起，为体长的 1.20–1.31 倍；节 3 长 0.28–0.36 mm，节 1–6 的长度比例为：23–26：13–20：100：61–71：61–71：28–35+191–196；节 6 鞭部为基部长的 5.39–7.26 倍；原生感觉圈无睫，次生感觉圈缺失。触角毛短小，钝顶；节 1–6 毛数分别为：3 或 4、1–3、13–15、4–6、3、1+2 或 3 根，节 6 鞭部末端有短毛 2 或 3 根。喙长，喙末端达后足基节，节 4+5 近长方形，两侧近乎平行，长 0.07–0.13 mm，为基宽的 1.50–2.89 倍，有原生毛 3 对，次生毛 2 对。足细长，光滑，后足股节约等长于为触角节 3，为触角长的 0.16–0.22 倍；后足胫节为体长的 0.42–0.50 倍；后足胫节毛稍长，顶端尖，毛长 0.15–0.20 mm，为该节中宽的 0.60–0.89 倍；后足跗节 2 退化为 1 极小的短指状，无爪；跗节 1 毛序为：1，0，0。腹管长管状，基部有微皱纹，其他部分光滑，缘突明显，长 0.23–0.32 mm，为基宽的 4.00–5.27 倍，为尾片的 2.26–2.40 倍，为体长的 0.22–0.25 倍，缘突前有 1 个明显的环缺刻；尾片基部较粗，稍缢缩，基半部呈粗指状，为基宽的 1.11–1.47 倍，有长毛 4 根；尾板末端似蒙古包的顶，有毛 6–8 根。

有翅孤雌蚜　体长卵圆形，体长 1.32–1.51 mm，体宽 0.57–0.72 mm，玻片标本头、触角、胸、股节、胫节和尾片褐色。体背光滑，腹管后几节有刺突构成的网纹；腹部背片 3–6 或 8 各有褐色中侧斑愈合成的横带，腹管后斑较明显，节间斑和缘斑不明显。头部光滑，额瘤显著，中额平；有明显的 3 个单眼，复眼大，眼瘤不显。触角 6 节，节 1 内面稍突起，节 1 和 2 有稀疏的刺突，节 3–6 有瓦纹，为体长的 1.15–1.23 倍，节 3 长 0.31–0.35 mm，节 1–6 的长度比例为：23–24：16–18：100：60–69：71–76：26–32+169–229；节 6 鞭部为基部长的 6.42–7.83 倍；触角毛极短，顶端尖，节 1–6 毛数分别为：0 或 1、1、2、2、1、0+2 或 3 根，节 6 鞭部末端有短毛 3 根；节 3–5 次生感觉圈分别为：16–21、5–14、1–9 个，分布于全长。喙长，末端近乎长方形，端部钝，喙端部不达中足基节，节 4+5 为基宽的 2.33–2.47 倍，有原生毛 3 对，次生毛 2 对。各足光滑，后足股节为触角节 3 长的 1.06–1.21 倍，为触角长的 0.21–0.22 倍；后足胫节为体长的 0.52–0.55 倍。翅脉正常，后翅 2 斜脉。腹管长管状，端部 1/3 稍有膨胀，缘突明显，为基宽的 3.68–4.86 倍，为尾片的 1.84–1.92 倍，为体长的 0.16–0.17 倍。尾片圆锥形，端部稍尖，有刺突构成的横纹，有长曲毛 4 根。尾板末端似蒙古包的顶，有刺突构成的横刻纹，有毛 10 根。其他特征同无翅孤雌蚜。

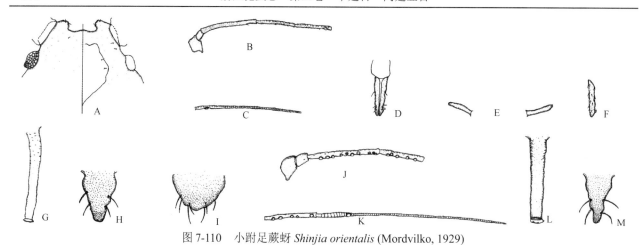

图 7-110　小跗足蕨蚜 *Shinjia orientalis* (Mordvilko, 1929)

无翅孤雌蚜：A. 头部背面观（左）和腹面观（右）；B. 触角 1–5；C. 触角 6；D. 喙节 4+5；E. 中胸腹岔；F. 退化的跗节；G. 腹管；H. 尾片；I. 尾板。有翅孤雌蚜：J. 触角节 1–4；K. 触角节 5–6；L. 腹管；M. 尾片

生物学：该种营异寄主全周期生活，原生寄主为壶花荚蒾、宜昌荚蒾、日本荚蒾、齿叶荚蒾；次生寄主为鳞毛厥属、蹄盖蕨属、水龙骨属、凤尾蕨属、蕨（Miyazaki，1971）、艾草、珍珠花、毛连菜属；毛轴蕨为该种新记录的寄主植物。

分布：浙江、甘肃、湖南、台湾、广东、海南、四川、贵州、云南、西藏；俄罗斯，韩国，日本，印度，尼泊尔，菲律宾，澳大利亚。

337. 谷网蚜属 *Sitobion* Mordvilko, 1914

Sitobion Mordvilko, 1914b: 65. Type species: *Aphis granaria* Kirby, 1798 = *Sitobion avenae* (Fabricius, 1775).

　　主要特征：额瘤低，外倾；中额小，明显突起。触角等于或长于体长，节 3 毛通常短于该节基宽的 0.50 倍；触角节 3 有次生感觉圈。跗节 1 毛序：3，3，3。腹管细长，圆柱状，缘突发达，端部网纹至多分布于全长的 1/4。尾片指状或长舌状，淡色或暗色，基部有时缢缩，长约为腹管的 0.50 倍，有毛 7–20 根。

　　分布：世界广布。世界已知 100 种，中国记录 7 种，浙江分布 2 种。

（600）荻草谷网蚜 *Sitobion miscanthi* (Takahashi, 1921)（图 7-111）

Macrosiphum miscanthi Takahashi, 1921: 5, 8.

Sitobion miscanthi: Eastop & Hille Ris Lambers, 1976: 261, 405.

　　主要特征：

　　无翅孤雌蚜　体长卵形，体长3.10 mm，体宽1.40 mm。活体草绿色至橙红色，头部灰绿色，腹部两侧有不甚明显的灰绿色斑。玻片标本淡色，触角、喙节3及节4+5、足股节端部1/2、胫节端部、跗节、腹管黑色；触角节1–3有时骨化灰黑色，尾片、尾板及生殖板淡色。体表光滑；腹部背片6–8及腹面明显有横网纹，缘域有环形纹。体背毛粗短，钝顶；腹面多长尖毛；头顶毛2对，头部背毛4对；前胸背板中、侧、缘毛各1对；腹部背片1中、侧、缘毛共8根，背片2–6各有缘毛3或4对，中毛2对，侧毛1或2对；背片7有毛6根，背片8有毛4根；头顶毛、腹部背片1缘毛、背片8毛长分别为触角节3直径的1.00倍、0.67倍、0.33倍；腹部腹面毛长为背毛的2.00倍以上。无缘瘤。气门圆形关闭，有时开放，气门片稍骨化。节间斑分布于侧域，明显褐色。中胸腹岔有短柄。中额稍隆，额瘤显著外倾。触角6节，细长，节1–4光滑，节5–6有瓦纹；为体长的0.88倍；节3长0.79 mm，节1–6长度比例为：14∶11∶100∶62∶47∶16+94；触角毛短，钝顶，节1–6毛数分别为：9–11、4、20–26、11–15、10或11、3+2根，末节鞭部顶端有毛3根；节3毛长为该节直径的0.50倍；节3基部有小圆形次生感觉圈1–4个。喙粗大，端部超过中足基节，节4+5圆锥形，长0.13 mm，为基宽的1.80倍，为后足跗节2长的0.77倍，有原生刚毛2对，次生长刚毛2对。足长大，光滑，有粗短钝毛；后足股节为触角节3长的1.30倍；后足胫节为体长的0.52倍，毛长为该节直径的0.66倍；跗节1毛序：3，3，3。腹管长圆筒形，端部1/4–1/3有网纹13或14行，有缘突和切迹；为触角节3长的0.94倍，为体长的0.24倍。尾片长圆锥形，近基部1/3处收缩，有圆突构成的横纹；为腹管的0.50倍，有曲毛6–8根。尾板末端圆形，有长短毛6–10根。生殖板有毛14根，包括前部毛1对。

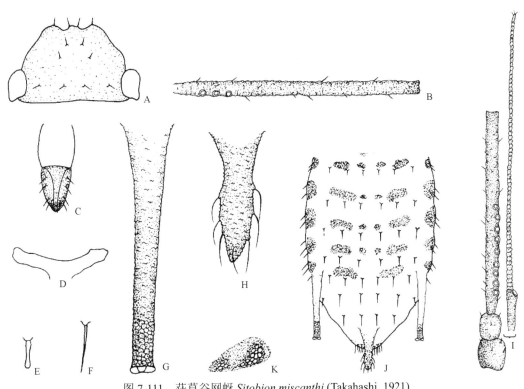

图 7-111　荻草谷网蚜 *Sitobion miscanthi* (Takahashi, 1921)

无翅孤雌蚜：A. 头部背面观；B. 触角节 3；C. 喙节 4+5；D. 中胸腹岔；E. 体背毛；F. 体腹面毛；G. 腹管；H. 尾片。有翅孤雌蚜：I. 触角节 1–3 及 6；J. 腹部背片 2–8；K. 节间斑与背斑

有翅孤雌蚜　体椭圆形，体长3.00 mm，体宽1.20 mm。玻片标本头部、胸部褐色骨化，腹部淡色，各节有断续褐色背斑，背片1–4有圆形缘斑，腹管前斑小于后斑，不甚明显，背片7、8无斑纹。触角、腹管全黑色。气门圆形开放，气门片黑色。节间斑与背斑愈合成黑斑。体背毛较长。触角6节，细长，与身体等长；节3长0.72 mm，节1–6长度比例为：17：14：100：80：61：11+128；节3有毛30余根，毛长为该节直径的0.58倍；节3有圆形次生感觉圈8–12个，分布于外缘基部2/3，排成1行，节5偶有1个圆形次生感觉圈。喙端部不及中足基节。腹管长圆筒状，端部有15或16行横形网纹。后足股节为触角节3长的1.30倍；后足胫节为体长的0.60倍，毛长为该节直径的0.77倍。尾片长圆锥状，有长毛8或9根，尾板有毛10–17根。其他特征与无翅孤雌蚜相似。

生物学：主要为害白羊草、马唐、画眉草、红蓼、高粱、狼毒、荻（荻草）、玉蜀黍（玉米）、普通小麦、大麦、燕麦和莜麦，在海南岛为害甘蔗花穗和未成熟的种子，在浙江为害迟熟连作晚稻稻穗，偶尔为害高粱、玉蜀黍和稻幼苗。夏季可取食自生麦苗、鹅观草、荻草、芒草和荠菜等植物。国外记载尚可为害雀麦、黑麦、狗牙根、紫羊茅、早熟禾、鸭嘴草、郁金香、唐菖蒲、红车轴草、毛茛和茅莓等植物。

荻草谷网蚜是麦类作物的重要害虫。曾经长期与麦长管蚜 *Sitobion avenae* 混淆，后经研究发现麦长管蚜仅分布在我国新疆伊犁等地，分布于国内其他地区的麦长管蚜都应为荻草谷网蚜（张广学，1999）。在多数产麦地区发生的几种麦蚜中，大部分以荻草谷网蚜占优势。前期大多在叶正反面取食，后期大都集中在穗部为害。前期易受震动而坠落逃散，受害叶有褐色斑点或斑块。后期在穗部为害，虽受震动也不易坠落。受害后常使麦株生长缓慢，分蘖数减少，穗粒数和千粒重下降，还可传播小麦黄矮病毒病，使小麦后期提早枯黄、棵矮、穗小，造成减产。迟熟连作晚稻稻穗受害后，该蚜吸食大量汁液和分泌蜜露引起霉病，故常降低千粒重，增加秕谷粒。在多数产麦区以无翅孤雌成蚜和若蚜在麦株根际和附近土块隙缝中越冬，在背风向阳的麦田中可在麦叶上继续生活。荻草谷网蚜发生消长受天敌影响很大。主要天敌有七星瓢虫、十三星瓢虫、龟纹瓢虫、二星瓢虫、四斑月瓢虫、六斑月瓢虫、双盘带瓢虫、异色瓢虫、小黑瓢虫、小花蝽、华野姬猎蝽、草蛉、食蚜瘿蚊、多种食蚜蝇、蚜茧蜂、恙螨、多种蜘蛛和蚜霉菌等。

分布：浙江（临安）、黑龙江、吉林、辽宁、内蒙古、北京、天津、河北、陕西、宁夏、甘肃、青海、新疆、福建、台湾、广东、四川；美国，澳大利亚，斐济，新西兰。

（601）月季长管蚜 *Sitobion rosivorum* (Zhang, 1980)（图 7-112）

Macrosiphum rosivorum Zhang, 1980b: 221.

Sitobion rosivorum: Eastop, 1997: 146.

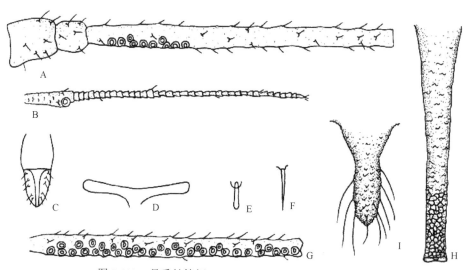

图 7-112 月季长管蚜 *Sitobion rosivorum* (Zhang, 1980)

无翅孤雌蚜：A. 触角节 1–3；B. 触角节 6；C. 喙节 4+5；D. 中胸腹岔；E. 体背毛；F. 体腹面毛。有翅孤雌蚜：G. 触角节 3；H. 腹管；I. 尾片

主要特征：

无翅孤雌蚜 体长 4.20 mm，体宽 1.40 mm。活体头部土黄色至浅绿色，胸部、腹部草绿色，有时红色。玻片标本淡色，斑纹不明显，有时可见腹管前斑，其他缘斑隐约可见。触角淡色，各节间灰黑色，喙节 3–5、腹管、股节、胫节端部、跗节黑色，尾片及尾板淡色，刺突黑色。体表光滑，腹部背片 7、8 及腹部腹面有明显瓦纹。前胸、腹部节 2–5 有小圆形缘瘤。气门圆形关闭，气门片稍骨化。节间斑灰褐色。中胸腹岔淡色，有短柄。体背毛短，钝顶，腹面毛尖锐，长为背毛的 3.00 倍；头部有中额毛 1 对，额瘤毛 2 或 3 对（其中 1 对在腹面），头背毛 8 根；前胸背板有中、侧、缘毛各 1 对；腹部背片 1–6 各有中侧毛 6–8 根，背片 1 有缘毛 1 或 2 对，背片 2–6 各有缘毛 4 或 5 对；背片 7 有毛 8–10 根，背片 8 有毛 4 或 5 根；头顶毛、腹部背片 1 缘毛、背片 8 毛长分别为触角节 3 直径的 0.27 倍、0.17 倍、0.25 倍。中额微隆，额瘤隆起外倾，呈浅 "W" 形。触角 6 节，细长，节 2 内侧有明显小圆突，节 3 光滑，其他各节有瓦纹；为体长的 0.92 倍；节 3 长 1.10 mm，节 1–6 长度比例为：15∶10∶100∶72∶57∶14+74；触角毛短，节 1–6 毛数分别为：11 或 12、4 或 5、31–37、15–21、11–14、2 或 3+8–11 根，节 3 毛长为该节直径的 0.30 倍；节 3 有小圆形次生感觉圈 6–12 个，分布于基部 1/4 外缘。喙粗大，多毛，端部达中足基节，节 4+5 短圆锥形，为基宽的 1.70 倍，与后足跗节 2 约等长，有长毛 5–7 对。足细长，光滑；后足股节为触角节 3 长的 1.20 倍；后足胫节为体长的 0.57 倍，毛长为该节直径的 0.59 倍。腹管长圆筒形，端部 1/8–1/6 有网纹，其他部分有瓦纹，有缘突和切迹；为体长的 0.30 倍，为

尾片的2.50倍。尾片长圆锥形，有小圆形突起构成横纹，有曲毛7–9根。尾板末端圆形，有毛14–20根。生殖板淡色，有长短毛14或15根。

有翅孤雌蚜　体长3.50 mm，体宽1.30 mm。活体草绿色，中胸土黄色。玻片标本头部、胸部灰褐色，腹部淡色，稍显斑纹。触角、喙节4+5、后足股节端部1/2、胫节、跗节、腹管深褐色至黑色，尾片、尾板及其他附肢灰褐色。腹部各节背片有中、侧、缘斑，背片8有1个大宽横带斑。气门圆形半开放。节间斑较明显，褐色。体背毛短，尖锐；头部有背毛10根；腹部背片1–7各有中毛：4、4、4、4、4、2、2根，侧毛：2、2、2、2、6、2、2根，缘毛：2、8、10、10、6、2、2根，背片8有毛4根。触角6节，全长2.80 mm，为体长的0.80倍；节3长0.91 mm，节1–6长度比例为：17：10：100：57：48：14+67；节3有毛22根，毛长为该节直径的0.56倍；节3有圆形次生感觉圈40–45个，分布于全节。喙端部达前、中足基节之间，节4+5为基宽的1.40倍，为后足跗节2长的0.94倍，有长刚毛5对。后足股节为触角节3长的1.10倍；后足胫节为体长的0.55倍，毛长为该节直径的0.65倍；跗节1毛序：3，3，3。翅脉正常。腹管端部1/5–1/4有网纹；长为体长的0.22倍，为尾片的2.00倍。尾片长圆锥形，中部收缩，端部稍内凹，有毛9–11根。尾板馒圆形，有毛14–16根。其他特征与无翅孤雌蚜相似。

生物学：寄主植物为月季花和蔷薇等蔷薇属植物。在嫩梢、花序及叶片背面取食，有时盖满一层。

分布：浙江（临安）、辽宁、北京、山东、新疆；朝鲜，韩国。

338. 台湾瘤蚜属 *Taiwanomyzus* Tao, 1963

Taiwanomyzus Tao, 1963b: 179. Type species: *Myzus montanus* Takahashi, 1925.

主要特征：头部背腹面有刺突。额瘤发达，内侧边近乎平行，稍外倾，中额不显。无翅孤雌蚜触角6节，等长或稍长于体，次生感觉圈散布在触角节3全节，有时节4也有。有翅孤雌蚜触角节3–5有次生感觉圈。触角节6鞭部长于触角节3。喙长，达后足基节。前、中、后胸及腹部背面骨化，腹管前有4条骨化的横带，有腹管后斑。腹管端半部膨胀，有刺突，缘突大，其下有瓦纹及几行不完全的网纹。尾片长舌形，有毛4–6根。有翅孤雌蚜翅脉正常。

分布：古北区、东洋区。世界记录4种，中国记录1种，浙江分布1种。

（602）山台湾瘤蚜 *Taiwanomyzus montanus* (Takahashi, 1925)（图7-113）

Myzus montanus Takahashi, 1925: 17.

Taiwanomyzus montanus: Tao, 1963b: 180.

主要特征：

无翅孤雌蚜　体宽卵形，体长1.46–1.52 mm，体宽0.82–0.87 mm。活体体淡黄色，有黑色的背斑，触角、腹管和尾片黑色。玻片标本淡色。头部、触角节1和2的基部，节3除基部外，节4和5，节6鞭部的基半部褐色；喙端部，各足股节端半部，胫节端部及跗节褐色；腹管及尾片端半部褐色。前、中及后胸有1个褐色横带；腹部背片1–5各骨化为1褐色横带，中、侧斑愈合为1大背斑，边缘不规则；背片6有1对侧斑；腹管后斑有瓦纹；腹部背片7和8各有1个褐色横带。头部粗糙，背面除中后部光滑外其他部分有刺突，腹面有刺突；胸部及腹部背片1–6有皱纹，体缘更明显，背片7和8有刺突构成的横纹；前胸及中胸腹面体缘有刺突构成的瓦纹，腹部腹面光滑。中胸腹叉有短柄。气门肾形关闭。额瘤发达，内侧边缘稍外倾，中额微隆。体背毛极短小稍钝，腹面毛细长尖锐，额瘤毛2对，中额毛1对，头顶毛和头背毛长分别为0.003–0.005 mm和0.005 mm，分别为触角节3基部直径的0.10–0.20倍和0.2倍。胸部各节背板与腹部背片1–8各有中毛2根；腹部背片1缘毛和8中毛分别为触角节3基部直径的0.30倍和0.30–0.40倍。触角6节，触角节1和2有刺突，节3–6有瓦纹；触角为体长的1.09–1.10倍；节3长0.40–0.44 mm，节 1–6 的长度比例为：29–33：11–13：100：69–75：45–50：27–28+98–111，触角末节鞭部为基部的 3.63–4.05 倍。触角毛短小，端部稍钝，节 1–6 的毛数分别为：2 或 3、1 或 2、6–9、5–8、4–8、2 或 3+3 根，节 6 鞭部末端有短毛 3 根，节 3 毛长为 0.005–0.007 mm，为触角节 3 基部直径的 0.20–0.30 倍；节 3 有次生感觉圈 4–11 个，散布于全节，节 4 有 0–1 个。喙长，端部达后足基节，喙末端楔形，节 4+5 为基宽的 2.25–2.75 倍，为后足跗节 2 长的 1.42–1.62 倍；有原生毛 4 根，次生毛 4 根。足细长，各足基有瓦纹，股节骨化部分有瓦纹及蜡腺孔，胫节光滑；后足股节为触角节 3 长的 1.35–1.40 倍；后足胫节为体长的 0.70–0.72 倍，后足胫节毛粗短尖锐，长 0.017–0.020 mm，为该节中宽的 0.70–0.80 倍。跗节 1 毛序为：3，3，3。后足跗节 2 长 0.08–0.09 mm。腹管长管形，端半部稍膨胀，有明显瓦纹，缘突发达，其下有 2 或 3 行刻纹；腹管为体长的 0.29–0.30 倍，为基宽的 6.20–7.08 倍，为尾片的 3.10 倍。尾片长舌形，为基宽的 1.88 倍，有毛 4 根。尾板末端半圆，有毛 5 根。生殖板宽圆形，有前缘毛 2 根。

生物学：叶下取食。寄主植物为南丹参、虎耳草属、绣球花属、钻地风属、长果落新妇、溪畔落新妇、单贝氏落新妇、落新妇属等。

分布：浙江、台湾；韩国，日本，印度，菲律宾。

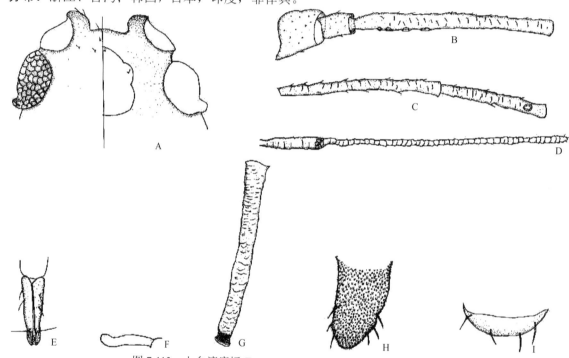

图 7-113　山台湾瘤蚜 *Taiwanomyzus montanus* (Takahashi, 1925)

无翅孤雌蚜：A. 头部背面观（左）和腹面观（右）；B. 触角节 1–3；C. 触角节 4–5；D. 触角节 6；E. 喙节 4+5；F. 中胸腹岔（左臂）；G. 腹管；H. 尾片；I. 尾板

339. 皱背蚜属 *Trichosiphonaphis* Takahashi, 1922

Trichosiphonaphis Takahashi, 1922: 205. Type species: *Myzus polygoniformosanus* Takahashi, 1921.

　　主要特征：无翅孤雌蚜体表皱纹显著，有微刺突。头部粗糙，额瘤发达，内缘平行或内倾。有翅孤雌蚜触角节 3–5 有次生感觉圈。前翅翅脉正常，后翅仅 1 斜脉。腹管管状，基部粗大，向端部渐细，基部 2/3 有瓦纹和刺突，被长毛。

　　分布：主要分布于亚洲东部。世界已知 12 种，中国记录 4 种，浙江分布 2 种。

（603）蓼叶皱背蚜 *Trichosiphonaphis polygonifoliae* (Shinji, 1944)（图 7-114）

Myzus polygonifoliae Shinji, 1944: 536.

Trichosiphonaphis polygonifoliae: Miyazaki, 1971: 142.

主要特征：

无翅孤雌蚜　体椭圆形，体长 2.70–2.89 mm，体宽 1.66–1.96 mm。活体褐色。玻片标本淡色，头顶、触角节 1 和 2、节 3 端部、股节端半部、胫节端部、跗节、尾板深褐色，其他部分褐色。胸部及腹部背片 1–6 有微皱纹，体缘更明显，背片 7 和 8 有刺突构成的横纹，中胸有明显的中、侧、缘斑，后胸有 1 个中斑狭带，有时不显，胸部节间斑明显，腹部背面淡色。胸部及腹部腹面有刺突构成的密集的横纹。体背毛稀疏短小，中额毛缺失，额瘤毛 2 对，极短小，头背毛 4 对，2 对位于触角间，纵向排列，2 对位于复眼间，横向排列，头背毛长 0.005 mm，为触角节 3 基部直径的 0.10–0.11 倍，腹部背片 1 缘毛长 0.003–0.005 mm，背片 8 中毛长 0.005–0.007 mm，分别为触角节 3 基部直径的 0.05–0.11 倍和 0.11–0.16 倍。头部背面及腹面有密集的刺突，额瘤圆，稍外倾，中额微隆，呈明显的“W”形。眼大，眼瘤明显。触角 6 节，节 1–6 有密集的瓦纹，为体长的 0.74–0.78 倍，节 3 长 0.52–0.59 mm，节 1–6 长度比例为：21–22∶14–17∶100∶66–67∶42–49∶15–20+117–118，节 6 鞭部为基部长的 5.86–7.62 倍，触角毛短小，尖锐，节 1–6 毛数分别为：3 或 4、0 或 1、4 或 5、1–3、1 或 2、1 或 2+2 或 3 根，触角末节鞭部顶端有毛 3 根，节 3 毛长为该节基部直径的 0.05–0.11 倍；次生感觉圈缺失，原生感觉圈小圆形，无睫。喙细长，伸达中足及后足基节之间，末端楔形，节 4+5 为基宽的 2.55–3.00 倍，为后足跗节 2 长的 1.35–1.57 倍；有原生毛 6 根，次生毛 6 根。足长，各足基节有刺突构成的短横纹，各足股节外缘有稀疏的瓦纹，后足胫节端部有稀疏的瓦纹；后足股节为触角长的 0.35–0.40 倍；后足胫节为体长的 0.45–0.50 倍；后足胫节毛粗短尖锐，长 0.01–0.03 mm，为该节中宽的 0.48–0.55 倍。腹管长管形，端部略微向内侧膨，缘突下无缢缩，有密集瓦纹，为基宽的 4.60–5.92 倍，为尾片的 3.15–3.54 倍，为体长的 0.26–0.27 倍，有极短毛 3–6 根。尾片圆锥形，基部稍缢缩，为基宽的 1.28–1.31 倍，有毛 9–16 根。尾板末端圆形，有毛 15–24 根。生殖板宽圆形，有后缘毛 14–17 根，前缘毛 2 根。

有翅孤雌蚜　体椭圆形，体长 2.22–2.26 mm，体宽 0.99–1.99 mm。活体褐色。玻片标本头部、胸部、触角节 1–3、各足股节端半部、胫节端部、跗节、腹管端部 1/4、尾板及生殖板深褐色，其他腹部褐色；腹部背片 1、2 各有窄横带，背片 1、2 两缘斑愈合，背片 3–4 各有大缘斑，腹管后斑大型，前斑小型，背片 7 宽横带与缘斑愈合，背片 8 有宽横带。体表光滑，头部背面有稀疏刺突，斑纹上有小刺突构成的短横纹。体背毛短，尖锐，腹部腹面多毛，长为背毛的 2.00–3.00 倍；头部有中额毛 1 对，额瘤毛 2 对，头背毛 4 对；腹部背片 1–7 各有中侧毛 2–3 对，缘毛 2–3 对，背片 8 有中毛 1 对；头顶毛长 0.01 mm，腹部背片 1 缘毛长 0.05–0.07 mm，背片 8 毛长 0.02–0.03 mm，分别为触角节 3 基部直径的 0.20 倍、0.13–0.20 倍和 0.50–0.73 倍。中额微隆，额瘤显著，外倾。触角 6 节，为体长的 0.83–0.85 倍；触角节 1 和 2 有密集刺突，节 3–6 有瓦纹；节 3 长 0.42–0.44 mm，节 1–6 长度比例为：17–19∶17∶100∶72–74∶53∶22–24+147–150，节 6 鞭部为基部长的 6.14–6.29 倍；触角毛粗短，节 1–6 毛数分别为：5、3 或 4、9–12、3 或 4、3 或 4、2 或 3+3 根，节 6 鞭部顶端有短毛 3 根，节 3 毛长 0.005 mm，为该节基部直径的 0.12–0.13 倍；节 3 有圆形次生感觉圈 20–30 个，分布于基部 4/5；原生感觉圈无睫。喙端部达中足基节，节 1、2 粗糙，其他各节光滑，节 4+5 长楔状，为基宽的 2.79–2.81 倍，为后足跗节 2 长的 1.52–1.53 倍，有原生毛 3 对，次生毛 3 对。足长，股节端半部有瓦纹，胫节光滑，端部微有曲纹；后足股节为触角长的 0.32–0.33 倍；后足胫节为体长的 0.55–0.56 倍，后足胫节毛粗短尖锐，长为 0.015–0.017 mm，为该节中宽的 0.43–0.64 倍；跗节 1 毛序：3, 3, 3；后足跗节 2 长 0.12–0.13 mm。翅脉正常。腹管长管状，端部 1/4–1/3 膨大，基部 1/2 有瓦纹，其余部分光滑，缘突不显，有短毛 5–7 根，分布于中部，腹管为体长的 0.21–0.22 倍，为尾片的 5.50 倍。尾片宽锥状，基部 1/2 粗大，端半部渐细，布满粗刺突，有毛 9 或 10 根。尾板末端圆形，有毛 28–30 根。生殖板宽圆形，有后缘毛 12–16 根，前缘毛 2 根。

生物学：寄主植物为忍冬、莫罗氏忍冬、刺蓼和蓼属等。在东亚（中国、日本、韩国和东西伯利亚），春季该种群居于寄主植物忍冬属植物的嫩茎上，在 6–7 月迁移到蓼属植物的根部。性母和雄性蚜在 10 月回迁到忍冬属植物上。该种被引入欧洲。

分布：浙江、辽宁、北京、湖南、福建、台湾、云南；朝鲜，韩国，日本，印度。

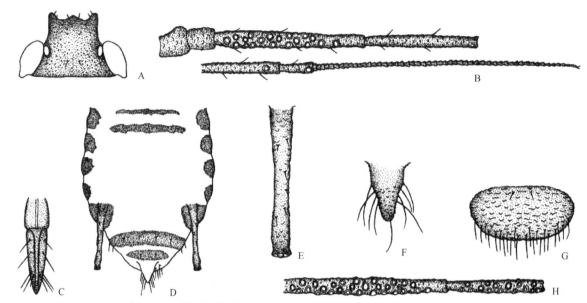

图 7-114　蓼叶皱背蚜 *Trichosiphonaphis polygonifoliae* (Shinji, 1944)

无翅孤雌蚜：A. 头部背面观；B. 触角；C. 喙节 4+5；D. 腹部背面观（背毛省略）；E. 腹管；F. 尾片；G. 生殖板。有翅孤雌蚜：H. 触角节 3–4

（604）杠板归皱背蚜 *Trichosiphonaphis polygoniformosana* (Takahashi, 1921)（图 7-115）

Myzus polygoniformosana Takahashi, 1921: 18.

Trichosiphonaphis polygoniformosana: Takahashi, 1922: 205.

主要特征：

无翅孤雌蚜　活体时污褐色或黑色，有污黄色的腹管和尾片。玻片标本淡黄色。体长 1.77–1.92 mm，体宽 1.12–1.20 mm。头部背腹面粗糙，布满刺突，胸部及腹部背片 1–6 有皱纹，但没有形成明显的网纹，背片 7 和 8 较光滑，有稀疏的小瓦纹；腹面有刺突构成的横纹。体背毛稀疏短小，钝顶，腹面毛细长尖锐，中额毛 1 对，细长尖锐，额瘤毛 2 对，短小钝顶；头背毛长，顶端尖锐，中额毛长 0.03–0.05 mm，头背毛长 0.017–0.032 mm，分别为触角节 3 基部直径的 1.00–1.33 倍和 0.47–1.00 倍；腹部背片 1 缘毛长 0.002–0.010 mm，背片 8 有毛 4 根，中毛长 0.03–0.04 mm，分别为触角节 3 基部直径的 0.07–0.38 倍和 0.80–1.31 倍。气门肾形，关闭，气门片微隆。中胸腹岔一丝相连，有短柄。额瘤有短指状突起，中额微隆。眼有明显眼瘤。触角 6 节，节 1 和 2 有刺突构成的瓦纹，节 3–6 有瓦纹，全长为体长的 0.73–0.83 倍，节 3 长 0.29–0.36 mm；节 1–6 的长度比例为：24–33：17–19：100：63–71：51–63：28–33+119–155，节 6 鞭部为基部长的 4.26–4.65 倍；触角毛短小，顶端稍钝，节 1–6 毛数分别为：5 或 6、3、11 或 12、6、4、2+2 或 3 根，节 6 鞭部末端有短毛 2 或 3 根，节 3 毛长为该节基部直径的 0.13–0.31 倍。喙长，端部伸达中足及后足基节之间，喙末端楔形，节 4+5 为基宽的 1.77–2.71 倍，为后足跗节 2 长的 1.14–1.46 倍；有原生毛 6 根，次生毛 6 根。足粗糙，各足基节有稀疏刺突构成的短横纹，各足股节侧缘及端部有瓦纹，胫节光滑；后足股节为触角节 3 长的 1.47–1.66 倍，为触角长的 0.34–0.39 倍；后足胫节为体长的 0.42–0.49 倍；后足胫节毛长，尖锐，长 0.025 mm，为该节中宽的 0.67 倍。跗节 1 毛序为：3，3，3。后足跗节 2 长 0.09–0.11 mm。腹管长管形，基部稍粗，缘突下稍缢缩，基部 3/4 有密集刺突，端部 1/4 有稀疏刺突，为体长的 0.21–0.24 倍，为基宽的 4.49–5.90 倍，为尾片长的 2.38–2.72 倍，有长毛 10–16 根，毛长 0.039–0.044 mm，为触角节 3 基部直径的 1.20–1.31 倍。尾片圆锥形，为基宽的 1.44–2.06 倍，有毛 6–8 根。尾板末端圆形，端部稍尖，有毛 10–14 根。生殖板宽圆形，有后缘毛 12–14 根，前缘毛 4–6 根。

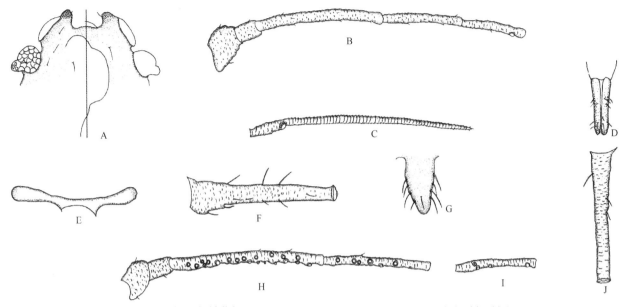

图 7-115 杠板归皱背蚜 *Trichosiphonaphis polygoniformosana* (Takahashi, 1921)

无翅孤雌蚜：A. 头部背面观（左）和腹面观（右）；B. 触角节 1–5；C. 触角节 6；D. 喙节 4+5；E. 中胸腹岔；F. 腹管；G. 尾片。有翅孤雌蚜：H. 触角节 1–4；I. 触角节 5；J. 腹管

有翅孤雌蚜 体卵形，体长 1.77–1.92 mm，体宽 0.74–0.81 mm。头部、触角节 1–5、股节端部 1/3、胫节端部、跗节、生殖板褐色，其他部分淡色。腹部背片 2 和 3 中、侧斑愈合为 1 横带，背片 2–6 有大的缘斑，缘斑上有刺突构成的短横纹和缘毛，背片 6 的中、侧、缘斑愈合为 1 宽横带。头部除前中区域有稀疏刺突外，其他部分光滑，腹部背片 1–5 光滑，背片 6–8 有刺突构成的横纹，腹部腹面有刺突构成的横纹。体背毛短小，尖锐，中额毛 1 对，额瘤毛 3 对，头背毛短小尖锐，2 对位于触角间纵向排列，2 对位于复眼间横向排列，中额毛长 0.020–0.025 mm，头背毛长 0.015–0.017 mm，分别为触角节 3 基部直径的 0.73–1.00 倍和 0.60–0.64 倍，腹部背片 1 缘毛长 0.003–0.005 mm，背片 8 中毛长 0.02–0.03 mm，分别为触角节 3 基部直径的 0.09–0.20 倍和 0.82–1.30 倍。额瘤显著，中额微隆。眼大，眼瘤明显。触角 6 节，节 1 和 2 有密集刺突，节 3–6 有瓦纹，触角为体长的 0.95–1.00 倍，节 3 长 0.42–0.43 mm，节 1–6 长度比例为：17–19：14–15：100：69：57–59：26+137–143，节 6 鞭部为基部长的 5.15–5.56 倍；触角毛短小，尖锐，节 1–6 毛数分别为：4 或 5、3、5 或 6、3、3、3+2 或 3 根，节 6 鞭部末端有短毛 2 或 3 根，节 3 毛长为该节基部直径的 0.18–0.20 倍；节 3 有次生感觉圈 21–26 个，节 4 有 8–11 个，节 5 有 2–6 个。喙长，伸达中足基节，喙末端楔形，节 4+5 长 0.10–0.12 mm，为基宽的 2.33–3.13 倍，为后足跗节 2 长的 0.89–0.98 倍；有原生毛 6 根，次生毛 6 根。足细长，各足基节有刺突构成的短横纹，股节端半部有瓦纹，胫节光滑；后足股节为触角长的 0.30–0.31 倍，后足胫节为体长的 0.58–0.60 倍；后足胫节毛粗长，尖锐，毛长为该节中宽的 0.69–0.82 倍。跗节 1 毛序为：3，3，3。后足跗节 2 长 0.11–0.12 mm。腹管长管形，有刺突构成的瓦纹，端部内侧稍向外膨，缘突明显，其下稍有缢缩，腹管为体长的 0.17–0.19 倍，为尾片的 3.55–4.15 倍，有长毛 5–7 根。尾片圆锥形，为基宽的 0.72–0.81 倍，有毛 6–8 根。尾板末端圆形，有毛 8–10 根。生殖板宽圆形，有后缘毛 12 或 13 根，有前缘毛 8–12 根。

生物学： 寄主植物为忍冬科的忍冬和蓼科的火炭母。在中国、日本、韩国、泰国和东西伯利亚，该种群居于蓼属和春蓼属植物上，可能会进行寄主转换，如转换到忍冬属植物上，但生活周期不清楚。

分布： 浙江、辽宁、北京、河南、安徽、福建、台湾、广东、广西；俄罗斯（东西伯利亚）、日本、韩国、泰国。

340. 瘤头蚜属 *Tuberocephalus* Shinji, 1929

Tuberocephalus Shinji, 1929: 39. Type species: *Tuberocephalus artemisiae* Shinji, 1929.

Trichonosiphoniella Shinji,1929: 46. Type species: *Aphis spinulosa* Essig & Kuwana, 1918.

主要特征：无翅孤雌蚜触角节 3 无次生感觉圈，有翅孤雌蚜触角节 3、4 有突出圆形次生感觉圈。头顶粗糙，额瘤显著，高于中额。腹管常弯曲成倒"S"形，常有较粗刚毛，毛长为中宽的 3.00–5.00 倍。

生物学：寄主为李属或蒿属植物。

分布：世界已知 14 种，中国记录 11 种，浙江分布 4 种。

分种检索表

干母

1. 腹部背片淡色，膜质光滑；喙节 4+5 为后足跗节 2 长的 1.00–1.40 倍；触角节 6 鞭部等长于基部；腹管有毛 1–3 根 ⋯⋯ 2
- 腹部背片褐色，有刺突构成的横纹 ⋯⋯⋯⋯⋯⋯⋯⋯⋯⋯⋯⋯⋯⋯⋯⋯⋯⋯⋯⋯⋯⋯⋯⋯⋯⋯⋯⋯⋯⋯⋯ 3
2. 腹部背片淡褐色；喙节 4+5 为后足跗节 2 长的 1.08–1.50 倍；触角为体长的 0.25–0.41 倍 ⋯⋯⋯⋯ 桃瘤头蚜 *T. momonis*
- 腹部背片淡色；喙节 4+5 为后足跗节 2 长的 1.30–1.65 倍；触角为体长的 0.63 倍 ⋯⋯⋯⋯ 樱桃瘿瘤头蚜 *T. higansakurae*
3. 前胸有褐色横带，中胸和后胸各有 1 对侧斑；触角为体长的 0.27–0.32 倍，节鞭部为基部长的 0.91–1.29 倍 ⋯⋯⋯⋯⋯⋯⋯⋯⋯⋯⋯⋯⋯⋯⋯⋯⋯⋯⋯⋯⋯⋯⋯⋯⋯⋯⋯⋯ 天目山瘤头蚜 *T. tianmushanensis*
- 触角至少为体长的 0.37 倍；后足股节有刺突构成的瓦纹 ⋯⋯⋯⋯⋯⋯⋯⋯⋯⋯ 樱桃瘤头蚜 *T. sakurae*

有翅孤雌蚜

1. 头背毛为触角节 3 基部直径的 1.10–1.30 倍；腹部背片 3–5 的中、侧斑愈合为 1 大背斑；腹管有毛 0–3 根 ⋯⋯⋯⋯⋯⋯⋯⋯⋯⋯⋯⋯⋯⋯⋯⋯⋯⋯⋯⋯⋯⋯⋯⋯⋯⋯⋯⋯⋯⋯ 樱桃瘤头蚜 *T. sakurae*
- 头背毛为触角节 3 基部直径的 0.80–0.90 倍；腹部背片 3–5 各有 1 个褐色横带；腹管有毛 4–7 根（很少 0–2 根）⋯⋯ 2
2. 腹部淡色，无大的背斑，有时背片 3–5 有窄的或不明显的中斑；腹管有发达的缘突 ⋯⋯⋯⋯⋯ 桃瘤头蚜 *T. momonis*
- 腹部背片 3–5 各有 1 个褐色横带，有时愈合为 1 大背斑，其间有 1 个不规则的膜质区域 ⋯⋯⋯⋯⋯⋯⋯ 3
3. 触角节 3 和 4 分别有次生感觉圈数 34–57 和 8–22 个，节有 0–5 个；喙节为后足跗节长的 1.40–1.60 倍；腹管为体长的 0.12 倍 ⋯⋯⋯⋯⋯⋯⋯⋯⋯⋯⋯⋯⋯⋯⋯⋯⋯⋯⋯⋯⋯⋯ 樱桃瘿瘤头蚜 *T. higansakurae*
- 触角节 3 和 4 胸有次生感觉圈数 24–33 和 5–9 个，节有 0–3 个；喙节为后足跗节长的 1.14–1.46 倍；腹管为体长的 0.08–0.09 倍 ⋯⋯⋯⋯⋯⋯⋯⋯⋯⋯⋯⋯⋯⋯⋯⋯⋯⋯⋯⋯ 天目山瘤头蚜 *T. tianmushanensis*

（605）樱桃瘿瘤头蚜 *Tuberocephalus higansakurae* (Monzen, 1927)（图 7-116）

Myzus higansakurae Monzen, 1927: 2.

Trichosiphoniella higansakurae: Shinji, 1929: 48.

主要特征：

干母　体卵圆形，体长 1.91 mm，体宽 1.35 mm。活体土黄色至绿色。玻片标本体淡色，头部背面、胫节端部、腹管、尾片、尾板及气门片褐色。腹部背片膜质，光滑，色淡，腹部背片 6–8 稍骨化，有刺突构成的横纹。头部背面粗糙，有刺突，中后胸各有 1 对缘斑，其上有刺突构成的网纹。气门肾形，关闭，气门片稍隆起。中胸腹岔两臂分离。体背毛稍长，尖锐。额瘤毛 1 对，头顶毛 1 对，头背毛 8 根，前胸中、侧、缘毛分别为：2、4、2 根。中额微隆，额瘤显著，内缘圆形，外倾。触角 5 节，有明显瓦纹，全长 0.59 mm，为体长的 0.63 倍，节 3 长 0.20 mm，节 1–5 的长度比例为：25：23：100：45：50+55；节 5 鞭部为基部长的 1.10 倍；节 1–5 的毛数分别为：2、3、3、2、2；节 3 毛长为该节基部直径的 0.75 倍。喙超过中足基节，细长，端部钝；节 4+5 长 0.13 mm，为基宽的 2.83 倍，为后足跗节 2 长的 1.65 倍，原生毛 3

对，次生毛 3 对。足短，股节有刺突构成的瓦纹，胫节瓦纹稀疏；后足股节长 0.37 mm，为触角长的 0.41 倍；后足胫节长 0.55 mm，为体长的 0.58 倍，为触角长的 1.49 倍，后足胫节毛稍粗，尖锐，毛长为该节中宽的 1.44 倍。后足跗节 2 长 0.08 mm，跗节 1 毛序：3，3，2。腹管圆筒形，向端部稍细，有微刺突构成的瓦纹，侧缘有微锯齿，有 1–2 根短刚毛，有缘突；长 0.16 mm，为基宽的 2.83 倍，为体长的 0.27 倍，为尾片的 1.48 倍。尾片三角形，长 0.12 mm，有毛 5 根。尾板末端圆形，有毛 7–8 根。

有翅孤雌蚜 体长卵形，体长 1.70 mm，体宽 0.72 mm。活体黄色至草绿色。玻片标本头、胸黑色，腹部淡色，斑纹褐色。腹部背片 3–6 各有 1 个宽横带或破碎为狭小的斑，背片 2–6 有大缘斑，腹管前斑稍显，背片 1 和 2 缘斑愈合，节间斑明显灰褐色。触角褐色，鞭部稍淡，喙褐色，节 2 端部褐色，顶端黑色。足股节端部 2/3、胫节基部和端部、跗节、腹管、尾片、尾板、生殖板灰黑色至黑色。气门开放。触角 6 节，长 1.20 mm，为体长的 0.71 倍，节 3 长 0.38 mm，节 1–6 长度比例为：16∶16∶100∶53∶38∶31+77；节 6 鞭部为基部长的 2.48 倍；节 3–5 次生感觉圈数分别为：41–53、8–18、0–3 个。喙达中足基节，节 4+5 长为基宽的 2.30–3.00 倍，为后足跗节 2 长的 1.40–1.60 倍。足细长，后足股节长 0.47 mm，为触角节 3 长的 1.30 倍；后足胫节长 0.91 mm，为体长的 0.54 倍。腹管长 0.21 mm，为体长的 0.12 倍，约与触角节 4 等长，有短毛 1–2 根，毛长约为端宽的 1/3。尾片毛 4–5 根。尾板毛 7–9 根，末端圆形。

生物学：寄主为樱桃、榆叶梅、日本垂樱和李属等植物。春季樱桃芽苞膨大开裂期越冬卵孵化，干母在幼叶尖部侧缘反面为害，叶缘向正面肿胀凸起，形成花生壳状伪虫瘿，长 20.00–40.00 mm，宽 5.00–7.00 mm，绿色稍红，反面开口。5 月下旬发生有翅蚜。10 月下旬发生雌、雄性蚜在幼枝上交配产卵越冬。防治有利时机在越冬卵孵化完毕，干母在幼叶上形成伪虫瘿之前，也可在 10 月中旬，雌、雄性蚜成熟前防治。

分布：浙江、北京、河北、山东、河南、陕西、青海、安徽、四川、贵州；韩国，日本。

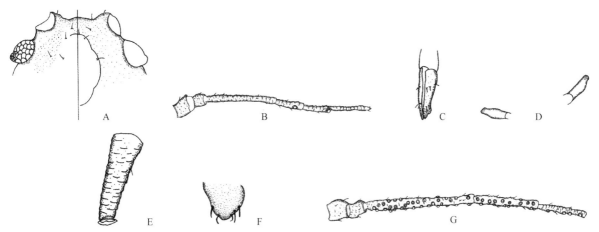

图 7-116　樱桃瘿瘤头蚜 *Tuberocephalus higansakurae* (Monzen, 1927)

干母：A. 头部背面观（左）和腹面观（右）；B. 触角节 1–5；C. 喙节 4+5；D. 中胸腹岔；E. 腹管；F. 尾片。有翅孤雌蚜：G. 触角节 1–5

（606）桃瘤头蚜 *Tuberocephalus momonis* (Matsumura, 1917)（图 7-117）

Myzus momonis Matsumura, 1917b: 362, 402.

Trichosiphoniella momonis: Tao, 1963b: 167.

Tuberocephalus momonis (Matsumura): Miyazaki, 1971: 109.

主要特征：

无翅孤雌蚜 体卵圆形，体长1.70 mm，体宽0.68 mm。活体灰绿色至绿褐色。玻片标本体背骨化，头部背面、头部腹面前端及胸部各节侧域骨化黑色，胸部背板、腹部背片有灰黑色至黑色斑纹。触角节1、2、

5、6、喙端部、胫节端部、跗节、腹管、尾片、尾板及生殖板灰黑色至黑色。前、中胸背板及腹部背片7、8各有1个宽带与缘斑相连，横贯全节，各带有时破裂；背片1有1对中斑或1个窄横带分裂为数个小斑，背片2–6无斑或有零碎小斑，背片6有时有破碎的横带。体表粗糙，有粒状刻点组成的网纹，体侧、缘域有微锯齿；腹管后几节背片有横瓦纹。缘瘤不见。气门肾形关闭，气门片粗糙突起，灰黑色至黑色。中胸腹岔两臂分离或一丝相连。体背毛短、钝顶，毛淡色，毛基斑骨化；头部背面有毛14–16根；前胸背板有中、侧、缘毛各2根，中胸背板有中、侧、缘毛：8、8、4根，后胸背板有中、侧、缘毛：4、2、4根；腹部背毛排列整齐，背片1–5分别有毛16–18根，背片6–8分别有毛10、8、4根；体背毛长0.01–0.02 mm，为触角节3直径的0.38–0.96倍。中额微隆，额瘤圆，内缘圆形，外倾。触角6节，有明显瓦纹，边缘有锯齿突；全长0.65 mm，为体长的0.37–0.41倍；节3长0.17 mm，节1–6长度比例为：36：24：100：51：41：41+81；节1–6毛数分别为：3或4、3或4、4–8、3–5、2或3、2+1根；触角毛尖锐，节3毛长为该节直径的0.38倍。喙端部可达中足基节，节4+5长为基宽的1.70–2.10倍，为后足跗节2长的1.30–1.50倍，有刚毛3对。足短粗，粗糙，有明显瓦纹；后足股节长0.33 mm，为触角长的0.50倍；后足胫节长0.48 mm，为体长的0.28倍，为触角长的0.75倍，毛长为该节直径的0.50倍，长毛与短毛相差2.00倍；跗节1毛序：3，3，2。腹管圆筒形，有粗刺突组成的瓦纹，边缘有微锯齿及明显缘突和切迹，长0.16 mm，为体长的0.15倍，为尾片长的1.60倍；有短毛3–6根，毛长约为中宽的0.25倍。尾片三角形，顶端尖，有长曲毛6–8根。尾板末端圆形，有长毛5–7根。

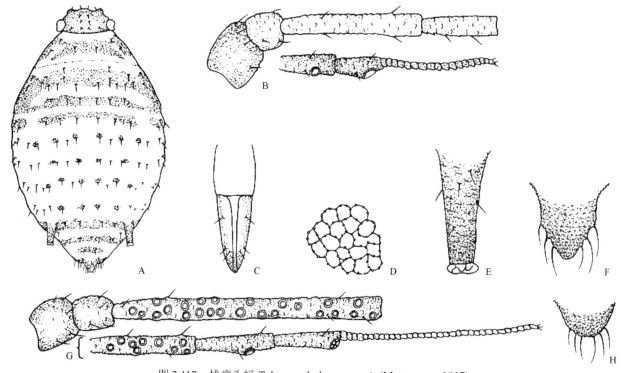

图 7-117 桃瘤头蚜 *Tuberocephalus momonis* (Matsumura, 1917)

无翅孤雌蚜：A. 整体背面观；B. 触角；C. 喙节4+5；D. 体背网纹；E. 腹管；F. 尾片。有翅孤雌蚜：G. 触角；H. 尾片

有翅孤雌蚜 体长1.70 mm，体宽0.68 mm。玻片标本头部、胸部骨化黑色，腹部淡色，有骨化稍淡斑纹。触角、喙、股节端部1/2、胫节端部约1/4、跗节、腹管、尾片及尾板稍骨化，灰黑色至灰色。腹部背片2–4各有缘斑1对，腹管前后斑不甚明显，背片7–8有隐约可见的横带。节间斑较明显，灰褐色。体背光滑，仅头部背面及体缘斑有刻点。触角6节，全长1.00 mm，为体长的0.59倍；节3长0.35 mm，节1–6长度比例为：17：14：100：43：28：26+67；节3有短尖毛6–8根，毛长为该节直径的0.37倍；节3–5分别有圆形次生感觉圈：19–30、4–10、0–2个，节3次生感觉圈分散于全长。翅脉粗且黑。腹管长为体长的0.10倍，为尾片长的2.20倍，有短毛5或6根。尾片有毛8–12根。尾板有毛8–12根。生殖板有毛14–16根。其他特征与无翅孤雌蚜相似。

生物学：寄主植物为桃和山桃等。该种蚜虫以卵越冬，在桃树芽苞膨大期孵化。干母为害芽苞，幼叶展开后为害叶片背面边缘，叶片向反面沿叶缘纵卷，肿胀扭曲，被害部变肥厚，形成红色伪虫瘿。有些植株大量叶片被害，部分被害叶变黄或枯萎。

分布：浙江（临安）、辽宁、北京、河北、山东、河南、甘肃、江苏、江西、福建、台湾；俄罗斯，朝鲜，韩国，日本。

（607）樱桃瘤头蚜 *Tuberocephalus sakurae* (Matsumura, 1917)（图 7-118）

Myzus sakurae Matsumura, 1917b: 362, 403.

Tuberocephalus sakurae: Miyazaki, 1971: 106.

主要特征：

干母　体宽卵圆形，体长 2.15 mm，体宽 1.35 mm。玻片标本淡色，头部、触角节 1、2、4、5、喙端部、股节端部 1/2、胫节端部 1/3、腹管、尾片、尾板及气门片黑褐色。体表粗糙，头部背腹面有粒状刻点，胸部、腹部各节有淡色微刺构成的网纹。前胸中、侧、缘域斑纹构成 1 横带，中胸有中、侧、缘斑，斑上刻纹明显，后胸有中斑、侧斑。胸气门片隆起，极粗糙，上有刻点。腹部背片 1 有 1 对明显的中斑，其他背片有零散的斑纹或无。腹管后几节深褐色，有横刻纹。气门肾形，关闭，气门片隆起，粗糙。中胸腹岔两臂分离。体背毛等长或略长于触角节 3 直径。头顶毛 5 根，头背毛 8 根；前胸、中胸及后胸背板各有中侧毛 6、12、9 根。腹部背片 1–8 各有中、侧毛：10、8、13、16、10、16、5、4 根；头顶毛长 0.020 mm，等长于触角节 3 直径。头部小，中额微隆，额瘤显著，内缘圆形，外倾。触角 5 节，节 1、2 有刺突构成的瓦纹，两缘锯齿状；全长 1.22 mm，为体长的 0.36–0.37 倍，节 3 长 0.25–0.27 mm，节 1–5 长度比例为：26–28：20 或 21：100：40–53：42 或 43+80–85，节 5 鞭部长为基部的 1.90–2.00 倍；节 3 常有短毛 1 或 2 根，毛长为该节直径的 0.60 倍。喙末端楔形，节 4+5 长 0.12–0.14 mm，为基宽的 2.16–2.18 倍，为后足跗节 2 长的 1.60–1.80 倍，有原生毛 6 根，次生毛 4 根。足短，各足基节有刺突，各足股节端部有刺突构成的瓦纹，胫节光滑。后足股节长 0.38 mm，为触角节 3 长的 1.38–1.54 倍，后足胫节长 0.58–0.64 mm，为体长的 0.27–0.32 倍；跗节 1 毛序：3，3，2；后足跗节 2 长 0.074 mm。腹管圆筒形，有微刺突组成的瓦纹，侧缘有微锯齿，有明显缘突；长 0.181 mm，为基宽的 3.60 倍，为体长的 0.16 倍，为尾片长的 1.57 倍；有短毛 0–3 根。尾片长舌形，末端尖，长 0.10 mm，为基宽的 0.91 倍，有毛 5 或 6 根。尾板末端平圆形，有毛 9 根。

无翅孤雌蚜（干雌）　体卵圆形，体长 2.00 mm，体宽 1.00 mm。活体头部黑色，腹部深绿色，有黑色斑纹。玻片标本体背骨化深褐色。头部背面褐色，布满粒状刺突，前胸、中胸及后胸中、侧斑与缘斑呈宽横带，前后缘淡色，中胸、后胸背板及腹部背片 1–7 全骨化黑色，腹部背片 8 中侧斑呈 1 横带。触角、喙、足灰黑色；腹管、尾片及尾板黑色。体表粗糙，头背面和腹面有粒状刺突，腹部背面有刺突构成的网纹，腹管后几节有横瓦纹。气门肾形关闭，气门片稍隆、黑色。中胸腹岔两臂一丝相连，有短柄，基宽大于臂长。体背毛稍长，尖锐，与腹面毛约等长。头部有头顶毛 8 根，头背毛 8 根；腹部背片 1–7 各有缘毛 4–6 根，背片 1–5 各有中侧毛 8–10 根，背片 6–8 各有中侧毛 8、6、4 根；背片 8 毛长为触角节 3 直径的 1.40 倍。中额微隆，额瘤内缘圆外倾，有中额毛 1 对，额瘤毛 3 对。触角有明显的小刺突瓦纹，全长 1.00 mm，为体长的 0.50 倍，节 3 长 0.29 mm，节 1–6 长度比例为：25：23：100：53：40：32+84；触角毛短，节 1–6 毛数分别为：5–7、4 或 5、9–11、5 或 6、3 或 4、2+0–2 根，节 3 毛长为该节直径的 0.76 倍。喙端部达中足基节，节 4+5 长 0.12 mm，短圆锥形，长为基宽的 1.9 倍，为后足跗节 2 长的 1.40 倍，有刚毛 4 或 5 对，足股节粗糙，有刺突构成的瓦纹，胫节光滑。后足股节约等于触角节 3、4 长度之和；后足胫节为体长的 0.37 倍，毛长为该节中宽的 0.75 倍；跗节 1 毛序：3，3，2。腹管为体长的 0.12 倍，为尾片长的 2.30 倍，稍短于触角节 3；圆筒形，向端部渐细，有小刺突组成的横瓦纹，有毛 4 或 5 根，毛长为端宽的 1/3，有缘突和切迹。尾片短圆锥状，顶尖，有粗刺突组成的横瓦纹，有长毛 5 或 6 根。尾板末端圆形，有毛 8 或 9

根。生殖板黑色，有长毛 18–20 根。

有翅孤雌蚜（迁移蚜）　体长卵形，体长 2.15 mm，体宽 0.89 mm。体背光滑，斑纹上有粒状微刺。腹部背片 3–5 各有 1 对大缘斑，背片 1 中侧斑连成 1 窄的横带，背片 3–6 各有 1 个中侧斑连成的宽横带，且这 4 条宽横带在侧域相接。头部有头顶毛 10 根，头背毛 8 根；腹部背片 1–8 各有中侧毛 10、8、8、8、10、12、6、4 根；背片 2–4 各有缘毛 8、10、8 根。触角 6 节，全长 1.18 mm，为体长的 0.55 倍，节 3 长 0.36 mm，节 1–6 长度比例为：14∶14∶100∶55∶38∶32+74，节 6 鞭部为基部的 2.31 倍；节 3 有毛 4–8 根，节 3、4、5 分别有次生感觉圈 24–56、3–22、0–4 个，节 3 次生感觉圈分散于全节。喙节 4+5 长 0.12 mm，为基宽的 2.40 倍，为后足跗节 2 长的 1.71 倍。后足股节光滑，为触角节 3 长的 1.29 倍；后足胫节为体长的 0.61 倍；后足跗节 2 为喙节 4+5 的 0.63 倍。翅脉正常。腹管长筒形，长 0.19 mm，为基宽的 3.80 倍，为体长的 0.09 倍，为尾片的 2.11 倍。尾片长 0.09 mm，为腹管长的 0.47 倍，有曲毛 4 根。尾板末端平圆形，有曲毛 14 根。其他特征与无翅孤雌蚜相似。

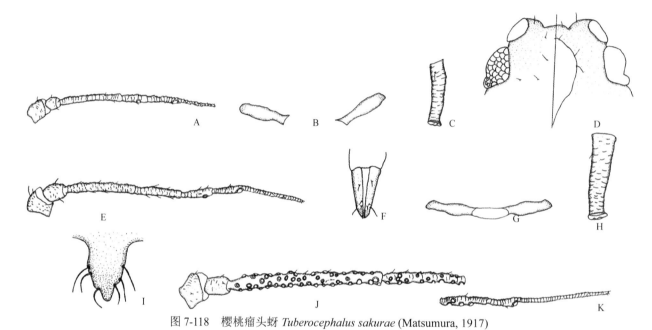

图 7-118　樱桃瘤头蚜 *Tuberocephalus sakurae* (Matsumura, 1917)

干母：A. 触角；B. 中胸腹岔；C. 腹管。无翅孤雌蚜：D. 头部背面观（左）和腹面观（右）；E. 触角；F. 喙节 4+5；G. 中胸腹岔；H. 腹管；I. 尾片。有翅孤雌蚜：J. 触角节 1–4；K. 触角节 5–6

生物学：原生寄主为梅、酸樱桃、大岛樱、樱花、黑樱桃、樱桃、山樱桃、榆叶梅、日本樱花、李属；次生寄主为山地蒿、土香薷。干母出现在 4 月早期到 5 月中旬，在虫瘿内产出许多若蚜。有翅蚜在 5 月初期到 7 月底，迁飞到次生寄主植物上，无翅干雌形成新的虫瘿，并且产出大量的若蚜。侨蚜群居于次生寄主植物蒿属的根部。性母在 10 月中旬到 11 月初出现，在原生寄主植物上产出雌性蚜。

分布：浙江（临安）、辽宁、北京、河北、山东、甘肃、江苏、台湾、四川、云南；俄罗斯（远东地区），韩国，日本。

（608）天目山瘤头蚜 *Tuberocephalus tianmushanensis* Zhang, 1980（图 7-119）

Tuberocephalus tianmushanensis Zhang, 1980a: 58.

主要特征：

干母　体圆卵形，体长 1.68–1.83 mm，体宽 1.17–1.20 mm。玻片标本体背褐色，头部背面、触角、足基节、转节、股节、胫节前端、腹管、尾片顶端、尾板深褐色。头部粗糙，有刺突，前胸中侧缘斑愈合为 1 宽横带，有刺突构成的横纹。中胸、后胸及腹部淡褐色，有刺突构成的横纹，体缘呈网纹，后胸有 2 个大缘斑，有明显的粒状刺突构成的网纹。节间斑 4 列，深褐色。腹管后几节深褐色，有刺突构成的横纹。头部有头顶毛 1 对，额瘤毛 1 对，头背毛 8 根，头顶毛长 0.01–0.02 mm，头背毛长 0.017–0.022 mm，分别为触角节 3 基部直径的 0.71–1.33 倍和 1.00–1.29 倍。前胸背板有中、侧、缘毛各 2 根，中胸背板有中毛 6 根，侧、缘毛各 2 根，后胸背板有中、侧毛各 4 根，缘毛 4 或 5 根；腹部背片 1–5 各有中毛 4、4、4、6、4 或 5 根，缘毛 2、6、10、8、4 根；背片 6 腹管间有毛 4 根，背片 7 有毛 4 根，背片 8 有毛 2 根；腹部背片 1 缘毛长 0.007–0.015 mm，背片 8 中毛长 0.02–0.03 mm，分别为触角节 3 基部直径的 0.50–1.00 倍、1.29–1.71 倍。中额微隆，额瘤圆，内缘圆，外倾。触角 5 节，有明显瓦纹，边缘有微锯齿；全长 0.45–0.58 mm，为体长的 0.27–0.32 倍；节 3 长 0.15–0.22 mm，节 1–5 长度比例为：26–33：22–25：100：32–36：41–58+40–59，节 5 鞭部长为基部的 0.91–1.29 倍；触角毛短，尖锐，节 1–5 毛数分别为：1–3、3 或 4、1 或 2、3、2+3 根，鞭部末端有短毛 2 或 3 根，节 3 毛长为 0.010–0.012 mm，为该节基部直径的 0.57–0.71 倍；原生感觉圈圆形，有睫，次生感觉圈缺失。喙端部刚达中足基节，端部稍钝，节 4+5 长 0.11–0.12 mm，为基宽的 1.96–2.45 倍，为后足跗节 2 长的 1.58–1.96 倍，有原生毛 3 对，次生毛 3 对。足短，基节及股节端部 2/3 有刺突，胫节光滑；后足股节长 0.29–0.34 mm，为触角节 3 长的 1.54–2.00 倍；后足胫节长 0.46–0.50 mm，为体长的 0.27–0.28 倍；后足胫节毛短粗有稍尖锐的顶端，毛长 0.012–0.019 mm，为该节中宽的 0.50–0.73 倍，跗节 1 毛序：3，3，2。腹管粗管状，向端部稍细，端部稍内弯，有微刺突组成的瓦纹，顶端有 2 或 3 条纵纹，有缘突；长 0.14–0.15 mm，为基宽的 1.88–2.28 倍，为体长的 0.080–0.085 倍，为尾片长的 1.07–1.40 倍，有毛 1 或 2 根。尾片三角形，端部尖，长 0.11–0.13 mm，为基宽的 0.75–1.33 倍，有曲毛 4 或 5 根。尾板末端圆形，有长毛 6 或 7 根。生殖板宽圆形，有后缘毛 11 或 12 根，前缘毛 2 根。

有翅孤雌蚜（迁移蚜）　　体椭圆形，体长 1.87–1.93 mm，体宽 0.81–0.86 mm。活体头、胸黑色，腹部褐黄色，有黑色斑纹。玻片标本头、胸黑色，腹部淡褐色，腹部背片 2–4 缘斑大，背片 6–7 缘斑小，背片 4–6 中、侧斑各愈合为 1 宽横带，背片 8 无斑纹，体背光滑，斑纹上有明显的刺突。触角、喙、足股节端部 3/4、胫节、跗节黑色，腹管黑褐色，尾片、尾板淡色。头部背面微显皱纹，胸部光滑，腹部斑上有小刺突横纹，腹管后几节微显瓦纹。气门肾形关闭，气门片黑色。节间斑明显棕色。体背毛短；头部有额瘤毛 2 对，头顶毛 1 对，头背毛 6 根；头顶毛长 0.012–0.020 mm，头背毛长 0.012–0.015 mm，分别为触角节 3 基部直径的 0.67–0.83 倍和 0.56–1.00 倍。腹部背片 1–7 各有缘毛 3 或 4 对，中侧毛 4 或 5 对；背片 8 有毛 4 或 5 根，毛长 0.022–0.025 mm，为触角节 3 基部直径的 0.56–1.17 倍。额瘤低，中额稍隆。触角 6 节，有瓦纹，全长 1.03–1.13 mm，为体长的 0.54–0.61 倍，节 3 长 0.32–0.33 mm；节 1–6 长度比例为：14–20：15：100：46–58：32–49：27–34+77–85，节 6 鞭部为基部的 2.39–3.22 倍；触角毛短尖，节 1–6 毛数分别为：2 或 3、3、3–5、5、2 或 3、2+3 根，鞭部末端有毛 3 根；节 3 毛长 0.010–0.012 mm，为该节基部直径的 0.44–0.83 倍；触角有突起的圆形次生感觉圈，节 3–5 分别有次生感觉圈：24–33、5–9、1 或 2 个。喙端部达中足基节，节 3 膨大，节 4+5 长 0.10–0.12 mm，为基宽的 2.13–2.27 倍，为后足跗节 2 长的 1.14–1.46 倍，有原生毛 3 对，次生毛 3 对。足股节粗糙，有小刺突，胫节光滑；后足股节长 0.20–0.22 mm，为触角节 3 长的 1.15–1.25 倍；后足胫节长 0.37–0.40 mm，为体长的 0.39–0.41 倍，有粗短刚毛，毛长 0.017–0.022 mm，为该节中宽的 0.70–0.90 倍。跗节 1 毛序：3，3，2。后足跗节 2 长 0.08–0.10 mm。腹管圆筒形，有小刺突构成的瓦纹，有短刚毛 4–8 根，有明显的缘突；长 0.15–0.17 mm，为体长的 0.08–0.09 倍，为基宽的 2.58–3.09 倍，为尾片长的 1.75–2.22 倍。尾片短圆锥形，有小刺突构成的横纹，长 0.07–0.09 mm，为基宽的 0.73–0.86 倍，有长毛 5 根。尾板末端圆形，有毛 7–9 根。生殖板骨化，有后缘毛 11 或 12 根，前缘毛 2 根。翅脉正常。其他特征同无翅孤雌蚜。

生物学：寄主植物为野樱桃。干母出现在 5 月，原生寄主叶片沿着叶脉向下卷曲，形成筒形的伪虫瘿，虫瘿长 12.00–15.00 mm。干雌发育为无翅或有翅孤雌蚜迁向次生寄主。

分布：浙江（临安）。

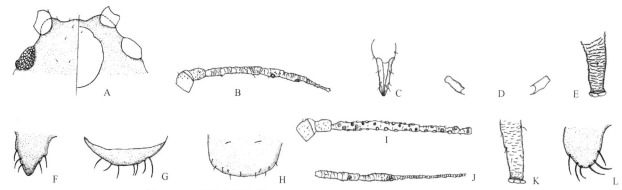

图 7-119　天目山瘤头蚜 *Tuberocephalus tianmushanensis* Zhang, 1980

干母：A. 头部背面观（左）和腹面观（右）；B. 触角节 1–5；C. 喙末端；D. 中胸腹岔；E. 腹管；F. 尾片；G. 尾板；H. 生殖板。有翅干雌：I. 触角节 1–4；J. 触角节 5–6；K. 腹管；L. 尾片

341. 指网管蚜属 *Uroleucon* Mordvilko, 1914

Uroleucon Mordvilko, 1914: 64. Type species: *Aphis sonchi* Linnaeus, 1767.

主要特征： 头部光滑。额瘤发达、外倾，中额微隆。触角节 3 或节 3、4 有圆形次生感觉圈。喙节 4+5 等于或稍长于后足跗节 2。腹部背毛有毛基斑。腹管后斑几乎总存在，腹管前斑有或无，如果有，则小于后斑。腹管圆筒形，明显长于尾片，端部不到 1/3 处有网纹。活体常暗色、褐色、黑色或暗肉桂色，常有金属光泽。

生物学： 寄主为菊科植物。

分布： 世界广布。世界已知 198 种，中国记录 13 种，浙江分布 3 种。

分种检索表

无翅孤雌蚜

1. 喙节 4+5 长短于基宽的 3.00 倍；触角节 3 有次生感觉圈 35–48 个，分散于基部 4/5 外侧；尾片有毛 13–19 根 ··红花指管蚜 *U. gobonis*
- 喙节 4+5 长于基宽的 3.00 倍 ··· 2
2. 触角节 3 次生感觉圈 76–123 个 ·······································莴苣指管蚜 *U. formosanum*
- 触角节 3 次生感觉圈 39–56 个 ···头指管蚜 *U. cephalonopli*

有翅孤雌蚜

1. 触角节 6 鞭部长于节 3 ··红花指管蚜 *U. gobonis*
- 触角节 6 鞭部短于节 3 ··· 2
2. 触角节 3 次生感觉圈多于 120 个 ·······································莴苣指管蚜 *U. formosanum*
- 触角节 3 次生感觉圈 78–86 个；触角节 3 有毛 35–42 根；腹管长为尾片的 1.95 倍··············头指管蚜 *U. cephalonopli*

（609）头指管蚜 *Uroleucon cephalonopli* (Takahashi, 1962)（图 7-120）

Dactynotus (*Ulomelan*) *cephalonopli* Takahashi, 1962: 80.

Uroleucon (*Uromelan*) *cephalonopli*: Eastop & Hille Ris Lambers, 1976: 169, 451.

主要特征：

无翅孤雌蚜　体长卵形，体长 4.35 mm，体宽 1.82 mm。活体黑色，有光泽。玻片标本头部黑色，前、中胸各呈宽横带，节间处淡色，腹部淡色，体背斑纹深黑色。触角、喙、足股节端部 2/3、胫节基部及端部

1/6–1/4、跗节、腹管、尾片、尾板及生殖板黑色。后胸、腹部背片 1–6 各有毛基斑 3 或 4 块，侧缘斑 4–8 块；腹管前后有大缘斑；背片 7、8 有横带。体表光滑，微有细瓦纹，各毛基斑周围有明显皱纹。气门圆形开放，气门片黑色。节间斑黑褐色。中胸腹岔有柄，边缘深色，单臂横长 0.37 mm，为触角节 4 的 0.50 倍。体背毛粗大钝顶，毛基隆起；腹面毛细长尖锐；头部有中额毛 1–2 对，额瘤毛 3 对，头背毛 4 对；前胸背板有中、侧、缘毛各 1 对；腹部背片 1–5 各有中毛 2 对，背片 6 有中毛 3 或 4 根，背片 7 有毛 1 对；背片 1–5 各有侧缘毛 4–8 对，背片 8 有毛 2–3 对；头顶毛长 0.08 mm，为触角节 3 直径的 1.20 倍，腹部背片 1、8 毛长 0.07 mm。中额不隆，毛基瘤微隆，额瘤隆起外倾。触角 6 节，节 1–3 光滑，节 4–6 有明显瓦纹，全长 3.93 mm，为体长的 0.90 倍，节 3 长 1.17 mm，节 1–6 长度比例为：13∶10∶100∶58∶51∶15+87；触角多粗尖锐毛，节 1–6 毛数分别为：5 或 6、4、33–41、11–14、10–12、3 或 4+6–8 根；节 3 毛长 0.07 mm，为该节直径的 0.69 倍；节 3 有小指状突起的次生感觉圈 39–56 个，分布于基部的 2/3–3/4。节 5 原生感觉圈扁平，有睫，直径不大于次生感觉圈。喙长大，端达后足基节，节 4+5 矛状，长 0.27 mm，为基宽的 4.00 倍，为后足跗节 2 长的 1.60 倍；有原生毛 2–3 对，次生长毛 3 对。足光滑；后足股节长 1.24 mm，为触角节 3 的 1.06 倍；后足胫节长 2.41 mm，为体长的 0.55 倍，毛长 0.07 mm，该节直径约相等；跗节 1 毛序：5，5，5。腹管长管状，端部 1/4 有网纹，中部有瓦纹，有缘突和切迹；全长 1.20 mm，为体长的 0.28 倍，为尾片长的 1.50–1.80 倍。尾片长锥状形，全长 0.72 mm，有长毛 24–26 根。尾板末端圆形，有毛 13–22 根。生殖板圆形，有深黑色斑，有粗长毛 29 根。

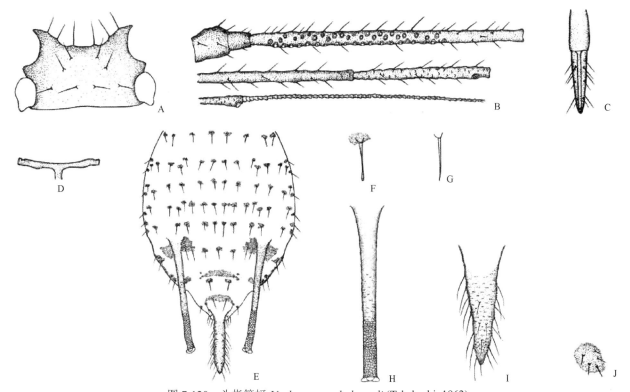

图 7-120　头指管蚜 *Uroleucon cephalonopli* (Takahashi, 1962)

无翅孤雌蚜：A. 头部背面观；B. 触角；C. 喙节 4+5；D. 中胸腹岔；E. 腹部背面观；F. 体背毛及毛基斑；G. 体腹面毛；H. 腹管；I. 尾片。有翅孤雌蚜：J. 缘斑及缘毛

有翅孤雌蚜　体长 2.73 mm，体宽 1.19 mm。玻片标本头部、胸部黑褐色，腹部淡色，毛基斑及斑纹黑褐色。腹部背片 1–7 各有中侧域毛基斑及大缘斑，腹部背片 8 有横带。体背毛粗长，尖锐，侧缘毛多于无翅孤雌蚜；腹部背片 8 有毛 4 或 5 根。喙长大，端部超达后足基节。触角 6 节，细长，全长 3.42 mm，为体长的 1.25 倍，节 3 长 1.03 mm，节 1–6 长度比例为：16∶9∶100∶59∶47∶14+87；节 3 有毛 35–42 根，毛长为该节最宽直径的 0.70 倍，节 3 有指状突起的小圆形感觉圈 78–86 个，分布于全长。足股节微有横纹，胫节光滑，后足股节长 1.05 mm，后足胫节长 2.19 mm，后足跗节 2 长 0.14 mm。翅脉正常，淡色。腹管长

管形，端部 1/3 有网纹，基部光滑，中部微有瓦纹，缘突不显，全长 1.06 mm，为体长的 0.39 倍，为尾片长的 1.95 倍。尾片不规则锥状，基部宽大，基半部收缩，全长 0.54 mm，有毛 19–21 根。尾板末端圆形，有毛 18–21 根。生殖板有毛 22–24 根。

生物学： 寄主植物为大蓟、刺菜和线叶蓟等蓟属植物。

分布： 浙江、辽宁、台湾、贵州；俄罗斯，朝鲜，韩国，日本。

(610) 莴苣指管蚜 *Uroleucon formosanum* (Takahashi, 1921)（图 7-121）

Macrosiphum formosanum Takahashi, 1921: 6.

Uroleucon formosanum: Eastop & Hille Ris Lambers, 1976: 258, 448.

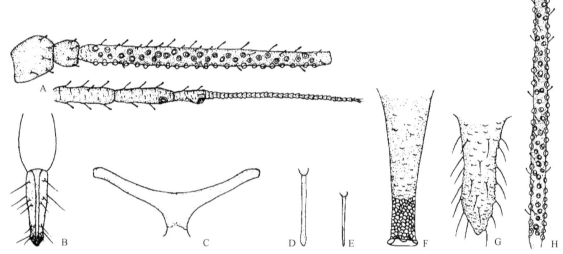

图 7-121 莴苣指管蚜 *Uroleucon formosanum* (Takahashi, 1921)
无翅孤雌蚜：A. 触角；B. 喙节 4+5；C. 中胸腹岔；D. 体背毛；E. 体腹面毛；F. 腹管；G. 尾片。有翅孤雌蚜：H. 触角节 3

主要特征：

无翅孤雌蚜 体纺锤状，体长3.30 mm，体宽1.40 mm。活体土黄色，稍显红黄褐色至紫红色。玻片标本淡色，头顶稍骨化，腹部毛基斑灰黑色，围绕腹管基部有灰黑色大斑。触角、喙、腹管、股节端部2/5、胫节端部1/5–1/4及跗节漆黑色，尾片、尾板淡色。体表光滑，腹部背片7、8微有横纹。气门圆形关闭，气门片稍骨化灰褐色。中胸腹岔有短柄。体背毛粗，顶端钝圆形；腹部各节背毛排成1排，背片1–5各有毛11–13根，背片6、7各有毛5或6根，背片8有毛2–4根；头顶中毛短，侧毛长；背片8毛长0.06 mm，为触角节3直径的0.94倍，腹部背片1缘毛比背片8毛短1/3。中额不显，额瘤隆起外倾，呈"U"形。触角6节，细长，全长3.40 mm，稍长于体长；节3长1.40 mm，节1–6长度比例为：10：7：100：24：26：11+62；节3有硬钝刚毛25–32根，毛长为该节直径的0.60倍；节3有呈指状突出的小次生感觉圈76–123个，布满全节。喙细长，端部达后足基节，节4+5长0.17 mm，与后足跗节2约等长，有长刚毛7对，其中端部毛2对，中部毛4对，基部毛1对。足各节细长；后足股节长1.10 mm，为触角节3长的0.81倍；后足胫节长2.10 mm，为体长的0.63倍，毛长约与该节中宽相等；跗节1毛序：5，5，5。腹管长管状，基部宽，向端部渐细，端部1/3有网纹16–24行，其他部分有瓦纹，有明显缘突和切迹；全长0.74 mm，为体长的0.22倍，为尾片长的1.30倍。尾片长圆锥状，有小刺突构成的横纹，长0.57 mm，有长短毛18–25根。尾板末端圆形，有长毛16–21根。

有翅孤雌蚜 体椭圆形，体长3.10 mm，体宽1.20 mm。玻片标本头部、胸部黑色，腹部淡色，各节有毛基斑及大缘斑，腹部背片7、8各有1个横带。触角骨化，节4–6稍淡；全长3.60 mm，为体长的1.16倍；节3有小指状次生感觉圈121–148个。尾片及尾板各有16–19根刚毛。翅脉正常。其他特征与无翅孤雌蚜相似。

生物学：寄主植物为莴苣、苦菜、丝毛飞廉（老牛错）、败酱（败酱草）、菠菜、蒲公英、泥胡菜、滇苦菜、苦荬菜和苦苣菜等。群集于嫩梢、花序及叶片背面，遇震动易落地。

分布：浙江（泰顺）、吉林、辽宁、内蒙古、北京、天津、河北、山东、江苏、江西、福建、台湾、广东、广西、四川；俄罗斯，朝鲜，日本。

（611）红花指管蚜 *Uroleucon gobonis* (Matsumura, 1917)（图 7-122）

Macrosiphum gobonis Matsumura, 1917b: 360, 395.

Uroleucon (*Uromelan*) *gobonis*: Holman, 1975: 177.

主要特征：

无翅孤雌蚜　体纺锤形，体长3.60 mm，体宽1.70 mm。活体黑色。玻片标本头部黑色，胸部、腹部淡色有黑色斑纹。触角、喙、足（股节基部2/5及胫节中部4/5淡色）、腹管、尾片、尾板及生殖板黑色。前、中胸背板有横带横贯全节；后胸背板及腹部各节背毛均有毛基斑；背片7、8各中、侧毛基斑相连为横带；前、中胸背板缘斑最大；腹管后斑大型，腹管前斑小，其他各节缘斑均较小。体表光滑，胸部稍有皱纹，各节缘域及腹管前几节背片微有模糊网纹，腹管后几节背片有横纹。缘瘤不显。气门圆形至长圆形关闭，气门片隆起黑色。节间斑黑色。中胸腹岔有长柄。体背毛粗，顶端钝，稍长，腹面毛长，尖锐，每节排列为3行；头部有头背毛10根；前胸背板有中、侧、缘毛各2根，中胸背板有中、侧、缘毛：6、12、4根，后胸背板有中、侧、缘毛各4根；腹部背片1–6各有中毛4–6根，侧毛4–8根，缘毛4–8根；背片7有毛7或8根，背片8有毛4根；头顶毛、腹部背片1缘毛、背片8毛长分别为触角节3直径的1.60倍、1.40倍、1.40倍。中额沟深度为头顶毛长的1.50倍，额瘤显著外倾，内缘稍隆。触角6节，节1–3光滑，仅节1基部外方有少数四角及五角形网纹，节4瓦纹模糊，节5–6瓦纹明显；全长3.30 mm，为体长的0.92倍；节3长1.00 mm，节1–6长度比例为：15：11：100：55：57：14+93；触角毛粗，钝顶，长短不等，长毛长为短毛的2.00倍，节3长毛为该节直径的0.83倍；节1–6毛数分别为：6–8、4或5、25–31、11–13、7–9、3或4+4根；节3有小圆形突起次生感觉圈35–48个，分散于基部4/5外侧；节5原生感觉圈无睫。喙端部不达后足基节，节4+5长为基宽的2.60倍，为后足跗节2长的1.20倍；有原生刚毛4根，次生刚毛6根。股节端部黑色部分有数个伪感觉圈；后足股节长1.18 mm，为触角节3、4之和的0.76倍，约与腹管等长；后足胫节长2.20 mm，为体长的0.61倍，毛长为该节中宽的0.80倍；跗节1毛序：5，5，5。腹管长圆筒形，基部粗大，向端部渐细，基部1/2有微突起和隐约横纹，中部有瓦纹，端部1/4有网纹，两缘有微刺突，缘突不明显，无切迹；长1.20 mm；为体长的0.33倍，约为触角节3长的1.20倍，为尾片长的1.80倍。尾片圆锥形，基部1/4处稍收缩，有微刺突瓦纹，两缘有微刺，长为触角节4长的1.20倍，有曲毛13–19根。尾板半圆形，有微刺突瓦纹，有毛8–14根。生殖板有毛14–18根。

有翅孤雌蚜　体纺锤状，体长3.10 mm，体宽1.10 mm。玻片标本头、胸部黑色，腹部淡色，有黑色斑纹。腹部各节背片中毛及侧毛均有小毛基斑，背片2–4缘斑大楔形，腹管前斑小，腹管后斑楔形，大于其他各节缘斑，背片7缘斑小，背片8有中横带。触角6节，全长3.20 mm，约长于体长，节3长0.91 mm，节1–6长度比例为：15：9：100：56：49：15+102；节3有小圆形隆起次生感觉圈70–88个，分散于全长。其他特征与无翅孤雌蚜相似。

生物学：寄主植物为牛蒡、红花、关苍术和矮蒿等中草药用植物，以及水飞蓟和刺菜等蓟属植物。本种是中草药红花、牛蒡及苍术的重要害虫。在华北和华东常在5–6月大量发生，严重为害红花；蚜虫盖满幼叶背面、嫩茎及花轴，甚至老叶背面，遇震动常坠落地面；春、秋两季也常大量发生，严重为害牛蒡，有时夏季也大量发生，盖满基叶背面、幼茎和花轴。被害处常出现黄褐色微小斑点，影响中草药产量和品质。

分布：浙江（临安）、黑龙江、吉林、辽宁、北京、天津、河北、山东、河南、陕西、宁夏、甘肃、新疆、江苏、福建、台湾；俄罗斯，朝鲜，韩国，日本，印度，印度尼西亚。

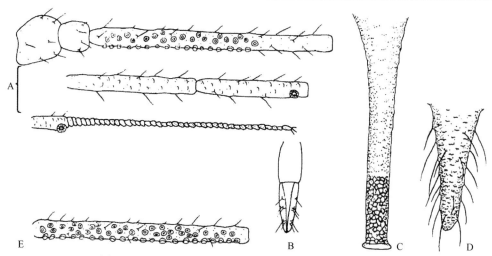

图 7-122　红花指管蚜 *Uroleucon gobonis* (Matsumura, 1917)

无翅孤雌蚜：A. 触角；B. 喙节 4+5；C. 腹管；D. 尾片。有翅孤雌蚜：E. 触角节 3

第八章 蚧总科 Coccoidea

主要特征：蚧虫的体型大小不一，有的个体较大，有的很微小；雌成虫和雄成虫的形态特征不同，差异很大。雌成虫无翅，体形多样。3 个体段常愈合，头胸部分辨不清。一般 1–7 mm，最小的只有 0.5 mm，最大的可达 3–4 cm。体形为球形、倒梨形、长椭圆形、牡蛎形等。体壁硬化或者柔软。触角 1–13 节。复眼无，仅有 1 对单眼。口器刺吸式，发达，口针很长，可超过身体数倍。足有或无，如有，常为步行足，少数种类前足为开掘式。腹部末端无产卵器。体表常有蜡腺，分泌蜡，有蜡粉或蜡块等覆盖虫体，起保护作用。胸部气门一般 2 对，个别只有 1 对。腹气门有或者无。肛环发达，有环毛和环孔，有些种类肛环退化，如盾蚧，边缘分布着刺腺和管腺。盾蚧的腹末几节愈合成三角形的臀板，常见有 3 对臀叶。阴门位于第 8–9 腹节，阴门周围有腺孔。绵蚧在腹面有椭圆形腹疤。粉蚧在腹面有腹脐 1–5 个，分布着盘腺和管腺。粉蚧在背面有圆形背疤。盾蚧腹部背面有不同种类的管腺。蜡蚧的体末有尾裂，被称为臀裂；在肛门附近有 1 对肛板。雄虫头、胸、腹分段明显。触角长，9–10 节，丝状、念珠状，少数栉齿状。低等种类具复眼，高级种类有多对单眼。口器退化。通常有前翅 1 对，膜质，上具有 1 条二分叉的翅脉；后翅退化成平衡棒。有的种类无。足 3 对，细长。交配器突出，由 1 鞘状的阳茎鞘包着 1 简单的阳茎组成。有的种类腹部末端有 1–2 对或成束长蜡丝。有的种类未发现雄虫。雌成虫活动力弱，大多营固定生活；雄成虫不取食，飞翔能力弱，寿命短，交配后即死去。蚧虫雌雄异型。雌虫属于渐变态，经过卵、若虫、成虫 3 个发育阶段。雄虫属于过渐变态，经过卵、若虫、蛹、成虫 4 个发育阶段。1 龄若虫有发达的感觉器官和行动器官。有眼 1 对。足发达并正常分节，触角 5 或 6 节，分泌蜡腺少。2 龄若虫雌雄分化，雌虫椭圆形或圆形，体被有蜡壳。雄虫长椭圆形，体被白色的茧壳。3 龄若虫能分泌蜡被、蜡囊。雄虫的预蛹和蛹在茧壳发育，具有触角芽、翅芽和足芽。雄虫羽化后，不食即找雌虫，完成繁衍的任务。蚧虫一般一年 1 代或 2 代。

生物学：蚧虫大多数种类是农林植物、果树、绿化观赏植物和花卉上的重要害虫。其个体小，种类多，鉴定困难。它们以刺吸式口器插入植物组织内，大量掠夺植物汁液，破坏植物组织，造成植物干枯甚至死亡。当虫害大量发生时，常密被枝叶上，其介壳和分泌的蜡质覆盖植物表面，严重影响植物的光合作用和经济价值。蚧虫一般难以发现，具有适应性强、传播快的特点，能够借助风、流水和其他动物传播，也能够随种子和苗木的调运传播开来，因此容易爆发成灾。由于蚧虫能够在寄主的根部、树干、枝干、叶面和果实等部位寄生，因此能够随果实、苗木等运输到新的地区。往往由于缺乏天敌，容易爆发成灾，因此很多国家把多数蚧虫作为检疫对象。

分布：世界广布。世界已知 56 科 1224 属 8480 种，中国记录 23 科 241 属 1000 余种，浙江分布 15 科 100 属 264 种。

分科检索表

1. 雌成虫腹部有气门 ·· 2
- 雌成虫腹部无气门 ·· 5
2. 雌成虫有肛环 ·· 旌蚧科 Ortheziidae
- 雌成虫无肛环 ·· 3
3. 雌成虫有口器 ·· 绵蚧科 Monophlebidae
- 雌成虫无口器 ·· 4
4. 大背疤发达 ·· 松蚧科 Matsucoccidae
- 无大背疤 ·· 桑蚧科 Kuwaniidae

5. 雌成虫腹部末端有深裂，肛门上盖有 1–2 个三角形的肛板 ······················· 6

　- 雌成虫腹部末端无深裂，肛门上无肛板 ··· 8

6. 肛门上盖有 2 块肛板 ··· 蜡蚧科 Coccidae

　- 肛门上只盖有 1 块肛板 ··· 7

7. 有"8"字形腺 ··· 壶蚧科 Cerococcidae

　- 无"8"字形腺 ·· 仁蚧科 Aclerdidae

8. 雌成虫无肛环 ··· 盾蚧科 Diaspididae

　- 雌成虫有肛环 ··· 9

9. 有"8"字形腺 ·· 10

　- 无"8"字形腺 ·· 11

10. 背面有"8"字形腺，腹面无"8"字形腺 ······················· 绛蚧科 Kermesidae

　- 　背腹两面都有"8"字形腺 ······································ 链蚧科 Asterolecaniidae

11. 常有背孔、腹脐、三孔腺 ·· 12

　- 　无背孔、腹脐、三孔腺 ·· 14

12. 地上生活，三叉管或二叉管常无 ··································· 粉蚧科 Pseudococcida

　- 　地下生活，三叉管或二叉管常存在 ··· 13

13. 背孔有 ··· 根蚧科 Rhizoecidae

　- 　背孔无 ·· 宾蚧科 Xenococcidae

14. 肛环刚毛 6–8 根；尾片常呈长锥状腺管 ······················ 毡蚧科 Eriococcidae

　- 　肛环刚毛 10 根；无尾片腺管 ··· 胶蚧科 Kerriidae

二十五、仁蚧科 Aclerdidae

主要特征：雌成虫体呈长椭圆形或长形。除尾端硬化外其余部分均膜质。通常体分节不明显，仅有腹部腹面稍分节。有的种类触角退化成瘤状，其上着生刺毛；而有的种类触角有 2–4 节。眼和足均退化。口器发达，仅 1 节。胸气门密布盘状腺孔群，通常为五孔盘状腺。腹气门缺失。无背裂和腹裂。臀裂相对短，腹部末端被臀裂划分。肛板位于臀裂基部，肛门位于其下方。肛环小，通常有 10 根肛环刺。体缘分布着圆锥刺。体尾端背面有内陷刺。

分布：世界广布。世界已知 6 属 63 种，中国记录 3 属 8 种，浙江分布 1 属 2 种。

342. 仁蚧属 *Aclerda* Signoret, 1874

Aclerda Signoret, 1874: 96. Type species: *Aclerda subterranae* Signoret, 1874.

主要特征：体老熟时，腹末端和体边缘均硬化。触角瘤退化成瘤状。胸气门大而明显，其内窝密布小腺体，内窝外通常分布着成群的五孔盘状腺或分布呈不规则的列。胸足一般退化或缺失。腹气门缺失。肛板 1 块，位于肛环的上方。肛环小，分布着肛环刺。体缘刺多呈圆锥形，通常 2 行或者更多。臀裂短，前端有 1 块肛板，肛板有时被纵向分割。气门裂缺失。生殖前节盘状腺孔缺失。

分布：世界广布。世界已知 52 种，中国记录 5 种，浙江分布 2 种。

（612）长毛仁蚧 *Aclerda longiseta* Borchsenius, 1958（图 8-1）

Aclerda longiseta Borchsenius, 1958b: 162.

　　主要特征： 触角退化成瘤状。胸气门发达，其内窝形似弧形，密布腺体。臀裂较宽。肛板近似三角形，有 4 根长毛分布在板的两侧边缘。肛环刺长。臀裂的末端及其两侧有长毛。大体缘刺多呈半球形，分布在体腹缘及腹中部。大管腺分布在体背面和腹面的体缘和亚缘。小管腺主要分布在体腹面的亚缘和腹中部。五格腺分布在胸气门周围外，还向腹部沿着亚体缘延伸成宽带。内陷刺分布在体背面和体缘刺间。体尾端的脊纹分布于体缘和亚体缘及尾端中部。

　　分布： 浙江、四川。

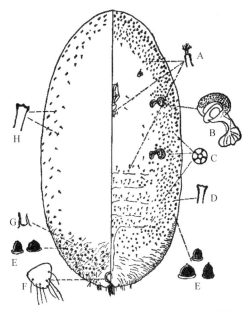

图 8-1　长毛仁蚧 *Aclerda longiseta* Borchsenius, 1958（仿王子清，2001）
A. 微管腺；B. 前胸气门；C. 五格腺；D. 小管腺；E. 体缘刺；F. 肛板；G. 内陷刺；H. 大管腺

（613）赤竹仁蚧 *Aclerda sasae* Borchsenius, 1960（图 8-2）

Aclerda sasae Borchsenius, 1960: 263.

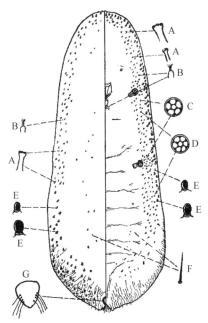

图 8-2　赤竹仁蚧 *Aclerda sasae* Borchsenius, 1960（仿王子清，2001）
A. 管腺；B. 微管腺；C. 五格腺；D. 六孔腺；E. 体缘刺；F. 体腹刺；G. 肛板

主要特征：触角瘤状，有数根细毛。胸足缺失。体缘刺似短圆锥形，在腹面头胸部和前腹部形成不规则列或狭窄带，也不均匀散布在体背面的腹部体缘和亚缘，在腹端密集分布。体缘刺稀疏分布。大管腺主要分布在体缘刺内侧的亚缘，其余散布在体背面的体缘和亚缘。许多的小管腺分布在大管腺间。背面和腹面的腹端体缘部位均分布有脊纹或沟纹，此部位常高度硬化。臀裂短而宽。肛板似宽三角形，其两侧着生4根长毛。肛环毛伸入到臀裂间。体腹刺端尖。

分布：浙江。

二十六、链蚧科 Asterolecaniidae

主要特征：体呈长椭圆形、梨形、近圆形、卵形。体外被有1层介壳。介壳边缘有蜡丝，这些蜡丝呈放射状。喙通常1节。触角瘤状或盘状，其上着生刺毛。胸气门发达。气门腺路有或无。无肛板。肛环通常无肛孔，有肛环刺。肛筒位于体背面边缘末端或体腹面边缘末端。"8"字形腺沿体缘呈链状分布，并且背腹两面均有分布。管状腺分布在体背面。五格腺组成气门腺路，还在"8"字形腺列的内侧呈链状分布。多孔腺分布在体腹部腹面。单孔腺分布在背腹面。

分布：世界广布。世界已知25属247种，中国记录11属80种，浙江分布5属29种。

分属检索表

1. 肛环不发达，无肛环孔和肛环刺 ·· 2
- 肛环发达，有肛环孔和6根肛环刺 ·· 3
2. 喙通常有2对毛 ·· 新链蚧属 *Neoasterodiaspis*
- 喙通常有2或3根毛 ··· 并链蚧属 *Asterodiaspis*
3. 体背面腹末端有1对背管 ·· 竹链蚧属 *Bambusaspis*
- 体背面腹末端无背管 ··· 4
4. 大的"8"字形腺在体背面不成群分布 ······················· 露链蚧属 *Russellaspis*
- 大的"8"字形腺在体背面成群分布 ·························· 链蚧属 *Asterolecanium*

343. 并链蚧属 *Asterodiaspis* Signoret, 1876

Asterodiaspis Signoret, 1876c: ccix. Type species: *Aonidia ilicicola* Targioni-Tozzetti, 1888.

主要特征：雌成虫体呈卵形或近圆形。触角退化成盘状，有1–4根细毛。喙的顶端通常有2或3根刚毛。肛环位于体腹末端，无肛环孔，有1–2根短毛或无肛环刺。臀瓣不发达。臀瓣刺位于腹末端，其间有1–2根细毛。"8"字形腺在体缘呈整齐的单列或不规则分布。五格腺除组成气门腺路还与"8"字形腺相平行。多孔腺在体腹部腹面呈横列或不规则的横带。

分布：世界广布。世界已知26种，中国记录13种，浙江分布3种。

分种检索表

1. 触角无长毛 ··· 日并链蚧 *A. japonica*
- 触角具有长毛 ··· 2
2. 肛环存在 ··· 富腺并链蚧 *A. polypora*
- 肛环缺失 ·· 刘氏并链蚧 *A. liui*

（614）日并链蚧 *Asterodiaspis japonica* **(Cockerell, 1900)**（图 8-3）

Asterolecanium variolosum japonicum Cockerell, 1900: 71.

Asterodiaspis japonica: Danzig, 1980: 240.

主要特征：触角呈圆锥，有 2 根短毛。小暗框"8"字形腺不规则地分布在口器附近。肛环小，有 2 根肛环刺。臀瓣近肛环，其间有 2 根细毛。"8"字形腺在体缘成整齐的单列，未延伸至臀板刺基部。与"8"字形腺相平行的五格腺呈不规则的单列，在头胸部和腹部前几节呈不规则的双列。气门腺路窄，不规则的单列或不规则的双列。小"8"字形腺在体腹面亚缘呈不规则分布，位于体缘五格腺的内缘。腹部的亚体缘毛呈刺状，除了位于体缘五格腺附近，还存在于亚体缘小"8"字形腺和体缘五格腺间。

分布：浙江、辽宁、台湾；俄罗斯（远东地区），韩国，日本。

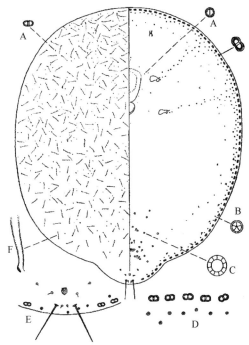

图 8-3　日并链蚧 *Asterodiaspis japonica* (Cockerell, 1900)（仿 Danzig，1980）
A. "8"字形腺；B. 五格腺；C. 多孔腺；D. "8"字形腺列、五格腺列；E. 臀瓣；F. 管腺

（615）刘氏并链蚧 *Asterodiaspis liui* **Borchsenius, 1960**（图 8-4）

Asterodiaspis liui Borchsenius, 1960: 191.

主要特征：体呈圆形，尾端圆。触角有 1 根长毛和 2 根短毛。肛门不显，肛环退化。臀瓣有端毛，臀瓣间毛和其基部有 2 对短毛。体缘"8"字形腺成单列。体缘五格腺沿体缘呈宽带状，延伸至端毛。前气门腺路由 1–2 列五格腺组成。小盘状腺孔在体缘的两边。体背面有很多管腺和少量的盘状腺孔。多孔腺在腹部成 4 条完整的横列，其中前 3 列的每列中有 2 根刚毛，后列有 4 根刚毛。

分布：浙江、云南。

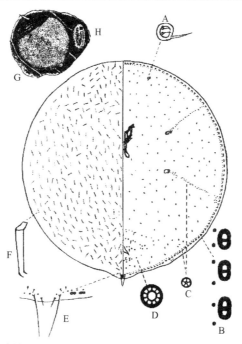

图 8-4 刘氏并链蚧 Asterodiaspis liui Borchsenius, 1960（仿汤祊德，1977）

A. 触角；B. "8"字形腺列和五格腺列；C. 五格腺；D. 多孔腺；E. 臀瓣；F. 管腺；G. 雌介壳；H. 雄介壳

（616）富腺并链蚧 Asterodiaspis polypora Shi et Liu, 1990（图 8-5）

Asterodiaspis polypora Shi et Liu, 1990: 27.

主要特征：触角退化成瘤状，顶端有 2 根长毛。喙 1 节，其两侧至少有 10 个盘状孔腺，无端毛。体缘 "8"字形腺成单列，离臀瓣刺基部还有 3–5 个腺体处终止。与体缘 "8"字形腺相平行的五格腺数量多，前气门腺路前有 2–3 列，后气门腺路后缘分布呈 1 或 2 列，两气门腺路间有 3–6 列。体背面散布管状腺、盘状腺和微小 "8"字形腺。多孔腺在体腹面排成整齐的 4 横列。小 "8"字形腺零星地分布在体亚缘。腹部的亚缘毛成 1 列。肛环椭圆形，位置在体腹面。

分布：浙江（杭州）。

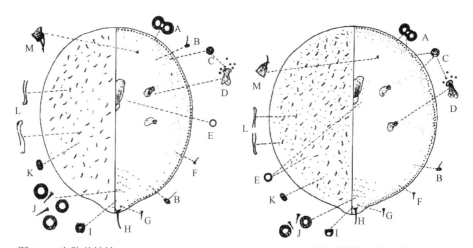

图 8-5 富腺并链蚧 Asterodiaspis polypora Shi et Liu, 1990（仿石毓亮和刘玉升，1990）

A. 体缘 "8"字形腺；B. 亚缘 "8"字形腺；C. 五格腺；D. 气门；E. 单孔腺；F. 亚缘刚毛；G. 臀瓣毛；H. 臀瓣间毛；I. 肛孔；J. 多孔腺；K. 背面 "8"字形腺；L. 管状腺；M. 触角

344. 链蚧属 *Asterolecanium* Targioni-Tozzetti, 1868

Asterolecanium Targioni-Tozzetti, 1868: 734. Type species: *Lecanium epidendri* Bouché, 1844: 300.

主要特征：雌成虫体呈椭圆形或不规则的圆形，尾端明显。触角小，有 2–3 根长毛和 1–5 根短毛。肛门位于体腹末端。肛筒较小，筒壁硬化。肛环有肛环孔和 6 根肛环刺。体缘 "8" 字形腺呈双列或单列，与 "8" 字形腺相平行的五格腺呈单列。有些种类的小圆盘状腺分布在体缘。大 "8" 字形腺在体背面成不规则的群分布。体背面有小 "8" 字形腺、管状腺和小的盘状腺。无背腺管。

分布：世界广布。世界已知 58 种，中国记录 9 种，浙江分布 4 种。

分种检索表

1. 腹面有 2 块硬化斑 ···樟链蚧 *A. cinnamomi*
- 腹面无硬化斑 ···2
2. 体背无大 "8" 字形腺 ···桢楠树链蚧 *A. machili*
- 体背有大 "8" 字形腺 ···3
3. 亚缘区有大 "8" 字形腺 ···北仑茶链蚧 *A. beilunense*
- 亚缘区无大 "8" 字形腺 ···茶链蚧 *A. theae*

（617）北仑茶链蚧 *Asterolecanium beilunense* Hu, 1988（图 8-6）

Asterolecanium beilunense Hu *in* Hu Sun & Chen, 1988: 193.

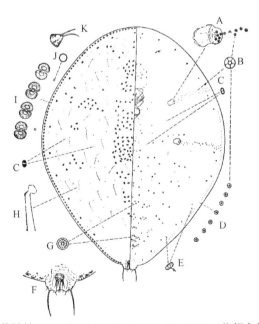

图 8-6　北仑茶链蚧 *Asterolecanium beilunense* Hu, 1988（仿胡金林等，1988）
A. 前气门；B. 五格腺；C. 小 "8" 字形腺；D. 五格腺列；E. 亚缘 "8" 字形腺；F. 尾瓣；G. 多孔腺；H. 管腺；I. 大 "8" 字形腺；J. 单孔腺；K. 触角

主要特征：触角瘤状，其顶端有 2 根长毛。足退化。尾端稍突出，有长短端毛各 1 对。背面：大 "8" 字形腺沿体缘排成 1 条纵列，内侧的大 "8" 字形腺呈单列分布在亚缘区，背中部的从头部至腹部排成 8 群。微小 "8" 字形腺和背管腺零散分布。单孔腺分布于体缘 "8" 字形腺的内侧。腹面：五格腺除组成前后气门腺路外，沿体缘呈带状分布。亚缘 "8" 字形腺在体缘五格腺的内缘呈单列。暗框 "8" 字形腺稀疏分布。

多孔盘状腺在腹部排成短横列或长列，有 107–168 个。肛环有肛环孔和 6 根肛环刺。

分布：浙江（宁波）。

（618）樟链蚧 *Asterolecanium cinnamomi* Borchsenius, 1960（图 8-7）

Asterolecanium cinnamomi Borchsenius, 1960: 161.

主要特征：触角呈短柱状，有 3–4 根短毛和 1 根长毛。气门腺路由 11–16 个五格腺组成。多孔腺在体腹部腹面呈 7–8 条横列。暗框"8"字形腺分布在口器两侧，各 1 个，在腹面亚缘呈单列。体缘的"8"字形腺成整齐的单列，延伸至臀瓣端毛前。与"8"字形腺相平行的五格腺呈规则的单列，止于"8"字形腺的末端。大"8"字形腺在背中、亚缘和其侧面呈带状分布，小"8"字形腺和管腺数量多。臀瓣明显，有 1 对长的臀瓣刺，其间有 2 对短毛。肛环明显，有 6 根肛环刺。腹面有 2 块硬化斑。

分布：浙江、福建、四川、云南。

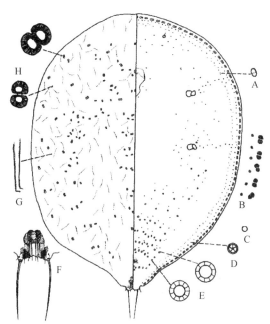

图 8-7 樟链蚧 *Asterolecanium cinnamomi* Borchsenius, 1960（仿王子清，2001）
A. 小"8"字形腺；B. 体缘"8"字形腺列和五格腺；C. 单孔腺；D. 五格腺；E. 多孔腺；F. 臀瓣；G. 管腺；H. 大"8"字形腺

（619）桢楠树链蚧 *Asterolecanium machili* Russell, 1941（图 8-8）

Asterolecanium machili Russell, 1941: 125.

主要特征：触角小，有 2 根长毛和 4 根以上的短毛，其外侧有 3–10 个五格腺。喙端毛 2 对。气门腺路由五格腺排成 1–3 列。多孔腺在腹部呈 6 条横列和 3 条中断横列。体缘单孔列无，"8"字形腺分布成整齐的单列。五格腺与体缘"8"字形腺相平行，呈单列，延伸至"8"字形腺的末端。体背无大"8"字形腺。亚缘"8"字形腺延伸至"8"字形腺列末端。亚缘毛呈纵列。暗框"8"字形腺分布于喙两侧，各 2–5 个，在体侧面呈若干个纵列。臀瓣明显，有 1 对长的臀瓣刺，其间有 2 对短毛。肛环明显，有 6 根肛环刺。

分布：浙江、台湾。

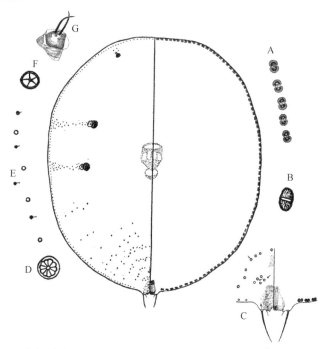

图 8-8 桢楠树链蚧 *Asterolecanium machili* Russell, 1941（仿 Russell, 1941）

A. 体缘 "8" 字形腺列；B. 小 "8" 字形腺；C. 臀瓣；D. 多孔腺；E. 腹面边缘区；F. 五格腺；G. 触角

（620）茶链蚧 *Asterolecanium theae* **Tang** *et* **Hao, 1995**（图 8-9）

Asterolecanium theae Tang *et* Hao, 1995: 347.

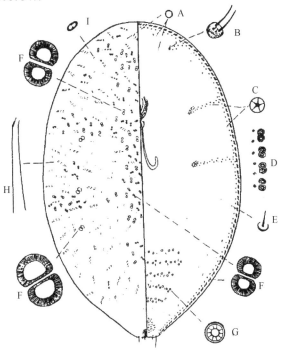

图 8-9 茶链蚧 *Asterolecanium theae* Tang *et* Hao, 1995（仿汤祊德和郝静钧，1995）

A. 单孔腺；B. 触角；C. 五格腺；D. 体缘 "8" 字形腺列和五格腺列；E. 亚缘毛；F. 大 "8" 字形腺；G. 多孔腺；H. 管腺；I. 小 "8" 字形腺

主要特征：触角呈短柱状，其上着生 1 根短毛和 1 根长毛，其外侧有 3 个五格腺。气门腺路由五格腺排成不规则的双列。多孔腺在腹部排成 8 条横列，后面的 6–7 条横列完整，其余列均中断。体缘的 "8" 字形腺呈单列，延伸至臀瓣端毛的基部。五格腺与 "8" 字形腺相平行，呈单列，比体缘 "8" 字形腺列的长。

大的"8"字形腺成群分布在背中央和亚中区，亚缘无。小的"8"字形腺和单孔腺散布在体背面。亚缘毛呈整体单列。臀瓣明显。有 1 对臀瓣刺，其间有 2 对短毛。肛环有 6 根肛环刺和肛环孔。

分布：浙江（宁波）。

345. 竹链蚧属 *Bambusaspis* Cockerell, 1902

Asterolecanium (*Bambusaspis*) Cockerell, 1902a: 114. Type species: *Chermes miliaris* Boisduval, 1869.

Bambusaspis Borchsenius, 1960: 133. Type species: *Asterolecanium miliaris* Boisduval, 1869.

主要特征：体椭圆形。触角瘤状，有 2–5 根细毛。肛门位于体末端。肛门环有 2 列肛环孔和 6 根肛环刺，或肛环退化，其上有 2 根短毛或无毛。臀瓣小。臀瓣有臀瓣刺和 1 或 2 对细毛。体背腹末端有 1 对背管。体腹面的体缘或腹面与背面交接处大"8"字形腺呈单列或呈带状链分布。体背或腹亚缘有"8"字形腺分布。五格腺组成气门腺路，还与体缘"8"字形腺相平行成单列。

分布：世界广布。世界已知 61 种，中国记录 51 种，浙江分布 15 种。

分种检索表

1. 多孔腺缺失 ·· 小竹链蚧 *B. pseudominuscula*
 - 多孔腺存在 ··· 2
2. 触角基部有多孔腺分布 ·· 3
 - 触角基部无多孔腺分布 ·· 4
3. 暗框"8"字形腺在喙两侧各 1–4 个 ··· 绿竹链蚧 *B. notabilis*
 - 暗框"8"字形腺在喙两侧各 5–6 个 ··· 大型竹链蚧 *B. larga*
4. 阴门附近有多孔腺分布 ·· 5
 - 阴门附近无多孔腺分布 ·· 6
5. 多孔腺在阴门前后排成 2 横列 ··· 红体竹链蚧 *B. rufa*
 - 多孔腺在阴门后起向前排成 5 横列 ··· 竹链蚧 *B. bambusae*
6. 体缘"8"字形腺呈双列分布 ··· 半球竹链蚧 *B. hemisphaerica*
 - 体缘"8"字形腺呈单列分布 ·· 7
7. 腹部背面的亚缘区有块状斑 ··· 庆元竹链蚧 *B. qingyuanensis*
 - 腹部背面的亚缘区无块状斑 ·· 8
8. 气门腺路的五格腺数小于 10 个 ·· 9
 - 气门腺路的五格腺数大于 10 个 ··· 10
9. 体缘有五格腺 ·· 常规竹链蚧 *B. ordinaria*
 - 体缘无五格腺 ·· 常竹链蚧 *B. vulgaris*
10. 亚缘毛 5 对 ··· 11
 - 亚缘毛 6 或 7 对 ··· 13
11. 多孔腺在腹末端呈 8 条横列 ··· 两广竹链蚧 *B. flora*
 - 多孔腺在腹末端呈 7 条横列 ·· 12
12. 体背有大"8"字形腺 ·· 中国竹链蚧 *B. chinae*
 - 体背无大"8"字形腺 ·· 透体竹链蚧 *B. delicata*
13. 喙两侧的暗框"8"字形腺各 1 个 ··· 陀螺竹链蚧 *B. subdola*
 - 喙两侧的暗框"8"字形腺 2–4 个 ··· 14
14. 腹部亚缘毛 6 对 ·· 琵琶竹链蚧 *B. miliaris*
 - 腹部亚缘毛 8 对 ·· 浙江竹链蚧 *B. oblonga*

（621）竹链蚧 *Bambusaspis bambusae* (Boisduval, 1869)（图 8-10）

Asterolecanium bambusae Boisduval, 1869: 261.

Bambusaspis bambusae: Borchsenius, 1960: 136.

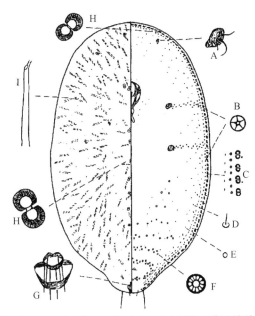

图 8-10　竹链蚧 *Bambusaspis bambusae* (Boisduval, 1869)（仿汤祊德和郝静钧，1995）
A. 触角；B. 五格腺；C. 体缘 "8" 字形腺列和五格腺列；D. 体刺；E. 单孔腺；F. 多孔腺；G. 臀瓣；H. 大 "8" 字形腺；I. 背管腺

主要特征：触角瘤状，其顶端生有若干刺毛。较大的 "8" 字形腺沿体缘呈整齐的单列，与 "8" 字形腺相平行的五格腺呈紧密的单列。小圆盘状腺在体背的体缘排成零散的单列。较大 "8" 字形腺在体背中央及其他部位呈不规则的群状分布，或缺失。体背面分布着小的 "8" 字形腺。在体背分布的小圆盘状腺数量很多。背管腺分布在体背中央大 "8" 字形腺之间。胸气门小，由 22–42 个五格腺组排成 2–3 列的气门腺路。多孔腺密布在体腹部腹面，在阴门后起向前排成 5 横列。小 "8" 字形腺位于体亚缘成列。

分布：浙江、黑龙江、广东、广西、云南；世界广布。

（622）中国竹链蚧 *Bambusaspis chinae* (Russell, 1941)（图 8-11）

Asterolecanium chinae Russell, 1941: 65.

Bambusaspis chinae: Tang & Hao, 1995: 361.

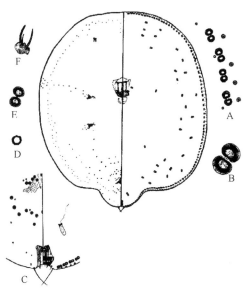

图 8-11　中国竹链蚧 *Bambusaspis chinae* (Russell, 1941)（仿 Russell，1941）
A. 体缘 "8" 字形腺列和五格腺列；B. 体缘 "8" 字形腺；C. 臀瓣；D. 单孔腺；E. 小 "8" 字形腺；F. 触角

主要特征：触角瘤状，有 2 根长毛和 1–2 根短毛。暗框 "8" 字腺分布于口器前和腹侧及多格腺列。体缘 "8" 字形腺呈单列，延伸至尾毛基部。与 "8" 字形腺相平行的五格腺呈单列。较大的 "8" 字腺分布在体背的亚缘和侧缘。小 "8" 字腺和小圆盘状腺在体背面。小圆盘状腺在体背面侧缘呈单列。亚缘 "8" 字形腺排成单列，延伸至多孔腺列。前气门由五格腺组成一条前窄后宽的腺路。多孔腺在体腹面的腹末端呈 7 条横列，其中有 2–3 条中断横列。小 "8" 字形腺分布在体亚缘。腹部有 5 对腹亚缘毛。

分布：浙江、福建、广东、香港。

（623）透体竹链蚧 *Bambusaspis delicata* (Green, 1896)（图 8-12）

Planchonia delicata Green, 1896: 5.

Bambusaspis delicata: Ben Dov, 2006: 74.

　　主要特征：触角瘤状，其上着生 2 根长毛。喙顶端无毛。体缘"8"字形腺呈规则的单列，延伸至尾毛基部。与"8"字形腺相平行的五格腺呈单列，和"8"字形腺数量一样多。小圆盘状腺比"8"字形腺数量少。亚缘"8"字形腺列延伸至缘"8"字形腺的末端。在体背面分布有小"8"字形腺、小圆盘状腺和管状腺，无大"8"字形腺。暗框"8"字形腺分布在口器附近和腹部，排成 4–5 列。背管腺存在。多孔腺在体腹部腹面呈 7 条横列。小"8"字形腺成列位于体亚缘。腹部有 5 对亚缘毛。

　　分布：浙江、福建；日本，斯里兰卡。

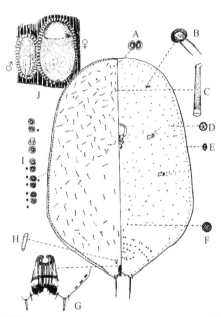

图 8-12　透体竹链蚧 *Bambusaspis delicata* (Green, 1896)（仿汤祊德，1977）

A. 亚缘"8"字形腺；B. 触角；C. 管腺；D. 五格腺；E. 小"8"字形腺；F. 多孔腺；G. 臀瓣；H. 背管腺；I. 体缘"8"字形腺列和五格腺列；J. 雌介壳和雄介壳

（624）两广竹链蚧 *Bambusaspis flora* (Russell, 1941)（图 8-13）

Asterolecanium florum Russell, 1941: 94.

Bambusaspis flora: Ben-Dov, 2006: 75.

　　主要特征：触角小，有 2 根长毛和 2 根短毛。喙顶端无毛。气门柄宽。体缘"8"字形腺呈规则的单列，延伸至尾毛基部。与"8"字形腺相平行的五格腺呈单列。小圆盘状腺在体背面，延伸至"8"字形腺的附近。亚缘"8"字形腺单列延伸至多孔腺列。小"8"字形腺零散分布在体背面。小圆盘状腺位于大"8"字形腺周围。暗框"8"字形腺分布在多孔腺列间，3–4 横列。多孔腺在体腹面的腹末端呈 8 条横列。小的"8"字形腺成列位于体亚缘。腹部腹面有 5 对亚缘毛。

　　分布：浙江（泰顺）、广东、海南、广西。

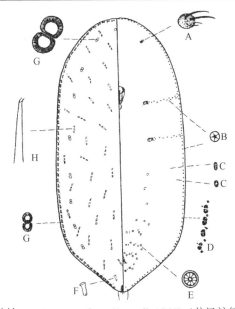

图 8-13 两广竹链蚧 *Bambusaspis flora* (Russell, 1941)（仿汤祊德和郝静钧，1995）

A. 触角；B. 五格腺；C. 小"8"字形腺；D. 体缘"8"字形腺列和五格腺列；E. 多孔腺；F. 背管腺；G. 大"8"字形腺；H. 管腺

（625）半球竹链蚧 *Bambusaspis hemisphaerica* (Kuwana, 1916)（图 8-14）

Asterolecanium hemisphaerica Kuwana, 1916: 147.

Bambusaspis hemisphaerica: Borchsenius, 1960: 134.

主要特征： 触角圆盘状，通常有 2 根粗毛和 1–3 根短毛。胸气门发达，开口内陷分布着丰富的五格腺。气门腺路由密集的五格腺组成，越靠近体缘越宽，与体缘五格腺相融合。体缘"8"字形腺排成规则的 2 列，愈近体末端和体缘汇合成单列。与体缘"8"字形腺相平行的五格腺组成 3–6 个腺体宽的气门腺路，还分布在触角和体缘之间。小"8"字形腺和多孔腺分布在体腹面。管状腺分布在体末端。多孔腺主要分布在体腹部腹面。臀瓣刺短，其间有 2 对细毛。臀瓣稍硬化。

分布： 浙江、天津、江苏、安徽、湖南、广东；日本，美国。

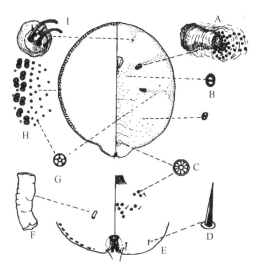

图 8-14 半球竹链蚧 *Bambusaspis hemisphaerica* (Kuwana, 1916)（仿王子清，2001）

A. 前气门；B. 小"8"字形腺；C. 多孔腺；D. 体毛；E. 臀瓣；F. 管腺；G. 五格腺；H. 体缘"8"字形腺列和五格腺列；I. 触角

（626）大型竹链蚧 *Bambusaspis larga* (Russell, 1941)（图 8-15）

Asterolecanium largum Russell, 1941: 118.

Bambusaspis largus: Wu, 1983: 211.

　　主要特征：触角有 2 根长毛和 1–2 根短毛。体缘"8"字形腺呈紧密的单列，延伸至臀瓣刺毛处。与体缘"8"字形腺相平行的五格腺形成 1–2 列。小圆盘状孔在体背侧面，少于"8"字腺的数量。大"8"字形腺在体背中央形成 9 个群。小"8"字形腺在体背面缺失。小圆盘状孔和管状腺在体背面分布较多。多孔腺在腹部呈横列。暗框"8"字形腺分布在喙两侧，各有 5–6 个，在腹部形成有 2 个以上的横列。体腹面亚缘"8"字形腺排成双列，延伸至体缘"8"字形腺链。亚缘毛分布呈间断的单列。

　　分布：浙江、广东。

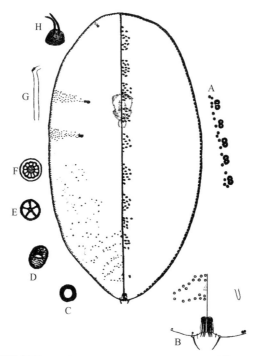

图 8-15　大型竹链蚧 *Bambusaspis larga* (Russell, 1941)（仿 Russell，1941）
A. 体缘"8"字形腺列和五格腺列；B. 臀瓣；C. 单孔腺；D. 小"8"字形腺；E. 五格腺；F. 多孔腺；G. 管腺；H. 触角

（627）琵琶竹链蚧 *Bambusaspis miliaris* (Boisduval, 1869)（图 8-16）

Asterolecanium miliaris Boisduval, 1869: 261.

Bambusaspis miliaris: Wang & Zhang, 1987: 40.

　　主要特征：雌成虫体为长椭圆形，腹部末端稍变窄，臀瓣不显。触角呈瘤状，有 2 根粗毛和 2 根细刺。体缘的"8"字形腺呈单列分布，与五格腺列平行，无单孔列。气门腺路由 10–18 个五格腺组成不规则的带状。暗框"8"字形腺在喙两侧各 2–4 个，少量分布在腹部呈 6 横列。亚缘"8"字形腺呈单列，延伸至"8"字形腺的末端。体背面分布着小的"8"字形腺、管腺和小背管腺。腹部有 6 对亚缘毛。

　　分布：浙江（泰顺）、福建、广东、广西；世界广布。

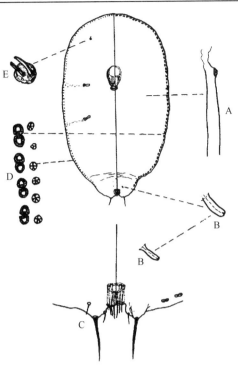

图 8-16　琵琶竹链蚧 *Bambusaspis miliaris* (Boisduval, 1869)（仿王子清，2001）
A. 管腺；B. 背管腺；C. 腹部末端；D. 体缘"8"字形腺列和五格腺列；E. 触角

（628）绿竹链蚧 *Bambusaspis notabilis* (Russell, 1941)（图 8-17）

Asterolecanium notabile Russell, 1941: 140.

Bambusaspis notabilis: Tao, 1999b: 42. Emendation that is justified.

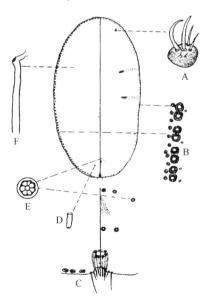

图 8-17　绿竹链蚧 *Bambusaspis notabilis* (Russell, 1941)（仿王子清，2001）
A. 触角；B. 体缘"8"字形腺列和五格腺列；C. 腹部末端；D. 背管腺；E. 多孔腺；F. 管腺

主要特征：触角瘤状，有 2 根长毛和 2 根短毛，其基部有 1–8 个五格腺。气门柄宽，由五格腺排成 2–6 列的气门腺路。体缘"8"字形腺列止于尾毛基部。五格腺在体缘"8"字形腺内缘呈单列分布，延伸至体缘"8"字形腺末端。小圆盘状腺分布于体背，其数量少于"8"字形腺。暗框"8"字形腺在喙两侧各 1–4 个，在亚缘区呈不规则的双列，其余在腹末端呈 2–3 横列。亚缘"8"字形腺呈不规则的单列，延伸至多孔腺的末端。腹部有 7 对亚缘毛。小"8"字形腺和小圆盘腺数量多。

分布： 浙江（杭州）、安徽、广东。

（629）浙江竹链蚧 *Bambusaspis oblonga* (Russell, 1941)（图 8-18）

Asterolecanium oblongum Russell, 1941: 142.

Bambusaspis oblonga: Ben-Dov, 2006: 84. Emendation that is justified.

主要特征： 体胡萝卜形，触角瘤状，有 2 根长毛和 2 根短毛。体缘"8"字形腺呈连续的单列，延伸至尾毛基部前面。气门柄宽，气门腔内有 3–5 个五格腺。由 8–12 个五格腺组成 1–3 列宽的气门腺路。腹面无多孔腺。暗框"8"字形腺在喙两侧各 2–4 个，口器前方 1–2 个，少量在腹部呈 3–4 横列。亚缘"8"字形延伸至阴门附近，数量少。腹部有 8 对亚缘毛。小的"8"字形腺和小的圆盘腺数量多，背管腺存在。臀瓣不明显，臀瓣刺短。

分布： 浙江。

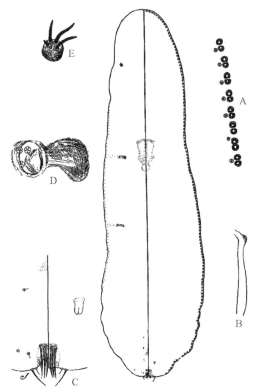

图 8-18 浙江竹链蚧 *Bambusaspis oblonga* (Russell, 1941)（仿 Russell，1941）
A. 体缘"8"字形腺列和五格腺列；B. 管腺；C. 腹部末端；D. 气门；E. 触角

（630）常规竹链蚧 *Bambusaspis ordinaria* (Russell, 1941)（图 8-19）

Asterolecanium ordinarium Russell, 1941: 144.

Bambusaspis ordinaria: Ben-Dov, 2006: 84. Emendation that is justified.

主要特征： 触角瘤状，有 2 根长毛和 2 根细毛。气门腺路窄，由 3–5 个五格腺组成。多孔腺在腹末端排成 2 列，每列由 3–6 个腺体组成。体缘的"8"字形腺呈单列，延伸至尾毛基部。位于体缘"8"字形腺内缘的五格腺排成单列，延伸至体缘的"8"字形腺倒数第 10 孔。小"8"字形腺稀少。小的圆盘腺数量多。有背管腺。暗框"8"字形腺在喙两侧各 1 个，少量分布在头部，少数在腹部呈 3 横列。亚缘的"8"字形腺列延伸至阴门，与体缘"8"字形腺的数量相同。亚缘毛6对。

分布：浙江。

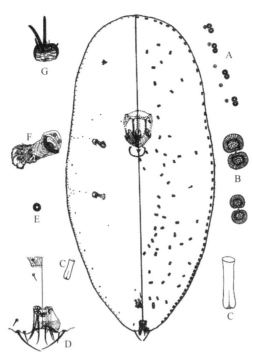

图 8-19 常规竹链蚧 *Bambusaspis ordinaria* (Russell, 1941)（仿 Russell，1941）

A. 体缘"8"字形腺列和五格腺列；B. 大"8"字形腺；C. 背管腺；D. 腹部末端；E. 单孔腺；F. 气门；G. 触角

（631）小竹链蚧 *Bambusaspis pseudominuscula* Borchsenius, 1960（图 8-20）

Bambusaspis pseudominuscula Borchsenius, 1960: 142.

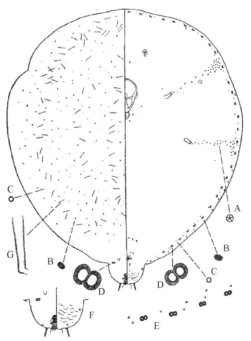

图 8-20 小竹链蚧 *Bambusaspis pseudominuscula* Borchsenius, 1960（仿 Borchsenius，1960）

A. 五格腺；B. 小"8"字形腺；C. 单孔腺；D. 大"8"字形腺；E. 体缘"8"字形腺列和五格腺列；F. 腹部末端；G. 管腺

　　主要特征：触角瘤状，有 2 根长毛。沿体缘"8"字形腺呈单列，止于尾突基部。边缘无五格腺分布。单孔腺呈不规则的单列，与体缘"8"字形腺列并列。体背：管腺排成不规则的 6 纵列，小"8"字形腺和单孔全面散布。背管发达。体腹面：气门路近气门的五格腺呈单列，向体缘扩散。多孔腺无。暗框"8"字形腺少，在口器两侧。亚缘"8"字形腺在腹部呈单列。体毛少，在腹部呈 3 横列。肛环毛 6 根，尾瓣不显，尾毛为肛环毛的 2 倍长。

　　分布：浙江、福建、云南。

（632）庆元竹链蚧 *Bambusaspis qingyuanensis* Hu *et* Xie, 1988（图 8-21）

Bambusaspis qingyuanensis Hu *et* Xie, 1988: 196.

　　主要特征：触角瘤状，有 2 根长毛和 1 根短毛。气门腺路宽，由 27–52 个五格腺组成。体缘"8"字形腺排成单列。与体缘"8"字形腺相平行的五格腺呈单列。小的"8"字形腺和小圆盘腺在体背面稀疏分布。暗框"8"字形腺零散分布在体腹面。腹部背面的亚缘区有圆形的块状斑。大的"8"字形腺位于体背面的中央和亚缘成群分布。亚缘"8"字形腺沿体缘"8"字形腺内侧呈单列分布。多孔腺在腹部呈 7 横列，其中 2–3 中断列。臀瓣明显，有 1 对臀瓣刺毛。

　　分布：浙江（庆元）。

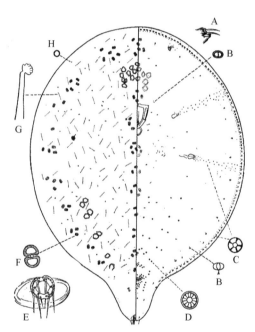

图 8-21　庆元竹链蚧 *Bambusaspis qingyuanensis* Hu *et* Xie, 1988（仿胡金林和谢国林，1988）
A. 触角；B. 小"8"字形腺；C. 五格腺；D. 多孔腺；E. 肛环和肛环毛；F. 亚缘"8"字形腺；G. 背管腺；H. 单孔腺

（633）红体竹链蚧 *Bambusaspis rufa* Zhang, 1992（图 8-22）

Bambusaspis rufa Zhang, 1992: 65.

　　主要特征：触角瘤状，有 2 根长毛和 2 根短毛。体缘"8"字形腺排成整齐的单列。与体缘"8"字形腺相平行的五格腺呈单列。小圆盘腺位于体缘"8"字形腺的背侧排成单列。气门腺路由 17–26 个五格腺呈不规则的带状。多孔腺分布于阴门前后，分成 2 列，前列有 4–5 个，其余分布在后列，各列间有 1 对小毛。亚缘"8"字形腺呈 1 列。亚缘毛 6 对。臀瓣不显，臀瓣刺毛短。体背面均匀分布着管状腺，小的"8"字形腺数少，背管 1 对。

分布：浙江（缙云）。

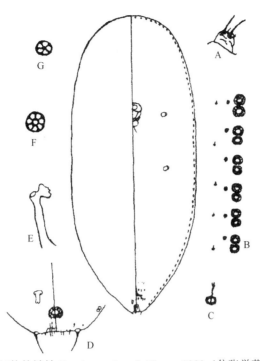

图8-22　红体竹链蚧 *Bambusaspis rufa* Zhang, 1992（仿张学范，1992）
A. 触角；B. 体缘"8"字形腺列和五格腺列；C. 小"8"字形腺；D. 腹部末端；E. 管状腺；F. 多孔腺；G. 五格腺

（634）陀螺竹链蚧 *Bambusaspis subdola* (Russell, 1941)（图8-23）

Asterolecanium subdola Russell, 1941: 201.

Bambusaspis subdola: Pellizzari & Williams, 2013: 406.

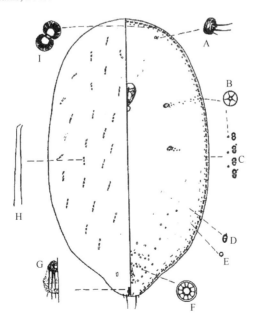

图8-23　陀螺竹链蚧 *Bambusaspis subdola* (Russell, 1941)（仿汤祊德和郝静钧，1995）
A. 触角；B. 五格腺；C. 体缘"8"字形腺列和五格腺列；D. 小"8"字形腺；E. 单孔腺；F. 多孔腺；G. 肛环和肛环毛；H. 管腺；I. 亚缘"8"字形腺

　　主要特征：触角瘤状，有2根长毛和2根短毛。体缘"8"字形腺排成单列。与体缘"8"字形腺相平行的五格腺呈单列，延伸至"8"字形腺的末端。小圆盘状腺位于"8"字形腺的背侧缘，分布至体缘"8"

字形腺的末端。由 30 个五格腺组成 1–4 列宽的前气门腺路，其越靠近体缘越宽。后气门腺路窄。暗框"8"字形腺在喙两侧各 1 个，少量在口器前方，在腹部呈 3 横列。多孔腺在腹末端排成 7 条横列，其 3 条为中断列。亚缘毛 6 对。

分布：浙江（临安、泰顺）、安徽、福建、广东。

（635）常竹链蚧 *Bambusaspis vulgaris* (Russell, 1941)（图 8-24）

Asterolecanium vulgare Russell, 1941: 226.

Bambusaspis vulgaris: Ben-Dov, 2006: 90. Emendation that is justified.

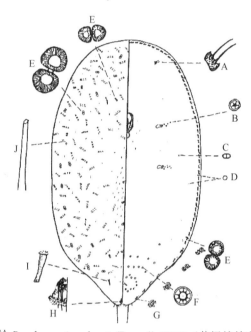

图 8-24 常竹链蚧 *Bambusaspis vulgaris* (Russell, 1941)（仿汤祊德和郝静钧，1995）
A. 触角；B. 五格腺；C. 小"8"字形腺；D. 单孔腺；E. 大"8"字形腺；F. 多孔腺；G. 亚缘"8"字形腺；H. 臀板；I. 背管；J. 管腺

主要特征：触角似圆瘤状，有 2 根长毛。气门柄宽。体缘"8"字形腺排成单列，延伸至尾毛基部。单孔在背侧，其数约与"8"字形腺相同，止于缘 8 字孔列末。体缘无五格腺。体背面："8"字形腺分布在体中央、亚缘和侧缘。小"8"字形腺在背中央。小圆盘腺沿体缘"8"字形腺分布，延伸至体缘"8"字形腺末端。气门腺路窄，未达到体缘。多孔腺在腹末端分成 6 列，其中 2 中断横列。暗框"8"字形腺分布于喙两侧，各 1–3 个。亚缘"8"字形腺延伸至多孔腺的末端。亚缘毛 6 对。臀瓣明显，臀瓣刺毛长。腹面有齿列。

分布：浙江（黄岩）、安徽、广东。

346. 新链蚧属 *Neoasterodiaspis* Borchsenius, 1960

Neoasterodiaspis Borchsenius, 1960: 207. Type species: *Asterolecanium pasaniae* Kuwana, 1909.

主要特征：体呈卵形或近圆形。触角瘤状，有 1 根或 2 根刚毛。喙有 2 对刚毛。肛环通常无肛环孔和肛环刺，个别种类有 1–2 根肛环毛。臀瓣不显，有 1 对臀瓣刺毛。"8"字形腺除在体缘排成整体的单列，在体背面的腹末端和体腹面也有分布。五格腺组成气门腺路，形成与体缘"8"字形腺相平行的链。多孔腺在体腹部腹面形成不规则横列或横带。

分布：古北区、东洋区。世界已知 10 种，中国记录 8 种，浙江分布 6 种。

分种检索表

1. 五格腺在前、后气门路间中断 ………………………………………………… 浙新链蚧 *N. nitida*
- 五格腺在前、后气门路间呈整列 …………………………………………………………………… 2
2. 多孔腺在腹部呈 8 横列 …………………………………………………… 黄新链蚧 *N. pasaniae*
- 多孔腺在腹部呈 3–4 横列 ………………………………………………………………………… 3
3. 五格腺列止于两尾毛之间的腹末 ………………………………………… 黔新链蚧 *N. skanianae*
- 五格腺列止于缘"8"字形腺列末或末前 …………………………………………………………… 4
4. 体背只有单孔，无小"8"字形腺 ……………………………………… 云南新链蚧 *N. yunnanensis*
- 体背单孔和小"8"字形腺都有 …………………………………………………………………… 5
5. 五格腺单列止于体缘"8"字形腺列末端 ………………………………… 栗新链蚧 *N. castaneae*
- 五格腺单列止于体缘"8"字形腺孔列的末端前第 11–26 孔处 ………………… 昆明新链蚧 *N. kunminensis*

（636）栗新链蚧 *Neoasterodiaspis castaneae* (Russell, 1941)（图 8-25）

Asterolecanium castaneae Russell, 1941: 59.

Neoasterodiaspis castaneae: Borchsenius, 1960: 208.

主要特征：触角有 1 根长毛。体缘"8"字形腺呈整体的单列。与体缘"8"字形腺相平行的五格腺排成单列，延至体缘"8"字形腺列末端。小"8"字形腺和小圆盘状腺在体背面分布较多。气门路上由五格腺排成不规则 2 列。多孔腺在腹部形成 4 横列。暗框"8"字形腺在喙两侧各 5–10 个。亚缘"8"字形腺排成单列，延伸至多孔腺的最后 1 列。亚缘毛延伸至体缘"8"字形腺末端。肛环位于腹末端，圆形，无肛环毛。臀瓣稍突出，有臀瓣刺毛和臀瓣间毛。

分布：浙江、江苏、江西、湖南。

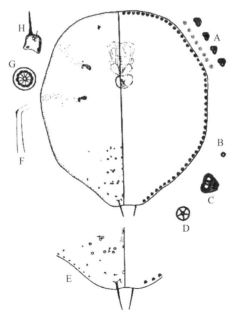

图 8-25 栗新链蚧 *Neoasterodiaspis castaneae* (Russell, 1941)（仿 Russell，1941）

A. 体缘"8"字形腺列和五格腺列；B. 单孔腺；C. 小"8"字形腺；D. 五格腺；E. 腹部末端；F. 管腺；G. 多孔腺；H. 触角

（637）浙新链蚧 *Neoasterodiaspis nitida* (Russell, 1941)（图 8-26）

Asterolecanium nitidum Russell, 1941: 139.

Neoasterodiaspis nitida: Ben-Dov, 2006: 99.

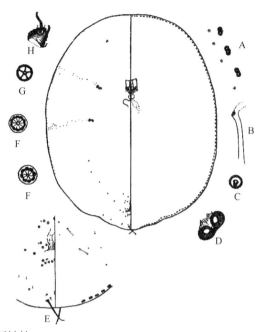

图 8-26 浙新链蚧 *Neoasterodiaspis nitida* (Russell, 1941)（仿 Russell，1941）
A. 体缘"8"字形腺列和五格腺列；B. 管状腺；C. 单孔腺；D. "8"字形腺；E. 腹部末端；F. 多孔腺；G. 五格腺；H. 触角

主要特征：触角有 2 根长毛。体缘"8"字形腺呈单列。在体背面分布小"8"字形腺和小圆盘状孔，还有管状腺。气门路由五格腺排成不规则的 1–2 列。与体缘的"8"字形腺相平行的五格腺排成单列，其分布在后气门腺路的数量多于前气门路。多孔腺在腹部腹面排成 8 横列。暗框"8"字形腺在喙两侧各有 2–3 个。亚缘的"8"字形腺排成单列，延伸至肛门前，与体缘"8"字形腺的数量相等。成列的亚缘毛延伸至体缘"8"字形腺列末端。无肛环毛。臀瓣明显，有臀瓣刺毛和臀瓣间毛。

分布：浙江。

（638）黄新链蚧 *Neoasterodiaspis pasaniae* (Kuwana, 1909)（图 8-27）

Asterolecanium pasaniae Kuwana, 1909: 152.

Neoasterodiaspis pasaniae: Ben-Dov, 2006: 100.

主要特征：触角瘤状，有 2 根长毛和 2 根短刺毛。体缘"8"字形腺排成整齐的单列。与体缘"8"字形腺相平行的五格腺呈单列。小"8"字形腺、小圆盘孔和管状腺在体背面分布。气门腺路由 20–30 个五格腺组成。多孔腺分布在体腹部腹面形成 8 条横列，其中包括完整的或中断的横列。暗框"8"字形腺在喙两侧分布各 2–3 个。亚缘"8"字形腺止于体缘"8"字形腺链的最后一个腺体。肛环位于腹末端，圆形，不硬化，无肛环毛。臀瓣有 1 对臀瓣刺和臀瓣间毛。

分布：浙江（杭州）、台湾、云南；日本。

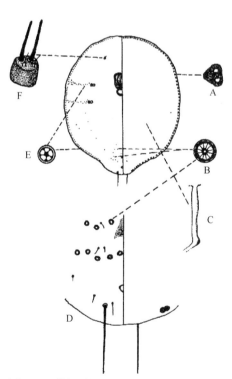

图 8-27 黄新链蚧 *Neoasterodiaspis pasaniae*
(Kuwana, 1909)（仿王子清，2001）
A. "8"字形腺；B. 多孔腺；C. 管腺；D. 腹部末端；
E. 五格腺；F. 触角

（639）黔新链蚧 *Neoasterodiaspis skanianae* (Russell, 1941)（图 8-28）

Asterolecanium skanianae Russell, 1941: 191.

Neoasterodiaspis skanianae: Borchsenius, 1960: 208.

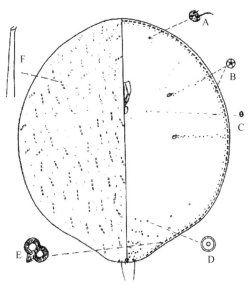

图 8-28　黔新链蚧 *Neoasterodiaspis skanianae* (Russell, 1941)（仿汤祊德和郝静钧，1995）
A. 触角；B. 多孔腺；C. 小"8"字形腺；D. 小圆盘状孔；E. 体缘"8"字形腺；F. 管状腺

主要特征：触角有 1 根长毛。体缘"8"字形腺呈整齐的单列，未延伸至臀瓣毛。体缘的五格腺呈单列，止于两尾毛之间的腹末，其数量稍多于体缘"8"字形腺。小"8"字形腺、小圆盘状孔和管状腺分布在体背面。气门路上由五格腺呈单列。多孔腺在腹部腹面排成 3 横列。暗框"8"字形腺在喙两侧各 3–6 个，少数分布在气门路间。亚缘"8"字形腺呈单列，延伸至多孔腺列的末端。亚缘毛列从后气门路分布至体缘"8"字形腺列的末端。无肛环毛。臀瓣不明显，各有 1 对臀瓣刺和臀瓣间毛。

分布：浙江（杭州、武义）、贵州。

（640）昆明新链蚧 *Neoasterodiaspis kunminensis* Borchsenius, 1960（图 8-29）

Neoasterodiaspis kunminensis Borchsenius, 1960: 209.

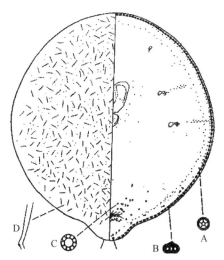

图 8-29　昆明新链蚧 *Neoasterodiaspis kunminensis* Borchsenius, 1960（仿 Borchsenius，1960）
A. 五格腺；B. 体缘"8"字形腺；C. 多孔腺；D. 管腺

主要特征：触角有 1 长毛。体缘 "8" 字形腺孔单列止于尾毛基前，侧边气门路间有 19–25 个 "8" 字形腺。五格腺单列止于缘 "8" 字形腺孔列的末前第 11–26 孔处。体背有小 "8" 字形腺和单孔腺分布。气门有 2–3 个五格腺，气门路由 9–12 个五格腺组成单列。多孔腺呈 4 横列，此前之侧部各有 2 个。暗框 "8" 字形在口器两侧各 7–8 个；亚缘 "8" 字形腺单列（胸部气门路间为双列），止于缘 "8" 字形腺列末或末前 1 孔处，两者同数，前 3 列多孔腺各有 2 根毛，末列有 3–4 根毛。无肛环毛。

分布：浙江（泰顺）、福建、云南。

（641）云南新链蚧 *Neoasterodiaspis yunnanensis* Borchsenius, 1960（图 8-30）

Neoasterodiaspis yunnanensis Borchsenius, 1960: 212.

主要特征：体缘 "8" 字形腺单列止于尾毛前。气门路间有 "8" 字形腺，头端至气门路间有 38–42 个。五格腺列止于缘 "8" 字形腺列末或末前 1 孔。缘单孔腺列不见。体背：只有单孔腺，无小 "8" 字形腺，管腺。腹面：触角有 1 长毛 1 短毛；气门附近无成群五格腺。多格腺 4 列，前列 1–2 孔，第 2 列 4–5 孔，第 3 列 6–8 孔，第 4 列 6–8 孔；暗框 "8" 字形腺口器两侧各有 4–6 个，其他头胸各部 1 个；亚缘毛列延伸至体缘 "8" 字形腺之间。腹末：有瓣间毛和腹面毛 2 对，肛门很小，圆形，有硬环，无肛环毛，位于腹末，尾瓣不显。

分布：浙江（泰顺）、福建、云南。

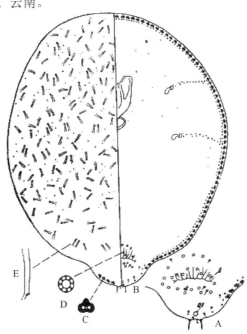

图 8-30　云南新链蚧 *Neoasterodiaspis yunnanensis* Borchsenius, 1960（仿 Borchsenius，1960）
A. 腹部末端；B. 雌成虫；C. 体缘 "8" 字形腺；D. 多孔腺；E. 管腺

347. 露链蚧属 *Russellaspis* Bodenheimer, 1951

Russellaspis Bodenheimer, 1951: 328. Type species: *Asterolecanium pustulans* Cockerell, 1892.

主要特征：体呈卵形或近圆形，尾端突出。触角瘤状，有 2–3 根长毛和 1–5 根短毛。肛环有肛环孔和 6 根肛环刺。臀瓣明显，臀瓣刺位于肛筒的两侧。体缘 "8" 字形腺和与其相平行的五格腺呈单列。体腹面有五格腺和多孔腺。大的 "8" 字形腺分布于整个体背面，不成群分布。

分布：世界广布。世界已知 7 种，中国记录 1 种，浙江分布 1 种。

（642）普露链蚧 *Russellaspis pustulans* (Cockerell, 1892)（图 8-31）

Asterodiaspis pustulans Cockerell, 1892b: 142.

Russellaspis pustulans: Borchsenius, 1960: 154.

　　主要特征：触角有 2 根粗毛和 2 根小刺毛。体缘"8"字形腺排成整齐而紧密的单列。与体缘"8"字形腺相平行的五格腺呈单列。大"8"字形腺分布在整个背面。很多的管腺在体背面分布。气门腺路窄，五格腺呈不规则的单列，但越靠近体缘越宽。多孔腺分布在体腹部腹面排成不规则的 5–6 条横列。暗框的"8"字形腺分布在口器两侧，数量少。肛环有肛环孔和 6 根肛环刺。臀瓣明显，有臀瓣刺。体缘毛沿体缘分布。

　　分布：浙江（镇海）、福建、台湾、贵州；世界广布。

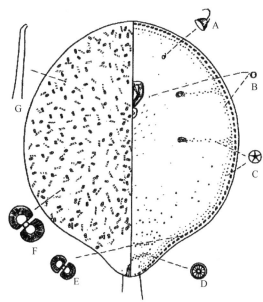

图 8-31　普露链蚧 *Russellaspis pustulans* (Cockerell, 1892)（仿汤祊德和郝静钧，1995）
A. 触角；B. 小"8"字形腺；C. 五格腺；D. 多孔腺；E. 体缘"8"字形腺；F. 大"8"字形腺；G. 管腺

二十七、壶蚧科 Cerococcidae

　　主要特征：体呈倒梨形，臀瓣发达。触角退化为盘状或短锥状，其基部有若干个或成群的盘状腺孔分布，以五格腺为主。胸足退化或缺失。气门腺路由五格腺和少量的多孔腺组成。前气门腺路正常，后气门腺路呈叉状。多孔腺分布在体腹部腹面和尾部排成横带。筛状板存在。筛板形的疣状物的数量和排列方式依种类而定。气门腺路内或四周有特殊的三孔腺。小"8"字形腺不规则分布在体背腹面。肛环发达，有肛环孔和肛环刺。肛板似盾形或三角形。有粗的臀瓣刺。

　　分布：世界广布。世界已知约 5 属 83 种，中国记录 2 属 12 种，浙江分布 2 属 7 种。

348. 安壶蚧属 *Antecerococcus* Green, 1901

Antecerococcus Green, 1901: 560. Type species: *Antecerococcus punctiferus* Green, 1901.

主要特征：体倒梨形。臀瓣有若干根刺毛。中肛板存在。肛门环有 4 对毛。背面有 4 种类型的"8"字形腺孔。单孔存在。背管腺仅有 1 种类型。筛状板一般位于第 4 腹节的亚中区。气门腺路由五孔盘状组成。触角基部有盘状腺孔。小的双孔腺分布在头胸部。多格腺存在或缺失。气门前有成群的盘状腺孔。

分布：世界广布。世界已知 56 种，中国记录 5 种，浙江分布 3 种。

分种检索表

1. 多格腺在腹部排成 7 个横列 ···柑橘安壶蚧 *A. citri*
- 多格腺无，或在亚缘群成群分布 ·· 2
2. 多格腺有 ···玫瑰安壶蚧 *A. roseus*
- 多格腺无 ···苔安壶蚧 *A. bryoides*

（643）苔安壶蚧 *Antecerococcus bryoides* (Maskell, 1894)（图 8-32）

Planchonia bryoides Maskell, 1894: 84.

Antecerococcus bryoides: Hodgson & Williams, 2016: 130.

主要特征：触角瘤状，有 7–8 根粗毛。触角基部有 4–9 个五格腺。无胸足。胸气门呈喇叭状。气门腺路很狭窄，后胸气门腺路分叉。大"8"字腺分布在体背面和腹部腹面和体缘。管状腺分布在体两面。多格腺无。臀瓣小而突出，略呈圆锥形，其内侧硬化，并生有 2 根粗毛，其毛顶钝圆。臀瓣刺短而粗。筛状板左右两群，每群由纵列排列的 6 个筛状板组成，此 6 个筛状板常以 3 对方式分布。肛环小，有 2 列肛环孔和 8 根肛环刺毛。

分布：浙江；印度，斐济，库克群岛，澳大利亚。

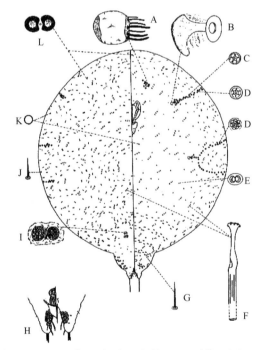

图 8-32　苔安壶蚧 *Antecerococcus bryoides* (Maskell, 1894)（仿 Williams and Watson，1990）

A. 触角；B. 前气门；C. 五格腺；D. 气门腺；E. 小"8"字形腺；F. 管状腺；G. 腹毛；H. 腹部末端；I. 筛状板；J. 背毛；K. 单孔腺；L. 大"8"字形腺

（644）柑橘安壶蚧 *Antecerococcus citri* (Lambdin, 1986)（图 8-33）

Cerococcus citri Lambdin, 1986: 369.

Antecerococcus citri: Hodgson & Williams, 2016: 130.

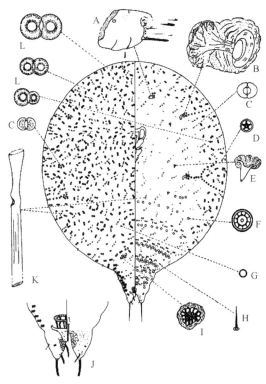

图 8-33　柑橘安壶蚧 *Antecerococcus citri* (Lambdin, 1986)（仿 Lambdin，1986）
A. 触角；B. 前气门；C. 小"8"字形腺；D. 五格腺；E. 足根；F. 多格腺；G. 单孔腺；H. 体缘毛；I. 筛状板；J. 腹部末端；K. 管状腺；L. 大"8"字形腺

主要特征：触角瘤状，有 6–7 根刚毛，触角基部有 2–3 个五格腺。前气门腺路由五格腺组成单列，后气门腺路分叉。大"8"字形腺不规则分布在体背第 5–7 腹节的边缘。臀瓣强硬化，每瓣各有 1 个"8"字形腺，有 5 根刚毛。肛板似三角形。肛环有 1 列肛环孔和 8 根肛环刺。成对的筛状板分布在体背第 5 腹节亚中区。单孔腺在腹末端呈不规则的分布。"8"字形腺在体腹部腹面末端排成 6 横列。暗框"8"字形腺分布在头胸部。多格腺在腹部排成 7 个横列。臀裂的顶端有 1 对刚毛和 1 对针状刚毛。

分布：浙江、江苏。

（645）玫瑰安壶蚧 *Antecerococcus roseus* (Green, 1909)（图 8-34）

Cerococcus roseus Green, 1909: 310.

Antecerococcus roseus: Hodgson & Williams, 2016: 106.

主要特征：触角短柱状，有 3 根短毛和 3–4 根长毛。触角基部有 6–10 个五格腺。胸足退化。胸气门发达。前气门

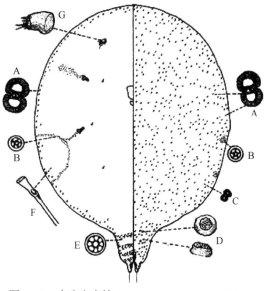

图 8-34　玫瑰安壶蚧 *Antecerococcus roseus* (Green, 1909)（仿王子清，2001）
A. 大"8"字形腺；B. 五格腺；C. 小"8"字形腺；D. 筛状板；E. 多孔腺；F. 管状腺；G. 触角

腺路短而宽。后气门腺路分叉并延伸至体缘。臀瓣的内侧强硬化，"8"字形腺分布在臀瓣的背面外侧，其顶端有较粗的臀瓣刺。肛环较小，有肛环孔和 8 根肛环刺。多格腺在亚缘区成群分布。"8"字形腺可分为大小两种。小"8"字形腺分布在体腹面的体缘和腹部，在腹部排成 6 条横列。暗框"8"字形腺分布在体腹面的头胸部。体背面腹末端的筛状板小，4 群均对称排列。

分布：浙江（临安、泰顺）、福建、云南；印度，斯里兰卡。

349. 链壶蚧属 *Asterococcus* Borchsenius, 1960

Asterococcus Borchsenius, 1960: 113. Type species: *Asterococcus schimae* Borchsenius, 1960.

主要特征：体呈长梨形，臀瓣发达。体背面隆起，腹面扁平膜质。触角盘状，有刺毛。胸足退化或缺失。肛环有 6–8 根肛环刺，有发达的肛筒。"8"字形腺和管状腺在体缘。小暗孔腺分布在体腹面的头部和胸部，以及体腹部腹面排成横列。管状腺分布在体背。少量的"8"字形腺分布在体背面，在腹部背面、末端有少量的"8"字形腺分布，在背面体缘零星散布"8"字形腺。

分布：古北区、旧热带区。世界已知 8 种，中国记录 7 种，浙江分布 4 种。

分种检索表

1. 筛状板疣形突存在 ·· 褐链壶蚧 *A. quercicola*
- 筛状板疣形突缺失 ··· 2
2. 气门腺路无"8"字形腺分布 ··· 藤链壶蚧 *A. muratae*
- 气门腺路有"8"字形腺分布 ··· 3
3. 触角基部附近有 5–11 个盘状腺 ······································· 黑瘤链壶蚧 *A. atratus*
- 触角基部附近有 17–41 个盘状腺 ·································· 柯链壶蚧 *A. schimae*

（646）黑瘤链壶蚧 *Asterococcus atratus* Wang, 1980 （图 8-35）

Asterococcus atratus Wang, 1980: 140.

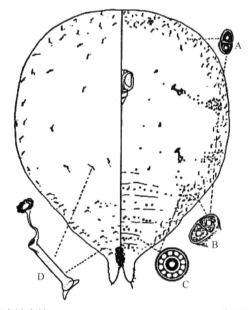

图 8-35 黑瘤链壶蚧 *Asterococcus atratus* Wang, 1980（仿王子清，2001）

A. 小"8"字形腺；B. 大"8"字形腺；C. 多孔腺；D. 管状腺

主要特征：体近圆形。触角有 6-7 根细毛，基部附近有 5-11 个盘状腺。在前、后气门口各有 3-10 个多孔腺。前气门腺路由 18-21 个多孔腺组成；后气门腺路分叉成上下两组，并且都有 "8" 字形腺分布。大 "8" 字形腺边缘强硬化。少量的小 "8" 字形腺稀疏地分布在腹缘，呈带状。体背面的胸部小 "8" 字形腺缺失。管状腺分布在体缘，在腹部的腹面排成不规则的 5 条横列。多孔腺在体末端呈不规则的 5 条横列。臀瓣强硬化，有 7 根细毛和臀瓣刺。肛环小，有 2 列肛环孔和 8 根肛环刺。腹面有 1 对细毛位于与肛环相平行的位置。筛状板疣状物缺失。

分布：浙江、广东、四川、云南。

（647）藤链壶蚧 *Asterococcus muratae* (Kuwana, 1907)（图 8-36）

Cerococcus muratae Kuwana, 1907: 180.

Asterococcus muratae: Borchsenius, 1960: 128.

主要特征：体似球形。触角锥状，有 6-7 根细毛。胸足退化为锥刺，其基部有 1-2 根细毛。气门腺路有五格腺分布，无 "8" 字形腺分布。"8" 字形腺在体缘分布宽，向腹末端逐渐变窄。暗框 "8" 字形腺分布在体缘 "8" 字形腺间及头胸部。管状腺分布在体缘 "8" 字形腺中、体缘及在体腹面的腹部。多孔腺和 "8" 字形腺在腹部末端混合排成 5 条横列。多孔腺分布在腹面呈 6-7 横列。管状腺分布在体缘 "8" 字形腺列间沿体缘分布。盾形肛板发达而硬化。臀瓣有 1 对硬化刺，其内侧有 3 根细毛。肛环有 6-8 根肛环刺和 2 列肛环孔。肛筒内有肛环和肛环刺。

分布：浙江、山东、江苏、福建、四川、贵州、云南、西藏；俄罗斯，韩国，日本，格鲁吉亚。

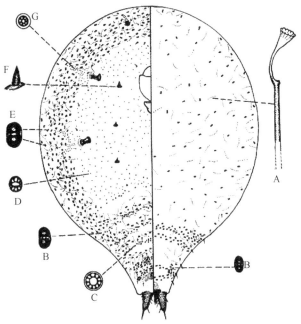

图 8-36 藤链壶蚧 *Asterococcus muratae* (Kuwana, 1907)（仿王子清，2001）
A. 管状腺；B. "8" 字形腺；C. 多孔腺；D. 小 "8" 字形腺；E. 体缘 "8" 字形腺；F. 足根；G. 盘状腺孔

（648）褐链壶蚧 *Asterococcus quercicola* Borchsenius, 1960（图 8-37）

Asterococcus quercicola Borchsenius, 1960: 124.

主要特征：体近圆形。臀瓣强硬化，有短粗的臀瓣刺。触角瘤状，有 5 根细毛。触角基部有 6-10 个圆盘状腺和 2–3 个"8"字形腺。前气门腺路由圆盘状腺组成。臀瓣有 3 根粗毛和 1 根细毛。"8"字形腺和管状腺在体腹面的边缘呈带状分布。体背面"8"字形腺缺失。尾端由"8"字形腺形成 2 条腺带，腺带上方分布着筛状板疣状物。小暗框"8"字形腺分布在体腹面的头胸部。"8"字形腺在体腹部腹面排成 5 横列。肛环有肛环孔和 6 根肛环刺毛。肛筒强硬化。肛板形似盾状。

　　分布：浙江（泰顺）、福建、云南。

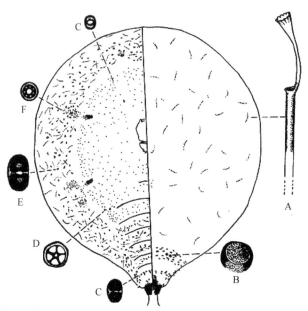

图 8-37　褐链壶蚧 *Asterococcus quercicola* Borchsenius, 1960（仿王子清，2001）
A. 管状腺；B. 筛状板；C. 小"8"字形腺；D. 五格腺；E. 大"8"字形腺；F. 多孔腺

（649）柯链壶蚧 *Asterococcus schimae* Borchsenius, 1960（图 8-38）

Asterococcus schimae Borchsenius, 1960: 120.

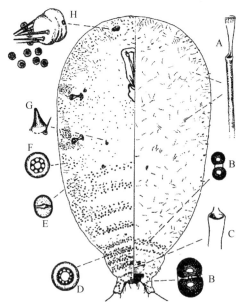

图 8-38　柯链壶蚧 *Asterococcus schimae* Borchsenius, 1960（仿王子清，2001）
A. 管状腺；B. 大"8"字形腺；C. 肛筒；D. 多孔腺；E. 小"8"字形腺；F. 盘状腺；G. 足根；H. 触角

　　主要特征：体长椭圆形。触角短锥状，有 5 根细毛，其基部有 17–18 个盘状腺。胸足退化为圆锥，其顶端钝，其基部有 1–3 根细毛。气门口有 17–20 个五格腺，气门腺路有"8"字形腺分布。后气门腺路短而宽。臀瓣发达，其内缘强硬化，有臀瓣刺。肛环小，有 2 列肛环孔和 8 根肛环刺毛。肛筒较宽。盾形肛板略呈梯形。"8"字形腺和管状腺在体腹面体缘形成宽带。多孔腺和"8"字形腺在体腹部腹面排成横列。暗框"8"字形腺分布在体腹面的头胸部。管状腺密布在体背面及其体缘和腹面的体缘。无筛板形疣状突起。

分布：浙江、江苏、湖南、福建、广东、四川、贵州、云南、西藏。

二十八、蜡蚧科 Coccidae

主要特征：雌成虫体型较大，一般长 2–6 mm，少数种类可达 15 mm。体一般椭圆形、圆形，或突起呈球形或半球形。虫体背面常被蜡质覆盖，蜡质可为毡状、玻璃状、厚蜡壳或薄蜡层，亦或从体末分泌定形卵囊。体背面及腹面分布有各种孔腺及管腺。体缘缘褶明显，缘褶上有 4 个凹口，即气门凹，气门凹一般有 1 群气门刺。触角和足一般正常发育，亦有退化或消失者。蜡蚧科最突出的特征是体末有 1 尾裂，尾裂两侧为尾叶，有两片肛板在尾裂背底部，肛板常三角形、菱形或半月形等。

分布：世界广布。世界已知约 173 属 1211 种，中国记录 48 属 142 种，浙江分布 15 属 33 种。

分亚科检索表

1. 体背玻璃壳状，背毛缺 ·· **蚌蜡蚧亚科 Cardiococcinae**
- 不如上述 ·· 2
2. 体被定形厚蜡壳；体背面有二孔腺、三孔腺、四孔腺等复式孔腺及丝状腺等多种腺体；肛周体壁硬化成肛锥或呈明显硬化框 ··· **蜡蚧亚科 Ceroplastinae**
- 不如上述 ·· 3
3. 体常突起成球形或半球形；亚缘瘤无；足正常，无胫跗关节硬化斑 ············ **球坚蜡蚧亚科 Eulecaniinae**
- 不如上述 ·· 4
4. 体背管状腺少或缺；亚缘瘤常存在 ······································· **软蜡蚧亚科 Coccinae**
- 体背管状腺丰富；亚缘瘤常缺 ·· **菲丽蜡蚧亚科 Filippiinae**

（三十三）蚌蜡蚧亚科 Cardiococcinae

主要特征：雌成虫体背玻璃状蜡壳。体背管状腺、背毛和亚缘瘤均缺；体缘毛刺状；阴前毛缺，阴区多孔腺为 5 孔或 10 孔。

350. 脆蜡蚧属 *Paracardiococcus* Takahashi, 1935

Paracardiococcus Takahashi, 1935b: 6. Type species: *Paracardiococcus actinodaphnis* Takahashi, 1935.

主要特征：雌成虫体长椭圆形。背刺或背毛无；亚缘瘤和管状腺无；肛板三角形，前缘短，其外由 1 圈硬化框包围。体缘刺稀疏，锥状；气门凹浅，无气门板，气门刺成群分布。触角退化成瘤状，顶端生有多根刺毛；足退化成圆锥形突起；胸气门发达，开口呈喇叭状；气门路由五孔腺组成；多孔腺在气门凹内聚集成群，在阴区前无；管状腺、微管腺及小盘孔有。

分布：东洋区。世界已知 2 种，中国记录 2 种，浙江分布 1 种。

（650）华东脆蜡蚧 *Paracardiococcus huadongensis* Wu, 2009（图 8-39）

Paracardiococcus huadongensis Wu, 2009: 90.

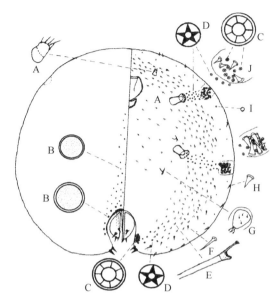

图 8-39　华东脆蜡蚧 *Paracardiococcus huadongensis* Wu, 2009（仿武三安，2009）
A. 触角；B. 肛前孔；C. 七格腺；D. 五格腺；E. 腹管状腺；F. 腹毛；G. 足；H. 锥刺；I. 腹孔；J. 气门凹

主要特征：雌成虫体黄色，背中央屋脊状凸起，有白色蜡壳。体背中区自肛环至口器分布有大小不等的筛状孔，向前愈小、稀。肛板近半圆形，端刺 2，背刺 2，肛环毛 8。体缘刺锥状，单列分布，两前气门间 4–6 根，前后气门间 1 根，后气门至臀裂间 8 根。触角退化，足退化。气门腺 5 孔。气门刺锥状，4–8 根，其基部有 8–15 个多格腺，前气门路五格腺 30–35 个，后气门路五格腺 35–45 个。管状腺细长，在亚缘区成带，腹部中区无。尾瓣刺内侧有 10 余个 7 格腺群。

分布：浙江（泰顺）。

（三十四）蜡蚧亚科 Ceroplastinae

主要特征：雌成虫体被定形的厚蜡壳或蜡被，突起呈半球形、球形或呈星形等。体背有毛或刺，盘孔形式多样，背部管状腺和亚缘瘤大多缺如，肛周体壁常硬化成肛锥或成明显硬化框；气门凹浅或深凹，气门刺形态、数量各异；多孔腺在阴区或腹面中区分布，腹面管状腺多形成亚缘带，或少以至不存在。

351. 蜡蚧属 *Ceroplastes* Gray, 1828

Ceroplastes Gray, 1828: 7. Type species: *Coccus janeirensis* Gray, 1828.

主要特征：雌成虫体被厚蜡壳，硬化，椭圆形或圆形。肛周强烈硬化，或有肛突，肛板肾形；背部有无腺区和复式孔分布；无亚缘瘤和背管状腺。体缘毛 1 列；气门凹明显，气门刺成群向体缘延伸。触角 6–7 节；足小，正常或退化，有些胫跗节愈合；爪冠毛同粗或 1 粗 1 细，爪齿有或无；气门腺多 5 孔；多孔腺在阴区分布，并向前腹节延伸；腹管状腺有或无。

分布：世界广布。世界已知 143 种，中国记录 11 种，浙江分布 6 种。

分种检索表

1. 体腹面管状腺内管细长 ·· 2
－ 体腹面管状腺内管膨大 ·· 4
2. 背中部无腺区有 ·· 红蜡蚧 *C. rubens*
－ 背中部无腺区缺 ·· 3
3. 气门刺每群 40–60 根 ·· 大白蜡蚧 *C. ceriferus*
－ 气门刺每群 96–150 根 ··· 伪白蜡蚧 *C. pseudoceriferus*
4. 前后气门刺群相连，其间有 4–6 根体缘毛与其相间排列 ··················· 日本龟蜡蚧 *C. japonicus*
－ 前后气门刺群不相连，其间有 8–14 根体缘毛单独排列 ·· 5
5. 腹面多孔腺在前足基侧存在 ··· 弗州龟蜡蚧 *C. floridensis*
- 腹面多孔腺在前足基侧不存在 ··· 红帽龟蜡蚧 *C. centroroseus*

（651）红帽龟蜡蚧 *Ceroplastes centroroseus* Chen, 1974（图 8-40）

Ceroplastes centroroseus Chen, 1974: 325.

Paracerostegia centroroseus Tang, 1991: 305.

主要特征：雌成虫体淡黄至淡棕色。体宽椭圆形，背隆起。缘褶灰白色，背中部橙红色，二者分界分明。无腺区头部 1 个，背侧两边各 3 个。背刺短锥形。气门刺和体缘刺子弹形，气门凹处 2–3 列，沿体缘向头尾延伸 13–14 刺，前后刺群不相接，其间有 8–14 根长体缘毛。触角 6 节，第 3 节最长，触角间毛 2 对。足正常，胫跗关节不硬化，爪无齿，爪冠毛同粗。亚缘毛 1 列，阴前毛 1 对，十字腺在体腹亚缘区成带，其余区散生。多孔腺 10 孔，在阴区、各腹节、中后胸分布。腹管状腺成亚缘带。

分布：浙江、四川、贵州。

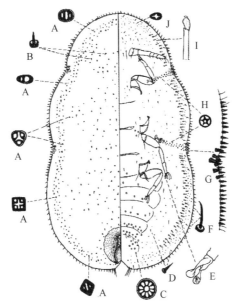

图 8-40　红帽龟蜡蚧 *Ceroplastes centroroseus* Chen, 1974（仿汤祊德，1991）
A. 复式孔；B. 背毛；C. 多孔腺；D. 腹毛；E. 足；F. 体缘毛；G. 气门刺及体缘毛；H. 气门腺；I. 腹管状腺；J. 十字孔

（652）大白蜡蚧 *Ceroplastes ceriferus* (Fabricius, 1798)（图 8-41）

Coccus ceriferus Fabricius, 1798: 546.

Ceroplastes ceriferus: Walker, 1852: 1087.

主要特征：雌成虫蜡壳半球形，乳白略带淡红。雌成虫体椭圆或近圆形，淡红至暗红色，肛突长锥形，向体后斜伸。背刺柱状，端钝或尖。体缘毛稀疏。气门凹深，气门刺、体缘刺短粗圆锥形，4–6 列，向头尾延伸。触角 6 节；触角间毛 1–2 对。足正常，胫跗关节不硬化。爪冠毛 1 粗 1 细，爪无小齿。背中部无腺区缺。腹面亚缘区有刺毛成列，其余腹面散布。十字腺在亚缘区成带，在其他处散生。气门腺 5–7 孔成宽带，阴区附近有多孔腺 8–16 孔，个别可达中足基部。管状腺分布在触角前、阴门侧。

分布：浙江、辽宁、山西、山东、陕西、湖南、台湾、香港、云南；世界广布。

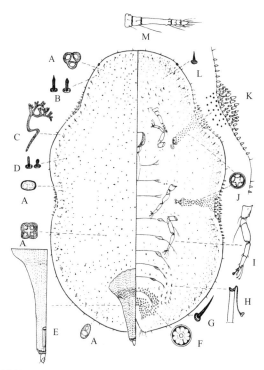

图 8-41　大白蜡蚧 *Ceroplastes ceriferus* (Fabricius, 1798)（仿汤祊德，1991）

A. 复式孔；B. 亚缘毛；C. 微管腺或丝状腺；D. 背毛；E. 肛板；F. 多孔腺；G. 体缘毛；H. 腹管状腺；I. 足；J. 气门腺；K. 气门刺；L. 腹毛；M. 触角

（653）弗州龟蜡蚧 *Ceroplastes floridensis* Comstock, 1881（图 8-42）

Ceroplastes vinsonii Signoret, 1872: 38.

Ceroplastes floridensis Comstock, 1881: 331.

主要特征：雌成虫蜡壳后期近圆形，高隆，分块不明显，灰白或略带浅红。虫体红褐色。背刺小锥状。二格腺、卵形三格腺亚缘区分布；三角形三格腺在背中后部；四格腺主要在背中区。丝状腺或缺。无腺区头部 1 个，背两侧各 3 个。肛板背毛和亚背毛 3–4 根；肛筒缨毛 8 根，肛环毛 6 根。气门刺成群，短粗圆锥形，前后间有 8–14 根体缘毛。触角 6 节；触角间毛 1–2 对。足发达，爪冠毛同粗，爪无小齿。亚缘毛 1 列，阴前毛 1 对。气门腺组成宽带。多孔腺 10 孔，在阴区及各腹节分布，少数在各足基侧分布。管状腺形成 1 列亚缘带。

分布：浙江、河北、山东、江苏、安徽、湖北、江西、湖南、福建、台湾、广东、香港、广西、四川、云南；世界广布。

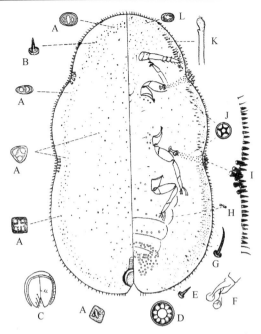

图 8-42 弗州龟蜡蚧 *Ceroplastes floridensis* Comstock, 1881（仿汤祊德，1991）

A. 复式孔；B. 背毛；C. 肛板；D. 多孔腺；E. 腹毛；F. 足；G. 体缘毛；H. 腹刺；I. 气门刺；J. 气门腺；K. 腹管状腺；L. 十字孔

（654）日本龟蜡蚧 *Ceroplastes japonicus* Green, 1921（图 8-43）

Ceroplastes floridensis japonicus Green, 1921: 258.

Ceroplastes japonicus: Ben-Dov, 1993: 40.

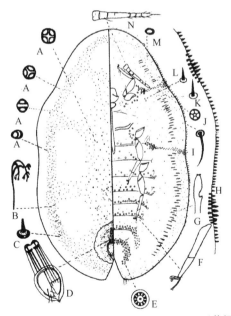

图 8-43 日本龟蜡蚧 *Ceroplastes japonicus* Green, 1921（仿汤祊德，1991）

A. 复式孔；B. 微管腺或丝状腺；C. 背毛；D. 肛板；E. 多孔腺；F. 足；G. 腹管状腺；H. 气门刺及体缘毛；I. 体缘毛；J. 气门腺；K. 亚缘毛；L. 腹毛；M. 腹孔；N. 触角

主要特征：雌成虫蜡壳半球形，多灰色；虫体褐色至血红色。背刺小锥状。二、三、四格腺均匀分布，亚缘较密集。丝状腺在背中后部成群，亚缘成列。无腺区头部 1 个，背两侧各 3 个。肛筒缨毛 8 根，肛环毛 6 根。臀裂处 4 长刺缘毛。气门凹深，气门刺 2–3 列。触角 6 节，偶 5 节或 7 节；触角间毛 2–3 对。足小但正常，胫跗关节不硬化，爪冠毛同粗，无爪齿。腹毛端尖常弯曲；亚缘毛 1 列；阴前毛 1 对。微管腺在胸、腹部亚缘区成带分布。气腺 5 孔成宽带；多孔腺 10 孔，在腹部直至胸部成横带分布，少数足基部分布。管状腺成 1 列亚缘带。

　　分布：浙江、辽宁、天津、山西、河南、湖南；世界广布。

（655）伪白蜡蚧 *Ceroplastes pseudoceriferus* Green, 1935（图 8-44）

Ceroplastes ceriferus Green, 1921: 259.

Ceroplastes pseudoceriferus Green, 1935: 180.

　　主要特征：雌成虫蜡壳半球形，乳白色略带淡红。肛突长锥形。背刺柱状或针状。二格腺少，在亚缘及体后部；三格腺两种，均匀分布；四格腺在背中、后部；五格腺少量。丝状腺在背后部，亚缘区成列。无腺区头部并列有 3 个，背中区 1 个，背两侧各 4 个。体缘毛稀疏，臀裂顶端 6 根长刺缘毛。气门刺 4–6 列，短粗圆锥形，95–150 根。触角 6 节；触角间毛 1–2 对。足小，胫跗关节弱化或合并，爪冠毛 1 粗 1 细，无爪齿。腹毛端尖常弯曲；阴前毛 1 对。多孔腺 10 孔，在阴区密布，少数可在中、后足基节分布。腹管状腺少，稀疏分布在体缘和触角前。

　　分布：浙江、湖南、台湾、云南、西藏；韩国，日本，印度，孟加拉国，斯里兰卡，帕劳群岛。

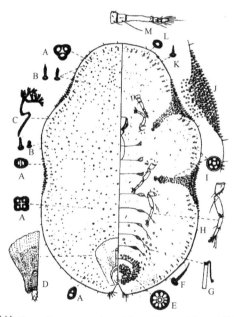

图 8-44　伪白蜡蚧 *Ceroplastes pseudoceriferus* Green, 1935（仿汤祊德，1991）
A. 复式孔；B. 背毛；C. 微管腺或丝状腺；D. 肛板；E. 多孔腺；F. 体缘毛；G. 腹管状腺；H. 足；I. 气门腺；J. 气门刺；K. 腹毛；L. 十字孔；M. 触角

（656）红蜡蚧 *Ceroplastes rubens* Maskell, 1893（图 8-45）

Ceroplastes rubens Maskell, 1893: 214.

Ceroplastes rubens minor Maskell, 1897b: 309.

　　主要特征：雌成虫蜡壳半球形，暗红至红褐色。肛周体壁强烈硬化成网状。背刺锥状或柱状。无腺区头部 1 个，背中区 1 个，背两侧各 3 个。肛筒缨毛 4 对，腹脊毛 4 根。体缘毛细小，臀裂顶端有 4 根较长。气门刺 3–4 列分布，中部 1 根大刺粗圆锥状，端尖，两侧 2 根较大，半球状；其余小，半球状，13–22 根。触角 6 节，触角间毛 2 对。足小，胫跗关节弱化或合并，爪冠毛 1 粗 1 细，无爪齿。腹毛端尖常弯曲，阴前毛 1 对。多孔腺 10 孔，阴区密布。腹管状腺无。

　　分布：浙江、山西、河南、台湾、香港、云南、西藏；世界广布。

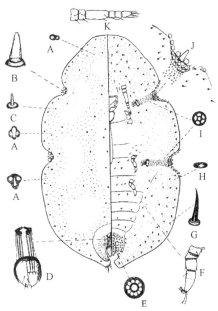

图 8-45　红蜡蚧 *Ceroplastes rubens* Maskell, 1893（仿汤祊德，1991）
A. 复式孔；B. 气门刺；C. 背毛；D. 肛板；E. 多孔腺；F. 足；G. 腹毛；H. 十字孔；I. 气门腺；J. 气门刺群；K. 触角

（三十五）软蜡蚧亚科 Coccinae

主要特征： 雌成虫体蜡被不发达，常裸露，仅有不定形的蜡粉、蜡壳或分泌长形卵囊。体背常有各种毛、刺及盘孔，亚缘瘤存在或缺；体缘毛形态各异，气门凹深或浅，气门刺一般 3 根，亦有少数种类大于或小于 3 根；触角和足一般发达，大小不一，亦有退化者。

分属检索表

1. 体下向后分泌定形卵囊，体背常有管状腺 ·· 2
- 体不分泌卵囊，体背管状腺缺 ·· 4
2. 肛板三角形，合并成正方形，前缘等于或稍短于后缘 ······················ 棉蜡蚧属 *Pulvinaria*
- 肛板长三角形，合并成梨形，前缘远长于后缘 ··· 3
3. 腹面头部无管状腺 ·· 粘棉蜡蚧属 *Milviscutulus*
- 腹面头部有管状腺 ·· 原棉蜡蚧属 *Protopulvinaria*
4. 气门凹内缘常硬化，无阴区多孔腺 ·· 脊纹蜡蚧属 *Maacoccus*
- 气门凹内缘不硬化，有阴区多孔腺 ·· 5
5. 腹面管状腺 1 或 2 种，形成宽亚缘带 ··· 6
- 腹面管状腺常缺如，如有不形成亚缘带 ·· 7
6. 体背背刺有 2 种大小，触角间有内管为鞭毛状的管状腺 ············ 木坚蜡蚧属 *Parthenolecanium*
- 体背背刺只有 1 种大小，触角间无内管为鞭毛状的管状腺 ························ 盔蜡蚧属 *Saissetia*
7. 体背龟裂成多角形网状 ·· 网纹蜡蚧属 *Eucalymnatus*
- 体背不如上述 ·· 8
8. 体细长，两端尖，肛前孔有，触角和足退化 ··························· 原软蜡蚧属 *Prococcus*
- 体长椭圆至宽椭圆，肛前孔有或无，触角和足正常或退化 ····················· 软蜡蚧属 *Coccus*

352. 软蜡蚧属 *Coccus* Linnaeus, 1758

Coccus Linnaeus, 1758: 455. Type species: *Coccus hesperidum* Linnaeus, 1758.

Taiwansaissetia Tao et al., 1983: 77. Type species: *Lecanium formicarii* Green, 1896.

主要特征：雌成虫体长椭圆形至宽椭圆形或梨形，扁平或略突，少呈半球形或球形。体背膜质或略硬化，微管腺分布于亮斑中，背刺刺状、毛状、棍棒状或柱状；背管状腺、亚缘瘤、肛前孔有或无；肛板多合成正方形。体缘毛尖或分叉；气门凹深或浅，气门刺 2-8 根。触角正常或退化 2-8 节；足正常或退化，胫跗关节硬化或否；气门腺多为 5 孔；阴区多孔腺 5-10 孔；腹管状腺存在或否。

分布：世界广布。世界已知 94 种，中国记录 13 种，浙江分布 4 种。

分种检索表

1. 亚缘瘤缺 ··· 2
- 亚缘瘤有 ··· 3
2. 肛环毛 6 根，腹管状腺在口器周围和胸足之间密集分布 ················· 蚁软蜡蚧 *C. formicarii*
- 肛环毛 8 根，腹管状腺缺或少量分布在腹节亚缘区 ················· 柑橘软蜡蚧 *C. pseudomagnoliarum*
3. 多孔腺 10 孔，体缘毛顶端逐渐变细，尖或缘毛状 ····················· 褐软蜡蚧 *C. hesperidum*
- 多孔腺 7 孔，体缘毛顶端膨大，刷状或树杈状 ··························· 刷毛软蜡蚧 *C. viridis*

（657）蚁软蜡蚧 *Coccus formicarii* (Green, 1896)（图 8-46）

Lecanium formicarii Green, 1896: 10.

Coccus formicarii: Mamet, 1954: 13.

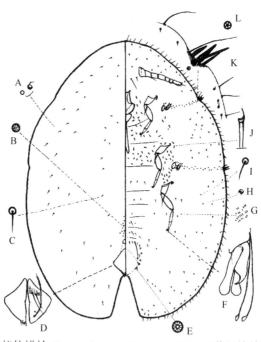

图 8-46　蚁软蜡蚧 *Coccus formicarii* (Green, 1896)（仿汤祊德，1991）

A. 背腺孔；B. 肛前孔；C. 背毛；D. 肛板；E. 多孔腺；F. 足；G. 腹刺；H. 微管腺；I. 腹毛；J. 腹管状腺；K. 气门刺及体缘毛；
L. 气门腺

主要特征：体背部向上隆起，淡赭色斑点在背部至少呈 4 纵列分布。体背面膜质或略硬化。背刺毛状。管状腺无。肛前孔呈 1 长带分布于肛板前。肛板合成正方形，肛板端毛 4 对，腹脊毛 2 对。肛筒缨毛 2 对，肛环毛 6 根，肛环孔 2-3 列。气门凹明显，气门刺 2-4 根。体腹面膜质。触角 7 节，触角间毛 2 对。足正常，胫跗关节无硬化，无硬化斑。爪冠毛 1 粗 1 细；爪下有齿。腹毛散布；亚缘毛 1 列；阴前毛 3 对。气门腺路上五孔腺呈 1 狭带，前气门路有五孔腺 16-22 个，后气门路 24-33 个。多孔腺 7-10 孔，在阴门周围密集分布，少数可在前腹节上。管状腺在口器周围和胸足之间密集分布。

　　分布：浙江、福建、台湾、香港、云南；印度，尼泊尔，老挝，泰国，斯里兰卡，马来西亚，印度尼西亚，马达加斯加岛。

（658）褐软蜡蚧 *Coccus hesperidum* Linnaeus, 1758（图 8-47）

Coccus hesperidum Linnaeus, 1758: 455.

　　主要特征：雌成虫体扁平或略突起，长椭圆形或不对称；年轻成虫体黄绿色或黄褐色，常有黑色斑点散布。老熟虫体背硬化。背刺针状，端尖或钝，任意分布。亚缘瘤有。背管状腺沿亚缘分布或缺如。肛前孔有。腹脊毛 2 对，肛筒缨毛 2 对，肛环毛 8 根。体缘毛顶端逐渐变细，尖或缘毛状分叉，顶常弯曲。气门刺 3 根。触角 7 节，触角间毛 2–3 对。足正常，胫跗关节处有硬化斑，偶缺如；爪冠毛同粗，爪齿无。腹毛稀疏，亚缘毛 1 列，阴前毛 3 对。多孔腺多 10 孔，在阴区及前 1–2 腹节分布。管状腺常在中足间成群，后足基节及口器周围分布少数，阴区侧部偶有。

　　分布：浙江、辽宁、河北、山西、山东、河南、江苏、湖北、江西、湖南、福建、台湾、广东、香港、广西、四川、贵州、云南、西藏；世界广布。

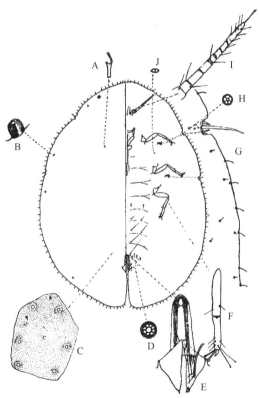

图 8-47　褐软蜡蚧 *Coccus hesperidum* Linnaeus, 1758（仿汤祊德，1977）
A. 背管状腺；B. 亚缘瘤；C. 体表皮外观；D. 多孔腺；E. 肛板；F. 足；G. 气门刺及体缘毛；H. 气门腺；I. 触角；J. 腹孔

（659）柑橘软蜡蚧 *Coccus pseudomagnoliarum* (Kuwana, 1914)（图 8-48）

Lecanium (*Eulecanium*) *pseudomagnoliarum* Kuwana, 1914: 7.

Coccus pseudomagnoliarum: Clausen, 1923: 225.

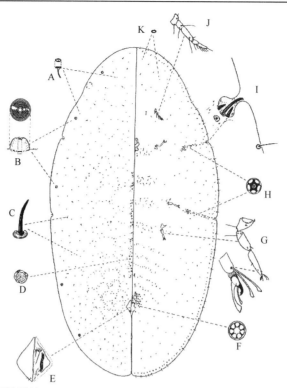

图 8-48　柑橘软蜡蚧 *Coccus pseudomagnoliarum* (Kuwana, 1914)（仿 Gill，1988）
A. 微管腺；B. 亚缘瘤；C. 背毛；D. 肛前孔；E. 肛板；F. 多孔腺；G. 足；H. 气门腺；I. 气门刺；J. 触角；K. 腹孔

主要特征： 雌成虫体椭圆形，背面略突起；鲜活的虫体背面常具黄色斑点。体背略硬化，亚缘区亮斑较大。背刺尖锥形。背管状腺和亚缘瘤缺。肛前孔有，硬化标本不显。腹脊毛 3 对，肛筒缨毛 2 对，肛环毛 8 根，肛环孔 2 列。体缘毛细长，顶弯曲或直。气门刺 3 根。触角 8 节，角间毛 7–8 根。足纤细，胫跗关节处无硬化斑；爪冠毛同粗，爪无齿。腹毛稀疏分布；亚缘毛 1 列，阴前毛 3 对。气门腺五孔成 1 列，前气门路 20–24 个，后气门路 25–34 个。多孔腺 7–11 孔，在阴区密布，少数可在前腹节上。腹管状腺缺或少量分布在腹节亚缘区。

分布： 浙江、广东；世界广布。

（660）刷毛软蜡蚧 *Coccus viridis* (Green, 1889)（图 8-49）

Lecanium viride Green, 1889: 248.

Coccus viridis: Fernald, 1903: 174. Emendation that is justified.

主要特征： 雌成虫体背面稍向上隆起，鲜活成虫体淡绿色或黄绿色，稍透明，体背常有黑色或暗褐色斑。体背略硬化。背刺柱状或棒槌状。亚缘瘤有。背管状腺无。肛前孔有。腹脊毛 2 对，肛筒缨毛 2 对，肛环毛常 8 根。体缘毛顶端膨大，短刷状或树杈状，排列紧密。气门刺 3 根。触角 7 节，触角间毛 5–8 根。足正常，胫跗关节硬化，爪冠毛同粗，爪齿无。腹毛散布，亚缘毛 1 列，阴前毛 3 对。气门腺五孔成单列，前气门路 17–26 个，后气门路 24–33 个。多孔腺多为 7 孔，分布于阴区及全腹节。腹管状腺内、外管几同粗，并横贯于中、后足间及第 1 腹节中区。

分布： 浙江、江苏、江西、湖南、福建、台湾、广东、海南、香港、广西、四川、贵州、云南；世界广布。

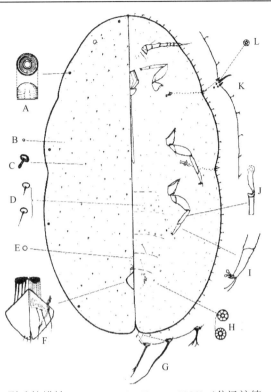

图 8-49　刷毛软蜡蚧 *Coccus viridis* (Green, 1889)（仿汤祊德，1991）

A. 亚缘瘤；B. 背孔；C. 背毛；D. 腹毛；E. 肛前孔；F. 肛板；G. 体缘毛；H. 多孔腺；I. 足；J. 腹管状腺；K. 气门刺；L. 气门腺

353. 网纹蜡蚧属 *Eucalymnatus* Cockerell, 1901

Eucalymnatus Cockerell *in* Cockerell & Parrott, 1901: 57. Type species: *Lecanium tessellatum* Signoret, 1873.

主要特征：雌成虫体形多样，椭圆或梨形，扁平、稍向上隆起或近半球形。老熟虫体背面高度硬化，布满网状纹；背刺毛状或刺状，顶弯而端钝；亚缘瘤、肛前孔有；肛板三角形，肛环毛 6 或 8 根。体缘毛顶尖或分叉，或呈刺状。触角多 7 节，偶 6 或 8 节；足发达，胫跗关节硬化斑有或无；气门腺多 5 孔，多孔腺 6–10 孔，主要分布在阴区；腹管状腺缺。

分布：世界广布。世界已知 14 种，中国记录 1 种，浙江分布 1 种。

（661）网纹蜡蚧 *Eucalymnatus tessellatus* (Signoret, 1873)（图 8-50）

Lecanium tessellatum Signoret, 1873: 401.

Eucalymnatus tessellatus: Cockerell, 1902k: 453. Emendation that is justified.

主要特征：雌成虫体扁平，椭圆形或梨形，常不对称，体暗褐色或深棕色。背刺粗长弯曲。亚缘瘤有。小盘孔分布于网纹中，背管状腺缺。肛前孔有。腹脊毛 3 对，肛筒缨毛 2 对，肛环毛 6 或 8 根。体缘毛细短，顶尖或分叉。气门凹浅，气门刺 3 根。触角 7 或 8 节；触角间有 2 对长毛。足发达，胫跗关节有硬化斑。爪冠毛同粗，爪下无齿。腹毛稀疏，亚缘毛 1 列，阴前毛 1 对。气门腺 5 孔成 1 列或 2 列，前气门路 17–28 个，后气门路 23–39 个。多孔腺 6 或 7 孔，分布在阴区及前 1–2 腹节上。微管腺散布于腹面，管状腺缺。

分布：浙江、江苏、福建、台湾、广东、香港、广西、四川、云南；世界广布。

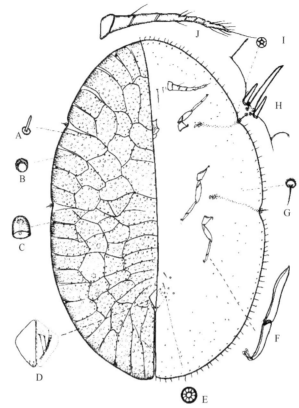

图 8-50 网纹蜡蚧 *Eucalymnatus tessellatus* (Signoret, 1873)（仿汤祊德，1991）
A. 背毛；B. 背孔；C. 亚缘瘤；D. 肛板；E. 多孔腺；F. 足；G. 腹毛；H. 气门刺及体缘毛；I. 气门腺；J. 触角

354. 脊纹蜡蚧属 *Maacoccus* Tao, Wong *et* Chang, 1983

Maacoccus Tao, Wong *et* Chang 1983: 71. Type species: *Lecanium bicruciatus* Green, 1904.

主要特征：雌成虫体长三角形或椭圆形；体背有隆脊。眼在头缘之内；背刺短小而稀疏；亚缘瘤无；背管状腺有或无；肛板半圆形，无外角。体缘毛粗长而弯曲，顶尖或分叉；气门凹深，内缘常硬化，气门刺 3–5 根。触角多 6 节；足正常，胫跗关节不硬化；阴前毛 4–6 对；气门腺常 5 孔；阴区有管状腺群围绕，但无多孔腺；亚缘区无管状腺带。

分布：古北区、旧热带区。世界已知 7 种，中国记录 3 种，浙江分布 2 种。

（662）士字脊纹蜡蚧 *Maacoccus bicruciatus* (Green, 1904)（图 8-51）

Lecanium bicruciatus Green, 1904: 214.

Maacoccus bicruciatus: Tao et al., 1983: 71.

主要特征：雌成虫体扁平，椭圆形或近三角形，前端尖后端宽，体背有"士"字形脊纹；中区亮栗色，边缘 1 圈稍显深色。体背略硬化，肛周硬化。背刺针状，极短，刺长几乎短于刺基直径。亚缘瘤和背管状腺无。肛前孔有。肛板有背中毛 2 根，亚端毛或端毛 3 根，腹脊毛 2 或 3 根，肛筒缘毛 2 根，肛环毛 8 根。体缘毛弯曲成刷状。气门刺 3 或 4 根。触角 6 节，触角间毛 2 对。爪冠毛同粗，有爪齿。长腹毛成对分布在腹节中部，4–7 对；其他腹毛短小，散布。气门腺 2–3 列，前气门路 24–44 个，后气门路 30–64 个。

分布：浙江、台湾、香港、云南；印度，斯里兰卡，桑给巴尔，肯尼亚。

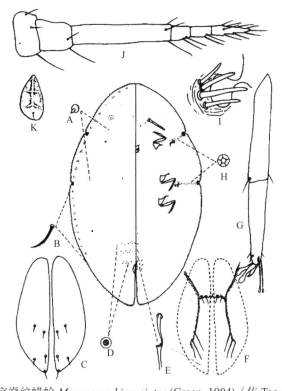

图 8-51　士字脊纹蜡蚧 *Maacoccus bicruciatus* (Green, 1904)（仿 Tao et al., 1983）
A. 背毛；B. 体缘毛；C. 肛板背面观；D. 肛前孔；E. 腹管状腺；F. 肛板腹面观；G. 足；H. 气门腺；I. 气门刺；J. 触角；K. 雌成虫

（663）三叉脊纹蜡蚧 *Maacoccus scolopiae* (Takahashi, 1933)（图 8-52）

Coccus scolopiae Takahashi, 1933a: 35.

Maacoccus scolopiae: Tao, Wong & Chang 1983: 72.

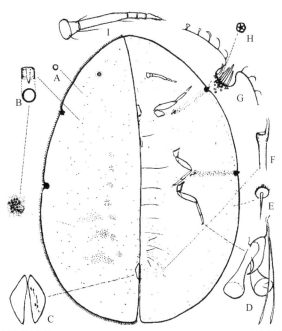

图 8-52　三叉脊纹蜡蚧 *Maacoccus scolopiae* (Takahashi, 1933)（仿汤祊德，1991）
A. 背孔；B. 背硬化孔；C. 肛板；D. 足；E. 腹毛；F. 腹管状腺；G. 气门刺及体缘毛；H. 气门腺；I. 触角

主要特征：雌成虫体三角形，头端狭尖，后端宽圆。体背有三叉状脊纹，体黄褐或暗黄褐色，背中区黑色，体扁平或略突起。体背有卵圆形斑纹，中部不太明显。体背面背刺小钉状，不易见。有 2 横列 1 纵列硬化孔在三叉脊纹处。肛板半月形，长为宽的 3 倍，背面后半有背毛 1 根、亚背毛 2 根、亚端毛 2 根、端毛 2 根，腹脊毛 3 根，肛筒缨毛 2 对。无亚缘瘤。体缘毛缘毛短刷状，气门凹深有硬化斑，气门刺 3–6 根。触角 6 节。阴前毛 4–6 对，后 3 对较长。

分布：浙江（平阳）、台湾。

355. 粘棉蜡蚧属 *Milviscutulus* Williams *et* Watson, 1990

Milviscutulus Williams *et* Watson, 1990: 119. Type species: *Lecanium mangiferae* Green, 1899.

主要特征：雌成虫体椭圆形、圆形或梨形。老熟时硬化，有不规则圆形亮斑；背刺针状、细棒状或细长毛状，与小盘孔形成网状纹路；亚缘瘤有；肛板长三角形，前缘长于后缘，腹脊毛 2 或 3 根。体缘毛尖或分叉；气门刺 3。触角 6–8 节；足正常，胫跗关节有硬化斑，爪齿无；阴前毛 1 对；气门腺 5 孔，多孔腺 7–10 孔，在阴区及前腹节分布；腹面头部无管状腺，大管状腺仅在胸节中部密布，小管状腺形成稀疏宽亚缘带，但前胸及头部亚缘缺。

分布：世界广布。世界已知 4 种，中国记录 1 种，浙江分布 1 种。

（664）芒果粘棉蜡蚧 *Milviscutulus mangiferae* (Green, 1889)（图 8-53）

Lecanium mangiferae Green, 1889: 249.
Milviscutulus mangiferae: Williams & Watson, 1990: 122.

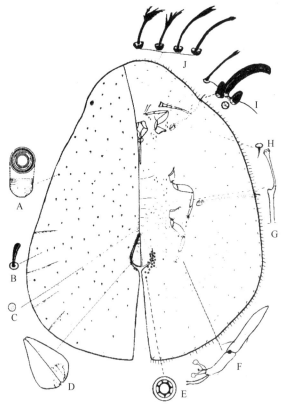

图 8-53　芒果粘棉蜡蚧 *Milviscutulus mangiferae* (Green, 1889)（仿汤祊德，1991）
A. 亚缘瘤；B. 背毛；C. 肛前孔；D. 肛板；E. 多孔腺；F. 足；G. 腹管状腺；H. 腹毛；I. 气门刺；J. 体缘毛

主要特征：雌成虫体扁平，近三角形，前端钝狭，后端宽圆；鲜活虫体黄绿色，老熟虫体褐色；臀裂长，为体长的 1/4–1/3。背刺针状或棒状。亚缘瘤有，背管状腺无。肛前孔有。肛周硬化；腹脊毛 2 根，肛筒缨毛无，肛环毛 8 根。体缘毛分叉成刷状。气门刺 3 根。触角常 8 节，少 7 节；触角间毛 3–4 对。足正常，胫跗关节有硬化斑，爪冠毛同粗，爪齿无。腹毛稀疏，亚缘毛 1 列；阴前毛 1 对。多孔腺 7–10 孔，在阴区附近分布，可延伸至第 3 腹节成横带分布。管状腺形成稀疏宽亚缘带，并在胸节中部密集分布。

分布：浙江、台湾、广东、香港、云南；世界广布。

356. 原软蜡蚧属 *Prococcus* Avasthi, 1993

Prococcus Avasthi, 1993: 77. Type species: *Lecanium acutissimum* Green, 1896.

主要特征：雌成虫体细长，两端尖锐。老熟标本很硬化；背刺针状或棒槌状；亚缘瘤有；背管状腺无；肛前孔有；肛板合成正方形。体缘毛细长，顶多尖；气门凹显，气门刺常 3 根。触角退化，细长仅 3 节；足退化，胫跗节愈合；气门腺 5 孔；多孔腺 5–8 孔，在阴区及前 2–3 腹节分布；腹管状腺无。

分布：世界广布。世界已知 1 种，中国记录 1 种，浙江分布 1 种。

（665）锐原软蜡蚧 *Prococcus acutissimus* (Green, 1896)（图 8-54）

Lecanium acutissimum Green, 1896: 10.
Prococcus acutissimus: Avasthi, 1993: 77. Emendation that is justified.

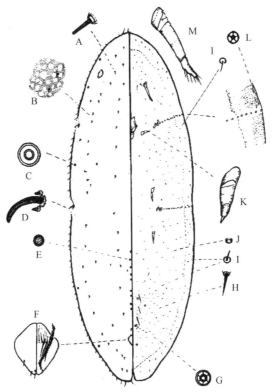

图 8-54　锐原软蜡蚧 *Prococcus acutissimus* (Green, 1896)（仿汤祊德，1991）
A. 背毛；B. 体表皮外观；C. 亚缘瘤；D. 气门刺；E. 肛前孔；F. 肛板；G. 多孔腺；H. 腹毛；I. 亚缘毛；J. 腹腺孔；K. 足；L. 气门腺；M. 触角

主要特征：雌成虫体背面向上隆起形成 1 中纵脊。鲜活成虫体黄绿色，老熟时暗褐色，常沿叶脉寄生。眼圆形，在头缘。背刺针状，端尖或钝，或柱状、棒槌状，成不规则亚中、亚缘列。肛板三角形，前缘短于后缘，端毛 3 根，亚背毛 1 根，腹脊毛 3 根，肛筒缨毛 2 对，肛环毛 8 根。体缘毛端尖。气门刺 3 根。

触角间毛 2 对。爪冠毛 1 粗 1 细，爪齿有。腹毛散布，有小刺在腹节中部成行分布，阴区附近密集，前腹节上分散；亚缘毛 1 列，阴前毛 3 对。多孔腺 5-8 孔，在阴门附近稀疏分布，少数可在前 2、3 腹节上。

　　分布：浙江、江苏、江西、湖南、福建、台湾、广东、海南、香港、广西、四川、贵州、云南；世界广布。

357. 原棉蜡蚧属 *Protopulvinaria* Cockerell, 1894

Pulvinaria (*Protopulvinaria*) Cockerell, 1894b: 310. Type species: *Pulvinaria pyriformis* Cockerell, 1894.

Protopulvinaria Green, 1909: 253. Type species: *Pulvinaria pyriformis* Cockerell, 1894.

　　主要特征：雌成虫体扁平，梨形或近三角形，前端稍尖，常左右不对称。老熟时硬化；背刺细棒状或柱状；亚缘瘤有；臀裂深，为体长的 1/3–1/2；肛板狭长三角形，前缘长；体缘毛顶尖或分叉；气门凹浅，气门刺 3 根。触角 6–8 节；足正常，胫跗关节硬化斑有或缺；阴前毛 1 对；气门腺为 5 孔；多孔腺 7 孔，在阴区分布，亦可延伸至前腹节上；腹面头部有管状腺，大管状腺在头、胸及前腹节中部大量分布，小管状腺在亚缘区分布。

　　分布：世界广布。世界已知 3 种，中国记录 3 种，浙江分布 1 种。

(666) 日本原棉蜡蚧 *Protopulvinaria fukayai* (Kuwana, 1909)（图 8-55）

Lecanium (*Coccus*) *fukayai* Kuwana, 1909: 154.

Protopulvinaria fukayai: Takahashi, 1955c: 35.

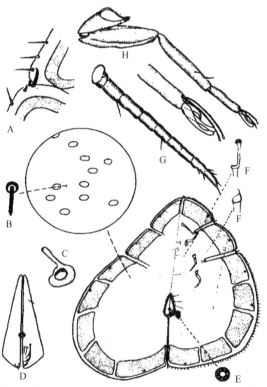

图 8-55　日本原棉蜡蚧 *Protopulvinaria fukayai* (Kuwana, 1909)（仿汤祊德，1991）
A. 气门刺及体缘毛；B. 背毛；C. 亚缘瘤；D. 肛板；E. 多孔腺；F. 管状腺；G. 触角；H. 足

　　主要特征：雌成虫宽梨形，常左右不对称，鲜活虫体黄色，老熟时体背边缘有宽棕色带，带间有干横列沟。体背面略硬化，有许多卵圆形亮斑，边缘有宽的硬化带，带间有隔裂。背刺细柱状，顶膨大，任意分布。背管状腺无；肛板端毛 4 根，腹脊毛无，肛筒缨毛 2 对，肛环毛 6 根。体缘毛细尖，仅少数分叉。气门刺 3 根。触角 8 节；触角间毛 3–4 对。足胫跗关节处有硬化斑，爪冠毛同粗，顶端均膨大，爪齿无。腹毛散布，亚缘毛 1 列。管状腺有 2 种：①外管短，内管细如鞭毛且无终端腺，形成亚缘带，并在触角附近分布，少数可延伸至腹侧中部；②外管长，内管宽约为外管的一半，有发达的终端腺，在腹面中部分布。

　　分布：浙江、四川；日本。

358. 棉蜡蚧属 *Pulvinaria* Targioni-Tozzetti, 1866

Pulvinaria Targioni-Tozzetti, 1866: 146. Type species: *Coccus vitis* Linnaeus, 1758.

　　主要特征：雌成虫体椭圆形，体后分泌卵囊。背膜质或硬化，常有椭圆形亮斑，微管腺位于亮斑中；背刺刺状、针状或锥状；亚缘瘤有或无；背管状腺有或无；肛板三角形，肛环毛 6 或 8 根。体缘毛尖，或刷状分叉；气门凹深或浅，气门刺 3–6 根。触角 5–9 节；足发达，胫跗关节硬化，爪齿有或无；阴前毛 3 对；气门腺多为 5 孔，多孔腺 7–10 孔；腹面管状腺 3–4 种。

　　分布：世界广布。世界已知 143 种，中国记录 21 种，浙江分布 7 种。

分种检索表

1. 体背面无管状腺分布 ⋯⋯ 2
- 体背面有管状腺散布 ⋯⋯ 3
2. 腹管状腺 2 种，中后胸节中央区域无管状腺分布 ⋯⋯ 杭竹蔗棉蚧 *P. bambusicola*
- 腹管状腺 3 种，中后胸节中央区域有管状腺分布 ⋯⋯ 柑橘棉蜡蚧 *P. citricola*
3. 阴区多孔腺多 10 孔，肛板相连 ⋯⋯ 刷毛棉蜡蚧 *P. psidii*
- 阴区多孔腺多 7 孔或 8 孔，肛板不相连 ⋯⋯ 4
4. 阴区多孔腺多 8 孔 ⋯⋯ 石楠棉蜡蚧 *P. photiniae*
- 阴区多孔腺多 7 孔 ⋯⋯ 5
5. 气门刺 4–6 根 ⋯⋯ 多角棉蜡蚧 *P. polygonata*
- 气门刺 3 根 ⋯⋯ 6
6. 体背略硬化，有网眼状结构，腹脊毛 3 根 ⋯⋯ 黄绿棉蜡蚧 *P. aurantii*
- 体背膜质不硬化，腹脊毛 2 根 ⋯⋯ 油茶棉蜡蚧 *P. floccifera*

（667）黄绿棉蜡蚧 *Pulvinaria aurantii* Cockerell, 1896（图 8-56）

Pulvinaria aurantii Cockerell, 1896b: 19.

　　主要特征：雌成虫体椭圆形，背部扁平；鲜活虫体青黄色或褐黄色，背中有褐色纵脊，边缘有绿色或褐色宽带。体背略硬化。背刺细锥状。亚缘瘤有。肛前孔有。肛板前缘短于后缘，端毛 4 根，腹脊毛 3 根，肛筒缨毛 2 对，肛环毛 8 根。体缘毛端膨大成刷状。气门凹浅，气门刺 3 根。触角 8 节，间毛 3–4 对。爪齿无。腹毛散布，亚缘毛 1 列。多孔腺常 7 孔，在阴区和全腹节分布，后足基侧成群。管状腺有 3 种：①外管短，内管亦宽，有大终端腺，形成亚缘带；②外管长，内管宽约为外管的一半，有发达的终端腺，在腹面头部、胸部及前 1–3 腹节中区分布；③与②相似，但内管比其细，在中、后腹节上分布。

　　分布：浙江、江苏、湖北、江西、湖南、福建、台湾、广东、海南、广西、四川、贵州、云南；俄罗斯，日本，越南，伊朗，以色列。

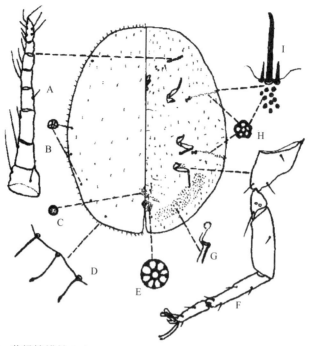

图 8-56　黄绿棉蜡蚧 *Pulvinaria aurantii* Cockerell, 1896（仿王子清，2001）
A. 触角；B. 亚缘瘤；C. 肛前孔；D. 体缘毛；E. 多孔腺；F. 足；G. 腹管状腺；H. 气门腺；I. 气门刺

（668）杭竹蔗棉蚧 *Pulvinaria bambusicola* (Tang, 1991)（图 8-57）

Saccharipulvinaria bambusicola Tang, 1991: 269.

Pulvinaria bambusicola: Ben-Dov, 1993: 251.

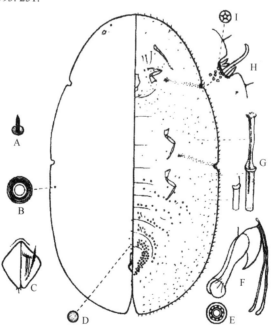

图 8-57　杭竹蔗棉蚧 *Pulvinaria bambusicola* (Tang, 1991)（仿汤祊德，1991）
A. 背毛；B. 亚缘瘤；C. 肛板；D. 肛前孔；E. 多孔腺；F. 足；G. 腹管状腺；H. 气门刺；I. 气门腺

　　主要特征：雌成虫体背面膜质，有许多不规则椭圆形亮斑。背刺针状。亚缘瘤 2 对。背管状腺无。肛前孔有。肛板前缘约等于后缘，端毛 4 根，腹脊毛 3 根，肛筒缨毛 3 对，肛环毛 6 根。体缘毛细尖。气门刺 3 根。触角 8 节，间毛 3 对。爪无小齿。腹毛散布，亚缘毛 1 列。多孔腺 6–10 孔，在阴区及腹面中区均有分布。微管腺散布。管状腺有 2 种：①外管短，内管如鞭毛状且有小的终端腺，形成亚缘带；②外管长，内管宽约为外管的一半，有发达的终端腺，与①共同形成亚缘带，少数分布在头部及触角基附近。

　　分布：浙江（杭州）、陕西。

（669）柑橘棉蜡蚧 *Pulvinaria citricola* (Kuwana, 1909)（图 8-58）

Takahashia citricola Kuwana, 1909: 153.

Pulvinaria citricola: Tanaka, 2012: 1.

　　主要特征：雌成虫体宽椭圆至近圆形，背部略隆起。体背面膜质略硬化。背刺小刺状。亚缘瘤无。无背管状腺。肛前孔有。肛板前缘长约为后缘的 1/2；肛板端毛 3 根，背毛 1 根，腹脊毛 2 根，肛筒缨毛 2 对，肛环毛 8 根。体缘毛毛状，略弯曲。气门刺 3 根。触角 8 节，间毛 3-4 对。爪齿无。亚缘毛 1 列，阴前毛 3 对。多孔腺常 10 孔，在阴区及全腹节上成横列分布，中、后足基侧亦有少量分布。管状腺有 3 种：①外管短，内管细如鞭毛且有小的终端腺，形成亚缘带；②外管长，内管宽约为外管的一半，有发达的终端腺，在腹面头、胸节及前 1-2 腹节中区分布；③与②相似，但内管比②细，在中、后腹节上分布。

　　分布：浙江、云南；韩国，日本。

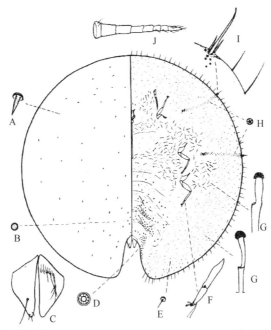

图 8-58　柑橘棉蜡蚧 *Pulvinaria citricola* (Kuwana, 1909)（仿汤祊德，1991）
A. 背毛；B. 肛前孔；C. 肛板；D. 多孔腺；E. 腹毛；F. 足；G. 腹管状腺；H. 气门腺；I. 气门刺及体缘毛；J. 触角

（670）油茶棉蜡蚧 *Pulvinaria floccifera* (Westwood, 1870)（图 8-59）

Coccus flocciferus Westwood, 1870: 308.

Pulvinaria floccifera: Ben-Dov, 1993: 261.

　　主要特征：雌成虫体椭圆，背扁平；鲜活虫体褐色，背中黄色纵脊长。体背膜质不硬化。背刺细锥状。亚缘瘤有。背管状腺小、散布。肛前孔有。肛板前缘凹后缘凸，前缘略短，端毛 4 根，腹脊毛 2 根，肛筒缨毛 2 对，肛环毛 8 根。体缘毛多分叉成刷状，仅少数端尖。气门刺 3 根。触角 8 节，间毛 5 对。爪齿无。腹毛散布，亚缘毛 1 列。多孔腺 6-8 孔，主要为 7 孔，在阴区分布，可延伸至第 3 腹节上，中、后足基侧亦有少量。管状腺有 3 种：①外管短，内管如鞭毛状且无终端腺，形成亚缘带；②外管长，内管宽约为外管的一半，有发达的终端腺，在腹面头部、胸部及前 1-3 腹节中区分布；③与②相似，但内管比其细，在中、后腹节上分布。

　　分布：浙江、辽宁、山东、河南、陕西、江苏、安徽、湖北、江西、湖南、福建、广东、广西、四川、贵州、云南；世界广布。

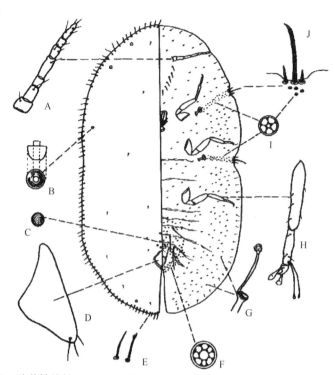

图 8-59 油茶棉蜡蚧 *Pulvinaria floccifera* (Westwood, 1870)（仿王子清，2001）

A. 触角；B. 亚缘瘤；C. 肛前孔；D. 肛板；E. 体缘毛；F. 多孔腺；G. 腹管状腺；H. 足；I. 气门腺；J. 气门刺

（671）石楠棉蜡蚧 *Pulvinaria photiniae* Kuwana, 1914（图 8-60）

Pulvinaria photiniae Kuwana, 1914: 4.

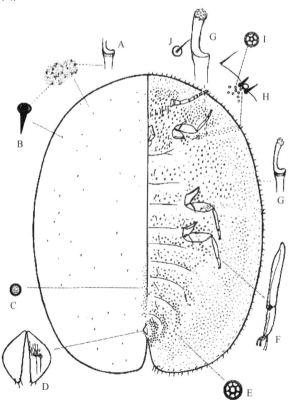

图 8-60 石楠棉蜡蚧 *Pulvinaria photiniae* Kuwana, 1914（仿汤祊德，1991）

A. 背管状腺；B. 背毛；C. 肛前孔；D. 肛板；E. 多孔腺；F. 足；G. 腹管状腺；H. 气门刺；I. 气门腺；J. 腹毛

主要特征：雌成虫体椭圆形，鲜活虫体灰褐色，中部有 1 棕黄色斑。体背略硬化。眼圆形或椭圆形，靠近头部体缘。背刺细锥状。亚缘瘤无。背管状腺小且散布。肛前孔有。肛板前缘略短于或等于后缘，端毛 4 根，腹脊毛 2 根，肛筒缨毛 2 对，肛环毛 8 根。体缘毛细尖，顶常弯曲。气门刺 3 根。触角 8 节，间毛 4–5 对。爪齿无。腹毛散布，亚缘毛 1 列。多孔腺 6–8 孔，大多为 7 孔，在阴区、全腹节甚至胸节上分布，足基侧亦有少量分布。管状腺有 2 种：①外管短，内管长约为外管的 2 倍，宽约为其 1/2，形成亚缘带，并在后腹节中区分布；②外管正常，内管与外管等宽且略长于外管，在胸部中区分布。

分布：浙江（临安）、山西、河南、宁夏；日本。

（672）多角棉蜡蚧 *Pulvinaria polygonata* Cockerell, 1905（图 8-61）

Pulvinaria polygonata Cockerell, 1905: 131.

主要特征：雌成虫体长椭圆形，背部有不同程度隆起的纵脊，鲜活虫体黄绿色。体背略硬化。背刺细锥。亚缘瘤有。背管状腺有。肛前孔有。肛板前后缘几等长，端毛 4 根，腹脊毛 3 根，肛筒缨毛 2 对，肛环毛 8 根。体缘毛端尖或分叉。气门刺 3–6 根，多 4 或 5 根。触角 8 节，间毛 4–5 对。爪齿无。腹面中央各节有成对长毛。气门硬化框有。多孔腺主要为 7 孔，在阴区及全腹节上分布，各足基侧亦有少量分布。管状腺有 3 种：①外管短，内管如鞭毛状，无终端腺，成亚缘带；②外管长，内管宽约为外管的一半，有发达的终端腺，在腹面头部、胸部及前 1–3 腹节中区分布；③与②相似，但内管比其细，在中、后腹节上分布。

分布：浙江、江苏、台湾、广东、香港、云南；日本，印度，越南，斯里兰卡，菲律宾，澳大利亚。

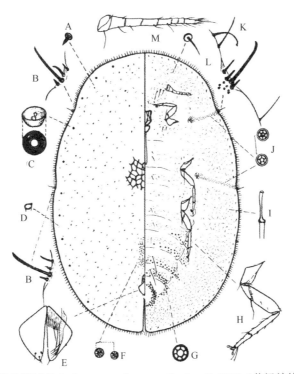

图 8-61 多角棉蜡蚧 *Pulvinaria polygonata* Cockerell, 1905（仿汤祊德，1991）

A. 背毛；B. 气门刺；C. 亚缘瘤；D. 背管状腺；E. 肛板；F. 肛前孔；G. 多孔腺；H. 足；I. 腹管状腺；J. 气门腺；K. 气门刺及体缘毛；L. 腹毛；M. 触角

（673）刷毛棉蜡蚧 *Pulvinaria psidii* Maskell, 1893（图 8-62）

Pulvinaria psidii Maskell, 1893: 223.

　　主要特征：雌成虫体椭圆形，背中有褐色纵带，鲜活虫体深绿色。体背略硬化。背刺细锥状。亚缘瘤9–14 个。背管状腺有。肛前孔有。肛板相连前缘凹后缘凸，前缘略短，端毛 4 根，腹脊毛 3 根，肛筒缨毛2 对，肛环毛 8 根。体缘毛刷状，少数端尖。气门刺 3 根。触角 8 节，间毛 6–7 对。爪齿无。气门硬化框有。多孔腺主要为 10 孔，在阴区密布，可延伸至第 3 或 4 腹节，各足基侧亦有少量分布。腹管状腺 4 种：①外管短，内管如鞭毛，无终端腺，成亚缘带；②外管长，内管宽约为外管的一半，有发达的终端腺，在腹面头部、胸部及前 1–3 腹节中区分布；③与②相似，但内管比其细，在中、后腹节上分布；④外管短，内管细，其长为外管长的 4–5 倍，在亚缘与①混生，数少。

　　分布：浙江、河北、山东、河南、宁夏、甘肃、湖北、江西、湖南、福建、台湾、广东、香港、四川；世界广布。

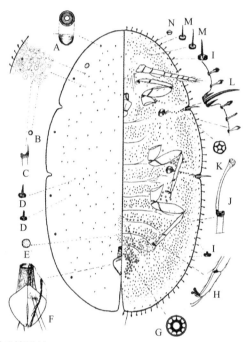

图 8-62　刷毛棉蜡蚧 *Pulvinaria psidii* Maskell, 1893（仿汤祊德，1991）

A. 亚缘瘤；B. 背孔；C. 背管状腺；D. 背毛；E. 肛前孔；F. 肛板；G. 多孔腺；H. 足；I. 亚缘毛；J. 腹管状腺；K. 气门腺；L. 气门刺及体缘毛；M. 腹毛；N. 腹孔

359. 木坚蜡蚧属 *Parthenolecanium* Šulc, 1908

Parthenolecanium Šulc, 1908: 36. Type species: *Lecanium corni* Bouché, 1844.

　　主要特征：雌成虫体椭圆形或圆形，稍突或高突，前、后均斜坡状。背刺锥状或棒槌状，有 2 种大小；亚缘瘤存在或否，有些种类亚缘瘤呈垂柱状；小盘孔在体背散布，背管状腺有或无；肛环三角形，肛环毛6 或 8 根。体缘毛刺状或毛状，在体缘成 1 列或不规则双列；气门刺 3 根。触角 6–8 节；足正常，胫跗关节无硬化斑；气门腺 5 孔，多孔腺 6–10 孔；腹管状腺成亚缘带，触角间有内管为鞭毛状的管状腺。

　　分布：世界广布。世界已知 15 种，中国记录 3 种，浙江分布 2 种。

（674）水木坚蜡蚧 *Parthenolecanium corni* (Bouché, 1844)（图 8-63）

Lecanium corni Bouché, 1844: 298.

Parthenolecanium corni: Borchsenius, 1957: 356.

主要特征：雌成虫体椭圆形，老熟虫体稍硬化，背部无小亮斑。背刺有 2 种，均锥状，较大者在背中线上分布，较小者散布。亚缘瘤有。背管状腺少或缺。肛前孔有。肛板前缘稍长于后缘，端毛 4 根，肛周围稍硬化成狭硬化环，无射线或网纹，腹脊毛 2 根，肛筒缨毛 2 对，肛环毛 8 根。体缘毛毛状，1 列。气门凹缺，气门刺 3 根。触角 7 节，间毛 3–4 对。爪冠毛 1 粗 1 细，爪齿有。亚缘毛 1 列，阴前毛 2 对。多孔腺 7–10 孔，在阴门区及腹节上成带分布，少数可在前足基节附近，中、后足基节附近很多。腹管状腺成宽亚缘带。

分布：浙江、内蒙古、山西、陕西、甘肃、新疆、湖南；世界广布。

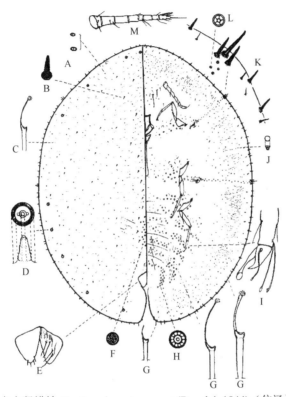

图 8-63　水木坚蜡蚧 *Parthenolecanium corni* (Bouché, 1844)（仿汤祊德，1991）

A. 背孔；B. 背毛；C. 背管状腺；D. 亚缘瘤；E. 肛板；F. 肛前孔；G. 腹管状腺；H. 多孔腺；I. 足；J. 微管腺；K. 气门刺及体缘毛；L. 气门腺；M. 触角

（675）桃木坚蜡蚧 *Parthenolecanium persicae* (Fabricius, 1776)（图 8-64）

Chermes persicae Fabricius, 1776: 304.

Parthenolecanium persicae: Borchsenius, 1957: 350.

主要特征：雌成虫体椭圆，背中有 1 宽纵脊，老熟虫体稍硬化，背部无小亮斑。背刺有 2 种，均锥状，较大者在背中线上成 2 纵列，较小者散。亚缘瘤有。背管状腺有。肛前孔有。肛板前缘稍长于后缘，端毛 4 根，肛周稍硬化成狭硬化环，无射线或网纹，腹脊毛 2 根，肛筒缨毛 2 对，肛环毛 6 或 8 根。体缘刺刺状，细长而端钝，在体缘成不规则双列分布。气门凹缺，气门刺 3 根。触角 7 节，少数 6 或 8 节，间毛 2–4 对。爪冠毛 1 粗 1 细，爪齿有。腹毛稀疏，亚缘毛 1 列，阴前毛 3 对。多孔腺 7–10 孔，在阴区及腹节上成带分布，各足基节亦有分布。腹管状腺在腹面成宽亚缘带。

分布：浙江、山西、陕西、湖南、香港；世界广布。

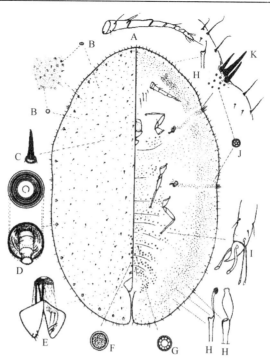

图 8-64　桃木坚蜡蚧 *Parthenolecanium persicae* (Fabricius, 1776)（仿汤祊德，1991）
A. 触角；B. 背孔；C. 背毛；D. 亚缘瘤；E. 肛板；F. 肛前孔；G. 多孔腺；H. 腹管状腺；I. 足；J. 气门腺；K. 气门刺及体缘毛

360. 盔蜡蚧属 *Saissetia* Déplanche, 1859

Saissetia Déplanche, 1859: 206. Type species: *Lecanium coffeae* Walker, 1852.

　　主要特征：雌成虫体椭圆，背略突或呈半球形，老熟虫体背很硬化，常有"H"形纹。老熟标本具卵圆形或多角形网斑；背刺锥状，大小相同；亚缘瘤有或无，背管状腺缺；肛板三角形，有 1 显著背中毛。体缘毛尖或分叉；气门刺 3 根。触角 6–8 节；足发达，胫跗关节有硬化斑；气门腺 5 孔，多孔腺多 10 孔，在阴区或腹节上成横列或带，少数可达胸节；腹管状腺常形成亚缘带，触角间无内管为鞭毛状的管状腺。

　　分布：世界广布。世界已知 45 种，中国记录 6 种，浙江分布 2 种。

（676）咖啡盔蜡蚧 *Saissetia coffeae* (Walker, 1852)（图 8-65）

Lecanium coffeae Walker, 1852: 1079.
Saissetia coffeae: Williams, 1957: 314.

　　主要特征：雌成虫体椭圆形，背部常向上隆起成半球形，年轻成虫体黄褐色，有光泽。亚缘瘤有。肛前孔有。腹脊毛 2 或 3 根，肛筒缨毛 3–4 对，肛环毛 8 根。体缘毛大多分叉，偶尖细顶弯。气门刺 3 根。触角 8 节，偶 6 或 7 节，间毛 3 对。爪冠毛同粗，爪无齿。腹毛稀疏，亚缘毛 1 列，阴前毛 3 对。多孔腺多为 10 孔，聚集在阴区，可延伸至全腹节成横带分布，少数可在中、后足基节外侧及中胸节上。腹管状腺 3 种：①内管细，无终端腺，沿体缘稀散分布；②内管膨大如外管，形成亚缘带，气门路附近则无分布；③内管细长，有终端腺，在②形成的亚缘带内侧分布，少数可在胸节、腹节中部分布。

　　分布：浙江、内蒙古、山西、江西、福建、台湾、广东、香港、广西、四川、贵州、云南；世界广布。

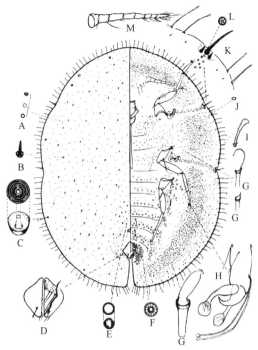

图 8-65　咖啡盔蜡蚧 *Saissetia coffeae* (Walker, 1852)（仿汤祊德，1991）

A. 背孔；B. 背毛；C. 亚缘瘤；D. 肛板；E. 肛前孔；F. 多孔腺；G. 腹管状腺；H. 足；I. 体缘毛；J. 腹孔；K. 气门刺及体缘毛；L. 气门腺；M. 触角

（677）橄榄盔蜡蚧 *Saissetia oleae* (Olivier, 1791)（图 8-66）

Coccus oleae Olivier, 1791: 95.

Saissetia oleae: de Lotto, 1971: 149.

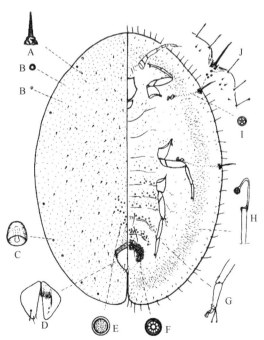

图 8-66　橄榄盔蜡蚧 *Saissetia oleae* (Olivier, 1791)（仿汤祊德，1991）

A. 背毛；B. 背孔；C. 亚缘瘤；D. 肛板；E. 肛前孔；F. 多孔腺；G. 足；H. 腹管状腺；I. 气门腺；J. 气门刺及体缘毛

主要特征：雌成虫体宽椭圆形，背部向上高隆，年轻成虫体黄色或灰色，老熟暗褐色至黑色。亚缘瘤有。肛前孔有。肛板前缘约等于后缘长，外角钝，端毛 3 根，腹脊毛 2 或 3 根，肛筒缨毛 3 或 4 对，肛环毛 8 根。体缘毛细长，顶尖。气门刺 3 根。触角 8 节，间毛 4 对。爪冠毛同粗，爪无齿。腹毛散布，亚缘毛 1 列，阴前毛 3 对。多孔腺 10 孔，在阴区周围分布并延伸至全腹节。腹管状腺形成亚缘带。

　　分布：浙江、福建、台湾、广东、四川、云南、西藏；世界广布。

（三十六）球坚蜡蚧亚科 Eulecaniinae

　　主要特征：雌成虫多鼓起成球形或半球形。背部管状腺常小而散布，亚缘瘤无，体缘毛不分叉，毛状或刺状或二者混生；腹面管状腺多形成宽亚缘带；足之胫跗关节的硬化斑缺，爪冠毛同细或 1 粗 1 细，但几乎不同粗。

361. 白蜡蚧属 *Ericerus* Guérin-Méneville, 1858

Ericerus Guérin-Méneville, 1858: lxvii. Type species: *Coccus ceriferus* Fabricius, 1978.

Pela Targioni-Tozzetti, 1866: 140. Type species: *Pela cerifera* Targioni-Tozzetti, 1866.

　　主要特征：雌成虫体高度向上隆起，常呈半球形。背刺锥状；亚缘瘤无；背管状腺散布；肛板三角形。体缘刺锥状；气门凹显，气门刺成群分布，其中 2–4 根刺较大。触角 6 节；足小但正常，胫跗关节不硬化，爪、跗冠毛均细；气门腺为 5 孔，多孔腺 10–12 孔，分布于腹面中区及足基侧；微管腺有；腹管状腺在亚缘带及中区分布。

　　分布：古北区、东洋区、新热带区。世界已知 1 种，中国记录 1 种，浙江分布 1 种。

（678）白蜡蚧 *Ericerus pela* (Chavannes, 1848)（图 8-67）

Coccus pela Chavannes, 1848: 144.

Ericerus pela: Signoret, 1869b: 102.

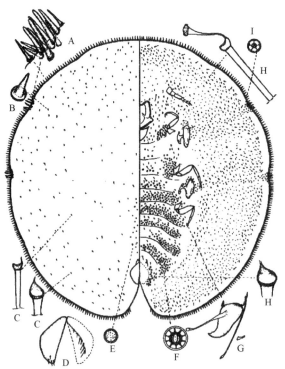

图 8-67　白蜡蚧 *Ericerus pela* (Chavannes, 1848)（仿汤祊德，1991）
A. 气门刺；B. 背毛；C. 背管状腺；D. 肛板；E. 肛前孔；F. 多孔腺；G. 足；H. 腹管状腺；I. 气门腺

　　主要特征：雌成虫体呈半球形，黄褐色而带不规则黑斑，年轻虫体膜质，老熟虫体强烈硬化。眼不见。肛前孔有，可延伸至中胸。肛板外角钝圆，前、后缘几等长，端毛 4 根，腹脊毛 5 或 6 对，肛环毛 8 根。

体缘刺排列紧密。气门刺成群，有时成双列，其中 2–4 根长于缘刺。触角 6 节，间毛 2 对。跗、爪冠毛均细，跗冠毛长于爪冠毛，顶端均膨，爪有齿。腹毛稀疏，亚缘毛 1 列，阴前毛 3 对。气门盘大，直径多大于股节长。气门腺路 4–6 腺宽。多孔腺 10–12 孔，在阴区及腹节上成横带分布，胸中部及足基侧少量分布。腹管状腺有 2 种，大者形成宽亚缘带，并在触角到口器之间密布，小者在胸、腹中部。

分布：浙江、山西、湖南、广西、四川、贵州、云南、西藏；俄罗斯，韩国，日本，巴西。

362. 球坚蜡蚧属 *Eulecanium* Cockerell, 1893

Eulecanium Cockerell, 1893c: 54. Type species: *Lecanium tiliae* Linnaeus, 1758.

主要特征：雌成虫体前期扁平，中期鼓起成球形。背面膜质或硬化，硬化时或呈网状或无；背刺锥状；亚缘瘤无；背有小盘孔和管状腺；肛板近三角形。体缘毛毛状或刺状；气门凹不显，气门刺明显或否。触角 6–8 节；足小但分节正常，胫跗关节多不硬化；爪、跗冠毛均细，或爪冠毛较粗，其 2 毛或同粗或 1 粗 1 细；爪多无齿；胸气门 2 对，气门盘大，近似股节之长；多孔腺 7–10 孔，在腹面分布；管状腺常在腹面形成亚缘带。

分布：世界广布。世界已知 51 种，中国记录 15 种，浙江分布 2 种。

（679）瘤大球坚蜡蚧 *Eulecanium giganteum* (Shinji, 1935)（图 8-68）

Lecanium gigantea Shinji, 1935: 289.

Eulecanium gigantea: Wang, 1980: 45.

Eulecanium giganteum: Xue et al., 1999: 383. Emendation that is justified.

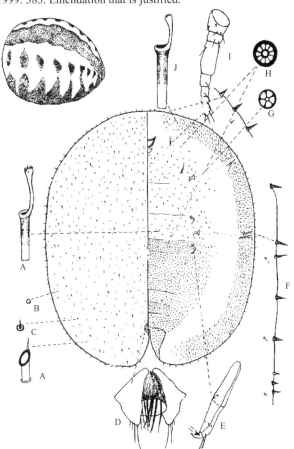

图 8-68　瘤大球坚蜡蚧 *Eulecanium giganteum* (Shinji, 1935)（仿汤祊德，1977）
A. 背管状腺；B. 背孔；C. 背毛；D. 肛板；E. 足；F. 体缘刺；G. 气门腺；H. 多孔腺；I. 触角；J. 腹管状腺

主要特征：雌成虫中期成虫鼓起成半球形，红褐色。背面有整齐的黑灰斑，有 1 中纵带，2 条锯齿状缘带，中纵带与各缘带间有 8 块菱形黑斑排成亚中 1 列，表面有毛线状蜡被；产卵后体全硬化成黑褐色，体背光滑。老熟虫体肛周硬化，无网纹。眼不显。肛板前缘略短于或等于后缘，端毛 1 或 2 根，内缘、后缘后半部有长、短毛各 2 根，腹脊毛 3 根；肛筒缨毛 3 或 4 对，肛环毛 8 根。体缘刺尖锥形，稀疏成列。气门刺与缘刺难区分，但略小。触角 7 节，间毛 1–2 对。胫跗关节不硬化；爪、跗冠毛均细，顶端膨大，爪无齿。腹毛散布，亚缘毛 1 列，阴前毛 3 对。气门腺 5 孔成 1 列。多孔腺 10 孔，偶见有 5 孔者。管状腺有 2 种，较大者在亚缘成带分布，较小者在胸中部，靠近触角分布。

分布：浙江、山西；韩国，日本，美国。

（680）日本球坚蜡蚧 *Eulecanium kunoense* (Kuwana, 1907)（图 8-69）

Lecanium kunoensis Kuwana, 1907: 191.

Eulecanium kunoense: Lindinger, 1933: 159. Emendation that is justified.

主要特征：雌成虫球形，黑色或栗褐色，有光泽，背有 2 纵列凹刻。中期雌成虫体黄色，背中有 1 红纵带，另有 7–8 条黑横带。体背面亚缘区有许多圆或椭圆亮斑。背刺与筛状孔散布于背面。肛体周壁有网纹。肛板近梯形，亚中毛 1–4 根，端毛 2–3 根，腹脊毛 4 根，肛筒缨毛 3 对。体缘气门刺 2 根，粗锥状，端钝，比缘刺粗，同长，缘刺与缘毛并存，缘毛主要在前后端，缘刺在体侧。触角 6–7 节。爪有齿，爪冠毛细而端膨。亚缘毛 1 列。腹管状腺成宽亚缘带，暗框孔带在其内侧。气门腺 1 列。多孔腺在前、中足内侧各 1 群，后足间及腹部中区腹板上成横带。

分布：浙江、山西；韩国，日本，美国。

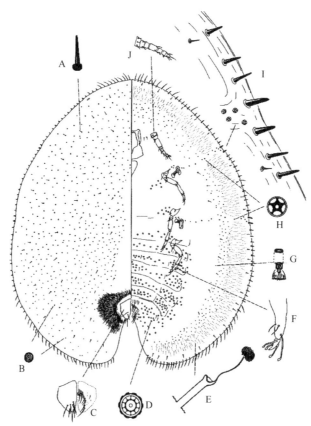

图 8-69　日本球坚蜡蚧 *Eulecanium kunoense* (Kuwana, 1907)（仿 Gill，1988）
A. 背毛；B. 亚缘瘤；C. 肛板；D. 多孔腺；E. 腹管状腺；F. 足；G. 微管腺；H. 气门腺；I. 气门刺及体缘刺；J. 触角

（三十七）菲丽蜡蚧亚科 Filippiinae

主要特征：雌成虫裸或体背盖有蜡壳或蜡毛等，有些种类体后分泌长形卵囊。体背管状腺丰富，亚缘瘤和肛前孔存在或缺；气门凹不显；多孔腺在阴区及腹板上成横带或列，极少数在缘区分布；管状腺多在亚缘分布，少数在腹面全缺。

363. 卷毛蜡蚧属 *Metaceronema* Takahashi, 1955

Metaceronema Takahashi, 1955a: 27. Type species: *Ceronema japonica* Maskell, 1897.

主要特征：雌成虫体椭圆形，背腹膜质，缘褶发达。触角 8 节，足正常。气门腺多 5 孔。气门凹显，无硬化框，有长锥状气门刺 1 群，5 根以上。缘刺 1 列，为尖锥状刺。尾裂内缘有长毛。肛板粗短。肛环毛多 6 根。背管状腺分布成不规则群。体背密布腺瘤，但背中区无。多孔腺仅分布于腹部腹面的中区。

分布：古北区、东洋区。世界已知 1 种，中国记录 1 种，浙江分布 1 种。

（681）日本卷毛蜡蚧 *Metaceronema japonica* (Maskell, 1897)（图 8-70）

Ceronema japonicum Maskell, 1897a: 243.

Euphilippia monticola Wang, 1976: 342.

Metaceronema japonica: Takahashi, 1955a: 27. Emendation that is justified.

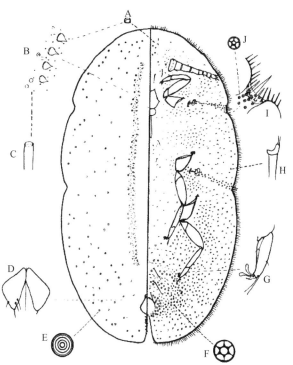

图 8-70　日本卷毛蜡蚧 *Metaceronema japonica* (Maskell, 1897)（仿汤祊德，1991）
A. 微管腺；B. 背刺；C. 背管状腺；D. 肛板；E. 亚缘瘤；F. 多孔腺；G. 足；H. 腹管状腺；I. 气门刺及体缘毛；J. 气门腺

主要特征：雌成虫椭圆形，体背有许多小圆亮点。体背面无毛刺。肛板粗厚，半月形，前侧缘较后侧缘略长，有 4 根端毛及 2 根亚端毛。肛筒缨毛 2 对。尾裂较长，内缘各有 6–7 根长刚毛。气门腺 3–4 腺宽，近体缘约 5 腺宽。气门凹显，有 2–3 个大的和 5–7 个较小的锥刺。体缘上较小锥刺成紧密 1 列。前、后气门凹间有体缘毛 30–35 根。触角 8 节，间毛 2 对，阴前毛 3 对。多孔腺在阴门前及侧部集成群，前部腹板上成横列。腹面长毛。足中等大，胫跗关节硬化。

分布：浙江、江西、湖南、台湾、广东、广西、四川、贵州；韩国，日本，印度，孟加拉国。

364. 纽棉蜡蚧属 *Takahashia* Cockerell, 1896

Pulvinaria (*Takahashia*) Cockerell, 1896b: 20. Type species: *Pulvinaria japonica* Cockerell, 1896.

主要特征：雌成虫体椭圆形或近圆形，背面向上略隆起；产卵期成虫分泌长而扭曲的卵囊。背毛小刺状，顶尖而弯，散布；亚缘瘤和肛前孔无；微管腺和背管状腺密布；肛板三角形，背毛 1 根，端毛、亚端毛 5–6 根。体缘刺锥状而顶尖；气门刺 3 根，较缘刺稍短。触角 7 节；足正常，胫跗关节不硬化，爪齿无；阴前毛 1 对；气门腺多为 5 孔；多孔腺常 10 孔，在阴区及全腹节、胸节甚至头部分布；微管腺和腹管状腺有。

分布：古北区、东洋区。世界已知 1 种，中国记录 1 种，浙江分布 1 种。

（682）日本纽棉蜡蚧 *Takahashia japonica* Cockerell, 1896（图 8-71）

Pulvinaria (*Takahashia*) *japonica* Cockerell, 1896b: 20.

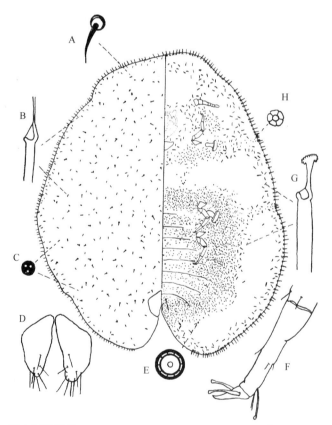

图 8-71 日本纽棉蜡蚧 *Takahashia japonica* Cockerell, 1896（仿 de Lotto，1968）
A. 背毛；B. 背管状腺；C. 圆盘状孔；D. 肛板；E. 多孔腺；F. 足；G. 腹管状腺；H. 气门腺

主要特征：雌成虫体卵圆形或圆形，背面稍隆起，体背有红褐色纵条，带有暗褐色斑点。体背膜质。背毛细刺状，顶尖常弯曲。小盘孔和管状腺在体背部密集分布。腹脊毛 4 根，肛筒缨毛 2 或 3 根，肛环毛 6 根。体缘刺粗锥状，密集排列。气门凹不显，气门刺 3 根，同形同大，较体缘刺短。触角 7 节，间毛 2–4 对。跗冠毛长，爪冠毛短，均细，顶端均膨。腹毛散布，阴前毛 1 对。气门腺成宽横带分布。多孔腺常 10

孔，在阴区密布，并在全腹节、胸节上成横带分布，少数可在亚中区延伸至触角基部。腹管状腺在亚缘区及中区分布。

分布：浙江、山西、河南、青海、江苏、湖南、四川；韩国，日本，意大利。

二十九、盾蚧科 Diaspididae

主要特征：雌成虫体形不一，大小变化也很大，一般为 0.8–1.5 mm。虫体分节一般很明显，但分节明显的常在中段，而前、后段常有体节合并的现象。头部触角口器，胸部前气门常有盘状腺孔，后气门有或无。腹部最多 8 个腹节，第 4 或第 5–8 腹节组成臀板。臀板上主要有臀叶（一般 1–4 对，也有无的）、臀栉、边缘腺管、腺刺、肛门、阴门和围阴腺孔群（有或无）。背、腹腺管一般分布在腹节，有些也分布在胸部，甚至头部。

分布：世界广布，据统计，该科全世界已知 418 属 2707 种，中国记录 82 属 4449 种，浙江分布 38 属 121 种。

分属检索表

1. 臀板无臀叶、臀栉或腺刺 ···································· 暗盾蚧属 *Poliaspoides*
- 臀板一般有臀叶、臀栉或腺刺中的一种或多种 ·· 2
2. 臀板有耙状臀叶突起或缺失 ······························ 巨刺盾蚧属 *Megacanthaspis*
- 臀板有臀叶，但无耙状臀叶 ·· 3
3. 第 2 臀叶无或退化，基部硬化 ··· 4
- 第 2 臀叶发达 ··· 10
4. 围阴腺孔无 ·· 缨围盾蚧属 *Thysanofiorinia*
- 围阴腺孔存在 ·· 5
5. 臀板的背面分布有很多不同口径的小腺孔，不排成行列 ································· 6
- 臀板的背面无小腺孔 ·· 7
6. 臀板顶端无棘状突起 ···································· 齿盾蚧属 *Odonaspis*
- 臀板顶端有一簇 6 个棘状突起，线状长腺毛 ·········· 豁齿盾蚧属 *Froggattiella*
7. 中臀叶基部愈合 ·· 拉氏盾蚧属 *Rutherfordia*
- 中臀叶不轭连 ·· 8
8. 中臀叶间有 1 对小腺刺 ································· 安蛎蚧属 *Andaspis*
- 中臀叶间无腺刺 ··· 9
9. 体呈线状，无背腺管和腺刺 ····························· 秃盾蚧属 *Ischnafiorinia*
- 体呈狭长的卵形，一般有腺管和腺刺 ·················· 美盾蚧属 *Formosaspis*
10. 第 2 臀叶分为两瓣 ··· 11
- 第 2 臀叶不分瓣或无 ··· 22
11. 中臀叶间有刚毛、腺刺或臀栉 ·· 12
- 中臀叶间无刚毛或腺刺或臀栉 ·· 17
12. 中臀叶间有 1 对腺刺 ···································· 牡蛎蚧属 *Lepidosaphes*
- 中臀叶间有刚毛或臀栉 ··· 13
13. 中臀叶间有臀栉 ·· 14
- 中臀叶间有刚毛 ·· 15
14. 体长形，前狭后阔，以腹部中间最为阔 ················· 旋盾蚧属 *Nikkoaspis*

- 体细长，线形，少数纺锤形 ··· 长盾蚧属 *Kuwanaspis*
15. 臀前腹节分节不明显，背腺管很少，主要分布在臀板的边缘 ··················· 围盾蚧属 *Fiorinia*
- 臀前腹节分节明显，背腺管在臀板及臀前节上都有分布 ·· 16
16. 中臀叶轭连 ··· 拟轮蚧属 *Pseudaulacaspis*
- 中臀叶不轭连 ··· 矢尖蚧属 *Unaspis*
17. 中臀叶基部轭连，中臀叶内缘平行而紧靠或部分融合 ······················· 并盾蚧属 *Pinnaspis*
- 中臀叶基部轭连，但内缘分歧远离，或基部不轭连 ··· 18
18. 中臀叶有标准形 ··· 竹盾蚧属 *Greenaspis*
- 中臀叶一般形态 ··· 19
19. 肛门近臀板端部而远基部 ··· 盾蚧属 *Diaspis*
- 肛门位于臀板中央附近 ··· 20
20. 背腺管大小与边缘腺管相似 ··· 釉雪盾蚧属 *Unachionaspis*
- 背腺管比边缘腺管小 ··· 21
21. 体前体段膨大，后胸及腹部窄 ··· 白轮蚧属 *Aulacaspis*
- 体长纺锤形 ··· 兜盾蚧属 *Duplachionaspis*
22. 雌成虫狭长，前体段比臀前腹节狭 ··· 23
- 雌成虫体近圆形，前体段明显比臀前腹节阔 ··· 25
23. 围阴腺孔只存在于臀板或缺失 ··· 新片盾蚧属 *Neoparlatoria*
- 围阴腺孔除存在于臀板外，还存在于臀前腹节 ··· 24
24. 雌成虫身体两侧有规则而连续排列的锥状腺瘤 ··· 长白盾蚧属 *Lopholeucaspis*
- 雌成虫臀前节的腹侧无腺瘤 ··· 白盾蚧属 *Leucaspis*
25. 雌成虫臀板背腺管短粗，双栓式，排成横列；臀栉阔，有短齿，臀前节上也有分布 ······· 26
- 雌成虫臀板背腺管细长，单栓式，在臀板上排成纵列；臀栉多变化，多长齿，只分布于臀板上 ········· 28
26. 臀栉分布在臀板及臀前腹节的两侧 ··· 片盾蚧属 *Parlatoria*
- 臀栉只分布在臀板上，臀前腹节上没有 ··· 27
27. 臀板有围阴腺孔 ··· 华盾蚧属 *Parlatoreopsis*
- 臀板无围阴腺孔 ··· 粕盾蚧属 *Parlagena*
28. 臀板上有网状花纹 ··· 网纹圆盾蚧属 *Pseudaonidia*
- 臀板上无网状花纹 ··· 29
29. 第 3 臀叶呈刺状，和中臀叶与第 2 臀叶完全不同 ······························· 棘圆盾蚧属 *Selenomphalus*
- 第 3 臀叶如有，叶状，形状和前两对相似，或无 ··· 30
30. 3 对臀叶，有时 2 对，几乎同样大小，几乎等距离排列 ··············· 等角圆盾蚧属 *Dynaspidiotus*
- 3 对臀叶不同大小，以中臀叶最大 ··· 31
31. 臀板上无厚皮棍或厚皮锤 ··· 32
- 臀板上有厚皮棍或厚皮锤 ··· 34
32. 臀板上有 2 对臀叶，无围阴腺孔 ··· 稞盾蚧属 *Chortinaspis*
- 臀板上有 3 对臀叶，有围阴腺孔 ··· 33
33. 臀叶处的刚毛呈矛头状 ··· 刺圆盾蚧属 *Octaspidiotus*
- 臀叶处的刚毛正常，不呈矛头状 ··· 圆盾蚧属 *Aspidiotus*
34. 厚皮棍细长 ··· 金顶盾蚧属 *Chrysomphalus*
- 厚皮棍短小或粗短 ··· 35
35. 身体肾脏形 ··· 肾圆盾蚧属 *Aonidiella*
- 身体不呈肾脏形 ··· 36
36. 臀栉小至微小，比臀叶短或者等长 ··· 灰圆盾蚧属 *Diaspidiotus*

- 臀栉比臀叶稍长或等长 ·· 37
37. 肛门开口小于中臀叶，距离后缘超过其直径的 4 倍 ···················· 笠盾蚧属 *Comstockaspis*
- 肛门开口大于或等于中臀叶，距离后缘不超过其直径的 3 倍 ·············· 栉圆盾蚧属 *Hemiberlesia*

365. 安蛎蚧属 *Andaspis* MacGillivray, 1921

Andaspis MacGillivray, 1921: 275. Type species: *Mytilaspis flava* var. *hawaiiensis* Maskell, 1895.

主要特征：体长纺锤形。臀前区皮肤膜质，少数种类骨化。触角有 1 条及以上的毛。前气门有盘状腺孔。腺管双栓式，在第 3、4 节背面排成明显的横列。侧距和背侧疤有或无。臀板三角形。中臀叶大，互相靠近，不轭连，基部有厚皮棒；第 2 臀叶退化或消失。腺刺短，中臀叶间的特别小。边缘腺管每侧 6 个。背腺管很少或没有。围阴腺孔 5 群。

分布：世界广布。世界已知 26 种，中国记录 6 种，浙江分布 2 种。

（683）夏威夷安蛎蚧 *Andaspis hawaiiensis* (Maskell, 1895)（图 8-72）

Mytilaspis flava hawaiiensis Maskell, 1895: 47.
Andaspis hawaiiensis: Balachowsky, 1954: 132.

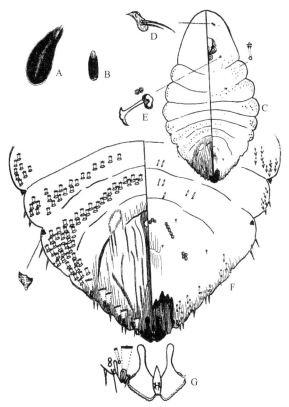

图 8-72 夏威夷安蛎蚧 *Andaspis hawaiiensis* (Maskell, 1895)（仿汤祊德，1986）
A. 雌介壳；B. 雄介壳；C. 雌虫体；D. 触角；E. 前气门；F. 臀板；G. 臀板末端

主要特征：触角瘤状，有 2 长毛。前气门有 2-3 个盘状腺孔。腺瘤在第 1-3 腹节每侧各有 4-7 个。后胸和腹节背面侧缘分布着短小的腺管。第 2 腹节有亚缘背腺管；第 3、4 腹节的亚缘和亚中背腺管排成横列。第 3-4 腹节各有 1 个侧距。臀板有 1 对发达的中臀叶，接近，基外角连有 1 个短小的厚皮棒。中臀叶间有

1 对小腺刺；臀板侧缘有 3 组腺刺。边缘腺管每侧 6 个。肛门圆形，位于臀板的基部。阴门在近臀板基部 1/3 处。围阴腺孔 5 群：3–4/4–5/4–5。

分布：浙江、山东、福建、台湾、广东、海南、香港；世界广布。

（684）木荷安蛎蚧 *Andaspis schimae* Tang, 1986（图 8-73）

Andaspis schimae Tang, 1986: 281.

主要特征：触角瘤锥状，具 1 长毛。前气门约有 17 个盘状腺孔。腺瘤在后胸及第 1 腹节各有 1 个。第 3–4 腹节各有 1 个侧距。臀板有 2 对臀叶，中臀叶大于侧臀叶，靠近，其间有 1 细长厚皮棒，内、外基角各有 1 厚皮棒。第 2 臀叶的内瓣长柱状，外瓣小或缺失。腺刺短小，在中臀叶间 1 对及第 4 腹节每侧 1 对，第 2–5 腹节每侧各有 2–4 根。臀板有 7 对边缘背大腺管。背腺管短粗，在第 3–5 腹节排成亚中、亚缘群，第 5 腹节缺亚中群。肛门位于近臀板中部。围阴腺孔 5 群：约 10/19/17。

分布：浙江、广东。

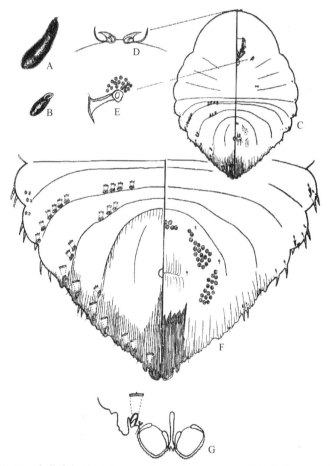

图 8-73　木荷安蛎蚧 *Andaspis schimae* Tang, 1986（仿汤彷德，1986）

A. 雌介壳；B. 雄介壳；C. 雌虫体；D. 触角；E. 前气门；F. 臀板；G. 臀板末端

366. 肾圆盾蚧属 *Aonidiella* Berlese *et* Leonardi, 1895

Aonidiella Berlese *et* Leonardi, 1895 *in* Berlese, 1896: 77. Type species: *Aspidiotus aurantii* Maskell, 1879.

主要特征：体肾形。触角具 1 毛。气门无盘状腺孔。臀板有 3 对发达的臀叶，相互平行，第 4 臀叶呈硬化突或全无。大多数种类臀栉发达。厚皮棍存在于叶间，而少数种类则退化。背腺管长，开口横椭圆形；亚缘背腺管排成节间列，但在中臀叶和第 2 臀叶间则列短。肛门小，位于近臀板端部。围阴腺孔有或无。

　　分布：世界广布。世界已知 32 种，中国记录 10 种，浙江分布 3 种。

分种检索表

1. 体躯不呈明显的肾脏形 ·· 棕肾圆盾蚧 *A. sotetsu*
- 体躯呈明显的肾脏形 ·· 2
2. 表皮结呈倒 "U" 字形 ·· 橘红肾圆盾蚧 *A. aurantii*
- 表皮结呈倒 "V" 字形 ·· 橘黄肾圆盾蚧 *A. citrina*

（685）橘红肾圆盾蚧 *Aonidiella aurantii* (Maskell, 1879)（图 8-74）

Aspidiotus aurantii Maskell, 1879: 199.

Aonidiella aurantii: Berlese, 1896: 125.

　　主要特征：触角具 1 刚毛。气门无盘状腺孔。臀前腹节无腺管分布。臀板有 3 对发达的臀叶，中臀叶最大，第 4 臀叶稍现。第 4 臀叶以上无臀栉。厚皮棍 5 对。背腺管有中腺管 1 个，每侧排成 3 个比较定形的组，其中第 1 组稍短。阴门前有 3 个表皮结，2 个横列在前，后面 1 个呈倒 "U" 字形。阴门侧褶常硬化，围阴腺孔无。

　　分布：浙江、辽宁、河北、山西、山东、河南、陕西、江苏、湖北、湖南、福建、台湾、广东、香港、广西、四川、贵州、云南；世界广布。

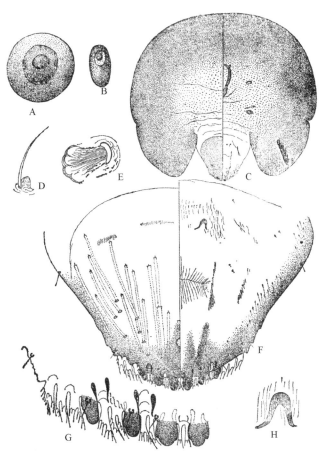

图 8-74　橘红肾圆盾蚧 *Aonidiella aurantii* (Maskell, 1879)（仿周尧，1986）

A. 雌介壳；B. 雄介壳；C. 雌虫体；D. 触角；E. 前气门；F. 臀板；G. 臀板末端；H. 倒 "U" 形表皮结

（686）橘黄肾圆盾蚧 *Aonidiella citrina* (Coquillett, 1891)（图 8-75）

Aspidiotus citrinus Coquillett, 1891: 29.

Aonidiella citrina: Nel, 1933: 417.

　　主要特征：触角具 1 刚毛。气门无盘状腺孔。臀前腹节无腺管分布。臀板有 3 对发达的臀叶，几乎同大，第 4 臀叶常很硬化。第 4 臀叶以上无臀栉。厚皮棍 5 对。背腺管按臀叶间沟排成纵列，其中中纵列之腺管大小、长度与其他二列者相同。阴门前有 1 个倒 "V" 字形表皮结，阴侧褶常不太硬化。围阴腺孔无。

　　分布：浙江、河北、河南、青海、江苏、湖北、江西、湖南、福建、台湾、广东、香港、广西、四川、云南、西藏；世界广布。

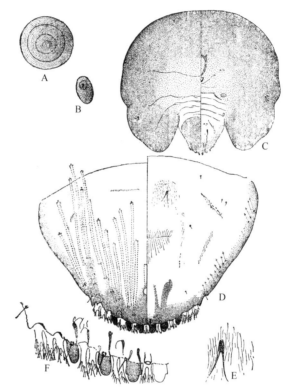

图 8-75　橘黄肾圆盾蚧 *Aonidiella citrina* (Coquillett, 1891)（仿周尧，1986）
A. 雌介壳；B. 雄介壳；C. 雌虫体；D. 臀板；E. 臀板倒 "V" 形加厚；F. 臀板末端

（687）棕肾圆盾蚧 *Aonidiella sotetsu* (Takahashi, 1933)（图 8-76）

Chrysomphalus sotetsu Takahashi, 1933a: 57.

Aonidiella sotetsu: McKenzie, 1938: 13.

　　主要特征：体不呈明显肾脏形；前体区域骨化。臀叶 3 对，中臀叶微微大于侧臀叶；第 4 臀叶呈现为 1 小的骨化突。第 4 臀叶侧面无臀栉；臀板背面的腺管排列为 3 列，第 1 列比其他两列短，粗；臀前腹节背腺管短，只 1–2 个，分布在边缘。厚皮棍小，但是明显发达。肛门圆形，小，近中臀叶基部末端；阴门位于臀板中央位置。围阴腺孔无，围阴脊起骨化。

　　分布：浙江、河南、上海、台湾、广西、云南；日本，泰国。

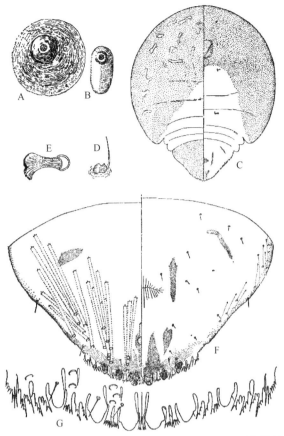

图 8-76　棕肾圆盾蚧 Aonidiella sotetsu (Takahashi, 1933)（仿周尧，1986）

A. 雌介壳；B. 雄介壳；C. 雌虫体；D. 触角；E. 前气门；F. 臀板；G. 臀板末端

367. 圆盾蚧属 *Aspidiotus* Bouché, 1833

Aspidiotus Bouché, 1833: 52. Type species: *Aspidiotus nerii* Bouché, 1833.

主要特征：体略呈阔梨形，皮肤除臀板外均为膜质。触角只有 1 毛。胸瘤通常无或不显。臀板有 3 对臀叶，中臀叶大，不轭连，第 2、3 臀叶较小，不分瓣。臀栉粗壮，刺状，有时分叉或二分叉，分布在臀叶间。无厚皮棍及厚皮锤。腺管单栓式，分布于臀板。腹面的小腺管有或无。肛门大，位于臀板近端部 1/3 或 1/4 处。围阴腺孔有 4–5 群。臀板背面皮肤常有加厚的表皮结。

分布：世界广布。世界已知 99 种，中国记录 15 种，浙江分布 3 种。

分种检索表

1. 背腺管短 ··圆盾蚧 *A. nerii*
- 背腺管长 ·· 2
2. 臀栉与臀叶一样长或稍长 ···柳杉圆盾蚧 *A. cryptomeriae*
- 臀栉明显长于臀叶 ··椰圆盾蚧 *A. destructor*

（688）柳杉圆盾蚧 *Aspidiotus cryptomeriae* Kuwana, 1902（图 8-77）

Aspidiotus cryptomeriae Kuwana, 1902: 69.

主要特征：体卵形。触角瘤有 1 刚毛。臀板有 3 对发达的臀叶：中臀叶端圆，内外侧有亚端缺刻，其间距稍狭于中臀叶的宽度；第 2 臀叶端平圆，外侧有明显的缺刻；第 3 臀叶略小。臀栉分布在中臀叶间 2 个，中臀叶与第 2 臀叶间 2 个，第 2 与第 3 臀叶间 3 个，第 3 臀叶以外有 6–8 个，臀栉与臀叶一样长或稍长。背大腺管长，在中臀叶与第 2 臀叶间每侧 1 个；第 2 臀叶与第 3 臀叶间 2 个，第 3 臀叶以外 6–7 个。肛门大，位于臀板的端部。阴门在近臀板基部 1/3 处。围阴腺 5 群：1–7/7–14/4–15。

分布：浙江、山东、福建、台湾、云南；俄罗斯，韩国，日本，美国。

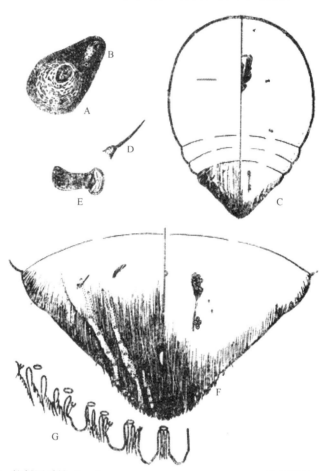

图 8-77　柳杉圆盾蚧 *Aspidiotus cryptomeriae* Kuwana, 1902（仿汤祊德，1986）
A. 雌介壳；B. 雄介壳；C. 雌虫体；D. 触角；E. 前气门；F. 臀板；G. 臀板末端

（689）椰圆盾蚧 *Aspidiotus destructor* Signoret, 1869（图 8-78）

Aspidiotus destructor Signoret, 1869a: 851.

Aspidiotus destructor: Williams & Watson, 1988: 53.

　　主要特征：体梨形。触角瘤有 1 刚毛。臀板有 3 对发达的臀叶：中臀叶小，相距约 1 个臀叶的宽度；第 2 臀叶长而有时宽于中臀叶；第 3 臀叶与第 2 臀叶相似但较小。臀栉均分叉，在中臀叶间、中臀叶与第 2 臀叶间、第 2 臀叶与第 3 臀叶间各有臀栉 2、2、3 个，第 3 臀叶外侧有 7–8 个，臀栉明显长于臀叶。背腺管长但数少，位于第 5–7 腹节的亚缘。肛门相对很大，位于阴门与臀板末端之间。围阴腺孔 4 群：5–14/4–9，中群偶或具有 1–3 个腺孔。

　　分布：浙江、山东、河南、江苏、湖北、江西、湖南、福建、台湾、广东、香港、广西、四川、贵州；世界广布。

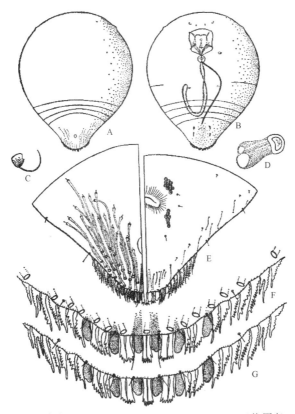

图 8-78　椰圆盾蚧 *Aspidiotus destructor* Signoret, 1869（仿周尧，1986）

A. 雌虫体背面；B. 雌虫体腹面；C. 触角；D. 前气门；E. 臀板背面和腹面；F. 臀板末端背面；G. 臀板末端腹面

（690）圆盾蚧 *Aspidiotus nerii* Bouché, 1833（图 8-79）

Aspidiotus nerii Bouché, 1833: 52.

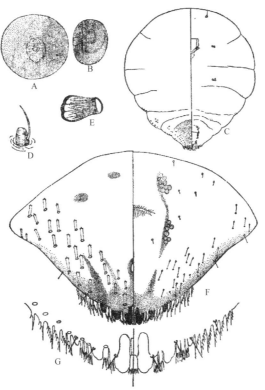

图 8-79　圆盾蚧 *Aspidiotus nerii* Bouché, 1833（仿周尧，1986）

A. 雌介壳；B. 雄介壳；C. 雌虫体；D. 触角；E. 前气门；F. 臀板；G. 臀板末端

主要特征：体倒卵形或梨形。臀板上有 3 对臀叶：中臀叶最大，每侧各有 1 缺刻，有向内延伸的骨片；第 2 臀叶比中臀叶窄，外侧有 1 个缺刻，第 3 臀叶不发达，外侧有 1 缺刻。在中臀叶间、中臀叶与第 2 臀叶间、第 2 臀叶与第 3 臀叶间各有臀栉 2、2、3 个，第 3 臀叶外侧有 6–7 个。背腺管短而多，分布于亚缘区，延伸至第 2 腹节。臀板背面有 4 块背疤。肛门开口于臀板背面的正中央。阴门在腹面近 1/3 处，围阴腺孔 4 群：5–9/5–13。

分布：浙江、山西、山东、河南、陕西、甘肃、上海、江西、台湾、香港、广西、云南；世界广布。

368. 白轮蚧属 *Aulacaspis* Cockerell, 1893

Aulacaspis Cockerell, 1893e: 180. Type species: *Aspidiotus rosae* Bouché, 1833.

Semichionaspis Tang, 1986: 170. Type species: *Chionaspis schizosoma* Takagi, 1970.

主要特征：体前体段膨大，前体瘤明显，后胸及腹部窄。皮肤膜质或硬化。触角有 1 刚毛。前气门有盘状腺孔，后气门上有盘状腺孔或无。第 2 与第 3 腹节侧瓣上有小背腺管。臀板有 3 对臀叶：中臀叶基部轭连或不轭连，内陷入臀板或平行；第 2 与第 3 臀叶双分。腺管双栓式，排成亚缘群和亚中群。边缘腺管一般每侧 7 个，斜口式，第 4–6 腹节每侧各有 1 对，第 7 腹节上 1 个，中臀叶间没有。腺刺发达，除在臀板上外还分布到臀前腹节的侧瓣。肛门在臀板中央。围阴腺孔 5 群。

分布：世界广布。世界已知 151 种，中国记录 59 种，浙江分布 9 种。

分种检索表

1. 第 1 腹节有背腺管分布 ·· 2
- 第 1 腹节无背腺管分布 ·· 3
2. 背腺管在第 1 腹节有亚中群和亚缘群 ······················· 荻白轮蚧 *A. divergens*
- 背腺管在第 1 腹节仅有亚中群 ······························· 牛奶子白轮蚧 *A. crawii*
3. 第 2 腹节有背腺管分布 ·· 4
- 第 2 腹节无背腺管分布 ·· 7
4. 背腺管在第 2 腹节仅有亚中群 ··· 5
- 背腺管在第 2 腹节有亚中群和亚缘群 ··· 6
5. 边缘大腺管有 9 对 ··· 月季白轮蚧 *A. rosarum*
- 边缘腺管有 7 对 ··· 乌桕白轮蚧 *A. mischocarpi*
6. 背腺管亚缘群分成不规则的 2 列或多列 ··················· 胡颓子白轮蚧 *A. difficilis*
- 背腺管亚缘群 1 列 ··· 菝葜白轮蚧 *A. spinosa*
7. 喙侧片明显，外侧各有 1 瘤状物 ······························· 杧果白轮蚧 *A. tubercularis*
- 喙侧片不显或无 ··· 8
8. 中臀叶内缘强度倾斜 ·· 樟白轮蚧 *A. yabunikkei*
- 中臀叶内缘基半部平行，端半部倾斜 ····················· 玫瑰白轮蚧 *A. rosae*

（691）牛奶子白轮蚧 *Aulacaspis crawii* (Cockerell, 1898)（图 8-80）

Diaspis crawii Cockerell, 1898: 190.

Aulacaspis crawii: Cockerell, 1902d: 59.

主要特征：前体段阔，后体部明显较窄。皮肤除臀板外膜质。触角瘤有 1 根细毛。前气门有 16–20 个盘状腺孔，后气门有 7–8 个。腺刺在臀板上单个排列，并分布至第 2 腹节。背腺管分为亚中、亚缘群，亚中群分布在第 1–6 腹节上，第 1–4 腹节上呈 2 列；亚缘群分布在第 2–5 腹节上。中臀叶端圆，基部轭连，边缘锯齿。第 2 臀叶和第 3 臀叶的内分叶比外分叶稍阔。臀板有 7 对边缘腺管。肛门位于臀板基部。阴门在肛门下方。围阴腺孔 5 群：16–22/23–43/24–35。

分布：浙江、内蒙古、天津、山西、山东、河南、江苏、江西、湖南、福建、台湾、广东、海南、香港、广西、四川、贵州、云南、西藏；世界广布。

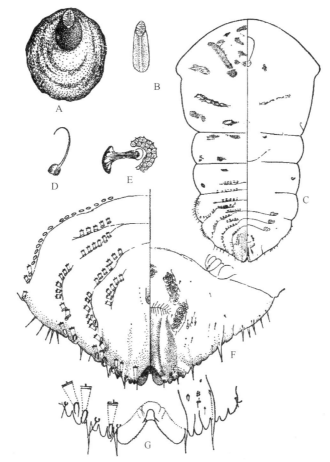

图 8-80　牛奶子白轮蚧 *Aulacaspis crawii* (Cockerell, 1898)（仿周尧，1986）
A. 雌介壳；B. 雄介壳；C. 雌虫体；D. 触角；E. 前气门；F. 臀板；G. 臀板末端

（692）胡颓子白轮蚧 *Aulacaspis difficilis* (Cockerell, 1896)（图 8-81）

Chionaspis difficilis Cockerell, 1896b: 21.

Aulacaspis difficilis: Takahashi & Tachikawa, 1956: 9.

主要特征：前体段阔圆，臀板三角形。触角有 1 毛。前气门约有 40 个盘状腺孔，后气门约有 30 个。腺刺在中臀叶与第 2 臀叶间 1 个，第 2、3 臀叶间 2–3 个，第 3 臀叶外 3–4 个，并向前分布至第 2 腹节。侧管腺分布在第 2–3 腹节。背管腺在第 2–5 腹节上分成亚中和亚缘群，在第 2–4 腹节上亚中群排成前后 2 列，亚缘群排成不规则的 2 列或多列，第 6 腹节仅有亚中群。臀板有 3 对臀叶，中臀叶轭连，内缘基半平行，端半向外倾斜。臀板有 7 对边缘大腺管。肛门位于臀板前端 1/3 处。阴门和肛门重叠；围阴腺孔 5 群：11–37/21–45/19–43。

分布：浙江、山西、甘肃、台湾；韩国，日本。

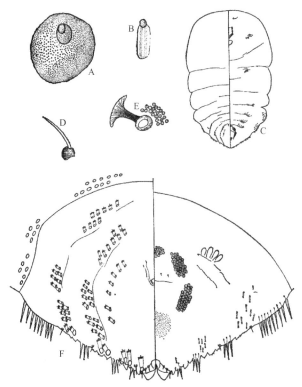

图 8-81　胡颓子白轮蚧 *Aulacaspis difficilis* (Cockerell, 1896)（仿周尧，1986）
A. 雌介壳；B. 雄介壳；C. 雌虫体；D. 触角；E. 前气门；F. 臀板

（693）荻白轮蚧 *Aulacaspis divergens* Takahashi, 1935 （图 8-82）

Aulacaspis kuzunoi divergens Takahashi, 1935b: 10.

Aulacaspis divergens Scott, 1952: 35.

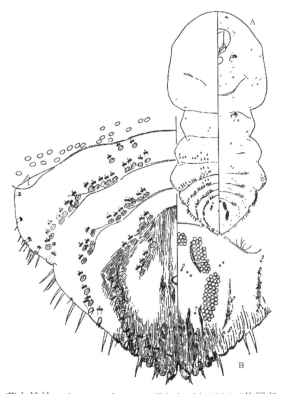

图 8-82　荻白轮蚧 *Aulacaspis divergens* Takahashi, 1935（仿周尧，1986）
A. 雌虫体；B. 臀板

　　主要特征： 前体段阔圆，后胸剧烈缩小，臀板近三角形。前气门有盘状腺孔，后气门少。腺刺发达，第 2、3 腹节呈腺刺或腺瘤，第 4 腹节每侧 5–11 个，第 5 腹节 2–5 个，以后每节每侧 1 对，一长一短。侧腺管分布在第 2–3 腹节。背腺管在第 1–5 腹节分为亚中群和亚缘群，第 1、2 腹节上排列不整齐，第 3 腹节亚中区排成 2 列；第 6 腹节仅有亚中群。中臀叶几乎全部突出，方形，内缘斜向外，基部轭连。第 2、3 臀叶均发达。围阴腺孔 5 群：12–31/21–53/27–61。

　　分布： 浙江、福建、台湾、海南、香港、云南。

（694）乌桕白轮蚧 *Aulacaspis mischocarpi* (Cockerell *et* Robinson, 1914)（图 8-83）

Phenacaspis mischocarpi Cockerell *et* Robinson, 1914: 328.

Aulacaspis mischocarpi: Scott, 1952: 38.

　　主要特征： 体长，前体段膨大，头瘤明显。前气门有 10–18 个盘状腺孔，后气门约有 6 个。第 2 和 3 腹节侧缘有小腺管。腺刺在臀板上单个排列，并分布至第 2 腹节。背腺管分为亚中、亚缘群，亚中群分布在第 2–6 腹节上，第 2–4 腹节上呈 2 列；亚缘群分布在第 3–5 腹节上。臀板有 4 对臀叶：中臀叶细长，基部轭连；第 2、3 臀叶均端圆，第 4 臀叶呈齿状突。臀板有 7 对边缘大腺管。肛门位于臀板中央。阴门在肛门上方。围阴腺孔 5 群：8–10/20–23/19–25。

　　分布： 浙江、北京、河南、宁夏、安徽、福建、广东、香港、广西、四川、云南；菲律宾，新西兰。

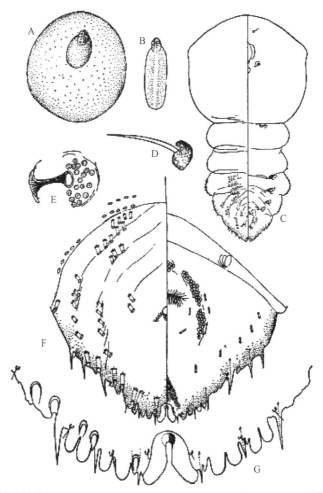

图 8-83　乌桕白轮蚧 *Aulacaspis mischocarpi* (Cockerell *et* Robinson, 1914)（仿周尧，1986）

A. 雌介壳；B. 雄介壳；C. 雌虫体；D. 触角；E. 前气门；F. 臀板；G. 臀板末端

（695）玫瑰白轮蚧 *Aulacaspis rosae* (Bouché, 1833)（图 8-84）

Aspidiotus rosae Bouché, 1833: 53.

Aulacaspis rosae: Cockerell, 1896c: 259.

　　主要特征：前体段阔，粗壮，后胸和臀前腹节稍狭。喙侧片无。前气门约有 20 个盘状腺孔，后气门有 6–7 个。腺刺在臀板上单个排列，并分布至第 2 腹节。背腺管分为亚中、亚缘群，亚中群分布在第 3–6 腹节上，亚缘群分布在第 3–5 腹节上。中臀叶内陷入臀板，基部轭连，内缘基半部平行，端半部倾斜。第 2、3 臀叶均端圆。臀板有 7 对边缘背大腺管。腹面小腺管少，在第 2、3 臀叶前各 2–3 个。肛门位于臀板近中央。阴门和肛门相重叠。围阴腺孔 5 群：13–20/18–29/25–38。

　　分布：浙江、内蒙古、河北、山西、河南、陕西、江苏、江西、湖南、福建、台湾、广东、四川、西藏；世界广布。

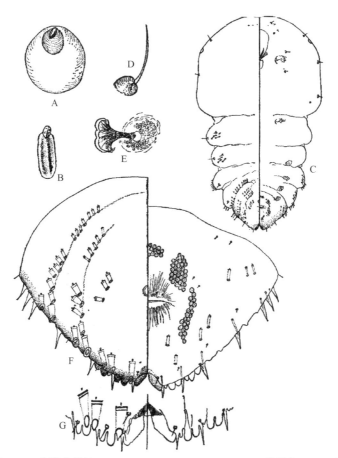

图 8-84　玫瑰白轮蚧 *Aulacaspis rosae* (Bouché, 1833)（仿周尧，1986）
A. 雌介壳；B. 雄介壳；C. 雌虫体；D. 触角；E. 前气门；F. 臀板；G. 臀板末端

（696）月季白轮蚧 *Aulacaspis rosarum* Borchsenius, 1958（图 8-85）

Aulacaspis rosarum Borchsenius, 1958b: 165.

　　主要特征：前体段阔。前气门约有 20 个盘状腺孔，后气门有 5–6 个。腺刺在臀板上单个排列，并分布至第 2 腹节。背腺管分为亚中、亚缘群，亚中群分布在第 2–6 腹节上，第 2–4 腹节上呈 2 列；亚缘群分布在第 3–5 腹节上。中臀叶内陷入臀板，基部轭连，内缘锯齿状；第 2、3 臀叶均端圆。臀板有 9 对边缘大腺管，其中 2 对在臀板基角处。肛门位于臀板近基部。阴门位于近臀板中央。围阴腺孔 5 群：12–24/30–50/25–40。

　　分布：浙江、内蒙古、北京、山东、江苏、江西、湖南、福建、广东、广西、四川、云南；世界广布。

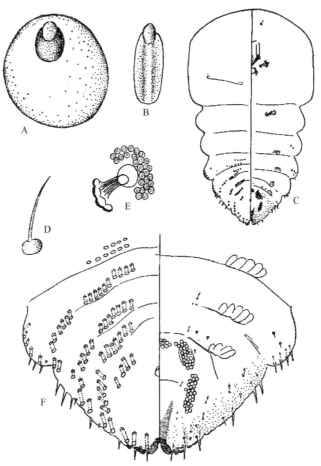

图 8-85　月季白轮蚧 *Aulacaspis rosarum* Borchsenius, 1958（仿周尧，1986）
A. 雌介壳；B. 雄介壳；C. 雌虫体；D. 触角；E. 前气门；F. 臀板

（697）菝葜白轮蚧 *Aulacaspis spinosa* (Maskell, 1897)（图 8-86）

Diaspis rosae spinosa Maskell, 1897a: 241.

Aulacaspis spinosa: Kuwana, 1926: 24.

　　主要特征：体粗壮，前体段阔。前气门约有 40 个盘状腺孔，后气门有 15–18 个。腺刺在臀板上单个排列，并分布至第 2 腹节。背腺管分为亚中、亚缘群，亚中群分布在第 2–6 腹节上，第 2–4 腹节上呈 2 列；亚缘群分布在第 2–5 腹节上。臀板有 3 对臀叶：中臀叶小，一半内陷入臀板，基部轭连；第 2、3 臀叶均端圆。臀板有 7 对边缘背大腺管。肛门位于臀板中央。阴门位置和肛门重叠。围阴腺孔 5 群：10–22/16–35/20–35。

　　分布：浙江、江苏、上海、台湾、广东、四川；韩国，日本。

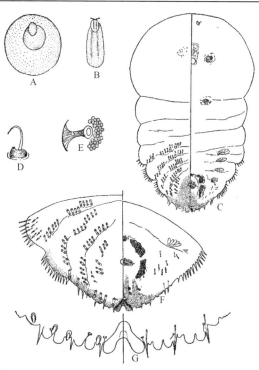

图 8-86　菝葜白轮蚧 *Aulacaspis spinosa* (Maskell, 1897)（仿周尧，1986）

A. 雌介壳；B. 雄介壳；C. 雌虫体；D. 触角；E. 前气门；F. 臀板；G. 臀板末端

（698）杧果白轮蚧 *Aulacaspis tubercularis* Newstead, 1906（图 8-87）

Aulacaspis (Diaspis) tubercularis Newstead, 1906: 73.

Aulacaspis tubercularis: Sanders 1909: 49.

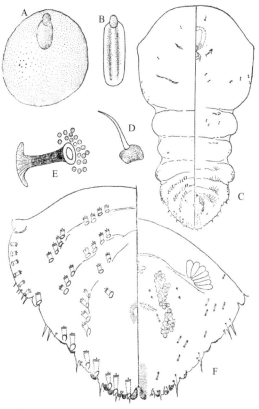

图 8-87　杧果白轮蚧 *Aulacaspis tubercularis* Newstead, 1906（仿周尧，1986）

A. 雌介壳；B. 雄介壳；C. 雌虫体；D. 触角；E. 前气门；F. 臀板

主要特征：体长形，前体段膨大，后体段突然收缩，狭长。喙侧片发达，两侧有瘤状突起，前气门有 10–30 个盘状腺孔，后气门有 3–8 个。腺刺在臀板上单个排列，并分布至第 2 腹节。背腺管数量不一，分为亚中、亚缘群，亚中群分布在第 3–6 腹节上，第 6 腹节有时无；亚缘群分布在第 3–5 腹节上。臀板有 3 对臀叶：中臀叶长，内陷入臀板，基部轭连或不轭连；第 2、3 臀叶均平圆。臀板有 7 对边缘大腺管。肛门位于臀板近中央。阴门和肛门相重叠。围阴腺孔 5 群：10–16/16–38/18–35。

分布：浙江、台湾、广东、海南、香港、四川、贵州；世界广布。

（699）樟白轮蚧 *Aulacaspis yabunikkei* Kuwana, 1926（图 8-88）

Aulacaspis yabunikkei Kuwana, 1926: 32.

主要特征：前体段阔。前气门有 10–25 个盘状腺孔，后气门有 3–6 个。第 2 和 3 腹节侧缘有小腺管。腺刺在臀板上单个排列，并分布至第 2 腹节。背腺管分为亚中、亚缘群，亚中群分布在第 3–6 腹节上，第 3–4 腹节上有时呈 2 列；亚缘群分布在第 3–5 腹节上。臀板有 4 对臀叶：中臀叶细长，基部轭连，内缘强度倾斜；第 2、3 臀叶均端圆，第 4 臀叶呈齿状突。臀板有 7 对边缘大腺管。肛门位于臀板基部。阴门和肛门相重叠。围阴腺孔 5 群：8–11/15–31/13–28。

分布：浙江、江苏、江西、湖南、台湾、广东、香港、广西、四川、云南；韩国，日本，印度尼西亚。

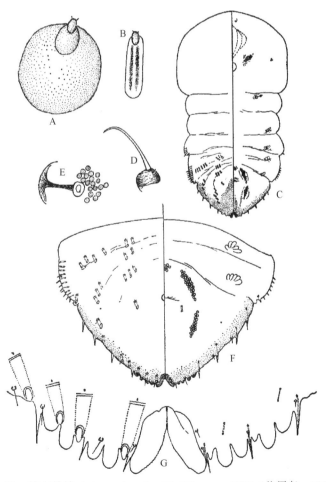

图 8-88　樟白轮蚧 *Aulacaspis yabunikkei* Kuwana, 1926（仿周尧，1986）
A. 雌介壳；B. 雄介壳；C. 雌虫体；D. 触角；E. 前气门；F. 臀板；G. 臀板末端

369. 稞盾蚧属 *Chortinaspis* Ferris, 1938

Chortinaspis Ferris, 1938: SII-194. Type species: *Aspidiotus chortinus* Ferris, 1921.

主要特征：体梨形，前体段骨化，第 2–4 腹节边缘通常突出。臀板一般有 2–3 对发达的臀叶：中臀叶不轭连，第 2 臀叶不分瓣；第 3、4 臀叶小、退化或无。无厚皮棍或厚皮锤。中臀栉有或无；侧臀栉通常有，彼此孤立而形状相似，狭长，刺状或有齿；外臀栉有或无，如有则形状和侧臀栉相同。臀板 4 节上都有背腺管，排成纵列，管为狭长的圆柱形，管口椭圆形。腹面通常有小腺管，腺管均单栓式。肛门大，直径和中臀叶宽度相似或稍小，位于臀板中央以后。围阴腺孔无。

分布：世界广布。世界已知 16 种，中国记录 3 种，浙江分布 2 种。

（700）双叶稞圆盾蚧 *Chortinaspis bilobis* (Maskell, 1898)（图 8-89）

Aspidiotus bilobis Maskell, 1898: 225.

Chortinaspis bilobis: Williams, 2011: 68.

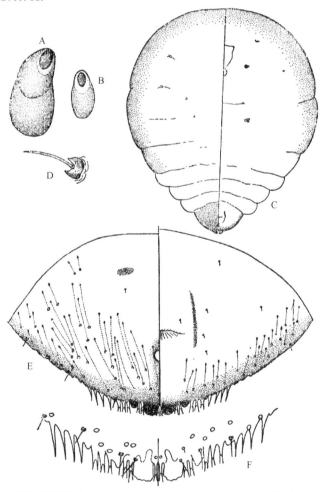

图 8-89　双叶稞圆盾蚧 *Chortinaspis bilobis* (Maskell, 1898)（仿周尧，1986）
A. 雌介壳；B. 雄介壳；C. 雌虫体；D. 触角；E. 臀板；F. 臀板末端

主要特征：触角瘤状，有 1 根长毛。气门无盘状腺孔。沿腹节侧缘有很少腺管分布。臀板有 2 对发达的臀叶：中臀叶大，端平圆；第 2 臀叶较小；第 3 臀叶退化成小的三角形齿状突。每两臀叶间有 2 端齿式的臀栉，和臀叶一样长；第 3 臀叶外有 5–6 个刺状的臀栉，很小。无厚皮棍或厚皮锤。背腺管小，中等长，每侧约 30 个，不规则分布在臀板的边缘及亚缘。肛门位于臀板近端部 1/4 处。围阴腺孔无，有明显的围阴脊起。

分布：浙江、上海、台湾、香港。

（701）天目稞圆盾蚧 *Chortinaspis tianmuensis* Wei *et* Feng, 2011（图 8-90）

Chortinaspis tianmuensis Wei *et* Feng, 2011: 166.

    主要特征：触角具 1 毛。气门无盘状腺孔。臀板有 3 对发达的臀叶，中臀叶大，门牙状，端圆；第 2 臀叶短于中臀叶；第 3 臀叶三角形，边缘无缺刻。臀栉发达，中臀叶间 2 个，比中臀叶长，端部分叉；中臀叶和第 2 臀叶间 2 个，顶端分叉；第 2 臀叶和第 3 臀叶间 3 个；第 3 臀叶外侧有 5–6 个细长的臀栉，顶端微微分叉。背腺管细长，每侧约有 70 个。腹腺管比背腺管更细。肛门位于臀板的端部；阴门位于臀板近基部 1/3 处。围阴腺孔无。

    分布：浙江（临安）。

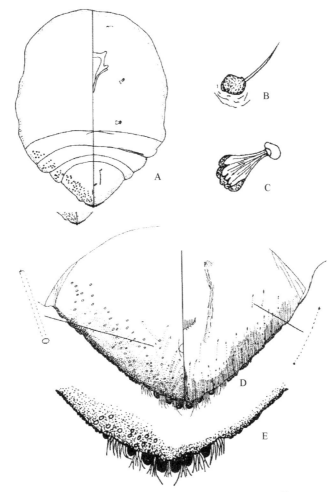

图 8-90 天目稞圆盾蚧 *Chortinaspis tianmuensis* Wei *et* Feng, 2011（仿 Wei and Feng, 2011）
A. 雌虫体；B. 触角；C. 前气门；D. 臀板；E. 臀板末端

370. 金顶盾蚧属 *Chrysomphalus* Ashmead, 1880

Chrysomphalus Ashmead, 1880: 267. Type species: *Chrysomphalus ficus* Ashmead, 1880.

主要特征：体阔卵形或梨形。臀板有 3 对发达的臀叶。中臀叶不轭连；第 2、第 3 臀叶不分瓣；第 4 臀叶无或呈齿状突。中臀栉与侧臀栉发达，端部有细齿，第 3 臀叶以外有 3 对外臀栉。臀板有 5–7 对厚皮棒。背腺管单栓式，分布在臀板上 3 个纵的节间沟上。肛门直径等于或小于中臀叶的宽度，位于臀板近端部。围阴腺孔有或无，如有则分为 4 群或 5 群。

分布：世界广布。世界已知 17 种，中国记录 5 种，浙江分布 3 种。

分种检索表

1. 臀前腹节无亚缘腺管群 ···橙圆金顶盾蚧 *C. dictyospermi*
- 臀前腹节有亚缘腺管群 ·· 2
2. 臀前腹节第 2、第 3 节上各有 1 亚缘腺管群 ·······························拟褐圆金顶盾蚧 *C. bifasciculatus*
- 臀前腹节只第 2 节上有 1 亚缘腺管群 ·······································褐圆金顶盾蚧 *C. aonidum*

（702）褐圆金顶盾蚧 *Chrysomphalus aonidum* (Linnaeus, 1758)（图 8-91）

Coccus aonidum Linnaeus, 1758: 455.

Chrysomphalus aonidum: McKenzie, 1939: 53.

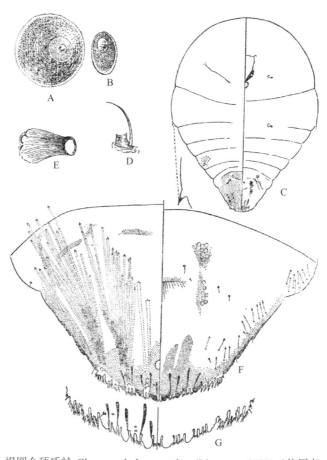

图 8-91　褐圆金顶盾蚧 *Chrysomphalus aonidum* (Linnaeus, 1758)（仿周尧，1986）
A. 雌介壳；B. 雄介壳；C. 雌虫体；D. 触角；E. 前气门；F. 臀板；G. 臀板末端

主要特征：体阔梨形。后胸后侧角有 1 尖锐的距。第 2 腹节侧角有 6–19 个亚缘群背腺管，第 3 腹节仅有 1 个。臀板有 3 对发达的臀叶，第 4 臀叶呈齿状突。臀栉在中臀叶间 1 对，中臀叶与第 2 臀叶间 1 对，第 2 与第 3 臀叶间 3 个，第 3 与第 4 臀叶间 3 个（端部刷状和形似解剖刀的分枝）。臀板每侧有 6 个厚皮棍。

臀板每侧有 22–33 个背腺管，分布在各臀叶节间沟上。腹面的亚缘有少数小腺管。肛门小，位于近臀板末端。围阴腺孔 4 群：4–8/3–5。

分布：浙江、北京、河北、山东、河南、江苏、江西、湖南、福建、台湾、广东、广西、四川、贵州；世界广布。

（703）拟褐圆金顶盾蚧 *Chrysomphalus bifasciculatus* Ferris, 1938（图 8-92）

Chrysomphalus bifasciculatus Ferris, 1938: 199.

主要特征：体阔梨形。中胸侧缘有 1 小形骨化的距。后胸和第 1 腹节有 4–5 个边缘背腺管；第 2–3 腹节上各有一群亚缘腺管群，约 10 个。臀板有 3 对发达的臀叶，第 4 臀叶呈齿状突。臀栉在中臀叶间 1 对，和中臀叶一样长，端部 2 次二分叉；中臀叶与第 2 臀叶间 1 对，长过第 2 臀叶，端部 3 次二分叉；第 2 与第 3 臀叶间 3 个，长过臀叶，端部参差 4–6 分叉；第 3 臀叶外 3 个，二叉，其外缘都有短的锐齿。臀板每侧有 8 个厚皮棍和有 23–48 个背腺管。肛门位于臀板近末端 1/5 处。围阴腺孔 4 群：2–7/3–5。

分布：浙江、河南、江苏、江西、台湾、广西；蒙古，韩国，日本，孟加拉国，越南，乌克兰，墨西哥，哥斯达黎加，美国。

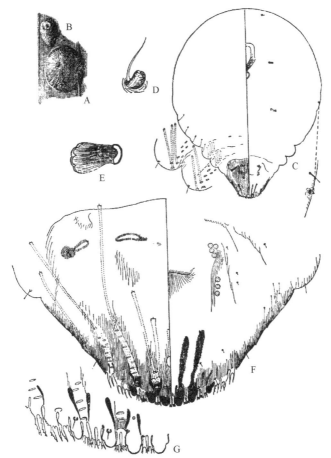

图 8-92　拟褐圆金顶盾蚧 *Chrysomphalus bifasciculatus* Ferris, 1938（仿 Gill，1997）
A. 雌介壳；B. 雄介壳；C. 雌虫体；D. 触角；E. 前气门；F. 臀板；G. 臀板末端

（704）橙圆金顶盾蚧 *Chrysomphalus dictyospermi* (Morgan, 1889)（图 8-93）

Aspidiotus dictyospermi Morgan, 1889: 352.

Chrysomphalus dictyospermi: Ferris, 1938: 200.

　　主要特征：体阔梨形。后胸和臀前腹节各有 2 个背腺管，无亚缘腺管群。臀板有 3 对发达的臀叶。中臀叶间和中臀叶与第 2 臀叶间各有 1 对端齿式的臀栉，和臀叶一样长；第 2、第 3 臀叶间有 3 臀叶，端部斜，有细齿；第 3 臀叶外有 3 个阔的臀栉，前 2 个内侧角尖出，中间伸出 1 解剖刀状的分枝，分枝和臀栉本身的外缘均锯状；最末 1 个臀栉二分叉，每叉的外侧锯齿状。厚皮棍每侧 5 个和 9–11 个背腺管。腹面有少数小腺管，分布在臀板侧缘。肛门位于臀板近后端 1/5 处。围阴腺孔 4 群：3–4/1–3。

　　分布：浙江、山西、山东、河南、上海、湖北、江西、湖南、福建、台湾、广西、四川、云南；世界广布。

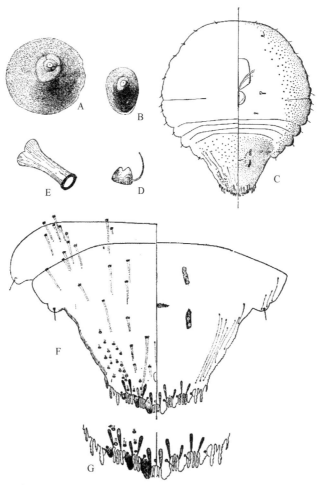

　　图 8-93　橙圆金顶盾蚧 *Chrysomphalus dictyospermi* (Morgan, 1889)（仿周尧，1986）
A. 雌介壳；B. 雄介壳；C. 雌虫体；D. 触角；E. 前气门；F. 臀板；G. 臀板末端

371. 笠盾蚧属 *Comstockaspis* MacGillivray, 1921

Comstockaspis MacGillivray, 1921: 391. Type species: *Quadraspidiotus perniciosus* Comstock, 1881.

　　主要特征：体梨形。臀板有 2 对发达的臀叶。中臀栉有或无，侧臀栉存在或无。臀栉比臀叶稍长或等长。厚皮棍发达，在第 7、8 与 6、7 节之间形成腺孔沟的两边。肛门位于臀板近端部的 1/3 或 1/4 处。背腺管多，在臀板一定区域排列成斜的行列；在第 5 节与臀前节上有或没有。肛门小，开口小于中臀叶，位于近臀板末端，距离后缘超过其直径的 4 倍。围阴腺孔有或无。臀板及臀前节腹面通常有微小的腺管。

分布：世界广布。世界已知 2 种，中国记录 1 种，浙江分布 1 种。

（705）梨笠盾蚧 *Comstockaspis perniciosa* (Comstock, 1881)（图 8-94）

Aspidiotus perniciosus Comstock, 1881: 304.

Comstockaspis perniciosa: Normark, Morse, Krewinski & Okusu, 2014: 45.

主要特征：触角瘤状，有 1 根刚毛。气门无盘状腺孔。臀板有 2 对发达的臀叶：中臀叶大，端圆而外侧有 1 明显的缺刻；第 2 臀叶小，端狭圆而外侧有缺刻；第 3 臀叶退化为齿状突。臀栉分布如下：中臀叶间 1 对；中臀叶与第 2 臀叶间有 2 对；第 2 和第 3 臀叶间有 3 对；第 3 臀叶以外有臀栉 3–4 对。臀板有 5 条背疤和 5 对厚皮锤。臀板每侧有 15–21 个背腺管。近臀板基角有较短的腺管 4–5 个。肛门位于臀板近末端 1/6 处。围阴腺孔无。有明显的围阴脊起。

分布：浙江、黑龙江、吉林、辽宁、内蒙古、河北、山东、河南、陕西、新疆、江苏、安徽、湖北、江西、广东、四川；世界广布。

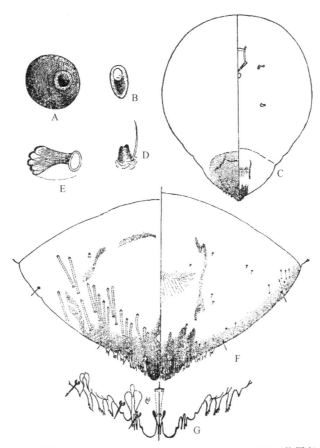

图 8-94　梨笠盾蚧 *Comstockaspis perniciosa* (Comstock, 1881)（仿周尧，1986）
A. 雌介壳；B. 雄介壳；C. 雌虫体；D. 触角；E. 前气门；F. 臀板；G. 臀板末端

372. 灰圆盾蚧属 *Diaspidiotus* Berlese, 1896

Aspidiotus (*Diaspidiotus*) Berlese *in* Berlese & Leonardi, 1896: 350. Type species: *Aspidiotus patavinus* Berlese *in* Berlese & Leonardi, 1896: 350.

Diaspidiotus MacGillivray, 1921: 388. Type species: *Aspidiotus patavinus* Berlese *in* Berlese & Leonardi, 1896: 350.

主要特征：体倒梨形，体前端多骨化，有些种类膜质。臀板有 1–3 对臀叶，节间骨化棒发达，形状多变。臀栉小至微小，比臀叶短或者等长，仅存于中臀叶和第 2 臀叶间，有些种类第 3 臀叶外也有。肛后沟发达，背腺粗长，在臀板背面排成定列，形成腺沟。肛门小，开口小于中臀叶，位于近臀板末端，距离后缘超过其直径的 4 倍。围阴腺孔有或无。

分布：世界广布。世界已知 91 种，中国记录 13 种，浙江分布 1 种。

（706）山茶灰圆盾蚧 *Diaspidiotus degeneratus* (Leonardi, 1896)（图 8-95）

Chrysomphalus degeneratus Leonardi *in* Berlese & Leonardi, 1896: 345.

Diaspidiotus degeneratus: Smith-Pardo, Evans & Dooley, 2012: 19.

主要特征：体倒梨形。触角瘤有 1 刚毛。气门无盘状腺孔。臀前腹节亚缘有背腺管。臀板有 3 对臀叶，形状相似，每侧各有 1 缺刻，末端圆形，中臀叶最大，第 2 臀叶较小，第 3 臀叶更小，有时呈 1 三角形的突出。每个臀叶的基内角和基外角各有 1 小的厚皮棍。臀栉在中臀叶间 2 个，在中臀叶与第 2 臀叶间 2 个，在第 2 与第 3 臀叶间 3 个，在第 3 臀叶外 3–4 个。背腺管在臀板上排成 4 纵列。肛门接近臀板末端。阴门位于臀板中央。围阴腺孔 4 群：2–3/3–4。

分布：浙江、江苏；朝鲜，韩国，日本，格鲁吉亚，希腊，意大利，葡萄牙，美国。

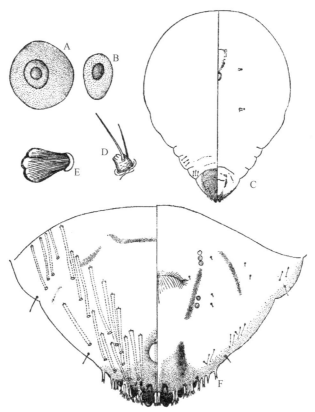

图 8-95　山茶灰圆盾蚧 *Diaspidiotus degeneratus* (Leonardi, 1896)（仿周尧，1986）
A. 雌介壳；B. 雄介壳；C. 雌虫体；D. 触角；E. 前气门；F. 臀板

373. 盾蚧属 *Diaspis* Costa, 1828

Diaspis Costa, 1828: 453. Type species: *Diaspis calyptroides* Costa, 1928.

主要特征：体阔梨形。臀板有 2 或 3 对臀叶：中臀叶内陷入臀板，第 2 臀叶和第 3 臀叶双分，有时第 4 臀叶存在，也有双分的。腺刺小。腺管双栓式，边缘大腺管存在，有的中臀叶间有 1 个。臀板亚缘区也有与边缘大腺管相似的背大腺管分布，稍小的背腺管散布在亚缘区，亚中区有或无。肛门近臀板端部而远基部。围阴腺孔 5 群。

分布：世界广布。世界已知 64 种，中国记录 3 种，浙江分布 1 种。

（707）仙人掌盾蚧 *Diaspis echinocacti* (Bouché, 1833)（图 8-96）

Aspidiotus echinocacti Bouché, 1833: 53.

Diaspis echinocacti: Fernald, 1903: 229.

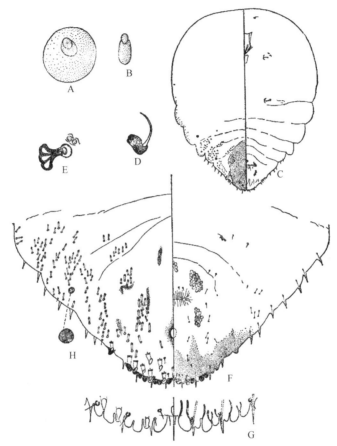

图 8-96　仙人掌盾蚧 *Diaspis echinocacti* (Bouché, 1833)（仿周尧，1986）
A. 雌介壳；B. 雄介壳；C. 雌虫体；D. 触角；E. 前气门；F. 臀板；G. 臀板末端；H. 背侧疤

主要特征：触角瘤生 1 毛。前气门有 2 个盘状腺孔。臀板有 3 对发达的臀叶：中臀叶大，其间距约等于 1 个中臀叶的宽度，第 2 臀叶和第 3 臀叶双分，第 4 臀叶和第 5 臀叶呈齿状突出。臀板每侧大约有 53 个背腺管，边缘背大腺管 13 个。腺刺在中臀叶间没有，中臀叶与第 2、3、4 臀叶外侧各 1 个，第 4 腹节上有分散的 4 个。腹面的腺管微小。肛门位于臀板近末端 1/3 处。阴门在臀板腹面近基部 1/3 处。围阴腺孔 5 群：10–12/15–28/12–22。

分布：浙江、内蒙古、北京、山西、河南、陕西、江苏、江西、湖南、福建、台湾、广东、广西、云南、西藏；世界广布。

374. 兜盾蚧属 *Duplachionaspis* MacGillivray, 1921

Duplachionaspis MacGillivray, 1921: 307. Type species: *Chionaspis graminis* Green, 1896.

Nelaspis Hall, 1946: 526. Type species: *Chionaspis exalbida* Cockerell, 1902.

　　主要特征：体长纺锤形。触角瘤有 1 根毛。前气门有少数盘状腺孔，后气门上有或无。臀板有 2 对臀叶：中臀叶发达，基部不轭连，无缺刻；第 2 臀叶双分。腺刺在中臀叶间没有，每一臀叶的外侧有 1 个或 1 对。腺管双栓式。臀板有 6 对边缘背大腺管。背腺管较小，腹部排成规则的行列。肛门位于臀板近中央。肛门和阴门相重叠。围阴腺孔 5 群。

　　分布：世界广布。世界已知 34 种，中国记录 8 种，浙江分布 1 种。

（708）钝叶草兜盾蚧 *Duplachionaspis natalensis* (Maskell, 1896)（图 8-97）

Chionaspis spartinae natalensis Maskell, 1896: 390.

Duplachionaspis natalensis: Borchsenius, 1966: 130.

　　主要特征：前气门有 3–4 个盘状腺孔；后气门通常无，偶或有 1–2 个。后气门后方有小腺管 8–10 个。第 1–3 腹节有腺瘤和小腺管。臀板有 2 对发达的臀叶：中臀叶大，内陷入臀板，基部不轭连；第 2 臀叶双分，端圆；第 3、4 臀叶退化成为齿状突。第 2 节每侧有亚缘大腺管 4–5 个，亚中小腺管 5–6 个；第 3 节每侧有亚缘大腺管 10–12 个，分为 2 群。腺刺发达，长过臀叶，每一臀叶及齿状突出外侧各 1 个，第 4 腹节上 2 个。肛门位于臀板中央。阴门和肛门重叠，围阴腺孔 5 群：5–12/8–18/8–16。

　　分布：浙江、台湾、广东、香港；世界广布。

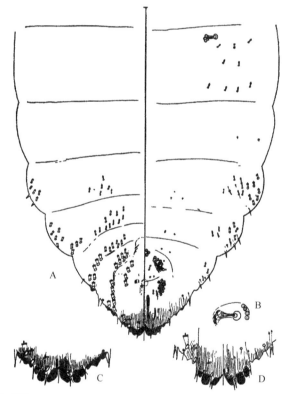

图 8-97　钝叶草兜盾蚧 *Duplachionaspis natalensis* (Maskell, 1896)（仿 Balachowsky，1954）
A. 雌虫体后半部；B. 前气门；C、D. 臀板末端

375. 等角圆盾蚧属 *Dynaspidiotus* Thiem *et* Gerneck, 1934

Dynaspidiotus Thiem *et* Gerneck, 1934: 231. Type species: *Aspidiotus britannicus* Newstead, 1898.

Tsugaspidiotus Takahashi *et* Takagi, 1957: 102. Type species: *Aspidiotus tsugae* Marlatt, 1911.

　　主要特征：体梨形。臀板有 3 对发达的臀叶，3 对臀叶，有时 2 对，几乎同样大小，几乎等距离排列。

第 4 臀叶退化为齿状突或缺失。中臀栉及侧臀栉发达，阔，和臀叶一样长，端部有细齿；外臀栉同形。边缘骨锤只存在于第 7、8 节之间。腺管单栓式，背腺管很多，在臀板一定位置排成斜列。肛门位置在臀板近端部 1/4–1/3 处。围阴腺孔有或无。

分布：世界广布。世界已知 24 种，中国记录 3 种，浙江分布 1 种。

（709）冬青等角圆盾蚧 *Dynaspidiotus britannicus* (Newstead, 1898)（图 8-98）

Aspidiotus britannicus Newstead, 1898: 93.

Dynaspidiotus britannicus: Ferris, 1938: 229.

主要特征：臀板有 3 对臀叶，每侧各有凹刻。中臀叶端平圆；第 2 臀叶和第 3 臀叶形状相似，但皆小于中臀叶。臀栉在中臀叶间和中臀叶与第 2 臀叶间各有 2 个，端部锯齿状，短而宽；第 2 臀叶与第 3 臀叶间有 3 个；第 3 臀叶外有 4 个，外缘锯齿状。背腺管不规则地排列于臀板边缘。腹面腺管很细小，也多在外板边缘，且在第 1–4 腹节体边缘形成系列。围阴腺孔 5 群：0–3/5–10/4–8。

分布：浙江、辽宁、内蒙古、河北、山西、山东、河南、陕西、甘肃、湖北、江西、湖南、福建、广东、四川；世界各地。

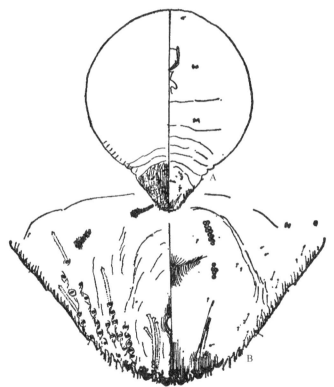

图 8-98　冬青等角圆盾蚧 *Dynaspidiotus britannicus* (Newstead, 1898)（仿王子清，1982b）

A. 雌虫体；B. 臀板末端

376. 围盾蚧属 *Fiorinia* Targioni-Tozzetti, 1868

Fiorinia Targioni-Tozzetti, 1868: 735. Type species: *Fiorinia pellucida* Targioni-Tozzetti, 1868.

主要特征：体长方形或椭圆形，皮肤膜质，侧缘略平行。触角瘤有 1 毛。触角间突存在或缺失。前气门有盘状腺孔。臀前腹节不明显，腺管双栓式，背腺管很少或无。臀板的边缘有背大腺管。胸部及臀前腹节侧缘有腺瘤或腺刺。臀板有 2 对发达的臀叶：中臀叶互相轭连，内陷入臀板，其间有 1 对刚毛；第 2 臀叶双分或退化。腺刺数目很少。肛门位于近臀板基部。围阴腺孔 5 群。

分布：世界广布。世界已知 69 种，中国记录 34 种，浙江分布 9 种。

分种检索表

1. 有触角间突 ··· 2
- 无触角间突 ··· 6
2. 中臀叶内缘平行 ··· 山香圆围盾蚧 *F. turpiniae*
- 中臀叶内缘岔开 ·· 3
3. 触角间突小，锥状 ··· 台湾围盾蚧 *F. taiwana*
- 触角间突大，圆柱形或棍状 ·· 4
4. 臀板每侧有 4 个边缘腺管 ··· 象鼻围盾蚧 *F. proboscidaria*
- 臀板每侧有 8 个以上的边缘腺管 ·· 5
5. 边缘腺管小型 ·· 茶围盾蚧 *F. theae*
- 边缘腺管大型 ··· 松围盾蚧 *F. vacciniae*
6. 边缘腺管有大小两种：3 个大型，2 个小型 ································ 小围盾蚧 *F. minor*
- 边缘腺管同型 ··· 7
7. 臀板每侧有 7–9 个边缘腺管，通常 7 个 ································· 多腺围盾蚧 *F. pinicola*
- 臀板每侧有 3–5 个边缘腺管 ··· 8
8. 第 2 臀叶分瓣 ·· 围盾蚧 *F. fioriniae*
- 第 2 臀叶不分瓣 ·· 栎围盾蚧 *F. quercifolii*

（710）围盾蚧 *Fiorinia fioriniae* (Targioni-Tozzetti, 1867)（图 8-99）

Diaspis fioriniae Targioni-Tozzetti, 1867: 14.

Fiorinia fioriniae: Cockerell, 1893a: 39.

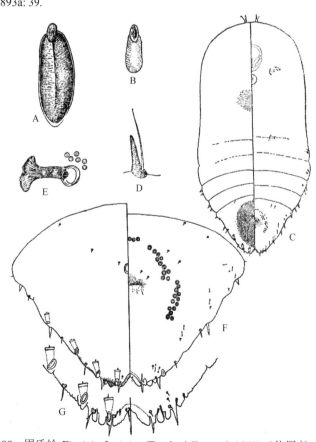

图 8-99　围盾蚧 *Fiorinia fioriniae* (Targioni-Tozzetti, 1867)（仿周尧，1986）

A. 雌介壳；B. 雄介壳；C. 雌虫体；D. 触角；E. 前气门；F. 臀板；G. 臀板末端

主要特征：体长卵形。触角瘤有 1 长毛。触角间突缺失。前气门有 3–6 个盘状腺孔。臀前腹节每侧有 7–8 个腺刺。腺瘤从中胸分布至第 1 腹节，依次为 1–7、2–8、4–7 个。臀前腹节亚缘及亚中部分各有 1–2 个小腺管。臀板有 3 对臀叶，中臀叶短，基部轭连，内缘锯齿状；第 2 臀叶双分，端平圆；第 3 臀叶退化为齿状突。臀板有 3 对边缘背大腺管。肛门小，位于臀板近基部。腹面亚缘有微小的腺管 4 个。阴门在臀板近基部 1/3 处。围阴腺孔 5 群：5–7/11–19/11–22。

分布：浙江、内蒙古、山东、宁夏、湖北、江西、湖南、福建、台湾、广东、海南、香港、广西、四川、贵州；世界广布。

（711）小围盾蚧 *Fiorinia minor* Maskell, 1897（图 8-100）

Fiorinia camelliae minor Maskell, 1897b: 307.

Fiorinia minor Hoffman, 1927: 76.

主要特征：触角瘤生 1 长毛。无触角间突。前气门有 1–3 个盘状腺孔，气门间有少量的小腺管。第 2–4 腹节各有 1 个小腺刺。后胸有 2–5 个腺瘤，第 1 腹节有 1–5 个腺瘤。中臀叶基部相轭连；侧缘平行，边缘有缺刻。第 2 臀叶小，端圆，外侧角有 2 浅缺刻。臀板无腺刺。边缘腺管有 2 种形状：一种为小型的斜口腺管，分布于第 1、2、3 对背缘毛的外侧；另一种为微小的圆口腺管，只 2 对，分布在臀板近基角处。肛门位于臀板近基部 1/3 处。阴门在肛门的下方。围阴腺孔 5 群：3–5/8–12/12–15。

分布：浙江、福建、台湾、广东、香港。

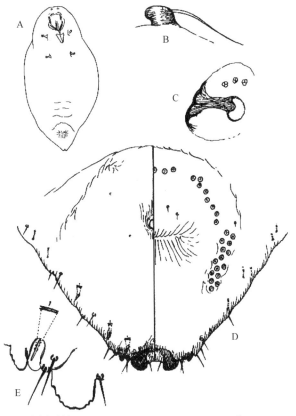

图 8-100　小围盾蚧 *Fiorinia minor* (Maskell, 1897)（仿 Ferris，1936）

A. 雌虫体；B. 触角；C. 前气门；D. 臀板；E. 臀板末端

（712）多腺围盾蚧 *Fiorinia pinicola* Maskell, 1897（图 8-101）

Fiorinia pinicola Maskell, 1897a: 242.

　　主要特征：触角有 1 粗长的毛。无触角间突出。前气门有 3–11 个盘状腺孔，二气门间有小腺管。腺瘤分布如下：中后胸侧面各有 1–3 个腺瘤；第 1 腹节侧面各 2–6 个腺瘤；第 2–4 腹节有腺刺 1–3 个。腹部每节约有 8 个边缘腺管，1–2 个较小的亚中腺管。臀板基部每侧有 2–3 个背腺管。中臀叶基部轭连，内缘锯齿状，端尖。第 2 臀叶双分，端平圆，外侧有 1–2 缺刻，基部有 1 对细小的厚皮棒。臀板边缘腺管 7–9 对，通常 7 对，还有 2 对边缘腺刺。肛门位于臀板近基部约 1/4 处。阴门在近臀板基部约 1/3 处。围阴腺孔 5 群：4–8/8–20/15–27。

　　分布：浙江（武义）、湖南、福建、台湾、广东、海南、香港、广西、云南；日本，意大利，葡萄牙，美国。

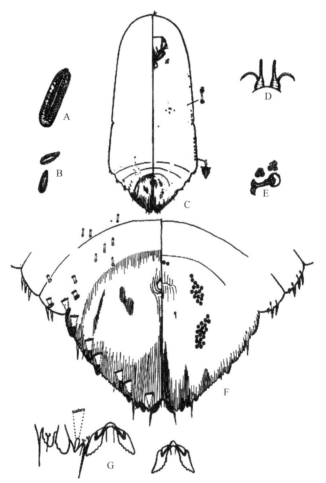

图 8-101　多腺围盾蚧 *Fiorinia pinicola* Maskell, 1897（仿汤祊德，1986）
A. 雌介壳；B. 雄介壳；C. 雌虫体；D. 触角；E. 前气门；F. 臀板；G. 臀板末端

（713）象鼻围盾蚧 *Fiorinia proboscidaria* Green, 1900（图 8-102）

Fiorinia proboscidaria Green, 1900: 256.

　　主要特征：触角瘤有 1 根粗毛，其间有 1 圆柱形的触角间突。前气门有 0–1 个盘状腺孔。腺瘤从前胸延伸至第 2 腹节，30–35 个。第 2–3 腹节各有 1 个侧腺刺。臀板每侧有 5 个边缘腺刺和 4 个边缘背腺管。中臀叶内陷入臀板内，基部轭连，边缘锯齿状，端圆；第 2 臀叶双分，边缘锯齿状。肛门位于臀板基部。阴门在臀板近中央。围阴腺孔 5 群：3–8/10–15/12–18。

　　分布：浙江（武义）、山东、河南、江西、福建、台湾、广东、广西、四川、云南；世界广布。

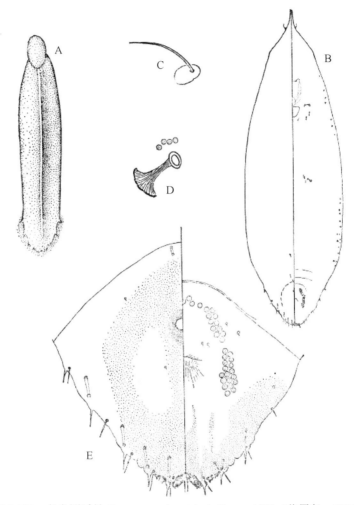

图 8-102　象鼻围盾蚧 *Fiorinia proboscidaria* Green, 1900（仿周尧，1986）

A. 雌介壳；B. 雌虫体；C. 触角；D. 前气门；E. 臀板

（714）栎围盾蚧 *Fiorinia quercifolii* Ferris, 1950（图 8-103）

Fiorinia quercifolii Ferris, 1950b: 78.

　　主要特征：触角有 1 根长毛，无触角间突。前气孔有 2–3 个盘状腺孔。后胸和第 1 腹节各有 4–6 个侧腺瘤。臀前腹节每节有 1 对腺刺。臀板有 2 对臀叶：中臀叶发达，内陷入臀板，基部轭连，内缘有 2 个缺刻；突出臀板外不多；第 2 臀叶退化为齿状突。臀板通常 4 对边缘腺管和 4 对边缘腺刺。肛门位于臀板基部。阴门在肛门的下方。围阴腺孔 5 群：3–7/11–16/14–18。

　　分布：浙江、云南。

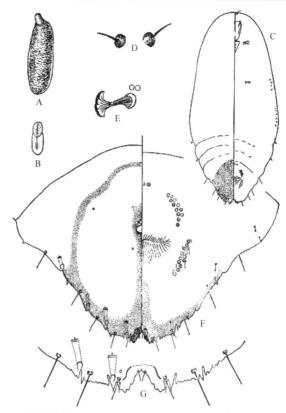

图 8-103　栎围盾蚧 *Fiorinia quercifolii* Ferris, 1950（仿周尧，1986）

A. 雌介壳；B. 雄介壳；C. 雌虫体；D. 触角；E. 前气门；F. 臀板；G. 臀板末端

（715）台湾围盾蚧 *Fiorinia taiwana* Takahashi, 1934（图 8-104）

Fiorinia taiwana Takahashi, 1934c: 24.

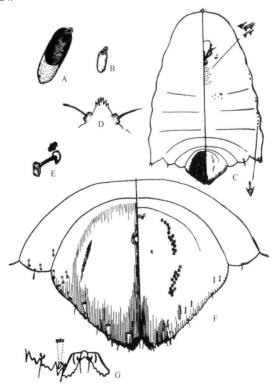

图 8-104　台湾围盾蚧 *Fiorinia taiwana* Takahashi, 1934（仿汤祊德，1986）

A. 雌介壳；B. 雄介壳；C. 雌虫体；D. 触角及触角间突起；E. 前气门；F. 臀板；G. 臀板末端

主要特征：触角有 1 根粗毛，其间突很小，但明显，锥状多刺。前气门有 1–3 个盘状腺孔，后气门间有少数小腺管分布。口器后方有皮粒。体侧有 10–12 个短腺刺。中臀叶锯齿状，内陷入凹刻内；第 2 臀叶双分，外分叶很小。臀板有 2–5 对边缘腺管。近基部有 1 明显的腺刺，还有一些长的边缘刺毛。肛门位于臀板基部。围阴腺孔 5 群：3–6/8–13/9–13。

分布：浙江（杭州、武义）、安徽、福建、台湾、贵州。

（716）茶围盾蚧 *Fiorinia theae* Green, 1900（图 8-105）

Fiorinia theae Green, 1900a: 3.

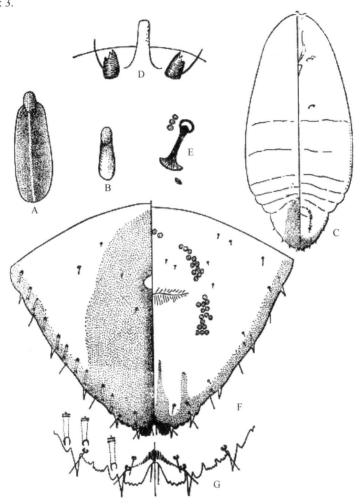

图 8-105　茶围盾蚧 *Fiorinia theae* Green, 1900（仿周尧，1986）
A. 雌介壳；B. 雄介壳；C. 雌虫体；D. 触角及触角间突起；E. 前气门；F. 臀板；G. 臀板末端

主要特征：体长卵形。触角有 1 粗毛，其间突呈圆柱形。前气门有 1–5 个盘状腺孔，后气门间有少数小腺管。体侧缘有 24–25 个腺瘤。臀板有 2 对臀叶。中臀叶略陷入臀板，基部轭连，边缘锯齿状；第 2 臀叶呈锯齿状。腺刺短而基部阔，5 对，在 2 对臀叶外侧各 1 对，在臀板侧缘分布有 3 对较小的。缘毛中臀叶 1 对，侧面有背缘毛及腹缘毛各 5 对。边缘斜口腺管小而较长，每侧约有 10 个。无背腺管。肛门位于臀板背面近基部的 1/3 处。阴门和肛门略相重叠；围阴腺孔 5 群：3–6/8–18/13–18。

分布：浙江、江西、湖南、福建、台湾、广东、香港、广西、云南；世界广布。

（717）山香圆围盾蚧 *Fiorinia turpiniae* Takahashi, 1934（图 8-106）

Fiorinia theae turpiniae Takahashi, 1934c: 21.

Fiorinia turpiniae Ferris, 1950b: 78.

　　主要特征：体梨形。触角瘤有 1 根刚毛，其间突为圆柱状。前气门有 2–3 个盘状腺孔，后气门无。气门附近无小腺管分布。体侧缘有成列的微小腺管。第 2–4 腹节有少数亚中小腺管存在。臀前节无腺刺。臀板有 3 对臀叶，中臀叶大而阔，内缘平行，端圆，锯齿状；第 2 臀叶双分，外分叶稍小；第 3 臀叶退化为齿状突出。臀板每侧有 5–9 对腺刺和 4 个边缘背腺管。肛门位置在近臀板基部 1/3 处。阴门位置比肛门靠近后方；围阴腺孔 5 群：10–16/16–28/16–30。

　　分布：浙江、江西、福建、台湾、广东、香港、四川；日本，印度，斯里兰卡，菲律宾，洪都拉斯，墨西哥。

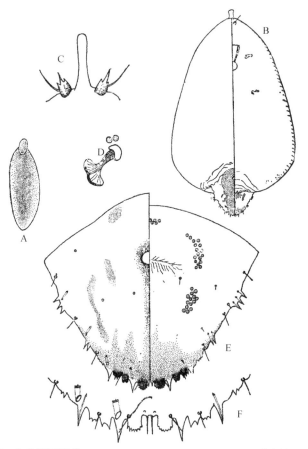

图 8-106　山香圆围盾蚧 *Fiorinia turpiniae* Takahashi, 1934（仿周尧，1986）

A. 雌介壳；B. 雌虫体；C. 触角及触角间突起；D. 前气门；E. 臀板；F. 臀板末端

（718）松围盾蚧 *Fiorinia vacciniae* Kuwana, 1925（图 8-107）

Fiorinia vacciniae Kuwana, 1925b: 15.

Fiorinia cephalotaxi Takahashi, 1952b: 12.

　　主要特征：体长柱形，两侧近平行。触角相互靠近，其间突为棍状。前气门约 5 个盘状腺孔。臀板有 2 对臀叶：中臀叶 "八" 字形，内缘锯齿状；第 2 臀叶双分，内分叶尖锥，外分叶短。腺刺在中臀叶及第 2 臀叶外侧均 1 个，另在臀板基角各 1 个，其他臀前腹节直至后胸每节侧缘均各有 3–4 个。边缘腺管 8 对，均为大管，在第 8 个边缘腺管附近另有前一腹节亚缘区的 1 个大背腺管。肛门在板中之前。臀背硬化斑清晰。围阴腺孔 5 群。

分布：浙江、广东、海南、四川、云南；日本。

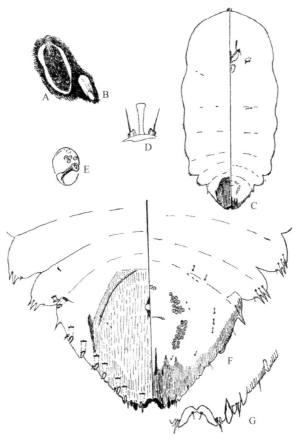

图 8-107　松围盾蚧 *Fiorinia vacciniae* Kuwana, 1925（仿汤祊德，1986）
A. 雌介壳；B. 雄介壳；C. 雌虫体；D. 触角及触角间突起；E. 前气门；F. 臀板；G. 臀板末端

377. 美盾蚧属 *Formosaspis* Takahashi, 1932

Formosaspis Takahashi, 1932b: 47. Type species: *Protodiaspis nigra* Takahashi, 1930.

主要特征：雌介壳主要由第 2 蜕皮形成，呈极狭长的卵形。雄介壳狭长，两侧略平行，蜕皮占介壳的一半。雌成虫体呈狭长的卵形，分节不明显，边缘完整，皮肤除臀板外膜质。臀板圆形，只有 1 对或 2 对臀叶。中臀叶一般呈三角形，第二臀叶呈 1 突起。背腺管和边缘腺管小，或无。肛门大，扁圆，位置接近臀板基部。围阴腺孔 5 群。

分布：东洋区、旧热带区。世界已知 5 种，中国记录 4 种，浙江分布 1 种。

（719）黑美盾蚧 *Formosaspis takahashii* (Lindinger, 1932)（图 8-108）

Crypthemichionaspis takahashii Lindinger, 1932: 186.

Formosaspis takahashii: Takagi, 1970: 136.

主要特征：体长卵形，臀板向后突出，全体膜质。触角极近前缘，并互相接近，瘤状，只有 1 刚毛。前气门有 4–5 个盘状腺孔。在口器的后方和后气门的周围各有一群多而小的腺瘤。臀板未骨化，只 1 对来骨化或弱骨化的中臀叶呈三角形突出。无腺刺。在中臀叶附近有 5–6 个亚缘小毛，沿臀板边缘也有 4–5 个亚缘小毛和 4–5 个小的背腺管。腹面有较小的腺管多数，沿臀板的亚缘从中臀叶附近到臀板的基角，肛门小，位置近臀板基部。阴门位于臀板中央，围阴腺孔 5 群：2–3/4–6/6–8。

分布：浙江、安徽、台湾、四川、云南。

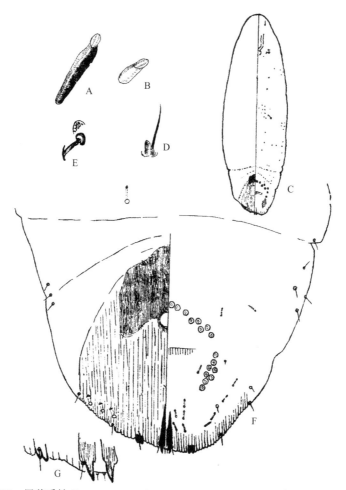

图 8-108　黑美盾蚧 *Formosaspis takahashii* (Lindinger, 1932)（仿汤祊德，1977）
A. 雌介壳；B. 雄介壳；C. 雌虫体；D. 触角；E. 前气门；F. 臀板；G. 臀板末端

378. 豁齿盾蚧属 *Froggattiella* Leonardi, 1900

Targionia (*Froggattiella*) Leonardi, 1900: 300. Type species: *Aspidiotus inusitatus* Green, 1896.

Froggattiella MacGillivray, 1921: 393. Type species: *Aspidiotus inusitatus* Green, 1896.

主要特征：体近圆形、卵形或梨形。触角瘤有 1 刚毛。前气门有盘状腺孔。后胸和腹部第 1–4 节背面侧区有腺管开口。节间缝有小刺列。前胸和中胸的腹侧区有腺瘤。臀板有 1 对中臀叶，不愈合，不轭连。臀板顶端有一簇 6 个棘状突起，线状长腺毛。臀板的背面分布有很多细小的腺管，不排成行列，第 7–8、第 6–7、第 5–6 腹节的节间边缘分开或连有纺锤形的厚皮棍。肛门位于臀板的中央或端部。围阴腺孔无。

分布：世界广布。世界已知 5 种，中国记录 3 种，浙江分布 1 种。

（720）须豁齿盾蚧 *Froggattiella penicillata* (Green, 1905)（图 8-109）

Odonaspis penicillata Green, 1905: 346.

Froggattiella penicillata: Ben-Dov, 1988: 29.

　　主要特征： 体呈卵形。触角有 1 刚毛。前气门有 0–3 个盘状腺孔。腹部有成列的齿状突。中臀叶明显，其间有 10–12 根长腺刺。第 4、5 腹节边缘加厚不规则，并延伸而成多孔的亚缘区。厚皮棍在中臀叶内侧 1 对，粗壮而呈纺锤形，很长；另有 1 对稍短的纺锤形厚皮棍在第 6、7 腹节的节间界线上。第 5 与第 6 腹节的节间区略骨化。背腺管和腹腺管同样形状和大小，很密，不规则分布在臀板和第 1–4 腹节的背缘及腹侧区。肛门位置接近臀板的基部。围阴腺孔无。

　　分布： 浙江、河南、台湾、广东、香港；世界广布。

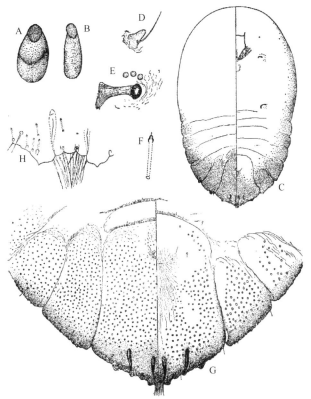

图 8-109　须豁齿盾蚧 *Froggattiella penicillata* (Green, 1905)（仿周尧，1986）
A. 雌介壳；B. 雄介壳；C. 雌虫体；D. 触角；E. 前气门；F. 腺管；G. 臀板；H. 臀板末端

379. 竹盾蚧属 *Greenaspis* MacGillivray, 1921

Greenaspis MacGillivray, 1921: 307. Type species: *Mytilaspis elongata* Green, 1896.

　　主要特征： 体长纺锤形，臀前腹节有明显的侧瓣。触角有 1 毛。前气门有少数盘状腺孔。臀板有 2 对臀叶：中臀叶有标准形，内缘一半凹入，基半部略平行，基部轭连，端半部向外倾斜。第 2 臀叶小，双分。腺刺发达，较粗，通常单个排列，中臀叶间没有。背腺管和边缘腺管同样大小和形状，中等大小而短，数目少，排列成弧形；边缘腺管 7 个。肛门近臀板基部。围阴腺孔 5 群。

　　分布： 东洋区、旧热带区。世界已知 6 种，中国记录 4 种，浙江分布 2 种。

（721）浙江竹盾蚧 *Greenaspis chekiangensis* Tang, 1977（图 8-110）

Greenaspis chekiangensis Tang, 1977: 180.

　　主要特征：体长纺锤形，膜质。前气门约 2 个盘状腺孔。臀叶 2 对，中臀叶小而叉开，末端有凹刻；第 2 臀叶小，双分，均呈长柱状。体侧缘有 20 或 21 个腺刺。臀板背面中部有狭长硬化斑，从第 2 臀叶基部直至臀板前缘。臀板有 6 对边缘腺背大腺管。背腺管与边缘腺管同大，在肛门侧有 5-6 个不规则纵列，第 3-5 腹节亚缘区各有 1 排腺管，3-4 个；第 4-5 腹节亚中区各有 1-2 管；后胸至第 2 腹节缘区则分布有较小的腺管群。肛门在板中之前。围阴腺孔 5 群：3-4/5-7/8-10。

　　分布：浙江、福建、广西。

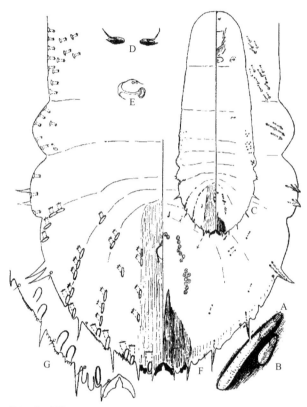

图 8-110　浙江竹盾蚧 *Greenaspis chekiangensis* Tang, 1977（仿汤祊德，1977）
A. 雌介壳；B. 雄介壳；C. 雌虫体；D. 触角；E. 前气门；F. 臀板；G. 臀板末端

（722）竹盾蚧 *Greenaspis elongata* (Green, 1896)（图 8-111）

Mytilaspis elongata Green, 1896: 4.

Greenaspis elongata: Borchsenius, 1966: 108.

　　主要特征：前气门有 1-2 个盘状腺孔。第 3 腹节有 1-2 个亚中背腺管和 2-5 个亚缘背腺管。腺瘤在后胸后侧角有 2-3 个，第 1 腹节 4-9 个，第 2 腹节 3-4 个，腺刺在第 3 腹节有 2-3 个。臀板有 2 对臀叶：中臀叶基部轭连，内外侧缘内缘都有 1 明显缺刻；第 2 臀叶很小，双分。臀板有 7 对边缘背大腺管和 6 对边缘背腺刺。肛门位于臀板近基部 1/3 处。阴门位于臀板中央。背腺管稍短小，在第 4、5 节上各有亚缘组 1-5 个，亚中组 1-3 个。腹面分布有稀疏的小腺管。围阴腺孔 5 群：3-5/5-7/8-10。

　　分布：浙江、安徽、福建、台湾、广东、香港、四川、贵州、云南；日本，印度，泰国，斯里兰卡，菲律宾，马来西亚，索马里。

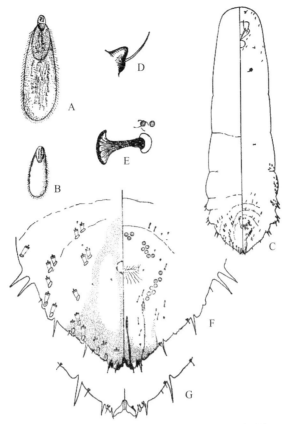

图 8-111　竹盾蚧 *Greenaspis elongata* (Green, 1896)（仿周尧，1986）

A. 雌介壳；B. 雄介壳；C. 雌虫体；D. 触角；E. 前气门；F. 臀板；G. 臀板末端

380. 梳圆盾蚧属 *Hemiberlesia* Cockerell, 1897

Hemiberlesia Cockerell, 1897a: 12. Type species: *Aspidiotus rapax* Comstock, 1881.

主要特征： 体梨形。触角有 1 毛，气门无盘状腺孔。臀板有 1 对发达的中臀叶，第 2 臀叶与第 3 臀叶缺失或退化。臀栉分叉、分枝、刷状或刺状。臀板边缘在节间沟的两侧有坚强的骨锤，在第 7、8 节间及第 6、7 节间有成对的厚皮锤。背腺管单栓式，细长。肛门大，开口大于或等于中臀叶，位于臀板近端部，距离后缘不超过其直径的 3 倍。围阴腺孔有或无。

分布： 世界广布。世界已知 49 种，中国记录 7 种，浙江分布 4 种。

分种检索表

1. 无围阴腺孔 ··· 椰子梳圆盾蚧 *H. rapax*
- 有围阴腺孔 ··· 2
2. 中臀叶相互靠近，间隙很狭 ··· 棕榈梳圆盾蚧 *H. lataniae*
- 中臀叶不相互靠近，间距约为中臀叶的 1/2 或更大 ··· 3
3. 中臀叶间距约为中臀叶的 1/2 ··· 茶梳圆盾蚧 *H. cyanophylli*
- 中臀叶间距约为中臀叶的宽度 ··· 夹竹桃梳圆盾蚧 *H. palmae*

（723）茶梳圆盾蚧 *Hemiberlesia cyanophylli* (Signoret, 1869)（图 8-112）

Aspidiotus cyanophylli Signoret, 1869a: 850.

Hemiberlesia cyanophylli: Normark, Morse, Krewinski & Okusu, 2014: 44.

主要特征：臀板有 3 对臀叶：中臀叶端圆，两侧有缺刻，间距约为中臀叶的 1/2；第 2 臀叶细长，端圆，外侧有 1 缺刻，或披针状；第 3 臀叶短锥状或披针状。臀栉与中臀叶等长，第 3 臀叶外 5–7 个。臀板背腺管粗长，每侧 10–14 个，中臀叶间及中臀叶与第 2 臀叶间各 1–2 个。肛门圆形，肛后沟发达。胸侧瘤锥状而硬化。臀前小背腺管分布在中胸至第 3 腹节侧缘。围阴腺孔 4 群：0–1/3–6/3–6。

分布：浙江、河南、陕西、江苏、安徽、湖北、江西、湖南、福建、台湾、广东、香港、广西、四川、贵州、云南；世界广布。

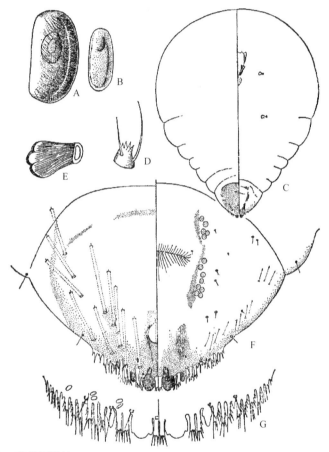

图 8-112 茶栉圆盾蚧 *Hemiberlesia cyanophylli* (Signoret, 1869)（仿周尧，1986）
A. 雌介壳；B. 雄介壳；C. 雌虫体；D. 触角；E. 前气门；F. 臀板；G. 臀板末端

（724）棕榈栉圆盾蚧 *Hemiberlesia lataniae* (Signoret, 1869)（图 8-113）

Aspidiotus lataniae Signoret, 1869a: 860.

Hemiberlesia lataniae: Borchsenius, 1966: 306.

主要特征：体椭圆或近圆形。中臀叶大，相互靠近而留下很狭的间隙，内外侧各有 1 个缺刻，其间有 1 对臀栉。第 2、3 臀叶为膜质的尖突。二侧叶间臀栉发达，栉齿多，第 3 臀叶外臀栉很少或无。背腺管粗长，中臀叶间 1 个，超过肛门，中臀叶与第 2 臀叶间 2 个，第 2、3 臀叶间 5–10 个，第 5 腹节缘毛之上 3–6 个，而此列外有 1 个亚缘背腺管。肛门大而圆，位于臀板的端部。围阴腺孔 4 群：2–10/1–7。

分布：浙江、江苏、湖北、福建、台湾、香港、贵州、云南；世界广布。

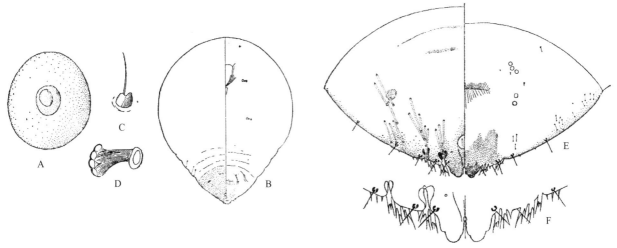

图 8-113　棕榈栉圆盾蚧 *Hemiberlesia lataniae* (Signoret, 1869)（仿周尧，1986）
A. 雌介壳；B. 雌虫体；C. 触角；D. 前气门；E. 臀板；F. 臀板末端

（725）夹竹桃栉圆盾蚧 *Hemiberlesia palmae* (Cockerell, 1893)（图 8-114）

Aspidiotus palmae Cockerell, 1893a: 39.

Hemiberlesia palmae: Williams & Watson, 1988: 134.

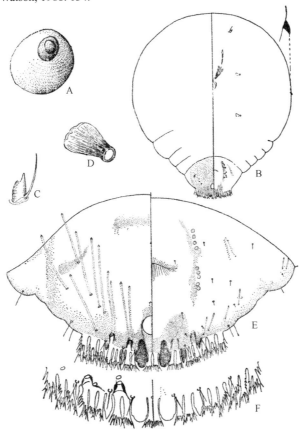

图 8-114　夹竹桃栉圆盾蚧 *Hemiberlesia palmae* (Cockerell, 1893)（仿周尧，1986）
A. 雌介壳；B. 雌虫体；C. 触角；D. 前气门；E. 臀板；F. 臀板末端

主要特征：体倒梨形，膜质或略硬化。臀板有臀叶 3 对，中臀叶大而突出，基硬化发达，两侧角有深缺刻；两中叶垂直向下，间中距约一叶宽；第 2 臀叶细长，梭形，透明而不硬化；第 3 臀叶为 1 硬化齿。臀板有 10 对边缘臀栉。背腺管细长，中臀叶间 1 个，中臀叶与第 2 臀叶间 2 个，排成一组，第 2 组在第 3

臀叶内侧，约 5 个，第 3 臀叶外有 2 个。肛门大，位于臀板的端部。臀板腹面小管短细，沿臀板缘及胸、腹缘分布，直至后胸侧瘤附近。围阴腺孔 4 群：2-6/4-6。

　　分布：浙江、山东、福建、广东、广西、四川；世界广布。

（726）椰子栉圆盾蚧 *Hemiberlesia rapax* (Comstock, 1881)（图 8-115）

Aspidiotus rapax Comstock, 1881: 307.

Hemiberlesia rapax: Ferris, 1938: 244.

　　主要特征：体倒梨形，膜质。中臀叶大，外侧缺刻，其间有 1 对细长臀栉。第 2 臀叶、第 3 臀叶很小，楔状，不硬化。臀栉在叶间均细长，端部具齿或分枝，第 3 臀叶外 2-3 个。背大管粗长，中臀叶与第 2 臀叶间 2-4 个，第 2、3 臀叶间 4-8 个，此列外又有 2-4 个，成亚缘列，在第 7 腹节缘毛之上和板基侧硬化之下。腹面小管，在后胸至第 6 腹节缘部成一系列腺管群，肛门大而圆，位于臀板的端部。围阴腺孔无。

　　分布：浙江、安徽、福建、台湾、广东、四川、云南；世界广布。

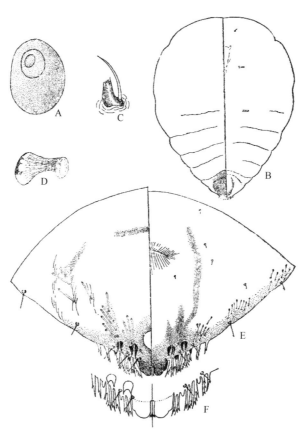

图 8-115　椰子栉圆盾蚧 *Hemiberlesia rapax* (Comstock, 1881)（仿周尧，1986）
A. 雌介壳；B. 雌虫体；C. 触角；D. 前气门；E. 臀板；F. 臀板末端

381. 秃盾蚧属 *Ischnafiorinia* MacGillivray, 1921

Ischnafiorinia MacGillivray, 1921: 372. Type species: *Fiorina bambusae* Maskell, 1897.

　　主要特征：雌介壳极细长，线状，两侧平行。主要由第 2 蜕皮形成，上覆有透明的蜡质。雌成虫体极长，线状，两侧平行，两端钝圆；分节不明显；皮肤膜质。关闭在更长的主要由第 2 蜕皮形成的介壳内。

臀板只有 1 对或没有臀叶，完全没有臀栉或腺刺；没有边缘腺管及背腺管。肛门小，半圆形。围阴腺孔 2 群或 4 群。

分布：东洋区。世界已知 3 种，中国记录 2 种，浙江分布 1 种。

（727）竹秃盾蚧 *Ischnafiorinia bambusae* (Maskell, 1897)（图 8-116）

Fiorina bambusae Maskell, 1897a: 242.

Ischnafiorinia bambusae: MacGillivray, 1921: 378.

主要特征：体长椭圆形，两侧平行，分节不明显，皮肤膜质。触角瘤圆形，其间有 1 长毛。前气门有 1 个盘状腺孔。臀板有 1 对三叶状的中臀叶或中臀叶缺失。臀栉和腺刺缺失。后缘背面有 3 对刚毛，除中间 1 对稍长，较近边缘，其余间隔一定距离，都在亚缘；腹面有缘毛及亚缘毛各 3 对，各对距离较远。肛门离臀板末端比基部近，小而扁。腹面有 2–3 对微小的长腺管。阴门约位于臀板的中央。围阴腺孔 4 群或 2 群：2–2/2–2 或 3–3。

分布：浙江、福建、台湾、广东、海南、香港、广西；泰国，马来西亚。

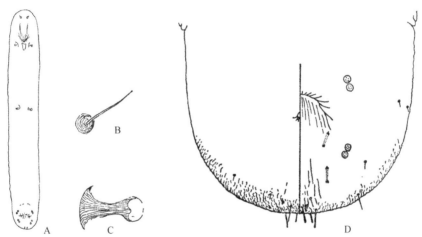

图 8-116　竹秃盾蚧 *Ischnafiorinia bambusae* (Maskell, 1897)（仿 Ferris，1936）

A. 雌虫体；B. 触角；C. 前气门；D. 臀板

382. 长盾蚧属 *Kuwanaspis* MacGillivray, 1921

Kuwanaspis MacGillivray, 1921: 311. Type species: *Chionaspis hikosani* Kuwana, 1902.

Lepidosaphoides Lindinger, 1930: 106. Type species: *Leucaspis bambusae* Kuwana, 1902.

主要特征：体细长，线形，少数纺锤形，老熟时仍为膜质，臀前腹节一般不形成侧瓣，臀板稍硬化。前气门有盘状腺孔。臀板有 2 对臀叶：中臀叶远离，基部不轭连，单瓣或分为 2 瓣；第 2 臀叶分为 2–4 瓣，所有臀叶瓣都小而对称。臀板边缘有端齿式的臀栉。腺刺数目很少。背腺管双栓式，短，排成明显的行列。肛门近臀板基部。围阴腺孔 5 群或无。

分布：世界广布。世界已知 20 种，中国记录 17 种，浙江分布 5 种。

分种检索表

1. 第 2 臀叶各分为 4 瓣 ·· 3
- 第 2 臀叶分为 2 瓣 ··· 4

2. 中臀叶分为 2 瓣 ·· 细长盾蚧 *K. suishana*

- 中臀叶不分瓣 ··· 长盾蚧 *K. elongata*

3. 中臀叶间臀栉呈三角形 ·· 迤长盾蚧 *K. hikosani*

- 中臀叶间臀栉呈齿式 ·· 5

4. 第 1 腹节腹面有 1 横列的小腺管 ··· 和长盾蚧 *K. howardi*

- 第 1 腹节腹面无呈横列的小腺管 ··· 竹长盾蚧 *K. pseudoleucaspis*

（728）长盾蚧 *Kuwanaspis elongata* (Takahashi, 1930)（图 8-117）

Tsukushiaspis elongata Takahashi, 1930: 18.

Kuwanaspis elongata: Balachowsky, 1954: 265.

　　主要特征：体长纺锤形。触角有 2 根粗毛。前气门约有 9 个盘状腺孔。臀叶 3–5 对：中臀叶宽，端圆，每侧有 1 缺刻；第 2 臀叶分为 4 瓣，端部稍尖；这些侧臀叶有时只有 2 或 3 对。臀栉在中臀叶间有 1 对。有 6 或 7 个短刺状突起，1 宽而很短的臀栉在中臀叶与第 2 臀叶之间的边缘上，最末 1 个臀叶外侧有 6 列相似的刺状突起。腺刺和边缘腺管分布如图 8-117 所示。背腺管略排列成行，如图 8-117 所示。肛门位于臀板的基部。围阴腺孔 5 群：6/9–11/10–12。

　　分布：浙江（绍兴、玉环）、台湾、香港。

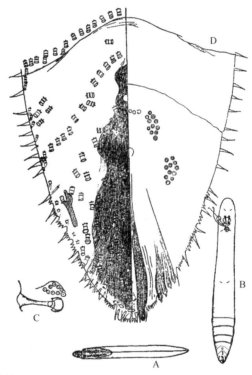

图 8-117　长盾蚧 *Kuwanaspis elongata* (Takahashi, 1930)（仿 Takahashi，1930）
A. 雌介壳；B. 雌虫体；C. 前气门；D. 臀板

（729）迤长盾蚧 *Kuwanaspis hikosani* (Kuwana, 1902)（图 8-118）

Chionaspis hikosani Kuwana, 1902: 76.

Kuwanaspis hikosani: Borchsenius, 1966: 91.

主要特征：触角瘤有 1 根长毛和短毛。前气门有 3 个盘状腺孔。腹节背面侧缘和后缘各有短腺管 3–5 个。最后 2 臀前腹节每侧各有腺瘤 3–7 个。中臀叶三角形，端钝尖，远离，其间隔约等于中臀叶宽度的 2 倍；第 2 臀叶分为 2 瓣。臀板有 13 个边缘背腺管和 4 对边缘腺刺。臀栉每侧分布如下：中臀叶间 2 个，退化为三角形；中臀叶和第 2 臀叶间有 2 个，第 2 臀叶外侧 3 个。有腺管在臀板上排成 6 横列。肛门前偶或有亚中背腺管。肛门位于臀板基部的 1/4 处。阴门位于臀板的近中央。围阴腺孔 5 群：3–4/7–8/9–10。

分布：浙江（武义）、陕西、江苏、安徽、福建、广东、香港、广西；韩国，日本，土耳其，美国。

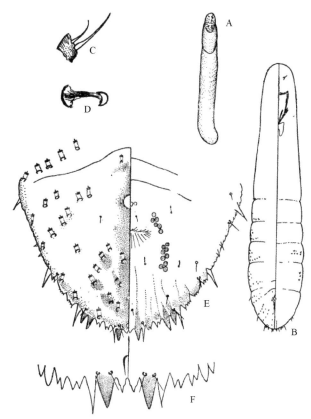

图 8-118　迤长盾蚧 *Kuwanaspis hikosani* (Kuwana, 1902)（仿周尧，1986）
A. 雌介壳；B. 雌虫体；C. 触角；D. 前气门；E. 臀板；F. 臀板末端

（730）和长盾蚧 *Kuwanaspis howardi* (Cooley, 1898)（图 8-119）

Chionaspis howardi Cooley, 1898: 88.

Kuwanaspis howardi: Ferris, 1942: S4-396.

主要特征：触角瘤有 2 根细毛。前气门有 5–6 个盘状腺孔。腹腺管在第 1 腹节排成连续 1 横带。第 1–4 腹节侧缘有很多短小的背腺管。第 4 腹节每侧有 2 个腹刺。第 2–7 腹节的腺管排成亚中和亚缘。臀栉每侧分布如下：中臀叶间 2 个，中臀叶和第 2 臀叶间有 1 个，第 2 臀叶外侧 3 个，第 5 腹节 4 个。臀板有 4 对边缘腺刺。臀板有 2 对臀叶：中臀叶端圆，其间距稍大于中臀叶的宽度；第 2 臀叶分为 2 瓣，端圆或尖。肛门位于在臀板近基部的 1/4 处。阴门在肛门的下方。围阴腺孔 5 群：6–7/9–11/10–12。

分布：浙江（杭州、绍兴、金华、浦江、磐安、义乌、永康、黄岩、温岭、丽水）、江苏、安徽、湖北、江西、湖南、福建、广东、贵州、云南；俄罗斯，韩国，日本，伊朗，阿塞拜疆，格鲁吉亚，乌克兰，美国。

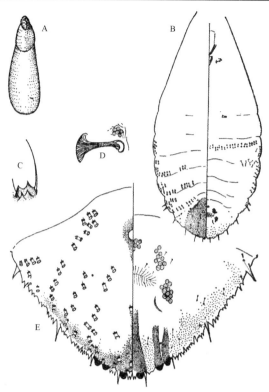

图 8-119　和长盾蚧 *Kuwanaspis howardi* (Cooley, 1898)（仿周尧，1986）

A. 雌介壳；B. 雌虫体；C. 触角；D. 前气门；E. 臀板

（731）竹长盾蚧 *Kuwanaspis pseudoleucaspis* (Kuwana, 1923)　（图 8-120）

Chionaspis pseudoleucaspis Kuwana, 1923b: 323.

Kuwanaspis pseudoleucaspis: Lindinger, 1935: 139.

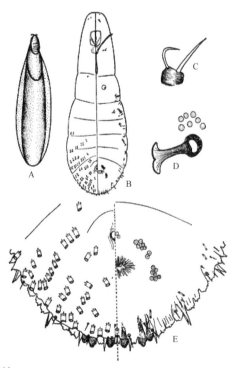

图 8-120　竹长盾蚧 *Kuwanaspis pseudoleucaspis* (Kuwana, 1923)（仿周尧，1986）

A. 雌介壳；B. 雌虫体；C. 触角；D. 前气门；E. 臀板

主要特征：触角瘤有 2 粗毛。前气门有 7 个盘状腺孔。臀板每侧有 30–50 个背腺管，按节排成亚缘群和亚中群。臀板有 2 对臀叶：中臀叶端圆，每侧有 1 缺刻，内缘互相平行；第 2 臀叶双分。臀板每侧有 7 对边缘背腺管。第 1–4 腹节各有 2–3、7–8、8–9、3–5 个腺瘤。臀板有 7 对边缘背大腺管和 4 对边缘腺刺。臀栉分布如下：中臀叶间 1 对；中臀叶与第 2 臀叶间 1 个；第 3 臀叶外有一系列臀栉状突起。臀板腹面分布有少数的小腺管。肛门位于臀板基部。阴门在肛门的下方。围阴腺孔 5 群：4–7/6–10/7–12。

分布：浙江、河南、安徽、江西、福建、台湾、广西、云南；世界广布。

（732）细长盾蚧 *Kuwanaspis suishana* (Takahashi, 1930)（图 8-121）

Tsukushiaspis suishanus Takahashi, 1930: 16.

Kuwanaspis suishanus: Takahashi, 1942: 36.

Kuwanaspis suishana: Chou, 1985: 61. Emendation that is justified.

主要特征：触角有 2 根刚毛。前气门有 3 个盘状腺孔，后气门后有少数小管腺。第 1–3 腹节每侧有若干背腺管和刚毛，另有小腺管散布于腹部腹面。臀板有 2 对臀叶：中臀叶小，端钝尖，每侧各 1 个缺刻，有时双分；第 2 臀各分为 4 瓣。臀板每侧有 9 个边缘腺管和 3 对边缘腺刺。臀栉在中臀叶间 1 对，中臀叶和第 2 臀叶间各 1 个，第 2 臀叶以外 5 个。肛门接近臀板基部。围阴腺孔 5 群：9–10/10–12/10–11。

分布：浙江、福建、台湾、广西、四川；日本，尼泊尔，泰国。

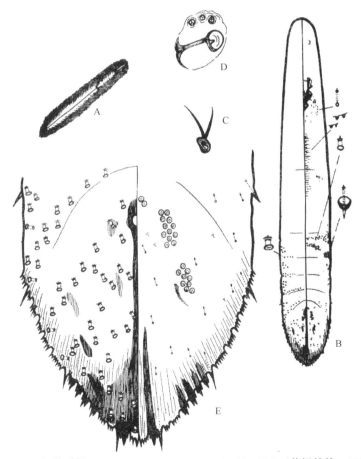

图 8-121　细长盾蚧 *Kuwanaspis suishana* (Takahashi, 1930)（仿汤祊德，1986）
A. 雌介壳；B. 雌虫体；C. 触角；D. 前气门；E. 臀板

383. 牡蛎蚧属 *Lepidosaphes* Shimer, 1868

Lepidosaphes Shimer, 1868: 373. Type species: *Lepidosaphes conchiformis* Shimer, 1868.

主要特征：体长纺锤形，除臀板骨化外，其余部分膜质。触角通常有 2 根以上。前气门附近有盘状腺孔。腹部有 3 对侧瘤和侧距。有 2 对发达的臀叶：中臀叶大，分离，基部不轭连，其间有 1 对腺刺；第 2 臀叶双分，第 3 与第 4 臀叶为锯齿状突起或无。腺刺发达。厚皮棒有或无。臀板通常每侧有 6 个边缘背大腺管。腺刺发达。肛门位于臀板的基部。围阴腺孔 5 群。

分布：世界广布。世界已知 195 种，中国记录 58 种，浙江分布 21 种。

分种检索表

1. 臀前腹节侧缘爪状突出 ·· 松爪蛎蚧 *L. pinicolous*
 - 臀前腹节侧缘瓣状突出或突出不明显 ·· 2

2. 头端部有盘状腺孔 ·· 黄岩盘顶蛎蚧 *L. huangyangensis*
 - 头端部无盘状腺孔 ·· 3

3. 臀前腹节有侧瘤或骨化距 ·· 4
 - 臀前腹节无侧瘤或骨化距 ·· 19

4. 眼瘤上有 1 刺状的骨化距 ·· 木兰牡蛎蚧 *L. pseudomachili*
 - 眼瘤无或上无刺状的骨化距 ·· 5

5. 围阴腺孔 8 群 ··· 6
 - 围阴腺孔 5 群 ·· 7

6. 背腺管在第 6 腹节上仅有亚中群 ··· 松牡蛎蚧 *L. pini*
 - 背腺管在第 6 腹节上分为亚中、亚缘群 ·· 松小牡蛎蚧 *L. pineti*

7. 腹部有背侧疤 ··· 8
 - 腹部无背侧疤 ··· 11

8. 前胸有"8"字形的背侧疤 ·· 9
 - 前胸无"8"字形的背侧疤 ·· 10

9. 第 2 臀叶前有 1 个背腺管 ·· 柏牡蛎蚧 *L. cupressi*
 - 第 2 臀叶前有 2-3 个背腺管 ·· 苏铁牡蛎蚧 *L. cycadicola*

10. 后胸无腺瘤 ·· 朴牡蛎蚧 *L. celtis*
 - 后胸有腺瘤 ·· 榆牡蛎蚧 *L. ulmi*

11. 头部有骨化的突起或颗粒 ·· 12
 - 头部无骨化突起 ·· 15

12. 第 2 臀叶前无背腺管 ··· 13
 - 第 2 臀叶前有 1 个背腺管 ··· 14

13. 臀前腹节侧缘明显突出，呈瓣状 ··································· 榧牡蛎蚧 *L. okitsuensis*
 - 臀前腹节侧缘稍突出 ·· 瘤额牡蛎蚧 *L. tubulorum*

14. 头部颗粒分布稀疏 ·· 金松牡蛎蚧 *L. pitysophila*
 - 头部颗粒分布密集 ·· 松针牡蛎蚧 *L. piniphila*

15. 腹部每侧有 3 个骨化距 ··· 16
 - 腹部侧缘有膜质侧瘤，无骨化距 ·· 18

16. 背腺管细小 ·· 青冈牡蛎蚧 *L. glaucae*
 - 背腺管粗大 ··· 17

17. 第 1 腹节亚中有背腺管分布···长牡蛎蚧 *L. gloverii*

- 第 1 腹节亚中无背腺管分布···山茱萸牡蛎蚧 *L. corni*

18. 只第 4 腹节侧有 1 弱小的侧距···茶牡蛎蚧 *L. camelliae*

- 第 3、4 腹节前侧角各有 1 侧瘤···马氏牡蛎蚧 *L. pallida*

19. 头部前侧角有 1 个小形骨化的突起，周围有环状纹···紫牡蛎蚧 *L. beckii*

- 头部无骨化突起···20

20. 头部触角前方及触角间有大量小的腺管分布···浙江牡蛎蚧 *L. zhejiangensis*

- 头部无腺管分布···梨牡蛎蚧 *L. conchiformis*

（733）紫牡蛎蚧 *Lepidosaphes beckii* (Newman, 1869)（图 8-122）

Coccus beckii Newman, 1869: 217.

Lepidosaphes beckii: Fernald, 1903: 305.

主要特征：触角瘤有 2 根毛。头部前侧角有 1 个小型骨化的突起，周围有环状纹。前气门有 7–8 个盘状腺孔。臀前腹节的侧瓣有背腺管和腺刺。第 1、2 和 4 腹节各有 1 个背侧疤。侧腺瘤在后胸和第 1 腹节。中臀叶间两侧有缺刻，其间距小于 1 个中臀叶宽度，基部有微弱的厚皮棒；第 2 臀叶双分。每两臀叶或齿突的中间都有 1 对腺刺，中臀叶与第 2 臀叶间为 1 个腺刺。背腺管小，第 2–7 腹节排成亚缘群和亚中群，第 6 腹节的腺管排成连续横列。第 2 臀叶前有 1 个小腺管。肛门小，接近臀板基部。围阴腺孔 5 群：6–10/11–19/8–12。

分布：浙江（金华）、河北、江苏、安徽、湖北、江西、湖南、福建、台湾、广东、海南、香港、澳门、广西、四川、云南；世界广布。

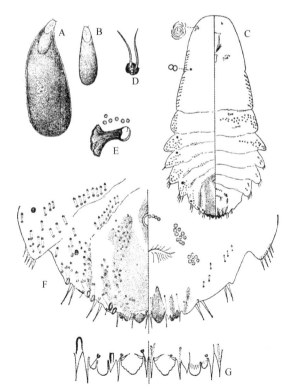

图 8-122　紫牡蛎蚧 *Lepidosaphes beckii* (Newman, 1869)（仿周尧，1986）

A. 雌介壳；B. 雄介壳；C. 雌虫体；D. 触角；E. 前气门；F. 臀板；G. 臀板末端

（734）茶牡蛎蚧 *Lepidosaphes camelliae* Hoke, 1921（图 8-123）

Lepidosaphes camelliae Hoke, 1921: 339.

Insulaspis camelliae Borchsenius, 1963: 1172.

　　主要特征：触角瘤有 4 根刚毛。前气门有 3–4 盘状腺孔。腺瘤在前体段腹面侧缘和后胸的亚缘。臀前腹节有亚缘和亚中背腺管，亚缘群每节每侧各 2 个，亚中群各 3 个。侧瓣的腹面有腺刺。第 4 腹节前侧角有 1 个微弱的距状突起。中臀叶端圆，两侧各有缺刻；第 2 臀叶双分，外叶较小。每两臀叶或齿状突出的中间分布有成对的腺刺。背腺管粗短，数目少，第 6 腹节每侧有 4–7 个；在第 2 臀叶上方有 1 个。臀板每侧有 6 个边缘背腺管。肛门位于臀板基部。阴门位于臀板中央，围阴腺孔 5 群：3–7/7–12/6–9。

　　分布：浙江、北京、江苏、湖南、福建、广东、广西、四川、贵州、云南；日本，斯里兰卡，古巴，墨西哥，美国。

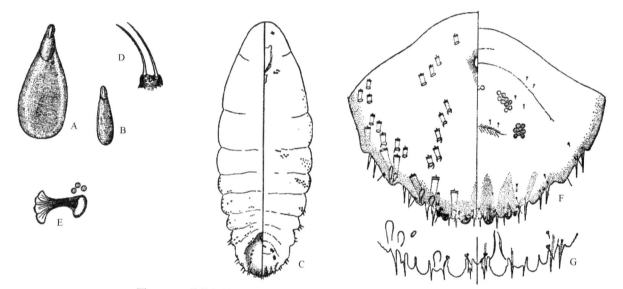

图 8-123　茶牡蛎蚧 *Lepidosaphes camelliae* Hoke, 1921（仿周尧，1986）
A. 雌介壳；B. 雄介壳；C. 雌虫体；D. 触角；E. 前气门；F. 臀板；G. 臀板末端

（735）朴牡蛎蚧 *Lepidosaphes celtis* Kuwana, 1925（图 8-124）

Lepidosaphes celtis Kuwana, 1925a: 28.

　　主要特征：触角 2 根长毛。前气门约有 5 个盘状腺孔。臀前二腹节侧缘各有腺刺 3–4 个。第 1–2 腹节有腺瘤，后胸无。背腺管细小，在第 6 腹节从肛门侧至边缘成 1 纵带，也分布在第 3–5 腹节，第 1、2 腹节及中、后胸亚缘区也有分布。臀板有 2 对臀叶，中叶大，其间距不到臀叶的 1/2；第 2 臀叶双分，外叶较小。臀板有 9 对边缘腺刺和 6 对边缘背大腺管。第 1–6 腹节每节各有 1 个背侧疤。第 1–4 腹节每侧各有 1 节间瘤，瘤上有 1–2 根粗刺。肛门位于臀板基部。围阴腺孔 5 群：20/8/11。

　　分布：浙江、云南；日本。

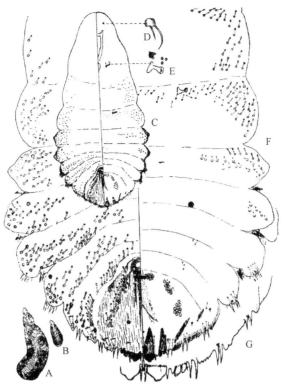

图 8-124　朴牡蛎蚧 *Lepidosaphes celtis* Kuwana, 1925（仿汤祊德，1977）
A. 雌介壳；B. 雄介壳；C. 雌虫体；D. 触角；E. 前气门；F. 臀板；G. 臀板末端

（736）梨牡蛎蚧 *Lepidosaphes conchiformis* (Gmelin, 1790)（图 8-125）

Coccus conchiformis Gmelin, 1790: 2221.

Lepidosaphes conchiformis: Lindinger, 1912: 97.

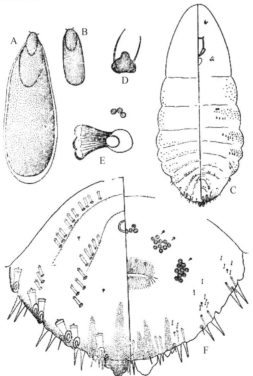

图 8-125　梨牡蛎蚧 *Lepidosaphes conchiformis* (Gmelin, 1790)（仿周尧，1986）
A. 雌介壳；B. 雄介壳；C. 雌虫体；D. 触角；E. 前气门；F. 臀板

主要特征：触角瘤有 2 根粗毛。前气门有 3–4 个盘状腺孔。第 3–4 腹节每侧各有 2–3 根腺刺；第 2 腹节的两侧各有 4 根腺刺，在后胸和第 1 腹节无侧腺刺或有 1 根腺刺。中后胸分布着侧腺管，背腺管在第 2–6 腹节上排成亚中和亚缘群，第 1 腹节仅有亚缘群。臀板有 2 对发达的臀叶：中臀叶大，端平圆，每侧各有 1 或 2 个缺刻，其间距小于中臀叶的宽度；第 2 臀叶比中臀叶小，双分，分叶均锥状。臀板有 6 对边缘背大腺管。肛门小，接近臀板基部。围阴腺孔 5 群：2–5/9–12/6–11。

分布：浙江、黑龙江、辽宁、河北、山西、山东、河南、甘肃、新疆、江苏、安徽、江西、湖北、福建、台湾、广东、海南、广西、四川、云南；世界广布。

（737）山茱萸牡蛎蚧 *Lepidosaphes corni* Takahashi, 1957（图 8-126）

Lepidosaphes corni Takahashi, 1957: 111.

Insulaspis corni Kawai, 1980: 241.

主要特征：触角瘤生有 2 毛。前气门有 4–7 个盘状腺孔。后胸和第 1 腹节有 8–15 个腺瘤。中后胸的侧缘有腺管分布，第 2–4 腹节除侧缘群及亚缘群外，还有亚中群，第 5 腹节上每侧有亚缘群及亚中群各 2–3 个，第 6 腹节有 2–3 个亚中腺管，第 2 臀叶前有 1 个。第 2–4 腹节各有 4 个腺刺。臀板有 6 个边缘背大腺管和 5 对边缘腺刺。臀板有 2 对臀叶，中臀叶每侧各有 2 个缺刻，其间距等于中臀叶的宽度；第 2 臀叶双分，每侧各有 1 缺刻。第 1–4 腹节各腹节间有 1 个侧距。肛门小，位于臀板基部。围阴腺孔 5 群：4/8–10/8–10。

分布：浙江（杭州）、内蒙古、北京、湖北、湖南、香港；日本。

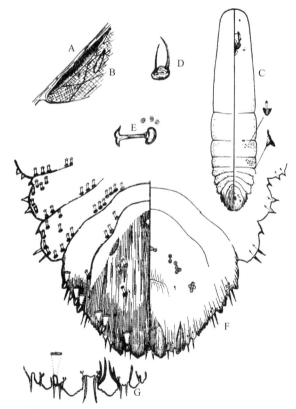

图 8-126　山茱萸牡蛎蚧 *Lepidosaphes corni* (Takahashi, 1957)（仿汤祊德，1986）
A. 雌介壳；B. 雄介壳；C. 雌虫体；D. 触角；E. 前气门；F. 臀板；G. 臀板末端

（738）柏牡蛎蚧 *Lepidosaphes cupressi* Borchsenius, 1958（图8-127）

Lepidosaphes cupressi Borchsenius, 1958a: 169.

Cornuaspis cupressi Borchsenius, 1963: 1168.

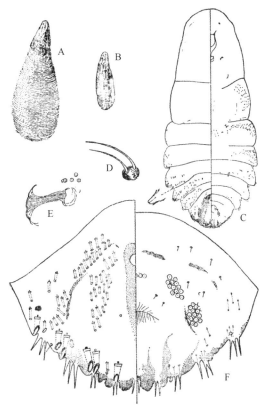

图8-127　柏牡蛎蚧 *Lepidosaphes cupressi* Borchsenius, 1958（仿周尧，1986）
A. 雌介壳；B. 雄介壳；C. 雌虫体；D. 触角；E. 前气门；F. 臀板

主要特征：触角瘤有2–3根毛。前胸亚侧缘有2个"8"字形背疤。前气门有4–5个盘状腺孔。第1–6腹节每侧各有1个背侧疤。背腺管如图8-127所示，并且第2臀叶前有1个。臀板近基部的亚缘有少数微小腺管。中后胸至第1腹节有很多小腺管。臀板有2对臀叶，中臀叶大，端钝圆，其间距小于中臀叶的宽度；第2臀叶双分，外侧各有1缺刻。第3–4腹节各节有4–5个腺刺。腺瘤分布在第1–2腹节的侧缘。第1–4腹节各腹节间有1个侧距。臀板有6对边缘背大腺管。肛门位于臀板近基部。围阴腺孔5群：6–7/7–13/9–14。

分布：浙江、江苏、上海、福建、香港、广西、四川、云南；日本。

（739）苏铁牡蛎蚧 *Lepidosaphes cycadicola* Kuwana, 1931（图8-128）

Lepidosaphes cycadicola Kuwana *in* Kuwana & Muramatsu, 1931: 651.

主要特征：触角瘤有2短毛。前气门有2个盘状腺孔。后胸和第1腹节有8–15个侧腺瘤。中后胸及第2腹节有侧腺管。背腺管小，亚中群分布在第3–5腹节，第2腹节如有很少；亚缘群分布在第2–5腹节；第6腹节上每侧排成1纵列；第2臀叶前有2–3个。腹面的小腺管分布于头胸部和第1腹节。第3和4腹节间有1个侧距。第1、2、4、5和6腹节各有1个背侧疤。第2–5腹节各有3–6个侧腺刺。臀板有2对发达的臀叶：中臀叶端平圆，两侧各有4个浅缺刻，其间距约等于中臀叶宽度的1/3；第2臀叶比中臀叶短，双分。臀板每侧有6对边缘腺管。肛门位于近臀板基部。围阴腺孔5群：6–9/10–17/8–13。

分布：浙江（温岭）、宁夏、福建、台湾、广东、海南、香港、广西。

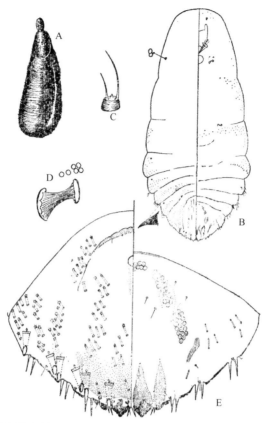

图 8-128 苏铁牡蛎蚧 *Lepidosaphes cycadicola* Kuwana, 1931（仿周尧，1986）

A. 雌介壳；B. 雌虫体；C. 触角；D. 前气门；E. 臀板

（740）青冈牡蛎蚧 *Lepidosaphes glaucae* Takahashi, 1932（图 8-129）

Lepidosaphes glaucae Takahashi, 1932b: 47.

Parainsulaspis glaucae Borchsenius, 1963: 1163.

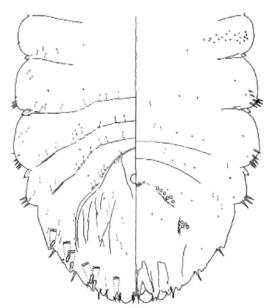

图 8-129 青冈牡蛎蚧 *Lepidosaphes glaucae* Takahashi, 1932（仿 Takagi, 1960）

主要特征：触角有 1–2 毛。前气门有 1–2 个盘状腺孔。背腺管从前胸分布至臀板末端。臀前腹节各腹节间每侧各有 1 个侧距。第 2–4 腹节有 3–7 个腺刺。第 1 腹节每侧有 17–18 个腺瘤。中臀叶端部阔圆，边缘锯齿状，基部各有 1 对细的厚皮棒，其间距约等于中臀叶的 1/2；第 2 臀叶双分，端圆，外侧有锯齿，基部有 1 对厚皮棒。背腺管细小，分布如图 8-129 所示，在第 6 腹节每侧有 4–6 个，第 7 腹节每侧 2–3 个，第 2 臀叶基部前 1 个。臀板每侧有 6 对边缘腺管和 7 对边缘腺刺。肛门靠近臀板基部。围阴腺孔 5 群：3–5/6–8/3–6。

分布：浙江、福建、台湾；日本。

（741）长牡蛎蚧 *Lepidosaphes gloverii* (Packard, 1869)（图 8-130）

Aspidiotus gloverii Packard, 1869: 527.

Lepidosaphes gloverii: Kirkaldy, 1902: 111.

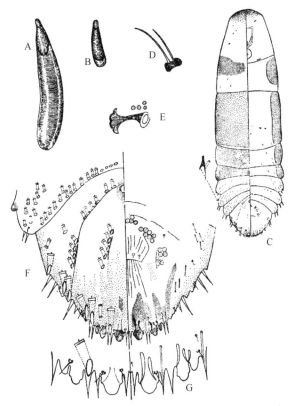

图 8-130 长牡蛎蚧 *Lepidosaphes gloverii* (Packard, 1869)（仿周尧，1986）
A. 雌介壳；B. 雄介壳；C. 雌虫体；D. 触角；E. 前气门；F. 臀板；G. 臀板末端

主要特征：触角瘤有 2 根长毛。前气门有 4–5 个盘状腺孔。第 2–4 腹节各节有 1 个侧距和 2–3 个腺刺。侧腺管分布在中后胸及第 1 腹节。后胸和第 1 腹节各有 5–8 个侧腺瘤。背腺管在第 1–5 腹节上排成亚缘列和亚中列，在第 6 腹节亚中有 4–6 个，第 2 臀叶上方有 1 个小管腺。臀板有 2 对臀叶：中臀叶端圆，每侧各有 1 个缺刻，其间距小于中臀叶的宽度，基部有 1 个细厚皮棒；第 2 臀叶双分，外叶更小，无缺刻，分叶基部内外各有厚皮棒。臀板有 6 对边缘背大腺管。肛门靠近臀板基部。围阴腺孔 5 群：2–11/7–11/4–5。

分布：浙江、河北、山东、河南、陕西、江苏、湖北、江西、湖南、福建、台湾、广东、海南、香港、广西、四川、贵州、云南、西藏；世界广布。

（742）黄岩盘顶蛎蚧 *Lepidosaphes huangyangensis* (Young *et* Hu, 1981)（图 8-131）

Ductofrontaspis huangyangensis Young *et* Hu, 1981: 209.

Lepidosaphes huangyangensis: Normark et al., 2019: 62.

　　主要特征：体纺锤形。头顶部有 2–7 个盘腺。触角瘤有毛 2 根。瘤腺在腹部第 1 节亚缘区成群。腹面的小管腺在触角之间，头胸部和第 1、2 腹节边缘成群，在后气门下方成带，在第 3、4 腹节也有少量分布。臀板有 6 对边缘背大腺管。肛门在臀板的基部。背腺管细，分布在第 2–7 腹节。臀板边缘腺刺发达。臀叶 2 对：中臀叶端圆，每侧各有 1 个缺刻，基内角有 1 个厚皮棒。第 2 臀叶双分，在内叶的基内角有 1 个厚皮棒。围阴腺孔 5 群：6–8/11–16/10–13。

　　分布：浙江（黄岩）。

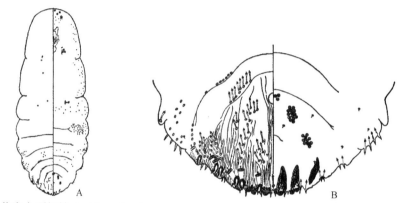

图 8-131　黄岩盘顶蛎蚧 *Lepidosaphes huangyangensis* (Young *et* Hu, 1981)（仿杨平澜和胡金林，1981）
A. 雌虫体；B. 臀板

（743）榧牡蛎蚧 *Lepidosaphes okitsuensis* Kuwana, 1925（图 8-132）

Lepidosaphes okitsuensis Kuwana, 1925a: 33.

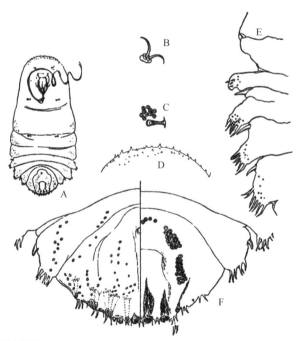

图 8-132　榧牡蛎蚧 *Lepidosaphes okitsuensis* (Kuwana, 1925)（仿 Kuwana，1925a）
A. 雌虫体；B. 触角；C. 前气门；D. 头端部；E. 腹部侧缘；F. 臀板

　　主要特征：触角瘤有 2 根以上刚毛。头部有许多微小的锥形颗粒。臀前腹节侧缘明显突出，呈瓣状。前气门有 8–10 个盘状腺孔。臀前胸部和臀前腹节有微小的背侧腺管。臀前 3 腹节各有 1 个侧距。臀前腹节的侧缘上有腺刺。背腺管小，每侧 15–40 个，排列不规则。中臀叶小，每侧有缺刻，基部有 1 对细的厚皮棒，其间距小于中臀叶的宽度；第 2 臀叶双分，内叶比外叶大，基部有 1 对纤细的厚皮棒。臀板有 6 对边缘背大腺管。肛门位于臀板近基部 1/5 处。围阴腺孔 5 群：7–9/12–19/9–16。

　　分布：浙江、北京、山东；韩国，日本。

（744）马氏牡蛎蚧 *Lepidosaphes pallida* (Maskell, 1895)（图 8-133）

Mytilaspis pallida Maskell, 1895: 46.

Lepidosaphes pallida: Zimmerman, 1948: 418.

　　主要特征：触角瘤有 2 毛。前气门有 1–4 个盘状腺孔。腺瘤在后胸和第 1 腹节依次为 4–7、6–12 个。第 2–4 腹节各有 2–4 个侧腺刺。背腺管分布在后胸和臀前腹节的亚缘或亚中各 2–4 个。背腺管在第 5 腹节有亚缘群和亚中群各 1 个，第 6 腹节的亚中群每侧 2–4 个。有 2 对臀叶：中臀叶端圆，每侧各有 1 缺刻，基部有 1 对细的厚皮棒，其间距等于中臀叶的宽度；第 2 臀叶双分，端圆，内叶基部连有 1 对细小的厚皮棒。臀板有 6 对边缘背大腺管和 9 对边缘腺刺。第 3、4 腹节前侧角各有 1 侧瘤。肛门位于臀板的基部。围阴腺孔 5 群：1–4/3–8/3–5。

　　分布：浙江、内蒙古、福建、台湾、广东、海南、广西、贵州；世界广布。

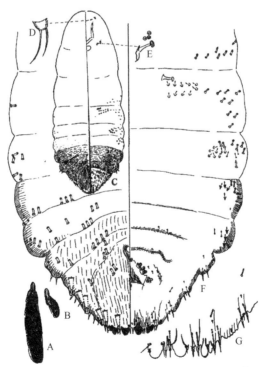

图 8-133　马氏牡蛎蚧 *Lepidosaphes pallida* (Maskell, 1895)（仿汤祃德，1977）
A. 雌介壳；B. 雄介壳；C. 雌虫体；D. 触角；E. 前气门；F. 臀板；G. 臀板末端

（745）松小牡蛎蚧 *Lepidosaphes pineti* Borchsenius, 1958（图 8-134）

Lepidosaphes pineti Borchsenius, 1958a: 170.

Insulaspis pineti Borchsenius, 1963: 1173.

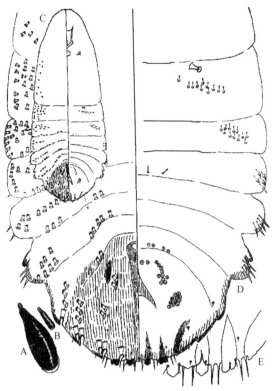

图 8-134　松小牡蛎蚧 *Lepidosaphes pineti* (Borchsenius, 1958)（仿汤祊德，1977）

A. 雌介壳；B. 雄介壳；C. 雌虫体；D. 臀板；E. 臀板末端

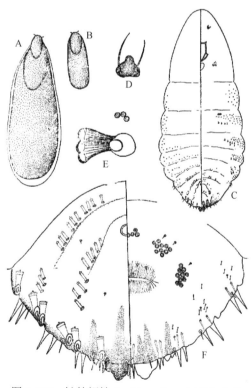

图 8-135　松牡蛎蚧 *Lepidosaphes pini* (Maskell, 1897)（仿汤祊德，1977）

A. 雌介壳；B. 雄介壳；C. 雌虫体；D. 触角；E. 前气门；F. 臀板

主要特征： 触角瘤有 2 长毛。前气门有 2–3 个盘状腺孔。腺瘤在第 1–2 腹节依次为 4–5、6–7 个。第 3–4 腹节各有 3–4 个侧腺刺。中胸和后胸两侧有成群的背腺管，在后胸上并从边缘到后气门排成横列，在臀前腹节上排成宽的行列。背腺管短，在第 5 腹节上亚缘群有 6–8 个，亚中群 3–4 个；第 6 腹节上亚缘群 3 个，亚中群 2 个。中臀叶小，每侧各有浅的缺刻，其间距大于中臀叶的宽度。第 2 臀叶双分，每侧各有小的缺刻。臀板有 6 对边缘背大腺管和 5 对边缘腺刺。肛门位于臀板的基部。围阴腺孔 8 群。

分布： 浙江（余姚）、北京、山东、江苏、湖北、广东。

（746）松牡蛎蚧 *Lepidosaphes pini* (Maskell, 1897)（图 8-135）

Poliaspis pini Maskell, 1897a: 242.

Lepidosaphes pini: Takahashi, 1955b: 76.

主要特征： 触角瘤有 2 长毛。前气门有 3–5 个盘状腺孔。腺瘤从后胸分布至第 4 腹节。中、后胸和臀前腹节的腹面沿边缘有中等大小的腺管分布。背腺管在第 5 节上排成亚缘群和亚中群，各 2–4 个；第 6 节上只有亚中群 4 个。中臀叶小，端圆，两侧角各有 1 不明显的缺刻；其间距大于中臀叶的宽度；第 2 臀叶双分，外叶稍小。臀板有 6 对边缘背大腺管和 9 对边缘腺刺。肛门小，位于近臀板基部。围阴腺孔 8 群：前面 3 群，1–7/2–4；

后面 5 群，2–7/8–12/7–16。

分布：浙江（义乌）、辽宁、北京、河北、山东、江苏、上海、台湾；韩国，日本，美国。

（747）松爪蛎蚧 *Lepidosaphes pinicolous* Chen, 1937（图 8-136）

Lepidosaphes pinicolous Chen, 1937: 385.

Ungulaspis pinicolous: Borchsenius, 1966: 68.

主要特征：体细长，两侧平行，触角有 1 长毛。前气门有盘状腺孔，后气门无。腹节有许多细小的腺管，臀前腹节有向两侧延伸的爪状突出，端部分叉。无腺刺。臀板长宽几乎一样长，两侧有明显缺刻。肛门近基部，圆形。背腺管少而粗大。臀板每侧有 6 个边缘背大腺管。中臀叶大，中臀叶长过于阔，末端圆，无缺刻，平行，分离，其间有 1 对腺刺；第 2 臀叶大，几乎与中臀叶一样大。腺刺每侧 6 个。围阴腺孔 5 群：2/5/4–5；有 8–10 个较小的附属孔。

分布：浙江（黄岩）、山东、广西。

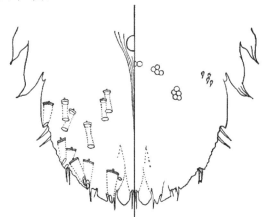

图 8-136　松爪蛎蚧 *Lepidosaphes pinicolous* Chen, 1937（仿陈方洁，1937）

（748）松针牡蛎蚧 *Lepidosaphes piniphila* Borchsenius, 1958（图 8-137）

Lepidosaphes piniphilus Borchsenius, 1958a: 171.

Lepidosaphes piniphila: Chou, 1982: 156. Emendation that is justified.

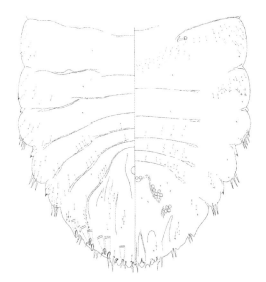

图 8-137　松针牡蛎蚧 *Lepidosaphes piniphila* (Borchsenius, 1958)（仿汤祊德，1977）

主要特征：触角瘤有 3 根细毛。头端口器前密布有微小的锥形颗粒。前气门有 2-5 个盘状腺孔。腹小腺管分布于中胸、后气门的侧缘，并在后气门之间排成 1 横列，也分布到第 1 腹节的侧缘。背腺管细小，分布于腹节的侧缘及亚缘，数目不多，第 3-5 腹节上有亚中群和中群。背腺管在第 6、7 腹节上排成纵列，一长一短。第 2 臀叶前和中臀叶内基角前各有 1 小背腺管。第 1 腹节有 2-10 个腺瘤。第 3-5 腹节各有 3-7 腺刺。臀板有 2 对臀叶：中臀叶小，每侧各有缺刻，基部有厚皮棒，间距比中臀叶的宽；第 2 臀叶小，双分，基部有 1 对小的厚皮棒，外叶很小。第 1-4 腹节各腹节间有 1 个硬化距。臀板有 6 对边缘背大腺管和 9 对边缘腺刺。肛门近臀板基部。阴门在臀板的中央，围阴腺孔 5 群：2-5/4-8/4-6。

分布：浙江、江苏、上海、江西、湖南、广东；日本。

（749）金松牡蛎蚧 *Lepidosaphes pitysophila* (Takagi, 1970)（图 8-138）

Parainsulaspis pitysophila Takagi, 1970: 16.

Lepidosaphes pitysophila: Danzig & Pellizzari, 1998: 290.

主要特征：触角 1-3 长毛。头前端有稀疏细颗粒。前气门有 2-5 个盘状腺孔。第 1-4 腹节每侧分别有 20-30、4-5、3-4、2-3 个腺瘤。第 2-5 腹节的亚中背腺管每侧分别为 5-6、7-10、4-7、5-7 个，亚缘背腺管稀疏分布于后胸至第 6 腹节；第 6、7 腹节每侧背腺管各为 4-7、3-5 个，第 2 臀叶前有 1 亚缘背腺管。腹面小腺管从后胸分布至臀前腹节的侧缘。中臀叶端突，厚皮棒明显，其间距为中臀叶的宽；第 2 臀叶双分，有 1 对小的厚皮棒。臀板缘腺刺除第 6、7 腹节每侧 1-2 根，其余均成双分布。围阴腺孔 5 群：3-5/4-6/3-4。

分布：浙江（杭州、奉化、浦江）、江苏、湖南、台湾、广东、香港、广西；日本。

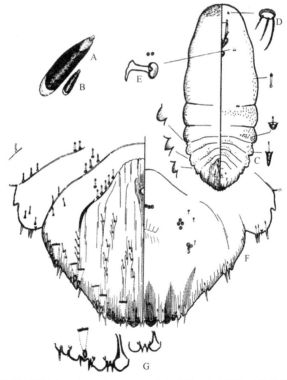

图 8-138　金松牡蛎蚧 *Lepidosaphes pitysophila* (Takagi, 1970)（仿汤祊德，1986）
A. 雌介壳；B. 雄介壳；C. 雌虫体；D. 触角；E. 前气门；F. 臀板；G. 臀板末端

（**750**）木兰牡蛎蚧 *Lepidosaphes pseudomachili* **(Borchsenius, 1964)**（图 **8-139**）

Eucornuaspis pseudomachili Borchsenius, 1964b: 157.

Lepidosaphes pseudomachili: Paik, 1978: 354.

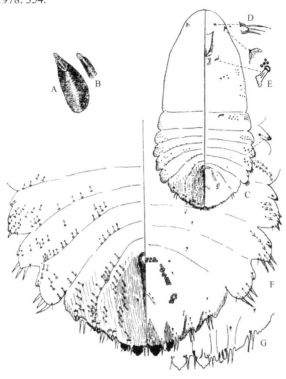

图 8-139　木兰牡蛎蚧 *Lepidosaphes pseudomachili* (Borchsenius, 1964)（仿汤祊德，1977）
A. 雌介壳；B. 雄介壳；C. 雌虫体；D. 触角；E. 前气门；F. 臀板；G. 臀板末端

主要特征：触角瘤有 1–3 短毛。眼瘤上有 1 刺状的骨化距。前气门有 4–6 个盘状腺孔。后胸至第 3 腹节有 22–39 个侧腺瘤。第 3 腹节有 3–4 个腺刺。背腺管分布于第 2–7 腹节上，略成亚缘群及亚中群。臀板有 2 对臀叶：中臀叶发达，端圆，每侧各有 3 个浅缺刻，间距等于中臀叶的宽度；第 2 臀叶双分，端圆，外侧角有 1 浅缺刻。第 2–4 腹节间各有 1 个侧距。臀板有 6 对边缘背大腺管和 5 对边缘腺刺。肛门位于臀板近基部 1/3 处。阴门位于臀板的中央。围阴腺孔 5 群：7–11/13–18/10–16。

分布：浙江、山西、云南；韩国。

（**751**）瘤额牡蛎蚧 *Lepidosaphes tubulorum* **Ferris, 1921**（图 **8-140**）

Lepidosaphes tubulorum Ferris, 1921: 216.

主要特征：长纺锤形，臀前腹节侧缘稍突出。触角有 2 毛。头部有很多疣刺。前气门约有 14 个盘状腺孔。第 1 腹节腹面约有 16 个腺瘤。第 2–5 腹节各有 5–6 根侧腺刺。后胸之腹侧面各有 1 节间瘤，瘤上有 1 大硬化刺。腹面小腺管在中后胸和第 1 腹节侧缘。背腺管微细，第 2–5 腹节背面除中区稍间断外，其余几乎连续分布，第 6–7 腹节各节排成纵列，一长一短。臀叶 2 对，中臀叶大得多，中臀叶突出，其间距小于臀叶的 1/2；第 2 臀叶双分，中、侧叶腹面均有硬化棒。臀板有 6 对边缘背大腺管。肛门位于臀板的基部。围阴腺孔 5 群：6/17/17。

分布：浙江（庆元）、吉林、辽宁、河北、山东、河南、江苏、上海、安徽、湖北、江西、湖南、福建、台湾、广东、广西、四川、贵州、云南、西藏；韩国，日本，巴基斯坦，尼泊尔。

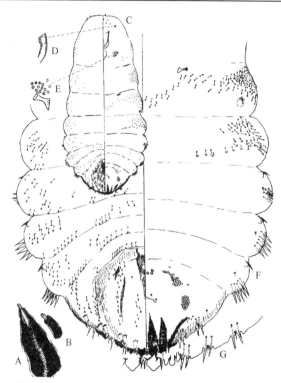

图 8-140　瘤额牡蛎蚧 *Lepidosaphes tubulorum* Ferris, 1921（仿汤祊德，1977）
A. 雌介壳；B. 雄介壳；C. 雌虫体；D. 触角；E. 前气门；F. 臀板；G. 臀板末端

（752）榆牡蛎蚧 *Lepidosaphes ulmi* (Linnaeus, 1758)（图 8-141）

Coccus ulmi Linnaeus, 1758: 455.

Lepidosaphes ulmi: Danzig, 1980: 302.

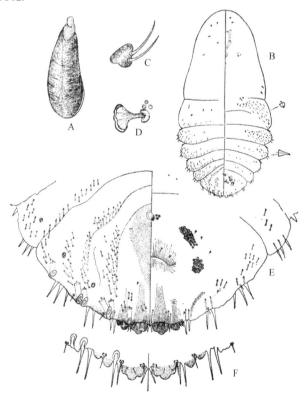

图 8-141　榆牡蛎蚧 *Lepidosaphes ulmi* (Linnaeus, 1758)（仿周尧，1986）
A. 雌介壳；B. 雌虫体；C. 触角；D. 前气门；E. 臀板；F. 臀板末端

　　主要特征：触角有 2 长毛。前气门有 3–6 个盘状腺孔。腺瘤分布在后胸至第 2 腹节侧缘亚缘区。臀前腹节侧缘瓣的腹面各有腺刺 4–8 个，愈往后的愈长。背腺管很小，每侧约 100 个，第 4、5 腹节的节间线排成亚缘及亚中列；在第 6 腹节上从边缘到肛门约有 30 个，第 2 臀叶前方有 1 个。从中胸到第 4 腹节分布有侧腺管。臀板有 2 对发达的臀叶：中臀叶很阔，每侧各有 1 明显的缺刻；第 2 臀叶双分，端圆。肛门小，位于臀板近基部的 1/5 处。阴门位于臀板中央。臀板有 6 对边缘背大腺管和 8 对边缘腺刺。围阴腺孔 5 群：8–16/10–28/8–24。

　　分布：浙江、黑龙江、吉林、辽宁、河北、山西、山东、河南、宁夏、甘肃、新疆、江苏、安徽、湖北、江西、湖南、福建、台湾、广东、澳门、广西、四川、云南、西藏；世界广布。

（753）浙江牡蛎蚧 *Lepidosaphes zhejiangensis* Feng, Yuan *et* Zhang, 2006（图 8-142）

Lepidosaphes zhejiangensis Feng, Yuan *et* Zhang, 2006: 265.

　　主要特征：触角瘤有 2 根毛。前气门有 2–4 个盘状腺孔。头部触角前方及触角间有大量小的腺管分布。后气门后方有 17–23 个小腺管，7–10 个腺瘤。第 1 腹节边缘有 4–5 个腺管，亚缘有 9–12 个腺管，15–18 个腺瘤。第 1–4 腹节有 1–2 根侧腺刺。第 2–4 腹节腺管排成 1 长的横列。背腺管在第 5 腹节有亚中群和亚缘群各 2 个，第 6 腹节有亚中群 2–3 个。中臀叶端圆，每侧各有 1 浅缺刻，其间距大于中臀叶的宽度；第 2 臀叶双分，外叶稍小。臀板有 6 对边缘背大腺管和 9 对边缘腺刺。肛门位于臀板近基部 1/4 处。阴门位于臀板近中央。围阴腺孔 5 群：1–2/7–8/6–7。

　　分布：浙江（象山、磐安、永康、仙居）。

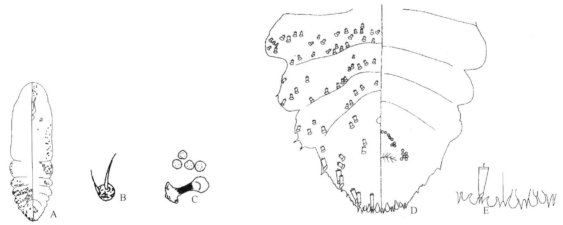

图 8-142　浙江牡蛎蚧 *Lepidosaphes zhejiangensis* Feng, Yuan *et* Zhang, 2006（仿冯纪年等，2006）
A. 雌虫体；B. 触角；C. 前气门；D. 臀板；E. 臀板末端

384. 白盾蚧属 *Leucaspis* Signoret, 1869

Leucaspis Signoret, 1869a: 865. Type species: *Aspidiotus pini* Hartig, 1839.

Maniaspis Borchsenius, 1964a: 869. Type species: *Maniaspis manii* Borchsenius, 1964.

　　主要特征：体长卵形，皮肤膜质，常有密的小刺、颗粒或小型的骨斑。腹节有微弱的侧瓣。触角有 2–6 根毛。前气门有盘状腺孔，有时还有气门侧腺或腺瘤。臀前节的腹侧无臀栉、腺管及腺瘤。臀板有 1–4 对臀叶。臀栉有或无。背腺管分布于边缘及亚缘区。肛门圆形，位于臀板中央或臀板近基部。围阴腺孔 4 或 5 群。第 4、5 腹节有附加的阴腺群。

分布：世界广布。世界已知 36 种，中国记录 5 种，浙江分布 1 种。

（754）桂白盾蚧 *Leucaspis cinnamomum* (Tang, 1977)（图 8-143）

Maniaspis einnamomum Tang, 1977: 142.

Maniaspis cinnamomum: Tang, 1981: 52. Emendation that is justified.

Leucaspis cinnamomum: Chou, 1985: 392.

主要特征：体长纺锤形。触角瘤有 5 根长毛。前气门约有 6 个盘状腺孔，外侧约有 20 个小腺管。臀叶 3 对，中臀叶彼此远离，内外缘齿状，外侧 1 对长刚毛；第 2 臀叶呈锥状，两侧各有 1 缺刻；第 3 臀叶呈 3 齿状。腺刺无。背腺小，主要分布于臀板后缘及其前一腹节之侧。缘腺不发达。臀板背面每侧有 6 块长形硬化斑。肛门圆形，在臀板前端。围阴腺孔的中群与前侧群合并，后侧群分离。除此，其前尚有额外阴腺 2 群，每群约 5 个，另有个别圆孔位于两群之间。

分布：浙江（杭州）。

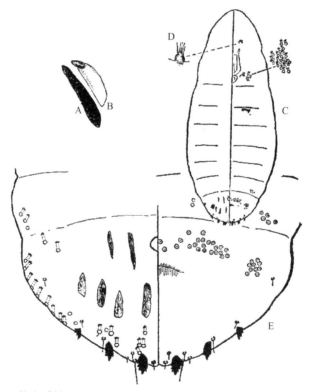

图 8-143　桂白盾蚧 *Leucaspis cinnamomum* (Tang, 1977)（仿汤祊德，1977）
A. 雌介壳；B. 雄介壳；C. 雌虫体；D. 触角；E.臀板

385. 长白盾蚧属 *Lopholeucaspis* Balachowsky, 1953

Lopholeucaspis Balachowsky, 1953: 875. Type species: *Leucaspis japonica* Cockerell, 1897.

主要特征：体长纺锤形，皮肤膜质，腹面有微小的鳞状突起。触角有 3–5 根刚毛。前气门有盘状腺孔。腺瘤从头部分布至臀板。臀板有 2 对发达的臀叶。臀栉端齿式，分布于中臀叶间及第 6–8 腹节的侧缘。背腺管不规则分布于臀板。臀板背面有加厚的骨斑。肛门圆形，接近臀板基部。围阴腺孔通常 5 群。在第 3、4 腹节的侧区有附加的围阴腺孔。

分布：世界广布。世界已知 6 种，中国记录 3 种，浙江分布 1 种。

（755）日本长白盾蚧 *Lopholeucaspis japonica* (Cockerell, 1897)（图 8-144）

Leucaspis japonicus Cockerell, 1897b: 53.

Lopholeucaspis japonica: Balachowsky, 1953: 877 (VII-155).

主要特征：体长纺锤形。触角有 3–4 根长毛。前气门有 6–20 个盘状腺孔。背腺管小，每侧 25–35 个；边缘腺管每侧约 12 个。中臀叶大，末端钝尖，每侧有深缺刻，第 2 臀叶较小。臀栉均呈刷状，分布为中臀叶间有 2 个，中臀叶与第 2 臀叶之间及第 2 臀叶外侧，每侧各有 2 个，在末一臀栉的外侧还有 5–6 个短而不发达的臀栉。臀板背面每侧有 7–9 个略呈圆形的骨化区。肛门接近臀板基部。阴门在臀板的中央。围阴腺孔 5 群：10–27/12–28/10–24。第 3、4 腹节的侧缘各有 3–4 个盘状腺孔。

分布：浙江、辽宁、北京、天津、河北、山西、山东、河南、江苏、安徽、湖北、江西、湖南、福建、台湾、广东、四川；世界广布。

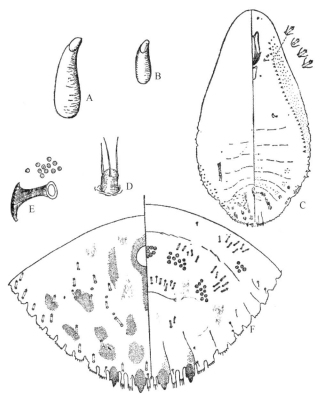

图 8-144　日本长白盾蚧 *Lopholeucaspis japonica* (Cockerell, 1897)（仿周尧，1986）
A. 雌介壳；B. 雄介壳；C. 雌虫体；D. 触角；E. 前气门；F. 臀板

386. 巨刺盾蚧属 *Megacanthaspis* Takagi, 1961

Megacanthaspis Takagi, 1961b: 97. Type species: *Megacanthaspis actinodaphnes* Takagi, 1961.

Nanmuaspis Tang, 1977: 148. Type species: *Nanmuaspis phoebia* Tang, 1977.

主要特征：体狭长，侧缘近平行，分节不明显，皮肤膜质。触角只 1 毛。前气门有盘状腺孔。无臀叶。沿臀板端缘有短阔臀叶状的突起，端部呈耙状，或无，臀板和臀前腹节各有腺刺。胸部和腹部基部有小的腺瘤。背腺管按节排列，在臀板上未分化出不同的边缘腺管。肛门近臀板基部。围阴腺孔排成弧形。

分布：古北区、东洋区。世界已知 7 种，中国记录 4 种，浙江分布 2 种。

（756）杭州巨刺盾蚧 *Megacanthaspis hangzhouensis* Wei *et* Feng, 2012（图 8-145）

Megacanthaspis hangzhouensis Wei *et* Feng, 2012b: 1.

主要特征：体椭圆形，分节不明显。触角瘤具 1 长毛。前气门有 1–2 个盘状腺孔。臀板边缘退化，无耙状臀叶突起。腺瘤无。第 5–8 腹节有 6 对腺刺，第 5–6 腹节各有 2 腺刺，第 7–8 腹节每侧各有 1 腺刺，每个腺刺只有 1 根细柱腺，第 8 腹节的 1 对腺刺相距较远。背腺管散乱分布于腹部各节，没有明显分为边缘、亚缘和亚中组，每侧约 17 个。最近臀板端部的 1 对腺刺间无边缘腺管。围阴腺孔 5 群：4–7/5–8/7–10，共 28–43 个。

分布：浙江（杭州）。

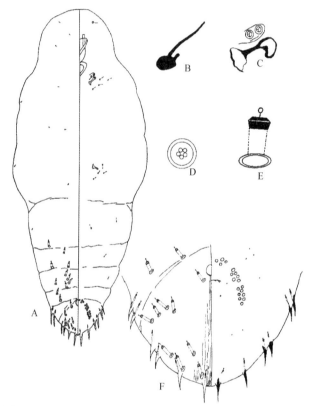

图 8-145　杭州巨刺盾蚧 *Megacanthaspis hangzhouensis* Wei *et* Feng, 2012（仿 Wei and Feng，2012b）
A. 雌虫体；B. 触角；C. 前气门；D. 五孔盘状腺；E. 背大腺管；F. 臀板

（757）紫楠巨刺盾蚧 *Megacanthaspis phoebia* (Tang, 1977)（图 8-146）

Nanmuapsis phoebia Tang, 1977: 148.

Megacanthaspis phoebia: Takagi, 1981: 6.

主要特征：体长纺锤形，自由腹节侧缘突出稍显。前气门有 3–4 个盘状腺孔。全体膜质，臀板略硬化。臀板后缘有 6 对耙状突起。腺瘤在中胸腹面每侧 3–5 个，后胸腹面每侧 4–6 个，第 1 腹节腹面每侧 6–8 个，第 2 腹节腹面每侧亚缘区 2–5 个，第 3–6 腹节每节每侧有 1 粗大腺刺，每个腺刺内一般有 3 根细柱腺通入，少数腺刺偶有 4 根细柱腺，第 7–8 腹节每侧各有 1 腺刺，每个腺刺只有 1 根细柱腺。背腺管散乱分布于胸腹部各节。围阴腺孔 3 群，中群和前侧群合并：20-21/8-9。

分布：浙江（杭州）。

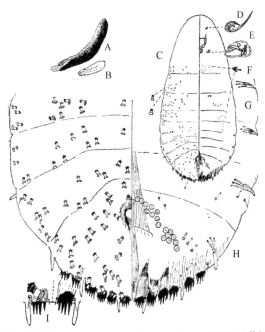

图 8-146　紫楠巨刺盾蚧 *Megacanthaspis phoebia* (Tang, 1977)（仿汤祊德，1977）
A. 雌介壳；B. 雄介壳；C. 雌虫体；D. 触角；E. 前气门；F. 腺瘤；G. 腺刺；H. 臀板；I. 臀板末端

387. 新片盾蚧属 *Neoparlatoria* Takahashi, 1931

Neoparlatoria Takahashi, 1931: 381. Type species: *Neoparlatoria formosana* Takahashi, 1931.

主要特征：体圆形或略长。触角有 1 根刚毛。前气门有或无盘状腺孔。胸部与腹节外侧常有连续或中断的腺瘤列。臀板三角形，有 2 或 3 对发达的臀叶，中臀叶内侧短而外侧倾斜，不对称。腺刺简单或端部分叉，明显比臀叶长。中臀叶间无边缘腺管，无厚皮棒。缘毛长。肛门位于臀板中央或近端部。围阴腺孔 4 群或 2 群或无。

分布：古北区、东洋区。世界已知 7 种，中国记录 7 种，浙江分布 3 种。

分种检索表

1. 围阴腺孔无 ··· 武义新片盾蚧 *N. wuiensis*
- 围阴腺孔 4 群 ·· 2
2. 围阴腺孔前后群均相连 ··· 栎新片盾蚧 *N. excisi*
- 围阴腺孔分前后群 ··· 台湾新片盾蚧 *N. formosana*

（758）栎新片盾蚧 *Neoparlatoria excisi* Tang, 1977（图 8-147）

Neoparlatoria excisi Tang, 1977: 136.

主要特征：体蒲扇形，前气门腺有 1 个盘状腺孔。体侧有 2 群腺瘤，均成 1 纵列，前群约 4 个，后群约 10 个。背腺管在腹节侧一群约 15 个。腹腺在体侧成 1 圈。前期臀栉与臀叶长度相差不大。后期臀板有 2 对发达臀叶，都呈锥状；第 3 臀叶较短，但亦明显；中臀叶间距大，其间 1 对腺刺退化。另每侧有 3 腺刺，单个排列，第 2、3 臀叶部位内侧各有 1 长腺刺，此外在第 3 个边缘腺管外侧有 1 个。边缘腺管每侧 3 个，单一排列。肛门在臀板中央。围阴腺孔 4 群，前后群均相连，每群 5–8 个。

分布：浙江。

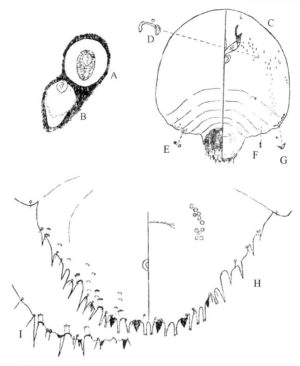

图 8-147 栎新片盾蚧 *Neoparlatoria excisi* Tang, 1977（仿汤祊德，1977）
A. 雌介壳；B. 雄介壳；C. 雌虫体；D. 前气门；E. 背腺管；F. 腹腺管；G. 腺瘤；H. 臀板；I. 边缘腺管

（759）台湾新片盾蚧 *Neoparlatoria formosana* Takahashi, 1931（图 8-148）

Neoparlatoria formosana Takahashi, 1931: 382.

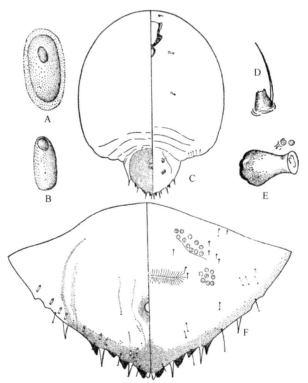

图 8-148 台湾新片盾蚧 *Neoparlatoria formosana* Takahashi, 1931（仿周尧，1986）
A. 雌介壳；B. 雄介壳；C. 雌虫体；D. 触角；E. 前气门；F. 臀板

主要特征：体蒲扇形，臀板突出。前气门有 1 个盘状腺孔，体侧有 2 群腺瘤，均成 1 纵列，前群约 2 个，后群 4 个。背腺管在第 1–3 腹节边缘约成 1 列，约 10 个；腹腺管主要在后气门后分布。臀叶 2 对，均呈斜形，外缘锯齿状。中臀叶紧靠，其间有 1 对长腺刺，另在第 2、第 3 臀叶内侧各有 1 长腺刺，此外在第 3 组边缘腺管外侧有 1 个。边缘腺管每侧最多 6 个，排成 3 群，每群 1–2 个。肛门在臀板中央。围阴腺孔 4 群：4–6/4–6。

分布：浙江、台湾、香港；日本。

（760）武义新片盾蚧 *Neoparlatoria wuiensis* Tang, 1980（图 8-149）

Neoparlatoria wuiensis Tang, 1980: 204.

主要特征：体近三角形，头胸部宽圆，腹部向臀板尖削。触角具 1 长毛。气门无盘状腺孔。体侧各有 20–22 个腺瘤。臀板近梯形，表面有硬化斑。有 2 对臀叶：中臀叶的外缘锯齿状；第 2 臀叶齿状突。臀栉多呈三叉状，分布如下：中臀叶间 1 个，中臀叶与第 2 臀叶外各 2 个。体缘隔一定距离即有 1 长刚毛，臀板缘之刚毛尤长。边缘腺管 2 对，开口于臀板边缘或稍离臀板边缘，管口横向，与臀板边缘相平行。背腺管全无。肛门大，位于臀板中部。阴门与肛门相重叠。围阴腺孔无。

分布：浙江（武义）。

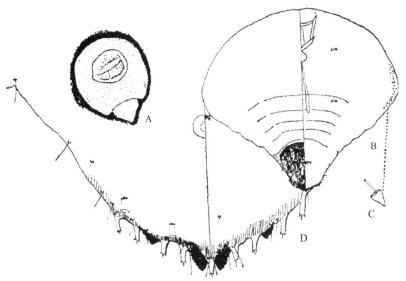

图 8-149　武义新片盾蚧 *Neoparlatoria wuiensis* Tang, 1980（仿汤祊德，1980）
A. 雌介壳；B. 雌虫体；C. 腺瘤；D. 臀板

388. 旎盾蚧属 *Nikkoaspis* Kuwana, 1928

Nikkoaspis Kuwana, 1928: 37. Type species: *Nikkoaspis shiranensis* Kuwana, 1928.

主要特征：体长形，前狭后阔，以腹部中间最为阔。背腺管小，密布于臀前腹节的侧区。腹部各节侧缘有端齿式臀栉，并混杂有简单的腺刺。臀板有 2 对臀叶：中臀叶互相离开，单瓣或双分，第 2 臀叶分为 2–4 瓣。臀板每侧的臀栉分布如下：中臀叶间 1 对；中臀叶与第 2 臀叶间 1 或 2 个；第 2 臀叶外侧很多。中臀叶和第 2 臀叶外侧各有 1 或 2 个腺刺。背腺管排列不规则。肛门近臀板前端。围阴腺孔 5 群。

分布：古北区、东洋区。世界已知 7 种，中国记录 4 种，浙江分布 1 种。

（761）箬旋盾蚧 *Nikkoaspis sasae* (Takahashi, 1936)（图 8-150）

Tsukushiaspis sasae Takahashi, 1936b: 218.

Nikkoaspis sasae: Takagi, 1961a: 8.

　　主要特征：触角有 1 根粗毛和 2 短毛。前气门有 8–11 个盘状腺孔。中胸至臀前腹节的侧缘分布着小管腺。臀板有 2 对臀叶：中臀叶分成 3 叶，第 2 臀叶分成 4 叶，每臀叶细长而尖。臀栉端齿式，在中臀叶间 2 个，中臀叶与第 2 臀叶之间有 1 腺刺及 2 臀栉，第 2 臀叶外腺刺 1 个，臀栉 8 个，然后隔 1 腺刺又有 4 臀栉，再隔 1 腺刺 1 臀栉，向前有 4 个腺刺。背腺从后胸至第 8 腹节均按节排成系列。肛门接近臀板基部。肛门后有 2 狭长的硬化斑。围阴腺孔 5 群：8–10/16–17/14–18。

　　分布：浙江、江苏、安徽。

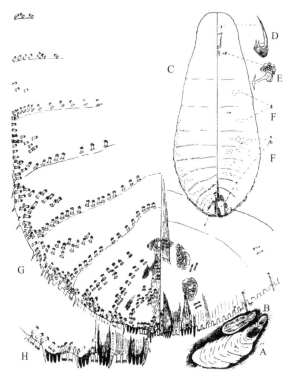

图 8-150　箬旋盾蚧 *Nikkoaspis sasae* (Takahashi, 1936)（仿汤祊德，1977）
A. 雌介壳；B. 雄介壳；C. 雌虫体；D. 触角；E. 前气门；F. 腹腺管；G. 臀板；H. 臀板末端

389. 刺圆盾蚧属 *Octaspidiotus* MacGillivray, 1921

Octaspidiotus MacGillivray, 1921: 387. Type species: *Aspidiotus subrubescens* Maskell, 1892.

Metaspidiotus Takagi, 1957: 35. Type species: *Aspidiotus stauntoniae* Takahashi, 1933.

　　主要特征：体阔梨形。触角有 1 根细毛。前气门有或无盘状腺孔。臀板有 3 对发达的臀叶。无厚皮棒。臀栉发达，中臀叶间 2 个，中臀叶与第 2 臀叶间 2 个，第 2 臀叶与第 3 臀叶间 3 个，第 3 臀叶外有 1 列臀栉。臀叶处的刚毛呈矛头状。背腺管长，在臀叶间隙有 1–2 个，第 3 臀叶外还有少数；亚缘腺管每侧排成 3 个不规则的行列。肛门位于臀板末端 1/3 处。围阴腺孔有 4 群。

　　分布：世界广布。世界已知 16 种，中国记录 9 种，浙江分布 3 种。

分种检索表

1. 皮肤老熟全体骨化 ··· 刺圆盾蚧 *O. stauntoniae*

- 皮肤除臀板骨化外其余部分仍然保持膜质 ··· 2

2. 中臀叶呈马蹄形，内外缘无缺刻 ··· 双管刺圆盾蚧 *O. bituberculatus*

- 中臀叶柱状，内外缘各有 1 缺刻 ·· 梁王茶刺圆盾蚧 *O. nothopanacis*

（762）双管刺圆盾蚧 *Octaspidiotus bituberculatus* Tang, 1984（图 8-151）

Octaspidiotus bituberculatus Tang, 1984: 26.

主要特征：体倒梨形。皮肤除臀板硬化外膜质。臀板突出，臀叶 3 对，同形，均如马蹄状，内外缘无缺刻。中臀叶至第 3 臀叶依次变小，第 2、3 臀叶背缘刺短于臀叶。中臀叶间距约每个中臀叶的一半宽，第 2、3 臀叶间最内一臀栉较其他两个狭窄。第 3 臀叶外臀栉 7 个，栉齿不发达，长栉齿很短，最外 2 个缺。臀前腹节每侧各有背缘小管 17–20 个。中臀叶间腺管 2 个。背腺管数为 64–72 个。围阴腺孔 4 群：2–4/4–5。

分布：浙江（丽水）。

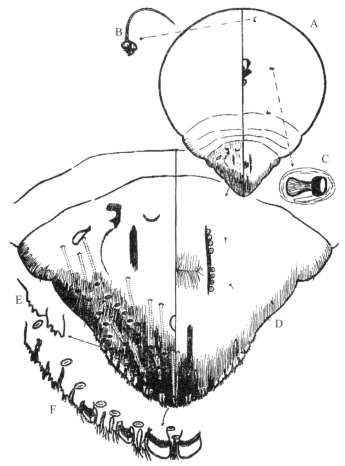

图 8-151　双管刺圆盾蚧 *Octaspidiotus bituberculatus* Tang, 1984（仿汤祊德，1984）
A. 雌虫体；B. 触角；C. 前气门；D. 臀板；E. 臀栉；F. 臀板末端

（763）梁王茶刺圆盾蚧 *Octaspidiotus nothopanacis* (Ferris, 1953)（图 8-152）

Aspidiotus nothopanacis Ferris, 1953b: 66.

Octaspidiotus nothopanacis: Takagi, 1984: 10.

主要特征：体圆形。皮肤除臀板前端外仍然保持膜质。触角具 1 毛，前后气门均无盘状腺孔。臀板突出，有 3 对臀叶。中臀叶柱状，内外缘各有 1 缺刻，间距窄于每个中臀叶的宽度。第 2、3 臀叶披针状背缘毛比臀叶短。第 2、3 臀叶间的臀栉发达，3 个；第 3 臀叶外侧 7–8 个，外面 3–4 个突状，外侧或多或少骨化。臀板背面的大腺管总计为 66–67 个。肛门椭圆形，位于臀板后面约 1/3 处；阴门在肛门前。围阴腺孔 4群：6–14/4–8。

分布：浙江（杭州、丽水）、上海、贵州。

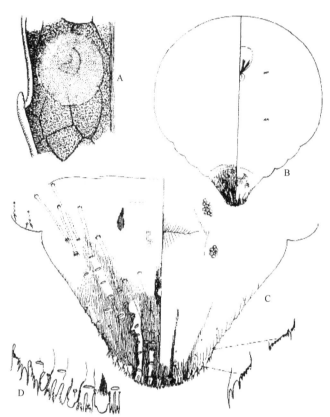

图 8-152　梁王茶刺圆盾蚧 *Octaspidiotus nothopanacis* (Ferris, 1953)（仿 Ferris，1953b）
A. 雌介壳；B. 雌虫体；C. 臀板；D. 臀板末端

（764）刺圆盾蚧 *Octaspidiotus stauntoniae* (Takahashi, 1933)（图 8-153）

Aspidiotus stauntoniae Takahashi, 1933a: 54.

Octaspidiotus stauntoniae: Takagi, 1984: 8.

主要特征：体阔梨形。老熟时皮肤骨化，在腹和胸、背面臀前节的节间沟成很坚硬的骨化区，腹部第 1 与第 2 节的中部也有相似的横沟。臀板有 3 对臀叶，中臀叶大，略对称，基部略收缩，端部圆，每侧 1深缺刻；第 2 臀叶比中臀叶小，外侧有缺刻；第 3 臀叶与第 2 臀叶形似，但略小。臀板背大腺管的管口骨化。亚缘背腺管每侧 25–35 个，第 1–3 腹节的边缘分布一些比较小的腺管。肛门位于近臀板端部 1/3 处；阴门在近臀板中央。围阴腺孔 4 群：2–5/3–6。

分布：浙江、陕西、湖南、台湾、广东、广西、四川、云南；蒙古，韩国，日本，越南，菲律宾，美国。

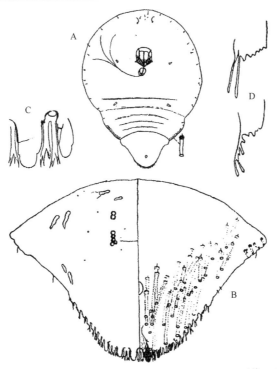

图 8-153　刺圆盾蚧 *Octaspidiotus stauntoniae* (Takahashi, 1933)（仿 Takahashi，1933）

A. 雌虫体；B. 臀板；C. 臀板末端；D. 臀栉

390. 齿盾蚧属 *Odonaspis* Leonardi, 1897

Odonaspis Leonardi, 1897: 286. Type species: *Aspidiotus secretus* Cockerell, 1869.

Ligulaspis MacGillivray, 1921: 388. Type species: *Odonaspis janeirensis* Hempel, 1900.

主要特征：体近卵形。触角瘤只有 1 刚毛。前气门有盘状腺孔。后胸和腹部第 1–4 节背面侧区呈盘状；这些节的节间缝处有小刺列，有时在腹面或两面都有。有些种类前胸和中胸的腹侧区有腺瘤。臀板有 1 对中臀叶，愈合。腺管单栓式，短细，密布体两面。第 5–6 腹节各节间有 1 个纺锤形的厚皮棒。肛门小，位于臀板中央或臀板基部。围阴腺孔有 1–3 群。

分布：世界广布。世界已知 43 种，中国记录 6 种，浙江分布 1 种。

（765）齿盾蚧 *Odonaspis secreta* (Cockerell, 1896)（图 8-154）

Aspidiotus secretus Cockerell, 1896b: 20.

Odonaspis secreta: Borchsenius, 1966: 226.

主要特征：体卵形。皮肤膜质，胸瓣和腹瓣有略加厚的区域。触角瘤 1 根刚毛。前气门有 5–11 个盘状腺孔。臀板的中臀叶发达，两侧各有 1 缺刻，基部每侧有 1 粗毛。第 7–8 腹节各有 1 个厚皮棒。腹部中央有规则的成列的齿状突。肛门位于臀板的中央稍前。围阴腺孔愈合，每侧 100 个以上，中群 6–10 个，排成横列，并与侧群相连成一弧形。背腺管和腹腺管都很小，分布在臀板的两面、臀前腹节及胸部的侧缘。

分布：浙江、台湾、云南、西藏；世界广布。

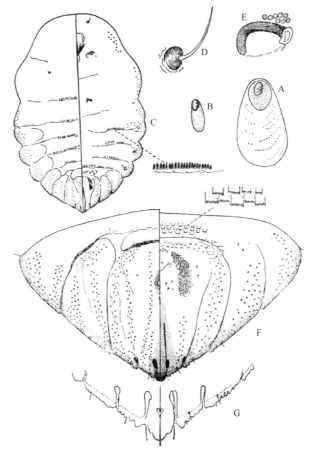

图 8-154　齿盾蚧 *Odonaspis secreta* (Cockerell, 1896)（仿周尧，1986）
A. 雌介壳；B. 雄介壳；C. 雌虫体；D. 触角；E. 前气门；F. 臀板；G. 臀板末端

391. 粗盾蚧属 *Parlagena* McKenzie, 1945

Parlagena McKenzie, 1945: 81. Type species: *Parlagena inops* McKenzie, 1945.

主要特征：体卵形，膜质，没有胸瘤。前气门有 1 个或较多的腺孔。胸部和腹部的腹侧面无腺瘤。腹节边缘有背腺管，胸节和腹节腹面有微小腺管。臀板有 2–4 对臀叶，中臀叶很发达。臀栉没有或很退化，在臀前节完全消失。背面有边缘腺管及背腺管，区别不大，后者分布不规则。肛门位于中央或稍偏后方。围阴腺孔有或无。

分布：东洋区、新热带区。世界已知 4 种，中国记录 1 种，浙江分布 1 种。

（766）黄杨粗盾蚧 *Parlagena buxi* (Takahashi, 1936)（图 8-155）

Gymnaspis buxi Takahashi, 1936b: 220.

Parlagena buxi: McKenzie, 1952: 12.

主要特征：触角有 1 刚毛。前气门有 7–11 个盘状腺孔。口器和前气门的两侧有少数的腺管，胸部及第 1–3 腹节腹面亚缘部也有腺管群。腹节腹面有很多微小的腺管在中区，并有一些侧腺管，前面几节的侧腺管比臀板上的背腺管小。臀板每侧有 11 个边缘腺管和 9 个边缘腺刺，臀前 1–2 腹节每侧亦有少数腺刺。臀叶 4 对，以中臀叶最大，向前臀叶逐渐变小，各叶外缘均有 2–3 缺刻，内缘有 1 缺刻。背腺管大，每侧约 25 个，自此向前直至后胸体缘均有少数背腺管。肛门位于臀板的近中央。围阴腺孔无。

分布：浙江（杭州、武义、天台）、北京、河北、山西、河南、陕西、江苏、上海；伊朗。

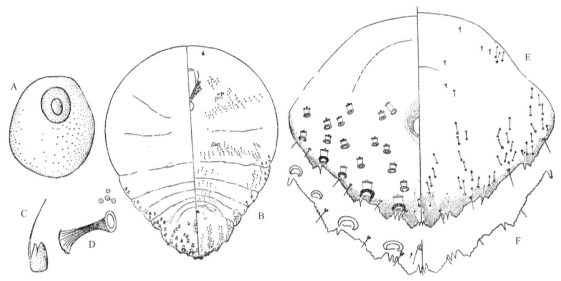

图 8-155　黄杨粗盾蚧 *Parlagena buxi* (Takahashi, 1936)（仿周尧，1986）

A. 雌介壳；B. 雌虫体；C. 触角；D. 前气门；E. 臀板；F. 臀板末端

392. 华盾蚧属 *Parlatoreopsis* Lindinger, 1912

Parlatoreopsis Lindinger, 1912: 191. Type species: *Chionaspis longispina* Newstead, 1911.

Anatolaspis Bodenheimer, 1949: 39. Type species: *Anatolaspis abidini* Bodenheimer, 1949.

主要特征：体卵形，皮肤膜质。前气门有盘状腺孔。胸部与腹部前节有腺瘤。臀板有 2 对发达的臀叶，第 3 臀叶退化或缺失。有 2 对棒状的厚皮棍，分别位于第 1、2 对臀叶之间和第 2 臀叶外侧。臀栉较多，刺状，分布在臀板上。背腺管分布在臀叶间。臀前腹节有亚缘背腺管。肛门小，圆形，位于臀板中央或近后端。围阴腺通常 4 群。

分布：世界广布。世界已知 6 种，中国记录 4 种，浙江分布 1 种。

（767）梨华盾蚧 *Parlatoreopsis pyri* (Marlatt, 1908)（图 8-156）

Parlatoria pyri Marlatt, 1908: 29.

Parlatoreopsis piri: Lindinger, 1932: 186.

主要特征：体卵形。触角瘤有 1 粗毛。前气门有 1–2 个盘状腺孔。腺瘤在前气门前有 1–2 个，附近有 3 个，中胸腹侧有 1 个，后胸腹侧有 1–2 个，第 1 腹节侧有 1–2 个。臀板有 3 对臀叶。中臀叶很阔，端阔圆，两侧有浅的缺刻，有时内侧的缺刻不明显；第 2 臀叶较狭，外侧有缺刻，第 3 臀叶端部有 3 钝齿。臀栉端尖，连有 1 小腺管，主要分布在臀叶间及臀叶稍前的臀板边缘。臀板有 11 个边缘腺管。背腺管在腹部及臀板亚缘。肛门位于臀板中央靠前。阴门位于臀板基部前。围阴腺孔 5 群：3–4/7–8/8–12。

分布：浙江、黑龙江、吉林、辽宁、内蒙古、河北、山西、山东、宁夏、甘肃、新疆、江苏、福建；日本，美国。

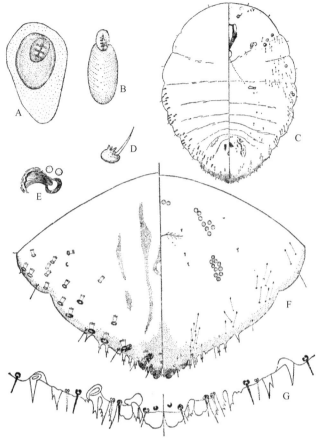

图 8-156　梨华盾蚧 *Parlatoreopsis pyri* (Marlatt, 1908)（仿周尧，1986）

A. 雌介壳；B. 雄介壳；C. 雌虫体；D. 触角；E. 前气门；F. 臀板；G. 臀板末端

393. 片盾蚧属 *Parlatoria* Targioni-Tozzetti, 1868

Parlatoria Targioni-Tozzetti, 1868: 735. Type species: *Parlatoria orbicularis* Targioni-Tozzetti, 1868.

Archangelskaia Bodenheimer, 1951: 331. Type species: *Parlatoria ephedrae* Lindinger, 1911.

　　主要特征：体卵圆形，除臀板外皮肤膜质。腹面口后皮粒斑有或没有。后气门侧皮囊有或无。触角瘤常有 1 毛，少数多毛。前体部侧突（眼瘤）存在或缺失。前气门有盘状腺孔。臀前腹节至头胸区腹部亚缘区均为成群腺瘤，一般分 5 群。臀板有 3 对发达的臀叶，第 4、5 对为硬化齿突。臀栉刷状，分布在臀板及臀前腹节的两侧。背大管短粗，臀板边缘腺管略大，管口有宽硬化半环，中臀叶间有 1 个或无；亚缘背腺管分布于臀板边缘及腹部两侧。亚中背大腺管存在或缺失。肛门在臀板中央。围阴腺孔有 4 或 5 群。

　　分布：世界广布。世界已知 81 种，中国记录 31 种，浙江分布 10 种。

分种检索表

1. 头部两侧有圆形发达的眼瘤，明显比触角瘤大 ·· **黑片盾蚧 *P. ziziphi***
- 头部两侧无眼瘤或眼瘤小，不比触角瘤大 ·· 2
2. 在后气门与体缘间有皮囊 ··· 3
- 在后气门与体缘间无皮囊 ··· 6
3. 第 4 臀叶被臀栉所代替，但较相邻的臀栉小 ··· **黄片盾蚧 *P. proteus***
- 第 4 臀叶不被臀栉所代替 ··· 4

4. 在第 3 和第 4 臀叶间分布有 4 个臀栉 ·················· 杭州松片盾蚧 *P. pinicola*

- 在第 3 和第 4 臀叶间分布有 3 个臀栉 ·················· 5

5. 口后有皮粒 ·················· 茶片盾蚧 *P. theae*

- 口后无皮粒 ·················· 山茶片盾蚧 *P. camelliae*

6. 在第 3 和第 4 臀叶间分布有 4 个臀栉 ·················· 橄榄片盾蚧 *P. oleae*

- 在第 3 和第 4 臀叶间分布有 3 个臀栉 ·················· 7

7. 口后无皮粒 ·················· 糠片盾蚧 *P. pergandii*

- 口后有皮粒 ·················· 8

8. 第 4 臀叶被臀栉所代替 ·················· 麦冬片盾蚧 *P. liriopicola*

- 第 4 臀叶不被臀栉所代替 ·················· 9

9. 肛门附近有背腺管分布 ·················· 灰片盾蚧 *P. cinerea*

- 肛门附近无背腺管分布 ·················· 恶性片盾蚧 *P. desolator*

（768）山茶片盾蚧 *Parlatoria camelliae* Comstock, 1883（图 8-157）

Parlatoria pergandii camelliae Comstock, 1883: 114.

Parlatoria camelliae Morrison, 1939: 31.

主要特征：体梨形。前气门有 2–4 个盘状腺孔。腺瘤存在于腹面体侧，前气门前 2–4 个，前气门侧 2–5 个，前后气门间 4–6 个，后气门后 4–6 个，第 1 腹节侧 3–7 个。口后无皮粒。后气门与体缘间有 1 皮囊。臀板和臀前腹节每侧有 20–28 个亚缘背腺管。在第 5、6 腹节亚中部有少数细腺管。臀板有 3 对发达的臀叶，每侧有缺刻，第 4 与第 5 臀叶为硬化的角突。臀板有 8 对边缘腺管。肛门在臀板近中央。阴门在肛门的上方。围阴腺孔 4 群：4–11/4–9。

分布：浙江（杭州、宁波、磐安、玉环）、内蒙古、湖北、江西、湖南、福建、台湾、广东、海南、香港、广西、云南；世界广布。

（769）灰片盾蚧 *Parlatoria cinerea* Hadden, 1909（图 8-158）

Parlatoria cinerea Hadden *in* Doane & Hadden, 1909: 299.

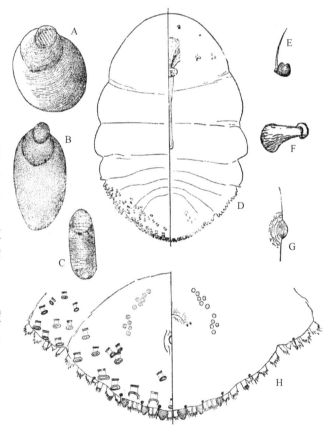

图 8-157 山茶片盾蚧 *Parlatoria camelliae* Comstock, 1883（仿周尧，1986）

A、B. 雌介壳；C. 雄介壳；D. 雌虫体；E. 触角；F. 前气门；G. 眼瘤；H. 臀板

主要特征：前气门有 5–11 个盘状腺孔。口后有皮粒。在后气门与体缘间无皮囊。腺瘤在腹面侧缘，分布如下：前气门前 2–4 个，前气门侧 3–4 个，前后气门间 2–4 个，后气门后 1–3 个，第 1 腹节侧 1–2 个。后气门后方有腹腺管。臀板每侧 37–38 个亚缘背腺管，且肛门附近有分布。臀板有 3 对发达的臀叶，中臀叶粗，内侧有 1 缺刻，外侧 2–3 个缺刻第 2、3 臀叶与中臀叶形似，但内侧无缺刻，且依次减小，第 4 臀叶为锯齿状突。臀板每侧有 13 对臀栉和 7 对边缘腺管。肛门位于臀板的中央。阴门位于臀板基部的 1/3 处。围阴腺孔 4 群：8–9/8–10。

分布：浙江、台湾、广东、海南、香港；世界广布。

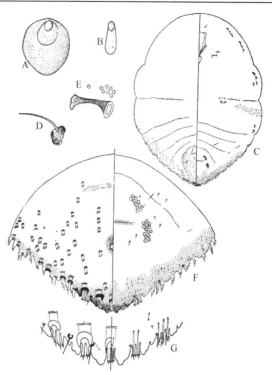

图 8-158　灰片盾蚧 *Parlatoria cinerea* Hadden, 1909（仿周尧，1986）
A. 雌介壳；B. 雄介壳；C. 雌虫体；D. 触角；E. 前气门；F. 臀板；G. 臀板末端

（770）恶性片盾蚧 *Parlatoria desolator* McKenzie, 1960（图 8-159）

Parlatoria desolator McKenzie, 1960: 206.

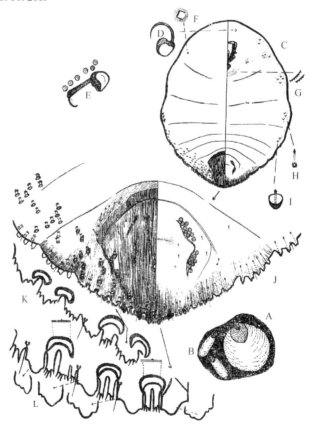

图 8-159　恶性片盾蚧 *Parlatoria desolator* McKenzie, 1960（仿汤祊德，1984）
A. 雌介壳；B. 雄介壳；C. 雌虫体；D. 触角；E. 前气门；F. 眼瘤；G. 皮粒；H. 腹腺管；I. 腺瘤；J. 臀板；K. 臀栉；L. 臀板末端

主要特征：前气门有 4–10 个盘状腺孔。口后有皮粒。在后气门与体缘间无皮囊。眼瘤明显。腺瘤分布如下：前气门前 2–4 个，前气门侧 2–5 个，前后气门间 4–6 个，后气门后 3–6 个，第 1 腹节侧 1–4 个。每侧有 16–30 个亚缘背大腺管和 8–9 个亚中背小腺管，但肛门附近无。腹腺管不规则分布在臀板至第 2 腹节的边缘。臀板有 4 对臀叶，中臀叶大，内侧角有 1 缺刻，外侧角有 2–3 个缺刻；第 2 和第 3 臀叶依次减小；第 4 臀叶端尖。边缘腺管在臀叶间和臀叶外侧，延伸至第 1 腹节。肛门位于臀板中央。阴门在臀板基部。围阴腺孔 4 群：9–11/7–8。

分布：浙江（黄岩）、福建、台湾、广东、香港；日本，新西兰。

（771）麦冬片盾蚧 *Parlatoria liriopicola* Tang, 1984（图 8-160）

Parlatoria liriopicola Tang, 1984: 78.

主要特征：前气门盘状腺孔 3–6 个。口后有明显皮粒，在后气门与体缘间无皮囊。眼瘤锥状或不显。腺瘤分布在腹面侧缘，从前向后 5 群为：前气门前 1–3 个，前气门侧 3–4 个，前后气门间 3–5 个，后气门后 4 个，第 1 腹节侧 4 个。亚缘背腺管每侧 18–22 个，亚中背腺管，位于第 4、5 腹节，每侧每群 1–3 个。臀叶 3 对，几乎同形同大，内外缘都有 1 个缺刻，第 4、第 5 臀叶全无，臀栉刷状，第 3 与第 4 臀叶间 3 个。肛门位于臀板中央，围阴腺孔 4 群：4–8/6–10。

分布：浙江（杭州、黄岩）。

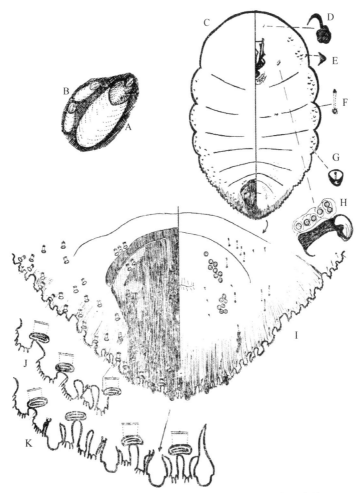

图 8-160　麦冬片盾蚧 *Parlatoria liriopicola* Tang, 1984（仿汤彷德，1984）

A. 雌介壳；B. 雄介壳；C. 雌虫体；D. 触角；E. 眼瘤；F. 腹腺管；G. 腺瘤；H. 前气门；I. 臀板；J. 臀栉；K. 臀板末端

（772）橄榄片盾蚧 *Parlatoria oleae* (Colvée, 1880)（图 8-161）

Diaspis oleae Colvée, 1880: 40.

Parlatoria oleae: Leonardi, 1920: 137.

　　主要特征： 前气门有 3–6 个盘状腺孔。口后有明显皮粒。眼瘤小或不显。腺瘤在腹面侧缘，分布如下：前气门前 1–2 个，前气门侧 6–8 个，前后气门间 2–3 个，后气门后 2–3 个，第 1 腹节侧 0–1 个。臀板每侧 50 个亚缘背腺管。第 4–5 腹节各节有 1–3 个亚中背腺管。臀叶 3 对几乎同大同形，外侧有 1 个明显的缺刻，第 4、第 5 臀叶为硬化齿突。臀栉细长，每侧排列如下：2、2、4、4、4，第 5 臀叶外侧有一系列，延伸至第 1 腹节。肛门位于臀板中央，围阴腺孔 5 群：0–3/14–21/14–18。

　　分布： 浙江、陕西、新疆、江苏、安徽、江西、福建、广东、广西、四川、贵州、云南；世界广布。

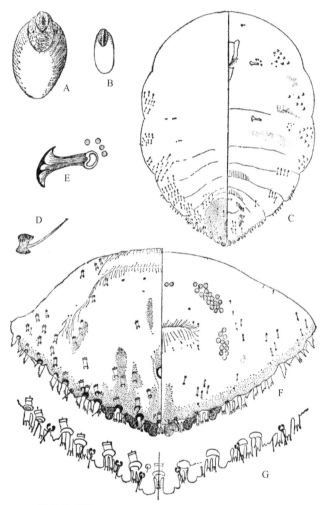

图 8-161　橄榄片盾蚧 *Parlatoria oleae* (Colvée, 1880)（仿周尧，1986）
A. 雌介壳；B. 雄介壳；C. 雌虫体；D. 触角；E. 前气门；F. 臀板；G. 臀板末端

（773）糠片盾蚧 *Parlatoria pergandii* Comstock, 1881（图 8-162）

Parlatoria pergandii Comstock, 1881: 327.

　　主要特征： 前气门有 3–5 个盘状腺孔。口后无皮粒。在后气门与体缘间无皮囊。触角 1 毛。侧腺瘤分布如下：前气门前 1–5 个，前气门侧 3–10 个，前后气门间 2–7 个，后气门侧 1–6 个，第 1 腹节侧 1–4 个，

第 2 腹节侧约 2 个。臀板和臀前腹节约有 50 个亚缘背腺管。第 5–6 腹节有少数亚中背腺管。臀叶从中臀叶起依次变小，每侧有 1 明显的缺刻，第 4 臀叶和第 5 臀叶呈锥状突。臀栉细长，端部刷状，分布在臀叶间和臀叶外侧。肛门位于臀板中央，阴门稍前。围阴腺孔为 4 群：5–8/5–8。

分布： 浙江（杭州）、辽宁、内蒙古、北京、河北、山西、山东、河南、陕西、青海、江苏、上海、安徽、湖北、江西、湖南、福建、广东、海南、广西、四川、云南、西藏；世界广布。

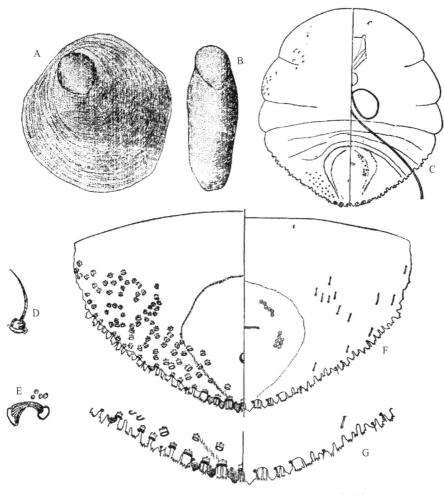

图 8-162　糠片盾蚧 *Parlatoria pergandii* (Comstock, 1881)（仿周尧，1986）
A. 雌介壳；B. 雄介壳；C. 雌虫体；D. 触角；E. 前气门；F. 臀板；G. 臀板末端

（774）杭州松片盾蚧 *Parlatoria pinicola* Tang, 1984（图 8-163）

Parlatoria pinicola Tang, 1984: 93, 94.

主要特征： 体长椭圆形。眼瘤无或角状。前气门有 1–2 个盘状腺孔。口后有明显皮粒。在后气门与体缘间有皮囊。侧腺瘤分布如下：前气门前 1–5 个，前气门侧 2–7 个，前后气门间 3–11 个，后气门侧 9–10 个，第 1 腹节侧 6–8 个。亚缘背腺管每侧 34–36 个，第 5 腹节有 5–7 个亚中背腺管。臀叶 3 对，两侧有 1 明显的缺刻，腹面厚皮棒明显，第 4 臀叶为小硬化突，第 5 臀叶则全为透明臀栉。臀栉刷状，从臀板末端至第 1 腹节后侧缘，第 3 和第 4 臀叶间分布有 4 个臀栉。肛门位于臀板的端部。围阴腺孔 4 群：8–11/6–10。

分布： 浙江（杭州）。

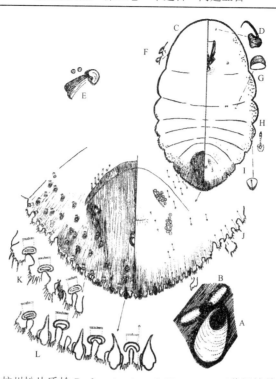

图 8-163　杭州松片盾蚧 *Parlatoria pinicola* Tang, 1984（仿汤祊德，1984）
A. 雌介壳；B. 雄介壳；C. 雌虫体；D. 触角；E. 前气门；F. 眼瘤；G. 皮囊；H. 腹腺管；I. 腺瘤；J. 臀板；K. 臀栉；L. 臀板末端

（775）黄片盾蚧 *Parlatoria proteus* (Curtis, 1843)（图 8-164）

Aspidiotus proteus Curtis, 1843: 676.

Parlatoria proteus: Signoret, 1869a: 867.

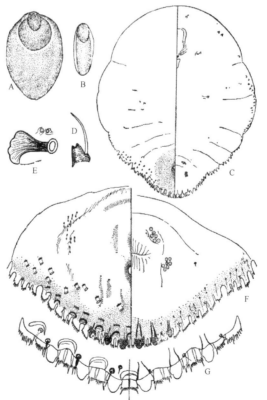

图 8-164　黄片盾蚧 *Parlatoria proteus* (Curtis, 1843)（仿周尧，1986）
A. 雌介壳；B. 雄介壳；C. 雌虫体；D. 触角；E. 前气门；F. 臀板；G. 臀板末端

主要特征： 体近圆形或卵形。触角有 1 刚毛。前气门有 2-5 个盘状腺孔。在后气门与体缘间有皮囊。侧腺瘤分布在头胸部和第 1-3 腹节的侧缘。背腺管从头部分布至第 8 腹节的亚缘和边缘，第 5-7 腹节各节有 1-3 个亚中腺管。臀板有 7 对边缘腺管。臀叶 3 对发达，第 4 臀叶似臀栉状，但较小。臀叶形状都相似，端部均有内外侧缺刻，但外侧较明显，从中臀叶至第 3 臀叶依次变小。臀栉刷状，排列正常，直至第 2 腹节均存在。肛门位于臀板中央。围阴腺孔 4 群：4-11/4-11。

分布： 浙江（磐安、黄岩）、河南、江苏、安徽、湖北、江西、湖南、福建、台湾、广东、海南、香港、澳门、广西、四川、云南、西藏；世界广布。

（776）茶片盾蚧 *Parlatoria theae* Cockerell, 1896（图 8-165）

Parlatoria theae Cockerell, 1896b: 21.

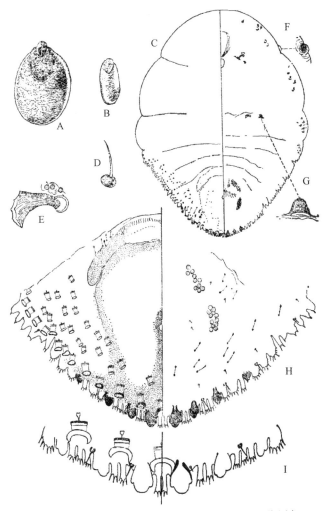

图 8-165　茶片盾蚧 *Parlatoria theae* (Cockerell, 1896)（仿周尧，1986）
A. 雌介壳；B. 雄介壳；C. 雌虫体；D. 触角；E. 前气门；F. 眼瘤；G. 皮囊；H. 臀板；I. 臀板末端

主要特征： 眼瘤球状或锥状。触角有 1 刚毛。前气门腺 4-6 个。口侧皮粒明显。后气门与体缘间有皮囊。侧腺瘤分布如下：前气门前 1-5 个，前气门侧 2-3 个，前后气门间 2-4 个，后气门侧 2-3 个，第 1 腹节侧 1-4 个。臀叶 3 对，形状都相似，并依次变小，两侧有 1 明显的缺刻，第 4、5 臀叶与附近臀栉相似，但略硬化而小。臀栉刷状，从中叶间一直分布至后胸后角。臀板背腺管每侧成亚缘带，17-50 个。肛门在板中，阴门在其前。围阴腺孔 5 群：0-2/9-14/11-13。

分布： 浙江（杭州）、辽宁、山东、河南、宁夏、江苏、湖北、江西、湖南、福建、台湾、广东、四川、云南；世界广布。

（777）黑片盾蚧 *Parlatoria ziziphi* (Lucas, 1853)（图 8-166）

Coccus ziziphi Lucas, 1853: xxix.

Parlatoria ziziphi: Grandpre & Charmoy, 1899: 27.

　　主要特征：头部两侧有圆形发达的眼瘤，明显比触角瘤大。触角有 1 刚毛。前气门腺 2–4 个。后气门与体缘间无皮囊。腺瘤较少，存在于前后气门间，有 3–7 个，小而不明显，在后气门侧 7–9 个，第 1 腹节体侧 4–6 个。臀叶 3 对很发达，形状大小相似，两侧有 1 明显的缺刻。第 4 臀叶为 1 硬化矩，第 5 臀叶无。叶间臀栉细长刷状，第 3 臀叶外侧则较宽大，而第 3、4 臀叶间者最宽，其他则为狭而不规则的披针状，端亦刷状。肛门在板中稍上，阴门更靠上一些。围阴腺孔 4 群：5–7/9–10。

　　分布：浙江（黄岩）、北京、河北、江苏、湖北、江西、湖南、福建、台湾、广东、海南、香港、广西、四川、云南、西藏；世界广布。

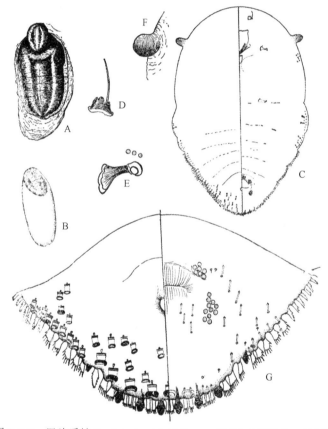

图 8-166　黑片盾蚧 *Parlatoria ziziphi* (Lucas, 1853)（仿周尧，1986）
A. 雌介壳；B. 雄介壳；C. 雌虫体；D. 触角；E. 前气门；F. 眼瘤；G. 臀板

394. 并盾蚧属 *Pinnaspis* Cockerell, 1892

Pinnaspis Cockerell, 1892a: 136. Type species: *Mytilaspis pandani* Comstock, 1883.

Lepidaspidis MacGillivray, 1921: 275. Type species: *Mytilaspis uniloba* Kuwana, 1909.

　　主要特征：体长纺锤形。后胸与臀前腹节侧突稍显，皮肤除臀板外均膜质。触角有 1 毛。前气门有盘状腺孔，后气门有或无。臀板有 2 对发达，第 3 臀叶存在或缺失。腺刺发达。臀板上背面大腺管在第 4–6 腹节上常成对，第 7 腹节上单一排列，第 4 腹节上每侧 2 个，1 个常内移。边缘腺管每侧 7 个。背腺管少，只有亚缘群。肛门接近臀板中部。围阴腺孔 5 群。

　　分布：世界广布。世界已知 44 种，中国记录 17 种，浙江分布 6 种。

分种检索表

1. 第 2 臀叶无 ··· 单瓣并盾蚧 *P. uniloba*
- 第 2 臀叶有 ·· 2
2. 第 3 臀叶发达 ··· 茶并盾蚧 *P. theae*
- 第 3 臀叶不发达 ··· 3
3. 第 3、4 腹节节间皮囊发达 ······································ 茉莉并盾蚧 *P. exercitata*
- 第 3、4 腹节节间无皮囊 ·· 4
4. 第 5 腹节无背腺管 ·· 黄杨并盾蚧 *P. buxi*
- 第 5 腹节常有背腺管 ··· 5
5. 臀板每侧有 8 个边缘腺管 ······································· 桧并盾蚧 *P. juniperi*
- 臀板每侧有 7 个边缘腺管 ······································ 蜘蛛抱蛋并盾蚧 *P. aspidistrae*

（778）蜘蛛抱蛋并盾蚧 *Pinnaspis aspidistrae* (Signoret, 1869)（图 8-167）

Chionaspis aspidistrae Signoret, 1869c: 443.

Pinnaspis aspidistrae: Lindinger, 1912: 79.

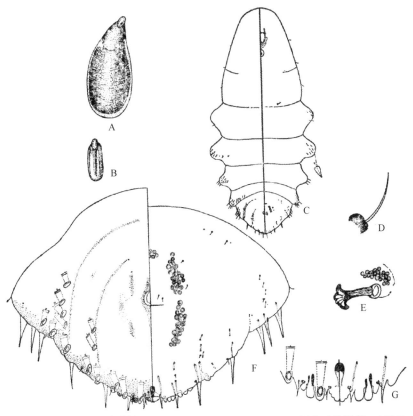

图 8-167　蜘蛛抱蛋并盾蚧 *Pinnaspis aspidistrae* (Signoret, 1869)（仿周尧，1986）

A. 雌介壳；B. 雄介壳；C. 雌虫体；D. 触角；E. 前气门；F. 臀板；G. 臀板末端

　　主要特征：触角有 1 粗毛。前气门有 5–30 个盘状腺孔，后气门 2–6 个盘状腺孔或没无。后胸至第 3 腹节的侧缘各有 1–3 个腺管，第 3、4 腹节的每侧有 2–5 个亚缘背腺管，亚中腺管少。腺侧瘤刺分布如下：第 1 腹节有 1–2 个，第 2 腹节有 3–4 个，第 3 腹节上有 3–4 个。第 1–3 腹节各有 1 个背侧疤。中臀叶基部轭连，互相靠近，外侧有 1–3 个缺刻；第 2 臀叶双分，端部圆形；第 3 臀叶为齿状突。臀板每侧有 7 个边缘腺管和 6–7 个边缘腺刺。肛门位于臀板近基部 2/5 处。阴门位置和肛门相重叠，围阴腺孔 5 群：6–9/12–22/13–22。

分布：浙江、内蒙古、山西、山东、河南、江苏、上海、安徽、湖北、江西、湖南、福建、台湾、广东、香港、广西、四川、云南、西藏；世界广布。

（779）黄杨并盾蚧 *Pinnaspis buxi* (Bouché, 1851)（图 8-168）

Aspidiotus buxi Bouché, 1851: 111.

Pinnaspis buxi: Newstead, 1901a: 207.

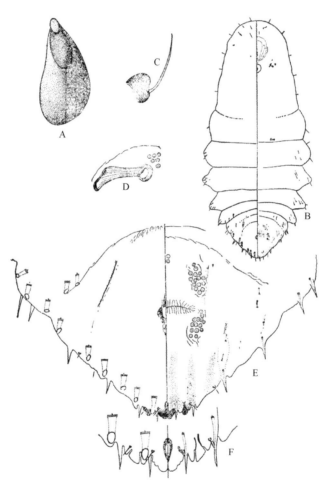

图 8-168　黄杨并盾蚧 *Pinnaspis buxi* (Bouché, 1851)（仿周尧，1986）
A. 雌介壳；B. 雌虫体；C. 触角；D. 前气门；E. 臀板；F. 臀板末端

主要特征：触角有 1 粗毛，前气门有 3–9 个盘状腺孔，后气门无。臀前腹节侧缘各有 3–4 个边缘背腺管，第 3、4 腹节上每侧有 1–2 个亚缘腺管。第 2–3 腹节各节有 2 个腺刺，第 1 腹节有 0–1 个腺刺。中臀叶端圆，互相接近，基部连有轭片，外侧角有 2 深缺刻；第 2 臀叶双分，内叶端部膨大，外叶呈小三角形，端部钝圆。臀板每侧有 6 个边缘腺刺和 7 个边缘背腺管。肛门位于臀板近中央。阴门与肛门部分重叠。围阴腺孔 5 群：4–8/8–15/8–18。

分布：浙江、北京、山西、山东、河南、湖南、福建、台湾、海南、香港、广西、四川、云南；世界广布。

（780）茉莉并盾蚧 *Pinnaspis exercitata* (Green, 1896)（图 8-169）

Chionaspis exercitata Green, 1896: 3.
Pinnaspis exercitata: Ferris & Rao, 1947: 34. Misspelling of species epithet.

主要特征：前气门约有 7 个盘状腺孔。亚缘背腺管甚少，自第 3–5 腹节每侧依次为：2、1、0–1 个，亚中小腺管在第 3–5 腹节各有 1 群。第 3、4 腹节节间皮囊发达，第 5 腹节节间硬化沟明显。臀板宽圆，中臀叶很小，与第 2 臀叶齐平或略超突，内缘紧并，端近尖，外缘有 2 缺刻。第 2 臀叶双分，内叶杓状，外叶亦发达但较小；第 3 臀叶为边缘齿突。臀板上腺刺单一排列，第 3、4 腹节每侧每节各约 2 根。臀板有 7 对边缘腺管。肛前疤不显。肛门位于臀板中央。围阴腺孔 5 群：8–9/10–15/10–15。

分布：浙江（黄岩）、福建、海南、广西；巴基斯坦，印度，斯里兰卡，马来西亚。

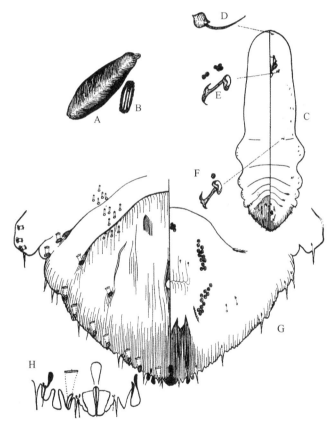

图 8-169　茉莉并盾蚧 *Pinnaspis exercitata* (Green, 1896)（仿汤祊德，1986）
A. 雌介壳；B. 雄介壳；C. 雌虫体；D. 触角；E. 前气门；F. 后气门；G. 臀板；H. 臀板末端

（781）桧并盾蚧 *Pinnaspis juniperi* Takahashi, 1956（图 8-170）

Pinnaspis juniperi Takahashi, 1956: 57.

主要特征：前气门有盘状腺孔。腺刺分布在臀板上，第 4 腹节每侧各 1–3 个，第 5 腹节每侧 1 个，以后直至第 8 腹节每节每侧均 1 个。背腺管少，在第 3–5 腹节上排成亚缘、亚中 2 群，亚中群均为小管，在第 5 腹节上为 2 个，第 4 腹节上为 7–9 个，第 3 腹节上为 4–10 个。亚缘背腺管均为大管，第 5 腹节 1 个，第 4 腹节 2–4 个，第 3 腹节 1–2 个。中臀叶合并，外侧有细锯齿；第 2 臀叶双分，均呈尖锥状，基角有硬化棒。臀板有 8 对边缘腺管。肛门在板中略前。围阴腺孔 5 群：9/15–16/15–16。

分布：浙江、江西；日本。

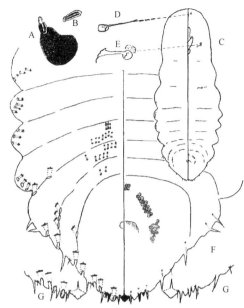

图 8-170　桧并盾蚧 *Pinnaspis juniperi* Takahashi, 1956（仿汤祊德，1977）

A. 雌介壳；B. 雄介壳；C. 雌虫体；D. 触角；E. 前气门；F. 臀板；G. 臀板末端

（782）茶并盾蚧 *Pinnaspis theae* **(Maskell, 1891)**（图 **8-171**）

Chionaspis theae Maskell, 1891: 60.

Pinnaspis theae: Borchsenius, 1966: 115.

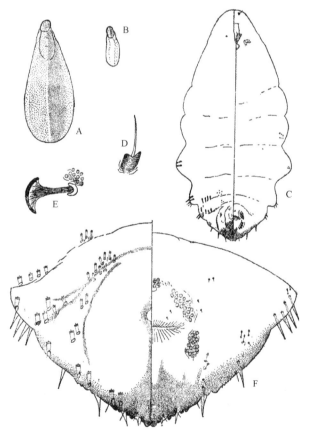

图 8-171　茶并盾蚧 *Pinnaspis theae* (Maskell, 1891)（仿周尧，1986）

A. 雌介壳；B. 雄介壳；C. 雌虫体；D. 触角；E. 前气门；F. 臀板

主要特征：触角有 1 长毛，前气门 3–10 个盘状腺孔。第 2 腹节有 1 个侧腺瘤。侧腺刺每侧分布如下：第 3 腹节 1 个，第 4 腹节 2–3 个，第 5 腹节 1 个，以后直至第 8 腹节各 1 个。背腺管在第 3–5 腹节排成亚缘和亚中群，亚中群多为小管，第 3 腹节为 0–11 个，第 4 腹节为 1–12 个，第 5 腹节为 1–7 个，第 2 腹节有 1–2 个。第 3–5 腹节有 4–11 个亚缘腺管。臀板有 3 对发达的臀叶，中臀叶很小，每侧有缺刻；第 2、3 臀叶双分，内分叶均大，基部各有 1 对厚皮棒；第 2 臀叶外分叶明显，端圆；第 3 臀叶仅外分叶呈齿状突。臀板每侧有 7 个边缘腺管。肛门位于臀板的中央。围阴腺孔 5 群：5–11/11–20/8–21。

分布：浙江、江苏、安徽、湖北、湖南、福建、台湾、广东、海南、广西、四川、贵州、云南；日本，印度，斯里兰卡，法国，哥伦比亚。

（783）单瓣并盾蚧 *Pinnaspis uniloba* (Kuwana, 1909)（图 8-172）

Mytilaspis (*Lepidosaphes*) *uniloba* Kuwana, 1909: 156.

Pinnaspis uniloba: Takahashi, 1929: 74.

主要特征：触角有 1 长毛。前气门有 2–4 个盘状腺孔。后胸和基部 3 腹节背面沿侧缘有较小的边缘腺管：后胸 3–7 个，第 1 腹节 4–8 个，第 2 腹节 3–6 个，第 3 腹节 2–3 个。第 3 腹节腹面有 1 短小的腺刺。第 3 和第 4 腹节间有 1 个背侧疤。背腺管只在近臀板基角亚缘处，每侧各 1 个，无亚中背腺管。臀板有 1 对臀叶，中臀叶合并在一起，端圆，每侧各有 2–3 缺刻。臀板有 5 对边缘腺刺和 10 个边缘腺管。肛门位于臀板背面近基部 1/4 处。阴门在臀板近中央。围阴腺孔 5 群：4–5/5–12/9–14。

分布：浙江、河南、江苏、湖北、江西、福建、台湾、广东、广西、四川、贵州、云南；韩国，日本，印度，美国。

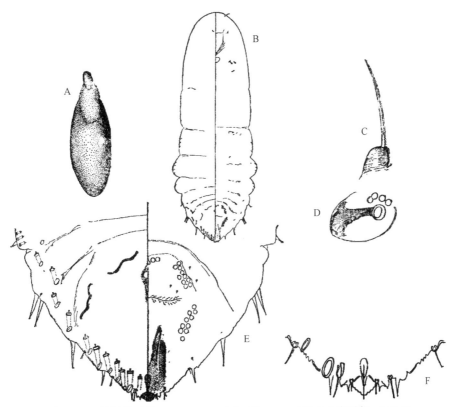

图 8-172　单瓣并盾蚧 *Pinnaspis uniloba* (Kuwana, 1909)（仿周尧，1986）

A. 雌介壳；B. 雌虫体；C. 触角；D. 前气门；E. 臀板；F. 臀板末端

395. 皤盾蚧属 *Poliaspoides* MacGillivray, 1921

Poliaspoides MacGillivray, 1921: 309. Type species: *Chionaspis simplex* Green, 1899.

Natalaspis MacGillivray, 1921: 309. Type species: *Chionaspis simplex* Green, 1899.

主要特征：体椭圆形，分节明显。头胸部、臀板和臀前腹节侧区骨化，其余部分膜质。触角瘤有 2 毛。前气门上有少数盘状腺孔。胸部和腹部侧缘分布有很多短腺管。臀板略呈圆形，边缘锯齿状或波状。无臀叶、臀栉或腺刺。背腺管和腹腺管分布不规则。肛门小，位于近臀板部。围阴腺孔 5 群或 7 群。

分布：世界广布。世界已知 4 种，中国记录 1 种，浙江分布 1 种。

（784）台湾皤盾蚧 *Poliaspoides formosana* (Takahashi, 1930)（图 8-173）

Odonaspis simplex formosana Takahashi, 1930: 29.

Poliaspoides formosana: Mamet, 1946: 244.

主要特征：体长卵形，前狭，第 1 腹节处最宽。皮肤除臀板外膜质。触角瘤有 2 毛。前气门有 5–8 个盘状腺孔，后气门处没有。背板上体节明显可辨，背腹面均如此，每节节缘之节位毛明显。无臀叶、臀栉或腺刺。背腺管短小。背、腹腺在臀板上全面分布，在第 3、4 腹节上略现亚中、亚缘群，成不规则的排列。边缘腺管无。肛门大而圆形，位于臀板前端。围阴腺孔 5 群：14/28/54。

分布：浙江、台湾；美国，肯尼亚，毛里求斯，莫桑比克，留尼汪岛，南非。

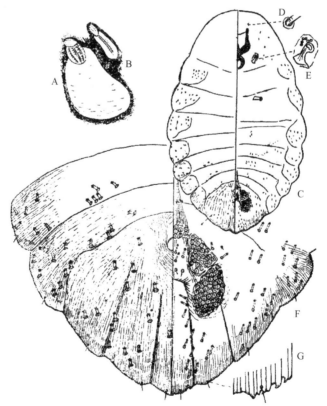

图 8-173　台湾皤盾蚧 *Poliaspoides formosana* (Takahashi, 1930)（仿汤祊德，1977）
A. 雌介壳；B. 雄介壳；C. 雌虫体；D. 触角；E. 前气门；F. 臀板；G. 臀板末端

396. 网纹圆盾蚧属 *Pseudaonidia* Cockerell, 1897

Pseudaonidia Cockerell, 1897a: 14. Type species: *Aspidiotus duplex* Cockerell, 1896.

Stringaspidiotus MacGillivray, 1921: 393. Type species: *Aspidiotus curculiginis* Green, 1904.

主要特征：体卵形，前胸与中胸之间有明显的缢缩，臀板硬化。前气门有盘状腺孔，后气门有或没有。腹节亚缘有腺管。臀板背面的中央有发达的网状区。臀板有 4 对臀叶。中臀栉及侧臀栉发达，分布在第 6 腹节的边缘。厚皮锤存在。背腺管数多，管细，在臀板上排成规则的行列。肛门位于臀板中央靠后。围阴腺孔 4 或 5 群。

分布：世界广布。世界已知 22 种，中国记录 13 种，浙江分布 3 种。

分种检索表

1. 后气门有盘状腺孔；围阴腺孔 3 群 ··· 牡丹网纹圆盾蚧 *P. paeoniae*
- 后气门无盘状腺孔；围阴腺孔 4 群 ·· 2
2. 头胸区无淡色斑纹 ·· 三叶网纹圆盾蚧 *P. trilobitiformis*
- 头胸区有椭圆形淡色斑纹 ·· 网纹圆盾蚧 *P. duplex*

（785）网纹圆盾蚧 *Pseudaonidia duplex* (Cockerell, 1896)（图 8-174）

Aspidiotus duplex Cockerell, 1896b: 20.

Pseudaonidia duplex: Fernald, 1903: 283.

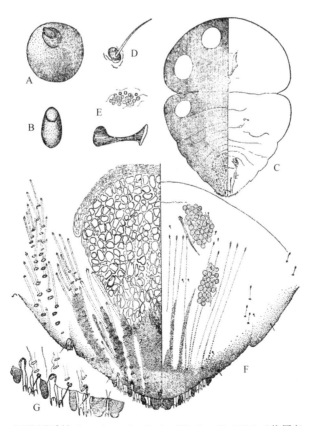

图 8-174　网纹圆盾蚧 *Pseudaonidia duplex* (Cockerell, 1896)（仿周尧，1986）

A. 雌介壳；B. 雄介壳；C. 雌虫体；D. 触角；E. 前气门；F. 臀板；G. 臀板末端

　　主要特征：头胸部有 6 个椭圆形大斑。触角瘤有 1 长毛。前气门约有 20 个盘状腺孔。臀板三角形，有发达的网纹区。臀板有 4 对臀叶：中臀叶端圆，每侧有缺刻；第 2 臀叶与第 3 臀叶形状大小相似，外侧有缺刻；第 4 臀叶比前 2 对短而阔。臀板每侧有 8 个臀栉，均端齿式。臀板的边缘在臀叶间有小的厚皮锤。背腺管细长，每侧排成 4 纵列，第 1 列 4–6 个，第 2 列 15 个，第 3 列约 25 个，第 4 列约 30 个。肛门很小，圆形，位于臀板近端部 1/3 处。围阴腺孔 4 群：28–32/23–40。

　　分布：浙江、河北、河南、上海、湖北、江西、湖南、福建、台湾、广东、香港、广西、四川、贵州、云南；日本，印度，印度尼西亚，伊朗，美国，阿根廷。

（786）牡丹网纹圆盾蚧 *Pseudaonidia paeoniae* (Cockerell, 1899)（图 8-175）

Aspidiotus duplex paeoniae Cockerell, 1899a: 105.

Pseudaonidia paeoniae: Fernald, 1903: 293.

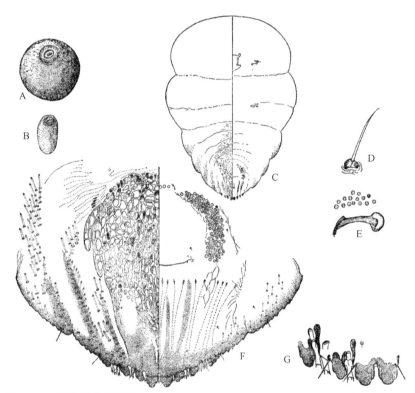

图 8-175　牡丹网纹圆盾蚧 *Pseudaonidia paeoniae* (Cockerell, 1899)（仿周尧，1986）
A. 雌介壳；B. 雄介壳；C. 雌虫体；D. 触角；E. 前气门；F. 臀板；G. 臀板末端

　　主要特征：前气门约有 20 个盘状腺孔；后气门有 3–4 个盘状腺孔。腹节的侧瓣上有小背腺管。臀板有 4 对发达的臀叶：中臀叶大，每侧有缺刻；第 2 臀叶与第 3 臀叶较小，端圆，外侧有缺刻；第 4 臀叶呈齿状突。臀栉端齿式，中臀叶间 1 对，中臀叶与第 2 臀叶间 1 对，第 2、3 臀叶间 2 对，第 3、4 臀叶间 3 对。臀板有 4 对厚皮棍。背腺管短小，在中臀叶与第 2 臀叶间 4–6 个，第 2、3 臀叶间约 20 个，第 3、4 臀叶间 25–30 个，臀板基部约 50 个。肛门位于臀板近端部 1/3 处。围阴腺孔 3 群。

　　分布：浙江、河南、湖南、台湾、广西、云南；韩国，日本，菲律宾，意大利，美国。

（787）三叶网纹圆盾蚧 *Pseudaonidia trilobitiformis* (Green, 1896)（图 8-176）

Aspidiotus trilobitiformis Green, 1896: 4.

Pseudaonidia trilobitiformis: Cockerell, 1899c: 396.

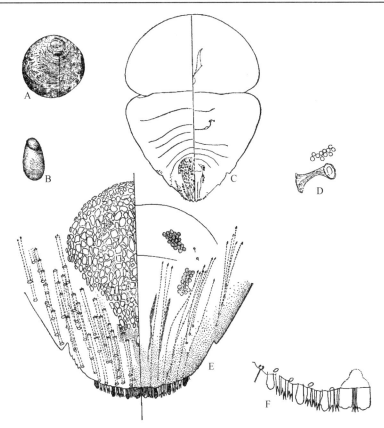

图 8-176　三叶网纹圆盾蚧 *Pseudaonidia trilobitiformis* (Green, 1896)（仿周尧，1986）

A. 雌介壳；B. 雄介壳；C. 雌虫体；D. 前气门；E. 臀板；F. 臀板末端

主要特征： 前气门有 9–14 个盘状腺孔。腹部第 1 节起有很多亚缘背腺管分布。臀板有 4 对臀叶：中臀叶较狭，每侧有缺刻，基部有轭连的骨片；第 2 臀叶和中臀叶一样长，外侧有 1 缺刻；第 3、4 臀叶外形和第 2 臀叶一样，但长短依次递减。臀栉狭长，伸过臀叶末端；中臀叶间 2 个，中臀叶与第 2 臀叶间 2 个，第 2 与第 3 臀叶间 3 个，第 3 与第 4 臀叶间 3 个。第 4 臀叶以外臀板边缘呈规则的锯齿状。厚皮棍退化。臀板每侧约有 100 个背腺管。肛门位于臀板末端。围阴腺孔 4 群：9–22/6–20。

分布： 浙江（宁波）、陕西、江西、福建、台湾、广东、香港、广西、四川；世界广布。

397. 拟轮蚧属 *Pseudaulacaspis* MacGillivray, 1921

Pseudaulacaspis MacGillivray, 1921: 305. Type species: *Diaspis pentagona* Targioni-Tozzetti, 1886.

Euvoraspis Mamet, 1951: 227. Type species: *Chionaspis cordiae* Mamet, 1936.

主要特征： 体纺锤形，自由腹节侧突略显，除臀板外虫体膜质。触角具 1 刚毛。前气门有盘状腺孔，后气门有或无。臀叶 2 对或 3 对：中臀叶基部轭连，其间有 1 对刚毛；第 2 臀叶双分，外分叶退化或缺失，第 3 臀叶退化或缺失。中臀叶有食干型和食叶型，食干型突出，而食叶型内陷入臀板内。腺刺发达。臀板有 6 或 7 对边缘腺管。背腺管按节分亚中、亚缘组。肛门位于臀板近基部。围阴腺孔 5 群。

分布： 世界广布。世界已知 64 种，中国记录 34 种，浙江分布 8 种。

分种检索表

1. 第 6 腹节有背腺管 ·· 2
- 第 6 腹节无背腺管 ·· 6

2. 后气门处有盘状腺孔 ·· 3
- 后气门处无盘状腺孔 ·· 4
3. 第 2 腹节节间上有背腺管 ·· 金银花拟轮蚧 *P. loncerae*
- 第 2 腹节节间上无背腺管 ·· 沙针拟轮蚧 *P. centreesa*
4. 第 3 臀叶明显双分 ·· 棕榈拟轮蚧 *P. kentiae*
- 第 3 臀叶双分但不明显，外叶很小 ··· 5
5. 第 2 腹节背腺管有亚中群 ··· 考氏拟轮蚧 *P. cockerelli*
- 第 2 腹节背腺管无亚中群 ·· 越桔拟轮蚧 *P. ericacea*
6. 体近圆形或椭圆形 ·· 桑拟轮蚧 *P. pentagona*
- 体长纺锤形 ·· 7
7. 肛前疤无 ··· 栎拟轮蚧 *P. kiushiuensis*
- 肛前疤明显 ··· 朴拟轮蚧 *P. celtis*

（788）朴拟轮蚧 *Pseudaulacaspis celtis* (Kuwana, 1928)（图 8-177）

Chionaspis celtis Kuwana, 1928: 8.

Pseudaulacaspis celtis: Takagi & Kawai, 1967: 40.

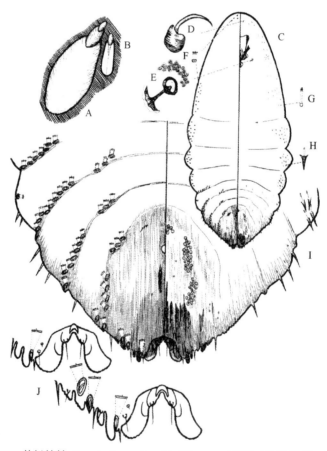

图 8-177　朴拟轮蚧 *Pseudaulacaspis celtis* (Kuwana, 1928)（仿汤祊德，1986）
A. 雌介壳；B. 雄介壳；C. 雌虫体；D. 触角；E. 前气门；F. 背腺管；G. 腹腺管；H. 腺瘤；I. 臀板；J. 臀板末端

主要特征：前气门有 17–21 个盘状腺孔。腺瘤存在于中胸至第 2 腹节侧缘，依次排列为：2–3、8–9、3–5、3–5 个。第 3–4 腹节的腺刺分别为：2–4、2–3 个。背腺管分布于第 2–5 腹节，分亚中、亚缘群，前者自前向后按节依次为：0–1、2–3、3–4、2–3 个，第 6 腹节无背腺管。臀叶 3 对，中臀叶粗大，第 2 臀叶双分；

第 3 对臀叶形如第 2 对，略小。臀板有 6 对边缘腺管。体腹面小管沿体缘分布成带状系列。肛门位于臀板近基部，肛前疤略显。围阴腺孔 5 群：9–11/24–25/10–18。

　　分布：浙江（武义）、安徽、云南；日本。

（789）沙针拟轮蚧 *Pseudaulacaspis centreesa* (Ferris, 1953)（图 8-178）

Phenacaspis centreesa Ferris, 1953a: 63.

Pseudaulacaspis centreesa: Takagi, 1985: 44.

Pseudaulacaspis centresa: Wu, 2001b: 257. Misspelling of species epithet.

　　主要特征：前气门有 2–3 个盘状腺孔，后气门有 1–3 个盘状腺孔。第 1–3 腹节侧缘的背腺管依次为：4–6、5–7、2–3 个。从口器后方至第 1 腹节中部有棘状突起。小腺管分布在中后胸和第 1–2 腹节的侧缘。腺瘤从后胸分布至第 3 腹节的亚缘。中臀叶端圆，内侧角有 2 浅缺刻。第 2 臀叶双分；第 3 臀叶为齿状突。臀板有 4 对腺刺和 7 对边缘腺管。第 3–5 腹节各有 6–7 个亚缘背腺管和 4–5 个亚中背腺管，第 6 腹节亚中组仅 2 个。肛门位于在臀板基部 1/3 处。阴门在肛门以后。围阴腺孔 5 群：4–6/11–18/12–24。

　　分布：浙江（临安）、四川、云南。

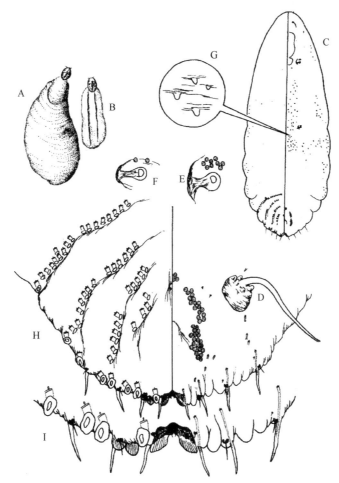

图 8-178　沙针拟轮蚧 *Pseudaulacaspis centreesa* (Ferris, 1953)（仿陈方洁，1983）
A. 雌介壳；B. 雄介壳；C. 雌虫体；D. 触角；E. 前气门；F. 后气门；G. 棘状突起；H. 臀板；I. 臀板末端

（790）考氏拟轮蚧 *Pseudaulacaspis cockerelli* (Cooley, 1897)（图 8-179）

Chionaspis cockerelli Cooley, 1897: 278.

Pseudaulacaspis cockerelli: Takagi & Kawai, 1967: 40.

　　主要特征： 前气门有 10–16 个盘状腺孔。侧腺瘤分布如下：后胸 3–6 个，第 1 腹节 7 个，第 2 腹节 6–7 个，第 3 腹节 3–4 个。第 2–6 腹节亚中背腺管依次为：3–6、6–7、6–7、3–4、1–3 个。第 2–5 腹节各有 4–9 个亚缘背腺管。第 6 腹节无亚缘背腺管。中臀叶大，间有 1 对刚毛；第 2 臀叶发达，双分，内叶长突呈匙状，外叶呈短小的锥状，或突出如内叶形状但较小；第 3 臀叶存在但不明显，外叶很小，或仅为齿状突。臀板有 6 或 7 对边缘背大腺管。围阴腺孔 5 群：4–8/11–17/13–24。

　　分布： 浙江、内蒙古、河北、山东、河南、陕西、江苏、湖北、江西、湖南、台湾、广东、香港、广西、四川、云南；世界广布。

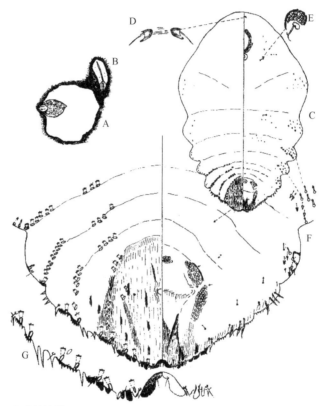

图 8-179　考氏拟轮蚧 *Pseudaulacaspis cockerelli* (Cooley, 1897)（仿汤祊德，1977）
A. 雌介壳；B. 雄介壳；C. 雌虫体；D. 触角；E. 前气门；F. 臀板；G. 臀板末端

（791）越桔拟轮蚧 *Pseudaulacaspis ericacea* (Ferris, 1953)（图 8-180）

Phenacaspis ericacea Ferris, 1953a: 63.

Pseudaulacaspis ericacea: Takagi, 1985: 45.

　　主要特征： 前气门有 20–26 个盘状腺孔。从后胸到第 3 腹节每节亚缘有 3–6 个腺瘤，第 3 腹节有 2–3 个腺刺。背腺管在第 2 腹节有亚缘腺管 6 个；第 3 腹节有亚缘腺管 4–5 个，亚中腺管 1–4 个；在第 4、5 腹节上各有亚缘组 5–6 个，亚中组 2–3 个，第 6 腹节亚中组 1–2 个。中臀叶内陷入臀板，基部轭连，基外角连 1 小的厚皮棒；第 2 臀叶双分，外侧角有 1 缺刻，基部连有 1 对细小的厚皮棒；第 3 臀叶也双分。臀板有 9 对边缘腺刺和 7 对边缘腺管。肛门位于臀板基部。阴门位置和肛门相重叠。围阴腺孔 5 群：4–10/8–15/13–17。

　　分布： 浙江、广东、云南。

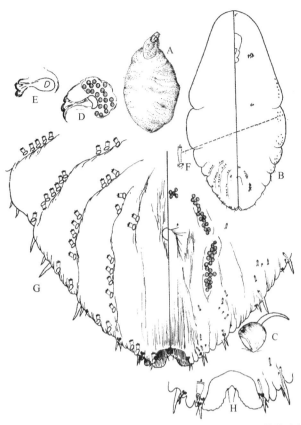

图 8-180　越桔拟轮蚧 *Pseudaulacaspis ericacea* (Ferris, 1953)（仿陈方洁，1983）
A. 雌介壳；B. 雌虫体；C. 触角；D. 前气门；E. 后气门；F. 腹腺管；G. 臀板；H. 臀板末端

（792）棕榈拟轮蚧 *Pseudaulacaspis kentiae* (Kuwana, 1931)（图 8-181）

Phenacaspis kentiae Kuwana, 1931: 10.

Pseudaulacaspis kentiae: Takagi, 1985: 46.

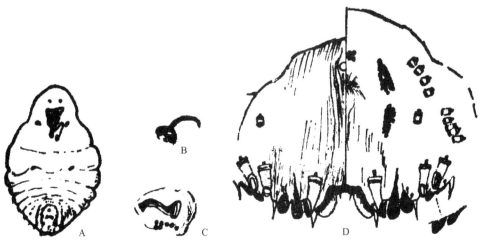

图 8-181　棕榈拟轮蚧 *Pseudaulacaspis kentiae* (Kuwana, 1931)（仿王子清，1980）
A. 雌虫体；B. 触角；C. 前气门；D. 臀板末端

主要特征：体长形，一般从前胸开始直到腹部第 2、3 节都变宽。触角具 1 根长毛。自由腹节两侧腺刺小而数量较少。中臀叶内缘锯齿状，间有 1 对刚毛；第 2 臀叶双分，其顶端钝圆，两侧无缺刻；第 3 臀叶明显双分。腺刺在中臀叶外侧与第 2 臀叶外侧各 1 个，第 3 臀叶外侧至臀板边缘一般都呈单一的分布。边缘腺管 7 对。围阴腺孔 5 群。

分布：浙江、山西、陕西、江苏、安徽、江西、湖南、福建、广东、广西、四川、贵州、云南；韩国，日本。

（793）栎拟轮蚧 *Pseudaulacaspis kiushiuensis* (Kuwana, 1909)（图 8-182）

Chionaspis kinshinensis Kuwana, 1909: 155.

Chionaspis kiushiuensis: Kuwana, 1928: 12. Emendation that is justified.

Pseudaulacaspis kuishiuensis: Wei & Feng, 2012a: 16.

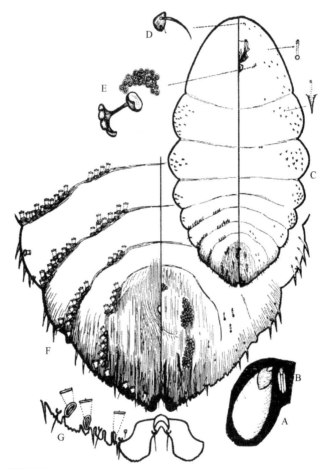

图 8-182 栎拟轮蚧 *Pseudaulacaspis kiushiuensis* (Kuwana, 1909)（仿汤祊德，1986）

A. 雌介壳；B. 雄介壳；C. 雌虫体；D. 触角；E. 前气门；F. 臀板；G. 臀板末端

主要特征：前气门约 10 个盘状腺孔。从中胸至第 3 腹节约有 19 个腺瘤。腺刺分布于中胸、后胸及腹部。背腺管 4 列，第 2 腹节上无亚中大腺管或只有少数几个，第 3–5 腹节上通常具有，第 6 腹节上没有。亚缘大腺管在第 2–5 节上相当多。中、后胸和基部二腹节上有很丰富的侧大腺管。中臀叶内缘微锯齿状，其间有 1 对刚毛；第 2 臀叶双分；第 3 臀叶呈齿状突。臀板有 6–7 对边缘腺刺和 7 对边缘腺管。肛门靠近臀板基部。围阴腺孔 5 群：6–13/13–21/14–18。

分布：浙江、安徽、台湾、广东、广西、云南；日本。

（794）金银花拟轮蚧 *Pseudaulacaspis loncerae* Tang, 1986（图 8-183）

Pseudaulacaspis loncerae Tang, 1986: 152.

主要特征：前气门有 11–15 个盘状腺孔，后气门 4–7 个。第 1 腹节有 1 个亚缘背疤。腺瘤从后胸至第 3 腹节每侧顺次为：3–7、5–7、4–9、6–10 个。在中、后胸及前 3 腹节侧缘有短的背腺管。背腺管每节排成单列或不规则双列，分布于第 2–5 腹节，其中亚中群依次为：2–11、3–9、4–7、2–6 个，亚缘群依次为：7–15、6–12、6–12、5–11 个，第 6 腹节 2 个。臀叶 3 对发达：中臀叶内缘锯齿状，其间有 1 对刚毛；侧臀叶双分。臀板每侧有 7 个边缘腺管和 8–18 个边缘腺刺。肛门位于近臀板基部。围阴腺孔 5 群：9–19/12–35/20–46。

分布：浙江（武义）、四川。

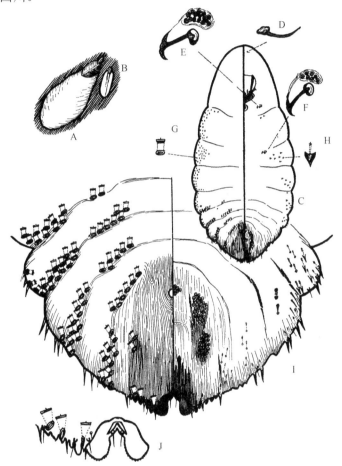

图 8-183　金银花拟轮蚧 *Pseudaulacaspis loncerae* Tang, 1986（仿汤祊德，1986）

A. 雌介壳；B. 雄介壳；C. 雌虫体；D. 触角；E. 前气门；F. 后气门；G. 背腺管；H. 腺瘤；I. 臀板；J. 臀板末端

（795）桑拟轮蚧 *Pseudaulacaspis pentagona* (Targioni-Tozzetti, 1886)（图 8-184）

Diaspis pentagona Targioni-Tozzetti, 1886a: 1.

Pseudaulacaspis pentagona: MacGillivray, 1921: 315.

主要特征：体近圆形或椭圆形。前气门有 6–17 个盘状腺孔。腺瘤分布在中胸。侧腺刺分布在后胸和腹部。腺刺分布为：中臀叶外侧和第 2 臀叶外侧各 1 个，第 3 臀叶外侧 2 个，第 4 臀叶外侧 2–3 个，近臀板基角 4–6 个。背腺管在第 2–5 腹节上排成整齐的列，各有亚缘组腺管 3–16 个，亚中组腺管 3–12 个；第 6 腹节无背腺管分布。臀板具 3 对臀叶，中臀叶端圆，基部轭连，其间有 1 对刚毛；第 2 臀叶双分；第 3 臀叶呈齿状突出。臀板有 7 对边缘腺管。肛门位于臀板中央。阴门位置和肛门略重叠。围阴腺孔 5 群：17–20/27–48/25–55。

分布：浙江、黑龙江、吉林、辽宁、内蒙古、北京、河北、山西、山东、河南、陕西、宁夏、甘肃、新疆、江苏、上海、安徽、湖北、江西、湖南、福建、台湾、广东、香港、澳门、广西、四川、云南、西藏；世界广布。

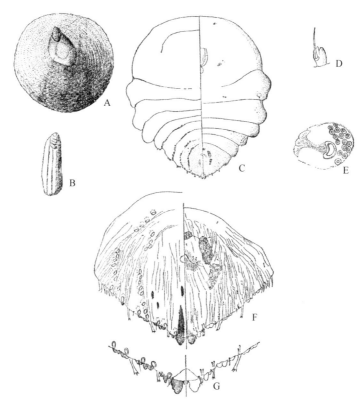

图 8-184　桑拟轮蚧 *Pseudaulacaspis pentagona* (Targioni-Tozzetti, 1886)（仿周尧，1986）

A. 雌介壳；B. 雄介壳；C. 雌虫体；D. 触角；E. 前气门；F. 臀板；G. 臀板末端

398. 拉氏盾蚧属 *Rutherfordia* MacGillivray, 1921

Rutherfordia MacGillivray, 1921: 306. Type species: *Chionaspis malloti* Rutherford, 1914.

主要特征：体纺锤形。触角有 1 刚毛。前气门有盘状腺孔，后气门有或无。中臀叶基部愈合，端部愈合或分离，其间有 1 对刚毛，侧臀叶退化或缺失。臀板腺刺发达，最后 1 对位于中臀叶背侧；臀前腹节也存在腺刺。背腺管在腹部按节排列成亚缘群和亚中群，越往头胸部越小，且散乱排列。肛门位于臀板中央稍靠前。围阴腺孔 5 群。

分布：世界广布。世界已知 3 种，中国记录 2 种，浙江分布 1 种。

（796）拉氏盾蚧 *Rutherfordia major* (Cockerell, 1894)（图 8-185）

Chionaspis major Cockerell, 1893a: 51.

Rutherfordia major: Takagi, Pong & Khoo, 1989: 188.

主要特征：前气门有 21–26 个盘状腺孔。胸部和腹节的两侧各有很多的背腺管和腺刺，末前节和其前面一节上的腺刺长，末端钝。背腺管在第 4、5 腹节上分亚缘群、亚种群，共 4 群，每节前群各 5–7 个，后群 9–11 个，与边缘腺管大小相似。中臀叶特别大，略呈三角形，两侧缘有深的锯齿。第 2 臀叶不发达，呈三角形。臀板每侧有 8–9 个边缘腺刺和 5 个边缘腺管。背面缘毛 5 对，中间 1 对最小。肛门圆形，位于阴门前。围阴腺孔 5 群：36–57/32–65/34–67。

分布：浙江（黄岩）。

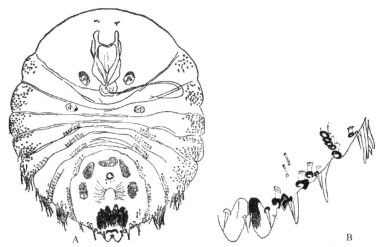

图 8-185　拉氏盾蚧 *Rutherfordia major* (Cockerell, 1894)（仿陈方洁，1937）

A. 雌虫体；B. 臀板末端

399. 棘圆盾蚧属 *Selenomphalus* Mamet, 1958

Selenomphalus Mamet, 1958: 426. Type species: *Aspidiotus euryae* Takahashi, 1931.

主要特征：体梨形，皮肤除臀板外膜质。触角瘤有 1 毛。气门无盘状腺孔。有 3 对发达的臀叶：中臀叶和第 2 臀叶片状，第 3 臀叶刺状。臀栉发达，缨状；第 3 臀叶外的臀栉阔而梳齿状。背腺管长，边缘腺管每 2 臀叶间 1 个，亚缘腺管每侧 3 或 4 列，中间 3 列腺管的数目较多。中臀叶与第 2 臀叶的基内角各有 1 个厚皮棒。肛门大，位于臀板近中央处。围阴腺孔 4 群。

分布：东洋区。世界已知 2 种，中国记录 1 种，浙江分布 1 种。

（797）棘圆盾蚧 *Selenomphalus euryae* (Takahashi, 1931)（图 8-186）

Aspidiotus euryae Takahashi, 1931a: 383.

Selenomphalus euryae: Mamet, 1958: 428.

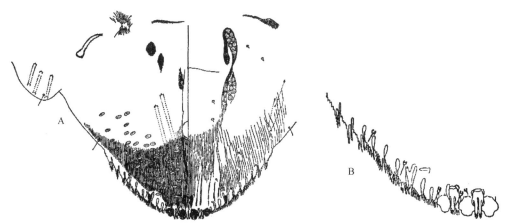

图 8-186　棘圆盾蚧 *Selenomphalus euryae* (Takahashi, 1931)（仿 Takagi，1969）

A. 雌虫体；B. 臀板末端

主要特征：臀前腹节边缘有较小的背腺管，第 1 节 1–2 个，第 2、3 节 3–5 个。臀板有 3 对发达的臀叶：中臀叶端平圆，每侧有缺刻，其间距约为中臀叶的 1/2；第 2 臀叶狭，内侧缺刻不显；第 3 臀叶呈骨化而尖锐的刺状突起。臀板有 3 对边缘腺管和 4 个厚皮棒。臀栉端缨式，分布如下：中臀叶间 2 个，中臀叶与第 2 臀叶间 2 个，第 2 与第 3 臀叶间 3 个，第 3 臀叶外 7 个。臀板每侧有 28–41 个亚缘背腺管。肛门位于近臀板的中央。围阴腺孔 4 群：5–12/4–7。

分布：浙江、台湾、广西。

400. 缨围盾蚧属 *Thysanofiorinia* Balachowsky, 1954

Thysanofiorinia Balachowsky, 1954: 312. Type species: *Fiorina nephelii* Maskell, 1897.

主要特征：体卵形，臀前腹节侧叶略突出，除臀板外其余皮肤均膜质。触角有 1–2 根毛。前气门有盘状腺孔。臀板有 1 对中臀叶，发达，基部不轭连，相互间有一定距离，中间有 1 对刚毛。腺刺很少而粗短，每侧只 3 个，中臀叶间没有。臀板腺管少，无边缘大腺管，腹面完全无腺孔。肛孔位于臀板中央。围阴腺孔无。

分布：世界广布。世界已知 2 种，中国记录 2 种，浙江分布 1 种。

（798）龙眼缨围盾蚧 *Thysanofiorinia nephelii* (Maskell, 1897)（图 8-187）

Fiorinia nephelii Maskell, 1897a: 242.

Thysanofiorinia nephelii: Balachowsky, 1954: 314.

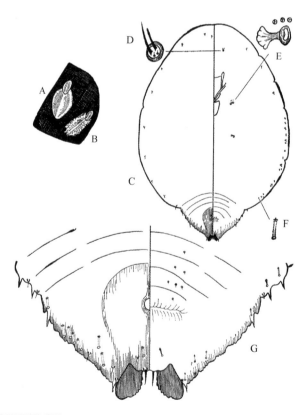

图 8-187　龙眼缨围盾蚧 *Thysanofiorinia nephelii* (Maskell, 1897)（仿汤祊德，1986）

A. 雌介壳；B. 雄介壳；C. 雌虫体；D. 触角；E. 前气门；F. 腹腺管；G. 臀板

　　主要特征：体梨形，中胸部最宽，臀板尖削。腹部分节明显，侧缘稍突出。触角为瘤状，着生有 1–2 根刚毛，近头缘，相互靠近。前气门有 1–2 个盘状腺孔，后气门无。中臀叶发达，两叶之间有 1 叶宽，其间有 1 对粗刚毛，内缘锯齿状，顶端圆。第 2 臀叶不见。腺刺在中臀叶外 1 对，臀板基部，在第 3–5 腹节每节有 1 根腺刺。背腺管略大，中臀叶间有 1 对，中臀叶之外沿臀板边缘每侧有 7–9 个。肛门位于臀板背面近中央。围阴腺孔无。

　　分布：浙江、福建、台湾、广东、香港、广西；日本，印度，缅甸，泰国，柬埔寨，美国，古巴，澳大利亚，北马里亚纳群岛，阿尔及利亚，巴西。

401. 釉雪盾蚧属 *Unachionaspis* MacGillivray, 1921

Unachionaspis MacGillivray, 1921: 307. Type species: *Chionaspis colemani* Kuwana, 1902.

　　主要特征：体长纺锤形。触角通常具 2 毛。前气门有盘状腺孔，后气门有或无。中臀叶小，略呈锥状，不轭连，相互远离。第 2 臀叶双分。臀板边缘腺刺细长。边缘腺管数目因种而异。背腺管大小与边缘腺管相似，在自由腹节上明显分为亚中和亚缘组，在臀板上分为亚中和亚缘组或散乱分布。肛门圆形，中等大小，位于臀板近基部。围阴腺孔 5 群。

　　分布：古北区、东洋区、新北区。世界已知 3 种，中国记录 2 种，浙江分布 2 种。

（799）竹釉盾蚧 *Unachionaspis bambusae* (Cockerell, 1896)（图 8-188）

Chionaspis bambusae Cockerell, 1896b: 21.

Unachionaspis bambusae: Takagi, 1961a: 11.

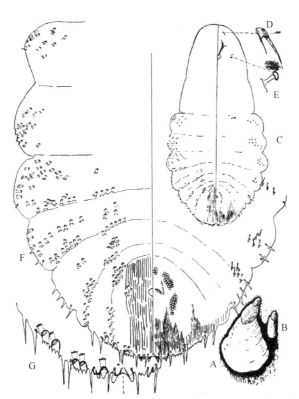

图 8-188　竹釉盾蚧 *Unachionaspis bambusae* (Cockerell, 1896)（仿汤彷德，1977）

A. 雌介壳；B. 雄介壳；C. 雌虫体；D. 触角；E. 前气门；F. 臀板；G. 臀板末端

主要特征：前气门有 3–10 个盘状腺孔，后气门有 0–3 个盘状腺孔。后胸至第 3 腹节近侧缘分布有侧管腺各 1 群。腺瘤分布在后胸至第 4 腹节的侧缘。第 3–8 腹节约有 12 个缘腺刺。背腺管在第 2–5 腹节上排成亚缘和亚中群；第 6 腹节上有 1–3 个亚中背腺管和 0–1 亚缘背腺管。臀叶 2 对，中臀叶小，锥状，两叶相隔较远，边缘无齿刻，臀叶间无管腺；第 2 臀叶双分，外叶小，锥状。第 3、4 臀叶处锯齿状。臀板有 6 对边缘腺管。肛门位于臀板中部靠前。围阴腺孔 5 群：6–15/12–24/18–26。

分布：浙江、河南、江苏、安徽、湖北、江西、福建、四川；俄罗斯，日本，阿尔及利亚。

（800）纺锤釉盾蚧 *Unachionaspis tenuis* (Maskell, 1897)（图 8-189）

Fiorinia tenuis Maskell, 1897a: 242.

Unachionaspis tenuis: Takahashi & Tachikawa, 1956: 10.

主要特征：前气门有 0–2 个盘状腺孔，后气门腺 0–1 个。臀叶 3 对，细小，略呈锥状；中臀叶基部不轭连，远离，其间有 1 对小突起；第 2 臀叶双分，硬化；第 3 臀叶为单一硬化锥突。背腺管粗人，从第 2 腹节直分布至第 7 腹节，约分亚中、亚缘群，但臀板边缘腺管不特化，仅见 20 个左右同一形状的背腺管。臀板每侧有 6 或 7 个边缘腺刺。肛门位于臀板基部。围阴腺孔 5 群：6–8/5–6/6–8。

分布：浙江（武义）、陕西、福建、四川；俄罗斯，日本。

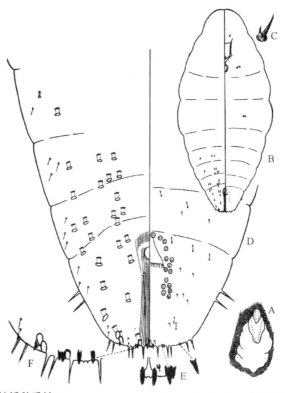

图 8-189　纺锤釉盾蚧 *Unachionaspis tenuis* (Maskell, 1897)（仿汤祊德，1986）
A. 雌介壳；B. 雌虫体；C. 触角；D. 臀板；E. 臀叶；F. 臀板末端

402. 矢尖蚧属 *Unaspis* MacGillivray, 1921

Unaspis MacGillivray, 1921: 308. Type species: *Chionaspis acuminate* Green, 1896.

Tegmelanaspis Chen, 1983: 92. Type species: *Tegmelanaspis mediforma* Chen, 1983.

主要特征：体长纺锤形。触角具 2 毛或多毛。前气门有盘状腺孔，后气门腺有或无。背腺管数目多，散乱分布在臀板上。腺刺在臀板、臀板基角及臀前腹节侧缘成群分布。臀板有 3 对发达的臀叶，中臀叶不轭连，有时略微陷入臀板内，其间无腺刺，间有刚毛或无；第 2 和第 3 臀叶双分。边缘腺管存在。肛门位于臀板中部稍前，肛门与中臀叶之间有 1 条肛后沟。围阴腺孔有或无。

分布：世界广布。世界已知 19 种，中国记录 13 种，浙江分布 3 种。

分种检索表

1. 边缘腺管每侧 7 个，围阴腺孔有 ·· 卫矛矢尖蚧 *U. euonymi*
- 边缘腺管每侧 8 个，围阴腺孔无 ·· 2
2. 腺刺每侧 7 个，背腺管每侧 25–35 个 ··· 桔矢尖蚧 *U. citri*
- 腺刺每侧超过 7 个，背腺管每侧 50–80 个 ································· 矢尖蚧 *U. yanonensis*

（801）桔矢尖蚧 *Unaspis citri* (Comstock, 1883)（图 8-190）

Chionaspis citri Comstock, 1883: 100.

Unaspis citri: Tang, 1986: 131.

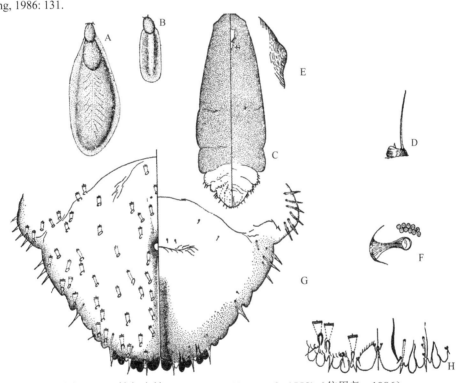

图 8-190　桔矢尖蚧 *Unaspis citri* (Comstock, 1883)（仿周尧，1986）
A. 雌介壳；B. 雄介壳；C. 雌虫体；D. 触角；E. 眼瘤；F. 前气门；G. 臀板；H. 臀板末端

主要特征：前气门盘状腺孔 9–15 个，后气门盘状腺孔 2–5 个。中臀叶基部靠近，稍陷入臀板末端，内缘边缘具有细齿，基部连有厚皮棍；第 2 臀叶双分，端圆，基部连有厚皮棍，外叶形状小，与内叶相似，后皮棒无。第 3 臀叶跟第 2 臀叶相似，稍小。背腺管每侧 25–35 个。臀板每侧有 7 个边缘腺刺和 8 对边缘腺管。肛门位于臀板背面中央。阴门位置与肛门重叠。围阴腺孔无。

分布：浙江、陕西、湖北、台湾、广东、海南、香港、广西、四川；世界广布。

（802）卫矛矢尖蚧 *Unaspis euonymi* (Comstock, 1881)（图 8-191）

Chionaspis euonymi Comstock, 1881: 313.

Unaspis euonymi: Ferris, 1937: SI–130.

主要特征：前气门有 10–16 个盘状腺孔；后气门有 2–4 个盘状腺孔。腺瘤存在于后气门后方和第 1–2 腹节的侧缘。中、后胸及第 1 腹节腹面侧缘各有 1 群小管腺。第 2–3 腹节各有 4–6 个腺刺。中臀叶大，基部不轭连，端圆；第 2 和第 3 臀叶均双分，外叶比内叶小。腺刺在每一臀叶外侧各 2 个，臀板外缘具 2 个，臀板基角附近 4–6 个。臀板有 7 对边缘腺管。臀板每侧有 30–36 个背腺管。腹面有少数的小腺管。肛门位于臀板基部。阴门与肛门相重叠，围阴腺孔 5 群：4–6/6–9/6–7。

分布：浙江、辽宁、内蒙古、山西、山东、河南、陕西、江苏、湖北、湖南、广东、香港、澳门、广西、四川、西藏；世界广布。

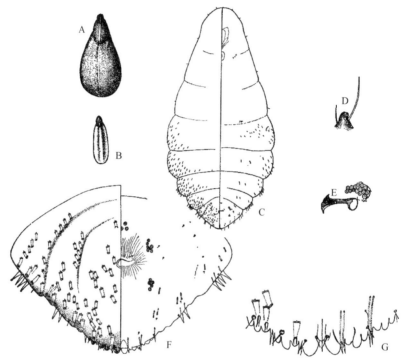

图 8-191　卫矛矢尖蚧 *Unaspis euonymi* (Comstock, 1881)（仿周尧，1986）

A. 雌介壳；B. 雄介壳；C. 雌虫体；D. 触角；E. 前气门；F. 臀板；G. 臀板末端

（803）矢尖蚧 *Unaspis yanonensis* (Kuwana, 1923)（图 8-192）

Prontaspis yanonensis Kuwana, 1923a: 3.

Unaspis yanonensis: Takahashi & Kanda, 1939a: 187.

主要特征：皮肤在老熟时全部骨化。前气门有 10–15 个盘状腺孔，后气门有 0–7 个盘状腺孔。臀前腹节侧瓣上各有 12 个以上的腺刺和 10 个边缘腺管。后胸和第 1 腹节侧缘各有 7–9 个腺瘤。中臀叶大，陷入臀板末端内，边缘锯齿，基部具有 2 根细的厚皮棍；第 2 臀叶双分，内叶基部有 1 对细的厚皮棍；第 3 臀叶小于第 2 臀叶。腺刺在臀叶外侧各 1 个，臀板侧缘具 1 个，臀板基角处各 5–8 个。臀板每侧 50–80 个背腺管，排列不规则。臀板每侧有 6 个边缘腺管。肛门位于臀板基部。阴门和肛门相重叠。围阴腺孔无。

分布：浙江（临海）、内蒙古、河北、河南、陕西、甘肃、江苏、安徽、湖北、江西、湖南、福建、台湾、广东、香港、广西、四川、贵州、云南、西藏；世界广布。

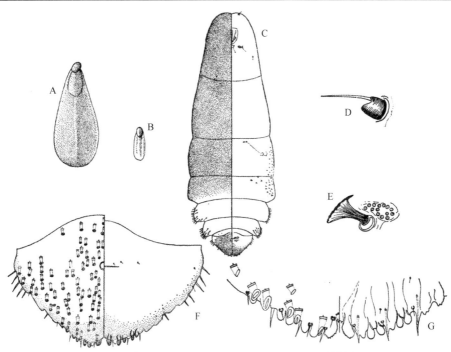

图 8-192　矢尖蚧 *Unaspis yanonensis* (Kuwana, 1923)（仿周尧，1986）
A. 雌介壳；B. 雄介壳；C. 雌虫体；D. 触角；E. 前气门；F. 臀板；G. 臀板末端

三十、毡蚧科 Eriococcidae

主要特征：体长椭圆形，体被白色卵囊。触角通常 1–6 节。额囊有或无。口器发达，喙 2–3 节。足通常发达且分节正常，少数种类缺失或退化。胸气门 2 对，其附近有多孔腺。肛环发达，有 1–2 列环孔和 6–8 根环毛，少数种类无环孔。尾瓣通常发达，少数种类退化或仅有 1 对端毛。多孔腺通常为五格腺；盘状腺孔为十字孔腺。管状腺有杯状管和微管腺。体刺多为锥状、柱状或橡实状，一般在体背呈横带、腹面边缘呈纵列，有些种类只分布在背缘或最末几节或无。

分布：世界广布。世界已知约 107 属 667 种，中国记录 16 属 58 种，浙江分布 5 属 7 种。

分属检索表

1. 触角节数少于 5 节 ··· 白毡蚧属 *Asiacornococcus*
- 触角节数多于 5 节 ··· 2
2. 体背刺有橡实状刺 ··· 胡毡蚧属 *Hujinlinococcus*
- 体背刺无橡实状刺 ··· 3
3. 卵囊不完全包被身体 ··· 棘毡蚧属 *Acalyptococcus*
- 卵囊完全包被身体 ··· 4
4. 喙 3 节，具有 16 根刚毛；后足基节一般无半透明孔 ······················· 囊毡蚧属 *Acanthococcus*
- 喙 3 节，具有 18 根刚毛；后足基节至少背面有半透明孔 ··················· 根毡蚧属 *Rhizococcus*

403. 棘毡蚧属 *Acalyptococcus* Lambdin *et* Kosztarab, 1977

Acalyptococcus Lambdin *et* Kosztarab, 1977: 245. Type species: *Acalyptococcus eugeniae* Lambdin *et* Kosztarab, 1977.

主要特征：卵囊只在腹面，背裸，不完全包被身体。体长椭圆形，触角通常 6-7 节。喙 3 节。眼不明显。胸足发达，跗节显著长于胫节，跗冠毛和爪冠毛长于爪，爪下有齿。气门附近有 1 群五格腺分布。体刺分布于体背面的边缘成 1 条纵列。十字孔腺主要分布于腹部。少量三格腺位于头胸部的边缘。微管腺短粗，在腹部成列或带状。微管腺分布于体腹面的边缘和亚缘。肛板形似三角形。肛环位于肛板下方，似圆形，有 6 根肛环毛。尾瓣硬化，有尾瓣刺。

分布：古北区、东洋区。世界已知 4 种，中国记录 3 种，浙江分布 1 种。

（804）禾棘毡蚧 *Acalyptococcus graminis* (Maskell, 1897)（图 8-193）

Eriococcus graminis Maskell, 1897a: 243.

Acalyptococcus graminis: Kozár et al., 2013: 68.

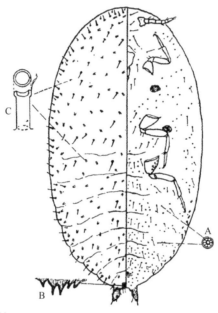

图 8-193 禾棘毡蚧 *Acalyptococcus graminis* (Maskell, 1897)（仿王子清，2001）
A. 多孔腺；B. 背面臀瓣；C. 大管腺

主要特征：触角 7 节，第 3–4 节稍长。胸足细小：后足基节有较大的不规则圆形透明孔；胫节和跗节一样长；跗冠毛和爪冠毛长于爪。体刺圆锥形，端尖。体刺在体背面边缘成列分布。第 1–7 腹节的边缘各有 2 根刺。在体缘刺列间混杂有小刺。体背刺数量少，而体背中央附近分布有较大的刺。体背有大管状腺，体腹面有微管腺。多孔腺在体腹面。尾瓣发达，强硬化。尾瓣背面生有 3 根粗刺。尾瓣腹面有 1 根毛。尾瓣刺长于肛环刺。体背面腹末端近中央的部位分布着稍硬化的瓣状突起。

分布：浙江、广东、香港、四川；日本。

404. 囊毡蚧属 *Acanthococcus* Signoret, 1875

Acanthococcus Signoret, 1875a: 16. Type species: *Acanthococcus aceris* Signoret, 1875.

主要特征：卵囊毡状，完全包被身体。体膜质，长椭圆形。触角通常 7 或 8 节。额囊存在。喙 3 节，具有 16 根刚毛。微腺管和背腺管存在。盘状腺管很少存在。十字孔腺缺失。尾瓣发达而硬化；内缘有齿状突。肛环发达，有肛环孔和肛环毛。刚毛的大小和刺毛依种类不同。边缘：体刺呈线。腹面：刺毛沿体缘分布。背大腺管存在，至少 1 种类型。胸足发达；中足基节和后足基节表面常有刺，后足基节一般无半透明孔；有爪和跗冠毛；爪具齿。阴门位于第7-8腹节间。

生物学：寄生于木本植物。

分布：世界广布。世界已知170种，中国记录18种，浙江分布3种。

分种检索表

1. 体呈马蹄形 ·· 马蹄囊毡蚧 *A. transversus*
- 体呈椭圆形 ··· 2
2. 第8腹节背无刺 ·· 日本囊毡蚧 *A. onukii*
- 第8腹节背有刺 ··· 紫薇囊毡蚧 *A. lagerstroemiae*

（805）紫薇囊毡蚧 *Acanthococcus lagerstroemiae* (Kuwana, 1907)（图8-194）

Eriococcus lagerstroemiae Kuwana, 1907: 182.

Acanthococcus lagerstroemiae: Kozár et al., 2013: 127.

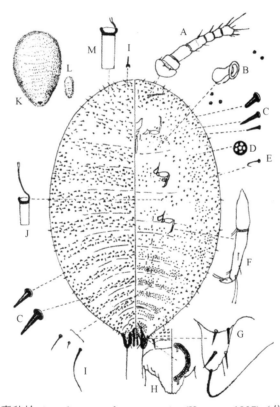

图8-194　紫薇囊毡蚧 *Acanthococcus lagerstroemiae* (Kuwana, 1907)（仿汤祊德，1977）
A. 触角；B. 前气门；C. 体刺；D. 五格腺；E. 腹毛；F. 后足末端；G. 腹面尾瓣；H. 肛环；I. 背毛；J. 小杯状管；K. 雌介壳；L. 雄介壳；M. 大杯状管

主要特征：体椭圆形，触角7节，第3节环节最长。第5-6节各有1根粗毛，第7节有3根粗毛和2对腔锥感器。喙分2节。气门口无盘腺。肛环有1列环孔和8根环毛。五格腺分布于体腹面，偶尔有三格腺与四格腺，主要分布于头前胸部中央及气门附近，并在腹部各节成横带。十字孔腺在体缘成1纵列。杯状管分2种：大杯状管分布于体缘和头部前端；小杯状管分布于腹部。背面：杯状管与腹面大杯状管同大，散布于体背面。微管腺散布于体背面。腹刺按大小分为3种类型。体刺圆锥状，在体背每体节上呈横带，第7腹节约13根，第8腹节背中2根。

分布：浙江、辽宁、内蒙古、北京、天津、河北、山西、山东、宁夏、甘肃、青海、新疆、江苏、江西、四川、贵州；蒙古，韩国，日本，印度，英国，美国。

（806）日本囊毡蚧 *Acanthococcus onukii* (Kuwana, 1902)（图 8-195）

Eriococcus onukii Kuwana, 1902: 51.

Acanthococcus onukii: Kozár et al., 2013: 76.

　　主要特征：体椭圆形，触角 7 节，第 3 节最长。额囊存在。肛环有 8 根肛环毛。尾瓣中度硬化，内缘有齿，每侧背刺 3 根和腹毛 4 根。尾片存在。腹面：五格腺分布于头胸部及后 5 腹节。十字孔腺分布在体缘。体腹面的杯状管分 3 种，大杯状管分布于体缘，中杯状管散布在各腹节及头胸部，小杯状管分布于体中央。腹刺锥状，在体缘成纵列。背面：杯状管 1 种，散布于体背。背刺粗锥状，缘刺较大，沿体缘成纵列，各腹节每侧缘刺 2 或 3 根；其他刺散布背面，并在腹部各节成横带或横列；第 7 腹节背刺 6 根，无肛前刺。

　　分布：浙江、江西、福建；俄罗斯，韩国，日本，越南。

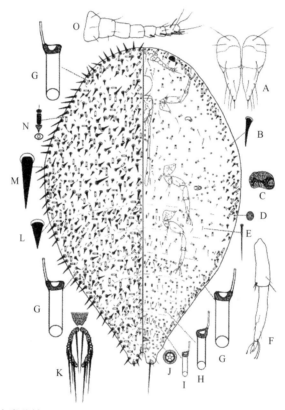

图 8-195　日本囊毡蚧 *Acanthococcus onukii* (Kuwana, 1902)（仿 Kozár et al.，2013）
A. 额囊；B. 腹刺；C. 气门；D. 十字孔腺；E. 腹毛；F. 后足末端；G. 大杯状管；H. 中杯状管；I. 小杯状管；J. 五格腺；K. 肛环；L. 背刺；M. 缘刺；N. 微管腺；O. 触角

（807）马蹄囊毡蚧 *Acanthococcus transversus* (Green, 1922)（图 8-196）

Eriococcus transversus Green, 1922: 351.

Acanthococcus transversus: Kozár, 2009: 94.

　　主要特征：体马蹄形，触角 7 节。额囊存在。气门附近有五格腺。肛环圆形，有 1 列环孔和 8 根环毛。尾片不规则半圆形，硬化，表面有瘤状突起。尾瓣突出，内缘有锯齿。每侧尾瓣背刺 3 根，其腹面 4 根。腹面：五格腺主要分布于头胸部的中央、气门附近及腹部各节，腹部较为密集。十字孔腺分布在体缘。体腹面的杯状管分为 3 种：大杯状管分布于体缘；中杯状分布于头胸部的亚中区与亚缘区；小杯状管仅分布于腹部。背面：杯状管 1 种，密布于全背。背刺圆锥形，分为 3 种：大刺在体缘成纵列；中刺分布于体缘与胸部；小刺分布于体背面的腹部成横带。第 8 腹节常无刺，偶尔出现 1 根肛前刺。

　　分布：浙江（临安）、河南、江苏、福建、台湾、广东、广西、四川、贵州；印度，斯里兰卡，法国。

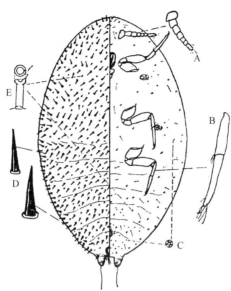

图 8-196　马蹄囊毡蚧 *Acanthococcus transversus* (Green, 1922)（仿王子清，2001）
A. 触角；B. 后足末端；C. 五格腺；D. 背刺；E. 杯状管

405. 白毡蚧属 *Asiacornococcus* Tang *et* Hao, 1995

Asiacornococcus Tang *et* Hao, 1995: 587. Type species: *Eriococcus exiguus* Maskell, 1897.

　　主要特征：体椭圆形，体被白色卵囊。触角 3–4 节。眼点存在或不显。口器发达。胸气门 2 对。胸足正常，爪下有齿，爪、跗冠毛各 1 对，顶端膨大。肛环有肛环孔和 6–8 根肛环毛。尾瓣突出，硬化或稍硬化，每侧尾瓣有 2 根背刺和 1 根端毛。体背有杯状腺，腹面有五格腺、多孔腺和杯状腺。背刺为粗锥状，一般在体背面排成 5 纵列，即缘列、亚缘列、中列，第 8 腹节背中无刺。

　　分布：古北区。世界已知 3 种，中国记录 2 种，浙江分布 1 种。

（808）柿树白毡蚧 *Asiacornococcus kaki* (Kuwana, 1931)（图 8-197）

Eriococcus kaki Kuwana *in* Kuwana & Muramatsu, 1931: 659.

Asiacornococcus kaki: Tang & Hao, 1995: 439.

　　主要特征：触角 3–4 节。口器发达，喙 2 节。肛环圆形，有 1 列环孔和 8 根环毛。尾片呈不规则半圆，硬化，表面有瘤状突起。尾瓣突出，内缘有锯齿，每瓣背刺 3 根，其腹面有端毛、亚端毛、外基毛、肛位毛各 1 根。腹面：五格腺分布于头胸部的中区、气门附近及腹部各节，腹部较为密集。十字孔腺只分布在体缘区。杯状管分为 3 种：大杯状管分布于体缘；中杯状管分布于头胸部的亚中与亚缘区；小杯状管只分布在腹部。背面：杯状管 1 种，与腹面大杯状管同大，密布于全背。背刺圆锥形，分为 3 种类型：大刺长在体缘成 1 纵列；中刺分布于体缘与胸部；小刺分布于全背面，在腹部成横带。腹部第 8 节常无刺，偶尔出现 1 根肛前刺。

　　分布：浙江（临安）、黑龙江、吉林、辽宁、北京、河北、山西、山东、河南、陕西、江苏、安徽、湖北、湖南、福建、广东、广西、四川、贵州、云南、西藏。

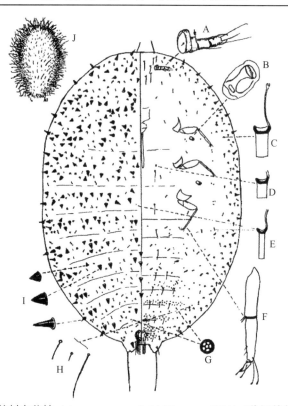

图 8-197　柿树白毡蚧 *Asiacornococcus kaki* (Kuwana, 1931)（仿汤祊德，1977）
A. 触角；B. 气门；C. 大杯状管；D. 中杯状管；E. 小杯状管；F. 后足末端；G. 五格腺；H. 腹毛；I. 背刺；J. 雌介壳

406. 胡毡蚧属 *Hujinlinococcus* Kozár *et* Wu, 2013

Hujinlinococcus Kozár *et* Wu Kozár et al., 2013: 307. Type species: *Eriococcus nematosphaerus* Hu *et* Xie, 1981.

主要特征：体椭圆形，腹末端变窄，体被白色卵囊。体膜质，尾瓣稍硬化，体节分节明显。触角通常7节。喙2节。胸足正常，爪下有齿，胫节短于跗节。胸气门附近有1群五格腺。多孔腺和十字孔腺分布在体腹面。杯状腺有3种类型。肛环有肛环列和8根肛环毛。体刺在腹部的腹面成横列或横带，有4种形状：细长的圆锥形刺、顶端平截大而长的圆锥形刺、顶端平截的橡实状刺和顶端较钝的小圆锥形刺。尾瓣突出并硬化，每瓣有背刺3根。

分布：古北区。世界已知1种，中国记录1种，浙江分布1种。

（809）丝球胡毡蚧 *Hujinlinococcus nematosphaerus* (Hu *et* Xie, 1981)（图 8-198）

Eriococcus nematosphaerus Hu *et* Xie *in* Hu, Xie & Yan, 1981: 75.

Hujinlinococcus nematosphaerus: Kozár et al., 2013: 308.

主要特征：触角7节，第1节较粗短，第2–4节较粗长，第5–7节较短小，各节有几根毛，其中第5–7节上各有1根粗毛。臀瓣硬化，尖圆锥形，臀瓣内缘锯齿状，臀瓣端毛甚长。肛环有成列的肛环孔和8根肛环毛。臀瓣背面生有3根刺。体刺有4种形状，有圆锥形、圆台形、橡实形、披针形混杂分布在体背面，在第8腹节背面无刺，在体腹面1–7腹节形成横带。五格腺和十字孔腺分布在体腹面。杯形管腺有3种大小，分布在虫体背面和腹面亚缘区的为大、中型杯形管腺，分布在体腹面中区的为小型杯形管腺。

分布：浙江（临安）、江苏、安徽。

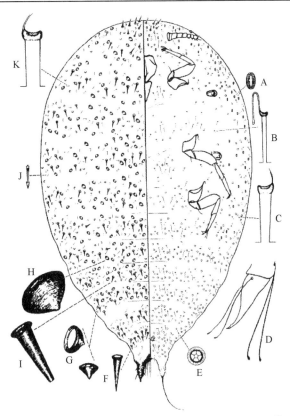

图 8-198　丝球胡毡蚧 *Hujinlinococcus nematosphaerus* (Hu *et* Xie, 1981)（仿 Kozár et al.，2013）
A. 十字孔腺；B. 小杯状管；C. 中杯状管；D. 爪；E. 五格腺；F. 披针形刺；G. 圆锥状刺；H. 橡实状刺；I. 圆台状刺；J. 微管腺；K. 大杯状管

407. 根毡蚧属 *Rhizococcus* Signoret, 1875

Rhizococcus Signoret, 1875a: 37. Type species: *Rhizococcus gnidii* Signoret, 1875.

主要特征：卵囊完全包被身体。体长椭圆形，腹面扁平，背部隆起，腹末端变窄。产卵时体被白色毡状卵囊包围。体膜质，尾瓣稍硬化，分节明显。触角一般 7 节。喙 3 节，具有 18 根刚毛。胸足正常，后足基节至少背面有半透明孔；爪下有齿，胫节短于跗节。肛环有 1–2 列肛环孔和 6–8 根肛环毛。尾瓣突出及硬化，每瓣有 3–4 根背刺。十字形孔腺有或无。多孔腺主要以五格腺为主，只分布于腹面。杯状腺有 1–3 种，散布于体背腹面。微管腺分布于体缘。腹毛分布于体中央和腹部各节。腹刺有或无。体背刺粗大，在体缘成纵列或仅在尾瓣，剩余的背刺均为微刺，散布于整个背面。专寄生丁禾本科作物。

分布：世界广布。世界已知 65 种，中国记录 13 种，浙江分布 1 种。

（810）毛竹根毡蚧 *Rhizococcus rugosus* (Wang, 1982)（图 8-199）

Eriococcus rugosus Wang, 1982a: 441.

Rhizococcus rugosus: Kozár & Walter, 1985: 75.

主要特征：触角 6 节，第 1 节扁环形，第 2、3 节短粗，第 4、5 节亦呈扁环形，端节的顶端有 5 根毛。喙 3 节。肛环有 1 列肛环孔和 8 根肛环刺。臀瓣小而强硬化，其上分布有 3 根背刺和小突起，腹面有毛。在臀瓣背面前方有 1 硬化片，其后有 1 根毛。缘刺呈长锥形，顶尖，沿着体缘分布成 1 列。杯状管腺仅 1 种，分布在体两面，背面数量多。五格腺仅分布于体腹面，在胸气门附近成群分布，在腹部末端数量较多。

体毛分布于腹面。

　　分布： 浙江（余杭、临安、丽水）、河南、江苏、安徽；匈牙利。

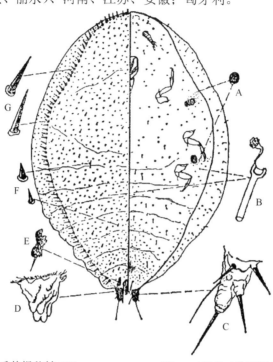

图 8-199　毛竹根毡蚧 *Rhizococcus rugosus* (Wang, 1982)（仿王子清，2001）

A. 五格腺；B. 杯状管；C. 腹面臀瓣；D. 尾片；E. 背面臀瓣；F. 背刺；G. 缘刺

三十一、绛蚧科 Kermesidae

　　主要特征： 雌成虫体呈圆形，体腹面中部可见分节。触角细小，4–7 节。胸足细小，有的种类足节退化，跗节 1 节。胸气门 2 对，后气门大于前气门。腹气门缺失。肛孔在腹末端。肛环无肛环孔，有 0–6 根肛环毛。管腺的大小不一，管口硬化。背面有小锥刺，肛孔后部的毛较长。

　　分布： 世界广布。世界已知 10 属 91 种，中国记录 5 属 27 种，浙江分布 1 属 1 种。

408. 巢绛蚧属 *Nidularia* Targioni-Tozzetti, 1868

Nidularia Targioni-Tozzetti, 1868: 727. Type species: *Coccus pulvinatus* Planchon, 1864.

　　主要特征： 体椭圆形或卵形，被有龟裂状分布的蜡质物。触角 1 节，其上着生 2–6 粗毛。眼位于触角前侧面。无气门刺。胸足退化。下唇 3 节。前气门有 8–11 个五格腺，后气门有 10–13 个五格腺；后胸气门侧缘有 1 群腺体。无背毛。亚缘腺管中散布双孔腺。多孔腺位于前和后胸气门间。管状腺分布于体亚缘，散布在胸部。微刺分布于腹部的中央和亚缘处，成 3–5 个横列。肛门被分为 2 半，每半有 3 根刺毛和肛环孔，肛环前侧有 1 对长刺毛和 1 对短毛，肛环后侧有 4 对刺状长毛。体缘毛在头胸部 15–18 对。无臀裂。

　　分布： 古北区。世界已知 3 种，中国记录 1 种，浙江分布 1 种。

（811）日本巢绛蚧 *Nidularia japonica* Kuwana, 1918（图 8-200）

Nidularia japonica Kuwana, 1918: 312.

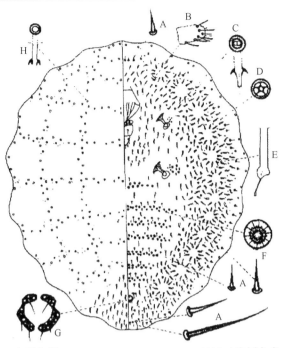

图 8-200 日本巢绛蚧 *Nidularia japonica* Kuwana, 1918（仿刘永杰等，1997）

A. 体缘毛；B. 触角；C. 双孔腺；D. 五格腺；E. 管腺；F. 多格腺；G. 肛环；H. 背腺管

主要特征：触角 1 节，顶端有 5–6 根细毛和 4–5 根粗毛。下唇 3 节。胸足缺失。前气门和后气门各有 3–5 个五格腺，另外后气门外侧有 1 群多格腺。腹部的多格腺按体节分布，每节有少量的细毛、管状腺和五格腺。管腺在亚缘区排成带状。五格腺分布于管腺外侧，头部无分布。体侧的附近有白色绵状蜡质物。体背面节间和各突起区之间的凹陷内散布着微管腺。背腺管在腹部第 5–8 节排成三角形。双孔腺分布于管腺带内侧。体缘毛在头胸部 13–17 对，腹部每节 2 对。肛环有 6 对肛环毛。

分布：浙江、辽宁、河北、山东、江苏、湖南、四川、贵州；韩国，日本。

三十二、胶蚧科 Kerriidae

主要特征：体近球形，被紫色的囊状物包围。体分节不明显。触角通常有 2–5 节。胸足缺失。前气门与锥状臂及臂板相连。臂板边缘硬化，有臂板坑。气门分布着五格腺。无腹气门。肛门有肛环和 10 根肛环毛。尾瘤位于肛环上方，尾瘤形状各异。尾瘤前方，在尾瘤和两个臂之间有 1 背中刺。背中刺有单枝式或多枝式腺体。圆盘状腺主要为五格腺和多孔腺。围阴腺在尾瘤后排成 2 纵列。五格腺除组成气门腺路外，还分布在口器侧缘。管状腺分为 3 种类型，依次为瓶状腺、微管腺、微细腺管。管腺大多分布于体背面，分布于体腹面边缘。体腹面中部分布着体毛或小刺。

分布：世界广布。世界已知约 10 属 101 种，中国记录 4 属 21 种，浙江分布 3 属 4 种。

分属检索表

1. 围阴腺孔缺失 ·· 并胶蚧属 *Paratachardina*
- 围阴腺孔存在 ··· 2
2. 触角长，前气门位于后气门前 ··· 翠胶蚧属 *Metatachardia*
- 触角短，前气门位于后气门的后面 ·· 胶蚧属 *Kerria*

409. 胶蚧属 *Kerria* Targioni-Tozzetti, 1884

Laccifer Oken, 1815: 430. Type species: *Coccus lacca* Kerr, 1782.

Kerria Targioni-Tozzetti, 1884: 410. Type species: *Coccus lacca* Kerr, 1782.

主要特征：体似梨形。口器位于体前面。触角短，通常不分节。前气门位于后气门的后面。管状腺的长大于宽。气门附近分布着五格腺。臂发达，臂与臂板间无缢缩，臂板表面无刺状五格腺。体缘管腺有 3–6 对。围阴腺群发达。肛瘤长筒状，上端稍细，下端略粗。

分布：世界广布。世界已知 27 种，中国记录 7 种，浙江分布 1 种。

（812）紫胶蚧 *Kerria lacca* (Kerr, 1782)（图 8-201）

Coccus lacca Kerr, 1782: 374.

Kerria lacca: Targioni-Tozzetti, 1884: 410.

主要特征：口器有 1 对口后叶。触角的端部有 3 根细毛。臂板有长圆柱状臂，臂的基部靠近前气门。臂板与臂间无缢缩。臂板为椭圆形或呈五角形。臂板不明显内陷，约有 13 个杯状小坑。背中刺硬化，针刺强硬化，针刺基膜质，有 1 串葡萄状腺体通入背中刺。尾瘤圆锥状，基节膜质，端节为长形的肛上板，顶端部多毛。肛环有 10 根肛环刺。围阴腺呈 2 列，每列由 13 个多孔腺组成。体缘管腺群 6 群，每群约有 30 个长管状腺排成旋涡形，单列。体腹面管状腺小，在后气门前后集成不定形的群。

分布：浙江、湖南、台湾；巴基斯坦，印度，尼泊尔，孟加拉国，缅甸，泰国，斯里兰卡，马来西亚，阿塞拜疆，格鲁吉亚，肯尼亚。

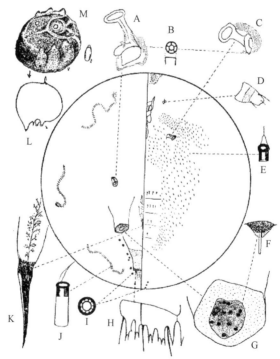

图 8-201　紫胶蚧 *Kerria lacca* (Kerr, 1782)（仿汤祊德，1977）

A. 前气门；B. 五格腺；C. 后气门；D. 触角；E. 腹管；F. 杯状小坑；G. 臂板；H. 肛饰；I. 围阴腺；J. 背管；K. 背刺；L. 雌成虫；M. 雌介壳

410. 翠胶蚧属 *Metatachardia* Chamberlin, 1923

Tachardia Chamberlin, 1923: 172. Type species: *Tachardia conchiferata* Green, 1922.

Metatachardia Chamberlin, 1925: 39. Type species: *Tachardia conchiferata* Green, 1922.

主要特征： 体球形。触角通常为 4 节。臂长，硬化，端部的筛片大，大于臂顶的宽度。前气门大，在后气门前；后气门小，着生在卵形硬化片上。背刺顶端有腺口。围阴腺群数多而小。腹面边缘和亚缘区的盘状群各 3 个，其中 1 群在臂前，2 群在臂后。气门附近有五格腺。腹面有管腺。背刺内有葡萄状腺体。筛片上有碗形凹陷。尾管分 2 部分。

分布： 古北区、旧热带区。世界已知 6 种，中国记录 5 种，浙江分布 1 种。

（813）杨梅翠胶蚧 *Metatachardia myrica* Tang, 1974（图 8-202）

Metatachardia myrica Tang, 1974: 207.

主要特征： 口器每侧各约有 30 个五格腺。触角位于口器两侧，通常 5 节。腹面微腺管稀疏分布于体缘。前气门大约有 100 个五格腺。后气门有 50–60 个五格腺。体中部有 13 个网状透明斑。臂与臂板间有缢缩。臂板的坑内有 10 个小坑。背刺的长大于臂板的宽，针基和针身一样长，有 1 串似葡萄状腺体通入背刺。尾瘤肛上板多毛，前肛板光滑。有 10 根肛环毛，肛饰由针叶和齿叶相间组成。肛环毛伸出肛饰外很长。围阴腺排成 2 列，每列由 10–20 个多孔腺组成。体缘背腺管群 3 对，每群 70–90 个长形管腺排成单列，呈旋涡形。体背中部有若干表皮硬化斑，位于气门附近，每侧约 4 块。

分布： 浙江（黄岩）。

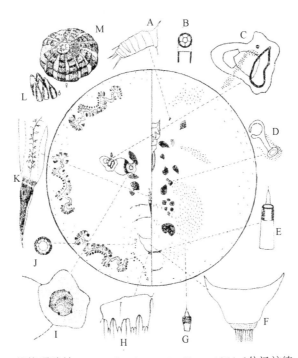

图 8-202　杨梅翠胶蚧 *Metatachardia myrica* Tang, 1974（仿汤祊德，1974）

A. 触角；B. 五格腺；C. 前气门；D. 后气门；E. 背面微管腺；F. 尾瘤；G. 腹面微管腺；H. 肛饰；I. 臂板；J. 围阴腺；K. 背刺；L. 雄介壳；M. 雌介壳

411. 并胶蚧属 *Paratachardina* Balachowsky, 1950

Paratachardina Balachowsky, 1950: 8. Type species: *Carteria decorella* Maskell, 1893.

主要特征： 体膜质。体背面：臂存在或缺失。臂板硬化，平坦或有 1 个浅坑；每个板具有臂孔、微刺和刚毛。前气门有 1 群盘状腺孔。背刺圆锥状，背腺刺管树枝状。肛瘤锥状。前肛门瓣存在或缺失。肛缘瘿存在或缺失。肛环通常分为 3 或 4 个部分，有 10 根肛环毛和呈 1 列或多个不规则列的多孔腺。体腹面：触角的顶端有 2–5 个刚毛。口前叶和口后叶存在。后气门小于前气门，其附近为五格腺。胸足缺失。背大腺管缺失。微腺管 2 或 3 种。边缘腺管 8 对。腹面腺管群由 4–8 对中型微腺管组成。围阴腺群缺失。

分布： 世界广布。世界已知 10 种，中国记录 2 种，浙江分布 2 种。

（814）杨梅并胶蚧 *Paratachardina decorella* (Maskell, 1893)（图 8-203）

Carteria decorella Maskell, 1893: 247.

Paratachardina decorella: Balachowsky, 1950: 8.

主要特征： 体背面：臂板似等边三角形，板坑浅，有 30–50 个刺状的五格腺；有少量刚毛和臂孔位于刺状五格腺群。前气门有 5–8 个盘状腺孔。气门腺路由 20–35 个五格腺组成。背刺发达。肛瘤发达，硬化；肛上板膜质。肛缘缨不完全。肛环毛超过肛缘缨。微管腺散布在体边缘和亚缘。似精子样的管：1 或 2 个连着微腺管。体腹面：胸足完全退化。后气门有 4–8 个盘状腺孔。有 8 个边缘腺管群。腹面有 8 对小的腺管群，由 3–15 个中型微腺管。微腺管分布在体缘和亚缘。精子样的腺管与背腺管相似，位于体缘。

分布： 浙江；澳大利亚。

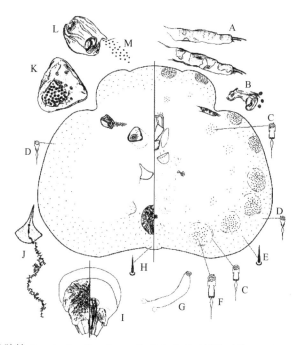

图 8-203　杨梅并胶蚧 *Paratachardina decorella* (Maskell, 1893)（仿 Kondo and Gullan，2007）
A. 触角；B. 后气门；C. 中型微管腺；D. 小型微管腺；E. 腹毛；F. 大型微管腺；G. 精管；H. 背毛；I. 尾瘤；J. 背刺；K. 臂板；L. 前气门；M. 气门侧沟孔

（815）茶井胶蚧 *Paratachardina theae* (Green, 1907)（图 8-204）

Tachardia decorella theae Green *in* Green & Mann, 1907: 348.
Paratachardina theae: Varshney & Teotia, 1968: 489.

　　主要特征： 体背面：臂膜质。臂板近圆形，板坑浅，有 30–50 个刺状的五格腺。前气门有 5–12 个盘状腺孔。气门腺路由 17–30 个五格腺组成。背刺发达。肛瘤强硬化；肛上板明显。肛缘缨不完全。背侧有 1 个窗孔状表皮花斑。肛缘缨不完整。肛环毛超过肛缘缨。似精子样的管：1–2 个连着微腺管。体腹面：触角 3 节，顶端有 2 根长毛和 2 或 3 个短毛。后气门有 9–15 个盘状腺孔。有 19 个近圆形的边缘腺管群。有 6 或 7 个腹面腺管群排成似圆形。腹腺管和边缘腺管群外侧的微小腺管最小。精子样的腺管：1 或 2 个腺管连着微腺管。

　　分布： 浙江、湖南、台湾、广东；印度。

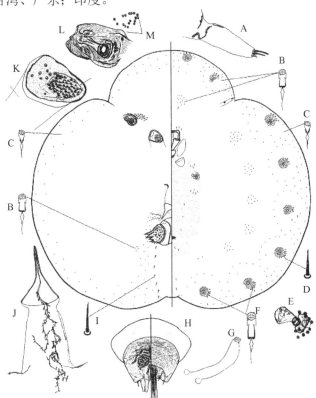

图 8-204　茶井胶蚧 *Paratachardina theae* (Green *et* Mann, 1907)（仿 Kondo and Gullan，2007）
A. 触角；B. 中型微管腺；C. 小型微管腺；D. 腹毛；E. 后气门；F. 大型微管腺；G.精管；H. 尾瘤；I. 背毛；J. 背刺；K.臂板；L. 前气门；M. 气门侧沟孔

三十三、桑蚧科 Kuwaniidae

　　主要特征： 体椭圆形。体膜质。触角位于头部的顶端，通常有 9 节，基部 2 节相对长，端节卵形，有若干根刚毛。胸足正常，胫节末端有 1 簇冠状刚毛，跗节 1 节；爪有齿和 2 根尖的爪冠毛。气门腔内无盘状腺孔；腹气门通常 4–6 对。肛板不显或缺失。肛门位于体背面腹末端。多孔腺分布于体两面，盘状腺有时分布于腹部的腹面。

　　分布： 世界广布。世界已知约 4 属 14 种，中国记录 2 属 6 种，浙江分布 1 属 1 种。

412. 桑名蚧属 *Kuwania* Fernald, 1903

Kuwania Fernald, 1903: 32. Type species: *Sasakia quercus* Kuwana, 1902.

主要特征：体长椭圆形。触角通常有 9 节。足中等大小，胫节末端有 1 簇冠状刚毛，跗节 1 节，爪下侧有 1 个小齿。2 对胸气门，有盘状腺孔 1–2 个；腹气门小，4–6 对，有盘状腺孔 1 个。肛孔位于腹末端的前面。无脐斑。体散布多孔盘腺。无毛。

分布：古北区、新北区、旧热带区。世界已知 7 种，中国记录 3 种，浙江分布 1 种。

（816）日本桑名蚧 *Kuwania quercus* (Kuwana, 1902)（图 8-205）

Sasakia quercus Kuwana, 1902: 47.
Kuwania quercus: Fernald, 1903: 32.

主要特征：雌成虫体细长，腹部末端逐渐变宽。体膜质，分节明显。眼不明显，口器缺失。触角通常有 9 节。胸足正常，基节粗，有 10–15 根小毛；转节有 4 个钟形感器和 1 根短细毛；股节最粗；胫节的腹末端有 1 簇冠状刚毛（6 根）；跗节 1 节，弯曲；爪有齿和 2 根尖的爪冠毛。胸气门有硬化棒，无盘状腺孔，但有 1 或 2 个多孔腺。腹气门 4 对，位于腹部第 1–4 腹节，小于胸气门，也无盘状腺孔。肛门圆形，位于腹末端。阴门位于腹部第 7–8 节。背毛细小，散布在体背面。

分布：浙江、台湾、云南；韩国，日本。

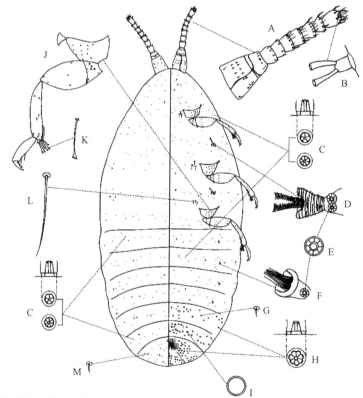

图 8-205　日本桑名蚧 *Kuwania quercus* (Kuwana, 1902)（仿 Wu et al., 2013）

A. 触角；B. 钟形感器；C. 小型多孔腺；D. 胸气门；E. 多孔腺；F. 腹气门；G. 短腹毛；H. 大型多孔腺；I. 盘状腺孔；J. 后足；K. 冠状刚毛；
L. 长腹毛；M. 背毛

三十四、松蚧科 Matsucoccidae

主要特征：体卵圆形或椭圆形。体膜质。触角 6–9 节，第 4–9 节有 1 对刺毛。胸足 3 对，转节有 1 或 2 根长毛。胸气门 2 对。腹气门 7–9 对。背疤圆形，数量多。背毛细小。多孔腺存在或缺失。双孔管腺分布于体两面。

分布：世界广布。世界已知约 2 属 43 种，中国记录 1 属 9 种，浙江分布 1 属 3 种。

413. 松干蚧属 *Matsucoccus* Cockerell, 1909

Matsucoccus Cockerell, 1909: 56. Type species: *Xylococcus matsumurae* Kuwana, 1905.

主要特征：体卵形，腹部末端完整或分瓣，体膜质。口器发达或退化。触角 6–9 节，第 3–9 节有网纹，第 4–9 节有 1 对粗而半透明的刺毛。胸足 3 对，转节有 1 或 2 根长毛。胸气门 2 对。腹气门 7–9 对。背疤圆形，数量多，在腹部后面成横带或横列。背毛细小。多孔腺存在或缺失。双孔管腺分布于体边缘或腹部，尤其在腹部排成环形。

分布：古北区、新北区、新热带区。世界已知 38 种，中国记录 9 种，浙江分布 3 种。

分种检索表

1. 腹部末端分成 2 瓣，第 8 腹节无多孔腺 ·· 中华松干蚧 *M. sinensis*
- 腹部末端未分瓣，第 8 腹节存在多孔腺 ··· 2
2. 腹部第 2 腹节有圆形背疤 ··· 日本松干蚧 *M. matsumurae*
- 腹部第 2 腹节无圆形背疤 ··· 马尾松干蚧 *M. massonianae*

（817）马尾松干蚧 *Matsucoccus massonianae* Young *et* Hu, 1976（图 8-206）

Matsucoccus massonianae Young *et* Hu *in* Young, Hu & Ren, 1976: 202.

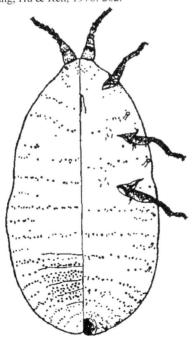

图 8-206　马尾松干蚧 *Matsucoccus massonianae* Young *et* Hu, 1976（仿杨平澜等，1976）

主要特征： 触角 9 节，第 3–9 节有网纹，在第 4–9 节各有 1 对粗而半透明的刺毛。胸足 3 对，有鳞纹，转节通常有 2 根毛。胸气门 2 对。腹部气门 7 对。第 3–6 腹节背面有圆形背疤总共 146–173 个；第 8 腹节有 92–104 个多孔腺。双孔管腺分布于体两面，其中在腹节的背腹两面排成环形。阴孔位于腹部末端。

分布： 浙江（鄞州）。

（818）日本松干蚧 *Matsucoccus matsumurae* (Kuwana, 1905)（图 8-207）

Xylococcus matsumurae Kuwana, 1905: 91.

Matsucoccus matsumurae: Cockerell, 1909: 56.

主要特征： 触角 9 节，除基部 2 节外，其余各节有网纹，在第 6–9 节各有 1 对粗而半透明的刺毛。胸气门 2 对。胸足 3 对，有网纹，在转节上有 1 根长毛。腹部有气门 7 对。第 2–7 腹节背面有圆形的背疤，在第 8 腹节也常有少数背疤；背疤较小，共 208–389 个；在第 8 腹节腹面有 40–78 个多孔盘腺。体两面有双孔管腺分布，其中在腹部各节排成坏形，其后连着 1 对腹气门，其腺口内陷于体表。阴孔位于腹部末端的凹陷内。

分布： 浙江、辽宁、北京、山东、江苏、上海；韩国，日本，瑞典，美国。

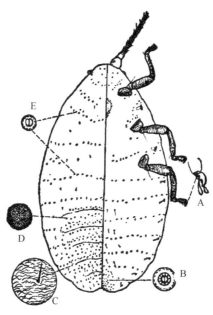

图 8-207　日本松干蚧 *Matsucoccus matsumurae* (Kuwana, 1905)（仿王子清，1980）
A. 后爪；B. 多孔腺；C. 体毛；D. 背疤；E. 二格管腺

（819）中华松干蚧 *Matsucoccus sinensis* Chen, 1937（图 8-208）

Matsucoccus sinensis Chen, 1937: 382.

主要特征： 体纺锤形，腹部末端分成 2 瓣。触角通常有 9 节，第 5–9 节各有 1 对感觉刺，第 3–9 腹节有网纹。眼存在。口器退化。胸足有网纹，转节有 1 根长毛。胸气门 2 对。腹气门 7 对，最后 1 对位于尾瓣末端。背疤位于第 4–8 腹节上，第 2–3 腹节有时也有少量，倒数 2–3 腹节的腹面也有分布，约 200 个。双孔腺位于头胸部，少数位于胸气门附近，在腹部按节分布成横列。多孔腺缺失。

分布： 浙江（黄岩）、陕西、江苏、上海、云南。

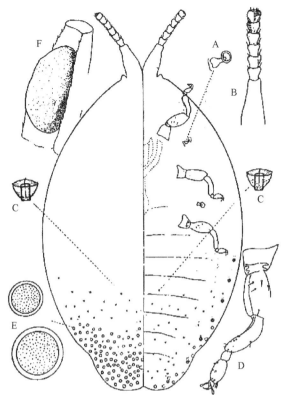

图 8-208　中华松干蚧 *Matsucoccus sinensis* Chen, 1937（仿汤祊德和郝静，1995）
A. 胸气门；B. 触角；C. 二格管腺；D. 胸足；E. 背疤；F. 雌介壳

三十五、绵蚧科 Monophlebidae

主要特征：体型大，体节分节明显。触角最多有 11 节。口器和胸足发达。腹气门 2–8 对。体腹部腹面有腹疤，数量多。腹末端肛管长，内端硬化并有成圈蜡孔，无肛环。

分布：世界广布。世界已知 48 属 265 种，中国记录 4 属 21 种，浙江分布 2 属 5 种。

414. 草履蚧属 *Drosicha* Walker, 1858

Drosicha Walker, 1858: 306. Type species: *Drosicha contrahens* Walker, 1858.

主要特征：体椭圆形。触角 5–8 节，各节均有少数粗毛。胸足粗大，股节毛多，跗节不及胫节的一半，爪粗而弯曲。有 2 对胸气门和 7 对腹气门，腔内的盘状腺孔均缺失。肛门简单，被毛丛包围。多孔腺以 5–7 孔为主，分布于体背腹两面。腹疤 3 个，位于生殖孔后。

分布：古北区、旧热带区、澳洲区。世界已知 25 种，中国记录 8 种，浙江分布 2 种。

（820）草履蚧 *Drosicha contrahens* Walker, 1858（图 8-209）

Drosicha contrahens Walker, 1858: 306.

Monophlebus contrahens Cockerell, 1902e: 232.

主要特征：触角 9 节，基节宽而短，端节最长。喙 2 节，端节尖锥形，口针不长。眼小，位于触角的后方。有 3 对发达的胸足，胫节约为股节和转节的和，跗节为胫节长的一半，爪粗短，爪冠毛细尖。有 2 对胸气门和 7 对腹气门，气门腔内的盘状腺孔缺失。肛门大，附近多毛。肛管口有近方形硬环。体毛粗，体缘毛密集，其体缘的后边的腹节有稀疏的长毛。多孔腺分布于体两面，有 5–6 孔，其间有五角或六角星状硬化。

分布：浙江、吉林、辽宁、河北、山东、江苏、福建、台湾、四川、云南；斯里兰卡。

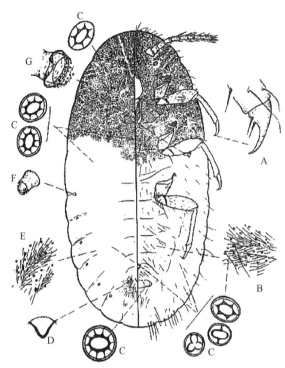

图 8-209　草履蚧 *Drosicha contrahens* Walker, 1858（仿汤祊德和郝静，1995）
A. 前爪；B. 腹面表皮；C. 多孔腺；D. 肛门；E. 背面表皮；F. 腹气门；G. 胸气门

（821）日本草履蚧 *Drosicha corpulenta* (Kuwana, 1902)（图 8-210）

Monophlebus corpulenta Kuwana, 1902: 46.

Drosicha corpulenta: Cockerell, 1902c: 318.

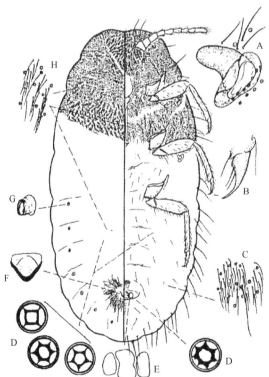

图 8-210　日本草履蚧 *Drosicha corpulenta* (Kuwana, 1902)（仿汤祊德和郝静，1995）
A. 气门；B. 中足爪；C. 腹面表皮；D. 多孔腺；E. 腹疤；F. 肛门；G. 腹气门；H. 背面表皮

主要特征： 触角 9 节，着生有许多刚毛，基节宽而短，端节最长。喙 2 节，端节尖锥形，口针不长。眼小，位于触角的后方。有 3 对发达的胸足，胫节约为股节和转节的和，跗节为胫节长的一半，爪粗而弯。有 2 对胸气门和 7 对腹气门，气门腔内的盘状腺孔缺失。腹部末端宽圆。肛门大，无毛。阴门位于腹部第 6、7 腹节间。腹疤位于第 7–8 腹板间，无肛环毛。多孔腺分布于体背面和腹面。腹末端 2 节缘毛多，其他节有 2 根缘毛。

分布： 浙江、辽宁、内蒙古、北京、山西、山东、河南、新疆、江苏、安徽、湖北、江西、湖南、福建、香港、四川、云南、西藏；俄罗斯，朝鲜，韩国，日本。

415. 吹绵蚧属 *Icerya* Signoret, 1876

Icerya Signoret, 1876a: 351. Type species: *Icerya sacchari* Guérin-Méneville, 1867.

主要特征： 体椭圆形，硬化，有或无白色棉状卵囊。触角 8–11 节。下唇 3 节，锥形。足发达。胸气门 2 对。腹气门 2 或 3 对。腹疤 1–3 个。多孔腺有时在气门的孔缘成群。

分布： 世界广布。世界已知 37 种，中国记录 10 种，浙江分布 3 种。

分种检索表

1. 腹疤 1 个 ··· 银毛吹绵蚧 *I. aegyptiaca*
- 腹疤 3 个 ··· 2
2. 腹气门 2 对 ··· 吹绵蚧 *I. purchasi*
- 腹气门 3 对 ·· 黄吹绵蚧 *I. seychellarum*

（822）银毛吹绵蚧 *Icerya aegyptiaca* (Douglas, 1890)（图 8-211）

Crossotosoma aegyptiacum Douglas, 1890: 79.

Icerya aegyptiaca: Maskell, 1893: 247.

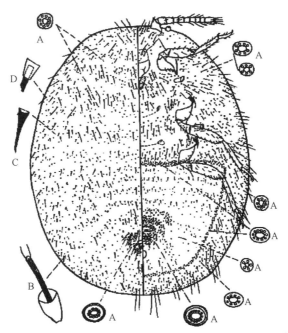

图 8-211　银毛吹绵蚧 *Icerya aegyptiaca* (Douglas, 1890)（仿汤祊德和郝静，1995）
A. 多孔腺；B. 腹气门；C. 背毛；D. 最大边缘刚毛基部

　　主要特征：老熟时，体被白色分泌物包围，边缘伸出 14–16 条弯曲的白色絮状物，体末端伸出白色卵囊。体椭圆形。触角 11 节，端节的端部有很多长毛。喙小，锥形。眼存在。足发达，股节内缘有 1 根长刚毛，胫节比跗节长，爪小，无爪冠毛。肛环不显。腹疤 1 个，近圆形，在腹末腹面中央。

　　分布：浙江（泰顺）、福建、台湾、广东、香港；日本，巴基斯坦，印度，泰国，斯里兰卡，菲律宾，印度尼西亚，马尔代夫，伊朗，以色列，也门，基里巴斯，帕劳，密克罗尼西亚，北马里亚纳群岛，关岛，法属波利尼西亚，马绍尔群岛，埃及，肯尼亚，坦桑尼亚（桑给巴尔岛）。

（823）吹绵蚧 *Icerya purchasi* Maskell, 1879（图 8-212）

Icerya purchasi Maskell, 1879: 221.

Pericerya purchasi Silvestri, 1939: 649.

　　主要特征：体呈卵圆形，体背腹面无小刺。触角 9–11 节。喙 1 节。足发达，跗节 1 节，爪下具 2 根细毛状爪冠毛，较短。胸气门有 2 对，腹气门有 2 对，气门腔内均无盘状腺孔。腹疤 3 个。肛孔位于体背面。盘状腺有大小两种类型。盘状腺孔在体腹面腹部排成一个环带。产卵时分泌白色棉状卵囊。

　　分布：浙江（临安）、山东、江苏、安徽、湖北、湖南、台湾、广东、香港、广西、四川、云南；世界广布。

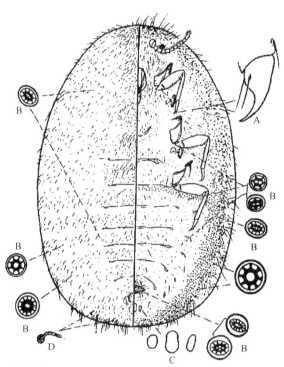

图 8-212　吹绵蚧 *Icerya purchasi* Maskell, 1879（仿汤祊德和郝静，1995）
A. 前爪；B. 盘状腺；C. 腹疤；D. 体毛

（824）黄吹绵蚧 *Icerya seychellarum* (Westwood, 1855)（图 8-213）

Drosicha seychellarum Westwood, 1855: 836.

Icerya seychellarum: Maskell, 1897b: 329.

　　主要特征：触角 11 节。眼存在。胸足发达，转节有 1 根刚毛。胸气门 2 对。腹气门 3 对。有 3 个圆形的腹疤。盘状腺有 2 种类型，在体腹面腹部呈带状。肛门椭圆形，其开孔处围绕粗刚毛和多孔腺。阴门附近有多孔腺、双孔腺和三格腺。粗毛密布头部和胸部。细毛位于触角和体节的边缘。

分布：浙江、福建、广东；世界广布。

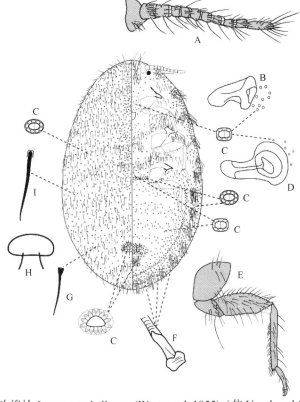

图 8-213　黄吹绵蚧 *Icerya seychellarum* (Westwood, 1855)（仿 Unruh and Gullan，2008）
A. 触角；B. 前气门；C. 盘状腺；D. 后气门；E. 后足；F. 腹气门；G. 鞭毛；H. 肛环；I. 丝状刚毛

三十六、旌蚧科 Ortheziidae

主要特征：雌成虫分泌蜡质结成蜡片，由蜡片组成的卵囊靠近体末端。当雌成虫移动时举起卵囊，似举着旗子。体似圆形，分节明显。触角 3–8 节，端部有 1 根短刺或 1 个长粗毛。单眼着生在突出的短柄上。胸足发达，转节与股节之间及胫节与跗节分节不明显。胸气门 2 对，腹气门 4–8 对。肛环有肛环孔和 6 根肛环毛。数量多的体刺在体面密集成一定的斑纹。盘状腺孔主要以 4 孔腺为主。

分布：世界广布。世界已知 24 属 214 种，中国记录 6 属 7 种，浙江分布 1 属 1 种。

416. 旌蚧属 *Orthezia* Bosc d'Antic, 1784

Orthezia Bosc d'Antic, 1784: 173. Type species: *Orthezia characias* Bosc d'Antic, 1784.

主要特征：体椭圆形。触角 8 节，少数 7 节。眼着生在突出的短柄上。足发达。腹气门 7–8 对。有 6 根肛环毛，环孔成宽带。许多的粗刺排成不同类型的斑纹。以多孔腺和四孔腺为主，分泌物质固定成卵囊。

分布：世界广布。世界已知 23 种，中国记录 2 种，浙江分布 1 种。

（825）荨麻旌蚧 *Orthezia urticae* (Linnaeus, 1758)（图 8-214）

Aphis urticae Linnaeus, 1758: 453.

Orthezia urticae: Signoret, 1876b: 389.

　　主要特征：触角 8 节。眼柄长锥状，通常有 1 侧瘤。爪有 2 齿，偶尔有 3 齿。小刺在背面排成 10 个横列带，从背中线延伸至边缘小刺群，在腹部腹面的中部成 5 个狭窄带。胸气门 2 对，腹气门 8 对。主要是多孔腺和大、小两种四孔腺。多孔腺分布于腹部腹面；很多的四孔腺密布在小刺间。体被蜡片，呈 6 纵列，但背中线无蜡片。卵囊长于虫体，背脊明显。

　　分布：浙江、内蒙古、河南、宁夏、云南、西藏；世界广布。

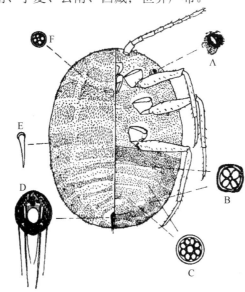

图 8-214　荨麻旌蚧 *Orthezia urticae* (Linnaeus, 1758)（仿汤祊德和李杰，1988）
A. 眼柄；B. 大四孔腺；C. 多孔腺；D. 肛环；E. 小刺；F. 小四孔腺

三十七、粉蚧科 Pseudococcidae

　　主要特征：雌成虫触角端节较其前节长且大，呈纺锤形。背孔 0–2 对，位于前胸及第 6 腹节背侧。腹脐 0–5 个。背缘有一系列成对的刺孔群，基数为 18 对，甚至无，每刺孔群由锥刺及腺群组成；体表通常有螺旋形三孔腺、五格腺、多孔腺和领状管腺。体表被有白色蜡粉。

　　分布：世界广布。世界已知 259 属 2041 种，中国记录 57 属 220 种，浙江分布 22 属 46 种。

分属检索表

1. 足常缺或很小，触角退化成瘤状（2–4 节）·· 2
- 足和触角发达 ·· 6
2. 后气门后有定形腺板或腺囊 ··· 3
- 后气门后有或无腺群，但无腺板或腺囊 ·· 4
3. 尾列无 ··· 巢粉蚧属 *Nesticoccus*
- 尾列有 ·· 锥粉蚧属 *Idiococcus*
4. 后气门后有 1 小圆群盘孔或管腺 ·· 鞘粉蚧属 *Chaetococcus*
- 后气门后盘孔或管腺成长群或无或分散 ·· 5

5. 体椭圆形，肛环毛发达 ··· 安粉蚧属 *Antonina*
- 体细长，肛环毛无 ·· 汤粉蚧属 *Tangicoccus*
6. 触角 9 节 ·· 7
- 触角 8 节及以下 ·· 9
7. 刺孔群多刺，小刺常在边刺孔群间间插 ·························· 垒粉蚧属 *Rastrococcus*
- 刺孔群常 2 根刺，不在边刺孔群间间插 ·· 8
8. 无蕈管腺 ·· 绵粉蚧属 *Phenacoccus*
- 有蕈管腺 ·· 曼粉蚧属 *Maconellicoccus*
9. 射管腺存在，周围有 1 圈硬化片，上有长毛 ·················· 拂粉蚧属 *Ferrisia*
- 射管腺无 ··· 10
10. 有蕈管腺 ··· 粉蚧属 *Pseudococcus*
- 无蕈管腺 ··· 11
11. 三格腺很少，仅部分区域分布或几缺 ·· 12
- 三格腺很多，散布在体表 ··· 13
12. 腹脐 4–5 个，五格腺无 ·· 芒粉蚧属 *Miscanthicoccus*
- 腹脐无或 1 个，五格腺存在 ·· 轮粉蚧属 *Brevennia*
13. 尾瓣腹面有硬化棒 ·· 14
- 尾瓣腹面无硬化棒 ·· 17
14. 刺孔群每对多刺，分对不清 ···································· 簇粉蚧属 *Paraputo*
- 刺孔群每对一般 2 刺，分对清晰 ··· 15
15. 刺孔群 18 对 ·· 刺粉蚧属 *Planococcus*
- 刺孔群 1–17 对 ··· 16
16. 体背有粗刺，如刺孔群刺大 ··································· 堆粉蚧属 *Nipaecoccus*
- 体背毛一般短小，有的成小刺、大刺 ························· 皑粉蚧属 *Crisicoccus*
17. 背刺孔群存在 ·· 背刺孔粉蚧属 *Dorsocericoccus*
- 背刺孔群缺失 ··· 18
18. 后足基节附近的体壁上有小孔腺群 ····························· 蔗粉蚧属 *Saccharicoccus*
- 后足基节附近的体壁上无小孔腺群 ·· 19
19. 后足基节附近的体壁上有大量细管 ····························· 椰粉蚧属 *Palmicultor*
- 后足基节附近的体壁上无大量细管 ·· 20
20. 多格腺常在气门附近呈带状 ·································· 平粉蚧属 *Balanococcus*
- 多格腺在气门附近不呈带状 ·· 21
21. 刺孔群 1–7 对 ··· 条粉蚧属 *Trionymus*
- 刺孔群 8–17 对 ··· 灰粉蚧属 *Dysmicoccus*

417. 安粉蚧属 *Antonina* Signoret, 1875

Antonina Signoret, 1875a: 24. Type species: *Antonina purpurea* Signoret, 1875.

　　主要特征：体椭圆形，被白色卵形蜡囊包围。表皮稍硬化。触角退化为 2–3 节。胸足退化，有的种类退化为瘤状。背孔小。气门大，常硬化为漏斗状，有三孔腺或多孔腺。腹脐和刺孔群缺失。腹末端内陷成 1 硬化肛筒，6 根肛环毛位于其前端。管腺内端墓顶状并硬化，分布于背、腹面。体毛短细而稀少，其间常有粗刺，越向后端越长。

　　分布：世界广布。世界已知 30 种，中国记录 14 种，浙江分布 8 种。

分种检索表

1. 后背孔缺失 ··· 2
- 后背孔存在 ··· 3
2. 筛状孔在后气门后呈带状 ·· 草竹安粉蚧 *A. graminis*
- 筛状孔在后气门后呈 1 小群 ·· 米勒安粉蚧 *A. milleri*
3. 管腺无 ·· 湖北安粉蚧 *A. hubeiana*
- 管腺有 ··· 4
4. 第 3 或第 4 腹节至第 8 腹节的缘区至亚缘区全部硬化成板状 ·· 5
- 腹节不硬化成板状,若有硬化,则仅见于第 5–8 节 ··· 6
5. 筛状孔仅在后气门后的第 2 腹节上密集成群 ·· 马氏安粉蚧 *A. maai*
- 筛状孔在后气门后第 2–8 腹节上呈带状分布 ··· 巨竹安粉蚧 *A. pretiosa*
6. 筛状孔分布在后气门的后方至第 7–8 腹节 ·· 广布安粉蚧 *A. socialis*
- 筛状孔分布在后气门的后方至第 4–6 腹节,在第 7 腹节罕有 1–2 个 ···························· 7
7. 多格腺分布于背腹面,呈带状,在腹面的第 9 腹节呈半环形的带 ·································· 竹安粉蚧 *A. crawi*
- 多格腺 10 个,分布于头、胸部和第 1–6 腹节缘区 ··· 拟安粉蚧 *A. nakaharai*

(826) 竹安粉蚧 *Antonina crawi* Cockerell, 1900 (图 8-215)

Antonina crawi Cockerell, 1900: 70.

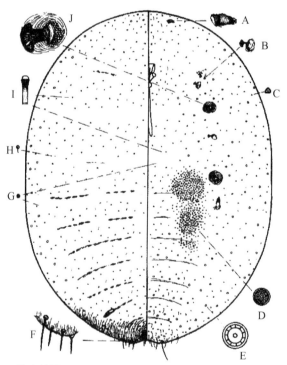

图 8-215　竹安粉蚧 *Antonina crawi* Cockerell, 1900 (仿汤祊德, 1992)
A. 触角;B. 胸足;C. 三格腺;D. 筛状孔;E. 多格腺;F. 腹部末端;G. 单孔;H. 体毛;I. 管腺;J. 前气门

主要特征:老熟时体膜质,但腹末数节硬化。触角退化成 2 节。胸足缺失。肛环有成列的肛环孔和 6 根长环毛。气门大,气门口有三格腺排成半月形。三格腺在体背腹面,内端硬化为墓顶状,仅有 1 种。多格腺分布于背腹面,呈带状,在腹面的第 9 腹节呈半环形的带。筛状孔分布在后气门的后方至第 4–6 腹节,在第 7 腹节罕有 1–2 个。后背孔明显,前背孔缺失。管腺密布体背腹面,边缘多,中部少。腹末数节有许多钉状刺，尾瓣不显。

分布：浙江（嘉兴、临安）、北京、陕西、安徽、湖南、福建、台湾、广东、香港、广西、四川、云南、西藏；世界广布。

（827）草竹安粉蚧 *Antonina graminis* (Maskell, 1897)（图 8-216）

Sphaerococcus graminis Maskell, 1897a: 244.

Antonina graminis: Fernald, 1903: 121.

主要特征： 体呈近圆形，被白色卵形卵囊包围，卵囊的前、后端有裂口，尤其后裂口有 1 长蜡管，用于泌露。体膜质，老熟时腹末端硬化。触角 2 节。胸足缺失。腹脐无。肛环位于长肛筒的内端，有肛环孔和 6 根长环毛。背孔缺失。气门口有三格腺排成半月形，其他体面三格腺很少，体背腹面均无。管腺密布体背腹面，边缘多，中部少。

分布： 浙江（泰顺）、河南、湖北、福建、台湾、广东、香港、四川、云南、西藏；世界广布。

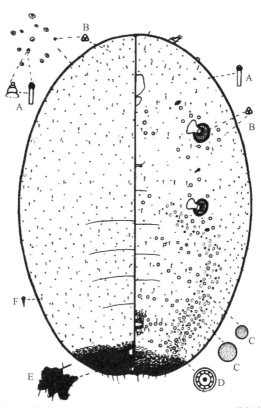

图 8-216　草竹安粉蚧 *Antonina graminis* (Maskell, 1897)（仿汤祊德，1992）
A. 管腺；B. 三格腺；C. 筛状孔；D. 多孔腺；E. 腹末端；F. 体毛

（828）湖北安粉蚧 *Antonina hubeiana* Wu, 2001（图 8-217）

Antonina hubeiana Wu, 2001a: 44.

主要特征： 体膜质，末端圆，腹部分节明显。后背孔存在。肛环位于腹末端，有肛环孔和 6 根肛环毛。眼缺失。触角 2–3 节，端节上着生有 6 根刺毛。口器发达。足退化。气门发达，气门壁短宽，其孔缘处有半圆形的三格腺带。管腺无。多格腺在体缘成宽带，在气门处包围整个气门，分布于第 3–8 腹节腹面和第 4–8 腹节背面的中央，向前愈少。三格腺分布于体两面，腹部较少。筛状孔在后胸和第 2 腹节腹面成 1 密集群，锥状刺无。毛状刺在腹末 3 节粗长，其他体面稀少，且细小。阴门明显。

　　分布：浙江（临安）、湖北。

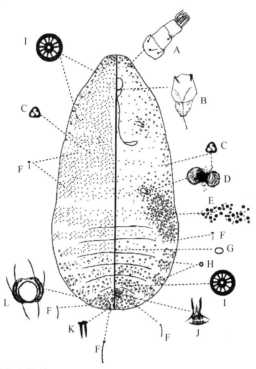

图 8-217　湖北安粉蚧 *Antonina hubeiana* Wu, 2001（仿武三安等，2017）

A. 触角；B. 口器；C. 三格腺；D. 后气门；E. 多格腺群；F. 体毛；G. 盘状腺；H. 单孔；I. 多格腺；J. 腹裂；K. 体刺；L. 肛环

（829）马氏安粉蚧 *Antonina maai* Williams *et* Miller, 2002（图 8-218）

Antonina maai Williams *et* Miller, 2002: 900.

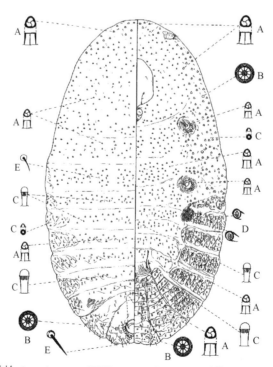

图 8-218　马氏安粉蚧 *Antonina maai* Williams *et* Miller, 2002（仿 Williams and Miller，2002）

A. 三格腺；B. 多格腺；C. 管腺；D. 筛状孔；E. 腹毛

　　主要特征：体长椭圆形，后 3 腹节硬化，腹节的各侧缘均硬化。触角 2 节，端节有 5 根感觉毛和 2 或 3 根细毛。胸足缺失。后背孔存在。腹脐缺失。气门腔内有小三格腺。肛门环陷入肛筒，肛筒内缘有小三格腺。五格腺在气门的后方。筛状孔仅在后气门后第 2 腹节上密集成群。三格腺有 2 种类型。盘状腺的分布如三格腺。肛筒前附近有成群的多孔腺。瓶状腺有 2 种类型。体腹面：多孔腺沿体缘呈带状，第 4 腹节的中区和亚中区无腺孔分布；肛筒附近有 1 群多孔腺分布。圆盘状腺分布在腹部第 1–2 节的亚中区。三格腺散布在体腹面。

　　分布：浙江、北京、台湾、广东、海南、广西。

（830）米勒安粉蚧 *Antonina milleri* Williams, 2004（图 8-219）

Antonina milleri Williams, 2004: 66.

Chaetococcus zonata Wang, 2001: 39.

　　主要特征：体椭圆形，腹部分节不显，第 7–8 腹节硬化。肛环位于肛筒基部，有 6 根肛环毛和肛环孔。触角 1–2 节。喙 2 节。胸气门 2 对，气门附近分布着三格腺。阴门四周有鞭状毛。后背孔缺失。多格腺 10 个，分布在肛筒及第 5–8 腹节的腹面中部。三格腺分布于背腹面，后面腹节分布少。筛状孔在后气门成群。管腺 2 种，大管腺分布于腹末端的硬化区，小管腺和三格腺混合分布于背面。单孔腺零散分布于体背面。鞭状毛散布，粗毛分布在第 1–4 腹节的边缘。

　　分布：浙江（临安）、北京、河北、江苏、安徽、江西、福建、广东、广西、四川、云南；越南，斯里兰卡，菲律宾，马来西亚，印度尼西亚。

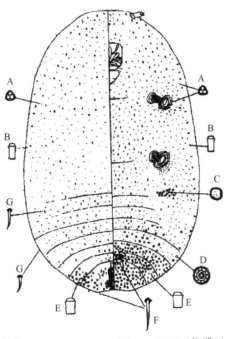

图 8-219　米勒安粉蚧 *Antonina milleri* Williams, 2004（仿武三安和吕渊，2017）
A. 三格腺；B. 小管腺；C. 筛状孔；D. 多格腺；E. 大管腺；F. 鞭状毛；G. 背毛

（831）拟安粉蚧 *Antonina nakaharai* Williams *et* Miller, 2002（图 8-220）

Antonina nakaharai Williams *et* Miller, 2002: 903.

　　主要特征：体长椭圆形，腹末端 3 腹节均硬化。触角 2–3 节。胸足不明显硬化，有时连着刚毛。气门腔内有 2 种三格腺。肛环陷入肛筒内。肛筒内有小的多格腺和管腺。气门间的侧缘有 14 或 19 个多格腺。

三格腺分布少。多格腺 10 个，分布于头、胸部和第 1–6 腹节缘区。肛筒外有成群的多孔腺。筛状孔从后胸至第 4–6 腹节的亚缘区。三格腺分为小、中、大三种类型。前背孔无，后背孔有，腹脐缺失。刺孔群无。腹末 2–3 节为半圆锥状的体刺。

　　分布： 浙江（临安）、北京、河南、江苏、安徽、湖北、福建、台湾、广东、香港、广西；俄罗斯，日本，阿塞拜疆，格鲁吉亚，美国。

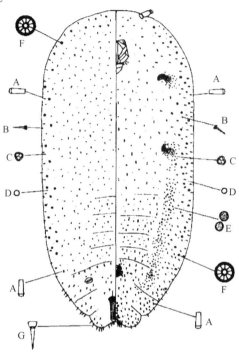

图 8-220　拟安粉蚧 *Antonina nakaharai* Williams *et* Miller, 2002（仿武三安等，2017）
A. 管腺；B. 体毛；C. 三格腺；D. 单孔；E. 筛状孔；F. 多格腺；G. 体刺

（832）巨竹安粉蚧 *Antonina pretiosa* Ferris, 1953（图 8-221）

Antonina pretiosa Ferris, 1953a: 298.

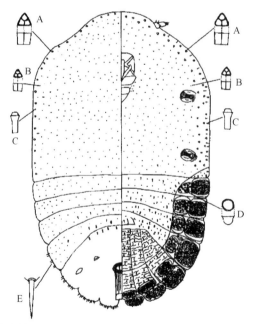

图 8-221　巨竹安粉蚧 *Antonina pretiosa* Ferris, 1953（仿武三安和吕渊，2017）
A. 大三格腺；B. 小三格腺；C. 管腺；D. 筛状孔；E. 锥状毛

　　主要特征：体卵形，触角 2 节，端节端部有 7 根刚毛。眼缺失。喙 2 节。前气门有 29–43 个小三格腺，后气门有 31–40 个小三格腺，气门腔内有一群半月形三格腺群。后背孔存在。阴门裂缝状，开口向下，具 4 个表皮内突。大三格腺分布于头、胸部缘区，小三格腺散布于头、胸部背腹两面，密集分布于气门开口处。多孔腺缺失。筛状孔于第 2–8 腹节的亚缘区呈带状分布。管腺在背面稀疏分布于头、胸部缘区，另在第 6 腹节中部区和亚缘区有 6–8 个分布，在腹面第 1–8 腹节均匀分布，锥状毛分布于第 5–8 腹节的边缘。

　　分布：浙江（安吉、临安）、内蒙古、北京、山西、江西、湖南、福建、台湾、广东、香港、广西、四川、云南、西藏；马来西亚，新加坡，印度尼西亚，美国，古巴。

（833）广布安粉蚧 *Antonina socialis* Newstead, 1901（图 8-222）

Antonina socialis Newstead, 1901b: 85.

　　主要特征：触角 2 或 3 节，其端部有 7–8 根刚毛。胸足退化。气门腔内有一群三格腺。三格腺有 2 或 3 种类型。管腺两种大小。前背孔无，后背孔存在。三格腺 1 种。管腺两种大小。多格腺在体缘呈带状分布。肛环位于肛筒内，肛环毛 6 根。多格腺沿体缘形成带状，第 4 腹节中区有 0–2 个多格腺，第 8 腹节只分布在后半部，偶尔有 1–2 个多格腺紧挨阴门后方，筛状孔在后胸至第 7 或 8 腹节的亚缘呈带状分布。肛环陷入肛筒内。肛筒内缘有成环的多格腺和管腺。前后气门间的侧缘有 14–96 个多格腺。

　　分布：浙江（德清）、北京、河南、上海、安徽、湖北、台湾、广东、海南、香港、广西；日本，比利时，法国，英国，美国，百慕大群岛。

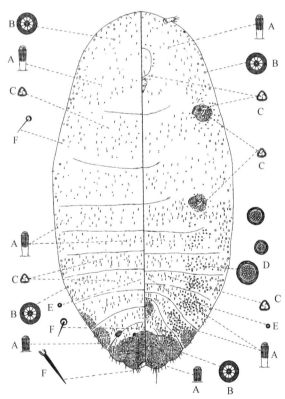

图 8-222　广布安粉蚧 *Antonina socialis* Newstead, 1901（仿 Williams and Miller，2002）
A. 管腺；B. 多格腺；C. 三格腺；D. 筛状孔；E. 盘状腺；F. 体毛

418. 平粉蚧属 *Balanococcus* Williams, 1962

Balanococcus Williams, 1962: 13. Type species: *Ripersia scirpi* Green, 1921.

　　主要特征：体长椭圆形。眼存在。触角 6–8 节。胸足小至中等，分节正常，后足基节正常，后足基节无透明孔，爪下无齿。腹脐 0–5 个。前背孔和后背孔均存在，刺孔群 1–5 对，末对刺孔群通常有 2 刺，少数 1 或 3–16 根锥刺，且有附毛，其他对各有 1–4 根锥刺，但无附毛。尾瓣各有 1 根长端毛。肛环在体末端，有成列的肛环孔和 6 根长环毛。多格腺在体腹面，在气门附近呈带状，并常在体背面。五格腺缺失。三格腺数量多，密布体面。管腺和单孔腺存在。体毛细长，少数种有刺毛。

　　分布：古北区、澳洲区。世界已知 29 种，中国记录 3 种，浙江分布 1 种。

（834）箬竹平粉蚧 *Balanococcus indocalamus* (Wu, 2009)（图 8-223）

Dysmicoccus indocalamus Wu, 2009: 84.

Balanococcus indocalamus: Danzig & Gavrilov-Zimin, 2015: 59.

　　主要特征：尾瓣稍明显，每瓣着生 1 根粗端毛。触角和足相对十分小。触角 6 节，有时第 3 节分成 2 节；端节最长，有 3 根粗毛。足小；爪细长，没有齿，跗冠毛和爪冠毛均长于爪。喙 2 节。小圆环位于第 3 腹节和第 4 腹节间。肛环有 2–3 列的肛环孔和 6 根肛环毛。尾瓣仅有 1 对刺孔群，每群具有 2 根锥状刚毛，1 根附毛和 5 或 6 个三格腺。另外，第 7 腹节有 1 根锥状刚毛，但无三格腺。多格腺分布在体背面边缘，尤其腹部边缘和第 7 腹节的亚缘。三格腺均匀分布。

　　分布：浙江（泰顺）、湖南。

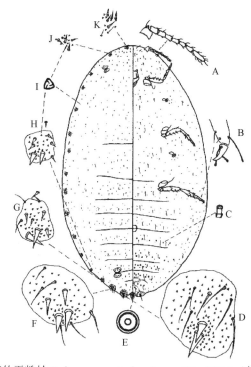

图 8-223　箬竹平粉蚧 *Balanococcus indocalamus* (Wu, 2009)（仿 Wu，2009）
A. 触角；B. 后爪；C. 管腺；D. 尾瓣刺孔群；E. 多孔腺；F. 倒数第 2 对刺孔群；G. 倒数第 3 对刺孔群；H. 第 15 对刺孔群；I. 三格腺；J. 眼前刺孔群；K. 额腺孔群

419. 轮粉蚧属 *Brevennia* Goux, 1940

Ripersia Goux, 1940: 58. Type species: *Ripersia tetrapora* Goux, 1940.

Brevennia Borchsenius, 1948: 953. Type species: *Ripersia tetrapora* Goux, 1940.

　　主要特征：体长形或椭圆形。触角 6–8 节。眼位于边缘。喙 3 节。后气门大于前气门。胸足发达。后背孔发达，前背孔不显。五格腺小于多格腺。三格腺位于体背面。瓶状腺细长，位于体缘。肛环有 6 根肛环毛。尾瓣不显，端毛长于环毛。刺孔群 2–4 对，各有 2 根细刺及少数五格腺或三格腺。多孔腺位于体缘和腹部后面。管腺分布在背、腹面成横列。体背面分布着小刺，腹面为毛。

　　分布：世界广布。世界已知 13 种，中国记录 4 种，浙江分布 1 种。

（835）碎轮粉蚧 *Brevennia rehi* (Borchsenius, 1962)（图 8-224）

Ripersia rehi Lindinger, 1943: 152.

Brevennia rehi: Miller, 1973: 372.

　　主要特征：触角 6 节，眼在头缘。足小，分节正常，爪无齿，后足腿、胫节有许多透明孔，跗冠毛短而尖，短于爪。腹脐无。仅有 1 对后背孔。肛环有 2 列肛环孔毛和 6 根肛环毛。尾瓣不显，端毛长于环毛。刺孔群仅有末对，2 根刚毛及一些五格腺。三格腺和多格腺均无。五格腺密布体面。管腺分布于体背、腹面。体毛分布于体两面。

　　分布：浙江、云南、西藏；世界广布。

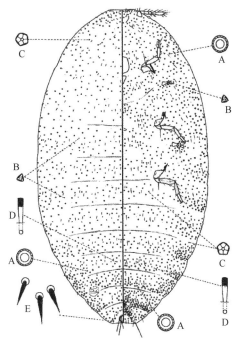

图 8-224　碎轮粉蚧 *Brevennia rehi* (Borchsenius, 1962)（仿 Williams，1970）
A. 多格腺；B. 三格腺；C. 五格腺；D. 管腺；E. 末刺孔群

420. 鞘粉蚧属 *Chaetococcus* Maskell, 1898

Chaetococcus Maskell, 1898: 249. Type species: *Sphaerococcus bambusae* Maskell, 1893.

　　主要特征：体长椭圆形，部分或全部藏于白色蜡囊中，或全裸，坚硬如球蚧。眼常缺，如有则小。触角退化成 1–3 节，喙 1 节。足退化成小瘤或缺失。气门大，常有成群的三格腺，后气门后有 1 群小盘孔或管腺。前背孔缺失。后背孔小或缺失。腹脐无。体背无刺孔群。肛环位于体末，或在肛筒内端，具有环孔带及 6 根长环毛。尾瓣不显。盘腺主要以三格腺、多格腺为主，有时还有筛状孔，管腺内端硬化，并呈墓顶状。刺和小刺常多，分布于后边体节或体缘。

分布：世界广布。世界已知 5 种，中国记录 2 种，浙江分布 1 种。

（836）刺竹鞘粉蚧 *Chaetococcus bambusae* (Maskell, 1893)（图 8-225）

Sphaerococcus bambusae Maskell, 1893: 237.

Chaetococcus bambusae: Maskell, 1898: 249.

主要特征：触角退化成 2–3 节，端部有毛。足缺失。肛环在肛筒内，具 6 毛。腹脐无。背孔无。多格腺只在最末腹节背面肛门之后（约 20 个）及末 2 个腹节腹面。三格腺数多，在末腹分布稀疏，和多格腺相混。短管腺开口处鼓成半球，略大于多格腺，其数目 2–15 个，从头缘延伸至胸缘。背部无管腺，单孔散布全面。体刺细，体缘较多，末节上集中于中区、亚缘区。气门口的三格腺小于其他体面的三格腺。在后气门后有 1 个圆形孔板，孔内伸成硬化管。

分布：浙江、北京、河北、江苏、湖北、江西、湖南、福建、台湾、广东、海南、香港、广西、四川、云南、西藏；世界广布。

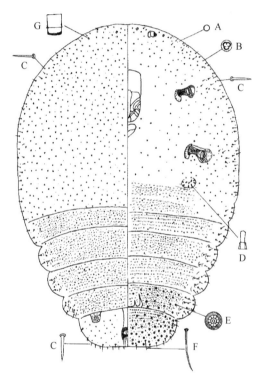

图 8-225　刺竹鞘粉蚧 *Chaetococcus bambusae* (Maskell, 1893)（仿 Wu and Lu，2012）
A. 单孔；B. 三格腺；C. 体刺；D. 管腺孔；E. 多格腺；F. 长体毛；G. 管腺

421. 皑粉蚧属 *Crisicoccus* Ferris, 1950

Crisicoccus Ferris, 1950a: 45. Type species: *Dactylopius pini* Kuwana, 1902.

主要特征：体长椭圆形。触角 8 节，眼发达。腹脐有或无。背孔 2 对。肛环在背末，有成列环孔及 6 根长环毛。尾瓣稍显，其腹部有硬化瓣，端毛长过环毛。刺孔群 17 对以下，每刺孔群有 2 根锥刺，无附毛，只有少数三格腺。三格腺分布于体两面。多格腺一般在体腹面，但少数扩及背面。管腺或仅在腹面，或背面也有。背毛一般短小，但有的细长，有的成小刺、大刺，甚至还有背刺孔群存在，腹面毛细长。

分布：世界广布。世界已知 37 种，中国记录 6 种，浙江分布 2 种。

（837）松皑粉蚧 *Crisicoccus pini* (Kuwana, 1902)（图 8-226）

Dactylopius pini Kuwana, 1902: 54.

Crisicoccus pini: Ferris, 1950a: 46.

主要特征： 3 对足大，后足基节和胫节有透明孔群。腹脐无。背孔 2 对，内缘略硬化。肛环在背末，有成列环孔和 6 根长环毛。尾瓣呈锥状突，其腹面有硬化棒，端毛长于环毛。刺孔群为末 7 对，末对为 2 根细长锥刺，1–2 根附毛，少量稀疏三格腺；此前 6 对 2 根锥刺向前渐小，无附毛，三格腺也很少；头胸部缺刺孔群，但偶或在其他刺孔群有 1 根刺或毛存在。三格腺分布于背、腹面。多格腺仅在腹部腹面阴门附近，35–40 个。管腺体背面无，腹面亦少，仅在腹部，中央较小，第 2–7 腹节侧缘者较大。

分布： 浙江、黑龙江、吉林、辽宁、北京、河北、山东、湖北、江西、湖南、台湾、西藏；俄罗斯，韩国，日本，法国，意大利，美国。

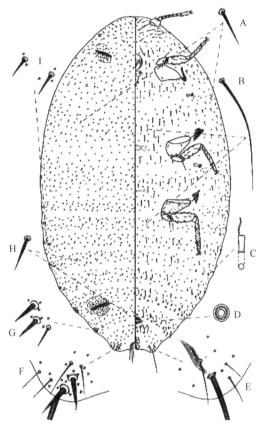

图 8-226 松皑粉蚧 *Crisicoccus pini* (Kuwana, 1902)（仿 Ezzat and McConnell，1956）
A. 背毛；B. 腹毛；C. 管腺；D. 多孔腺；E. 腹面尾瓣；F. 尾瓣刺孔群；G. 倒数第 2 对刺孔群；H. 背刺；I. 第 2 对刺孔群

（838）桑皑粉蚧 *Crisicoccus moricola* Tang, 1988（图 8-227）

Crisicoccus moricola Tang *in* Tang & Li, 1988: 39.

主要特征： 足发达，后足基节有许多透明孔。腹脐位于第 3、4 腹节的腹板间。背孔 2 对。肛环在背末，有成列环孔和 6 根长环毛。尾瓣略显，其腹面有硬化棒，端毛长于环毛。刺孔群为末 6 对，末对刺孔群有 2 根锥刺和 1 根细附毛及 7–8 个三格腺，位于浅硬化片上；其余刺孔群有 2 根较小锥刺，1–3 个三格腺，但无附毛和无硬化片。三格腺分布于体两面。多格腺分布在第 3–8 腹节的腹板中区，在每节后缘成单横列，另在后足基节之后。管腺分大小 2 种：大者分布于背缘；小者分布于体背、腹面中区。背刺分大小 2 种，腹面毛细短。

　　分布：浙江、内蒙古。

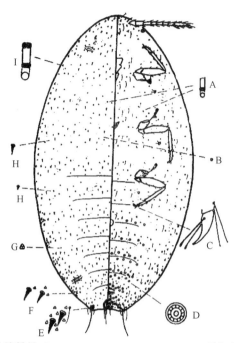

图 8-227　桑皑粉蚧 *Crisicoccus moricola* Tang, 1988（仿汤祊德，1988）

A. 小管腺；B. 单孔；C. 后爪；D. 多格腺；E. 臀瓣刺孔群；F. 倒数第 2 对刺孔群；G. 三格腺；H. 体毛；I. 大管腺

422. 背刺孔粉蚧属 *Dorsoceraricoccus* Dong *et* Wu, 2017

Dorsoceraricoccus Dong *et* Wu *in* Dong, Zhang & Wu, 2017: 593. Type species: *Dorsoceraricoccus muajatae* Williams, 2004.

　　主要特征：体长椭圆形。尾瓣发达，每瓣着生 1 根端毛。触角 7 或 8 节。眼存在。胸足发达，爪无齿，后足基节或胫节有透明孔。前后背孔存在。刺孔群有 16 或 17 对。尾瓣刺孔群有 2 根锥状刚毛、一些附毛和三格腺。前刺孔群通常有 2 根锥状刚毛（头部有时不超过 2 根）和一些三格腺。背刺孔群存在，每群通常有 2–5 根锥状刚毛（偶尔仅有 1 根）。肛环位于腹末端，有 6 根肛环毛。背毛在背孔的外侧。腹毛似鞭状。三格腺均匀分布于体两面。多格腺位于腹面。四格腺缺失。瓶状腺通常位于腹面，有时位于背面。

　　分布：古北区、旧热带区。世界已知 2 种，中国记录 1 种，浙江分布 1 种。

（839）宁波背刺孔粉蚧 *Dorsoceraricoccus ningboensis* Dong *et* Wu, 2017（图 8-228）

Dorsoceraricoccus ningboensis Dong *et* Wu *in* Dong, Zhang & Wu, 2017: 592.

　　主要特征：触角 7 节。喙 3 节。刺孔群有 16 或 17 对（当 16 对时，第 9 对刺孔群通常缺失）。尾瓣的刺孔群有 2 根锥形刚毛，有 4 或 5 根附毛和 28–32 个三格腺，其他侧刺孔群通常有 2 对锥形刚毛，有 5–12 对三格腺但无附毛，除了头部 3 对刺孔群，这些群通常有 3–5 根锥形刚毛。尾瓣发达，每瓣的腹面有 1 根端毛。肛环有 6 根肛环毛。锥形刚毛位于背中部，形成 6 或 7 个背刺孔群，每群有 2–5 个锥形刚毛和 5–12 个三格腺。背刺孔群位于头部和胸部。领状腺有 2 种类型。多格腺位于腹部第 5–8 腹节，第 5 腹节有 0–6

个；在第 6 腹节成单列；在第 7 腹节成双列，其他位于阴门的后面。体背面的瓶状腺有 2 种类型。

分布：浙江（宁波）。

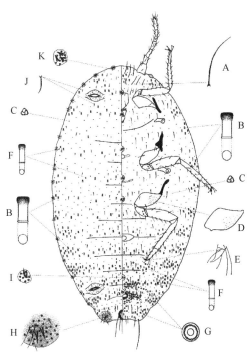

图 8-228 宁波背刺孔粉蚧 *Dorsoceraricoccus ningboensis* Dong *et* Wu, 2017

（仿 Dong et al., 2017）

A. 头部腹鞭毛；B. 大管腺；C. 三格腺；D. 后足基节；E. 后爪；F. 小管腺；G. 多格腺；H. 臀瓣刺孔群；I. 背刺孔群；J. 背毛；K. 第 1 对刺孔群

423. 灰粉蚧属 *Dysmicoccus* Ferris, 1950

Dysmicoccus Ferris, 1950a: 53. Type species: *Dactylopius brevipes* Cockerell, 1893.

主要特征：体椭圆形。触角 5–8 节。眼存在。腹脐有或无。背孔 2 对。刺孔群常多达 17 对，如 17 对以下，则头胸部有刺孔群，每对刺孔群除锥刺（一般 2 根，少数多根，但在 6 根以下）、1 群三格腺外，另有附毛。肛环在背末，有 2 列孔和 6 根长环毛。尾瓣常明显，长端毛 2 根，腹面无硬化棒。3 对足发达，后足常有透明孔。盘腺有多格腺和三格腺。管腺为领管。

分布：世界广布。世界已知 138 种，中国记录 10 种，浙江分布 1 种。

（840）菠萝灰粉蚧 *Dysmicoccus brevipes* (Cockerell, 1893)（图 8-229）

Dactylopius brevipes Cockerell, 1893f: 267.

Dysmicoccus brevipes: Ferris, 1950a: 59.

主要特征：触角 8 节。后足股节和胫节上有许多透明孔，爪下无齿。腹脐大，有节间褶。刺孔群 17 对，末对有 2 根锥刺，多根附毛和 1 群三格腺，位于浅硬化片（圆形，比肛环小）上，其余刺孔群有 2–4 根刺和少数附毛及三格腺。肛环在背末，有 2 列环孔和 6 根肛环毛。尾瓣突出，端毛长于肛环毛，尾瓣腹面有方形硬化区。三格腺在全身均匀分布。多格腺在第 6–8 腹节的腹面上成横列。筛状孔位于三格腺和多格腺之间。管腺仅 1 种，分布于腹部腹面。前、后背孔发达，孔瓣上有许多短毛和三格腺。

分布：浙江、北京、青海、江西、湖南、福建、台湾、广东、广西、四川、云南、西藏；世界广布。

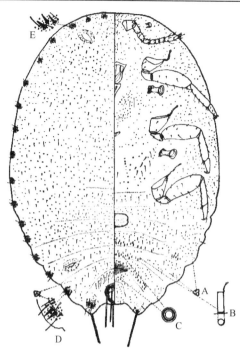

图 8-229　菠萝灰粉蚧 *Dysmicoccus brevipes* (Cockerell, 1893)（仿王子清，1980）
A. 三格腺；B. 管腺；C. 多格腺；D. 倒数第 2 对刺孔群；E. 头部刺孔群

424. 拂粉蚧属 *Ferrisia* Fullaway, 1923

Ferrisia Fullaway, 1923: 311. Type species: *Dactylopius virgatus* Cockerell, 1893.

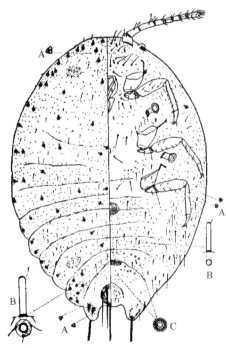

主要特征：体卵圆形。触角 8 节。眼位于触角后。后足基节无透明孔或有少许，爪下无齿。两背孔发达。肛环有 2 列肛门孔和 6 根肛环刺。臀瓣宽而突出。圆盘状腺有 2 种类型：多孔腺和三格腺。管腺有 2 种：射管腺和管腺。刺孔群仅末对，其周围有 1 圈硬化片，上着生有若干根附毛、1 群三格腺和 2 或多根锥刺。管状腺分布于体腹面。刺和小刺除组成刺孔群外无。

分布：世界广布。世界已知 19 种，中国记录 1 种，浙江分布 1 种。

（841）双条拂粉蚧 *Ferrisia virgata* (Cockerell, 1893)（图 8-230）

Dactylopius virgatus Cockerell, 1893e: 178.

Ferrisia virgata: Fullaway, 1923: 308.

图 8-230　双条拂粉蚧 *Ferrisia virgata* (Cockerell, 1893)（仿王子清，1980）
A. 三格腺；B. 管腺；C. 多格腺

主要特征：触角 8 节。足粗大，爪下无齿。腹脐 1 个，大。前、后背孔发达。肛环有成列的肛环孔及 6 根长毛。臀瓣发达，在臀瓣腹面还分布有 2 根长刺毛和 3 根短毛。多孔腺分布在阴门周围。三格腺分布于体两面，刺孔群仅末对位于臀瓣上，各由 2 根粗锥刺和 2–3 个刺毛及 1 群三格腺组成，着生在大的硬化片上。射管在体背呈 6 条纵列；管腺在腹部亚缘区呈带。单孔腺分布于背、腹面。

分布：浙江、河南、陕西、江苏、湖北、江西、湖南、福建、台湾、广东、海南、广西、四川、云南；世界广布。

425. 锥粉蚧属 *Idiococcus* Takahashi *et* Kanda, 1939

Idiococcus Takahashi *et* Kanda, 1939b: 52. Type species: *Idiococcus bambusae* Takahashi *et* Kanda, 1939.

主要特征：体长形，两侧近平行。体扁平，表皮硬化成赤褐色以至暗橙褐色，无蜡质分泌物，全体裸露。触角退化为瘤突。足完全退化。后气门后有 1 个腺囊。腹部末节两侧后弯如钳，故中部现 1 条尾裂，肛门位于尾裂之前。肛环或有环孔但无环毛。三格腺在气门口成群。体毛刺状，腹末 2 节分布多。腹脐、刺孔群、背孔均无。

分布：古北区、新北区。世界已知 2 种，中国记录 2 种，浙江分布 2 种。

（842）竹锥粉蚧 *Idiococcus bambusae* Takahashi *et* Kanda, 1939（图 8-231）

Idiococcus bambusae Takahashi *et* Kanda, 1939b: 52.

主要特征：体细长，两侧相平行，头、胸部伸长达腹部之 2 倍。体硬化，赤褐至暗橙褐色。体裸。触角退化成小突起，2 节。足退化。后气门后，即第 2 腹板两侧各有 1 个囊状附属物。尾末分裂，有间隙。肛门在腹节背中表面，即尾裂之前，肛环无孔无毛。三格腺存在。管腺无。体形亦有短粗者。

分布：浙江（临安）、安徽；日本，美国。

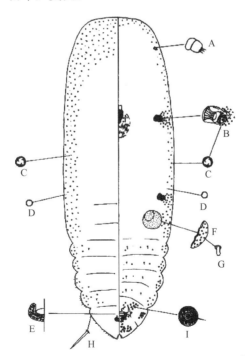

图 8-231　竹锥粉蚧 *Idiococcus bambusae* Takahashi *et* Kanda, 1939（仿 Wu and Lu，2012）
A. 触角；B. 前胸气门；C. 三格腺；D. 单孔；E. 肛环；F. 囊状附属物；G. 管孔；H. 长鞭毛；I. 具硬化圆板的刚毛

（843）马鞍山锥粉蚧 *Idiococcus maanshaensis* Tang *et* Wu, 1984（图 8-232）

Idiococcus maanshaensis Tang *et* Wu *in* Tang, 1984: 395.

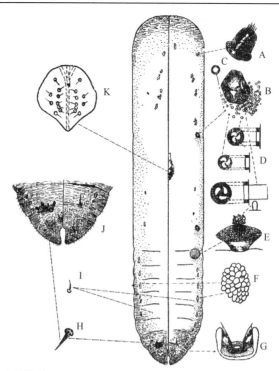

图 8-232 马鞍山锥粉蚧 *Idiococcus maanshaensis* Tang *et* Wu, 1984 (仿汤祊德, 1984)
A. 触角; B. 气门; C. 单孔; D. 三格腺; E. 腺囊; F. 菊花形皮斑; G. 肛环; H. 体刺; I. 体毛; J. 腹部末端; K. 口器

主要特征: 体狭长, 扁平而两侧近平行, 皮肤硬化。口器小, 喙 1 节。前、后气门分别在口器前、后两侧体缘的腹面。气门口有 1 群三格腺。触角 2 节, 基节环状, 端节圆锥状, 其端有 6 根刺毛。腹部分节明显, 其每侧有 1 个菊花形皮斑, 同时皮斑亦存在头胸部, 但排列不规则。阴门开口于第 7、8 腹板间, 阴道呈漏斗状, 肛门在末节之背中, 肛环有孔无毛。尾裂明显。第 2 腹板每侧有漏斗状腺囊。腺体有三格腺和管腺; 管腺仅见腺囊中。

分布: 浙江 (临安)、安徽; 日本。

426. 曼粉蚧属 *Maconellicoccus* Ezzat, 1958

Maconellicoccus Ezzat, 1958: 380. Type species: *Phenacoccus hirsutus* Green, 1908.

主要特征: 体椭圆形。触角 9 节, 眼在其后缘。足发达, 爪下无齿。腹脐存在或缺失。背孔 2 对。肛环在背末, 有成列环孔和 6 根长环毛, 尾瓣稍突, 其腹面有或无硬化棒, 端毛长于环毛。刺孔群 1–18 对不等, 各有 2 根锥刺, 有三格腺群, 无附毛, 但末对常有附毛, 锥刺或多至 3 根。三格腺分布于背、腹面。五格腺无。多格腺一般在腹面。管腺分蕈管和领管 2 类。

分布: 世界广布。世界已知 2 种, 中国记录 1 种, 浙江分布 1 种。

(844) 木槿曼粉蚧 *Maconellicoccus hirsutus* (Green, 1908) (图 8-233)

Phenacoccus hirsutus Green, 1908: 25.

Maconellicoccus hirsutus: Ezzat, 1958: 380.

Maconellicoccus pasaniae: Tang, 1992: 502.

主要特征: 腹脐在第 3、4 腹板间。背孔 2 对, 每瓣上有 1–2 根毛和少数三格腺。肛环在背部腹末端,有成列环孔和 6 根长环毛。尾瓣稍发达，其腹面有硬化棒，端毛长于环毛。刺孔群为末 5–7 对，均有 2 根锥刺，但末对或有另 1 补充锥刺，6 个三格腺及 3 根附毛；再前 3 对刺孔群刺较小，但形状和末对刺孔群锥刺相似；再前 2 对，即第 3、4 腹节上的则 1 根长 1 根短，第 3 腹节上的或仅 1 根；除末对外，所有刺孔群均无附毛，只有 1–3 个三格腺。管腺分蕈管和领管 2 类。

分布：浙江、台湾、香港、广西、云南、西藏；世界广布。

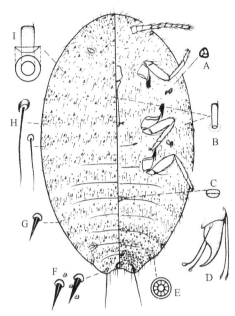

图 8-233　木槿曼粉蚧 *Maconellicoccus hirsutus* (Green, 1908)（仿汤祊德，1992）
A. 三格腺；B. 管腺；C. 腹脐；D. 爪；E. 多格腺；F. 臀瓣刺孔群；G. 刺毛；H. 背面鞭毛；I. 蕈管腺

427. 芒粉蚧属 *Miscanthicoccus* Takahashi, 1958

Miscanthicoccus Takahashi, 1958c: 6. Type species: *Trionymus miscanthi* Takahashi, 1928.

主要特征：触角 6 节。眼宽。气门粗宽，管口附近有多格腺群。背孔仅末对存在，小，但内缘硬化。腹脐 4–5 个，分布于第 2–6 腹板后缘。尾瓣略显，其腹面无硬化条，有 1 根长端毛。肛环在背末，有成列环孔及 6 根长环毛。刺孔群仅有末 4–5 对，末对 2 根锥刺，末前对 1–2 根刺，再前数对 1 刺。三格腺在体缘有少数。多格腺分布于背、腹面。管腺仅为领管，分布于背、腹面之缘区，成宽带。体背面亚缘区有菊花状皮斑。

分布：古北区、新北区。世界已知 1 种，中国记录 1 种，浙江分布 1 种。

（845）台湾芒粉蚧 *Miscanthicoccus miscanthi* (Takahashi, 1928)（图 8-234）

Trionymus miscanthi Takahashi, 1928b: 333.

Miscanthicoccus miscanthi: Takahashi, 1958c: 6.

主要特征：触角 6 节。喙 2 节。足小，后基节有成群透明孔，爪无齿。刺孔群仅有末 2 对，末对有 2 根锥刺，末前对 1–2 根锥刺，均有 2 根附毛，再前 2–3 个体节各具 1 根刺。尾瓣略显，各有 1 根端毛。肛环有内、外列孔和 6 根长环毛。多格腺分布于背、腹面，在体缘、气门口及其附近尤多，但背、腹面中区甚少，气门口者大小不一，体毛稀少，但体后及阴门附近较粗。仅后对背孔存在且小。腹脐 4–5 个，成 1

纵列，最前 1 个小。管腺长宽几相等，分布于背、腹面，缘区成宽带。

　　分布：浙江、湖北、台湾、四川、贵州；俄罗斯，朝鲜，日本，美国。

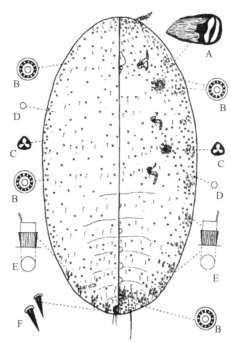

图 8-234　台湾芒粉蚧 *Miscanthicoccus miscanthi* (Takahashi, 1928)（仿秦廷奎，1991）
A. 前气门；B. 多格腺；C. 三格腺；D. 单孔；E. 管腺；F. 刺毛

428. 巢粉蚧属 *Nesticoccus* Tang, 1977

Nesticoccus Tang, 1977: 28. Type species: *Nesticoccus sinensis* Tang, 1977.

　　主要特征：体梨形。触角退化成瘤状。足全缺。背孔和刺孔群无。肛环呈狭环状，无环孔。尾瓣不显。三格腺、多格腺存在，五格腺缺，管腺顶端硬化，呈墓顶状。寄生在竹枝分叉处，外包一石灰质混有杂屑的蜡壳，形如鸟巢。

　　分布：古北区。世界已知 2 种，中国记录 2 种，浙江分布 1 种。

（846）中国巢粉蚧 *Nesticoccus sinensis* Tang, 1977（图 8-235）

Nesticoccus sinensis Tang, 1977: 28.

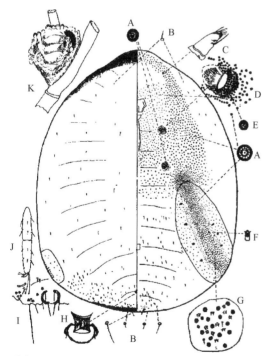

图 8-235　中国巢粉蚧 *Nesticoccus sinensis* Tang,
1977（仿汤祎德，1977）
A. 多格腺；B. 体毛；C. 触角；D. 前气门；E. 三格腺；F. 管
腺；G. 筛状硬化板；H. 肛环和肛门；I. 腹末端；J. 足末端；
K. 雌介壳

　　主要特征：体梨形，前端略尖，后端宽大，全体硬化，然而分节尚明显。触角瘤状，2 节。气门很大，气门口有成群三格腺包围。后气门之后有 1 长椭圆形筛状硬化板，有稀疏的圆形盘状分布；硬化板上有 6 个凹窝，分为 2 排，内侧 4 个，外侧 2 个，凹窝为纯粹形态凹陷处，新鲜标本呈黑褐色。板中部有管腺及多格腺呈纵带状分布，腹脐 1 个，略呈方形。管腺主要分布于筛状硬化板上。多格腺有大小 2 种。

　　分布：浙江（临安）、北京、山西、山东、陕西、江苏、上海、安徽、福建、广西。

429. 堆粉蚧属 *Nipaecoccus* Šulc, 1945

Nipaecoccus Šulc, 1945: 1. Type species: *Pseudococcus nipae* Maskell, 1893.

主要特征：体椭圆形至圆形。触角 6–8 节。足 3 对，后足基节和胫节或有成群透明孔。腹脐无或大，位于第 3、4 腹板间。背孔 2 对发达，或仅后对，或全缺。尾瓣略突，其腹面或有硬化棒，端毛长于肛环毛。肛环在背末，有 2 列环孔和 6 根长环毛。三格腺分布于背腹面。多格腺仅在腹面。管腺为领管。刺孔群 4–17 对，各有 2 根（少数 1 或 3 根）锥刺及少数三格腺，除末对或有附毛外，其他均无附毛。

分布：世界广布。世界已知 48 种，中国记录 3 种，浙江分布 2 种。

（847）长尾堆粉蚧 *Nipaecoccus filamentosus* (Cockerell, 1893)（图 8-236）

Dactylopius filamentosus Cockerell, 1893d: 254.

Nipaecoccus filamentosus: Ben-Dov, 1994: 250.

主要特征：触角 7 节。足小。腹脐无，背孔仅后对留 1 条缝隙状，前对缺。肛环在背末，有成列环孔和 6 根长环毛。尾瓣略显，其腹面无硬化棒，端毛和环毛几等长。刺孔群在腹末有 7 对，仅有缘刺；末对刺孔群各有 2 根锥刺及一些三格腺；此前亦各有 2 根较小且彼此远离之锥刺，另有少数三格腺。多格腺分布于腹部背面中区，按节成横列，腹部腹面每节腹板中区前、后缘成横列，中、后胸中区在足基附近成群，胸腹部腹面体缘成宽纵带。管腺分大小 2 类，分布于全体背、腹面，约与多格腺分布相似。

分布：浙江、台湾；印度，伊朗，海地。

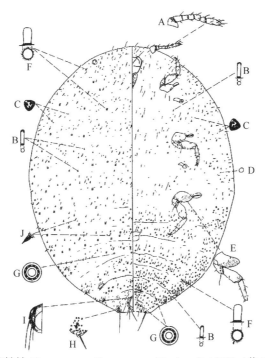

图 8-236　长尾堆粉蚧 *Nipaecoccus filamentosus* (Cockerell, 1893)（仿 Morrison，1920）

A. 触角；B. 小管腺；C. 三格腺；D. 单孔；E. 后足；F. 大管腺；G. 多格腺；H. 臀瓣刺孔群；I. 肛环；J. 刺毛

（848）柑橘堆粉蚧 *Nipaecoccus viridis* (Newstead, 1894)（图 8-237）

Dactylopius viridis Newstead, 1894: 25.

Nipaecoccus viridis: Ali, 1970: 113.

　　主要特征：体长椭圆形。触角 7 节。足小。前背孔缺，后背孔存在。腹脐 1 个。刺孔群通常具有 6 对，均在腹末。多格腺分布在体腹面，在腹部比较密集，在胸部也有分布。管状腺数量很多，分布在体背和腹面。三格腺在体背和腹两面均有分布。体背面有各种长短和粗细不同的圆锥状刺，且分布在腹部背面中央的体刺较为粗壮，分布在头胸部的体刺稍为细短。

　　分布：浙江、内蒙古、河北、山东、陕西、湖北、江西、湖南、福建、台湾、广东、海南、香港、广西、四川、云南；世界广布。

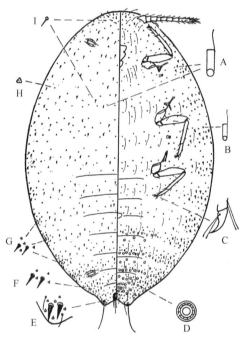

图 8-237　柑橘堆粉蚧 *Nipaecoccus viridis* (Newstead, 1894)（仿汤祊德和李杰，1988）
A. 大管腺；B. 小管腺；C. 后爪；D. 多格腺；E. 臀瓣刺孔群；F. 倒数第 2 对刺孔群；G. 第 1–3 对刺孔群；H. 三格腺；I. 体毛

430. 椰粉蚧属 *Palmicultor* Williams, 1963

Palmicola Williams, 1960: 415. Type species: *Ripersia palmarum* Ehrhorn, 1916.

Palmicultor Williams, 1963: 100. Type species: *Ripersia palmarum* Ehrhorn, 1916.

　　主要特征：体椭圆形至宽椭圆形。触角 6–8 节。胸足发达，后足基节及其附近体壁上有大量细管。腹脐位于第 3–4 腹节的腹板间。背孔 2 对。刺孔群 14–17 对，每对有锥刺 2 根（少数 3 根，或有的 6 根），另有附毛和 1 群三格腺。肛环在背末，有成列环孔及 6 根长环毛。尾瓣腹面无硬化棒，端毛近似于肛环毛长。三格腺分布于背、腹面。多格腺和管腺均分布于背、腹面或仅腹面。

　　分布：世界广布。世界已知 4 种，中国记录 2 种，浙江分布 1 种。

（849）吉隆坡椰粉蚧 *Palmicultor lumpurensis* (Takahashi, 1951)（图 8-238）

Trionymus lumpurensis Takahashi, 1951: 12.

Palmicultor lumpurensis: Williams, 2003: 68.

　　主要特征：触角 7 节。喙 2 节。足粗短，后基有许多透明孔。背孔发达，边缘不硬化，唇瓣上无毛而有少数三格腺。腹脐中度大。前气门基部略膨大，开口处有 7 个三格腺；后气门较大，基部比端部狭，开口处有 10 个三格腺。肛环在体末，有 6 根环毛。尾瓣略突。刺孔群后 7 对存在，不硬化，后 3–4 对各有 2 根锥刺，其他各 1 根刺，且刺小，末对刺孔群有许多三格腺及 4 根附毛，其中 1–2 根亦刺状，再前 2 对也有附毛，末前对中附毛亦似刺状。管腺短，直径大于三格腺，主要分布在腹部后缘。

　　分布：浙江（安吉、泰顺）、北京、宁夏、江苏、上海、湖北、广东、海南、香港、广西、四川；韩国，越南，菲律宾，马来西亚，印度尼西亚，法国，美国，澳大利亚。

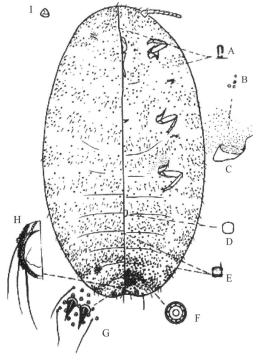

图 8-238　吉隆坡椰粉蚧 *Palmicultor lumpurensis* (Takahashi, 1951)（仿汤祊德，1992）
A. 管腺；B. 透明孔；C. 后足基节；D. 腹脐；E. 领状管；F. 多格腺；G. 臀瓣刺孔群；H. 肛环；I. 三格腺

431. 簇粉蚧属 *Paraputo* Laing, 1929

Paraputo Laing, 1929: 473. Type species: *Paraputo ritchiei* Laing, 1929.

　　主要特征：体椭圆形。触角 6–8 节。足常短粗，爪下无齿。腹脐常发达，位于第 3、4 腹节腹板间。前、后背孔发达。肛环位于离末端约环径的 1–2 倍处，有成列环孔及 6 根环毛。尾瓣稍突或否，腹面常有硬化棒。刺孔群 2–18 对。三格腺在背、腹面均有。多格腺仅在腹面，偶有全缺者。管腺 2 种，分布于腹面，少数还扩至背面。体背多为小刺，腹面毛略细长。

　　分布：世界广布。世界已知 93 种，中国记录 15 种，浙江分布 4 种。

分种检索表

1. 肛环毛超过 6 根 ·· 蜡树簇粉蚧 *P. comantis*

- 肛环毛有 6 根 ··· 2

2. 刺孔群小于 8 对 ··· 东亚簇粉蚧 *P. angustus*

- 刺孔群超过 15 对 ·· 3

3. 管腺仅有 1 种，分布于体腹面第 4–7 节成稀疏带 ·· 箬竹簇粉蚧 *P. indocalamus*

- 管腺有 2 种，大者分布于体背面刺孔群附近 ·· 毛竹簇粉蚧 *P. bambusus*

（850）东亚簇粉蚧 *Paraputo angustus* (Ezzat *et* McConnell, 1956)（图 8-239）

Ferrisicoccus angustus Ezzat *et* McConnell, 1956: 31.

Paraputo angustus: Danzig & Gavrilov-Zimin, 2015: 29.

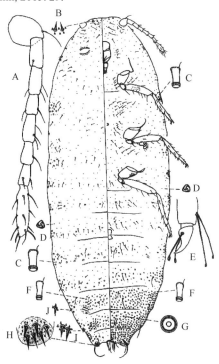

图 8-239　东亚簇粉蚧 *Paraputo angustus* (Ezzat *et* McConnell, 1956)（仿 Li et al.，2014）

A. 触角；B. 头部刺孔群；C. 大管腺；D. 三格腺；E. 后足爪；F. 小管腺；G. 多格腺；H. 臀瓣刺孔群；I. 倒数第 2 对刺孔群；J. 倒数第 3 对刺孔群

主要特征：触角 8 节。足粗大，后足基部有一些透明孔。背孔 2 对，发达，孔瓣上有三格腺和毛。尾瓣宽突，其腹面有长硬化条，端毛约为肛环毛的 2 倍长。多格腺分布于第 7 和 8 腹节，成横带，第 6 腹节成横列，第 9 腹节上有 1 群。管腺为领管，有大小 2 种。刺孔群常有 7 对，即头前 2 对和腹末 5 对，其他不清；末对有 4–8 根锥刺，65 个三格腺及 4 根附毛；末前对各 2–3 根刺和 12 个三格腺；再前 4 对各有 2 刺，三格腺变少；额对各 2–3 根刺及 10 个三格腺。

分布：浙江、香港；俄罗斯，日本，美国。

（851）毛竹簇粉蚧 *Paraputo bambusus* (Wu, 2001)（图 8-240）

Kaicoccus bambusus Wu, 2001b: 252.

Formicococcus bambusus: Li et al., 2014: 382.

Paraputo bambusus: Danzig & Gavrilov-Zimin, 2015: 29.

主要特征：触角 8 节。喙 2 节。足发达，胫节端部下侧有 2 刺。腹脐 1 个，长形或近方形。尾瓣稍突，腹面具有明显的硬化条，尾瓣毛长为环毛的 1.5 倍。背孔 2 对，孔缘上有 10 多个三格腺和 5–8 根长刺毛。刺孔群 19–24 对，即在原 18 对基础上，第 2–7 腹节每节又增加 1 对。头胸部刺孔群间亦存在间插刺。末对刺孔群具 10 根大锥刺、2 根小锥刺、1–3 根刺毛和 80 个左右三格腺，位于比肛环大的硬化片上。第 7 腹节上的两对刺孔群具有 5–7 根锥刺和 15–25 个三格腺；第 5 和第 6 腹节上的刺孔群具 4 根锥刺和 15 个左右的三格腺，其余刺孔群具 2–3 根锥刺和 7–12 个三格腺。管腺两种大小，大者分布在体背缘刺孔群附近，小者分布在腹脐后各节腹板上。

分布：浙江（临安）、贵州。

（852）蜡树簇粉蚧 *Paraputo comantis* Wang, 1978（图 8-241）

Paraputo comantis Wang, 1978: 416.

主要特征：体长椭圆形。触角 8 节，有时第 4、5 节合并成 1 节。足短小而强壮，爪下无齿。腹脐 1 个。前、后背孔发达，内缘硬化，孔瓣上有很多三格腺。肛环小，有 2 列环孔和 8–10 根环毛。肛环周围还有 1 圈长毛。背缘刺孔群 18 对，C16、C17、C18 位于硬化片上，分别具 9–11、10–11 和 8–9 根刺毛，另有稀疏三格腺和数根长毛。其余刺孔群刺数各为 4–7 根，且有密集三格腺。多格腺在阴门周围。管腺分布于腹部第 4–7 节边缘，各有 5–11 个成群，第 4–7 节中区呈不规则单横列，触角间有 6 个。

分布：浙江。

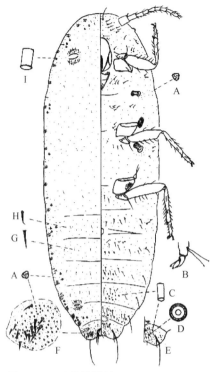

图8-240　毛竹簇粉蚧 *Paraputo bambusus* (Wu, 2001)（仿 Li et al., 2014）

A. 三格腺；B. 后足爪；C. 小管腺；D. 多格腺；E. 腹面臀瓣；F. 尾瓣刺孔群；G. 针状刚毛；H. 背面鞭毛；I. 大管腺

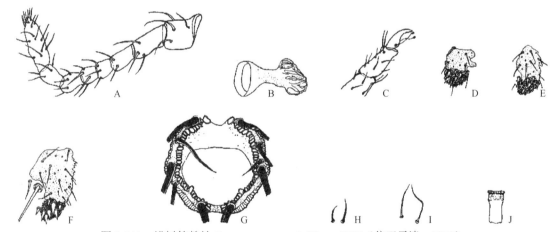

图 8-241　蜡树簇粉蚧 *Paraputo comantis* Wang, 1978（仿王子清，1978）

A. 触角；B. 前气门；C. 前足跗节和爪；D. 倒数第 3 对刺孔群；E. 倒数第 2 对刺孔群；F. 臀板刺孔群；G. 肛环；H. 刺毛；I. 腹毛；J. 管腺

（853）箬竹簇粉蚧 *Paraputo indocalamus* (Wu, 2009)（图 8-242）

Dysmicoccus indocalamus Wu, 2009: 84.

Paraputo indocalamus: Danzig & Gavrilov-Zimin, 2015: 59.

主要特征：触角 8 节。肛环在体末，具有 2 列环孔和 6 根长环毛。尾瓣圆突，尾瓣毛短于肛环毛。刺孔群 16 对，末 2 对位于比肛环大的硬化片上，再前 5 对位于小硬化片上。第 2 对刺孔群具有 4–5 个锥刺和

10 个左右三格腺；第 3 对刺孔群具有 5 根长锥刺和 8 个三格腺；第 5 对刺孔群具有 2 根锥刺和 5 个三格腺；第 6 对刺孔群具有 2 根锥刺和 8 个三格腺；第 7 对刺孔群具有 4 根锥刺和 9 个三格腺；第 8 对刺孔群具有 2 根长刺和 1 个三格腺；第 9 对刺孔群具有 3 根锥刺和 5 个三格腺；第 10 对刺孔群有 2 根锥刺和 3 个三格腺；第 11 对刺孔群具有 3 根锥刺和 9 个三格腺；第 12 对刺孔群具有 4–5 根锥刺和 10 个左右的三格腺；第 13 对刺孔群具有 3 根锥刺和 10 个三格腺（另在硬化片前有 2 根长刺）；第 14 对刺孔群具有 7–8 根锥刺和 15 个左右三格腺；第 15 对刺孔群具有 7–8 根长短不等的锥刺和 20 个左右三格腺；第 16 对刺孔群具有 7–8 根左右（其中 2 根较大）粗细和长短不等的锥刺和 30 个左右的三格腺；第 17 对刺孔群具有 4 根锥刺和 5–6 根附毛及 50 个左右的三格腺；第 18 对刺孔群具有 2 根粗锥刺、8–11 根附毛和 100 个左右的三格腺。有时在刺孔群硬化片附近还有小刺。管腺在第 4–7 腹板上成稀疏列或带。

　　分布：浙江（泰顺）、湖北。

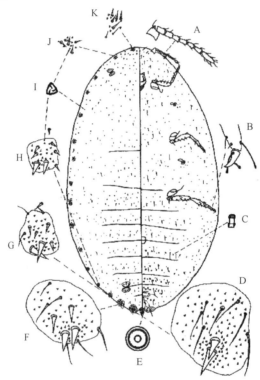

图 8-242　箬竹簇粉蚧 *Paraputo indocalamus* (Wu, 2009)（仿 Li et al.，2014）

A. 触角；B. 后爪；C. 管腺；D. 臀瓣刺孔群；E. 多格腺；F. 倒数腹部第 2 节刺孔群；G. 倒数腹部第 3 节刺孔群；H. 第 15 对刺孔群；I. 三格腺；J. 眼前刺孔群；K. 额刺孔群

432. 绵粉蚧属 *Phenacoccus* Cockerell, 1893

Phenacoccus Cockerell, 1893b: 318. Type species: *Pseudococcus aceris* Signoret, 1875.

　　主要特征：体椭圆形，盖有白色蜡粉，体周有细长蜡丝，产卵时能在体后分泌长形白色卵囊。触角 9 节。眼发达。喙 3 节。足发达，爪下有齿，少数或缺失。腹脐有或无。背孔 2 对，发达。肛环在背末，有成列环孔和 6 根长环毛。尾瓣稍突，其腹面常有硬化条，端毛长于环毛。刺孔群 5–18 对。三格腺分布于体背面和腹面。多格腺位于腹部腹面。管腺 1 种或数种，不同大小，成群或规则排列。

　　分布：世界广布。世界已知 180 种，中国记录 22 种，浙江分布 4 种。

分种检索表

1. 腹脐 1 个 ··· 2

- 腹脐超过 1 个 ··· 3
2. 肛环孔 2 列 ·· 天目绵粉蚧 *P. tianmuensis*
- 肛环孔 5 列 ··· 扶桑绵粉蚧 *P. solenopsis*
3. 腹脐 2–3 个，体腹末端最后 1 对刺孔群有硬化片 ···················· 枫绵粉蚧 *P. aceris*
- 腹脐 5 个，体腹末端最后 1 对刺孔群无硬化片 ···················· 白蜡绵粉蚧 *P. fraxinus*

（854）枫绵粉蚧 *Phenacoccus aceris* (Signoret, 1875)（图 8-243）

Pseudococcu aceris Signoret, 1875b: 329.

Phenacoccus aceris: Cockerell, 1896a: 324.

主要特征：足粗大，爪下有 1 小齿。腹脐 2 个。三格腺散布；多格腺在腹部成横带；五格腺在腹部腹面；管腺大量分布。腹毛在中区长，在体缘为刺状，小。有 2 对背孔。刺孔群 18 对，第 3 个刺孔群、第 4 个刺孔群具 3–4 列 3–4 锥刺，第 18 个刺孔群具 2 锥刺 3 小刺和三格腺 16–20 个，其他刺孔群均具 2 锥刺和 3–8 个三格腺；末对有硬化片，其他对均无硬化片。肛环在腹末端，具 3–4 列环孔和 6 根肛环毛。尾瓣的端毛长。三格腺散布，管腺成横带。背毛刺状。

分布：浙江（临安）、辽宁、山西、山东、河南、甘肃；世界广布。

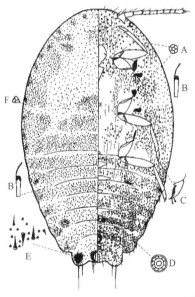

图 8-243　枫绵粉蚧 *Phenacoccus aceris* (Signoret, 1875)（仿武三安等，2017）
A. 五格腺；B. 管腺；C. 跗节；D. 多格腺；E. 臀瓣刺孔群；F. 三格腺

（855）白蜡绵粉蚧 *Phenacoccus fraxinus* Tang, 1977（图 8-244）

Phenacoccus fraxinus Tang, 1977: 36.

主要特征：腹脐 5 个。有 2 对背孔。刺孔群 18 对，无硬化片，每群通常有 2 锥刺和若干个三格腺，头、胸部刺孔群有 1 细刺，第 3 对有 3–4 个锥刺，最末一对刺孔群锥刺较大，有 4–5 根。肛环有成列孔及 6 根刺毛。尾瓣突出，端毛 2 对。管腺在头、胸部背板上成群分布，在腹部背板成横带，第 4–6 腹节亚缘区稀疏盘腺有 3 种：多格腺主要分布于腹部腹面，第 3 腹节后，每节在前后缘形成横带，在阴门后腹板形成横带；五格腺和另外一种多格腺（直径与五格腺相似）在腹部腹板上及头、胸部亚缘区形成宽带。

分布：浙江、山西、四川、西藏。

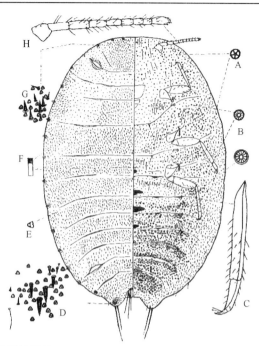

图 8-244 白蜡绵粉蚧 *Phenacoccus fraxinus* Tang, 1977（仿汤祊德，1977）

A. 五格腺；B. 多格腺；C. 后足的末端；D. 臀瓣刺孔群；E. 三格腺；F. 管腺；G. 第 3 对刺孔群；H. 触角

（856）扶桑绵粉蚧 *Phenacoccus solenopsis* Tinsley, 1898（图 8-245）

Phenacoccus solenopsis Tinsley, 1898: 47.

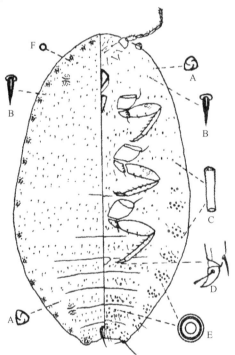

图 8-245 扶桑绵粉蚧 *Phenacoccus solenopsis* Tinsley, 1898（仿武三安和张润志，2009）

A. 三格腺；B. 体刺；C. 管腺；D. 后爪；E. 多格腺；F. 单孔

主要特征： 尾瓣发达，有 1 根端毛。腹脐 1 个。背孔 2 对，有小锥刺和三格腺。肛环有 5 列环孔和 6 根环毛。刺孔群 18 对，每群各有 2 根锥刺和 1 群三格腺，末对刺孔群中锥刺较大，三格腺较多，而其他对刺孔群刺较小，三格腺 6–11 个。单孔少，散布。多格腺仅分布于体腹面，在腹脐后中区，第 4–5 节有，第

6–7 节多。在亚缘区成小群或短横列分布，第 6 腹节每侧 2 个，第 5 腹节每侧 4 个，第 4 腹节每侧 6 个，第 3 腹节每侧 5 个，以上各节成横列分布，第 2 腹节每侧 7 个，后胸每侧 6 个，此 2 节呈小群分布；后气门侧 1 个。管腺数量较多，除头部腹面及第 7、8 腹节中央无分布外，在其他体面成横列，亚缘区成群，但胸部腹面数量较少。

分布：浙江（浦江）、新疆、江苏、上海、安徽、湖北、江西、湖南、福建、台湾、广东、海南、广西、四川、云南；世界广布。

（857）天目绵粉蚧 *Phenacoccus tianmuensis* Wu, 2001（图 8-246）

Phenacoccus tianmuensis Wu, 2001b: 252.

主要特征：触角 9 节。前背孔下唇和后背孔上下唇各有 20 个左右的三格腺和 2–3 个小刺。尾瓣发达，强烈突出，上有端毛 2 根。肛环发达，圆形，位于体末，具有 2 列环孔和 6 根长环毛。刺孔群 18 对：末对刺孔群具 2 根大锥刺、2 根小锥刺和 13–15 个三格腺，第 1 对刺孔群和第 3 对刺孔群具 3 根刺和 4–5 个三格腺，第 11 对刺孔群和第 13 对刺孔群具 1 根刺和 3 个三格腺，其余刺孔群为 2 根刺和 4–7 个三格腺。三格腺分布于体两面，但腹面中区很少。五格腺分布于头、胸部及第 2–5 腹节腹面中央。多格腺分布在第 6–8 腹板后缘，成两行，第 4–5 腹板成 1 行，第 3 腹节腹脐两侧各有 3–4 个。管腺 2 种类型。体背：大管量少，于第 1–7 腹板上各节 1 稀散行，在头、胸部边缘有少数。小管在第 6–8 腹节边缘成群，向前渐小。腹面：小管在第 4–8 腹节边缘成群，中部较少。大管分布在头、胸及腹脐前各节腹板边缘区，数目少，且比背面大管稍细。

分布：浙江（临安）。

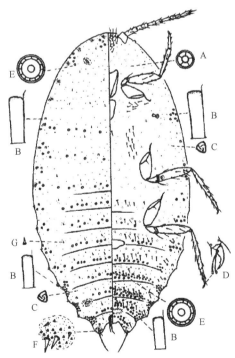

图 8-246　天目绵粉蚧 *Phenacoccus tianmuensis* Wu, 2001（仿武三安，2001b）
A. 五格腺；B. 管腺；C. 三格腺；D. 后爪；E. 多格腺；F. 臀瓣刺孔群；G. 体毛

433. 刺粉蚧属 *Planococcus* Ferris, 1950

Planococcus Ferris, 1950a: 164. Type species: *Dorthesia citri* Risso, 1813.

　　主要特征：体椭圆形。触角9节，少数8节。眼发达。足细长，爪下有齿。腹脐位于第3、4腹板间，少数种无，个别种有2个。背孔2对，个别缺或仅后对。肛环有成列环孔和6根长环毛。尾瓣略显或突出，其腹面无硬化条，端毛长于环毛。刺孔群15–18对，每群有2根刺和少数三格腺。三格腺分布于背、腹面。五格腺在腹面。多格腺分布于背、腹面或仅腹面。管腺可能组成群或排成规则列。体背有粗刺和小刺，组成纵列的背刺孔群。

　　分布：世界广布。世界已知48种，中国记录9种，浙江分布3种。

分种检索表

1. 肛环毛8根 ·· 紫藤刺粉蚧 *P. kraunhiae*
- 肛环毛6根 ·· 2
2. 管腺仅1种类型 ·· 梅山刺粉蚧 *P. mumensis*
- 管腺有3种类型 ··· 柑橘刺粉蚧 *P. citri*

（858）柑橘刺粉蚧 *Planococcus citri* (Risso, 1813)（图 8-247）

Dorthesia citri Risso, 1813: 416.

Planococcus citri: Ferris, 1950a: 165.

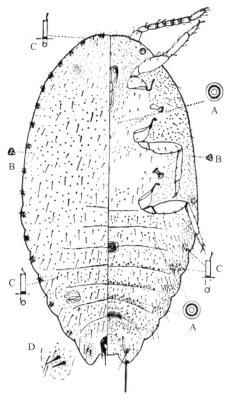

图 8-247　柑橘刺粉蚧 *Planococcus citri* Risso, 1813（仿王子清，1980）
A. 多格腺；B. 三格腺；C. 管腺；D. 臀瓣刺孔群

　　主要特征：触角8节。足粗大，后足基节和胫节有若干个透明孔。背孔2对，每瓣上有若干毛和三格腺。肛环有2列环孔和6根长环毛。尾瓣突出，其腹面有明显硬化棒，端毛比环毛粗长。刺孔群18对，末对有2根锥刺，3–4根附毛，约20个三格腺；其余对不硬化，无附毛，只有小群三格腺和2根锥刺（头部偶有3根锥刺），这些锥刺都比末对者小。多格腺只分布于体腹面，大多在腹脐后。管腺分大中小3类：小者在第3–8腹节腹面中区成横列；中者在大部体缘腹面成群，少数散布于腹部腹面中央；大者在体背缘和胸背中。

分布： 浙江、辽宁、内蒙古、河北、山西、山东、河南、宁夏、江苏、安徽、湖北、江西、湖南、福建、台湾、广东、海南、香港、广西、四川、贵州、云南；世界广布。

（859）紫藤刺粉蚧 *Planococcus kraunhiae* (Kuwana, 1902)（图 8-248）

Dactylopuis kraunhiae Kuwana, 1902: 55.

Planococcus kraunhiae: Ferris, 1950a: 168.

主要特征： 触角 8 节。腹脐 1 个。背孔 2 对，内缘硬化，每瓣有 1–4 根刚毛，孔 11–20 个。肛环在腹末端，有成列环孔和 8 根长环毛。尾瓣突出，腹面有硬化棒，端毛长于环毛，刺孔群 18 对，各有 2 根锥刺及略显硬化片，末对有 18 个三格腺和 4 根附毛，其他对无附毛，但有 5–10 个三格腺。三格腺分布于体两面。多格腺分布如下：胸部前足基后 2–6 个，在腹部第 4–7 腹板后缘，其他零散分布。管腺分 2 类：大的在体背面，在腹部第 5–7 节刺孔群旁成群，其他腹节刺孔群旁 1–2 个，其他零星分布，头部缺失。

分布： 浙江（临安）、台湾、云南；韩国，日本，菲律宾，美国，马德拉群岛。

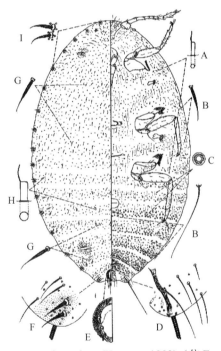

图 8-248　紫藤刺粉蚧 *Planococcus kraunhiae* (Kuwana, 1902)（仿 Ezzat and McConnell，1956）
A. 小管腺；B. 腹毛；C. 多格腺；D. 尾瓣；E. 肛环；F. 尾瓣刺孔群；G. 背毛；H. 大管腺；I. 头部刺孔群

（860）梅山刺粉蚧 *Planococcus mumensis* Tang, 1977（图 8-249）

Planococcus mumensis Tang, 1977: 34.

主要特征： 触角 8 节。腹脐 1 个，椭圆形。前、后背孔发达。刺孔群 18 对，各刺孔群均有 2 锥刺，但末对有 3 个较大锥刺，各锥刺顶端长，呈鞭毛状；刺孔群中有 1 群三格腺，其周围有 1 丛细长刚毛，尤以后面 9 对显著。体背面有各种形状小刺。体毛主要分布于腹面；腹部刺孔群附近更密集成丛。管腺 1 种，在第 5 腹节以后各体节腹板亚缘区成群，中区不连续横列。肛环有 2 列孔及 6 根肛环毛。尾瓣发达，在肛环两侧突出，尾瓣腹面有 1 条硬化棒，其上有 3 根刚毛。

分布：浙江（黄岩）。

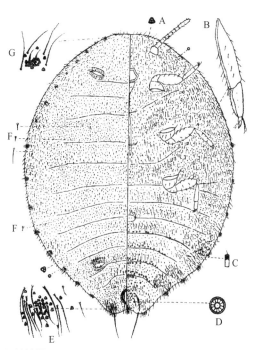

图 8-249　梅山刺粉蚧 *Planococcus mumensis* Tang, 1977（仿汤祊德，1977）

A. 三格腺；B. 中足末端；C. 管腺；D. 多格腺；E. 臀瓣刺孔群；F. 腹毛；G. 头部刺孔群

434. 粉蚧属 *Pseudococcus* Westwood, 1840

Pseudococcus Westwood, 1840: 447. Type species: *Dactylopius longispinus* Targioni-Tozzetti, 1867.

　　主要特征：体长椭圆形至圆形。触角 8 节。腹脐存在或缺失。足粗大，爪下无齿，后足基节、股节、胫节常有小透明孔。背孔 2 对，发达，每瓣上有少数毛和三格腺。肛环在背末，有 2 列环孔和 6 根长环毛。尾瓣略显，其腹面有或无硬化片，端毛一般长于环毛。刺孔群一般 17 对，每对刺孔群有锥刺 2 根（头胸部或 3–4 根）、少数附毛和 1 群三格腺，末对或有时末前对或有硬化片。三格腺分布于背、腹面。多格腺主要分布在腹部腹面。蕈腺在体背常排成缘列、亚缘列或亚中列和中列。管腺小。

　　分布：世界广布。世界已知 155 种，中国记录 13 种，浙江分布 4 种。

分种检索表

1. 多格腺只在阴门附近分布 ·· 长尾粉蚧 *P. longispinus*
- 多格腺不只在阴门附近分布 ··· 2
2. 体背面的蕈腺数不超过 6 个 ··· 柑橘棘粉蚧 *P. cryptus*
- 体背面的蕈腺数超过 20 个 ··· 3
3. 第 1 对刺孔群后有蕈腺 ··· 康氏粉蚧 *P. comstocki*
- 第 1 对刺孔群后无蕈腺 ··· 柑橘栖粉蚧 *P. calceolariae*

（861）柑橘栖粉蚧 *Pseudococcus calceolariae* (Maskell, 1879)（图 8-250）

Dactylopius calceolariae Maskell, 1879: 218.

Pseudococcus calceolariae: Fernald, 1903: 98.

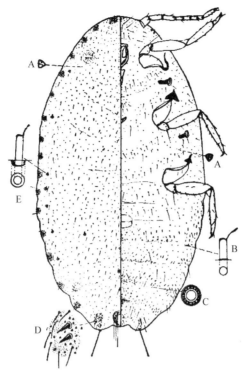

图 8-250　柑橘栖粉蚧 *Pseudococcus calceolariae* (Maskell, 1879)（仿王子清，1980）
A. 三格腺；B. 管腺；C. 多格腺；D. 臀瓣刺孔群；E. 蕈腺

主要特征：后足股、胫节有一些透明孔。肛环有成列环孔及 6 根长环毛。尾瓣略突，腹面有硬化片，端毛长于环毛。刺孔群 17 对；末对各有 2 根大锥刺、许多细附毛及 1 群三格腺，位于 1 块椭圆形大硬化片（大于肛环）上；末对各有 2 根较小锥刺、许多细附毛及少数三格腺，在 1 块小圆形（比肛环小）硬化片上；其他刺孔群各有 2 根小锥刺（头部者或 3–4 刺）、1 群附毛和小群三格腺，但均无硬化片。单孔分布于背、腹面。多格腺在腹部腹面，第 4 腹节以后各节后缘成横列，少数在前胸和头区。蕈腺从第 5 腹节向前至前胸，除第 1 对刺孔群外，每个刺孔群内侧都各有 1 个，腹部背中（第 5–7 节）1 纵列，偶在胸区和腹部有零星在亚中区，但头部无。管腺分大小 2 种，小者在第 3–7 腹节腹板上成横列，大者在腹节腹面侧缘成群，少数散布于胸部中区。

分布：浙江、河北、湖北、江西、湖南、福建、台湾、广东、广西、四川、贵州、云南、西藏；世界广布。

（862）康氏粉蚧 *Pseudococcus comstocki* (Kuwana, 1902)（图 8-251）

Dactylopius comstocki Kuwana, 1902: 52.

Pseudococcus comstocki: Fernald, 1903: 100.

主要特征：足细长，后足基节、股节和胫节上有许多透明孔。尾瓣宽突，腹面具有明显硬化片，有 1 根端毛。肛环发达，位于背末，具有 2 列环孔和 6 根环毛。背孔发达，孔缘上有很多三格腺和细毛。刺孔群 17 对，末对具有 2 根粗锥刺、7–10 根附毛及一群密集的三格腺，位于与肛环几同大的硬化片上；其他刺孔群刺较小，除头部第 1 对、第 3 对和第 4 对具有 3–5 根刺外，均有 2 根锥刺、3–5 根附毛及一小群三格腺。多格腺在头胸部腹面稀少，在口器附近或足基成小群分布，于腹部第 3、4 节后缘成横列，第 5、6 节前、后缘成横列或带，第 7、8 腹板上成横带；体背绝无。蕈腺，在体背每个刺孔群内侧都各有 1 个，包括第 1 对刺孔群，另外还有 2 亚中纵列，腹背还有亚缘纵列，体背面蕈腺超过 20 个；胸腹腹面也有分布。体毛短细，远小于体节长度。

分布：浙江、内蒙古、北京、河北、山西、山东、湖北、江西、湖南、福建、台湾、广东、广西、四川、云南；世界广布。

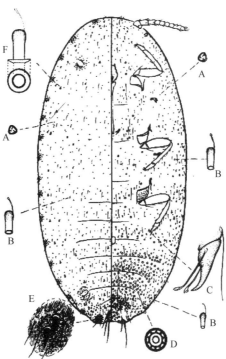

图 8-251　康氏粉蚧 *Pseudococcus comstocki* (Kuwana, 1902)（仿汤祊德，1992）

A. 三格腺；B. 管腺；C. 后爪；D. 多格腺；E. 臀瓣刺孔群；F. 蕈腺

（863）柑橘棘粉蚧 *Pseudococcus cryptus* Hempel, 1918（图 8-252）

Pseudococcus cryptus Hempel, 1918: 199.

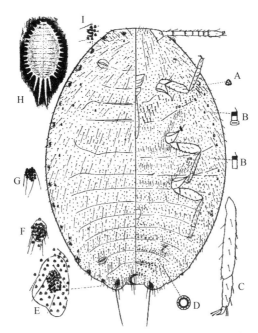

图 8-252　柑橘棘粉蚧 *Pseudococcus cryptus* Hempel, 1918（仿汤祊德，1977）

A. 三格腺；B. 管腺；C. 胫节和跗节；D. 多格腺；E. 臀瓣刺孔群；F. 倒数第 2 腹节刺孔群；G. 倒数第 3 腹节刺孔群；H. 雌成虫；I. 头部刺孔群

主要特征：足细长，后足基节、股节和胫节有许多透明小孔。尾瓣突出，腹面有长椭圆形硬化片，端毛长于环毛。肛环有 2 列环孔和 6 根长环毛。刺孔群 17 对，末对各有 2 根粗锥刺、数根附毛和 1 群三格腺，位于一块长椭圆形硬化片上，其他刺孔群除头部者有 3 或 4 根锥刺外，均为两根较小锥刺，有 3 或 4 根附毛及 1 群三格腺。多格腺分布在第 3–8 腹节上和前气门附近。蕈腺有 2 种，体背分布大型，少，在胸腹每节至多 6 个；体腹面分布小型，7–8 个。管腺也分大小两类。无单孔。体毛甚长，特别是背毛，其比体节长度更长。

分布：浙江、辽宁、河北、山东、陕西、江苏、湖北、江西、湖南、福建、台湾、广东、澳门、广西、四川、贵州、云南；世界广布。

（864）长尾粉蚧 *Pseudococcus longispinus* (Targioni-Tozzetti, 1867)（图 8-253）

Dactylopius longispinus Targioni-Tozzetti, 1867: 75.

Pseudococcus longispinus: Cockerell, 1902b: 252.

主要特征：足发达，后足胫节端有许多透明孔。肛环有成列环孔和 6 根长环毛。尾瓣发达，其腹面有三角形硬化片，端毛长于环毛。刺孔群 17 对，末对有 2 根大锥刺，3–4 根附毛，刺基具 1 群密集三格腺，位于 1 块椭圆形的硬化片上；末前对亦有 2 根大锥刺、许多附毛、一群密集三格腺，亦位于 1 块圆形的硬化片上；其他刺孔群各 2 根小锥刺、一些附毛和一群三格腺，但均无硬化片。三格腺和单孔分布于体两面。多格腺只在腹部腹面阴门附近。蕈腺在背面刺孔群内侧有大小 2 种。管腺也分大小 2 种，主要分布在腹面阴门附近及其节缘，另在头背亦有少数。

分布：浙江、山西、福建、广东；世界广布。

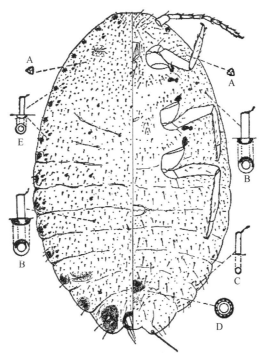

图 8-253　长尾粉蚧 *Pseudococcus longispinus* (Targioni-Tozzetti, 1867)（仿王子清，1982b）
A. 三格腺；B. 大蕈腺；C. 管腺；D. 多孔腺；E. 小蕈腺

435. 垒粉蚧属 *Rastrococcus* Ferris, 1954

Rastrococcus Ferris, 1954: 55. Type species: *Phenacoccus iceryoides* Green, 1908.

主要特征：体椭圆形，体被白蜡粉，四周有长蜡突 15–17 对。触角 9 节。足细长，爪下有齿或否。腹脐存在或缺失。肛环有成列环孔和 6 根长环毛。尾瓣不太显，端毛 1 根或 2 根。刺孔群 15–17 对，位于 1 块近圆形硬化片内，其中有 5–32 根长锥状刺，但其端截平，故称钝锥状刺，除此，还有许多三格腺。三格腺一般在体缘者大，其他体面者小。五格腺也常有大小之别，一般分布于腹面，有的还延伸分布至背面。多格腺一般仅在腹部腹面，有的种缺失。管腺可分大小 2 种，均细长，大者在背面，小者在腹面，一般仅小者。小刺在体背，刺常在边刺孔群间。

分布：世界广布。世界已知 31 种，中国记录 6 种，浙江分布 1 种。

（865）多刺垒粉蚧 *Rastrococcus spinosus* (Robinson, 1918)（图 8-254）

Phenacoccus spinosus Robinson, 1918: 145.

Rastrococcus spinosus: Ferris, 1954: 55.

主要特征：触角 9 节。眼发达。足细长，爪下有齿。腹脐菱形，位于第 3、4 腹板间。背孔 2 对。肛环离背末约半环径，或有列环孔和 6 根长环毛。尾瓣宽突，长端毛 1 根。刺孔群 17 对，每对刺孔群有 16–20 根钝锥刺和许多三格腺，位于硬化片上。三格腺在背面，数量少。五格腺在腹面。多格腺在第 5–8 腹板上成宽横带。管腺细长，数少，在第 5–8 腹板上散布。小刺在体背，毛在腹面。

分布：浙江、福建、台湾、广东、四川、云南；巴基斯坦，印度，孟加拉国，越南，老挝，泰国，柬埔寨，斯里兰卡，菲律宾，马来西亚，新加坡，文莱，印度尼西亚。

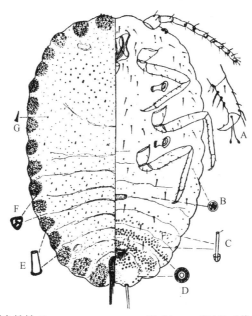

图 8-254　多刺垒粉蚧 *Rastrococcus spinosus* (Robinson, 1918)（仿王子清，1980）
A. 爪；B. 五格腺；C. 管腺；D. 多格腺；E.锥刺；F. 三格腺；G. 体毛

436. 蔗粉蚧属 *Saccharicoccus* Ferris, 1950

Saccharicoccus Ferris, 1950a: 216. Type species: *Dactylopius sacchari* Cockerell, 1895.

主要特征：体长椭圆形，触角 7–8 节。眼呈锥状。足 3 对，后足基节有或无孔群，但基节附近之体壁上有大群小孔腺。腹脐 1 个，哑铃形。背孔 2 对，每孔瓣有 0–2 根毛和 2–3 个三格腺。肛环有 2 列环孔及 6 根长环毛。尾瓣略发达，端毛约与环毛同长。刺孔群仅有末对，各有 2 根锥刺和 4–11 个三格腺。三格腺和多格腺均分布于背、腹面。管腺为领管，同大或分大小两类。

分布：世界广布。世界已知 3 种，中国记录 3 种，浙江分布 2 种。

（866）旧北蔗粉蚧 *Saccharicoccus isfarensis* (Borchsenius, 1949)（图 8-255）

Pseudococcus isfarensis Borchsenius, 1949: 152.

Saccharicoccus isfarensis: Danzig & Gavrilov-Zimin, 2015: 92.

主要特征：触角 7 节。每个胸气门有 7–8 个三格腺。腹脐 2–3 个。尾瓣腹面有 4 根毛。多格腺沿体缘成宽带，在头胸部背面成 4 横带，腹部背板每节为 1 横带，数目向体后趋多；个别分布在头胸部腹面，在第 2 腹板上为中部间断的横带，第 3、4 腹节上为中部间断的横带，第 5–7 腹板每节 2 横带，第 8 腹板上为宽横带。管腺沿体缘和多格腺带混合分布，在第 5–7 腹节背板上每节 3 群，第 5 腹板成横列，在第 6、7 腹板每节 2 横列。刺孔群在体末，1–2 对；腹末前对有 1 根锥刺，末对有 2 根锥刺、6–7 个三格腺和 3–5 根长毛，位于小椭圆形硬化片上。

分布：浙江（杭州、宁波、舟山）、吉林、内蒙古、山西、河南、陕西、宁夏；俄罗斯，韩国，塔吉克斯坦，格鲁吉亚，波兰，保加利亚，瑞士，英国。

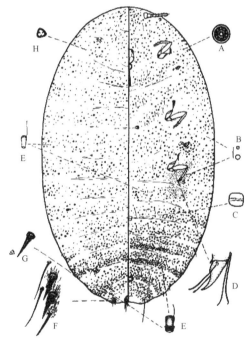

图 8-255　旧北蔗粉蚧 *Saccharicoccus isfarensis* (Borchsenius, 1949)（仿汤祊德，1992）
A. 多格腺；B. 透明孔；C. 腹脐；D. 后爪；E. 管腺；F. 臀瓣刺孔群；G. 倒数第 2 腹节对刺孔群；H. 三格腺

（867）热带蔗粉蚧 *Saccharicoccus sacchari* (Cockerell, 1895)（图 8-256）

Dactylopius sacchari Cockerell, 1895: 195.

Saccharicoccus sacchari: Ferris, 1950a: 217.

主要特征：触角 7–8 节。前后背孔发达，孔缘有 0–2 根毛和少数三格腺。肛环在背末，有 2 列环孔及 6 根长环毛。尾瓣略显，端毛长于环毛。刺孔群仅分布于末对，各有 2 根锥刺和 4–6 个三格腺。三格腺和多格腺分布于背、腹面，在腹部的每节背板或腹板前、后缘成横列，管腺细长，小于三格腺，在第 4–7 腹板上成横列，零星分布在头、胸部腹面边缘。体毛细长，腹末 4 个腹节每节每侧有 1 根长毛。

分布：浙江、湖北、江西、湖南、福建、台湾、广东、海南、广西、四川、西藏；世界广布。

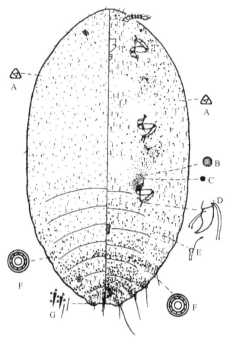

图 8-256　热带蔗粉蚧 *Saccharicoccus sacchari* (Cockerell, 1895)（仿汤祊德，1992）
A. 三格腺；B. 微小孔；C. 透明孔；D. 后爪；E. 管腺；F. 多格腺；G. 尾瓣刺孔群

437. 汤粉蚧属 *Tangicoccus* Kozár *et* Walter, 1985

Longicoccus Tang, 1977: 26. Type species: *Longicoccus elongatus* Tang, 1977.

Tangicoccus Kozár *et* Walter, 1985: 73. Type species: *Longicoccus elongatus* Tang, 1977.

主要特征：体长形，扁平，老熟时体硬化，呈黄褐色。喙 1 节。气门位于腹面边缘的 1 凹坑中，开口处有 1 群三格腺。触角退化成瘤状，仅 2 节。足全缺。腹脐无。前背孔全缺，后背孔存在或不太显。肛筒无，肛门长于第 8 腹节，肛环无环孔、环毛，仅后缘有 2 根短刺。阴门位于第 7、8 腹节间。三格腺和多格腺几同大，前者分布于头胸部背、腹面缘区和腹部全背及腹面缘区，另在口器侧及气门口前成群；多格腺在腹末 4 个体节的腹面。管腺 1 种，柱状，开口处有硬化环，在后气门后呈带状分布，体毛在腹部腹面分布，在阴门后有 2 横列的刺状毛，末腹节两侧后缘各有 3 根刺。无刺孔群。

分布：古北区、东洋区。世界已知 1 种，中国记录 1 种，浙江分布 1 种。

（868）细长汤粉蚧 *Tangicoccus elongatus* (Tang, 1977)（图 8-257）

Longicoccus elongatus Tang, 1977: 26.

Tangicoccus elongatus: Kozár & Walter, 1985: 73.

主要特征：喙 1 节，具 4 对刚毛。气门位于 1 硬化框中，开口处有 1 群三格腺。触角 2 节，基节环状，端节长柱状，顶端有 6–7 根刚毛。体背无刺孔群。肛环极退化，无孔及环毛，仅环后有 2 根细刺。阴门后有刚毛呈横带状，带宽 2–3 根毛。三格腺和多格腺同大，前者除腹部背面全面分布外，其余均集中在体缘，另在口器左右侧及气门口成群。管腺如柱，近开口处有 1 圈硬化环在后气门后至第 7 腹节形成宽亚缘带。体毛散布于腹部腹面，末节左右侧后侧角各有 3 根，呈刺状。

分布：浙江（德清、临安、泰顺）、山西、江苏、上海、安徽、江西、福建。

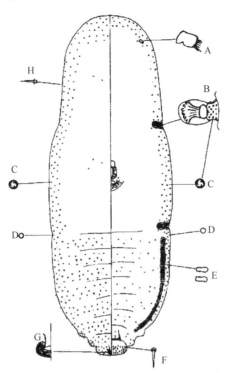

图 8-257　细长汤粉蚧 *Tangicoccus elongatus* (Tang, 1977)（仿武三安等，2017）
A. 触角；B. 前气门；C. 三格腺；D. 单孔；E. 管腺；F. 体毛；G. 肛环；H. 背毛

438. 条粉蚧属 *Trionymus* Berg, 1899

Trionymus Berg, 1899: 78. Type species: *Westwoodia perrisii* Signoret, 1875.

主要特征：长椭圆形。触角 6–8 节，少数有 9 节。眼存在。足发达，后基有一些透明孔。腹脐 0–1 个，在第 3、4 腹节腹板之间。背孔存在。体缘刺孔群 1–7 对。管腺存在。无蕈腺。三格腺腺背、腹面均匀分布，多格腺或仅在腹部腹面，或全腹面，或背、腹面均有。肛环有成列环孔及 6 根环毛。尾瓣稍明显，有 1 根长端毛，有的种类其腹面有硬化棒。

分布：世界广布。世界已知 123 种，中国记录 21 种，浙江分布 3 种。

分种检索表

1. 刺孔群有 2–3 对 ··· 古北条粉蚧 ***T. perrisii***
- 刺孔群仅 1 对 ·· 2
2. 尾瓣有短毛 ·· 苏联条粉蚧 ***T. hamberdi***
- 尾瓣无短毛 ··· 浙江条粉蚧 ***T. zhejiangensis***

（869）苏联条粉蚧 *Trionymus hamberdi* (Borchsenius, 1949)（图 8-258）

Pseudococcus hamberdi Borchsenius, 1949: 154.

Trionymus hamberdi: Ter-Grigorian, 1966: 85.

主要特征：触角 8 节。腹脐 1 个。尾瓣小，其腹面有 1 根长端毛和 3 根短毛。多格腺在体缘成群并形成带状。三格腺在体背、腹面均多。管腺分布于体缘的多格腺群之中，个别在头胸部背面，在第 1–4 腹节背板上成横列，在其他腹部背板上成狭横带；在体腹面有 2 种大小管，大者和体背相同，小者在第 4–8 腹板上成横列，并在体两侧成群。刺孔群只分布于末对，每群各有 2 根锥刺和 3–6 根附毛及 13–16 个三格腺，位于小硬化片之中。体毛细短且稀疏。

图 8-258　苏联条粉蚧 *Trionymus hamberdi* (Borchsenius, 1949)（仿 Li and Wu，2014）

A. 触角；B. 三格腺；C. 后气门；D. 后足；E. 爪；F. 小管腺；G. 大管腺；H. 多格腺；I. 臀瓣刺孔群；J. 背面鞭毛；K. 腹面鞭毛

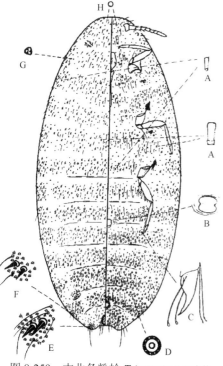

图 8-259　古北条粉蚧 *Trionymus perrisii*
(Signoret, 1875)（仿汤祊德，1992）

A. 管腺；B. 腹脐；C. 后爪；D. 多格腺；E. 臀瓣刺孔群；F. 倒数第 2 腹节刺孔群；G. 三格腺；H. 单孔

分布： 浙江（西湖、临安）、湖北；俄罗斯，哈萨克斯坦，亚美尼亚，匈牙利，波兰，意大利，英国。

（870）古北条粉蚧 *Trionymus perrisii* (Signoret, 1875)（图 8-259）

Westwoodia perrisii Signoret, 1875b: 337.

Trionymus perrisii: Berg, 1899: 78.

主要特征： 触角 8 节。足细长，后足基节宽而有许多透明孔。腹脐小而椭圆形。肛环近圆形，有成列环孔及 6 根长环毛。尾瓣腹面有 1 根长端毛和 2 根短毛。多格腺在第 4–8 腹节背板上成横列，在头胸部腹面体缘成群，特别是在触角基附近及第 2、3 腹板上。蕈腺无。管腺细长，分粗、细 2 种，分布于体背、腹面。刺孔群为末 2–3 对，末对在硬化片上，每群均有 2 根锥刺、数根附毛和若干三格腺。体毛细短而多。

分布： 浙江（临安）、内蒙古；世界广布。

（871）浙江条粉蚧 *Trionymus zhejiangensis* (Li *et* Wu, 2014)（图 8-260）

Balanococcus zhejiangensis Li *et* Wu, 2014: 270–272.

Trionymus zhejiangensis: Danzig & Gavrilov-Zimin, 2015: 196.

　　主要特征：触角 7 节，端节最长，有 2 根粗毛。腹脐小而圆节。背孔的孔缘有 3–4 个三格腺。刺孔群只末对，每群有 2 根锥刺和 2–3 个三孔腺。多格腺存在，均匀分布于第 5–7 腹节的亚缘。三格腺均匀分布于体背腹面。管腺有 1 种类型，分布于体背面第 5–7 腹节的亚缘。第 5–7 腹节腹面的边缘各有 1 根长鞭毛。多格腺从前胸分布至腹末，成边缘带，在腹部第 5–7 腹节的后缘成横带，有少量位于后足基节。体腹面管腺有 2 种类型，大型在体缘成纵向带；小型在腹部第 4–7 腹节成狭窄的横带。尾瓣腹面有 1 根长端毛。

　　分布：浙江（临安）。

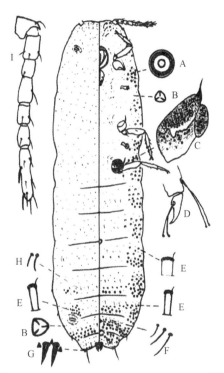

图 8-260　浙江条粉蚧 *Trionymus zhejiangensis* (Li *et* Wu, 2014)（仿 Li and Wu，2014）
A. 多格腺；B. 三格腺；C. 后足基节；D. 后足爪；E. 管腺；F. 腹面鞭毛；G. 臀瓣刺孔群；H. 背面鞭毛；I. 触角

三十八、根蚧科 Rhizoecidae

　　主要特征：地下生活。体长椭圆，白色，被蜡粉。管腺小而短。体被短刚毛。触角有 2–6 节。触角端节与端前节具镰刀状或针状感觉毛，感觉孔位于第 2 节上。背孔存在或缺失。肛环发达，肛环孔长条形，数量及形状多变；肛环毛多 6 根。臀瓣毛 2–8 根。胸气门小，无伴生孔。足发达，多短粗，基节中等发达，转节与股节、胫节与跗节分化完好，胫节多与跗节等长；爪长，无齿，爪冠毛 2 根，顶端尖细。内生殖器形状、大小、硬化程度多变。腹脐 0–5 个，多钝锥形，位于腹板内或 2 节腹板间。

　　分布：世界广布。世界已知 16 属 218 种，中国记录 3 属 11 种，浙江分布 2 属 3 种。

439. 荒根蚧属 *Geococcus* Green, 1902

Geococcus Green, 1902: 262. Type species: *Geococcus radicum* Green, 1962.

主要特征：体呈椭圆形。臀瓣发达，极度硬化，圆锥状向后突出，臀瓣基部有 1 对端部向上弯曲的硬化刺。触角有 6 节。体缘毛一般较长。多格腺主要为 6–8 格。三格腺排列稀疏。三叉管常在腹部背腹面横排排列，少量位于体末端。肛环有 6 根刺状肛环毛。腹脐常 3 个。背孔存在，背孔唇瓣或轻微硬化或极度硬化，唇瓣伴生少量三格腺、多格腺及刚毛。额板明显。

分布：世界广布。世界已知 14 种，中国记录 3 种，浙江分布 1 种。

（872）橘荒根蚧 *Geococcus citrinus* Kuwana, 1923（图 8-261）

Geococcus citrinus Kuwana, 1923a: 51.

主要特征：触角端节具 1 根镰刀状感觉毛。臀瓣锥状，极度硬化，每臀瓣末端具 1 根与臀瓣等长的粗壮刺状刚毛。背孔发达，未硬化，每唇瓣具 1–3 个多格腺。肛环毛粗壮，端钝。三叉管短，各节均有少量三叉管散布。背刚毛短。背部仅少量三格腺散布。背面臀瓣间具有 1 对粗刺状刚毛。体腹面：上唇 2 节，长 80–90 μm。额板可见。部分腹节具有少量三叉管，有 2 种类型。多格腺 6 格，分布于全身。腹面散布少量小刚毛。腹脐发达，2 个。管腺无。三格腺在腹面稀疏分布。

分布：浙江（泰顺）、福建、云南；日本。

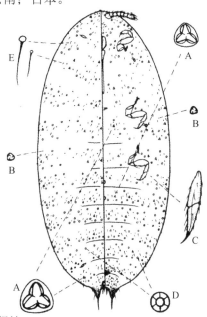

图 8-261　橘荒根蚧 *Geococcus citrinus* Kuwana, 1923（仿汤祊德，1992）
A. 三叉管；B. 三格腺；C. 后足的末端；D. 多格腺；E. 背毛

440. 土根蚧属 *Ripersiella* Tinsley, 1899

Ripersiella Tinsley *in* Cockerell, 1899b: 278. Type species: *Ripersia rumicis* Maskell, 1892.

主要特征：体较小，细长至圆形，膜质。臀瓣退化或中度发达，顶端常伴生 3 根长刚毛。触角短，基部靠近，膝状，5–6 节。眼存在或消失。体毛短，全身分布。三格腺存在。管腺和多格腺存在或缺失。双叉管存在。背孔均存在。肛环发达，肛环毛 6 根；肛环孔通常骨状，大小不一。下唇一般长大于宽。足发达。腹脐有 1–6 个。头腹面常有 1 个硬化的额板，额板边缘伴生若干根刚毛。

分布：世界广布。世界已知 75 种，中国记录 6 种，浙江分布 2 种。

（873）芦荟土根蚧 *Ripersiella aloes* (Williams *et* Pellizzari, 1997)（图 8-262）

Rhizoecus aloes Williams *et* Pellizzari, 1997: 158.

Ripersiella aloes: Kozár & Konczné Benedicty, 2003: 235.

　　主要特征：体末端具 1 根腹刚毛和 2 根背刚毛，基部伴生少量三格腺。触角 6 节。额板三角形，稍硬化。体背面：背孔存在，每唇瓣具有 2–4 根刚毛和三格腺若干。肛环的外圈具长条形环孔，内圈具 2–3 列三角形环孔。三格腺均匀分布。双叉管分布于体缘、体节中线及体节的近中部区域。领状管少量，在腹部各节呈单排分布。体腹面：腹脐在第 3 腹节近后缘处。多格腺分布于第 6 腹节中央，第 7 腹节横带状排列至体侧缘，少量位于两臀瓣间。领管腺小，主要位于腹节中央单排分布，另有 1–2 个位于气门附近。双叉管沿体缘分布。

　　分布：浙江（临安）、云南；英国。

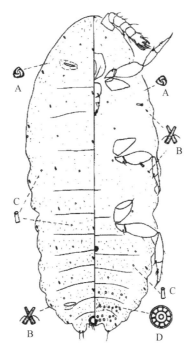

图 8-262　芦荟土根蚧 *Ripersiella aloes* (Williams *et* Pellizzari, 1997)（仿武三安等，2017）
A. 三格腺；B. 双叉管；C. 管腺；D. 多格腺

（874）柑橘土根蚧 *Ripersiella kondonis* (Kuwana, 1923)（图 8-263）

Rhizoecus kondonis Kuwana, 1923a: 55.

Ripersiella kondonis: Matile-Ferrero, 1976: 303.

　　主要特征：触角 5 节，端节有 4 根镰刀状感觉毛和 1 根指状感觉毛。臀瓣具 8–10 根臀瓣毛。额板三角形。背孔强硬化。三格腺分布于各体节。多格腺无或偶见于第 8 腹节。双叉管数目有 20–23 个。肛环小。体腹面：下唇 2 节。口针延长至中足。头胸部体毛与三格腺交互分布，二者集结成花纹。足粗壮，爪冠毛顶端尖细，短于爪，末端尖锐；足上具少量毛状刚毛和刺状刚毛。第 3、4 节腹面各有 1 腹脐。多格腺分布于第 7–9 腹节。双叉管位于第 5–9 腹节。大部分腹节都有管腺分布。

　　分布：浙江（衢州、泰顺）、福建；日本，美国，危地马拉。

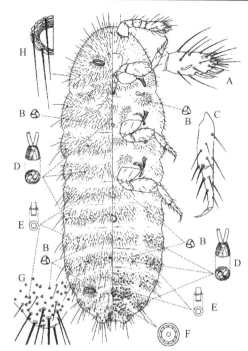

图 8-263　柑橘土根蚧 *Ripersiella kondonis* (Kuwana, 1923)（仿 Kawai and Takagi，1971）
A. 触角；B. 三格腺；C. 后足的末端；D. 双叉管；E. 管腺；F. 多格腺；G. 臀瓣；H. 肛环

三十九、宾蚧科 Xenococcidae Tang, 1992

主要特征：地下生活。体头胸部膨大，腹部细长如锥。整体密被细毛。眼无。触角有 2-5 节，基节相互远距。触角间无额板。无背孔。肛环无环孔，环毛无或 2-8 根。决无双叉管、三叉管、三叉孔，管腺，多格腺。尾瓣无或甚发达。腹脐存在或无。

分布：世界广布。世界已知 3 属 34 种，中国记录 2 属 2 种，浙江分布 1 属 1 种。

441. 球胸宾蚧属 *Eumyrmococcus* Silvestri, 1926

Eumyrmococcus Silvestri, 1926: 271. Type species: *Eumyrmococcus smithii* Silvestri, 1926.

主要特征：体具有膨大的头和胸部，腹部逐渐变细，呈锥形，侧面观时向上弯曲；触角 2-4 节，很短，不超过体长；虫体背腹面有密集的短刚毛。尾瓣不发达，尾瓣毛 3 根，等长。肛环无环孔，但有 7-8 根长度不一的毛。无眼、背孔、腹脐。下唇细长，2 节。足发达，粗短，基节大。爪细长，爪冠毛细尖，短于爪。

分布：古北区、东洋区、澳洲区、热带区。世界已知 20 种，中国记录 1 种，浙江分布 1 种。

（875）史氏球胸宾蚧 *Eumyrmococcus smithii* Silvestri, 1926（图 8-264）

Eumyrmococcus smithii Silvestri, 1926: 273.

特征：尾瓣不发达，尾瓣毛 3 根，粗壮。触角 2 节，基节短，第 2 节长，端节有许多长毛。无眼。体背面：肛环硬化位于体背，无环孔，肛环毛 6 根，前 2 对较细短，后 1 对粗壮，与尾瓣毛等长。无背孔。

体毛短且多，少量粗壮且长，除节间外，分布于整个背面。体腹面：下唇 2 节。足发达，粗短，后足基节极度延伸，胫节与跗节等长。爪细，爪冠毛顶端尖细，短于爪。腹脐无。

分布：浙江（长兴）、上海、台湾、香港、澳门；日本。

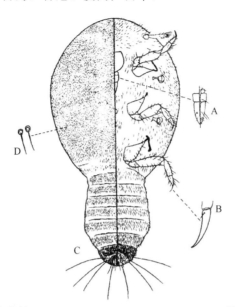

图 8-264　史氏球胸宾蚧 *Eumyrmococcus smithii* Silvestri, 1926（仿 Williams，1978）

A. 下唇；B. 后爪；C. 雌成虫；D. 体毛

参 考 文 献

蔡平. 1994a. 耳叶蝉科-新属二新种. 昆虫学报, 37(2): 205-208. [Cai P. 1994a. A new genus and two new species of Ledridae from China (Homoptera: Cicadelloidea). Acta Entomologica Sinica, 37(2): 205-208.]

蔡平. 1994b. 中国点翅叶蝉属一新种 (同翅目: 叶蝉总科: 耳叶蝉科). 安徽农业大学学报, 21(1): 78-80. [Cai P. 1994b. A new species of the genus *Confucius* (Homoptera: Cicadelloidea: Ledridae). Journal of Anhui Agricultural University, 21(1): 78-80.]

蔡平, 崔士英, 葛钟麟. 1995. 为害枣树一菱纹叶蝉新种. 昆虫学报, 38(2): 217-219. [Cai P, Cui S-Y, Kuoh C-L. 1995. A new species of *Hishimonus* injurious to *Zizyphus jujuba* (Homoptera: Cicadelloidea: Euscelidae). Acta Entomologica Sinica, 38(2): 217-219.]

蔡平, 葛钟麟. 1993. 雅小叶蝉属四新种 (同翅目: 叶蝉总科: 小叶蝉科). 安徽农业大学学报, 20(3): 222-227. [Cai P, Kuoh C-L. 1993. Four new species of *Eurhadina* Haupt from China (Homoptera: Cicadelloidea: Typhlocybidae). Journal of Anhui Agricultural University, 20(3): 222-227.]

蔡平, 葛钟麟. 1996. 中国隐脉叶蝉亚科三新种 (同翅目: 叶蝉总科).昆虫学报, 39(2): 186-190. [Cai P, Kuoh C-L . 1996. Three new species of Nirvaninae from China (Homoptera: Cicadelloidea). Acta Entomologica Sinica, 39(2): 186-190.]

蔡平, 何俊华. 1995. 同翅目: 铲头叶蝉科 横脊叶蝉科 狭叶蝉科 隐脉叶蝉科 小叶蝉科. 见: 吴鸿. 华东百山祖昆虫. 北京: 中国林业出版社, 95-100. [Cai P, He J-H. 1995. Homoptera: Hecalidae, Evacanthidae, Euscelidae, Nirvanidae and Typhlocybidae. In: Wu H. Insects of Baishanzu Mountain, Eastern China. Beijing: China Forestry Publishing House, 95-100.]

蔡平, 何俊华. 1998. 伏牛山区叶蝉亚科五新种(同翅目: 叶蝉科). 见: 申效成, 时振亚. 河南昆虫分类区系研究 第二卷 伏牛山区昆虫 (一). 北京: 中国农业科技出版社, 20-26. [Cai P, He J-H. 1998. Five new species of subfamily Iassinae from Mt. Funiu in Henan (Homoptera: Cicadellidae). In: Shen X-C, Shi Z-Y. The Fauna and Taxonomy of Insects in Henan. Vol.2. Insects of the Funiu Mountains Region (1). Beijing: China Agricultural Science and Technology Press, 20-26.]

蔡平, 何俊华, 顾晓玲. 2001. 同翅目: 叶蝉科. 见: 吴鸿, 潘承文. 天目山昆虫. 北京: 科学出版社, 185-218. [Cai P, He J-H, Gu X-L. 2001. Homoptera, Cicadellidae. In: Wu H, Pan C-W. Insects of Tianmushan National Nature Reserve. Beijing: Science Press, 185-218.]

蔡平, 何俊华, 朱广平. 1998. 同翅目: 叶蝉科. 见: 吴鸿. 龙王山昆虫. 北京: 中国林业出版社, 64-74. [Cai P, He J-H, Zhu G-P. 1998. Homoptera: Cicadellidae. In: Wu H. Insects of Longwangshan. Beijing: China Forestry Publishing House, 64-74.]

蔡平, 黄邦侃. 1999. 叶蝉总科: 叶蝉科. 见: 黄邦侃. 福建昆虫志 (第二卷). 福州: 福建科学技术出版社, 270-377. [Cai P, Huang B-K. 1999. Cicadelloidea: Cicadellidae. In: Huang B-K. Fauna of Insects in Fujian Province of China. Vol. 2. Fuzhou: Fujian Science & Technology Publishing House, 270-377.]

蔡平, 梁丽娟, 王芳. 1992. 为害柿树的一零叶蝉新种. 安徽农学院学报, 19(4): 324-326. [Cai P, Liang L-J, Wang F. 1992. A new species of *Limassolla*, pest of *Diospyros* Kaki (Homoptera: Cicadelloidea: Typhlocybidae). Journal of Anhui Agricultural College, 19(4): 324-326.]

蔡平, 陆庆光. 1998. 叶蝉科四新种 (同翅目: 叶蝉总科). 林业科学, 34(6): 55-62. [Cai P, Lu Q-G. 1998. Four new species of Cicadellidae (Homoptera: Cicadelloidea). Scientia Silvae Sinicae, 34(6): 55-62.]

蔡平, 陆庆光, DeLoach C J, Johnson J. 1999. 柽柳叶蝉名录及中国新记录属种记述(同翅目: 叶蝉科). 华东昆虫学报, 8(1): 15-21. [Cai P, Lu Q-G, DeLoach C-J, Johnson J. 1999. A list of leafhoppers on tamarisk with new records from China (Homoptera: Cicadellidae). Entomological Journal of East China, 8(1): 15-21.]

蔡平, 申效诚. 1997. 横脊叶蝉亚科四新种. 昆虫分类学报, 19(4): 246-252. [Cai P, Shen X-C. 1997. Four new species of Evacanthinae from China. Entomotaxonomia, 19(4): 246-252.]

蔡平, 申效诚. 1998a. 伏牛山区片角叶蝉亚科八新种 (同翅目: 叶蝉科). 见: 申效诚, 时振亚. 河南昆虫分类区系研究 第二卷 伏牛山区昆虫 (一). 北京: 中国农业科技出版社, 27-36. [Cai P, Shen X-C. 1998a. Eight new species of Idiocerinae from Mt. Funiu in Henan (Homoptera: Cicadellidae). In: Shen X-C, Shi Z-Y. The Fauna and Taxonomy of Insects in Henan. Vol. 2. Insects of the Funiu Mountains Region(1). Beijing: China Agricultural Science and Technology Press, 27-36.]

蔡平, 申效诚. 1998b. 河南省叶蝉科新种记述 (同翅目: 叶蝉总科). 见: 申效诚, 时振亚. 河南昆虫分类区系研究 第二卷 伏牛山区昆虫 (一). 北京: 中国农业科技出版社, 37-52. [Cai P, Shen X-C. 1998b. New species of family Cicadellidae from Mt. Funiu in Henan (Homoptera: Cicadellidae). In: Shen X-C, Shi Z-Y. The Fauna and Taxonomy of Insects in Henan. Vol. 2. Insects of the Funiu Mountains Region(1). Beijing: China Agricultural Science and Technology Press, 37-52.]

蔡平, 申效诚. 1999a. 宝天曼叶蝉九新种 (同翅目: 叶蝉科). 见: 申效诚, 裴海潮. 河南昆虫分类区系研究 第四卷 伏牛山南坡及大别山昆虫. 北京: 中国农业科技出版社, 24-35. [Cai P, Shen X-C. 1999a. Nine new species of Cicadellidae from Baotianman (Homoptera: Cicadellidae). In: Shen X-C, Pei H-C. The Fauna and Taxonomy of Insects in Henan. Vol. 4. Insect of South slope of Funiu Mountain and Dabie Mountains. Beijing: China Agricultural Science and Technology Press, 24-35.]

蔡平, 申效诚. 1999b. 大别山昆虫六新种 (同翅目: 叶蝉科). 见: 申效诚, 裴海潮. 河南昆虫分类区系研究 第四卷 伏牛山南坡及大别山昆虫. 北京: 中国农业科技出版社, 36-44. [Cai P, Shen X-C. 1999b. Six new species of insect from Dabie Mountains (Homoptera: Cicadellidae). In: Shen X-C, Pei H-C. The Fauna and Taxonomy of Insects in Henan. Vol. 4. Insect of South slope of Funiu Mountain and Dabie Mountains. Beijing: China Agricultural Science and Technology Press, 36-44.]

蔡平, 申效诚. 1999c. 考察报告 (同翅目: 叶蝉科). 见: 申效诚, 裴海潮.河南昆虫分类区系研究 第三卷 鸡公山区昆虫. 北京: 中国农业科技出版社, 85-91. [Cai P, Shen X-C. 1999c. Survey report (Homoptera: Cicadellidae). In: Shen X-C, Pei H-C.The Fauna and Taxonomy of Insects in Henan. Vol. 3. Insect of Jigong Mountain. Beijing: China Agricultural Science and Technology Press,85-91.]

蔡平, 申效诚. 1999d. 考察报告 (同翅目: 叶蝉科). 见: 申效诚, 裴海潮. 河南昆虫分类区系研究 第四卷 伏牛山南坡及大别山昆虫. 北京: 中国农业科技出版社, 236-248. [Cai P, Shen X-C. 1999d. Survey report (Homoptera: Cicadellidae). In: Shen X-C, Pei H-C. The Fauna and Taxonomy of Insects in Henan. Vol. 4. Insect of South slope of Funiu Mountain and Dabie Mountains. Beijing: China Agricultural Science and Technology Press,236-248.]

蔡平, 申效诚. 2002. 同翅目: 叶蝉科. 见: 申效诚, 赵永谦. 河南昆虫分类区系研究 第五卷 太行山及桐柏山地区昆虫. 北京: 中国农业科技出版社, 269-279. [Cai P, Shen X-C. 2002. Homoptera: Cicadellidae. In: Shen X-C, Zhao Y-Q. The Fauna and Taxonomy of Insects in Henan. Vol. 5. Insects of the Mountains Taihang and Tongbai Regions. Beijing: China Agricultural Science and Technology Press, 269-279.]

蔡平, 孙江华, 江家富, Britton K O, Orr D. 2001. 中国葛藤叶蝉名录及新种、新记录描述(同翅目: 叶蝉科). 林业科学, 37(3): 92-100. [Cai P, Sun J-H, Jiang J-F, Britton K O, Orr D. 2001. A list Chinese of Cicadellidae (Homotptera: Cicadellidae) on Kudzu, with description of new specices and new records. Scientia Silvae Sinicae, 37(3): 92-100.]

蔡平, 王军. 2002. 中国河南松村叶蝉属两新种记述 (同翅目: 叶蝉科: 角顶叶蝉亚科). 见: 申效诚, 赵永谦. 河南昆虫分类区系研究 第五卷 太行山及桐柏山地区昆虫. 北京: 中国农业科技出版社, 21-24. [Cai P, Wang J. 2002. Two new species of Matsumurella Ishihara from Henan Province, China (Homoptera: Cicadellidae: Deltocephalinae). In: Shen X-C, Zhao Y-Q. The Fauna and Taxonomy of Insects in Henan. Vol. 5. Insects of the Mountains Taihang and Tongbai Regions. Beijing: China Agricultural Science and Technology Press, 21-24.]

蔡平, 徐荣侠, 俞春来. 2006. 为害山茱萸的一叶蝉新种 (同翅目: 叶蝉科: 小叶蝉亚科). 林业科学, 42(5): 75-76. [Cai P, Xu R-X, Yu C-L. 2006. A new species of leafhopper injurious to common macrocarpium (Homoptera: Cicadellidae: Typhlocybinae). Scientia Silvae Sinicae, 42(5): 75-76.]

曹阳慧. 2014. 世界斑叶蝉族代表属分类及系统发育研究(半翅目: 叶蝉科: 小叶蝉亚科). 杨凌: 西北农林科技大学博士学位论文. [CaoY-H.2014.Taxonomy and phylogeny of the tribe Erythroneurini worldwide based on selected representative genera (Hemiptera: Cicadellidae: Typhlocybinae). Yangling: Northwest A&F University.]

岑业文, 蔡平. 2000. 中国片头叶蝉属二新种(同翅目: 叶蝉科: 耳叶蝉亚科). 昆虫分类学报, 22(4): 247-250. [Cen Y-W, Cai P. 2000. Two new species of the genus Petalocephala Stål (Homoptera: Cicadellidae: Ledrinae). Entomotaxonomia, 22(4): 247-250.]

岑业文, 蔡平. 2002. 中国缘脊叶蝉亚科四新种. 动物分类学报, 27(1): 116-122. [Cen Y-W, Cai P. 2002. Four new species of the subfamily Selenocephalinae from China (Homoptera: Cicadellidae). Acta Zootaxonomica Sinica, 27(1): 116-122.]

陈方洁. 1937. 浙产介壳虫四新种. 昆虫与植病, 5(19): 382-388. [Chen F-J. 1937. Four new coccids from Chekiang. Entomology and Phytopathology, 5(19): 382-388.]

陈方洁. 1974. 柑桔上蜡蚧属一新种. 昆虫学报, 17(3): 325-328. [Chen F-J. 1974. A new coccid of Ceroplastes on citrus trees. Acta Entomologica Sinica, 17(3): 325-328.]

陈方洁. 1983. 中国雪盾蚧族. 成都: 四川科学技术出版社, 1-175. [Chen F-J. 1983. The Chionaspidini (Diaspididae, Coccoidea, Homoptera) from China. Chengdu: Sichuan Science & Technology Publishing House, 1-175.]

陈静, 姜立云, 乔格侠. 2017. 蚜总科. 219-342. 见: 张雅林. 天目山动物志 第四卷 昆虫纲 半翅目-同翅目. 杭州: 浙江大学出版社, 1-462. [Chen J, Jiang L-Y, Qiao G-X. 2017. Aphidoidea. 219-342. In: Zhang Y-L. Fauna of Tianmu Mountain. Vol. 4. Hexapoda Hemiptera-Homoptera: Insects in Tianmushan Mountain. Hangzhou: Zhejiang University Press, 1-462.]

陈祥盛, 李子忠. 1998. 隐脉叶蝉族1新属1新种 (同翅目: 叶蝉科: 隐脉叶蝉亚科). 动物分类学报, 23(4): 382-385. [Chen X-S, Li Z-Z, 1998. A new genus and species of Nirvanini (Homoptera: Cicadellidae: Nirvaninae). Acta Zootaxonomica Sinica, 23(4): 382-385.]

陈祥盛, 李子忠, 丁锦华. 2001. 飞虱科三新属四新种 (同翅目: 蜡蝉总科). 动物分类学报, 26(3): 323-332. [Chen X-S, Li Z-Z, Ding J-H. 2001. Three new genera and four new species of Delphacidae. Acta Zootaxonomica Sinica, 26(3): 323-332.]

陈祥盛, 张争光, 常志敏. 2014. 中国瓢蜡蝉和短翅蜡蝉 (半翅目: 蜡蝉总科). 贵阳: 贵州科技出版社, 1-242. [Chen X-S, Zhang Z-G, Chang Z-M. 2014. Issidae and Caliscelidae (Hemiptera: Fulgoroidea) from China. Guiyang: Guizhou Science and Technology Publishing House, 1-242.]

陈学新. 1997. 昆虫生物地理学. 北京: 中国林业出版社, 1-102. [Chen X-X. 1997. Insect Biogeography. Beijing: China Forestry Publishing House, 1-102.]

程霞英, 李子忠. 2003. 中国扁叶蝉属二新种 (同翅目: 叶蝉科). 动物分类学报, 28: 288-290. [Cheng X-Y, Li Z-Z. 2003. Two new Penthimia species from China (Homoptera, Cicadellidae). Acta Zootaxonomica Sinica, 28: 288-290.]

程霞英, 李子忠. 2005. 中国扁叶蝉亚科一新属三新种 (同翅目: 叶蝉科: 扁叶蝉亚科). 动物分类学报, 30: 379-383. [Cheng X-Y, Li Z-Z. 2005. A new leafhopper genus and three new species from China (Homoptera, Cicadellidae, Penthimiinae). Acta Zootaxonomica Sinica, 30: 379-383.]

戴仁怀, 邢济春. 2010. 突茎叶蝉属-中国新纪录 (半翅目: 叶蝉科: 角顶叶蝉亚科). 山地农业生物学报, (6): 544-546. [Dai R-H, Xing J-C. 2010. *Amimenus*, new record genus from China (Hemiptera: Cicadellidae: Deltocephalinae). Journal of Mountain Agriculture and Biology, 6: 544-546.]

丁锦华. 2006. 中国动物志 昆虫纲 第四十五卷 同翅目: 飞虱科. 北京: 科学出版社, 1-776. [Ding J-H. 2006. Fauna Sinica, Insecta. Vol. 45. Homoptera: Delphacidae. Beijing: Science Press, 1-776.]

丁锦华, 葛钟麟. 1981. 中国长突飞虱属新种记述. 动物分类学报, 6(1): 74-84. [Ding J-H, Kuoh C-L. 1981. New species of *Stenocranus* from China (Homoptera: Delphacidae). Acta Zootaxonomica Sinica, 6(1): 74-84.]

丁锦华, 胡春林. 1991. 新组合浙江偏角飞虱雄虫记述 (同翅目: 飞虱科). 昆虫学报, 34(2): 250. [Ding J-H, Hu C-L. 1991. Notes on male Neobelocera zhejiangensis (Zhu) comb. nov. (Homoptera: Delphacidae). Acta Entomologica Sinica, 34(2): 250.]

丁锦华, 田立新, 黄其林, 葛钟麟. 1980. 飞虱科一新属三新种描述. 动物分类学报, 5(3): 297-302. [Ding J-H, Tian L-X, Huang C-L, Kuoh C-L. 1980. A new genus and three new species of Delphacidae from China (Homoptera: Fulgoroidea). Acta Zootaxonomica Sinica, 5(3): 297-302.]

丁锦华, 王宗典, 席庆奎, 王金川, 胡冠芳, 张富满. 1994. 我国为害荻的飞虱一新种——荻叉飞虱 (同翅目: 飞虱科). 见: 王宗典. 中国南荻和芦苇科技论文集 (一). 北京: 中国农业科技出版社, 12-15. [Ding J-H, Wang Z-D, Xi Q-K, Wang J-C, Hu G-F, Zhang F-M. 1994. A new species of *Garaga* Anufriev infesting amur silvergrass in China (Homoptera: Delphacidae). In: Wang Z-D. A Collection of Research Papers of Nandi and Reed in China (I). Beijing: China Agricultural Science and Technology Press, 12-15.]

丁锦华, 杨莲芳, 胡春林. 1986. 我国云南的害竹飞虱新属和新种记述. 昆虫学报, 29(4): 415-425. [Ding J-H, Yang L-F, Hu C-L. 1986. Descriptions of new genera and species of Delphacidae attacking bamboo from Yunnan Province China. Acta Entomologica Sinica, 29(4): 415-425.]

丁锦华, 张富满, 胡春林. 1990. 我国东北地区飞虱一新种及六新记录种. 南京农业大学学报, 13(2): 46-49. [Ding J-H, Zhang F-M, Hu C-L. 1990. New and little known planthopper of the family Delphacidae from northeast China. Journal of Nanjing Agricultural University, 13(2): 46-49.]

丁锦华, 张富满. 1994. 东北飞虱志. 北京: 中国农业科技出版社, 1-147. [Ding J-H, Zhang F-M. 1994. Delphacidae Fauna of Northeast China (Homoptera: Fulgoroidea). Beijing: China Agricultural Science and Technology Press, 1-147.]

冯纪年, 袁水霞, 章伟年. 2006. 中国牡蛎蚧属一新种记述 (半翅目: 盾蚧科). 昆虫分类学报, 28(4): 265-267. [Feng J-N, Yuan S-X, Zhang W-N. 2006. A new species of the genus *Lepidosaphes* from China (Hemiptera: Diaspididae). Entomotaxonomia, 28(4): 265-267.]

葛钟麟. 1966. 中国经济昆虫志 (第十册) 同翅目: 叶蝉科. 北京: 科学出版社, 1-170. [Kuoh C-L. 1966. Economic Insectfauna of China. Fasc. 10. Cicadellidae. Beijing: Science Press, 1-170.]

葛钟麟. 1973. 拟隐脉叶蝉属 2 新种. 动物分类学报, 16(2): 180-187. [Kuoh C-L. 1973. Two new species of *Pseudonirvana* (Hmoptera.: Cicadellidae). Acta Entomologica Sinica, 16(2): 180-187.]

葛钟麟. 1976. 中国菱纹叶蝉属和拟菱纹叶蝉属几新种 (同翅目: 叶蝉科). 昆虫学报, 19(4): 431-437. [Kuoh C-L. 1976. Some new species of Chinese *Hishimonus* and *Hishimonoides* (Homoptera: Cicadellidae). Acta Entomologica Sinica, 19(4): 431-437.]

葛钟麟. 1977. 白背飞虱属三新种记述. 昆虫学报, 20(4): 440-444. [Kuoh C-L. 1977. Three new species of *Sogatella* from China (Homoptera, Delphacidae). Acta Entomologica Sinica, 20(4): 440-444.]

葛钟麟. 1980. 飞虱科五新种描述. 昆虫学报, 23(2): 195-201. [Kuoh C-L. 1980. Descriptions of five new species of Delphacidae (Homoptera). Acta Entomologica Sinica, 23(2): 195-201.]

葛钟麟. 1981. 青海叶蝉六新种. 昆虫分类学报, 3(2): 111-117. [Kuoh C-L. 1981. Six new species of Cicadellidae from Qinghai, China. Entomotaxonomia, 3(2): 111-117.]

葛钟麟. 1981. 西藏昆虫 第一册 同翅目: 叶蝉总科. 北京: 科学出版社, 195-219. [Kuoh C-L. 1981. Insects of Xizang. Vol. 1. Homoptera: Cicadelloidea. Beijing: Science Press, 195-219.]

葛钟麟. 1982a. 飞虱科四新种记述. 动物分类学报, 25(1): 71-75. [Kuoh C-L. 1982a. Four new species of Delphacidae (Homoptera). Acta Zootaxonomica Sinica, 25(1): 71-75.]

葛钟麟. 1982b. 飞虱科一新属二新种 (同翅目). 动物分类学报, 7(2): 175-178. [Kuoh C-L. 1982b. A new genus and two new species of Delphacidae (Homoptera). Acta Zootaxonomica Sinica, 7(2): 175-178.]

葛钟麟. 1982c. 白翅叶蝉类二新属五新种 (同翅目: 叶蝉总科). 动物分类学报, 7(4): 396-404. [Kuoh C-L. 1982c. Two new genus and five new species of the Thaia Group (Homoptera: Cicadelloidea). Acta Zootaxonomica Sinica, 7(4): 396-404.]

葛钟麟. 1986. 云南森林叶蝉九新种 (同翅目: 叶蝉总科). 昆虫分类学报, 8(3): 195-207. [Kuoh C-L. 1986. Nine new species of forest leafhoppers from Yunnan (Homoptera: Cicadelloidae). Entomotaxonomia, 8(3): 195-207.]

葛钟麟. 1987. 同翅目 叶蝉总科. 见: 章士美. 西藏农业病虫杂草 (一). 拉萨: 西藏人民出版社, 107-132. [Kuoh C-L. 1987.

Homoptera: Cicadelloidea. In: Agricultual Insects, Spiders, Plant Diseases and Weeds of Xizang . Lhasa: Tibet People's Publishing House, 107-132.]

葛钟麟. 1991. 茶树叶蝉一新种 (同翅目: 叶蝉科). 昆虫学报, 34(2): 206-207. [Kuoh C-L. 1991. A new leafhopper injurious to tea (Homoptera: Cicadellidea). Acta Entomologica Sinica, 34(2): 206-207.]

葛钟麟. 1992. 同翅目 叶蝉总科. 见: 中国科学院青藏高原综合科学考察队. 横断山区昆虫. 第一册. 北京: 科学出版社, 1-630. [Kuoh C-L. 1992. Homoptera: Cicadelloidea. In: Tibetan Plateau Comprehensive Scientific Expedition of Chinese Academy of Sciences. Insects of Hengduan Mountains. Vol. 1. Beijing: Science Press, 1-630.]

葛钟麟, 丁锦华, 田立新, 黄其林. 1983. 中国经济昆虫志 (第二十七册) 同翅目: 飞虱科. 北京: 科学出版社, 1-166. [Kuoh C-L, Ding J-H, Tian L-X, Huang C-L. 1983. Economic insect fauna of China. Fasc. 27. Homoptera, Delphacidae. Beijing: Science Press, 1-166.]

葛钟麟, 葛竞麟. 1983. 拟隐脉叶蝉属 2 新种记述. 昆虫学报, 26(2): 316-325. [Kuoh C-L, Kuoh J-L. 1983. Two new species of *Pseudonirvana* (Homoptera: Nirvanidae). Acta Entomologica Sinica, 26(2): 316-325.]

葛钟麟, 胡家春. 1992. 小叶蝉族一新属二新种 (同翅目: 叶蝉科). 昆虫学报, 35(3): 322-325. [Kuoh C-L, Hu J-C. 1992. A new genus and two species of Typhlocybini from China (Homoptera: Cicadellidae). Acta Entomologica Sinica, 35(3): 322-325.]

葛钟麟, 黄其林, 田立新, 丁锦华. 1980. 飞虱科的一些新属和新种. 昆虫学报, 23(4): 413-426. [Kuoh C-L, Huang C-L, Tian L-X, Ding J-H. 1980. New species and new genera of Delphacidae from China. Acta Entomologica Sinica, 23(4): 413-426.]

葛钟麟, 陆自强. 1986. 为害菱角的一叶蝉新种. 昆虫分类学报, 1(2): 121-123. [Kuoh C-L, Lu Z-Q. 1986. A new leafhopper injurious to water caltrop. Entomotaxonomia, 1(2): 121-123.]

胡金林, 孙平, 陈君如. 1988. 链蚧属一新种记述 (蚧总科: 链蚧科). 昆虫学研究集刊, 8: 193-195. [Hu J-L, Sun P, Chen J-R. 1988. A new species of *Asterolecanium* (Coccoidea: Asterolecanidae). Entomological Research Collection, 8: 193-195.]

胡金林, 谢国林. 1988. 竹链蚧属一新种 (蚧总科: 链蚧科). 昆虫学研究集刊, 8: 196-198. [Hu J-L, Xie G-L. 1988. A new species of *Bambusaspis* (Homoptera: Asterolecanidae). Contributions of the Shanghai Institute of Entomology, 8: 196-198.]

胡金林, 谢国林, 严敖金. 1981. 绒蚧属一新种——丝球绒蚧及其生物学. 南京林业大学学报(自然科学版), (4): 75-82. [Hu J-L, Xie G-L, Yan A-J. 1981. A new species of *Eriococcus* (Coccoidea: Eriococcidae) and its biology. Journal of Nanjing Forestry University (Natural Sciences), (4): 75-82.]

黄大卫. 1996. 支序系统学概论. 北京: 中国农业出版社, 1-189. [Huang D-W. 1996. An Introduction to Cladistics. Beijing: China Agriculture Press, 1-189.]

黄敏, 张雅林. 1999. 中国雅小叶蝉属八新种 (同翅目: 叶蝉科: 小叶蝉亚科). 昆虫分类学报, 21(4): 246-256. [Huang M, Zhang Y-L. 1999. Eight new species of *Eurhadina* Haupt (Homoptera: Cicadellidae: Typhlocybinae) from China. Entomotaxonomia, 21(4): 246-256.]

黄其林, 田立新, 丁锦华. 1979. 我国危害竹子的飞虱新属和新种初记. 动物分类学报, 4(2): 170-181. [Huang C-L, Tian L-X, Ding J-H. 1979. A new genus and some new species of Delphacidae attacking bamboo in China. Acta Zootaxonomica Sinica, 4(2): 170-181.]

姜立云, 乔格侠, 张广学, 钟铁森. 2011. 东北农林蚜虫志 昆虫纲 半翅目: 蚜虫类. 北京: 科学出版社, 1-709. [Jiang L-Y, Qiao G-X, Zhang G-X, Zhong T-S. 2011. Fauna of Agricultural and Forestry Aphids in Northeast, China. Aphidinea Hemiptera Insecta. Beijing: Science Press, 1-709.]

李法圣. 1992. 莫干山木虱一新种 (同翅目: 木虱科). 浙江林学院学报, 9(4): 402-404. [Li F-S, 1992. A new species of Psyllid from Moganshan (Homoptera: Psyllidae). Journal of Zhejiang Forestry College, 9(4): 402-404.]

李法圣. 1993. 车八岭国家级自然保护区的木虱. 见: 徐燕千. 车八岭国家级自然保护区调查研究论文集. 广州: 广东科技出版社, 445-466. [Li F-S. 1993. Psyllid in Chebaling National Nature Reserve. In: Xu Y-Q. Collected Papers for Investigation in Chebaling National Nature Reserve Guangzhou: Guangdong Science and Technology Press, 445-446.]

李法圣. 2001. 同翅目: 木虱总科. 见: 吴鸿, 潘承文. 天目山昆虫. 北京: 科学出版社, 223-235. [Li F-S. 2001. Homoptera,Psylloidea. In: Wu H, Pan C-W. Insects of Tianmushan National Nature Reserve. Beijing: Science Press, 223-235.]

李法圣. 2011. 中国木虱志. 北京: 科学出版社, 1-1976. [Li F-S. 2011.Psyllidomorpha of China (Insecta: Hemitptera). Beijing: Science Press, 1-1976.]

李法圣, 刘育钜, 杨彩霞. 1993. 宁夏木虱种类调查. 西北农业学报, 2(2): 6-12. [Li F-S, Liu Y-J, Yang C-X.1993.Investigation of psyllid species in Ningxia. Acta Agriculturae Boreali-Occidentalis Sinica, 2(2): 6-12.]

李子忠. 1986. 白边幽叶蝉一中国新记录. 山地农业生物学报, (1): 104. [Li Z-Z. 1986. *Usuironus limbifer* (Matsumura)-new record to China. Journal of Mountain Agriculture and Biology, (1): 104.]

李子忠. 1987. 同翅目: 叶蝉科. 246-306. 见: 郭振中, 伍律, 金大雄. 贵州农林昆虫志 第一卷. 贵阳: 贵州人民出版社. [Li Z-Z. 1987. Homoptera: Cicadellidae. 246-306. In: Guo Z-Z, Wu L, Jin D-X. Insect Fauna of Agriculture and Forestry in Guizhou. Vol. 1. Guiyang: Guizhou People's Publishing House.]

李子忠. 1988a. 菱纹叶蝉属二新种. 昆虫分类学报, 10(1-2): 51-54. [Li Z-Z. 1988a. Two new species of *Hishimonus* from Guizhou, China (Homoptera: Cicadellidae). Entomotaxonomia, 10(1-2): 51-54.]

李子忠. 1988b. 拟菱纹叶蝉属一新种记述. 昆虫学报, 31(4): 412-413. [Li Z-Z. 1988b. Description of a new species of the genus *Hishimonoides* (Homoptera: Cicadellidae). Acta Entomologica Sinica, 31(4): 412-413.]

李子忠. 1988c. 中原叶蝉属一新种记述. 动物分类学报, 31(4): 63-64. [Li Z-Z. 1988c. Description of a new species of the genus *Nakaharanus*. Acta Zootaxonomica Sinica, 31(4): 63-64.]

李子忠. 1988d. 贵州梵净山叶蝉三新种. 贵州科学, (S1): 87-91. [Li Z-Z. 1988d. Three new species of Fanjingshan Mountains from Guizhou, China (Homoptera: Cicadelloidea). Guizhou Science, (S1): 87-91.]

李子忠. 1990a. 带叶蝉属四新种记述 (同翅目: 殃叶蝉科). 动物分类学报, 15(4): 464-470. [Li Z-Z. 1990a. Four new species of the genus *Scaphoideus* (Homoptera: Euscelidae). Acta Zootaxonomica Sinica, 15(4): 464-470.]

李子忠. 1990b. 贵州带叶蝉属四新种 (同翅目: 殃叶蝉科). 昆虫分类学报, 12(2): 97-102. [Li Z-Z. 1990b. Four new species of the genus *Scaphoideus* (Homoptera: Euscelidae) from Guizhou, China. Entomotaxonomia, 12(2): 97-102.]

李子忠. 1990c. 贵州二新种(同翅目: 叶蝉科). 贵州农业大学学报, 9(1): 43-45. [Li Z-Z. 1990c. Two new species of *Gunungidia* from Guizhou (Homoptera: Tettigellidae). Journal of Guizhou Agricultural College, 9(1): 43-45.]

李子忠. 1993a. 四川峨眉山带叶蝉属一新种 (同翅目: 殃叶蝉科). 昆虫分类学报, 15(1): 45-47. [Li Z-Z. 1993a. A new species of *Scaphoideus* (Homoptera: Euscelidae) from Mx. Emei, Sichuan, China. Entomotaxonomia, 15(1): 45-47.]

李子忠. 1993b. 西藏顶带叶蝉属一新种. 贵州农学院学报, 12(增刊): 29-33. [Li Z-Z. 1993b. A new species of the genus *Athysanus* from Xizang. Journal of Guizhou Agricultural College, 12(S): 29-33.]

李子忠. 1993c. 中国片叶蝉属分类研究 (同翅目: 离脉叶蝉亚科). 贵州农学院学报, 12(增刊): 29-33. [Li Z-Z. 1993c. A taxonomic study of Chinese genus *Thagria* (Homoptera: Coelidiinae). Journal of Guizhou Agricultural College, 12(S): 29-33.]

李子忠. 1993d. 中国带叶蝉属种类记述. 贵州农学院学报, 12(增刊): 42-48. [Li Z-Z. 1993d. Notes on Chinese *Scaphoideus* (Homoptera: Euscelidae). Journal of Guizhou Agricultural College, 12(S): 42-48.]

李子忠. 1994. 横脊叶蝉科一新属三新种. 动物分类学报, 19(4): 465-470. [Li Z-Z. 1994. One new genus and three new species of Evacanthidae from China. Acta Zootaxonomica Sinica, 19(4): 465-470.]

李子忠, 陈祥盛. 1999. 中国隐脉叶蝉亚科. 贵阳: 贵州科技出版社, 1-149. [Li Z-Z, Chen X-S. 1999. Nirvaniae from China (Homoptera: Cicadellidae). Guiyang: Guizhou Science and Technology Publishing House, 1-149.]

李子忠, 陈祥盛. 2001. 殃叶蝉亚科. 见: 李子忠, 金道超. 茂兰景观昆虫. 贵阳: 贵州科技出版社, 195-199. [Li Z-Z, Chen X-S. 2001. Homoptera: Cicadellidae: Euscelinae. In: Li Z-Z, Jin D-C. Insects of Maolan Landscape. Guiyang: Guizhou Science and Technology Publishing House, 195-199.]

李子忠, 戴仁怀. 2004. 带叶蝉属六新种记述 (同翅目, 叶蝉科, 殃叶蝉亚科). 动物分类学报, 29(2): 281-287. [Li Z-Z, Dai R-H. 2004. Descriptions of six new species of *Scaphoideus* from China (Homoptera: Cicadellidae: Euscelinae). Acta Zootaxonomica Sinica, 29(2): 281-287.]

李子忠, 戴仁怀, 邢济春. 2011. 中国角顶叶蝉 (半翅目: 叶蝉科). 北京: 科学普及出版社, 1-336. [Li Z-Z, Dai R-H, Xing J-C. 2011. Deltocephalinae from China (Hemiptera: Cicadellidae). Beijing: Popular Science Press, 1-336.]

李子忠, 范志华. 2017. 中国离脉叶蝉. 贵阳: 贵州科技出版社, 1-443. [Li Z-Z, Fan Z-H. 2017. Coelidiinae from China (Hemiptera: Cicadellidae: Coelidiinae). Guiyang: Guizhou Science and Technology Publishing House, 1-443.]

李子忠, 葛钟麟. 1993. 中国带叶蝉属二新种 (同翅目: 殃叶蝉科). 贵州农学院学报, 12(1): 37-40. [Li Z-Z, Kuoh C-L. 1993. Two new species of the genus *Scaphoideus* from Fujian China. Journal of Guizhou Agricultural College, 12(1): 37-40.]

李子忠, 何潭. 1993. 西藏顶带叶蝉属一新种 (同翅目: 殃叶蝉亚科). 贵州农学院学报, 12: 27-28. [Li Z-Z, He T. 1993. One new species of the genus *Athysanus* from Xizang. Journal of Guizhou Agricultural College, 12: 27-28.]

李子忠, 宋月华. 2010. 中国缘毛叶蝉1新种 (半翅目: 叶蝉科: 角顶叶蝉亚科). 动物分类学报, 35(3): 607-609. [Li Z-Z, Song Y-H. 2010. The genus *Phlogothamnus* Ishihara (Hemiptera, Cicadellidae, Deltocephalinae) from China, with description of one new species. Acta Zootaxonomica Sinica, 35(3): 607-609.]

李子忠, 汪廉敏. 1991. 同翅目: 叶蝉科. 见: 李子忠. 贵州农林昆虫志 第四卷. 贵阳: 贵州科技出版社, 1-304. [Li Z-Z, Wang L-M. 1991. Homoptera Cicadellidae. In: Li Z-Z. Agriculture and Forestry Insect Fauna of Guizhou. Vol. 4. Guiyang: Guizhou Science and Technology Publishing House, 1-304.]

李子忠, 汪廉敏. 1992a. 脊额叶蝉属三新种记述 (同翅目: 横脊叶蝉科). 贵州科学, 4: 44-47. [Li Z-Z, Wang L-M. 1992a. Descriptions of three new species of *Carinata* (Homoptera: Evacanthidae). Guizhou Science, 4: 44-47.]

李子忠, 汪廉敏. 1995. 中国横脊叶蝉亚科二新属三新种 (同翅目: 叶蝉科). 昆虫分类学报, 17(3): 189-194. [Li Z-Z, Wang L-M. 1995. Two new genera and three new species of Evacanthinae (Hemiptera: Cicadellidae) from China. Entomotaxonomia, 17(3): 189-194.]

李子忠, 汪廉敏. 1996. 中国横脊叶蝉 (同翅目: 叶蝉科). 贵阳: 贵州科技出版社, 1-134. [Li Z-Z, Wang L-M. 1996. Evacanthinae in China (Homoptera: Cicadellidae). Guiyang: Guizhou Science and Technology Publishing House, 1-134.]

李子忠, 汪廉敏. 1998. 中国木叶蝉属四新种 (同翅目: 叶蝉科: 殃叶蝉亚科). 动物分类学报, 23(4): 373-378. [Li Z-Z, Wang L-M. 1998. Four new species of the genus *Phlogotettix* from China (Homoptera: Cicadellidae: Euscelinae). Acta Zootaxonomica Sinica, 23(4): 373-378.]

李子忠, 汪廉敏. 2002. 带叶蝉属中国种类记要 (同翅目: 叶蝉科: 殃叶蝉亚科). 动物分类学报, 27(1): 101-115. [Li Z-Z, Wang L-M. 2002. Notes on Chinese species of *Scaphoideus* with description of nine new species (Homoptera: Cicadellidae: Euscelinae). Acta Zootaxonomica Sinica, 27(1): 101-115.]

李子忠, 汪廉敏. 2004. 菱纹叶蝉属中国种类记要 (同翅目, 叶蝉科, 殃叶蝉亚科). 动物分类学报, 29(3): 486-490. [Li Z-Z, Wang L-M. 2004. Notes on Chinese species of *Hishimonus* with descriptions of two new species (Homoptera, Cicadellidae, Euscelinae). Acta Zootaxonomica Sinica, 29(3): 486-490.]

李子忠, 汪廉敏, 张雅林. 1994. 中国脊额叶蝉属五新种记述 (同翅目: 横脊叶蝉科). 昆虫分类学报, 16(2): 99-106. [Li Z-Z, Wang L-M, Zhang Y-L. 1994. Descriptions of five new species of *Carinata* (Homoptera: Evacanthinae) from China. Entomotaxonomia, 16(2): 99-106.]

李子忠, 张雅林. 1993. 横脊叶蝉亚科二新种. 贵州农学院学报, 12(增刊): 23-26. [Li Z-Z, Zhang Y-L. 1993. Two new species of Evacanthinae from China. Journal of Guizhou Agricultural College, 12(S): 23-26.]

梁爱萍. 1999. 沫蝉总科. 见: 黄邦侃. 福建昆虫志(第二卷). 福州: 福建科学技术出版社, 247-270. [Liang A-P. 1999. Cercopoidea. In: Huang B-K. Fauna of Insects in Fujian Province of China. Vol. 2. Fuzhou: Fujian Science & Technology Publishing House, 247-270.]

梁爱萍. 2005. 关于停止使用"同翅目 Homoptera"目名的建议. 昆虫知识, 42(3): 332-337. [Liang A-P. 2005. A proposal to stop using the insect order name "Homoptera". Chinese Bulletin of Entomology, 42(3): 332-337.]

梁爱萍, 蔡平, 葛钟麟. 1997. 同翅目: 叶蝉科. 长江三峡库区昆虫. 重庆: 重庆出版社, 324-348. [Liang A-P, Cai P, Kuoh C-L. 1997. Homoptera: Cicadellidae. Insect of the Three Gorge Reservoir Area of Yangtze River. Chongqing: Chongqing Press, 324-348.]

刘永杰, 刘玉升, 石毓亮, 崔俊. 1997. 日本巢绛蚧形态学研究. 生物安全学报, 6(1): 15-19. [Liu Y-J, Liu Y-S, Shi Y-L, Cui J. 1997. A morphological study of *Nidularia japonica* Kuwana (Homoptera: Coccoidea: Kermesidae). Entomological Journal of East China, 6(1): 15-19.]

陆维持. 1993. 武夷山自然保护区考察报告. 福州: 福建科学技术出版社, 428-431. [Lu W-C. 1993. Scientific Survey Report on the Administrative Bureau of Wuyishan National Nature Reserve. Fuzhou: Fujian Science & Technology Publishing House, 428-431.]

罗志义, 周婵敏. 1997. 茶树粉虱记录. 茶叶科学, 17(2): 201-206. [Luo Z-Y, Zhou C-M. 1997. Record of whitefly (Aleyrodidae) on tea plants. Journal of Tea Science, 17(2): 201-206.]

罗志义, 周婵敏. 2000. 中国柑桔粉虱记录. 中国南方果树, 29(6): 15-17. [Luo Z-Y, Zhou C-M. 2000. Record of whitefly (Aleyrodidae) on *Citrus* Panat in China. South China Fruits, 29(6): 15-17.]

吕若清, 徐天森. 1992. 竹尖胸沫蝉的生物学特性及防治. 林业科学研究, 5(6): 687-692. [Lv R-Q, Xu T-S. 1992. Studies on the bionomics of *Aphrophora horizontalis* Kato and its control. Forest Research, 5(6): 687-692.]

马宁. 1982. 三角辜小叶蝉——中国新记录. 昆虫分类学报, 1: 48. [Ma N. 1981. *Aguriahana triangularis* (Matsumura) - a new record from China (Typhlocybinae). Entomotaxonomia, 1: 48.]

孟瑞, 车艳丽, 闫家河, 王应伦. 2010. 恶性席瓢蜡蝉雌性生殖系统研究 (半翅目: 瓢蜡蝉科). 昆虫分类学报, 33(1): 12-22. [Meng R, Che Y-L, Yan J-H, Wang Y-L. 2011. Study of the reproductive system of *Sivaloka damnosus* Chou *et* Lu (Hemiptera: Issidae). Entomotaxonomia, 33(1): 12-22.]

乔格侠, 姜立云, 陈静, 张广学. 2018. 中国动物志 昆虫纲 第六十卷 同翅目: 扁蚜科和平翅绵蚜科. 北京: 科学出版社, 1-414. [Qiao G-X, Jiang L-Y, Chen J, Zhang G-X. 2018. Fauna Sinica. Insecta. Vol. 60. Hemiptera: Hormaphididae, Phloeomyzidae. Beijing: Science Press, 1-414.]

乔格侠, 张广学, 姜立云, 钟铁森, 田士波. 2009. 河北动物志 蚜虫类. 石家庄: 河北科学技术出版社, 1-622. [Qiao G-X, Zhang G-X, Jiang L-Y, Zhong T-S, Tian S-B. 2009. The Fauna of Hebei, China. Aphidinea. Shijiazhuang: Hebei Science & Technology Publishing House, 1-622.]

乔格侠, 张广学, 钟铁森. 2005. 中国动物志 昆虫纲 第四十一卷 同翅目: 斑蚜科. 北京: 科学出版社, 1-476. [Qiao G-X, Zhang G-X, Zhong T-S. 2005. Fauna Sinica. Insecta. Vol. 41. Homoptera: Drepanosiphidae. Beijing: Science Press, 1-476.]

秦道正, 袁锋. 1998. 中国偏角飞虱属一新种 (同翅目: 飞虱科). 昆虫分类学报, 20(3): 168-170. [Qin D-Z, Yuan F. 1988. A new species of the genus *Neobelocera* (Homoptera: Delphacidae) from China. Entomotaxonomia, 20(3): 168-170.]

秦道正, 张雅林. 2003. 中国新纪录属-尼小叶蝉属 *Nikkotettix* 分类 (同翅目: 叶蝉科: 小叶蝉亚科). 昆虫分类学报, 25(1): 25-30. [Qin D-Z, Zhang Y-L. 2003. Taxonomic study of *Nikkotettix* (Homoptera: Cicadellidae: Typhlocybinae)-new record from China. Entomotaxonomia, 25(1): 25-30.]

秦道正, 张雅林. 2004. 石原叶蝉属分类并记中国三新种 (同翅目: 叶蝉科: 小叶蝉亚科). 昆虫分类学报, 26(2): 114-120. [Qin D-Z, Zhang Y-L. 2004. Taxonomic study on *Ishiharella* (Homoptera: Cicadellidae: Typhlocybinae) with descriptions of three new species from China. Entomotaxonomia, 26(2): 114-120.]

秦廷奎. 1991. 台湾芒粉蚧(同翅目: 粉蚧科)——中国大陆新记录. 山地农业生物学报(贵州农学院学报), 10(1): 53-55. [Qin T-K. 1991. *Miscanthicoccus miscanthi* (Takahashi) (Homoptera: Pseudococcidae)-A new record from mainland of China. Journal of

Mountain Agriculture and Biology, 10(1): 53-55.]

曲爱军, 朱承美, 乔鲁芹, 等. 1996. 泰山林木粉虱种类简介. 山东林业科技, 107(4): 30-33. [Qu A-J, Zhu C-M, Qiao L-Q, et al. 1996. Brief introduction of whitefly species in Taishan forest. Journal of Shandong Forestry Science and Technology, 107(4): 30-33.]

申效诚. 1993. 河南昆虫名录 (同翅目: 叶蝉科). 北京: 中国科技出版社, 42-44. [Shen X-C. 1993. A Checklist of Insects from Henan. (Homoptera: Cicadellidae). Beijing: China Science and Technology Press, 42-44.]

沈雪林. 2009. 河南叶蝉分类、区系及系统发育研究. 苏州: 苏州大学硕士学位论文. [Shen X-L. 2009. Taxonomy, faunistic and phylogenetic studies on the Cicadellidae from Henan. Suzhou: Suzhou University.]

石毓亮, 刘玉升. 1990. 栎链蚧属一新种记述 (同翅目: 蚧总科: 链蚧科). 山东农业大学学报, 21(2): 27-30. [Shi Y-L, Liu Y-S. 1990. Description of a new species of *Asterodiaspis*. Journal of Shandong Agricultural University, 21(2): 27-30.]

宋月华, 李子忠. 2012. 中国塔叶蝉族昆虫种类名录 (半翅目: 叶蝉科: 小叶蝉亚科). 天津农业科学, 18(2): 145-148. [Song Y-H, Li Z-Z. 2012. A checklist of known species of Zyginellini from China (Hemiptera: Cicadellidae: Typholocybinae). Tianjin Agricultural Sciences, 18(2): 145-148.]

塔克森, 等. 1993. 昆虫外生殖器在分类上的应用. 周尧, 刘思孔, 谢卫平译. 杨凌: 天则出版社, 1-194. [Tuxen S L, et al. 1993. Taxonomist's Glossary of Genitalia in Insects. Chou I, Liu S-K, Xie W-P translated. Yangling: Tianze Eldonejo, 1-194.]

汤祊德. 1974. 中国紫胶虫初记及一新种记述. 昆虫学报, 17(2): 205-209. [Tang F-D. 1974. A preliminary report on the lac-insect fauna with description of a new species. Acta Entomologica Sinica, 17(2): 205-209.]

汤祊德. 1977. 中国园林主要蚧虫. 第一卷. 沈阳: 沈阳园林科学研究所, 1-259. [Tang F-D. 1977. The Scale Insects of Horticulture and Forest of China. Vol. 1. Shenyang: The Institute of Gardening and Forestry Science of Shenyang, 1-259.]

汤祊德. 1980. 中国盾蚧科三新种. 昆虫学报, 23(2): 202-206. [Tang F-D. 1980. Three new species of Diaspididae (Coccoidea, Homoptera) from China. Acta Entomologica Sinica, 23(2): 202-206.]

汤祊德. 1981. 盾蚧科一新属和三新种. 昆虫分类学报, 3(1): 49-55. [Tang F-D. 1981. A new genus and three new species of Diaspidae from China. Entomotaxonomia, 3(1): 49-55.]

汤祊德. 1984. 中国园林主要蚧虫. 第二卷. 太原: 山西农业大学出版社, 1-133. [Tang F-D. 1984. The Scale Insects of Horticulture and Forest of China. Vol. 2. Taiyuan: Shanxi Agricultural University Press, 1-133.]

汤祊德. 1986. 中国园林主要蚧虫. 第三卷. 太原: 山西农业大学出版社, 1-305. [Tang F-D. 1986. The Scale Insects of Horticulture and Forest of China. Vol. 3. Taiyuan: Shanxi Agricultural University Press, 1-305.]

汤祊德. 1991. 中国蚧科. 太原: 山西高校联合出版社, 1-377. [Tang F-D. 1991. The Coccidae of China. Taiyuan: Shanxi United Universities Press. 1-377.]

汤祊德. 1992. 中国粉蚧科. 北京: 中国农业科技出版社, 1-768. [Tang F-D. 1992. The Pseudococcidae of China. Beijing: China Agricultural Science and Technology Press, 1-768.]

汤祊德, 郝静. 1995. 中国珠蚧科及其它. 北京: 中国农业科技出版社, 1-738. [Tang F-D, Hao J. 1995. The Margarodidae and Others of China. Beijing: China Agricultural Science and Technology Press, 1-738.]

汤祊德, 李杰. 1988. 内蒙古蚧害考查. 呼和浩特: 内蒙古大学出版社, 1-222. [Tang F-D, Li J. 1988. Observation on the Coccoidea of inner Mongolia in China. Hohhot: Inner Mongolia University Press, 1-222.]

田立新, 丁锦华, 葛钟麟. 1980. 飞虱科一新属三新种. 昆虫分类学报, 2(4): 315-319. [Tian L-X, Ding J-H, Kuoh C-L. 1980. A new genus and three new species of Delphacidae (Homoptera: Fulgoroidea). Entomotaxonomia, 2(4): 315-319.]

汪廉敏, 李子忠. 1997. 点翅叶蝉属四新种及其属征的再描述(同翅目: 叶蝉总科: 叶蝉科). 贵州科学, 15(3): 223-228. [Wang L-M, Li Z-Z. 1997. Fout new species of the genus *Gessius* and their generic characters (Homoptera: Cicadellidae: Iassinae). Guizhou Science, 15(3): 223-228.]

王吉锐, 赖秋利, 徐志宏, 杜予州. 2017. 中国指粉虱属*Pentaleyrodes* Takahashi种类研究(半翅目: 粉虱科). 昆虫分类学报, (1): 47-55. [Wang J-R, Lai Q-L, Xu Z-H, Du Y-Z. 2017. Contribution to the knowledge of *Pentaleyrodes* Takahashi (Hemiptera: Aleyrodidae) from China. Entomotaxonomia, (1): 47-55.]

王吉锐. 2015. 中国粉虱科系统分类研究. 扬州: 扬州大学博士学位论文, 1-246. [Wang J-R. 2015. A taxonomic study on Aleyrodidae (Insecta: Hemiptera) from China. Yangzhou: Yangzhou University, Dr. Thesis, 1-246.]

王子清. 1976. 茶树上二种新蚧的记述 (同翅目: 蚧总科). 昆虫学报, 19(3): 342-344. [Wang Z-Q. 1976. Two new species of Coccids on tea bush (Homoptera: Coccoidea). Acta Entomologica Sinica, 19(3): 342-344.]

王子清. 1978. 白粉蚧属一新种记述 (同翅目: 蚧总科). 昆虫学报, 21(4): 415-416. [Wang Z-Q. 1978. A new coccid of *Paraputo* (Homoptera: Coccoidea). Acta Entomologica Sinica, 21(4): 415-416.]

王子清. 1980. 常见介壳虫鉴定手册. 北京: 科学出版社, 1-252. [Wang Z-Q. 1980. Handbook for the Determination of the common Coccoids. Beijing: Science Press, 1-252.]

王子清. 1982a. 绒粉蚧属一新种记述 (同翅目: 蚧总科). 昆虫学报, 25(4): 441-442. [Wang Z-Q. 1982a. A new species of *Eriococcus* (Homoptera: Coccoidea). Acta Entomologica Sinica, 25(4): 441-442.]

王子清. 1982b. 中国农区的介壳虫. 北京: 农业出版社, 1-276. [Wang Z-Q. 1982b. The Coccoidea of Agricultural Region in China.

Beijing: Agricultural Press, 1-276.]

王子清. 2001. 中国动物志 昆虫纲 第二十二卷 同翅目: 蚧总科: 粉蚧科, 绒蚧科, 蜡蚧科, 链蚧科, 盘蚧科, 壶蚧科, 仁蚧科. 北京: 科学出版社, 1-611. [Wang Z-Q. 2001. Fauna Sinica. Insecta. Vol. 22. Homoptera: Coccoidea: Pseudococcidae, Eriococcidae, Coccidae, Asterolecaniidae. Lecanodiaspididae, Cerococcidae, Aclerdidae. Beijing: Science Press, 1-611.]

王子清, 张晓菊. 1987. 为害竹林的竹斑链蚧属重要种类识别. 中国森林病虫, 3: 36-41. [Wang Z-Q, Zhang X-J. 1987. Key to the important species of *Bambusaspis* Cockerell in China. Forest Disease and Insect Pest Communication, 3: 36-41.]

吴世君. 1983. 竹链蚧属一新种记述 (同翅目: 蚧总科). 昆虫学报, 26(2): 209-211. [Wu S-J. 1983. A new species of the genus *Bambusaspis* (Homoptera: Coccoidea). Acta Entomologica Sinica, 26(2): 209-211.]

武三安. 2001. 安粉蚧族 Antoninini 中国种类记述 (同翅目: 蚧总科: 粉蚧科). 北京林业大学学报, 2: 43-48. [Wu S-A. 2001. The tribe Antoninini of China (Homoptera: Coccoidea: Pseudococcidae). Journal of Beijing Forestry University, 2: 43-48.]

武三安. 2001. 蚧总科. 250-258. 见: 吴鸿, 潘承文. 天目山昆虫. 北京: 科学出版社, 1-764. [Wu S-A. 2001. Coccoidea. 250-258. In: Wu H, Pan C-W. The Fauna Insecta of Tianmu Mountain. Beijing: Science Press, 1-764.]

武三安. 2009. 蚧总科. 83-95. 见: 王平义. 浙江乌岩岭昆虫及其森林健康评价. 北京: 科学出版社, 1-275. [Wu S-A. 2009. Coccoidea. 83-95. In: Wang P-Y. Insect and Evaluation of Forest Environmental Health in Wuyanling of Zhejiang. Beijing: Science Press, 1-275.]

武三安, 夏向向, 南楠. 2017. 蚧总科. 366-407. 见: 张雅林. 天目山动物志 (第四卷). 杭州: 浙江大学出版社, 1-462. [Wu S-A, Xia X-X, Nan N. 2017. Coccoidea. 366-407. In: Zhang Y-L. Fauna of Tianmu Mountain. Vol. 4. Hangzhou: Zhejiang University Press, 1-462.]

武三安, 张润志. 2009. 威胁棉花生产的外来入侵新害虫——扶桑绵粉蚧. 昆虫知识, 46(1): 159-162. [Wu S-A, Zhang R-Z. 2009. A new invasive pest, *Phenacoccus solenopsis*, threatening seriously to cotton production. Chinese Bulletin of Entomology, 46(1): 159-162.]

闫凤鸣. 1987. 中国粉虱亚科(Aleyrodinae)分类研究. 杨凌: 西北农业大学硕士学位论文, 1-75. [Yan F-M. 1987. A taxonomic study of Aleyrodinae from China (Homoptera: Aleyrodidae). Yangling: Northwestern Agric Univ, 1-75.

闫凤鸣, 白润娥. 2017. 中国粉虱志. 郑州: 河南科学技术出版社, 1-257. [Yan F-M, Bai R-E. 2017. Whitefly Fauna of China. Zhengzhou: Henan Science and Technology Press, 1-257.]

闫凤鸣, 李大建. 2000. 粉虱分类的基本概况和我国常见种的识别. 北京农业科学, 18(4): 20-29. [Yan F-M, Li D-J. 2000. Overview of whitefly taxonomy with identification of some common whitefly species in China. Beijing Agricultural Science, 18(4): 20-29.]

杨集昆. 1996. 喀喇昆虫山. 北京: 科学出版社. [Yang C-K. 1996. Insects of the Karakorum-Kunlun Mountains. Beijing: Science Press.]

杨集昆, 李法圣. 1981a. 厚毛木虱族的新属与新种 (同翅目: 木虱科). 北京农业大学学报, 7(2): 77-86. [Yang C-K, Li F-S. 1981a. New Genus and New Species of Homotomini (Homoptera:Psyllidae). Journal of Beijing Agriculture, 7(2): 77-86.]

杨集昆, 李法圣. 1981b. 梨木虱考一记七新种(同翅目: 木虱科). 昆虫分类学报, 3(1): 35-47. [Yang C-K, Li F-S. 1981b. The Pear Psylla (Homoptera) of China with descriptions of Seven New Spcecies. Entomotaxonomia, 3(1): 35-47.]

杨集昆, 李法圣. 1984. 云南木虱九新种及一新属. 昆虫分类学报, 6(4): 251-266. [Yang C-K, Li F-S. 1984. Nine species and a new genus of Psyllids from Yunnan. Entomotaxonomia, 6(4): 251-266.]

杨集昆, 李法圣. 1986. 小头木虱属五新种及母生滑头木虱新属种(同翅目: 木虱科: 小头木虱亚科). 武夷科学, 6: 45-58. [Yang C-K, Li F-S. 1986. Six new species and a new genus of Paurocephalinae (Psyllidae: Homoptera). Wuyi Science Journal, 6: 45-58.]

杨集昆, 李月华. 1991. 福建省雅小叶蝉属其新种及雅小叶蝉属一新亚属一新种描述(同翅目: 小叶蝉亚科). 武夷科学, 8: 23-32. [Yang C-K, Li Y-H. 1991. Descriptions of a new subgenus *Zhihadina* and eight new species of the genus *Eurhadina* from Fujian (Homoptera: Typhlocybinae). Wuyi Science Journal, 8: 23-32.]

杨集昆, 张礼生. 1995. 同翅目: 叶蝉总科. 见: 朱廷安. 浙江古田山昆虫. 杭州: 浙江科学技术出版社, 37-44. [Yang C-K, Zhang L-S. 1995. Homoptera: Cicadelloidea. In: Zhu T-A. Insects and Macrofungi of Gutianshan. Hangzhou: Zhejiang Science & Technology Publishing House, 37-44.]

杨莲芳, 胡春林. 1985. 粒脉蜡蝉四新种记述 (同翅目: 蜡蝉总科). 南京农业大学学报, 4: 21-27. [Yang L-F, Hu C-L. 1985. Descriptions of four new species of Meenoplidae. Journal of Nanjing Agricultural University, 4: 21-27.]

杨茂发, 李子忠. 1999a. 中国窗翅叶蝉属 3 新种和 1 新记录种 (同翅目: 叶蝉科). 动物分类学报, 24(3): 315-319. [Yang M-F, Li Z-Z. 1999a. Three new species and a new record of the genus *Mileewa* from China (Homoptera: Cicadellidae). Acta Zootaxonomica Sinica, 24(3): 315-319.]

杨茂发, 李子忠. 1999b. 中国贵州省窗翅叶蝉属 3 新种 (同翅目: 叶蝉科). 昆虫学报, 42(4): 406-410. [Yang M-F, Li Z-Z. 1999b. Three new species of *Mileewa* from Guizhou Province, China (Homoptera: Cicadellidae). Acta Entomologica Sinica, 42(4): 406-410.]

杨平澜. 1982. 中国蚧虫分类概要. 上海: 上海科学技术出版社, 1-425. [Young P-L. 1982. General Classification of Scale Insects in China. Shanghai: Shanghai Scientific & Technical Publishers, 1-425.]

杨平澜, 胡金林, 任遵义. 1976. 中国的松干蚧. 昆虫学报, 19(2): 199-204. [Young P-L, Hu J-L, Ren Z-Y. 1976. Pine Bast Scales from China. Acta Entomologica Sinica, 19(2): 199-204.]

杨平澜, 胡金林. 1981. 牡蛎蚧族一新属三新种 (蚧总科: 盾蚧科). 昆虫学研究集刊: 209-214. [Young P-L, Hu J-L. 1981. A new genus and three new species of Lepidosaphedini from China (Coccoidea: Diaspididae). Contributions of the Shanghai Institute of Entomology: 209-214.]

杨有乾. 1988. 河南森林昆虫志 (同翅目: 叶蝉科). 郑州: 河南科学技术出版社, 29-34. [Yang Y-Q. 1988. Forest Insects of Henan (Homoptera: Cicadellidae). Zhengzhou: Henan Science and Technology Press, 29-34.]

袁锋. 1996. 昆虫分类学. 北京: 中国农业出版社, 167-172. [Yuan F. 1996. Insect Taxonomy. Beijing: China Agriculture Press, 167-172.]

袁锋, 周尧. 2002. 中国动物志 昆虫纲 第二十八卷 同翅目: 角蝉总科: 犁胸蝉科 角蝉科. 北京: 科学出版社, 1-590. [Yuan F, Chou I. 2002. Fauna Sinica. Insecta. Vol. 28. Homoptera: Membracoidea: Aetalionidae Membracidae. Beijing: Science Press, 1-590.]

张广学. 1999. 西北农林蚜虫志 昆虫纲 同翅目: 蚜虫类. 北京: 中国环境科学出版社, 1-563. [Zhang G-X. 1999. Fauna of Agricultural and Forestry Aphids of Northwest, China. Insecta Homoptera Aphidinea. Beijing: China Environmental Science Press, 1-563.]

张广学, 乔格侠, 钟铁森, 张万玉. 1999. 中国动物志 昆虫纲 第十四卷 同翅目: 矿蚜科、瘿绵蚜科. 北京: 科学出版社, 1-380. [Zhang G-X, Qiao G-X, Zhong T-S, Zhang W-Y. 1999. Fauna Sinica. Insecta. Vol. 14. Homoptera: Mindaridae and Pemphigidae. Beijing: Science Press, 1-380.]

张广学, 钟铁森. 1979. 为害经济树木的刻蚜属三新种. 昆虫分类学报, 1(1): 49-54. [Zhang G-X, Zhong T-S. 1979. Three new species of Kurisakia Takahashi from China (Thelaxidae, Aphidoidea, Homoptera). Entomotaxonomia, 1(1): 49-54.]

张广学, 钟铁森. 1980a. 中国长管蚜亚科新种记述 (I) (同翅目: 蚜科). 昆虫分类学报, 2(1): 53-63. [Zhang G-X, Zhong T-S. 1980a. New species and new subspecies of Chinese Macrosiphinae (I) (Homoptera: Aphididae). Entomotaxonomia, 2(1): 53-63.]

张广学, 钟铁森. 1980b. 中国长管蚜亚科新种记述 (2) (同翅目: 蚜科). 昆虫分类学报, 2(3): 215-225. [Zhang G-X, Zhong T-S. 1980b. New species of Chinese Macrosiphinae (II) (Homoptera: Aphididae). Entomotaxonomia, 2(3): 215-225.]

张广学, 钟铁森. 1980c. 绵蚜科二新种. 动物分类学报, 5(4): 392-394. [Zhang G-X, Zhong T-S. 1980c. Two new species of Pemphigidae (Homoptera: Aphidoidae). Acta Zootaxonomica Sinica, 5(4): 392-394.]

张广学, 钟铁森. 1982a. 中国斑蚜科和毛蚜科新属与新种记述 (同翅目). 动物分类学报, 7(1): 67-77. [Zhang G-X, Zhong T-S. 1982a. New genera and new species of Chinese Calaphididae and Chaitophoridae (Homoptera). Acta Zootaxonomica Sinica, 7(1): 67-77.]

张广学, 钟铁森. 1982b. 中国蚜总科新种新亚种记述. 动物学集刊, 2: 19-28.[Zhang G-X, Zhong T-S. 1982b. New species and subspecies of Chinese Aphididae. Sinozoologia, 2:19-28.]

张广学, 钟铁森. 1983a. 中国蚜亚科新种记述 (同翅目: 蚜科). 昆虫分类学报, 5(1): 37-42. [Zhang G-X, Zhong T-S. 1983a. New species of Chinese Aphididae (Homoptera: Aphididae). Entomotaxonomia, 5(1): 37-42.]

张广学, 钟铁森. 1983b. 中国经济昆虫志 第二十五册 同翅目: 蚜虫类 (一). 北京: 科学出版社, 1-387. [Zhang G-X, Zhong T-S. 1983b. Economic Insect Fauna of China. Fasc. 25. Homoptera: Aphidinae, Part I. Beijing: Science Press, 1-387.]

张荣祖. 1998. "中国动物地理区划"的再修订. 动物分类学报, 23(增刊): 207-219. [Zhang R-Z. 1998. The second revision of zoogeographical regions of China. Acta Zootaxonomica Sinica, 23(S): 207-219.]

张学范. 1992. 中国竹链蚧属研究及新种记述 (同翅目: 链蚧科). 南京林业大学学报(自然科学版), 16(3): 63-69. [Zhang X-F. 1992. A study on Chinese Bambusaspis with description of five new species (Homoptera: Asterolecaniidae). Journal of Nanjing Forestry University (Natural Sciences), 16(3): 63-69.]

张雅林. 1990. 中国叶蝉分类研究 (同翅目: 叶蝉科). 杨凌: 天则出版社, 1-218. [Zhang Y-L. 1990. A Taxonomic Study of Chinese Cicadellidae (Homoptera). Yangling: Tianze Eldonejo, 1-218.]

张雅林. 1994. 中国离脉叶蝉亚科分类 (同翅目: 叶蝉科). 郑州: 河南科学技术出版社, 1-151. [Zhang Y-L. 1994. Taxonomic Study of Chinese Coelidiinae (Homoptera: Cicadellidae). Zhengzhou: Henan Science and Technology Press, 1-151.]

张雅林. 2017a. 天目山动物志. 第四卷. 杭州: 浙江大学出版社, 1-462. [Zhang Y-L. 2017a. Fauna of Tianmu Mountain. Vol. 4. Hangzhou: Zhejiang University Press, 1-462.]

张雅林. 2017b. 秦岭昆虫志. 第三卷. 半翅目 同翅亚目. 西安: 世界图书出版社, 1-891. [Zhang Y-L. 2017b. Insect Fauna of the Qinling Mountains. Vol. 3. Hemiptera Homoptera. Xi'an: World Publishing Corporation, 1-891.]

张雅林, 车艳丽, 孟瑞, 王应伦. 2020. 中国动物志 昆虫纲 第七十卷 半翅目: 杯瓢蜡蝉科 瓢蜡蝉科. 北京: 科学出版社, 1-655. [Zhang Y-L, Che Y-L, Meng R, Wang Y-L. 2020. Fauna Sinica. Insecta. Vol. 70. Hemiptera: Caliscelidae Issidae. Beijing: Science Press, 1-655.]

张雅林, 陈波, 沈林. 1995. 中国脊翅叶蝉属种类记述 (同翅目: 叶蝉科). 昆虫学报, 17(S): 9-14. [Zhang Y-L, Chen B, Shen L. 1995. On Chinese species of the genus Parabolopona Matsumura (Homoptera: Cicadellidae). Entomotaxonomia, 17(S): 9-14.]

张雅林, 段亚妮. 2004. 中国新记录属多脉叶蝉属及两新种记述 (同翅目: 叶蝉科). 昆虫分类学报, 26(4): 255-260. [Zhang Y-L,

Duan Y-N. 2004. A new record genus *Polyamia* DeLong, with two new species (Hemiptera: Cicadellidae) from China. Entomotaxonomia, 26(4): 255-260.]

张雅林, 张文珠, 陈波. 1997. 河南伏牛山缘脊叶蝉亚科种类记述. 昆虫分类学报, 19(4): 235-245. [Zhang Y-L, Zhang W-Z, Chen B. 1997. Selenocephaline leafhoppers (Homoptera, Cicadellidae) from Mt. Funiushan in Henan Province. Entomotaxonomia, 19(4): 235-245.]

张雅林, 周尧. 1988. 零叶蝉属四新种 (同翅目: 叶蝉科: 小叶蝉亚科). 昆虫分类学报, 10(3-4): 248-254. [Zhang Y-L, Chou I. 1988. Four new species of the genus *Limassolla* Dlabola (Homoptera, Cicadellidae, Typhlocybinae). Entomotaxonomia, 10(3-4): 248-254.]

张雅林, 周尧, 黄敏. 1992. 中国辜小叶蝉属分类研究 (同翅目: 叶蝉科: 小叶蝉亚科). 昆虫分类学报, 14(2): 97-110. [Zhang Y-L, Chou I, Huang M. 1992. A taxonomic study of the genus *Aguriahana* Distant (Homoptera: Cicadellidae: Typhlocybinae) from China. Entomotaxonomia, 14(2): 97-110.]

周尧. 1982. 中国盾蚧志 第一卷. 西安: 陕西科学技术出版社, 1-195. [Chou I. 1982. Monograph of the Diaspididae of China. Vol. 1. Xi'an: Shaanxi Science and Technology Press, 1-195.]

周尧. 1985. 中国盾蚧志 第二卷. 西安: 陕西科学技术出版社, 196-431. [Chou I. 1985. Monograph of the Diaspididae of China. Vol. 2. Xi'an: Shaanxi Science and Technology Press, 196-431.]

周尧. 1986. 中国盾蚧志 第三卷. 西安: 陕西科学技术出版社, 432-771. [Chou I. 1986. Monograph of the Diaspididae of China. Vol. 3. Xi'an: Shaanxi Science and Technology Press, 432-771.]

周尧, 雷仲仁, 李莉, 陆晓林, 姚渭. 1997. 中国蝉科志 (同翅目: 蝉总科). 杨凌: 天则出版社, 1-380. [Chou I, Lei Z-R, Li L, Lu X-L, Yao W. 1997. Fauna Sinica of Cicadae (Homoptera: Cicadoidea). Yangling: Tianze Eldonejo, 1-380.]

周尧, 梁爱萍. 1987. 中国尖胸沫蝉科 (同翅目) 一新属新种. 昆虫分类学报, 9(1): 29-32. [Chou I, Liang A-P. 1987. A new genus and new species of Aphrophoridae (Homoptera) from China. Entomotaxonomia, 9(1): 29-32.]

周尧, 路进生, 黄桔, 王思政. 1985. 中国经济昆虫志(第三十六册)(同翅目: 蜡蝉总科). 北京: 科学出版社, 1-152. [Chou I, Lu J-S, Huang J, Wang S-Z. 1985. Economic Insect Fauna of China. Fasc. 36. Homoptera: Fulgoroidea. Beijing: Science Press, 1-152.]

周尧, 马宁. 1981. 中国小叶蝉亚科的新种和新纪录. 昆虫分类学报, 3(3): 191-207. [Chou I, Ma N. 1981. On some new species and new records of Typhlocybinae from China. Entomotaxonomia, 3(3): 191-207.]

朱坤炎. 1988. 中国簇角飞虱属一新种. 动物分类学报, 13(4): 397-399. [Zhu K-Y. 1988. Description of a new species of *Belocera* from China (Homoptera: Delphacidae). Acta Zootaxonomica Sinica, 13(4): 397-399.]

Ahmed M. 1971. *Havelia alba*, new genus, new species (Typhlocybinae: Homoptera) on a forest plant *Debregeasia* Hypoleuca in parts of West Pakistan. Pakistan Journal of Forestry, 21(3): 277-280.

Ahmed M. 1986. Some investigations of leafhoppers of of grasslands and allied crops in Pakistan. Proceedings of Pakistan Congress of Zoology, 6: 51-62.

Ahmed M, Mahmood S H. 1969. A new genus and two new species of Nirvaninae (Cicadellidae-Homoptera) from Pakistan. Pakistan Journal of Scientific and Industrial Research, 12: 260-263.

Ahmed M, Qadeer A, Malik K F. 1988. Some new Cicadellids from grasslands of Karachi, Pakistan (Homoptera: Cicadellidae). Great Basin Naturalist Memoirs, 12: 10-17.

Akimoto S. 1985. Taxonomic study on gall aphids, *Colopha*, *Paracolopha* and *Kaltenbachiella* (Aphidoidea: Pemphigidae) in East Asia, with special reference to their origins and distributional patterns. Insecta Matsumurana, New Series, 31: 1-79.

Ali S M. 1970. A catalogue of the Oriental Coccoidea (Part 4) (Insecta: Homoptera: Coccoideae). Indian Museum Bulletin, 5: 71-150.

Amyot C J B, Audinet-Serville J G. 1843. Deuxième partie. Homoptères. Homoptera Latr. Histoire naturelle des Insectes. Hémiptères. Librairie Encyclopédique de Roret. Paris, i-lxxvi, 1-676.

Andrew H, Smith D M. 2006. *Athysanella bidentata* n. sp. (Hemiptera: Cicadellidae): a probable endemic leafhopper from the San Luis Valley in Colorado. Zootaxa, 1164: 63-68.

Anufriev G A. 1968. New and little known species of leafhoppers of the genus *Macrosteles* (Homoptera-Auchenorrhyncha) from the Soviet Far East. Zoologichesky Zhurnal, 47(4): 555-562.

Anufriev G A. 1969a. Description of a new genus of leafhoppers (Homoptera, Auchenorrhyncha) from Japan. Bulletin de l'Academie Polonaise des Sciences, Serie des Sciences Biologiques, 17(6): 403-405.

Anufriev G A. 1969b. New and little known leaf-hoppers of the subfamily Typhlocybinae from the Soviet Maritime Territory (Homopt., Auchenorrhyncha). Acta Faunistica Entomologica Musei Nationalis Pragae, 13(153): 163-190.

Anufriev G A. 1970a. New leafhoppers of the tribe Opsiini (Homoptera, Cicadellidae) from the East Asia. USSR. Entomological Review of the USSR, 49: 151-153.

Anufriev G A. 1970b. Description of a new genus *Amritodus* for *Idiocerus atkinsoni* Leth. from India (Hemiptera: Cicadellidae). Journal of Natural History, 4: 375-376.

Anufriev G A. 1970c. Ziczacella, new subgenus of *Erythroneura* Fitch (Homoptera, Auchenorrhyncha, Cicadellidae). Bulletin de l'Academie Polonaise des Sciences, Serie des Sciences Biologiques, 17(11-12): 697-700.

Anufriev G A. 1971a. New species of Cicadellidae from the Primorsky District. Zoologichesky Zhurnal, 50: 677-685.

Anufriev G A. 1971b. New and little known Far eastern species of leafhopper (H. C.) of the genus *Pagaronia* Ball, 1902. Bulletin de l'Academie Polonaise des Sciences, Serie des Sciences Biologiques, 19(5): 335-339.

Anufriev G A. 1971c. Six new Far Eastern species of leafhoppers (Homoptera: Auchenorrhyncha). Bulletin de l'Academie Polonaise des Sciences, Serie des Sciences Biologiques, 19(7-8): 517-522.

Anufriev G A. 1971d. Study of the genus *Matsumurella* Ishihara, 1953 (Homoptera, Auchenorrhyncha, Cicadellidae) with the description of three new species from China and Japan. Bulletin de l'Academie Polonaise des Sciences, Serie des Sciences Biologiques, 19(7&8): 511-516.

Anufriev G A. 1972. Two new far eastern species of *Aconurella* Rib. previously confused with *Aconurella iaponica* (Mats) (Auchenorrhyncha). Bulletin of the Polish Academy of Sciences Biology, 20(3): 203-208.

Anufriev G A. 1973. The genus *Empoasca* Walsh, 1864 (Homoptera: Cicadellidae: Typhlocybinae) in the soviet maritime territory. Annals of Zoology, 30: 537-558.

Anufriev G A. 1976. Notes on the genus *Psammotettix* Hpt. with descriptions of tow new species from Siberia and the Far East (Homoptera: Cicadellidae). Reichenbachia, 16(9): 129-134.

Anufriev G A. 1977a. Two new species of auchenorrhynchous insects from the temperate Asia. Reichenbachia, 16(21): 211-215.

Anufriev G A. 1977b. Leafhoppers (Homoptera, Auchenorrhyncha, Cicadellidae) of the Kurile Islands. Transactions of the Zoological Institute, Leningrad, 70: 10-36.

Anufriev G A. 1977c. Delphacids (Homoptera Auchenorrhyncha) of the Kurile Islands Fauna. Zoologichesky Zhurnal, 56(6): 855-869.

Anufriev G A. 1978. Les Cicadellides de le Territoire Martitime. Horae Societatis Entomologicae Unionis Soveticae, 60: 1-214.

Anufriev G A 1987. Review of the cixiid genus *Kuvera* Distant (Homoptera, Auchenorrhyncha, Cixiidae). In: Kapustina O G. Taxonomy of the insects of Siberia and Soviet Far East, Taksonomiia nasekomykh Sibiri i Dal'nego Vostoka SSR, Vladivostok Dalnauka (Russia): 7.

Anufriev G A. 1994. A new leafhopper of the genus *Evinus* (Homoptera, Cicadinea, Cicadellidae, Hecalinae) from Tajikistan. Zoologichesky Zhurnal, 73: 116-119.

Anufriev G A, Emeljanov A F. 1968. New synonymy of Homoptera, Auchenorrhyncha from the soviet Far East. Zoologichesky Zhurnal, 47: 1328-1332.

Anufriev G A, Emeljanov A F. 1988. Keys to the identification of insects of the Soviet Far East. Vol. 2. Homoptera and Heteroptera. Leningard: Nauka Publishing House, 1-972.

Asche M, Webb M D. 1994. Review of the southern Palaearctic and Palaeotropical leafhopper genus *Hengchunia* Vilbaste (Homoptera: Cicadellidae). Tijdschrift Voor Entomologie, 137(2): 143-154.

Asche M, Wilson M R. 1989. The delphacid genus *Sogatella* and related groups: a revision with special references to rice-associated species (Homoptera: Fulgoroidea). Syst Entomol, 15(1): 1-42.

Ashby S F. 1915. Notes on diseases of cultivated crops observed in 1913-1914. Bulletin of the Department of Agriculture, Jamaica, 2: 299-327.

Ashmead W H. 1880. On the red or circular scale of the orange (*Chrysomphalus ficus* Riley Ms.). The American Entomologist, 3: 267-269.

Ashrnead W H. 1885. The orange *Aleurodes* (*Aleurodes citri* n. sp.). Florida Dispatch, 2(42): 704.

Atkinson E T. 1886. Notes on Indian Rhynchota. No. 5. Journal and Proceedings of the Asiatic Society of Bengal. Calcutta, 55: 12-83.

Avasthi R K. 1993. Three new genera of Coccidae (Homoptera: Coccoidea). Journal of the Bombay Natural History Society, 90(1): 73-77.

Bai R-K, Guo H-W, Feng J-N. 2015. A new species in the genus *Reptalus* Emeljanov, 1971 (Hemiptera: Cixiidae: Pentastirini) from China. Entomotaxonomia, 37(1): 31-42.

Baker C F. 1896. The North American species of *Gnathodus*. Canadian Entomologist, 28: 35-42.

Baker C F. 1915. Studies in Philippine Jassoidea, 4: The Idiocerini of the Philippines. The Philippine Journal of Science, 10: 317-343.

Baker C F. 1923. The Jassoidea Related to Stenocotidae with Special Reference to Malayan Species. The Philippine Journal of Science, 23(4): 345-530.

Balachowsky A S. 1950. Sur deux *Tachardina* Ckll. (Coccoidea-Lacciferinae) nouveaux du Sahara Central. EOS, 26: 7-17.

Balachowsky A S. 1953. Les cochenilles de France d'Europe, du Nord de l'Afrique, et du bassin Méditerranéen. 7.-Monographie des Coccoidea; Diaspidinae-4, Odonaspidini-Parlatorini. Entomologie Appliquée Actualités Scientifiques et Industrielles, 1202: 725-929 (VII. 1-207).

Balachowsky A S. 1954. Les cochenilles Paléarctiques de la tribu des Diaspidini. Memmoires Scientifiques de l'Institut Pasteur Paris: 450 pp.

Ball E D. 1931. Some new North American genera and species in the group formerly called *Platymetopius* (Rhynchota, Homoptera).

The Canadian Entomologist, 63: 216-222.

Ball E D. 1932. New genera and species of leafhoppers related to *Scaphoideus*. Journal of the Washington Academy of Sciences, 22: 9-19.

Beamer R H. 1938. Two new species of *Lonatura* (H. C.). Journal of the Kansas Entomological Society, 1: 31-34.

Beamer R H. 1948. A new *Lonatura* and *Parabolocratus* (H. C.). Journal of the Kansas Entomological Society, No 2, Vol. 21: 62-63.

Beamer R H, Tuthill. 1934. Some new species and a new genus of Deltocephaloid leafhoppers (Homoptera, Cicadellidae). Journal of the Kansas Entomological Society, 7: 1-24.

Beirne B P. 1950. A new species of *Balclutha*, with notes on the Canadian Balcluthini (Homoptera: Cicadellidae). Canadian Entomologist, 82: 123-126.

Beirne B P. 1952. The Nearctic Species of *Macrosteles* (Homoptera: Cicadellidae). Canadian Entomologist, 84: 208-232.

Beirne B P. 1956. Leafhoppers (Homoptera: Cicadellidae) of Canada and Alaska. Canadian Entomologist, 88: 1-180.

Bell J. 1851. The insect forming the Chinese gall. Pharm. Journal, 7: 310.

Ben-Dov Y. 1988. A taxonomic analysis of the armored scale tribe Odonaspidini of the world (Homoptera: Coccoidea: Diaspididae). United States Department of Agriculture Technical Bulletin No, 1723: 1-142.

Ben-Dov Y. 1993. A systematic catalogue of the soft scale insects of the world (Homoptera: Coccoidea: Coccidae). Sandhill Crane Press Gainesville, FL: 1-536.

Ben-Dov Y. 1994. A systematic catalogue of the mealybugs of the world (Insecta: Homoptera: Coccoidea: Pseudococcidae and Putoidae) with data on geographical distribution, host plants, biology and economic importance. 100th Intercept Limited Andover, UK: 1-686.

Ben-Dov Y. 2006. A Systematic Catalogue of Eight Scale Insect Families (Hemiptera: Coccoidea) of the World. Elsevier Amsterdam: i-xix, 1-368.

Berg C. 1899. Substitución de nombres genéricos. 3. Comunicaciones del Museo Nacional de Buenos Aires, 1: 77-80.

Berlese A M. 1896. Le cocciniglie Italiane viventi sugli argumi. Parte 3. I Diaspiti. Rivista di Patologia Vegetale. Firenze, 4: 74-170.

Berlese A M, Leonardi G. 1896. Diagnosi di cocciniglie nuove. (Cont.) Rivista di Patologia Vegetale. Firenze, 4: 345-352.

Berman C J H. 1910. Homopteren aus niederländisch ost-Indien. Notes from the Leyden Museum, 33: 1-68.

Blackman R L, Eastop V F. 1994. Aphids on the World's Trees. An Identification and Information Guide. CAB International, Wallingford: 1-987.

Blackman R L, Eastop V F. 2000. Aphids on the Word's Crops. An Identification and Information Guide. Second Edition. John Wiley & Sons, Ltd., Chichester: 1-466.

Blackman R L, Eastop V F. 2006. Aphids on the World's Herbaceous Plants and Shrubs. John Wiley & Sons, Ltd., Chichester, 1-1460.

Blackman R L, Sorin M, Miyazaki M. 2011. Sexual morphs and colour variants of *Aphis* (formerly Toxopttera) odinae (Hemiptera, Aphididae) in Japan. Zootaxa, 3110:53-60.

Bliven B P. 1955. New phytophagous Hemiptera from the Coast Range Mountains (Pentatomidae, Miridae, Cicadellidae, Psyllidae). Studies on Insects of the Redwood Empire, 1: 8-14.

Block H D, Fang Q-Q. 1993. A review of the *deltocephalus*-like genera *Daltonia*, *Deltella* and *Mexara* (H.C.). Journal of the Kansas Entomological Society, 66(3): 303-309.

Blocker H D. 1967. *Athysanella attenuata* and a closely related new species from Kansas. Journal of the Kansas Entomological Society, 40(40): 576-578.

Blocker H D, Fang Q-Q, Black W C. 1995. Review of the Nearctic *Deltocephalus*-like leafhoppers (Homoptara: Cicadellidae). Annals of the Entomological Society of America, 88(3): 294-315.

Blocker H D, Wesley C S. 1985. Distribution of *Athysanella* (Homoptera: Cicadellidae: Deltocephalinae) in Canada and Alaska with descriptions of three new species. Journal of the Kansas Entomological Society, 58(4): 578-585.

Bodenheimer F S. 1949. The Coccidea of Turkey. Diaspididae. A monographic study. Güney Ankara: 1-264.

Bodenheimer F S. 1951. Description of some new genera of Coccoidea. Entomologische Berichten. Amsterdam, 13: 328-331.

Boheman C H. 1845a. Nya Svenska Homoptera. Svenska Vetenskaps Akademiens Handlingar: 21-63.

Boheman C H. 1845b. Nya Svenska Homoptera. Svenska Vetenskaps Akademiens Öfversigt af Förhandlingar: 154-164.

Boisduval J B A. 1869. Note sur deux espèces nouvelles de coccides vivant sur les bambous cultivés au jardin du Hamma. L'Insectologie Agricole, 3: 260-262.

Borchsenius N S. 1948. Toward a revision of the genus *Phenacoccus* Ckll. (Insecta, Homoptera, Coccoidea). Doklady Akademii Nauk SSSR. Moscow (N.S.), 61: 953-956.

Borchsenius N S. 1949. Insects Homoptera. suborders mealybugs and scales (Coccoidea). Family mealybugs (Pseudococcidae). Vol. 7. Fauna SSSR. Zoologicheskii Institut Akademii Nauk SSSR. N.S., 38: 1-382.

Borchsenius N S. 1957. Subtribe mealybugs and scales (Coccoidea). Soft scale insects Coccidae. Vol. IX. Fauna SSSR.

Zoologicheskii Institut Akademii Nauk SSSR. N.S., 66: 1-493.

Borchsenius N S. 1958a. Contribution to the coccid fauna of China. 3. Some new species of Lepidosaphini of coccid fauna of China (Homoptera, Coccoidea). Acta Entomologica Sinica, 8: 168-178.

Borchsenius N S. 1958b. Notes on the Coccoidea of China. 2. Descriptions of some new species of Pseudococcidae, Aclerdidae and Diaspididae (Homoptera, Coccoidea). Entomologicheskoe Obozrenye, 37: 156-173.

Borchsenius N S. 1960. Fauna of USSR, Homoptera, Kermococcidae, Asterolecaniidae, Lecanidodiaspididae, Aclerdidae. Akademiia Nauk SSSR, Zoologicheskii institut (Series) Leningrad: 1-282.

Borchsenius N S. 1962. Descriptions of some new genera and species of Diaspididae (Homoptera, Coccoidea). Entomologicheskoe Obozrenye, 41: 861-871.

Borchsenius N S. 1963. On the revision of the genus *Lepidosaphes* Shimer (Coccoidea, Homoptera, Insecta). Zoologicheskii Zhurnal, Moscow, 42: 1161-1174.

Borchsenius N S. 1964a. Notes on the Coccoidea of India. 1. A new genus and three new species of Leucaspidini (Diaspidae). Entomologicheskoe Obozrenye, 43: 864-872.

Borchsenius N S. 1964b. New genera and species of scale insects (Homoptera, Coccoidea, Diaspididae) from Transcaucasia, Middle and Eastern Asia. Entomologicheskoe Obozrenye, 34: 152-168.

Borchsenius N S. 1966. A Catalogue of the Armoured Scale Insects (Diaspidoidea) of the World. Nauka: Moscow & Leningrad, 1-449.

Börner C, Heinze K. 1957. Aphidina-Aphidoidea. *In*: Sorauer's Handbuch der Pflanzenkrankheiten, 5(4): 1-402.

Börner C, Schilder F A. 1932. Aphidoidea, Blattlause. *In*: Handbuch der Pflanzenkrankheiten Begründet von Paul Sorauer, 5(2): 551-673.

Börner C. 1931. Mitteilungen uber Blattlause. Anz Schadlin Gskunde, 7: 8-11.

Börner C. 1952. Europae cenralis Aphides. Mitt Thur Bot Ges, 3: 1-488.

Börner C. 1933. Kleine Mitteilungen uber Blattlause. Selbstve rlag, Naumburg, 1933: 1-4.

Boselli F B. 1929. Studii sugli Psyllidi (Homoptera: Psyllidae o Chermidae) II. Descrizione di una nuova specie di Paurocephala della cina e dei suoi stadii larvali. Bolletino del Laboratoria di zoologia generale e agraria della Facolta agraria di Portici, 21: 251-264.

Bouché P F. 1833. Naturgeschichte der Schädlichen und Nützlichen Garteninsekten und die bewährtesten Mittel. Nicolai Berlin: 1-176.

Bouché P F. 1844. Contributions to the natural history of the "Scharlachläuse" (Coccina). Entomologische Zeitung, Stettin, 5: 293-302.

Bouché P F. 1851. Neue Arten der Schildlaus-Familie. Entomologische Zeitung, Stettin, 12: 110-112.

Bourgoin T. 1993. Female genitalia in Hemiptera Fulgoromorpha, morphological and phylogenetic data. Annales de la Société. Entomologique de France (N.S.), 29: 225-244.

Bourgoin T, Wang R-R, Asche M. 2014. From micropterism to hyperpterism recognition strategy and standardized homology-driven terminology. Zoomorphology, 134: 63-77.

Boyer de Fonscolombe B E L J H B.1841. Description des pucerons qui se tro uvent aux environs d'Aix. Ann Soc Entomol France, 10: 157-198.

Bozhko M P. 1950. K faune tlej Charkovskoj i Sumskoj o blastej. Trudy Nauc.-Issl. Inst Biol Chark gos Univ, 14-15: 173-191.

Breddin G. 1902. Neue malayische Homopteren aus der Familie Cercopidae. Societas Entomol, 17: 58-59.

Buckton G B. 1876. Monograph of the British Aphides. Ray Society, London, 1: 1-193.

Buckton G B. 1879. Monograph of the British Aphides. Ray Society, London, 2: 1-176.

Buckton G B. 1903. A monograph of Membracidae, London: L. Reeve & Company, 1-296, pls. 1-60.

Buckton G B. 1905. Observation on some undescribed or little-known species of Hemiptera-Homoptera of the family Membracidae. Linn Soc London Zool Trans, 9(2): 329-338, pls. 21-22.

Burckhardt D. 1989. Les psylles (Insecta, Homoptera, Psylloidea) de l'Algérie. Archives des Sciences, Genève, 42(2): 367-424.

Burckhardt D, Lauterer P. 1997. Systematics and biology of the *Aphalara exilis* (Weber & Mohr) species assemblage (Hemiptera: Psyllidae). Entomologica Scandinavica, 28: 271-305.

Burckhardt D, Mühlethaler R. 2003. Exotische Elemente des Schweizer Blattflohfauna (Hemiptera, Psylloidea) mit einer Liste weiterer potentieller Arten. Mitteilungen der Entomologischen Gesellschaft Basel, 53(4): 98-110.

Burmeister H C C. 1835. Schnabelkerfe. Rhynchota. Handbuch der Entomologie. Enslin, Berlin, 2(1): 1-396.

Burmeister H C C. 1838. Rhynchota. No. 1. Genera quaedam insectorum. Iconibus illustravit et descripsit, 1. Sumtibus A. Burmeister, Berlin.

Butler A G. 1874. Monographic list of the homopterous insects of the genus *Platypleura*. Cistula Entomologica, 1: 183-198.

Butler A G. 1877. Hemiptera-Homoptera. *In*: Dr. Albert Gunther's Zoological Collections made by H.M.S. "Peterel". Proceedings of the Zoological Society of London: 90-91.

Chalam M S V, Rao V R S. 2005a. Description of two new species belonging to the genus *Deltocephalus* Burmeister (Hemiptera: Cicadellidae: Deltocephalinae: Deletocephalini) from India. Zootaxa, 906: 1-6.

Chalam M S V, Rao V R S. 2005b. Description of a new species belonging to the genus *Leofa* Distant (Hemiptera: Cicadellidae: Deltocephalinae: Stenometopiini) from Indian. Zootaxa, 808: 1-4.

Chalam M S V, Rao V R S. 2005c. Description of a new leafhopper genus for *Deltocephalus rufobilineatus* Melichar (Hemiptera: Auchenorrhyncha: Deltocephalinae) from India. Annals of Plant Protection Sciences, 13(2): 384-387.

Chalam M S V, Rao V R S, Punnaiah K C. 2004. New records of leafhoppers (Hemiptera: Cicadellidae: Deltocephalinae: Macrostelini: Scaphoideini: Scaphytopiini: Stenometopiini) from Andhra Pradesh. Andhra Agricultural Journal, 51(3-4): 392-398.

Chamberlin J C. 1923. A systematic monograph of the Tachardiinae or lac insects (Coccidae). Bulletin of Entomological Research, 14: 147-212.

Chamberlin J C. 1925. Supplement to a monograph of the Lacciferidae (Tachardiinae) or lac insects (Homopt. Coccidae). Bulletin of Entomological Research, 16: 31-41.

Chan M-L, Yang C-T. 1994. Issidae of Taiwan: (Homoptera: Fulgoroidea). Chen Chung Book, Taichung: 1-168.

Chauri M S K. 1980. Illustrated redescriptions of two Pruthi's species of Cicadellidae of India. Reichenbachia, 18(25): 165-171.

Chavannes A. 1848. Notice sur deux *Coccus* cériféres du Brésil. Bulletin de la Societe Entomologique de France (Ser. 2), 6: 139-145.

Chen K-F. 1943. New genera and species of Chinese cicadas with synonymical and nomenclatorial notes. Journal of the New York Entomological Society, 51: 19-52.

Chen K-F. 1957. Cicadas of Mt. Omei with description of a new species and some synonymical notes (Homoptera: Cicadidae). Agronomy Journal of Zhejiang, 2: 213-269.

Chiang C C. 1996. Studies on the Genus *Balclutha* (Homoptera: Cicadellidae) of Taiwan. Journal of Taiwan Museum, 49(1): 61-71.

Chiang C C, Knight W J. 1990. Studies on Taiwanese Typhlocybinae (Homoptera: Cicadellidae)(4) tribe Erythroneurini. Bulletin of the National Museum of Natural Science, 2: 191-255.

China W E. 1925. The Hemiptera collected by Prof. J. W. Gregory's expedition to Yunnan, with synonymic notes on allied species. Annals and Magazine of Natural History, 16: 449-485.

China W E. 1926. A new genus and species of Jassidae injurious to maize in Kenya colony, E. Africa. Bulletin of Entomological Research, 17: 43.

China W E. 1928. Two new species of *Cicadulina*, China (Homoptera, Jassidae) from the Gambia, West Africa. Bulletin of Entomological Research, 19: 61-63.

China W E. 1936. A new genus species of *Cicadulina*, China (Homoptera, Jassidae) injurious to maize in Tanganyika Territory. Bulletin of Entomological Research, 27: 251-252.

China W E. 1938. Corrections and additions to James Edwards' Catalogue of British Hemiptera-Homoptera, Perth, 1908 (excluding Psyllidae). Entomologists Monthly Magazine, 74: 191-197.

China W E. 1941. A synonymic name on *Wania membracioidea* Liu (Homoptera, Jassoidea). Bibliographical notice, Annals and Magzine of Natural History, 38(7): 255-256.

China W E, Fennah R G. 1945. On the genera *Tetigonia* Geoff., *Tettigonia* F., *Tettigoniella* Jac., and *Iassus* Fab. (Hemiptera-Homoptera). Annals and Magazine of Natural History. London, (Ser. 11) 12: 707-712.

Cho G, Burckhardt D, Lee S. 2022. Check list of jumping plant-lice (Hemiptera: Psylloidea) of the Korean Peninsula. Zootaxa, 5177: 1-91.

Chou I, Lu C-S. 1977. On the Chinese Ricaniidae with descriptions of eight new species. Acta Entomologica Sinica, 20(3): 314-322.

Clarke W T. 1903. A list of Califorina Aphididae. Can. Entomol. 35: 247-254.

Clausen C P. 1923. The citricola scale in Japan, and its synonymy. Journal of Economic Entomology, 16: 225-226.

Cockerell T D A. 1892a. Museum notes. Journal of the Institute of Jamaica, 1: 134-137.

Cockerell T D A. 1892b. Coccidae of Jamaica. Journal of the Institute of Jamaica, 1: 142-143.

Cockerell T D A. 1893a. West Indian Coccidae. Entomologist's Monthly Magazine, 29: 38-41, 80.

Cockerell T D A. 1893b. Note on the genus *Pseudococcus* Westwood. Entomological News, 4: 317-318.

Cockerell T D A. 1893c. Notes on *Lecanium*, with a list of the West Indian species. Transactions of the American Entomological Society, 20: 49-56.

Cockerell T D A. 1893d. A list of West Indian Coccidae. Journal of the Institute of Jamaica, 1: 252-256.

Cockerell T D A. 1893e. Museum notes. Coccidae. Journal of the Institute of Jamaica, 1: 180.

Cockerell T D A. 1893f. The West Indian species of Dactylopius. The Entomologist, 26: 177-179, 266-268.

Cockerell T D A. 1894a. *Diaspis lanatus*. Entomological News, 5: 43.

Cockerell T D A. 1894b. Notes on some Trinidad Coccidae. Journal of the Trinidad Field Naturalists' Club, 1: 306-310.

Cockerell T D A. 1895. A new mealy-bug on sugar cane. Journal of the Trinidad Field Naturalists' Club, 2: 195.

Cockerell T D A. 1896a. A check list of the Coccidae. Bulletin of the Illinois State Laboratory of Natural History, 4: 318-339.

Cockerell T D A. 1896b. Preliminary diagnoses of new Coccidae. Psyche, Supplement, 7: 18-21.

Cockerell T D A. 1896c. Coccidae or scale insects-IX. Bulletin of the Botanical Department, Jamaica (N.S.), 3: 256-259.

Cockerell T D A. 1897a. The San Jose scale and its nearest allies. United States Department of Agriculture, Division of Entomology, Technical Series, 6: 1-31.

Cockerell T D A. 1897b. Notes on new Coccidae. 1. A new coccid pest of greenhouses. 2. A Japanese coccid quarantined at San Francisco. Psyche, 8: 52-53.

Cockerell T D A. 1898. Two new scale-insects quarantined at San Francisco. Psyche, 8: 190-191.

Cockerell T D A. 1899a. Four new diaspine Coccidae. Canadian Entomologist, 31: 105-107.

Cockerell T D A. 1899b. Tables for the determination of the genera of Coccidae. Canadian Entomologist, 31: 273-279, 330-333.

Cockerell T D A. 1899c. Article 7.-First supplement to the check-list of the Coccidae. Bulletin of the Illinois State Laboratory of Natural History, 5: 389-398.

Cockerell T D A. 1900. Some Coccidae quarantined at San Francisco. Psyche, 9: 70-72.

Cockerell T D A. 1902a. South African Coccidae-2. The Entomologist, 35: 111-114.

Cockerell T D A. 1902b. A catalogue of the Coccidae of South America. Revista Chilena de Historia Natural, 6: 250-257.

Cockerell T D A. 1902c. What is *Monophlebus*, Leach? The Entomologist, 35: 317-319.

Cockerell T D A. 1902d. The coccid genus *Aulacaspis*. The Entomologist, 35: 58-59.

Cockerell T D A. 1902e. A contribution to the classification of the Coccidae. The Entomologist, 35: 232-233, 257-260.

Cockerell T D A. 1902f. The classification of the Aleyrodidae. Proceedings of the Academy of Natural Sciences of Philadelphia, 54: 279-283.

Cockerell T D A. 1905. Some Coccidae from the Philippine Islands. Proceedings of the Davenport Academy of Sciences. Davenport, Iowa, 10: 127-136.

Cockerell T D A. 1909. The Japanese Coccidae. Canadian Entomologist, 41: 55-56.

Cockerell T D A, Parrott P J. 1901. Table to separate the genera and subgenera of Coccidae related to *Lecanium*. The Canadian Entomologist, 33: 57-58.

Cockerell T D A, Robinson E. 1914. Descriptions and records of Coccidae. I. Subfamily Diaspinae. 2. Non-Diaspine subfamilies. Bulletin of the American Museum of Natural History, 33: 327-335.

Cogan E S. 1916. Homopterous Studies. Part 1. Contributions to our knowledge of the Homoptera of South Africa. Ohio Journal of Science, 16: 161-208.

Colvée P. 1880. Ensayo sobre una nueva enfermedad del olivo, producida por una nueva especie del genero Aspidiotus. Gaceta Agrícola del Ministerio de Fomento, 14: 21-41.

Comstock J H. 1881. Report of the Entomologist. Report of the Commissioner of Agriculture. United States Department of Agriculture, 1880/1881: 276-349.

Comstock J H. 1883. Second report on scale insects, including a monograph of the sub-family Diaspinae of the family Coccidae and a list, with notes of the other species of scale insects found in North America. Department of Entomology Report, Cornell University Agricultural Experiment Station, 2: 47-142.

Cooley R A. 1897. New species of *Chionaspis*. Canadian Entomologist, 29: 278-282.

Cooley R A. 1898. New species of *Chionaspis* and notes on previously known species. Canadian Entomologist, 30: 85-90.

Coquillett D W. 1891. Report on various methods for destroying scale insects. Letter of submittal. Bulletin United States Department of Agriculture, 23: 19-36.

Corbett G H. 1935. On new Aleurodidae (Hem.). Annals and Magazine of Natural History, (10)16: 240-252.

Costa O G. 1829. Fauna del Regno di Napoli, famiglia de coccinigliferi, o de' gallinsetti. Emitteri Napoli, 1-23.

Crawford D L. 1912. Indian Psyllidae. Records of the Indian Museum, 7: 419-435.

Crawford D L. 1913. New genera and species of Psyllidae from the Philippine Islands. Philippine Journal of Science, 8: 293-301.

Curtis J. 1835. Cinara roboris. Aphis tiliae. British Entomology 12: 576-577.

Curtis J. 1837. Eupteryx. British Entomology, 14: 1-640.

Curtis J. 1843. The small brown scale, *Aspidiotus proteus*, Nobis. Gardeners' Chronicle, 39: 676.

Dabrowski Z T. 1987. Two new species of *Cicadulina* China (Hemiptera: Euscelidae) from West Africa. Bulletin of Entomological Research, 77: 53-56.

Dai R-H, Li Z-Z, Chen X-X. 2004. Notes on Chinese species of *Balclutha* with descriptions of three new species (Homoptera, Cicadellidae, Euscelinae). Acta Zootaxonomica Sinica, 29(4): 749-755.

Dai R-H, Li Z-Z, Chen X-X. 2006. One new genus and species of Euscelinae (Hemiptera, Cicadellidae) from Guizhou, China. Acta Zootaxonomica Sinica, 31(3): 592-594.

Dai R-H, Li Z-Z, Chen X-X. 2008. Three new species of the genus *Macrosteles* from China (Hemiptera, Cicadellidae, Euscelinae). Acta Zootaxonomica Sinica, 33(1): 23-26.

Dai W, Dietrich C H, Zhang Y. 2015. A review of the leafhopper tribe Hyalojassini (Hemiptera: Cicadellidae: Iassinae) with description of new taxa. Zootaxa, 3911: 1-42.

Dai W, Viraktamath C A, Zhang Y-L, Webb M D. 2009. A review of the leafhopper genus *Scaphotettix* Matsumura (Hemiptera: Cicadellidae: Deltocephalinae), with description of a new genus. Zoological Science (Tokyo), 26(9): 656-663.

Dai W, Viraktamath C A, Zhang Y-L. 2010a. A Review of the Leafhopper Genus *Hishimonoides* Ishihara (Hemiptera: Cicadellidae: Deltocephalinae). Zoological Science (Tokyo), 27(9): 771-781.

Dai W, Zhang X, Zhang Y, Dietrich C H. 2010b. A new Oriental genus of Iassini leafhoppers (Hemiptera: Cicadellidae: Iassinae) with description of four new species. Zootaxa, 2641: 15-26.

Dai W, Zhang Y-L. 2002. A new genus and six new species of Deltocephalinae from China (Homoptera: Cicadellidae). Acta Zootaxonomica Sinica, 27(2): 304-315.

Dai W, Zhang Y-L. 2004. A taxonomic study of Chinese species of the subgenus *Usuironus* Ishihara (Homoptera, Cicadellidae, Deltocephalinae). Acta Zootaxonomica Sinica, 29(4): 742-748.

Dai W, Zhang Y-L. 2008. A review of the genus *Abrus* Dai & Zhang (Hemiptera: Cicadellidae: Deltocephalinae) from China with description of one new species. Zootaxa, 1688: 37-53.

Dai W, Zhang Y-L. 2009. The genus *Pediopsoides* Matsumura (Hemiptera, Cicadellidae, Macropsini) from mainland China, with description of two new species. Zootaxa, 2134: 23-35.

Dai W, Zhang Y-L, Hu J. 2005. Review of the Chinese leafhopper genus *Paralaevicephalus* (Hemiptera: Cicadellidae: Deltocephalinae) with descriptions of two new species from China. The Canadian Entomologist, 137: 404-409.

Dai W, Zhang Y-L, Viraktamath C A, Webb M D. 2006. Two new Asian Scaphytopiini leafhoppers (Hemiptera: Cicadellidae: Deltocephalinae) with description of a new genus. Zootaxa, 1309: 37-44.

Dallas W S. 1870. Rhynchota. Zoological Record, 6: 472, 485-491, 495-497.

Danzig E M. 1966. The whiteflies (Homoptera, Aleyrodoidea) of the southern Primor'ye (Soviet Far East). Entomologicheskoe Obozrenie, 45: 364-386. [English translation in Entomological Review. Washington, 45: 197-209.]

Danzig E M. 1980. Coccoids of the Far East USSR (Homoptera, Coccinea) with phylogenetic analysis of scale insects fauna of the world. 100th Nauka Leningrad, 1-367.

Danzig E M, Gavrilov-Zimin I A. 2015. Palaearctic mealybugs (Homoptera: Coccinea: Pseudococcidae), Part 2: Subfamily Pseudococcinae. St. Petersburg: Russian Academy of Sciences, Zoological Institute, 1-619.

Danzig E M, Pellizzari G. 1998. Diaspididae. Catalogue of Palaearctic Coccoidea. Hungary: Plant Protection Institute, Hungarian Academy of Sciences Budapest, 1-526.

Das B. 1918. The Aphididae of Lahore. Me Indian Mus, 6: 135-274.

Dash P C, Viraktamath C A. 1995a. Description of a new grass feeding Deltocephalinae genus *Miradeltaphus* gen. nov. with notes on the genus *Pruthiorsius* (Homoptera: Cicadellidae). Hexapoda, 7(1): 37-44.

Dash P C, Viraktamath C A. 1995b. Two new species of grass feeding leafhopper genus *Deltocephalus* (*Recilia*) (Homoptera: Cicadellidae). Hexapoda, 7(2): 71-78.

Dash P C, Viraktamath C A. 1998. A review of the Indian and Nepalese grass feeding leafhopper genus *Deltocephalus* (Homoptera: Cicadellidae) with description of new species. Hexapoda, 10(1-2): 1-59.

Dash P C, Viraktamath C A. 2001. Deltocephalinae leafhopper genus *Goniagnathus* (Homoptera: Cicadellidae) in the Indian subcontinent with descriptions of new species. Journal of Bombay Natural History Society, 98(1): 62-79.

Datta B. 1972. On Indian Cicadelidae (Insecta: Homoptera) 6. Zoologischer Anzeiger, 189(1-2): 102-108.

David B V, Jesudasan R W A, Phillips A. 2006. A review of *Aleurotrachelus* Quaintance & Baker (Hemiptera: Aleyrodidae) and related genera in India, a description of two new species of the genus *Cohicaleyrodes* Bink-Moenen. Hexapoda, 13: 16-27.

David B V, Subramanian T R. 1976. Studies on some Indian Aleyrodidae. Rec Zool Surv India, 70: 133-233.

Davidson R H, DeLong D M. 1935. A review of the North American species of *Balclutha* and *Agellus* (Homoptera: Cicadellidae). Proceedings of the Entomological Society of Washington, 37: 97-112.

Davidson W M. 1912. Aphid notes from California. J Econ Entomol, 5: 404-413.

Day M F, Fletcher M J. 1994. An annotated catalogue of the Australian Cicadelloidea (Hemiptera: Auchenorrhyncha). Invertebrate-Taxonomy, 8(5): 1117-1288.

de Bergevin E, Zanon D V. 1922. Danni alla Vite in Cirenaica e Tripolitania dovuti ad un nuovo Omottero (*Chlorita lybica*, sp. n.). Agr Col, 16: 58-64.

de Geer C. 1773. Mémoires pour serv. à l'histoire des insectes. Tom. 3, 5e mem. des cigales, Stockholm, 151-228.

de Lotto G. 1968. A generic diagnosis of *Takahashia* Cockerell, 1896 (Homoptera, Coccidae). Proceedings of the Linnean Society of London, 179: 97-98.

de Lotto G. 1971. The authorship of the Mediterranean black scale (Homoptera: Coccidae). Journal of Entomology (B), 40: 149-150.

Deitz L L, Dietrich C H. 1993. Superfamily Membracoidea (Homoptera: Auchenorrhyncha). I. Introduction and revised classification with new family-group taxa. Systematic Entomology, 18(4): 287-296.

del Guercio G. 1894. Frammenti di observazioni sulla storis anturale di un Myzus trovato sul Elaeagus e sulla distinzion e della forme di *Myzus ribis* L. descritte fin qui. Natural Sicil (Palermo) 13: 189-199.

del Guercio G. 1909. Contribuzione alla conoscen za dei lacnidi Italiani. Morfologia, sistematica, biologia generalee loro importanza economiva. Re dia, 5: 173-359.

del Guercio G. 1911. Intorno ad alcuni Afididi della Peni sola Ibericae di altre localita raccolti dal prof. I. S. Tavares. Redia, 7: 296-333.

DeLong D M. 1938. A new genus and four new species of cicadellidae (Homoptera) from United States. Ohio Journal of Science, 38(4): 217-218.

DeLong D M, Caldwell J S. 1937. Check list of the Cicadellidae (Homoptera) of America, north of Mexico. Ohio: State University, 1-93.

Deming J C, Webb M D. 1982. A new genus of *Eusceline* leafhopper from west Africa (Homoptera: Cicadellidae: Deltocephalinae). Archuivos do Museu bocage, Series A, 1(22): 485-494.

Déplanche E. 1859. Analysis of a memoir on a disease of coffee by M. E. Déplanche, presented by M. Etudes-Deslongchamps. Bulletin de la Société Linnéenne de Normandie, 4: 203-207.

Dietrich C H. 1999. The role of grasslands in the diversification of leafhoppers (Homoptera: Cicadellidae): a phylogenetic perspective. In: Warwick C. Proceedings of the Fifteenth North American Prairie Conference: 44-99.

Dietrich C H. 2005. Keys to the families of Cicadomorpha and subfamilies and tribes of Cicadellidae (Hemiptera: Auchenorrhyncha). Florida Entomologist, 88(4): 502-517.

Dietrich C H, Dmitriev D A. 2006. Review of the New World genera of the leafhopper tribe Erythroneurini (Hemiptera: Cicadellidae: Typhlocybinae). Bulletin Illinois Natural History Survey, 37(5): 1-4, 119-190.

Dietrich C H, Dmitriev D. 2003. A reassessment of the leafhopper tribes Koebeliini Baker and Grypotini Haupt (H. C.). Entomological Society of America, 96(67): 766-775.

Dietrich C H, Rakitov R A, Holmes J L, Black W C. 2001. Phylogeny of the major lineages of Membarcoidea (Insecta: Hemiptera: Cicadomorpha) based on 28S rDNA sequences. Molecular Phylogenetics and Evolution, 18(2): 293-305.

Dietrich C H, Rakitov R A. 2002. Some remarkable new deltocephaline leafhoppers (Hemiptera: Cicadellidae: Deltocephalinae) from the Amazonian rainforest canopy. Journal of the New York Entomological Society, 110(1): 1-48.

Dietrich C H, Whitcomb R F, Black W C. 1997. Phylogeny of grassland leafhopper genus *Flexamia* (Homoptara: Cicadellidae) based on mitochondrial DNA sequences. Molecular Phylogenetics and Evolution, 8(2): 139-149.

Distant W L. 1881. Descriptions of new species belonging to the homopterous family Cicadidae. Transactions of the Royal Entomological Society of London, 1: 627-648.

Distant W L. 1888. Viaggio di Leonardo Fea in Birmania E Regioni Vicine. VIII. Enumeration of the Cicadidae Collection by Mr. L Fea in Burma and Tenasserim, Annali del Museo Civico di Storia naturale di Genova, 6: 453-459.

Distant W L. 1890. Description of Chinese species of the homopterous family Cicadidae. Entomologist, 23: 90-91.

Distant W L. 1892. A monograph of Oriental Cicadidae. West: Newman and Company, 1-158.

Distant W L. 1905. Rhynchotal notes XXIX. Annals and Magazine of Natural History, 15: 58-70.

Distant W L. 1906a. A synonymic catalogue of Homoptera, part 1. Cicadidae. London: British Museum of Natural History, 1-207.

Distant W L. 1906b. Rhynchota. Heteroptera-Homoptera. In: The Fauna of British India, Including Ceylon and Burma. Secretary of State for India in Council Publishers. London: Taylor and Francis, 3: 503 pp.

Distant W L. 1907. Contributions to a knowledge of the Ledrinae. Annales de la Société Entomologique de Belgique, 51: 185-197.

Distant W L. 1908a. On some Australian Homoptera Synonymical notes. Annales de la Société entomologique de Belgique, 52: 97-111.

Distant W L. 1908b. The Fauna of British India, Including Ceylon and Burma. Vol. 4. (Homoptera). Published under authority of the secretary of state for India in council. London: Taylor and Francis, 1-501.

Distant W L. 1908c. Descriptions of some Rhynchota from Ruwenzori. Annals and Magazine of Natural History. London, (Ser. 8), 2: 436-444.

Distant W L. 1909. Rhynchotal notes-XLVIII. Annals and Magazine of Natural History, 20: 73-87.

Distant W L. 1910. Descriptions of three new species of Indian Rhynchota. Entomologist, 43: 195-196.

Distant W L. 1916a. Rhynchota. Vol. 6. Homoptera: Appendix. In: The Fauna of British India, Including Ceylon and Burma. London: Taylor and Francis, 6: i-vii, 1-248.

Distant W L. 1916b. Rhynchotal notes.-LIX. Annals & Magazine of Natural History, (17)8: 313-330.

Distant W L. 1917. Rhynchota. Part 2: Suborder Homoptera. The Percy Sladen Trust Expedition to the Indian Ocean in 1905, under the leadership of Mr. J. Stanley Gardiner, M. A. The Transactions of the Linnean Society of London, 17: 273-322.

Distant W L. 1918. Rhynchota. Homoptera: Appendix. Heteroptera: Addenda. The fauna of British India, including Ceylon and Burma, 7: 1-210.

Dlabola J. 1945. *Deltocephalus obenbergeri* n. sp. (H. A.) 7. Acta Entomologica Musei Nationalis Pragae, 23: 173-175.

Dlabola J. 1958. A reclassification of palaearctic Typhlocybinae (Homopt., Auchenorrh.). Casopsis Ceskoslovenske Spolecnosd Entomologicke, 55(1): 44-57.

Dlabola J. 1960. Unika und Typen in der Zikaden-sammling G. Horváths (Homoptera, Auchenorrhyncha) 2. Acta Zoologica Hungaricae Academiae Scientiarum, 6: 237-256.

Dlabola J. 1965. Neue Zikadenarten aus Sudeuropa (H. A.). Sbornik Entomologickeho Odelini Narodniho Musea V Praze, 36: 657-699.

Doane R W, Hadden E. 1909. Coccidae from the Society Islands. Canadian Entomologist, 41: 296-300.

Dohrn F A. 1859. Homoptera. Catalogus Hemipterorum. Herausgegeben von dem entomologischen Vereine zu Stettin, 1859: 56-93.

Doi H. 1931. A new species of Cicadinae from Korea. Journal of Chosen Natural History Society, 12: 52-53.

Doi H. 1936. Miscellaneous note on Insects 7. Journal of the Chosen Natural History Society, 21: 102-108.

Dominguez E, Godoy C. 2010. Taxonomic review of the genus *Osbornellus* Ball (Hemiptera: Cicadellidae) in central America. Zootaxa, 124(2702): 1-106.

Doncaster J P. 1956. The rice root aphid. Bull Entomol Res, 47: 741-747.

Doncaster J P. 1966. Notes on Indian aphids described by G. B. Buckton. Entomologist, 99: 157-160.

Dong Q-G, Zhang J-T, Wu S-A. 2017. A new genus and species of Pseudococcidae (Hemiptera: Sternorrhyncha: Coccomorpha) from China. Zootaxa, 4299(4): 592-600.

Douglas J W. 1890. Notes on some British and exotic Coccidae (No. 15). Entomologist's Monthly Magazine, 26: 79-81.

Dubey A K, Ko C C. 2010. *Aleurotrachelus* Quaintance and Baker (Hemiptera: Aleyrodidae) and allied genera from Taiwan. Zootaxa, 2685: 1-29.

Dufour L. 1833. Recherches anatomiques et physiologiques sur les Hémiptères,accompagnées par des considérations relatives à l'histoire naturelle et à la classification de ces insectes. Mém Sav Etragg Acad Sci, 4: 129-462.

Dworakowska I. 1967. A new species of the genus *Doratura* Shlb. (Homoptera, Cicadellidae) from Monglia. Bulletin de l'Academie Polonaise des Sciences, Serie des Sciences Biologiques, 5(3): 159-160.

Dworakowska I. 1968a. Notes on the genus *Elymana* DeLong (Homoptera, Cicadellidae). Bulletin de l'Academie Polonaise des Sciences, Serie des Sciences Biologiques, 16(4): 233-238.

Dworakowska I. 1968b. Contributions to the Knowledge of Polish Species of the Genus *Doratura* J. Shlb. (Homoptera, Cicadellidae). Annales Zoologici Warsaw, 25(7): 384-401.

Dworakowska I. 1969a. On the genera *Zyginella* Löw and *Limassolla* Dlab. (Cicadellidae, Typhlocybinae). Bulletin de l'Academie Polonaise des Sciences, Serie des Sciences Biologiques, 17(7): 433-438.

Dworakowska I. 1969b. Some Cicadellidae (Homoptera, Auchenorrhyncha) from Mongolia with redescription of one species. Bulletin de l'Academie Polonaise des Sciences, Serie des Sciences Biologiques, 17(1): 51-55.

Dworakowska I. 1970a. On the genus *Thaia* Ghauri (Homoptera, Cicadellidae, Typhlocybinae). Bulletin de l'Academie Polonaise des Sciences, Serie des Sciences Biologiques, 18(2): 87-92.

Dworakowska I. 1970b. A new subgenus of *Erythroneura* Fitch (Auchenorrhyncha, Cicadellidae, Typhlocybinae). Bulletin de l'Academie Polonaise des Sciences, Serie des Sciences Biologiques, 18(6): 347-354.

Dworakowska I. 1970c. On some East Palaearctic and Oriental Typhlocybini (Homoptera, Cicadellidae, Typhlocybinae). Bulletin de l'Academie Polonaise des Sciences, Serie des Sciences Biologiques, 18(4): 211-217.

Dworakowska I. 1970d. On the genus *Arboridia* Zachv. (Auchenorrhyncha, Cicadellidae, Typhlocybinae). Bulletin de l'Academie Polonaise des Sciences, Serie des Sciences Biologiques, 18(10): 607-615.

Dworakowska I. 1970e. On some genera of Typhlocybini and Empoascini (Auchenorrhyncha, Cicadellidae, Typhlocybinae). Bulletin de l'Academie Polonaise des Sciences, Serie des Sciences Biologiques, 18(11): 707-716.

Dworakowska I. 1970f. On the genera *Asianidia* Zachv. and *Singapora* Mahm. with the description of two new genera (Auchenorrhyncha, Cicadellidae, Typhlocybinae). Bulletin de l'Academie Polonaise des Sciences, Serie des Sciences Biologiques, 18(12): 759-765.

Dworakowska I. 1971a. On some genera of Erythroneurini (Cicadellidae, Typhlocybinae) from the Oriental Region. Bulletin de l'Academie Polonaise des Sciences. Serie des Sciences Biologiques, 19(5): 341-350.

Dworakowska I. 1971b. *Dayus takagii* sp. n. and some Empoascini (Auchenorrhyncha, Cicadellidae, Typhlocybinae). Bulletin de l'Academie Polonaise des Sciences, Serie des Sciences Biologiques, 19: 501-509.

Dworakowska I. 1972a. Revision of the genus *Aguriahana* Dist. (Auchenorryncha, Cicadellidae, Typhlocybinae). Polskie Pismo Entomologiczne, 42(2): 273-312.

Dworakowska I. 1972b. On some oriental Erythroneurini (Auchenorrhyncha, Cicadellidae, Typhlocybinae). Bulletin de l'Academie

Polonaise des Sciences, Serie des Sciences Biologiques, 20(6): 395-405.

Dworakowska I. 1972c. On some East Asiatic species of the genus *Empoasca* Walsh (Auchenorrhyncha: Cicadellidae: Typhlocybinae). Bulletin de l'Academie Polonaise des Sciences, Serie des Sciences Biologiques, 20(1): 17-24.

Dworakowska I. 1972d. On some Oriental and Ethiopian genera of Empoascini (Auchenorrhyncha, Cicadellidae, Typhlocybinae). Bulletin de l'Academie Polonaise des Sciences, Serie des Sciences Biologiques, 20(1): 25-34.

Dworakowska I. 1972e. Five new oriental genera of Erythroneurini (Auchenorrhyncha, Cicadellidae, Typhlocybinae). Bulletin de l'Academie Polonaise des Sciences, Serie des Sciences Biologiques, 20(2): 107-115.

Dworakowska I. 1972f. On some oriental genera of Typhlocybinae (Auchenorrhyncha, Cicadellidae). Bulletin de l'Academie Polonaise des Sciences, Serie des Sciences Biologiques, 20(2): 117-125.

Dworakowska I. 1973. New species and some interesting records of leafhoppers from Mongolia and Korea (Auchenorrhyncha, Cicadellidae). Bulletin de l'Academie Polonaise des Sciences, Serie des Sciences Biologiques, 21(6): 419-424.

Dworakowska I. 1977a. On some north Indian Typhlocybinae. Reichenbachia, 16(29): 283-306.

Dworakowska I. 1977b. On some Typhlocybinae from Vietnam (Homoptera: Cicadellidae). Folia Entomologica Hungarica, 30(2): 9-47.

Dworakowska I. 1978. On the genera *Empoascanara* Dist. and *Seriana* Dwor. (Auchenorrhyncha, Cicadellidae, Typhlocybinae). Bulletin de l'Academie Polonaise des Sciences, Serie des Sciences Biologiques, 26(3): 151-160.

Dworakowska I. 1980a. Contribution to the taxonomy of the genus *Empoascanara* Dist. (Homoptera, Auchenorrhyncha, Cicadellidae, Typhlocybinae). Reichenbachia, 18(26): 189-197.

Dworakowska I. 1980b. Review of the genus *Naratettix* Mats. (Auchenorrhyncha, Cicadellidae, Typhlocybinae). Bulletin de l'Academie Polonaise des Sciences, Serie des Sciences Biologiques, 27(8): 645-652.

Dworakowska I. 1982a. Typhlocybini of Asia (Homoptera, Auchenorrhyncha, Cicadellidae). Entomologische Abhandlungen und Berichte aus dem Staatlichen Museum fur Tierkunde in Dresden, 45(6): 99-181.

Dworakowska I. 1982b. Empoascini of Japan, Korea and north-east part of China (Homoptera: Auchenorrhyncha: Cicadellidae: Typhlocybinae). Reichenbachia, 20: 33-57.

Dworakowska I. 1992. Review of the genus *Empoascanara* Dist. (Insecta, Auchenorrhyncha, Cicadellidae, Typhlocybinae). Entomologische Abhandlungen und Berichte aus dem Staatlichen Museum fur Tierkunde in Dresden, 54(5): 105-120.

Dworakowska I. 1993a. Some Dikraneurini (Auchenorrhyncha: Cicadellidae: Typhlocybinae) from South-East Asia. Oriental Insects, 27: 151-173.

Dworakowska I. 1993b. Remarks on *Alebra* Fieb. and Eastern Hemisphere Alebrini (Auchenorrhyncha: Cicadellidae: Typhlocybinae). Entomotaxonomia, 15(2): 91-121.

Dworakowska I. 1994. A review of the genera *Apheliona* Kirk. and *Znana* gen. nov. (Auchenorrhyncha: Cicadellidae: Typhlocybinae). Oriental Insects, 28: 243-308.

Dworakowska I. 1995. *Szara* gen. nov. and some other Oriental Empoascini (Insecta: Auchenorrhyncha: Cicadellidae: Typhlocybinae). Entomoloogische Abhandlungen des Staatlichen für Dresden, 56(7): 129-160.

Dworakowska I, Nagaich B B, Singh S. 1978. *Kapsa simlensis* sp. n. from India and some other Typhlocybinae (Auchenorrhyncha, Cicadellidae). Bulletin de l'Academie Polonaise des Sciences, Serie des Sciences Biologiques, 26(4): 243-249.

Dworakowska I, Viraktamath C A. 1975. On some Typhlocybinae from India (Auchenorrhyncha, Cicadellidae). Bulletin de l'Academie Polonaise des, Sciences, Serie des Sciences Biologiques, 23(8): 521-530.

Eastop V F. 1966. A taxonomic study of Australian Aphidoidea. Australian Journal of Zoology, 14: 399-592.

Eastop V F. 1971. Keys for the identification of *Acyrthosiphon* (Hemiptera: Aphididae). Bulletin of the British Museum of Natural History (Entomology), 26(1): 58.

Eastop V F. 1997. In: Remaudière G, Remaudière M. Catalogue of the World's Aphididae. INRA: Paris, 1-473.

Eastop V F, Hille Ris Lambers D. 1976. Survey of the World's Aphids. Dr. W. Junk b.v., Publishers: The Hauge, 1-573.

Edwards J. 1922. A generic arrangement of British Jassina. The Entomologist's Monthly Magazine. London, 58: 204-207.

Ehrhorn E M. 1916. Contributions to the knowledge of the Dactylopiinae of Hawaii. Proceedings of the Hawaiian Entomological Society, 3: 231-247.

Emeljanov A F. 1962. New tribes of leafhoppers of the subfamily Euscelinae (A. C.). Entomologischeskoe Obozrenie (Moscow), 41: 388-397.

Emeljanov A F. 1966. New Palaearctic and certain Nearctic cicads (Homoptera, Auchenorrhyncha). Entomologicheskoe Obozrenie (Moscow), 45: 95-133.

Emeljanov A F. 1969. New Palaearctic leafhoppers of the tribe Opsiini (Homoptera, Cicadellidae, Deltocephalinae). Zoologicheskii Zhurnal, 48: 1100-1104.

Emeljanov A F. 1972. New Palaearctic leafhoppers of the subfamily Deltocephalinae (Homoptera, Cicadellidae). Entomologicheskoe Obozrenie (Moscow), 51(1): 102-110.

Emeljanov A F. 1979. New species of the leafhoppers (Homoptera, Auchenorrhyncha) from the Asiatic part of the USSR. Entomologicheskoe Obozr, 58(2): 322-332.

Emeljanov A F. 1989. On the problem of division of the family Cixiidae (Homoptera, Cicadina). Entomologicheskoe Obozrenie (Moscow), 68: 93-106. [in Russian, translated into English in Entomological Review (Washington) 68(4): 54-67.]

Emeljanov A F. 2015. Planthoppers of the family Cixiidae of Russia and adjacent territories. Keys to the Fauna of Russia, 177: 115.

Emeljanov AF. 1971. New genera of leafhoppers of the families Cixiidae and Issidae (Homoptera, Auchenorrhyncha) in the USSR. Entomologicheskoe Obozrenie, 50: 621.

Enderlein G. 1921. Psyllidologica VI. Zoologischer Anzeiger, 52: 115-123.

Esaki T, Ishihara T. 1950. Hemiptera of Shansi, North China. Hemiptera. Homoptera. Mushi, 21: 39-48.

Esaki T, Ito S. 1954. A tentative catalogue of Jassoidea of Japan and her adjacent territories. Japan Society for the Promotion of Science. Ueno Park, Tokyo, 1-315.

Essig E O. 1917. Aphididae of California. Univ Cal if Publ Tech Bull Entomol, 1: 301-346.

Essig E O, Kuwana S I. 1918. Some Japanese Aphididae. Proceedings of the California Academy of Sciences, 4(8): 35-112.

Evans J W. 1935. The Bythoscopidae of Australia (Homoptera, Jassoidea). Papers and Proceedings of the Royal Society of Tasmania, 63-69.

Evans J W. 1936. Australian leafhoppers (Jassoidea, Homptera). Part 4. (Ledridae, Ulopidae, and Euscelidae, Paradorydiini). Royal Society of Tasmania Papers and Proceedings: 37-50, pls. 14-16.

Evans J W. 1946. A natural classification of leafhoppers (Homoptera, Jassoidea). Part 2. Aetalionidae, Hylicidae, Eurymelidae. Ent Soc London Trans, 97: 39-54.

Evans J W. 1947. A natural classification of leaf-hoppers (Jassoidea, Homoptera). Transactions of the Royal Entomological Society of London, 98(6): 105-271.

Evans J W. 1972. Characteristics and relationships of Penthimiinae and some new genera and new species from New Guinea and Australia: also new species of Drabescinae from New Guinea and Australia (Homoptera: Cicadellidae). Pacific Insects, 14: 169-200.

Ezzat Y M. 1958. *Maconellicoccus hirsutus* (Green), a new genus, with redescription of the species (Homoptera: Pseudococcidae-Coccoidea). Bulletin de la Société Entomologique d'Egypte, 42: 377-383.

Ezzat Y M, McConnell H S. 1956. A classification of the mealybug tribe Planococcini (Pseudococcidae: Homoptera). Bulletin of the Maryland Agriculture Experiment Station: 1-108.

Fabricius J C. 1775. Ryngota. Systema Entomologiae, sistens insectorum classes, ordines, genera, species, adiectis synonymis, locis, descriptionibus, observationibus. Korte: Flensburg & Leipzig, 1-832.

Fabricius J C. 1776. Genera Insectorum. Chilonii Bartschii, 1-310.

Fabricius J C. 1787. Ryngota. Mantissa insectorum sistens species nuper detectas adjectis synonymis, observationibus, descriptionibus, emendationibus, 2: 260-275.

Fabricius J C. 1789. The Entomologist. Denmark: Zoological Museum, Copenhagen, 1-14.

Fabricius J C. 1794. Entomologia systematica emendata et aucta: secundun classes, ordines, genera, species, adjectis synonimis, locis, observationibus, descriptionibus. Impensis Christ. Gottl Proft Hafniae, 4: 1-472.

Fabricius J C. 1798. Supplementum Entomologiae Systematicae. Proft et Storch Hafniae, 1-572.

Fabricius J C. 1803. Secundum ordines, genera, species: adiectis synonymis, locis, observationibus, descriptionibus. Systema Rhyngotorum, 1-314.

Fairmaire L M H. 1855. 2e Division-Homoptères. Musée Scolaire Dayrolle. Histoire Naturelle de la France. 2e patie-Hémiptères, 140-176.

Fallén C F. 1806. Fòrsòk till de Svenska Cicad-Arternas uppstàllning och beskrifning [Continued.]. Handlingar Kongliga Svenska Vetenskaps Akademien. Stockholm, 27: 6-43.

Fallén C F. 1826. Hemiptera Sveciae. Cicadariae, earumque familiae affines, 80.

Fallou G. 1890. Diagnosis d'Homopterres nouveaux. Rev Ent, 9: 351-354.

Fan Z-H, Li Z-Z, Dai R-H. 2015. Taxonomic study of the leafhopper genus *Thagria* Melichar (Hemiptera: Cicadellidae: Coelidiinae) from Guangxi, China. Zootaxa, 3918(4): 451-491.

Fang S J. 1990. Psylloidea of Taiwan Supplement II. (Homoptera). Journal of Taiwan Museum, 43: 103-117.

Fennah R G. 1956. Fulgoroidea from Southern China. Proceedings of the California Academy of Science, 28(13): 441-527.

Fennah R G. 1963a. New Genera of Delphacidae (Homoptera: Fulgoroidea). Proceedings of the Royal Entomological Society of London (B), 32: 15-16.

Fennah R G. 1963b. The delphacid species-complex known as *Sogata furcifera* (Horvath) (Homoptera: Delphacidae). Bulletin of Entomological Research, 54(1): 45-79.

Fennah R G. 1964. Delphacidae from Madagascar and the Mascarene Islands (Homoptera: Fulgoroidea). Transactions of the Royal

Entomological Society of London, 116(7): 131-150.

Fennah R G. 1965. Delphacidae from Australia and New Zealand (Homoptera: Fulgoroidea). Bulletin of the British Museum (Natural History) Entomology, 17(1): 1-59.

Fennah R G. 1969. Fulgoroidea (Homoptera) from New Caledonia and the Loyalty Islands. Pacific Insects Monograph, 21: 1-116.

Fennah R G. 1970. The Tropiduchidae collected by the Noona Dan Expedition in the Philippines and Bismarck Archipelago (Insect, Homoptera, Fulgoroidea). Steenstrupia, 1: 61-82.

Fennah R G. 1973-75. Homoptera: Fulgoroidea Delphacidae from Ceylon. Entomologica Scandinavica (Supplement), 4: 79-136.

Fennah R G. 1978. Fulgoroidea (Homoptera) from Vietnam. Annales Zoologici (Warszawa), 34: 207-279.

Fernald M E. 1903. A catalogue of the Coccidae of the world. Bulletin of the Hatch Experiment Station of the Massachusetts Agricultural College, 88: 1-360.

Ferris G F. 1921. Some Coccidae from Eastern Asia. Bulletin of Entomological Research, 12: 211-220.

Ferris G F. 1936. Contributions to the knowledge of the Coccoidea (Homoptera). Microentomology, 1: 1-16.

Ferris G F. 1937. Atlas of the scale insects of North America. Stanford University Press: Palo Alto, California, (SI-1)-(SI-136).

Ferris G F. 1938. Atlas of the scale insects of North America. Series 2. Stanford University Press: Palo Alto, California. SII-1a, SII-2a, (SII-137)-(SII-268).

Ferris G F. 1942. Atlas of the scale insects of North America. Series 4. Stanford University Press: Palo Alto, California. SIV-2c, (SIV-385)-(SIV-448).

Ferris G F. 1950a. Atlas of the Scale Insects of North America. (ser. 5) [v. 5]. The Pseudococcidae (Part I). Stanford University Press: Palo Alto, California, 1-278.

Ferris G F. 1950b. Report upon scale insects collected in China (Homoptera: Coccoidea). Part 2. (Contribution no. 68). Microentomology, 15: 69-97.

Ferris G F. 1953a. Atlas of the Scale Insects of North America, V. 6, The Pseudococcidae (Part 2). Stanford University Press: Palo Alto, California, 1-506.

Ferris G F. 1953b. Report upon scale insects collected in China (Homoptera: Coccoidea). Part 4. (Contribution No. 84). Microentomology, 18: 59-84.

Ferris G F. 1954. Report upon scale insects collected in China (Homoptera: Coccoidea). Part V. (Contribution No. 89). Microentomology, 19: 51-66.

Ferris G F, Prabhaker Rao V. 1947. The genus *Pinnaspis* Cockerell (Homoptera: Coccoidea: Diaspididae). (Contribution No. 54). Microentomology, 12: 25-58.

Fieber F X. 1866a. Neue Gattungen und Arten in Homoptern (Cicadina Bur.). Verhandlungen de Kaiserlich-Königlichen Zoologisch-botanischen Gesellschaft in Wien, 16: 497-516.

Fieber F X. 1866b. Grundzüge zur generischen Theilung der Delphacini. Verhandlungen der Kaiserlich-Königlichen Zoologisch-botanischen Gesellschaft in Wien, 16: 517-534.

Fieber F X. 1872. Katalog der Europöischen Cicadinen, nach Originalen mit Benützung der neuesten Literatur, i-iv, 1-19.

Flor G. 1861. Die Rhynchoten Livlands in systematischer Folge beschrieben. Zweiter Theil: Rhynchota gulaerostria Zett. (Homoptera Auct). Cicadina und Psyllodea. Archiv für die Naturkunde Liv-. Ehst- und Kurlands, 4(2): 1-567.

Frauenfeld G. 1869. Zoologische Miscellen. XVI. Erste Hälfte. Verhandlungen der Zoologischbotanischen Gesellschaft in Wien, 19: 933-944.

Fu X, Zhang Y-L. 2015. Description of two new species and a new combination for the leafhopper genus *Reticuluma* (Hemiptera: Cicadellidae: Deltocephalinae: Penthimiini) from China. Zootaxa, 3931(2): 253-260.

Fullaway D T. 1910. Geococcus radicum Green, in Hawaii. Annual Report of the Hawaiian Agricultural Experiment Station, 34-35.

Fullaway D T. 1923. Notes on the mealy-bugs of economic importance in Hawaii. Proceedings of the Hawaiian Entomological Society, 5: 305-321.

Funkhouser W D. 1914. Some Philippine Membracidae. Jour Entomol Zool, 6: 67-74, figs. 1-7.

Funkhouser W D. 1921. New Membracidae from China and Japan. Bull Brooklyn Ent Soc, 16(2): 42-52, pl. 1.

Funkhouser W D. 1935. New records and species of Chinese Membracidae. Notes Entomol Chinoise, 2: 79-84.

Funkhouser W D. 1937. Four new Chinese Membracidae. Notes d'Ent. Chinoise, 4(2): 29-33, figs. 1-4.

Funkhouser W D. 1938. Two new Chinese Membracidae. Notes d'Ent. Chinoise, 5(2): 17-19, figs. 1-2.

Gennadius P. 1889. Disease of tobacco plantations in the Trikonia. The aleurodid of tobacco [In Greek]. Ellenike Georgia, 5: 1-3.

Germar E F. 1818. Bemerkungen über einige Gattungen der Cicadarien. Magazin der Entomologie. Halle, 3: 177-227.

Germar E F. 1821. Bemerkungen über einige Gattungen der Cicadarien. Magazin der Entomologie. Halle, 4: 1-106.

Germar E F. 1830. Species Cicadarium enumeratae et sub genera distributae. Thon's Entomologisches Archiv, 2(2): 1-8, 45-57.

Germar E F. 1831. *Cercopis mactata* Germ., *Tettigonia concinna* Germ., *Tettigonia sexnotata* Fall., *Jassus tilliae* n. sp., *Jassus quadripunctatus* Fall. Agust Ahrensii Fauna Insectorum Europae, 14.

Germar E F. 1833. *Conspectus generum* Cicadariarum. Revue entomologique, publiée par Gustave Silbermann. Strassburg et Paris, 1: 174-184.

Germar E F. 1935. Species Membracidum musae E. F. Germari. Rev Silb, 3: 223-262.

Ghauri M S K. 1962. A new typhlocybid genus and species (Cicadelloidea: Homoptera) feeding on rice in Thailand. Annals and Magazine of Natural History. London. (Ser. 13), 5: 253-256.

Ghauri M S K. 1967. New mango leafhoppers from the Oriental and Austro-oriental regions (Homoptera: Cicadelloidea). Proceedings of the Royal Entomological Society of London, (B), 36: 159-166.

Ghosh A K. 1974. New species and new records of aphids from northeast India. Oriental Insects, 8(2): 161-175.

Ghosh A K. 1982. The fauna of India and the adjacent countries. Homoptera, Aphidoidea, Part 2. Lachninae. Madras: Amra Press, 1-168.

Ghosh L K. 1972. A new species and a subspecies of aphids Homoptera Aphididae from India. Oriental Insects, 6(3): 299-304.

Ghosh A K, Raychaudhuri D N. 1973. Studies on the aphides on the aphids (Homoptera: Aphididae) from eastern India. XV. A study of Nipponaphis Pergande and related genera with descriptions of a new genus and eight new species from eastern India. Kontyû, 41(4): 477-496.

Ghosh A K, Agarwala B K. 1993. The fauna of India and the adjacent countries. Homoptera, Aphidoidea. Part 6, subfamily: Greenideinae. Calcutta: Government of India, 330 pp.

Ghosh M R, Ghosh A K, Raychaudhuri D N. 1971[1970]. Studies on the aphids (Homoptera: Aphididae) from eastern India III. New genus, new species and new records from North Bengal and Sikkim. Oriental Insects, 4(4): 383.

Ghulamullah C. 1942. Aphididae and some other Rhynchota from Afghanistan. Indian J Entomol, 3: 225-243.

Gill R J. 1988. The Scale Insects of California: Part 1. The Soft Scales (Homoptera: Coccoidea: Coccidae). California Department of Food & Agriculture Sacramento, CA, 1-132.

Gill R J. 1997. The Scale Insects of California: Part 3. The Armored Scales (Homoptera: Diaspididae). California Department of Food & Agriculture Sacramento: CA, 1-307.

Gillette C P. 1908. New species of Colorado Aphididae, with notes upon their life-habits. The Canadian Entomologist, 40(2): 61-68.

Glover T. 1877. Homoptera. *In*: Report of the En tomologist and Curator of the Museum. Rep Comm Agr, 1876: 17-46.

Gmelin J F. 1789. Insecta Hemiptera. Caroli a Linné. Systema naturae per regna tria naturae, secundum classes, ordines, genera, species, cum characteribus, differentiis, synonymis, locis. Impensis G. E. Beer Lipsiae, 1(4): 1517-2224.

Gmelin J F. 1790. Systema Naturae. Editio decima tertia. Acuta, reformata, cara. Lipsiae, 1517-2224.

Gnezdilov V M. 2003. A new species of the leafhopper genus *Phlogotettix* Ribaut (Homoptera, Cicadellidae) from eastern China. Entomologicheskoe Obozrenie (Moscow), 82(1): 102-105, 253. [In Russian. translation in Entomological Review (Washington), 83 (1): 16-18.]

Goux L. 1940. Remarques sur le genre Ripersia Sign. Et description d'une Ripersia et d'un Eriococcus nouveaux (Hem. Coccidae). (Notes sur les coccides de la France 28ᵉ note). Bulletin de la Société d'Histoire Naturelle de l'Afrique du Nord, 31: 55-65.

Grandpre A D, d'Emmerez de Charmoy A. 1899. Liste raisonnée des cochenilles de l'Ile Maurice. Publications de la Société Amicale Scientifique, Maurice 24 Mars, 1-48.

Gray E J. 1828. Spicilegia Zoologica, or original figures and short systematic descriptions of new and unfigured animals. Part 1. Treuttel, Wurtz & Co.: London, 1-12.

Green E E. 1889. Descriptions of two new species of *Lecanium* from Ceylon. Entomologist's Monthly Magazine, 25: 248-250.

Green E E. 1896. The Coccidae of Ceylon. Part I. Dulau London, 1-103.

Green E E. 1899. The Coccidae of Ceylon. Part 2. Dulau London, 105-169.

Green E E. 1900a. Remarks on Indian scale insects (Coccidae), with descriptions of new species. Indian Museum, Notes 5: 1-13.

Green E E. 1900b. Supplementary notes on the Coccidae of Ceylon. Journal of the Bombay Natural History Society, 13: 66-76, 252-257.

Green E E. 1901. On some new species of Coccidae from Australia, collected by W. W. Froggatt, F. L. S. Proceedings of the Linnean Society of New South Wales, 25: 559-562.

Green E E. 1902. Three new genera of Coccidae from Ceylon. Entomologist's Monthly Magazine, 38: 260-263.

Green E E. 1904. The Coccidae of Ceylon. Pt. 3. Dulau London, 171-249.

Green E E. 1905. Supplementary notes on the Coccidae of Ceylon. Journal of the Bombay Natural History Society, 16: 340-357.

Green E E. 1908. Remarks on Indian scale insects (Coccidae), Part 3. With a catalogue of all species hitherto recorded from the Indian continent. Memoirs of the Department of Agriculture in India, Entomology Series, 2: 15-46.

Green E E. 1909. The Coccidae of Ceylon. Part 4. Dulau & Co.: London, 250-344.

Green E E. 1915. Observations on British Coccidae in 1914, with descriptions of new species. Entomologist's Monthly Magazine (Ser. 3), 51: 175-185.

Green E E. 1921. Observations on British Coccidae with descriptions of new species. No. 7. Entomologist's Monthly Magazine, 57:

257-259.

Green E E. 1922. The Coccidae of Ceylon, Part V. Dulau & Co.: London, 345-472.

Green E E. 1935. On a species of *Ceroplastes* (Hem. Coccidae), hitherto confused with *C. ceriferus* Anders. Stylops, 4: 180.

Green E E, Mann H H. 1907. The Coccidae attacking the tea plant in India and Ceylon. Memoirs of the Department of Agriculture in India, Entomological Series, 1: 337-355.

Guérin-Méneville F E. 1843. Iconographie du règne animal de G. Cuvier. Insectes. 576 pp. Baillière, Paris (France).

Guérin-Méneville G E. 1858. Communication sur un insecte, qui, en Chine, produit de la cire. Bulletin de la Société Entomologique de France, 16: lxvii.

Guo H-W, Wang Y-L. 2007. Taxonomic study on the genus *Reptalus* (Hemiptera: Cixiidae: Pentastirini) from China with description of a new species. Entomotaxonomia, 29(4): 275-280.

Guo H-W, Wang Y-L, Feng J-N. 2009. Taxonomic study of the genus *Oecleopsis* Emeljanov, 1971 (Hemiptera: Fulgoromorpha: Cixiidae: Pentastirini), with descriptions of three new species from China. Zootaxa, 2172: 45-58.

Hall W J. 1946. On the Ethiopian Diaspidini (Coccoidea). Transactions of the Royal Entomological Society of London, 97: 497-592.

Hamilton K G A. 1980. Contributions to the study of the World Macropsini (Rhynchota: Homoptera: Cicadellidae). Canadian Entomologist, 112: 875-932.

Hardy J. 1850. Descriptions of some new British homopterous insects. Transactions of the Tyneside Naturalists' Field Club, 1: 416-431.

Harris M. 1776. Aphis althaea. Exposition Eng Ins: p. 66.

Hartig T. 1839. Jahresberichte über die fortschritte der fortwissenschaft und forstlichen naturkunde nebst original abhandlungen aus dem gebiete dieser wissenschaften, 1-646.

Hartig T. 1841. Zeitschrift für die Entomologie, herausgegeben von Ernst Friedrich Germar, 3: 366.

Haupt H. 1917. Fünf neue Homopteren des indo-malayischen Faunengebietes. Entomologische Zeitung. Herausgegeben von dem entomologischen Vereine zu Stettin, 78: 303-309.

Haupt H. 1924. Die Homoptera der Homopteren-Fauna Siciliens. Memoris of Entomological Society of Italy, 3: 228-306, figs. 1-3.

Haupt H. 1927. Homoptera Palestinae I. Bulletin. The Zionist Organization. Institute of Agriculture and Natural History. Agricultural Experiment Station. Tel-Aviv, Palestine, 8: 5-43.

Haupt H. 1929a. Neueintteilung der Homoptera-Cicadina nach phylogenetisch zu wertenden Merkmalen. International Zoological Congress Proceedings, 10: 1071-1075.

Haupt H. 1929b. Neueintteilung der Homoptera-Cicadina nach phylogenetisch zu wertenden Merkmalen. Zoologische Jahrbücher. Abteilung für Systematik, Ökologie und Geographie der Tiere, 58: 173-286.

Hayashi M. 1984. A review of the Japanese Cicadidae. Cicada, 5: 25-75.

Hayashi M, Okada T. 1994. A new typhlocybine leafhopper (Homoptera: Cicadellidae) feeding on kiwi-fruit. Applied Entomology and Zoology, 29(2): 267-271.

Heller F, Linnavuori R E. 1968. Cicadellinen aus Aethiopian. Beitrage zur Naturkunde aus dem Staatlichen Museum für Naturkunde in Stuttgart, 186: 1-42.

Hempel A. 1900. As coccidas Brasileiras. Revista do Museu Paulista. São Paulo, 4: 365-537.

Hempel A. 1918. Descripção de sete novas espécies de coccidas. Revista do Museu Paulista. São Paulo, 10: 193-208.

Heslop-Harrison G. 1949b.The subfamily Liviinae Löw, of the Homopterous family Psyllidae. Part II. Annals and Magazine of Natural History, 12: 241-270.

Heslop-Harrison G. 1961. The Arytainini of the subfamily Psyllinae, Hemiptera-Homoptera, family Psyllidae.-II. Annals and Magazine of Natural History, 13(3): 417-439.

Higuchi H. 1969. A revision of the genus Tube rculatus Mordvilko in Japan with description of a new species (Homoptera; Aphididae). Insecta Matsumurana, 32: 111-123.

Higuchi H. 1972. A taxonomic study of the subfamily Callipterinae in Japan (Homoptera: Aphididae). Insect Mats, 35(2): 19-126.

Hille Ris Lambers D. 1947. Neue Blattlause aus der Schweiz II (Homoptera, Aphididae).Mitteilungen der Schweizerischen Entomologischen Gesellschaft, 20(7): 658.

Hille Ris Lambers D. 1949. Contributions to a monograph of the Aphididae of Europe. IV. Temminckia, 8: 182-324.

Hille Ris Lambers, D. 1965. On some Japanese Aphididae (Homoptera). *Nippodysaphis* nom. nov. for Neodysaphis Hille Ris Lambers, 1965. Tijdschrift voor Entomologie Amsterdam, 108:189-203, 389.

Hille Ris Lambers D. 1966. Notes on California aphids, with descriptions of new genera and new species. Hilgardia, 37(15): 569-623.

Hodgson C J, Williams D J. 2016. A revision of the family Cerococcidae Balachowsky (Hemiptera: Sternorrhyncha: Coccomorpha) with particular reference to species from the Afrotropical, western Palaearctic and western Oriental Regions, with the revival of *Antecerococcus* Green and description of a new genus and fifteen new species,and with ten new synonymies. Zootaxa, 4091(1): 1-175.

Hodgson C J. 1994. The scale insect family Coccidae: an identification manual to genera. CAB International Wallingford: Oxon, UK, 1-639.

Hodkinson I D. 1986. The psyllids (Homoptera: Psylloidea) of the Oriental Zoogeographical Region: an annotated check-list. Journal of Natural History, 20: 299-357.

Hodkinson I D, Hollis D. 1987. The legume-feeding psyllids (Homoptera) of the west Palaearctic Region. Bulletin of the British Museum (Natural History) Entomology, 56 (1): 1-86.

Hoffman W E. 1927. Coccidae from China, with a list of host plants. Lingnaam Agricultural Review, 4: 73-76.

Hoke G. 1921. Observations on the structure of the Oraceratubae and some new lepidosaphine scales (Hemiptera). Annals of the Entomological Society of America, 14: 337-342.

Hollis D, Broomfield P S. 1989. Ficus-feeding psyllids (Homoptera), with special reference to the Homotomidae. Bulletin of the British Museum (Natural History) Entomology, 58: 131-183.

Holman J. 1975. Aphids of the genus Uroleucon from Mongolia (Homoptera: Aphididae). Acta Ent. Bohemosl., 72 (3): 171-183.

Hori H. 1982. The genus *Betacixius* Matsumura 1914 (Homoptera: Cixiidae) of Formosa*. In: Satô M, Hori H, Arita Y, Okadome T. Special issue to the memory of retirement of Emeritus Professor Michio Chujo, Association of the memorial Issue of Emeritus Professor M. Chujo, Nagoya (Japan): 179.

Horváth G. 1899. Hémiptères de l'ile de Yesso (Japon). Természetrajzi Füzetek, Budapest, 22: 365-374.

Hua L Z. 2000. List of Chinese insects. Vol. I. Guangzhou: Zhongshan (Sun Yat-sen) University Press, 1-448.

Huang F. 1989. Nirvaninae of Taiwan (Homoptera: Cicadellidae: Nivaninae). Bulletin of Society of Entomology (Taichung), 21: 61-76.

Huang K-W, Viraktamath C A. 1993. The Macropsinae leafhoppers (Homoptera: Cicadellidae) of Taiwan. Chinese Journal of Entomology, 13: 361-373.

Huang M, Zhang Y-L. 2009. Five new leafhopper species of the genus *Typhlocyba* Germar (Hemiptera: Cicadellidae: Typhlocybinae) from China. Zootaxa, 1972: 44-52.

Huang M, Zhang Y-L. 2010. A new leafhopper genus *Comahadina* Huang and Zhang (Hemiptera: Cicadellidae: Typhlocybinae) and a key to genera of *Eupteryx*-complex. Zootaxa, 2353: 65-68.

Huang M, Zhang Y-L. 2011. New species and new records of the leafhopper genus *Aguriahana* Distant (Hemiptera: Cicadellidae: Typhlocybinae) from China. Zootaxa, 2830: 39-54.

Huang M, Zhang Y-L. 2012. Notes on the *quercus* group in the leafhopper genus *Typhlocyba* Germar (Hemiptera: Cicadellidae: Typhlocybinae) from China with descriptions of three new species. Entomotaxonomia, 34(2): 201-206.

Huang M, Zhang Y-L. 2013. Review the leafhopper genera *Parafagocyba* Kuoh et Hu and *Zorka* Dworakowska (Hemiptera: Cicadellidae) with description of a new species and two new records from China. Zootaxa, 3608(1): 81-86.

Ishida S. 1913. Report on the injurious and useful insects of cotton. Govt. of Formosa, Bureau of Industry and Production, Publication, No. 12: 1-3.

Ishihara T. 1949. Revision of the Araeopidae of Japan, Ryuku Islands and Formosa (Hemiptera). Scientific Reports of the Matsuyama Agricultural College, 2: 1-102.

Ishihara T. 1952. Some species of the Delphacidae new or unrecorded from Shikoku, Japan (Hemiptera). Scientific Reports of the Matsuyama Agricultural College, 8: 39-47.

Ishihara T. 1953a. Some new genera including a new species of Japanese Deltocephalinae (Hemiptera). Transactions of the Shikoku Entomological Society, 3: 192-200.

Ishihara T. 1953b. A tentative checklist of the superfamily cicadellidae of Japan (Homoptera). Matsuyama Agr Col Sci Rpt, 11: 1-72.

Ishihara T. 1955. The family Agallidae of Japan (Insecta: Hemiptera). Dob Zasshi, 64: 214-218.

Ishihara T. 1961. Homoptera of Southeast Asia collected by the Osaka City University Biological Expedition to Southeast Asia 1957-1958. Nature & Life in Southeast Asia, 1: 225-257.

Ishihara T. 1965a. Some species of Formosan Homoptera. Special Bulletin of Lepidopterological Society of Japan, (1): 201-221.

Ishihara T. 1965b. Two new cicadellid-species of agricultural importance (Insecta: Hemiptera). Japanese Journal of Applied Entomology and Zoology, 9(1): 19-22.

Jacobi A. 1914. Bemerkungen über Jassinae (Homoptera Cicadelloidea. Sitzungber Gesellsch Naturforsch Freunde, Berlin, 1914: 379-383.

Jacobi A. 1915. Kritische Bemerkungen über die Flatinae (Rhynchota Homoptera). Deutsche entomologische Zeitschrift, Berlin: 157-178.

Jacobi A. 1921. Kritische Bemerkungen über die Cercopidae. (Rhynchota Homoptera). Arch Nat, 87: 1-65.

Jacobi A. 1941. Die Zikadenfauna der Kleinen Sundainseln. Nach der Expeditionsausbeute von B. Rensch. Zoologische Jahrbücher.

---

* 台湾是中国领土的一部分。Formosa（早期西方人对台湾岛的称呼）一般指台湾，具有殖民色彩。本书因引用历史文献不便改动，仍使用 Formosa 一词，但并不代表作者及科学出版社的政治立场。

Abteilung für Systemetik, Ökologie und Geographie der Tiere. Jena, 74: 277-322.

Jacobi A. 1943. Zur Kenntnis der Insekten von Mandschuko. 12. Beitrag. Eine Homopterenfaunula der Mandschurei (Homoptera: Fulgoroidea, Cercopoidea & Jassoidea). Arb Morph Tax Entomol Berlin-Dahlem, 10: 21-31.

Jacobi A. 1944. Die Zikadenfauna der Provinz Fukien in Sudchina und ihre tiergeographischen Beziehungen. Mitteilungen der Munchner Entomologischen Gesellschaft, 34: 5-66.

Jensen A S. 2001. A cladistic analysis of *Dialeurodes*, *Massilieurodes* and *Singhiella*, with notes and keys to the Nearctic species and descriptions of four new *Massilieurodes* species (Homoptera: Aleyrodidae). Systematic Entomology, 26: 279-310.

Jiang L-Y, Chen J, Guo K, Qiao G-X. 2015. Review of the genus Ceratovacuna (Hemiptera: Aphididae) with descriptions of five new species from China. Zootaxa, 3986(1): 35-60.

Jiang L-Y, Qiao G-X. 2011. A review of Aleurodaphis (Hemiptera, Aphididae, Hormaphidinae) with the description of one new species and keys to species. ZooKeys, 135: 43-49.

Kaltenbach J H. 1843. Monographie der Familien der Pflanzenlause. Aachen, 1843: 1-223.

Kamitani S, Hayashi M. 2013. Taxonomic study of the genus *Scaphoideus* Uhler (Hemiptera, Cicadellidae, Deltocephalinae) from Japan. Zootaxa, 3750(5): 515-533.

Kang J-X, Huang M, Yang Y-R, Zhang Y-L. 2018. Contribution to knowledge of the genus *Cuanta* Dworakowska, 1993 (Hemiptera: Cicadellidae: Typhlocybinae) with descriptions of three new species. Zootaxa, 4399(1): 134-140.

Kang J-X, Zhang Y-L. 2013. Review of *Michalowskiya* Dworakowska (Hemiptera: Cicadellidae: Typhlocybinae: Dikraneurini) with description of six new species from China. Zootaxa, 3666(2): 286-300.

Kang J-X, Zhang Y-L. 2015. Review of the genus *Sobrala* Dworakowska (Hemiptera: Cicadellidae: Typhlocybinae: Alebrini) with description of four new species and a new record from China. Zootaxa, 3974(2): 245-256.

Kato M. 1925. The Japanese Cicadidae, with descriptions of some new species and genera. Formosa Natural History Society Transactions, 15: 55-76.

Kato M. 1926a. The Japanese Cicadidae, with descriptions of four new species, one new subspecies and two new aberrant forms. Formosa Natural History Society Transactions, 16: 23-31.

Kato M. 1926b. Japanese Cicadidae, with descriptions of four new species. Formosa Natural History Society Transactions, 16: 171-176.

Kato M. 1927. A catalogue of Japanese Cicadidae, with descriptions of new genus, species and others. Formosa Natural History Society Transactions, 17: 19-41.

Kato M. 1928a. Descriptions of one new genus and some new species of the Japanese Rhynchota-Homoptera. Formosa Natural History Society Transactions, 18: 29-37.

Kato M. 1928b. Descriptions of two new genera of Japanese Cicadidae and corrections of some species. Insect World, 32: 182-188.

Kato M. 1930. The Japanese Membracidae. Dob Zasshi, 42: 281-306.

Kato M. 1932. Notes on some Homoptera from South Mauchuria, collected by Mr. Yukimichi Kikuchi. Kontyû, Insects, 5: 216-229.

Kato M. 1933a. Notes on Japanese Homoptera, with descriptions of one new genus and some new species. Entomological World, 1: 220-237.

Kato M. 1933b. Notes on Japanese Homoptera, with descriptions of one new genus and some new species. Entomological world. Organ of the insect lover's association, 1: 452-471.

Kato M. 1938. A revised catalogue of Japanese Cicadidae. Cicadidae Museum Bulletin, 1: 1-50.

Kato M. 1940a. Studies on Chinese Cicadidae in Musée Heude Collection. (Homoptera:Cicadidae). Notes d'Entomologie Chinoise, 7: 1-30.

Kato M. 1940b. Notes on Membracidae from Eastern Asia, Part 2. Ent World, 8: 147-153, fig. 2.

Kawai S. 1980. Scale insects of Japan in colors. National Agricultural Education Association Tokyo, 1-455.

Kawai S, Takagi K. 1971. Descriptions of three economically important species of root-feeding mealybugs in Japan (Homoptera: Pseudococcidae). Applied Entomology and Zoology. Tokyo, 6: 175-182.

Kerr J. 1782. Natural history of the insect which produces the gum lacca. Philosophical Transactions of the Royal Society of London, 71: 374-381.

Kirkaldy G W. 1900a. Bibliographical and nomenclatorial notes on the Rhynchota. No. 1. Entomologist, 33: 238-243.

Kirkaldy G W. 1900b. Rhynchota miscellanea. The Entomologist, 33: 296-297.

Kirkaldy G W. 1901. Notes on some Rhynchota collected chiefly in China and Japan by Mr. R. B. Fletcher, R. N., F. E. S. The Entomologist, 34: 49-52.

Kirkaldy G W. 1902. Hemiptera. Fauna Hawaiiensis, 3: 93-174.

Kirkaldy G W. 1903a. On the nomenclature of the genera of the Rhynchota; Heteroptera, and Auchenorrhynchous Homoptera. Entomologist, 36: 213-216.

Kirkaldy G W. 1903b. Miscellanea Rhynchotalia. No. 7. The Entomologist. An illustrated Journal of Entomology. London, 36:

179-181.

Kirkaldy G W. 1906. Leafhoppers and their natural enemies. Part IX. Leafhoppers. Hemiptera. Bulletin of the Hawaiian Sugar Planters Association Division of Entomology, 1(9): 271-479.

Kirkaldy G W. 1907a. Proceedings of the Hawaiian Entomological Society. Hawaiian Entomological Society. 1(3): 101.

Kirkaldy G W. 1907b. Leafhoppers-Supplement. (Hemiptera). Bulletin of the Hawaiian Sugar Planters Association Division of Entomology, 3: 1-186.

Kirschbaum C L. 1868. Die Cicadinen der gegend von Wiesbaden und Frankfurt A. M. Nebst einer anzahl neuer oder Schwer zu unterscheidender Arten aus anderen Gegenden Europa's Tabellarisch Beschrieben. Jahrbuch des Nassauischen Vereins fiir Naturkun, 21-22: 1-102.

Kitbamroong N A, Freytag P H. 1978. The species of the genus *Scaphoideus* (Homoptera: Cicadellidae) found in Thailand, with descriptions of new species. Pacific Insects, 18(1&2): 9-31.

Klimaszewski S M. 1970. Psyllidologische Notizen XVIII-XX. Annales Zoologici, Warszawa, 27: 417-427.

Knight W J. 1970. Two new genera of leafhopper related to *Hishimonus* Ishihara (Hom., Cicadellidae). Suomen Hyönt: Aika, 36: 173-182.

Knight W J. 1987. Leafhoppers of the grass-feeding genus *Balclutha* (Homoptera, Cicadellidae) in the Pacific region. Journal of Natural History, 21: 1173-1224.

Koch C L. 1854. Die Pflanzenlause Aphiden, getreu nach dem Leben abgebildet und beschrie ben. Nurnberg. Hefts: 1-134.

Kolenati F. 1857. Homoptera Latreille. Leach. *Gulaerostria Zetterstedt.* Bulletin de la Société Impériele des Naturalistes Moscuo, Section Biologique, 30: 399-444.

Kondo T, Gullan P J. 2007. Taxonomic review of the lac insect genus *Paratachardina* Balachowsky (Hemiptera: Coccoidea: Kerriidae), with a revised key to genera of Kerriidae and description of two new species. Zootaxa, 1617: 1-41.

Kotinsky J. 1907. Aleyrodidae of Hawaii and Fifi with descriptions of new species. Bulletin, Board of Commissioners of Agriculture and Forestry Hawaii, Division of Entomology, 2: 93-102.

Kozár F. 2009. Zoogeographical analysis and status of knowledge of the Eriococcidae (Hemiptera), with a World list of species. Bollettino di Zoologia Agraria e di Bachicoltura (Milano)(Ser. 2), 41(2): 87-121.

Kozár F, Kaydan M B, Konczné Benedicty Z, Szita, É. 2013. Acanthococcidae and Related Families of the Palaearctic Region. Hungarian Academy of Sciences Budapest, Hungary: 1-680.

Kozár F, Konczné Benedicty Z. 2003. Description of four new species from Australian, Austro-oriental, New Zealand and South Pacific regions (Homoptera, Coccoidea, Pseudococcidae, Rhizoecinae), with a review, and a key to the species *Ripersiella.* Bollettino di Zoologia Agraria e di Bachicoltura (Milano), 35(3): 225-239.

Kozár F, Walter J. 1985. Check-list of the Palaearctic Coccoidea (Homoptera). Folia Entomologica Hungarica, 46: 63-110.

Kramer P J. 1971. A taxonomic study of the North American leafhoppers of the genus *Deltocephalus* (Homoptera: Cicadellidae: Deltocephalinae). Transactions of the American Entomological Society, 97(3): 413-439.

Kusnezov V. 1928. Deux cicadellides nuisibles du genre *Erythroneura* Fitch (Homoptères). Défense des Plantes, 5: 315-317.

Kuwana I. 1911. The whiteflies of Japan. Pomona College Journal of Entomology, 3: 620-627.

Kuwana I. 1927. On the genus *Bemisia* (Family Aleyrodidae) found in Japan, with description of a new species. Annotationes Zoologicae Japonenses, 11: 245-253.

Kuwana S I. 1902. Coccidae (scale insects) of Japan. Proceedings of the California Academy of Sciences, 3: 43-98.

Kuwana S I. 1905. A new *Xylococcus* in Japan. Insect World, 9: 91-95.

Kuwana S I. 1907. Coccidae of Japan, I. A synoptical list of Coccidae of Japan with descriptions of thirteen new species. Bulletin of the Imperial Central Agricultural Experiment Station, Japan, 1: 177-212.

Kuwana S I. 1909. Coccidae of Japan, 3. First supplemental list of Japanese Coccidae, or scale insects, with description of eight new species. Journal of the New York Entomological Society, 17: 150-158.

Kuwana S I. 1914. Coccidae of Japan, V. Journal of Entomology and Zoology, 6: 1-8.

Kuwana S I. 1916. Some new scale insects of Japan. Annotationes Zoologicae Japonenses, 9: 145-152.

Kuwana S I. 1918. New scale insect of *Quercus glandulifera*. Insect World, 22: 312-314.

Kuwana S I. 1923a. I. Descriptions and biology of new or little-known coccids from Japan. Bulletin of Agriculture and Commerce, Imperial Plant Quarantine Station, Yokohama, 3: 1-67.

Kuwana S I. 1923b. On the genus *Leucaspis* in Japan. Dobutsugaku Zasshi (Journal of the Zoological Society of Japan). Tokyo, 35: 321-324.

Kuwana S I. 1925a. The diaspine Coccidae of Japan. 2. The genus *Lepidosaphes*. Bulletin of Agriculture and Commerce, Imperial Plant Quarantine Station, Yokohama, 2: 1-42.

Kuwana S I. 1925b. The diaspine Coccidae of Japan. 3. The genus *Fiorinia*. Department of Agriculture and Commerce, Bureau of Agriculture, Injurious Insects and Pests, Japan, 3: 1-20.

Kuwana S I. 1926. The diaspine Coccidae of Japan. 4. Genera *Cryptoparlatoria, Howardia, Sasakiaspis* [n. gen.] *Diaspis, Aulacaspis, Pinnaspis* and *Prontaspis*. Department of Agriculture and Commerce, Bureau of Agriculture, Injurious Insects and Pests, Japan, 4: 1-44.

Kuwana S I. 1928. The diaspine Coccidae of Japan. V. Genera *Chionaspis, Tsukushiaspis* [n. gen.], *Leucaspis, Nikkoaspis* [n. gen.]. Scientific Bulletin (Ministry of Agriculure and Forestry, Japan), 1: 1-39.

Kuwana S I. 1931. The diaspine Coccidae of Japan. 6. Genus *Phenacaspis*. Scientific Bulletin (Ministry of Agriculure and Forestry, Japan), 2: 1-14.

Kuwana S I, Muramatsu K. 1931. New scale insects and white fly found upon plants entering Japanese ports. Dobutsugaku Zasshi (Journal of the Zoological Society of Japan). Tokyo, 43: 647-660.

Kuwayama S. 1908. Die Psylliden Japans. I. Transactions of the Sapporo Natural History Society, 2: 149-189.

Kuwayama S. 1922. A list of the known species of Japanese Psyllidae. Konchū sekai [Insect World], 26(303): 7-16.

Kuwayama S. 1949. On a new species of the genus *Togepsylla* from Japan. Insecta Matsumurana, 17: 48-49.

Kwon Y J, Lee C E. 1978. A new species of *Scaphoideus* Uhler from Is. Hongdo, Korea (Homoptera: Auchenorrhyncha). Korean Journal of Entomology, 8(2): 21-24.

Kwon Y J, Lee C E. 1979a. Some new genera and species of Cicadellidae of Korea (Homoptera: Auchenorrhyncha). Nature and Life in Southeast Asia (Kyungpook Journal of Biological Sciences), 9(1): 49-61.

Kwon Y J, Lee C E. 1979b. On some new and little known Palearctic species of leafhoppers (Homoptera: Auchenorrhyncha: Cicadellidae). Nature and Life I Southeast Asia, 9(2): 69-97.

Kwon Y J. 1980. *Changwhania* gen. n., new Palearctic genus of leafhoppers from the subtribe Deltocephalina (Homoptera: Cicadellidae). Commemoration Papers for Professor C. W. Kim's 60th Birthday Anniversary: 95-102.

Kwon Y J. 1982. New and little known planthoppers of the family Delphacidae (Homoptera: Auchenorrhyncha). Korean Journal of Entomology, 12(1): 1-11.

Kwon Y J. 1985. Classification of the Leafhopper-Pests of the Subfamily Idiocerinae from Korea. The Korean Journal of Entomology, 15(1): 61-73.

Laing F. 1929. Descriptions of new, and some notes on old species of Coccidae. Annals and Magazine of Natural History, 4: 465-501.

Lallemand V. 1912. Homoptera, Fam. Cercopidae. Genera Insectorum, 22(143): 1-167, pls. 1-8.

Lallemand V. 1949. Revision des Cercopinae (Hemiptera Homoptera) Première partie. Mémoires de l'Institut Royal des Sciences Naturelles de Belgique (Ser. 2), 32: 1-193.

Lallemand V. 1951. Cinquième note sur les cercopides. Bulletin et Annales de la Société entomologique de Belgique. Bruxelles, 87: 82-89.

Lambdin P L. 1986. Cerococcus citri (Homoptera: Coccoidea: Cerococcidae), a new species of scale insect from China. Annals of the Entomological Society of America, 79: 369-371.

Lambdin P L, Kosztarab M P. 1977. *Acalyptococcus eugeniae*: a new genus and species of eriococcid from Singapore (Homoptera: Coccoidea: Eriococcidae). Proceedings of the Entomological Society of Washington, 79: 245-249.

Latreille P A. 1802. Histoire naturelle, générale et particulière des Crustacés et des Insectes. 3: 467. F. Dufart, Paris (France).

Latreille P A. 1804. Histoire naturelle, générale et particulière des Crustacés et des Insectes, 12: 424, 310.

Latreille P A. 1817. La seconde section des Hémiptères, celle des Homoptères. (Homoptera. Lat.). Cuvier's Le règne animal distribué d'après son organisation: pour servir de base a l'histoire naturelle des animaux et d'introduction a l'anatomie comparée. Avec figures dessinées d'après nature. Contenant les Crustacés, les Arachnides et les Insectes. Deterville, Paris, 3: 400-408.

Le Peletier, de Saint-Fargeau A L M, Audinet-Serville J G. 1825. Tettigometre, Tettigometra and Tettigone, Tettigonia. Encyclopédie méthodique: Histoire naturelle. Entomologie, ou Histoire naturelle des Crustacés, des Arachnides et des Insectes. Discours préliminaire et plan du dictionnaire des Insectes, par M. Mauduyt. Introduction (and A-Bom) par M. Olivier. 1789.

Leach W E. 1815. Entomology. The Edinburg Encyclopedia, 9: 57-172.

Lee C E. 1979. Illustrated Flora and Fauna of Korea. 23 Insecta 7. Samhwa Publishing Co., Ltd.: Seoul, 1-1070.

Lee Y J. 2008. A checklist of Cicadidae (Insecta: Hemiptera) from Vietnam, with some taxonomic remarks. Zootaxa, 1787: 1-27.

Lee Y J. 2010. Cicadas (Insecta: Hemiptera: Cicadidae) of Mindanao, Philippines, with the description of a new genus and a new species. Zootaxa, 2351: 14-28.

Lee Y J. 2012. Resurrection of the genus *Yezoterpnosia* Matsumura (Hemiptera: Cicadidae: Cicadini) based on a new definition of the genus Terpnosia Distant. Journal of Asia-Pacific Entomology, 15: 255-258.

Lee Y J. 2015. Description of a new genus, *Auritibicen* gen. nov., of Cryptotympanini (Hemiptera: Cicadidae) with redescriptions of *Auritibicen pekinensis* (Haupt 1924) comb. nov. and *Auritibicen slocumi* (Chen 1943) comb. nov. from China and a key to the species of *Auritibicen*. Zootaxa, 3980: 241-254.

Leonardi G. 1897. Monografia de genere *Aspidiotus* (nota preventiva). Rivista di Patologia Vegetale. Firenze, 5: 283-286.

Leonardi G. 1900. Generi e specie di diaspiti. Saggio di sistematica degli Aspidiotus. Rivista di Patologia Vegetale. Firenze, 8:

298-363.

Leonardi G. 1920. Monografia delle cocciniglie Italiane. Della Torre Portici, 1-555.

Lethierry L F. 1876. Homoptères nouveaux d'Europe et des contrées voisines. Annales de la Société entomologique de Belgique. Bruxelles, 19: 82.

Lethierry L F. 1884. Additions. Rev Entomol, 3: 62-65.

Lethierry L F. 1888. Liste des Hemiptères recueillis à Sumatra et dans l'ile de Nias par M. E. Modigliani. Annali del Museo civico di Storia Naturale di Genova, Genova (Ser. 2), 6: 460-470.

Lewis R H. 1834. Descriptions of some new genera of British Homoptera. Transactions of the Royal Entomological Society of London, 1: 47-52.

Li W-C, Tsai T, Wu S-A. 2014. A review of the legged mealybugs on bamboo (Hemiptera: Coccoidea: Pseudococcidae) occurring in China. Zootaxa, 3900(3): 370-398.

Li W-C, Wu S-A. 2014. A new species and a new record of the genus *Balanococcus* Williams (Hemiptera: Coccoidea: Pseudococcidae) from China. Zoological Systematics, 39(2): 269-274.

Li Z-Z, Li J-D. 2011. Four New Species of *Batracomorphus* Lewis (Hemiptera: Cicadellidae: Iassinae) from Hainan Province, China. Journal of Mountain Agriculture and Biology, 4: 283-287.

Li Z-Z, Wang L. 1992b. Agriculture and Forestry Insect Fauna of Guizhou (Homoptera: Cicadellidae.). Vol. 4. Guiyang: Guizhou Science and Technology Publishing House, 304 pp.

Li Z-Z, Wang L-M. 1994. A new genus and three new species of the tribe Evacanthini (Insecta: Homoptera: Cicadellidae) with a key to the genera and a list of species occurring in China. Journal of Natural Histroy, 28: 373-382.

Li Z-Z, Wang L-M. 2003. Notes on Chinese species of *Batracomorphus* Lewis with descriptions of seven new species (Homoptera, Cicadellidae, Iassinae). Acta Entomologica Sinica, 28: 130-136.

Li Z-Z, Zhang B. 2006. A new species of the genus *Hishimonoides* Ishihara (Hemiptera: Cicadellidae: Euscelinae) from Guizhou Province, China. Entomotaxonomia, 28(4): 262-264.

Liang A-P. 1993 (1992). A revision of the spittlebug genus *Paracercopis* Schmidt (Homoptera: Cercopidae). Entomologica Scandinavica, 23: 443-452.

Liang A-P. 1996. The spittlebug genus *Eoscarta* Breddin of China and adjacent areas (Homoptera: Cercopidae). Oriental Insects, 30: 101-130.

Liang A-P. 1998. Oriental and eastern Palaearctic aphrophorid fauna (Homoptera: Aphrophoridae): taxonomic changes and nomenclatural notes. Oriental Insects, 32: 239-257.

Liang A-P. 2001. Nomenclatural changes in the Oriental Cercopidae (Homoptera). Journal of Entomological Science, 36(3): 318-324.

Liang A-P, Song Z-S. 2006. Revision of the Oriental and eastern Palaearctic planthopper genus *Saigona* Matsumura, 1910 (Hemiptera: Fulgoroidea: Dictyopharidae), with descriptions of five new species. Zootaxa, 1333: 25-54.

Liang A-P, Webb M D. 1994. A taxonomic revision of the Oriental spittlebug genus *Paphnutius* Distant (Homoptera: Cercopidae). Journal of Natural History, 28: 1175-1188.

Liang A-P, Webb M D. 2002. New taxa and revisionary notes in Rhinaulacini spittlebugs from southern Asia (Homoptera: Cercopidae). Journal of Natural History, 36(6): 729-756.

Lindinger L. 1911. Beiträge zur Kenntnis der Schildläuse und ihre Verbreitung 2. Zeitschrift für Wissenschaftliche Insektenbiologie: 7, 9-12, 86-90, 126-130, 172-177.

Lindinger L. 1912. Die Schildläuse (Coccidae) Europas, Nordafrikas und Vorder-Asiens, einschliesslich der Azoren, der Kanaren und Madeiras. Ulmer Stuttgart: 1-388.

Lindinger L. 1930. Bericht über die Tätigkeit der Abteilung für Pflanzenschutz. A. die überwachung der ein- und ausfuhr von obst, Pflanzen und Pflanzenteilen (amtliche pflanzenbeschau). Jahresbericht, Institut für Angewandte Botanik. Hamburg: 88-111.

Lindinger L. 1932. Beiträge zur Kenntnis der Schildläuse. Konowia, 11: 177-205.

Lindinger L. 1933. Beiträge zur Kenntnis der Schildläuse (Hemipt.-Homopt., Coccid.). Entomologischer Anzeiger, 13: 77-166.

Lindinger L. 1935. Die nunmehr gültigen Namen der Arten in meinem 'Schildläusebuch' und in den 'Schildläusen der Mitteleuropäischen Gewächshäuser'. Entomologisches Jahrbuch, 44: 127-149.

Lindinger L. 1943. Die Schildlausnamen in Fulmeks Wirtindex. Arbeiten über Morphologische und Taxonomische Entomologie aus Berlin-Dahlem, 10: 145-152.

Linnaeus C. 1758. Systema Naturae, per regna tria naturae, secundum classes, ordines, genera, species cum characteribus, differentiis, synonymis, locis. Laurentii Salvii, Holmiae [1-4]: 1-824.

Linnaeus C. 1761. Fauna Suecica sistens animalia Sueciae regni: Mammalia, Aves, Amphibia, Pisces, Insecta, Vermes. Distributa per classes et ordines, genera et species, cum differentiis specierum, synonymis auctorum, nominibus incolarum, locis natalium, descriptionibus insectorum. Editio altera: 260.

Linnavuori R. 1959. Revision of the Neotropical Deltocephalinae and some related subfamilies (Homoptera). Annales Zoologici

Societatis Zoologicae Botanicae Fennicae 'Vanamo', 20: 1-370.

Linnavuori R. 1960a. Insects of Micronesia. Homoptera: Cicadellidae. Honolulu, Bishop Museum, 6(5): 231-344.

Linnavuori R. 1960b. Cicadellidae (Homoptera, Auchenorrhyncha) of Fiji. Acta Entomologica Fennica, 15: 1-71.

Linnavuori R. 1962. Hemiptera of Israel. 3. Annales zoologici Societatis Zoologicae-Botanicae Vanamo, 24(3): 1-108.

Linnavuori R. 1965. Studies on the south and east Mediterranean Hemipterous fauna. Acta Entomologica Fennica, 21: 5-70.

Linnavuori R. 1978a. Studies on the family Cicadellidae (Homoptera: Auchenorrhyncha), 1. A revision of the Macropsinae of the Ethiopian region. Acta Entomologica Fennica, 33: 1-17.

Linnavuori R. 1978b. Revision of the Ethiopian Cicadellidae (Homoptera). Paraboloponinae and Deltocephalinae. Scaphytopiini and Goniagnathini. Revue de Zoologie et et de Botanique Africaines, 92(2): 457-500.

Liu K-C. 1939. On a new genus of Homoptera from Anhwei. China Journal, 31: 295-297.

Liu K-C. 1940. New Oriental Cicadidae in the Museum of Comparative Zoology. Harvard University and Museum of Comparative Zoology Bulletin, 87: 73-117.

Liu K-C. 1942. On a new species of Homoptera from Kiangsu. Notes d'Entomologie Chinoise. Musée Heude. Chang-Hai, 9: 5-7.

Liu Y, Fletcher M J, Dietrich C H, Zhang Y-L. 2014. New species and records of *Asymmetrasca* (Hemiptera: Cicadellidae: Typhlocybinae: Empoascini) from China and name changes in *Empoasca* (*Matsumurasca*). Zootaxa, 3768(3): 327-350.

Liu Y, Qin D-Z, Fletcher M J, Zhang Y-L. 2011a. Review of Chinese *Empoasca* Walsh (Hemiptera: Cicadellidae), with description of seven new species and some new Chinese records. Zootaxa, 3055: 1-21.

Liu Y, Qin D-Z, Fletcher M J, Zhang Y-L. 2011b. Four new species of *Empoasca* (Hemiptera: Cicadellidae: Typhlocybinae: Empoascini) and one new record from China. Zootaxa, 3070: 29-39.

Loginova M M. 1977. The classification of the subfamily Arytaininae Crawf. (Homoptera: Psyllidae). II. Entomologicheskoe Obozrenie, 56: 577-587.

Löw F. 1880. Mittheilungen über Psylloden. Verhandlungen der Zoologischbotanischen Gesellschaft in Wien, 29: 549-598.

Lower H F. 1952. A revision of the Australian species previously referred to the genus *Empoasca* (Cicadellidae, Homoptera). Proceedings of the Linnean Society of New South Wales, 76: 190-221.

Lu L, Zhang Y-L. 2014. Taxonomy of the Oriental leafhopper genus *Fistulatus* (Hemiptera: Cicadellidae: Deltocephalinae), with description of a new species from China. Zootaxa, 3838(2): 247-250.

Lu L, Zhang Y-L. 2018. Taxonomy of the Oriental leafhopper genus *Favintiga* Webb (Hemiptera: Cicadellidae: Deltocephalinae: Drabescini) with description of a new species from China. Zootaxa, 4370(4): 446-450.

Lu L, Zhang Y-L, Dai W. 2008. A new record leafhopper genus *Sonronius* Dorst (Hemiptera: Cicadellidae: Deltocephalinae) from China. Entomotaxonomia, 30(2): 103-106.

Lu L, Zhang Y-L, Webb M D. 2013. Review of the grass feeding leafhopper genus *Balclutha* Kirkaldy (Hemiptera: Cicadellidae: Deltocephalinae) in China. Zootaxa, 3691(5): 501-537.

Lu S-H, Qin D-Z. 2014. *Alafrasca sticta*, a new genus and species of the tribe Empoascini (Hemiptera: Cicadellidae: Typhlocybinae) with a checklist of the tribe from China. Zootaxa, 3779(1): 9-19.

Lucas H. 1853. Coccus ziziphi. Annales de la Société Entomologique de France, 1: 28-29.

Luo Y, Liu J-J, Feng J-N. 2019. Two new species in the genus *Kuvera* Distant, 1906 (Hemiptera, Cixiidae, Cixiinae) from China. ZooKeys, 832: 144.

Maa T C. 1963. A review of the Machaerotidae (Hemiptera: Cercopoidea). Pacific Insects Monograph, 5: 1-166.

MacGillivray A D. 1921. The Coccidæ. Tables for the Identification of the Sub-families and Some of the More Important Genera and Species, together with Discussions of their Anatomy and Life History. *In*: Alex. D. MacGillivray. Scarab Company, Urbana, Ill., 1921. Pp. viii + 502.

Mahmood S H. 1967. A study of the typhlocybine genera of the Oriental region (Thailand, the Philippines and adjoining areas). Pacific Insects Monograph, 12: 1-52.

Maki M. 1917. Three new species of Trichosiphum in Formosa. Collection of Essays for Mr Y Nawa, 9-20.

Maldonado-Capriles J. 1976. Studies on Idiocerinae leafhoppers: X3. *Idioceroides* Matsumura and *Anidiocerus*, a new genus from Taiwan (Agallinae: Idiocerinae). Pacific Insects, 17(1): 139-143.

Mamet R J. 1946. On some species of Coccoidea recorded by de Charmoy from Mauritius. Mauritius Institute Bulletin. Port Louis, 2: 241-246.

Mamet R J. 1951. Notes on the Coccoidea of Madagascar-2. Mémoires de l'Institut Scientifique de Madagascar (Ser. A), 5: 213-254.

Mamet R J. 1954. Notes on the Coccoidea of Madagascar-3. Mémoires de l'Institut Scientifique de Madagascar (Ser. E), 4: 1-86.

Mamet R J. 1958. The *Selenaspidus* complex (Homoptera, Coccoidea). Annales du Musée Royal du Congo Belge. Zoologiques, Miscellanea Zoologica, Tervuren, 4: 359-429.

Manzari S, Quicke D L J. 2006. A cladistic analysis of whiteflies, subfamily Aleyrodinae (Hemiptera: Stemorrhyncha: Aieyrodidae). Journal of Natural History, 40: 2423-2554.

Marlatt C L. 1908. New species of diaspine scale insects. United States Department of Agriculture, Bureau of Entomology, Technical Series, 16: 11-32.

Marlatt C L. 1911. A newly imported scale-pest on Japanese hemlock (Rhynch.). Entomological News, 22: 385-387.

Marshall T A. 1866. Homoptera at Rannock. Entomologist's Monthly Magazine, 3: 118-119.

Martin J H. 1999. The whitefly fauna of Australia (Sternorrhyncha: Aleyrodidae): a taxonomic account and identification guide. CSIRO Entomology Technical Paper, (38): 1-197.

Martin J H, Josephine M C. 2001. Whiteflies (Sternorrhyncha, Aleyrodidae) colonising ferns (Pteridophyta: Filicopsida), with descriptions of two new *Trialeurodes* and one new *Metabemisia* species from South-East Asia. Zootaxa, (12): 2.

Maskell W M. 1879. On some Coccidae in New Zealand. Transactions and Proceedings of the New Zealand Institute, 11: 187-228.

Maskell W M. 1891. Descriptions of new Coccidae. Indian Museum Notes, 2: 59-62.

Maskell W M. 1892. Further coccid notes: with descriptions of new species, and remarks on coccids from New Zealand, Australia and elsewhere. Transactions and Proceedings of the New Zealand Institute, 24: 1-64.

Maskell W M. 1893. Further coccid notes: with descriptions of new species from Australia, India, Sandwich Islands, Demerara, and South Pacific. Transactions and Proceedings of the New Zealand Institute, 25: 201-252.

Maskell W M. 1894. Further coccid notes with descriptions of several new species and discussion of various points of interest. Transactions and Proceedings of the New Zealand Institute, 26: 65-105.

Maskell W M. 1895. Further coccid notes: with description of new species from New Zealand, Australia, Sandwich Islands, and elsewhere, and remarks upon many species already reported. Transactions and Proceedings of the New Zealand Institute, 27: 36-75.

Maskell W M. 1896. Further coccid notes: with descriptions of new species and discussions of questions of interest. Transactions and Proceedings of the New Zealand Institute, 28: 380-411.

Maskell W M. 1897a. On a collection of Coccidae, principally from China and Japan. Entomologist's Monthly Magazine, 33: 239-244.

Maskell W M. 1897b. Further coccid notes: with descriptions of new species and discussions of points of interest. Transactions and Proceedings of the New Zealand Institute, 29: 293-331.

Maskell W M. 1898. Further coccid notes: with descriptions of new species, and discussion of points of interest. Transactions and Proceedings of the New Zealand Institute, 30: 219-252.

Mason P W. 1927. Fauna sumatrensis. Aphididae. Suppl Entomol, 15: 86-90.

Matile-Ferrero D. 1976. La faune terrestre de l'Ile de Sainte-Helene. 7. Coccoidea. Musee Royal de l'Afrique centrale, Tervuren, Belgique, Annales (Serie 8) Sciences Zoologiques, 215: 292-318.

Matsuda R. 1952. A new green *Empoasca* leafhopper injurious to the tea shrub in Japan. Oyo-Kontyü Tokyo, 8: 19-21.

Matsumura S. 1900a. Zwei neue von ihm gesammelte paläarktische Jassiden-Artem. Gesell. F. Naturf. Freunde Sitzzber, 232-235.

Matsumura S. 1900b. Uebersicht der Fulgoriden Japans. Entomologische Nachrichten, 26: 205-213.

Matsumura S. 1900c. Uebersicht der Fulgoriden Japans. Entomologische Nachrichten, 26: 257-269.

Matsumura S. 1900d. Manual of Japanese injurious insects. 3: 398, illus. *Cicadula quadrimaculata* n. sp.

Matsumura S. 1902. Monographie der Jassinen Japans. Természetrajzi Füzetek, 25: 353-404.

Matsumura S. 1903. Monographie der Cercopiden Japans. The Journal of the Sapporo Agricultural College. Sapporo, Japan, 2: 15-52.

Matsumura S. 1905. Nippon Senchu Zukai. = [1000 insects of Japan.]. Tokyo, 2: 42-70.

Matsumura S. 1907. Monographie der Homopteren-Gattung. *Tropidocephala* Stal. Annales Historico-Naturales Musei Nationalis Hungarici. Budapest, 5: 56-66.

Matsumura S. 1910a. Monographie der Dictyophorinen Japans. Transactions of the Sapporo Natural History Society, 3: 99-113.

Matsumura S. 1910b. Die schädlichen und nützlichen Insekten vom Zuckerrohr Formosas. Zeitschrift für wissenschaftliche Insektenbiologie. Schoneberg-Berlin, 6: 101-104.

Matsumura S. 1910c. Complete book of injurious insects of Japan. 1: 1-338.

Matsumura S. 1912a. Die Cicadiene Japans 2. Annot Zool Jap, 8: 15-51.

Matsumura S. 1912b. Die Acocephalinen und Bythoscopinen Japans. Sapporo College of Agriculture Journal, 4: 279-325.

Matsumura S. 1913. Thousand insects of Japan. Additamenta, 1: 1-184. (In Japanese)

Matsumura S. 1914a. Die Jassinen und einige neue Acocephalinen Japans. Journal of the College of Agriculture, Tohoku Imperial University, Sapporo, 5: 165-240.

Matsumura S. 1914b. Beitrag zur Kenntnis Fulgoriden Japan. Annales Historico Naturales Musei Nationalis Hungarici Budapest, 12: 261-305.

Matsumura S. 1915. Neue Cicadinen Koreas. Transactions of the Sapporo Natural History Society, 5: 154-184.

Matsumura S. 1916. Synopsis der Issiden (Fulgoriden) Japans. Transactions of the Sapporo Natural History Society, 6: 85-118.

Matsumura S. 1917a. A list of the Japanese and Formosan Cicadidae, with descriptions of new species and genera. Transactions of the Sapporo Natural History Society, 6: 186-212.

Matsumura S. 1917b. A list of the Aphididae of Japan, with description of new species and genera. The Journal of the College of Agriculture, Tohoku Imperial University, 7: 351-414.

Matsumura S. 1920. Dainippon Gaichu Zensho = [Manual of Japanese Injurious Insects. Ed. 2]. 1: 1-34, 1-857.

Matsumura S. 1927. New species of Cicadidae from the Japanese Empire. Insecta Matsumurana, 2: 46-58.

Matsumura S. 1931a. 6000 illustrated insects of Japan-Empire. Tōkō shoin: 1-1689.

Matsumura S. 1931b. A revision of the Palaearctic and Oriental Typhlocybid-genera with descriptions of new species and new genera. Insecta Matsumurana, 6(2): 55-91.

Matsumura S. 1932. A revision of the Palaearctic and Oriental Typhlocybid-genera with descriptions of new species and new genera. Insecta Matsumurana, 6(3): 93-120.

Matsumura S. 1935a. Revision of *Stenocranus* Fieb. (Hom.) and its allied species in Japan-Empire. Insecta Matsumurana, 9(4): 125-140.

Matsumura S. 1935b. Supplementary note to the revision of *Stenocranus* and allied species of Japan-Empire. Insecta Matsumurana, 10(1-2): 71-78.

Matsumura S. 1940a. New species and genera of Cercopidae in Japan, Korea and Formosa with a list of the known species. Journal of the Faculty of Agriculture, Hokkaido University, 45(2): 35-82.

Matsumura S. 1940b. Homopterous Insects Collected at Kotosho (Botel Tabago) Formosa. By My Tadao Kano. Insecta Matsumurana, 15: 34-51.

Matsumura S. 1942. New species and new genera of Palaearctic Superfamily Cercopoidea with a tabular key to the classification. Insecta Matsumurana, 16(3-4): 44-70, 71-106.

Matsumura S, Ishihara T. 1945. Species novae vel cognitae Araeopidarum imperii japonici (Hemiptera). Mushi, 16: 59-82.

Maxwell-Lefroy H M. 1903. The scale insects of the Lesser Antilles Part 2. Imperial Department of Agriculture for the West Indies Pamphlet Series, 22: 1-50.

McAtee W L. 1926. Notes on Neotropical Eupteriginae, with a key to the varieties of *Alebra albostriella* (Homoptera: Jassidae). Journal of the New York Entomological Society, 34: 141-174.

McKamey S H. 2003. Some new generic names in the Cicadellidae (Hemiptera: Deltocephalinae, Selenocephalinae). Proceedings of the Entomological Society of Washington, 105(2): 447-451.

McKamey S H. 2006. Further new genus-group names in the Cicadellidae (Hemiptera). Proceedings of the Entomological Society of Washington, 108(3): 502-510.

McKenzie H L. 1938. The genus *Aonidiella* (Homoptera: Coccoidea: Diaspididae). (Contribution number 8). Microentomology, 3: 1-36.

McKenzie H L. 1939. A revision of the genus *Chrysomphalus* and supplementary notes on the genus *Aonidiella* (Homoptera: Coccoidea: Diaspididae). Microentomology, 4: 51-77.

McKenzie H L. 1945. A revision of Parlatoria and closely allied genera (Homoptera: Coccoidea: Diaspididae). Microentomology, 10: 47-121.

McKenzie H L. 1952. New parlatorine scales from India and Egypt, and supplementary notes on other related species (Homoptera: Coccoidea: Diaspididae). Scale studies-Part IX. Bulletin of the California Department of Agriculture, 41: 9-18.

McKenzie H L. 1960. Taxonomic position of Parlatoria virescens Maskell, and descriptions of related species (Homoptera: Coccoidea: Diaspididae). Scale studies pt. 14. Bulletin of the California Department of Agriculture, 49: 204-211.

Medler J T. 1943. The leafhoppers of Minnesota. Homoptera: Cicadellidae. Tech Bull Minnesota Agr Sta, 155: 1-196.

Melichar L. 1898a. Vorläufige Beschreibnungen neuer Ricaniiden. Verhandlungen der Kaiserlich-Königlichen Zoologisch-botanischen Gesellschaft in Wien, 48: 384-400.

Melichar L. 1898b. Monographie der Ricaniiden (Homoptera). Annalen des k. k Naturhistorischen Hofmuseums, 13: 197-359.

Melichar L. 1902. Homopteren aus West-China, Persien und dem Süd-Ussuri-Gebiete. Annuaire du Musée Zoologique de l'Académie Impériale des Sciences de St.-Pétersbourg, 7: 76-146.

Melichar L. 1903. Homopteren-Fauna von Ceylon. Berlin: 1-248.

Melichar L. 1904. Neue Homopteren aus Süd-Schoa, Gala und Somal-Ländern. Verhandlungen de Kaiserlich-Königlichen Zoologisch-botanischen Gesellschaft in Wien, 54: 25-48.

Melichar L. 1905. Beitrag zur Kenntnis der Homopterenfauna Deutsch-Ost-Africas. Wiener Entomologische Zeitung, 24: 279-304.

Melichar L. 1912. Monographie der Dictyophorinen (Homoptera). Abhandlungen der K. K. Zoologisch-Botanischen Gesellschaft in Wien, 7(1): 1-221.

Melichar L. 1914a. Neue Fulgoriden von den Philippine: I. Philippine Journal of Science, 9: 269-283.

Melichar L. 1914b. Homopteren von Java, gesammelt von Herrn. Ewd. Jacobson. Notes from the Leyden Museum, 36: 91-147.

Melichar L. 1915. Neue Cercopidenarten. Verh Zool Bot Ges Wien, 65: 1-16.

Melichar L. 1926. Monographie der Cicadellinen. 3. Annales Historico-Naturales Musei Nationalis Hungarici. Budapest, 23: 273-394.

Men Q-L, Qin D-Z. 2013. Review of the planthopper genus *Tambinia* Stål (Hemiptera: Fulgoroidea: Tropiduchidae) from China, with description of one new species. Florida Entomologist, 95: 1095-1110.

Meng R, Wang Y-L, Qin D-Z. 2016. A key to the genera of Issini (Hemiptera: Fulgoromorpha: Issidae) of China and neighbouring countries, with descriptions of a new genus and two new species. European Journal of Taxonomy, 181: 1-25.

Meng R, Webb M D, Wang Y-L. 2017. Nomenclatural changes in the planthopper tribe Hemisphaeriini (Hemiptera: Fulgoromorpha: Issidae), with the description of a new genus and a new species. European Journal of Taxonomy, 298: 1-25.

Metcalf Z P. 1939. Hints on bibliographies. Soc Bibliog Nat Hist Jour, 1: 241-248.

Metcalf Z P. 1943. Delphacidae. In: Metcalf Z P. General Catalogue of the Homoptera. Fascicule IV, North Carolina State College, Raleigh (United States of America): 1-549.

Metcalf Z P. 1952. New names in the Homoptera. Proceedings of the Entomological Society of Washington, 45: 226-231.

Metcalf Z P. 1963. General Catalogue of the Homoptera, Fascicle VIII, Cicadoidea, part 1. Cicadidae. section I. Tibiceninae. Raleigh: North Carolina State College, 1-585.

Metcalf Z P. 1965. General Catalogue of the Homoptera. Fascicle VI. Cicadelloidea. Part 1. Tettigellidae. U. S. Department of Agriculture, Agriculture Research Service: 1-730.

Metcalf Z P. 1966. General Catalogue of the Homoptera. Fascicle VI. Cicadelloidea. Part 15. Iassidae. USDA: Washington, DC, USA, pp. 229.

Metcalf Z P. 1967. General Catalogue of the Homoptera. Fascicle 6. Cicadellidae. Part 10, Euscelidae. 1-2695.

Metcalf Z P. 1968. General Catalogue of the Homoptera. 6. Cicadelloidea. 17. Cicadellidae. Washington: United States Department of Agriculture, 7+1513.

Metcalf Z P, Horton G. 1934. The Cercopidae (Homoptera) of China. Lingnan Science Journal, 13: 367-429, pls. 37-43.

Mifsud D, Burckhard D. 2002. Taxonomy and phylogeny of the Old World jumping plant-louse genus *Paurocephala* (Insecta, Hemiptera, Psylloidea). Journal of Natural History, 36: 1887-1986.

Miller D R. 1973. *Brevennia rehi* (Lindinger) a potential pest in the U. S. (Homoptera: Coccoidea: Pseudococcidae). Proceedings of the Entomological Society of Washington, 73: 372.

Miyatake Y. 1968. *Pachypsylla japonica* sp. nov., a remarkable lerp-forming psyllid from Japan (Homoptera: Psyllidae). Bulletin of the Osaka Museum of Natural History, 21: 5-12.

Miyatake Y. 1981. Studies on Psyllidae of Nepal. I. Results of the survey in the Kathmandu Valley, 1979 part 1 (Hemiptera: Homoptera). Bulletin of the Osaka Museum of Natural History, 34: 47-60.

Miyazaki M. 1971. A revision of the tribe Macrosiphini of Japan (Homoptera: Aphididae: Aphidinae). Insecta Matsumurana, 34: 1-247.

Monzen K. 1927. New species of Aphididae producing galls in Morioka. Bull Morioka Agr Forest Coll Alumni Soc, 4: 1-24.

Mordvilko A K. 1894[1895]. K fanue i anatomii s em. Aphididae Privislanskogo Kraja. Vars Univ Izv, 1895(107): 113-274.

Mordvilko A K. 1909[1908]. Tableaux pour servir a la determination des groupes et des genres Aphididae Passerni. Annu Mus Zool Acad Imp Sci, 13: 353-384.

Mordvilko A K. 1914a. Aphid (Aphidoidea) fauna of Russia. Izd Akad Nayuk, 1(1914): 164-235.

Mordvilko A K. 1914b. Faune de la Russie et des pays limitr ophes fondée principalement sur les collectionnes du Musée Zoologique de l'Académie Impériale des Sciences de Petrograd Livraison, 1: 65.

Mordvilko A K. 1928. The evolution of cycles and the origin of heteroecy (Migra tion) in plantlice. Ann Mag Nat Hist, 2(10): 570-582.

Mordvilko A K. 1929. Previous works on URSS aphids and of limitograph area. Tr Prikl Entomol and Inst Opiti Agronomy, 14(1929): 1-100.

Mordvilko A K. 1935. Die Blattlause mit unvollstandigem Generationszyklus und ihre Entstehung. Ergeb Fortschr Zool, 8: 36-328.

Morgan A C F. 1889. Observations on Coccidae (No. 5). Entomologist's Monthly Magazine, 25: 349-353.

Morgan A C F. 1893. *Aspidiotus palmae*, n. sp. Entomologist's Monthly Magazine, 29: 40-41.

Mori T. 1931. Cicadidae of Korea. Journal of Chosen Natural History Society, 12: 10-24.

Morrison H. 1920. The nondiaspine Coccidae of the Philippine Islands, with descriptions of apparently new species. The Philippine Journal of Science, 17: 147-202.

Morrison H. 1939. Taxonomy of some scale insects of the genus *Parlatoria* encountered in plant quarantine inspection work. United States Department of Agriculture, Miscellaneous Publications, 344: 1-34.

Motschulsky V I. 1859. "Homoptères." In Insectes des Indes orientales, et de contrées analogues. Étud Entomol, 8: 25-118.

Motschulsky V I. 1863. Essai d'un catalogues des insectes de l'île Ceylan. Mémoires de la Société Impériale des amis des sciences naturelles. Moscou, 36: 1-153.

Motschulsky V I. 1866. Catalogue des insectes reçus du Japon. Bulletin de la Société Impériale des Naturalistes de Moscou, 39: 163-200.

Moulds M S. 2005. An appraisal of the higher classification of cicadas (Hemiptera: Cicadoidea) with special reference to the Australian fauna. Records of the Australian Museum, 57: 375-446.

Mound L A, Halsey S H. 1978. Whitefly of the World. British Museum (Natural History). Chichester: John Wiley & Sons, 340.

Mozaffarian F, Wilson M R. 2011. An annotated checklist of the planthoppers of Iran (Hemiptera, Auchenorrhyncha, Fulgoromorpha) with distribution data. ZooKeys, 145: 1-57.

Muir F A G. 1917. Homopterous notes. Proceedings of the Hawaiian Entomological Society. Honolulu, 3: 311-338.

Muir F. 1922. Three new species of Derbidae (Homoptera). Philippine Journal of Science, Manila, 20: 347-351.

Muir F A G, Giffard W M. 1924. Studies in North American Delphacidae. Bulletin. Hawaiian Sugar Planters' Association Experiment Station. Division of Entomology. Honolulu, 15: 1-53.

Mulsant M E, Rey C. 1855. Description de quelques Hémiptères-Homoptères nouveaux ou peu connus. Annales de la Société linnéenne de Lyon, 2(2): 197-249, 426.

Nagano K. 1917. A Collection of Essays for Mr. Yasushi Nawa. Written in Commemoration of his Sixtieth Birthday, October, 8: 56.

Nast J. 1972. Palaearctic Auchenorrhyncha (Homoptera). Warsaw: Polish Scientific Publishers, 1-550.

Nel R G. 1933. A comparison of *Aonidiella aurantii* and *Aonidiella citrina*, including a study of the internal anatomy of the latter. Hilgardia, 7: 417-466.

Nevsky V P. 1929. Aphids of Central Asia. Uzbek istan Plant Protect. Exp Sta, 16: 1-425.

Nevsky V P. 1951. Kpoznaniju faunytlej (Homoptera, Aphidoidea) Juznogo Kazachstana. Trudy vsesoj. Ent Obsc, 43: 37-64.

Newman E. 1869. Coccus beckii, a new British hemipteron of the family Coccidae. The Entomologist, 4: 217-218.

Newstead R. 1894. Scale insects in Madras. Indian Museum Notes, 3: 21-32.

Newstead R. 1898. Observations on Coccidae (No. 17). Entomologist's Monthly Magazine, 34: 92-99.

Newstead R. 1901a. Monograph of the Coccidae of the British Isles. Ray Society London: 1-220.

Newstead R. 1901b. Observations on Coccidae (No. 19). Entomologist's Monthly Magazine, 37: 81-86.

Newstead R. 1906. Report on insects sent from Der Kaiserliche Biologische Anstalt fur Land- und Forstwirtschaft Dahlem, Berlin. Quarterly Journal. Institute of Commercial Research in the Tropics. University of Liverpool, 1: 73-74.

Newstead R. 1911. Observations on African scale insects (Coccidae). (No. 3). Bulletin of Entomological Research, 2: 85-104.

Nielson M W. 1968. The leafhopper vectors of phytopathogenic viruses (Homoptera, Cicadellidae). Taxonomy, biology, and virus transmission. United States Department of Agricultrue, Technical Bulletin, 1382: 1-386.

Nielson M W. 1977. A revision of the subfamily Coelidiinae (Homoptera: Cicadellidae). 2. Tribe Thagriini. Pacific Insects Monograph, 34: 1-218.

Nielson M W. 1979. Taxonomic relationships of leafhopper vectors of plant pathogens. 3-27. In: Maramorosch K, Harris K. Leafhopper vectors and Plant Disease Agents. New York: Academic Press, 1-654.

Nielson M W. 1982. A revision of the subfamily Coelidiinae (Homoptera: Cicadellidae). 4. Tribe Coelidiini. Pacific Insects Monograph, 38: 1-318.

Nielson M W. 2013. New species in the genus *Thagria* Melichar from the Oriental and Australian regions, with a revised key to genera and species and a synoptic catalogue of the genus (Hemiptera: Cicadellidae: Coelidiinae). Zootaxa, 3625(1): 1-105.

Nielson M W. 2015. A revision of the tribe Coelidiini of the Oriental, Palearctic and Australian biogeographical regions (Hemiptera: Cicadellidae: Coelidiinae). Insecta Mundi, 410: 1-202.

Normark B B, Morse G E, Krewinski A, Okusu A. 2014. Armored Scale Insects (Hemiptera: Diaspididae) of San Lorenzo National Park, Panama, with Descriptions of Two New Species Annals of the Entomological Society of America, 107(1): 37-49.

Normark B B, Okusu A, Morse G E, Peterson D A, Itioka T, Schneider S A. 2019. Phylogeny and classification of armored scale insects (Hemiptera: Coccomorpha: Diaspididae). Zootaxa, 4616(1): 1-98.

Okajima G. 1908. Contributions to the study of Japanese Aphididae. Three New Species of Trichosiphum in Japan. Tokyo Bull Coll Agric, 8: 1-26.

Oken L. 1815. 1. [Genus] Gattung. Coccus; 2. [Genus] Gattung. Chermes; 4. [Genus] Gattung. Laccifer. Lehrbuch der Naturgeschicte, 3: 425-426, 430.

Olivier G A. 1790. Hémiptères, Section 1. Encyclopedie Methodique Histoire Naturelle Insects, 4: 1-331.

Olivier G A. 1791. Cochenille. Coccus. Genre d'insectes de la première section de l'ordre des Hemiptères. Encyclopedie methodique. Paris.

Oman P M. 1949. The Nearctic leafhoppers (Homoptera: Cicadellidae), a generic classification and check list. Memoirs of the Entomological Society of Washington, 3: 1-253.

Oman P W. 1938. A generic revision of American Bythoscopinae and South American Jassinae. Kansas University Science Bulletin, 24: 343-420.

Oman P W. 1943. A generic revision of the Nearctic Cicadellidae (Homoptera). Bull George Washington University, 1941-43: 15-17.

Oman P M, Knight W J, Nilson M W. 1990. Leafhoppers (Cicadellidae): A Bibliography, Generic Check-list and Index to the World Literature 1956-1985. Wallingford: CAB International:1-368.

Oshanin V T. 1906. Verzeichnis der palaearktischen Hemipteren, mit besonderer Berücksichtigung ihrer Verteilung im Russischen Reiche. II. Band. Homoptera. I. Lieferung. Ann. Mus. Zool. St. Petersburg. Buchdr. der K. Akademie der wissenschaften. St. Petersburg, 11: i-xvi, 1-192.

Ôuchi Y. 1938. Contributiones ad cognitionem insectrum Asiae Orientalis. V. A preliminary note on some Chinese cicadas with two new genera. Journal of the Shanghai Science Institute, 4: 75-111.

Ôuchi Y. 1943. Contribution es ad Congnitionem Insectorum Asiae Orientalis. 12. Notes on some cercopid insects from east China. Shanghai Sizenkagaku Kenkyusyo Ibo, 13(6): 496-504.

Packard A S. 1869. Scale insects. Guide to the study of insects, and a treatise on those injurious and beneficial to corps: for the use of colleges, farm-schools, and agriculturists. Naturalist's Book Agency & Trubner & Co.: Salem & London, 1-702.

Paik W H. 1965. Aphids of Korea. Seoul: Seoul National University, 1-160.

Paik W H. 1978. Illustrated flora and fauna of Korea. Insecta (6). No. 22. Min. Education Samhwa Publ Co. Ltd., 1-481.

Paoli G. 1932. Specie nuove di Empoasca (Hemiptera: Omoptera) e appunti di corologia. Memorie della Società Entomologica Italiana, 11: 109-122.

Paoli G. 1936. Descrizione di alcune nuove specie di Empoasca (Hemipt. Homopt.) e osservazioni su species note. Mem Soc Entomol Ital, 15: 5-24.

Park H C, Hodkinson I D, Kuznetsova V G. 1995. Karyotypes of psyllid species 1. (Homoptera: Psylloidea). Korean Journal of Entomology, 25(2): 155-160.

Passerini G. 1860. Gli afidi con un prospetto dei gen eri ed alcune specie nuove Italiane. Parma, 1860: 1-40.

Pellizzari G, Danzig E M. 2007. The bamboo mealybugs Balanococcus kwoni n. sp and Palmicultor lumpurensis (Takahashi) (Hemiptera, Pseudococcidae). Zootaxa, 1538: 65-68.

Pellizzari G, Williams D J. 2013. Simple rules on adjectival endings in zoological nomenclature and their use in scale insect names (Hemiptera: Sternorrhyncha: Coccoidea), with some corrections to combinations in common use. Zootaxa, 3710(5): 401-414.

Peng L-F, Murray J F, Zhang Y-L. 2012. Review of the Oriental planthopper genus Flata Fabricius (Hemiptera Fulgoroidea Flatidae) with the description of five new species. Zootaxa, 3399: 1-22.

Pergande Th. 1906. Description of two new genera and three new species of Aphididae. Entomological News Philadelphia, 17: 205-210.

Perris E. 1857. Nouvelles excursions dans les Grandes Lands. Annales de la Société Linnéenne de Lyon, 4: 83-180.

Planchon G. 1864. Le Kermes du chene aux points de vue zoologique, commercial & pharmaceutique. De Boehm & Fils Montpellier : 1-47.

Provancher L. 1889. Deuxième sous-ordre les Homoptères. Petite Faune Entomologique du Canada, précédée d'un Traité elémentaire d'Entomologie, 3: 207-292.

Pruthi H S. 1930. Studies on Indian Jassinae (Homoptera). Part I. Introductory and description of some new genera and species. Mem India Mus, 11: 1-68.

Qiao G-X, Wang J-F, Zhang G-X. 2008. Toxoptera Koch (Hemiptera: Aphididae), a generic account, description of a new species from China, and keys to species. Zootaxa, 1746: 1-14.

Qiao G-X, Zhang G-X. 2002. Study on subgenus Nippocallis Matsumura of genus Tuberculatus Mordvilko from China and description of a new species (Homoptera: Aphididae: Myzocallidinae). Oriental Insects, 36: 81, 82.

Qin D-Z, Zhang Y-L. 2011. A taxonomic study of Chinese Empoascini (Hemiptera: Cicadellidae: Typhlocybinae) (2). Zootaxa, 2923: 48-58.

Quaintance A L. 1900. Contribution towards a monograph of the American Aleurodidae. Technical Series, Bureau of Entomology, United States Department of Agriculture, 8: 9-64.

Quaintance A L. 1903. New oriental Aleurodidae. Canadian Entomologist, 35: 61-64.

Quaintance A L, Baker A C. 1914. Classification of the Aleyrodidae Part 2. Technical Series, United States Department of Agriculture Bureau of Entomology, 27: 95-109.

Quaintance A L, Baker A C. 1915. Classification of the Aleyrodidae-Contents and Index. Technical Series, United States Department of Agriculture Bureau of Entomology, 27: i-xi, 111-114.

Quaintance A L, Baker A C. 1916. Aleurodidae or whiteflies attacking the orange with descriptions of three new species of economic importance. Journal of Agricultural Research, 6: 459-472.

Quaintance A L, Baker A C. 1917. A contribution to our knowledge of the whiteflies of the subfamily Aleurodinae (Aleyrodidae). Proceedings of the United States National Museum, 51: 335-445.

Quednau F W. 1979. A list of Drepanosiphine aphids from the Democratic People's Republic of Korea with taxonomic notes and descriptions of new species (Homoptera). Annales Zoologici, 34(19): 501-525.

Quednau F W. 2003. Atlas of the Drepanosiphine aphids of the World. Part 2: Panaphidini Oestlund, 1923 (Hemiptera: Aphididae: Calaphidinae). Memoirs of the American Entomological Institute, 72: 1-301.

Rafinesque C S. 1815. Analyse de la nature ou tableau de Punivers et des crops organizes. Palerme: L'Imprimerie de Jean Barravecchia, Italy, 1-224.

Rahman M A, Kwon Y J, Suh S J, Youn Y N, Jo S H. 2012. The genus Pochazia Amyot and Serville (Hemiptera: Ricaniidae) from Korea, with a newly recorded species. Journal of Entomology, 9(5): 239-247.

Ramakrishnan U, Ghauri M S K. 1979. New genera of the *Empoascanara* complex (Homoptera, Cicadellidae, Typhlocybinae). Reichenbachia, 17(24): 193-213.

Ramakrishnan U, Menon M G R. 1973. Studies on Indian Typhlocybinae (Homoptera: Cicadellidae). 4. Seven new genera with fourteen new species of Erythroneurini. Oriental Insects, 7(1): 15-48.

Rao K R. 1989. Descriptions of some new leafhoppers (Homoptera: Cicadellidae) with notes on some synonymies and imperfectly known species from Indian. Hexapoda, 1: 79-82.

Raychaudhuri D N. 1956. Revision of Greenidea and related genera (Homoptera, Aphididae). Zoologische Verhandelingen, 31: 1-106.

Remaudière G. 1951. Revue de Pathologie Végétale et d'Entomologie Agricole de France, 30(2): 138.

Remaudière G, Remaudière M. 1997. Catalogue of the World's Aphididae. Homoptera Aphidoidea. Paris: Institut National de la Recherche Agronomique, 1-473.

Ribaut H. 1938. Le genere Psammotettix Hpt. (Homoptera-Jassidae). Bulletin de la Société d'Histoire Naturelle de Toulouse, 72: 166-170.

Ribaut H. 1942. Demembrement des generes *Athysanus* Burm. et Thamnottetix Zett. [Homoptera-Jassidae]. Bulletin de la Société d'Histoire Naturelle de Toulouse, 77: 259-270.

Richards W R. 1968. A revision of the world fauna of Tuberculatus, with descriptions of two new species from China (Homoptera: Aphididae). Can Entomol, 100: 561-596.

Risso A. 1813. Mémoire sur l'histoire naturelle des oranges, bigaradiers, limettiers, cédratiers limoniers ou citroniers, cultivés dans le départment des alpes maritimes. Annales du Muséum National d'Histoire Naturelle. Paris, 20: 169-212, 401-431.

Robinson A G. 1972. Annotated list of aphids (Homoptera: Aphididae) collected in Thailand, with description of a new genus and species. Can Entomol, 104: 603-608.

Robinson E. 1918. Descriptions and records of Philippine Coccidae. Philippine Journal of Science, 13: 145-147.

Rondani C. 1852. Nota sopra una specie diafide, volante in numerosa terma sulla cittadi Parma. Nuove Ann Sci Nat Bologna, 6: 9-12.

Ross H H. 1965. The phylogeny of the leafhopper genus *Erythroneura* (Hemiptera, Cicadellidae.) Zoologische Beitrage, 11: 247-270.

Rübsaamen E H. 1905. Beitrage zur Kenntnis aussereuropaischer zoocecidien, I, Beitrag, Gallen vom Bismarck-Archipel. Marcellia, 4: 1-25.

Ruppel R F. 1965. A review of the genus *Cicadulina* (Hemiptera, Cicadellidae). Publications of the Museum of Michigan State University, Biological Series, 2(8): 385-428.

Rusanova V N. 1942. Kpoznaniju fauny tlej (Aphidoidea, Homoptera) Azerbejdzana. Trudy Azerb Gos Univ, 3(1): 11-53.

Russell L M. 1941. A classification of the scale insect genus *Asterolecanium*. United States Department of Agriculture, Miscellaneous Publications, 424: 1-319.

Russell L M. 1945. A new genus and twelve new species of Neotropical whiteflies (Homoptera: Aleyrodidae). Journal of the Washington Academy of Sciences, 35: 55-65.

Russell L M. 2000. Notes on the family Aleyrodidae and its subfamilies: redescription of the genus *Aleurocybotus* Quaintance and Baker and description of *Vasdavidius*, a new genus (Homoptera: Aleyrodidae). Proceedings of the Entomological Society of Washington, 102: 374-383.

Sampson W W. 1943. A generic synopsis of the Hemipterous Superfamily Aleyrodoidea. Entomologica Americana, 23: 173-223.

Sanborn A F. 1999. Cicada (Homoptera: Cicadidae and Tibicinidae) type material in the collections of the American Museum of Natural History, California Academy of Sciences, Snow Entomological Museum, Staten Island Institute of Arts and Sciences, and the United States National Museum. The Florida Entomologist, 82: 34-60.

Sanborn A F. 2009. Two new species of cicadas from Vietnam (Hemiptera: Cicadoidea: Cicadidae). Journal of Asia-Pacific Entomology, 12: 307-312.

Sanborn A F. 2013. Catalogue of the Cicadoidea (Hemiptera: Auchenorrhyncha). Amsterdam: Academic Press, USA: 1-1001.

Sanders J G. 1909. Catalogue of recently described Coccidae-II. United States Department of Agriculture, Bureau of Entomology, Technical Series, 16: 33-60.

Sasaki C. 1899. *Toxoptera rufiabdominalis* n. sp. Rept Hokkaido Agr Expt Sta, 17: 202.

Sasaki K. 1954. A list of the known species and their host-plants of the Psyllidae of Japan (Homoptera). Scientific Report of Matsuyama Agricultural College, 14: 29-39.

Say T. 1830. Descriptions of new North American hemipterous insects belonging to the first family of the section Homoptera of Latreille. (Continued). Journal of the Academy of Natural Sciences of Philadelphia, 6: 299-314.

Schenkel E. 1936. Schwedisch-chinesische wissenschaftliche expedition nach den nordwestlichen Provinzen Chinas, unter Leitung von Dr. Sven Hedin und Prof. Su Ping-chang. Araneae gesammelt vom schwedischen Arzt der Expedition Dr. David Hummel 1927-1930. Arkiv Zool, 29A (4): 1-18.

Schmidt E. 1920. Beiträge zur Kenntnis aussereuropäischer Zikaden. (Rhynchota, Homoptera). XI. Zwei neue Cercopidengattungen. Arch Nat, 85: 110-113.

Schmidt E. 1925. *Paracercopis*, eine neue Cercopidengattung. Societas Entomologica. Organ für den internationalen Entomologenverein, 40: 4-5.

Schouteden H. 1905. Notes on Ceylonese Aphids. Sopolia Zeylan, 2: 181-183.

Schumacher F. 1915a. Der gegenwartige strand unserer Kenntnis von der Homopteren Fauna der Insel Formosa. Mitteilungen aus dem Zoologischen Museum in Berlin, 8(1): 73-134.

Schumacher F. 1915b. Homoptera in H. Sauter's Formosa-Ausbeute. Suppl Ent, 4: 108-142, figs. 1-5.

Scopoli J A. 1763. Aphis. Entomologia Carniolica exhibens in secta Carnioliae indigena et distributa in ordines, genera, species, varietates. Methodo Linnaeana, 1763: 1-421.

Scott C L. 1952. The scale insect genus *Aulacaspis* in Eastern Asia (Homoptera: Coccoidea: Diaspididae). Microentomology, 17: 33-60.

Shang S-Q, Zhang Y-L, Shen L, Li H-H. 2006. Two new generic records and two new species of the leafhopper subfamily Selenocephalinae (Hemiptera: Cicadellidae) from China. Entomotaxonomia, 28(1): 33-39.

Shen L, Shang S-Q, Zhang Y-L. 2008. Study of the leafhopper genus *Tambocerus* (Hemiptera: Cicadellidae) with four new species from China. Proceedings of the Entomological Society of Washington, 110: 242-249.

Shinji G O. 1929. Some more new genera of Aphidides. Lansania, 1(3): 39.

Shinji G O. 1944. Galls and gall insects. Shungo-Do, Tokyo: 16+580.

Shinji O. 1922. New genera and species of Japanese Aphididae. Zoological Magazine, 34(406): 729-732.

Shinji O. 1923. New aphids from Saitama and Morioka. Zoological Magazine, 35(417): 301-309.

Shinji O. 1924. New Aphids from Morioka. Dobutsugaku Zasshi, 36(431): 343-372.

Shinji O. 1929. Four new genera of Aphididae from Morioka, Japan. Lansania, 1(3): 39-48.

Shinji O. 1935. Two new species of non-armoured scale insects from North East Japan. Oyo-Dobutsugako Zasshi, Tokyo (Japanese Society for Applied Zoology), 7: 288-290.

Shinji O. 1938a. Five new species of *Psylla* from North-Eastern Japan. Kontyû, 4: 146-151.

Shinji O. 1938b. In: Shinji O, Kondo T. Aphididae of Manchoukuo with the description of two new species. Kontyû, 12: 65.

Shinji O. 1941. Monograph of Japanese Aphididae. Tokyo: Shinkyo Sha Shoin, 1-1215.

Shinji O. 1942. 3 new species of Psylla (Hem.) from Tokio. Konchū sekai [Insect World], 46: 2-5.

Shinji O. 1944. Galls and Gall Making Insects. Tokyo: Shunyôdo, 456 pp.

Shiraki T. 1952. Catalogue of inhurious Insects in Japan. Tokyo Aphiden, 2: 1-744.

Shobharani M, Viraktamath C A, Webb M D. 2018. Review of the leafhopper genus *Penthimia germar* (Hemiptera: Cicadellidae: Deltocephalinae) from the Indian subcontinent with description of seven new species. Zootaxa, 4369(1): 1-45.

Signoret M V. 1847. Description de deux cigales de Java, du genre Cicada. Annales de la Société entomologique de France: 297-299.

Signoret V. 1860. Faune des hémiptères de Madagascar. 1ère partie. Homoptères. Annales de la Société Entomologique de France. Paris (Ser. 3), 8: 177-206.

Signoret V. 1869a. Essai sur les cochenilles ou gallinsectes (Homoptères-Coccides), 2e partie. Annales de la Société Entomologique de France, 8: 829-876.

Signoret V. 1869b. Essai sur les cochenilles ou gallinsectes (Homoptères-Coccides), 3e partie. Annales de la Société Entomologique de France (Serie 4), 9: 97-104.

Signoret V. 1869c. Essai sur les cochenilles ou gallinsectes (Homoptères-Coccides), 4e partie. Annales de la Société Entomologique de France, 9: 109-138.

Signoret V. 1869d. Essai sur les cochenilles ou gallinsectes (Homoptères-Coccides), 5e partie. Annales de la Société Entomologique de France, 9: 431-452.

Signoret V. 1872. Essai sur les cochenilles ou gallinsectes (Homoptères-Coccides), 9e partie. Annales de la Société Entomologique de France (Serie 5), 2: 33-46.

Signoret V. 1873. Essai sur les cochenilles ou gallinsectes (Homoptères-Coccides), 11e partie. Annales de la Société Entomologique de France (Serie 5), 3: 395-448.

Signoret V. 1874. Essai sur les cochenilles ou gallinsectes (Homoptères-Coccides), 12e partie. Annales de la Société Entomologique de France (Serie 5), 4: 87-106.

Signoret V. 1875a. Essai sur les cochenilles ou gallinsectes (Homoptères-Coccides), 14e partie. Annales de la Société Entomologique de France (Serie 5), 5: 15-40.

Signoret V. 1875b. Essai sur les cochenilles ou gallinsectes (Homoptères-Coccides),15e partie. Annales de la Société Entomologique de France (Serie 5), 5: 305-352.

Signoret V. 1876a. Essai sur les cochenilles ou gallinsectes (Homoptères-Coccides), 16e partie. Annales de la Société Entomologique de France (Serie 5), 5: 346-373.

Signoret V. 1876b. Essai sur les cochenilles ou gallinsectes (Homoptères-Coccides), 17e partie. Annales de la Société Entomologique de France, 5: 374-394.

Signoret V. 1876c. Note sur les cochenilles et *Asterodiaspis* n. gen. Annales de la Société Entomolgique de France, Bulletin Entomologique (Serie 5), 6: ccviii-ccix.

Signoret V. 1877. Essai sur les cochenilles ou gallinsectes (Homoptères-Coccides), 18e et dernière partie. Annales de la Société Entomologique de France (Serie 5), 6: 591-676.

Silvestri F. 1926. Descrizione di un novo genere di Coccidae (Hemiptera) mirmecofilo della cina. Bollettino del Laboratorio di Zoologia Generale e Agraria della R. Scuola Superior Agricoltura. Portici, 18: 271-275.

Silvestri F. 1939. Compendio di Entomologia Applicata. Parte speciale. Compendio di Entomologia Applicata. Parte speciale. Tipografia Bellavista Portici, 1-974.

Singh K. 1931. A contribution towards our knowledge of the Aleyrodidae (whiteflies) of India. Memoirs of the Department of Agriculture in India, 12: 1-98.

Singh K. 1932. On some new Rhynchota of the family Aleyrodidae from Burma. Records of the Indian Museum, 34: 81-88.

Singh-Pruthi H. 1940. Descriptions of some new species of *Empoasca* Walsh (Eupterygidae, Jassoidea) from North India. Indian Journal of Entomology, 2(1): 1-10, pls. 1-2.

Smith-Pardo A H, Evans G A, Dooley J W. 2012. A review of the genus *Chrysomphalus* Ashmead (Hemiptera: Coccoidea: Diaspididae) with descriptions of a new species and a new related genus. Zootaxa, 3570: 1-24.

Sohi A S, Dworakowska I. 1983. A review of the Indian Typhlocybinae (Homoptera: Cicadellidae) from India. Oriental Insects, 17: 159-213.

Sohi A S, Sandhu P K. 1971. *Arborifera* a new subgenus of *Arboridia* Zachv. (Typhlocybinae, Cicadellidae) from Punjab, India with description of its immature stages. Bulletin de l'Academie Polonaise des Sciences, Serie des Sciences Biologiques, 19(6): 401-406.

Spinola M. 1839. Essai sur les Fulgorelles, sous-tribu de la tribu des Cicadaires, ordre des Rhyngotes. Annales de la Société Entomologique de France, Paris, 8: 304.

Stål C. 1853. Nya genera bland Hemipréra. Svenska Vetenskaps Akademiens Öfversigt af Förhandlingar, 10: 259-267.

Stål C. 1854. Nya Hemiptera. Svenska Vetenskaps Akademiens Öfversigt af Förhandlingar , 11: 231-255.

Stål C. 1859. Novae quaedam Fulgorinorum formae speciesque insigniores. Berliner Entomologische Zeitung, 3: 313-328.

Stål C. 1861. Genera nonnulla nova Cicadinorum. Annales de la Société Entomologique de France, 1: 613-622.

Stål C. 1862a. Novae vel minus cognitae Homopterorum formae et species. Berliner Entomologische Zeitschrift, 6: 306.

Stål C. 1862b. Synonymiska och systematiska anteckningar öfver Hemiptera. Svenska Vetenskaps Akademiens Öfversigt af Förhandlingar, 19: 479-504.

Stål C. 1863a. Beitrag zur Kenntniss der Fulgoriden. Entomologische Zeitung. Herausgegeben von dem entomologischen Vereine zu Stettin. Stettin, 24: 230-251.

Stål C. 1863b. Hemipterorum exoticorum generum et specierum nonnullarum novarum descriptiones. Transactions of the Entomological Society of London, (Ser. 3), 1: 571-603.

Stål C. 1865. Homoptera nova vel minus cognita. Svenska Vetenskaps Akademiens Öfversigt af Förhandlingar, 22: 145-165.

Stål C. 1866. Membracida and Centrotida. Hemiptera Africana, 4: 1-276.

Stål C. 1869a. Hemiptera Fabriciana. Fabricianska Hemipterarter, efter de I Köpenhamn och Kiel förvarade typexemplaren granskade och beskrifne. 2. Svenska Vetensk Apsakademiens Handlingar, 8(1): 1-130.

Stål C. 1869b. Bidrag till Membracidernas kannedom. Olversigt af Svenska Vandensk Akad. Forhahandlinger, 231-300.

Stål C. 1870. Hemiptera insularum Philippinarum. Bidrag till Philippinska öarnes Hemipter-fauna. Svenska Vetenskaps Akademiens Öfversigt af Förhandlingar, 27: 607-776.

Suenaga H. 1934. Die Greenideiden Blattlause Japans (Hemipt., Aphididae). Bull Kagoshima Imp Coll Agric For, 1: 789-804.

Šulc K. 1908. Towards the better knowledge of the genus *Lecanium*. Entomologist's Monthly Magazine, 44: 36.

Šulc K. 1945. Zevni morfologie, metamorfosa a beh zivota cervce *Nipaecoccus* n. gen. nipae Maskell. Prace Moravské Prírodovedecké Spolecnosti (Acta Societatis Scientiarum Naturalium Moravicae), 17: 1-48.

Sulzer J H. 1776. Zweyter Abschnit. Abgekurzte Geschichte der Insektennach dem Linnaeischen Stystem, 1776: 1-274.

Szelegiewicz H. 1968. Notes on some aphids from Vietnam, with description of a new species (Homoptera, Aphidodea). Annales Zoologici Warszawa, 25: 459-471.

Takagi S. 1957. A revision of the Japanese species of the genus *Aspidiotus*, with description of a new genus and a new species. Insecta Matsumurana, 21: 31-40.

Takagi S. 1960. A contribution to the knowledge of the Diaspidini of Japan (Homoptera: Coccoidea) Part. 1. Insecta Matsumurana, 23: 67-100.

Takagi S. 1961a. A contribution to the knowledge of the Diaspidini of Japan (Homoptera: Coccoidea) Part 2. Insecta Matsumurana, 24: 4-42.

Takagi S. 1961b. A contribution to the knowledge of the Diaspidini of Japan (Homoptera: Coccoidea) Part 3. Insecta Matsumurana, 24: 69-103.

Takagi S. 1969. Diaspididae of Taiwan based on material collected in connection with the Japan-U.S. Cooperative Science

Programme, 1965 (Homoptera: Coccoidea). Part I. Insecta Matsumurana, 32: 1-110.

Takagi S. 1970. Diaspididae of Taiwan based on material collected in connection with the Japan-U.S. Cooperative Science Programme, 1965 (Homoptera: Coccoidea). Part 2. Insecta Matsumurana, 33: 1-146.

Takagi S. 1981. The genus *Megacanthaspis*, a possible relic of an earlier stock of the Diaspididae (Homoptera: Coccoidea). Insecta Matsumurana (New Series), 25: 1-43.

Takagi S. 1984. Some aspidiotine scale insects with enlarged setae on the pygidial lobes (Homoptera: Coccoidea: Diaspididae). Insecta Matsumurana (New Series), 28: 1-69.

Takagi S. 1985. The scale insect genus *Chionaspis*: a revised concept (Homoptera: Coccoidea: Diaspididae). Insecta Matsumurana (New Series), 33: 1-77.

Takagi S, Kawai S. 1967. The genera *Chionaspis* and *Pseudaulacaspis* with a criticism on Phenacaspis (Homoptera: Coccoidea). Insecta Matsumurana (New Series), 30: 29-43.

Takagi S, Pong T Y, Khoo S G. 1989. Beginning with *Diaulacaspis* (Homoptera: Coccoidea: Diaspididae): Convergence or effect? Insecta Matsumurana (New Series), 42: 143-199.

Takahashi R. 1919. Notes on some Japanese Aphididae. Proceedings of the Entomological Society of Washington, 21(7): 173-176.

Takahashi R. 1920. A new genus and species of aphid from Japan (Hemiptera). Can Entomol, 52: 19-20.

Takahashi R. 1921. Aphididae of Formosa. Part 1. Agric Exp Sta Govt Formosa Rep, 20: 1-97.

Takahashi R. 1922. Two new genera of Aphididae (Hom optera). Proc Entomol Soc Wash, 24: 204-206.

Takahashi R. 1923. Aphididae of Formosa. Part 2. Dep Agr Govt Res Inst Formosa Rep, 4: 1-173.

Takahashi R. 1924. Some Aphididae from the Far East. Philippine Journal of Science, 24: 711-717.

Takahashi R. 1925. Aphididae of Formosa. Part 4. Dep Agr Govt Res Inst Formosa Rep, 16: 1-65.

Takahashi R. 1926. The aphids of Myzocallisinfe sting the bamboo. Proc Entomol Soc Wash, 28: 159-162.

Takahashi R. 1927. Aphididae of Formosa. Part 5. Dep Agr Govt Res Inst Formosa Rep, 22: 1-22.

Takahashi R. 1928a. A new *Phyllaphis* from Formosa. Trans Natur Hist Soc Formosa, 18: 146-147.

Takahashi R. 1928b. Coccidae of Formosa. The Philippine Journal of Science, 36: 327-347.

Takahashi R. 1929. Observations on the Coccidae of Formosa I. Report Government Research Institute, Department of Agriculture, Formosa, 40: 1-82.

Takahashi R. 1930. Observations on the Coccidae of Formosa 2. Report Department of Agriculture Government Research Institute, Formosa, 43: 1-45.

Takahashi R. 1931a. Records and descriptions of the Coccidae from Formosa. Part I. Journal of the Society of Tropical Agriculture, Taiwan, 3: 377-385.

Takahashi R. 1931b. Some Coccidae of Formosa. Transactions of the Natural History Society of Formosa, 21: 1-5.

Takahashi R. 1932a. Aleyrodidae of Formosa, Part I. Report Department of Agriculture Government Research Institute, Formosa, 59: 1-57.

Takahashi R. 1932b. Records and descriptions of the Coccidae from Formosa. Part 2. Journal of the Society of Tropical Agriculture, Formosa, 4: 41-48.

Takahashi R. 1933a. Observations on the Coccidae of Formosa 3. Report Department of Agriculture Government Research Institute, Formosa, 60: 1-64.

Takahashi R. 1933b. Two new plantlice attacking the Fagaceae in Formosa. J Soc Trop Agric, Taiwan, 5: 314-316.

Takahashi R. 1934a. Aleyrodidae of Formosa, Part 3. Report Department of Agriculture Government Research Institute, Formosa, 63: 39-71.

Takahashi R. 1934b. A new whitefly from China (Aleyrodidae, Homoptera). Lingnan Science Journal, 13: 137-141.

Takahashi R. 1934c. Observations on the Coccidae of Formosa. Part 4. Report Department of Agriculture Government Research Institute, Formosa, 63: 1-38.

Takahashi R. 1934d. Two new genera of Aphididae (Homoptera). Stylops, 3(3): 54-58.

Takahashi R. 1935a. Aleyrodidae of Formosa, Part 4. Report Department of Agriculture Government Research Institute, Formosa, 66: 39-65.

Takahashi R. 1935b. Observations on the Coccidae of Formosa, Part 5. Report Department of Agriculture Government Research Institute, Formosa, 66: 1-37.

Takahashi R. 1935c. On the Chinese species of Thoracaphis, with notes on some related forms (Aphididae, Homoptera). Lingnan Science Journal, 14: 137-141.

Takahashi R. 1936a. Some Aleyrodidae, Aphididae, Coccidae (Homoptera), and Thysanoptera from Micronesia. Tenthredo. Acta Entomologica, 1: 109-120.

Takahashi R. 1936b. Some Coccidae from China (Hemiptera). Peking Natural History Bulletin, 10: 217-222.

Takahashi R. 1937a. Notes on the Aleyrodidae of Japan (Homoptera) V. Konty û, 11: 310-311.

Takahashi R. 1937b. Three new species of *Dialeurodes* from China (Homoptera: Aleyrodidae). Lingnan Science Journal, 16: 21-25.

Takahashi R. 1938a. A few Aleyrodidae from Mauritius and China (Hemiptera). Transactions of the Natural History Society of Formosa, 28: 27-29.

Takahashi R. 1938b. Notes on the Aleyrodidae of Japan (Homoptera) 6. Konty û, 12: 70-74.

Takahashi R. 1938c. List of the aphid genera proposed in recent years (Hemiptera). Tenthredo, 2(1): 1-18.

Takahashi R. 1939. Notes on the Aleyrodidae of Japan (Homoptera) 7. Konty û, 13: 76-81.

Takahashi R. 1942. Some injurious insects of agricultural plants and forest trees in Thailand and Indo-China. II. Coccidae. Report Department of Agriculture Government Research Institute, Formosa, 81: 1-56.

Takahashi R. 1950. List of the Aphididae of the Malay Peninsula, with descriptions of new speci es (Homoptera). Ann Entomi Soc Amer, 43: 587-607.

Takahashi R. 1951. Some mealy bugs (Pseudococcidae, Homoptera) from the Malay Peninsula. Indian Journal of Entomology, 12(1): 1-22.

Takahashi R. 1952a. *Aleurotuberculatus* and *Parabemisia* of Japan (Aleyrodidae, Homoptera). Miscellaneous Reports of the Research Institute for Natural Resources, Tokyo, 25: 17-24.

Takahashi R. 1952b. Descriptions of five new species of Diaspididae from Japan, with notes on dimorphism in *Chionaspis* or *Phenacaspis* (Coccidea, Homoptera). Miscellaneous Reports of the Research Institute on Natural Resources, 27: 7-15.

Takahashi R. 1955a. Key to the genera of Coccidae in Japan, with descriptions of two new genera and little-known species (Homoptera). Insecta Matsumurana, 19: 23-28.

Takahashi R. 1955b. Lepidosaphes of Japan (Diaspididae, Coccoidea, Homoptera). Bulletin of the Osaka Perfecture, 5: 67-78.

Takahashi R. 1955c. *Protopulvinaria* and *Luzulaspis* of Japan (Coccidae, Homoptera). Annotationes Zoologicae Japonenses, Tokyo, 28: 35-39.

Takahashi R. 1956. Some new and little-known species of Diaspididae from Japan (Coccoidea, Homoptera). Annotationes Zoologicae Japonenses, Tokyo, 29: 57-61.

Takahashi R. 1957. Some Japanese species of Diaspididae (Coccoidea, Homoptera). Transactions of the Shikoku Entomological Society, 5: 104-111.

Takahashi R. 1958a. Two new genera of Aphididae from Quercus in Japan (Homoptera). Bulletin of University of Osaka Prefecture, (B) 8: 1-7.

Takahashi R. 1958b. Thoracaphis and some related new genera of Japan (Aphididae: Homoptera). Insecta Matsumurana, 22: 7-14.

Takahashi R. 1958c. Key to the genera of *Pseudococcidae* in Japan, with descriptions of three new genera and two new species. Bulletin of the Osaka (Perfecture) University, 7(1957): 1-8.

Takahashi R. 1959. Some aphids related to Nipponaphis Pergannde in Japan (Homoptera). Bull Univ Osaka Prefect, (B) 9: 1-8.

Takahashi R. 1960. Kurisakia and Aiceona of Japan (Homoptera, Aphididae). Insecta Matsumurana, 23: 1-11.

Takahashi R. 1962. Key to Japanese species of Dactynotus, with descriptions of four new species (Aphididae, Homoptera). Konty û, 30: 73-81.

Takahashi R. 1965. Some new and little-known Aphididae from Japan (Homoptera). Insecta Matsumurana, 28: 19-61.

Takahashi R. 1966. Descriptions of some new and little known species of Aphis of Japan, with key to species. Trans Amer Entomol Soc, 92: 519-556.

Takahashi R, Kanda S. 1939a. A new species of Coccidae of (Homoptera) from Corea. Annotationes Zoologicae Japonenses, Tokyo, 18: 185-187.

Takahashi R, Kanda S. 1939b. A new genus and species of Coccidae from Japan (Hemiptera). Insecta Matsumurana, 13: 52-55.

Takahashi R, Tachikawa T. 1956. Scale insects of Shikoku (Homoptera: Coccoidea). Transactions of the Shikoku Entomological Society, 5: 1-17.

Takahashi R, Takagi S. 1957. A new genus of Diaspididae from Japan (Coccoidea, Homoptera). Kontyû, 25: 102-105.

Takahashi R. 1918. On a new species of plant lice producing a winged oviparous female in summer. Dobutsugaku Zasshi Tokyo, 30: 458-461.

Tanaka H. 2012. Redescription of *Takahashia citricola* Kuwana, 1909, and its transfer to the genus *Pulvinaria* Tagaioni-Tozzetti (Coccoidea, Coccidae). ZooKeys, 217: 1-10.

Tang J, Zhang Y-L. 2019. Review of the oar-head leafhopper genus *Nacolus* Jacobi (Hemiptera: Cicadellidae: Hylicinae). Zootaxa, 4571(1): 58-72.

Tao C-C. 1947. Descriptions of three new aphids from west China. Notes Ent Chinoise Shanghai, 11: 149-155.

Tao C-C. 1963a. Aphid fauna of China. Sci Yearbook Taiwan Mus, 6: 36-82.

Tao C-C. 1963b. Revision of Chinese Macrosiphinae (Aphidae, Homoptera). Plant Protection Bulletin, Taiwan, 5(3): 162-205.

Tao C-C. 1964. Revision of Chinese Callipterinae (Aphidid ae, Homoptera). Quart J Taiwan Mus, 17: 209-226.

Tao C-C. 1966. Revision of Chinese Hormaphinae, Aphidae, Homoptera. Quarterly Journal of the Taiwan Museum, 19: 165-179.

Tao C-C. 1990. Aphid-Fauna of Taiwan Province, China. Taipei: Taiwan Provincial Museum, 1-327.

Tao C-C. 1999a. List of Aphidoidea (Homoptera) of China. Taiwan Agricultural Research Institute Special Publication, 77: 1-144.

Tao C-C. 1999b. List of Coccoidea (Homoptera) of China. Taiwan Agricultural Research Institute Special Publication, 78: 1-176.

Tao C-C, Wong C-Y, Chang Y-C. 1983. Monograph of Coccidae of Taiwan, Republic of China (Homoptera: Coccoidea). Journal of

Taiwan Museum, 36: 57-107.

Targioni-Tozzetti A. 1866. Come certe cocciniglie sieno cagione di alcune melate delle piante, e di alcune ruggini; e come la cocciniglia del fico dia in abbondanza una specie di cera. Atti della R. Accademia dei Georgofili (N.S.), 13: 115-137; App. 138-146.

Targioni-Tozzetti A. 1867. Studii sulle Cocciniglie. Memorie della Società Italiana di Scienze Naturali. Milano, 3(3): 1-87.

Targioni-Tozzetti A. 1868. Introduzione alla seconda memoria per gli studi sulle cocciniglie, e catalogo dei generi e delle specie della famiglia dei coccidi. Atti della Società italiana di scienze naturali, 11: 721-738.

Targioni-Tozzetti A. 1884. Relazione intorno ai lavori della R. Stazione di Entomologia Agraria di Firenze per gli anni 1879-80. Article V.-omotteri. Annali di Agricoltura (Ministero di Agricoltura, Industria e Commercio). Firenze, Roma, 1884: 383-414.

Targioni-Tozzetti A. 1886a. Sull'insetto che danneggia i gelsi. Rivista di Bachicoltura, 18: 1-3.

Targioni-Tozzetti A. 1886b. Introduzione alla seconda memoria per gli studi sulle cocciniglie, e catalogo dei generi e delle specie della famiglia deicoccidi. Atti della Societàitaliana di scienze naturali, 11: 721-738.

Targioni-Tozzetti A. 1893. Note sur une espece de laque provenant de Madagascar et sur la laque rouge des Indes avec apercu sur les insectes qui les produisent. Contribution à l'étude des gommes laques des Indes & de Madagascar. Société d'Editions Scientifiques Paris: 1-124.

Ter-Grigorian T. 1966. Fauna of mealybug (Pseudococcidae) pests of cereal plants in Armenia. Biologicheskii Zhurnal Armenii, 19: 84-92.

Theobald F V. 1929. The Plant Lice or Aphididae of Great Britain. Headley Brothers, London, 3:1-364.

Thiem H, Gerneck R. 1934. Untersuchungen an Deutschen Austernschildläusen (Aspidiotini) im vergleich mit der San José-Schildlaus (Aspidiotus perniciosus Comst.). Arbeiten über physiologische und angewandte Entomologie, 1: 130-158, 208-238.

Tinsley J D. 1898. An ants'-nest coccid from New Mexico. Canadian Entomologist, 30: 47-48.

Trehan K N. 1940. Studies on the British whiteflies (Homoptera-Aleyrodidae). Transactions of the Royal Entomological Society of London, 90: 575-616.

Tsaur S-C, Hsu T-C. 2003. The Cixiidae of Taiwan, Part 7: Tribe Pintaliini (Hemiptera: Fulgoroidea). Zoological Studies, 42(3): 431-443.

Tsaur S C, Hsu T C, van Stalle J. 1991. Cixiidae of Taiwan, Part V. Cixiini except Cixius. Journal of Taiwan Museum, 44(1): 1-78.

Tsaur S C, Yang C-T, Wilson M R. 1986. Meenoplidae of Taiwan (Homoptera: Fulgoroidea). Journal of the National Taiwan Museum, (Ser. 6): 81-118.

Tseng S, Tao C-C. 1938. New and unrecorded aphids of China. J W China Broder Res Soc, 10: 195-224.

Turton W. 1802. Order 2. Hemiptera. A general system of nature: through the three grand kingdoms of animals, vegetables, and minerals; systematically divided into their several classes, orders, genera, species, and varieties, with their habitations, manners, naturalists and societies.

Uhler P R. 1889. New genera and species of American Homoptera. Transactions of the Maryland Academy of Sciences. Baltimore, 1: 33-44.

Uhler P R. 1896. Surmmary of the Hemiptera of Japan presented to the United States. National Museum by Professor Mitzukuri, 19: 255-297.

Unruh C M, Gullan P J. 2008. Molecular data reveal convergent reproductive strategies in iceryine scale insects (Hemiptera: Coccoidea: Monophlebidae), allowing the re-interpretation of morphology and a revised generic classification. Systematic Entomology, 33: 8-50.

van der Goot P. 1913. Zur Systematik der Aphiden. Tijdschrift voor Entomologie, 56: 69-155.

van der Goot P. 1915. Beitrage zur Kenntnis der Hollandischen Blattlause eien Morphologisch-Systematische Studie. H. D. Tjeenk Willink and Zoon, Haarlem, 1915: 1-600.

van der Goot P. 1916. Notes on some Indian Aphi des. Rec Indian Mus, 12: 175-183.

van der Goot P. 1917. Zur kenntniss der blattläuse Java's. Contributions à la Faune des Indes Néderlandaises, 1: 1-301.

van der Hoeven J. 1863. Over een klein Hemipterum, dat op de bladen van ve rschillende soorten van Acer gevonden wordt. Tijdschr Entomol, 6: 1-7.

van Duzee E P. 1892. A synoptical arrangement of the genera of the North American Jassidae, with descriptions of some new species. Transactions of the American Entomological Society, Philadelphia, 19: 295-307.

van Stalle J. 1991. Taxonomy of Indo-Malayan Pentastirini (Homoptera, Cixiidae). Bulletin de l'Institut Royal des Sciences Naturelles de Belgique, 61: 23.

Varshney R K, Teotia T P S. 1968. A supplementary list of the host-plant of lac insects. Journal of the Bombay Natural History Society, 64: 488-511.

Vilbaste J. 1958. Markmeid eesti NSV madalsoode Tsikaadide Faunast. Easti NSV Teaduste Akadeemia Toimetised (Bioloogiline Seeria No.1), 7: 48-51.

Vilbaste J. 1962. Uber die Zikadenfauna des ostlichen Teiles des Kaspischen Tieflandes. Eesti NSV Teaduste Akademia Juures Asuva

Loodusuurijate Seltsi Aastaraamat, 55: 129-151.

Vilbaste J. 1965. On the genus *Aconura* Leth. (Homoptera, Jassidae). Notulae Entomologicae, 45: 3-12.

Vilbaste J. 1967. On some East-Asiatic leafhopper genera (H. C. J.). Insect Matsumurana, 30(1): 44-51.

Vilbaste J. 1968a. Contribution to the Auchenorrhyncha fauna of the Maritime Territeory. Estonia: Valgus, Tallin, 1-180.

Vilbaste J. 1968b. Systematic treatise of Cicadas found on the edge of the coastal regions. Uber die Zikadenfauna des Primorje Gebietes. Tallin: Izdatel'stvo "Valgus": 1-195.

Vilbaste J. 1980. On the Homoptera-Cicadinea of Kamchatka. Annales Zoologici (Warsaw), 35(24): 367-418.

Villet M. 1989. New taxa of South African platypleurine cicadas (Homoptera: Cicadidae). Journal of the Entomological Society of Southern Africa, 52: 51-70.

Viraktamath C A. 1973. Some species of Agalliinae described by Dr. S. Matsumura. Kontyû, 41 (3): 307-311.

Viraktamath C A. 1979. Studies on the Iassinae (Homoptera: Cicadellidae) described by Dr.s Matsumura. Oriental Insects, 13(1-2): 93-107.

Viraktamath C A. 2004. A revision of the *Varta-Stymphalus* generic complex of the leafhopper tribe Scaphytopiini (Hemiptera: Cicadellidae) from the Old World. Zootaxa, 713: 1-47.

Viraktamath C A. 2006. Revision of the leafhopper tribe Krisnini (Hemiptera: Cicadellidae: Iassinae) of the Indian subcontinent. Zootaxa. 1338: 1-32.

Viraktamath C A, Dai W, Zhang Y. 2012. Taxonomic revision of the leafhopper tribe Agalliini (Hemiptera: Cicadellidae: Megophthalminae) from China, with description of new taxa. Zootaxa, 3430: 1-49.

Viraktamath C A, Mohan G S. 1993. Indian species of the deltocephaline leafhopper genus *Scaphotettix* Matsumura (Hemiptera: Cicadellidae). Journal of the Bombay Natural History Society, 90(3): 463-474.

Wagner W. 1963a. Ueber neue und schon bekannte Zikadenarten aus Italien (Hemiptera- Homoptera). Fragm Ent, 4: 67-86.

Wagner W. 1963b. Dynamische Taxionomie, angewandt auf die Delphaciden Mitteleuropas. Mitteilungen des Hamburger Zoologischen Museums und Instituts, 60: 111-180.

Walker F. 1850a. Descriptions of Aphides. The Annals and Mag azine of Natural History, Including Zoology, Botany, and Geology Second Series, 6(2): 41-48.

Walker F. 1850b. List of the Specimens of Homopterous Insects in the Collection of the British Museum. London: Order of the Trustees, 1-260.

Walker F. 1851a. List of the Specimens of Homopterous Insects in the Collection of the British Museum. London: British Museum (Natural History), 2: 261-636.

Walker F. 1851b. List of the Specimens of Homopterous Insects in the Collection of the British Museum. London: British Museum (Natural History), 3: 637-907.

Walker F. 1852. List of the Specimens of Homopterous Insects in the Collection of the British Museum, Part 4. London: British Museum (Natural History), 1-1188.

Walker F. 1857. Catalogue of the homoperous insects collected at Sarawak, Borneo by Mr. A. R. Wallace, with descriptions of new species. Journal of the Proceedings of the Linnean Society, London, 1: 141-175.

Walker F. 1858. Supplement. List of the specimens of homopterous insects in the collection of the British Museum. London: Order of Trustees, 307.

Walker F. 1869. Catalogue of the Homopterous insects collected in the Indian Archipelago by Mr. A. R. Wallace, with descriptions of new species (2nd part). Journal of the Linnean Society (Zoology), 10: 276-330.

Walker F. 1870a. Catalogue of the homopterous insects collected in the Indian Archipelago by Mr. A. R. Wallace, with descriptions of new species. Zoological Journal of the Linnean Society, 10: 276-330.

Walker F. 1870b. Notes on Aphides. Zoologist, 5(2): 1996-2001.

Walsh B D. 1862. Fire blight. Two new foes of the apple and pear. Prairie Farmer (N.S.), 10: 147-149.

Wang D-M, Zhang Y-L. 2019. Two new species of the genus *Reticuluma* Cheng & Li (Hemiptera: Cicadellidae: Deltocephalinae: Penthimiini) from China. Zootaxa, 4668(2): 289-295.

Wang J-R, Dubey A K, Du Y-Z. 2014. Description of a new species of *Aleuroclava* Singh (Hemiptera: Aleyrodidae) from China. Florida Entomologist, 97(2): 685-691.

Wang J-R, Xu Z-H, Du Y-Z. 2017. A new species of *Aleuromarginatus* Corbett, 1935 with a key and checklist of Chinese species (Hemiptera, Aleyrodidae). Zookeys, 682: 95-104.

Wang X, Hayashi M, Wei C. 2014. On cicadas of *Hyalessa maculaticollis* complex (Hemiptera, Cicadidae) of China. ZooKeys, 369: 25-41.

Webb D W, Viraktamath C A. 2009. Annotated check-list, generic key and new species of Old World Deltocephalini leafhoppers with nomenclatorial changes in the *Deltocephalus* group and other Deltocephalinae (Hemiptera, Auchenorrhyncha, Cicadellidae). Zootaxa, 2163: 1-64.

Webb M D. 1981. The Asian, Australasian and Pacific Paraboloponinae (Homoptera: Cicadellidae). Bulletin of the British Museum (Natural History) (Entomology), 43(2): 39-76.

Webb M D. 1987a. Distribution and male genitalic variation in *Cicadulina bipunctata* and *C. bimaculata* (Homoptera, Cicadellidae). 235-240. In: Wilson M R, Nault L R. Proceedings of 2nd International Workshop on Leafhoppers and Planthoppers of Economic Importance, Brigham Young University, Provo, Utah, USA, 28th July-1st August 1986. London: CAB International Institute of Entomology: 368 pp.

Webb M D. 1987b. Species recognition in *Cicadulina* leafhoppers (Hemiptera: Cicadellidae), vectors of pathogens of Gramineae. Bulletin of Entomological Research, 77: 683-712.

Webb M D, Heller F. 1990. The leafhopper genus *Pseupalus* in the Old World tropics, with a check-list of the Afrotropical and Oriental Paralimnini (Homoptera: Cicadellidae: Deltocephalinae). Stuttgarter Beiträge zur Naturkunde Serie A (Biologie), 452: 1-10.

Webb M D, Vilbaste J. 1994. Review of the leafhopper genus *Balclutha* Kirkaldy in the Oriental Region (Insecta: Homoptera: Auchenorrhyncha: Cicadellidae). Entomologische Abhandlungen Staatliches Museum für Tierkunde Dresden, 56: 56-86.

Wei J-F, Feng J-N. 2011. A review of the genus *Chortinaspis* Ferris (Hemiptera: Sternorrhyncha: Coccoidea: Diaspididae) in China, with the description of a new species. Transactions of the American Entomological Society, 137(1+2): 165-171.

Wei J-F, Feng J-N. 2012. Two new species of *Megacanthaspis* Takagi (Hemiptera, Sternorrhyncha, Coccoidea, Diaspididae) from China. Zookeys, 210: 1-8.

Westwood J O. 1833. Additional observations upon the insect which infests the sugar canes in Grenada. The Magazine of Natural History and Journal of Zoology, Botany, Mineralogy, Geology, and Meteorology, London, 6: 409-413.

Westwood J O. 1840. An introduction to the modern classification of insects; founded on the natural habits and corresponding organization of different families. Vol. 2. Longman, Orme, Brown, Green and Longmans London, 1-587.

Westwood J O. 1845. Description of some homopterous insects from the East Indies. 33-35. In: Arcana entomologica; or illustrations of new, rare, and interesting insects. London: William Smith.

Westwood J O. 1849. Wingless subterranean plant lice. Gardeners' Chronicle and Agricultural Gazette, (27): 420.

Westwood J O. 1855. The Seychelles *Dorthesia*. Gardeners' Chronicle and Agricultural Gazette, 51: 836.

Westwood J O. 1856. The new *Aleyrodes* of the greenhouse. Gardeners' Chronicle: 852.

Westwood J O. 1870. The camellia coccus *Coccus flocciferus* Westw. Gardeners' Chronicle and Agricultural Gazette, 10: 308.

Westwood J O. 1890. Transactions of the Entomological Society of London, 649.

White A. 1844. Descriptions of some new species of Coleoptera and Homoptera from China. Annals and Magazine of Natural History, 14: 422-426.

White A. 1845. Descriptions of a new genus and some new species of *Homopterous* insects from the East in the collection of the British Museum. Annals and Magazine of Natural History, 15: 34-37.

Williams D J. 1957. The status of Coccus palmae Haworth and the identity of *Lecanium coffeae* Walker (Coccoidea: Homoptera). The Entomologist, 90: 314-315.

Williams D J. 1960. The Pseudococcidae (Coccoidea: Homoptera) of the Solomon Islands. Bulletin of the British Museum (Natural History) Entomology, 8: 387-430.

Williams D J. 1962. The British Pseudococcidae (Homoptera: Coccoidea). Bulletin of the British Museum (Natural History) Entomology, 12: 1-79.

Williams D J. 1963. Some taxonomic notes on the Coccoidea (Homoptera). The Entomologist, 96: 100-101.

Williams D J. 1969. The family-group names of the scale insects (Hemiptera: Coccoidea). Brit Mus Natur Hist Bull Entomol: 315-341.

Williams D J. 1970. The mealybugs (Homoptera, Coccoidea, Pseudococcidae) of sugar-cane, rice and sorghum. Bulletin of Entomological Research, 60: 109-188.

Williams D J. 1978. The anomalous ant-attended mealybugs (Homoptera: Pseudococcidae) of South-East Asia. Bulletin of the British Museum (Natural History) Entomology, 37: 1-72.

Williams D J. 2003. A mealybug (Hem., Pseudococcidae) increasing its range on bamboo. Entomologist's Monthly Magazine, 139: 68.

Williams D J. 2004. Mealybugs of Southern Asia. The Natural History Museum Kuala Lumpur: Southdene SDN BHD, 1-896.

Williams D J. 2011. Some words used in scale insect names (Hemiptera: Sternorrhyncha: Coccoidea). Zootaxa, 3087: 66-68.

Williams D J, Miller D R. 2002. Systematic studies on the *Antonina crawi* Cockerell (Hemiptera: Coccoidea: Pseudococcidae) complex of pest mealybugs. Proceedings of the Entomological Society of Washington, 104(4): 896-911.

Williams D J, Pellizzari G. 1997. Two species of mealybugs (Homoptera Pseudococcidae) on the roots of Aloaceae in greenhouses in England and Italy. Bollettino di Zoologia Agraria e di Bachicoltura (Milano), (Ser. 2) 29: 157-166.

Williams D J, Watson G W. 1988. The Scale Insects of the Tropical South Pacific Region. Pt. 1. The Armoured Scales (Diaspididae). CAB International, Wallingford, U.K., 1-290.

Williams D J, Watson G W. 1990. The Scale Insects of the Tropical South Pacific Region. Pt. 3. The Soft Scales (Coccidae) and Other Families. CAB International, Wallingford, U.K., 1-267.

Wilson M R. 1983. A revision of the genus *Paramesodes* Ishihara (Homoptera, Auchenorrhyncha, Cicadellidae) with description of eight new species. Entomologica Scandinavica, 14: 17-32.

Wilson M R, Claridge M F. 1991. Handbook fro the identification of leafhoppers and planthoppers of rice. Wallingford, Oxon: C. A. B. International, 8-13.

Wu S-A, Lu Y. 2012. Notes on the genera and species in the mealybug tribe Serrolecaniini Shinji (Hemiptera: Coccoidea: Pseudococcidae) from China with description of a new species. Zootaxa, 3251: 30-46.

Wu S-A, Nan N, Gullan P J, Dean G J. 2013. The taxonomy of the Japanese oak red scale insect, *Kuwania quercus* (Kuwana)(Hemiptera: Coccoidea: Kuwaniidae), with a generic diagnosis, a key to species and description of a new species from California. Zootaxa, 3630(2): 291-307.

Xing J, Dai R, Li Z. 2008. A taxonomic study on the genus *Japananus* Ball (Hemiptera, Cicadellidae, Deltocephalinae) with description of one new species from China. ZooKeys, 3: 23-28.

Xing J, Li Z. 2010. Hemiptera: Cicadellidae: Euscelinae. Insects from Mayanghe landscape: 132-145. [Insect Fauna from National Natural Reserve of Guizhou Province, China, 6.]

Xu C-Q, Liang A-P, Jiang G-M. 2006. The genus *Euricania* Melichar (Hemiptera: Ricaniidae) from China. The Raffles Bulletin of Zoology, 54(1): 1-10.

Xu G-L. 2000. Three new species of *Lodiana* (Homoptera: Cicadellidae) from China. Insect Science, 7(3): 218-222.

Xu Y, Dietrich C H, Zhang Y-L, Dmitriev D A, Zhang L, Wang Y-M, Lu S-H, Qin D-Z. 2021. Phylogeny of the tribe Empoascini (Hemiptera: Cicadellidae: Typhlocybinae) based on morphological characteristics, with reclassification of the Empoasca generic group. Systematic Entomology, 46, 266-286.

Xu Y, Wang Y-R, Dietrich C H, Qin D-Z. 2017. Review of Chinese species of the leafhopper genus *Amrasca* Ghauri (Hemiptera, Cicadellidae, Typhlocybinae), with description of a new species, species checklist and notes on the identity of the Indian cotton leafhopper. Zootaxa, 4353(2): 360-37.

Xue J-L, Xie Y-P, Liu H-X. 1999. The effect of air pollution on *Sophora japonica* (Leguminosae) and *Eulecanium giganteum* (Shinji) in urban areas in China. Entomologica, Bari, 33:383-388.

Xue Q-Q, Viraktamath C A, Zhang Y-L. 2016. Checklist to Chinese idiocerine leafhoppers, key to genera and description of a new species of *Anidiocerus* (Hemiptera: Auchenorrhyncha: Cicadellidae). Entomologica Americana, 122(3): 405-417.

Xue Q-Q, Webb M D, Zhang Y-L. 2013. Two new species of the leafhoppers genus *Anidiocerus* (Hemiptera: Cicadellidae: Idiocerinae) from China. Zootaxa, 3746(3): 481-488.

Xue Q-Q, Zhang Y-L. 2014. First record of genus *Nabicerus* Kwon (Hemiptera: Cicadellidae: Idiocerinae) from China, with descriptions of two new species. Zootaxa, 3765(4): 389-396.

Xue Q-Q, Zhang Y-L. 2020. Phylogeny and revision of the oriental leafhopper genus *Amritodus* (Hemiptera: Cicadellidae: Idiocerini). Zoological Journal of the Linnean Society, 189: 1438-1463.

Yan B, Yang M-F. 2017. Taxonomic study of the leafhopper genera *Farynala* Dworakowska and *Xaniona* Zhang & Huang (Hemiptera: Cicadellidae: Typhlocybinae: Typhlocybini), with descriptions of three new species from China. Zootaxa, 4276(4): 519-528.

Yang C-K. 1995. Homoptera: Hemipteripsyllidae. In: Wu H. Insects of Baishanzu Mountain, Eastern China, China Forestry Publishing House, Beijing (China): 109-111.

Yang C-K, Li F-S. 1981. On the new subfamily Hemipteripsyllinae (Homoptera: Sternorrhyncha). Entomotaxonomia, 3: 179-190.

Yang C-K, Li F-S. 1982. Description of the new genus *Celtisaspis* and five new species of China (Homoptera: Psyllidae). Entomotaxonomia, 4: 183-198.

Yang C-T. 1984. Psyllidae of Taiwan. Taiwan Museum Special Publication Series, 3: 1-305.

Yang C-T. 1989. Delphacidae of Taiwan (2). (Homoptera: Fulgoroidea). Taipei, Taiwan: Taiwan Museum Special Publication Series, National Science Council, No. 6, 334 pp.

Yang C-T, Chang T-Y. 2000. The External Male Genitalia of Hemiptera (Homoptera-Heteroptera). Taizhong: Shih Way Publishers, 746 pp.

Yang J-T, Yang C-T. 1986. Delphacidae of Taiwan (1). Asiracinae and the tribe Tropidocephalini (Homoptera: Fulgoroidea). Taiwan Museum Special Publication Series, No. 6: 1-79.

Yang J-T, Yang C-T, Wilson M R. 1989. Tropiduchidae of Taiwan (Homoptera: Fulgoroidea). Collected Papers on Homoptera of Taiwan. Taiwan Museum Special Publication, 8: 65-115.

Yasmeen N, Ahmad I. 1976. New species of *Tricentrus* Stål from Pakistan, Azad Kashmir and East Bengal with phylogenetic considerations (Membracidae, Centrotinae, Tricentrini). Mushi. Fukuoka Mushi no Kai (Kyushu Imperial University, Entomological Laboratory), 49(10): 95-125.

Young B. 1942. Whiteflies attacking citrus in Szechwan. Sinensia Shanghai, 13: 95-101.

Young D A Jr. 1952. A reclassification of Western Hemisphere Typhlocybinae (Homoptera, Cicadellidae). Univ Kansas Sci Bull, 35 (1): 3-217.

Young D A Jr. 1977. Taxonomic study of the Cicadellinae (Homoptera: Cicadellidae). Part 2. New World Cicadellid and the genus *Cicadella*. Technical Bulletin of the North Carolina Agricultural Experiment Station, 239: 1135 pp.

Young D A Jr. 1986. Taxonomic study of the Cicadellinae (Homoptera: Cicadellidae). Part 3. Old World Cicadellini. Technical Bulletin of the North Carolina Agricultural Experiment Station, 281: 1-639.

Zachvatkin A A. 1933a. Cicadula-Arten der sexnotata-Gruppe aus dem Nord-Kaukasus. Konowia, 12: 47-50.

Zachvatkin A A. 1933b. Sur quelques Homoptères intéressants de la faune Italienne. Memorie della Società Entomologica Italiana, 12: 262-272.

Zachvatkin A A. 1935. Notes on the Homoptera-Cicadina of Jemen. Wissenschaftliche Berichte Moskauer Staatsuniversität, 4: 106-115.

Zachvatkin A A. 1946. Studies on the Homoptera of Turkey. 1-7. Transactions of the Entomological Society of London, 97: 148-176.

Zahradník J. 1959. *Borchseniaspis* novum genus typus *Aspidiotus palmae* Morgan et Cockerell, 1893 (Homoptera, Diaspididae). Sborník Faunistych Prací Entomologica Oddeleni Národního Musea v Praze (Acta Faunistica Entomologica Musei Nationalis Pragae), 5: 65-67.

Zanol K M R. 1999. Descrição de duas espécies novas de *Agudus* Oman (H. C. D.). Revista Brasileira de Zoologia, 169(Suppl. 1): 239-242.

Zehntner L. 1897. Die plantenluizen van het suikerret. Arch Suikerind Ned-Ind, 5: 1-555.

Zetterstedt J W. 1840. Ordo 3. Hemiptera. Insecta Lapponica, 1: 1-314.

Zhang B. 2011. Revision of the leafhopper genus *Onukigallia* Ishihara, 1955 (Hemiptera: Cicadellidae: Megophthalminae). Zootaxa, 2915: 52-60.

Zhang G-X, Zhong T-S. 1980. New species of Chinese Macrosi phinae (II) (Homoptera: Aphididae). Entomotaxonomia, 2(3): 215-225.

Zhang G-X, Zhong T-S. 1982. New species and subspecies of Chinese Aphidoidea. Sinozoologia, 2: 19-28.

Zhang X-M, Zhang Y-L, Wei C. 2010. Review of the leafhopper genus *Taperus* Li & Wang (Hemiptera: Cicadellidae: Evacanthinae) from China, with description of three new species. Zootaxa, 2721(2721):39-46.

Zhang Y-L, Dai W. 2005. A taxonomic review of *Matsumurella* Ishihara (Hemiptera: Cicadellidae: Deltocephalinae) from China. Proceedings of the Entomological Society of Washington, 107(1): 218-228.

Zhang Y-L, Dai W. 2006. A taxonomic study on the leafhopper genus *Scaphoidella* Vilbaste (Hemiptera: Cicadellidae: Deltocephalinae) from China. Zoological Science, 23(10): 843-851.

Zhang Y-L, Duan Y-N. 2011. Review of the *Deltocephalus* group of leafhoppers (Hemiptera: Cicadellidae: Deltocephalinae) in China. Zootaxa, 2870: 1-47.

Zhang Y-L, Duan Y-N, Webb M D. 2009. A taxonomic review of the Old World leafhopper genus *Changwhania* Kwon (Hemiptera: Cicadellidae: Deltocephalinae: Paralimnini). Zootaxa, 2089: 19-32.

Zhang Y-L, Gao X, Huang M. 2011. Two new species of *Yangisunda* Zhang (Hemiptera: Cicadellidae: Typhlocybinae: Zyginellini) from China, with a key to species. Zootaxa, 3097: 45-52.

Zhang Y-L, Huang M. 2007. Taxonomic study of the leafhopper genus *Warodia* Dworakowska (Hemiptera: Cicadellidae: Typhlocybinae), with descriptions of six new species. Proceedings of the Entomological Society of Washington, 109(4): 886-896.

Zhang Y-L, Liu Y, Qin D-Z. 2008. *Empoasca* (*Empoasca*) *paraparvipenis* n. sp. and some new records of the subgenus from China (Hemiptera: Cicadellidae: Typhlocybinae: Empoascini). Zootaxa, 1949: 63-68.

Zhang Y-L, Lu L, Kwon Y J. 2013. Review of the leafhopper genus *Macrosteles* Fieber (Hemiptera: Cicadellidae: Deltocephalinae) from China. Zootaxa, 3700(3): 361-392.

Zhang Y-L, Webb M D. 1996. A revised classification of the Asian and Pacific Selenocephalinae leafhoppers (Homoptera: Cicadellidae). Bulletin of the Natural History Museum Entomology, 65(1): 1-103.

Zhang Y-L, Zhang X-M, Dai W. 2008. Three new species of the genus *Krisna* Kirkaldy (Hemiptera: Cicadellidae: Iassinae) from China, with a checklist of the genus. Zootaxa, 1783: 40-60.

Zimmerman E C. 1948. Homoptera: Sternorrhyncha. Insects of Hawaii, 5: 1-464.

中 名 索 引

A

皑粉蚧属 788
艾蒿隐管蚜 526
艾菱蜡蝉 293
艾纳香粉虱蚜 425
爱可锥顶叶蝉 109
媛脉蜡蝉 355
媛脉蜡蝉属 355
安耳角蝉 231
安粉蚧属 779
安壶蚧属 615
安拉菱蜡蝉 288
安蛎蚧属 653
安菱蜡蝉属 287
安松氏指粉虱 413
鞍美叶蝉 79
暗翅蝉属 270
暗黑柯拉飞虱 310
暗纹叶蝉属 157
暗小叶蝉属 188
凹大叶蝉属 7
凹痕网脉叶蝉 218
凹片叶蝉属 45
凹缘菱纹叶蝉 105
奥小叶蝉属 173

B

八点广翅蜡蝉 360
巴塔叶蝉属 168
菝葜白轮蚧 665
菝葜蚜 510
菝葜蚜属 510
白斑带叶蝉 115
白斑拟条扁蜡蝉 363
白背飞虱 333
白背飞虱属 332
白边大叶蝉 9
白边脊额叶蝉 37
白翅叶蝉属 190
白带长唇基飞虱 332
白带奇洛飞虱 309
白盾蚧属 713
白脊长跗飞虱 318
白脊飞虱 340
白脊飞虱属 340
白颈淡肩飞虱 316
白蜡蚧 646
白蜡蚧属 646
白蜡绵粉蚧 803
白蜡树狭个木虱 388

白轮蚧属 660
白脉二室叶蝉 83
白色拟隐脉叶蝉 52
白条飞虱 336
白条飞虱属 336
白头小板叶蝉 50
白纹象沫蝉 244
白小叶蝉属 186
白胸三刺角蝉 238
白胸世纪飞虱 331
白毡蚧属 761
白纵带叶蝉 121
柏长足大蚜 460
柏牡蛎蚧 703
稗飞虱 334
斑翅叶蝉属 189
斑大叶蝉属 3
斑带丽沫蝉 255
斑木虱科 367
斑木虱属 367
斑透翅蝉 283
斑腿带叶蝉 122
斑小叶蝉属 166
斑叶蝉族 183
斑衣蜡蝉 354
斑衣蜡蝉属 354
板栗大蚜 461
半翅目 1
半球竹链蚧 603
半蚜属 569
棒粉虱属 396
北海道小长管蚜 555
北京彩斑蚜 483
北仑茶链蚧 597
贝菱蜡蝉属 290
背叉二室叶蝉 86
背刺暗小叶蝉 188
背刺孔粉蚧属 790
背峰锯角蝉 234
背枝阔茎裳叶蝉 27
倍蚜属 419
本州沃小叶蝉 206
鼻象蜡蝉属 345
比赫叶蝉属 92
比氏零叶蝉 208
碧蝉 272
碧蝉属 271
碧蛾蜡蝉 352
碧蛾蜡蝉属 352
边大叶蝉属 9

鞭突叉飞虱　314
扁粉虱属　405
扁角飞虱属　328
扁茎片头叶蝉　18
扁蜡蝉科　361
扁木虱科　373
扁木虱属　373
扁三刺角蝉　237
扁雅小叶蝉亚属　197
变异单突叶蝉　31
宾蚧科　820
并盾蚧属　734
并胶蚧属　768
并链蚧属　594
波宁雅氏叶蝉　181
波曲拟带叶蝉　67
波缘阔颈叶蝉　136
波缘三毛个木虱　392
菠萝灰粉蚧　791
伯瑞彩象蜡蝉　344
帛菱蜡蝉属　286
薄荷圆瘤蚜　565

C

彩斑蚜属　483
彩象蜡蝉属　343
菜豆根蚜　421
草蝉属　273
草履蚧　773
草履蚧属　773
草莓蚜　520
草竹安粉蚧　781
侧棘斑蚜属　490
叉单突叶蝉　28
叉飞虱　314
叉飞虱属　313
叉茎叶蝉　137
叉茎叶蝉属　136
叉脉小叶蝉属　163
叉脉叶蝉族　161
叉突横脊叶蝉　40
叉突脊额叶蝉　6
叉纹扁角飞虱　328
茶并盾蚧　738
茶并胶蚧　769
茶链蚧　599
茶牡蛎蚧　700
茶片盾蚧　733
茶网背叶蝉　26
茶围盾蚧　683
茶栉圆盾蚧　689
蝉科　268
蝉总科　268
铲头沫蝉属　241
长白盾蚧属　714
长斑蚜属　484
长翅苏瓦花虱　356
长唇基飞虱属　332

长盾蚧　694
长盾蚧属　693
长盾叶蝉属　21
长飞虱属　330
长跗飞虱属　317
长管刺蚜属　445
长管蚜族　537
长角飞虱属　337
长茎带叶蝉　117
长茎二室叶蝉　85
长绿飞虱　330
长毛仁蚧　592
长牡蛎蚧　705
长鞘飞虱属　329
长头沫蝉属　259
长突淡脉叶蝉　224
长突飞虱属　334
长突宽冠叶蝉　20
长突松村叶蝉　62
长突叶蝉属　212
长尾堆粉蚧　797
长尾粉蚧　811
长小绿叶蝉　176
长足大蚜属　459
常规竹链蚧　606
常山蚜　514
常竹链蚧　610
超瘤蚜属　551
巢粉蚧属　796
巢绛蚧属　764
巢沫蝉科　266
巢沫蝉属　266
郴州长突飞虱　335
陈副胸蚜　439
成都川西斑蚜　468
橙带比赫叶蝉　93
橙圆金顶盾蚧　671
秤锤粉虱蚜　426
匙顶飞虱属　338
齿盾蚧　723
齿盾蚧属　723
齿耳角蝉　232
齿茎带叶蝉　117
齿茎叶蝉属　149
齿片单突叶蝉　30
齿突大叉飞虱　311
齿突角顶叶蝉　71
齿突拟菱纹叶蝉　102
齿缘淡脉叶蝉　223
赤斑稻沫蝉　261
赤缘片头叶蝉　18
赤竹仁蚧　593
翅点叶蝉属　222
川西斑蚜属　468
船茎窗翅叶蝉　12
窗翅叶蝉属　11
吹绵蚧　776
吹绵蚧属　775

纯色拟隐脉叶蝉　54
唇贝菱蜡蝉　290
刺瓣叶蝉属　106
刺菜超瘤蚜　552
刺粉蚧属　805
刺粉虱属　394
刺披突飞虱　327
刺突带叶蝉　114
刺突飞虱属　334
刺蚜属　447
刺榆长斑蚜　488
刺榆伪黑斑蚜　473
刺圆盾蚧　722
刺圆盾蚧属　720
刺竹鞘粉蚧　788
楤木二尾蚜　547
粗额蚜属　542
簇粉蚧属　799
脆蜡蚧属　621
翠胶蚧属　767

D

达氏秃角蝉　235
大白蜡蚧　623
大鼻草蝉　275
大叉飞虱　311
大叉飞虱属　310
大刺长鞘飞虱　329
大豆蚜　518
大连脊沫蝉　252
大菱蜡蝉属　298
大马蝉属　277
大芒锥翅飞虱　341
大青叶蝉　8
大尾蚜属　527
大卫粉虱属　415
大型竹链蚧　604
大蚜属　461
大叶蝉属　8
大竹岚雅小叶蝉　199
呆木虱属　375
带斑木虱　367
带背飞虱　316
带背飞虱属　316
带零叶蝉　209
带纹疏广蜡蝉　358
带纹竹飞虱　308
带叶蝉属　112
带叶蝉族　109
单瓣并盾蚧　739
单钩脊额叶蝉　38
单钩拟带叶蝉　67
单突飞虱　321
单突飞虱属　321
单突叶蝉属　28
淡脊飞虱属　323
淡肩飞虱属　315
淡脉叶蝉属　223

淡色胫槽叶蝉　148
稻白翅叶蝉　191
稻粉虱　415
稻沫蝉属　260
稻叶蝉　78
等角圆盾蚧属　676
荻白轮蚧　662
荻草谷网蚜　572
荻叉飞虱　314
点翅叶蝉属　19
点小叶蝉属　206
电光宽广蜡蝉　358
电光叶蝉　74
钉毛蚜属　545
顶斑叶蝉属　187
东方叉脉小叶蝉　164
东方丽沫蝉　257
东方拟隐脉叶蝉　53
东方叶蝉属　64
东亚簇粉蚧　800
东眼山新叉飞虱　323
东洋飞虱　327
东洋飞虱属　326
冬青等角圆盾蚧　677
兜盾蚧属　675
豆木虱属　383
豆蚜　515
杜鹃棒粉虱　400
杜鹃三叶粉虱　403
端斑带叶蝉　115
端斑五胸脊菱蜡蝉　302
端叉长突叶蝉　212
端钩菱纹叶蝉　103
端钩木叶蝉　108
端突二星叶蝉亚属　185
端突叶蝉属　58
端晕日宁蝉　280
短板柔突叶蝉　56
短刺铲头沫蝉　243
短头飞虱　312
短头飞虱属　312
短突米氏小叶蝉　165
短突叶蝉属　151
短尾蚜属　544
椴斑斜皱叶蝉　156
堆粉蚧属　797
对突光叶蝉　95
对突卡叶蝉　133
钝叶草兜盾蚧　676
盾蚧科　651
盾蚧属　674
多斑点小叶蝉　207
多斑缘毛叶蝉　112
多变带叶蝉　128
多齿短突叶蝉　152
多刺垒粉蚧　812
多带铲头沫蝉　241
多角棉蜡蚧　641

多瘤颈粉虱　407
多色二室叶蝉　86
多态毛蚜属　507
多腺粉角蚜　429
多腺围盾蚧　680

E

俄二星叶蝉　184
蛾蜡蝉科　351
额斑匙顶飞虱　338
恶性巨齿瓢蜡蝉　347
恶性片盾蚧　728
耳角蝉属　231
二叉蚜属　536
二叉叶蝉属　89
二叉叶蝉族　82
二刺匙顶飞虱　338
二带红脊角蝉　230
二点个木虱　389
二室叶蝉属　82
二尾蚜属　546
二星叶蝉属　184
二星叶蝉亚属　184

F

番石榴棒粉虱　400
蕃氏小叶蝉属　203
梵净带叶蝉　118
梵净锥茎叶蝉　226
方舟角突叶蝉　43
纺锤釉盾蚧　754
飞虱科　305
斐济拟叉叶蝉　88
榧牡蛎蚧　706
粉角蚜属　429
粉蚧科　778
粉蚧属　808
粉虱科　393
粉虱蚜科　425
粉虱总科　393
枫绵粉蚧　803
枫杨刻蚜　440
凤沫蝉属　257
弗州龟蜡蚧　624
扶桑绵粉蚧　804
拂粉蚧属　792
福建梯额瓢蜡蝉　350
福瓢蜡蝉　348
福瓢蜡蝉属　348
副四节绵蚜属　418
副胸蚜属　438
富腺并链蚧　596
腹刺菱纹叶蝉　105
腹突凹片叶蝉　46
腹突叶蝉属　111

G

伽氏尼小叶蝉　182
嘎叶蝉属　69

盖库菱蜡蝉　296
柑橘安壶蚧　617
柑橘刺粉蚧　806
柑橘刺粉虱　394
柑橘呆木虱　376
柑橘堆粉蚧　798
柑橘棘粉蚧　810
柑橘棉蜡蚧　639
柑橘栖粉蚧　808
柑橘软蜡蚧　629
柑橘土根蚧　819
橄榄盔蜡蚧　645
橄榄片盾蚧　730
刚毛蚜属　457
肛突叶蝉　94
肛突叶蝉属　93
岗田圆沫蝉　246
杠板归皱背蚜　578
高丽皱茎飞虱　326
高粱蚜　530
高氏星伯粉虱　407
格氏瓢蜡蝉属　348
个木虱科　387
个木虱属　389
根蚧科　817
根毡蚧属　763
弓茎网脉叶蝉　220
钩茎角顶叶蝉　72
钩突淡脊飞虱　324
钩突冠带叶蝉　80
钩纹广翅蜡蝉　360
辜小叶蝉属　193
古北条粉蚧　816
古田小绿叶蝉　175
谷网蚜属　572
鼓面飞虱属　315
冠带叶蝉属　80
冠德小叶蝉属　162
冠脊菱蜡蝉属　300
管茎叶蝉属　139
光板美叶蝉　75
光亮乌叶蝉　24
光皮桦斑蚜　467
光小叶蝉属　170
光叶蝉属　94
广布安粉蚧　785
广翅蜡蝉属　360
广道小绿叶蝉　175
广蜡蝉科　357
广头叶蝉属　158
归亚棒粉虱　398
龟纹格氏瓢蜡蝉　349
桂白盾蚧　714

H

海滨尖胸沫蝉　249
海拟幻蛾蜡蝉　353
含笑平背粉虱　409

寒蝉属　277
汉阴偏角飞虱　322
杭州华绵叶蚜　478
杭州巨刺盾蚧　716
杭州三刺角蝉　238
杭州松片盾蚧　731
杭州新胸蚜　436
杭竹蔗棉蚧　638
禾谷缢管蚜　533
禾棘毡蚧　758
合欢羞木虱　377
和长盾蚧　695
河北零叶蝉　209
褐翅曙沫蝉　264
褐带广翅蜡蝉　361
褐盾曲突叶蝉　221
褐飞虱　325
褐飞虱属　324
褐横带叶蝉　127
褐链壶蚧　619
褐脉脊菱蜡蝉　301
褐软蜡蚧　629
褐纹刺瓣叶蝉　106
褐圆金顶盾蚧　670
褐缘拟隐脉叶蝉　52
褐指蝉　273
黑斑点翅叶蝉　19
黑斑丽沫蝉　256
黑斑双叉叶蝉　60
黑斑纹翅飞虱　309
黑边梅塔飞虱　321
黑刺粉虱　395
黑长盾叶蝉　21
黑匙顶飞虱　339
黑带脊额叶蝉　37
黑带声毛管蚜　456
黑点曙沫蝉　265
黑额长唇基飞虱　332
黑腹四脉绵蚜　422
黑横带叶蝉　125
黑红条大叶蝉　6
黑颊带叶蝉　124
黑瘤链壶蚧　618
黑龙潭飞虱　320
黑脉短突叶蝉　151
黑美盾蚧　685
黑面带叶蝉　123
黑面片胫杆蝉　15
黑面突角叶蝉　155
黑面托亚飞虱　337
黑片盾蚧　734
黑色斑大叶蝉　4
黑尾凹大叶蝉　8
黑尾凸唇斑蚜　480
黑纹带叶蝉　124
黑胸二室叶蝉　84
黑胸宽突叶蝉　153
黑颜单突叶蝉　29

黑圆角蝉　229
黑缘长突叶蝉　214
横侧棘斑蚜　499
横带尖胸沫蝉　248
横带角突叶蝉　42
横带小板叶蝉　49
横带掌叶蝉　61
横脊叶蝉属　39
红边网脉叶蝉　219
红蝉　271
红蝉属　271
红翅拟沫蝉　263
红粉栗斑蚜　497
红腹缢管蚜　534
红冠雅小叶蝉　202
红花指管蚜　589
红蜡蚧　626
红脉窗翅叶蝉　13
红脉二室叶蝉　84
红帽龟蜡蚧　623
红体竹链蚧　608
红头凤沫蝉　258
红线凹片叶蝉　45
红线舌扁蜡蝉　364
虹彩美叶蝉　76
后扁蚜属　434
胡萝卜微管蚜　569
胡颓子白轮蚧　661
胡颓子钉毛蚜　545
胡毡蚧属　762
壶蚧科　615
湖北安粉蚧　781
华东脆蜡蚧　622
华盾蚧属　725
华辜小叶蝉　193
华脊翅叶蝉　143
华曲突叶蝉属　216
桦斑蚜属　467
环球新瘤蚜　562
荒根蚧属　817
黄斑锥头叶蝉　41
黄翅象沫蝉　245
黄吹绵蚧　776
黄带贝菱蜡蝉　291
黄盾脊额叶蝉　36
黄褐类节飞虱　319
黄连木漆木虱　370
黄绿二室叶蝉　83
黄绿棉蜡蚧　637
黄脉端突叶蝉　59
黄脉管茎叶蝉　140
黄片盾蚧　732
黄色条大叶蝉　6
黄杉长管刺蚜　446
黄檀长斑蚜　486
黄头黑缘喀木虱　378
黄头拟长突叶蝉　154
黄纹雅小叶蝉　201

黄纹锥头叶蝉　40
黄新链蚧　612
黄岩盘顶蛎蚧　706
黄杨并盾蚧　736
黄杨粗盾蚧　724
黄药子瘤蚜　561
灰飞虱　318
灰飞虱属　318
灰粉蚧属　791
灰片盾蚧　727
灰圆盾蚧属　673
桧并盾蚧　737
喙头飞虱　331
喙头飞虱属　330
蟪蛄　276
蟪蛄属　275
浑桠镰管蚜　500
豁齿盾蚧属　686

J

姬蝉属　269
姬飞虱　339
姬飞虱属　339
姬粉虱　408
基刺瑞脊菱蜡蝉　303
吉隆坡椰粉蚧　799
棘木虱属　370
棘圆盾蚧　751
棘圆盾蚧属　751
棘毡蚧属　757
脊翅叶蝉属　142
脊翅叶蝉族　132
脊额拟幻蛾蜡蝉　353
脊额叶蝉属　35
脊角蝉属　230
脊菱蜡蝉属　301
脊纹蜡蝉属　632
蓟粗额蚜　542
夹竹桃蚜　521
夹竹桃梳圆盾蚧　691
贾氏蝼蝉　284
尖头片叶蝉　32
尖头叶蝉属　98
尖突饴叶蝉　63
尖胸沫蝉科　240
尖胸沫蝉属　247
坚角蚜属　428
坚硬粉虱　414
桨头叶蝉　16
桨头叶蝉属　15
绦蚧科　764
胶蚧科　765
胶蚧属　766
角倍蚜　420
角蝉科　227
角蝉总科　2
角顶叶蝉属　71
角顶叶蝉族　68

角突叶蝉属　42
角胸叶蝉属　17
杰美叶蝉　75
洁毛尾小叶蝉　196
结角蝉属　232
蚧总科　591
金顶盾蚧属　669
金松牡蛎蚧　710
金银花拟轮蚧　748
旌蚧科　777
旌蚧属　777
颈粉虱属　406
径脉侧棘斑蚜　493
胫槽叶蝉属　145
胫槽叶蝉族　145
旧北蔗粉蚧　813
居竹拟叶蚜　472
居竹伪角蚜　432
桔二叉蚜　512
桔黄稻沫蝉　261
桔绿粉虱　411
桔矢尖蚧　755
桔蚜　513
菊小长管蚜　556
橘红肾圆盾蚧　655
橘荒根蚜　818
橘黄肾圆盾蚧　656
巨齿瓢蜡蝉属　347
巨刺盾蚧属　715
巨竹安粉蚧　784
锯角蝉属　234
卷毛蜡蚧属　649

K

咖啡盔蜡蚧　644
喀木虱属　378
卡叶蝉属　133
开化角胸叶蝉　17
凯恩叶蝉属　130
康氏粉蚧　809
糠片盾蚧　730
考氏拟轮蚧　745
柯拉飞虱属　310
柯链壶蚧　620
柯真毛管蚜　450
稞盾蚧属　668
刻点菱蜡蝉　294
刻蚜属　439
苦菜超瘤蚜　551
库菱蜡蝉属　295
库毛管蚜　454
库氏暗纹叶蝉　157
宽带内突叶蝉　48
宽额美叶蝉　77
宽冠叶蝉属　20
宽广蜡蝉属　358
宽横带叶蝉　128
宽胫槽叶蝉　147

宽头飞虱属　317
盔蜡蚧属　644
昆明新链蚧　613
阔横带叶蝉　119
阔茎裳叶蝉属　27
阔颈叶蝉　135
阔颈叶蝉属　134

L

拉鲁刚毛蚜　458
拉氏盾蚧　750
拉氏盾蚧属　750
蜡蝉科　353
蜡蝉总科　285
蜡粉虱属　415
蜡蚧科　621
蜡蚧属　622
蜡树簇粉蚧　801
兰草蝉　274
螂蝉　279
螂蝉属　279
垒粉蚧属　811
类伯粉虱属　411
类节飞虱属　318
梨华盾蚧　725
梨笠盾蚧　673
梨牡蛎蚧　701
梨日本大蚜　463
李短尾蚜　544
丽贝菱蜡蝉　291
丽飞虱属　319
丽沫蝉属　254
丽木虱科　384
丽木虱属　385
丽象蜡蝉属　342
利叶蝉亚属　60
栎刺蚜　447
栎拟轮蚧　748
栎围盾蚧　681
栎新片盾蚧　717
栎叶后扁蚜　435
栗斑蚜　496
栗巢沫蝉　266
栗新链蚧　611
笠盾蚧属　672
粒脉蜡蝉科　354
粒脉蜡蝉属　356
连脊沫蝉属　251
莲缢管蚜　532
镰飞虱属　313
链壶蚧属　618
链蚧科　594
链蚧属　597
梁王茶刺圆盾蚧　721
两广竹链蚧　602
蓼飞虱　316
蓼叶皱背蚜　577
裂木虱科　385

裂木虱属　386
菱蜡蝉科　285
菱蜡蝉属　293
菱纹斑小叶蝉　166
菱纹叶蝉属　103
零叶蝉属　208
刘氏并链蚧　595
刘氏带叶蝉　121
流苏子棒粉虱　401
瘤鼻象蜡蝉　345
瘤大球坚蜡蚧　647
瘤大蚜属　464
瘤额牡蛎蚧　711
瘤头蚜属　580
瘤蚜属　558
柳二尾蚜　548
柳黑毛蚜　506
柳瘤大蚜　464
柳杉圆盾蚧　657
龙潭飞虱属　319
龙王山库菱蜡蝉　297
龙眼缨围盾蚧　752
隆脊叶蝉族　92
卢偏茎叶蝉　172
芦荟土根蚧　819
芦苇长突飞虱　335
露链蚧属　614
栾多态毛蚜　508
轮粉蚧属　786
罗汉松新叶蚜　502
萝卜蚜　553
裸粉虱属　410
络石真毛管蚜　449
吕宋脊翅叶蝉　143
绿草蝉　274
绿长角飞虱　337
绿色条扁蜡蝉　362
绿真毛管蚜　453
绿竹链蚧　605
葎草蚜　520
葎草疣蚜　567

M

麻栎刻蚜　442
马鞍山锥粉蚧　793
马来飞虱属　320
马氏安粉蚧　782
马氏牡蛎蚧　707
马氏拟正菱蜡蝉　299
马氏三叶粉虱　402
马蹄囊毡蚧　760
马蹄针豆木虱　383
马尾松干蚧　771
麦顶斑叶蝉　187
麦冬片盾蚧　729
麦二叉蚜　536
曼粉蚧属　794
芒粉蚧属　795

芒果蚜 523
芒果叶蝉属 169
芒果粘棉蜡蚧 634
杧果白轮蚧 666
毛管蚜属 454
毛螅蛄 276
毛螅蛄属 276
毛尾小叶蝉属 195
毛蚜属 505
毛竹簇粉蚧 800
毛竹根毡蚧 763
矛角蝉属 228
玫瑰安壶蚧 617
玫瑰白轮蚧 664
眉峰广头叶蝉 158
梅山刺粉蚧 807
梅塔飞虱属 321
美盾蚧属 685
美叶蝉属 73
门司突茎叶蝉 110
蒙古寒蝉 278
蒙瓢蜡蝉 350
蒙瓢蜡蝉属 350
米勒安粉蚧 783
米氏小叶蝉属 164
密刺彩象蜡蝉 343
密角蚜属 430
绵粉蚧属 802
绵蚧科 773
绵叶蚜属 476
棉奥小叶蝉 173
棉蜡蚧属 637
棉蚜 519
棉叶蝉 169
苗岭拟菱纹叶蝉 100
茉莉并盾蚧 737
沫蝉科 254
沫蝉总科 240
莫蒂小绿叶蝉 177
莫干山冠带叶蝉 81
莫氏副四节绵蚜 419
牡丹网纹圆盾蚧 742
牡蛎蚧属 698
木荷安蛎蚧 654
木坚蜡蚧属 642
木槿曼粉蚧 794
木兰牡蛎蚧 711
木虱科 377
木虱总科 366
木通红喀木虱 379
木叶蝉属 107
苜蓿无网蚜 539

N

南细蝉 281
楠叶蚜 504
楠叶蚜属 503
囊管蚜属 568

囊茎叶蝉属 33
囊毡蚧属 758
内突叶蝉属 47
尼氏囊茎叶蝉 33
尼小叶蝉 181
拟安粉蚧 783
拟贝小叶蝉 205
拟叉叶蝉属 87
拟长突叶蝉属 154
拟大叉飞虱 312
拟带叶蝉属 65
拟光头叶蝉属 95
拟褐飞虱 324
拟褐圆金顶盾蚧 671
拟幻蛾蜡蝉属 352
拟柯真毛管蚜 451
拟菱纹叶蝉 101
拟菱纹叶蝉属 99
拟轮蚧属 743
拟沫蝉属 262
拟曲纹二叉叶蝉 90
拟条扁蜡蝉属 363
拟叶蚜属 472
拟隐脉叶蝉属 51
拟正菱蜡蝉属 299
拟锥翅飞虱 341
旋盾蚧属 719
粘棉蜡蚧属 634
宁波背刺孔粉蚧 790
牛奶子白轮蚧 660
扭曲大叉飞虱 311
纽棉蜡蚧属 650

O

欧氏锥茎叶蝉 227

P

派罗飞虱属 328
披突飞虱属 327
皮氏粉虱属 412
琵琶竹链蚧 604
偏角飞虱属 322
偏茎叶蝉属 171
片盾蚧属 726
片角叶蝉属 153
片茎透斑叶蝉 129
片胫杆蝉属 14
片索冠德小叶蝉 162
片头叶蝉属 17
片突索布小叶蝉 161
片叶蝉属 32
瓢蜡蝉科 346
平凹喀木虱 380
平背粉虱属 409
平蛾蜡蝉属 351
平粉蚧属 785
瓶额飞虱 325
瓶额飞虱属 325
蟠盾蚧属 740

粘盾蚧属　724
葡萄三叶粉虱　404
朴盾木虱属　368
朴绵叶蚜　476
朴牡蛎蚧　700
朴拟轮蚧　744
普露链蚧　615
普叶蝉族　107
七河赛克叶蝉　192

Q

漆木虱属　369
齐安菱蜡蝉　289
奇洛飞虱属　309
奇肉刺斑蚜　471
千里光三毛个木虱　391
黔新链蚧　613
浅带长突飞虱　336
翘端松村叶蝉　62
鞘粉蚧属　787
茄粗额蚜　543
秦沫蝉属　253
琴镰飞虱　313
蟓蝉属　283
青冈牡蛎蚧　704
庆元竹链蚧　608
球坚蜡蚧属　647
球胸宾蚧属　820
曲突叶蝉属　221
曲纹二叉叶蝉　91

R

热带蔗粉蚧　813
仁蚧科　592
仁蚧属　592
日本草履蚧　774
日本侧棘斑蚜　492
日本长白盾蚧　715
日本巢绛蚧　764
日本大蚜属　462
日本龟蜡蚧　625
日本卷毛蜡蚧　649
日本囊毡蚧　760
日本纽棉蜡蚧　650
日本球坚蜡蚧　648
日本桑名蚧　770
日本松干蚧　772
日本原棉蜡蚧　636
日并链蚧　595
日宁蝉属　280
榕树棒粉虱　398
榕小头木虱　374
柔突叶蝉属　56
肉刺斑蚜属　471
乳翅带叶蝉　120
乳黄竹飞虱　308
软蜡蚧属　627
锐角凯恩叶蝉　130
锐偏茎叶蝉　172

锐原软蜡蚧　635
瑞脊菱蜡蝉属　303
瑞雅小叶蝉　201
润楠皮氏粉虱　412
箬旋盾蚧　720
箬竹簇粉蚧　801
箬竹平粉蚧　786

S

撒矛角蝉　228
赛克叶蝉属　192
三叉长突叶蝉　215
三叉脊纹蜡蝉　633
三刺刺突飞虱　334
三刺角蝉属　237
三刺韦氏叶蝉　34
三带小板叶蝉　50
三点白小叶蝉　186
三角枫多态毛蚜　507
三角辜小叶蝉　194
三角丽木虱　385
三毛个木虱属　390
三突叉飞虱　314
三叶粉虱属　402
三叶结角蝉　233
三叶网纹圆盾蚧　742
桑皑粉蚧　789
桑斑翅叶蝉　190
桑粉虱　413
桑蚧科　769
桑名蚧属　770
桑拟轮蚧　749
色蚜属　529
沙小叶蝉属　159
沙叶蝉属　96
沙针拟轮蚧　745
山茶灰圆盾蚧　674
山茶颈粉虱　406
山茶片盾蚧　727
山东宽广蜡蝉　359
山核桃刻蚜　443
山鸡椒棘木虱　371
山台湾瘤蚜　575
山西姬蝉　270
山香圆围盾蚧　683
山樱桃黑瘤蚜　560
山楂圆瘤蚜　564
山茱萸牡蛎蚧　702
珊瑚棒粉虱　397
舌扁蜡蝉属　363
深凹喀木虱　381
肾圆盾蚧属　654
声毛管蚜属　456
施氏凤沫蝉　259
十星格氏瓢蜡蝉　349
十蚜属　553
石柯后扁蚜　434
石楠棉蜡蚧　640

石原脊翅叶蝉 142
石原叶蝉属 179
史氏球胸宾蚧 820
矢尖蚧 756
矢尖蚧属 754
士字脊纹蜡蝉 632
世纪飞虱属 331
饰结角蝉 233
柿树白毡蚧 761
梳扁粉虱 405
梳叶蝉属 70
梳缘叶蝉 70
疏广蜡蝉属 357
曙沫蝉属 264
树突拟带叶蝉 65
刷毛棉蜡蚧 641
刷毛软蜡蚧 630
双斑条大叶蝉 5
双斑凸冠叶蝉 39
双叉叶蝉属 59
双齿管茎叶蝉 139
双点拟叉叶蝉 87
双钩带叶蝉 126
双管刺圆盾蚧 721
双禽雅小叶蝉 197
双条拂粉蚧 792
双叶稞圆盾蚧 668
双枝杨小叶蝉 210
双足带叶蝉 116
水木坚蜡蚧 642
水竹斑蚜 469
顺溪坞瑞脊菱蜡蝉 304
硕大菱蜡蝉 298
丝球胡毡蚧 762
斯绵蚜属 421
斯氏绵叶蚜 479
四斑长头沫蝉 260
四斑象沫蝉 245
四川三叶粉虱 403
四刺管茎叶蝉 141
四刺小眼叶蝉 131
四带瑞脊菱蜡蝉 304
四点叶蝉 90
四脉绵蚜属 422
四突齿茎叶蝉 150
四突脊翅叶蝉 144
松皑粉蚧 789
松村叶蝉属 61
松村叶蝉亚属 178
松干蚧属 771
松寒蝉 278
松尖胸沫蝉 248
松蚧科 771
松牡蛎蚧 708
松围盾蚧 684
松小牡蛎蚧 707
松爪蚧 709
松针牡蛎蚧 709

溲疏囊管蚜 568
苏联条粉蚧 815
苏铁牡蛎蚧 703
苏瓦属 356
酸模蚜 524
绥阳腹突叶蝉 111
碎轮粉蚧 787
穗突华曲突叶蝉 216
索布小叶蝉属 160
索突叶蝉属 137

T

塔小叶蝉族 207
鳎扁蜡蝉属 364
台湾暗翅蝉 270
台湾尖叶槭粉虱 399
台湾胫槽叶蝉 146
台湾卡叶蝉 134
台湾库菱蜡蝉 295
台湾瘤蚜属 575
台湾芒粉蚧 795
台湾幡盾蚧 740
台湾网翅叶蝉 225
台湾围盾蚧 682
台湾新片盾蚧 718
苔安壶蚧 616
太白尼小叶蝉 182
汤粉蚧属 814
螗蝉 282
螗蝉属 281
桃粉大尾蚜 528
桃瘤头蚜 581
桃木坚蜡蚧 643
桃蚜 559
桃一点叶蝉 189
藤链壶蚧 619
梯额瓢蜡蝉属 350
天目稞圆盾蚧 669
天目绵粉蚧 805
天目山棒粉虱 402
天目山喀木虱 382
天目山瘤头蚜 584
甜菜蚜 516
条扁蜡蝉 362
条扁蜡蝉属 362
条大叶蝉属 4
条粉蚧属 815
条沙叶蝉 97
同木虱科 372
同木虱属 372
头指管蚜 586
透斑鼓面飞虱 315
透斑叶蝉属 129
透翅蝉属 283
透翅胫槽叶蝉 148
透体竹链蚧 602
凸唇斑蚜属 480
凸冠叶蝉属 39

秃盾蚧属　692
秃角蝉属　235
突大叶蝉属　10
突角叶蝉属　154
突茎菱纹叶蝉　104
突茎叶蝉属　110
突孔粉虱属　414
突脉叶蝉属　41
突缘大叶蝉　11
土根蚧属　818
托亚飞虱属　336
陀螺竹链蚧　609

W

弯帛菱蜡蝉　286
弯茎巴塔叶蝉　168
弯片长突叶蝉　215
豌豆蚜　540
网背叶蝉属　25
网翅叶蝉属　225
网翅叶蝉族　99
网脉叶蝉属　217
网纹蜡蚧　631
网纹蜡蚧属　631
网纹圆盾蚧　741
网纹圆盾蚧属　741
威氏库菱蜡蝉　297
韦氏叶蝉属　34
围盾蚧　678
围盾蚧属　677
伪白蜡蚧　626
伪褐飞虱　325
伪黑斑蚜属　473
伪角蚜属　432
尾斑雅小叶蝉　200
卫矛矢尖蚧　755
温室粉虱　415
纹翅飞虱属　308
蚊母新胸蚜　437
莴苣指管蚜　588
沃小叶蝉属　205
乌桕白轮蚧　663
乌氏刺粉虱　396
乌苏窗翅叶蝉　14
乌叶蝉属　22
无患子长斑蚜　485
无网长管蚜属　539
无纹米氏小叶蝉　165
无爪长管蚜属　570
毋忘尖胸沫蝉　249
梧桐裂木虱　386
五胸脊菱蜡蝉属　302
武夷柔突叶蝉　57
武夷雅小叶蝉　203
武义新片盾蚧　719

X

蜥蜴斑蚜属　474
细蝉属　281

细长盾蚧　697
细长汤粉蚧　814
细齿拟菱纹叶蝉　100
细茎拟光头叶蝉　96
细茎索突叶蝉　138
细突象沫蝉　246
细线内突叶蝉　47
狭个木虱属　388
狭拟带叶蝉　66
夏威夷安蛎蚧　653
夏至草隐瘤蚜　549
仙人掌盾蚧　675
相似棒粉虱　401
象鼻围盾蚧　680
象蜡蝉科　341
象沫蝉属　243
消室叶蝉属　44
小白带尖胸沫蝉　251
小板叶蝉属　49
小长管蚜属　554
小粉虱属　408
小跗足蕨蚜　571
小贯小绿叶蝉　178
小宽头飞虱　317
小绿叶蝉属　174
小绿叶蝉族　167
小头木虱属　374
小微网蚜属　557
小围盾蚧　679
小眼叶蝉属　131
小叶蝉属　204
小叶蝉族　192
小竹链蚧　607
斜片叶蝉　32
斜纹贝菱蜡蝉　292
斜纹沙小叶蝉　159
斜纹叶蝉属　156
新叉飞虱属　323
新东方叶蝉　64
新卡三刺角蝉　239
新链蚧属　610
新瘤蚜属　562
新片盾蚧属　717
新小叶蝉属　188
新胸蚜属　436
新叶蚜属　502
星伯粉虱属　407
羞木虱属　377
绣线菊同木虱　372
锈光小叶蝉　171
须豁齿盾蚧　686
悬钩子无网蚜　557
雪白粒脉蜡蝉　356
荨麻旌蚧　778

Y

桠镰管蚜属　500
蚜科　417

蚜属 512
蚜亚族 510
蚜总科 417
蚜族 510
崖豆藤缘粉虱 405
雅氏叶蝉属 180
雅氏指蝉 273
雅小叶蝉属 196
烟草嘎叶蝉 69
烟翅白背飞虱 333
烟翅短头飞虱 312
烟端乌叶蝉 22
烟粉虱 409
眼斑宽广蜡蝉 359
眼小叶蝉族 159
杨梅并胶蚧 768
杨梅翠胶蚧 767
杨梅粉虱 411
杨小叶蝉属 210
窈窕马来飞虱 320
椰粉蚧属 798
椰圆盾蚧 658
椰子栉圆盾蚧 692
野牡丹棒粉虱 399
叶蝉科 2
一点铲头沫蝉 242
一点木叶蝉 107
伊菱蜡蝉 293
迤长盾蚧 694
饴叶蝉属 63
蚁软蜡蚧 628
异条沙叶蝉 97
缢管蚜属 532
缢管蚜亚族 527
银毛吹绵蚧 775
隐管蚜属 526
隐瘤蚜属 549
隐纹条大叶蝉 7
印度扁木虱 373
印度侧棘斑蚜 491
缨个木虱属 387
缨围盾蚧属 752
樱桃瘤头蚜 583
樱桃瘿瘤头蚜 580
油茶棉蜡蚧 639
疣蚜属 566
有棘刺粉虱 395
右岐蕃氏小叶蝉 204
釉雪盾蚧属 753
榆长斑蚜 487
榆牡蛎蚧 712
玉带胫槽叶蝉 145
原棉蜡蚧属 636
原软蜡蚧属 635
圆斑美叶蝉 77
圆盾蚧 659
圆盾蚧属 657
圆冠叶蝉族 55

圆角蝉属 229
圆瘤蚜属 563
圆沫蝉属 246
缘粉虱属 404
缘痕乌叶蝉 23
缘脊叶蝉族 149
缘瘤栗斑蚜 498
缘毛叶蝉属 111
月钩长突叶蝉 213
月季白轮蚧 664
月季长管蚜 574
月纹丽象蜡蝉 342
越桔拟轮蚧 746
越小绿叶蝉 178
云斑安菱蜡蝉 288
云南新链蚧 614

Z

栅斑角顶叶蝉 73
蚱蝉 284
蚱蝉属 284
毡蚧科 757
樟白轮蚧 667
樟链蚧 598
樟裸粉虱 410
掌叶蝉属 60
沼泽派罗飞虱 328
折突二叉叶蝉 89
赭点乌叶蝉 24
赭胫槽叶蝉 146
浙菝葜蚜 525
浙胡颓子喀木虱 382
浙江辜小叶蝉 195
浙江牡蛎蚧 713
浙江拟沫蝉 263
浙江偏角飞虱 322
浙江朴盾木虱 369
浙江条粉蚧 817
浙江缨个木虱 387
浙江竹盾蚧 687
浙江竹链蚧 606
浙丽飞虱 319
浙平蛾蜡蝉 352
浙新链蚧 611
蔗粉蚧属 812
真毛管蚜属 448
真宁蝉属 279
桢楠树链蚧 598
震旦大马蝉 277
枝茎窗翅叶蝉 12
蜘蛛抱蛋并盾蚧 735
直突翅点叶蝉 222
指蝉属 272
指粉虱属 413
指名亚属 174
指网管蚜属 586
栉单突叶蝉 30
栉圆盾蚧属 689

痣侧棘斑蚜　494
中斑雅小叶蝉　198
中国巢粉蚧　796
中国竹链蚧　601
中华扁角飞虱　329
中华彩象蜡蝉　344
中华冠脊菱蜡蝉　300
中华秦沫蝉　253
中华松干蚧　772
中华鳊扁蜡蝉　364
中华蟪蝉　282
中华突脉叶蝉　42
中华消室叶蝉　44
中华真宁蝉　280
中突冠德小叶蝉　163
周氏石原叶蝉　180
周氏雅小叶蝉　199
皱背蚜属　576
皱茎飞虱属　326
茱萸二星叶蝉　185
竹安粉蚧　780
竹斑蚜属　469
竹长盾蚧　696
竹盾蚧　688
竹盾蚧属　687
竹飞虱属　307
竹尖胸沫蝉　250
竹坚角蚜　428

竹链蚧　601
竹链蚧属　600
竹密角蚜　431
竹色蚜　529
竹梢凸唇斑蚜　482
竹秃盾蚧　693
竹叶蝉　58
竹叶蝉属　57
竹釉盾蚧　753
竹锥粉蚧　793
竹纵斑蚜　481
锥翅飞虱属　340
锥顶叶蝉属　108
锥顶叶蝉族　130
锥粉蚧属　793
锥茎叶蝉属　226
锥头叶蝉属　40
紫胶蚧　766
紫牡蛎蚧　699
紫楠巨刺盾蚧　716
紫藤刺粉蚧　807
紫薇长斑蚜　475
紫薇囊毡蚧　759
棕顶个木虱　390
棕榈拟轮蚧　747
棕榈栉圆盾蚧　690
棕肾圆盾蚧　656
纵带尖头叶蝉　98

学 名 索 引

A

Abidama　259
Abidama contigua　260
Abrus　56
Abrus breviolus　56
Abrus wuyiensis　57
Acalyptococcus　757
Acalyptococcus graminis　758
Acanthococcus　758
Acanthococcus lagerstroemiae　759
Acanthococcus onukii　760
Acanthococcus transversus　760
Acizzia　377
Acizzia jamatonica　377
Aclerda　592
Aclerda longiseta　592
Aclerda sasae　593
Aclerdidae　592
Acyrthosiphon　539
Acyrthosiphon kondoi　539
Acyrthosiphon pisum　540
Aguriahana　193
Aguriahana sinica　193
Aguriahana triangularis　194
Aguriahana zhejiangensis　195
Alebrasca　168
Alebrasca actinidiae　168
Alebrini　159
Aleurocanthus　394
Aleurocanthus citriperdus　394
Aleurocanthus spiniferus　395
Aleurocanthus spinosus　395
Aleurocanthus woglumi　396
Aleuroclava　396
Aleuroclava aucubae　397
Aleuroclava ficicola　398
Aleuroclava guyavae　398
Aleuroclava melastomae　399
Aleuroclava meliosmae　399
Aleuroclava psidii　400
Aleuroclava rhododendri　400
Aleuroclava similis　401
Aleuroclava thysanospermi　401
Aleuroclava tianmuensis　402
Aleurodaphis　425
Aleurodaphis blumeae　425
Aleurodaphis sinojackiae　426
Aleurolobus　402
Aleurolobus marlatti　402

Aleurolobus rhododendri　403
Aleurolobus szechwanensis　403
Aleurolobus taonabae　404
Aleuromarginatus　404
Aleuromarginatus dielsianae　405
Aleuroplatus　405
Aleuroplatus pectiniferus　405
Aleurosiphon　510
Aleurosiphon smilacifoliae　510
Aleurotrachelus　406
Aleurotrachelus camelliae　406
Aleurotrachelus multipapillus　407
Aleyrodidae　393
Aleyrodoidea　393
Alobaldia　69
Alobaldia tobae　69
Amimenus　110
Amimenus mojiensis　110
Amrasca (*Sundapteryx*) *biguttula*　169
Amrasca　169
Anatkina　3
Anatkina candidipes　4
Andaspis　653
Andaspis hawaiiensis　653
Andaspis schimae　654
Andes　287
Andes lachesis　288
Andes marmoratus　288
Andes truncates　289
Anidiocerus　154
Anidiocerus longimus　155
Anomalosiphum　445
Anomalosiphum takahashii　446
Antecerococcus　615
Antecerococcus bryoides　616
Antecerococcus citri　617
Antecerococcus roseus　617
Antialcidas　232
Antialcidas decorate　233
Antialcidas trifoliaceus　233
Antonina　779
Antonina crawi　780
Antonina graminis　781
Antonina hubeiana　781
Antonina maai　782
Antonina milleri　783
Antonina nakaharai　783
Antonina pretiosa　784
Antonina socialis　785
Aonidiella　654

Aonidiella aurantii　655
Aonidiella citrina　656
Aonidiella sotetsu　656
Aphalara　367
Aphalara fasciata　367
Aphalaridae　367
Apheliona　170
Apheliona ferruginea　171
Aphididae　417
Aphidina　510
Aphidini　510
Aphidoidea　417
Aphis　512
Aphis aurantii　512
Aphis citricidus　513
Aphis clerodendri　514
Aphis craccivora　515
Aphis fabae　516
Aphis glycines　518
Aphis gossypii　519
Aphis humuli　520
Aphis ichigocola　520
Aphis nerii　521
Aphis odinae　523
Aphis rumicis　524
Aphis smilacisina　525
Aphrophora　247
Aphrophora flavipes　248
Aphrophora horizontalis　248
Aphrophora maritima　249
Aphrophora memorabilis　249
Aphrophora notabilis　250
Aphrophora obliqua　251
Aphrophoridae　240
Aphropsis　251
Aphropsis gigantea　252
Arboridia (*Arboridia*)　184
Arboridia (*Arboridia*) *suputinkaensis*　184
Arboridia (*Arborifera*)　185
Arboridia (*Arborifera*) *surstyli*　185
Arboridia　184
Asiacornococcus　761
Asiacornococcus kaki　761
Aspidiotus　657
Aspidiotus cryptomeriae　657
Aspidiotus destructor　658
Aspidiotus nerii　659
Asterobemisia　407
Asterobemisia takahashii　407
Asterococcus　618
Asterococcus atratus　618
Asterococcus muratae　619
Asterococcus quercicola　619
Asterococcus schimae　620
Asterodiaspis　594
Asterodiaspis japonica　595
Asterodiaspis liui　595
Asterodiaspis polypora　596

Asterolecaniidae　594
Asterolecanium　597
Asterolecanium beilunense　597
Asterolecanium cinnamomi　598
Asterolecanium machili　598
Asterolecanium theae　599
Asymmetrasca　171
Asymmetrasca lutowa　172
Asymmetrasca rybiogon　172
Athysanini　55
Atkinsoniella　4
Atkinsoniella bimanculata　5
Atkinsoniella nigrominiatula　6
Atkinsoniella sulphurata　6
Atkinsoniella thalia　7
Aulacaspis　660
Aulacaspis crawii　660
Aulacaspis difficilis　661
Aulacaspis divergens　662
Aulacaspis mischocarpi　663
Aulacaspis rosae　664
Aulacaspis rosarum　664
Aulacaspis spinosa　665
Aulacaspis tubercularis　666
Aulacaspis yabunikkei　667
Aulacorthum　542
Aulacorthum cirsicola　542
Aulacorthum solani　543
Auritibicen　283
Auritibicen jai　284
Austroasca　173
Austroasca vittata　173

B

Balala　14
Balala nigrifrons　15
Balanococcus　785
Balanococcus indocalamus　786
Balclutha　82
Balclutha incisa　83
Balclutha lucida　83
Balclutha rubrinervis　84
Balclutha saltuella　84
Balclutha sternalis　85
Balclutha tricornis　86
Balclutha versicolor　86
Bambusana　57
Bambusana bambusae　58
Bambusaspis　600
Bambusaspis bambusae　601
Bambusaspis chinae　601
Bambusaspis delicata　602
Bambusaspis flora　602
Bambusaspis hemisphaerica　603
Bambusaspis larga　604
Bambusaspis miliaris　604
Bambusaspis notabilis　605
Bambusaspis oblonga　606

Bambusaspis ordinaria 606
Bambusaspis pseudominuscula 607
Bambusaspis qingyuanensis 608
Bambusaspis rufa 608
Bambusaspis subdola 609
Bambusaspis vulgaris 610
Bambusiphaga 307
Bambusiphaga fascia 308
Bambusiphaga lacticolorata 308
Batracomorphus 212
Batracomorphus allionii 212
Batracomorphus laminocus 215
Batracomorphus lunatus 213
Batracomorphus nigromarginattus 214
Batracomorphus trifurcatus Li *et* 215
Bemisia 408
Bemisia giffardi 408
Bemisia tabaci 409
Betacallis 467
Betacallis luminiferus 467
Betacixius 290
Betacixius clypealis 290
Betacixius delicates 291
Betacixius flavovittatus 291
Betacixius obliquus 292
Bhavapura 92
Bhavapura rufobilineatus 93
Borysthenes 286
Borysthenes deflexus 286
Bothrogonia 7
Bothrogonia ferruginea 8
Brachycaudus 544
Brachycaudus helichrysi 544
Branchana 58
Branchana xanthota 59
Brevennia 786
Brevennia rehi 787

C

Cacopsylla 378
Cacopsylla capitialutaeuca 378
Cacopsylla coccinae 379
Cacopsylla planireacava 380
Cacopsylla recava 381
Cacopsylla tianmushanica 382
Cacopsylla zheielaeagna 382
Callitettix 260
Callitettix braconoides 261
Callitettix versicolor 261
Calophya 385
Calophya triangula 385
Calophyidae 384
Capitophorus 545
Capitophorus elaeagni 545
Carinata 35
Carinata bifida 36
Carinata flaviscutata 36
Carinata kelloggii 37

Carinata nigrofasciata 37
Carinata unicrurvana 38
Carsidara 386
Carsidara limbata 386
Carsidaridae 385
Carvaka 133
Carvaka bigeminata 133
Carvaka formosana 134
Catullia 362
Catullia subtestacea 362
Catullia vittata 362
Catullioides 363
Catullioides albosignatus 363
Cavariella 546
Cavariella araliae 547
Cavariella salicicola 548
Celtisaspis 368
Celtisaspis zhejiangana 369
Cemus 308
Cemus nigropunctatus 309
Centrotoscelus 235
Centrotoscelus davidi 235
Ceratoglyphina 428
Ceratoglyphina bambusae 428
Ceratovacuna 429
Ceratovacuna multiglandula 429
Cercopidae 254
Cercopoidea 240
Cerococcidae 615
Ceroplastes 622
Ceroplastes centroroseus 623
Ceroplastes ceriferus 623
Ceroplastes floridensis 624
Ceroplastes japonicus 625
Ceroplastes pseudoceriferus 626
Ceroplastes rubens 626
Cervaphis 447
Cervaphis quercus 447
Chaetococcus 787
Chaetococcus bambusae 788
Chaitophorus 505
Chaitophorus saliniger 506
Changwhania 93
Changwhania terauchii 94
Chilodelphax 309
Chilodelphax albifascia 309
Chlorotettix 59
Chlorotettix nigromaculatus 60
Chortinaspis 668
Chortinaspis bilobis 668
Chortinaspis tianmuensis 669
Chrysomphalus 669
Chrysomphalus aonidum 670
Chrysomphalus bifasciculatus 671
Chrysomphalus dictyospermi 671
Chuansicallis 468
Chuansicallis chengtuensis 468
Chucallis 469

Chucallis bambusicola　469
Chudania　44
Chudania sinica　44
Cicadella　8
Cicadella viridis　8
Cicadellidae　2
Cicadetta　269
Cicadetta shansiensis　270
Cicadidae　268
Cicadoidea　268
Cicadulina (Cicadulina) bipunctata　87
Cicadulina (Idyia) fijiensis　88
Cicadulina　87
Cinara　459
Cinara tujafilina　460
Cixiidae　285
Cixius （Sciocixius） stigmaticus　294
Cixius　293
Cixius arisanus　293
Cixius kommonis　293
Cladolidia　27
Cladolidia biungulata　27
Clovia　241
Clovia multilineata　241
Clovia puncta　242
Clovia quadrangularis M　243
Coccidae　621
Coccoidea　591
Coccus　627
Coccus formicarii　628
Coccus hesperidum　629
Coccus pseudomagnoliarum　629
Coccus viridis　630
Comahadina　195
Comahadina angelica　196
Comstockaspis　672
Comstockaspis perniciosa　673
Concaveplana　45
Concaveplana rufolineata　45
Concaveplana ventriprocessa　46
Confucius　19
Confucius maculatus　19
Convexana　39
Convexana bimaculatus　39
Coracodelphax　310
Coracodelphax obscurus　310
Cosmoscarta　254
Cosmoscarta bispecularis　255
Cosmoscarta dorsimacula　256
Cosmoscarta heros　257
Crenidorsum　409
Crenidorsum micheliae　409
Crisicoccus　788
Crisicoccus moricola　789
Crisicoccus pini　789
Cryptomyzus　549
Cryptomyzus taoi　549
Cryptosiphum　526

Cryptosiphum artemisiae　526
Cryptotympana　284
Cryptotympana atrata　284
Ctenurellina　70
Ctenurellina paludosa　70
Cuanta　162
Cuanta centrica　163
Cuanta plana　162
Cyamophila　383
Cyamophila viccifoliae　383

D

Dasyaphis　471
Dasyaphis mirabilis　471
Delphacidae　305
Deltocephalini　68
Deltocephalus　71
Deltocephalus pulicaris　71
Deltocephalus uncinatus　72
Deltocephalus vulgaris　73
Dentatissus　347
Dentatissus damnosa　347
Dialeurodes　410
Dialeurodes cinnamomicola　410
Dialeurodes citri　411
Diaphorina　375
Diaphorina citri　376
Diaspididae　651
Diaspidiotus　673
Diaspidiotus degeneratus　674
Diaspis　674
Diaspis echinocacti　675
Dictyopharidae　341
Dikraneura (Dikraneura) orientalis　164
Dikraneura　163
Dikraneurini　161
Dorsoceraricoccus　790
Dorsoceraricoccus ningboensis　790
Drabescini　145
Drabescoides　134
Drabescoides nuchalis　135
Drabescoides undomarginata　136
Drabescus　145
Drabescus albostriatus　145
Drabescus formosanus　146
Drabescus ineffectus　146
Drabescus ogumae　147
Drabescus pallidus　148
Drabescus pellucidus　148
Drosicha　773
Drosicha contrahens　773
Drosicha corpulenta　774
Dryadomorpha　136
Dryadomorpha pallida　137
Dryodurgades　225
Dryodurgades formosanus　225
Duplachionaspis　675
Duplachionaspis natalensis　676

Dynaspidiotus 676
Dynaspidiotus britannicus 677
Dysmicoccus 791
Dysmicoccus brevipes 791

E

Ecdelphax 310
Ecdelphax cervina 311
Ecdelphax dentata 311
Ecdelphax paracervina 312
Ecdelphax tortilis 311
Elbelus 186
Elbelus tripunctatus 186
Empoasca (*Empoasca*) 174
Empoasca (*Empoasca*) *gutianensis* 175
Empoasca (*Empoasca*) *hiromichi* 175
Empoasca (*Empoasca*) *longa* 176
Empoasca (*Empoasca*) *motti* 177
Empoasca (*Empoasca*) *vietnamica* 178
Empoasca (*Matsumurasca*) 178
Empoasca (*Matsumurasca*) *onukii* 178
Empoasca 174
Empoascanara (*Empoascanara*) *mai* 187
Empoascanara 187
Empoascini 167
Eoscarta 264
Eoscarta assimilis 264
Eoscarta liternoides 265
Epeurysa 312
Epeurysa infumata 312
Epeurysa nawaii 312
Eponisia 355
Eponisia guttula 355
Ericerus 646
Ericerus pela 646
Eriococcidae 757
Erythroneurini 183
Eucalymnatus 631
Eucalymnatus tessellatus 631
Eulecanium 647
Eulecanium giganteum 647
Eulecanium kunoense 648
Eumyrmococcus 820
Eumyrmococcus smithii 820
Eurhadina (*Singhardina*) 197
Eurhadina (*Singhardina*) *biavis* 197
Eurhadina (*Singhardina*) *centralis* 198
Eurhadina (*Singhardina*) *choui* 199
Eurhadina (*Singhardina*) *dazhulana* 199
Eurhadina (*Singhardina*) *diplopunctata* 200
Eurhadina (*Singhardina*) *flavistriata* 201
Eurhadina (*Singhardina*) *rubrania* 201
Eurhadina (*Singhardina*) *rubrocorona* 202
Eurhadina (*Singhardina*) *wuyiana* 203
Eurhadina 196
Euricania 357
Euricania facialis 358
Euterpnosia 279

Euterpnosia chinensis 280
Eutrichosiphum 448
Eutrichosiphum parvulum 449
Eutrichosiphum pasaniae 450
Eutrichosiphum pseudopasaniae 451
Eutrichosiphum sinense 453
Evacanthus 39
Evacanthus bistigmanus 40
Extensus 47
Extensus collectivus 47
Extensus latus 48

F

Falcotoya 313
Falcotoya lyraeformis 313
Farynala 203
Farynala dextra 204
Favintiga 137
Favintiga gracilipenis 138
Ferrisia 792
Ferrisia virgata 792
Fiorinia 677
Fiorinia fioriniae 678
Fiorinia minor 679
Fiorinia pinicola 680
Fiorinia proboscidaria 680
Fiorinia quercifolii 681
Fiorinia taiwana 682
Fiorinia theae 683
Fiorinia turpiniae 683
Fiorinia vacciniae 684
Fistulatus 139
Fistulatus bidentatus 139
Fistulatus luteolus 140
Fistulatus quadrispinosus 141
Flata 351
Flata orientala 352
Flatidae 351
Formosaspis 685
Formosaspis takahashii 685
Fortunia 348
Fortunia byrrhoides 348
Froggattiella 686
Froggattiella penicillata 686
Fulgoridae 353
Fulgoroidea 285
Futasujinus 94
Futasujinus candidus 95

G

Garaga 313
Garaga flagelliformis 314
Garaga miscanthi 314
Garaga nagaragawana 314
Garaga tricuspis 314
Gargara 229
Gargara genistae 229
Geisha 352
Geisha distinctissima 352

Geococcus　817
Geococcus citrinus　818
Gessius　222
Gessius strictus　222
Glyphinaphis　430
Glyphinaphis bambusae　431
Gnezdilovius　348
Gnezdilovius iguchii　349
Gnezdilovius tesselatus　349
Greenaspis　687
Greenaspis chekiangensis　687
Greenaspis elongata　688
Greenidea　454
Greenidea kuwanai　454
Gufacies　315
Gufacies hyalimaculata　315
Gunungidia　10
Gunungidia aurantiifasciata　11

H

Handianus (*Usuironus*)　60
Handianus (*Usuironus*) *limbicosta*　61
Handianus　60
Haranga　21
Haranga orientalis　21
Harmalia　315
Harmalia gayasana　316
Harmalia sirokata　316
Hea　271
Hea fasciata　272
Hemiberlesia　689
Hemiberlesia cyanophylli　689
Hemiberlesia lataniae　690
Hemiberlesia palmae　691
Hemiberlesia rapax　692
Hemiptera　1
Himeunka　316
Himeunka tateyamaella　316
Hishimonoides　99
Hishimonoides denticulateus　100
Hishimonoides miaolingensis　100
Hishimonoides sellatiformis　101
Hishimonoides similis　102
Hishimonus　103
Hishimonus bucephalus　104
Hishimonus hamatus　103
Hishimonus sellatus　105
Hishimonus ventralis　105
Homotoma　372
Homotoma spiraeae　372
Homotomidae　372
Huechys　271
Huechys sanguinea　271
Hujinlinococcus　762
Hujinlinococcus nematosphaerus　762
Hyalessa　283
Hyalessa maculaticollis　283
Hyalopterus　527

Hyalopterus arundiniformis　528
Hyperomyzus　551
Hyperomyzus lactucae　551
Hyperomyzus sinilactucae　552

I

Icerya　775
Icerya aegyptiaca　775
Icerya purchasi　776
Icerya seychellarum　776
Idiocerus　153
Idiocerus nigripectus　153
Idiococcus　793
Idiococcus bambusae　793
Idiococcus maanshaensis　793
Ischnafiorinia　692
Ischnafiorinia bambusae　693
Ishiharella　179
Ishiharella iochoui　180
Ishiharodelphax　317
Ishiharodelphax matsuyamensis　317
Issidae　346

J

Jacobiasca　180
Jacobiasca boninensis　181
Japanagallia　223
Japanagallia dentata　223
Japanagallia longa　224
Japananus　108
Japananus aceri　109

K

Kakuna　317
Kakuna kuwayamai　318
Kermesidae　764
Kerria　766
Kerria lacca　766
Kerriidae　765
Kolla　9
Kolla paulula　9
Kosemia　272
Kosemia fuscoclavalis　273
Kosemia yamashitai　273
Krisna　217
Krisna concava　218
Krisna rufimarginata　219
Krisna viraktamathi　220
Kurisakia　439
Kurisakia onigurumii　440
Kurisakia querciphila　442
Kurisakia sinocaryae　443
Kuvera　295
Kuvera longwangshanensis　297
Kuvera taiwana　295
Kuvera toroensis　296
Kuvera vilbastei　297
Kuwanaspis　693
Kuwanaspis elongata　694

Kuwanaspis hikosani 694
Kuwanaspis howardi 695
Kuwanaspis pseudoleucaspis 696
Kuwanaspis suishana 697
Kuwania 770
Kuwania quercus 770
Kuwaniidae 769

L

Lachnus 461
Lachnus tropicalis 461
Laodelphax 318
Laodelphax striatellus 318
Laoterthrona 318
Laoterthrona testacea 319
Laticorona 20
Laticorona longa 20
Lepidosaphes 698
Lepidosaphes beckii 699
Lepidosaphes camelliae 700
Lepidosaphes celtis 700
Lepidosaphes conchiformis 701
Lepidosaphes corni 702
Lepidosaphes cupressi 703
Lepidosaphes cycadicola 703
Lepidosaphes glaucae 704
Lepidosaphes gloverii 705
Lepidosaphes huangyangensis 706
Lepidosaphes okitsuensis 706
Lepidosaphes pallida 707
Lepidosaphes pineti 707
Lepidosaphes pini 708
Lepidosaphes pinicolous 709
Lepidosaphes piniphila 709
Lepidosaphes pitysophila 710
Lepidosaphes pseudomachili 711
Lepidosaphes tubulorum 711
Lepidosaphes ulmi 712
Lepidosaphes zhejiangensis 713
Leptobelus 228
Leptobelus sauteri 228
Leptosemia 281
Leptosemia sakaii 281
Lepyronia 246
Lepyronia okadae 246
Leucaspis 713
Leucaspis cinnamomum 714
Limassolla (*Limassolla*) *bielawskii* 208
Limassolla (*Limassolla*) *fasciata* 209
Limassolla (*Limassolla*) *hebeiensis* 209
Limassolla 208
Lipaphis 553
Lipaphis erysimi 553
Lisogata 319
Lisogata zhejiangensis 319
Livia 373
Livia khaziensis 373
Liviidae 373

Longtania 319
Longtania picea 320
Lopholeucaspis 714
Lopholeucaspis japonica 715
Lycorma 354
Lycorma delicatula 354

M

Maacoccus 632
Maacoccus bicruciatus 632
Maacoccus scolopiae 633
Machaerotidae 266
Machaerotypus 230
Machaerotypus rubronigris 230
Machilaphis 503
Machilaphis machili 504
Maconellicoccus 794
Maconellicoccus hirsutus 794
Macrocixius 298
Macrocixius grossus 298
Macropsis (*Macropsis*) *meifengensis* 158
Macropsis 158
Macrosemia 277
Macrosemia pieli 277
Macrosiphini 537
Macrosiphoniella 554
Macrosiphoniella hokkaidensis 555
Macrosiphoniella sanborni 556
Macrosteles 89
Macrosteles abludens 89
Macrosteles parastriifrons 90
Macrosteles quadrimaculatus 90
Macrosteles striifrons 91
Macrostelini 82
Maiestas 73
Maiestas distincta 75
Maiestas dorsalis 74
Maiestas glabra 75
Maiestas irisa 76
Maiestas latifrons 77
Maiestas obongsanensis 77
Maiestas oryzae 78
Maiestas webbi 79
Malaxa 320
Malaxa delicata 320
Matsucoccidae 771
Matsucoccus 771
Matsucoccus massonianae 771
Matsucoccus matsumurae 772
Matsucoccus sinensis 772
Matsumurella 61
Matsumurella curticauda 62
Matsumurella longicauda 62
Maurya 231
Maurya angulatus 231
Maurya denticula 232
Meenoplidae 354
Megacanthaspis 715

Megacanthaspis hangzhouensis　716
Megacanthaspis phoebia　716
Meimuna　277
Meimuna mongolica　278
Meimuna opalifera　278
Melanaphis　529
Melanaphis bambusae　529
Melanaphis sacchari　530
Membracidae　227
Membracoidea　2
Metaceronema　649
Metaceronema japonica　649
Metadelphax　321
Metadelphax propinqua　321
Metanipponaphis　434
Metanipponaphis lithocarpicola　434
Metanipponaphis silverstrii　435
Metatachardia　767
Metatachardia myrica　767
Michalowskiya (*Michalowskiya*) *breviprocessa*　165
Michalowskiya (*Michalowskiya*) *lutea*　165
Michalowskiya　164
Microlophium　557
Microlophium rubiformosanum　557
Mileewa　11
Mileewa branchiuma　12
Mileewa ponta　12
Mileewa rufivena　13
Mileewa ussurica　14
Milviscutulus　634
Milviscutulus mangiferae　634
Mimophantia　352
Mimophantia carinata　353
Mimophantia maritima　353
Miscanthicoccus　795
Miscanthicoccus miscanthi　795
Mogannia　273
Mogannia cyanea　274
Mogannia hebes　274
Mogannia nasalis　275
Mollitrichosiphum　456
Mollitrichosiphum nigrofasciatum　456
Mongoliana　350
Mongoliana chilocorides　350
Monophlebidae　773
Monospinodelphax　321
Monospinodelphax dantur　321
Myzus　558
Myzus persicae　559
Myzus prunisuctus　560
Myzus varians　561

N

Nabicerus　151
Nabicerus dentimus　152
Nabicerus nigrinervis　151
Nacolus　15
Nacolus tuberculatus　16

Naratettix　166
Naratettix zonata　166
Neoasterodiaspis　610
Neoasterodiaspis castaneae　611
Neoasterodiaspis kunminensis　613
Neoasterodiaspis nitida　611
Neoasterodiaspis pasaniae　612
Neoasterodiaspis skanianae　613
Neoasterodiaspis yunnanensis　614
Neobelocera　322
Neobelocera hanyinensis　322
Neobelocera zhejiangensis　（Z）　322
Neocarpia　299
Neocarpia maai　299
Neodicranotropis　323
Neodicranotropis tungyaanensis　323
Neokodaiana　350
Neokodaiana minensis　350
Neomyzus　562
Neomyzus circumflexum　562
Neoparlatoria　717
Neoparlatoria excisi　717
Neoparlatoria formosana　718
Neoparlatoria wuiensis　719
Neophyllaphis　502
Neophyllaphis podocarpi　502
Neothoracaphis　436
Neothoracaphis hangzhouensis　436
Neothoracaphis yanonis　437
Nesticoccus　796
Nesticoccus sinensis　796
Neuterthron　323
Neuterthron hamuliferum　324
Nidularia　764
Nidularia japonica　764
Nikkoaspis　719
Nikkoaspis sasae　720
Nikkotettix　181
Nikkotettix galloisi　182
Nikkotettix taibaiensis　182
Nilaparvata　324
Nilaparvata bakeri　324
Nilaparvata lugens　325
Nilaparvata muiri　325
Nipaecoccus　797
Nipaecoccus filamentosus　797
Nipaecoccus viridis　798
Nippolachnus　462
Nippolachnus piri　463
Nisia　356
Nisia atrovenosa　356
Norva　106
Norva anufrievi　106
Numata　325
Numata muiri　325

O

Octaspidiotus 720
Octaspidiotus bituberculatus 721
Octaspidiotus nothopanacis 721
Octaspidiotus stauntoniae 722
Odonaspis 723
Odonaspis secreta 723
Oecleopsis 300
Oecleopsis sinicus 300
Oliarus 301
Oliarus insetosus 301
Olidiana 28
Olidiana bigemina 28
Olidiana brevis 29
Olidiana mutabilis 31
Olidiana pectiniformis 30
Olidiana ritcheriina 30
Oniella 49
Oniella fasciata 49
Oniella honesta 50
Oniella ternifasciatata 50
Onukia 40
Onukia flavimacula 40
Onukia flavopunctata 41
Onukigallia 226
Onukigallia fanjingensis 226
Onukigallia onukii 227
Ophiola 63
Ophiola cornicula 63
Opiconsiva 326
Opiconsiva koreacola 326
Opsiini 99
Orientoya 326
Orientoya orientalis 327
Orientus 64
Orientus ishidae 64
Orthezia 777
Orthezia urticae 778
Ortheziidae 777
Orthopagus 342
Orthopagus lunulifer 342
Osbornellus 111
Osbornellus suiyangensis 111
Ossoides 363
Ossoides lineatus 364
Ovatus 563
Ovatus crataegarius 564
Ovatus mentharius 565

P

Palego 327
Palego simulator 327
Palmicultor 798
Palmicultor lumpurensis 799
Pantaleon 234
Pantaleon dorsalis 234
Paphnutius 257
Paphnutius ruficeps 258
Paphnutius schmidti 259

Parabemisia 411
Parabemisia myricae 411
Parabolopona 142
Parabolopona chinensis 143
Parabolopona ishihari 142
Parabolopona luzonensis 143
Parabolopona quadrispinosa 144
Paraboloponini 132
Paracardiococcus 621
Paracardiococcus huadongensis 622
Paracercopis 262
Paracercopis chekiangensis 263
Paracercopis fuscipennis 263
Paracolopha 418
Paracolopha morrisoni 419
Paradelphacodes 328
Paradelphacodes paludosa 328
Paralaevicephalus 95
Paralaevicephalus gracilipenis 96
Paralimnini 92
Paramesodes 80
Paramesodes albinervosus 80
Paramesodes mokanshanae 81
Paramritodus 154
Paramritodus flavocapitatus 154
Paraputo 799
Paraputo angustus 800
Paraputo bambusus 800
Paraputo comantis 801
Paraputo indocalamus 801
Paratachardina 768
Paratachardina decorella 768
Paratachardina theae 769
Parathoracaphis 438
Parathoracaphis cheni 439
Parlagena 724
Parlagena buxi 724
Parlatoreopsis 725
Parlatoreopsis pyri 725
Parlatoria 726
Parlatoria camelliae 727
Parlatoria cinerea 727
Parlatoria desolator 728
Parlatoria liriopicola 729
Parlatoria oleae 730
Parlatoria pergandii 730
Parlatoria pinicola 731
Parlatoria proteus 732
Parlatoria theae 733
Parlatoria ziziphi 734
Parthenolecanium 642
Parthenolecanium corni 642
Parthenolecanium persicae 643
Paurocephala 374
Paurocephala chonchaiensis 374
Pealius 412
Pealius machili 412
Pealius mori 413

Pediopsis　156
Pediopsis tiliae　156
Pediopsoides (Sispocnis) kurentsovi　157
Pediopsoides　157
Pentaleyrodes　413
Pentaleyrodes yasumatsui　413
Pentastiridius　302
Pentastiridius apicalis　302
Penthimia　22
Penthimia fumosa　22
Penthimia nigerrima　23
Penthimia nitida　24
Penthimia scapularis　24
Periphyllus　507
Periphyllus acerihabitans　507
Periphyllus koelreuteriae　508
Perkinsiella　328
Perkinsiella bigemina　328
Perkinsiella sinensis　329
Petalocephala　17
Petalocephala eurglobata　18
Petalocephala rufa　18
Petalolyma　387
Petalolyma zhejiangana　387
Phenacoccus　802
Phenacoccus aceris　803
Phenacoccus fraxinus　803
Phenacoccus solenopsis　804
Phenacoccus tianmuensis　805
Philagra　243
Philagra albinotata　244
Philagra dissimilis　245
Philagra quadrimaculata　245
Philagra subrecta　246
Phlogotettix　107
Phlogotettix cyclops　107
Phlogotettix polyphemus　108
Phlogothamnus　111
Phlogothamnus polymaculatus　112
Phorodon　566
Phorodon japonensis　567
Phyllaphoides　472
Phyllaphoides bambusicola　472
Pinnaspis　734
Pinnaspis aspidistrae　735
Pinnaspis buxi　736
Pinnaspis exercitata　737
Pinnaspis juniperi　737
Pinnaspis theae　738
Pinnaspis uniloba　739
Planococcus　805
Planococcus citri　806
Planococcus kraunhiae　807
Planococcus mumensis　807
Platymetopiini　107
Platypleura　275
Platypleura kaempferi　276
Pochazia　358

Pochazia discreta　359
Pochazia shantungensis　359
Pochazia zizzata　358
Poliaspoides　740
Poliaspoides formosana　740
Pomponia　279
Pomponia linearis　279
Preterkelisia　329
Preterkelisia magnispinosus　329
Prococcus　635
Prococcus acutissimus　635
Protopulvinaria　636
Protopulvinaria fukayai　636
Psammotettix　96
Psammotettix alienulus　97
Psammotettix striatus　97
Pseudaonidia　741
Pseudaonidia duplex　741
Pseudaonidia paeoniae　742
Pseudaonidia trilobitiformis　742
Pseudaulacaspis　743
Pseudaulacaspis celtis　744
Pseudaulacaspis centreesa　745
Pseudaulacaspis cockerelli　745
Pseudaulacaspis ericacea　746
Pseudaulacaspis kentiae　747
Pseudaulacaspis kiushiuensis　748
Pseudaulacaspis loncerae　748
Pseudaulacaspis pentagona　749
Pseudochromaphis　473
Pseudochromaphis coreanus　473
Pseudococcidae　778
Pseudococcus　808
Pseudococcus calceolariae　808
Pseudococcus comstocki　809
Pseudococcus cryptus　810
Pseudococcus longispinus　811
Pseudoregma　432
Pseudoregma bambusicola　432
Psyllidae　377
Psylloidea　366
Pulvinaria　637
Pulvinaria aurantii　637
Pulvinaria bambusicola　638
Pulvinaria citricola　639
Pulvinaria floccifera　639
Pulvinaria photiniae　640
Pulvinaria polygonata　641
Pulvinaria psidii　641

Q

Qinophora　253
Qinophora sinica　253

R

Raivuna　343
Raivuna micida　343
Raivuna patruelis　344
Raivuna sinica　344

Rastrococcus 811
Rastrococcus spinosus 812
Reptalus 303
Reptalus basiprocessus 303
Reptalus quadricinctus 304
Reptalus shunxiwuensis 304
Reticuluma 25
Reticuluma testacea 26
Rhizococcus 763
Rhizococcus rugosus 763
Rhizoecidae 817
Rhopalosiphina 527
Rhopalosiphoninus 568
Rhopalosiphoninus deutzifoliae 568
Rhopalosiphum 532
Rhopalosiphum nymphaeae 532
Rhopalosiphum padi 533
Rhopalosiphum rufiabdominale 534
Rhusaphalara 369
Rhusaphalara philopistacia 370
Ricania 360
Ricania simulans 360
Ricania speculum 360
Ricania taeniata 361
Ricaniidae 357
Ripersiella 818
Ripersiella aloes 819
Ripersiella kondonis 819
Riseveinus 41
Riseveinus sinensis 42
Russellaspis 614
Russellaspis pustulans 615
Rutherfordia 750
Rutherfordia major 750

S

Saccharicoccus 812
Saccharicoccus isfarensis 813
Saccharicoccus sacchari 813
Saccharosydne 330
Saccharosydne procerus 330
Saigona 345
Saigona fulgoroides 345
Saissetia 644
Saissetia coffeae 644
Saissetia oleae 645
Sardia 330
Sardia rostrata 331
Sarucallis 474
Sarucallis kahawaluokalani 475
Scaphoideini 109
Scaphoidella 65
Scaphoidella arboricola 65
Scaphoidella stenopaea 66
Scaphoidella undosa 67
Scaphoidella unihamata 67
Scaphoideus 112
Scaphoideus acanthus 114

Scaphoideus albomaculatus 115
Scaphoideus apicalis 115
Scaphoideus bipedis 116
Scaphoideus changjinganus 117
Scaphoideus dentaedeagus 117
Scaphoideus fanjingensis 118
Scaphoideus festivus 119
Scaphoideus galachrous 120
Scaphoideus kumamotonis 121
Scaphoideus liui 121
Scaphoideus maculatus 122
Scaphoideus nigrifacies 123
Scaphoideus nigrigenatus 124
Scaphoideus nigrisignus 124
Scaphoideus nitobei 125
Scaphoideus ornatus 126
Scaphoideus testaceous 127
Scaphoideus transvittatus 128
Scaphoideus varius 128
Scaphomonus 129
Scaphomonus flataedeagus 129
Scaphytopiini 130
Schizaphis 536
Schizaphis graminum 536
Schlechtendalia 419
Schlechtendalia chinensis 420
Schoutedenia 457
Schoutedenia ralumensis 458
Scieroptera 270
Scieroptera formosana 270
Selenocephalini 149
Selenomphalus 751
Selenomphalus euryae 751
Semiaphis 569
Semiaphis heraclei 569
Seriana 188
Seriana indefinita 188
Shaddai 159
Shaddai typicus 159
Shijidelphax 331
Shijidelphax albithoracalis 331
Shinjia 570
Shinjia orientalis 571
Shivaphis 476
Shivaphis celti 476
Shivaphis hangzhouensis 478
Shivaphis szelegiewiczi 479
Singapora 188
Singapora shinshana 189
Singhiella 414
Singhiella chitinosa 414
Siniassus 216
Siniassus loberus 216
Sitobion 572
Sitobion miscanthi 572
Sitobion rosivorum 574
Smynthurodes 421
Smynthurodes betae 421

Sobrala　160
Sobrala lamellaris　161
Sogata　332
Sogata hakonensis　332
Sogata nigrifrons　332
Sogatella　332
Sogatella furcifera　333
Sogatella kolophon　333
Sogatella vibix　334
Sophonia　51
Sophonia albuma　52
Sophonia fuscomarginata　52
Sophonia orientalis　53
Sophonia unicolor　54
Spinaprocessus　334
Spinaprocessus triacanthus　334
Stenocranus　334
Stenocranus chenzhouensis　335
Stenocranus matsumurai　335
Stenocranus qiandainus　336
Stenopsylla　388
Stenopsylla fraxini　388
Suisha　276
Suisha coreana　276
Suva　356
Suva longipenna　356

T

Taihorina　266
Taihorina geisha　266
Taiwanomyzus　575
Taiwanomyzus montanus　575
Takahashia　650
Takahashia japonica　650
Takecallis　480
Takecallis arundicolens　480
Takecallis arundinariae　481
Takecallis taiwana　482
Tambinia　364
Tambinia sinica　364
Tambocerus　149
Tambocerus quadricornis　150
Tangicoccus　814
Tangicoccus elongatus　814
Tanna　281
Tanna japonensis　282
Tanna sinensis　282
Taperus　42
Taperus fasciatus　42
Taperus quadragulatus　43
Tautoneura　189
Tautoneura mori　190
Terthron　336
Terthron albovittatum　336
Tetraneura　422
Tetraneura nigriabdominalis　422
Thagria　32
Thagria curvatura　32

Thagria projecta　32
Thaia (Thaia) subrufa　191
Thaia　190
Therioaphis　483
Therioaphis beijingensis　483
Thysanofiorinia　752
Thysanofiorinia nephelii　752
Tinocallis　484
Tinocallis insularis　485
Tinocallis nigropunctatus　486
Tinocallis saltans　487
Tinocallis takachihoensis　488
Tituria　17
Tituria kaihuana　17
Togepsylla　370
Togepsylla matsumurana　371
Toya　336
Toya terryi　337
Toyoides　337
Toyoides albipennis　337
Trialeurodes　415
Trialeurodes vaporariorum　415
Tricentrus　237
Tricentrus allabens　238
Tricentrus depressicornis　237
Tricentrus hangzhouensis　238
Tricentrus neokamaonensis　239
Trichosiphonaphis　576
Trichosiphonaphis polygonifoliae　577
Trichosiphonaphis polygoniformosana　578
Trionymus　815
Trionymus hamberdi　815
Trionymus perrisii　816
Trionymus zhejiangensis　817
Trioza　389
Trioza bipunctata　389
Trioza ustulativertica　390
Triozidae　387
Trisetitrioza　390
Trisetitrioza takahashii　391
Trisetitrioza undalata　392
Trocnadella　221
Trocnadella arisana　221
Tropidocephala　338
Tropidocephala brunnipennis　338
Tropidocephala festiva　338
Tropidocephala nigra　339
Tropiduchidae　361
Tuberculatus　490
Tuberculatus castanocallis　496
Tuberculatus ceroerythros　497
Tuberculatus indicus　491
Tuberculatus japonicus　492
Tuberculatus margituberculatus　498
Tuberculatus radisectuae　493
Tuberculatus stigmatus　494
Tuberculatus yokoyamai　499
Tuberocephalus　580

Tuberocephalus higansakurae 580
Tuberocephalus momonis 581
Tuberocephalus sakurae 583
Tuberocephalus tianmushanensis 584
Tuberolachnus 464
Tuberolachnus salignus 464
Tumidorus 33
Tumidorus nielsoni 33
Typhlocyba 204
Typhlocyba parababai 205
Typhlocybini 192

U

Ulanar 339
Ulanar muiri 339
Unachionaspis 753
Unachionaspis bambusae 753
Unachionaspis tenuis 754
Unaspis 754
Unaspis citri 755
Unaspis euonymi 755
Unaspis yanonensis 756
Unkanodes 340
Unkanodes sapporona 340
Uroleucon 586
Uroleucon cephalonopli 586
Uroleucon formosanum 588
Uroleucon gobonis 589

V

Vasdavidius 415

Vasdavidius indicus 415
Warodia 205
Warodia hoso 206
Webbolidia 34
Webbolidia obliqua 34

X

Xenococcidae 820
Xenovarta 130
Xenovarta acuta 130
Xestocephalus 131
Xestocephalus binatus 131

Y

Yamatocallis 500
Yamatocallis obscura 500
Yangisunda 210
Yangisunda bisbifudusa 210
Yanocephalus 98
Yanocephalus yanonis 98
Yanunka 340
Yanunka incerta 341
Yanunka miscanthi 341
Yezoterpnosia 280
Yezoterpnosia fuscoapicalis 280

Z

Ziczacella 192
Ziczacella heptapotamica 192
Zorka 206
Zorka multimaculata 207
Zyginellini 207

图　版

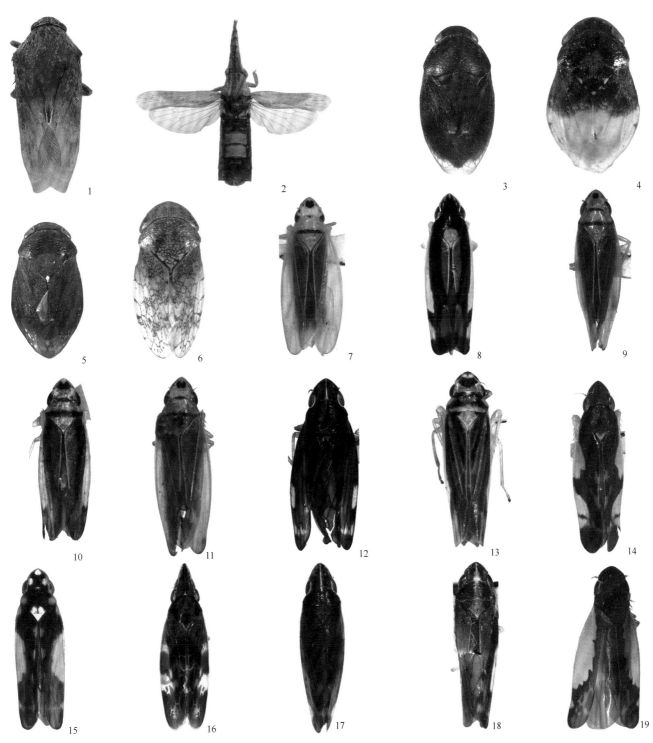

叶蝉背面观：1. 黑面片胫杆蝉 *Balala nigrifrons* Kuoh, 1992；2. 桨头叶蝉 *Nacolus tuberculatus* (Walker, 1858)；3. 黑长盾叶蝉 *Haranga orientalis* (Walker, 1851)；4. 缘痕乌叶蝉 *Penthimia nigerrima* Jacobi, 1944；5. 光亮乌叶蝉 *Penthimia nitida* Lethierry, 1876；6. 茶网背叶蝉 *Reticuluma testacea* (Kuoh, 1991)；7. 叉突脊额叶蝉 *Carinata bifida* Li *et* Wang, 1994；8. 黄盾脊额叶蝉 *Carinata flaviscutata* Li *et* Wang, 1992；9. 白边脊额叶蝉 *Carinata kelloggii* (Baker, 1923)；10. 黑带脊额叶蝉 *Carinata nigrofasciata* Li *et* Wang, 1994；11. 单钩脊额叶蝉 *Carinata unicrurvana* Li *et* Zhang, 1994；12. 双斑凸冠叶蝉 *Convexana bimaculatus* (Cai *et* Shen, 1997)；13. 叉突横脊叶蝉 *Evacanthus bistigmanus* Li *et* Zhang, 1993；14. 黄纹锥头叶蝉 *Onukia flavimacula* Kato, 1933；15. 黄斑锥头叶蝉 *Onukia flavopunctata* Li *et* Wang, 1991；16. 中华突脉叶蝉 *Riseveinus sinensis* (Jacobi, 1944)；17. 横带角突叶蝉 *Taperus fasciatus* Li *et* Wang, 1994；18. 方舟角突叶蝉 *Taperus quadragulatus* Zhang, Zhang *et* Wei, 2010；19. 中华消室叶蝉 *Chudania sinica* Zhang *et* Yang, 1990.

图版 Ⅱ-1　山西姬蝉 *Cicadetta shansiensis* (Esaki *et* Ishihara, 1950) ♂
A. 体背面观；B. 体腹面观

图版 Ⅱ-2　台湾暗翅蝉 *Scieroptera formosana* Schmidt, 1918 ♂
A. 体背面观；B. 体腹面观

图版 Ⅱ-3　红蝉 *Huechys sanguinea* (De geer, 1773) ♂
A. 体背面观；B. 体腹面观

图版 Ⅱ-4　碧蝉 *Hea fasciata* Distant, 1906 ♂
A. 体背面观；B. 体腹面观

图版 Ⅲ-1　雅氏指蝉 *Kosemia yamashitai* (Esaki *et* Ishihara, 1950) ♂
A. 体背面观；B. 体腹面观

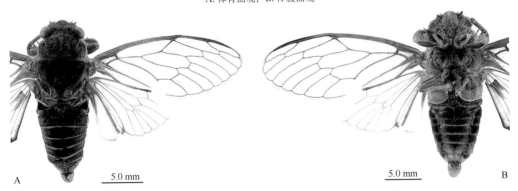

图版 Ⅲ-2　褐指蝉 *Kosemia fuscoclavalis* (Chen, 1943) ♂
A. 体背面观；B. 体腹面观

图版 Ⅲ-3　兰草蝉 *Mogannia cyanea* Walker, 1858 ♂
A. 体背面观；B. 体腹面观

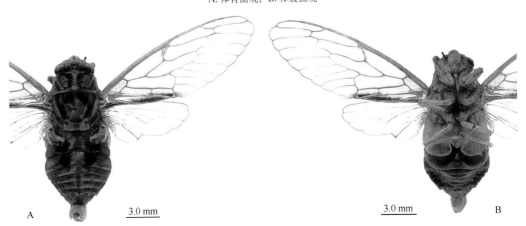

图版 Ⅲ-4　绿草蝉 *Mogannia hebes* (Walker, 1858) ♂
A. 体背面观；B. 体腹面观

图版 IV-1 大鼻草蝉 *Mogannia nasalis* (White, 1844)♂
A. 体背面观；B. 体腹面观

图版 IV-2 蟪蛄 *Platypleura kaempferi* (Fabricius, 1794)♂
A. 体背面观；B. 体腹面观

图版 IV-3 毛蟪蛄 *Suisha coreana* (Matsumura, 1927)♂
A. 体背面观；B. 体腹面观

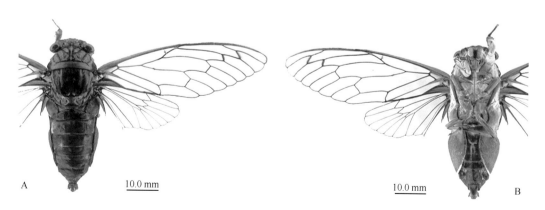

图版 IV-4 震旦大马蝉 *Macrosemia pieli* (Kato, 1938)♂
A. 体背面观；B. 体腹面观

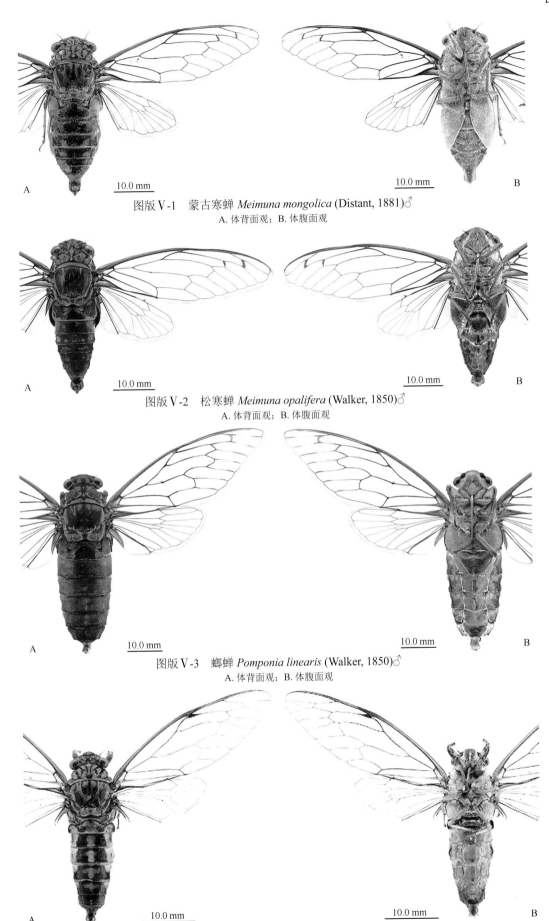

图版 V-1　蒙古寒蝉 *Meimuna mongolica* (Distant, 1881)♂
A. 体背面观；B. 体腹面观

图版 V-2　松寒蝉 *Meimuna opalifera* (Walker, 1850)♂
A. 体背面观；B. 体腹面观

图版 V-3　螗蝉 *Pomponia linearis* (Walker, 1850)♂
A. 体背面观；B. 体腹面观

图版 V-4　中华真宁蝉 *Euterpnosia chinensis* Kato, 1940♂
A. 体背面观；B. 体腹面观

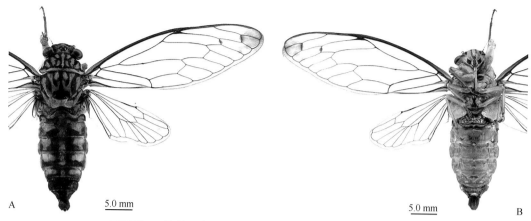

A   5.0 mm   5.0 mm   B

图版 VI-1   端晕日宁蝉 *Yezoterpnosia fuscoapicalis* (Kato, 1938)♂
A. 体背面观；B. 体腹面观

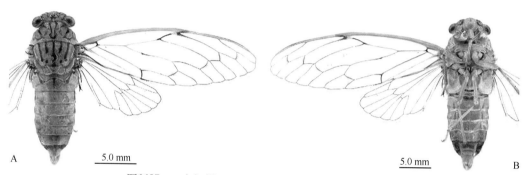

A   5.0 mm   5.0 mm   B

图版 VI-2   南细蝉 *Leptosemia sakaii* (Matsumura, 1913)♂
A. 体背面观；B. 体腹面观

A   10.0 mm   10.0 mm   B

图版 VI-3   中华蟪蝉 *Tanna sinensis* (Ouchi, 1938)♂
A. 体背面观；B. 体腹面观

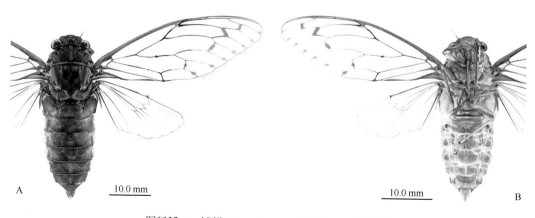

A   10.0 mm   10.0 mm   B

图版 VI-4   蟪蝉 *Tanna japonensis* (Distant, 1892)♂
A. 体背面观；B. 体腹面观

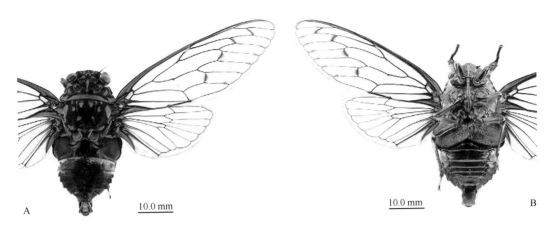

图版Ⅶ-1　斑透翅蝉 *Hyalessa maculaticollis* (De Motschulsky, 1866)♂
A.体背面观；B.体腹面观

图版Ⅶ-2　贾氏蟪蝉 *Auritibicen jai* (Ouchi, 1938)♂
A.体背面观；B.体腹面观

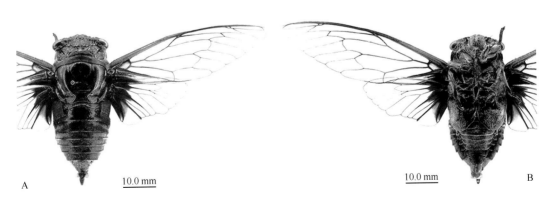

图版Ⅶ-3　蚱蝉 *Cryptotympana atrata* (Fabricius, 1775)♂
A.体背面观；B.体腹面观

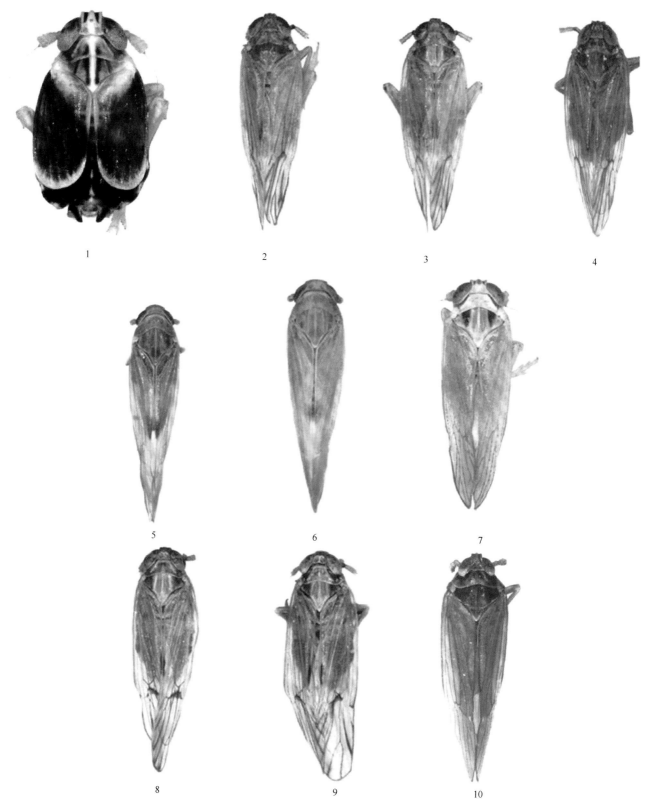

1. 白带奇洛飞虱 *Chilodelphax albifascia* (Matsumura, 1900)；2. 齿突大叉飞虱 *Ecdelphax dentata* Yang, 1989；3. 扭曲大叉飞虱 *Ecdelphax tortilis* (Kuoh, 1982)；4. 拟大叉飞虱 *Ecdelphax paracervina* Ding, 2006；5. 烟翅短头飞虱 *Epeurysa infumata* Huang et Ding, 1979；6. 短头飞虱 *Epeurysa nawaii* Matsumura, 1900；7. 琴镰飞虱 *Falcotoya lyraeformis* (Matsumura, 1900)；8. 叉飞虱 *Garaga nagaragawana* (Matsumura, 1900)；9. 三突叉飞虱 *Garaga tricuspis* Ding, 2006；10. 白颈淡肩飞虱 *Harmalia sirokata* (Matsumura et Ishihara, 1945).

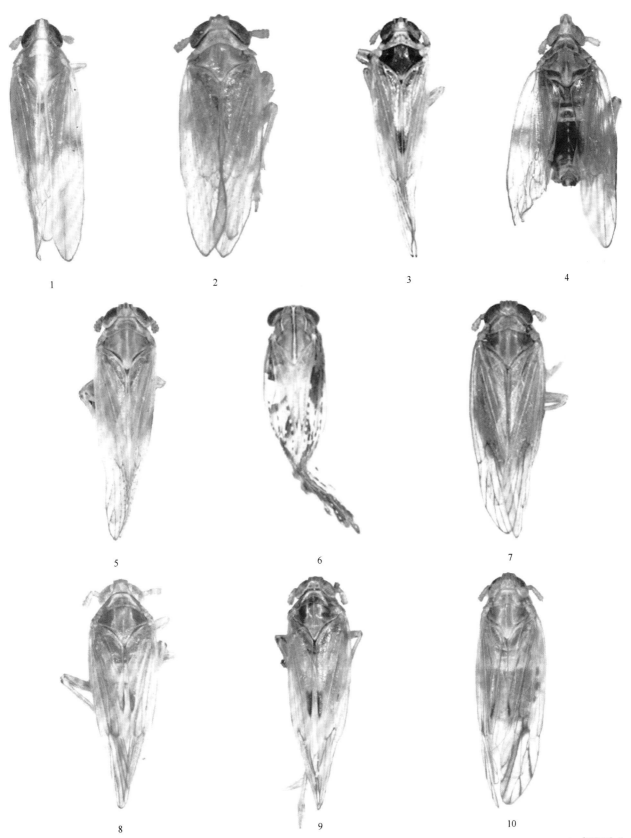

1. 带背飞虱 *Himeunka tateyamaella* (Matsumura, 1935)；2. 小宽头飞虱 *Ishiharodelphax matsuyamensis* (Ishihara, 1952)；3. 灰飞虱 *Laodelphax striatellus* (Fallén, 1826)；4. 黑龙潭飞虱 *Longtania picea* Ding, 2006；5. 黑边梅塔飞虱 *Metadelphax propinqua* (Fieber, 1866)；6. 汉阴偏角飞虱 *Neobelocera hanyinensis* Qin *et* Yuan, 1998；7. 东眼山新叉飞虱 *Neodicranotropis tungyaanensis* Yang, 1989；8. 拟褐飞虱 *Nilaparvata bakeri* (Muir, 1917)；9. 褐飞虱 *Nilaparvata lugens* (Stål, 1854)；10. 刺披突飞虱 *Palego simulator* Fennah, 1978.

1. 白带长唇基飞虱 *Sogata hakonensis* (Matsumura, 1935)；2. 黑额长唇基飞虱 *Sogata nigrifrons* (Muir, 1917)；3. 白背飞虱 *Sogatella furcifera* (Horváth, 1899)；4. 烟翅白背飞虱 *Sogatella kolophon* (Kirkaldy, 1907)；5. 白条飞虱 *Terthron albovittatum* (Matsumura, 1900)；6. 绿长角飞虱 *Toyoides albipennis* Matsumura, 1935；7. 额斑匙顶飞虱 *Tropidocephala festiva* (Distant, 1906)；8. 黑匙顶飞虱 *Tropidocephala nigra* (Matsumura, 1900)；9. 姬飞虱 *Ulanar muiri* (Metcalf, 1943)；10. 拟锥翅飞虱 *Yanunka incerta* Yang, 1989.

1 mm   A   1 mm   B   2 mm   C

图版 XI-1   浙平蛾蜡蝉 *Flata orientala* Peng, Fletcher *et* Zhang, 2012 (仿 Peng et al., 2012)
A. 头胸部背面观；B. 颜面；C. 前翅

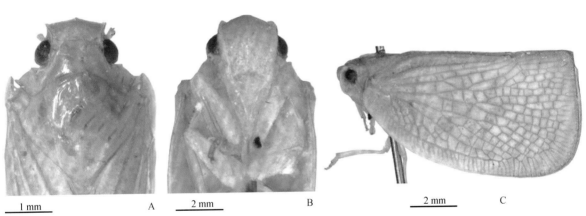

1 mm   A   2 mm   B   2 mm   C

图版 XI-2   碧蛾蜡蝉 *Geisha distinctissima* (Walker, 1858)
A. 头胸部背面观；B. 颜面；C. 成虫侧面观

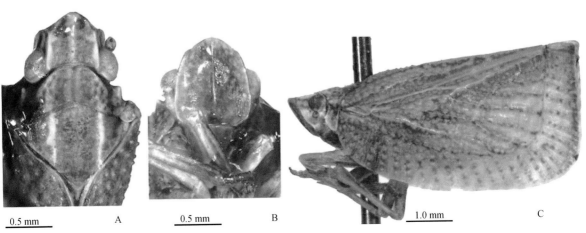

0.5 mm   A   0.5 mm   B   1.0 mm   C

图版 XI-3   脊额拟幻蛾蜡蝉 *Mimophantia carinata* Jacobi, 1915
A. 头胸部背面观；B. 颜面；C. 成虫侧面观

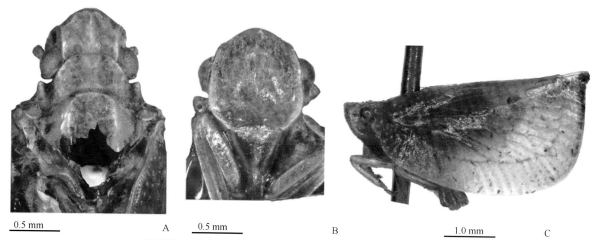

0.5 mm   A   0.5 mm   B   1.0 mm   C

图版 XII-1　海拟幻蛾蜡蝉 *Mimophantia maritima* Matsumura, 1900
A. 头胸背面观；B. 颜面；C. 成虫侧面观

A   B   C

图版 XII-2　斑衣蜡蝉 *Lycorma delicatula* (White, 1845)
A. 成虫背面观；B. 成虫腹面观；C. 额

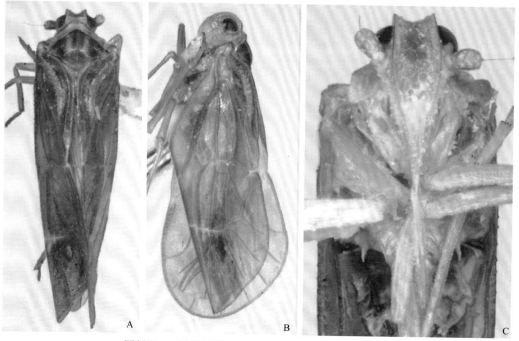

A   B   C

图版 XII-3　媛脉蜡蝉 *Eponisia guttula* Matsumura, 1914
A. 成虫背面观；B. 成虫侧面观；C. 额

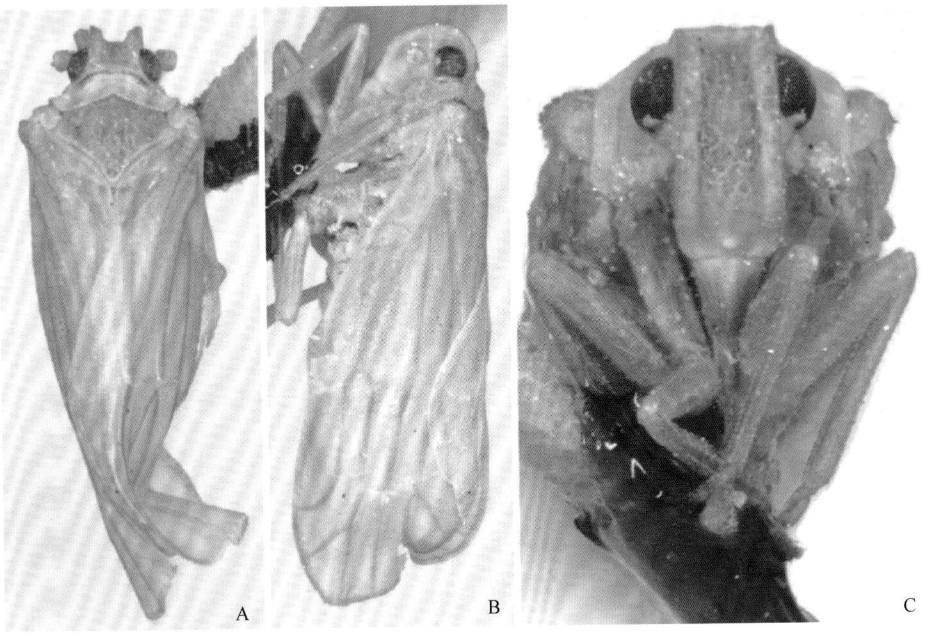

图版 XIII-1　雪白粒脉蜡蝉 *Nisia atrovenosa* (Lethierry, 1888)

A. 成虫背面观；B. 成虫侧面观；C. 额

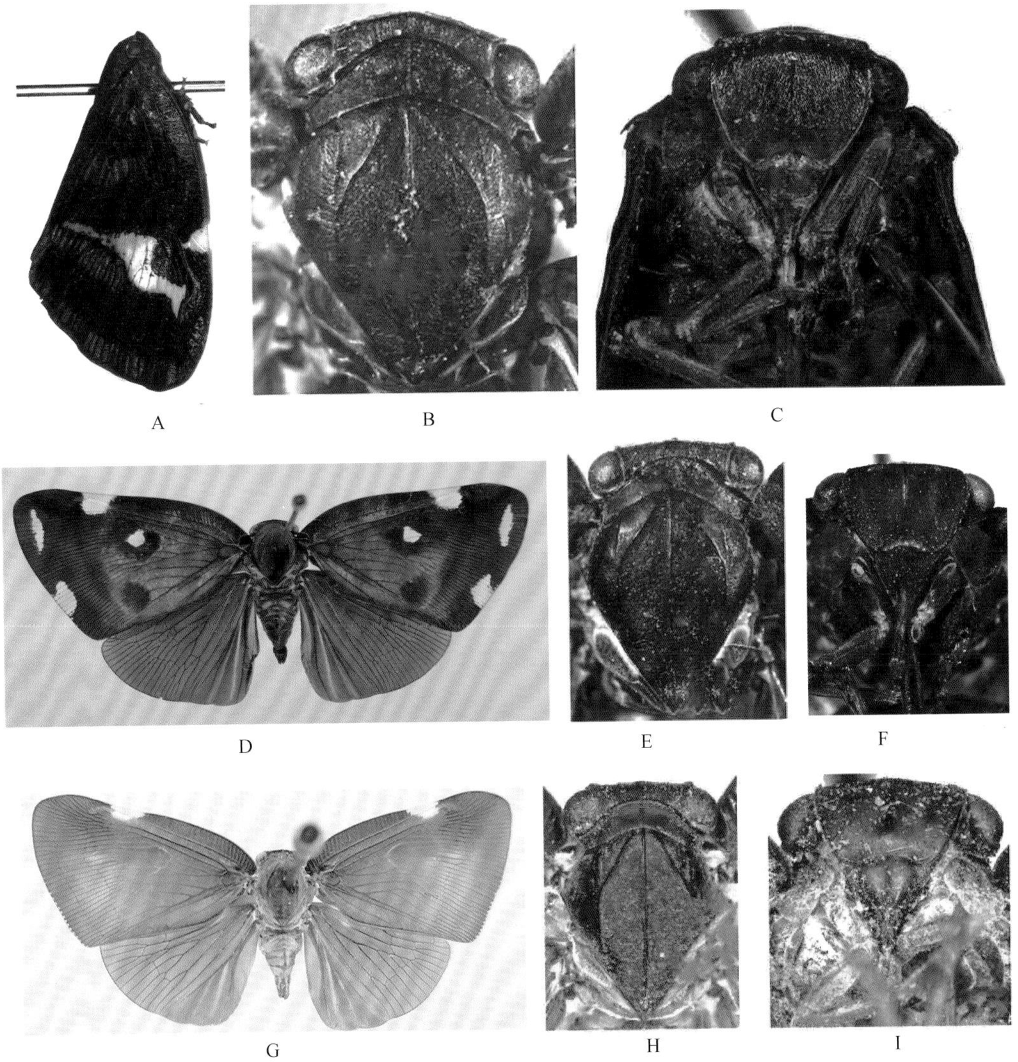

图版 XIII-2　广蜡蝉科成虫外部形态

A–C. 电光宽广蜡蝉 *Pochazia zizzata* Chou *et* Lu, 1977；D–F. 眼斑宽广蜡蝉 *Pochazia discreta* Melichar, 1898；G–I. 山东宽广蜡蝉 *Pochazia shantungensis* (Chou *et* Lu, 1977). A. 成虫侧面观；D、G. 成虫背面观；B、E、H. 头胸部背面观；C、F、I. 额

A   B   C

D   E   F

图版 XIV-1   广蜡蝉科成虫外部形态

A–C. 钩纹广翅蜡蝉 *Ricania simulans* (Walker, 1851)；D–F. 八点广翅蜡蝉 *Ricania speculum* (Walker, 1851). A、D. 成虫背面观；B、E. 头胸部背面观；
C、F. 额

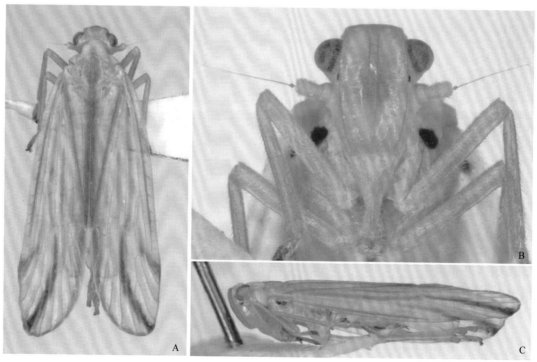

A   B   C

图版 XIV-2   绿色条扁蜡蝉 *Catullia subtestacea* Stål, 1870

A. 成虫背面观；B. 额；C. 成虫侧面观

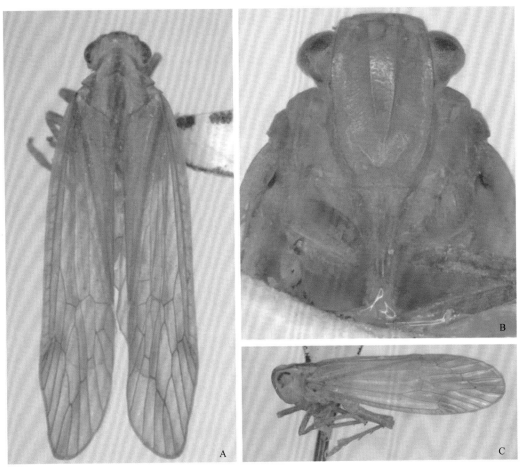

图版 XV-1　条扁蜡蝉 *Catullia vittata* Matsumura, 1914
A. 成虫背面观；B. 额；C. 成虫侧面观

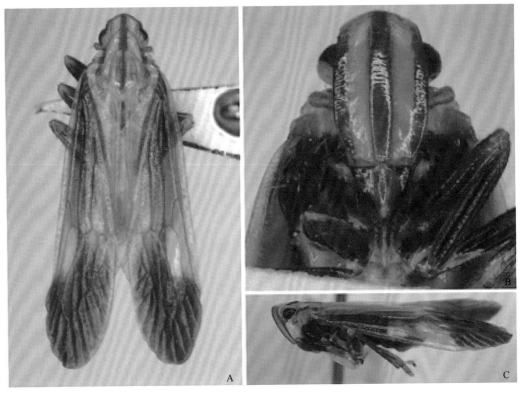

图版 XV-2　白斑拟条扁蜡蝉 *Catullioides albosignatus* (Distant, 1906)
A. 成虫背面观；B. 额；C. 成虫侧面观

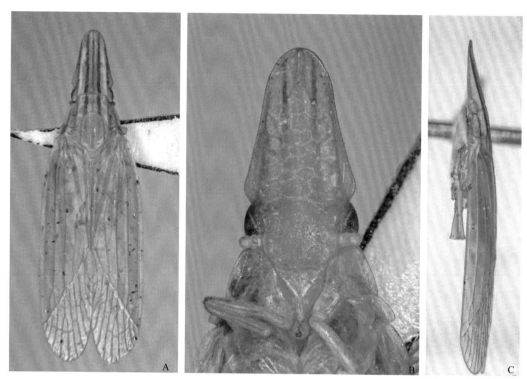

图版 XVI-1　红线舌扁蜡蝉 *Ossoides lineatus* Berman, 1910
A. 成虫背面观；B. 额；C. 成虫侧面观

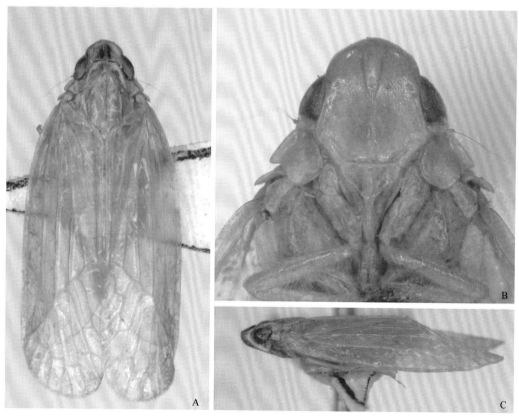

图版 XVI-2　中华蝎扁蜡蝉 *Tambinia sinica* (Walker, 1851)
A. 成虫背面观；B. 额；C. 成虫侧面观